U0211877

电镀添加剂总论

Electroplating Additive Pandect

方景礼 著

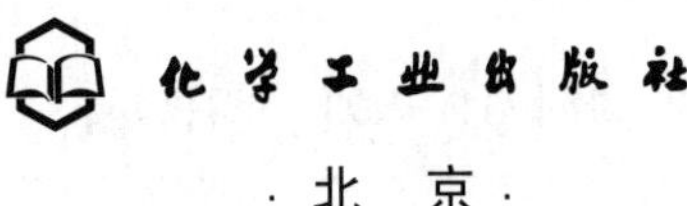

·北 京·

内容简介

电镀添加剂是电镀溶液的关键成分，对电镀过程和镀层质量有重要影响。本书主要阐述电镀添加剂的作用机理，包括添加剂的吸附及在阴极的还原，对镀层光亮性的影响，对镀层整平作用的影响，对镀层物理力学性能的影响以及光亮电镀的理论。同时，本书阐述电镀前处理及电镀各种金属所用添加剂的演变过程，各镀种所用添加剂的组成、性能与分类，以及各种金属的电镀工艺及其实用添加剂的配方。

本书适合所有从事电镀、化学镀的生产、教学和科研人员阅读。

图书在版编目（CIP）数据

电镀添加剂总论 / 方景礼著. -- 北京 : 化学工业出版社，2025. 2. -- ISBN 978-7-122-46892-5

Ⅰ. TQ153

中国国家版本馆 CIP 数据核字第 2025FG3449 号

责任编辑：段志兵　陈　雨

责任校对：宋　玮　　　　　　装帧设计：尹琳琳

出版发行：化学工业出版社

（北京市东城区青年湖南街 13 号　邮政编码 100011）

印　　装：中煤（北京）印务有限公司

710mm×1000mm　1/16　印张 46¼　字数 932 千字

2025 年 3 月北京第 1 版第 1 次印刷

购书咨询：010-64518888　　　　售后服务：010-64518899

网　　址：http://www.cip.com.cn

凡购买本书，如有缺损质量问题，本社销售中心负责调换。

定　　价：198.00 元

自序

《电镀添加剂总论》本次应该是第三版了。第一版编写时，我花了近十年的时间把几十年来分散在各种期刊杂志、专利说明书、参考书、会议文集和公司产品介绍中透露出的稀少添加剂信息加以总结分析，找出其中起作用的物质，分析其结构特点和起作用的基团，总结出各镀种所需添加剂的种类，然后按其发表的年代将其汇总编排，从中可看出电镀添加剂的发展历程。1984 年我在《电镀与精饰》上发表了电镀添加剂总论的首篇论文《酸性光亮镀锡添加剂述评》，该论文被《电镀与精饰》杂志读者评选为最佳论文。该文后来被我国台湾《表面技术杂志》刊登，反应极好。应《表面技术杂志》社社长叶明仁先生的邀请，作为该杂志的特约撰稿人，在该杂志上连续发表电镀各种金属的添加剂述评，前后有十多年时间。1998 年 4 月由我国台湾《表面技术杂志》社编辑，传胜出版社以《电镀添加剂总论》的书名在台湾正式出版发行。《电镀添加剂总论》是世界上首部专门论述电镀添加剂理论与应用的专著，深受表面精饰界的欢迎。我到台湾的电镀厂、印制电路板厂、半导体厂和电镀添加剂厂参观访问时受到热烈欢迎和热情接待，说明这本书对他们的帮助太大了。2002 年我到台湾上村公司工作后，应台湾清华大学万启超教授的邀请，协助他培养了两名研究生，还应台湾印制板协会秘书长、台湾《印制电路资讯》主编白蓉生先生的邀请，在他们协会举办了十天的“电镀添加剂和络合剂”讲座。

台湾《表面技术杂志》社社长叶明仁先生经常带队到大陆参加“海峡两岸表面处理技术交流会”，顺便带一些《电镀添加剂总论》赠送给大陆朋友，于是此书在大陆的影响日益扩大，形成了一书难求的局面。从 2000 年开始，我国的电镀厂和印制电路板厂如雨后春笋，遍地开花，电镀添加剂的需求剧增，而研发添加剂只需一个整流器、一个霍尔槽和几平方米的小屋，许多人在家中就可以建个小实验室，而研发的最大难度在于寻找合适的添加剂。《电镀添加剂总论》一书正好告诉大家镀什么金属要找哪几种结构的中间体物质，只要这些中间体搭配合理，就可镀出好镀层。于是《电镀添加剂总论》一书就成了大家的良师益友。我的一位朋友将此书放在自己的车上，一有空就翻翻，当我目睹此书时，它已变得老旧不堪。这位朋友对我说，他从我书的字里行间找到了许多灵感与启发。他果然大有所获，后来成了著名的电镀添加剂公司的老总。

2001 年 11 月“中国表面工程协会第二届青年电镀工作者会议”在广州举行，应会议组织者蔡志华先生的请求，摘录《电镀添加剂总论》一书的部分内容以内部资料形式在会上发送，受到大家的欢迎。应广大读者的要求，国防工业出版社希望我将原书修订后以《电镀添加剂——理论与应用》为书名再版，2006年国防工业出版社在北京正式出版发行此书，它就是《电镀添加剂总论》一书的第二版。该书收集的主要是20世纪的资料。

进入21世纪以来，在电镀添加剂的理论研究、应用研究及环保法规上都有很大的发展，广大读者和出版社希望我将21世纪以来各镀种添加剂在理论研究和应用研究上的进展做一系统的整理、分析和提高，再补充到书中来，仍以《电镀添加剂总论》的书名正式出版发行。为此，我系统查阅了2000年以来发表的学术论文、会议文集、专利说明书和各公司的产品说明书，并按发表的年月进行编排，进行了详细的文献总结，让大家知道添加剂的发展历程与实际的进展，对广大读者应当有很大的帮助。这次修订，还增加了一章“未来的表面处理新技术”，它为表面精饰界未来向何方发展，从何处进行创新指明了方向和路径，它是我专门为第19届世界表面精饰大会和电子电镀会议准备的论文，也是我受邀到各地演讲的主要内容，受到电镀界很高的评价，相信它对表面精饰界的创新和“中国制造2025”有很大帮助。在全书的最后，笔者以“我的科学研究与创新之路”代为后记，介绍我从教授到首席工程师到终身成就奖获得者的成长历程，让年青的读者了解我国六十多年来天翻地覆的变化。

由于时间与水平的限制，加上本人年事已高，肯定有不少疏漏，希望大家批评指正。

方景礼

于厦门

《电镀添加剂——理论与应用》前言

一种优良的电镀工艺，不仅要有优良的镀液性能，如分散能力、覆盖能力、沉积速度、整平能力、导电能力和电流效率等，而且要有优良的镀层性能，如硬度、脆性、应力、晶粒大小、光泽度、磁性、可焊性等。要完全满足这些条件是相当困难的，常常会顾此失彼，互相制约。因此，一个好的电镀配方实在得之不易。

人们在偶然的实验中发现，在电镀配方中加上某种物质会产生奇特的细化晶粒和光亮镀层的效果，而且添加量较少，这就是人们说的“电镀添加剂”。电镀添加剂的出现，立即引起了人们的极大关注，因为它用较少的费用就可以达到惊人的效果，具有很大的应用价值和商业利益，所以电镀添加剂的成分属于商业秘密，在市场上只以商业代号出现，只告诉你如何应用，而不告诉你是什么东西，这就使得电镀添加剂蒙上了一层神秘的面纱。正因为电镀添加剂是一种神秘的物质，人们对其认识还很肤浅，而且有些添加剂的介绍也只限于只言片语，一带而过，所以，人们要推动添加剂的发展，寻找更有效的添加剂，实在是难上加难。

要发展新型的电镀添加剂，首先必须了解前人的工作，弄清哪些物质可当添加剂，它们有哪些优缺点。这话说起来容易，做起来就难了。对于每一个镀种，你要把几十年来分散在各种期刊杂志上的添加剂信息找出来，然后加以总结分析，找出其结构特点，再去寻找合适的化合物，这可不是几天几个月就可以完成的事。因为早期的资料都未进入计算机数据库，找起来十分费力。

《电镀添加剂——理论与应用》一书，是我花了近十年的时间，以手工方式查遍当时所能找到的有关国内外电镀添加剂的专利、论文、会议文集、参考书以及有关公司的产品说明书等，然后按其发表的年代，将各处分散的资料加以汇编，从中看出其发展的历程；然后再从应用的角度分析它们各自的功能，以及各镀种所需的基本成分、含量与配比；最后在可能的条件下从理论上分析各种电镀添加剂成分的作用机理，以加深对各组分存在的必要性以及其用量的理解。此书的初稿曾按“电镀添加剂总论”书名在中国台湾地区以某杂志特刊合订本形式发表，受到读者的热烈欢迎和高度评价，形成了一书难求的局面。2001 年 11 月中国表面工程学会第二届全国青年电镀工作者会议在广州举行，我应会议组织者广东达志化工有限公司总经理蔡志华先生的请求，摘录该书部分内容以内部资料形式在会上发送，受到大家的欢迎。应广大读者的要求，现将此书修订补充后正式出版发行。

《电镀添加剂——理论与应用》一书由两大部分组成。第一部分介绍电镀添加剂的作用原理，它偏重于理论或普遍规律的阐述；第二部分是各种电镀所用的添加剂的演变过程，起作用的主要基团或结构单元，以及一种实用镀液需要由哪几种添加剂组成等等，这一部分偏重于实际应用，也便于从事这方面工作的读者查阅或参考。

电镀添加剂的作用原理与选择规律，涉及有机化学、电化学、配位化学、高分子化学、表面化学以及物理、机械、环保等学科，是一个综合性的问题。目前人们对它的认识还很肤浅，也无成熟的理论基础。因此，笔者只能凭借自己现有的学识，从自己汇集的资料找出某些规律来，所提出的看法可能非常肤浅，甚至可能有错误。期望广大读者多多指教，提出宝贵建议。

方景礼

2006 年 1 月于香港

目录

第 1 章

配位离子电解沉积的基本过程

1.1 水合金属配位离子的电解沉积过程

1.1.1 水合金属配位离子结构

金属盐溶于水时，金属离子就要发生水合作用。作为配体的水分子会配位到金属离子的各个相应配位位置上，形成以金属离子为中心的水合金属配位离子。根据研究，在水溶液中水合金属配位离子具有层状结构。以水合 Al^{3+} 为例，它具有图 1-1 所示的三层结构，最靠近金属离子的内层（第一层）中含有 6 个以氧直接同金属离子配位的水分子，在配位化学上写成 $[Al(H_2O)_6]^{3+}$。在第一水合层外面是第二水合层，总共有 12 个水分子，这是靠中心金属离子的静电引力和氢键相连，但化学式中不予标明。由于 Al^{3+} 为高价金属离子，其静电势场较强，故这两层的水分子都是有序排列的。在第二层的外面还有第三水合层，其内的水分子只有部分是有序排列的，这是由于其离中心金属离子较远，静电作用已较弱的缘故。对于低价的金属离子一般只有两层水合层，内层水分子的排列是有序的，外层则为部分有序。

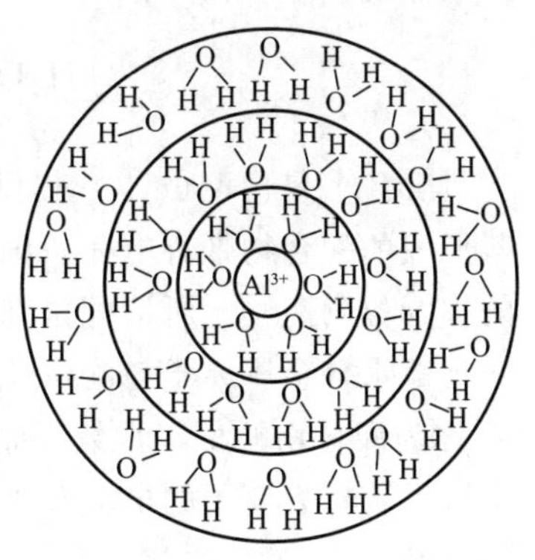

图 1-1 水溶液中水和铝离子的结构

离子水合层中内层配位水的数目和第二层水分子的数目是较难准确测定的。采用溶液 X 射线绕射法和中子绕射法等研究手段，可以较可靠地确定内层配位的水分子数和水合离子的半径。表 1-1 列出了用溶液 X 射线绕射法测定的水合金属离子内层配位体水分子的数目，即配位数 n 和离子-水分子间链的长度 r_d（即水合离子的半径）。

由表 1-1 可见，电荷低、半径小的离子，其配位数少。电荷高，半径大，离子的配位数多。电荷和半径中等离子的配位数大多为 6，具有正八面体结构，六个水分子与金属离子的距离相等，只有水合 Cu^{2+} 是例外，它有四个水分子的 r_d 为 1.96Å（$1Å=10^{-10}m$），另外两个水分子的 r_d 为 2.43Å，故它具有拉伸八面体的结构，这是$[Cu(H_2O)_6]$具有许多独特电化学性质的原因。

表 1-1　水合离子内层配位水分子的配位数 n 和离子-水分子间键的长度 r_d

离子	n	r_d/Å	离子	n	r_d/Å
Li^+	4	1.99～2.04	Al^{3+}	6	1.90
Na^+	4 或 6	2.4 或 2.41	Cr^{3+}	6	2.00
K^+	4	2.9	Fe^{3+}	6	2.00
Cs^+	8	3.2	In^{3+}	6	2.15
Mg^{2+}	6	2.04	Te^{3+}	6	2.23
Ca^{2+}	6	2.43	La^{3+}	9 或 3	2.58 或 2.48
Sr^{2+}	8	2.6	Pr^{3+}	9	2.54
Ba^{2+}	8	≈2.9	Nd^{3+}	9	2.51
Mn^{2+}	6	2.20	Gd^{3+}	8	2.37
Fe^{2+}	6	2.12	Tb^{3+}	8	2.41
Co^{2+}	6	2.08	Dy^{3+}	8	2.40
Ni^{2+}	6	2.04	Er^{3+}	8	2.37
Cu^{2+}	4 或 2	1.96 或 2.43	Tm^{3+}	8	2.37
Zn^{2+}	6	2.08	Lu^{3+}	8	2.34
Ag^+	2	2.41	Cl^-	6	3.14
Cd^{2+}	6	2.31	Br^-	6	3.33
Hg^{2+}	6	2.41	I^-	6	3.60

1.1.2　配合物的稳定常数与缔合反应

在水合金属离子溶液中加入比水配位能力更强的配位体 L 时，L 会取代配位体水而形成配合物[ML]：

$$[M(H_2O)_6]^{2+}+L \underset{K_d}{\overset{K}{\rightleftharpoons}} [M(H_2O)_5L]^{2+}+H_2O$$

简写为[ML]

[ML] 是由配位体 L 提供未共用电子对通过配位键与金属离子结合而成的。若形成的配合物带有电荷，则称它为配位离子。带正电的称配位阳离子，带负电的称配位阴离子。所谓配位则指由配位体单方面提供一对未共用电子而形成的化学键。水合金属离子与配位体 L 形成的配合物反应是平衡反应，反应的平衡常数 K 称为配合物的稳定常数，而 ML 离解反应的平衡常数 K_d 称为配合物的不稳定常数。若略去离子的电荷和水分子，则它们的表达式为：

$$K=\frac{[ML]}{[M][L]} \quad K_d=\frac{[M][L]}{[ML]} \tag{1-1}$$

$$K=\frac{1}{K_d} \quad 或 \quad \lg K=-\lg K_d \tag{1-2}$$

若金属离子可同多个配位体 L 配位，形成 $[ML]_n$ 型配合物，它们的各级稳定常数分别为 K_1、K_2、…、K_n。

$$M+L \xrightleftharpoons{K_1} ML \quad K_1=\frac{[ML]}{[M][L]}$$

$$ML+L \xrightleftharpoons{K_2} ML_2 \quad K_2=\frac{[ML_2]}{[ML][L]} \tag{1-3}$$

$$\cdots \qquad \cdots$$

$$ML_{n-1}+L \xrightleftharpoons{K_n} ML_n \quad K_n=\frac{[ML_n]}{[ML_{n-1}][L]}$$

总反应

$$M+nL \xrightleftharpoons{\beta} ML_n \quad \beta=\frac{[ML_n]}{[M][L]^n} \tag{1-4}$$

其平衡常数β称为累积稳定常数，它等于各级稳定常数之积：

$$\beta=K_1K_2\cdots K_n \tag{1-5}$$

大多数的配位体都是弱酸，仅当其 H^+ 离解之后，配位体的配位原子才有未共用电子对，才显配位能力，因此弱酸型配体的配位能力与镀液的 pH 有关。在它未全离解时，pH 值越高，配位能力越强。当它已全离解时，pH 值再升高，对配位能力无影响。过高 pH 值时镀液中的 OH^- 也会参与配位，常常使金属离子水解而沉淀。所以，每种镀液一般都有最佳 pH 范围。

在浓的水溶液中，特别是在介电常数小的有机溶剂中，相反电荷的离子由于静电引力的作用而结合在一起，它们在溶液中作为一个整体运动，并且有单独离子所没有的性质。

$$M^{2+}+B^{2-} \rightleftharpoons (M^{2+}\cdot B^{2-})$$

$$K_A=\frac{[M^{2+}\cdot B^{2-}]}{[M^{2+}][B^{2-}]} \tag{1-6}$$

K_A 称为缔合物的稳定常数，简称缔合常数。

这种由相反电荷离子靠静电引力而形成的产物称为离子对，一般用圆括号或黑点表示，离子间的这种作用就称为缔合作用。镀液中的配位阴离子或配位阴离子遇到相反电荷的反号离子时也要形成缔合物。例如：

① 配位阳离子与带负电配位体形成缔合物，其通式为

$[MB_i]X_j$，$[MB_iZ_j]Y_k$ 或 $[MB_iZ_j]X_k$

B，Z＝NH_3、乙二胺、吡啶等。X，Y＝卤素、OH^- 或其他带负电配位体。

② 有机阳离子与配位阴离子形成的缔合物，其通式为

$$(BH)^{2+}[MX_j]^{2-},(B_i)^{2+}[MX_j]^{2-},(BH)_i[MX_jY_k]$$

B＝季铵（鏻、钾）盐。X，Y＝带负电配位体。

③ 配位阳离子与配位阴离子形成的缔合物

例如 $[Co(en)_3]^{3+}$，$[Fe(CN)_6]^{3-}$，en＝乙二胺。

在氰系镀铜中，用 KOH 和 NaOH 配制的镀液有明显不同的性能，钾盐镀液

的电流效率、沉积速度、允许的电流密度以及光亮区范围和整平能力都比钠盐好。这是因为 K^+ 的半径比 Na^+ 大，水合层薄，不仅导电性好，而且容易和大的配位阴离子 $[Cu(CN)_3]^{2-}$ 形成更稳定的缔合物。

1.1.3 电镀过程概述

(1) 电镀的电化学反应

在简单的硫酸铜溶液中插入两块铜板，在两极间接上外部直流电源对两极施加相当的电压（见图 1-2)，此时溶液中水合铜离子就向电极界面扩散，从阴极获得 2 个电子而还原为金属铜，其反应可表示为

$$[Cu(H_2O)_6]^{2+}(溶液内部)\xrightarrow{扩散}[Cu(H_2O)_6]^{2+}(电极表面)$$

$$[Cu(H_2O)_6]^{2+}(电极表面)+2e^- \longrightarrow Cu(金属)+6H_2O$$

同时在阳极上则发生完全相反的反应，即在阳极界面上铜失去 2 个电子而转变为水合铜离子，随即由电极界面向溶液内部移动。

$$Cu(金属)\longrightarrow[Cu(H_2O)_6]^{2+}(电极表面)+2e^-$$

$$[Cu(H_2O)_6]^{2+}(电极表面)\xrightarrow{扩散}[Cu(H_2O)_6]^{2+}(溶液内部)$$

上述的阴极反应是电镀反应或金属析出反应的最简单情况，其中铜电极本身是导体，电流通过它传入溶液。在溶液内电流的流动则是靠溶液中存在的各种离子（如 H^+、$[Cu(H_2O)_6]^{2+}$、SO_4^{2-} 等）的移动实现的，这称为电解质导电体或离子导体。所以电镀反应就是用电解含金属离子溶液的方法使金属在阴极上析出的电化学反应。

水合金属离子在阴极被还原为金属原子 M，再组成金属晶格的过程是相当复杂的，这要经过许多步骤。图 1-3 表示金属析出的某些基本步骤。

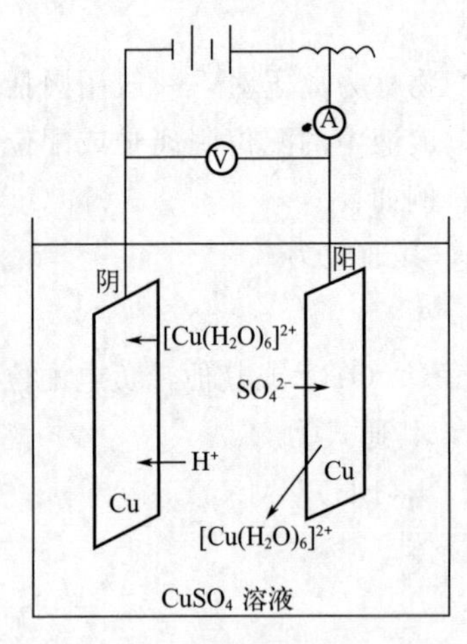

图 1-2　酸性 $CuSO_4$ 液中的电镀反应

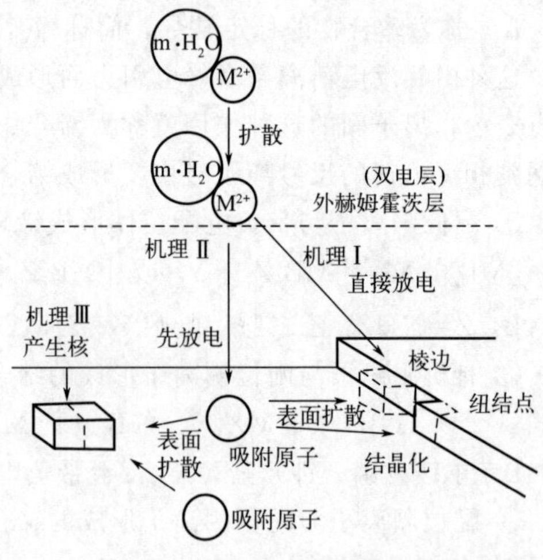

图 1-3　金属析出的基本反应

首先，由多层水分子包围的水合金属离子要扩散到阴极界面，送到电极双电层的溶液一侧（称为外赫姆霍茨层）。此时它可以通过机理Ⅰ直接移动到金属表面的结晶生长点，并同时进行电荷转移反应，从而组成金属晶格。

配位离子也可在电场的作用下通过二重双电层，从电极上获得电子，变成吸附原子或吸附离子，然后它们在金属表面上扩散到结晶生长点，并逐渐形成金属晶格（机理Ⅱ，先放电后扩散）。除此之外，有些水合金属离子只在电极表面形成晶核，它并不向其他地方扩散，而属于机理Ⅲ。

（2）电镀过程的模式

水合金属配位离子的放电虽是电镀中最简单的过程，但其机理至今未彻底弄清。对于存在多种成分的实用镀液，其金属离子的配位形式要比单盐镀液的复杂得多。例如在含多种配位体（常称配位剂或络合剂）的镀液中，配位体 X、Y 不仅可与金属离子 M 形成 MX、MY 这类单一型配合物，还可以生成由 X、Y 同时参与配位的混合配体配合物 MXY。故在这类镀液中可能同时存在 MX、MY 和 MXY 型配合物，也可能只是一种或两种，这要由镀液中配位体的种类、浓度、pH 值和金属离子的浓度等因素决定。若已知金属和各种配位体的浓度、镀液 pH 以及各种配合物的稳定常数，则可算出镀液中各种配合物的含量。因此配制镀液时所用金属盐的种类和数量、配位体的种类和数量，以及配制过程的先后次序和最终镀液的 pH 值都会直接或间接影响镀液中配合物的种类和数量，从而影响镀液电化学性能和镀层的物理力学性能，这就是为什么在电镀工艺中，或在电镀工艺说明书中特别注重对电镀溶液的配制方法进行说明的原因。

从配合物化学来说，配制镀液的反应就是在溶液中形成配合物的配位平衡反应，而镀液最佳配方的选定就是通过成分、浓度和酸度的调整，在镀液中形成浓度最高的、最适宜放电的配位离子的过程。

在金属盐溶液中插入金属电极后，在电极界面上就会产生电位差，这就是通常说的电极电位。如果在界面上金属的溶解与沉积的速度相等，即物质的浓度保持恒定，此时的可逆电极电位就称为平衡电位。在加入配位体的金属盐溶液中插入金属电极，该金属的平衡电位一般要向负方向移动，配位体对金属的配位能力越强，平衡电位负移的幅度越大。现在已可根据配合物的稳定常数来计算加入配位体后平衡电位负移的幅度。

在配合物镀液中插入两根金属电极，并施以外加电压，则在阴极上金属配位离子就可获得电子而被还原为金属，并按一定的晶格排列成镀层，后者称为电解结晶反应。

现在已经知道，除了部分配位离子可在阴极上直接获得电子外，许多配离子在获得电子以前，由于配位体受负电场的排斥作用，往往要经过配位体先离解或先移位而空出配位之位置的过程，这一过程称为前置化学反应。反应的产物是形成易于接收电子的活化配合物（活性中间体），随后再从阴极直接获得电子。

配合物镀液的电镀模式可用图 1-4 表示。式中 M^{2+} 为金属离子，X、Y 为不同类型的配位体，K 为配合物的稳定常数，E 为金属电极，E^- 为带负电的阴极，k_1、k_2、k_3、k_4 为电极反应各步的速度常数。

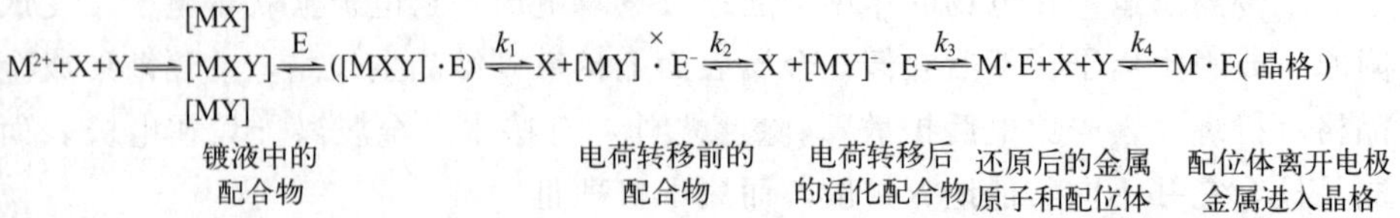

$$M^{2+}+X+Y \rightleftharpoons \begin{matrix}[MX]\\ [MXY]\\ [MY]\end{matrix} \xrightarrow{E} ([MXY]\cdot E) \underset{}{\overset{k_1}{\rightleftharpoons}} X+[MY]\overset{\times}{\cdot} E^- \overset{k_2}{\rightleftharpoons} X+[MY]^-\cdot E \overset{k_3}{\rightleftharpoons} M\cdot E+X+Y \overset{k_4}{\rightleftharpoons} M\cdot E(\text{晶格})$$

	镀液中的配合物	电荷转移前的配合物	电荷转移后的活化配合物	还原后的金属原子和配位体	配位体离开电极金属进入晶格
镀 液 配 制	插入电极未通电	活化配合物的形成	配位离子获得电子	金属和配位体析出	金属原子的表面扩散
镀液中的配位平衡	配位离子的平衡电位	前置化学反应	电荷转移反应	配位离子的还原解体	电结晶反应

图 1-4　配合物电镀过程的基本模式

研究证明，决定镀层晶粒大小的关键因素是配位离子在电极上的还原反应速度（简称电极反应速度）。反应速度过快只能获得粗糙、烧焦或树状的镀层，只有电极反应速度较慢时才能获得晶粒细小、致密整平的镀层。因此，从图 1-4 的模式中可以得出以下几点结论：

① 任何镀液中金属离子都以配位离子形式存在。在简单金属盐溶液中，金属离子以水合配位离子形式存在。

② 配位离子的放电要经过多步骤，只要影响其中一步就可降低总反应速度。

③ 改变配位离子的形态与结构会直接影响金属离子的电极反应速度。例如电极反应速度较慢的水合铁（Ⅱ）离子 $[Fe(H_2O)_6]^{2+}$ 转化为 $[Fe(CN)_6]^{4-}$ 时，铁（Ⅱ）离子的电极反应速度会慢到反应几乎不进行。所以酸性镀铁是可行的，而氰系镀铁是不可行的。

④ 研究证明，配位离子电极反应的活化能或超电压（over voltage，也称过电压）主要取决于活化配合物形成的难易和配位体是否易在电极上吸附。活化配合物形成越困难，配位体越容易在电极上吸附，则电极反应的速度越慢，阴极过程的超电压就越大。

⑤ 添加剂在电极表面的吸附会妨碍金属离子的还原，因而也显著降低配位离子的放电速度。这是获得良好镀层的常用手段之一。

⑥ 配位体 CN^- 具有很强的配位能力，CN^- 配离子难以离解 CN^- 而形成活化配合物，同时 CN^- 也能在电极表面吸附，因此从氰化物镀液中可以获得晶粒细小、致密、具有相当光亮的镀层。故要选择代氰配体，也必须具备配位能力强和可在电极上吸附这两个条件。

1.1.4　电极反应的速度和镀层品质的关系

超电压（过电压）是一种宏观物理量，这是外电流通过电极时各种阻力的总和。因此，超电压越大，阴极还原的阻力越大，配位离子电极反应的速度就越慢。在电镀生产中，不同金属的阴极过程若要达到相同电极反应速度，所需的超电压是不相同的，因为不同水合金属离子本身的电极反应速度有很大差别，因此常用电极反应的标准速度常数 k_0 和交换电流密度 I_0 来表示阴极沉积反应的速度。它们表示在平衡态下，当电极上氧化和还原反应的速度相等时的电极反应速度，若用电流密度表示则称为交换电流密度。

大量的实验事实证明决定镀层晶粒粗细和光滑程度的主要因素是电极反应的速度。这除了用电极反应的速度常数表示外，也可用交换电流密度或近似用超电压来表示。

根据金属离子的交换电流密度和超电压，可以把金属离子分为三类，表 1-2 列出了三类金属的物理性质、电化学性质与交换电流密度 I_0 和超电压 η 的关系。

表 1-2 金属按 I_0 值的分类

性质	第一类金属离子 Hg^{2+}、Pb^{2+}、Te^{2+}、Cd^{2+}、Sn^{2+}、In^{3+}	第二类金属离子 Cu^{2+}、Zn^{2+}、Bi^{3+}、Au^{3+}、Ga^{3+}	第三类金属离子 Fe^{2+}、Co^{2+}、Ni^{2+}、Pb^{2+}、Pt^{2+}、Rh^{3+}、Cr^{3+}、Mn^{2+}
$I_0/(A/cm^2)$	$10 \sim 10^{-3}$	$10^{-3} \sim 10^{-8}$	$10^{-8} \sim 10^{-15}$
η(在 $10^{-2} A/cm^2$)/mV	$10^{-2} \sim 10$	$10 \sim 350$	$350 \sim 750$
晶粒平均线长度/cm	$\geqslant 10^{-3}$	$10^{-3} \sim 10^{-4}$	$\leqslant 10^{-5}$
开路电位的稳定度	←		
添加剂的影响	→		
析出物的致密程度	→		
电流效率	←		
汞上析出的可逆性	←		
η_c、η_a 的对称性	←		
$E_0 - \phi_{2cp}$	←		
氢超电压	←		
纯化的容易程度	→		
原子体积	←		
熔点	→		
德拜温度	→		
沸点	→		
升华热	→		
自身的扩散系数	←		
在水银中的溶解度	←		
机械强度	→		

由表 1-2 可见，第一类金属的交换电流密度最大，其沉积的超电压最小，与此相应的是开路电位的稳定度、汞电极上析出的可逆性、阴阳极超电压的对称

性、平衡电位和零荷电位的差值、氢超电压和电流效率等性能都比其他两类金属为大，而金属的钝化趋势最小，电解沉积物受添加剂的影响最小。在工业用电流密度下只能得到粗糙的镀层，晶粒的总长度可以达到几十微米，镀层的致密性也差。因此，要获得致密而又光滑的这类金属镀层，就必须采用最强的配位剂或添加剂，以便有效减小交换电流密度或电极反应的速度。

第二类金属是电极反应速度中等的一类，其交换电流密度和超电压之值也是介中的，其电化学性质也介于一、二类金属之间。从这类金属的酸性镀液中获得的镀层较第一类金属致密，晶粒比第一类金属细，晶粒平均线长度不超过 $10\mu m$。

第三类金属是电极反应速度最慢的一类，如铁族金属的超电压可达几百毫伏，交换电流密度最小，电流效率低，汞上析出的可逆性差，氢超电压小，容易钝化，所得的镀膜比较细密，镀层的晶粒特别细小，且有相当的光亮度。由此可见电极反应的速度是决定镀膜晶粒粗细和致密程度的关键因素。因此，要获得良好的镀层，就要设法调整金属离子的电极反应速度。对于第一类金属离子，因为其电极反应速度过快，必须大幅度降低之后才能获得满意的镀层，常选用配位能力强又可在阴极吸附的配位体（如 CN^-、HEDP 等）。如用低配位能力的配位体，则要加入强吸附或在阴极上易被还原的添加剂。第三类金属离子在其单盐的水溶液中的电极反应速度已较慢，在不加其他配位体或添加剂时已可获得尚好整平致密的镀层，要获得更好的镀层，其电极反应速度不宜下降过多，否则阴极上无镀层析出。以三价铬的镀铬为例，由于水合 Cr^{3+} 的电极反应速度已相当缓慢，电解沉积铬的电流效率较低，因此只能选配位能力很低的羧酸、氨基酸做配体，如甲酸、乙酸、草酸、氨基乙酸等，而且在很多情况下都不加易在阴极上被还原的添加剂。

第二类金属离子的电极反应速度中等，它们可以从较强的配合物镀液中直接获得较好的镀层，如从碱性焦磷酸盐、有机膦酸和羟基酸镀液中可以获得较好的铜、锌镀层。在酸性条件下，这些配位体的配位能力明显下降，要得到较好镀层必须与适当的光亮剂配合使用，以进一步降低电极反应速度。

总而言之，电镀作业最佳条件的选择，在某种意义上来说，就是选择最佳的电极反应速度，以获得最佳的镀层和镀液的性能。

1.2 获得良好镀层的条件

电解沉积反应是金属配位离子在金属电极表面获得电子的异相反应，其反应速度主要受电场强度、电极的表面状态、配位离子的形态与结构以及溶液中配位离子的传输的影响。我们可以把这些影响因素分为：①内在因素，如配位离子的结构与形态、配位离子的浓度与传输特性；②外在因素，如电极表面状态、电场强度、镀液温度、pH 值及搅拌等。此外，阴极反应正常与否，镀液的温度和搅拌情况对阴极沉积反应的速度也有相当的影响。如前所述，决定镀层晶粒大小和致密程度的关键因素是阴极电解沉积反应的速度，因此，控制电极反应速度的主要条件也就是获得良好镀层的主要条件。

1.2.1 电场强度

阴极静电势场的强度主要由阴极电位或阴极的电流密度决定。在外加电压一定时，阴极的实际电流密度还受阳极过程的约束。假如阳极出现钝化现象，阳极的正常溶解受阻，此时流至阴极的电流也下降，阴极实际的电流密度也下降。在阳极正常溶解的条件下，如果阴极反应不受传输过程的控制，则电极反应的速度由外加于阴极的电流密度控制。若镀液的配方不变（即配位离子与其含量恒定），被镀物的表面状态相同，此时外加于阴极的电流密度越大，通常电极反应速度也越快。但超电压和晶核的生成速度也变大，故在一定电流密度范围镀层的晶粒随电流密度加大而变小。不过电流超过此范围时，电极反应速度过快，只获得粗糙疏松或烧焦的镀层。若外加电流过小，金属的还原太慢，甚至无镀层，然而此时析出的镀层常是致密而细致的。因此，要获得相当高的还原速度和良好的镀层，对特定镀液来说只有一定的电流密度范围，这就是一定的镀液配方必须有相适应的电流密度范围的原因。当然，镀层的外观还会受其他因素，如杂质、温度等的影响，上面说的是不存在其他影响因素的情况。

1.2.2 电极的表面状态

附着力良好的金属镀层必然是在被镀金属表面自然延伸的镀层。在没有加添加剂或特殊配位剂的情况下，镀液只有自然整平作用，金属镀层基本上仍是沿着被镀金属表面的凹凸面做平行生长。在电流密度和镀液组成恒定时，被镀金属表面越粗糙，所得镀层也越粗糙。因此，要获得整平而光亮的镀层，被镀金属表面的粗糙度应越小越好。用磨光以及机械、电和化学抛光等方法来降低金属表面的粗糙度是有效的电镀前处理手段，在国外均已广泛用于电镀生产中。

在镀液中加入特种添加剂或光亮剂是一种简便而有效提高整平性和光亮度的方法，这可以取代劳动量高的机械研磨和抛光，因而受到电镀界的高度重视。添加剂在阴极高电流密度处的吸附和还原，可以有效地抑制高电流密度处金属的沉积速度，因而达到整平和光亮作用。若添加剂不能在阴极高电流密度吸附或被还原，则此种添加剂无效。若这在其整个电极表面吸附过强或还原所消耗的电能过多，则金属配位离子在阴极还原反应的速度过慢，阴极的电流效率大幅度降低，甚至阴极无镀层析出，而且添加剂及其分解产物容易被夹杂在镀层中，引起镀层物理力学性能的下降。因此，性能优良的添加剂不仅要具有好的整平或光亮作用，而且分解产物应越少混杂越好。

1.2.3 配位离子的形态与结构

在被镀金属的表面状态和阴极电流密度恒定的条件下，配位离子的形态与结构就成了决定镀层品质的主要因素。如前所述，Fe^{2+}、Co^{2+}和Ni^{2+}的水合配位离子的电极反应速度已较慢，从它们的酸性镀液中可以获得类似普遍镍的良好镀层。在同一电镀系列中的 $[Cu(H_2O)_6]^{2+}$，由于具有拉伸的八面体结构，有两个水分子距中心Cu^{2+}较远，容易离解而形成活性配合物，因此其电极还原反应的速度特别快，接近第一类金属离子的速度，从酸性$CuSO_4$液中只能获得较粗糙的镀层。

把Fe^{2+}、Co^{2+}和Ni^{2+}盐的水溶液加入碱性氰化物溶液中，水合金属离子就能变成极难离解的配位离子 $[M(CN)_6]^{4-}$，它难以形成活性配合物，故在阴极上的还原速度极慢，电流效率极低，几乎得不到镀层。所以铁族金属是不能用CN^-做配位剂的，因为CN^-为配位能力极强的配位体（强场配体），它能够把铁族金属离子内层 d 轨道单个排列的电子挤成对，然后再把配位体的未共用电子对插入内层 d 轨道中，形成十分稳定的内轨型配合物（见图 1-5）。配位体要从这类配合物中脱离而形成电极还原反应的活化配合物十分困难，故阴极还原的活化能很高，电极反应的速度也就很慢。

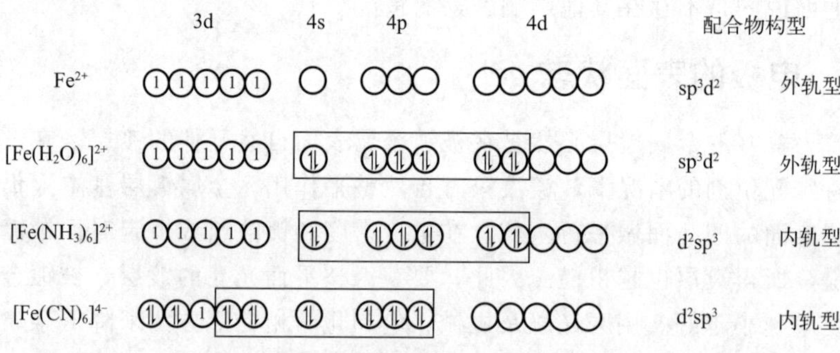

图 1-5 外轨型和内轨型配合物的电子构型

1.2.4 配位离子的传输速度

以上说的是配位离子从镀液本体扩散至金属表面的速度较金属配位离子放电速度更快时，电场强度、电极的表面状态和配位离子的形态、结构对电极反应速度的影响。如果金属配位离子的传输速度较电极还原反应的速度慢，即配位离子的还原是扩散控制的，那么此时得到的镀层往往是粗糙、疏松或“烧焦”状态的。因为扩散控制时，虽然到达电极表面的配位离子的数量是受扩散控制的，但电极表面放电离子很少，阴极的电场强度相对来说较高，到达电极表面的配位离子会优先在高电流密度部位以很快的速度被还原，配位离子或被还原后的金属原子没有充裕的时间在电极表面扩散，而是集中沉积在高电流密度区，因此在高电流密度部位晶体生长就很快，只能得到粗糙、疏松或烧焦的镀层。

如果用搅拌、升温、镀液流动或喷射，以及用超声、激光等手段加速溶液中配位离子向电极表面的扩散，那浓差极化的现象会被消除，电极还原反应会由扩散控制变为电极反应速度控制，镀层粗糙或“烧焦”的现象会被克服。因为此时高、低电流密度区都有足量的配位离子被还原，阴极电场强度均匀下降，配位离子的还原速度较慢，可获得比较均匀、细致的镀层。

判断电极反应是否受扩散控制的简便方法是在做梯形槽电镀试验时，仔细比较有无搅拌时梯形槽样片高电流密度区“烧焦”部分的变化。若搅拌后“烧焦”区缩小或消失，这就表示该镀液有较严重的浓差极化，在该电流下电极反应是受扩散控制的。若搅拌后原来的“烧焦”区并无变化，这说明反应不是受扩散控制的。

1.2.5 添加剂

在酸性镀液中，除了铁族元素、铂族元素和铬外，大多数金属元素只能获得粗糙或疏松的镀层。如用普通酸性镀锡液进行电镀时只能获得粗大或树枝状的镀层。为了能在活性的结晶生长点上抑制结晶的生长，促进晶核的形成，目前大都认为在镀液中添加可以在结晶生长点上选择性吸附的有机添加剂是不可缺少的。

添加剂在电极界面上的吸附可以从双电层电容的变化看出（见图 1-6）。由于添加剂的吸附，双电层电容减小，在大多数情况下极化曲线也向右移动，极化值增大。例如在镀镍时加入香豆素（曲线 4）或对甲苯磺酸胺（曲线 2）后，其双电层电容比未加时（曲线 3、曲线 1）下降了，而极化曲线由左向右移动。

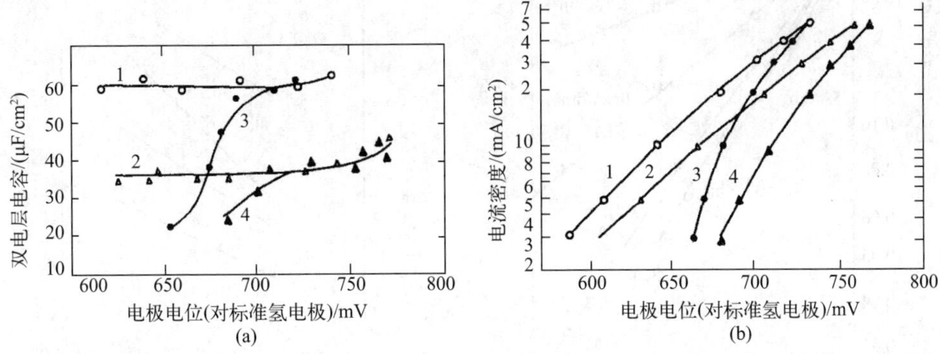

图 1-6 镀镍时加入对甲苯磺酸胺（曲线 1，曲线 2）或香豆素（曲线 3，曲线 4）前后双重电解层电容和极化曲线的变化（曲线 1、曲线 3 未加添加剂，曲线 2、曲线 4 已加入添加剂）

添加剂的吸附分物理吸附和化学吸附，物理吸附时添加剂只改变双电层的结构，减少了电极的有效表面，同时也有妨碍金属离子接近电极表面进行还原的作用，结果是使超电压有所增加，但其本身并不发生电极还原反应，因而这类添加剂提高超电压的作用是有效的。化学吸附时，添加剂不仅改变双电层结构和电极的有效面积，而且添加剂的 N、O、S 等原子可与金属配位离子在电极表面形成配合物，使配位离子还原的速度明显下降。大部分表面活性剂和分子量大的有机化合物属于此类。

另一类添加剂不仅可在电极表面活性部位吸附，促进晶粒变细，而且本身在电极上可接受电子与金属离子或 H^+ 同时被还原析出，结果是镀液中添加剂的浓度逐渐下降，其沉积的电流效率变低，同时镀层中也常夹杂添加剂的还原产物，使镀层的物理力学性能改变。例如含硫化合物作为添加剂加入镀液时，通常只能得到含金属硫化物的金属镀层，图 1-7 为不同电流密度下电镀时丁炔二醇的浓度随电镀时间变化的情况。随着阴极电流密度的升高，添加剂消耗的速度也加快。这表示添加剂会优先在电极高电流密度部位（峰处）吸附并还原，因而降低了该处金属离子的电解沉积反应速度，使析出的晶粒变细，同时促使峰、谷处的电流分布趋于均匀，使镀液的分散能力和整平能力得到改善。添加剂的吸附一般是在表面上以单分子层形式吸附或只在局部地方吸附，因此，只要少量添加剂（$1\times10^{-4}\sim1\times10^{-3}$ mol/L）就足以占据电极表面的活性部位，使电极反应的速度明显降低，并获得整平而光亮的镀层，这就是电镀界非常重视添加剂的研究发展的原因。图 1-8 是添加无机添加剂氧化铅（PbO）和有机添加剂聚氧乙烯醚（POE）对电镀锌活化超电压的影响。加入 PbO 时活化超电压提高了 1.5 倍，加了表面活性剂聚氧乙烯醚后，活化超电压提高了 2～3 倍，镀层晶粒明显细化。

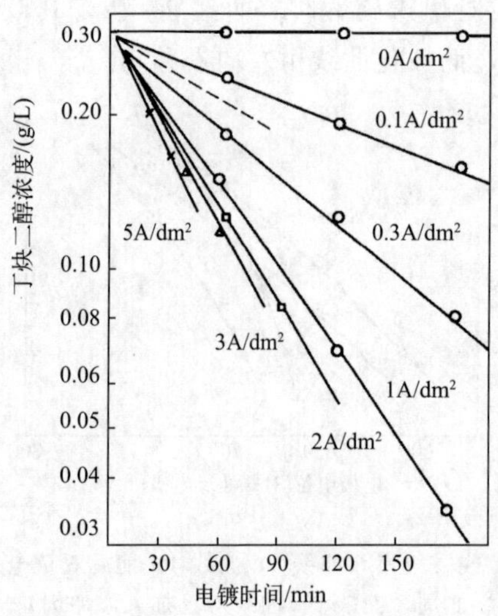

图 1-7 丁炔二醇浓度随电镀时间的变化

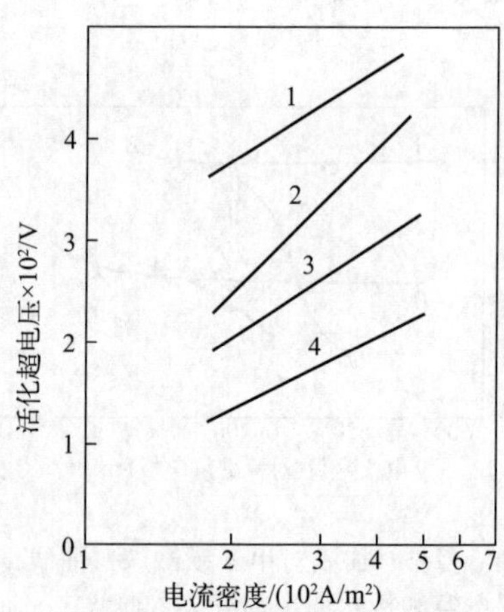

图 1-8 电流密度和添加剂对电沉积超电压的影响

1—无添加剂；2—加 PbO；3—加 POE-12；4—加 POE-20

1.3 配位体对金属离子电解沉积速度的影响

1.3.1 水合金属离子的电极反应速度与其配位体水取代反应速度的关系

水合配位离子的电解沉积反应可以近似地看成带负电的阴极作为配位体，取代水合配位离子中配位水的反应。由于配位体取代反应的速度决定步骤主要由水合离子脱去第一个配位水的难易决定，与配位体本身性质关系不大，因此，电解沉积反应可以近似看成是一种特殊配位体的取代反应。这样，配位体取代反应的规律也可近似用于电析的反应，即取代金属离子内配位水的速度常数和金属离子电沉积反应的速度常数有对应的关系。

Strhlow 和 Jen 曾从理论上提出了水合金属离子的脱水是酸性镀液中金属电解沉积反应超电压的主要原因，这种看法还可以解释 Be^{2+}、Al^{3+} 这样的阳离子不能从水溶液中析出来的原因。实验事实也证明 Ni^{2+}、Co^{2+}、Zn^{2+} 和 Cu^{2+} 电解沉积反应的速度决定步骤，在其沉积反应时动力学上最重要的一步是水合金属配位离子的脱水。

Vijh 和 Randin 曾研究了二价过渡金属离子的取代配位体水的速度常数和金属离子在汞上电解沉积速度间的关系。例如汞电极上测得的电极反应的速度常数与固体电极上测得的数据不同，虽然它们与内配位水取代反应的速度常数都呈线性关系，只是液体汞电极上得到的数据具有更好的线性关系（见图 1-9 和图 1-10）。

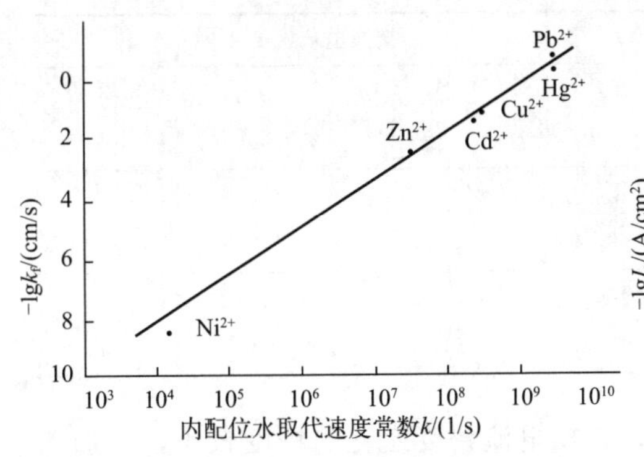

图 1-9 二价金属离子在汞上沉积的程度常数 k_f 和内配位水取代速度常数的关系

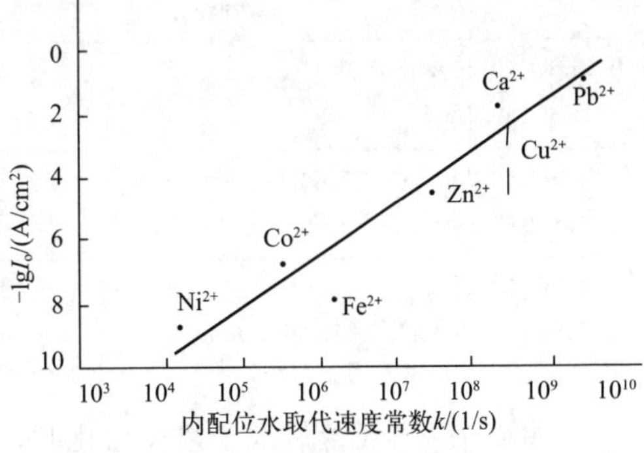

图 1-10 二价金属离子在金属电极上沉积的交换电流密度与内配位水取代速度常数的关系

1.3.2 配位体配位能力的影响

其他类型金属配位离子在电极上还原析出往往比水合配位离子更困难，它们的电极反应速度较慢，反应的过电压高，所得镀层的品质较好。因此，加入适当的配位体来改变水合金属离子的电极反应速度，这是获得良好镀层的一种重要手段，这已广泛用于电镀实际生产，并获得了很好的效果，其中氰化物镀液就是突出的一例。

在镀液中加入比水更强的配位体时，这会取代水而形成更稳定的配位离子，此时配位离子与金属离子间的键往往较强，致使配合物离解出配位体而形成活化配合物更加困难，即金属离子还原时的活化能较高，过电压较大，与此相应的则是其电极反应速度下降，交换电流密度变小。表 1-3 列出了不同价金属离子的电极反应速度常数 k 和内配位水取代反应速度常数 k_o。表 1-4 列出了 $ZnSO_4$ 浓度变化和加入不同配位体后的交换电流密度。

表 1-3　不同价金属离子的电极反应速度常数 k 和内配位水取代反应速度常数 k_o

价态	金属离子	电极反应速度常数 k/(1/s)	内配位水取代反应速度常数 k_o/(1/s)
一价	Cu^+(汞上)		
	Ag^+(汞上) 碱金属(汞上)	$\geqslant 10^{-1}$	$\approx 10^9$
二价	Zn^{2+}	3.5×10^{-3}	3×10^7
	Cu^{2+}	4.5×10^{-2}	3×10^8
三价	Bi^{3+}	3×10^{-4}	—
	In^{3+}	1×10^{-6}	3×10^2
	Cr^{3+}	很小	1.8×10^{-6}

表 1-4　金属离子浓度和不同类型配位体对交换电流密度的影响

溶液成分	交换电流密度 I_o/(mA/cm^2)
$ZnSO_4$(0.66mol/L)	48.0
$ZnSO_4$(0.2mol/L)	27.6
$ZnSO_4$(0.2mol/L)+NaOH(2.0mol/L)	10.0
$ZnSO_4$(0.2mol/L)+NH_3(3mol/L)	5.5
$ZnSO_4$(0.2mol/L)+柠檬酸三钠(0.8mol/L)	0.07
$ZnSO_4$(0.66mol/L)+KCN(1.6mol/L)	10^{-3}

由表 1-4 可见金属离子浓度变化时，交换电流密度变化的幅度较小，而加入配位能力较强的配位体 CN^- 时，交换电流密度会大幅度下降。

1.3.3　配位体浓度的影响

对于同一种配位体而言，一般来说配位体的浓度越高，越有利于形成高配位数的配位离子，要其离解出配位体而形成放电所需要的活化配合物也越困难，因此其还原所需的活化能较高，超电压较大，电极反应速度下降。表 1-5 列出了柠檬酸盐浓度升高时锌离子交换电流密度下降的情况。

有些配位体可以形成“电子桥”，这会加速电极反应，这类配位体的数量较少，会另外讨论。

表 1-5　柠檬酸盐浓度对锌的交换电流密度的影响

$ZnSO_4$ 的浓度/(mol/L)	柠檬酸三钠的浓度/(mol/L)	交换电流密度 I_o/(mA/cm^2)
0.1	0	27.6
0.1	0.05	20.5
0.1	0.25	0.39
0.2	0.8	0.07
0.33	0.8	0.15

1.3.4　配位体形态的影响

对于多元酸配位剂（也称络合剂、螯合剂），其配位体形态是随镀液的 pH 而变化的。例如 EDTA，这是四元酸（H_4L），随着 pH 值的升高，氢离子会离解，其配位力逐渐增强，形成配位离子的形式逐渐由［$Cd(H_4L)^{2+}$］过渡到［$CdL]^{2-}$（见图 1-11）。

由图 1-11 可见，在 pH 1.9～2.8 时镀液主要存在的是［$Cd(H_3L)$］$^+$，在 pH 3.3～4.4 时为［$Cd(H_2L)$］，在 pH 4.6～5.8 时为［$Cd(HL)$］$^-$，在 pH 6.4～10.0 时为［$CdL]^{2-}$。随着 pH 值的升高，它们的稳定常数逐步增大，体系的平衡电位逐渐负移，在电极上还原也越来越困难，电极反应的标准速度常数也越来越小。表 1-6 列出了 Cd^{2+} 的 EDTA 配合物在汞上还原时体系的热力学和动力学条件。EDTA 的其他金属配合物，如 Pb、Cu 等也有类似结果。

$$[Cd(H_pL)]+2e^- \rightleftharpoons Cd(Hg)+H_pL(p=3、2、1、0)$$

表 1-6　pH 对多元酸型配位离子还原速度和其热力学条件的影响

pH	1.9～2.8	3.3～4.4	4.6～5.8	6.4～10.0
放电配位离子的形态	$[Cd(H_3L)]^+$	$[Cd(H_2L)]$	$[Cd(HL)]^-$	$[CdL]^{2-}$
配位离子的稳定常数 $\lg K$	3.72	4.72	8.78	14.25
配位离子的平衡电位 E/V	−0.685	−0.715	−0.835	−0.996
(对 SCE)电极反应传输系数 α	0.52	0.35	0.32	0.30
电极反应的标准速度常数 k_o/(cm/s)	1.1×10^5	2.2×10^4	5.5×10^3	6.5×10^2

1.3.5　桥联配位体的影响

有一类配位体非但不能抑制电极反应，反而对电极还原反应有促进作用。这类配位体往往是能够形成有利于电子从电极表面向配位离子转移的“桥”。由于这类配位体的桥联作用，使电子很容易通过“电子桥”而转移到配位离子上，使电极反应的活化能显著降低，而配位离子本身甚至可以不需要做任何结构调整(形成活化配合物)就直接被还原。所以，虽然这类配位体形成的配合物的稳定常数很高，有时却比简单水合金属离子更容易在电极上被还原。OH^-、Cl^-等含多对孤对电子的配位体，往往可作为桥联配位体而形成“电子桥”。根据西原千鹤子的研究，由OH^-参与搭桥的$[Ni(OH)(H_2O)_5]^+$的还原速度比$[Ni(H_2O)_6]^{2+}$快好多个数量级（见表1-7)。

表1-7　桥联配位体对平衡电位相对沉积反应速度的影响

配离子	稳定常数 lg*K*	平衡电位 *E*/V	汞上的沉积速度常数/(cm/s)
$[Ni(H_2O)_6]^{2+}$	—	−0.496	2.9×10^{-10}
$[Ni(OH)(H_2O)_5]^+$	4.6	−0.634	5.7×10^{-3}

1.3.6 多种配位体的竞争

根据配位平衡的基本原理，多种配位体共存于镀液中，在相当条件下会发生两种配位体对金属离子的竞争反应，镀液中除生成由一种配位体构成的单一型配合物外，还可以生成由两种或多种不同配位体构成的混合配位体配合物，其电化学特性与单一型配合物常有明显的差别，尤其是电极反应速度有很大的区别。

根据OpexBa的研究，在Ag^+-NH_3-$P_2O_7^{4-}$体系中、在不同条件下形成$[Ag(P_2O_7)_2]^{7-}$、$[Ag(NH_3)_2]^+$、$[Ag(NH_3)_2P_2O_7]^{3-}$三种配位离子，它们的热力学和动力学性质列于表1-8。

表1-8　混合型和单一型配位离子的电化学性质

性质	$[Ag(P_2O_7)_2]^{7-}$	$[Ag(NH_3)_2P_2O_7]^{3-}$	$[Ag(NH_3)_2]^+$	性质	$[Ag(P_2O_7)_2]^{7-}$	$[Ag(NH_3)_2P_2O_7]^{3-}$	$[Ag(NH_3)_2]^+$
累积稳定常数 lg*β*	3.55	4.75	7.03	汞上析出电位 $E_{析}$/V	+0.32	+0.10	+0.23
标准平衡电位 $E^{\ominus}$/V	0.589	0.519	0.384	超电压 Δ/V	(≈0)	0.26	0.04
交换电流密度 I_0/(A/cm²)	≈10	≈1.0	(≈10)				

由表1-8可见混合配位体配合物的形成对交换电流密度、析出电位和超电压都有很大影响。混合配位体离子$[Ag(NH_3)_2P_2O_7]^{3-}$的析出电位最负，交换电

流密度最小，超电压最大。原因是$[Ag(NH_3)_2P_2O_7]^{3-}$的还原并不像$[Ag(NH_3)_2]^+$和$[Ag(H_2O_4)]^+$那样是一步完成的，这在电极上的还原要经过二步：

$$[Ag(NH_3)P_2O_7]^{3-} \xrightleftharpoons{慢} [Ag(NH_3)_2]^+ + P_2O_7^{4-} \quad [Ag(NH_3)_2]^+ + e^- \rightleftharpoons Ag + 2NH_3$$

其中第一步反应即混合配位体配位离子解离而形成反应中间体$[Ag(NH_3)_2]^+$的反应最慢，这是电极反应的决定步骤。这一点已为计时电位法和旋转圆盘电极法的测量结果所证明。

在α-吡啶甲酸（L）-氨-硝酸银镀银液中，主要存在的配位离子为混合配位体配离子$[Ag(NH_3)_2L_2]^-$，这在Ag电极上放电时也存在一个缓慢的均相前置转化步骤，这是整个电极反应的速度决定步骤。

$$[Ag(NH_3)_2L_2]^- \xrightleftharpoons{慢} [Ag(NH_3)_2L] + L^-$$

在Ag^+-NH_3-NS（亚氨基=磺酸钾）体系中，存在三种类型的配离子$[Ag(NS)_{1\sim2}^{-或3-}]$、$[Ag(NH_3)_{1\sim2}]^+$和$[Ag(NH_3)_{1\sim2}(NS)]^-$，它们的稳定常数列于表1-9。

表1-9　Ag^+-NH_3-NS体系中配位离子的稳定常数

配位离子	$[Ag(NS)]^-$	$[Ag(NS)_2]^{3-}$	$[Ag(NH_3)]^+$	$[Ag(NH_3)_2]^+$	$[Ag(NH_3)(NS)]$	$[Ag(NH_3)_2(NS)]^-$
$\lg\beta$	3.03	5.57	3.24	7.05	6.67	8.0

在最佳电镀作业范围内，镀液中主要存在的是$[Ag(NH_3)_2(NS)]^-$型混合配位体配离子，由此在阴极上放电时，阴极析出银的过电压最大，镀层品质最好。用定电流阶跃法测得的$I\tau^{1/2}$不随I的变化而变化，证明在$[Ag(NH_3)_2(NS)]^-$离子放电反应中，无前置转化步骤，而是混合配位离子直接在阴极放电。

1.3.7　易吸附配位体的影响

配位离子放电时，除了形成活性中间体的活化能一般起决定作用外，还需经过配位体离开电极，金属进入电极晶格的过程。如果配位体在电极上有较强的吸附作用，那么要它离开电极就很困难，所以这类配位体对超电压的贡献大大超过了一般的配位体，从这类配位体中可以获得细致而光亮的镀层。多乙烯多胺、有机多膦酸、三乙醇胺、丁二酰亚胺、氰化物等就属于此类化合物。例如在碱性锌酸盐镀液中加入三乙醇胺和CN^-可以提高锌的析出超电压，而计算表明，镀液中三乙醇胺与Zn^{2+}的配位作用很弱。近年来用微分电容法已证明，有机多膦酸（如HEDP）、三乙醇胺，或者那些能与汞离子形成配位离子的配体大都能在汞电极上吸附。

1.3.8　表面活性物质的影响

表面活性物质的作用，一般认为是它们能够吸附在阴极表面上形成紧密的有机物吸附层，对电流的通过有一定的阻滞作用，因而使电极反应的超电压升高，从而获得光亮、平整的镀层。所以它们中有不少可作为光亮剂或整平剂。

还有一类光亮剂，如锌酸盐镀液中用的醛类以及某些含硫的光亮剂，它们的增光作用和锌沉积的同时发生醛的阴极还原有关。

研究焦磷酸盐镀铜液中 14 种含硫有机化合物的结构，C—S 键的半波电位和光亮能力间的关系，结果表明，起光亮作用的主要是 C—S 键，而有机物的结构和体积仅是次要因素。硫化物的吸附是通过硫原子上的自由电子对进行的，因此光亮作用和硫原子的 p 电子的能量有关。

值得注意的是，许多光亮剂含有可参与配位的基团，它们可以在电极表面形成配合物。

第 2 章

有机添加剂的阴极还原

2.1 概述

有机添加剂的光亮作用，有许多人认为是有机添加剂在阴极表面的吸附和阻挡作用的结果，然而实验事实证明，许多添加剂的光亮作用是与其本身的电化学还原分不开的。例如甲醛和乙醛在碱性锌酸盐镀液中，当它们处在不发生电化学还原的电位下进行定电位电镀时，它们均无光亮作用，虽然乙醛在锌阴极上有明显的吸附且比甲醛强。当甲醛在可以电化学还原的电位下进行电镀时，甲醛显出明显的光亮效果，许多其他的芳香醛添加剂也是如此。例如苯甲醛和茴香醛是碱性锌酸盐镀锌的典型光亮剂，这是因为它们在电镀条件下可被还原为 1,2-二苯基乙醇和 1,2-二对甲氧基苯基乙二醇。而这两种还原产物虽然在电极上的吸附比苯甲醛和茴香醛本身强，但它们不能在电镀条件下被还原，因而就不显光亮作用。由此可见，醛类的光亮作用与其本身或其还原产物是否吸附并无直接关系，而与醛的电化学还原有关。表 2-1 列出了碱性锌酸盐镀锌时，作为光亮剂的甲醛、乙醛、苯甲醛及其还原产物 1,2-二苯基乙二醇的吸附性能和光亮效果。由表 2-1 可知吸附强弱并非有机物显示光亮作用的依据，而有机物能否在阴极上被还原，才是有机物是否显示光亮作用的依据。各种镀液的主光亮剂几乎全是由可被阴极还原的有机物组成，例外的情况极为少见。

表 2-1　碱性锌酸盐镀锌添加剂的吸着和光亮效果

性能	甲醛		乙醛		苯甲醛		1,2-二苯基乙二醇
吸着能力	弱	<	强	<	较强	<	最强
在不被还原电位下的光亮效果	无		无		无		无
在被还原电位下的光亮效果	有		有		有		—
在电镀条件下能否被还原	能		能		能		不能
在电镀条件下的光亮效果	有		有		有		无
分解产物的吸着能力	弱	<	强	<	强		不再被分解
分解产物对镀层的危害作用	弱	<	强	<	强		—

含不饱和基团或易还原的原子团的其他易被还原的化合物，如炔类、酮类、偶氮类、亚胺类、脂肪和芳香族巯基类化合物、聚硫化合物、芳磺酸等也都和醛类一样，这是因为在金属电解沉积电位下也能被还原而显光亮效果。因此，研究

有机添加剂在什么条件下被还原，其还原产物为何物，产物是否进一步被还原，以及添加剂本身的结构因素对其还原电位的影响，这是选择和研究有效电镀光亮剂的重要依据。可是在国内外的书刊中还很少见到这方面的系统介绍，本章会从有机电化学角度尝试对国内外有关电镀有机添加剂的阴极还原条件和产物做一系统介绍。

2.2 有机添加剂的还原与还原电位

2.2.1 有机物还原电位的表示法

无机化合物的还原反应，是指金属离子获得电子或失去氧原子的反应：

$$Fe^{3+}+e^{-}\rightleftharpoons Fe^{2+}\quad Fe_2O_3\rightleftharpoons 2FeO+1/2O_2$$

这种反应很容易从金属原子价（或氧化数）的减小直接看出，很少会出现判断错误的现象。有机化合物的还原反应常伴随着分子结构的变化，或者发生氧的失去或氢的获得等情况。因此，对不熟悉有机氧化还原反应的人来说，不容易从电子的得失来判断，反而容易从氢和氧的得失做判断。所以，通俗一点说，在分子中加入氢或从分子中去掉氧的反应即为有机物的还原反应。

$$O=C_6H_4=O+H_2 \underset{\text{氧化}}{\overset{\text{还原}}{\rightleftharpoons}} HO-C_6H_4-OH$$

由于氢的得失受溶液 pH 值的影响，即在酸性和碱性时苯醌的还原反应有不同的表示法：

碱性

$$O=C_6H_4=O+2e^{-}\rightleftharpoons {}^{-}O-C_6H_4-O^{-}$$

苯醌(Q)　　　　(Q^{2-})

酸性

$$O=C_6H_4=O+2H^{+}+2e^{-}\rightleftharpoons HO-C_6H_4-OH \tag{2-1}$$

苯醌(Q)　　　　对苯二酚(H_2Q)

如果反应是可逆的，则有机添加剂的还原电位 E 可用能斯特（Nernst）方程式表示：

$$E=E^{\ominus}+\frac{RT}{nF}\frac{[\text{氧化态}]}{[\text{还原态}]}=E^{\ominus}+\frac{RT}{nF}\ln\frac{[Q]}{[H_2Q]} \tag{2-2}$$

式中，$E^{\ominus}$ 为标准（电极）电位，是指 25℃时氧化态和还原态的浓度均为 1mol/L 时的电位。n 为反应的电子数，氧化态和还原态的浓度在电解时常常发生变化，反应的电位也随之变化。当氧化态的浓度和还原态的浓度相等，而且电解液中的支持电解质（如 H^{+}、OH^{-}、Cl^{-} 等）的浓度是固定不变的，规定不在对数项中表示出来，此时的电位称为式量电位，用 E_f 表示。如表 2-2 是某些有机添加剂的标准还原电位或式量电位。

表 2-2 某些有机添加剂的标准电位和式量电位

化合物	溶剂	产物	标准电位 $E^{\ominus}$(对标准氢电极)/V
1,4-苯醌	水	对苯二酚	0.699
1,4-苯醌	50%乙醇	对苯二酚	0.712
1,4-萘醌-2-磺酸	水	1,4-二羟基苯-2-磺酸	0.533
1,4-萘醌-2-磺酸	50%乙醇	1,4-二羟基苯-2-磺酸	0.558
甲醛	水	甲醇	0.19
乙醛	水	乙醇	0.192
丙酮	水	2-丙醇	0.13
D-葡萄糖	水	D-葡萄糖醇	0.09
丙酮酸	水	乳酸	$-0.16(E_t=-0.19)$
乙酰乙酸	水	2-羟基丁酸	$-0.27(E_t=-0.35)$

在酸性时，反应的电位和溶液中 H^+ 浓度有关。由式（2-2）可得反应式（2-1）的电位表达式为：

$$E=E^{\ominus}+\frac{0.059\mathrm{V}}{2}\lg\frac{[\mathrm{Q}][\mathrm{H}^+]^2}{[\mathrm{H_2Q}]} \tag{2-3}$$

当 $[\mathrm{Q}]=[\mathrm{H_2Q}]$ 时：

$$E_f=E^{\ominus}+\frac{0.059\mathrm{V}}{2}\lg[\mathrm{H}^+]^2=E^{\ominus}+0.059\mathrm{V}\lg[\mathrm{H}^+] \tag{2-4}$$

由于对苯二酚（H_2Q）是个弱酸，它在溶液中并不完全离解，其离解常数为：

$$\mathrm{H_2Q}\rightleftharpoons\mathrm{H^+}+\mathrm{QH^-}\quad K_1;\ \mathrm{QH^-}\rightleftharpoons\mathrm{H^+}+\mathrm{Q^{2-}}\quad K_2$$

考虑此关系后的式量电位为：

$$E_f=E^{\ominus}+\frac{RT}{2F}\lg([\mathrm{H}^+]^2+K_1[\mathrm{H}^+]+K_1K_2) \tag{2-5}$$

由式（2-5）可知，当 $\mathrm{pH}<\mathrm{p}K_1$ 时，pH 值变化一个单位时，式量电位会改变 60mV。当 $\mathrm{pH}>\mathrm{p}K_2$ 时，pH 值变化一单位，式量电位会改变 30mV。因此，要用式量电位进行比较时，必须考虑 pH 值和反应产物电离的影响。

2.2.2 有机物还原的半波电位

大多数有机化合物的还原都是不可逆的，要准确测定标准电位较困难。到目前为止，已测定标准电位的有机物很少，但测定滴汞电极上还原反应半波电位 $E_{1/2}$ 的有机物却很多，能在滴汞电极上被还原的有机物必须具有强的极性键或不饱和键，这类化合物正是电镀上常用的有机添加剂。

半波电位是指用极谱法测定的有机物还原时的电流-电位曲线，并定义极谱极限电流 I_d 一半处所对应的汞电极的电位，即 $I=\frac{1}{2}I_d$ 时的电极电位。在电极反应是可逆的情况下，极谱半波电位满足以下表达式：

$$E_{1/2}=E^{\ominus}-\frac{RT}{nF}\ln\frac{D_o}{D_r} \tag{2-6}$$

式中，D_o 和 D_r 分别表示氧化态和还原态的扩散系数，如两者相差很小则 $E_{1/2}$ 可以近似看做 $E^{\ominus}$ 值。因此，在相同条件下测得的不同有机物的 $E_{1/2}$ 值是具有可比性的。$E_{1/2}$ 值越正，表示有机化合物越容易被还原。相反，$E_{1/2}$ 值越负，有机物就越难被还原。表 2-3 列出了某些醛酮还原的半波电位。若有机添加剂的半波电位与金属离子还原的半波电位相等或稍正，则有机添加剂会与金属离子共同被还原。此时，一方面有机添加剂被还原，并有部分被混杂在镀层中，引起镀层硬度、应力、脆性、耐磨性、导电性和纯度等发生变化。另一方面，由于有机添加剂往往优先在高电流的凸起部位上放电，抑制了底材金属表面凸起部位的集中高速电沉积金属，促进了低电流区的凹陷处金属的电沉积，因而使得镀层整平光亮。

表 2-3　一些醛、酮还原的半波电位 $E_{1/2}$

名称	结构	介质	pH	$E_{1/2}$(对饱和甘汞电极)/V
甲醛	HC(H)=O	0.06mol/L LiOH	12.7	−1.75
乙醛	CH_3—C(H)=O	0.01mol/L LiOH	13	−1.81
乙二醛	O=C(H)—C(H)=O	0.1mol/L NH_4Cl	—	−1.50
丙烯醛	CH_2=CH—C(H)=O	缓冲液	4.8 9~11	−0.83 −1.04
丁烯醛(巴豆醛)	CH_3—CH=CH—C(H)=O	乙酸盐-50% 1,4-二噁烷	2.0	0.93
丙炔醛	CH≡C—C(H)=O	—	1.7 4.0	−0.72 −0.88
3-氰基丙烯醛	NC—CH=CH—C(H)=O	—	—	−0.48
肉桂醛	C_6H_5—CH=CH—C(H)=O	—	酸性	−0.591

续表

名称	结构	介质	pH	$E_{1/2}$(对饱和甘汞电极)/V
苯甲醛	C_6H_5—CHO	水	外推至 pH=0	−0.800
		50%二噁烷	外推至 pH=0	−0.868
		50%二噁烷	3.6	−1.35 (−1.73)
		50%二噁烷	7.4	−1.56
		50%二噁烷	9.4	−1.50
水杨醛	OH, CHO	麦基雨文缓冲液[①]	2.2	−0.96
		40%乙醇,0.1mol/L NH_4Cl	—	−1.38
3-甲氧基苯甲醛	H_3CO—C_6H_4—CHO	麦基雨文缓冲液[①]	2.2	−1.01
2,4-二甲氧基苯甲醛	CH_3O, OCH_3, CHO	0.2mol/L $(CH_3)_4NOH$-50%乙醇	2.2	−0.93
苯乙酮	C_6H_5—C(=O)—CH_3	麦基雨文缓冲液[①]	7.2	−1.54
二苯甲酮	C_6H_5—C(=O)—C_6H_5	麦基雨文缓冲液[①]	1.3 11.3	−0.90 −1.38
丁二酮	CH_3—C(=O)—C(=O)—CH_3	0.3mol/L $(C_4H_9)_4NBr$-甲醇	—	−0.74
二苯基乙二酮	C_6H_5—C(=O)—C(=O)—C_6H_5	0.3mol/L $(C_4H_9)_4NBr$-甲醇	—	−0.53
4,4′-二乙酰基联苯	CH_3—C(=O)—C_6H_4—C_6H_4—C(=O)—CH_3	0.02mol/L $(C_4H_9)_4NI$-92%甲醇	—	−1.39
1,3-二苯基丙酮	C_6H_5—CH_2—C(=O)—CH_2—C_6H_5	0.3mol/L $(C_4H_9)_4NCl$-0.1mol/L $(C_4H_9)_4NOH$ 的 80%乙醇液	—	−2.10
1-丁烯-3-酮	CH_2=CH—C(=O)—CH_3	—	外推至 pH=0	−0.86
3-己烯-2,5-二酮	CH_3—C(=O)—CH=CH—C(=O)—CH_3	10%~80%乙醇	5.0	−0.41
香豆素	O, C=O	麦基雨文缓冲液[①]	6.8	−1.53

续表

名称	结构	介质	pH	$E_{1/2}$（对饱和甘汞电极）/V
糖精	O C NH SO_2	0.05mol/L HCl	—	−0.96

① 麦基雨文(Maglvome)缓冲液：柠檬酸和 KH_2PO_4 的混合物，pH 值范围 2.2～8.0。

2.3 有机添加剂的电解还原条件与还原产物

有机物阴极还原的难易与产物，除了与有机物本身的分子结构有关外，还与电解液的组成、pH、电流密度（或阴极电位）、电极材料等有密切关系。同金属离子的还原相似，有机物的还原只有当电流密度或电极电位达到一定值之后才能进行。如在恒电流密度下进行电解，阴极电位值常随电解时间而变化，与此同时则往往有副反应发生，因此要获得较纯的产物常采用恒电位电解的方法。

电极材料的不同会影响有机化合物还原的电流效率和产物，这与它们本身对氢和氧的超电压有很大不同有关（见表 2-4）。氢超电压低的金属有强烈吸附氢的能力（如镍、钯、铂、镉、铜、银、铁等），它们易使非极性不饱和键还原，其还原速度与 pH 无关。另一类是氢超电压高的金属（如汞、铅、铊等），其吸附氢的能力弱，易使极性基团还原，其还原速度与 pH 有关。如表 2-5 是丙酮用各种电极进行恒电位电解的电流效率和各种反应产物所占的百分数。丙酮在电解还原时可以生成以下三种产物：

$$(CH_3)_2C{=}O \xrightarrow{H^+ + e^-} (CH_3)_2C{-}OH\cdots M^* \longrightarrow$$

$$\xrightarrow{+e^-} (CH_3)_2\overset{\ominus}{C}{-}OH \longrightarrow \begin{cases} \xrightarrow{(CH_3)_2C=O + H^+} (CH_3)_2C(OH){-}C(OH)(CH_3)_2 \quad \text{频哪醇} \\ \xrightarrow{H^+} (CH_3)_2CH{-}OH \quad \text{异丙醇} \end{cases}$$

$$\xrightarrow{2H^+ + 2e^-} 1/2\ (CH_3)_2CH{-}M^{**}{-}CH(CH_3)_2 + H_2O \xrightarrow{H^+ + e^-} 1/2M + (CH_3)_2CH_2 \quad \text{丙烷}$$

* 为金属电极本身；** 为从金属化合物的电极中游离出来的金属。

表 2-4　各种金属电极产生氢气和氧气的最小超电压

电极	氢超电压(在 1mol/L H_2SO_4 中)/V	氧超电压(在 1mol/L KOH 中)/V	电极	氢超电压(在 1mol/L H_2SO_4 中)/V	氧超电压(在 1mol/L KOH 中)/V
镀铂黑的铂	0.00	0.25	铜	0.23	—
钯	0.00	0.43	镉	0.48	0.43
金	0.02	0.53	锡	0.53	—
铁	0.08	0.25	铅	0.64	0.31
光滑铂	0.09	0.45	锌	0.70	—
银	0.15	0.41	汞	0.78	—
镍	0.21	0.06			

表 2-5　丙酮在各种电极上定电位还原时的电流效率和产物

项目	阴极	Hg	Pb	Cd	Zn	Al	Sn
阴极电位	对饱和甘汞电极/V	−1.375	−1.375	−1.375	−1.375	−1.375	−1.375
	平均电流密度/(A/dm^2)	3.0	1.5	3.2	4.3	1.6	4.0
	电流效率/%	73	86	90	86	45	0
生成物	频哪醇/%	2.9	7.1	0	0	0	0
	异丙醇/%	94.7	67.1	0	3.0	0	0
	丙烷/%	2.2	25.2	100	97.0	100	0

2.3.1　醛、酮类有机物的电解还原

醛和酮类有机物在阴极上可以被还原为三类产物（见表 2-6）：醇、频哪醇（邻羟基二醇）和烷烃。

表 2-6　醛、酮有机物的电解还原

醛		酮	
$-\overset{H}{C}{=}O \xrightarrow{+e^-} -CH_2OH$	伯醇	$R_2C{=}O \xrightarrow{+e^-} R_2CH{-}OH$	仲醇
$2-\overset{H}{C}{=}O \xrightarrow{+e^-} \begin{matrix}-CHOH\\ \vert \\ -CHOH\end{matrix}$	频哪醇	$2\ R_2C{=}O \xrightarrow{+e^-} \begin{matrix}R_2C{-}OH\\ \vert \\ R_2C{-}OH\end{matrix}$	频哪醇
$R-\overset{H}{C}{=}O \xrightarrow{+e^-} R-CH_3$	烷烃	$R_2C{=}O \xrightarrow{+e^-} R_2CH_2$	烷烃

脂肪醛还原为脂肪醇时的产率和电流效率随电解条件有较大变化，当用镉做阴极时电解液的 pH 值增大、温度升高以及脂肪醛的碳键加长等，都会使脂肪醇

的产率下降，而频哪醇的产率却增加。芳香醛容易被还原为相应的醇，但它们比脂肪醛更容易形成频哪醇，特别是在高氢超电压的金属阴极上进行定电流电解时，在5%硫酸-乙醇溶剂中，在Pt、Ni、Cu阴极上主要还原产物是醇，其产率随温度升高而减小。取代醛只要取代基不被还原，它都可转化为相应的醇。多羟基醛很容易被还原为多羟基醇，如甘露醇在工业上可由己糖还原而得。杂环醛的羰基也容易被还原为醇，但副反应较多，因为主要以不可还原的水合烯-醇结构存在。要使其还原，首先要使其转化为不饱和的脂肪醛或芳香醛。在强碱性介质中，杂环醛主要被还原为频哪醇。

在醛还原为伯醇的条件下，酮则被还原为仲醇。在酸性介质中，在Hg和Pt阴极上酮主要形成仲醇，其电流效率为25%～50%，生成频哪醇、烷烃以及有机金属化合物的反应均可视为副反应。在碱性介质中则没有烷烃和有机金属化合物生成。烷基芳基酮和芳酮在电还原时容易形成频哪醇，但用低氢过电压的金属阴极进行恒电位电解时，可以使其定量地还原为仲醇。相邻羰基化合物的还原较复杂，在pH=7的缓冲液中，在Hg电极上进行恒电位电解时可得到邻羟基酮，在更负的电位可以生成羟基醛、丙酮和1,2-丙二醇。表2-7是某些电镀上常用的醛、酮类有机添加剂的还原产物。

表2-7　某些电镀上常用的醛、酮类有机添加剂的还原产物

名称	结构	阴极	条件	产物与产率
甲醛	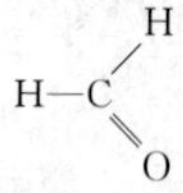 $H-CH=O$	Cu、Ag		CH_3OH
甘油醛	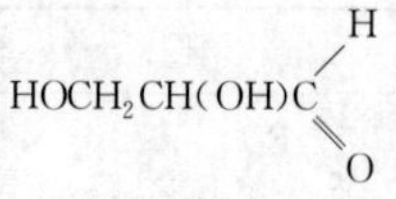 $HOCH_2CH(OH)CH=O$	Zn	pH 4，0.04A/dm^2	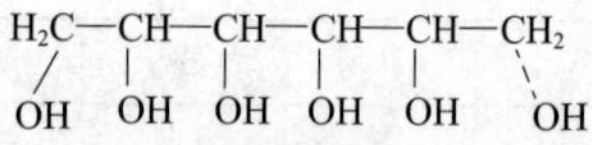 $H_2C(OH)-CH(OH)-CH(OH)-CH(OH)-CH(OH)-CH_2OH$ (75%~80%)
苯甲醛	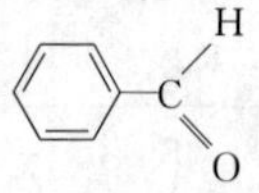 $C_6H_5-CH=O$	Ni、Pt Fe、Cu	碱性	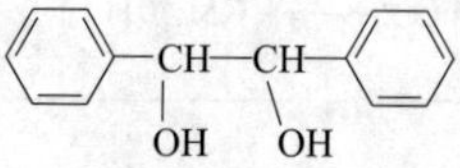 $C_6H_5-CH(OH)-CH(OH)-C_6H_5$ (70%~90%)
茴香醛	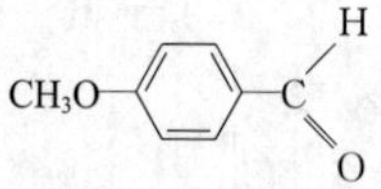 $CH_3O-C_6H_4-CH=O$			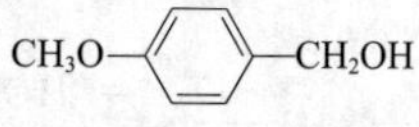 $CH_3O-C_6H_4-CH_2OH$ (70%~75%)
香草醛	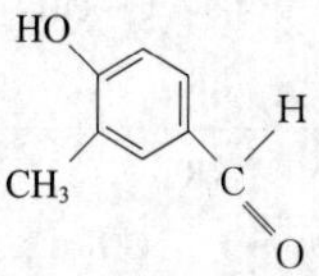 $HO(CH_3)C_6H_3-CH=O$	Hg	$CH_3COO^-+H^+$	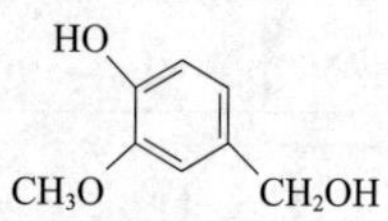 $HO(CH_3O)C_6H_3-CH_2OH$ (92%)
胡椒醛	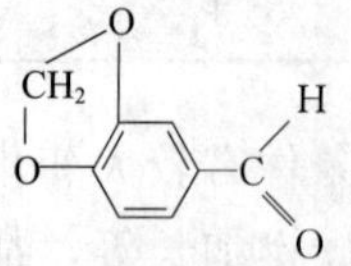 $CH_2(O-)_2C_6H_3-CH=O$	Hg	$CH_3COO^-+H^+$	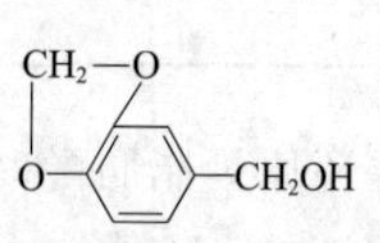 $CH_2(O-)_2C_6H_3-CH_2OH$ (90%)

续表

名称	结构	阴极	条件	产物与产率
水杨醛	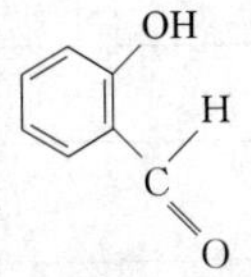 OH H C O	Hg	$CH_3COO^- + H^+$	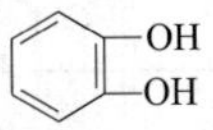 OH OH (93%)
糠醛	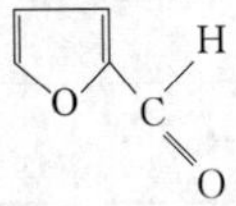 O H C O	Zn	pH 8.5	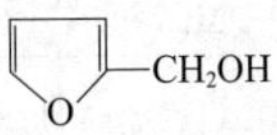 O CH_2OH (40%~72%)
对氨基苯甲酮	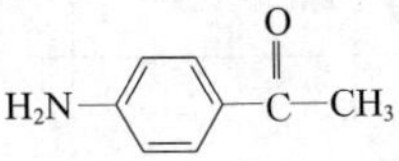 H_2N— O C—CH_3	Hg、Sn	1.67mol/L HCl	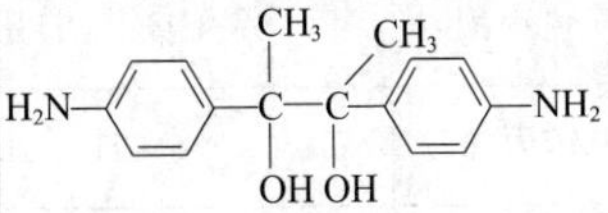 H_2N— CH_3 CH_3 C—C OH OH —NH_2 (63%)
对羟基苯甲酮	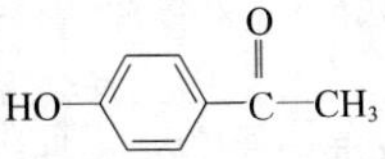 HO— O C—CH_3	Hg	2mol/L NaOH	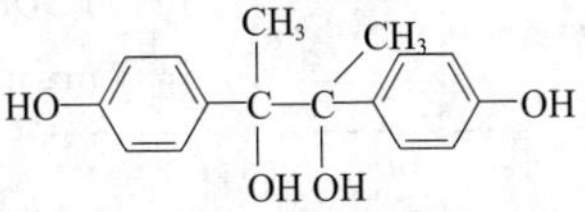 HO— CH_3 CH_3 C—C OH OH —OH (77%)
3-乙酰吡啶	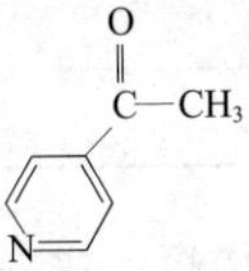 O C—CH_3 N	Sn	水-醇	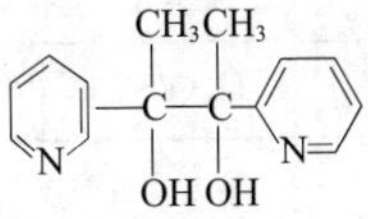 CH_3CH_3 C—C N OH OH N (≈50%)
苯偶姻	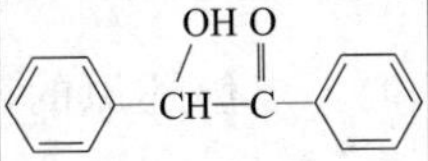 OH O CH—C	Cu	碱性	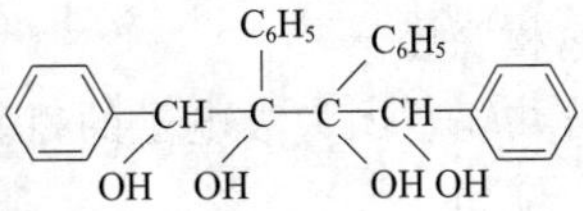 C_6H_5 C_6H_5 CH—C—C—CH OH OH OH OH (10%)
2-丁酮	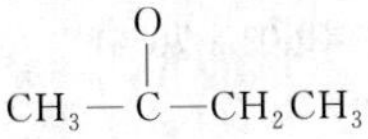 O CH_3—C—CH_2CH_3	Zn	碱性	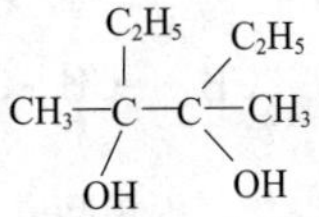 C_2H_5 C_2H_5 CH_3—C—C—CH_3 OH OH (25%~28%)

2.3.2 不饱和烃的电解还原

孤立双键化合物的还原通常比较困难，如果双键旁有羰基或其共轭基团存在时，则容易被还原。与此相应的是它们的半波电位 $E_{1/2}$ 会向正方向移动（见表2-8），其还原产物是饱和烷烃。

表 2-8 某些不饱和烃还原的半波电位 $E_{1/2}$

化合物	结构	介质	$E_{1/2}$（对饱和甘汞电极）/V
丁二烯	$CH_2=CH-CH=CH_2$	0.05mol/L$(CH_3)_4$NBr-75%二噁烷	−2.25
丁二炔	$CH\equiv C-C\equiv CH$	0.05mol/L$(CH_3)_4$NBr-75%二噁烷	−2.27
丙二烯	$CH_2=C=CH_2$	0.05mol/L$(CH_3)_4$NBr-75%二噁烷	−2.29

续表

化合物	结构	介质	$E_{1/2}$(对饱和甘汞电极)/V
丙烯醛	$CH_2=CH-CHO$	缓冲液 pH 9～11	−1.04
苯乙烯	$C_6H_5-CH=CH_2$	75％乙醇	−1.56
苯丙烯酸	$C_6H_5-CH=CH-COOH$	50％乙醇	−1.43
苯丙烯醛	$C_6H_5-CH=CH-CHO$	2％乙醇 pH 4	−0.78
亚苄基丙酮	$C_6H_5-CH=CH-COCH_3$	95％二甲砜	−1.52
4-氰基苯丙烯酸	$NC-C_6H_4-CH=CH-COOH$	50％乙醇	−1.05
顺丁烯二酸	$HC(COOH)=HC(COOH)$	10％乙醇	−1.35
丙炔酸	$CH_3-C\equiv C-COOH$	30％乙醇	−1.32
丁炔二酸	$HOOC-C\equiv C-COOH$	HCl-KCl	−0.56
丁炔二酸二乙酯	$C_2H_5OOC-C\equiv C-COOC_2H_5$	HCl-KCl	−0.63

含三键的炔类化合物，在阴极上还原时第一步变为烯烃，进一步再还原时则变为饱和烷烃。

若共轭基团为吸电子的氰基、酯基、酰胺和砜基时，电解还原的产物常为二聚体。例如

$$2CH_2=CH-CN \xrightarrow{\text{Hg阴极}} \begin{array}{l} CH_2-CH_2CN \\ | \\ CH_2-CH_2CN \end{array} \quad (\text{产率}60\%\sim70\%)$$

丙烯腈　　　　己二腈

炔烃的还原比较容易，在 Ni、Cu、Ag 等氢超电压低的电极上都可还原，产物多为顺式烯烃

$$C_6H_5-C\equiv C-C_6H_5 \xrightarrow{\text{Ni阴极}} C_6H_5-CH=CH-C_6H_5\ (\text{顺式}) \quad (\text{产率}80\%)$$

许多炔基可以直接被还原为烷基。镀镍常用的光亮剂 1,4-丁炔二醇，在 pH＝4 时可被 Ni 电极还原为 1,4-丁二醇，在 pH＝1.5 时主要的产物却是正丁烷。

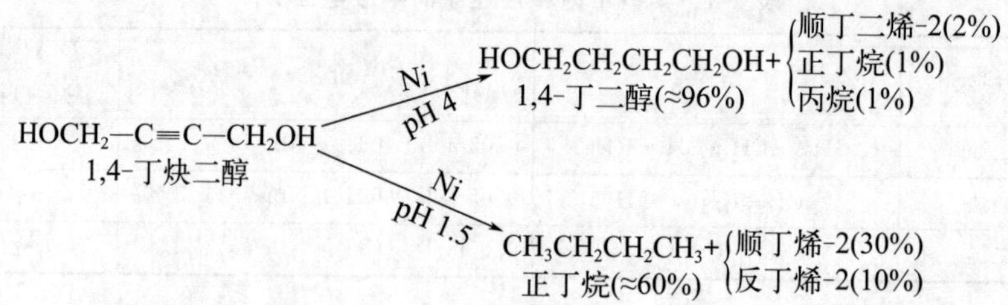

1,4-丁炔二醇属于容易被还原的有机物，在较正的阴极电位（或较低的阴极电流密度）下就可被还原。图 2-1 是 1,4-丁炔二醇作为镀镍添加剂与 Ni^{2+} 共同还原时的电流效率随电流密度变化的曲线。

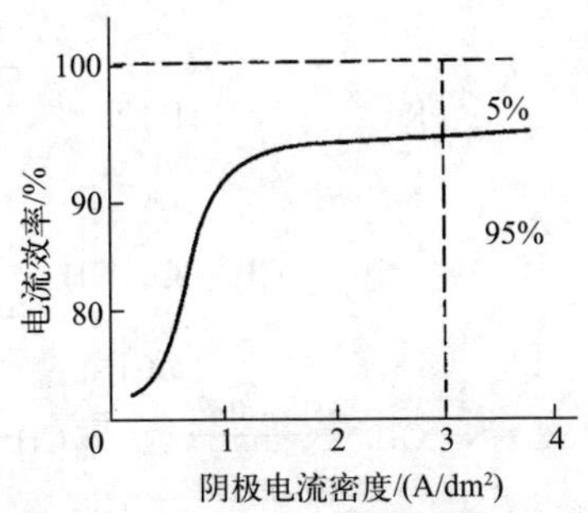

图 2-1　丁炔二醇与 Ni^{2+} 共同还原时的电流效率随电流密度变化的曲线

由图可见在 $1A/dm^2$ 以下时，Ni^{2+} 还原很少，而丁炔二醇的还原是主要的。光泽镀镍的另一种重要光亮剂是炔丙醇，它在低 pH 值时 100%还原为丙烷，在 pH＝3 时主要还原产物是丙醇：

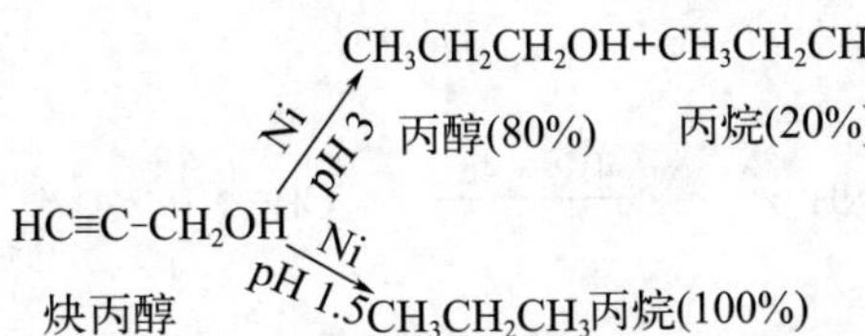

因此，从添加剂分解产物留在溶液中越少越好的观点来看，使用炔丙醇比用丁炔二醇更好。肉桂醇在 pH＝2～2.5 时，主要的还原产物是苯丙醇：

$$C_6H_5-CH{=}CH-CH_2OH \xrightarrow[pH\ 2.5]{Ni} C_6H_5-CH_2CH_2CH_2OH + C_6H_5-CH_2CH_2CH_3$$

肉桂醇　　　　苯丙醇-3(90%)　　　　苯丙烷(≈10%)

2.3.3　亚胺的电解还原

由醛、酮与胺类缩合而成的含亚氨基的西夫（Schiff）碱，这是一类酸性镀锡和铅锡合金的有效光亮剂。醛、酮的羰基形成亚氨基后更容易被电极还原，这可以从它们的半波电位的变化看出（见表 2-9）。

表 2-9　醛、酮及其西夫碱的半波电位

化合物	结构	$E_{1/2}$/V
乙醛	CH_3-CHO	−1.81
乙醛亚胺	$CH_3-CH{=}NH$	−1.40
葡萄糖	$HO-CH_2(CH-OH)_4-CHO$	−1.54
葡萄糖亚胺	$HO-CH_2(CH-OH)_4CH{=}NH$	−0.96

用不同类型的醛、酮与各种类型的胺反应，就可以得到结构不同的西夫碱，它们也就具有不同的还原电位和光亮效果，因而很受人们的重视。

在酸性或碱性介质中，使用一种较高氢过电压的金属（如 Hg、Pb）时，亚胺和亚胺酸酯很容易被还原为相应的胺：

$$R-C_6H_4-CH{=}N-C_6H_5 \xrightarrow{2H^+ + 2e^-} R-C_6H_4-CH_2NH-C_6H_5$$

$$CH_3-\overset{OC_2H_5}{\overset{|}{C}}{=}NH \xrightarrow[2mol/L \;\; H_2SO_4]{4H^+ + 4e^-} CH_3CH_2NH_2 + C_2H_5OH$$

$$(CH_3)_2C{=}N-OH \xrightarrow{4H^+ + 4e^-} (CH_3)_2CH-NH_2 + H_2O$$

(丙酮肟)

$$\begin{matrix} CH{=}N-OH \\ | \\ CH{=}N-OH \end{matrix} \xrightarrow{4H^+ + 4e^-} \begin{matrix} CH_2-NH-OH \\ | \\ CH_2-NH-OH \end{matrix}$$

(乙二醛肟)

醛、酮与苯肼缩合而成的苯腙在阴极上还原时，N—N 键发生分裂而生成相应的胺和苯胺：

$$R_2C{=}N-NH-C_6H_5 \xrightarrow{4H^+ + 4e^-} R_2CH-NH_2 + C_6H_5-NH_2$$

有机氰化物（腈）在 Pb 或 Hg 等高氢超电压的电极上，在酸性介质中易被还原为伯胺和一些氨：

$$R-C{\equiv}N + 4H^+ + 4e^- \longrightarrow RCH_2NH_2$$

2.3.4 其他类有机物的电解还原

羧基、酯基、酰胺和酰亚胺基都属于较难还原的基团，通常只有用高氢过电压的 Hg、Pb 等阴极才容易使它们还原。羧酸的羧基可还原为醛，醛又可进一步还原为醇。因此，随还原条件的不同，其产物也不同。

$$R-\overset{O}{\overset{\|}{C}}-OH \xrightarrow{2H^+ + 2e^-} [R-C(OH)_2-H] \xrightarrow{-H_2O} R-\overset{O}{\overset{\|}{C}}-H \xrightarrow{2H^+ + 2e^-} RCH_2OH$$

甲酸、草酸、苯乙酸和乙醛酸能发生此种反应，取代苯甲酸在硫酸和水-乙醇介质中可被还原为取代苯甲醇，而在碱性介质中通常不会发生羧酸的还原反应。

$$N-C_6H_4-COOH \xrightarrow[pH\ 2.85]{Hg电极} N-C_6H_4-CHO \quad (产率66\%)$$

$$CH_3-\overset{OH}{\overset{|}{C}H}-COOH \xrightarrow{碳阴极} CH_3-\overset{OH}{\overset{|}{C}H}-CHO \quad (产率40\%)$$

$$X-C_6H_4-COOH \xrightarrow[Pb阴极]{30\%\ H_2SO_4} X-C_6H_4-CH_2OH$$

	产率
X=间—CH_3	70%
X=间—Br	70%
X=邻—NH_2	60%
X=间—OH	40%

酰胺或酰亚胺的羰基可为氢超电压高的 Pb 或 Zn(Hg) 阴极还原为烃：

$$C_6H_5CON(R^1)(R^2) \xrightarrow[\text{Pb阴极}]{HCl} C_6H_5CH_2N(R^1)(R^2)$$

	产率
$R^1=R^2=CH_3$	92%
$R^1=R^2=H$	<1%
$R^1=H,R^2=CH_3$	80%

电压低的铜、锡、镍和白金等做阴极时，硝基被还原为烷基羟胺。若用氢超电压高的 Hg 和 Pb 时则形成胺：

$$CH_3—C(NO_2)(CH_3)—CH_2OH \xrightarrow{\text{Zn阴极}} CH_3—C(NHOH)(CH_3)—CH_2OH \quad (\text{产率}78\%)$$

$$\text{1-OH-1-}CH_2NO_2\text{-环己烷} \xrightarrow{\text{Pb阴极}} \text{1-OH-1-}CH_2NH_2\text{-环己烷} \quad (\text{产率}83\%)$$

偶氮染料在酸性条件下可以被还原为联胺或胺：

$$O_2N-C_6H_4-N=N-C_6H_4-X \xrightarrow[2H^+]{2e^-} (NO_2)C_6H_4-NH-NH-C_6H_4-X$$

$$R—N=N—NR^1R^2 \longrightarrow R—NH—NH_2 + HNR^1R^2$$

硫酮杂环类化合物的硫酮基在电极上容易被还原为硫醇，还可以进一步被还原而放出 H_2S：

$$\text{(硫酮杂环，C=S)} \xrightarrow{2e^-} \text{(H, SH)} \xrightarrow{H^+} \text{(喹唑啉)} + H_2S$$

聚二硫化合物是酸性镀铜的光亮剂，在酸性条件下可被还原为巯基化合物，然后再进一步还原：

$$R—S—S—R+2H^+ +2e^- \longrightarrow 2R—SH$$

胱氨酸是一种常用的聚二硫氨基酸，常常用于电镀各种金属的添加剂。其还原的第一步产物是二硫键破裂而形成的半胱氨酸：

$$\begin{array}{l} S—CH_2CH_2CH(NH_2)COOH \\ | \\ S—CH_2CH_2CH(NH_2)COOH \end{array} \xrightarrow{2e^- +2H^+} 2HSCH_2CH_2CH(NH_2)COOH$$

芳香族的酚类化合物在氢超电压低的金属电极上易被还原而形成环己醇。

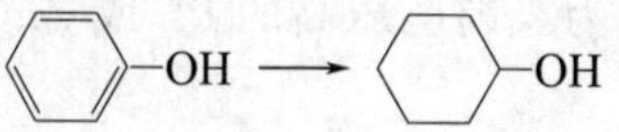

$$\text{C}_6\text{H}_5\text{—OH} \longrightarrow \text{C}_6\text{H}_{11}\text{—OH}$$

镀镍时常用的具有很好整平作用的光亮剂香豆素，是一种环化的羧酸内酯，其化学名称为氧杂萘邻酮，在 Ni 阴极上的主要还原反应为：

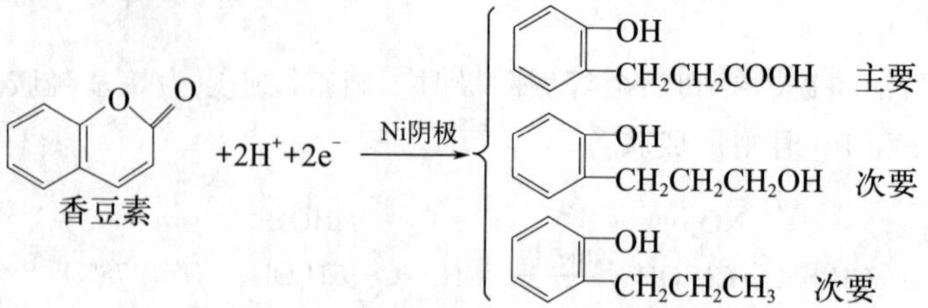

$$\text{香豆素} + 2H^+ + 2e^- \xrightarrow{\text{Ni阴极}} \begin{cases} \text{邻-HO—C}_6\text{H}_4\text{—CH}_2\text{CH}_2\text{COOH} & \text{主要} \\ \text{邻-HO—C}_6\text{H}_4\text{—CH}_2\text{CH}_2\text{CH}_2\text{OH} & \text{次要} \\ \text{邻-HO—C}_6\text{H}_4\text{—CH}_2\text{CH}_2\text{CH}_3 & \text{次要} \end{cases}$$

反应的主要产物为邻羟基苯丙酸，难溶于水，pH 值为 4.0 时，它很快被电解为邻苯二酚和丙醇。也有人认为最终的还原产物之一是丙酸，这会被部分包入镀层中，引起镀层脆性增大。香豆素的分解产物比较复杂，特别是副产物的种类至今尚无定论。

糖精是镀镍和铁镍合金的优良光亮剂，现已证实其在镀镍时可以被还原为苯甲酰胺，并形成 S^{2-}，后者可与 Ni^{2+} 形成不溶性的 NiS 而被混杂在镀层中：

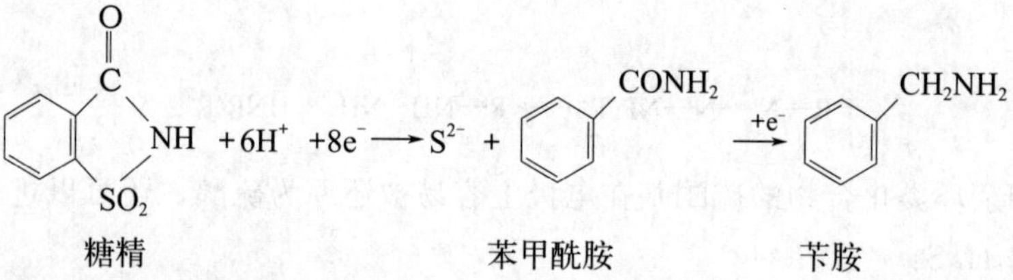

$$\underset{\text{糖精}}{\text{C}_6\text{H}_4(\text{CO})(\text{SO}_2)\text{NH}} + 6H^+ + 8e^- \longrightarrow S^{2-} + \underset{\text{苯甲酰胺}}{\text{C}_6\text{H}_5\text{CONH}_2} \xrightarrow{+e^-} \underset{\text{苄胺}}{\text{C}_6\text{H}_5\text{CH}_2\text{NH}_2}$$

$$S^{2-} + Ni^{2+} \longrightarrow NiS\downarrow$$

糖精最初的还原产物为苯甲酰胺和苄磺内酰胺，有人认为苯甲酰胺还可进一步被还原为苯甲酸（安息香酸），也有人认为苯甲酰胺可还原为苯甲胺（苄胺），再进一步被还原为甲苯。而萘磺内酰胺（$\text{C}_{10}\text{H}_6(\text{CH}_2)(\text{SO}_2)\text{NH}$）还可还原为邻甲苯磺酰胺，最后变为甲苯。镀镍的另一类光亮剂萘磺酸在阴极上可发生脱磺基反应而形成萘和硫化物离子，再与 Ni^{2+} 形成 NiS 而混杂在镀镍层中。这种脱磺反应在中性或碱性介质中，特别在高氢超电压的电极（如 Hg）上更容易发生。

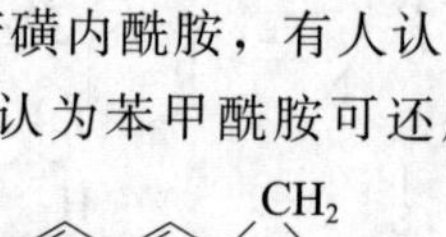

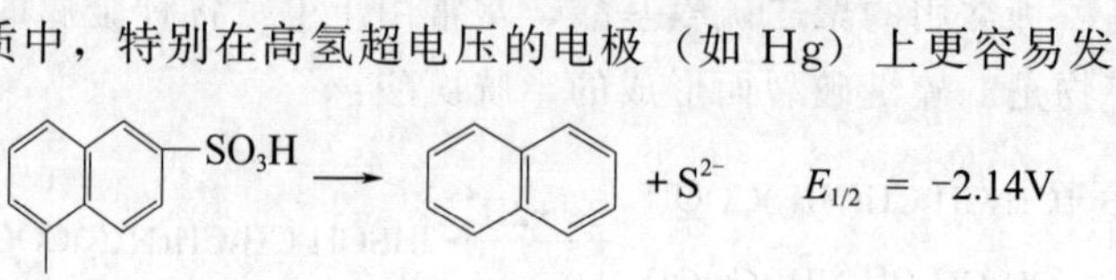

$$\text{C}_{10}\text{H}_6(\text{SO}_3\text{H})_2 \longrightarrow \text{C}_{10}\text{H}_8 + S^{2-} \qquad E_{1/2} = -2.14\text{V}$$

$$S^{2-} + Ni^{2+} \longrightarrow NiS\downarrow$$

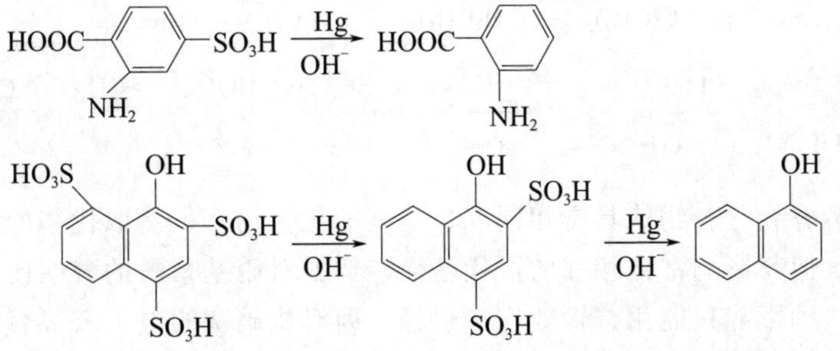

HOOC(NH$_2$)C$_6$H$_3$—SO$_3$H $\xrightarrow[OH^-]{Hg}$ HOOC(NH$_2$)C$_6$H$_4$

HO$_3$S, OH, SO$_3$H, SO$_3$H（萘环） $\xrightarrow[OH^-]{Hg}$ OH, SO$_3$H, SO$_3$H（萘环） $\xrightarrow[OH^-]{Hg}$ OH（萘环）

2.4 取代基对添加剂还原电位的影响

2.4.1 诱导效应与共轭效应

如前所述，有机添加剂之所以有光亮作用，是因为有机添加剂中都存在易被还原的基团，如羰基、烯基、炔基、亚胺基、氰基、巯基、磺基、磺酰基等。它们在相当的阴极电位下可吸附在阴极微观凸起部，并进一步接受阴极电子而转变为饱和的有机化合物。

在被还原基团周围的取代基团对被还原基团的电还原性能也有显著影响，这就是取代基的影响。根据有机化学的电子理论，分子中不直接相连的原子或原子团之间的相互影响可以通过两种方式传递，即诱导效应和共轭效应。因此，取代基对于某一反应中心的影响可用诱导效应或共轭效应来解释。

非对称的共价键都具有极性。在电负性大的原子周围，电子云密度要大一些，因此该原子带部分负电荷。相反，键上另一原子则带部分正电荷，如 C—Cl 键可表示为 $C^{\delta+}—Cl^{\delta-}$ 或 C→Cl。在许多原子分子中，Cl 原子的影响可以通过诱导作用传到分子中与其不直接相连的原子上，所以诱导效应可以用下列箭头表示电子移动的方向，例如：

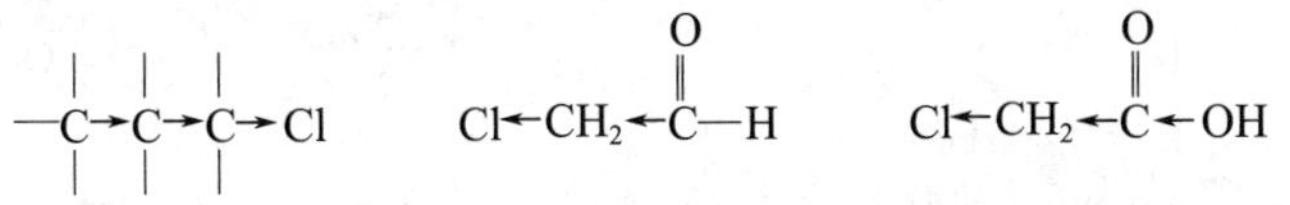

$$—\overset{|}{\underset{|}{C}}\to\overset{|}{\underset{|}{C}}\to\overset{|}{\underset{|}{C}}\to Cl \qquad Cl\leftarrow CH_2\leftarrow\overset{O}{\overset{\|}{C}}—H \qquad Cl\leftarrow CH_2\leftarrow\overset{O}{\overset{\|}{C}}\leftarrow OH$$

由此可知烷基属于推电子基，这使 Cl 上的电子云增加，而 Cl 属吸电子基，这会使醛羰基或羰基上碳原子上的正电荷增加，使羧基上 O—原子的负电荷减少，也就改变了羧基的酸性。根据取代基对羧酸酸性的影响，就可确定取代基诱导效应的强弱。一个原子或原子团吸引电子的能力若比氢强（称为吸电子基），这就具有负的诱导效应，用－I 表示。相反，若吸电子能力比氢弱（称为斥电子基），则其具有正诱导效应，用 I 表示。某些常见取代基的诱导效应大小如下：

推电子基　I：$-C(CH_3)_3 > -CH(CH_3)_2 > -CH_2CH_3 > -CH_3$

吸电子基　－I：$(CH_3)_3\overset{\oplus}{N}- > CH_3SO_2^- > N\equiv C- > HOOC- > CH_3O^- > CH_3CO$

吸电子基　－I：$\overset{\oplus}{O}= > \overset{\oplus}{N}\equiv$　$\overset{\oplus}{O}= > \overset{\oplus}{S}= > \overset{\oplus}{Se}=$

对于芳香族化合物或具有相同双、三键的化合物，虽然取代基的位置离活性基团较远，但其影响常比相邻的取代基强，例如对硝基苯酚的酸性比间硝基苯酚强得多。这种影响只能用共轭效应来解释，即对位硝基的电子云很容易通过共轭键传递，而间位只能通过诱导效应传递，但共轭效应一般比诱导效应强得多，因为诱导效应传过二三个碳原子后就可略而不计。

HO　N　O　O　　　HO　N　O　O

共轭效应(对硝基苯酚)
可长程传递，强度大

诱导效应(间硝基苯酚)
仅能传递2~3个碳原子，强度小

吸电子的取代基引起的共轭效应称为负共轭效应，用－E 表示。$-\underset{|}{C}=Z$ 型取代基中 Z 的电负性越大，－E 效应越强：

负共轭(吸电子)效应　－E:　$-\underset{|}{C}=O > -\underset{|}{C}=N- > -\underset{|}{C}=C-$　∵电负性　O>N>C

当原子 Z 上有正电荷时，其－E 效应增强很多：

$$-E:\ -\underset{|}{C}=\overset{\oplus}{O} >> -\underset{|}{C}=O \qquad -\underset{|}{C}=\overset{\oplus}{N}- >> -\underset{|}{C}=N-$$

当碳原子上有能供给一对 p 电子的基团时，其－E 效应减弱。供给电子的能力越强，－E 效应越弱：

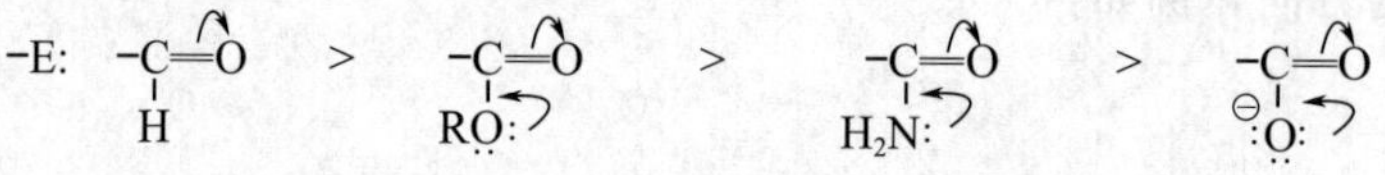

$$-E:\ -\underset{H}{\underset{|}{C}}=O > -\underset{R\ddot{O}:}{\underset{|}{C}}=O > -\underset{H_2N:}{\underset{|}{C}}=O > -\underset{\ominus:\ddot{O}:}{\underset{|}{C}}=O$$

氰基，$-C\equiv N$也具有－E 效应。$-\ddot{F}:$、$-\ddot{Cl}:$、$-\ddot{O}CH_3$、$-\ddot{N}H$等取代基能够以 p 电子对参与共轭效应。

具有＋E 效应的取代基中，与共轭体系直接相连的原子电负性越大，越不容易给出电子，其＋E 效应也较弱：

$$+E:\ -\overset{\ominus}{\underset{|}{C}}- > -\underset{|}{\ddot{N}}- > -\ddot{O}- > :\ddot{F}-$$

卤原子＋E 效应的大小顺序为：

$$+\,\mathrm{E}:\quad \ddot{\mathrm{F}}- \;>\; \ddot{\mathrm{Cl}}- \;>\; \ddot{\mathrm{Br}}- \;>\; \ddot{\mathrm{I}}-$$

带负电荷的原子的＋E效应比不带电荷时大得多：

$$+\,\mathrm{E}:\quad \overset{\ominus}{\ddot{\mathrm{O}}}- \;\gg\; \mathrm{H}\ddot{\mathrm{O}}-$$

取代基的诱导效应和共轭效应方向相同时，其电子效应增强，相反时则可抵消。总效应的强弱由两者中的强者决定。表 2-10 中列出了一些取代基的电子效应，＋号多表示效应强。

表 2-10　某些取代基的各种电子效应

取代基	－E	－I	＋I	＋E	取代基	－E	－I	＋I	＋E
$-\overset{\oplus}{N}\equiv N$	＋＋＋＋	＋＋＋＋			—Cl、—Br		＋＋		＋
$-NO_2$	＋＋＋	＋＋＋			—I		＋		＋
$-\overset{\oplus}{N}(CH_3)_3$		＋＋＋＋			$-C_6H_5$	＋	＋		＋
$-CF_3$		＋＋＋＋			$-CH_3$			＋	
—C═O	＋＋	＋＋			$-C(CH_3)_3$			＋＋	
—C≡N	＋＋	＋＋＋			$-SCH_3$				＋
$-COOCH_3$	＋	＋＋			$-OCH_3$				＋＋
$-SO_2CH_3$		＋＋＋			$-N(CH_3)$				＋＋＋
—F		＋＋＋		＋＋	$-O^{\ominus}$			＋＋＋	＋＋＋＋

2.4.2　Hammett 方程与取代基常数

取代基有诱导效应和共轭效应，为了定量表示这些效应的总效果，Hammett 从取代基对酸离解平衡和反应速度的影响出发，从大量的实验数据中总结出了著名的 Hammett 方程：

$$\lg(k/k_0)=\rho\sigma$$

$$\lg(K/K_0)=\rho\sigma$$

式中，k_0 和 K_0 为无取代基时的平衡常数和反应速度；k 和 K 为有取代基时的平衡常数和反应速度；ρ 为表示反应难易的反应常数。对取代苯甲酸系列来说，$\rho=1.00$，σ 表示各种取代基相对于 H 的电效应的总结果（包括诱导效应和共轭效应）。σ 为正值时，表示反应被加速或平衡向左移动，ρ 值也为正时，此时的取代基会从反应中心吸引电子，H^+ 易离解，酸离解常数变大。相反，若取代基供给反应中心以电子，则 σ 为负值。

表 2-11 是由取代苯甲酸体系的酸离解常数导出的间位（m）和对位（p）的取代基常数 σ_m 和 σ_p 值，邻位取代基常数值与对位相同（在无空间位阻时），故

不列出。空间位阻的影响后述。

表 2-11　苯环上间位和对位的取代基常数值

取代基	间位取代基常数 σ_m	对位取代基常数 σ_p	取代基	间位取代基常数 σ_m	对位取代基常数 σ_p
H	0	0	$NHCOCH_3$	+0.21	0.00
OH	+0.121	−0.37	$\overset{+}{N}(CH_3)_3$	+0.88	+0.82
OCH_3	+0.115	−0.268	N_2^+	+1.76	+1.91
OC_2H_5	+0.1	−0.24	O^-	−0.708	−1.00
OC_6H_5	+0.252	−0.320	$OCH(CH_3)_2$	+0.10	−0.45
$(CH_3)_3C$	+0.10	−0.197	$O(CH_2)_4CH_3$	+0.10	−0.34
$(CH_3)_2CH$	+0.068	−0.151	$OCOCH_3$	+0.39	−0.31
C_2H_5	−0.07	−0.151	$O(CH_2)_3CH_3$	+0.10	−0.25
CH_3	−0.069	−0.170	PO_3H^-	+0.2	+0.26
Cl	+0.373	+0.227	AsO_3H^-	—	−0.02
Br	+0.391	+0.232	$SeCH_3$	+0.10	0.0
F	+0.337	+0.062	SH	+0.25	+0.15
I	+0.352	+0.18	SCH_3	+0.15	0.00
CH_3CO	+0.376	+0.502	SC_2H_5	—	+0.03
CN	+0.56	+0.660	$SCOCH_3$	+0.39	+0.44
NO_2	+0.710	+0.778	$SCH(CH_3)_2$	—	+0.07
C_6H_5	+0.06	−0.10	$SOCH_3$	+0.52	+0.49
p-NO_2—C_6H_4	—	+0.26	SCN	—	+0.52
p-CH_3O—C_6H_4	—	−0.10	SO_2CH_3	+0.60	+0.72
$(CH_3)_3SiCH_2$	−0.16	−0.21	SO_2NH_2	+0.46	+0.57
C_6H_5CO	—	+0.459	SO_3^-	+0.05	+0.09
COO^-	−0.10	0.0	SO_3H	+0.55	—
COOH	+0.32	+0.406	SO_2Cl	+1.20	+1.11
$COOCH_3$	+0.321	+0.385	OCH_2COOH		−0.33
$COOC_2H_5$	+0.37	+0.45	$SO_3C_6H_5$		+0.51
CF_3	+0.43	+0.54	$N(C_2H_5)_2$		−0.70
NH_2	−0.16	−0.66	$NHNH_2$	+0.42	−0.02
$NHCH_3$	—	−0.84	$NHCOCH_2COCH_3$	+0.19	−0.06
$N(CH_3)_2$	−0.211	−0.83			

若芳环上有多个取代基，此时的 Hammett 方程可表示为：

$$\lg(k/k_0)=\rho\Sigma\sigma$$

$$\lg(K/K_0)=\rho\Sigma\sigma$$

即各取代基常数之和 $\Sigma\sigma$ 和 $\lg(k/k_0)$ 或 $\lg(K/K_0)$ 成直线关系，直线的斜率为 ρ。

对于脂肪化合物来说，除了考虑取代基的电效应外，还必须考虑取代基的空间位阻，即立体效应，用 E_s 表示。此时的 Hammett 方程可用下式表示：

$$\lg(k/k_0)=\rho^*\sigma^*+\delta E_s$$

$$\lg(K/K_0)=\rho^*\sigma^*+\delta E_s$$

表 2-12 是由脂肪族的醋酸乙酯的水解速度导出的脂肪族化合物的取代基常数 σ^* 和立体效应常数 E_s 值，以甲基为对照标准，故其 σ^* 和 E_s 值为 0，负的 σ^* 值表示为斥电子基，正的 σ^* 表示吸电子基，E_s 的绝对值越大，表示空间位阻越大。注意，此外 σ^* 的正负号与共轭效应的正负号正好相反。

表 2-12　脂肪族化合物的取代基常数 σ^* 和立体效应常数 E_s 值

取代基	σ^*	E_s	取代基	σ^*	E_s
H	+0.49	+1.24	CH_3CO	+1.65	
CH_3	0.00	+0.00	CH_3COCH_2	+0.60	
C_2H_5	−0.10	−0.07	$C_6H_5C\equiv C$	+1.35	
$(C_2H_5)_2CH$	−0.22	—	$CH_3SO_2CH_2$	+1.32	
$(CH_3)_2CH$	−0.19	−0.47	$NCCH_2$	+1.30	
$(CH_3)_3C$	−0.30	−1.54	F_3CCH_2	+0.92	
C_3H_7(正丙基)	−0.115	−0.36	$F_3CCH_2CH_2$	+0.32	
C_4H_9(正丁基)	−0.13	−0.39	$C_6H_5OCH_2$	+0.85	
$(CH_3)_2CHCH_2$	−0.125	−0.93	$HOCH_2$	+0.56	
$(CH_3)_3CCH_2$	−0.165	−1.74	$O_2NCH_2CH_2$	+0.50	
$ClCH_2$	+1.05(+1.65)	−0.24	$C_6H_5CH=CH$	+0.41	
$BrCH_2$	+1.00	—	$(C_6H_5)_2CH$	+0.40	
ICH_2	+0.85	−0.37	$ClCH_2CH_2$	0.38	
Cl_2CH	+1.94	−1.54	$CH_3CH=CH$	+0.36	
Cl_3C	+2.65	−2.06	$CH_3CH=CHCH_2$	+0.13	
CH_3OCH_2	+0.52(+0.64)	−0.19	$F_3C(CH_2)_3$	+0.12	
$C_6H_5CH_2CH_2$	+0.08	—	环己基	−0.15	
$C_6H_5CH_2$	+0.215	−0.38	环戊基	−0.20	
C_6H_5	+0.060	−2.55	$(CH_3)_3SiCH_2$	−0.26	

续表

取代基	σ^*	E_s	取代基	σ^*	E_s
F_2CH	+2.05		FCH_2	+1.10	
CH_3OCO	+2.00				

2.4.3 取代基对有机添加剂还原电位的影响

有机羰基化合物是常用的易被还原的有机添加剂之一。羰基还原的难易主要由碳原子上的电子云密度决定，碳原子的正电荷越高，或电子云密度越低，则其越容易被还原。因此，碳原子接上强的斥电子基时，那就难被还原，或还原电位负移。而接吸电子基时，则易被还原。羰基上碳原子的正电荷升高，与此相应的是羰基上氧原子电子云密度升高，所以，也可从羰基上氧原子电子云密度的升高来判断羰基的还原活性。

取代基的电子效应（可用 σ^* 表示）同有机物易被还原程度有对应关系：

$$(CH_3)_2C{=}O > (CH_3)(CH_3CH_2)C{=}O > [(CH_3)_2CHCH_2]_2C{=}O$$

$$\sigma^* = 0 \qquad \sigma^* = -0.10 \qquad \sigma^* = -0.25$$

取代基的斥电子能力：

$$(CH_3)_2C{=}O > (CH_3)(CH_3CH_2)C{=}O > [(CH_3)_2CHCH_2]_2C{=}O$$

$$C_6H_5{-}CH{=}CH{-}CHO > CH_3{-}CH{=}CH{-}CHO > CH_3{-}CHO$$

$$\sigma^* = +0.41 \qquad \sigma^* = +0.36 \qquad \sigma^* = 0$$

取代基的吸电子能力：

$$C_6H_5{-}CH{=}CH{-}CHO > CH_3{-}CH{=}CH{-}CHO > CH_3{-}CHO$$

羰基的还原半波电位 $E_{1/2}$：

−0.591V　　　　−0.93V　　　　−1.81V

添加剂的光亮区：

低至高电流区有效　　中电流区以上有效　　高电流区以上才有效

添加剂的还原难易：

易　　　　难　　　　很难

Zuman 和 Exner 系统研究了 N-取代苯甲醛肟在汞电极上的还原，指出不论是在酸性还是碱性介质中，都接受 4 个电子而被还原为仲胺：

$$C_6H_5-CH=N-OR \xrightarrow[2H^+]{2e^-} C_6H_5-CH=NH \xrightarrow[2H^+]{2e^-} C_6H_5-CH_2NHR$$

R ═ CH_3，$C(CH_3)_3$，环己烷，$C_6H_5CH_2$，$(C_6H_5)_2CH$，C_6H_5

在 pH＝4.7 的醋酸盐缓冲溶液中，以及在含 4%及 40%乙醇的 0.1mol/L NaOH 液中，各种取代苯甲醛肟在汞电极上还原的半波电位以及取代基常数 σ^* 均列于表 2-13 中。把表中的 $E_{1/2}$ 与 σ^* 值对画，得一直线，即 $E_{1/2}$ 随 σ^* 值增大而线性下降。这种规律性在 $C_6H_5\underset{\displaystyle R}{\underset{|}{C}}=N-OCH_3$ 体系中也观察得到。因此，若已知其中二三种同系物的半波电位，则可用取代基常数的线性关系估计其他未知同物系的半波电位或其易被还原程度，并可以此推断其作为有机添加剂的有效电位范围和有效程度。

表 2-13　取代基 R 对 N-取代苯甲醛肟还原半波电位的影响

取代基 R	$E_{1/2}$/V			σ①
	醋酸盐，pH 4.7 4%乙醇	0.1mol/L NaOH 4%乙醇	0.1mol/L NaOH 40%乙醇	
CH_3	0.820	1.596	1.595	0
$C(CH_3)_3$	0.874	1.734	1.740	−0.31
环己烷基 C_6H_{11}	0.860	1.719	1.727	−0.15
$CH_2C_6H_5$	0.860	—	1.548	+0.215
C_6H_5	0.689③	(1.322)①②③	1.377③	+0.60

① 测定受前波影响。

② 0.1%动物胶。

③ 第一个半波电位，测定的是第三电子步骤。

Johnson 和 Masuno 等测定了各种苯甲醛肟在汞电极上还原的半波电位，测定溶剂为 50%的环二氧烷，所测定的 $E_{1/2}$ 值外推至 pH＝0，所得 $E_{1/2}$ 值列于表 2-14。如果利用表 2-11 中苯环上各位的取代基常数，对于双或三取代基时则取各取代基常数之和$\Sigma\sigma$（也列于表 2-14），把 $E_{1/2}$ 和$\Sigma\sigma$ 值对画，也得到良好的直线关系（见图 2-2）。

表 2-14　苯甲醛肟还原的 $E_{1/2}$ 和$\Sigma\sigma^*$ 值

取代基	$E_{1/2}$/V	$\Sigma\sigma^*$	取代基	$E_{1/2}$/V	$\Sigma\sigma^*$
2-溴-	−0.991	−0.37	4-氯-	−0.808	+0.227
4-甲氧基-	−0.964	−0.268	4-溴-	−0.812	+0.232

续表

取代基	$E_{1/2}$/V	$\Sigma\sigma^*$	取代基	$E_{1/2}$/V	$\Sigma\sigma^*$
3,4-二羟基-	−0.990	−0.25	3,5-二甲氧基-	−0.834	+0.230
3-甲氧基-4-羟基-	−0.972	−0.255	3-羟基-4-氯-	−0.822	+0.348
3,4-二甲基-	−0.904	−0.24	3-氯-	−0.798	+0.373
4-甲基-	−0.887	−0.17	3-溴-	−0.768	+0.391
3,4-二甲氧基-	−0.942	−0.153	3,4-二氯-	−0.736	+0.600
3,5-二甲基-	−0.887	−0.138	3,4-二溴-	−0.708	+0.623
3,4,5-三甲氧基-	−0.884	−0.038	3,5-二氯-	−0.711	+0.746
3-氯-4-羟基-	−0.930	0	3,5-二溴-	−0.678	+0.782
3-甲氧基-	−0.845	+0.115	3,4,5-三氯-	−0.668	+0.973
3-羟基-	−0.870	+0.121			

从表 2-14 和图 2-2 中可以看出在被还原的羰基附近的取代基的取代常数 σ 值越正，即取代基对羰基的吸电子作用越强，则羰基上碳原子的正电荷越高，也越容易从阴极获得电子而被还原为羟基。因此，可以根据有机添加剂取代基常数的大小来判断同物系中哪种有机物更适于做光亮剂。

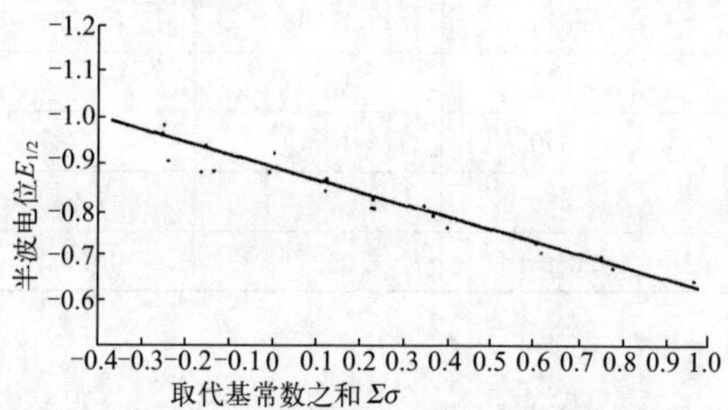

图 2-2 取代苯甲醛的半波电位与取代基常数的关系

2.5 镀镍光亮剂的阴极还原

电镀添加剂的作用归结起来有四种作用：提高宏观均一性；平滑作用；光亮作用；改变镀层物理力学性能。前两种作用主要取决于添加剂的扩散消耗和吸附极化作用，后两种作用主要取决于添加剂的阴极还原及其产物在镀层中的混杂。一般来说，具有光亮作用的添加剂在电解时都要消耗相当的数量，这是它们在阴极上被还原的结果。

2.5.1 第一类光亮剂的阴极还原

镀镍的第一类光亮剂又称为初级光亮剂。

(1) 芳香族初级光亮剂的阴极还原

镀镍的初级光亮剂主要是含有乙烯砜基（$-\overset{|}{C}=\overset{|}{C}-SO_2-$）的芳香族化合物，包括芳磺酸、芳环酰胺、芳环酰亚胺等。J. Dubsky 和 P. Koza 研究了 17 种初级光亮剂的阴极反应，提出这类光亮剂的阴极反应方程是：$=C-SO_2$ 在镍表面的催化作用下发生 C—S 键的断裂，SO_2—通过电化学作用以硫化物形式进入镀层。而 SO_2—的电化学还原可能通过两种机理进行：

第一种机理是砜基还原为巯基化合物：

$$=\underset{|}{C}-SO_2-Z \longrightarrow =\underset{|}{C}-SO_2-H + HZ$$

$$\downarrow$$

$$[=\underset{|}{C}-SO-H] \longrightarrow =\underset{|}{C}-SH$$

$$=\underset{|}{C}-SH + xNi \longrightarrow =\underset{|}{C}-H + Ni_xS$$

式中，Z=—OH，—O，—OR，—NH_2，—NH—。

第二种机理是芳磺酸在碱性或中性溶液中，在高氢超电压的电极上发生脱硫过程：

$$=\overset{|}{C}-SO_2-OH \longrightarrow =\overset{|}{C}-H + HSO_3^-$$

$$2HSO_3^- \longrightarrow S_2O_3^{2-} \xrightarrow{+Ni^{2+}} Ni_3S_2$$

表 2-15 是各种典型的镀镍一次光亮剂的阴极反应的产物。由表 2-15 可得出如下结论：

① 初级芳香族光亮剂在电极表面发生 C—S 键断裂，所形成的简单芳香族化合物能在阴极表面解析并返回电解液内，脱下的硫化合物通过电化学还原与镍形成硫化镍而进入镀层。

② 苯磺酸盐、苯亚磺酸盐及苯磺酸胺的阴极产物为苯，而对应的对甲苯磺酸、对甲苯亚磺酸盐、对或邻甲苯磺酰胺则形成甲苯。

③ 对磺酰胺苯甲酸、邻磺酰胺苯甲酸及邻羧基苯磺酸钠则转化为苯甲酸。

④ 苯磺酸形成萘，萘二磺酸除形成萘外，还形成萘磺酸。

表 2-15 某些一次光亮剂的还原产物

名称	结构	还原产物	名称	结构	还原产物
苯磺酸钠	$C_6H_5-SO_3Na$	苯（C_6H_6）	邻羧基苯磺酸钠	$C_6H_4(SO_3Na)(COOH)$	

续表

名称	结构	还原产物	名称	结构	还原产物
间苯二磺酸钠	NaO_3S—, —SO_3Na	苯	糖精	C(=O), NH, C(=O)—O	苯甲酰胺（—C(=O)—NH_2）
苯亚磺酸钠	—SO_2Na	苯			苯甲基磺内酰胺（H_2C, NH, SO_2）
苯磺酰胺	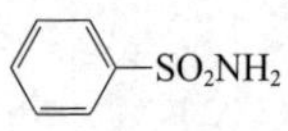 —SO_2NH_2	苯，氨(NH_3) 			
对甲苯磺酸钠	CH_3—, —SO_3Na	甲苯（—CH_3）			邻甲苯磺酰胺（CH_3, SO_2NH_2）
对甲苯亚磺酸钠	CH_3—, —SO_2Na	甲苯（—CH_3）			苯甲胺（CH_2NH_2）
对甲苯磺酰胺	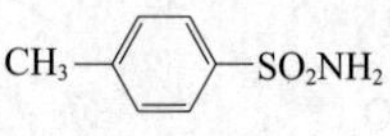 CH_3—, —SO_2NH_2	甲苯，氨			
邻甲苯磺酰胺	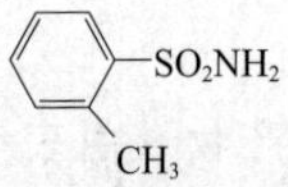 —SO_2NH_2, CH_3	甲苯，氨			甲苯（CH_3）
1-萘磺酸钠	SO_3Na	萘	苯甲磺内酰胺	CH_2, NH, SO_2	苯甲胺
1,5-萘二磺酸钠	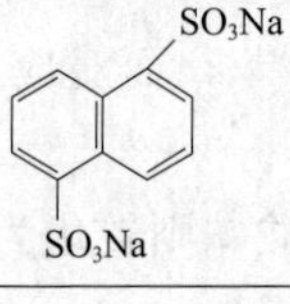 SO_3Na, SO_3Na	萘，1-萘磺酸钠			邻甲苯磺酰胺
1,3,6-萘三磺酸钠	SO_3Na, NaO_3S, SO_3Na	萘			甲苯
对磺酰胺苯甲酸	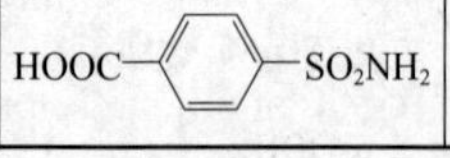 HOOC—, —SO_2NH_2	苯甲酸，氨	苯酰胺	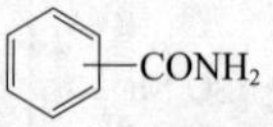 —$CONH_2$	苯甲胺

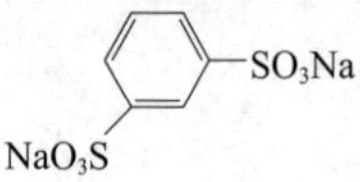

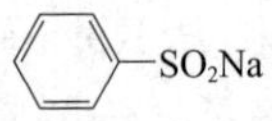

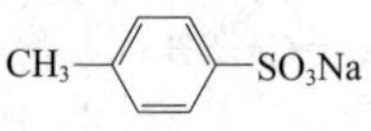

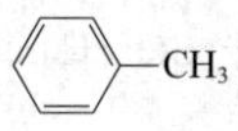

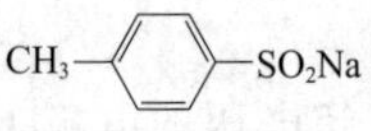

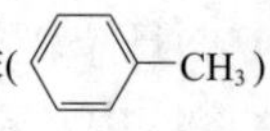

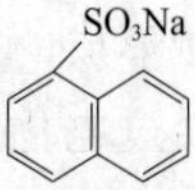

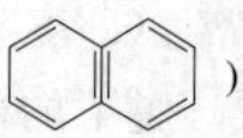

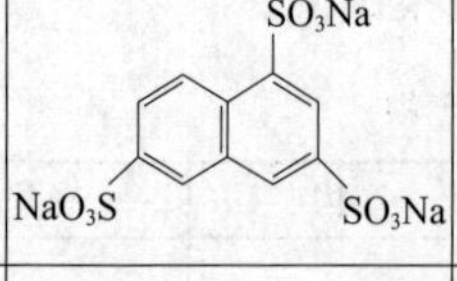

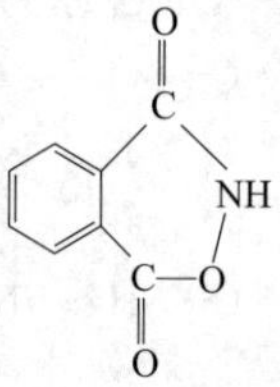

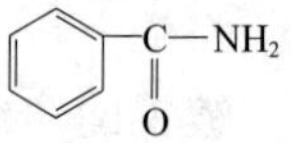

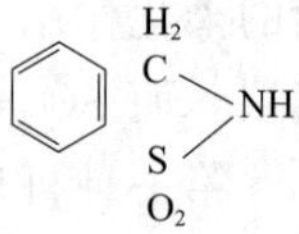

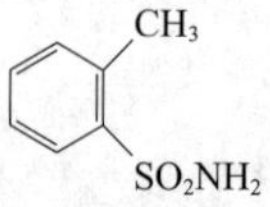

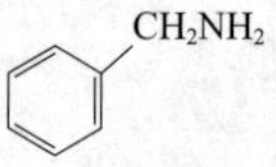

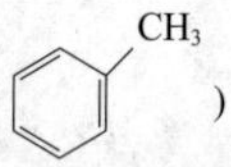

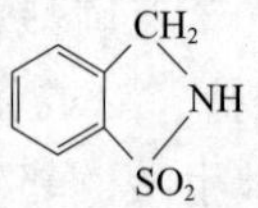

(2) 不饱和脂肪族砜化合物的阴极反应

不饱和脂肪族砜化合物（如烯丙基磺酸盐 $CH_2=CH-CH_2-SO_3Na$ 等）与芳香族砜化合物不同，芳香环可吸附在镍阴极上，但不被加氢还原，而不饱和脂肪族砜化合物的不饱和键在镍阴极表面易被加氢。阴极反应产物与溶液的 pH 有密切关系。pH=3～5 时，约有 90%被加氢成为饱和磺酸，10%的化合物发生 C—S 键的氢解，并使硫化镍进入镀层。同时也有相当量的含碳物质进入镀层。pH≤1.5 时，主要产物是不饱和键被加氢而形成的烷基磺酸，而 C—S 键不被氢解，基本上没有硫进入镀层，因而不具光亮作用。这也说明并非含硫的添加剂都会提高镀的含硫量，因此，三层镍的半光亮镍仍可用含硫的添加剂获得不含硫的镀层。

pH 值对芳香族砜化合物阴极反应的影响则相反，即 pH 值越低，镀层的硫含量越高，pH=1.5 时，硫的含量为 pH=3～5 时的两倍。

2.5.2 第二类光亮剂的阴极还原

镀镍的第二类光亮剂也称为次级光亮剂，它是含有易被还原的不饱和基团的有机物，可使阴极电位显著负移，还原后的产物容易被镀层混合，使镀层的含碳量升高，脆性增大。典型的次级光亮剂是香豆素和丁炔二醇。

(1) 香豆素的阴极还原

香豆素在镍电极上的还原产物为邻羟基苯丙酸，随着电解的进行，镀液中香豆素的浓度逐渐下降。据小西三郎等人的研究，随着电镀时间的延长，香豆素浓度的对数呈线性下降，其消耗的速度常数为 $3.0\times10^{-4}dm^2/s$（见图 2-3）。而邻羟基苯甲酸的浓度随电镀时间延长呈曲线上升，电镀 1h 后其含量趋于一定，实测值与由镀层中含碳量计算的邻羟基苯丙酸之值（见图中虚线）基本吻合，说明邻羟基苯丙酸的确是反应的主要产物。香豆素的消耗速度随镀液中香豆素浓度的升高而加快，它们呈直线关系（见图 2-4）。

随着电解的进行，邻羟基苯丙酸有一部分进入镀膜，从而使镀层的延展性下降，图 2-3 中的曲线（A）、（B）是两种不同测定方法所得到的结果。表 2-16 是半光泽镍层中碳的含量随着镀液中香豆素浓度的变化情况。

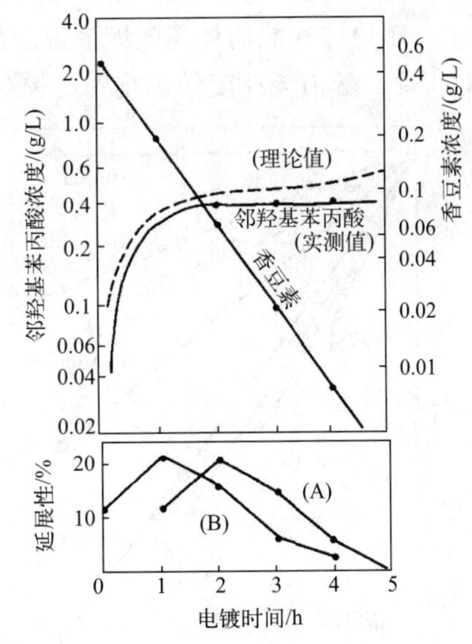

图 2-3 香豆素及其分解产物邻羟基苯甲酸的含量与镀膜延展性随电镀时间的变化

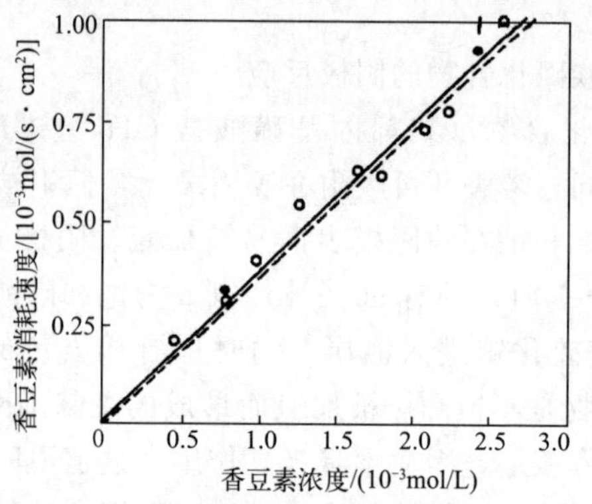

图 2-4　香豆素浓度和消耗速度的关系

表 2-16　半光泽镍层中碳含量随香豆素浓度的变化

镀液中香豆素的浓度/(g/L)	镀层含碳量/%		镀液中香豆素的浓度/(g/L)	镀层含碳量/%	
	分析结果	按香豆素消耗计算的值		分析结果	按香豆素消耗计算的值
0.1	0.05	1.4	0.75	0.13	10.8
0.2	0.07	2.9	1.0	0.11	14.3
0.5	0.12	7.2			

由此表可见香豆素的分解产物仅部分进入镀层，大部分仍留在镀液中。

(2) 丁炔二醇的阴极还原

丁炔二醇在镍阴极上很容易被加氢还原为1,4-丁二醇，其含量随着电镀时间延长和电流密度的升高而线性下降，但直线斜率在1A/dm^{2}以上时，变化就不是很大了。丁炔二醇的消耗还随镀液温度的升高、搅拌的加剧而明显增大，而镀液pH对丁炔二醇消耗速度的影响则比较小（见图2-5）。

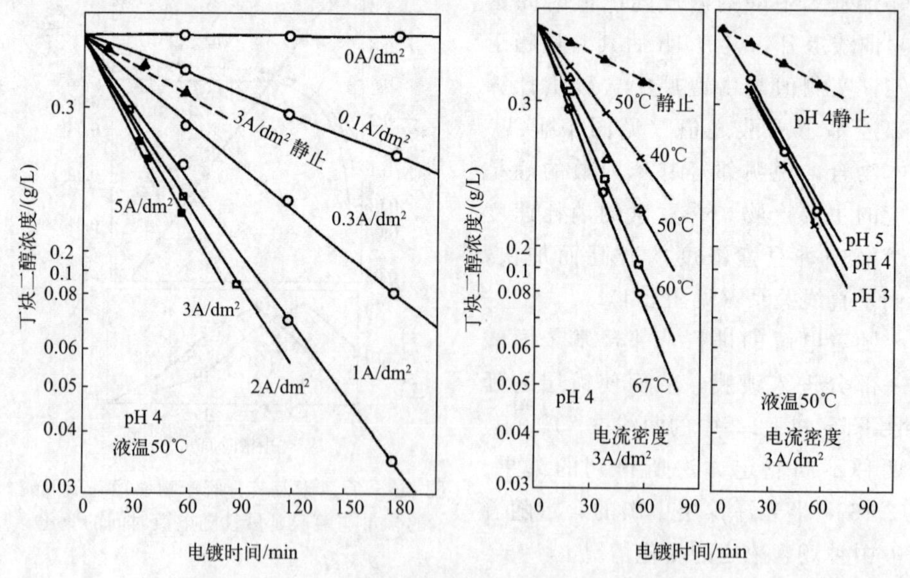

图 2-5　丁炔二醇的浓度随电镀时间而变化的状况

镀镍反应由镍的析出、氢气的产生以及添加剂的阴极还原三个反应组成，各反应的电流-电位曲线的形状如图 2-6 所示。添加剂的阴极还原是受扩散控制的，故在很宽的过电位范围内，其还原的电流 I_a 是一定的，阴极电流效率可用下式表示：

$$E=I_{Ni}/(I_{Ni}+I_{H_2}+I_a)$$

电位越正时 I_a 所占的比例越大，析镍的电流效率越低。定电位下该添加剂（图中 I_a）的效率也降低。

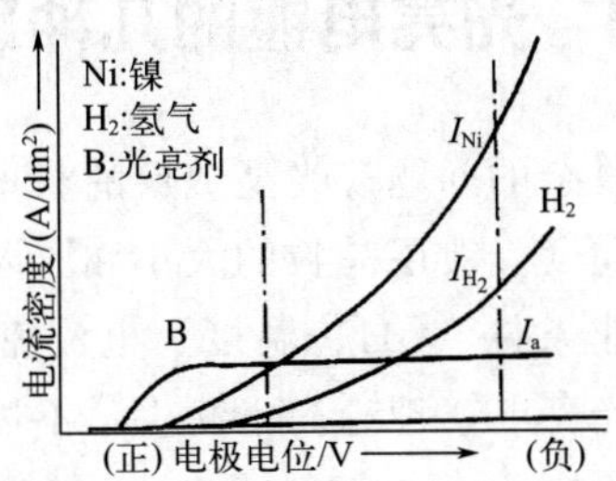

图 2-6　镀镍时三种反应的极化曲线

第 3 章

光亮电镀理论

3.1 光亮电镀的几种理论

光亮电镀的机理是个复杂的问题。光亮镀层的获得受许多因素的影响，如底材金属表面的平滑度或粗糙度，镀层晶粒的大小和取向，金属离子和配位剂、添加剂的性质，电镀时的作业条件（pH、温度、电流密度、搅拌等）等。由于问题的复杂性，至今完整的光亮电镀理论尚未诞生，不过已提出几种看法。

3.1.1 细晶理论

这是 Kohlschiitter 和 Libreich 等人在 20 世纪初提出的看法。他们认为若镀层的显微结构是由小于最短可见光波长（0.4μm）的晶粒组成的，光可以像在全光滑的表面上那样被反射，则镀层显光亮。1951 年，ГорбуHOBA 等用电子显微镜观察光亮镀镍层，证实光亮镀层具有细晶结构，镍粒子的线长度为 0.3～0.5μm，后来许多人用金相显微镜、电子显微镜和 X 射线绕射法测定光亮镀层的晶粒大小时，都证实光亮镀层的晶粒比不光亮镀层的小。在普通镍镀液中加入各种萘磺酸或硫脲，都可使普通镍镀层的晶粒细化。至今，人们还赞同光亮镀层是由细粒晶体组成，用 X 射线绕射法算出镀层晶粒是很细小时，该镀层大半是光亮或平滑的。要降低晶粒大小，就要抑制晶粒向某一方向生长。向镀液中加入配位剂，金属离子的放电速度减慢，电析时晶核的数目增加，结果晶粒单向生长的速度也下降了，晶粒的平均尺寸减小。抑制晶粒单向生长的另一种有效方法，是在镀液中加入可在镀层表面特定晶面选择性吸附的添加剂。吸附在结晶生长点的添加剂可抑制某些晶面的生长，阻碍了晶体的单向生长，有利于新的结晶在其他位置产生。当锥形或块状生长受抑制时，镀层晶粒就变细，表面就变平坦、光滑。

然而，从镀层晶粒的大小来反推镀层是否光亮时，常常出现偏差。早在 20 世纪 50 年代，Read 和 Weil 以及 Denise 和 Leidheiser 就指出：并非所有细晶粒的镀层都是光亮的，即镀层晶粒的大小同镀层的光亮性之间并无直接关系。这说明晶粒细小仅仅是形成光亮镀层的必要条件，并不具备充分条件。

3.1.2 晶面定向理论

1. 镀层的光亮度和结晶组织的关系

晶面定向理论是1940年Hume-Rothery和Blum等人提出的。这种理论认为电镀层的光亮与否决定于晶面在金属表面的定向，仅当晶体的每一个晶面都是有规则的取平行于底材平面的方向，光才能被全反射而达到镜面光亮的镀层。

这种看法虽然能说明部分的实验事实，然而研究均证明光亮镀层的晶体结构的定向性并不一定比普通镀层的高，镜面光亮的镀层也可以从完全无序晶体结构的镀层得到。相反，结晶的定向性很高的镀层却不一定是完全光亮的，就是相同取向的镀层也可显不同的光亮度。早在1962年，Read就重复了早先的研究，确定最佳取向程度和镀层表面光亮之间并无关系，而Clark和Denise等从X射线的研究中也发现大多数光亮镍镀层是无序取向的。表3-1是桑义彦等用X射线绕射法和电子绕射法所得到的镀层的光亮度和结晶组织间的关系。

由表可知镀铜层的光亮度与结晶组织的定向性之间并无直接关系。相反，光亮镀层所得到的X射线绕射图大半表现结晶性弱而产生的弥散圈，似乎光亮镀层主要是非结晶性细粉末沉积物的特征。也有人称为“隐晶”，例如在含0.1g/L硫脲的硫酸盐镀镍液（pH＝5.0）中获得的光亮镀镍层即使放大18000倍，也看不到晶体的结构或晶界。从表面上看，光亮镀层的结构有些像经过深度冷作的材料，没有十分明确的晶界。与此相应的是镀层的X射线绕射图呈星云状，而不出现反映晶体的清晰圆形绕射图，说明镀层的结晶性很差。

表3-1 镀铜层的光亮度和结晶组成

添加剂	浓度/(mg/L)	电流密度/(A/dm^2)	光亮度	结晶的定向性
无	0	1	不光亮	无
无	0	5	不光亮	无
硫脲	10	3	半光亮	—
硫脲	10	5	半光亮	(220)定向性强
硫脲	10	8	光亮	(311)定向性弱
乙酰硫脲	12	2	半光亮	无
乙酰硫脲	12	5	光亮	弥散圈
乙酰硫脲＋表面活性剂	12	5	光亮	无
丙烯基硫脲	12	5	半光亮	无
丙烯基硫脲	12	8	半光亮	(220)定向性弱
丙烯基硫脲＋表面活性剂	12	5	光亮	弥散圈
甲基异硫脲	9	3	不光亮	无
甲基异硫脲	9	5	不光亮	无
六亚甲基二硫脲	12	3	不光亮	无

续表

添加剂	浓度/(mg/L)	电流密度/(A/dm^2)	光亮度	结晶的定向性
六亚甲基二硫脲	12	5	半光亮	无
六亚甲基二硫脲加入表面活性剂	12	6	光亮	弥散圈

注：电解液：$CuSO_4 \cdot 5H_2O$ 200g/L，H_2SO_4 50g/L，20℃。

目前，从结晶学的角度来解释光亮作用时，所持的观点正好与晶面定向理论相反。即产生光亮镀层的电镀条件必须是能防止沉积层出现择优取向的条件，即有效的光亮剂必须具有使不同晶面的生长速度趋于一致的能力。

由于金属表面的不均匀性，当金属沉积速度较大的晶面同时是光亮剂分子优先吸附的位置，而且光亮剂对金属电沉积有阻化作用，那么本来电沉积速度较大的受到阻化作用也较明显，结果使表面不同位置上的生长速度趋于一致，这也就阻止了单向生长而形成的粗晶和树枝状镀层的出现。

2. 底材金属对镀层晶面取向的影响

一般来说，底材金属表面晶面取向的混乱程度对最初形成的镀层的晶面取向有相当的影响，不过这种影响仅出现在有限的厚度以内。表 3-2 列出了在打光的多晶铂电极上沉积的镍层的厚度与镀层取向程度的关系。

表 3-2 在打光的多晶铂电极上沉积的镍层的厚度与镀层取向程度的关系

镀层厚度/μm	取向程度		
	2A/dm^2 晶粒尺寸 13μm	8A/dm^2 晶粒尺寸 9μm	14A/dm^2 晶粒尺寸 7μm
5	无取向	无取向	无取向
10	无取向	无取向	无取向
15	无取向	30%	30%
20	无取向	36%	47%
25	无取向	44%	53%
30	无取向	47%	58%
37.5	30%	61%	—
40	52%	—	72%
50	55%	66%	77%
75	72%	80%	86%
100	80%	86%	92%
125	86%	92%	95%
150	89%	94%	97%

续表

镀层厚度/μm	取向程度		
	$2A/dm^2$ 晶粒尺寸 13μm	$8A/dm^2$ 晶粒尺寸 9μm	$14A/dm^2$ 晶粒尺寸 7μm
175	91%	97%	100%
185	94%	—	—
200	97%	100%	100%
375	100%	—	—

由表中数据可以看出：

① 底材的混乱多晶结构（打光铂表面）使最初形成的镀层晶面也是不定向的，这种影响在低电流密度和底材表面晶粒尺寸较大（粗糙度大）时尤为明显，随着底材表面粗糙度的降低和电流密度的升高（即过电压的增大），底材的影响逐渐减少。

② 随着镀镍层厚度的增加，镍膜本身的（110）取向逐渐明显，到镀层厚度超过 175μm 以后，镀层几乎完全取（110）取向，然而此时镀层的光亮度远不及无取向时镍镀层的光亮度，这说明镀层晶面的取向程度，并不是决定镀层光亮程度的决定因素。

3.1.3 胶体膜理论

早在 1942 年，J. A. Henricks 就大胆提出光亮电镀的添加剂大半是酸洗液中所用的抑制剂，而光亮镀层的形成是阴极膜中无机胶体参与的结果。多年来，有不少事实证实了他的观点。例如镀镍用的炔系光亮剂丙炔醇、丁炔二醇和萘磺酸系光亮剂 2,7-萘二磺酸钠等都是酸洗的有效抑制剂。再如在镀镍、镀锡和镀锌中用做光亮剂的季铵盐，如十六烷基三甲基溴化铵也是有效的酸洗抑制剂。

用于酸性光亮镀锡和酸性光亮镀锌液中的非离子表面活化剂型光亮剂（如壬基酚聚氧乙烯醚），在酸性介质中可以结合 H^+ 而形成盐，因此也变成了酸洗抑制剂。酸性光亮镀铜用的 2-巯基苯并咪唑、苯并三氮唑等光亮剂也是铜的有效抑制剂。

至于镀层的光亮作用，他们认为是形成难溶的胶体膜的结果。对于许多镀液，在形成光亮镀层之前，在阴极附近会出现一个高度分散的固态相区，称为阴极胶体膜，它可以保持到电镀终止。这种阴极胶体膜可以由沉积金属的碱式盐或氢氧化物的细分散粒子组成，也可以由沉积金属的硫化物、沉积金属的低价氰化物或其他形式的难溶物组成。

Henricks 认为在光亮镀镍时镍阴极膜中存在胶状氢氧化镍胶体，这已为某些实验所证明。在其他光亮电镀中虽尚需进行深入的研究，但许多迹象表明在光亮镀铬时，在重铬酸盐膜中的确存在胶体铬。在光亮酸性镀铜时，镜面光亮镀层的形成主要是靠外加少量氯离子形成的不溶性氯化亚铜和从有机硫光亮剂电解还原形成的硫化物进一步形成不溶性的硫化亚铜的结果。同样，在酸性光亮镀锌的阴极膜中，可能含有不溶性的氯氧化锌（Zn_2OCl_2），而在酸性光亮镀锡的阴极膜中可能存在不溶性的偏锡酸。

胶体理论虽有相当的实验依据，但仍限于实验现象的一般归纳，它并未说明酸洗抑制剂为何可作为电镀光亮剂，也无法说明为何胶体膜不含酸洗抑制剂。此外，尚无很充分的证据证明胶体膜的普遍存在。有人把镀膜中包含的C、N、S元素作为成胶体的依据也是不恰当的。既然金属离子本身可在阴极区形成胶状沉淀物，或者酸性光亮镀铜主要是Cl^-的作用，这实际上就否定了其他光亮剂的特殊作用。实验证明金属氢氧化物和碱式盐在阴极区的产生，常常是粗糙、疏松沉积层出现的原因，这和添加剂的光亮作用正好相反。

3.1.4 电子自由流动理论

镀层产生光亮的原因，这是众说纷纭的问题。1974年，日本学者马场宣良提出一种电子自由流动理论，他认为镀层之所以出现光亮是因为镀层中的电子可以自由流动的结果。众所周知，金属晶格中充满了可自由流动的电子，当光照射到金属表面时，自由电子迅速把光能传递到整个结晶中去，并立即把光放出，结果一点也不吸收光。这就是金属显示光亮的原因。

当金属晶粒变小，自由电子可以自由流动的范围逐渐缩小，即电子被原子或分子间的力束缚住了，其自由度减小，流动性下降，此时，一旦接受光能，电子会把光能吸收而不再放出。金属表面生锈后，光亮度就下降，这是由于铁的氧化物是以微粒状存在的，只有很少或没有可自由流动的电子流的缘故。如果生成的是透明的玻璃状的氧化物（如Al_2O_3），那并不影响自由电子的流动，也就不影响金属光亮。金属表面越粗糙，电子的自由流动越困难，光亮性也越差。镜面光滑的表面具有最好的金属光亮。

对于镀铜、镀镍和镀锌，其最有效的光亮剂是含硫的化合物。如硫脲、萘二磺酸、糖精、胱氨酸，以及各种胶类，如消化蛋白、动物胶、阿拉伯胶等。此外，作为无机光亮剂的亚硫酸纸浆废液、$Na_2S_2O_3$和NH_4SCN等，它们都含有硫。这些含硫化合物在阴极析出金属时，也同时被还原，结果形成金属硫化物而被混杂到镀层中去。这种硫化物一方面使镀层的脆性和耐蚀性增加，同时因为具有半导体的电子传导性，可以沟通结晶与结晶之间的电子流，因而提高了金属镀层的光亮度。含不饱和双键或三键的另一类光亮剂，则是因为它们有易移动的电子或未共用的电子对，才具有光亮作用。

电子自由流动论可以解释光亮产生的原因，以及金属表面粗糙度和添加剂对光亮度的影响，但是用这种硫化物、硒化物的半导体性能来解释光亮剂的作用机理是比较牵强的，因为许多光亮剂并不含硫。

而含不饱和双键和三键的光亮剂的还原产物并无半导体性质，这是电子自由流动论难以说明的。再则，为何丁炔二醇可以作为酸性镀镍的光亮剂，却又不能作为酸性镀锌或镀铜的光亮剂呢？为何镀液组成和电镀条件的变化对光亮效果有那么大的影响呢？所有这些问题，单纯从镀层的结晶组织或电子流动的容易程度都是无法说明的。

3.2 平滑细晶理论

上面介绍了四种形成光亮镀层的理论，这些理论都很不完善，至今还没有一种是令人满意的。大家知道，获得光亮表面的方法是多种多样的，机械打光、电解抛光、化学抛光和直接进行光亮电镀等方法在实际生产中都被广泛采用。这些方法虽然采用的手段不一，但目的和结果是相同的。

在什么条件下镀层才会显出光亮来，根据 Weil 和作者对光亮电镀和电解抛光过程的研究，发现镀层的光亮和镀层表面或底材表面是否平滑有极大的关系，也和镀层晶粒的大小有关。通俗来说就是（不细不光，不平不亮），要得到光亮的镀层，必须同时满足镀层表面平滑和结晶细小两个条件，两者缺一不可，这就是平滑细晶理论的中心思想。

3.2.1 提出平滑细晶理论的依据

① 凹凸不平的表面可用各种打光方法使其变亮，而光亮的表面极为平滑。当其再度变为粗糙时，光亮度则消失。

② 反光性好的表面，肉眼看去都是光亮的。若把玻璃的反射率定为 100%，镜面光亮镀层的反射率为 80%以上，一般光亮镀层的反射率在 50%～80%，无光或灰暗镀层的反射率则在 20%以下。实际测定由硫酸镍、氯化钾、硼酸和萘三磺酸所得镀层的反射率为 59%，而不含光亮剂的无光亮镀镍层的反射率为 6.6%。

③ 用机械或电化学方法对金属表面进行抛光时，仅当凹凸不平的金属表面被整平到相当程度时，金属才显出光亮性来，当金属表面小于 0.4μm 的显微凹凸度（粗糙度，coarseness，指表面最凸处与最凹处的金属厚度之差）都被整平（粗糙度＜0.15μm）时，就可获得镜面光亮的表面。这说明，光亮乃表面平滑的反映，只有很平滑的表面才具有很强的反光作用，这就是打光的金属镜也可作为普通镜子使用的原因。

④ 同一种镀液在打光表面上比在凹凸不平的表面上获得的镀层光亮。

⑤ 采用周期换向电流电镀时，镀层短时间作为阳极，有利于镀膜表面凸出都被溶解，以消除镀层表面的显微凹凸不平，从而获得更加光亮的镀层。

⑥ 用相同表面粗糙度的金属加工物，在含晶粒细化剂（络合剂或光亮剂）或整平剂的镀液中获得的镀层，比没有这些添加剂的光亮，这表示晶粒越细，表面越平，镀层也就越光亮。整平剂的整平效果越好，整平速度越快，镀层的变亮速度也越快。

3.2.2 表面平滑对光亮的影响

在镀镍溶液中，加入某些能使底材金属上的微观割痕很快被填平的添加剂，就能迅速获得光亮的镀层。这种添加剂通常称为整平剂，大半是一些有机化合物，如在镀镍液中加入的香豆素、丁炔二醇或其他乙炔衍生物、丙烯基磺酸钠、季铵盐、吡啶和喹啉衍生物、苯乙烯衍生物等。酸性光亮镀铜液中加入的硫脲、2-巯基苯并噻唑、四氢噻唑硫酮、2-噻唑烷硫酮、2-咪唑烷硫酮等。有些无机金属离子也可作为整平剂，如镀镍时可用 Zn^{2+}、Cd^{2+} 做整平剂。Thomas 曾对整平作用下了个定义：镀液能使微观不平表面上谷处沉积得厚，峰处沉积得薄，最终得到平整表面的能力。根据 Kardos 提出的整平扩散控制阻化机理，整平剂应符合下述条件：

① 整平剂对阴极的电极反应必须有阻止作用；

② 整平剂在电极反应中是消耗性的，如被电化学还原或被镀层混杂等；

③ 整平剂的电极过程是扩散控制。

图 3-1 表示整平剂丁炔二醇对瓦茨（Watt's）镀镍液阴极极化曲线的影响。比较有无丁炔二醇时的曲线可以看出有整平剂时其镀液的极化作用比无整平剂时强，表示整平剂对电极反应有阻止作用。有整平剂时，在同一电位下，搅拌时（相当于扩散膜厚度小，即波峰）的电流密度小，不搅拌时（相当于扩散层厚，即波谷）的电流密度大，这表示整平剂是受扩散控制的。

整平剂的整平效果受整平剂的浓度、溶液中金属离子的浓度以及底材表面粗糙度的影响。一般来说，放电金属离子的浓度越高，在相当限度内整平剂的有效浓度也应升高。底材表面的粗糙度越小，整平效果也越好。表 3-3 表示底材表面显微凹陷的深度和添加剂整平效果的关系。

表 3-3 表示底材表面显微凹陷的深度和添加剂整平性

凹陷深度/μm	23	59	90
整平性/%	96	61	49

Weil 等曾用电子显微镜、X 射线绕射和测定光反射量等方法来研究表面平滑程度对表面光亮的影响。结果证明镀镍层的光亮度与表面凹凸度小于 0.15μm 的面积占总面积的百分数之间有直线关系（见图 3-2），而与晶粒大小和晶面最优取向无直接关系。对于镜面光亮的镍表面，其粗糙度小于 0.15μm，因此粗糙度小于 0.15μm 的面积占总面积的百分数越大，镀层就越光亮。在图 3-2 上对应于

横坐标10%～40%的镍沉积物是半光亮的，而60%～90%的镍沉积物为光亮镍。这说明表面越平滑，镀层也越光亮。表3-4列出了在瓦茨镀镍液中加入各种光亮剂后，镀层表面的反射光量、光亮度、表面粗糙度小于0.15μm的表面积百分数和镀层的结晶轴。表3-4中光亮度是指用肉眼观察的结果。把光亮度分为五级（Ⅰ～Ⅴ），级数越高表示越光亮。

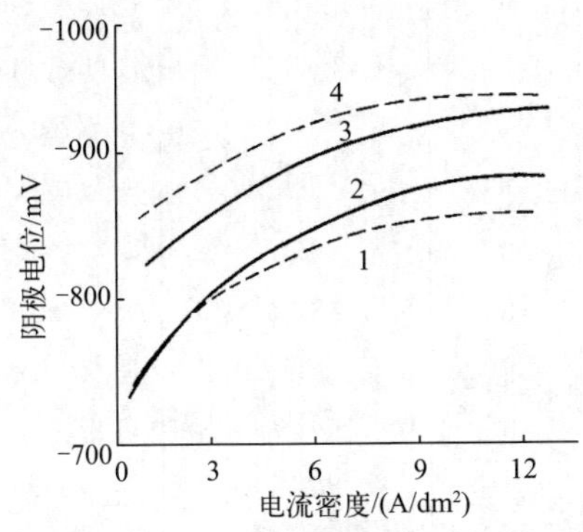

图3-1 整平剂丁炔二醇对瓦茨镀镍液阴极极化曲线的影响（pH=3.0，50℃）

1，2—不含丁炔二醇；3，4—含丁炔二醇；

----搅拌；——不搅拌

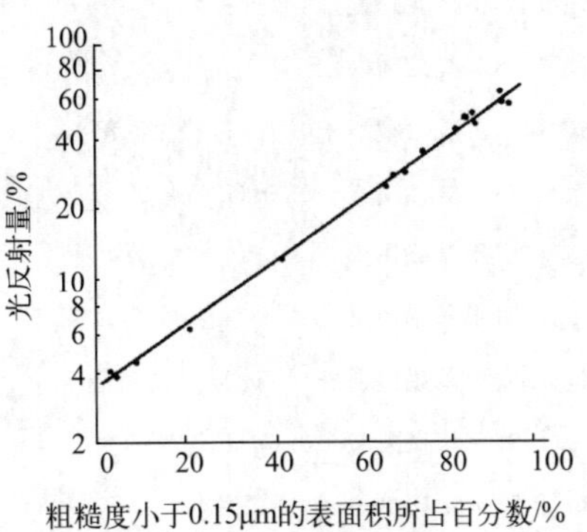

图3-2 光反射量同粗糙度小于0.15μm的表面积所占百分数的关系

从表3-4可知，镀层反射光量越高其镀层越亮，与此相应的凹凸度小于0.15μm的面积百分数也越高。对于光亮镀层而言，其结晶轴不是单一取向，而是以（311）+（111）为主的多种取向，而且析晶也都较细。在图3-2上横坐标10%～40%的镍沉积物，其结晶轴均为（100），但光亮度却明显不同，表面平滑度越高，其表面越光亮，这是和金属表面打光后变亮的现象一致的。作者曾测定了冷轧后的黄铜片经电解抛光后的反射率为60%～80%，而底材先经布轮机械打光后再进行电解抛光的黄铜片，其最高反射率可达96%，完全达到镜面光亮。这表示镀层表面光的反射率可以近似作为判别镀层表面光亮度的定量标准，当然有例外。

光的反射细分起来有三种类型：第一种称为漫（反）射，这是由表面毫厘级的显微凹凸不平引起的，漫射的结果是使表面产生无光亮的表面。第二种反射称为定向反射，反射出来的光容易为肉眼和仪表所接受，故其能使表面光亮。第三种是同时存在定向反射和漫射的混合式反射，兼具以上两者的特性，因此其能使表面有相当的光亮度，但不一定能达到镜面光亮。由此看来，要获得镜面光亮的镀层就要抑制漫射，增强定向反射，还要设法消除表面毫厘级的显微凹凸不平。

表 3-4 镍层光亮度同添加剂、反射光量、表面凹凸度和晶轴的关系

添加剂	反射光量(烛光)/%	目测光亮度等级	粗糙度小于 0.15μm 的面积百分数/%	晶轴
无添加剂	4.5	Ⅰ	7.4	(100)
0.2g/L 1,5-萘二磺酸	47.5	Ⅲ	86.4	(311)+(111)
0.4g/L 1,5-萘二磺酸	58.5	Ⅳ	93.4	(311)+(111)
0.6g/L 1,5-萘二磺酸	58.5	Ⅳ	95.5	(311)+(111)
0.6g/L 1,5-萘二磺酸+0.2g/L 三氯乙醛	95.0	Ⅴ	99.7	(100)
0.6g/L 1,5-萘二磺酸+0.6g/L 三氯乙醛	28.0	Ⅱ	66.3	(100)
0.2g/L 对甲苯磺酰胺	53.5	Ⅳ	86.2	(100)
0.6g/L 对甲苯磺酰胺	48.5	Ⅳ	84.5	(100)
0.6g/L 对甲苯磺酰胺+0.2g/L 三氯乙醛	50.0	Ⅲ	84.0	(100)
0.6g/L 对甲苯磺酰胺+0.6g/L 三氯乙醛	50	Ⅳ	84.0	(100)
1.0g/L 锌+0.6g/L 1,5-萘二磺酸	66	Ⅳ	93.4	(311)+(111)
1.0g/L 锌+1.0g/L 1,5-萘二磺酸	>100	Ⅴ	99.4	(311)+(111)
0.09g/L 苯胺	4.0	Ⅰ	2.3	(110)
0.18g/L 苯胺	4.0	Ⅰ	3.4	(110)
0.31g/L 苯甲酸	6.3	Ⅱ	19.4	(110)
0.08g/L 糖精	13.0	Ⅱ	41.0	(100)
0.2g/L 糖精	35.0	Ⅲ	74.1	(100)
0.4g/L 糖精	29.0	Ⅲ	69.2	(100)
0.6g/L 糖精	25.0	Ⅲ	65.0	(100)
Harshaw 化学公司添加剂	>100	Ⅴ	100	(311)+(111)

注：镀液组成与条件：$NiSO_4 \cdot 6H_4O$ 400g/L，$NiCl_2$ 45g/L，H_3BO_3 45g/L pH＝4.0，60℃±2℃，D_k 5A/dm²。

3.2.3 表面晶粒尺寸对光亮的影响

金属表面的平滑程度可用其表面的凹凸度来描述。如果表面的凹凸度超过照射光的波长，这种凹凸度称为宏观凹凸度，并不影响表面的光亮度。如果表面的凹凸度比照射光的波长短，达到 μm 数量级，那就会对光产生干扰作用，因而对表面的光亮度产生显著的影响。根据 Antropov 估计通常镀层的表面凹凸度在 0.02～2μm 之间，而一般所说的显微凹凸度，指的是表面凹槽的深度在 0.4μm 以下。

如前所述，表面的光亮度取决于表面的平滑程度。然而表面的平滑程度又是由多种因素决定的，如晶粒的大小、晶粒的取向和择优取向的程度，以及外来杂质（包括添加剂）的共沉积等。这些因素中，目前认为最重要的是晶粒的大小，

就像用粗大的石块铺路得不到平滑的路面一样，只有细小的晶粒才能填平微观凹凸的表面（几何整平），而又不产生凹凸度超过 0.15μm 的新表面。因此，要获得光亮的镀层，其晶粒尺寸通常都应小于 0.2μm。因为若晶粒较大，则大晶粒之间会出现缝隙。Weil 认为缝隙的存在是沉积物表面呈现乳白色、雾朦状或者不完全光亮的原因。此外，若镀层是由大的平台构成，则平台之间就会出现粗大的台阶，这些都会影响表面的平滑，从而影响表面的光亮度。

用此观点就可以很好解释为何光亮镀液既要晶粒细化剂又要整平剂。单有晶粒细化剂，底材原来的粗糙表面得不到平滑，镀层最多只能达到半光亮。而单有整平剂，由于沉积的晶粒粗大，又会出现新的显微凹凸表面，所以镀层也不光亮。在打光的底材表面上，只要用含晶粒细化剂的镀液仍可获得光亮镀层，在不很平滑的底材表面上要获得光亮的镀层，镀液中就必须同时含有晶粒细化剂和整平剂。而要快速获得光亮的镀层，镀液中整平剂还必须是高效的整平剂。在配方设计时，在含强配位剂的镀液中一般只要加入整平剂在酸性单盐镀液中，而在不含强配位剂的镀液中，既要加入晶粒细化剂，又要加入整平剂，这样才能获真正光亮的镀层。

晶粒细化剂与整平剂可以是两种物质，也可以是一种物质。如光亮镀镍时的丁炔二醇，它既有细化晶粒的作用，又有整平作用，它既是光亮剂，又是整平剂。但整平效果不如糖精、香豆素和萘磺酸，所以要获得全光亮的镍层，往往是同时含丁炔二醇与糖精或其他高效整平剂。在氰系镀铜液中，氰化物是很有效的晶粒细化剂，但其整平性能很差，反当加入具有整平作用的硫代硫酸钠或其他含硫化合物时才能获得全光亮的铜层。同样，光亮氰系镀银的添加剂大半属于晶粒细化剂，不一定都具有整平能力。而平常说的整平剂都有良好的整平作用，而且大半具有细化晶粒的作用（这会提高反应过电压）。

3.3 获得细晶镀层的条件

3.3.1 晶核形成速度与超电压的关系

从溶液相产生出新的结晶相的必要条件是体系处于过饱和状态。在过饱和体系中，由于热涨落，某些局部区域内的原子会集聚成为“晶芽”，而晶芽的形成是一个自发过程。但晶芽是不稳定的，有的可能分解消失，有的则能进一步集聚更多的原子壮大成为晶核。

晶核可以是二维空间的，也可以是三维空间的。要激发三维空间成核，底材金属必须是沉积金属不能在其上延续生长的材料，如在铂单晶面上电析银和铅时，最初形成的是三维晶核。而在表面位错很少的银单晶上电析银时，最初形成的是二维晶核。

二维晶核和三维晶核形成的速度和超电压的关系，早在1931年已由Erdey-Gruz和Volmer提出，若成核速度用电流I来表示，则

$$\ln I = A - B/\eta \text{（二维成核）} \qquad \ln I = A' - B'/\eta^2 \text{（三维成核）}$$

式中，A、B、A'、B'均为常数；η为超电压。由此可见，随着超电压的增大，新晶核的形成速度会迅速增大，镀层的晶粒会变细。因此，要得到比较紧密细致的镀层，就要快速生成大量的新晶粒，这就必须设法增大超电压。图3-3表示镀银液中阴极超电压和镀层晶粒数随超电压增大而迅速增长的关系。

要提高镀液电化学反应的超电压，以获得细晶镀层，通常是采用加入配位剂或添加剂的方法，或者两者兼用。用配位剂的方法是使放电超电压较小的金属离子转为超电压更大的配合物或螯合物。

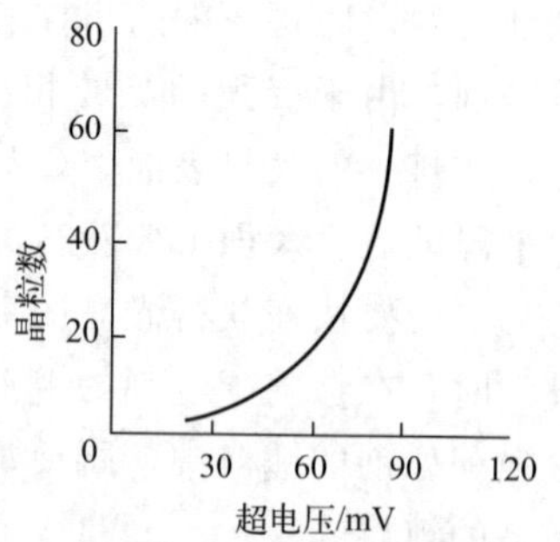

图3-3　阴极超电压和形成晶粒数间的关系

在第1章中已指出，金属离子的电子构形不同，其还原反应的速度和超电压也不同。对于d电子壳层全满的金属离子，如Au^{+}、Ag^{+}、Cu^{+}、Hg^{2+}、Cd^{2+}、Sn^{2+}、Bi^{3+}等，其水合配离子的电化学反应超电压很小，要显著提高其超电压，就必须用配位能力强，而本身又有相当的表面活性可在电极上吸附的配位剂。如CN^{-}、有机多膦酸、多聚磷酸、多乙烯多胺等。例如1-羟基亚乙基-1，1-二膦酸（HEDP）镀Zn、Cu、Cd时，所得镀膜的晶粒尺寸都与用CN^{-}做配位剂的接近。对于$d^3 \sim d^8$构形的金属离子，如Cr^{3+}、Fe^{2+}、Co^{2+}、Ni^{2+}、Pt^{4+}、Pd^{4+}等，它们的水合配离子放电的超电压已较高，不过电流效率却降到了极低水准，也就失去了实用的价值。这类金属离子通常是用较弱的羧酸、羟基酸、氨基酸、氨、卤素、硝酸根等作为配位剂。

3.3.2　添加剂作为晶粒细化剂

许多有机或无机添加剂能够吸附在阴极表面而形成紧密的吸附层，或选择性地吸附在阴极高电流密度区，并在该处还原，以阻化金属配离子的放电过程或金属吸附原子的表面扩散，使阴极反应的超电压升高，电极反应速度减慢，从而获得晶粒细小而平滑的镀层。所以，许多添加剂都是优良的晶粒细化剂。

添加剂的吸附有物理吸附和化学吸附。物理吸附主要是添加剂和金属电极间的范德华力的作用，这种作用较弱，添加剂也容易脱离，故对超电压的影响较小。化学吸附是添加剂在阴极表面发生添加剂的还原反应，或者是吸附在阴极表面上的添加剂与溶液中金属配离子间发生配位反应。后者是因为添加剂中未共用的孤对电子可以填入金属空d轨道而形成稳定的配位键，这种配位作用符合软硬酸碱规则。在金属表面上形成的配合物称为表面配合物，表面配合物的形成使金

属离子的放电更加困难，反应的超电压也明显增大。这有利于新晶核的形成，结果析出沉积物的晶粒就比较细小。许多高分子有机添加剂就属于生成表面配合物这一类型。例如聚乙二醇、聚乙烯醇、聚乙烯亚胺、烷基酚聚氧乙烯醚以及各种胺类与环氧化合物的缩聚物等，它们本身并不在电极上发生不定期还原反应，然而在电极上有较强的吸附作用，并可与金属配离子形成多元表面活性配合物，因此它们都是优良的晶粒细化剂（图 3-4）。

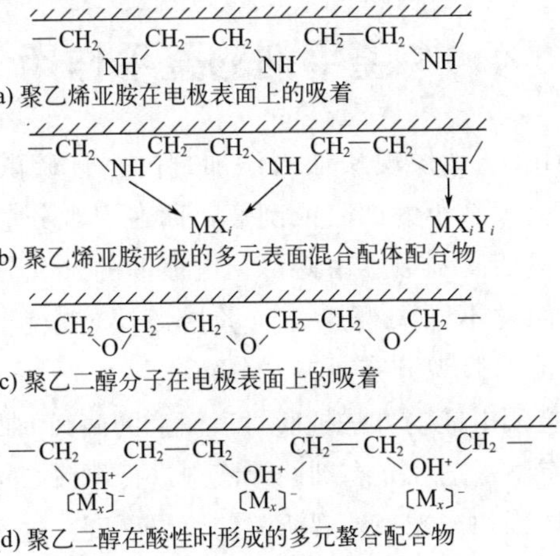

—CH_2 NH CH_2—CH_2 NH CH_2—CH_2 NH

(a) 聚乙烯亚胺在电极表面上的吸着

—CH_2 NH CH_2—CH_2 NH CH_2—CH_2 NH

MX_i MX_iY_i

(b) 聚乙烯亚胺形成的多元表面混合配体配合物

—CH_2 O CH_2—CH_2 O CH_2—CH_2 O CH_2 —

(c) 聚乙二醇分子在电极表面上的吸着

—CH_2 OH^+ CH_2—CH_2 OH^+ CH_2—CH_2 OH^+ CH_2 —

$[M_x]^-$ $[M_x]^-$ $[M_x]^-$

(d) 聚乙二醇在酸性时形成的多元螯合配合物

图 3-4 高分子有机物在电极表面吸附

能在金属离子还原的同时也被阴极还原的有机添加剂，是电镀上常用的光亮剂或晶粒细化剂，属于此类的化合物有：醛类、酮类、硫酮、巯基化合物、酰胺、偶氮染料、炔类化合物、三苯甲烷染料、芳磺酸、不饱和羧酸等，它们都含有易被还原的基团。某些易被还原的无机硫、硒、碲化合物则是无机光亮剂或无机晶粒细化剂，它们与有机硫化物相似，也属于能与金属离子同时被还原的物质，它们对电极反应均有阻化作用，常常还具有整平作用。常用的无机硫化物添加剂有硫化钠、多硫化钠、硫氰酸钾、硫代硫酸钠等。

第 4 章

整平作用与整平剂

4.1 整平剂的整平作用

早在 1935 年，Meyer 就发现从加入添加剂的酸性硫酸盐溶液中镀铜时，能够填平底材金属表面上极微小的凹陷或刮痕，而在宏观分散能力良好的氰化物溶液中镀铜时，镀层依然留着刮痕。由此可见电镀液的宏观分散能力与微观分散能力（即整平能力）是两种不同的概念，前者指镀层或电流的宏观分布或一次分布，后者指镀层或电流的微观分布或二次分布。

所谓整平作用是指用电镀的方法把底材表面上的微细的凹凸不平予以填平并使之光滑的作用。在含有整平剂和光亮剂的镀液中进行电镀，可以缩短获得光亮镀层的时间，并降低零件达到相当光亮外观所需的镀层厚度，这不仅可以革除繁重的机械打光工程，消除粉尘的污染，而且大幅度缩短生产周期，提高了劳动生产率。

例如在仅含光亮剂糖精和 1,4-丁炔二醇的镀镍液中，用 $5A/dm^2$ 的电流密度电镀 5min 仅能达到 277.5 的光亮度，若镀液中再加入整平剂香豆素，则光亮度可提高到 309，如加入合成的光亮剂和整平剂，光亮度可达到 552.5。

4.1.1 微观不平表面的物理化学特征

宏观上看十分平滑的素材表面，在放大镜下观察就会发现其是凹凸不平的。所谓微观不平表面是具有峰高或谷深小于 0.5mm 的凹凸表面，在这么微小凹凸的表面上所具有的物理-化学特征与一般的宏观表面有两个明显的不同。

1. 扩散膜的厚度是变化的

由于在电极表面附近的溶液受浓度渐变的影响，存在扩散层。Brenner 用他的冻结法得出对于不搅拌的镍或酸性铜电解液，这个扩散层的厚度约为 0.4mm，可以认为这个厚度数值是区分宏观的和微观的不平表面的标志。在宏观几何不平表面上，扩散层厚度 δ 是沿表面的几何轮廓均匀分布的，即扩散层厚度处处相等［见图 4-1（a）］，但在微观不平表面上［见图 4-1（b）］，扩散层的边界在离开电极表面相当距离处是平滑的，即并非沿微观凹陷的形状均匀分布，因而谷处的扩散层厚度大于峰处的厚度（$\delta_r > \delta_p$），且 $\delta > a/2$（见图 4-1）。

2. 电流和电位坡度的分布是均匀的

电解沉积时金属在阴极上的分布主要决定于阴极表面上的电流分布。宏观轮廓上的电流分布受到溶液电阻和电化学极化的影响，当不存在电化学反应时，宏观轮廓上的电流分布是很不均匀的。这是由于不同部位溶液的电阻是不同的，峰上溶液的电阻比谷上的小，因而峰上的电流密度大于谷上的电流密度。

这种由溶液电阻引起的不均匀的电流分布称为次级电流分布，即镀层的宏观分散能力。当轮廓上发生电化学反应时，电流的流通阻力除溶液电阻外，还包括扩散电阻（浓差极化）和电化学反应电阻（电化学极化），电极之极化越大，电流分布越趋于均匀。存在电极之极化时的电流分布称为二次电流分布。微观轮廓上的次级电流分布是均匀的，轮廓上各点的电位坡度也是近似相同的，因此，只有电化学极化才能改善电流分布。整平剂的作用就是改善微观轮廓上的二次电流分布，因此它们必须能够改变镀液的电化学极化。按照 Kardos 的平滑扩散消耗理论，整平剂是指可扩散至阴极并在阴极上被还原的物质。

对于宏观轮廓来说，无论是电化学极化或浓差极化都能改善电流分布。配位离子放电时具有较高的浓差与电化学极化，这就是大多数配合物镀液具有良好的宏观均一性的原因。由于大多数配体并不出现扩散消耗现象，因此大多数配合物镀液的整平能力较差。

4.1.2 整平作用的类型

若用深度小于 0.5mm 的三角凹陷来代表典型微观不平的表面（见图 4-2），并假定金属在微观剖面各个区域内的电流效率是相等的，则整平能力可能理解为电流（或镀层厚度）在微观凹陷的峰、谷两点之间的差异程度。例如 Watt's 液（50℃，pH=3.0）中镀镍时，在没有添加剂的条件下，如果电流密度不高于 $3A/dm^2$，那么从显微照片可以观察到镀膜沿着微观凹陷表面的分布基本上是均匀的［见图 4-1（b）］，此时可以认为电流分布即谷处的电流 I_r 和峰处的电流 I_p 之比（I_r/I_p）或镀层厚度分布 h_r/h_p 接近于 1，而凹陷深度则减小，其值为：

$$h_r-h_p=d_2-d_0=h_p\left(\frac{1}{\sin(B/2)}-1\right)$$

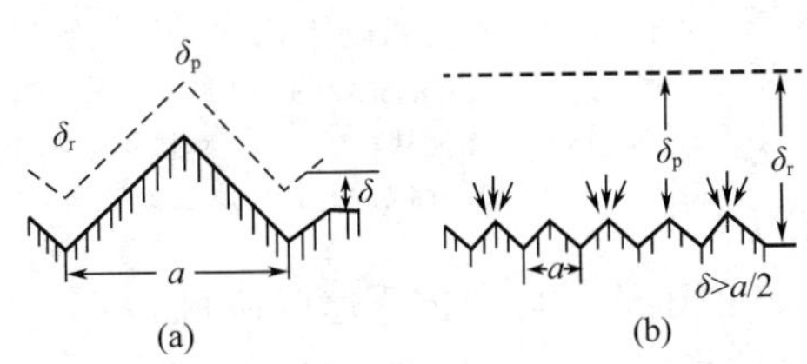

图 4-1　宏观表面（a）和微观表面（b）的扩散层

（a）$\delta_r=\delta_p$，$I_p>I_r$；（b）$\delta_r>\delta_p$，$I_p\approx I_r$

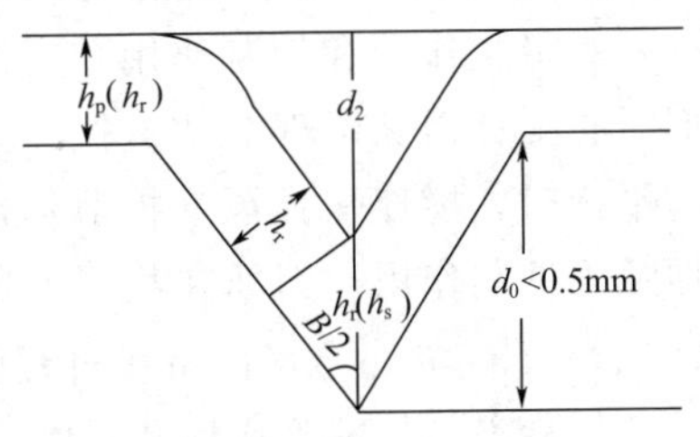

图 4-2　三角凹陷及镀膜剖面

这种因镀层均匀分布而导致凹陷深度的减小，称为几何平滑或自然平滑［见图 4-3（a）］。

随着电流密度的提高，可以看到镀上镍层后表面不但没有变平滑，而且凹陷比原来底材表面还要深，此时 I_r/I_p 或 h_r/h_p 均小于 1 ［见图 4-3（b）］，这种现象称为负整平作用。

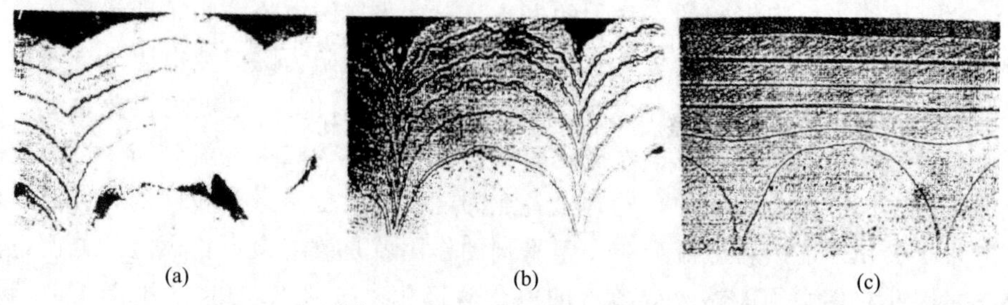

图 4-3 整平能力的三种类型

（a）几何整平，$h_r=h_p$；（b）负整平，$h_r<h_p$；（c）正整平，$h_r>h_p$

向 Watt's 液中添加 0.4g/L 丁炔二醇后，可以在相当大的电流密度范围内得到具有显著整平作用的镀层，此时 I_r/I_p 或 h_r/h_p 均大于 1 ［见图 4-3（c）］。

上述例子说明微观均一性有三种类型：

① I_r/I_p 或 $h_r/h_p>1$ 正平滑；

② I_r/I_p 或 $h_r/h_p=1$ 几何平滑；

③ I_r/I_p 或 $h_r/h_p<1$ 负平滑。

比较电解液中存在与不存在丁炔二醇时阴极的极化曲线（见图 4-4）可以看出：在设定的电流密度下，0.4g/L 的丁炔二醇使极化值约增加 100mV，镀液搅拌极化值进一步增大。而在设定的电位下，电流密度则明显下降。由此可见，在丁炔二醇的镀镍电解液中既是极化剂（使极化值增大），又是抑制剂（阻止电流增大或抑制反应速度增大）。值得注意的是搅拌能同时增大极化作用和抑制作用，在没有整平剂时，搅拌消除了部分浓差极化，但存在整平剂时，搅拌加强了其扩散作用，从而加强了抑制作用。因而在相当的电位值下，$I_{不搅}/I_{搅}>1$，金属的沉积过程受抑制剂丁炔二醇的传质速度控制。

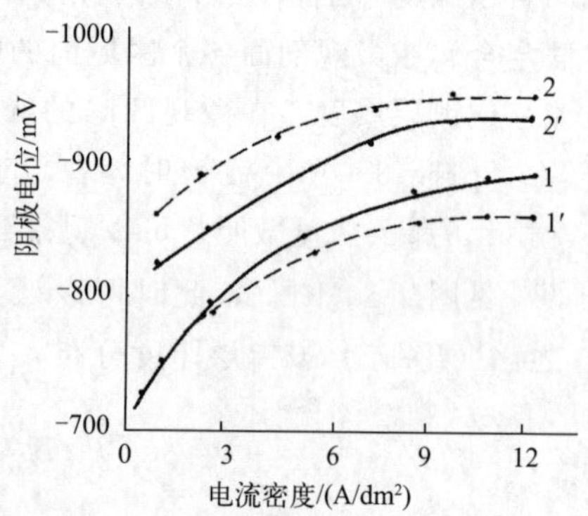

图 4-4 整平剂和搅拌对 Watt's 镀镍液极化曲线的影响

1，2—无搅拌；1′，2′—有搅拌；

2，2′—加 0.4g/L 丁炔二醇

把三种类型的整平作用和对图 4-4 曲线的分析结果对照见表 4-1。

表 4-1 整平能力的类型与特征

整平能力的类型	条件	平板阴极之极化曲线的特征
几何平滑 $I_r/I_p=1$	无添加剂，电流密度低于某一值	$I_{不搅}/I_{搅}=1$，非扩散控制

续表

整平能力的类型	条件	平板阴极之极化曲线的特征
负平滑 $I_r/I_p<1$	无添加剂，电流密度高于某一值	$I_{不搅}/I_{搅}<1$，金属离子受扩散控制
正平滑 $I_r/I_p>1$	存在添加剂	$I_{不搅}/I_{搅}>1$，抑制剂受扩散控制

由表 4-1 可知，在相同的电解条件下，由平板阴极之极化曲线测得的 $I_{不搅}/I_{搅}$，与在微观凹陷表面上代表三种整平能力的 I_r/I_p，是一一对应的，故可用金属沉积过程是否受金属离子或抑制剂的扩散控制来解释整平能力。

4.1.3 整平作用的机理

添加剂的整平作用早在 20 世纪 40 年代就已被许多实验事实所证明，但整平剂的作用机理直至 70 年代才开始明朗。1972 年 Schulz Hardcr 提出了表面催化控制论，1974 年 O. Kardos 在他的系列文章中系统阐述了整平作用的扩散—（抑制）—消耗论（简称扩散理论或扩散控制抑制理论），成为被多数人所公认的理论。

扩散理论的基本论点是：

① 整平作用只有在金属沉积是受电化学极化控制时才出现。

② 只有可在电极上吸附并对电沉积过程具抑制作用的添加剂才有整平作用。

③ 吸着在表面上的整平剂分子在电沉积过程中是不断消耗的，其消耗速度比整平剂从溶液本体向电极表面的扩散为快，即整平剂的整平作用是受扩散控制的。

Kardos 认为：在微观凹凸的表面上，由于谷上的有效扩散层厚度 δ_r 大于峰上的 δ_p（见图 4-1），因此整平剂扩散进入微观谷上的扩散速度小于进入峰处的速度，这样峰上整平剂的浓度会大于谷上的浓度，结果整平剂对峰上的沉积反应的抑制作用就大于对谷上的抑制作用，即谷上的沉积速度会大于峰上的沉积速度，这就达到了整平的效果。

当整平剂的浓度太低时，在峰、谷上没有整平剂或其浓度太低而显抑制作用，也就不显整平作用，当整平剂浓度过高时，峰、谷同时受到严重抑制，同样也不显整平效果，只有浓度适当时才显整平效果。

图 4-5 是 Watt's 镀镍液（50℃，pH＝4，机械搅拌）在 60μm 深、夹角为 90°的 V 形沟沉积 6μm 厚（在平坦表面上）得到的，在不同电流密度（1～6A/dm^2）下的厚度比 h_r/h_p 随香豆素浓度的变化曲线。

由图 4-5 可见在不同的电流密度下都对应地存在着一个整平剂的极大值，这些极大值中又以 2A/dm^2 时之值最高，极大值所对应的香豆素的浓度有随电流密度的降低而下降的趋势。

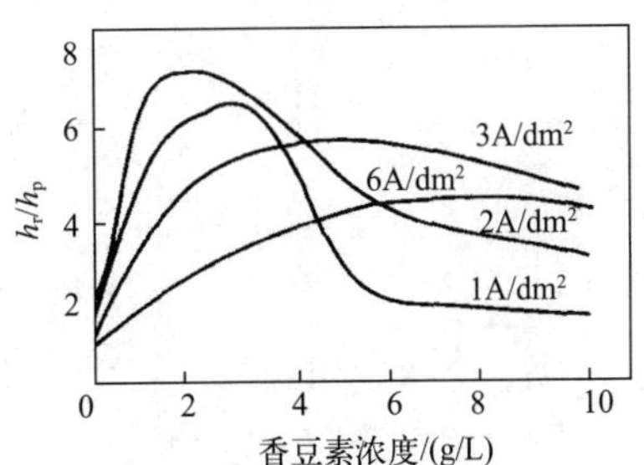

图 4-5 不同的电流密度下微观凹陷上沉积镀层厚度比 h_r/h_p 随香豆素浓度的变化曲线图

除了整平剂具有扩散抑制的作用外，金属的电沉积还必须受电化学极化控制，这时才能显示正整平作用。若金属电沉积也受扩散控制，情况就比较复杂，因为金属电沉积的扩散控制会使 $I_r/I_p<1$，而整平剂的抑制作用则使 $I_r/I_p>1$，彼此正好起相反的作用，只有后者起主导作用时镀液才具有整平作用。

用旋转圆盘电极测量整平剂的消耗速度，电极的极化以及微分电容所得的实验结果均与 Kardos 的理论一致。对整平剂阴极还原条件及产物的研究，进一步证明整平剂在阴极上的消耗是由于整平剂在阴极上被还原和在镀层中混杂的结果，这也证明 Kardos 理论的正确性（参见第 2 章 $f=72\mu m$，$d_1=36\mu m$，$l=38\mu m$，$a=110\mu m$，$\theta=90°$）。

4.2 整平能力的测定方法

4.2.1 V 形微观轮廓法

V 形微观轮廓法是在含有均匀的 V 形三角凹陷上进行的（见图 4-6），所用的底材可以是管状的，也可以是平面形的。在电镀前应先用金相显微镜检查初始凹陷的宽度、深度以及凹陷的间隔和夹角等，只有这些条件均匀一致的底材才适于做整平能力的测定。

选好的素材要按严格的电镀前处理步骤进行镀前处理，然后进行电镀。注意电镀时试样应与阳极保持固定距离，以保证电力线分布均匀。当镀膜达到相当厚度后取出清洗，然后按金相制片方法处理。置金相显微镜下测量微观峰及谷处的镀层厚度，然后取其平均值。

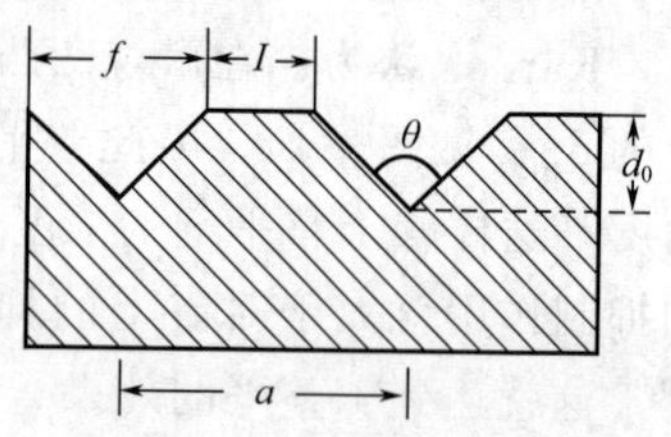

图 4-6 均匀“V”形三角凹陷底材横截面示意图

V 形微观轮廓法测量整平能力（LP,%）的计算公式有以下几种：

$$\frac{d_0-h_r}{d_0}\times 100\% \tag{4-1}$$

$$\frac{h_r-h_p}{d_0}\times 100\% \tag{4-2}$$

$$\frac{d_0-h_r}{h_p}\times 100\% \tag{4-3}$$

式中，d_0 为初期伤沟深度；h_p 为峰上镀层的厚度；h_r 为谷中镀层的厚度。

其中最常用的是式（4-3），其含义是

$$整平能力=\frac{初期伤沟深度(d_0)-镀后伤沟深度(d_2)}{初期伤沟深度(d_0)}\times 100\%=\frac{h_r-h_p}{d_0}\times 100\%$$

实际测定时，可以采用铜上镀镍的唱片阴极来测镀铜液的整平能力，把阴极截成 2cm 长、1.2cm 宽的长方形（一端焊上电接触导线，伤沟必须与电镀槽底垂直），无伤沟一边及非电镀面均用聚氯乙烯氯乙烯胶绝缘，试样横截面见图 4-6。

4.2.2 假正弦波法

假正弦波法消除了峰顶和逐步平滑的边棱，便于在相邻的谷底上进行多次测量，同时具有易于加工制作和再现性好等特点，这是一种常用的测定整平能力的方法。

用直径 0.1～0.2mm 的铜丝或去漆膜的漆色线，经过严格的前处理后紧密地绕在样柱或铜棒上，使铜丝之间无间隙，两端用锡焊牢，并焊上引出导线。样柱是用紫铜加工而成，其一端留一个小孔用来做阴极挂钩，其尺寸如图 4-7 所示。样柱表面用砂纸打磨成镜面光亮，图 4-8 是经真实性铜丝的样柱的剖面图，该剖面形成一个开口角逐渐变化的凹陷轮廓，即假正弦曲线。

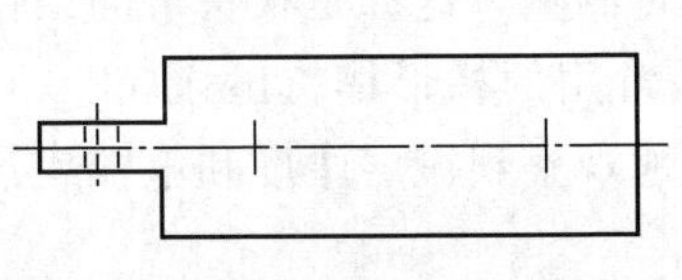

图 4-7　未绕铜丝的试样

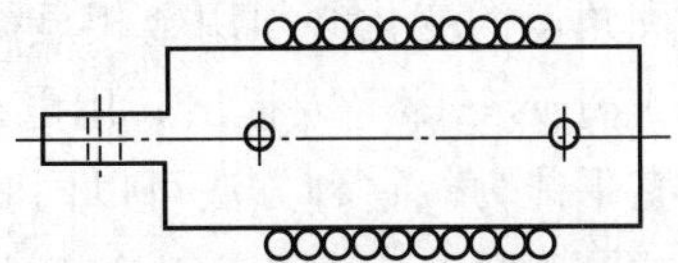

图 4-8　绕过铜丝未镀的试样

把缠过铜丝的样柱再经过镀前脱脂和活化等处理，然后进行电镀。为了清晰地观察到镀层厚度随时间的变化以及准确地测定镀层的厚度以评定整平效果，可以按时间的间隔中断电镀过程若干次，并在每一间隔中镀以另一种易于分辨的薄镀层作为分界线。例如在测定镀镍液的整平能力时，在每一次中断镀镍后可镀上一层薄的铜层。电镀后，试样放入铜套管中，以锡封闭，最后纵向剖开，研磨腐蚀，并进行金相测量。经过多次电镀后，假正弦曲线剖面轮廓如图 4-9 所示。

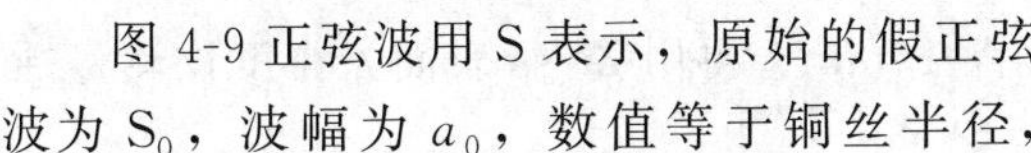

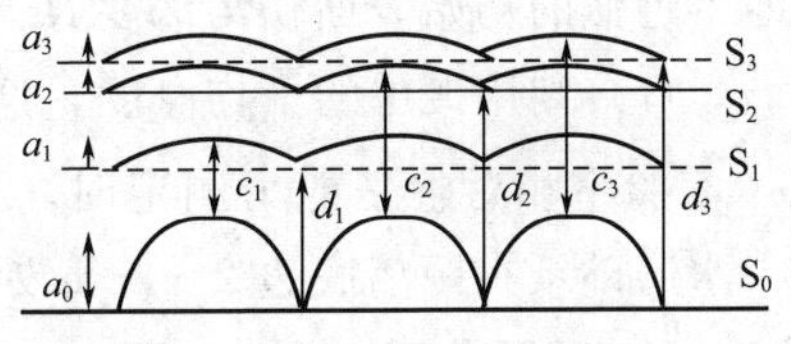

图 4-9　电镀时假正弦轮廓的变化

图 4-9 正弦波用 S 表示，原始的假正弦波为 S_0，波幅为 a_0，数值等于铜丝半径，相应的峰处和谷处的镀层厚度都为零。在分别经过电镀时间 t_1 和 t_2 后，假正弦波变为 S_1 和 S_2，其波幅越来越小（对应图中的 a_1 和 a_2），谷处的镀层厚度变为 d_1 和 d_2，峰处的镀层厚度增加越快，整平作用越高。

若定义整平能力为波谷镀层厚度 d 对波峰厚度 c 之比

$$LP=\frac{d}{c}\times 100\%=\frac{h_r}{h_p}\times 100\% \tag{4-4}$$

由图 4-9 可知 $a_0+c=d+a_n$

$$\frac{d}{c}=\frac{a_0-a_n}{c}+1 \tag{4-5}$$

式中，a_0 为底材金属波幅；a_n 为镀层的波幅；c 为波峰镀层的厚度；d 为波谷镀层的厚度。

因此，只需在剖面的顶点和波谷处测量镀层的厚度，就可按式（4-4）计算整平能力。如果只做整平能力的相对比较，也可采用作图法把连续测得的 a_n 值对 c_n 值作图（见图 4-10），所得曲线越靠近纵坐标（如图中曲线 5），其整平能力越好。

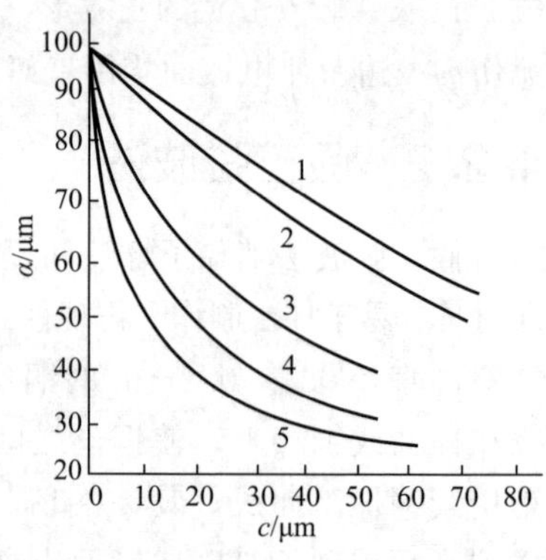

图 4-10 评价整平能力的实验曲线

4.2.3 梯形槽法

V 形微观轮廓法和假正弦波法要准备伤沟深度和角度均一的试样比较困难，而且电镀后伤沟深度和角度的变化必须用金相显微镜进行测量，这都是很费事的工作。

1978 年小西三郎等人提出，用电镀上最常用的梯形槽（hull cell）样板来测定镀液的整平能力。这种方法可以同时定量地观察到镀层厚度和电流密度对整平能力的影响，而且测定方法也比较简单。

梯形槽法所用的样板为厚度 0.6mm 的软铜板，用 90# 、160# 和 280# 金刚砂以 392kPa 的压力进行喷砂处理，整个表面粗糙度在±5%以内。喷砂后和电镀后的表面粗糙度用自动记录粗糙度计进行测量，测量时从梯形槽样板上下的中央部分离高电流密度端 2mm 处开始，至低电流密度端为止，然后从测得的表面粗糙度曲线的中心线得出电镀前后表面的平均粗糙度 R_a 和 R'_a，把 R_a 和 R'_a 乘以 4 即得近似的初始表面伤沟深度 R_a 和镀后伤沟深度 R'_a。伤沟平坦部分镀膜的厚度 h_1（t）则用镀层的平均厚度，这可由电解式测厚仪测得。

实验室相对整平能力测定时，可在 06# 金相砂纸磨光后的黄铜试片上，用 80# 水磨砂纸在距离底边 2～3cm 处画痕，使素材粗糙度和缺陷角度一致，试片用 1∶1 盐酸活化后，用 $2A/dm^2$ 电镀镍 10min，再用 Ziess 表面光亮度仪测量镀前和镀后的表面粗糙度 R_a 和 R'_a。

整平能力的计算式有以下几种：

$$\frac{R_a-R'_a}{R_a}\times 100\% \tag{4-6}$$

$$\frac{R_a-R'_a}{h_1}\times 100\% \tag{4-7}$$

$$\frac{R'_a}{R_a+h_1}\times 100\% \tag{4-8}$$

在计算整平能力时，小西三郎等主要采用式（4-7），因为该算式的整平能力随电流密度的升高、电镀时间的延长和镀层厚度的增加而接近 100%，这与 V 形微观轮廓法的观察是一致的。然而在低电流区，因镀层厚度薄，其平滑值低且易受底材粗糙度的影响。相反，在高电流密度区和长时间电镀的场合，底材表面粗糙度的影响就较小。图 4-11 是用梯形槽法测得 Watt's 镀镍液及加入糖精 2g/L 和丁炔二醇 0.2g/L 后所测得的平滑曲线。

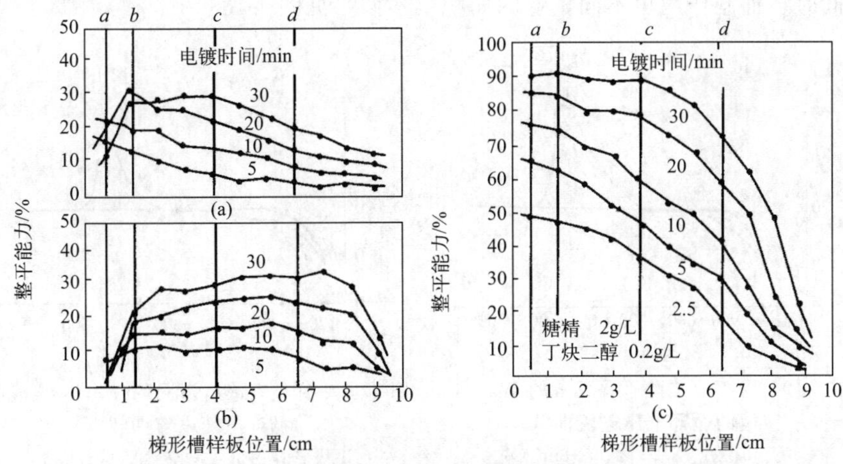

图 4-11 梯形槽法测定各种镀镍液的整平能力

(a) Watt's 镀镍液；(b) Watt's 镀镍液＋5g/L 萘磺酸＋25mL/L 甲醛；(c) Watt's 镀镍液＋2g/L 糖精＋0.2g/L 丁炔二醇

图 4-11 中的 a、b、c、d 分别表示梯形槽样板中距高电流密度端 0.6cm、1.5cm、4.0cm 和 6.5cm 处的平滑百分数。其中 a、b 表示高电流部分，c、d 表示低电流部分。由图 4-11 可见，随电镀时间的延长（见曲线上的数字），整平能力提高。

4.2.4 电化学测量法

电化学法测量整平能力有循环电压电流法和极化曲线法等，此处只介绍循环电压电流溶出法（cyclic volumetric stripping，CVS）。

该法是在旋转圆盘铂电极上使电极电位循环变化，金属在电极上交替地沉积和溶出，可得到图 4-12 所示的循环电压电流曲线。

根据整平的扩散理论，出现整平时金属离子的电沉积应受电化学活化控制，整平剂在电极上的吸着受扩散控制并且是消耗性的，对电沉积有阻止作用。这样，旋转圆盘电极在不同的转速下的扩散层厚度就能够模拟微观不平表面上的峰和谷处的扩散层厚度。图 4-12 中电位正扫时的阳极峰是铂电极上沉积的镍的溶出峰。在静止状态下（曲线 1）低浓度的添加剂在电极表面几乎为零，溶出峰的最大面积 A_s 接近于不加添加剂时所得之值。当电极旋转时，即相当于添加剂向电极表面扩散速度大时，阳极溶出峰就变小。由于电极旋转速度可以固定，故添加剂的扩散层厚度 δ 也是一定。由菲克扩散方程式可知添加剂的浓度与添加剂的扩散速度成比例，因此电极旋转时的峰面积 A_r 相当于微观峰处镍的沉积量，静止时的峰面积 A_s 就相当于微观谷处镍的沉积量，所以整平能力可定义为：

$$\mathrm{LP}=\frac{A_s-A_r}{A_s}\times 100\%=\left(1-\frac{A_r}{A_s}\right)\times 100\% \tag{4-9}$$

从图 4-12 还可看出旋转时抑制大，沉积少，溶出峰面积小。同样，添加剂的浓度不同时，抑制作用也不同，峰的面积也不同（见图 4-13）。

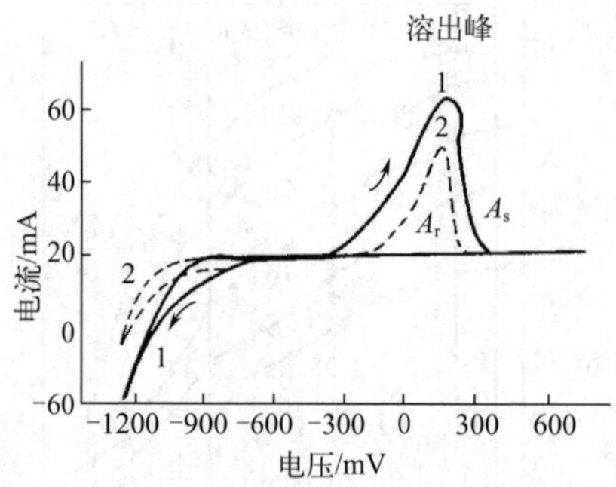

图 4-12　含丁炔二醇、香豆素的 Watt's 镍液的循环电压电流曲线

1—0r/min（A_s）；2—2500r/min（A_s）

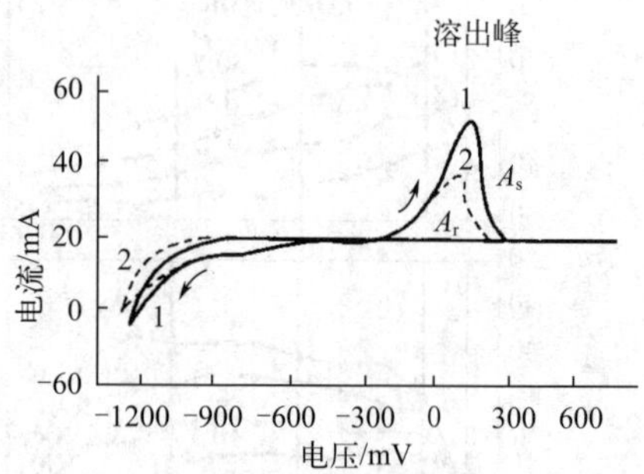

图 4-13　香豆素浓度不同的 Watt's 镍液的循环电压电流曲线

丁炔二醇 0.3g/L；转速 2500r/min

CVS 法不仅反映了添加剂的抑制作用对整平性能的影响，也反映了阴极效率对整平能力的影响，因为在有些情况下虽然极化不大，但仍有很好的整平能力，有人认为这是阴极效率对整平性能的影响。所以用 CVS 方法测量整平能力是一种较好的方法，能够反映在相当电位范围内平均沉积速度下的整平能力。图 4-14 是用 CVS 法测定香豆素、二甲基吡啶和英国 Booster 整平剂的整平能力随整平剂浓度变化曲线。

由图 4-14 可见，添加剂 Booster 与二甲基吡啶的整平能力都比香豆素高得多，且在所用浓度范围内不出现平滑极大。香豆素的整平能力与浓度关系出现极大约在 0.15g/L 附近，这是由于添加剂吸着达到临界表面覆盖度造成的。

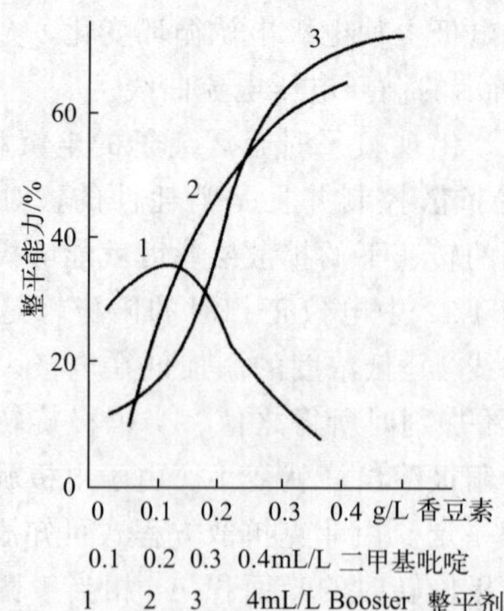

图 4-14　整平能力随整平剂浓度的变化曲线

1—香豆素；2—Booster 整平剂；3—二甲基吡啶

4.3 镀镍整平剂

4.3.1 炔类化合物的整平作用

炔类光亮剂含有不饱和的炔基，很容易扩散到阴极上吸着，然后从阴极获得电子而被还原。炔类化合物的不饱和度很高。其被阴极还原的速度很快，故其还原是受扩散控制的。炔类化合物与金属离子的竞争性还原会抑制或减少 Ni^{2+} 的还原。因此，炔类光亮剂满足 Kardos 整平理论的三点基本要求：①扩散控制；②抑制 Ni^{2+} 的还原；③本身在阴极上被消耗。因此炔类化合物也是一类优良的整平剂。

普通光亮镀镍液中，应用最广的光亮剂是糖精和丁炔二醇，其中具整平作用的主要是丁炔二醇。在这种光亮镀镍液中，如固定糖精的量为 2g/L，镀液的整平能力随丁炔二醇添加量的变化见图 4-15。

由图 4-15 可见，用梯形槽法测得 $a \sim b$ 高电流密度区（图 4-15 中的 a、b 曲线和图 4-11 的线 c）的整平能力开始是随丁炔二醇浓度而线性上升，当浓度达 0.2g/L 左右以后其整平能力上升平缓。在 $c \sim d$ 的低电流密度区，整平能力开始也随丁炔二醇浓度而上升，但当其浓度超过 0.2g/L 时 d 区的整平能力下降（见图 4-15 的曲线 d）。因此，光亮镀镍液中丁炔二醇的最佳浓度为 0.2～0.3g/L，这也说明丁炔二醇并不是非常满意的整平剂，尤其在低电流密度区。

在含丁炔二醇与糖精的光亮镀镍液中，镀液的整平能力随镀液 pH、温度对整平能力的影响在 $a \sim b$ 高电流密度区较大，温度升高，整平能力也提高，而 $c \sim d$ 的低电流密度区则大致不随温度变化（见图 4-16）。

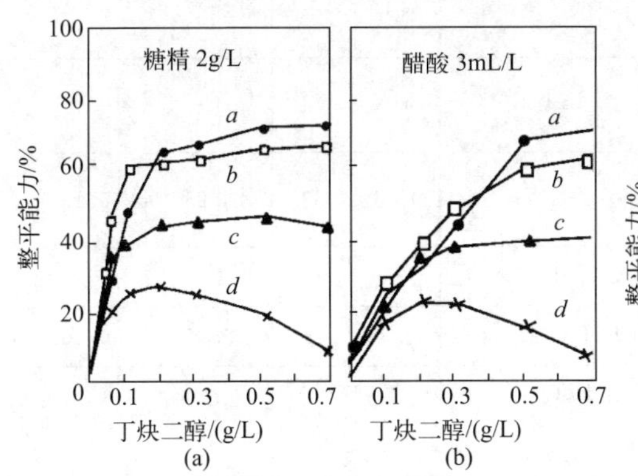

图 4-15 丁炔二醇浓度对光亮镀镍液（a）和半光亮镀镍液（b）整平能力的影响

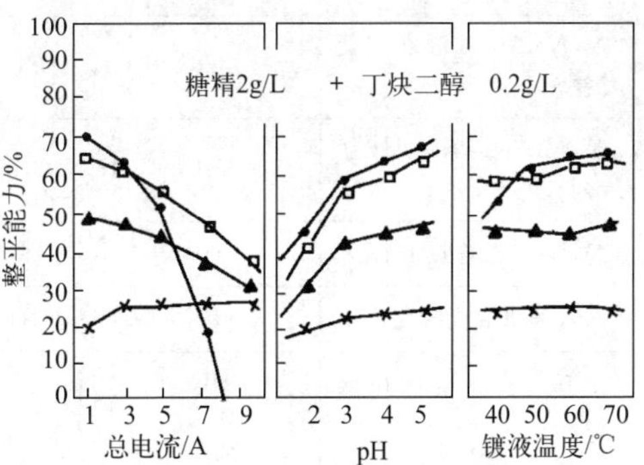

图 4-16 光亮镀镍液中电镀条件对整平能力的影响

4.3.2 炔类整平剂的结构对整平能力的影响

如前所述，整平剂要显整平作用，其条件之一是必须易被阴极吸着和还原。

大家知道有机化合物在阴极上的吸着和还原的难易（即还原电位的大小）是由其结构决定的。在第2章有机添加剂的阴极还原中，已经介绍了取代基的诱导效应和共轭效应对添加剂还原电位的影响，在此可应用这一原理来解释取代对整平剂整平能力的影响。

对于炔类整平剂，其结构对整平能力的影响列于表4-2，表中同时还列出了高电流密度区达到60%平滑所需的整平剂的浓度和低电流密度区达到30%平滑所需的整平剂的浓度，从中可以看出各种整平剂的整平效果及其应用范围，同时也可找出各种取代基对整平效果和所需整平剂浓度的影响。

表4-2　炔类整平剂的结构对整平能力的影响

整平剂名称	整平剂的结构	整平剂浓度/(g/L)	整平能力/%	高 D_k 区达60%平滑所需浓度/(mol/L)	低 D_k 区达30%平滑所需浓度/(mol/L)
丙炔醇	$HC{\equiv}C{\rightarrow}CH_2OH$	0.15	48	0.5	0.26
1,4-丁炔二醇	$HOCH_2{\leftarrow}C{\equiv}C{\rightarrow}CH_2OH$	0.15 0.30	52 39	0.9	达不到
3-丁炔-2-醇	$HC{\equiv}C-CH(OH)-CH_3$	0.15 0.30	53 61	—	—
炔丙基磺酸钠	$HC{\equiv}C-CH_2SO_3Na$	—	—	1.6	达不到
甲基戊炔醇	$HC{\equiv}C-CH(OH)-CH(CH_3)-CH_3$	0.15 0.30	52 64	—	—
甲基己炔醇	$CH_3-CH(CH_3)-C{\equiv}C-CH(OH)-CH_3$	—	—	4.0	1.0
N,*N*-二甲基丙炔胺盐酸盐	$HC{\equiv}CCH_2N(CH_3)_2\cdot HCl$	0.3	67	—	—
N,*N*-二乙基丙炔胺盐酸盐	$HC{\equiv}CCH_2N(C_2H_5)_2\cdot HCl$	0.25	68	0.25	0.18
N,*N*-二乙基胺丁炔醇	$HOC{\equiv}CCH_2CH_2N(C_2H_5)_2$	—	—	1.1	—
丙炔醇单取代醚化产物	$HC{\equiv}CCH_2O(CH_2CH_2O)H$	0.3	59	0.35	0.13
丁炔-1-醇-3-单取代醚化产物	$HC{\equiv}C-CH(CH_3)O(CH_2CH_2O)H$	0.3	64	—	—
丁炔二醇单取代醚化产物	$HOCH_2C{\equiv}CCH_2O(CH_2CH_2O)H$	0.3	68	—	—
丁炔二醇双取代醚化产物	$H(OCH_2CH_2)OCH_2C{\equiv}CCH_2O(CH_2CH_2O)H$	0.3	65	0.6	0.45

从表4-2的整平能力和高电流密度区整平能力达60%所需的添加剂的浓度来

看，*N*,*N*-二乙基丙炔胺盐酸盐的效果最好，这是由于二烷基氨基—N（R）$_2$ 具有很强的斥电子能力，使 C—N 键具有部分变键的性质，这与炔键可构成共轭体系，从而使分子的能阶降低而易于被吸着和还原。若在 C—N 键之间再增加一个碳原子，C—N 键的电子云无法通过共轭作用传至炔基上，二烷氨基的电子云只能通过诱导效应传递，故其斥电子效果就明显降低，其整平能力也明显下降。要达 60％整平能力所需的整平剂的浓度（1.1mol/L）要比前者（0.25mol/L）提高三倍以上。

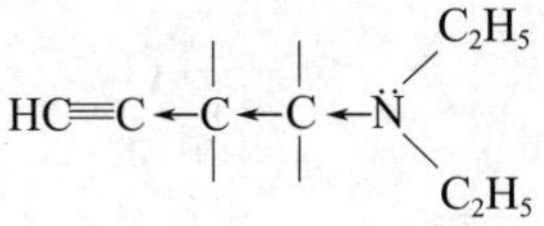

$$HC\equiv C\leftarrow \overset{|}{\underset{|}{C}}\leftarrow \overset{|}{\underset{|}{C}}\leftarrow \ddot{N}(C_2H_5)_2$$

在炔基的侧链中引入强吸电子的磺酸基，这使炔基上电子云密度显著降低，也就降低了整平剂的吸着和还原能力，其整平效果也明显下降，整平能力达 60％所需的浓度上升到 1.6mol/L。

炔基周围的空间位阻对整平剂的吸着和还原也有明显影响，位阻越大，吸着与还原越难，整平能力达 60％所需的浓度上升至 4.0mol/L。若炔基两端均被羟丙基包围（四甲基丁炔二醇），则其不显光亮整平作用。

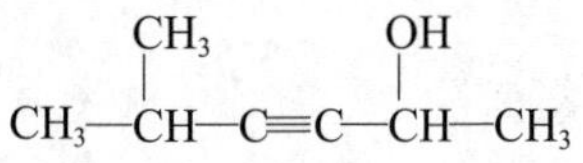

$$CH_3-\overset{CH_3}{\overset{|}{CH}}-C\equiv C-\overset{OH}{\overset{|}{CH}}-CH_3$$

(整平作用弱)

$$HO-\overset{CH_3}{\overset{|}{\underset{CH_3}{\underset{|}{C}}}}-C\equiv C-\overset{CH_3}{\overset{|}{\underset{CH_3}{\underset{|}{C}}}}-OH$$

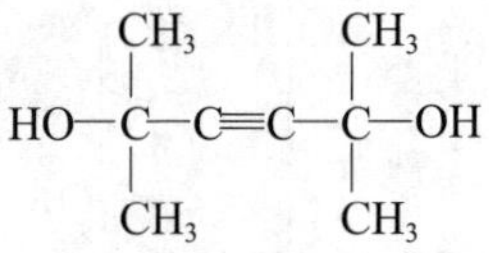

(无整平作用)

炔基侧链的—CH$_2$OH 是一重吸电子基，其含有活性的氢。可与环氧化合物反应而形成单或双取代醚化产物，使光亮电流密度范围有所改善，光亮剂的分解产物较少，但镀层的光亮度及平滑性比未醚化的相当或差一些，这主要是整平剂的分子量增大，炔基所占比重有所下降的缘故，而 CH$_2$CH$_2$O 基与 CH$_2$O 基的吸电子能力相当。在—CH$_2$OH 上的各种取代烷基只能通过诱导剂效应对—CH$_2$OH 的吸电子能力施加影响，这种影响较小，故在空间位阻不很大的情况下，取代烷基对—CH$_2$OH 的整平能力影响也很小。

4.3.3 含氮杂环类整平剂的整平作用

（1）含氮杂环类整平剂的结构

含氮杂环类化合物是一类很好的整平剂，其广泛用于各类专利镀镍添加剂中。含氮杂环中吡啶、喹啉、咪唑、噻唑、邻（二）吡啶、间二吡啶、（夹）氮蒽、三吡啶等单核或多核的含氮芳香族化合物及其各种衍生物都具有良好的整平作用。其中最常用的母体化合物是吡啶、萘苯和异萘苯，为了提高含氮杂环化合物的水溶性，在阴极上的吸着作用和被阴极还原的作用，一般很少用含氮杂环母体化合物，而是用母体含氮芳环的季铵化产物、磺化产物和含不饱和基团的衍生物。表 4-3 列出了镀镍专利中提到的各种含氮杂环整平剂的结构。

表 4-3　某些含氮杂环整平剂的结构

杂环化合物名称	结构	文献
烷基吡啶卤化物	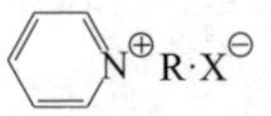 (吡啶环)$N^{\oplus}R\cdot X^{\ominus}$	Er. P. 1393139(1946)
N-1,2-二氯丙烯基氯化吡啶	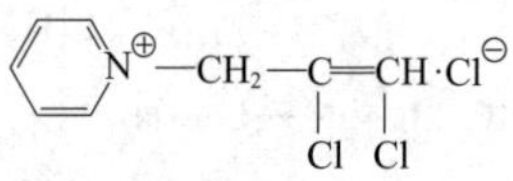 (吡啶环)$N^{\oplus}-CH_2-C(Cl)=CH(Cl)\cdot Cl^{\ominus}$	U,S,P. 3218244(1965)
N-甲基吡啶卤化物	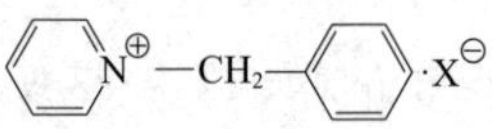 (吡啶环)$N^{\oplus}-CH_2-$(苯环)$\cdot X^{\ominus}$	U,S,P. 3190. 821 4212709(1980)
N-(3-磺丙基)吡啶内铵盐	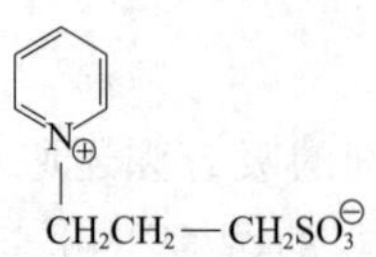 (吡啶环)$N^{\oplus}-CH_2CH_2-CH_2SO_3^{\ominus}$	U,S,P. 3862019(1975)
吡啶烷基磺酸内铵盐	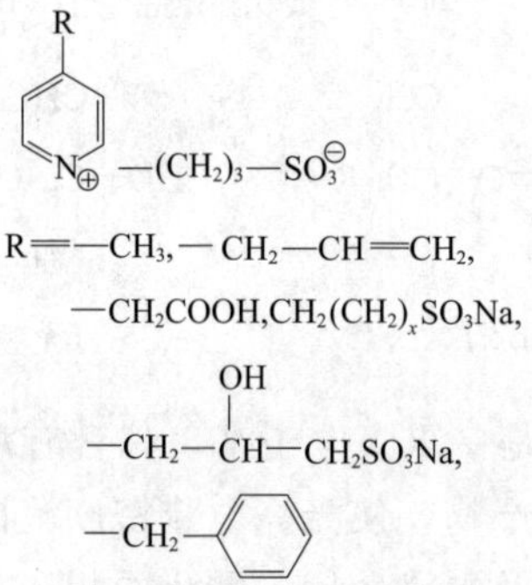 (4-R-吡啶环)$N^{\oplus}-(CH_2)_3-SO_3^{\ominus}$ R＝$-CH_3$，$-CH_2-CH=CH_2$， $-CH_2COOH$，$CH_2(CH_2)_xSO_3Na$， $-CH_2-CH(OH)-CH_2SO_3Na$， $-CH_2-$(苯环)	U,S,P. 4067785(1978) 4150232(1978)
N-(2，3-二羟丙基)吡啶硫酸盐	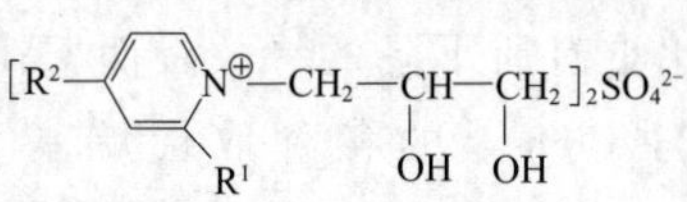 $[R^2-$(吡啶环,2-R^1)$N^{\oplus}-CH_2-CH(OH)-CH_2(OH)]_2SO_4^{2-}$	E,P. 8447(1979)
取代含氮杂环的烷基磺基内铵盐	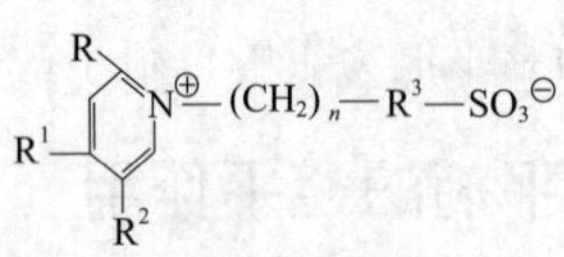 (R,R^1,R^2-取代吡啶环)$N^{\oplus}-(CH_2)_n-R^3-SO_3^{\ominus}$	U,S,P. 4210709(1980)
磺内基吡啶氯化物	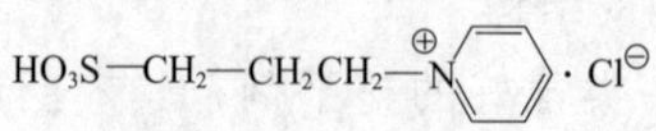 $HO_3S-CH_2-CH_2CH_2-N^{\oplus}$(吡啶环)$\cdot Cl^{\ominus}$	U,S,P. 4270987(1981)

实际研究含氮杂环类整平剂结构对整平能力的影响后，发现有以下几条规则：

① 芳环上不能有—NH_2、—COOH 基，否则无整平作用，这可能是这些基团太容易直接与阴极反应的结果。

② 芳环上直接含有磺酸基时，则转为第一类光亮剂，其整平作用不明显。

③ 烃链较长或含较多烃基、酚式烃基及烃基酸时，对整平作用有害。

④ 磺酸根通过短的烃基接到氮原子上则能改进其整平作用，提高镀层光亮度。

(2) 二甲基吡啶（LN）的整平能力

如果在 Watt's 镍镀液中加入第一类光亮剂糖精和润湿剂十二烷基硫酸钠作为基本测量液。在此液中加入 1,4-丁炔二醇、1,4-丁炔二醇和 LN、“791”、“791”和 LN、“791”和进口开宁公司整平剂 Booster 以及 1,4-丁炔二醇和香豆素配成六种镀液。利用上述的假正弦波法镀出试样，剖开并制成金相样品，拍成剖面相片。测定试样的 a 和 s 值做出 a-s 曲线，并定义整平能力 LP 为

$$LP=\frac{a_0-a}{a_0+a}\times 100\%$$

从 a-s 曲线和公式求得各个 LP 值列于表 4-4。

表 4-4　六种镀液的整平能力值（LP）

序号	1	2	3	4	5	6
整平剂	1,4-丁炔二醇	1,4-丁炔二醇+香豆素	“791”	1,4-丁炔二醇+LN	“791”+LN	“791”+Booster
整平能力 LP/%	37.6	40.2	42.9	53.1	57.1	70.5

由表 4-4 可见，1,4-丁炔二醇的整平能力最低，加入香豆素后略有提高，但若香豆素换用二甲基吡啶后，整平能力可提高到 53%以上，因此二甲基吡啶是一种比香豆素更好的整平剂，这有利于提高镀层的整平能力、光亮度和缩短光亮时间，但其效果与国外专利整平剂相比还有相当的差距。

4.4 酸性光亮镀铜整平剂

4.4.1 染料类整平剂的整平作用

染料是酸性光亮镀铜液的一类重要整平剂，现已为各国所采用。在所用的染料中，主要是氧氮芑、硫氮杂苯和吡啶的衍生物，它们的共同特点是含有醌亚胺基团（C=N）。Fepe-HppoT 等详细研究了各种结构的这三类染料在不同浓度和不同电流密度下的整平能力，所得结果列于表 4-5。

表 4-5 醌亚胺染料在不同浓度和电流密度下的整平能力

染料类型	染料名称	结构式	D_k /(A/dm²)	各种浓度下的整平能力/%			
				5×10^{-5} mol/L	10^{-5} mol/L	5×10^{-4} mol/L	10^{-4} mol/L
氧氮芑	Capri Blue GN(卡普利蓝 GN)	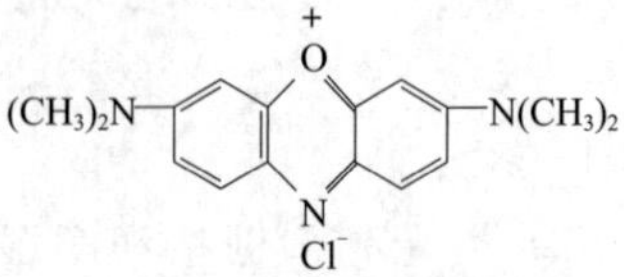	0.5	6	5	7	13
			1	9	4	5	5
			2	10	5	5	3
氧氮芑	天蓝 BT	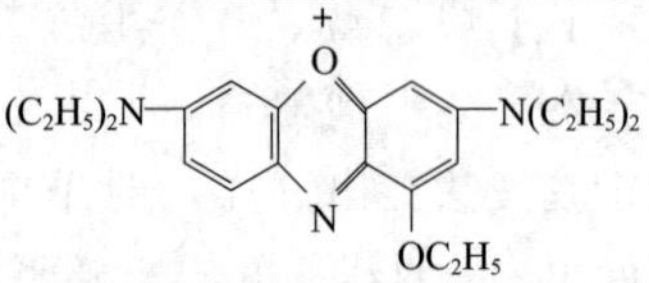	0.5	5	7	8	10
			1	3	6	3	8
			2	3	2	4	45
	Nile Blue Ax(耐尔蓝 Ax)		0.5	2	1	−2	27
			1	33	40	85	57
			2	17	81	88	73
	Ramastal Blue FF2GL(拉马斯塔尔蓝 FF2GL)		0.5	2	1	−1	1
			1	2	0	0	3
			2	4	1	2	0
硫氮杂苯	Methylene Blue HGG(甲基蓝 HGG)	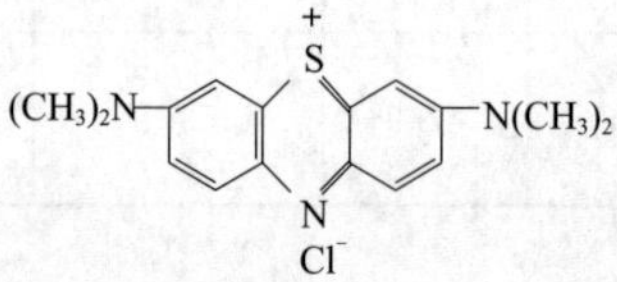	0.5	5	4	4	3
			1	3	3	5	4
			2	4	3	7	2
	Neutral Red(中性红)		0.5	9	2	3	2
			1	3	3	5	4
			2	1	0	0	−4
	Sufranine Extra(苏传拉宁 B)	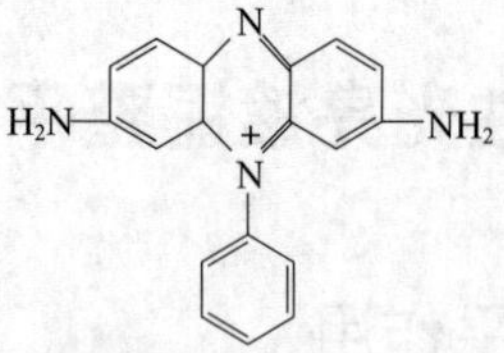	0.5	9	14	6	1
			1	4	5	62	44
			2	2	3	5	2
吡啶	Сафранин 水(沙傅拉宁水)	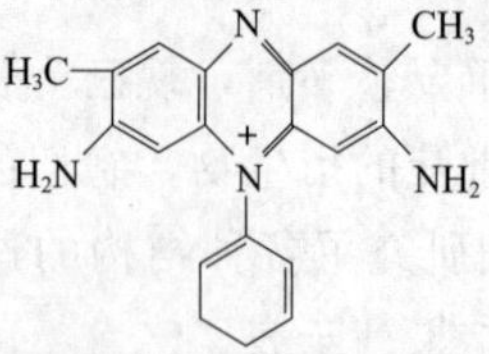	0.5	26	33	65	33
			1	8	49	66	69
			2	2	6	48	11

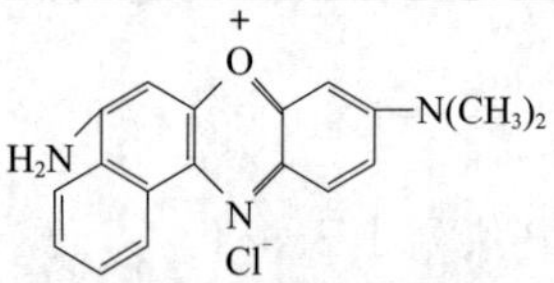

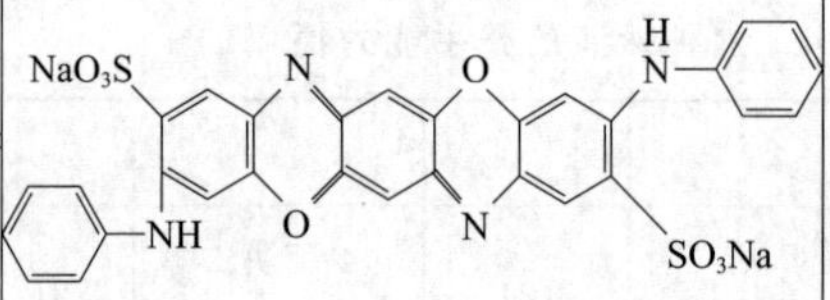

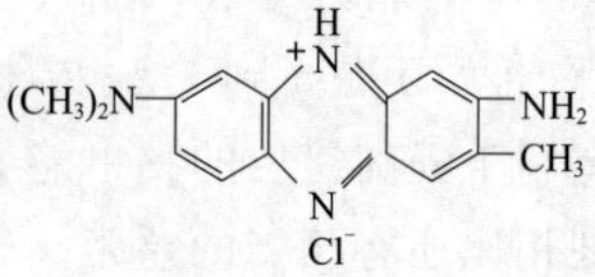

续表

染料类型	染料名称	结构式	D_k /(A/dm^2)	各种浓度下的整平能力/%			
				5×10^{-5} mol/L	10^{-5} mol/L	5×10^{-4} mol/L	10^{-4} mol/L
吡啶	Janus Blue G (剑那斯蓝 G)	H_3C, CH_3, H_2N, N, N, N═N, OH, Cl^-	0.5	4	35	42	68
			1	3	6	31	15
			2	2	2	30	8

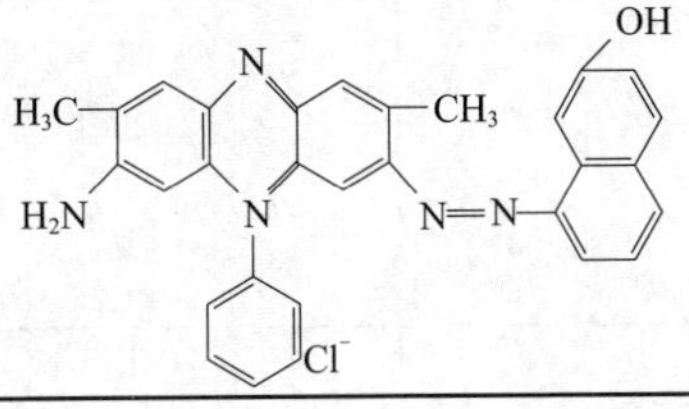

在卡普利蓝 GN 结构中引入一个斥电子基 OC_2H_5（即天蓝 BT），在浓度为 10^{-4}mol/L 和 2A/dm^2 时的过电压均在－125～130mV，并不显出明显差别（纯电解液的过电压为 100mV），所以上述整平能力的差别无法用过电压来说明。

4.4.2 取代基对整平剂整平能力的影响

从聚甲基染料作为整平剂的研究中已经发现：如在染料分子中存在共轭的—CH ═CH—CH ═CH—链，则可明显提高染料在铜阴极上的吸附作用，并可有效抑制铜离子的电析。

对于具有对称结构的杂环碳菁染料来说，如用喹啉和氮茚为母体的染料，已发现其有很高的整平能力，这与染料中存在—NH—N ═CH—共轭链有相当的关系。但所得铜层常出现不均匀，而且电镀液的作业性能差，为了寻找整平能力适中，镀液作业性能又好的整平剂，就必须研究整平剂结构（或取代基）对整平剂整平能力的影响。如果选择分子中含有—NH—N ═CH—共轭结构的杂环化合物，再改变周围的取代基，然后测定其整平能力和极化值，就可以找出取代基对整平能力以及整平剂在铜阴极上的吸附和抑制铜离子放电的影响。表 4-6 列出了某些取代肼衍生物整平剂的结构、浓度和电镀时的电流密度对整平能力的影响。

表 4-6 取代肼衍生物整平剂的结构、浓度和电流密度对整平能力的影响

编号	研究化合物的结构式	D_k /(A/dm^2)	整平能力/%			
			0.5×10^{-5} mol/L	10^{-5} mol/L	0.5×10^{-4} mol/L	10^{-4} mol/L
1	S, NH_2, N	0.5	5	2	1	2
		1	4	2	−4	4
		2	2	2	−2	8
2	HC—S, C_6H_5—C, +, NH_2, N, H Br^-	0.5	4	29	5	1
		1	3	26	9	0
		2	3	23	10	1

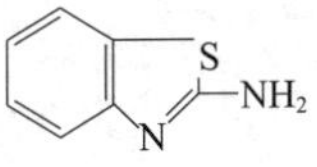

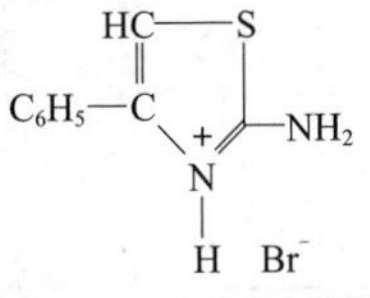

续表

编号	研究化合物的结构式	D_k/(A/dm²)	整平能力/%			
			0.5×10^{-5} mol/L	10^{-5} mol/L	0.5×10^{-4} mol/L	10^{-4} mol/L
3	HC—S; C_6H_5—C; NH$_2$; N$^+$; Br$^-$	0.5	10	35	37	62
		1	25	29	51	52
		2	4	30	32	33
4	—NH—N=CH——N$(CH_3)_2$	0.5	18	16	13	6
		1	20	17	17	13
		2	1	4	2	4
5	H_2NSO_3——NH—N=CH——N$(CH_3)_2$	0.5	0	5	16	33
		1	−3	8	32	39
		2	1	3	9	10
6	NO_2——NH—N=CH——N$(CH_3)_2$	0.5	5	15	16	33
		1	7	9	32	39
		2	9	13	9	10
7	HC—S; C; N; =N—N=CH——N$(CH_3)_2$; R	0.5	11	14	81	66
		1	−2	36	103	62
		2	−5	3	52	62
8	HC—S; NO_2——C; N; =N—N=CH——N$(CH_2)_2$	0.5	3	23	77	18
		1	0	28	14	50
		2	−4	−2	12	64
9	HC—S; —C—N$^+$; NH—N=CH——N$(CH_3)_2$; Br$^-$	0.5	122	69	62	72
		1	85	82	69	80
		2	16	23	47	92
10	HC—S; —C—N$^+$; —NH—N=CH——N$(CH_3)_2$; Br$^-$; SO_2NH_2	0.5	45	88	62	66
		1	68	81	48	45
		2	4	10	5	11

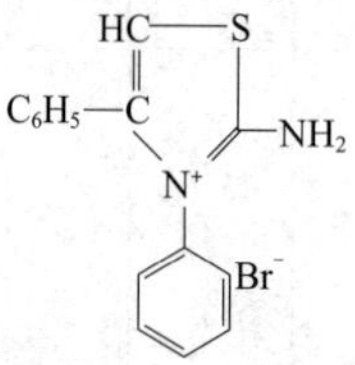

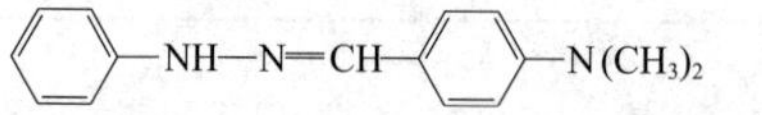

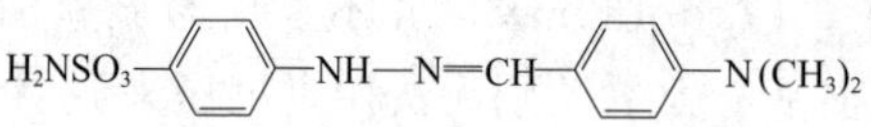

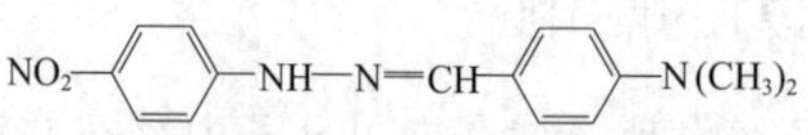

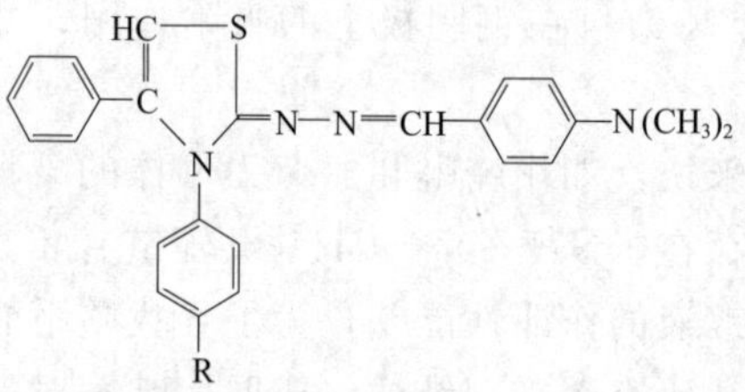

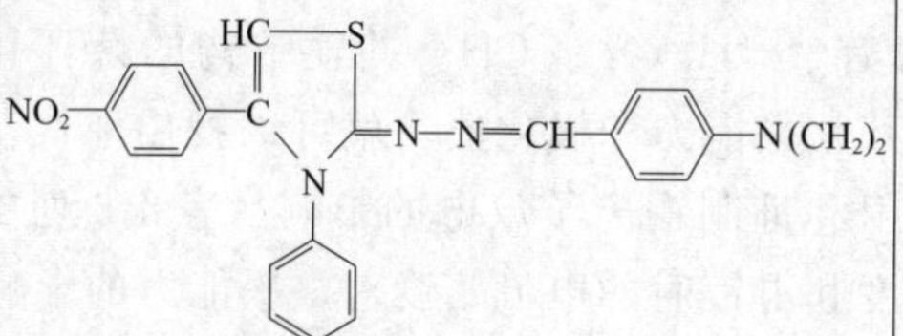

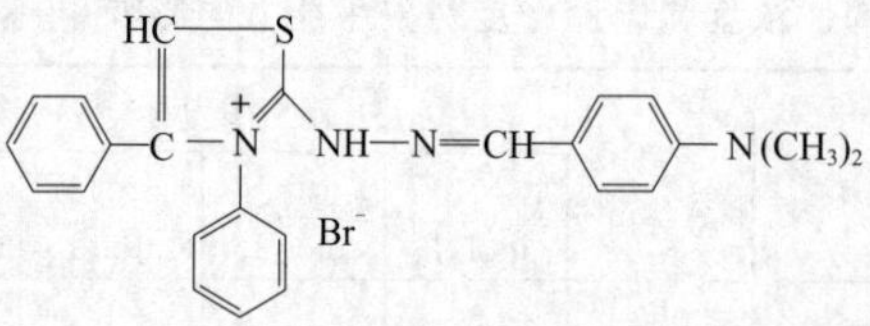

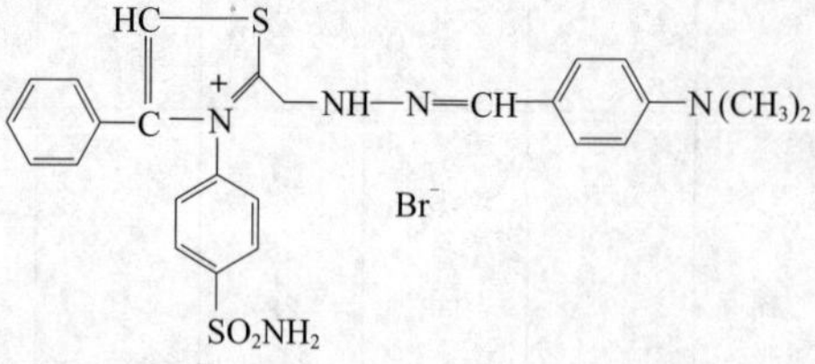

续表

编号	研究化合物的结构式	D_k /(A/dm²)	整平能力/%			
			0.5×10⁻⁵ mol/L	10⁻⁵ mol/L	0.5×10⁻⁴ mol/L	10⁻⁴ mol/L
11	HC—S; NO_2—C₆H₄—C; C$\overset{+}{=}$NH—N═CH—C₆H₄—$N(CH_3)_2$; N—C₆H₄—SO_2NH_2; Cl^-	0.5 1 2	5 7 11	7 2 9	2 1 5	4 −1 12
12	HC—S; C₆H₅—C; C$\overset{+}{=}$NH—N═CH—C₆H₄—NO_2; N—C₆H₄—CH_3; Br^-	0.5 1 2	4 4 3	6① 5① 3①		
13	HC—S; C₆H₅—C; C═N—N═CH—C₆H₄—$N(CH_3)_2$; N—C₆H₄—NO_2	0.5 1 2	3 −1 −7	3 22 20	20 15 42	29 35 16

① 硫酸镀铜液中化合物的溶解度有限。

由表 4-6 可见，化合物 1 在 $0.5\times10^{-5}\sim10^{-4}$ mol/L 范围内并不显示整平效果。在其分子中引入苯基后（化合物 2），整平剂浓度为 10^{-5} mol/L 时，其整平能力提高到约 30%。若在化合物 2 中的 N 原子上再引入一个苯基（化合物 3），在 1A/dm² 的电流密度下，其整平能力上升至约 50%，而且可以在较宽的浓度范围内保持高的平滑值，其最高平滑值可达 65%～75%，因此是一种具有实用价值的酸性光亮铜整平剂。

在化合物 4 的苯环中引入吸电子的磺苯酰胺基（—SO_2NH_2，见化合物 5），会使分子的碱性（按软硬酸碱理论，指给出电子的能力）降低，改善分子在阴极上的吸附性能，因此整平能力可上升至约 40%。若用吸电子能力更强的—NO_2 代替—SO_2NH_2（见化合物 6），整平能力更高，当—NH—N ═CH—链的两端分别用—$C_6H_4N(CH_3)$—和 （HC—S；—C═；C═；N—C_6H_5 环）取代时（见化合物 7），其整平能力可提高到约

80%～100%，而且可在很宽的浓度范围（0.5×10^{-5}～10^{-4}mol/L）和电流密度范围（0.5～2A/dm^2）内保持这一高的整平能力，这是表 4-6 中最好的整平剂。

为了系统说明取代基对整平能力的影响，以化合物 7 为母体，在 N 原子上的苯环的对位上分别引入 OCH_3、OC_3H_7、Cl、$CONH_2$、$COOC_2H_5$ 和 NO_2，然后在 0.5A/dm^2 和 1.0A/dm^2 以及 0.5×10^{-4}～10^{-4}mol/L 整平剂浓度下测定其整平能力（LP）和过电压（$\Delta\varphi$），再与各取代基对应的标准 Hammet 取代基常数 σ 值作图，结果如图 4-17 所示。

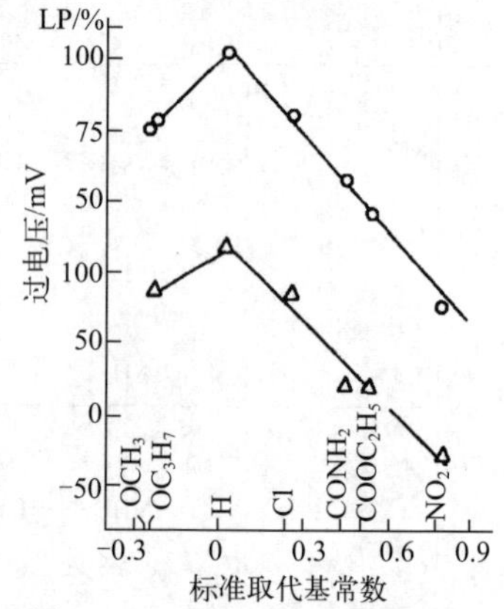

图 4-17　整平剂的整平能力和过电压随取代基常数的变化

由图 4-17 外推至 $\sigma=0$，即可求得 R＝H 时的整平能力和过电压，两者均为最大值，说明在该系列中，不管是斥电子取代基（如—OCH_3、—OC_3H_7 σ 为负值），还是吸电子取代基（—Cl、—$CONH_2$、—NO_2 等 σ 为正值）都会降低原共轭体系整平作用和抑制铜离子还原的作用。LP-σ 间有较好的直线关系，这表示它们之间存在 Hammet 关系，其关系式可表示为

$$LP=LP_0\pm\gamma\sigma$$

式中，LP_0 为 R＝H 时的整平能力；σ 为取代基常数；$\gamma=50$～90 的值，这取决于整平剂浓度和使用的电流密度。σ 值为负值时用－号，σ 为正值时用＋号。σ 值可参阅第 2.3 节及有关书籍。

4.4.3 多种整平剂的协同效应

酸性光亮镀铜时要获得光亮、柔软的铜层，都是同时采用几种添加剂而不是只用一种。我国酸性光亮镀铜液中最常用的是以下四种添加剂：

H_2C—S，H_2C、C═S、NH（环状结构）

(H_1)

2-四氢噻唑硫酮

（苯环）—S—S$(CH_2)_3SO_3Na$

(S_1)

苯基聚二硫丙烷磺酸钠

聚乙二醇（$M=6000$）和 Cl^-。

这四种添加剂在不同浓度下的整平能力如表 4-7 所示。

表 4-7　各种添加剂在不同浓度下的整平能力（25℃，2A/dm^2）

Cl^-	浓度/(mg/L)	3	15	30	150	300
	LP/%	54.6	47.8	75.0	26.1	19.2
亚甲基二萘二磺酸钠 D_1(NNO 扩散剂)	浓度/(mg/L)	20	100	200	1000	2000
	LP/%	43.1	30.3	23.2	29.6	33.8

续表

苯基聚二硫丙烷磺酸钠 S_1	浓度/(mg/L) LP/%	1 −21.9	5 −3.5	10 −50.4	50 −25.8	100 −22.9
聚乙二醇(M=6000) P_1	浓度/(mg/L) LP/%	3 —	15 29.3	30 42.1	150 13.3	300 9.1
2-四氢噻唑硫酮 H_1	浓度/(mg/L) LP/%	0.1 27.1	0.5 94.9	1 82.1	5 82.3	10 71.7

由表 4-7 可见，在五种添加剂中，S_1 为负整平剂，D_1 和 P_1 为几何整平剂，只有 H_1 和 Cl^- 为整平剂，其中 H_1 的整平剂都存在一个最佳浓度值或浓度范围。同样，温度与电流密度变化时，整平能力也出现最佳值（见表 4-8、表 4-9）。因此，镀液的最佳平滑值是与一定的整平剂浓度、一定温度和一定的电流密度相对应的，也就是为了获得光亮平滑的镀层则要严格控制镀液组成和作业条件的原因。组合整平剂镀液的平滑值比单一整平剂高得多，这表示各整平剂之间存在协同作用（见表 4-8 和表 4-9）。当然也应当指出：并非整平性越高越好，整平能力过高时，有时镀层会出现条纺或瘤状物。

表 4-8　温度对镀铜添加剂整平能力的影响（$2A/dm^2$）

温度/℃	整平能力/%						
	基本液①	基本液+Cl^- 3×10^{-2}g/L	基本液+H_1 10^{-3}g/L	基本液+S_1 10^{-2}g/L	基本液+D_1 0.2g/L	基本液②+P_1 3×10^{-2}g/L	组合液③
15	−14.1	51.7	51.3	−15.7	23.2	19.2	83.8
25	24.9	75.0	82.1	−50.4	23.2	42.1	93.0
35	36.9	72.1	87.2	−16.0	41.5	47.6	88.8
45	37.0	56.2	56.0	−5.7	37.4	7.7	70.0

① 基本液的组成为：$CuSO_4\cdot5H_2O$ 200/L，H_2SO_4 60g/L。

② 镀层产生条纹，所以仅为局部位置的数据，供参考。

③ 基本液中加入 Cl^- 3×10^{-2}g/L、H_1 10^{-2}g/L、S_1 10^{-2}g/L、D_1 0.2g/L、P_1 3×10^{-2}g/L 的镀液。

表 4-9　电流密度对镀铜添加剂整平能力的影响(25℃)

电流密度/(A/dm^2)	整平能力/%						
	基本液①	基本液+Cl^- 3×10^{-2}g/L	基本液+H_1 10^{-3}g/L	基本液+S_1 10^{-2}g/L	基本液+D_1 0.2g/L	基本液②+P_1 3×10^{-2}g/L	组合液③
0.5	23.4	28.6	47.1	−4.5	34.9	−2.6	66.3
1.0	30.9	37.3	67.7	−0.5	36.1	19.0	66.6
2.0	24.9	75.0	82.1	−50.4	23.2	42.1	93.0
3.0	4.1	27.9	59.1	−43.5	18.1	1.8	75.0
5.0	−30.9	−40.7	−11.2	−16.6	−32.8	−35.4	34.8

① 基本液的组成为：$CuSO_4\cdot5H_2O$ 200/L，H_2SO_4 60g/L。

② 镀层产生条纹，所以仅为局部位置的数据，供参考。

③ 基本液中加入 Cl^- 3×10^{-2}g/L、H_1 10^{-2}g/L、S_1 10^{-2}g/L、D_1 0.2g/L、P_1 3×10^{-2}g/L 的镀液。

第 5 章

表面活性剂及其在电镀中的作用

表面活性剂是金属表面处理中最重要的添加剂之一，在镀品的脱脂、酸洗、电解研磨、电镀以及某些镀后处理中均有应用。在这些应用中，根据表面活性剂起的作用，又可把其分成光亮剂、分散剂、防针孔剂、消应力剂、抑雾剂、絮凝剂、消泡剂、腐蚀抑制剂等。表面活性剂对电镀反应的直接影响，主要表现在以下几方面：

① 降低溶液的表面张力；

② 改善溶液对电极的润湿作用；

③ 改变电极反应的过电压；

④ 使镀层光亮及平滑；

⑤ 使镀层晶粒细化及改变晶粒取向；

⑥ 改变镀层的内应力、硬度、延展性等力学性能；

⑦ 防止镀层产生针孔和凹洞；

⑧ 促使光亮剂分散到镀液中；

⑨ 消除溶液的泡沫及防止雾的产生。

表面活性剂的这些作用都是由其结构与性质所决定的，因此，要弄清表面活性剂在表面处理中的作用机理及选择表面活性剂的规则，首先就要了解表面活性剂的结构特征及其对性能的影响。

5.1 表面活性剂的结构与性能

5.1.1 表面活性剂的结构与分类

表面活性剂是分子结构中同时含有亲水（极性）基团和疏水或亲油（非极性）基团的有机化合物。以十二烷基硫酸钠为例，由非极性的疏水原子团与极性高的亲水原子团构成，见图 5-1。

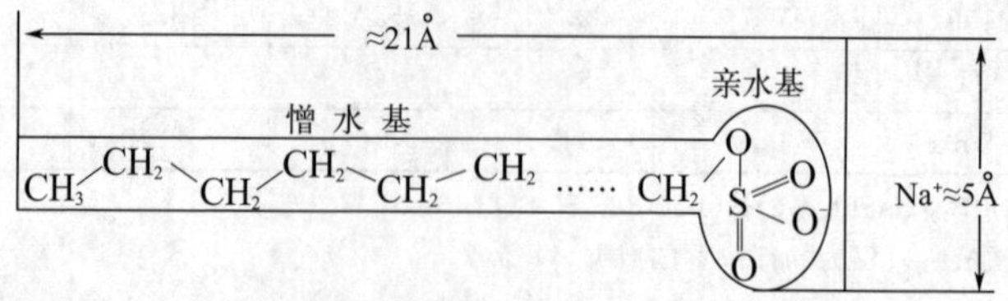

图 5-1　十二烷基硫酸钠的疏水原子团和亲水原子团的结构

亲水基对极性大的水有很大的亲和性，而疏水基对水的亲和性极小。在不考虑表面活性剂的胶凝化的条件下，若亲水基的亲水性超过了疏水基的疏水性，则表面活性剂溶于水。若亲水性小于疏水性，则难溶于水。这两种基团的含量有适当的比例时，有机分子才会显出表面活性。当分子中疏水基或亲水基占绝对优势时，有机分子只显疏水性或亲水性，几乎不显表面活性。

对于非离子型表面活性剂，常用亲疏平衡值 HLB（hydrophile-lipophile balance）来表示表面活性剂的亲水性。对于聚乙二醇型表面活性剂，其 HLB 值可表示为：

$$\text{HLB}=\frac{\text{亲水基部分的分子量}}{\text{表面活性剂的分子量}}$$

HLB 值越大，表面活性剂的亲水性越强。

在分子中同时含有亲水基和疏水基，显示出对不同溶剂的相反溶解性的物质称为两溶性物质（amphiphatic），表面活性剂就是其中的一类。表 5-1 列出了某些常见的各类表面活性剂的亲水基和疏水基。

表 5-1　表面活性剂的亲水基和疏水基举例

亲水基		疏水基	
$-SO_3M$ $-OSO_3M$ $-COOM$ $-PO_3M_2$ $-OPO_3M_3$	阴离子系	$C_nH_{2n+1}-$ C_6H_5-R $RCON(CH_3)C_2H_4-$	碳氢系
$R_4N^+\cdot Cl^-$ $R_3N^+H\cdot Cl^-$ $R_4P^+\cdot Cl^-$ $R_3S^+\cdot Cl^-$	阳离子系	$C_nF_{2n+1}-$ $F_3C-(CF_2)_n-CH_2-$	氟化碳系
$-NHCH_2CH_2COOH$ $-NHCH_2CH_2OSO_3^-$ $-\overset{\vert}{\underset{\vert}{N^+}}-CH_2COO^-$ $-\overset{\vert}{\underset{\vert}{N^+}}-CH_2CH_2-SO_3^-$	两性系	$CH_3[Si(CH_3)_2O]_nC_3H_7^-$ $H[Sn(OOCR)(OR')O]_n$	有机金属系
$-O(CH_2CH_2O)_nH$ $-N(CH_2CH_2OH)_2$ $\{CH_2-\underset{\underset{OH}{\vert}}{CH}\}_n$	非离子系	$\left[C_6H_2(R)(OH)-CH_2\right]_n$ $\{CH_2-\underset{\underset{X}{\vert}}{CH}\}_n$	高分子系

注：M＝H^+、金属离子，R＝烷基，X＝H、OH、Cl……

由表 5-1 可见表面活性剂依其主亲水基的离子型，可分为阴离子、阳离子、两性（同时含阴、阳离子）及非离子四种。主亲水基的导入分直接式和间接式两种。直接式是利用疏水材料与无机化学品直接反应而形成的，如油脂的苛性碱皂化，烷烃用 Reed 反应进行磺氯化或磺氧化，烯烃、烃基苯、脂肪酸的发烟硫酸磺化，烯烃和硫酸、亚硫酸盐、亚磷酸二酯的加成，脂肪醇和硫酸、磷酸的酯化等。对于阳离子和非离子亲水基的直接连接常采用疏水基物料和有机药剂加成或缩合而成。如长链胺、长链磷用的有机卤化物进行季铵化，脂肪酸用多元醇的酯化或用氨基醇的酰胺化，有活性氢的疏水物料（醇、酚、胺、脂肪酸、酰胺、硫醇），用环氧乙烷或环氧丙烷的加成聚合等。

间接连接主要是利用两个官能团以上的高反应性化合物（如活性不饱和化合物、活性卤化物、活性环状化合物、多元醇、联胺）与长链醇、酸、胺等的反应而实现。

间接连接的反应实例见表 5-2。

表 5-2 间接连接的反应实例

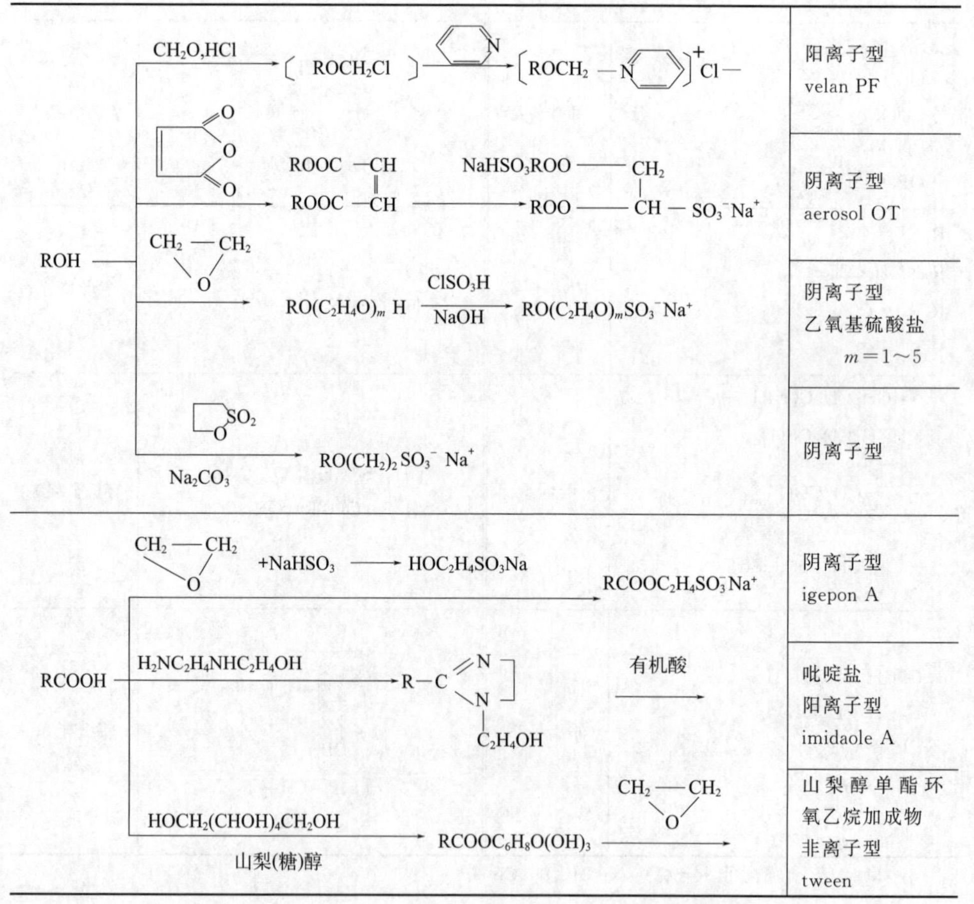

续表

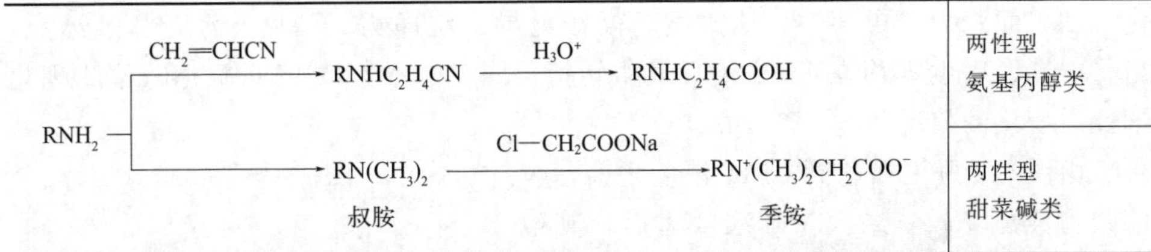

5.1.2 表面活性剂的基本性质

表面活性剂具有定向吸着和降低界面张力的作用（即表面活性）、润湿作用和渗透作用、分散作用和絮凝作用、发泡作用和去污作用、乳化作用与增溶作用、在电极表面的吸附作用等多种性能，此处仅介绍与电镀关系密切的一些性能。

（1）降低表面张力与胶团化的特性

表面活性剂溶于水时，亲水基被水分子吸引而尚在水中，疏水基则受水分子排斥而定向地向水和空气的界面移动，并伸出水面而向着空气，此时体系才处于稳定的状态，随着表面活性剂浓度的升高，表面上的表面活性剂就彼此靠拢，最后形成一种定向排列的、紧密的、由单分子层组成的膜。这样，溶液表面（或界面）上表面活性剂的浓度就要超过溶液内部的浓度，即表面活性剂被定向地吸附在表（界）面上，吸着分子的这种性质称为定向性。这使空气和水的接触面减小，与此相应的是表面张力急速下降。

当表面活性剂的浓度进一步提高时，表面活性剂分子开始聚集，并把疏水基靠在一起而形成由数十至数千个分子组成的胶团。此时疏水基完全被包在胶团的内部，几乎不与水接触，可以看成是由亲水基组成的球状高分子，它不被水排斥，所以表面活性剂可稳定地溶于水中。胶团可以是球状、棒状或层状的（见图5-2），它们都很细小，通常在100nm以下，和光的波长相比还是很小的，用通常光学的方法尚无法辨认是真溶液还是胶体溶液，所以溶液呈透明状。形成胶团的浓度范围很小，通常把开始形成胶团的浓度叫做临界胶团浓度（critical micelle concentration，CMC）。CMC值随表面活性剂的种类和外界条件不同而异，其值在$10^{-5}\sim10^{-2}$ mol/L（0.002%～0.3%）之间。

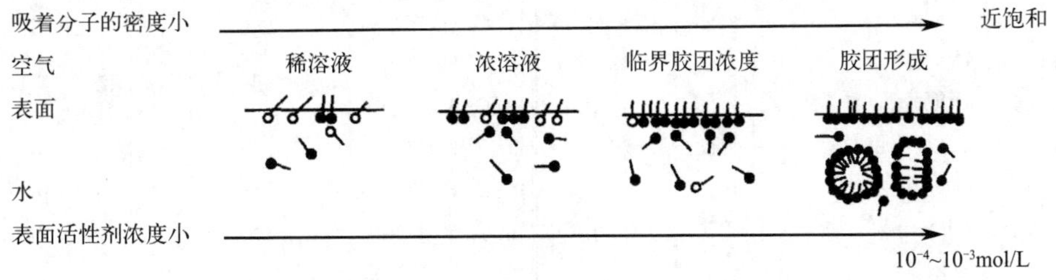

图5-2　表面活性剂在表面上的吸附定向

在临界胶团浓度（CMC）前后，溶液的各种物理化学性质会发生明显的变化，如表面张力、可溶性、比黏度、高频电导、洗净力、浊度、渗透压、冰点、当量电导、密度等均在CMC前后发生转折，图5-3为在CMC前后溶液诸物理化学性质变化的情况。

由图5-2可见在达到CMC浓度之前，表面张力急剧下降，在CMC浓度之后，其值保持恒定。之所以出现这种现象，主要是在空气/水界面上，随着表面活性剂浓度的增高，表面活性剂逐渐取代水分子而聚集到空气和水的界面上，使空气和水的接触面逐渐减小，因而表面张力成比例地线性下降。当表面活性剂浓度增至相当程度后，空气与水的整个界面均被表面活性剂占据，形成单分子层（其厚度约为 2.5×10^{-7} cm），空气与水完全处于隔绝状态，此时表面张力降到了最低点。浓度再继续增高，表面活性剂只能聚集在一起而形成胶团，疏水基完全被包在胶团内部，几乎不与水接触，此时空气与水的界面几乎无影响，因而在CMC浓度之后，表面张力趋于恒定。表面活性剂溶液的洗净力、渗透压、冰点、增溶作用、比黏度、高频电导等在CMC浓度前后都发生类似表面张力（或相反）的现象。

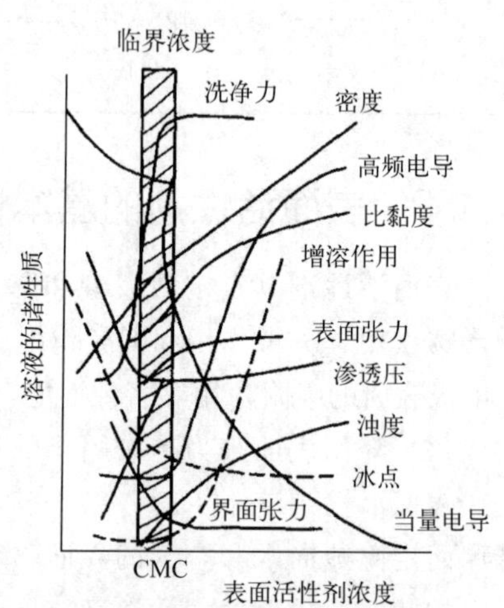

图5-3　表面活性剂水溶液的性质在CMC浓度前后的变化

表面活性剂的临界胶团浓度都很低，通常为0.001～0.02mol/L，电镀液中所用的表面活性剂的浓度大体也在此范围。在使用表面活性剂时，其浓度一般要比临界胶团浓度稍大，否则其性能不能充分发挥。表5-3列出了某些表面活性剂的临界胶团浓度，其值可供应用时参考。

表5-3　一些表面活性剂的临界胶团浓度

编号	化合物	温度/℃	浓度CMC/(mol/L)	编号	化合物	温度/℃	浓度CMC/(mol/L)
1	$C_{11}H_{23}COONa$	25	2.6×10^{-2}	10	$C_{14}H_{29}SO_4Na$	40	2.4×10^{-3}
2	$C_{12}H_{25}COOK$	25	1.25×10^{-2}	11	$C_{15}H_{31}SO_4Na$	40	1.2×10^{-3}
3	$C_{15}H_{31}COOK$	50	2.2×10^{-3}	12	$C_{16}H_{33}SO_4Na$	40	5.8×10^{-4}
4	$C_{17}H_{31}COOK$	55	4.5×10^{-4}	13	$C_8H_{17}SO_3Na$	40	1.6×10^{-3}
5	$C_{17}H_{33}COOK$(油酸钾)	50	1.2×10^{-3}	14	$C_{10}H_{21}SO_3Na$	40	4.1×10^{-1}
6	松香酸钾	25	1.2×10^{-4}	15	$C_{12}H_{25}SO_3Na$	40	9.7×10^{-3}
7	$C_8H_{17}SO_4Na$	40	1.4×10^{-2}	16	$C_{14}H_{29}SO_3Na$	40	2.5×10^{-3}
8	$C_{10}H_{21}SO_4Na$	40	3.3×10^{-2}	17	$C_{16}H_{33}SO_3Na$	50	7×10^{-4}
9	$C_{12}H_{25}SO_4Na$	40	8.7×10^{-3}	18	p-n-$C_6H_{13}C_6H_4SO_3Na$	75	3.7×10^{-2}

续表

编号	化合物	温度/℃	浓度 CMC/(mol/L)
19	p-n-$C_7H_{15}C_6H_4SO_3Na$	75	2.1×10^{-2}
20	p-n-$C_8H_{17}C_6H_4SO_3Na$	35	1.6×10^{-2}
21	p-n-$C_{10}H_{21}C_6H_4SO_3Na$	50	3.1×10^{-3}
22	p-n-$C_{12}H_{25}C_6H_4SO_3Na$	60	1.2×10^{-3}
23	p-n-$C_{14}H_{29}C_6H_4SO_3Na$	75	6.6×10^{-4}
24	$C_{12}H_{25}NH_2\cdot HCl$	30	1.4×10^{-3}
25	$C_{16}H_{33}NH_2\cdot HCl$	55	8.5×10^{-4}
26	$C_{18}H_{37}NH_2\cdot HCl$	60	5.5×10^{-4}
27	$C_8H_{17}N(CH_3)_3Br$	25	2.6×10^{-1}
28	$C_{10}H_{21}N(CH_3)_3Br$	25	6.8×10^{-2}
29	$C_{12}H_{25}N(CH_3)_3Br$	25	1.6×10^{-2}
30	$C_{14}H_{29}N(CH_3)_3Br$	30	2.1×10^{-3}
31	$C_{16}H_{33}N(CH_3)_3Br$	25	3.2×10^{-4}
32	$C_{12}H_{25}(NC_3H_5)Cl$	25	1.5×10^{-2}
33	$C_{14}H_{29}(HC_5H_5)Br$	30	2.6×10^{-3}
34	$C_{16}H_{33}(NC_5H_5)Cl$	25	9.0×10^{-4}
35	$C_{18}H_{37}(NC_5H_5)Cl$	25	2.4×10^{-4}
36	$C_8H_{17}H^+(CH_3)_2CH_2COO^-$	27	2.5×10^{-1}
37	$C_8H_{17}CH(COO^-)N^+(CH_3)_3$	27	9.7×10^{-3}
38	$C_8H_{17}CH(COO^-)N^+(CH_3)_3$	60	8.6×10^{-2}
39	$C_{10}H_{21}CH(COO^-)N^+(CH_3)_3$	27	1.3×10^{-2}
40	$C_{12}H_{25}CH(COO^-)N^+(CH_3)_3$	27	1.3×10^{-2}
41	$C_6H_{13}(OC_2H_4)_6OH$	20	7.4×10^{-2}
42	$C_6H_{13}(OC_2H_4)_6OH$	40	5.2×10^{-2}
43	$C_8H_{17}(OC_2H_4)_6OH$	—	9.9×10^{-3}
44	$C_{10}H_{21}(OC_2H_4)_6OH$	—	9×10^{-4}
45	$C_{12}H_{25}(OC_2H_4)_6OH$	—	8.7×10^{-5}
46	$C_{14}H_{29}(OC_2H_4)_6OH$	—	1.0×10^{-5}
47	$C_{16}H_{33}(OC_2H_4)_6OH$	—	1×10^{-6}
48	$C_{12}H_{25}(OC_2H_4)_6OH$①	25	4×10^{-5}
49	$C_{12}H_{25}(OC_2H_4)_2OH$①	25	5×10^{-5}
50	$C_{12}H_{25}(OC_2H_4)_2OH$①	—	1×10^{-4}
51	$C_{12}H_{25}(OC_2H_4)_9OH$	—	1.4×10^{-4}
52	$C_{12}H_{25}(OC_2H_4)_{12}OH$	25	5.5×10^{-5}
53	$C_{12}H_{25}(OC_2H_4)_{23}OH$	25	6.0×10^{-5}
54	$C_{12}H_{25}(OC_2H_4)_{31}OH$	25	8.0×10^{-5}
55	$C_{16}H_{33}(OC_2H_4)_7OH$	25	1.7×10^{-6}
56	$C_{16}H_{33}(OC_2H_4)_9OH$	25	2.1×10^{-6}
57	$C_{16}H_{33}(OC_2H_4)_{12}OH$	25	2.3×10^{-6}
58	$C_{16}H_{33}(OC_2H_4)_{15}OH$	25	3.1×10^{-6}
59	$C_{16}H_{33}(OC_2H_4)_{21}OH$	25	3.9×10^{-6}
60	p-t-$C_8H_{17}C_6H_4O(C_2H_4O)_2H$	25	1.3×10^{-4}
61	p-t-$C_8H_{17}C_6H_4O(C_2H_4O)_3H$	25	9.7×10^{-5}
62	p-t-$C_8H_{17}C_6H_4O(C_2H_4O)_4H$	25	1.3×10^{-4}
63	p-t-$C_8H_{17}C_6H_4O(C_2H_4O)_5H$	25	1.5×10^{-4}
64	p-t-$C_8H_{17}C_6H_4O(C_2H_4O)_6H$	25	2.1×10^{-4}
65	p-t-$C_8H_{17}C_6H_4O(C_2H_4O)_7H$	25	2.5×10^{-4}
66	p-t-$C_8H_{17}C_6H_4O(C_2H_4O)_8H$	25	2.8×10^{-4}
67	p-t-$C_8H_{17}C_6H_4O(C_2H_4O)_9H$	25	3.0×10^{-4}
68	p-t-$C_8H_{17}C_6H_4O(C_2H_4O)_{10}H$	25	3.3×10^{-4}
69	$C_8H_{17}OCH(CHOH)_5$(辛基β-D-葡萄糖)	25	2.5×10^{-2}
70	$C_{10}H_{21}OCH(CHOH)_5$	25	2.2×10^{-3}
71	$C_{12}H_{25}OCH(CHOH)_5$	25	1.9×10^{-4}
72	$C_6H_{13}[OCH_2CH(CH_3)]_2(OC_2H_4)_{9.9}OH$	20	4.7×10^{-2}
73	$C_6H_{13}[OCH_2CH(CH_3)]_3(OC_2H_4)_{9.7}OH$	20	3.2×10^{-2}
74	$C_6H_{13}[OCH_2CH(CH_3)]_4(OC_2H_4)_{9.9}OH$	20	1.9×10^{-2}
75	$C_7H_{15}[OCH_2CH(CH_3)]_{39}(OC_2H_4)_{9.7}OH$	20	1.1×10^{-2}
76	n-$C_{12}H_{25}N(CH_3)_2O$	27	2.1×10^{-3}
77	$C_9H_{19}C_6H_4O(C_2H_4O)_{9.5}H$②	25	$(7.8\sim9.2)\times10^{-3}$
78	$C_9H_{19}C_6H_4O(C_2H_4O)_{10.5}H$②	25	$(7.5\sim9)\times10^{-5}$
79	$C_9H_{19}C_6H_4O(C_2H_4O)_{15}H$②	25	$(1.1\sim1.3)\times10^{-3}$
80	$C_9H_{19}C_6H_4O(C_2H_4O)_{20}H$②	25	$(1.35\sim1.75)\times10^{-4}$
81	$C_9H_{19}C_6H_4O(C_2H_4O)_{30}H$②	25	$(2.5\sim3.0)\times10^{-4}$
82	$C_9H_{19}C_6H_4O(C_2H_4O)_{100}H$②	25	1.0×10^{-3}
83	$C_9H_{19}COO(C_2H_4O)_{7.0}CH_3$②	27	8.0×10^{-4}
84	$C_9H_{19}COO(C_2H_4O)_{10.3}CH_3$②	27	10.5×10^{-4}

续表

编号	化合物	温度/℃	浓度 CMC/(mol/L)	编号	化合物	温度/℃	浓度 CMC/(mol/L)
85	$C_9H_{19}COO(C_2H_4O)_{12.9}CH_3$②	27	14.0×10^{-4}	88	$(CH_3)_3Si[Si(CH_3)_2O]Si(CH_3)_2CH_2(C_2H_4O)_{12.8}CH_2$	25	2.0×10^{-3}
86	$C_9H_{19}COO(C_2H_4O)_{16.0}CH_3$②	27	16.0×10^{-4}	89	$(CH_3)_3Si[Si(CH_3)_2O]Si(CH_3)_2CH_2(C_2H_4O)_{17.3}CH_2$	25	1.5×10^{-3}
87	$(CH_3)_3Si[Si(CH_3)_2O]Si(CH_3)_2CH_2(C_2H_4O)_{8.2}CH_2$	25	5.6×10^{-5}	90	$(CH_3)_3Si[Si(CH_3)_2O]Si(CH_3)_2CH_2(C_2H_4O)_{17.3}CH_2$	25	5.0×10^{-3}

① 聚氧乙烯数为平均值，产品经分子蒸馏提纯。

② 商品未经分子蒸馏提纯。

临界胶团浓度可以作为表面活性剂的表面活性的一种量度。因为CMC越小，则表面活性剂形成胶团所需的浓度越低，达到表面（界面）饱和吸附的浓度就越低。因而改变表（界）面性质，达到润湿、乳化、增溶等作用所需的浓度也较低。

许多因素（主要是结构因素）都影响表面活性剂的CMC值，其中主要的影响因素有：

① 表面活性剂碳氢键的长度。在水溶液中，离子表面活性剂碳氢链的碳原子数在8～16之间，一般在同系物中碳原子数增加一个时，CMC下降约一半。对于非离子表面活性剂，则增加疏水基碳原子数引起CMC下降的程度更大，一般每增加两个碳原子，CMC值下降至1/10（见表5-3中序号43～47的表面活性剂）。

② 碳氢链分支及极性基位置的影响。一般来说，相同碳原子数的直链化合物的CMC值比支链化合物的小得多。例如 $C_{10}H_{21}SO_3Na$ 的 SO_3Na 的CMC值为0.045mol/L，而相同碳原子数的支链化合物二正丁基琥珀酸酯磺酸钠（$\begin{array}{l} n\text{—}C_4H_9OCOCH_2 \\ \qquad\qquad\quad | \\ n\text{—}C_4H_9OCOCHSO_4Na \end{array}$）的CMC为0.20mol/L，$C_{16}H_{33}N(CH_3)_3Cl$ 的CMC为0.0014mol/L，而 $(C_8H_{17})_2N(CH_3)_2Cl$ 的为0.0266mol/L。

极性基在端位时的CMC小，而在中间时则较大。例如硫酸基接在十四烷基硫酸钠的第一碳原子上时，其CMC为0.0024mol/L，而在第七个碳原子上时为0.00970mol/L。

③ 碳氢键中其他取代基的影响。在碳氢键上增加其他疏水基团时，其CMC值明显下降。每增加一个苯基大约相当于增加3.5个 CH_2 基。例如 p-n-$C_8H_{17}C_6H_4SO_3Na$ 的CMC为 1.6×10^{-2}mol/L，而 p-n-$C_8H_{17}SO_3Na$ 的CMC值为 1.6×10^{-1}mol/L。在疏水基中引入极性基团（如—O—或—OH等）时，CMC值则增大。在水溶液中，离子性表面活性剂的CMC远比非离子性的大。疏水

基相同时，离子表面活性剂的 CMC 约为非离子表面活性剂（聚氧乙烯基为亲水基者）的 100 倍。两性表面活性剂的 CMC 则与相同碳原子数疏水基的离子表面活性剂相近。

当碳氢链上的氢全部被氟取代时，表面活性剂的 CMC 显著下降，水溶液所能达到的表面张力也低很多。例如 $C_8F_{17}SO_3Na$ 的 CMC 值为 0.0085mol/L，而对应的 $C_8H_{17}SO_3Na$ 为 0.14mol/L。

（2）润湿作用

液体对固体的润湿现象在电化学生产及金属的浮选等工业部门中都有显著广泛的应用，如电镀工业中的脱脂过程及电解过程中出现针孔及凹洞等现象都与电解液的润湿现象有关。表面活性剂在固体表面上会形成定向排列的吸着层，降低界面自由能，从而有效地改变固体表面的润湿性质。在电镀过程中加入适当的表面活性剂往往能提高电解液的润湿性。因此，常把能使固体润湿或加速润湿的表面活性剂叫做润湿剂（wetting agent）。

润湿能力通常用润湿角来衡量。所谓润湿角是指液滴与固体的接触点所作切线与液/固界面之间的夹角（θ）。θ 越接近零度，表示液体的润湿性越好，θ 越接近 180°，表示越难润湿，达到 180°时表示完全不能润湿（见图 5-4）。

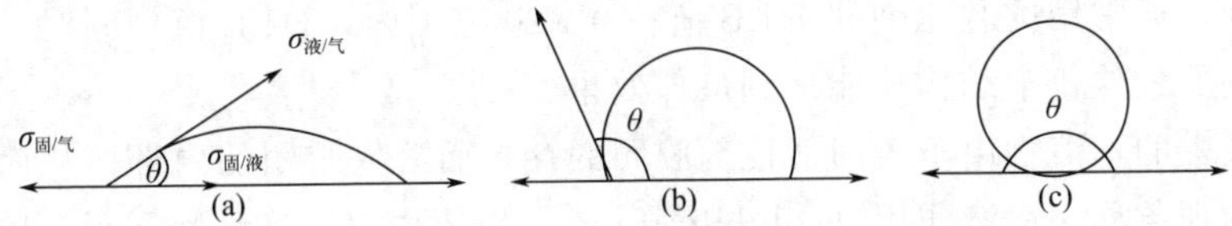

图 5-4　润湿能力与润湿角（θ）

（a）易润湿，$\theta<90°$；（b）难润湿，$180°>\theta>90°$；（c）不润湿，$\theta=180°$

润湿角的大小与表面张力有关。在固-气-液三相的界面上存在的三个界面张力［见图 5-4（a）］，$\sigma_{固/气}$ 的作用是使液滴铺展，即使固体润湿。$\sigma_{固/液}$ 及 $\sigma_{液/气}$ 的分力（$\sigma_{液/气}\cos\theta$）则力图使液滴收缩，即不利于润湿。当铺展力与收缩力处于平衡时，正、反向力相等液滴静止，此时

$$\sigma_{固/气}=\sigma_{固/液}+\sigma_{液/气}\cos\theta$$

∴

$$\cos\theta=\frac{\sigma_{固/气}-\sigma_{固/液}}{\sigma_{液/气}}$$

式中，$\sigma_{固/气}$ 决定于固体的种类，常数。当液体中加入表面活性剂后，由于使 $\sigma_{固/液}$ 及 $\sigma_{液/气}$ 减小，使 $\cos\theta$ 增大，即 θ 角度小，因而增强了该液体对固体的润湿性。

电镀过程中（如镀镍），由于析出的氢气滞留在电极表面，阻碍了金属在这些部位的析出，使镀层出现针孔（气泡长期滞留）或凹洞（气泡周期性滞留或离开），严重影响了镀层品质。当加入表面活性剂（如十二烷基硫酸钠）后，由于降低了电解液的表面张力，增强了电解液对电极的润湿性，使氢气泡不易停留，从而有效地消除或减少了镀层的针孔和凹洞。

(3) 乳化作用与增溶作用

互不混合的两液相中的一相以微粒状分散于另一相中，所形成的乳状物称为乳液或乳浊液。常见的乳液一般都含有一相是水或水溶液（通称“水”相，用 W 表示)，另一相是不与水混溶的“有机”相或“油”相，用 O 表示。外相为“水”，内相为“油”的乳状液叫做水包油型乳液，以 O/W 表示。外相为“油”，内相为“水”的乳液则称为油包水型乳液，用 W/O 表示。

当往油水混合液中加入表面活性剂时，由于表面活性剂具有两亲作用，当活性剂加至相当量时，会使油成为细小液滴（0.1μm 至数十微米）均匀地分散在水中，这就是表面活性剂的乳化作用，具这种作用的表面活性剂称为乳化剂。乳液中的液珠的大小并不是完全均匀分布的，一般各种大小均有，而且有一定的分布，乳液的外观常随液珠的大小而改变，大滴液珠存在时可以分辨出两相，液珠＞1μm 时，乳液呈白色，在 0.1～1μm 时为蓝白色，0.05～0.1μm 时为灰色半透明液，0.05μm 以下时则为透明液。

乳化剂大半为阴离子型或非离子型表面活性剂，它们在电镀的前处理（如脱脂）以及在涂料、医药、食品工业部门均被广泛采用。乳化剂的结构和种类对乳液的稳定性和粒径有很大影响，在选择乳化剂时，其亲疏平衡值（HLB 值）是重要指标，通常用的乳化剂的 HLB 值在 0～20 范围内，HLB 值相同时，还应选择乳化剂的最佳化学结构才能达到最佳效果。

溶液中的不溶物由于表面活性剂胶团的存在而溶入胶团的内部，从而增加了溶解度的现象称为增溶作用（solubilization)。胶团内溶入其他物质后，胶团会变大，但和光的波长相比还是非常小的，溶液还是呈透明状。增溶作用除了和表面活性剂的种类有关外，也受表面活性剂浓度的影响。浓度高时胶团数增多，增溶作用也增大。

水溶液中的增溶作用有三种类型：①非极性增溶，这是非极性物质进入胶团内部的疏水基之间。②极性-非极性增溶，这是指两溶性物质（如醇类）的分子插入胶团分子的中间，以其亲水基向着水，疏水基向着胶团的表面活性剂的疏水端而形成混合胶团，在这种胶团中，不溶物已浸透到胶团的内部，但未进入胶团的中心。③吸附增溶，这是在胶团的亲水基和水的界面上由于通常的吸附而引起增溶，属于这种增溶的以高分子物质居多。

(4) 浊点

非离子表面活性剂在水溶液中有一个特定的温度，叫做浊点。在此温度以下能溶于水，具有分散电镀光亮剂的作用，因此能获得宽而均匀的光亮镀层。高于此温度时，就变得难溶于水，会自行析出或分层，因此其光亮作用明显下降。光亮酸性镀锌、锡时，光亮剂的耐高温性能往往决定于表面活性剂的浊点。

非离子性表面活性剂会出现浊点的原因是由于这种表面活性剂分子内含有

聚氧乙烯醚键（—O—），这种醚键的氧原子容易与水分子缔合而形成氢键（$\diagdown$O---H—O$\diagdown$H $\diagup$），但又不很稳定，温度升高时容易破坏，于是便发生析出，分层出现不溶现象，这与某些醇、胺的性质很相似。

聚氧乙烯醚类非离子表面活性剂的浊点随环氧乙烷分子数的增加而升高，表 5-4 是 $C_{13}H_{27}O(CH_2CH_2O)_nH$ 和 $C_9H_{19}C_6H_4O(CH_2CH_2O)_nH$ 在不同 n 值时的浊点和 HLB 值。

表 5-4 $C_{13}H_{27}O(CH_2CH_2O)_nH$ 和 $C_9H_{19}C_6H_4O(CH_2CH_2O)_nH$ 在不同 n 值时的浊点和 HLB 值

表面活性剂	氧乙烯基数	浊点/℃	HLB 值①	表面活性剂	氧乙烯基数	浊点/℃	HLB 值①
$C_{13}H_{27}O(CH_2CH_2O)_nH$	$n=9$	49	—	$C_9H_{19}C_6H_4O(CH_2CH_2O)_nH$	$n=11$	73.6	13.7
	$n=9.5$	52.5	—		$n=13$	90.0	14.5
	$n=10$	59.5	—		$n=17$	99.5	15.5
	$n=12$	79	—		$n=30$	109	17.1
	$n=15$	96	—		$n=35$	109.5	17.5
$C_9H_{19}C_6H_4O(CH_2CH_2O)_nH$	$n=8$	23.8	12.2		$n=50$	111	18.2
	$n=10$	62.5	13.2		$n=86$	109	18.9

① $HLB=\frac{EO}{5}$，EO 为氧乙烯的质量分数。

由表 5-4 还可看出当 n 值升高时，HLB 值与浊点均升高。这是因为 n 值高时，表面活性剂的亲水性随之增加，与水分子形成的氢键增强的结果。当 $n>30$ 以后，其浊点的上升很慢，这与 HLB 值上升也慢是对应的。

非离子表面活性剂的浊点随着水溶液中无机电解质的增高而下降，若加入易形成氢键的聚乙二醇时，其浊点可提高，因此，表面活性剂在镀液中的实际允许使用温度远比蒸馏水中测得的浊点为低。表 5-5 是 12-氧乙烯基壬基酚的 1%水溶液的浊点与加入聚乙二醇（$M=400$）的关系。

表 5-5 12-氧乙烯基壬基苯酚的 1%水溶液的浊点与加入聚乙二醇 400 的关系

聚乙二醇（分子量=400）	浊点		聚乙二醇（分子量=400）	浊点	
	1%溶液在蒸馏水中	1%溶液在10%NaCl 溶液中		1%溶液在蒸馏水中	1%溶液在10%NaCl 溶液中
1	77.5	—	30	>100	64.5
5	80.0	—	40	—	72.0
10	83.5	—	50	—	85.0
20	88.0	—	55	—	>100

浊点不同的表面活性剂，其用途往往也随之而异。低浊点（<30℃）的表面活性剂难溶于水，易溶于油，主要用于油的分散或乳化。浊点在30～70℃的表面活性剂主要用于洗涤、纺织品处理。高浊点（80～110℃）的表面活性剂适于作为高浓度电解液的润湿液的润湿剂和电解洗净用乳化剂。表5-6是壬基酚聚氧乙烯醚的浊点及其用途。

表5-6 壬基酚聚氧乙烯醚的浊点和用途

氧化乙烯基数	浊点/℃	用途
1～1.5	—	不溶于水，易溶于油，分散石油，高浓度时用为消泡剂，低浓度时用为泡沫稳定剂
4	—	不溶于水，可溶于油的乳化剂，油溶性洗涤剂，纸张脱墨剂
6	—	制造农业用的乳化剂，分散剂
8～9	30～40	可溶于水，润湿力和去污力较好，乳化性能也可，适于做洗涤剂、纺织品加工整理剂、金属表面清洗剂、润湿剂，但对皮肤有侵蚀作用
9～10	50～60	可做工业和家庭洗涤剂、润湿剂、金属表面清洗剂
10～11	60～70	在一切液体(酸、碱、中性)中温度比较高的纺织品处理剂。供家庭用液体洗涤剂配方用
14	83～87	高温分散剂和苛性钠液用的渗透剂，脂肪、油的乳化剂，适于做热洗涤剂、碱性金属清洗剂
20	98～102	高温电解液的润湿剂，合成胶乳的稳定剂、原油破乳剂
30	108～112	在低压设备内纺织品的高温浸渍剂，合成胶乳的稳定剂，高浓度电解液的润湿剂，石油乳胶的断续剂，碱性热洗涤剂

烷基酚聚氧乙烯醚因不含酯键，故化学性质很稳定，不怕硬水、强酸、强碱和高浓电解质，即使在较高温度也不易被破坏，被配性能好，可以和阴离子、阳离子表面活性剂混配使用，遇某些氧化剂，如次氯酸盐、高硼酸盐和过氧化物等也不易受氧化，故可用于金属酸洗配方和强碱洗涤液中。

5.2 表面活性物质在电极溶液界面上的吸附及对电镀过程的影响

5.2.1 电极溶液界面上吸附现象的特征

溶液在固体上的吸附就是在固体/溶液界面上溶质的聚集现象（溶质界面上的浓度大于在溶液内部的浓度）。在电极和溶液的界面上，自然也会发生吸附现象，其吸附规律与一般固体/溶液界面上的吸附有许多共同点。但由于电极/溶液界面上存在双电极层，两相界面上存在电位差，且电位差可在相当范围内连续变化，因此电极吸附和一般固体吸附又有不同之处。在电极/溶液界面上，除了由于电极表面带电荷，通过静电力吸引溶液中的异性离子所引起的静电吸附外，还经常出现表面活性物质的吸附现象。

促进表面活性物质在电极上吸附的基本原因是吸附过程中伴随着体系能量的降低，这决定于以下几种力的平衡：

(1) 表面活性剂降低表面张力的能力

如上节所述，表面活性物质的分子由带有极性基团（醛、酮、酸、胺等）的亲水基及带有碳氢键的疏水基所组成。在水溶液中，疏水基自发地聚集于两相界面上（亲水基则留于水中），降低水的表面张力，使体系自由能降低，这是促使表面活性剂在电极上吸附的根本原因。

(2) 电极表面与表面活性剂之间的相互作用力

这包括静电作用及化学作用两类。静电作用既有电极表面剩余电荷与溶液中带电离子之间的库仑引力，也有表面电荷与活性剂分子的偶极子之间的作用力等。化学作用是指电极表面与表面活性剂分子间通过化学键力引起活性剂在电极上的吸附现象。

(3) 吸附层中活性物质之间的相互作用

这种作用可能是由于范德华力引起的分子间的引力，也可能是同性离子或定向排列的偶极子之间的静电斥力等。

活性物质间相互作用力的大小，随电极表面被活动物质覆盖程度的增加而增强。

(4) 水分子与电极表面的相互作用

水分子的偶极矩较大，与电极表面的相互作用较强，必然会吸附在电极表面。因而表面活性物质在电极上吸附时，必须与水分子竞争，这对其吸附过程是不利的。

总之，表面活性剂是否能吸附在电极表面，以及吸附的强弱是由以上四种力共同作用的结果。第一、二项及第三项中的引力部分有利于吸附过程，第三项的斥力及第四项则不利于吸附过程。

上述四种作用力中，第一种力决定于表面活性剂的化学性质及浓度，其余几种力除与表面活性剂的性质有关外，还决定于电极表面的电荷密度及电极表面的化学性质。因此同一活性物在不同的电极表面、不同的电极电位下的吸附行为可能是很不相同的，这就是电极/溶液界面上的吸附与一般固体/溶液界面的吸附不同的本质所在。

在电极/溶液界面上的吸附现象的讨论中，一般把由于带电离子之间的静电引力而引起的吸附现象称为静电吸附，而与电极表面的化学性质有关的吸附现象，即由于化学键力及分子间力所引起的吸附则称为特性吸附。通常所说的表面物质的吸附都是指特性吸附。

5.2.2 电解液对电极的润湿现象及其在电镀中的应用

在 5.1.2 节中介绍表面活性剂的基本性质时，曾推导出液体在固体表面的润湿程度，应服从关系式：

$$\cos\theta=\frac{\sigma_{固/气}-\sigma_{固/液}}{\sigma_{液/气}}$$

把此关系应用于电极、电解质溶液，及由于电化学反应在电极上产生气体（氢气或氧气等）的三相体系。当电极发生极化作用时，$\sigma_{液/气}$ 及 $\sigma_{固/气}$ 可近似地认为不受电极电位影响，而 $\sigma_{固/液}$ 则按电毛细管的规律随电极电位而变化，当电极发生极化作用时，$\sigma_{固/液}$ 降低，$\cos\theta$ 增大，接触角 θ 减小，即溶液对电极的润湿性增加，气泡脱离电极的趋势增大。极化越强，θ 越小，电极越易被电解液所润湿，气泡越易脱离电极表面。反之，极化越小，则电极越不易被电解液所润湿。在零电位处，电极表面不带电，极化最小，θ 值最大，电解液被润湿的程度最小，气泡最易在电极表面停留。

在电镀过程中，由于氢气析出，造成镀层出现针孔、凹洞，用增大极化的方法虽然能增加电解液对电极的润湿性，使 H_2 不易黏着在电极表面，但过度的极化不仅消耗电能，而且往往导致产生更多的 H_2 及其他副反应。因此增强极化不是消除针孔、凹洞的好办法。最有效的途径是在镀液中加入润湿剂（如十二烷基硫酸钠），如 5.1.2 所述，由于润湿剂能降低 $\sigma_{固/液}$，增加电解液对电极的润湿作用，再配合阴极移动或空气搅拌等方法，即能有效地消除由于气泡所导致的镀层的针孔或凹洞。

电镀中广泛采用的电解洗净也是利用增大极化能增加电解液对电极的润湿性这一原理。油滴及其他不溶于水的有机物质黏着在电极上，类似于气泡的黏着。随电极的极化进行，溶液对电极的润湿性增加，迫使油膜离开电极表面的趋势增大。当极化增大至在金属表面析出气体时（阴极洗净过程析出 H_2，阳极洗净时析出 O_2），逐渐增多的小气泡可把油膜鼓破并吸着在油与溶液之间，把油滴包围起来。随着析出气体的增加，小气泡不断聚集和长大，而且具有相当的浮力，这样就可把油滴带至溶液表面加以除去。

5.2.3 电镀添加剂的选择

为了获得结晶致密的镀层，必须增大金属离子析出时阴极的极化作用，在电镀生产中有两大途径：一是采用配位剂；二是应用表面活性剂。

与配位剂相比，采用表面活性剂的最大优点是用量极少，因而成本较低，而且由于表面活性物质是吸附在电极表面，溶液中主要还是电解质简单离子，因此废水处理一般也比采用配位剂的体系简单，但添加剂选择不当，亦会出现由于添加剂混杂而影响镀层的物理力学性能等问题。

添加剂对金属电解析出过程的影响都是通过在金属/溶液界面上的吸附作用

来实现的。由于添加剂种类繁多，它们对金属电解析出的影响是多方面的，十分复杂，同一添加剂用在某一金属的析出时可能效果显著，但用于另一金属时，则可能毫无效果，同一金属的析出，有的效果很好，而有的则效果很差。由于添加剂对电极过程的影响十分复杂，因此，电镀添加剂的选择仍主要是凭经验，没有简单的万能规律可循，但了解并掌握一些共同的规律，对选择、研究添加剂亦有相当的帮助。下面仅从表面活性物质在电极上吸附的某些规律出发，探索选择电镀添加剂时应遵循的某些规律。

(1) 活性物质必须能被吸附在电极表面

这就要求表面活性物质不单要有足够的表面活性，而且还应有足够宽广的吸附电位范围，脱附电位必须比镀层金属离子的析出电位更负。

吸附及脱附电位可用前述的电毛细曲管法及微分电溶法测定。根据实验结果，电镀中常用的各类表面活性剂的脱附电位（desorption potential，相对于饱和甘汞电极）为：

有机阴离子，磺酸脂肪酸：$-1.0V \rightarrow -1.3V$

有机中性分子，芳香烃酚类：$-1.0V \rightarrow -1.3V$

脂肪醇胺类，$-1.3V \rightarrow -1.5V$

有机阴离子（R_4N^+）：$-1.6V \rightarrow -1.8V$

多极性基团表面活性物质：$-1.8V \rightarrow -2.0V$

电镀中的一般金属离子的析出电位都较正，因此许多活性物质在电镀所使用的电位范围内都能被电极吸着。

(2) 表面活性物质被吸附后应有较强的增大极化作用的能力

即应对金属离子的放电有较大的阻碍作用。这主要取决于表面活性物质的分子结构，大致有以下规律：

① 脂肪族表面活性物质（醇、醛、酸、胺等）有较大的阻碍作用。对同一系列化合物，在溶解度许可的条件下，表面活性随碳氢链长度的增加而增加。此外，增加支链的数目也有利于增加表面活性，增加吸着层的抑制作用，例如，在 R 一定时，各种胺类化合物的活性顺序为 $NH_3 < RNH_2 < R_2NH < R_3N < R_4N^+$。

② 芳香族和杂环化合物及它们的衍生物有相当的阻挡作用，但其吸附性能与电极电位有很大关系，在正电荷的电极表面阻挡作用较大，而当电极表面带负电时，则阻挡作用较小，并易造成氢气的析出。

③ 聚乙二醇 $HO(CH_2CH_2O)_nH$ 及烷、芳基聚氧乙烯非离子表面活性剂（聚氧乙烯脂肪醇醚、聚氧乙烯烷基酚醚等）聚乙烯醇、聚乙烯亚胺$\leftarrow\!\!(CH_2CH_2NH)\!\!\rightarrow_n$、环氧-胺系缩合物等，与一般的表面活性剂相比，具有较大的分子量，称为高分子表面活性剂，它们在电极上具有宽广的吸附电位范围，脱附电位可达$-1.8V$以上，在电镀中已获得广泛应用，其缺点是易混杂在镀层中，影响镀层的纯度，使镀层变脆，聚合度越大，混杂越严重。

综合上述，可看出在电镀中比较理想的添加剂，应当具备的条件是：

① 有较宽的吸附电位范围。

② 分子内的疏水、亲水部分应有适当的比例，使得在能溶于水的情况下有尽可能高的活性。

③ 最好是中性有机分子或有机阳离子，有机阴离子阻挡作用较小。

④ 若采用高分子表面活性剂，分子量应适当，不宜过大。

5.3 表面活性剂在电镀中的应用

在电镀、涂装和化学处理时，金属表面都必须进行脱脂和酸洗除锈等前处理，这样才能得到附着力好、使用寿命长的优良产品。

脱脂和酸洗时，表面活性剂具有重要作用。表面活性剂是除去非皂化油的关键成分，也是酸洗除锈时的主要抑制剂。表面活性剂在酸洗和脱脂中的作用原理详见第8章。

在各种金属和合金镀液中，表面活性剂往往是光亮剂的主要成分之一。它可以是镀液的润湿剂、防针孔剂，更重要的是可以当主光亮剂的载体，使光亮剂均匀分散在镀液中。

5.3.1 在镀镍液中的应用

在镀镍液中加入表面活性剂常常可以达到光亮、防针孔、消除应力、整平、抑制杂质等作用。镀镍用光亮剂会在镀镍添加剂一章中详叙，此处仅简单介绍表面活性剂的防针孔和消除应力的作用。

镀镍时因溶液的表面张力很大，而镍的析出电位又很负，镀镍时有大量的氢气在阴极析出，由于氢气在镀件上停留，慢速移动时就会造成镀层出现凹洞、针孔或气痕。加入表面活性剂后，镀液的表面张力可降至$3\sim3.5\times10^{-5}$N/cm，镀件上的氢气容易脱离，故有消凹洞、针孔和气痕的作用。用做防针孔剂的表面活性剂要有明显降低溶液表面张力的功能。最早是用8～18个碳的脂肪酸酯，后来改用十二烷基硫酸钠，但它的泡沫较多，对于用空气搅拌的镀液，不宜用泡沫太多的十二烷基硫酸钠。现代的光亮镀镍溶液，为了提高生产效率，大都采用大电流密度，同时伴以镀液循环过滤或无油压缩空气搅拌，同时配以低泡表面活性剂。

最早使用的低泡防针孔剂出现在20世纪80年代，它以异戊醇的硫酸酯和2-乙基己基硫酸钠为代表，到了20世纪90年代，人们开始用丁二酸二己酯钠盐，它具有下式的结构：

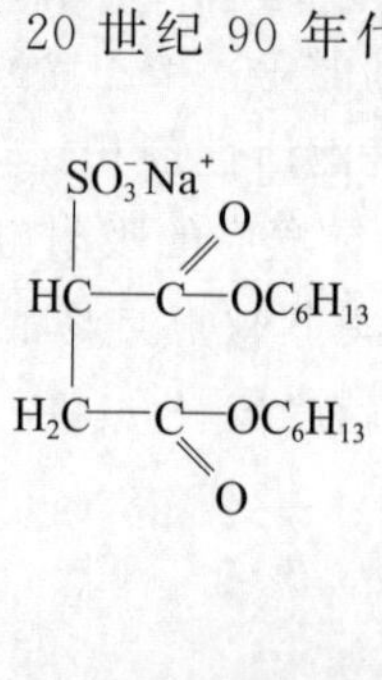

$$
\begin{array}{l}
\quad SO_3^-Na^+ \\
\quad | \qquad\quad O \\
\quad | \qquad\quad /\!/ \\
HC-C-OC_6H_{13} \\
\quad | \\
H_2C-C-OC_6H_{13} \\
\qquad\qquad \backslash\!\backslash \\
\qquad\qquad O
\end{array}
$$

它的用量只需 5×10^{-6} 已有显著的防针孔效果。此后人们对丁二酸酯的各种衍生物进行了详细的研究，并开发出了一系列高效、低泡防针孔剂。表 5-7 列出了目前我国已批量生产的镀镍防针孔剂。

表 5-7 国内外已生产的镀镍防针孔剂（润湿剂）

商品名	化学成分	用途	添加量/(mg/L)	消耗量/(g/KAH)	价格/(元/kg)	生产厂
DC-EHS	2-乙基已基硫酸钠	镍低泡润湿剂	50～250	2	38	广州达志化工有限公司
EHS	乙基已基硫酸钠	镍低泡润湿剂	500～1000	50～80	—	江苏梦得化学品
TC-EHS	2-乙基已基硫酸酯盐	镍低泡润湿剂	50～250	—	—	武汉风帆化工有限公司
ItensitTC-EHS	乙基已基硫酸钠	镍低泡润湿剂	100～1000			德国巴斯夫(BASF)
UtensitAS2230	月桂基醚硫酸盐	镍高泡润湿剂	100～1000			德国巴斯夫(BASF)
DRO	聚氧乙烯烷基酚醚硫酸钠	镍高泡润湿剂	200～400	10	35	广州达志化工有限公司
A-BP	磺基丁二酸酯钠盐	镍低泡润湿剂	200～1000	10	25	广州达志化工有限公司
A-MP	磺基丁二酸二乙酯钠盐	镍低泡润湿剂	20～200	2	160	广州达志化工有限公司
A-YP	磺基丁二酸二戊酯钠盐	镍低泡润湿剂	20～200	2	190	广州达志化工有限公司

有些表面活性剂不仅具有防针孔效果，而且还可改善镀层的柔软性、降低镀层的内应力和硬度等功效。2-乙基已基硫酸钠就是一例。在含糖精的光亮镀镍液中，加入二辛基磺基丁二酸钠 0.2g/L 以上时（此时已超过它的临界胶团浓度），可以明显提高阴极的极化作用，并且具有二次增亮作用。在镀镍液中加入阴离子表面活性剂能显著降低镀层的内应力，如用 Teepol 514 阴离子表面活性剂，镀层的内应力可由 205MPa 降至 106MPa。而用 Teepol 530 型阴离子表面活性剂内应力则由 170MPa 降至 101MPa。相反，若用非离子表面活性剂 Noide P42 时，镍层的内应力则由 183MPa 上升至 303MPa。因此，加入表面活性剂也是调整镀层内应力的有效方法之一。

5.3.2 在镀铜液中的应用

镀铜是仅次于镀锌的第二大镀种。在镀铜工艺中，酸性光亮镀铜是应用最广的镀铜工艺，它不仅用于钢铁、铝合金、塑料和锌合金的工业电镀，而且在印制电路板上的应用更为惊人，一条印制电路板的镀铜自动生产线可以拥有数万升的溶液，每天 24h 不间断地生产。

酸性光亮镀铜具有极好的整平性和光亮度，镀层结晶细微平滑，延展性好、导电性佳，是一种价廉物美的优秀底镀层。

在酸性光亮镀铜液中，聚乙二醇、聚乙烯亚胺和各种聚氧乙烯型非离子表面活性剂是各种光亮剂的良好分散剂或载体，它们不仅可扩大光亮区的范围，还可改善镀膜的品质，改善低电流区的光亮度和整平性，提高低电流区的覆盖能力。

聚乙二醇是酸性光亮镀铜的首选表面活性剂，其分子量以 6000～12000 为好，最高有用到 20000，也有人将分子量 6000 与分子量 20000 混合使用，各占一半，以照顾高低电流密度区的分散能力。

酸性光亮镀铜的三要素分别是光亮度、整平性和低电流区的走位或覆盖度，目前大家最关心的是后者。如何提高低电流区的走位，有人认为应选用短键有机硫化物，他们发现使用聚二硫二乙烷磺酸钠取代聚二硫二丙烷磺酸钠可以获得更好的低电流区的走位。

$$\begin{array}{l} S—CH_2CH_2SO_3Na \\ | \\ S—CH_2CH_2SO_3Na \end{array}$$ 聚二硫二乙烷磺酸钠 低电流区走位好

$$\begin{array}{l} S—CH_2CH_2CH_2SO_3Na \\ | \\ S—CH_2CH_2CH_2SO_3Na \end{array}$$ 聚二硫二丙烷磺酸钠 低电流区走位差

也有人认为非离子型的癸二胺与环氧乙烷的加成物具有优良的低电流区覆盖能力，只要加入 10mg/L 就可见到效果。

武汉风帆化工有限公司生产了一种 JPH 交联聚酰胺水溶液，它是一种棕红色液体，pH 5～6，只要加入 0.05～0.5mg/L 就可改善低电流区的覆盖能力。

江苏梦得电镀化学品有限公司生产了一种 AESS 脂肪胺乙氧基磺化物，它为棕红色稠状液，pH 值为 4～6，镀液中加入 10～20mg/L 即能明显改善低电流密度区的光亮度与整平性。该公司生产的聚乙烯亚胺烷基盐（PN），是一种微黄色液体，pH 5～7，镀液中加入，20～40mg/L 时也能明显增强低电流密度区的光亮度。

河北金日化工有限公司生产的金特尔-DAE，它是多乙烯多胺与环氧乙烷的缩合物，为微黄色透明的液体，pH=7 溶液中加入 6～100mg/L 时可明显改善低电流密度区的走位。由上可见，由脂肪胺、脂肪二胺、多乙烯多胺等与环氧乙烷的加成物对酸性光亮镀铜低电流区的走位都有很好的促进作用。至于加成物是否还需进一步磺化与酯化，尚未见到系统的对比报告。

脂肪胺与环氧乙烷的加成物虽有较好的改善低电流密度区走位的效果，但它容易在铜上形成一层有机膜，会影响镀镍层的结合力，如何来解决这一问题，尚需进一步的努力。

5.3.3 在镀锌和镀镉液中的应用

在酸性镀锌和镀镉液中，为了提高镀液的均一性和光亮度，需要用烷基酚聚氧乙烯醚类表面活性剂做添加剂，其效果超过了动物胶或酪朊。其结构式如下：

$$\overbrace{R—C_6H_4—O}^{L}\overbrace{—(CH_2—O—CH_2)_n—OH}^{H}$$

L 为疏水基；H 为亲水基；R 为烷基，如壬基；N 为氧乙烯基数。

在硫酸镀镉体系中，常用壬基酚聚氧乙烯醚，分子量以 660～1540 为宜。在镀锌时氧乙烯基数 $n=20$ 时（OP-20），锌析出极化作用最大，n 值进一步增大时，表面活性剂的溶解度下降，故极化作用反而减小。在 $n<20$ 的条件下，表面活性剂分子量低时，镀层的晶粒大而平，呈锥形成长，分子量高时，变成螺旋生长，抑制了晶体菱面的生长，成核数增加，晶粒变细。

烷基酚聚氧乙烯醚在电极上的吸附如图 5-5 所示。

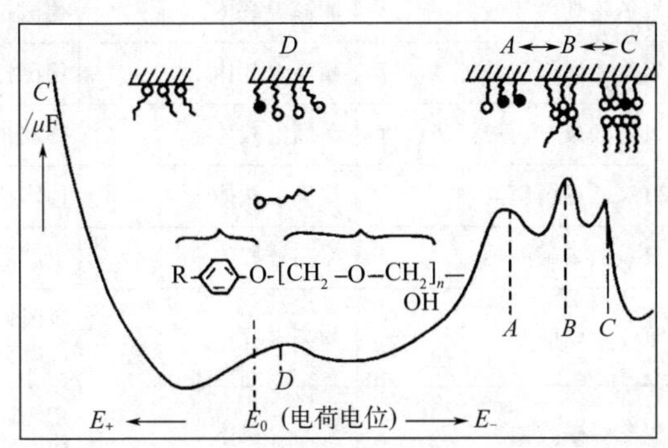

图 5-5 烷基酚聚氧乙烯醚在锌电极上的吸着行为

由图 5-5 可见，在电位较正时（比零荷电位正），表面活性剂的疏水端与电极表面接触，当电位比零荷电位负时，则是表面活性剂的亲水端靠向电极，它们可以是表面活性剂分子，也可以是表面活性剂胶团。实际电镀时要求加入 1～5g/L 的表面活性剂，此时溶液已形成 100 分子以上的胶团，这种胶团在阴极表面形成吸附膜，阻碍锌、镉等离子向电极扩散，故可得到细致均匀的良好镀层。

目前酸性氯化钾镀锌、氯化钠镀锌、氯化铵镀锌和硫酸盐镀锌等，其所用光亮剂均为组合光亮剂，而且组成成分大致相同，主要含两种成分。一是主光亮剂，它们均是易在电极上被还原的有机物，如亚苄基丙酮、邻氯苯甲醛、对氯亚苄基丙酮、洋茉莉醛和茴香醛等。它们主要起光亮作用和整平作用，用量一般为 0.2～0.5g/L。二是载体光亮剂，它们均是表面活性剂，主要起以下作用：①溶解主光亮剂，使其均匀分散到镀液中；②增大阴极极化，使晶粒细化，起辅助光亮剂的作用；③降低镀液表面张力，对阴极表面起润湿作用。

载体光亮剂一般选分子量较大的表面活性剂，如烷基酚聚氧乙烯醚、烷基醇聚氧乙烯醚、烷基胺聚氧乙烯醚以及其他的非离子表面活性剂。它们的共同缺点是浊点低，在高温时易析出而造成镀液不稳定，不能适应高温电镀的需要。

国内外都在对这些非离子表面活性剂进行改进，提高其耐温特性。改进的主要途径是对现有表面活性剂进行磺化或酯化，从而形成新型的高温载体光亮剂，如平平加 O-15，OP-21 的硫酸酯钠盐、萘酚聚氧乙烯磺酸钠等，目前市场上销售的耐高温载体列于表 5-8。

表 5-8 国内外已生产的酸性镀锌载体光亮剂

商品名	化学成分	用途	添加量	生产厂
Mulan OPS 25	烷基酚醚硫酸钠	耐高温载体	0～10g/L	德国巴斯夫(BASF)公司
Lugalvan NES	烷基酚聚氧乙烯醚硫酸钠	耐高温载体	0～10g/L	德国巴斯夫(BASF)公司
Dufon F 11-13	烷基醇聚氧乙烯丙磺酸钠	耐高温载体		德国拉希格(Raschig)公司
Dufon N 20-90	烷基酚聚氧乙烯丙磺酸钾	耐高温载体		德国拉希格(Raschig)公司
Dufon NAPE 14-90	萘酚聚氧乙烯聚氧丙烯丙磺酸钾	耐高温载体		德国拉希格(Raschig)公司
Dufon EA15-90	烷基醇聚氧乙烯丙磺酸钾	耐高温载体		德国拉希格(Raschig)公司
Polystep B-20	烷基酚聚氧乙烯磺酸钠	耐高温载体		史特潘 Stepan 公司
Carax 3350	萘酚聚氧乙烯磺酸钠	耐高温载体		美国联合碳化物(Union Carbide)公司
IL-1554	萘酚聚氧乙烯磺酸钠	耐高温载体		帝国化学工业(Imperial Chem. Ind)
金特尔 TSA-20	多碳醇聚氧乙烯醚磺酸盐	耐高温载体		河北金日精细化工有限公司
金特尔 NMS	β-萘酚聚氧乙烯醚磺酸盐	耐高温载体		河北金日精细化工有限公司
金特尔 PZ-NT-10	β-萘酚聚氧乙烯醚	耐高温载体		河北金日精细化工有限公司
金特尔 665	壬基酚聚氧乙烯磺酸钠	耐高温载体		河北金日精细化工有限公司
金特尔 NS-663	2-乙基己醇聚氧乙烯磺酸钠	耐高温载体		河北金日精细化工有限公司

5.3.4 在镀锡和锡合金液中的应用

镀锡和锡合金除了用于防腐装饰性镀层外，最主要是用作可焊性镀层。在电子元器件，如电阻、电容、电感、二极管、三极管、功率管、开关管以及各种接插件和引线框架上都得到非常广泛的应用。

电镀锡按溶液的酸碱度可分为酸性镀锡、中性镀锡和碱性镀锡。酸性镀锡又分为半光亮（暗或雾状）锡和光亮锡，它们又可再分为普通速度电镀与高速电镀。表面活性剂在酸性镀锡与锡合金上的作用与在酸性镀锌上非常相似，所用的类型也大致相同，只有些微小的差异。普通酸性镀液不能用空气搅拌，否则会造成二价锡的氧化，通常用阴极移动或溶液流动，因此可以采用高泡的表面活性剂。但对于高速电镀来说，除了采用高温外，溶液还需快速流动或喷射，因此只能用低泡的表面活性剂。

镀锡用高泡表面活性剂大都为聚氧乙烯型非离子表面活性剂，如壬基酚聚氧乙烯醚（OP-10、NP-9、TX-100、OP-15、OP-21 等），β-萘酚聚氧乙烯醚（金特尔 PZ-NT-10、Lugalvan BNO-12、Lugalvan EH 158、Lutensol TO 12 等）。

现代高速电子电镀锡要求用耐高温的低泡非离子表面活性剂作为载体光亮剂，它们多为环氧乙烷与环氧丙烷的共聚物，如

烷基醇聚氧乙烯聚氧丙烯醚　R—O—$(C_2H_4O)_x$—$(C_3H_6O)_y$—$(C_2H_4O)_z$—H

烷基酚聚氧乙烯聚氧丙烯醚　R—C_6H_4—O—$(C_2H_4O)_x$—$(C_3H_6O)_y$—$(C_2H_4O)_z$—H

萘酚聚氧乙烯聚氧丙烯醚　$C_{10}H_7$—O—$(C_2H_4O)_x$—$(C_3H_6O)_y$—$(C_2H_4O)_z$—H

为了进一步提高它们的浊点，有的还要将上述环氧乙烷环氧丙烷共聚物进行磺化，以便可在高温下使用。

5.3.5 在镀铬液中的应用

镀铬液本身并不需要表面活性剂当光亮剂或分散剂，但是镀铬液的电流效果很低（10%～15%），而且阳极是用不溶性铅电极，在阳、阴极上会剧烈产氢和氧，容易发生有害的铬雾。这种雾不仅对操作者的健康有害，对其他镀液也有不良影响，还会引起机器、设备的腐蚀。

加入表面活性剂后，镀液的表面张力由 7×10^{-4}N/cm 降低至 2.5×10^{-4}N/cm，铬雾的量也随之减少，如图 5-6 所示。

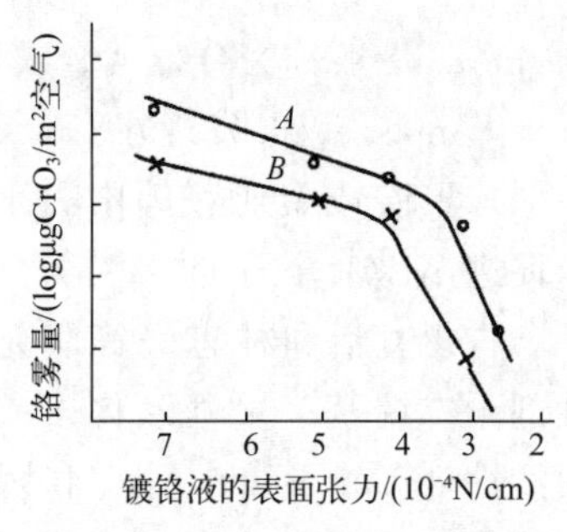

图 5-6　表面活性剂抑制铬飞沫的效果

（$A=55$℃，$B=38$℃，$D_k=5A/dm^2$）

作为铬抑雾剂通常是用氟取代的有机化合物，如：

① RF·SO_3X　RF：碳数为 4～18 的 CF 基；X：H^+ 或金属。

② $CF_3(CF_2)_n$·CH_2·N（R^1、R^2、R^3、X^-）　R^1、R^2、R^3：H 或烃基；$n=2\sim6$；X^-：阴离子。

③ RF·M·SO_3X　RF：饱和 CF 基；X：阳离子；M：—O—或—CH_2—。

④ Cl·（CF_2·CFCl)$_n$·CF_2·COOH。

在我国，应用最广的镀铬抑雾剂是上海有机化学研究所氟材料实验工厂生产的 F-53 铬雾抑制剂，它属于上述的第③类，具有以下结构：

F-53　CF_3（CF_2)$_4$$CF_2$—O—$CF_2CF_2SO_3K$

F-53B　Cl—CF_2—（CF_2)$_4$$CF_2$—O—$CF_2CF_2SO_3K$

此外尚有其他公司生产的几种铬雾抑制剂见表 5-9。

表 5-9　铬雾抑制剂

商品名	化学结构	0.1%水液的表面张力/(mN/m)	生产厂
FC-80	$CF_3(CF_2)_7SO_3K$	33	武汉长江化工厂生产
DF-95	$CF_3(CF_2)_7SO_3K$	33	武汉德孚氟化学公司生产
DF-1890	$R_4NC_nF_{2n+1}SO_3$	22.6	武汉德孚氟化学公司生产

全氟阴离子表面活性剂，如全氟辛基磺酸钾。在酸、碱、强氧化剂介质中有很好的化学稳定性和耐热性，可用于镀铬液的铬雾抑制和塑料件铬酸粗化液的分散剂，它们也可用于强碱性化学沉铜液作为针孔防止剂以及高温碱性除油剂的润湿剂等。

5.3.6　在复合镀液中的应用

利用电镀或化学镀金使金属本体中的金属氧化物、碳化物等非金属物质均匀分散共沉积的方法，一般称为分散镀金或复合镀金。

Tomaszewsk 发现在 Cu-Al_2O_3 复合镀金液中加入聚胺或聚亚胺等阳离子表面活性剂，可以促进 Al_2O_3 粒子的共沉积。

古川直治和林忠夫等研究了阳离子表面活性剂十二烷基三甲基氯化铵或荧光性阳离子表面活性剂 Daitophor AN* 和阳离子表面活性剂十二烷基硫酸钠和二辛基磺基丁二酸钠对 Ni-Al_2O_3 和 Ni-TiO_2 复合镀的影响，认为阳离子表面活性剂可以使镀镍液的 Al_2O_3 和 TiO_2 共沉积量增多，并且查明表面活性剂在金属氧化物粒子上的吸附是共沉积量增多的主要原因。图 5-7 是 Daitophor AN* 对 Al_2O_3、TiO_2 共沉积量的影响曲线，由图可见，表面活性剂的最佳用量为（0.2～0.5）$\times 10^{-4}$ mol/L。

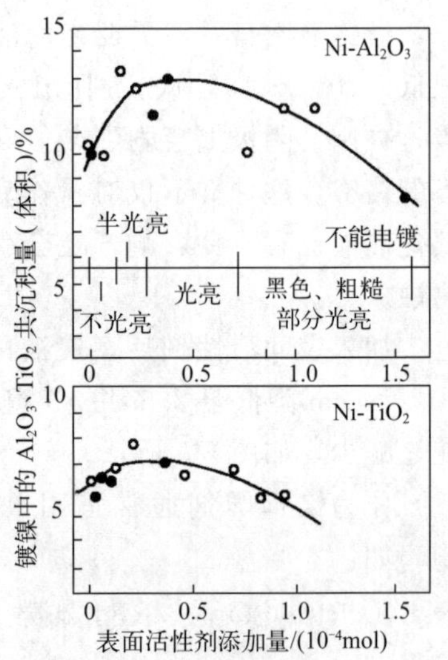

图 5-7　表面活性剂 Daitophor AN* 对 Al_2O_3、TiO_2 共沉积的影响

Watt's 镀镍液，pH=3.8，45℃

Daitophor AN* 的结构为

O　C—CH=CH—C　O　N　N　—CH_2NH—　Cl

在含氟化合物（CF_n）的镍与铜复合镀金液中加入阳离子表面活性剂（$[C_8F_{17}SO_2NH(C_2H_5)_2R]^+I^-$）可得到良好的 Ni-（$CF_n$）及 Cu-（$CF_n$）复合镀层，这种镀层具有优良的润湿性，适于做耐磨镀层。

第 6 章

添加剂对镀层性能的影响

电镀层的物理力学性能包括镀层的内应力、耐磨性、减摩性、抗拉强度、疲劳强度、硬度、韧性、细孔率、耐热性、导电性、接触电阻、反光性、吸光性以及镀层与素材金属的附着强度等。这些性能易受素材金属的影响，不容易测出某些特有的性能，一般研究较多的是内应力、硬度、韧性和附着强度。

电镀添加剂和各种异类质点是影响镀层物理力学性能的重要因素。此外还与金属离子在电极上放电时超电压的大小、电极过程的不可逆程度有关，这些又与电镀液的组成、电流密度、温度和 pH 值有关。本章主要介绍添加剂对某些物理力学性能的影响。

6.1 电镀层的内应力

6.1.1 内应力的种类

镀层的内应力受素材的表面状态和镀层组织结构的影响。前者的影响习惯称为外来应力，后者的影响称为内在应力，简称内应力。内应力分张应力和压应力两种。张应力是指某些因素引起镀层收缩的应力，而压应力则是使镀层趋向膨胀的应力。张应力用正号表示，压应力用负号表示，单位为帕斯卡（Pa）。当镀层的压应力大于镀层与基材的附着力时，镀层会长疱或脱皮。若镀层的张应力大于镀层的抗张强度时，镀层会产生裂纹，从而降低其抗腐蚀性能。当镀层中的内应力分布不均匀时，镀层会产生应力腐蚀。此外，内应力还可能增大镀层的孔隙率和脆性。

在电铸时，为使电铸模与原型易脱离，要求电铸层的应力要很小，否则会引起长疱、变形和剥离困难。

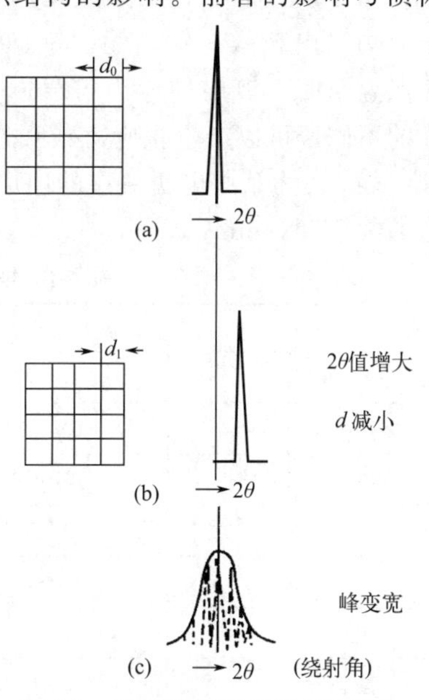

图 6-1 X 绕射图随内应力的变化
（a）无内应力时；（b）存在宏观压应力时；（c）存在微观应力时

内应力还可分为宏观应力与微观应力。

用弯曲阴极变形法测得的是宏观应力，这是镀层各部分所受应力的平均值，即晶粒的均匀收缩与膨胀。若以未变化时的原子面间距 d_0［即无应力时的原子面间距（见图 6-1）］，当其受到压应力时，原子面间距缩小至 d_1，这种收缩是弹性收缩，其遵守普朗克的 X 射线绕射条件。

$$2d\sin\theta=\lambda \tag{6-1}$$

式中，d 为原子面间距；θ 为普朗克角；2θ 称为绕射角；λ 为 X 射线的波长。

由上式可知当 X 射线波长一定时，d 与绕射角 2θ 成反比，即绕射角 2θ 增大时，原子面间距 d 缩小，此时出现压应力。反之，当 2θ 变小时，d 增大，此时出现张应力。

当绕射线的位置（2θ）不变，而仅仅绕射峰变宽，与此相对应的应力称为微观应力。由图 6-1（c）可见，这实际上是由许多绕射角不同的微小绕射峰组成，即微观应力指晶格内不同部位的应力，这由张应力群和压应力群组成，其大小也各不相同，只在极微小的部分保持定值。因此微观应力是一种不均匀的应力，而宏观应力则是均匀的。

6.1.2 内应力的特点

不管电镀层产生张应力还是压应力，一般都遵守下面的规律：

① 在不含添加剂的电解液中电析镍、铁、钴、铬等高熔点金属时均产生张应力。电析锌、镉、锡、铅、铋等低熔点金属时，镀层的应力符号随电解条件的不同，可以产生张应力或压应力。图 6-2 表示电析高熔点金属的内应力范围。表 6-1 为某些电析镀层的内应力数据。在单金属层中应力最小的是铝，其应力值为 5.9N/mm^2。

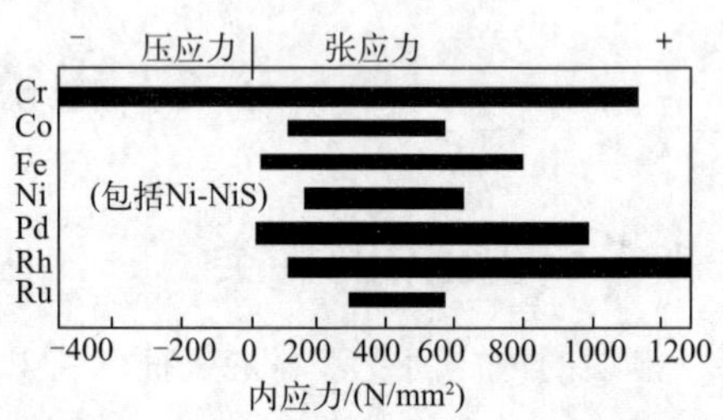

图 6-2　电析高熔点金属的内应力值的范围

表 6-1　电析某些镀层的内应力数据

合金	应力/(N/mm^2)	合金	应力/(N/mm^2)
磷钴	49～378	铁镍	155～343
铁(40%～45%)铬	187～422	硫化镍-镍	−103～890
铁(1%～2%)镍	137～333	磷镍(化学镀金)	−105～384
磷铁	98～118	钯(25%)镍	196～393
钴镍	69～383	锡(35%)镍	−275～275
铜	−41～54	镉	−3.4～−2.1
铅	−2.7～2.0	锌	−6.9～88
银	15～25	铝	0.59

②随电解条件的改变，镀层内应力常按不同的规律变化，某些镀层的内应力值的范围很宽，从 686N/mm^2 的张应力降至零，甚至为压应力。从 60～70℃的铬酸电解液中析出大于 2.5μm 的铬层为高张应力，而从 75～90℃的电解液中析出的铬层，则是小于 41.1N/mm^2 的低张应力层，从 20～40℃电解液中析出的一些铬膜是压应力的。图 6-3 为不同温度时镀镍层应力的变化情况。随着镀液温度的升高，镍层的应力逐渐降低并趋于稳定。

③ 镀层内应力随镀层厚度和电流密度的变化如图 6-4 所示。由图 6-4 可见，应力的极大值均出现在电析开始之时，即当晶粒生长到快形成连续镀层时的内应力最大。电流密度越高，单位面积表面上形成的晶粒数越多，镀层晶粒越细，应力值也越高。但应力极大值随电流密度的升高而向薄层移动。

④ 凡是高张应力的镀层都有裂纹，并且呈层状结构，几乎所有做耐磨用的铬层和大部分铑层都是有裂纹的，压应力的铬层所含的裂纹数要比张应力铬层的裂纹数多。

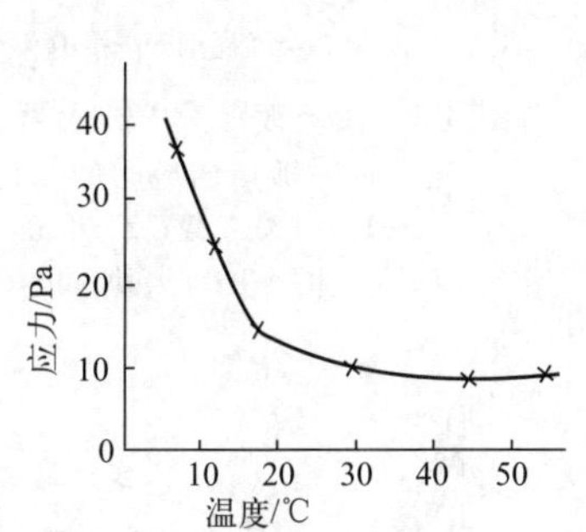

图 6-3 镀镍层内应力随温度的变化

镀液组成：$NiSO_4 \cdot 6H_2O$ 240g/L，KCl 20g/L，H_3BO_3 30g/L

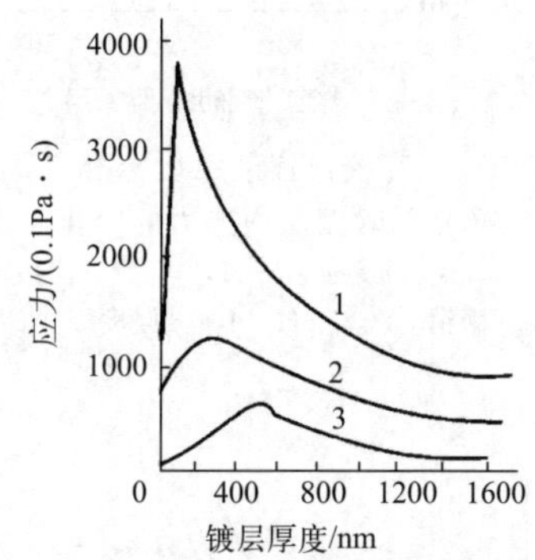

图 6-4 铜在铂素材上的平均应力对镀层平均厚度的关系

电流密度/（A/dm^2）：1 为 14.1，2 为 15.5，3 为 9.7

6.1.3 添加剂对镀层内应力的影响

有机或无机添加剂对镀层内应力有很大影响，它们可以使内应力提高许多倍，也可使内应力降为零，甚至改变符号。在瓦茨镀镍液中加入第一类（初级）和第二类（次级）光亮剂时，镀层的应力发生明显变化（见图 6-5 和图 6-6）。

加入 1,5-萘二磺酸、1,3,6-萘三磺酸和糖精后，镍层由原来的张应力（正号表示）转变为压应力（负号表示），其中以糖精的作用最强。然而在瓦茨镀镍液中加入 1,4-丁炔二醇和甲醛等第二类光亮剂时，镍层的张应力增大，其中 1,4-丁炔二醇增加张应力尤为明显。如果在含第一类光亮剂的瓦茨镀镍液中加入第二类光亮剂时镀层的应力可以相互抵消，在某一浓度下可以获得应力为零的无应力镀层。从图 6-7 可知当第一类光亮剂糖精的用量为 2.0g/L 时，第二类光亮剂丁炔二醇的浓度取 0.28～0.38g/L 时可以获得无应力的镀镍层。除了有添加剂外，镀镍时加入 Zn^{2+}、Cd^{2+} 等无机添加剂也会增大镀层的内应力。Zn^{2+} 在 2.0g/L 时内应力出现极大值。对 Cd^{2+} 而言，在<1.0g/L 时镀层内应力随 Cd^{2+} 浓度的升高而增大。

用弯曲阴极法测得的从几种典型镀锌液得到的锌镀层的内应力与镀膜厚度的关系见图 6-8。

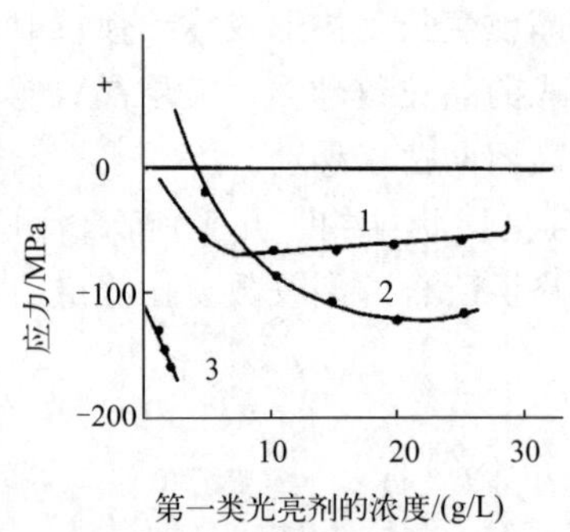

图 6-5 瓦茨镀镍液中加入第一类光亮剂时镀层内应力的变化

1—1,5-萘二磺酸；2—1,3,6-萘三磺酸；3—糖精 50℃，pH=4.0，厚度 20μm

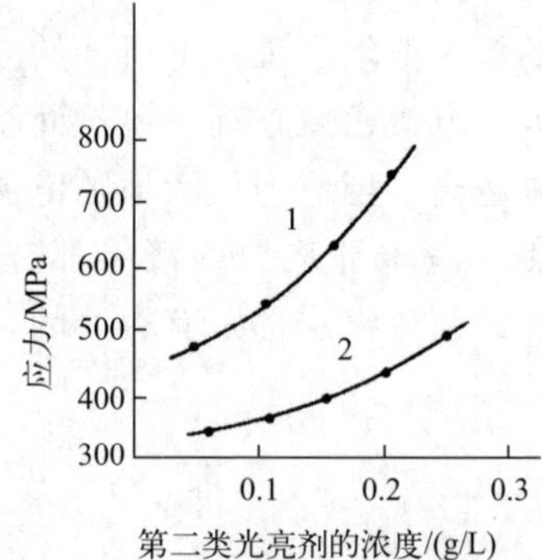

图 6-6 瓦茨镀镍液中加入第二类光亮剂时镀层内应力的变化

1—1,4-丁炔二醇；2—甲醛 50℃，pH=4.0，厚度 20μm

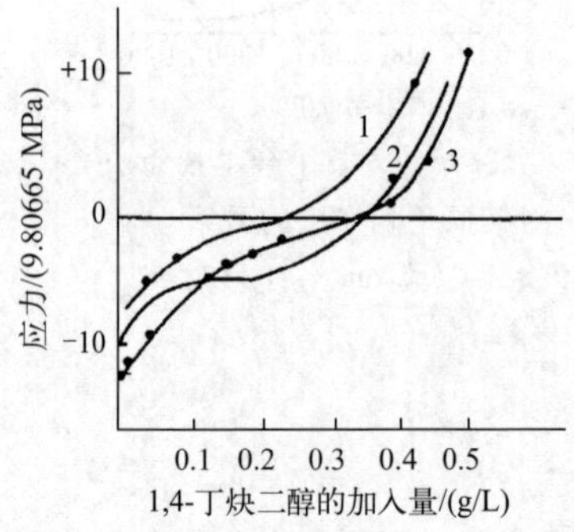

图 6-7 在含第一类光亮剂的瓦茨镀镍液中加入第二类光亮剂时镀层内应力的变化

1—1,5-萘二磺酸 7g/L；2—1,3,6-萘三磺酸 20g/L；3—糖精 2g/L

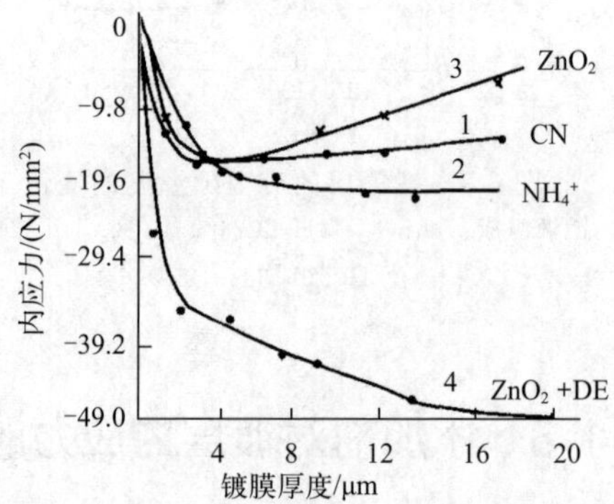

图 6-8 几种典型镀锌液镀锌膜的内应力与镀层厚度的关系（$2A/dm^2$，30℃）

1—氰化物镀锌液；2—铵盐镀锌液；3—不含合成添加剂的锌酸盐镀锌液；4—含合成添加剂 DE 的锌酸盐镀锌液

由图 6-8 可见，这些锌镀层都具有压应力。标准氰化物镀锌层的内应力在 $-14.7N/mm^2$ 左右，且随厚度增大至 10μm 以上几乎保持不变。铵盐镀锌层的压应力大于氰化物镀锌层，约在 $-19.6N/mm^2$ 左右，镀层厚度达到 5μm 以上，内应力也几乎不随厚度而变化。不含 DE 添加剂时镀层的压应力随厚度的增大而减小，含 DE 添加剂时镀层的压应力比其他三种镀层高很多，图 6-9 是不同 DE 含量时锌镀层的内应力随厚度的变化曲线（2A/dm，30℃）。

由图 6-9 可见，DE 含量低于 0.5g/L 时，电极初期呈现较高的压应力，随 DE 含量的提高，内应力减小，随着镀层厚度的增大，压应力减小，随着镀层厚度的增大，压应力很快下降，至相当厚度后保持稳定。当 DE≥2g/L 时，镀层开始出现张应力，随镀层的增厚，张应力下降而压应力提高，其变化规律与 DE<0.5g/L 时相反。

添加剂对镀层内应力的影响还表现在几种添加剂的“联合”作用上，这比使用单一添加剂时更加有效。例如在含有 DE 添加剂的锌酸盐镀锌液中再加入茴香醛和烟酰胺，可使镀层内应力在 0～35μm 的整个厚度范围内保持均匀。在电镀 Ni-Fe 合金镀液中若同时加入 3g/L 糖精、0.4g/L 丁炔二醇和 1g/L 萘三磺酸，此时镀层的应力比单成分和双成分添加剂的应力都低。

硫脲及其衍生物是镀铜的常用光亮剂，这对铜层的内应力也有很大影响。图 6-10 是硫脲浓度对铜层内应力的影响。

由图 6-10 可见，硫脲浓度增大时，张应力不断减小。当硫脲浓度达 0.25g/L 时铜镀层的内应力从张应力变为压应力。

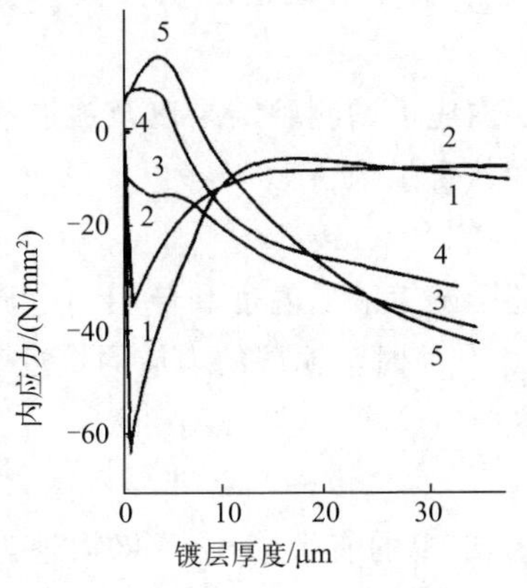

图 6-9　不同 DE 含量时锌镀层的内应力随厚度的变化曲线（$2A/dm^2$，30℃）

DE 含量/（g/L）：1—0.05；2 — 0.1；3—0.5；4—2；5—4

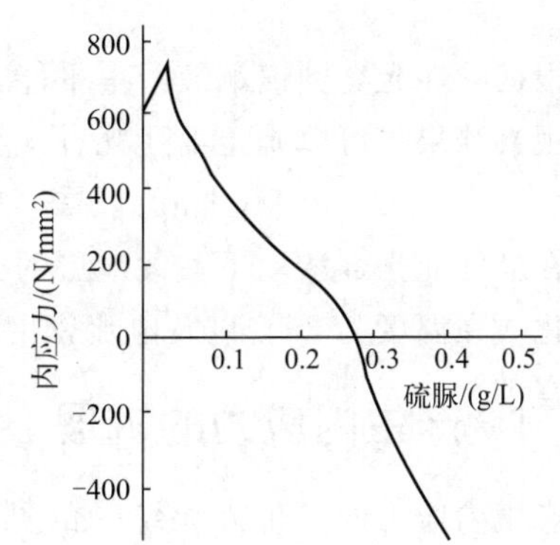

图 6-10　硫脲浓度对铜层内应力的影响

苯基聚二硫丙烷磺酸钠（S_1）或聚二硫二丙烷碘酸钠、2-四氢噻唑硫酮（H_1）、聚乙二醇（P）和 Cl^- 是我国酸性光亮硫酸铜的主要光亮剂，它们对铜层的内应力都有明显的影响，而且单独使用与联合使用时所得的结果也大不相同。单独添加 S_1、H_1 和 Cl^- 时，镀铜层均显张应力。在析出初期（<5μm），镀层内应力随厚度变化规律较为复杂，这主要由素材的结构和表面状态所决定，即所谓“诱导应力”，而厚度超过 5μm，尽管不同添加剂或同一添加剂而浓度不同所表现

的应力大小不一样，但它们随厚度增大，始终保持着张应力。H_1 浓度较低时（<0.5mg/L）铜层的内应力与未加时相当，当 H_1 浓度大于 1.0mg/L 时，应力较未加时大得多，且随 H_1 浓度增大而增大。在含 S_1 的镀液中镀层应力随 S_1 浓度的增大而下降，变化的数值较 H_1 小些。Cl^- 在低浓度时可降低张应力，Cl^- 浓度大于 30mg/L 时，则内应力随浓度的增大而提高。

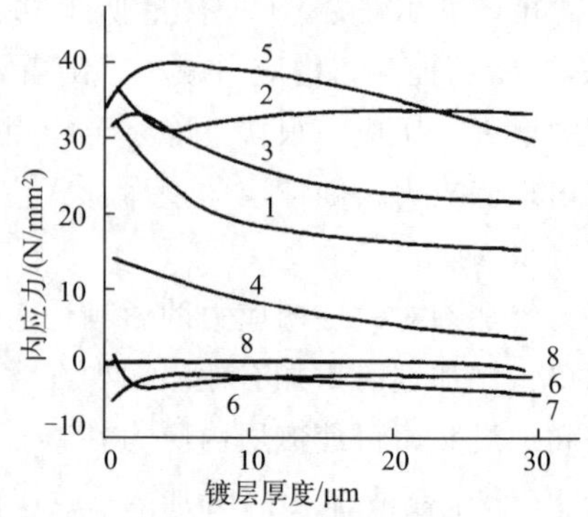

图 6-11　Cl^-、H_1、S_1 单独使用或联合使用时镀铜层应力随厚度的变化（2A/dm²，25℃）
添加剂/（mg/L）：1—0；2—H_1 1；3—S_1 10；4—Cl^- 30；5—H_1 1+S_1 10；6—H_1 1+Cl^- 30；7—S_1 10+Cl^- 30；8—H_1 1+S_1 10+Cl^- 30

当 Cl^- 与 H_1 或 S_1 联合使用时（见曲线 8），都使镀层的张应力变为很低的压应力（见图 6-11），刚镀时 H_1 和 S_1 联合使用时却使镀层的张应力明显增高（见曲线 5），加入 Cl^- 后，镀层的内应力几乎消失。这说明添加剂的联合作用对改善镀层的物理力学性能有着相当重要的意义，也说明在以 H_1、S_1 和 Cl^- 为主要光亮剂的酸性光亮镀铜液中，Cl^- 对取得亮而不脆的镀铜层担任极为重要的作用。

根据酸性光亮剂镀铜液的整平能力和镀层内应力的测验结果以及镀层显微结构的观察结果，可以确定上述几种光亮剂的最佳含量为：

H_1 1mg/L，S_1 10mg/L，Cl^- 30mg/L

在最佳光亮剂浓度下，镀铜层的内应力还会随镀液的温度和使用的电流密度而变化。在温度为 25℃以及电流密度为 2.0A/dm² 时，铜层的内应力接近于零。

6.1.4　产生内应力的机理

产生内应力的机理尚无统一的见解。较受重视的有：①氢-氢化物理论或渗氢理论，②杂质混杂理论，③过剩能量理论，④错位（缺陷）理论，⑤非平衡晶粒生长理论，⑥晶体聚结理论。其中最有影响的是晶体聚结理论。

该理论认为电析时产生的微晶（尺寸约 0.5～1nm）形成孤立的晶核（或晶块）后，当相邻的晶核趋于接触时，在缝隙没有完全弥合前，相互间的吸引力把晶核聚结在一起，因而产生张应力。而在晶核聚结之前，素材会对其施加作用力而使其受到压缩，同时晶核生长时的表面张力也有压缩作用，故镀层出现压应力。

该理论认为影响镀层应力大小的因素主要是：

① 素材金属表面镀层晶粒的大小。晶粒大使外延生长时的晶粒数少，晶粒聚结的机会少，镀层的应力小。另外，若素材的晶粒是定向的，则其上晶核间的

倾角小，镀层的内应力也小。

② 共析杂质对晶体聚结的妨碍作用。若共析杂质对晶体聚结有妨碍作用，或可埋没于镀层晶核之间，则可降低张应力。镀镍时含硫的第一类光亮剂在电极有硫析出，因此有妨碍晶体聚结的作用而降低张应力。第二类光亮剂含不饱和键，有强烈的细化晶粒的作用，因而会提高镀层的张应力。

③ 镀液温度的影响。通常镀层的应力随镀液温度的升高而下降，这是由于升温时原子的扩散速度加快，聚结体间的间隙增多造成的。

Weil 根据电析初期形成三维外延微晶（three-dimentional epitaxial crystallites，TEC）的事实，提出三维外延微晶的聚结可以说明添加剂对镀镍层应力的影响。他认为由于添加剂种类的不同，它们分别留在三维外延微晶侧壁的光滑面和粗糙面上。留在光滑面时，TEC 聚结容易，张应力大，而留在粗糙面时 TEC 聚结困难，张应力小。这是因为粗糙面的凸出部分在接触时有空隙，因此氢易进入空隙而引起压应力。

6.2 添加剂对镀层力学性能的影响

6.2.1 常见镀层的力学性能

力学性能通常指强度、韧性、硬度、耐磨损性和延展性。其中强度又随所加外力种类的不同而分为拉伸强度、压缩强度、变曲强度、扭曲强度、剥离强度、冲击强度和疲劳强度等。这些性能受镀液的 pH 值、电流密度、镀液温度和添加剂的影响。以 Watt's 镀镍液为例，镀层的硬度、抗拉强度、延伸率、内应力随电流密度、温度和 pH 的变化曲线如图 6-12～图 6-14 所示。表 6-2 和表 6-3 列出了电极单金属和合金的抗拉强度和延伸率。

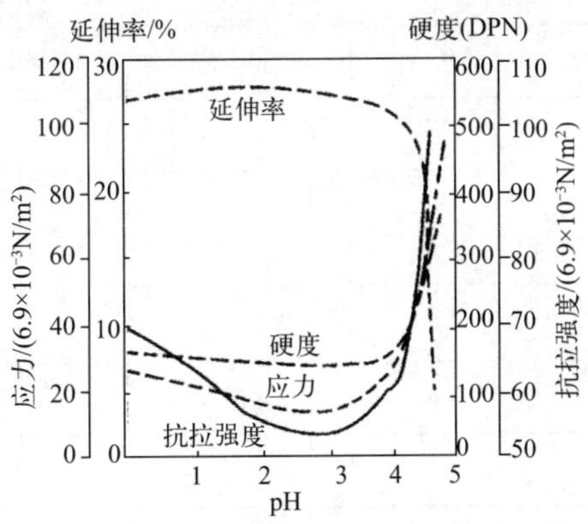

图 6-12　硬度、抗拉强度、延伸率和内应力随 pH 的变化曲线

（Watt's 镀镍液，4.6A/dm²，54℃）

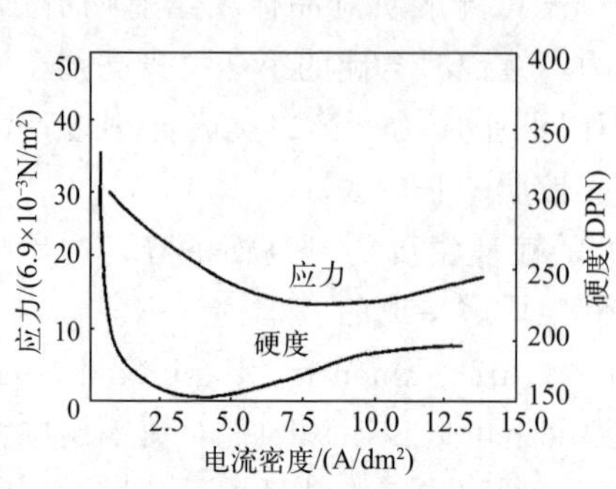

图 6-13　硬度和内应力随电流密度的变化曲线

（Watt's 镀镍液，pH＝3.0，54℃）

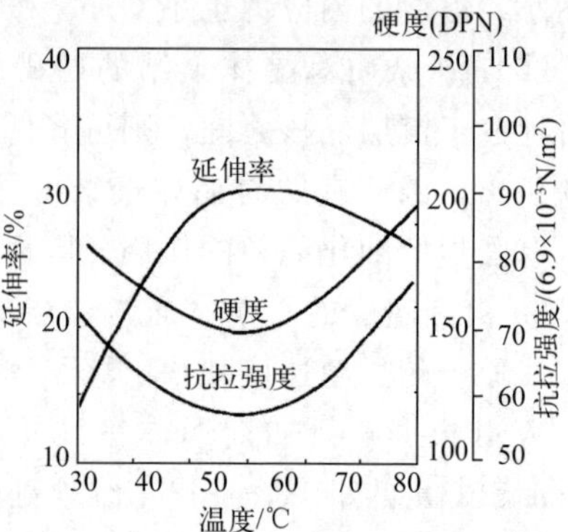

图 6-14　硬度、抗拉强度、延伸率随温度的变化曲线

（Watt's 镀镍液，pH＝3.0，4.6A/dm²）

表 6-2　单金属镀层的抗拉强度和延伸率

金属镀层	镀液体系	最小抗拉强度/(N/mm²)	最大抗拉强度/(N/mm²)	延伸率/%	炼制金属[①]	
					抗拉强度/(N/mm²)	延伸率/%
铝	无水氯化物-氢化物	77	217	2～26	91.5	35
镉	氰化物	—	70	—	72	50
铬	铬酐	100	560	<0.1	84	0
钴	硫酸盐-氯化物	540	1210	<1	260	—
铜	氰化物、氟硼酸盐、硫酸盐	180	660	3～35	350	45
金	氰化物和氰化物-柠檬酸盐	112	217	22～45	135	45
铁	氯化物、硫酸盐或氨磺酸盐	330	1090	2～50	290	47
铅	氟硼酸盐	14	16	50～53	18.5～21	42～50
Pb-TiO_2复合膜	氟硼酸盐	32	41	7～15	32[②]	18[②]
镍[③]	Watt's 或其他类型镀液	350	1070	5～35	322	30
银	氰化物	240	340	12～19	160～190	50～55
锌	硫酸盐	49	112	1～51	91.1	32

① 退过火的压延金属。

② 含 1.5% PbO 颗粒制成的粉胚。

③ 不包括含硫>0.005%的镍层数据。

表 6-3 钴和镍合金的抗拉强度和延伸率（20℃）

合金	镀液	最小抗拉强度/(N/mm²)	最大抗拉强度/(N/mm²)	延伸率/%
镍(20%)钴	氨基磺酸盐	—	560	1
磷(1%)钴	氯化物	—	910	7
钨钴	碱性	—	1100	<1
钴(40%～50%)镍	硫酸盐或氨基磺酸盐	1400	1920	2～4
铁(25%～40%)镍	硫酸盐	1400	1800	2～3
锰(0.5%)镍	氨基磺酸盐	1170	1310	5～6
磷(5%或6%)镍	氯化物(90℃),化学镀金	390	480	2.0
磷(8%～10%)镍	氯化物(90℃),化学镀金	450	860	0.3
钨(20%)镍	硫酸盐	780	1100	0
硫化镍(0.02%硫)①镍	氨基磺酸盐或 Watt's 液	1490	1650	1～5
硼镍复合膜②	氨基磺酸盐	1120	1440	—
碳化硅③镍	氨基磺酸盐	1740	2290	—
钨镍复合膜④	氨基磺酸盐	1480	1540	—

① 硫化镍是由于镀液中加入含硫添加剂(如糖精)时形成的。

② 含有 24%～42%(体积)和 0.1μm 的硼纤维复合膜。

③ 含有 3.2%～3.6%(体积)和直径 1μm 的碳化硅须。

④ 含有 35%～50%(体积)和 0.025～0.1μm 的钨纤维。

由以上图、表可见电极金属的抗拉强度范围很宽，这与电极的作业条件有关。电析金属的这些性质不同于可锻的或铸造的金属。电析金属的结晶情况，如晶粒粗大或细小也会影响镀层的力学性能。良好的防蚀装饰镀层一般都具有高密度和少细孔，这就要求晶粒细化和高密度的电镀作业，而加入添加剂是使晶粒细化的主要手段。含硫添加剂是镀镍层中硫的来源，镍层的含硫量会显著影响镍层的力学性能。镍基复合镀层，不管是存在钨纤维、硼纤维或碳化硅都会明显增强镍层的抗拉强度。

电析层的硬度也同样地取决于电镀液的组成和条件。从图 6-15 可见硬度值与镀层的强度之间有近似的对应关系。图 6-15 为电极金属层的显微硬度值，硬度的测定是采用压入金刚石的锥击法（Erichsen test），这表示金属表面抵抗另一种物体压入时所引起的塑性变形的能力。

在有些情况下，添加剂的加入并不能明显提高镀层的硬度。表 6-4 为某些镀铜作业得到的铜层的显微硬度和“锥击”深度。

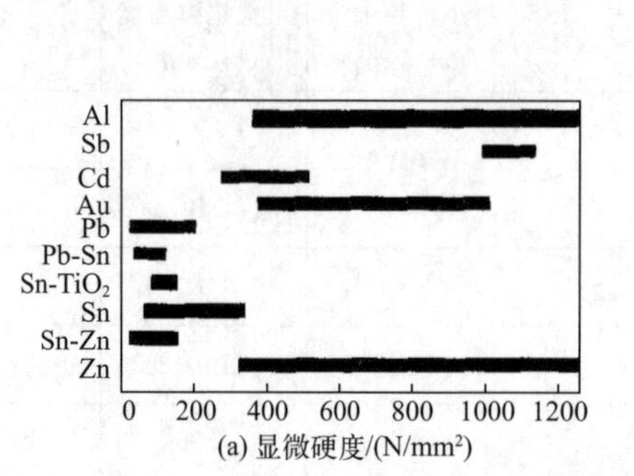

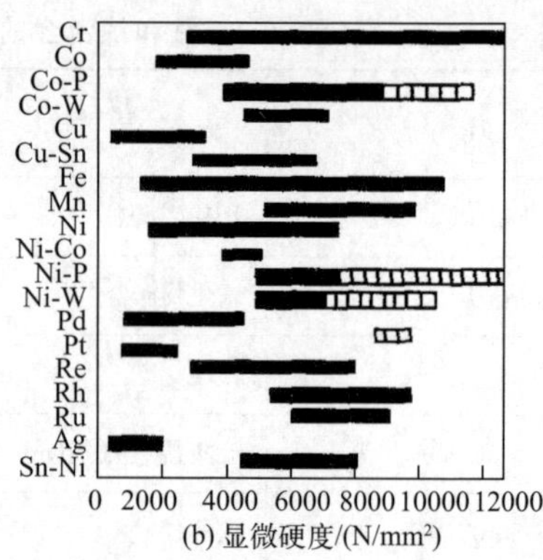

图 6-15 电析合金和单金属镀层的硬度值

▬热处理的；▭未热处理的

表 6-4 不同作业所得铜层的显微硬度和"锥击"深度

镀铜作业	镀层外观	镀层厚度/μm	显微硬度/(N/mm^2)	锥击深度/mm
氰化物镀铜	不光亮	33.8	1290,1170,1130	10.2
酸性镀铜	不光亮	91.0	1020,1000,1070	10.4
MSHO 光亮镀铜①	光泽	106.6	1170,1130,1130	9.5
SBP 光亮镀铜①	光泽	83.2	1000,1020,1000	9.2
SHOD 光亮镀铜①	光泽	57.2	1100,1100,1290	10.0
焦磷酸盐镀铜	半光亮	75.4	2170,2370,2370	8.5
铜板(08F#)	无镀层	0	—	10.4

① M 为甲基盐，S 为聚硫化合物，H 为 2-巯基噻唑，O 为 OP 乳化剂，D 为甲基萘二磺酸钠，B 为乙基硫脲，P 为聚乙二醇。

由表 6-4 可见，除焦磷酸盐镀铜层的显微硬度较高和"锥击"深度较浅外，其他镀铜层的结果基本相近。

6.2.2 添加剂对镍层力学性能的影响

添加剂对瓦茨（Watt's）镀镍液和低浓度镀镍液所得镀层的力学性能都有较大的影响。表 6-5 是镀镍光亮剂对镀层抗张强度、延伸率和用测微计测得的弯曲试验柔软性。

表 6-5 各种光亮剂对镍层抗张强度、延伸率和柔软性的影响

镀液类型和添加剂		拉伸试验		测微计测得的弯曲试验柔软性/%
		抗张强度/(N/mm^2)	延伸率/%	
瓦茨镀镍液	萘二磺酸钠 7g/L，甲醛 2.5g/L	1060	10.8	10.1
	萘二磺酸钠 7g/L，明胶 0.01g/L	980	7.4	5.8
	糖精 2g/L，丁炔二醇 0.3g/L	1080	10.0	10.2

续表

镀液类型和添加剂		拉伸试验		测微计测得的弯曲试验柔软性/%
		抗张强度/(N/mm^2)	延伸率/%	
瓦茨镀镍液	市售光亮剂	1090	8.0	6.5
	香豆素 0.05g/L，甲醛 0.3mL/L	600	35.0	100
	丁炔二醇 0.2g/L，醋酸 3mL/L	580	22.2	100
低浓度镀镍液	无添加剂	630	35.0	100
	糖精 2g/L，丁炔二醇 0.3g/L	910	2.4	2.8
	香豆素 0.05g/L，甲醛 0.3mL/L	790	26.0	100
硫酸镍 150g/L，氯化铵 15g/L，硼酸 15g/L		670	22.0	100

从含 0.3g/L 丁炔二醇的静止镀液所得镀层的延伸率比从空气搅拌的光亮镀镍液的镀层好。整平能力比瓦茨镀镍液好的低浓度镀镍镀层的抗张强度比半光亮瓦茨镀液的大，延伸率则小。镀镍时光亮剂的加入，通常会因添加剂分解产物混入镀层而使镀层的硬度增加，硬度增加的程度随添加剂而异。图 6-16 是第一类和第二类镀镍光亮剂的用量同硬度的关系。

根据小西三郎的研究，光亮镀镍层的延展性同镀层硬度正好成反比，即镀层的硬度越高，镀层的延展性越差。图 6-17 为镀镍层的延展性与镀层硬度的关系图。

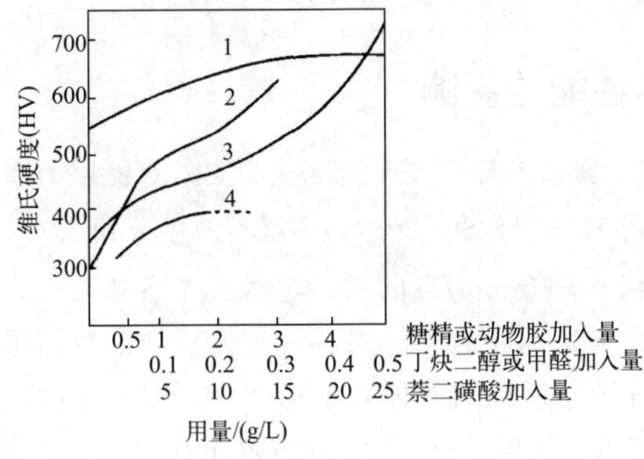

图 6-16　第一、第二类镀镍光亮剂的用量同硬度的关系图

1—丁炔二醇（萘二磺酸盐 75g/L）；2—甲醛（萘二磺酸盐 75g/L）；3—动物胶（萘二磺酸盐 75g/L）；4—糖精（0.5～2g/L）

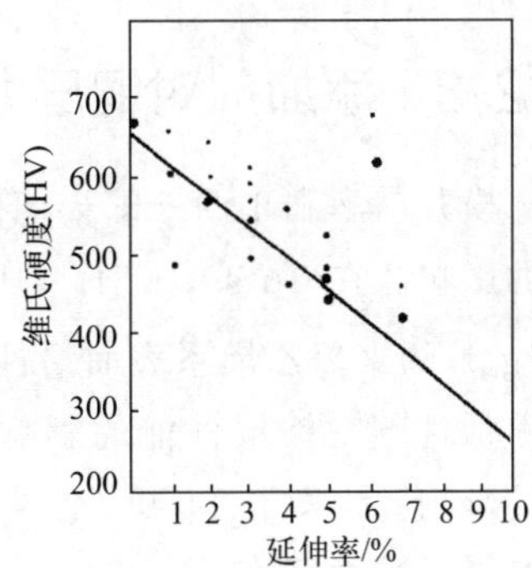

图 6-17　镀镍层的延展性与镀层硬度的关系图

· 第一类、第二类光亮剂并用；
· 两种光亮剂＋表面活性剂

除了有机添加剂对镀层延展性与硬度有影响外，无机添加剂也有明显的影响。图 6-18 是氨基磺酸盐镀镍液中添加无机光亮剂钴盐时镀镍层的延展性和硬度的关系。由图 6-18 可见，随着钴浓度的升高，镀层的硬度迅速增大，而延展性却下降。

大家知道，镀液 Cl^- 的存在对镀层的性能也会发生明显的影响。在酸性光亮镀铜液中若添加 Cl^-，在电镀初期（厚度小于 10μm）镀层内应力降低。厚度超过 10μm，Cl^- 浓度大于 30mg/L 时，则内应力随 Cl^- 浓度提高而有所提高。图 6-19 为 NaCl 浓度对镍镀层内应力和硬度的影响曲线。由图 6-19 可见，随着 NaCl 浓度的提高，内应力首先是平稳上升，随后几乎恒定不变。硬度的变化曲线也与内应力相同。这种现象被认为是 Cl^- 吸附导致的结果。

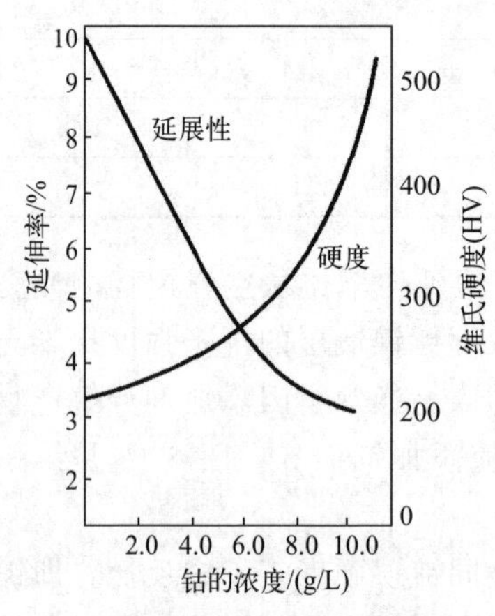

图 6-18　添加钴盐时氨基磺酸盐镀镍层延展性和硬度的关系

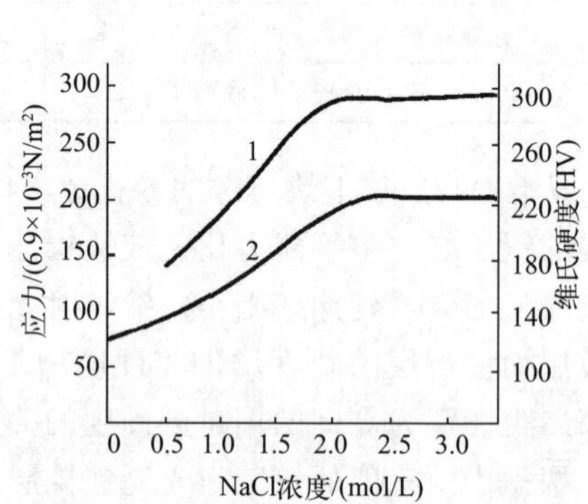

图 6-19　NaCl 浓度对镍镀层的内应力和硬度的影响

1—维氏硬度；2—内应力

6.2.3　添加剂对铜层力学性能的影响

横井昌幸和小西三郎详细研究了聚氧乙烯系表面活性剂和 Cl^- 对镀层力学性能的影响。在 $CuSO_4 \cdot 5H_2O$ 100mg/L 和 H_2SO_4 50g/L 的基本液中分别加入 0～0.4g/L 的聚氧乙烯系表面活性剂和 0～8mmol/L 的 Cl^-，然后考察有无 Cl^- 时表面活性剂对镀层性能的影响。图 6-20 是不含 Cl^- 时各种表面活性剂对铜层硬度的影响。由图 6-20 可见，当各种表面活性剂的加入量在 0.04g/L 以上时，镀层的硬度可稳定在 HV110～140 的范围内。表面活性剂浓度低于 0.04g/L 时，镀铜层的硬度都较大。图 6-21 是含有足量表面活性剂（0.4g/L）的镀液中再慢慢加入 Cl^- 时铜层硬度的变化情况。在液温 30℃，电流密度 3.3A/dm^2，Cl^- 浓度在 1.0mmol/L 时铜层的硬度有很大变化。低于 1.0mmol/L 时只能得到有条纹和凹洞的不均匀的镀层，凸出部较硬，而凹陷部较软。在 1.0mmol/L 以上时，可得到硬度均匀的镀层，其硬度值在 HV180～210 范围，比无添加剂时（HV100）为高。

用扫描显微镜观察镀层的表面形态和断面时，可以看出来加 Cl^- 时铜层的晶粒是粗大的，加入 Cl^- 后可使晶粒明显细化。

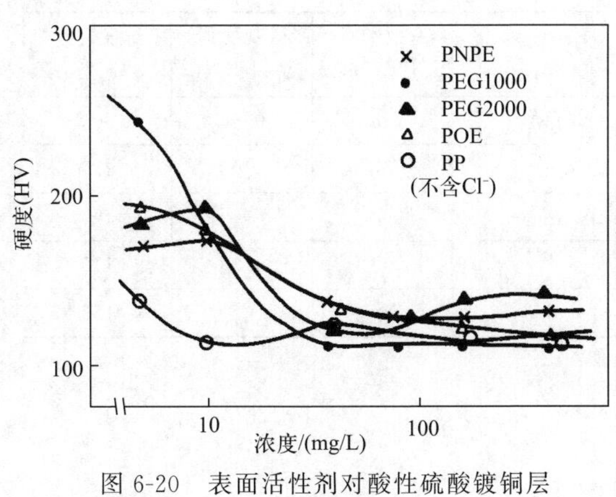

图 6-20 表面活性剂对酸性硫酸镀铜层硬度的影响

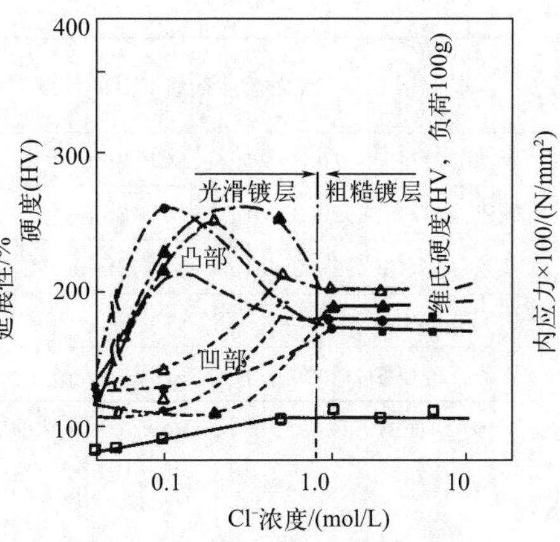

图 6-21 各种聚氧乙烯壬酚醚对硫酸镀铜层硬度的影响

镀液：$CuSO_4 \cdot 5H_2O$ 100g/L，H_2SO_4 50g/L，Cl^- 0～0.28g/L，界面活性剂 0.4g/L，30℃，3.3A/dm^2

用 X 射线绕射法测定添加剂对镀层结晶取向的影响，结果证明在不含 Cl^- 的镀液中，加入微量（0.01g/L）的聚氧乙烯壬基酚醚（PNPE）时镀层显示出强的（220）取向，随着 PNPE 浓度的增加，（220）取向变弱（见图 6-22）。加入 Cl^- 时，当［Cl^-］＜1mmol/L 时可见到强的（220）取向，［Cl^-］＞1mmol/L 时镀层变为取向弱的镀层。聚乙二醇型表面活性剂的影响与 PNPE 相似。表 6-6 是在含各种表面活性剂和 Cl^- 的镀液中所得到的铜层的显微结构和有效粒径的大小、微观变形和维氏硬度。由表 6-6 中数据可见，随着表面活性剂的种类、分子量、用量和电流密度的变化对镀层的显微结构和硬度都有较大的影响。

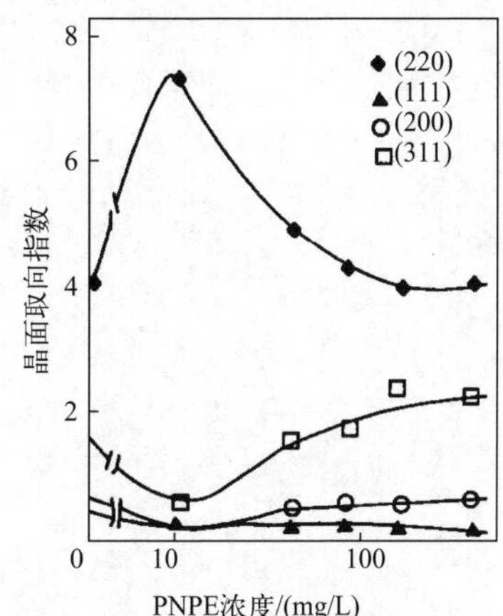

图 6-22 聚氧乙烯壬基酚醚对硫酸镀铜层的各种晶面取向指数的影响

镀液：$CuSO_4 \cdot 5H_2O$ 0.4mol/L＋H_2SO_4（不含 Cl^-）0.5mol/L

表 6-6 表面活性剂和 Cl^- 对铜层的有效粒径、微观变形和维氏硬度的影响①

表面活性剂和 Cl^- 的浓度	有效粒径 D_0(111)/nm	微观变形 ε(111)×10^3	维氏硬度（HV）
聚氧乙烯壬基酚醚(PNPE)0.4g/L＋Cl^- 2mmol/L	112	0.33	169
聚氧乙烯油醇(POE)0.4g/L＋Cl^- 2mmol/L	64	0.33	204
聚氧乙烯聚氧丙烯二醇醚(PP)0.4g/L＋Cl^- 2mmol/L	90	0.40	180

续表

表面活性剂和 Cl^- 的浓度	有效粒径 $D_0(111)$/nm	微观变形 $\varepsilon(111)\times10^3$	维氏硬度（HV）
聚乙二醇(PEG)2000 0.1g/L+Cl^- 2mmol/L,3.3A/dm^2	55	0.66	200
聚乙二醇(PEG)2000 0.1g/L+Cl^- 2mmol/L,5.5A/dm^2	67	1.02	219
聚乙二醇(PEG)2000 0.1g/L+Cl^- 2mmol/L,1.0A/dm^2	—	—	175
Cl^- 2mmol/L	∞	0.83	115
聚乙二醇(PEG)2000 0.1g/L+Cl^- 2mmol/L	—	—	153

① 未注明的镀层是在 3.3A/dm^2 下得到的。

第 7 章

电镀前处理用添加剂

7.1 脱脂的方法与原理

7.1.1 金属表面脏物的种类

金属制品在电镀前往往要经过许多加工过程，如冲压、切削、防锈、热处理、研磨、打光、输送和库存等。在这些过程中它们不可避免地要受到各种污染，在表面上会残留各种类型的油脂、矿物油（烃类）、纤维、抛光膏、金属粉屑、砂土、肥皂、灰尘、粉垢以及操作者的手汗、指纹等。这些污物用肉眼往往难以辨别，其影响往往要在电镀以后才会发现。它们对电镀的影响主要有以下几方面：

① 使镀层附着力不良，常有脱皮、起疱、发花等现象。

② 影响镀层的外观，使镀层出现凹洞、粗糙、斑点和斑纹等，造成镀层不光亮或光亮不均。

③ 影响镀层的内在品质，如脆性、针孔、裂纹等增加，使镀层耐蚀性下降。

④ 使制品表面局部或全部无镀层。

因此，脱脂洗净步骤对电镀来说是十分重要的，电镀工作者应当根据被处理加工物受油弄脏的实际情况，采取相应的对策。为此，首先就要分清金属表面异物的种类再制定相应的消除方法。制品表面的异物大致可分为无机物和有机物两个大类：

（1）无机物

① 金属氧化物、氢氧化物及其盐类，这是金属在空气中进行各种表面加工，尤其是在热处理或热加工时以及贮藏过程中发生的化学反应而形成的，通常用酸洗的方法除去。

② 金属粉屑、粉垢、砂土、灰尘等可通过含络合剂的化学或电解洗净消除，也可用机械方法消除。

（2）有机物

① 可皂化油脂：动植物油和树脂属此类。如牛油、鱼油脂、菜子油、豆油、亚麻油、切削油、润滑油、树脂等，它们可以用有机溶剂溶解或在碱性液中煮沸或加温而水解皂化，生成水溶解性的肥皂及甘油，并分散在水中而除去。

② 不皂化油脂：矿物性油脂及羟类脂膏属此类。烃类油脂，如防锈油、机油、黄油、石蜡等，它们不含羧基，不能与碱起皂化作用，难以用碱脱脂除去，但可用有机溶剂溶解和在加表面活性剂的碱液中通过乳化、水洗而除去。

③ 抛光膏：常以固体微粒附着在制品表面上，用有机溶剂溶解或碱性脱脂液使其脱离比较困难，洗净周期长，通常要用强力的除蜡水才能将它除去。

④ 指纹：为人体分泌的油脂和汗液的混合物，有相当的腐蚀性，长时间放置时脂肪成分可用碱性脱脂液除去，但仍会留下指纹痕迹，故应尽量避免或迅速擦拭干净。

⑤ 油垢：这是机械油、润滑油等因摩擦热而烧焦附在上面所成。若为淬火油浇焦附在上面时，不论其原为动植物性或矿物性，用普通的脱脂法是无法消除的。只有用机械方法或用酸腐蚀掉部分金属才能除去。

⑥ 高聚物：涂料、胶黏剂、油性油墨、合成树脂等用一般脱脂方法难以除去，部分可用有机溶剂擦去，但消除也较困难。

7.1.2 脱脂方法的种类与特点

金属制品的脱脂随制品的形状、大小、数量、油污的种类等的不同而有各种方法，如按操作方式来分有浸渍法、蒸气法、喷洗法、电解法、滚桶法和人工刷洗法等。如按使用目的来分有预脱脂、正式脱脂和最终脱脂等。各种脱脂方法的主要成分和工艺特点如表 7-1 所示。

表 7-1 脱脂洗净法的种类和特点

<table>
<tr><th colspan="3">脱脂法种类</th><th>主要成分</th><th>工程特点</th></tr>
<tr><td rowspan="6">预脱脂</td><td>手工脱脂</td><td>擦拭法</td><td>钠石灰</td><td>无毒、成本低，但手工操作效率低，不适于大批量生产</td></tr>
<tr><td rowspan="3">溶剂脱脂</td><td>浸渍法</td><td>汽油、三氯乙烯、四氯乙烯、三氯乙烷、二氯甲烷</td><td rowspan="3">可以除去复杂零件（接头、盲孔）上的油污，不腐蚀材料，适于清洗重油污零件。但价格昂贵，蒸气对人畜有害</td></tr>
<tr><td>喷洗法</td><td>汽油、三氯乙烯、四氯乙烯、三氯乙烷、二氯甲烷（喷嘴压力≈392kPa）</td></tr>
<tr><td>蒸气法</td><td>三氯乙烯</td></tr>
<tr><td rowspan="2">乳化剂除油</td><td>浸渍法</td><td rowspan="2">燃点高的石油、煤油、石油醚等和乳化剂（主要是表面活性剂）及水的混合物</td><td rowspan="2">价格低、效果好、适于作业前的储存，但乳化液有一定毒性，需废水处理</td></tr>
<tr><td>喷洗法（喷嘴压力≈392kPa）</td></tr>
<tr><td rowspan="2">正式脱脂</td><td rowspan="2">碱液脱脂</td><td>浸渍法</td><td rowspan="2">烧碱、纯碱、磷酸钠、硅酸钠和表面活性剂</td><td rowspan="2">操作简单、价格低、易管理，但对不同素材需采用不同配方，废水也必须预处理</td></tr>
<tr><td>喷洗法（压力392kPa）</td></tr>
</table>

续表

脱脂法种类			主要成分	工程特点
最终脱脂	电解洗净	阳极法	烧碱、纯碱、磷酸钠、螯合剂、表面活性剂	无氢脆产生，无杂质析出，可使阴极洗净时零件表面的沉积物及粉垢剥去，但气体最少，脱脂慢，有时会腐蚀材料
		阴极法		产生气体多，洗净速度快，能除有机和无机污物，但易产生氢脆，溶液中金属离子易沉积
		周期反向法（PR法）		并用阳极法和阴极法，适于任何材料，可按材质调整阴、阳极洗净时间，效果较佳

7.1.3 脱脂剂的作用

（1）皂化作用

动植物油脂的化学成分为羧酸甘油酯。动物油脂主要是饱和羧酸的甘油酯，在猪油中饱和羧酸占40%～44%，牛油中饱和羧酸的含量大于44%。植物油脂主要是不饱和羧酸的甘油酯，如菜子油主要为含一个双键的十八碳不饱和羧酸的甘油酯，亚麻油则为含三个双键的十八碳不饱和羧酸的甘油酯。

羧酸甘油酯在碱液中会水解成为相应的羧酸和甘油，这些长键不溶性的羧酸与碱反应形成羧酸盐的过程称为皂化：

$$\begin{array}{l} H_2COOC_{17}H_{35} \\ \quad | \\ HCOOC_{17}H_{35} \\ \quad | \\ H_2COOC_{17}H_{35} \end{array} + 3NaOH \longrightarrow 3C_{17}H_{35}COONa + \begin{array}{l} H_2C-OH \\ \quad | \\ HC-OH \\ \quad | \\ H_2C-OH \end{array}$$

硬脂酸酯　　　　　　硬脂酸钠　　　　　　甘油

皂化后的长链羧酸盐（即肥皂）其本身也是一种阴离子表面活性剂，具有乳化、分散和降低表面张力的作用，因而还有进一步的脱脂功能。甘油是水溶性的物质，很易溶于水中，对脱脂没有妨碍。氢氧化钠和其他强碱性化学品都具有强烈的皂化作用。皂化反应只能除去可皂化的动植物油脂，非皂化的油脂只能通过乳化分散作用除去。在可皂化油中饱和脂肪酸甘油酯（动物油）又比不饱和脂肪酸甘油酯（植物油）难消除，这是由于不饱和基的亲水性更强的缘故。在同类油脂中，分子量越大，其亲水性越小，越难被皂化除去。

（2）乳化作用

这是把油脂变成细小的乳化微粒而失去与金属的附着力，最后分散悬浮于水溶液中，从而除去油脂的作用。在第5章中已介绍了表面活性剂的乳化作用，当往油水混合液中加入表面活性剂时，由于表面活性剂的两亲作用会通过毛细管现象渗入污物粒子/金属界面的缝隙，对脏物产生分解压力使之破碎成细小液滴（0.1μm至数十微米）。表面活性剂分子在破碎的油滴上形成牢固的吸附层，表面活性剂分子的亲水端朝向水溶液，使油滴发生亲水作用，也就不能再聚合而沉积在金属上，即产生液相的乳化和固相的分散作用，引起这种作用的表面活性剂称为乳化剂。乳化剂大多为阴离子型或非离子型表面活性剂。若在含乳化剂的碱液中再加上搅拌、喷雾及高温，则可使油污加速脱离金属表面。这种方法适于除去无法皂化的各种矿物油脂和机械油。

（3）渗透或润湿作用

皂化、乳化两种作用是从表面除去油脂，而渗透作用则能渗入油脂中使其松散和减少与金属的附着力，从而达到从金属物上除去油污的目的。各种表面活性剂都有良好的渗透作用。

表面活性剂的渗透作用和其润湿作用是对应的。润湿就是水相取代金属上油相的作用。清洗液的作用在于沿着金属污物界面的渗透，并取代油相而使金属相被润湿。润湿能力通常用润湿角来衡量，润湿角由 0°渐增至 180°时，油滴逐渐被卷离成球状并与金属分离。当溶液中加入表面活性剂后，润湿角变大，因而增强了溶液对固体的润湿性，即增强了溶液的渗透作用，从而加速了油污离开金属。

（4）增溶作用

表面活性剂在水溶液中的浓度增大至形成胶团时，胶团能吸收不溶于水的固态或液态物质，这就是增溶现象。增溶的量取决于油污的种类和表面活性剂胶团的结构。在实际洗涤中油污的卷离是很少完成的，增溶的机理在于除去金属上卷离或乳化不完全的少量油污。具有较长聚氧乙烯链的非离子表面活性剂具有较强的增溶作用，而且容易与阴离子表面活性剂形成稳定的混合胶团，故能进一步提高增溶作用并能把油污牢固地束缚在胶团上。

（5）分散作用

固体粒子在溶液中常会发生凝聚现象，加入表面活性剂后，由于其润湿和渗透作用，粒子表面会定向吸附表面活性剂分子而形成表面的双电层，使粒子在溶液中保持稳定，并可有效抑制其凝聚，这种作用称为分散作用。对脱脂来说，就是把表面的油脂及除去的油脂从金属表面分离并稳定分散在液中的作用。除表面活性剂外，许多无机电解质和高分子化合物，如各种磷酸钠、硫酸钠和硅酸钠等也有良好的分散作用（dispersion）。

（6）溶解作用

这是指有机溶剂如汽油、煤油、苯、酒精、三氯乙烯、四氯乙烯、三氯乙烷、二氯甲烷等对油脂的溶解力，直接溶解油脂的作用。溶解作用遵守“相似相溶”的规则。极性强的物质易溶于极性强的溶剂（如水）中，非极性或极性弱的物质易溶于非极性或极性弱的有机溶剂中。

由于溶剂与油污之间的界面张力为零，即不存在界面。溶质和溶剂分子间的相互作用足以克服污物分子对金属的吸引力，使污物分子较快地扩散和溶解到溶剂中，从而获得清洁的金属表面。

使用有机溶剂的优点是除油效果好，处理时间短，在低温也有效以及对金属无腐蚀等。其缺点是成本高，有毒，不易完全脱脂，对灰尘等固体污物不易清除，因此只适于做预脱脂剂。

（7）机械作用

这是一种最古老的方法。就是通过机械力使油脂脱离表面的作用。例如用毛刷刷洗或装在篮子里放在脱脂液中摇动就是利用这种作用。用空气或机械搅拌及加压喷洗脱脂也是利用这种机械作用。加压冲洗的清洗液对脏物的表面同时达到机械的、热的和物理化学的作用。受到液流冲击的表面，脏物发生变形，同时受到流液法向应力和切向应力的作用，脏物层被破坏和脱落。冲洗压力越大，脏物变形也越大，清洗也就越快，越彻底。

超声波振动是最佳的机械洗净法，超声波能有效除去内孔和表面上残留的油污，这与化学或电解洗净结合起来，可以获得最佳的除油效果。

电解洗净时阴、阳极析出的气体也有相当的机械作用。此外刷洗、打光等纯机械的方法对厚的积垢、油漆和合成树脂等的剥离甚为有效，但设备与人工费较高，并且容易在表面上留下伤痕。

7.2 碱脱脂剂的主要成分及作用

7.2.1 碱性脱脂剂的主要成分

碱性脱脂剂的主要成分是各种碱性盐，主要有以下几种：烧碱或苛性碱、碳酸钠或碳酸氢钠、正硅酸钠及偏硅酸钠、各种磷酸盐或羧酸盐、氰化钠、表面活性剂。

作为一种完善的脱脂剂，必须具备以下的条件：

① 具有良好的润湿性、渗透性和乳化性，脱脂力强，能防止油污的再吸附；

② 溶液稳定，pH 变化小，脱脂溶液的油污负载量大，能长期连续使用；

③ 泡沫少，水洗性能好；

④ 能软化水，能防止金属溶蚀和变色；

⑤ 具有安全性，毒性小、不燃、不爆，不对环境造成污染。

要满足这些要求，碱性脱脂剂往往要由多种成分组成，如具有强皂化能力的苛性钠，具有 pH 缓冲性能和优良分散性、洗净性和防腐蚀性的碳酸盐、硅酸盐和磷酸盐，可软化水的各种聚磷酸盐或羧酸盐，可除去金属氧化物的氰化钠以及可使油污乳化、分散、渗透的表面活性剂。碳酸钠本身是一种良好的脱脂剂，具有良好的皂化作用。由于其碱性比苛性钠弱，常用于容易被碱侵蚀的素材，如铝和锌铝合金的脱脂。硅酸钠有正硅酸钠（$2Na_2O \cdot SiO_2$）和偏硅酸钠（$Na_2O \cdot SiO_2$）

两种，它们都是有效的脱脂剂，不但具有皂化作用，还有乳化、分散、渗透和抑制腐蚀作用。使用硅酸钠时必须充分水洗，如水洗不彻底，会在后面酸洗时与酸反应而形成凝胶状硅酸附着在表面，使镀层变朦、粗糙和附着不良。

磷酸三钠呈弱碱性，对金属的反应弱，对脏物有分散、乳化等作用，具有优良的水洗性，特别适于非铁金属的脱脂。

聚合磷酸盐、有机多膦酸、氨基羧酸盐、各种羧酸盐和高分子多羧酸或多磷羧酸盐是脱脂剂的重要助剂，主要有软化水和分散污垢的作用。这将在第 7.3 节详述。

各种非离子型表面活性剂和阴离子表面活性剂是使油污乳化、渗透和分散的主要物质，这是实现低温除油的关键成分。非离子表面活性剂中烷基酚聚氧乙烯醚和脂肪醇聚氧乙烯醚比阴离子表面活性剂，如羧酸皂、烷基硫酸酯、烷基苯磺酸盐、有机磷酸酯及有机磷酰胺等有更好的清洗性能。碱性脱脂用表面活性剂详见第 7.4 节。

氰化钠是剧毒品，但有溶解金属氧化物的功能，对金属不腐蚀，常用于钢铁物品脱脂后的暂存液，铜合金物的最终表面清洗剂以及除去钢铁制品污点的电解洗净剂等。

7.2.2 脱脂剂主要成分的性能比较

表 7-2 列出了常用脱脂剂主要成分的 pH 值、洗净性、渗透性、分散性、乳化性、洗涤性、耐硬水性、杀菌性、对非铁金属的抑制腐蚀性及其活性碱度。为便于比较，性能的优劣共分五级，用 A、B、C、D、E 表示。A—极好，B—良好，C—普通，D—不太好，E—不良。

表 7-2 常用脱脂剂主要成分的性能比较

脱脂剂成分	活性碱①/%	有效碱(1%)	pH值(1%)	洗净性	渗透性	分散性	乳化性	洗涤性	耐硬水Mg	耐硬水Ca	活性碱度	杀菌性	抑蚀性
氢氧化钠(NaOH)	75.5	77.5	13.4	B	D	C	C	D	—	—	A	B	D
碳酸钠(Na_2CO_3)	38.7	60.9	11.7	C	D	D	C	D	—	—	B	D	C
碳酸氢钠($NaHCO_3$)	—	39.7	8.4	D	D	D	D	C	E	E	D	E	A
碳酸氢三钠($NaHCO_3 \cdot Na_2CO_3 \cdot 2H_2O$)	—	—	9.9	D	D	D	D	C	D	—	D	D	A
偏硅酸钠($Na_2SiO_3 \cdot 5H_2O$)	28.0	29.2	12.1	A	B	A	B	B	D	C	B	C	A
倍半偏硅酸钠($Na_2O \cdot NaHSiO_3 \cdot 5H_2O$)	23.8	24.7	12.5	C	C	A	C	B	D	C	B	C	C
正硅酸钠($2Na_2O \cdot SiO_2 \cdot 5H_2O$)	46.1	48.1	12.8	B	C	B	C	C	D	C	B	B	C
磷酸三钠($Na_3PO_4 \cdot 2H_2O$)	10.4	18.9	12.0	A	C	A	B	C	C	C	C	C	C
焦磷酸钠($Na_4P_2O_7$)	5.2	15.0	10.2	A	C	D	—	D	B	B	C	D	B

续表

脱脂剂成分	活性碱①/%	有效碱(1%)	pH值(1%)	洗净性	渗透性	分散性	乳化性	洗涤性	耐硬水Mg	耐硬水Ca	活性碱度	杀菌性	抑蚀性
三聚磷酸钠($Na_5P_3O_{10}$)	—	—	9.7	C	C	C	—	C	B	B	D	—	B
四聚磷酸钠($Na_6P_4O_{13}$)	—	—	8.7	B	C	B	—	C	B	B	E	—	A
六偏磷酸钠($Na_8P_6O_{19}$)	—	—	6.8	C	—	A	—	C	B	A	E	—	A

① pH=8.3以上的碱叫做活性碱,以酚酞为指示剂由酸滴定来测定。

表7-3列出了碱性脱脂剂主要成分的应用性能，读者可以根据各种金属的性能和油污的种类选择合适的成分构成各种碱性脱脂剂（alkali degreaser）。

表7-3　碱性脱脂剂主要成分的特征与作用

化合物	皂化作用	乳化分散作用	价格	特征	注意事项
氢氧化钠	大	小	便宜	皂化能力强,易除去动植物油,不能除去矿物油	析出浓厚的肥皂,注意pH值高会溶蚀素材,水洗性能差
碳酸钠	大	小	便宜	可当Na_3PO_4的代用品,对胶状油脂浸润力大,对硬水有一定软化作用,对素材腐蚀性小	本身皂化作用弱,适于易被碱侵蚀的素材,如铝、锌合金等
硅酸钠	大	中	贵	皂化能力强,有渗透、乳化作用和降低临界胶束浓度,但易形成胶状硅酸	水洗不充分时,酸洗后会形成硅酸胶膜,影响镀层附着力
磷酸钠	大	大	贵	效果好,能阻止生成金属皂,对污物有分散、乳化和解胶作用	适于两性金属脱脂用
氰化钠	中	中	贵	可除去金属氧化物,加热会分解	剧毒,仅用于需除去钢铁制品污物的电解洗净
焦磷酸钠	大	大	贵	可封闭水中金属离子,使固体分散,防止金属在阴极电解时沉积	适于两性金属和阴极电解洗净
羟基亚乙基二磷酸四钠	大	大	贵	可封闭水中金属离子,同时具有渗透分散、防腐蚀和降低临界胶束浓度的作用	适于各种脱脂液
表面活性剂	小	大	贵	主要起乳化、渗透、分散作用,有利于除去矿物油	应选易生物降解的表面活性剂,水洗要充分,适于各种脱脂液,特别适于低温脱脂液

7.3　硬水软化剂

动植物油脂在碱液中水解后可以形成水溶性的长链脂肪酸钠（钠皂）。在含Ca^{2+}、Mg^{2+}的硬水中则会形成不溶于水的长链脂肪酸钙或镁盐（称钙皂或镁皂）。此外，Ca^{2+}、Mg^{2+} 还会与碱性脱脂液中的 CO_3^{2-}、OH^-、PO_4^{3-} 和 SiO_3^{2-} 等形成不溶性的化合物，这些化合物在水中的溶解度如表 7-4 所示。

表 7-4　某些钙、镁盐在水中的溶解度

阴离子	Ca^{2+}/(g/L)	Mg^{2+}/(g/L)
CO_3^{2-}	0.014	0.1
OH^-	1.85	0.009
PO_4^{3-}	0.02	0.2
SiO_3^{2-}	0.09	—

这些不溶性的物质很容易附着在制品的表面，使镀层出现毛刺、针孔、粗糙和结果不良。即使在含表面活性剂的洗涤液中，水的硬度对去污力也有很大影响。图 7-1 是 C_{12} 直链烷基苯磺酸盐的浓度对去污力的影响曲线。由图 7-1 可见，在洗涤剂浓度低时去污力相差甚大，原因是洗涤槽中聚磷酸盐的浓度低，无法螯合水中 Ca^{2+}、Mg^{2+}。因此在使用地下水、井水及其他硬度较高的水时，在碱性脱脂剂中必须加入可使水软化的添加剂，也称为软水剂。它们都是一些可与 Ca^{2+}、Mg^{2+} 形成可溶性螯合物的螯合剂，也称为螯溶剂。它们能抑制 Ca^{2+}、Mg^{2+} 和其他金属离子形成沉淀物，能消除水不溶物结块，使其变为悬浮体而分散到溶液中。

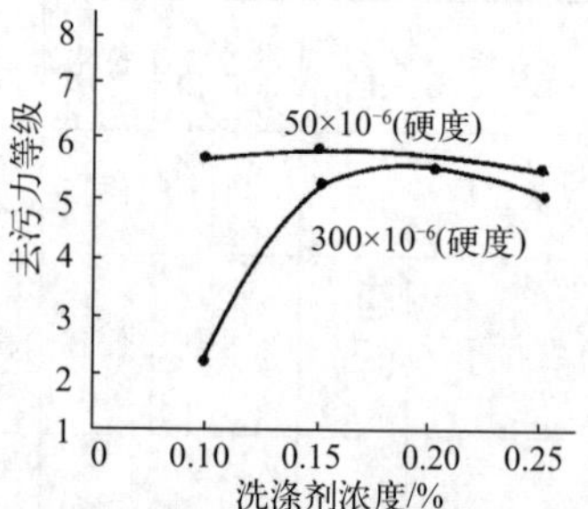

图 7-1　C_{12} 直链烷基苯磺酸盐的浓度对去污力的影响

软化水用的螯溶剂主要有三类：聚合磷酸盐、有机多膦酸盐、有机羧酸盐。

7.3.1　聚合磷酸盐

聚合磷酸盐按其结构可分为两大类，一类是线型的，其通式为 $Na_{n+2}P_nO_{3n+1}$。常用的焦磷酸钠、三聚磷酸钠（STP）和六聚磷酸钠的结构如下：

```
       ONa   ONa
        |     |
NaO—P—O—P—ONa
        ‖     ‖
        O     O
```

焦磷酸钠　$Na_4P_2O_7$

```
       ONa   ONa   ONa
        |     |     |
NaO—P—O—P—O—P—ONa
        ‖     ‖     ‖
        O     O     O
```

三聚磷酸钠　$Na_5P_3O_{10}$

```
       ONa   ONa   ONa   ONa   ONa   ONa
        |     |     |     |     |     |
NaO—P—O—P—O—P—O—P—O—P—O—P—ONa
        ‖     ‖     ‖     ‖     ‖     ‖
        O     O     O     O     O     O
```

六聚磷酸钠　$Na_8P_6O_{19}$

线型多聚磷酸盐是一类吸湿性强的固体。三聚磷酸钠有无水物和有水物两种，前者为白色颗粒粉末，后者为有六个结晶水的晶体。六聚磷酸钠为玻璃状无定形缩合物。另一类聚合磷酸盐具有环状结构，其通式为 $Na_nP_nO_{3n}$，常见的有三偏磷酸钠、四偏磷酸钠和六偏磷酸钠。

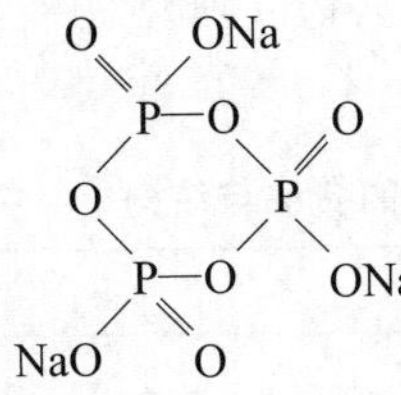

三偏磷酸钠　$Na_3P_3O_9$ 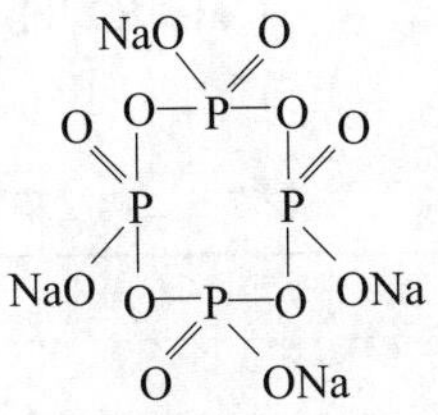　　　　四偏磷酸钠　$Na_4P_4O_{12}$

环状聚合磷酸盐的螯合能力很弱，而线型多磷酸盐是一种优良的螯合剂，具有较好的乳化分散作用，能有效抑制溶液中金属离子在制品表面形成不溶性固体。这是因为线型多聚磷酸分子中相邻两个磷原子上的两个羟基都容易电离，而端基上两个羟基彼此的影响又较小，因而与金属离子可形成 1∶1 或 2∶1 的可溶性环状螯合物。图 7-1 是不同硬度的水要达到相当去污力（去污力等级相当）时所需的洗涤剂的浓度，硬度高时所需洗涤剂的浓度也要提高。图 7-2 是水溶液的硬度与螯合剂用量的关系，随着螯合剂用量的升高，水中允许存在的硬度（$CaCO_3$ 的含量）值也可较高。图 7-3 是聚合度不同的线型聚合磷酸盐在不同 pH 时对硬水的软化能力。图中的软化能力是用完全软化每升含 17.9×10^{-6} 硬度单位的水所需螯合剂的克数来表示。结果表示聚合度越大，软化水所用的螯合剂量越少，即软化能力越强。

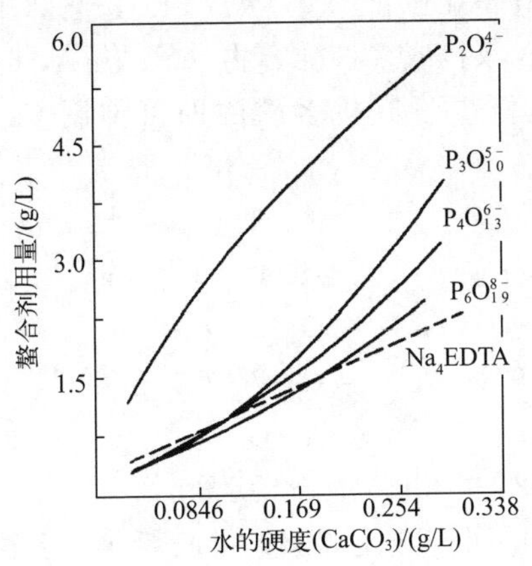

图 7-2　水溶液硬度与螯合剂用量的关系

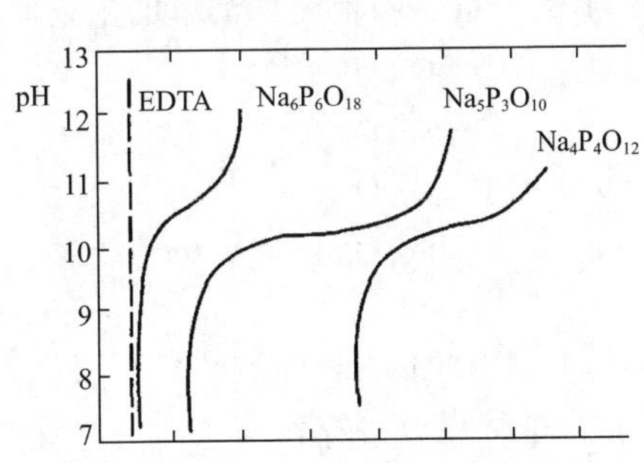

图 7-3　聚合度不同的线型聚合磷酸盐在不同 pH 时对硬水的软化能力

7.3.2 有机多膦酸盐

膦酸是指碳原子上直接连接膦酸基（$-PO_3H_2$）的化合物。最常见的多膦酸是在一个碳原子上连接两个或两个以上的膦酸基，或在氮原子上连接两个或两个以上亚甲基膦酸基（$-CH_2PO_3H_2$）的有机物。典型的有机多膦酸的名称与结构列于表7-5。

表7-5 典型有机多膦酸的名称与结构

名称	结构	代号
亚甲基二膦酸	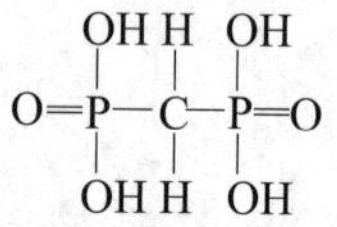 OH H OH O=P—C—P=O OH H OH	MDP
1-羧基亚乙基-1,1-二膦酸	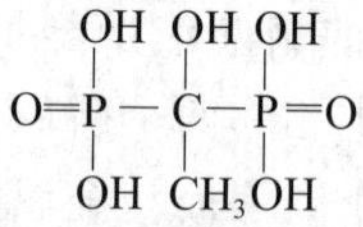 OH OH OH O=P—C—P=O OH CH_3 OH	HEDP
氨基三亚甲基膦酸	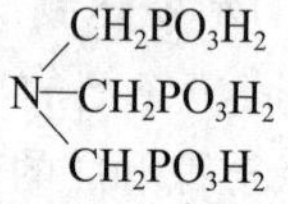 $N(CH_2PO_3H_2)_3$	ATMP
乙二胺亚甲基膦酸	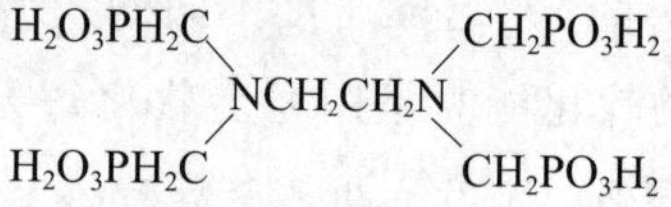 $(H_2O_3PH_2C)_2NCH_2CH_2N(CH_2PO_3H_2)_2$	EDTMP

以HEDP为例，它对一个金属离子的最高配位价为3（见式Ⅰ），它除了形式1∶1螯合物外，还可与多个金属离子形成双核或多核配合物（见式Ⅱ），这是有机多膦酸不同于氨基多羧酸之处，也是极少量有机多膦酸即可抑制 Ca^{2+}、Mg^{2+} 等离子结垢和把硬垢消解的主要原因。

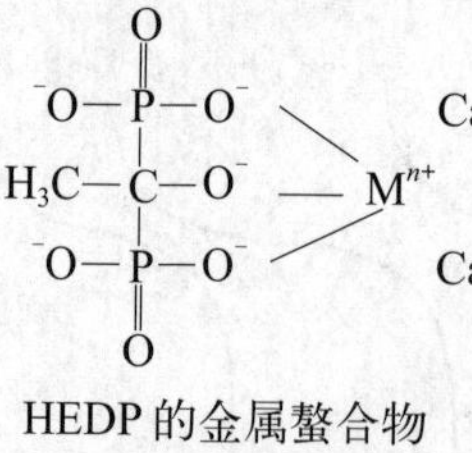

Ⅰ HEDP的金属螯合物 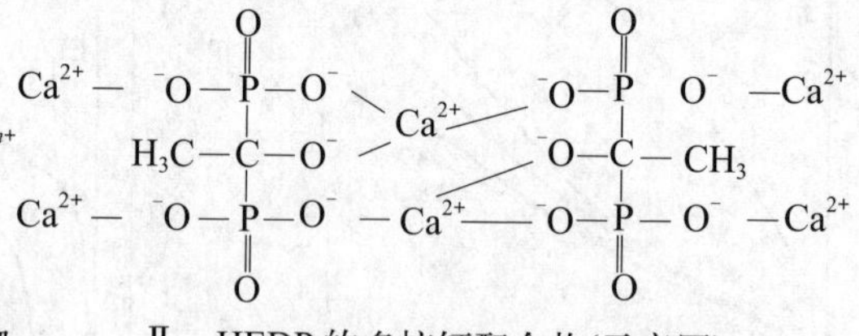　　Ⅱ HEDP的多核钙配合物(示意图)

在过量金属离子存在的条件下有机多膦酸可与金属离子形成胶絮状的多核配合物，使溶液中游离金属离子浓度保持低于沉淀物溶度积的水准，这样金属离子就不会再沉淀而结垢，污垢也不容易再附着在金属表面上，这是有机多膦酸具有优良分散性的原因。实验证明在pH值为11时当 Ca^{2+} 浓度超过 2×10^{-6} mol/L时可形成 Ca^{2+}/HEDP比值分别为1∶1、3∶2、4∶3和7∶4的胶絮状多核配合物，它们的累积稳定常数（$\lg\beta$）分别为5.52、18.78、29.08和48.23。后三个数据远大于前者，说明HEDP很容易和Ca^{2+}形成多核配合物。7∶4的配合物［Ca_7（HEDP）$_4$］的凝聚常数k_0值很大。

$$[Ca_7(HEDP)_4]+[Ca_7(HEDP)_4]_n \xrightleftharpoons{k_0} [Ca_7(HEDP)_4]_{n+1}$$

$\lg k_0=4.6$说明［Ca_7（HEDP）$_4$］还可进一步聚合而成胶状或类固相的配合物，它可以分散在溶液中。

有机多膦酸对Ca^{2+}、Mg^{2+}的配位能力比三聚磷酸盐强，所形成的配合物的稳定常数也大。有机多膦酸分子中含有疏水基与亲水基，其本身有相当的表面活性，可以吸附在金属表面而形成防腐蚀的膜，同时又可分散污垢和聚合配合物。实验证明当它与表面活性剂合用时对提高洗涤剂的洗涤能力有协同作用，这就是它常作为液体洗涤剂、化妆用皂和硬水清洗助剂的原因，在许多的国外清洗剂配方中，也用有机多膦酸做助剂。

7.3.3 有机羧酸盐

作为洗涤剂助剂，一般应具有下列条件：对金属离子的螯合作用；分散作用；对碱的缓冲作用。其中对金属离子的螯合作用最为重要。目前使用最多的洗涤助剂是三聚磷酸钠（STP），它具有软化水、螯合杂质金属离子和助洗等作用，能提高污垢的悬浮能力，防止二次污染和使用经济等优点，但过量的磷会引起湖泊的富营养化问题，即会促进藻类的迅速生长，使水中溶解氧剧降，从而危及鱼类的生存。

作为无磷清洗助剂，目前主要采用有机羧酸类，可以分为三大类：

① 氨基羧酸类：氨三乙酸钠（NTA）、乙二胺四乙酸钠（EDTA）、羟乙基乙二胺三乙酸钠（HEDTA）、二乙三胺五乙酸钠（DTPA）等。

② 羟基羧酸类：乳酸钠、酒石酸钠、乙醇酸钠、柠檬酸三钠（Na_3cit）和葡萄糖酸钠等。

③ 二元羧酸类：草酸钠、马来酸钠、丙二酸钠、琥珀酸钠等。

图7-4示出EDTA、NTA和STP对Ca^{2+}的螯合能力，由图7-4可见，这几种物质对Ca^{2+}的螯合能力都很强，属于稳定的螯合物。其中EDTA的螯合力最强，在pH=10时每100g螯合剂能螯合20.8gCa^{2+}，而STP在pH=9时螯合能力最强，最适于在弱碱性洗涤剂中应用。

各种有机酸的螯合能力如图7-5所示。由图7-5可见，乳酸钠对Ca^{2+}的螯合能力不大，在pH=8～10以下时只有很弱的螯合力，pH值大于10.5时对Ca^{2+}几乎无螯合能力。酒石酸钠在pH=9时的螯合力最强；柠檬酸钠也是在pH=8～9时的螯合力最强，它属于天然产物，对人体无害，属于安全的洗涤助剂。葡萄糖酸钠广泛用于洗瓶时的洗涤助剂，它有一个羧基和五个羟基，在碱性条件下能使金属离子或金属氧化物螯合，但对Ca^{2+}却无这种效果。

各种二羧酸盐的螯合作用弱，只有琥珀酸钠在 pH＝8 显示最大的螯合能力，pH 值升高螯合力下降。表 7-6 列出了 1 摩尔有机酸所螯合的钙离子的克数。

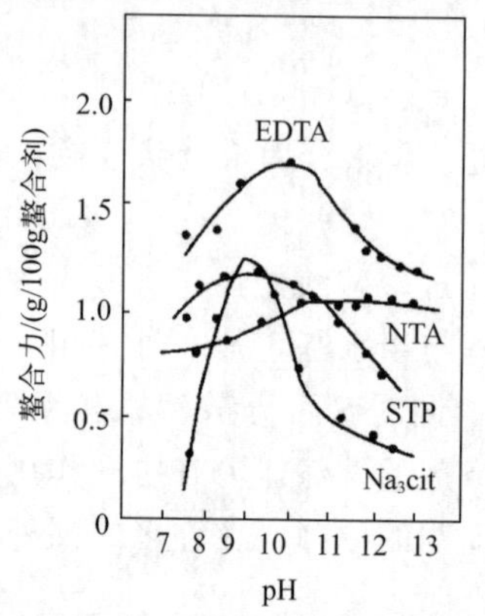

图 7-4　30℃时 EDTA、NTA、STP 和柠檬酸钠（Na_3cit）对 Ca^{2+} 的螯合力的影响

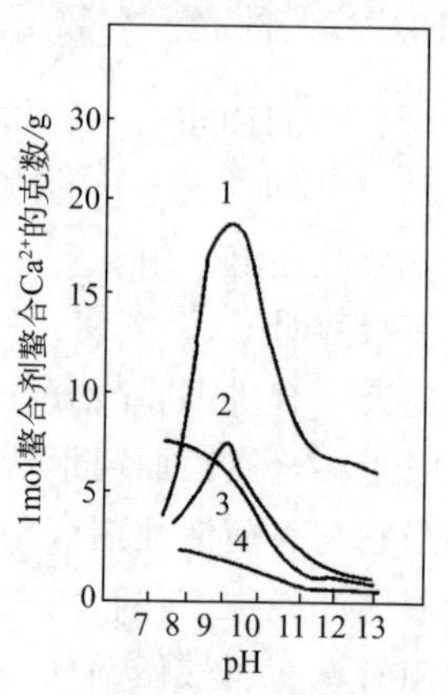

图 7-5　30℃时各种有机酸对 Ca^{2+} 的螯合力的影响

1—柠檬酸钠；2—酒石酸钠；3—葡萄糖酸钠；4—乳酸钠

表 7-6　各种有机酸对 Ca^{2+} 的螯合能力

有机酸	Ca^{2+}/(克离子/摩尔有机物)	有机酸	Ca^{2+}/(克离子/摩尔有机物)
EDTA	1.75	草酸钠	0.03
NTA STP	1.08 1.20	马来酸钠	0.13
乳酸钠 酒石酸钠	0.06 0.37	丙二酸钠	0.25
柠檬酸钠 葡萄糖酸钠	1.21 0.39	琥珀酸钠	0.80

从各方面考虑，柠檬酸三钠作为洗涤助剂是适宜的，其螯合能力与三聚磷酸钠相当，但无磷的富营养化问题，而且 pH＝7 时其螯合力迅速下降，有利于重金属的分离，加上其本身无毒，成本也不高，是较理想的洗涤助剂。氨三乙酸钠也有良好的螯合作用，一度曾引人注目，但后来其生物危害作用引起人们关注与争议。

7.4　表面活性剂

7.4.1　脱脂用表面活性剂的类型

表面活性剂是分子中同时存在亲油和亲水基的一类物质，根据亲水基的离子特性，可以分为阳离子、阴离子、非离子和两性表面活性剂。如前所述，碱性水溶液有皂化作用，但乳化作用极弱，无法除去非皂化性矿物油脂，而表面活性剂具有优良的乳化、分散、润湿、增溶、发泡、消泡、防腐蚀和防静电等作用，因此与碱液联合使用就能获得很好的脱脂、洗净效果。

国内外的脱脂洗净剂中主要是采用阴离子和非离子表面活性剂。两性表面活性剂价格昂贵，一般很少应用。阳离子表面活性剂的毒性较大，适于做酸洗抑制剂，很少用于碱性脱脂剂中。表 7-7 是阴、非离子表面活性剂的主要特性。由表 7-7 可知，两类表面活性剂各有优缺点，若把两类表面活性剂组合使用，不仅能弥补彼此的不足，还能对脱脂、洗涤能力产生“协同”效应，达到预想不到的效果。

表 7-7　阴离子、非离子表面活性剂的特性

性能	阴离子型表面活性剂	非离子型表面活性剂
发泡性	易发泡，常有泡沫	低泡，发泡程度可控制，对硬水稳定
耐碱水性	耐水性差，需加软化剂	
水洗性	较难水洗	水洗良好
对金属润湿	润湿良好	润湿不良
耐碱性	容易盐析	对碱稳定
洗净能力	对油脂洗净能力强	对矿物油洗净力强
与金属反应	对金属有反应	对金属无反应
物性	分散力强，再附着性小	对重垢需加其他分散剂

7.4.2　阴离子表面活性剂

阴离子表面活性剂对金属的渗透力强，对油脂的洗净力高，对污垢的分散力强，乳化效果好。按亲水基的种类，可把阴离子表面活性剂分为三类，表 7-8 列出了这三类表面活性剂的亲水基及其结构。在洗涤剂中常用的三种表面活性剂（AS、LAS、AOS）的性能列于表 7-9 和表 7-10。

表 7-8　各类阴离子表面活性剂的亲水基及其主要性能

亲水基	化合物	结构	代号	性能
羧酸盐（—COOM）	肥皂（高级脂肪酸盐）	R—COOM		洗净、乳化、分散
	棕榈酸盐	$C_{15}H_{31}COOM$		洗净、乳化、分散
硫酸酯盐（$—OSO_3M$）	高级醇硫酸酯盐	RCH_2OSO_3M （$R=C_9\sim C_{17}$）	AS	洗净、乳化（多泡）洗净、乳化、分散
	硫酸化油			洗净、乳化、分散
	硫酸化脂肪酸酯			洗净、乳化、分散
	硫酸化烯烃			洗净、乳化、分散
	烷基聚氧乙烯硫酸酯	$RCH_2O(C_2H_4O)_nSO_3M$ （$R=C_9\sim C_{17}$）	AES	洗净、乳化、分散（多泡）

续表

亲水基	化合物	结构	代号	性能
磺酸盐 (R—SO_3M)	烷基苯磺酸盐	R—C_6H_4—SO_3M ($R=C_{10}\sim C_{14}$)	LAS	洗净、乳化、渗透、分散（多泡）
	烷基萘磺酸盐	R—$C_{10}H_6$—SO_3M		乳化、分散、渗透
	烷基磺酸盐	R—SO_3M($R=C_9\sim C_{17}$)		洗净、乳化、分散
	胰加漂 T	$C_{17}H_{33}CON(CH_3)CH_2CH_2SO_3M$		渗透、乳化、分散
	渗透剂 OT			渗透、乳化、分散
	α-烯烃磺酸盐	$RCH{=}C(CH_3)SO_2M$	AOS	洗净、乳化、分散
	烯烃基磺酸盐	R—CH═$CHCH_2SO_3M$	ANS	洗净、乳化、分散
	羟烷基磺酸盐	R—CH(OH)—$(CH_2)_nCH_2SO_3M$ (n=0~5)	HOS	洗净、乳化、分散

表 7-9 常用阴离子表面活性剂的性能比较

性能	比较
溶解度	AS>AOS>LAS
渗透力	AOS=LAS=AS
发泡力	AOS>LAS>AS
除污力	AOS>LAS>AS
生物降解性	AS=AOS>LAS
口服急性毒	AOS<LAS≤AS
对皮肤和黏膜的刺激性	AOS<LAS<AS

表 7-10 AOS、AS 和 LAS 的表面活性

表面活性剂	表面张力/(10^{-5}N/cm)	渗透力/s	起泡力/mm
$C_{15}H_{18}$AOS	36	30	160
$C_{14}H_{15}$AOS	—	25	—
C_{12}AS	28	20	10
C_{12}LAS	37	5	180
条件	0.1%,25℃,蒸馏水	0.1%,25℃,蒸馏水(Drave 法)	0.1%,25℃,蒸馏水,50×10^{-6}硬水(Ross & Millo 法)

这三类阴离子表面活性剂的除污力、泡沫高度、渗透力以及临界胶束浓度与

分子中碳链长度的关系如图 7-6～图 7-9 所示。

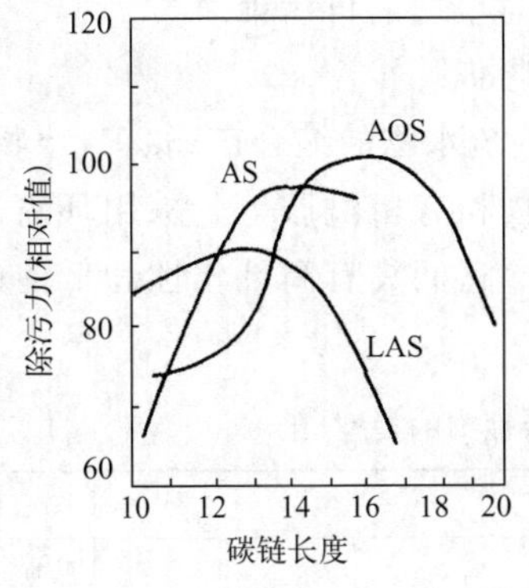

图 7-6 碳链长度和去污力的关系

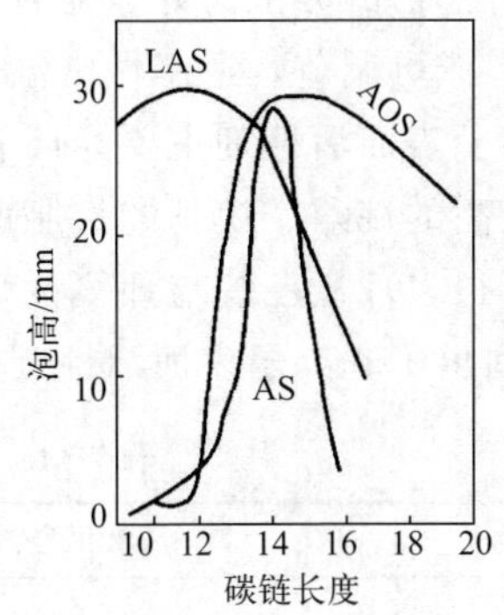

图 7-7 碳链长度和泡高的关系

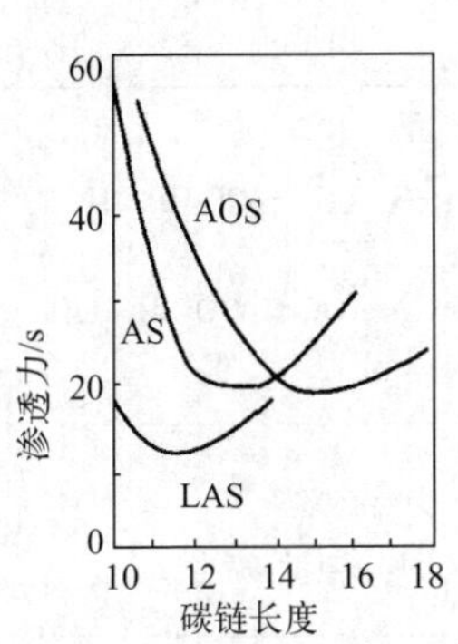

图 7-8 碳链长度和渗透力的关系

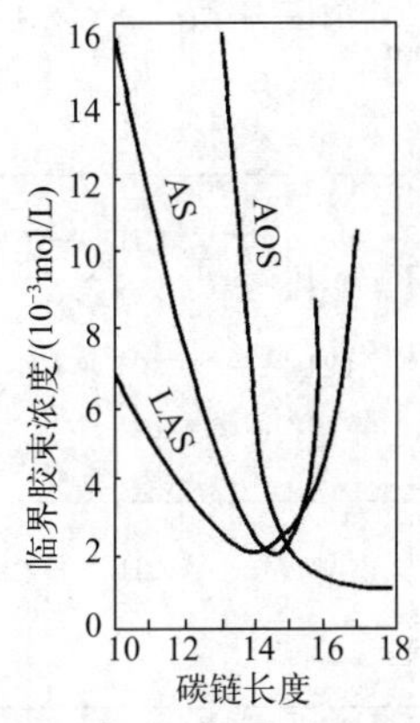

图 7-9 碳链长度和临界胶束浓度的关系

由上述结果可知，从除污、渗透和毒性角度考虑，以选用 α-烯烃磺酸盐（AOS）为佳，其次是烷基苯磺酸盐（LAS）。为了减少泡沫，用 AOS 时应选碳原子数小于 12 的烯烃磺酸盐，而用 LAS 时，则应选碳原子数 14 以上的直链烷基苯磺酸盐，但随着碳原子数的增多，LAS 的渗透力、除污力均下降。因此用改变碳数的方法来降低 LAS 的泡沫是不适宜的，此时可用外加消泡剂来解决。除了上述三种表面活性剂外，国内脱脂清洗剂中有的还采用三乙醇胺油酸皂和烷基醇酰胺磷酸酯等阴离子表面活性剂。

7.4.3 非离子表面活性剂

（1）非离子表面活性剂的类型

非离子表面活性剂是碱性脱脂液的最主要添加剂，在常温低泡碱性脱脂剂中起了重要作用。非离子表面活性剂有以下特点：

① 对油污具有优异的乳化洗净力。

② 洗净力不受水硬度的影响。

③ 对油污的分散力好，能有效防止油污对金属的再污染。

④ 泡沫可调节，适于做常温低泡碱性脱脂剂。

非离子表面活性剂主要为环氧乙烷和某些疏水物的缩合产物。疏水物主要为分子量较高的烷醇、烷基酚、脂肪酸、有机胺和有机酰胺等。除用环氧乙烷外，还开拓了很多环氧乙烷与环氧丙烷的共聚物，它们具有高乳化性和低泡的特点。表 7-11 列出了非离子表面活性剂的主要类型。

表 7-11　非离子表面活性剂的类型

疏水物	环氧化合物	产物	代号
脂肪醇 R—OH	n 环氧乙烷（CH_2—CH_2，O 桥） n 环氧乙烷，m 环氧丙烷（CH_2—CH—CH_3，O 桥）	$R(OCH_2CH_2)_nOH$ $R(OC_2H_4)_n(OC_3H_6)_mOH$	脂肪醇聚氧乙烯醚：平平加，TMN，FAE，乳白灵 A 脂肪醇聚氧乙烯聚氧丙烯醚：PRE
烷基苯酚 R—C₆H₄—OH（对位）	n 环氧乙烷 n 环氧乙烷，m 环氧丙烷	R—C₆H₄—$(OC_2H_4)_nOH$ R—C₆H₄—$(OC_2H_4)_n(OC_3H_6)_mOH$	烷基酚聚氧乙烯醚：TX，OP，IgepalCA 烷基酚聚氧乙烯聚氧丙烯醚
脂肪酸 R—C(=O)—OH	n 环氧乙烷	$RC(=O)(OC_2H_4)_nOH$	脂肪酸聚氧乙烯醚：Energeteic
脂肪硫醇 R—SH	n 环氧乙烷	$RS(C_2H_4O)_nH$	脂肪硫醇聚氧乙烯醚
脂肪酰胺 R—C(=O)—NH_2	n 环氧乙烷	$RC(=O)—N[(C_2H_4O)_nH]_2$ $RC(=O)—NH(C_2H_4O)_nH$	脂肪酰胺聚氧乙烯醚
脂肪醇酰胺 $RC(=O)NHCH_2CH_2OH$	n 环氧乙烷，m 环氧丙烷	$RC(=O)—NH(C_2H_4O)_n(C_3H_6O)_mH$	脂肪醇酰胺聚氧乙烯聚氧丙烯醚
—	n 环氧乙烷，m 环氧丙烷	$HO(C_2H_4O)_n(C_2H_6O)_m(C_2H_4O)_nH$	聚醚，Fluronic、Newpol

在这些非离子表面活性剂中，烷基酚聚氧乙烯醚和脂肪醇聚氧乙烯醚比阴离子表面活性剂，如羧酸皂、烷基硫酸酯、烷基苯磺酸、有机磷酸酯及有机酰胺类

有更好的清洗效果。

(2) 非离子表面活性剂的HLB值与性能的关系

表面活性剂的亲疏平衡值（HLB值）是表面活性剂中亲水基部分的分子量所占比值。对于聚氧乙烯类非离子表面活性剂，HLB值可近似表示为：

$$HLB=\frac{EO}{5}$$

式中，EO为氧乙烯的质量分数（%）。

作为非皂化油类主要乳化剂的非离子表面活性剂，为使各种油污形成水包油型乳液或油包水型乳液所要求的乳化剂的HLB值列于表7-12。图7-10是最佳洗涤、润湿、增溶、乳化、消泡、水溶性和防锈时所要求的非离子表面活性剂的HLB值。

表7-12 乳化各种油污所要求的HLB值

油污	要求乳化剂具有的HLB值	
	水包油(O/W)型乳液	油包水(W/O)型乳液
硬脂酸 十六醇	17 3	
四氯化碳 苯二甲酸二乙酯	9 15	8
煤油 无水羊毛脂	12.5 15	
石脑油 棉子油	13 7.5	
重质矿物油 轻质矿物油	10.5 10	4 4
密封用矿物油 硅油	10.5 10.5	
凡士林	10.5	4
蜂蜡	10～16	5
微结晶蜡	9.5	
石蜡	9	4

这些结果表示作为碱性脱脂剂的非离子表面活性剂应选HLB值在9～15范围的。对于烷基酚聚氧乙烯醚来说，氧乙烯基的数目应在5～13。因为在此范围内可使大多数油脂乳化并形成稳定的水包油型乳液，因而具有优良的洗涤效果。HLB值小于10的非离子表面活性剂具有优良的润湿性，适于做油包水型的乳化剂。HLB值在9～15的高级醇聚氧乙烯醚的化学结构与其性能的关系如图7-11所示。

由图7-11可知，作为脱脂剂选十二醇（月桂醇）至十八醇的聚氧乙烯醚，氧乙烯基的数目应选择在7～12。醇碳链应选直链，因为其除污效果比同样碳原子数的支链醇高得多。

非离子表面活性剂的浊点随分子中氧乙烯基数的增加而升高，其 HLB 值也平行升高，即浊点随氧乙烯基的分子数和表面活性剂的 HLB 值的增高而上升。HLB 值在 9～15 时，烷基酚聚氧乙烯醚的浊点约在 20～90℃（见图 7-12）。

在选择表面活性剂时应当挑选浊点稍高一点的，否则当脱脂剂加热时非离子表面活性剂会析出而使溶液混浊。烷基酚聚氧乙烯醚的浊点比相同氧乙烯基数目的脂肪酸聚氧乙烯醚高，此外其不含酯键，化学性能很稳定，耐强酸、强碱、硬水和高浓度电解质，在高低温下均适用，而且其复配性能很好，因此常是碱性脱脂液选用的主要表面活性剂。

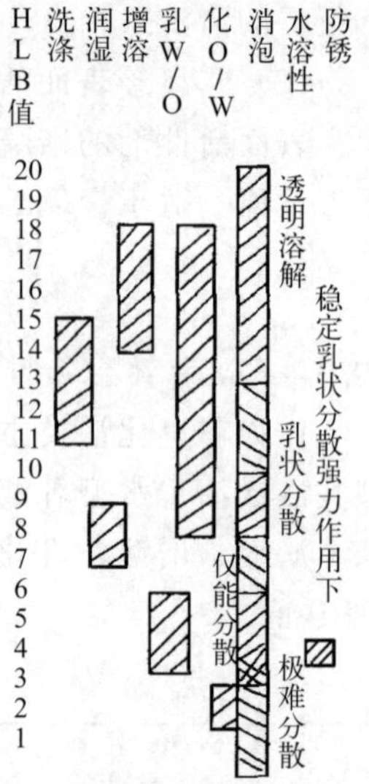

图 7-10　按使用目的选择表面活性剂的大致范围

近年来脂肪醇胺的聚氧乙烯聚氧丙烯醚 $RCONHCH_2CH_2O(C_2H_4O)_n(C_3H_6O)_mH$ 在碱性脱脂剂中的应用受到重视，其适于低温下使用，且泡沫较少。实验证明各种有机醇、醇胺、醇酰胺形成的聚氧乙烯聚氧丙烯醚均适用于低温、低泡碱性脱脂剂。

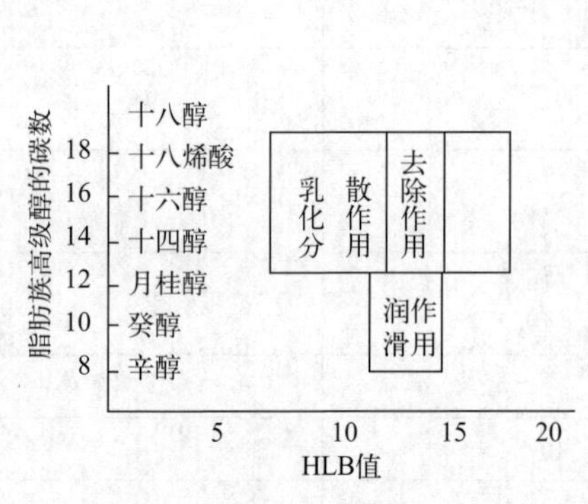

图 7-11　高级醇聚氧乙烯醚的化学结构和性能

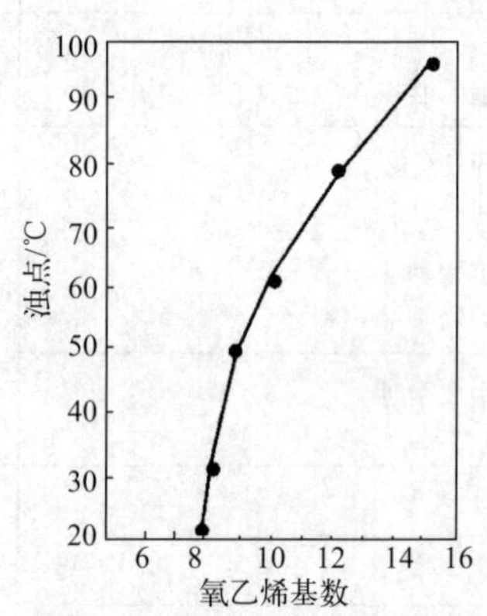

图 7-12　氧乙烯基数与壬基酚聚氧乙烯醚浊点的关系

直接由环氧乙烷或/和环氧丙烷聚合而成的聚醚 $HO(C_2H_4O)_a(C_3H_6O)_b(C_2H_4O)_cH$ 的亲水性较强，HLB 值较低，浊点（turbidity point）也低，脱脂效果较差。

7.4.4　阴、非离子表面活性剂的协同作用

通常的除污理论认为表面活性剂的除污机理是表面活性剂先在污物上吸附，降低界面自由能，再通过乳化、渗透和胶团增溶作用而使污物脱离与分散。最近

人们又提出了另一种看法，认为除污力是由于脂肪族污物的碳氢键和表面活性剂碳氢键间的范德华力相互作用（吸引）的结果，其结果会使冰点下降。这种看法说明在表面活性剂/水/污物体系中，表面活性剂水溶液甚至在室温时也是通过由密集的污物和表面活性剂的碳氢键形成液晶相渗透到污物中，因此清洗效率或去污力取决于清洗水溶液中存在的含污物的各相异性的液晶相。各向异性是由于形成了密集的板状胶团的结果，即良好的除污力是由阴离子型和特定的非离子型表面活性剂的复合而形成的板状混合胶团的结果。其中非离子表面活性剂分子的碳氢键渗入到混合胶团外层的阴离子表面活性剂分子之间，而其亲水基团则嵌于胶团外层的离子部分中。最近的研究指出，除污力的改善和泡沫稳定性的提高是非离子型表面活性剂极性基团亲水性增大的结果，故应避免使用含高亲水性极性基的非离子表面活性剂，即碳链不可太短，氧乙烯分子的数目不可太高。

非离子表面活性剂的亲水性可用其亲疏平衡值（HLB）来描述，HLB值低，亲水性低。其值可由分子中氧乙烯分子的数目来计算，非阴离子表面活性剂的HLB值可由文献中查得。表7-13列出了单独非离子、阴离子表面活性剂及其混合物的HLB值及其对应的去污力和表面张力。

表7-13 非、阴离子表面活性剂及其混合物的HLB值、除污力和表面张力①

非离子表面活性剂		阴离子表面活性剂		混合阴、非离子表面活性剂		除污力		表面张力/(10^3N/cm)
重量	HLB	重量	HLB	总HLB	非离子表面活性剂(摩尔分数)/%	矿物油	沥青去除时间/min	
5.2% OPE9-10	13.40	14.8% SKBS	11.70	12.50	36.3	良好	12	30.1
5.2% D-30	17.08	14.8% SKBS	11.70	14.22	18.7	良好	9	40.1
5.2% NPTGE	17.20	14.8% SKBS	11.70	14.28	18.8	良好	16	36.5
5.2% NP 100E	19.05	14.8% SKBS	11.70	15.14	7.2	不很满意	21	40.3
5.2% OPE9-10	13.40	5.9% 油酸钠	18.0	15.80	30.1	良好	21	32.0
5.2% NPPGE	15.00	5.9% 油酸钠	18.0	16.60	23.4	—	13～10	35.6
5.2% D-30	17.08	56% 油酸钠	18.0	17.57	14.8	—	10	41.1
5.2% NPTGE	17.20	5.9% 油酸钠	18.0	17.63	14.8	良好	9～7	38.6
5.2% NP 50E	18.18	5.9% 油酸钠	18.0	18.09	10.0	不很满意	10	39.5

续表

非离子表面活性剂		阴离子表面活性剂		混合阴、非离子表面活性剂		除污力		表面张力/(10^3N/cm)
重量	HLB	重量	HLB	总 HLB	非离子表面活性剂(摩尔分数)/%	矿物油	沥青去除时间/min	
5.2% NP 100E	19.05	5.9% 油酸钠	18.0	18.49	5	不很满意	18~15	40.1
5.2% OPE9-10	13.40	5.9% SDS	40.0	27.54	28.9	—	8	31.5
5.2% D-10	13.21	5.9% SDS	40.0	27.54	27.6	良好	6~5	41.5
5.2% D-15	14.90	5.9% SDS	40.0	28.24	22.3	—	9~7	41.8
5.2% D-30	17.08	5.9% SDS	40.0	29.26	14.1	良好	7~6	42.2
5.2% NPTGE	17.20	5.9% SDS	40.0	29.32	14.2	良好	19	38.9
5.2% NP 100E	19.05	5.9% SDS	40.0	30.19	5.2	良好	21	41.4
5.2% NP 100E	19.05	无	—	19.05	100	良好	差	—
5.2% NP 50E	18.18	无	—	18.18	100	良好	差	—
5.2% D-30	17.08	无	—	17.08	100	良好	差	—
5.2% OPE9-10	13.40	无	—	13.40	100	良好	差	—
5.2% D-10	13.21	无	—	13.21	100	水洗性差	差	—
无	—	14.8% SKBS	11.70	11.70	无	良好	差	—
无	—	5.9% 油酸钠	18.0	18.0	无	不很满意	差	—
无	—	5.9% SDS	40.0	40.0	无	良好	差	—

① SKBS 为直链烷基芳基磺酸钠,SDS 为十二烷基硫酸钠壬基酚聚氧乙烯醚。
C_9H_{19}—$(OC_2H_4)_nOH$:$n=15$ NPPGE,$n=30$ NPTGE,$n=50$ NP 50E,$n=100$ NP 100E。
辛基酚聚氧乙烯醚 OPE9-10:$n=9\sim10$。
癸炔-4,7-二醇聚氧乙烯醚:$n=10$ D-10,$n=15$ D-15,$n=30$ D-30。

表 7-13 结果表示只含一种表面活性剂的清洗液无法除去沥青这样的污物,而 HLB 值为 13.2~17.1 的非离子表面活性剂与十二烷基硫酸钠（SDS）组合使用时具有极佳的沥青除去能力（5~9min 洗净），与烷基芳基磺酸盐（SKBS）组

合使用时也具有良好的沥青去除能力（9～12min 除尽）。与油酸钠组合时，非离子表面活性剂的 HLB 值在 15.0～18.18 时达到最佳（7～10min 洗净），在 HLB 为 13.4 时仅达“良好”水准（21min 洗净）。在所有三种体系中，非离子表面活性剂的 HLB 值进一步增大到 19.05 时，沥青的去除力都急剧下降。表中试验数据还指出，HLB 值最高的阴离子表面活性剂十二烷基硫酸钠（40.0HLB）和 HLB=13.2～17.1 的非离子表面活性剂组合能得到协同效应最大的洗涤剂。与最大的 HLB 值为 17.1 的非离子表面活性剂组合时，协同效应增加的顺序是：油酸钠<SKBS<SDS。对于 HLB 值更大（至 19.05）的非离子表面活性剂，则增大的顺序刚好相反。与此相应的是非离子表面活性剂改善沥青除污力的效率，直至其 HLB 达到 17.1 时都是随其溶液的表面张力增大而增大。进一步增大在非离子表面活性剂的 HLB 值，这种除污力反而下降。

由阴、非离子表面活性剂组成的清洗液，其表面活性的协同增大的顺序也就是纯阴离子表面活性剂临界胶束浓度（CMC）增加的顺序，即 CMC 越大，添加 HLB 值 13.4～17.1 的非离子表面活性剂后，清洗液的沥青去污力也越强。一般来说，阴、非离子表面活性剂混合物的 CMC 值介于单个表面活性剂各自的 CMC 值之间，而单一表面活性剂的 CMC 值可由表获得。

非离子表面活性剂改善沥青去除力的有效性还随着表面活性剂的表面张力值增大而增加（见表 7-14），直到非离子表面活性剂 HLB 达到 17.1 为止。非离子表面活性剂 HLB 值为 13.4～17.1 时，协同效应的增大顺序也是纯阴离子表面活性剂 CMC 值增大的顺序。因此协同洗涤效应是随阴离子表面活性剂的 CMC 和非离子表面活性剂表面张力的增大而增大的。

表 7-14　阴离子表面活性剂的表面张力对协同除污力的影响

阴离子表面活性剂	表面张力①(25℃) /(10^{-5}N/cm)	非离子表面活性剂和沥青除污力(去除时间)/min			
		OPE9-10 (HLB=13.4)	D-30 (HLB=17.08)	NPTGE (HLB=17.20)	NP 100E (HLB=19.09)
油酸钠	27.0	21	10～10	9～7	18～15
直链烷基芳基磺酸钠	30.5	12	9～9	16	21
十二烷基硫酸钠	37.8	8	7～6	19	21

① 0.44g/100mL 纯阴离子表面活性剂溶液的表面张力。

7.5 酸洗添加剂

7.5.1 锈垢的消除

酸洗的主要目的是要除去金属表面的锈垢、氧化物膜及其他锈蚀，使金属表面活化，以便获得附着力良好的镀层。

碳钢上的氧化皮是由若干层氧化物所组成。紧贴金属的一层为 FeO，中间层为 Fe_3O_4，外层则为 Fe_2O_3。高温氧化皮含有三种氧化物，低温氧化皮常由 Fe_3O_4 和 Fe_2O_3 组成。

铁的氧化物可溶于非氧化性的无机酸中，尤其是 FeO 特别易溶，往往首先被溶解，从而促使表面层剥离。酸洗主要是用盐酸、硫酸、磷酸、硝酸、氢氟酸等，最常用的是盐酸和硫酸，因为它们的价格便宜，除锈快。

铁的氧化及在硫酸和盐酸中的溶解反应可表示如下：

$$FeO+H_2SO_4 = FeSO_4+H_2O$$

$$FeO+2HCl = FeCl_2+H_2O$$

$$Fe_2O_3+3H_2SO_4 = Fe_2(SO_4)_3+3H_2O$$

$$Fe_2O_3+6HCl = 2FeCl_3+3H_2O$$

$$Fe_3O_4+4H_2SO_4 = FeSO_4+Fe_2(SO_4)_3+4H_2O$$

$$Fe_3O_4+8HCl = FeCl_2+2FeCl_3+4H_2O$$

在没有氧化皮的部位，铁就会发生腐蚀，使金属溶解并导致酸液的非生产性消耗：

$$Fe+H_2SO_4 = FeSO_4+H_2\uparrow$$

$$Fe+2HCl = FeCl_2+H_2\uparrow$$

$$Fe+Fe_2(SO_4)_3 = 3FeSO_4$$

氧化物的溶解度以及氧化皮的溶解速度，在盐酸中比在同浓度的硫酸中高，此外，盐酸与铁的作用不太强烈。因此，金属在盐酸中浸渍时其损失较少。在盐酸中，氧化皮主要是由于溶解作用而除去，而在硫酸中，则主要是由于金属的腐蚀和析出的氢对氧化皮的松散作用而使氧化皮从表面剥离。

7.5.2 常用酸洗添加剂

碳钢的常用酸洗液的组成列于表 7-15，表 7-15 中所列抑制剂视酸的种类而异。用盐酸酸洗时，常用的抑制剂是苯胺、动物胶、羟基吡啶、吡啶、六亚甲基四胺、甲醛及各种阳离子表面活性剂。常用的阳离子表面活性剂是长链烷基的季铵盐和烷基吡啶盐（见表 7-16）。

表 7-15 碳钢酸洗液的组成

酸和酸洗条件	薄层氧化皮的条件	厚层氧化皮的条件		
		(1)	(2)	(3)
硫酸/(g/L)	80～100	200～250	—	70～100
盐酸/(g/L)	—	—	150～200	100～150
抑制剂/(g/L)	<10	3～5	5～8	4～6
温度/℃	20～60	25～60	30～40	30～40
酸洗时间/min	15～25	20～40	15～25	30～60

表 7-16　常用阳离子表面活性剂的名称和结构

名称	代号	结构式
氯化十六烷基三甲基铵 溴化十六烷基三甲基铵	CTAC CTAB （洗他白）	$[CH_3-(CH_2)_{15}-N(CH_3)_2-CH_3]^+$ Cl^- / Br^-
氯化十四烷基 二甲基苄基铵	ZePH	$[CH_3-(CH_2)_{13}-N(CH_3)_2-CH_2-C_6H_5]^+$ Cl^-
溴化十二烷基 二甲基苄基铵	DDMB （新洁而灵）	$[CH_3-(CH_2)_{11}-N(CH_3)_2-CH_2-C_6H_5]^+$ Br^-
溴化羟基十二烷基三甲基铵	DTMB	$[HO-(CH_2)_{12}-N(CH_3)_2-CH_3]^+$ Br^-
氯化十二烷基辛基苄基甲基铵	DOBM	$[CH_3-(CH_2)_{11}-N(CH_3)(C_8H_{17})-CH_2-C_6H_5]^+$ Cl^-
氯化苄基吡啶	BPC	$[C_6H_5-CH_2-NC_5H_5]^+$ Cl^-
溴化十四烷基吡啶	TPB	$[CH_3-(CH_2)_{13}-NC_5H_5]^+$ Br^-
溴化十六烷基吡啶	CPB	$[CH_3-(CH_2)_{15}-NC_5H_5]^+$ Br^-
氯化四丁基膦	TBPC	$[C_4H_9-P(C_4H_9)_2-C_4H_9]^+$ Cl^-
氯化三丁基苄基膦	TBBPC	$[C_4H_9-P(C_4H_9)_2-CH_2-C_6H_5]^+$ Cl^-

用硫酸酸洗时常用的抑制剂有六亚甲基四胺（urotropine）、若丁、二邻甲苯基硫脲和丙烯磺酸盐、烷基萘磺酸盐、松香二胺的聚乙二醇醚等。

7.6 21世纪电镀前处理添加剂的进展

电镀前处理有很多种，本书只介绍除油添加剂的进展。在除油添加剂中最重要、变化最大、环保要求越来越高的就是表面活性剂。有关表面活性剂的生物降解性、泡沫问题、COD、废水处理等问题出台了不少法规，值得我们深入研究。

1961年，关于洗涤剂的第一个法规在德国出台，规定表面活性剂的生物降解性必须大于80%。1965年，欧洲地区地表水和废水中的泡沫问题解决了。1966年，LAS（直链烷基苯磺酸钠）投入商业生产，DDBS（支链烷基苯磺酸钠）开始退出历史舞台。1990年10月，德国和荷兰已对表面活性剂工业提出要求，对D1821（双十八烷基二甲基氯化铵）进行替代。它的消耗量在之后一年里降低了70%，三年之后，已经完全被酯基季铵盐所取代。2011年初，中国环保部和海关总署发布的《中国严格限制进出口的有毒化学品目录》中已首次将壬基酚（NP）和壬基酚聚氧乙烯醚（NPE）列为禁止进出口物质。APEO（烷基酚聚氧乙烯醚类化合物，包括NP、OP、DP、DNP）的毒性大，具有类似雌性激素作用，不易降解，带来严重的环境问题，各国正逐渐限制或禁止使用APEO产品。

目前环保形势严峻，节能减排，绿色环保，资源回收，循环利用，已经成为各生产企业的指导精神和发展的风向标。而市场上提供的除油剂的主要缺点是：①除油效率低，处理时间长；②处理温度高，不够节能；③产生的泡沫多，对生产过程和废水处理造成困难；④表面活性剂难以生化降解，对环境污染严重；⑤含磷和含氮的化合物易造成富营养化，对环境影响大。因此，寻找高效、低温、低泡、易生化降解和无磷无氮的除油剂就成了近年改革的主要方向。

除油的机理是除油剂通过表面活性剂的皂化、乳化、润湿、增溶、分散、溶解、渗透等，将工件表面的矿物油、抛光膏、润滑油、粉垢、金属粉屑、指纹等除去，以保证后面制程稳定进行。

除油剂的功能成分主要有：

① 乳化剂　主要是各类能起乳化、润湿、增溶、分散、溶解作用的表面活性剂，如辛基酚聚氧乙烯醚、平平加（高级醇聚氧乙烯醚）、月桂醇-环氧乙烷缩合物、6501（十二烷基二乙醇酰胺）等。

② 湿润剂　主要是能降低除油液的表面张力、提高工件润湿性的表面活性剂，如伯烷基硫酸酯盐（AS）、季铵盐等。

③ 分散剂　主要是能将附着于工件表面的固体微粒分散到溶液中去的配位剂或无机盐，如葡萄糖酸盐、柠檬酸盐、焦磷酸钠、三聚磷酸钠、磷酸钠等。

④ 缓蚀剂　主要是能降低除油液对金属腐蚀的药剂，如硫脲、苯胺、硅酸钠等。

乳化作用主要是表面活性剂利用其自身形成的胶束将油污包覆在胶束内并分散到溶液中去。表面活性剂的临界胶束浓度CMC值是衡量其增溶效果的重要指标。表面活性剂的浓度高于CMC值时，增溶效果才明显；因此，表面活性剂CMC值越低，其除油的效果会越好，加药量也越少，成本越低。另外，表面活性剂的亲水基和疏水基的比值HLB（称为亲疏平衡值）越高，亲油基团对油脂颗粒持有力就越弱。因此我们可以通过表面活性剂的CMC值和亲疏平衡值来优选合适的表面活性剂。

7.6.1 低泡除油剂用表面活性剂的筛选与配方优化[1]

电镀工业对金属表面进行电镀之前必须对金属表面进行除油工序，在电镀前处理的除油工艺中，因搅拌或鼓气产生大量的泡沫会干扰到清洗效果，如过量泡沫升起会导致工作液的溢出，不仅会造成物料浪费，提高了清洗成本，还可能在清洗原料表面上产生污渍，给生产带来操作不便。另外，过多的泡沫将阻碍油污的冲洗以及减缓污垢的沉淀和分离，排放除油剂时由于泡沫过多也会加重环境污染[2]。因此在保证除油剂的除油效果的前提下，除油剂起泡能力应尽量低些。目前实现除油剂低泡沫的方法，主要是在清洗剂中添加消泡剂，这往往又存在其消泡能力随除油工序的进行而降低的问题，甚至有些含硅类消泡剂在除油过程中会出现硅胶、硅斑等[3]；另一种获得低泡效果的方法是通过对表面活性剂的筛选与复配技术，提高表面活性剂的除油效率，减少了表面活性剂的使用量来达到低泡要求[4]。因此，了解更多的表面活性剂本身结构、理化性能与除油效果之间的关联，筛选适用于金属表面除油的几种低泡沫表面活性剂，利用表面活性剂之间的相互协同与增效作用，将几种低泡表面活性剂进行复配，并获得最佳的低泡除油效果，是目前金属除油剂研发的方向[5]。

（1）常用低泡表面活性剂

含EO/PO嵌段聚醚的非离子表面活性剂在水溶液里易形成胶束，由于亲水基和亲油基交错混合排列，空间相互阻碍形成大量液膜空隙，减弱了液膜强度，形成的泡沫膜强度弱易破裂，所以具有低泡性。

① EO/PO嵌段醇醚L-61、L-64（江苏四新表面活性剂科技公司）。

② 异构醇醚E-1307、E-1310（浙江皇马化工有限公司）。

③ C_{12}～C_{14}脂肪醇醚MOA-3、MOA-5、MOA-7、MOA-9（安徽中粮生化集团）。

④ 辛基酚聚氧乙烯醚OP-7、OP-10（吉林化学总公司）。

⑤ 壬基酚聚氧乙烯醚TX-10（吉林化学总公司）。

⑥ 失水山梨醇脂肪酸酯S-60、S-80（河北邢台蓝天助剂厂）。

⑦ 失水山梨醇脂肪酸酯聚氧乙烯醚T-60、T-80（河北邢台蓝天助剂厂）。

⑧ 脂肪酸甲酯乙氧基化物磺酸盐FMES（上海喜赫精细化工有限公司）。

⑨ 十二烷基苯磺酸 LAB（南京金桐石化公司）。

⑩ 乙氧基化脂肪醇聚氧乙烯醚硫酸钠 AES（中轻物产化工有限公司）。

⑪ 烯基磺酸钠 AOS（中轻物产化工有限公司）。

⑫ 异辛醇磷酸酯 RP-98（海安桑达化工）。

⑬ B-174（ADEKA 公司）。

⑭ Plurafac LF 脂肪醇聚乙二醇醚（BASF 公司）。

⑮ SKYIN 2445 和 Surfaline 10M80（Clariant 公司）。

⑯ Tergitol L62E（Dow 公司）。

⑰ Marlavet 5056（Sasol 公司）。

⑱ TAE 56（太原卓能精细化工公司）。

⑲ DP-561（青岛长兴化工公司）。

⑳ L501E 和 L581F（深圳恒伟祥公司）。

㉑ Pluronic PE PO-EO 相嵌共聚物（BASF 公司）。

（2）单一表面活性剂的除油性能比较与筛选

为了分析表面活性剂的渗透、乳化、分散、泡沫等性能对除油效果的影响，筛选适合电镀前处理除油的表面活性剂的结构与种类，首先以单一表面活性剂作为除油剂，在相同的用量和相同的实验工艺条件下进行除油的测试实验，并比较各自的除油效果，这些指标包括除油率、泡沫、废水 COD 值等。

表 7-17　表面活性剂的性能与除油效果[1]

表面活性剂	类型	浊点/℃	渗透性/s	乳化性/s	分散指数 LSDP/%	泡沫体积/mL	除油率/%	COD 值/(mg/L)
L-61	非	35	70	122	5.38	33	13	9090
L-64	非	46	112	131	7.19	68	21	11091
E-1307	非	65	7	566	1.93	172	39	8550
E-1310	非	80	10	17	1.47	177	43	8600
MOA-3	非	<30	60	385	4.01	95	28	11800
MOA-5	非	<30	69	437	3.35	98	35	12907
MOA-7	非	55	15	411	3.33	185	29	12763
MOA-9	非	70	103	415	2.02	190	32	14779
OP-7	非	50	95	532	2.83	192	41	15800
OP-10	非	70	130	675	1.51	196	50	6000
TX-10	非	65	140	601	1.66	191	44	16320
SPAN-60	非	>80	>300	223	5.21	63	25	12900
SPAN-80	非	>95	>300	169	4.90	75	27	13100
TWEEN-60	非	>45	>300	216	3.78	122	20	6700

续表

表面活性剂	类型	浊点/℃	渗透性/s	乳化性/s	分散指数LSDP/%	泡沫体积/mL	除油率/%	COD值/(mg/L)
TWEEN-80	非	>55	>300	253	3.06	127	23	6900
JFC	非	40	12	206	5.17	181	25	11300
6501	非	—	>300	113	7.09	253	17	6500
LAB	阴	—	2	67	5.57	307	9	13098
SAS-60	阴	—	2	52	6.30	300	6	7700
AOS	阴	—	>300	126	6.81	298	11	8300
AES	阴	—	>300	135	5.05	266	15	10500
SDS	阴	—	>300	51	7.13	311	7	6650
FMES	阴	—	57	317	2.53	95	26	11000
RP-98	阴	—	27	117	4.53	36	11	5900

注：非指非离子型；阴指阴离子型。

由表7-17可知，在非离子表面活性剂中，6501和吐温系列表面活性剂，不仅泡沫高，乳化、分散等除油性能均很差；嵌段聚醚类L-61与L-64、异辛醇渗透剂JFC、司盘系列泡沫低，乳化、分散、除油等性能非常差；在其他除油率较高的几种表面活性剂中，除油率排序为：

OP-10>TX-10>E-1310>OP-7>E-1307>MOA-5>MOA-9>MOA-7>MOA-3

其低泡沫性能排序为：

MOA-3>MOA-5>E-1307>E-1310>MOA-7>MOA-9>TX-10>OP-10

在阴离子表面活性剂中，阴离子表面活性剂的除油性能要差于非离子类型，如除油性能最好的FMES除油率仅为26%，明显低于OP-10。阴离子类表面活性剂的除油率排序为：

FMES>AES>AOS>RP-98>LAB>SDS>SAS-60

其低泡沫性能：

RP-98>FMES>AES>AOS≈LAB≈SAS-60

在表面活性剂的除油性能佳的前提下，尽量实现低泡沫特点。通过对表7-17的分析，6501和吐温系列非离子表面活性剂无论是泡沫或除油性能均较差，不适合作为除油剂主体成分；嵌段聚醚类L-61与L-64、异辛醇JFC、司盘系列，除油性能一般，虽然单独使用具有泡沫低的优点，但是与其他非低泡类表面活性剂复配后，泡沫并没有明显减少，因此这类产品也不适用于除油剂生产[6]。综合泡沫性能、渗透、分散性能，适合用于除油工艺的表面活性剂为OP-10、TX-10、E-1310与MOA-5，其中OP-10与TX-10成本适中，除油效果好，但是存在COD值较高，不易生化降解，对环境的危害较大[7]。E-1310综合性能优异，但在非离子表面活性剂中是成本最高的。MOA-5没有最突出的优势，但成本、应用性能、环保性能比较均衡[8]。阴离子表面活性剂，虽然除油性能差，但没有浊点限制，耐碱性能好，而且阴离子类型产品价格低廉，在不减弱除油剂其他应用性能的前提下，使用适当的阴离子类型产品可以降低除油成本。由表 7-17 可知，AES、SAS-60 与 FMES、AOS、LAB 相比除油性能较差，不适用于除油剂；RP-98 虽然泡沫较低，但除油性能也较差[9]。FMES 的除油性能最好，泡沫较低。LAB 除油性能中等，具有最好的渗透性和较低成本，可以提高其他除油用表面活性剂的渗透能力。综合评价认为 FMES 和 LAB 较适用于金属除油工艺。

根据各种性能筛选出适用于金属除油的表面活性剂为 TX-10、MOA-5、LAB 与 FMES，并通过正交试验优化的方法确定金属除油剂的最佳配比为 TX-10∶MOA-5∶FMES∶LAB＝4∶3∶1.5∶1。以该配比得到的除油剂，4.50g/L 用量的除油率超过其他表面活性剂单独使用 5g/L 的除油率，在保证除油效果的前提下，通过降低表面活性剂使用量可降低除油剂的泡沫。

7.6.2 低温除油剂成分的筛选

过去用的除油剂大都是高温的，最高可达 90℃，能耗很大，不符合节能减排的要求，因此低温除油剂就成了近年来研究的热点之一。除油剂若能在常温条件下除去钢铁表面的油污，不仅可以降低生产成本，产生可观的经济效益，还可以节省大量能源，产生显著的环境效益。目前国内销售的所谓常温型金属清洗剂产品，一般必须在 60℃以上才能有效地清洗重油垢，低于 50℃则清洗效果大为逊色。其中最佳产品也只是对轻油污才能具有常温清洗效果。除油剂一般由助洗剂和表面活性剂两部分组成。助洗剂在除油剂中比例最大，但对矿物油不起决定作用，起主要作用的是表面活性剂。能在低温下有良好除油功能的表面活性剂，主要是在非离子表面活性剂中选择浊点低、润湿渗透能力强的 APEO（烷基酚聚氧乙烯醚类化合物，包括 NP、OP、DP、DNP）和其他含氮含苯环的化合物、烷基二乙醇酰胺、异构醇聚氧乙烯醚、长链羧酸酯聚氧乙烯醚、脂肪醇聚氧乙烯醚、聚乙烯吡咯烷酮等，但 APEO 毒性大，具有类似雌性激素作用，不易降解，带来严重的环境问题，各国正逐渐限制或禁止使用 APEO 产品。所以 APEO 和其他含氮含苯环的化合物，并不适于低温除油使用。

为此，有必要探讨一种低成本、低腐蚀、低泡的中低温低泡除油剂。安磊等[10] 以阴离子表面活性剂和非离子表面活性剂 LAS、A9、AEO-9、168 为主要成分，加入一些助剂，碳酸钠、有机溶剂（自制）、乌洛托品、Na_2EDTA 配制而成的，具有节省能源、不危害操作者健康、减少污染、保护环境、不燃和清洗成本低等一系列优越性。

(1) 低温用表面活性剂的筛选

低温用表面活性剂的性质见表 7-18。

表 7-18　低温用表面活性剂的性质[10]

表面活性剂	类型	HLB 值	浊点 /℃	渗透率 /s	气泡高度 /mm	COD 值 /（mg/L）	除油率 /%
K12	阴离子	40	—	5	150	8341.5	19.27
LAS	阴离子	11.7	—	5	167	11524.6	21.32
2AI	阴离子	—	—	20	40	14130.5	13.73
OT-75	阴离子	19	—	10	116	7435.1	9.15
JFC-2	非离子	14	66	55	70	7221.7	38.53
EH-3	非离子	8	15	60	5	17435.5	11.67
EH-6	非离子	10.8	53	69	30	11826.2	16.77
EH-9	非离子	12.5	85	75	40	9551.3	26.34
TX-10	非离子	13.3	65	140	50	17468.1	45.51
AEO-9	非离子	12	＞100	103	50	14338.9	47.52
168	非离子	11	38	112	20	12071.8	40.31
1309	非离子	13	58	137	80	8673.4	29.27
SA-7	非离子	11.5	46	100	55	8622.9	22.36
OP-10	非离子	12.8	69	130	86	11745.6	41.39
Tween-80	非离子	15	45	330	79	6235.7	20.26
S-20	非离子	8.6	66	270	15	12327.5	21.55
A9	非离子	14.5	＞100	120	70	8900.3	45.78

由表 7-18 结果并综合泡沫性能、废水 COD、渗透性能、除油能力，最终选择 LAS、A9、AEO-9、168 作为配方中除油成分。

(2) 表面活性剂间的配比选择

以 AEO-9 为主表面活性剂，其他三种为辅助表面活性剂，通过大量的预试验得出基本试验规律。然后采用正交试验，确定最后表面活性剂间的配比为 AEO-9：A9：168：LAS＝6.85：1：3：2。

(3) 助剂间配比的选择

按上述表面活性剂的配比，选择复配后的表面活性剂 100g/L，配制 1L 除油工作液，在恒温水浴锅保持 50℃，静置除油 3min，取出钢片，用 40℃热风吹干水分并称重，计算除油率。根据正交分析结果得出除油剂中助剂间的配比为：碳酸钠：有机溶剂：乌洛托品：EDTA-2Na＝1：1.49：0.054：0.082。把除油剂中各种化学物质的浓度换成质量分数，新型高效低温除油剂的最终配方为：AEO-9 4.79%，A9 0.7%，168 2.1%，LAS 1.4%，有机溶剂（自制）7%，碳酸钠 4.7%，乌洛托品 0.25%，EDTA-2Na 0.38%，水余量。该除油剂的 pH 值为 10.7，在 35℃时的除油能力为 95.26%[10]。

7.6.3 环保型易生物降解除油剂的筛选

表面活性剂在工业、农业、医药和日用化工等众多领域的应用越来越广泛，全球年使用量已经超过千万吨[11]。表面活性剂的大量使用造成了土壤和水质等的严重污染，因此，为了解决日益严重的环境问题，表面活性剂的绿色化学成为当前化学学科研究的热点和前沿[12]，而且逐步用无毒（或低毒）和易降解的表面活性剂如 α-烯基磺酸盐、氧化胺、聚氧乙烯醚类非离子型、两性离子型和天然表面活性剂取代传统合成的含苯环且较难降解的表面活性剂，如烷基磺酸盐和聚氧乙烯烷基酚醚等。其中，生物降解性是评价表面活性剂绿色程度的重要指标[13]。表面活性剂的生物降解性由通常存在于自然界的微生物所导致，是指表面活性剂分子在微生物（主要是细菌）的作用下分解转化为微生物的代谢物或细胞物质，并产生二氧化碳和水[14]。

影响表面活性剂降解（图 7-13）的因素很多，除去自身结构外，还受微生物、光源、浓度、温度、氧化剂和 pH 值等诸多环境因素的影响。

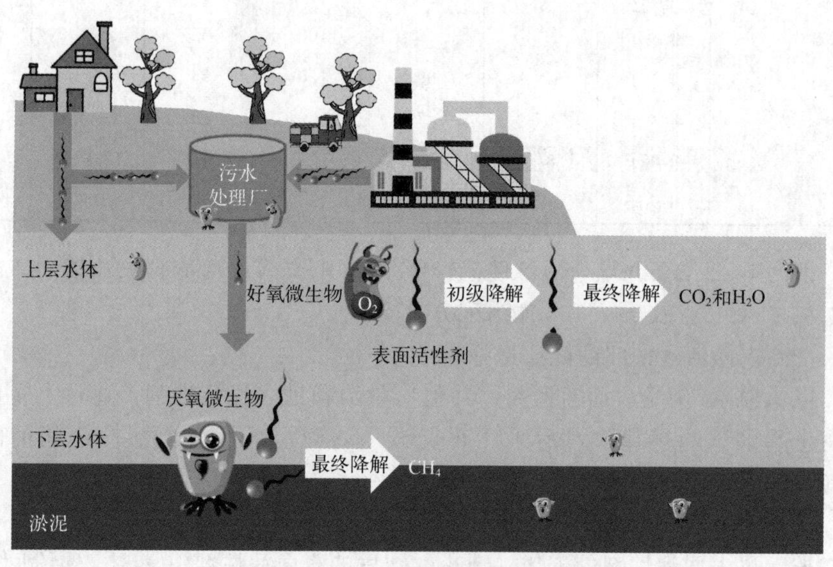

图 7-13 表面活性剂的生物降解

（1）易生物降解的表面活性剂

① 直链烷基苯磺酸盐（LAS） 直链烷基苯磺酸盐的生物降解机理是表面活性剂中迄今为止研究较多的一类，对其降解机理的解释有多种。一般认为的降解机理如下所示：

$$\text{直链烷基苯磺酸盐} \xrightarrow{\text{烷基氧化成羧基}} \text{羧基苯磺酸盐} \xrightarrow{\text{连续}\beta\text{位氧化+脱磺酸基}} CO_2 + H_2O + \text{代谢产物}$$

②烷基硫酸盐（AS） AS 的生物降解是先通过烷基硫酸酯酶脱硫酸根，然

后经脱氢酶和β-氧化过程，逐渐降解为CO_2和H_2O。

$$RCH_2OSO_3^- \longrightarrow RCH_2OH \longrightarrow RCOOH \longrightarrow CO_2 + H_2O$$

③ 烷基醚磺酸盐　烷基醚磺酸盐的生物降解被认为主要是通过醚酶断裂醚键，然后通过烷基硫酸酯酶和脱氢酶逐步降解：

$RCH_2O(CH_2CH_2O)_3SO_3^- \longrightarrow RCH_2OH + HO(CH_2CH_2O)_3SO_3^- \longrightarrow$ $CO_2 + H_2O$+代谢产物

④ 胺和酰胺类　胺和酰胺类的生物降解首先是C—N键的断裂，然后经ω、β氧化，最后生成CO_2、H_2O、NH_3和代谢产物。

(2) 表面活性剂结构与生物降解的关系

Swisher[15] 在总结自己和前人研究成果的基础上，对表面活性剂生物降解与结构的关系（图7-14）总结了如下三条一般性的规律：

① 表面活性剂的生物降解性主要由疏水基团决定，并随着疏水基线型程度增加而增加，末端季碳原子会显著降低降解度。

② 表面活性剂的亲水基性质对生物降解度有次要的影响，例如直链伯烷基磺酸盐（LPAS）的初级生物降解速度远高于其他的阴离子，短EO链的聚氧乙烯型非离子表面活性剂易于降解。

③ 增加磺酸基和疏水基末端之间的距离，烷基苯磺酸盐的初级生物降解度增加（距离原则）。

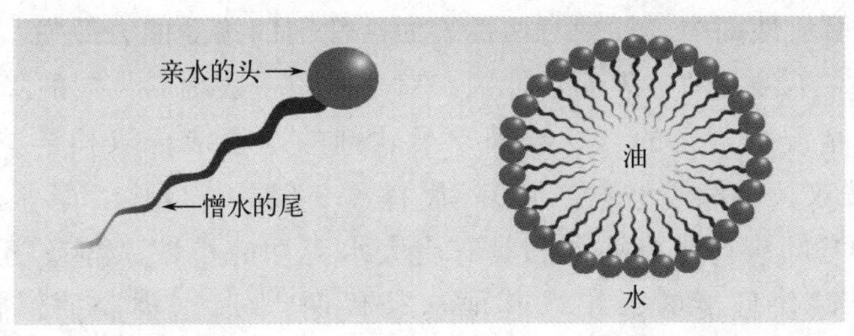

- 亲油基对生物降解性的影响更大，亲油基链长增加，降解速度变慢，含有支链及苯环基团，降解速度变慢；
- 亲水基团主要影响表面活性剂的降解速度，当亲水基团含有易水解或易裂解的基团时，表面活性剂生物降解速度明显加快；
- 非离子表面活性剂降解速度大于阴离子表面活性剂，EO链增加，降解速度变低

图7-14　表面活性剂生物降解性与结构的关系

(3) 阴离子表面活性剂的生物降解

在阴离子表面活性剂中，使用量最大的是LAS、AS、AES和AOS这几类，因而相应的有关生物降解性也就研究得多一些。其中，AS最易生物降解，能被普通的硫酸酯酶氧化成CO_2和H_2O，降解速度随磺酸基和烷基链末端间的距离的增大而加快，烷基链长在C_6～C_{12}最易降解。当阴离子表面活性剂的烷基链带有支链，且支链长度愈接近主链愈难降解[16]。

(4) 非离子表面活性剂的生物降解

常用的非离子表面活性剂的结构可以表示为：

$$R(CH_2CH_2O)_a(CH_2-\underset{\displaystyle CH_3}{\underset{|}{CH}}-O)_m(CH_2CH_2O)_pH$$

其中R为直链烷基、带支链烷基或直（支）链取代苯基。具有此类结构的非离子表面活性剂的生物降解性依赖于端基R、侧链化程度、EO与PO的单元数及相对比例。一般支链比直链难降解，分子中存在酚基的比烷基的难降解[17]。疏水基R为烷基时，不仅支链化程度影响整个分子的降解，EO单元数对整个分子的降解也有重要影响。环保型非离子表面活性剂及衍生物有：

C_{13}/C_{10} 异构醇聚氧乙烯醚

改性油脂乙氧基化物磺酸钠（SNS80）

直链/异构脂肪醇烷基糖苷（APG1214/0810/IC06/IC08）

脂肪酸甲酯乙氧基化物（FMEE）

脂肪醇聚氧乙烯醚磷酸酯（MAP）

脂肪醇聚氧乙烯醚（AEO）

改性油脂乙氧基化物（SOE-N-60）

脂肪醇聚氧乙烯醚羧酸钠（AEC）

(5) 两性离子和阳离子表面活性剂的生物降解

在所有表面活性剂中，环境对两性表面活性剂的接受能力最强，故一般对生物降解性的研究不涉及两性表面活性剂。对于阳离子表面活性剂的降解，一般认为是在需氧的情况下进行的。在欧洲，柔软剂的主要成分双长链季铵盐（DT-MAC）大量被双长链酯季铵盐（EQ）代替，一般在EQ中，酯基和氮原子间有两个碳，酯基断裂产生脂肪酸和具有更大水溶性的季铵二醇或三醇，这些降解产物都有低毒并且能够很快以其他途径代谢[18]。这类表面活性剂被称为“可裂解的表面活性剂”。另外，阳离子表面活性剂疏水链长度增加，降解速度减慢。

(6) 绿色表面活性剂的生物降解

绿色表面活性剂主要有三种类型：烷基糖苷（APG）及葡萄糖酰胺(AGA)，醇醚羧酸盐（AEC）及酰胺醚羟酸盐（AAEC），单烷基磷酸酯(MAP)及烷基醚磷酸酯（MAEP）。这三种表面活性剂生物降解快，对人体温和，性能优良，与其他表面活性剂协同性好。其中，APG（如BASF公司的SOR）具有很好的最终生物降解性，糖酯结构在16h时几乎100%降解，其降解过程先发生的是酯键水解，而不是醚键水解，说明APG的降解首先进行的是烷基链的氧化。降解时，首先发生的是碳链末端的ω氧化，而不是苷键的水解，然后发生β氧化，每次减少2个碳，当碳链上有支链时，则发生α氧化脱去支链，然后继续进行β氧化，碳链降解后的小分子被氧化为生物质[19]。表7-19为常用表面活性剂的生物降解性，读者可依据其降解率合理选用。

表 7-19　常用表面活性剂的生物降解性

化学名称	初级降解率/%	最终降解率/%
LAS	90～100（28天）	60（21天）
AES	100（5天）	95.5（21天）
SAS	90	61
AS	>90（1～2天）	96（20天）
AOS	>98	90
AEO	>90（1天）	>90（9天）
APG	100	95（21天）
CAB	>96	>70
NOE	>80	>90
AEC	98	82
NPE	90（7天）	

7.6.4　无磷环保常温除油助剂的进展

磷酸三钠、焦磷酸钠、三聚磷酸钠、多聚磷酸钠、有机多膦酸盐（如HEDP、ATMP、EDTMP等）对固体污物有很好的分散作用、溶解作用、配位作用、水软化作用[20]，具有优良的水洗性，因此它们是一类优良的助洗剂，早期已被广泛应用于各类除油剂中。这类化合物都含有磷，它们易被细菌分解为磷酸盐，成为细菌和水生植物的营养品，在非流动的池塘、湖泊易造成水生植物的过量繁殖，造成水中缺氧，使水中生物（如鱼、虾等）大量死亡，这就是富营养化效应。随着环保要求的提高，防止富营养化效应的再现，国家对废水中磷的排放量有了非常严格的限制，所以原来用磷化物的工艺都要实现无磷化，如无磷除油剂、无磷洗涤剂等。

（1）磷酸盐的替代品

磷酸三钠、焦磷酸钠、多聚磷酸钠和有机多膦酸盐在除油液中主要起以下几种作用：①作为一种强碱它可使油污皂化而成可溶性的脂肪酸盐（即皂），皂是一种阴离子表面活性剂，本身就具有乳化、润湿、增溶、分散等作用，可进一步加速油污的去除；②大多数的磷酸盐，特别是焦磷酸钠、多聚磷酸钠和有机多膦酸盐都是优良的螯合剂，它可使金属氧化物和硬水中的钙、镁沉淀转化为可溶性的螯合物，这对除污垢很有意义；③磷酸盐都是多元酸，本身是很好的pH缓冲剂，它们对金属有良好的零缓蚀作用。因此，磷酸盐一直是除油剂不可缺少的组分。

磷酸盐的这些作用都可用其他物质取代。皂化作用可用其他的碱取代，如氢氧化钠、碳酸钠和其他的碱；螯合作用和pH缓冲作用可用其他的优良的螯合剂取代，如柠檬酸钠、葡萄糖酸钠、酒石酸钠、EDTA 二钠等；而缓蚀作用可用其他的缓蚀剂取代，如偏硅酸钠、水玻璃等。

(2) 无磷环保型除油添加剂的筛选

最近赖俐超等[21] 研究了助洗剂和表面活性剂对除油率的影响。他们以下列配方作为除油剂的基础配方：

氢氧化钠	1g/L
柠檬酸钠	1～5g/L
偏硅酸钠	4～9g/L
异构醇聚氧乙烯醚	2～6g/L
长链羧酸酯聚氧乙烯醚（LMEO）	0.4～1.6g/L
温度	30℃
时间	10min

① 柠檬酸钠浓度对除油效果的影响　在氢氧化钠 1g/L，偏硅酸钠 6g/L，异构醇聚氧乙烯醚 4g/L，LMEO 1g/L，温度 30℃，时间 10min 的工艺条件下，改变柠檬酸钠浓度，则除油率随柠檬酸钠浓度的变化如表 7-20 所示。

表 7-20　柠檬酸钠浓度对除油效果的影响

柠檬酸钠/（g/L）	1	2	3	4	5
除油率/%	82.6	89.3	96.2	91.1	87.6

柠檬酸钠在除油剂中用作助洗剂和配位剂。它对油脂具有一定的分散能力，与偏硅酸钠一起增强表面活性剂的综合性能，提高表面活性剂的除油能力。同时，它对多种金属离子具有较强的配位能力，能抑制水中存在的离子对除油过程的不良影响。由表 7-20 可见，随着柠檬酸钠含量的增加，除油率先增大后减小，其含量以 2～4g/L 为宜。

② 偏硅酸钠浓度对除油效果的影响　固定氢氧化钠 1g/L，柠檬酸钠 3g/L，异构醇聚氧乙烯醚 4g/L，LMEO 1g/L，温度 30℃，时间 10min 等条件不变，改变偏硅酸钠浓度，测定其对除油率的影响，结果见表 7-21。偏硅酸钠具有良好的润湿性和乳化性，使油污不凝聚成片，且对铝、锌、锡等金属有一定的缓蚀作用，它在除油剂中用作助洗剂和缓蚀剂。其含量不能太高。

表 7-21　偏硅酸钠浓度对除油效果的影响

偏硅酸钠/（g/L）	4	5	6	7	9
除油率/%	85.3	90.8	96.2	95.9	95.3

由表 7-21 可见，随着偏硅酸钠含量的增加，除油率增大，含量达到 6g/L 后，除油率变化不明显。其含量以 5～7g/L 为宜。

③ 异构醇聚氧乙烯醚浓度对除油效果的影响　在氢氧化钠 1g/L，柠檬酸钠

3g/L，偏硅酸钠 6g/L，LMEO 1g/L，温度 30℃，时间 10min 的条件下，改变异构醇聚氧乙烯醚浓度，除油率测试结果如表 7-22 所示。

表 7-22 异构醇聚氧乙烯醚浓度对除油效果的影响

异构醇聚氧乙烯醚/(g/L)	2	3	4	5	6
除油率/%	67.5	80.6	96.2	93.6	92.9

异构醇聚氧乙烯醚具有优良的润湿、渗透和乳化性能，生物降解性好，低温可操作性强，是替代 APEO 等表面活性剂的新一代环保产品。它是该常温除油剂的关键组分，对油脂起乳化、卷离作用。由表 7-22 可见，其含量低时，除油率小；含量达到 4g/L 后，除油率开始下降。其含量以 3～5g/L 为宜。

④ 长链羧酸酯聚氧乙烯醚（LMEO）浓度对除油效果的影响　除油工艺为氢氧化钠 1g/L，柠檬酸钠 3g/L，偏硅酸钠 6g/L，异构醇聚氧乙烯醚 4g/L，温度 30℃，时间 10min 时，改变 LMEO 浓度，除油率测试结果如表 7-23 所示。

表 7-23 长链羧酸酯聚氧乙烯醚浓度对除油效果的影响

长链羧酸酯聚氧乙烯醚/(g/L)	0.4	0.7	1.0	1.3	1.6
除油率/%	77.2	84.0	96.2	94.8	92.5

LMEO 在除油剂中有重要作用。它是一种具有酯基和双键结构的新型非离子表面活性剂，低温和高温条件具有同样优异的洗涤、增溶、分散、润湿性能，而且环境友好，可生物降解。其酯基分子结构与油脂和蜡质结构类似，对油脂、矿物油和蜡质有较强的溶解和去除能力。由表 7-23 可见，随着 LMEO 含量的增加，除油率先增大后逐渐下降。其含量以 0.7～1.3g/L 为宜。

⑤ 无磷环保型除油剂的最佳工艺　赖俐超等对除油剂的基础配方进行仔细的研究后，得出柠檬酸钠、偏硅酸钠、异构醇聚氧乙烯醚、长链羧酸酯聚氧乙烯醚等因素均对常温除油剂的除油效果有显著影响，其影响程度由大到小依次是：异构醇聚氧乙烯醚＞长链羧酸酯聚氧乙烯醚＞偏硅酸钠＞柠檬酸钠。该除油剂水洗性良好，除油率高，在 30℃下处理 10min 除油率可达 99.0%，一升除油液可除 0.62m^2 的工件。新开发的无磷环保型除油剂的最佳工艺是[21]：

氢氧化钠	1g/L
柠檬酸钠	3g/L
偏硅酸钠	6.5g/L
异构醇聚氧乙烯醚	4g/L
长链羧酸酯聚氧乙烯醚（LMEO）	1g/L
温度	30℃
时间	10min
除油率	99.0%

本节参考文献

[1] 贾路航．低泡电镀除油剂的表面活性剂筛选与配方优化[J]. 辽宁化工，2014，43(2)：120-123.

[2] 罗耀宗．铝合金电镀前处理新工艺[J]. 电镀与涂饰，2003，22(3)：55-56.

[3] Edgar B Montufar，Tania Traykova，Josep A Planell，Maria-Pau Ginebra. Comparison of a low molecular weight and a macromolecular surfactant as foaming agents for injectable self setting hydroxyapatite foams[J]. Materials Science and Engineering，2011，31(7)：1498-1504.

[4] 袁仕扬，何小平，叶志虹．表面活性剂泡沫的影响因素研究[J]. 香料，2012，43(2)：30-32.

[5] 丁振军．表面活性剂的复配及应用性能研究[D]. 无锡：江南大学，2007.

[6] Sandeep Verma，V V Kumar. Relationship between Oil Water Interfacial Tension and Oily Soil Removal in Mixed Surfactant Systems[J]. Journal of Colloid and Interface Science，1998，207(1)：1-10.

[7] 陈荣圻．烷基酚聚氧乙烯醚(APEO)生态环保问题评估[J]. 印染助剂，2006，23(4)：1-6.

[8] 杨桂明，于兹东．脂肪醇聚氧乙烯醚 MOA-9 水溶液增稠探讨[J]. 青岛大学医学院学报，2004，40(3)：271-272.

[9] Mathieu Menta，Frayret，Christine Gleyzes，Alain Castetbon，Martine Potin-Gautier. Development of an analytical method to monitor industrial degreasing and rinsing baths [J]. Journal of Cleaner Production，2012，20(1)：161-169.

[10] 安磊，许云峰，佟天宇，李贺．高效低温型工业除油剂的研制[J]. 山东化工，2016，45(18)：23-25.

[11] 王正祥，张广友，刘磊力，等．新型季铵盐阳离子表面活性剂的合成及结构表征[J]. 化学世界，1999(2)：79-80.

[12] 秦勇，张高勇，康保安．表面活性剂的结构与生物降解性的关系[J]. 日用化学品科学，2002，25(2)：20-21.

[13] 刘慷慨，高保娇，李蕾．可聚合双季铵盐阳离子表面活性剂[J]. 石油化工，2006，35(11)：1082-1083.

[14] Petroquimica Espanola S A. 表面活性剂生物降解性和环境安全性[J]. 日用化学品科学，2005，25(4)：155-156.

[15] Swisher R D. Surfactant biodegradation [M]. New York：Marcel Dekker，Inc，1999：499-512.

[16] Vives-Rego J，Vaque M D，Sanchez Leal J，et al. Surfactants bioaegradation in sea water [J]. Tenside Surf. Det.，1987，24(1)：20-22.

[17] 官景渠，李济生．表面活性剂在环境中的生物降解[J]. 环境科学，1993，15(2)：81-82.

[18] Hugo Destaillats，Hui-MingHung，Michael R Hoffmann. Degra dation of alkylphenol ethoxylate surfactants in water with ultra sonic irradiation [J]. Environmental Science and Technology，2000，34(2)：311-315.

[19] 任永强，王学川，强涛涛．表面活性剂的生物降解性研究进展[J]. 皮革与化工，2009，26(1)：18-19.

[20] 方景礼,电镀配合物——理论与应用[M]. 北京:化学工业出版社,2007.
[21] 赖俐超,唐春保,张丰如. 常温环保型金属除油剂的研制[J]. 电镀与涂饰,2014,33(21):929-931.

7.7 未来的高级清洗除油技术——超临界流体清洗技术

7.7.1 电子元器件在生产加工过程中的污染物及其危害性[1-3]

微电子工业、FPC/PCB线路板、大规模和超大规模集成电路、LED、LCD液晶显示屏、PDP等离子显示屏、高品质灯管显像管、新兴光电材料、晶圆材料的生产和加工都要经过几种或几十种的化学加工工艺才能制成，每一种加工溶液都含有大量的污染物，清洗水中也含有许多污染物，虽然元器件加工时都经过多道水洗，但仍有许多污染物会残留在元器件上。以印刷电路板制造为例，退锡液含有大量的F^-，镀金液含有大量的磷酸根，标示线路板用的黑色和棕色墨水含有大量的F^-、Cl^-和SO_4^{2-}。据测定，这些污染物有相当一部分会残留在线路板上（见表7-24）。

表7-24 线路板上残留的阴离子污染物

处理工艺	残留阴离子类型	残留阴离子的含量	残留阴离子的总量
退锡	F^-	40%	40%
镀金	PO_4^{3-} SO_4^{2-}	23.5% 23%	46.5%
黑墨水标示	F^- Cl^-	25.4% 0.14%	25.54%
棕墨水标示	F^- SO_4^{2-} Cl^-	6.61% 13.82% 0.54%	20.97%

焊接是电装工艺中重要的工序之一，焊接后的电路板是电子产品的核心部件。焊后电路板的污染物是以前工序的残留物和焊接时残留物的总和，主要有助焊剂、焊膏、黏合剂、硅脂、油污、指纹、汗迹、灰尘、纤维、金属离子和微粒、金属和非金属氧化物等，我们可以把它们分成三类：①离子型和非离子型水溶性污染物；②非水溶性污染物；③不溶性固体微粒。

集成电路的基材是硅片，它在加工成型过程中会受到各种污染，如加工时的污染、环境污染、水造成的污染、试剂带来的污染、工业气体带来的污染、工艺本身带来的污染和人体造成的污染等，结果会使硅片表面残留颗粒、有机物、金属、吸附分子等。这些污染物与电路板表面的污染物很相似，也可大致分为：

①离子型和非离子型水溶性污染物；②非水溶性污染物；③不溶性固体微粒。

离子型水溶性污染物会使电路板的信号发生变化，出现电迁移、腐蚀及涂覆层的附着力下降，尤其是 Cl^- 的污染有很强的吸湿性和腐蚀性，会使焊点周围聚积出白色、绿色的腐蚀粉末，引发焊点破坏和漏电，使导线、引脚发生腐蚀断裂造成断路。即使并未完全腐蚀断裂，也会因接触面变小而使强度降低，在受冲击、震动时会断裂，降低了电子元件的可靠性，增加了失效率。

非离子型水溶性污染物（如水溶性助焊剂聚乙二醇）会使电路板的润湿性和涂覆层的附着力发生变化，还会使电路板有电迁移和腐蚀等现象发生。

非水溶性污染物，如松香、合成树脂、助焊剂、油脂、指纹印、脱膜剂等，会使电路板表面的润湿特性、黏结性能和涂覆层产生不利的影响，焊点的可靠性下降，易造成电路板短路或感染霉菌而长霉。它还会使阻焊剂、三防漆、灌封料的附着力及外观变差。

固体微粒污染，主要是指聚合物、灰尘、氧化物等残留在电子元件的表面，使涂覆层的结合力和外观变差，降低焊接强度。对IC芯片而言，会造成芯片短路或降低芯片的测试性能。

7.7.2 消除元器件污染的方法——清洗工艺

电子元件污染物的去除主要靠清洗工艺。因此清洗效果的好坏就成为了是否可获得高质量产品的关键。如果电子元件表面不完全清洁，其他处理无论如何也达不到高质量的要求。

电子元件的清洗工艺主要有湿法清洗工艺和干法清洗工艺，而最常用的是湿法清洗工艺。

7.7.2.1 湿法清洗工艺[3]

湿法清洗工艺依所用溶剂的不同，可分为水基清洗工艺和有机溶剂清洗工艺。

(1) 水基清洗工艺

水基清洗工艺主要用高纯度的去离子水（电导率在10～18Ω·cm）进行清洗。为了提高水的清洗效果，可在水中添加少量的表面活性剂、洗涤助剂和缓蚀剂等化学物质（一般含量在2%～10%），并可针对不同性质污染物的具体情况，在水基清洗剂中添加不同的添加剂，使其清洗的适用范围更宽或使用效果更好。水基清洗剂对水溶性污染物有很好的溶解作用，再配合加热、喷淋和喷射、刷洗、超声波等物理手段，能取得更好的清洗效果。利用水的溶解作用和表面活性剂的乳化、润湿、渗透和分散作用，能提高缝隙处的清洗效果，可将合成活性类助焊剂的残留物及合成树脂、脂肪等非可溶性污染物很好地清除。若加入适量的皂化剂（强碱或乙醇胺等），可使松香中的松香酸、油脂中的脂肪酸等发生皂化反应而除去。为了除去不溶性有机物，有时也得加入适量的有机溶剂。

水基清洗工艺流程包括清洗、漂洗、干燥三个工序，它们可以装入一台清洗机内进行连续清洗作业。

水基清洗工艺的优缺点：

① 优点：

a. 安全性好，毒性小，不危及工人健康和环境，不会走火和爆炸。

b. 适应性广，配方可灵活多样，可针对要求随意改变配方。

c. 对焊接无特别要求，不必改变现有的焊接工艺。

d. 增加超声波可强化清洗效果。

② 缺点：

a. 添加的表面活性剂、缓蚀剂等不易在漂洗时除去，会造成二次污染。

b. 清洗需用昂贵的高质量纯水或去离子水。

c. 水的热容量大，干燥较为困难，而干燥不彻底会造成腐蚀与短路。

d. 资源消耗较大，不仅水耗量大，而且将水加热、洗后干燥都需耗大量热能。

e. 清洗设备占用场地和空间较大，设备一次投资较大。

(2) 有机溶剂清洗工艺[4,5]

① 破坏臭氧层和不破坏臭氧层的有机溶剂　用极性小的憎水性有机溶剂加入一定量极性大的亲水溶剂组成的共沸物或混合物，可以在较低的温度下对各种有机污染物有很好的溶解作用，清洗效果也很好。电子元器件过去常用三氟三氯乙烷（$CCl_2F—CClF_2$，F-113）做清洗剂，它有脱脂能力强，化学稳定性高，相容性好，干燥温度低（47.6℃），毒性低，没有闪点和燃点，电绝缘性好，易回收利用等优点，早期已被广泛应用。但后来发现这类溶剂会破坏大气的臭氧层而被联合国禁用。此后开发了许多替代 F-113 的溶剂（见表 7-25），但发现单一溶剂做清洗剂的清洗效果并不理想，而是要采用不同溶剂的混合物来清洗，而且清洗流程必须更多才行。

表 7-25　不破坏臭氧层的有机溶剂

名称	商业名称	供应商
异丙醇	异丙醇	很多厂家
萜烯	KNL-2000	Envirosolv
非线型结构醇	Lonox FC	Kyzen
氢氟烃/庚烷恒沸物	Vertrel XF	Dupont
全氟-*N*-乙基吗啉/异辛烷恒沸物	PF-5862	3M

②有机溶剂清洗工艺的优缺点　优点：

a. 清洗能力强，对松香和合成活性类助焊剂等有很好的溶解清除效果。

b. 电绝缘性好，介电常数低。

c. 沸点低，挥发性好，易于回收利用。

缺点：

a. 高纯溶剂价格昂贵，工艺成本高。

b. 易挥发或蒸发，损耗较大。

c. 对工人健康和环境有一定影响。

d. 部分溶剂易燃易爆，生产安全性差。

e. 清洗流程较长，通常要热浸—冷漂洗—喷洗—汽洗—干燥。

7.7.2.2 干法清洗[6-8]

干法清洗工艺是指不用溶剂的清洗方法，通常是用等离子体、紫外线、激光产生的激活能在低温下将有机物快速分解为CO_2和H_2O的方法。目前常用的干法清洗有等离子体清洗、激光清洗和紫外线-臭氧清洗等工艺，但后两种工艺很少使用。

当低压气体遭受到射频的高能输入时，气体通过与高能电子的碰撞而发生电离，结果产生的自由电子、未反应的气体、中性的和离子化的粒子的混合物就称为等离子体。它能有效地以物理和化学作用来清除电子元件表面的油污，即使是如氩气这样的惰性气体，在经受射频能量后也变得有高活性。激活的氩原子和离子轰击待清洗的表面，就可消除残留的污染物。纯氧或氧-氩等离子体去除有机残留物的效果比氩的更好。表7-26列出了等离子体清洗工艺的参数。

表7-26 等离子体清洗工艺的参数

清洗工艺	氧等离子体	氩等离子体
温度/℃	150	70～100
腐蚀速率/（A/min）	800～1000	500
压力/Torr	1	0.2
功率/W	75	75
气流/（cm^3/min）	2～5	2～5
时间/min	2～5	2～5

注：1Torr=133.322Pa。

等离子体清洗可用于：①从电子元器件表面去除残余的光刻胶痕迹；②清洗线焊焊盘，去除环氧树脂的残留物；③清洗表面，改善有机涂覆、黏结剂或焊锡的润湿性和附着力。

等离子体清洗的优点：

① 不用化学溶剂，没有化学清洗的环境污染问题。

② 等离子体可渗入到电子元件的各个部位，清除表面上不同类型的污染物，

达到很高的洁净度。

③ 能有效清除微米级或更小的污染物。

④ 改善热压焊的可焊性和焊接强度。

等离子体清洗的缺点：

① 等离子体清洗的设备比较复杂，价格较贵。

② 对无机物的去除效果较差。

③ 用于大批量元件的清洗比较困难。

7.7.2.3 超临界流体清洗新工艺[9,10]

目前工业清洗主要采用有机溶剂清洗和水基清洗，有机溶剂以挥发性溶剂和含卤素的氯氟烃为主，每年全世界要用几百万吨，由于它对人体和臭氧层有严重的伤害，已被联合国规定为禁用产品；水基清洗因需要用表面活性剂，漂洗困难，干燥时间长，处理的金属易于生锈，而且会形成二次污染，设备与处理费用都很高。因此开发环境友好的高效清洗剂成为当务之急，而超临界 CO_2 清洗已成为全世界最关注的环保型高效清洗新技术。

(1) 超临界流体的特性

纯物质在密闭容器中随温度与压力的变化会呈现出液体、气体和固体等状态，当温度和压力达到特定的临界点以上时，液体与气体的界面会消失，液、气合并为均匀的流体，它就被称为“超临界流体”（surpercritical fluid，SCF)，临界点时的温度称为临界温度，压力称为临界压力。表 7-27 是各种常用流体的临界点数据。在临界点附近，流体的物理化学性质，如密度、黏度、溶解度、热容量、扩散系数和介电常数等会发生急剧的变化。

表 7-27 常用超临界流体的临界点数据

物质	沸点 /℃	临界温度 T /℃	临界压力 p /MPa	临界密度 d / (g/cm³)
二氧化碳	−78.5	31.6	7.39	0.448
氨	−33.4	132.3	11.28	0.24
甲醇	64.7	240.5	7.99	0.272
乙醇	78.2	243.4	6.38	0.276
水	100	374.2	22.00	0.344

由表 7-27 的数据可见，在众多的超临界流体中，二氧化碳具有最低的临界温度（31.6℃）和临界压力（7.39MPa)，它节能环保，原料易得，价格低廉，溶解力强，无毒且阻燃，易于回收利用，产物易纯化，适于大规模生产和应用，所以成为目前国内外应用最广的超临界流体。表 7-28 是超临界 CO_2 与一般清洁剂之特性比较。

表 7-28　高密度 CO_2 超临界流体与一般清洁溶剂之特性比较

溶剂	密度 /(kg/m³)	黏度/(cP 或 mN·s/m²)	表面张力 /(dyn/cm)	相对介电常数 μ_r	偶极矩 /D
液态 CO_2	870 (20℃,105atm)	0.08 (20℃,105atm)	1.5 (20℃沸腾线)	1.6 (0℃,100atm)	0
超临界流体 CO_2	300 (35℃,75atm)	0.03 (35℃,75atm)	0 (临界点以上)	1.3 (35℃,80atm)	0
1,1,1-三氯乙烷	1300	0.81	25.2	7.5	1.7
甲醇	800	0.54	22.1	32.7	1.7
纯水	1000	1.00	72.0	78.5	1.8

注：1dyn＝10^{-5}N。

超临界流体同时具备气、液两态的双重性质。

① 像液体　密度、溶解能力和传热系数接近液体，比气体大数百倍，由于物质的溶解度与溶剂的密度成正比，随着压力的升高，密度变大，其溶解度可提高 100～1000 倍，使污染物几乎全溶于超临界流体中而被除去。介电常数随压力的增加而急剧升高，使极性大的物质也很易溶于超临界流体中，故它可同时溶解极性和非极性的物质和各种固体，是极好的溶剂，可溶解难溶的树脂、油污、农药、咖啡因、SiN、晶圆和线路板蚀刻后的残渣等。

② 像气体　黏度、表面张力和扩散系数接近气体，扩散速度比液体快约两个数量级，传递速率远高于液体，可与大多数气体混合，具有极强的流动性、渗透力、铣孔力和扩张力，所以它又具备了表面活性剂的各种特性，可以快速地把深孔、狭缝和沟槽中的各种污染物送入超临界流体中。

超临界 CO_2 在接近室温（32℃）的条件下只要适当加压（7.4MPa）就可变成超临界流体，使它同时具备了表面活性剂和有机溶剂的性能，即它同时具备了水基清洗和溶剂清洗的特性，成为了取代水基与溶剂清洗的最佳工艺，成为了世界注目的环保型高级清洗新工艺。

(2) 超临界 CO_2 清洗工艺流程

超临界 CO_2 清洗工艺流程分间歇式和半连续式两种，图 7-15 和图 7-16 是基本流程。

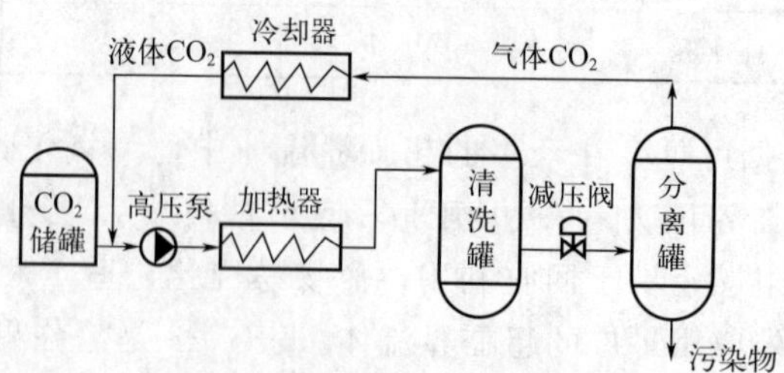

图 7-15　间歇式超临界 CO_2 清洗基本工艺流程

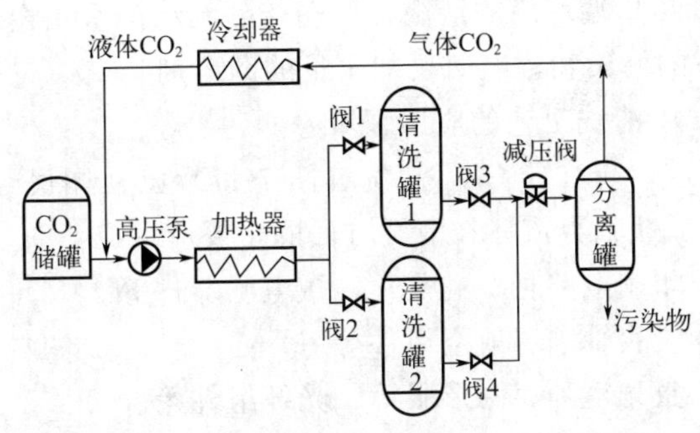

图 7-16　半连续式超临界 CO_2 清洗基本工艺流程

被清洗件通常装在一料筐中，通过顶盖放入清洗罐中。在间歇操作（图 7-15）中，从 CO_2 储罐中流出的液体 CO_2 通过高压泵和加热器使其压力和温度达到规定的操作压力和操作温度，成为超临界流体（压力＞7.39MPa，温度＞31.06℃），然后进入清洗罐，经数分钟清洗后，污染物被完全剥离，超临界 CO_2 与污染物的混合物通过减压阀适当减压后，在分离罐中分离。减压分离出的纯气体 CO_2 经冷却器冷凝成液体 CO_2 后，进入高压泵入口循环使用，污染物从分离罐底部排出。在半连续式操作流程（图 7-16）中，增设了一个清洗罐。打开阀 1 和阀 3，关闭阀 2 和阀 4，则清洗罐 1 处于清洗操作状态，而清洗罐 2 可进行卸料、装料操作。同样打开阀 2 和阀 4，关闭阀 1 和阀 3，则清洗罐 2 处于清洗操作，而清洗罐 1 可进行卸料、装料操作。这样反复交替地进行，系统整体操作是连续的，而每个罐是间歇的，因此称为半连续式操作。

（3）超临界 CO_2 清洗工艺的优缺点

① 超临界 CO_2 清洗技术的优点：

a. 超临界 CO_2 的表面张力和黏度极低，而扩散性却很高，易渗入深孔和细缝处，清洗效果极好，能除去小到 0.05μm 的颗粒，是国际最先进又环保的清洗新技术。

b. CO_2 不可燃、无毒、化学稳定性好、易分离，不会产生副反应。

c. CO_2 来源于化工副产物，廉价易得，易回收利用，能减少温室气体排放。

d. 超临界 CO_2 处理后的产物不需干燥，无溶剂残留，简化了溶剂的分离和后处理工序，不产生溶剂废液和废水。

e. 超临界 CO_2 对多种污染物的溶解力强，去除效率高，处理时间短，只需几分钟，溶剂和能量消耗低，还有优良的杀菌能力，可取代各种有毒的有机溶剂。

f. 超临界 CO_2 清洗的流程短，易操作和管理，溶解能力可通过调整流体的压力来实现。

② 超临界 CO_2 清洗技术的缺点：

a. 超临界 CO_2 清洗需要高压系统，设备投资费用较高。

b. 适于大批量和高端产品的清洗，低端产品的清洗费用相对较高。

c. 对特别难除的污染物，有时要加少量的助溶剂。

(4) 超临界 CO_2 清洗工艺的应用领域

据国内外的报道，超临界 CO_2 清洗（图 7-17）已在国民经济的许多领域获得广泛的应用。目前超临界流体在清洗方面的主要应用有：

① 电子电器　印刷电路板、硅晶片、微电子器件等。

② 国防工业　仪表轴承、航空组件等。

③ 光学工业　激光镜片、隐形眼镜、光纤组件等。

④ 精密机械　精密轴承、微细传动组件、燃油喷嘴。

⑤ 医疗器械　心律调节器、血液透析管、外科用具等（杀菌和清洗）。

⑥ 食品工业　食用米（去除农药，杀死细菌和虫卵）。

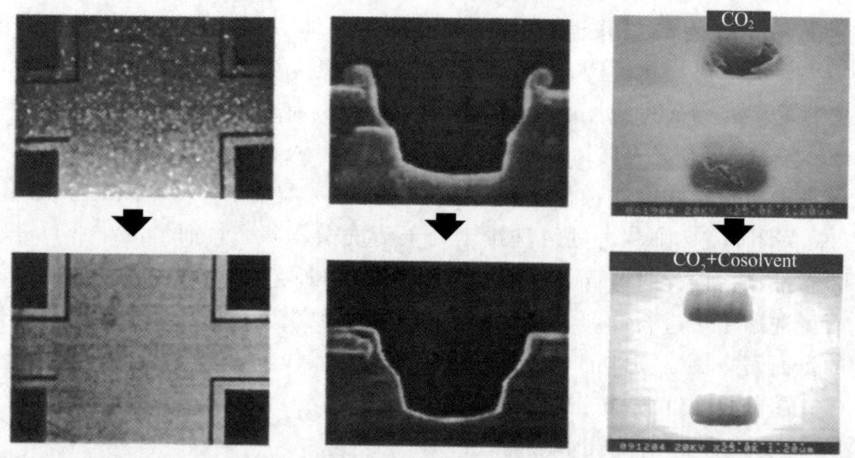

图 7-17　超临界 CO_2 清洗硅晶圆的效果

左上 SEM 照片为硅晶圆工作中产生的 SiN 微尘，左下为超临界 CO_2 配合助剂清洗后之表面；中上为晶圆经蚀刻后呈现的残渣，中下为超临界 CO_2 清洗后的面貌；右上为化学机械抛光后只经超临界 CO_2 清洗的导孔，右下为加入特定配合溶剂清洗后的导孔

7.7.2.4　结语

电子元器件的发展越来越向轻、薄、短、小和多功能方向发展，随着集成度越来越高，单元图形的尺寸越来越小，对污染物的容忍度越来越低，而清洗不佳引起的元器件失效的比重越来越大，这就迫使我们尽快研发出清洗效果好、价廉物美而又环保的新技术。而超临界 CO_2 清洗技术正是符合这一要求的新型清洗技术，它的应用面十分广泛，有非常好的发展前景[11,12]。期望我国的科技工作者能够深入研究，并尽快把它工业化，像我国的高铁一样，迅速占领科技的制高点，造福于中国和世界。

本节参考文献

[1] Rothman L B, Robey R J, Ali M K, Mount D J. Supercritical fluid process for semiconductor device fabrication. Advanced semiconductor manufacturing 2002 IEEE/SEMI conference and Workshop, 30, April-2 May 2002.

[2] 周志春. 印制电路板的清洗技术(二)[J]. 洗净技术, 2004, 2(7): 38-45.

[3] 杨红英. 电子装配中的绿色清洗[J]. 国防制造技术, 2009, 10(5): 12-13.

[4] 赵本信. 替代 CFC-113 清洗工艺的发展动向[J]. 航天工艺, 1996(2): 44-47.

[5] 和德林, 朱瑞廉, 王瑞庭. 电子元件清洗工艺与清洗剂[J]. 洗净技术, 2004(1).

[6] 刘子莲, 吴松平. 电子工艺用清洗剂的现状和发展趋势[J]. 电子工艺技术, 2010, 31: 258-260.

[7] 舒福璋. 半导体硅片清洗工艺的发展研究[J]. 中国高新技术企业, 2007(12): 96-99.

[8] 江海兵. 硅片清洗技术进展[J]. 硅谷, 2008, 19(4): 199-200.

[9] 李志义. 刘学武, 张晓冬, 夏远景, 胡大鹏. 超临界流体在微电子器件清洗中的应用[J]. 洗净技术, 2004, 12(5): 5-10.

[10] 方景礼. 21 世纪表面处理新技术[J]. 表面技术, 2005(8): 31-34.

[11] 方景礼. 面向未来的表面精饰新技术——超临界流体技术[J]. 电镀与涂饰, 2017, 36(1): 1-11.

[12] 方景礼. 印制板和电子元件的超临界流体清洗技术[J]. 印制电路信息, 2016, 24(4): 52-56.

第 8 章

镀镍添加剂

8.1 镀镍电解液的基本类型

8.1.1 概述

镍是具有银白色光亮的金属，略带黄色。其在空气中易钝化，有较好的化学稳定性，在常温下不受水、大气和碱的侵蚀。此外，镍具有优良的力学性能，如较高的硬度、较好的延展性等，镀镍层易通过打光或光亮电镀获得光亮的表面，再镀铬后可获得既光亮、耐磨又耐蚀的镀层，适于作为钢铁、黄铜、锌压铸物以及经过金属化处理的非金属制品的表面光亮装饰。因此，镀镍层是最重要的金属镀层之一。它广泛用于汽车、脚踏车、钟表、缝纫机、仪表、医疗器具、文具用品和日用五金等方面。镀镍始于 1841 年，Bottger 在硫酸镍铵和氯化镍铵组成的溶液中镀出了镍层。由于镍的还原过电压较大，交换电流密度较小，在简单金属离子溶液中即能获得较致密的镀层。1916 年美国的 O. P. Watt's 教授提出了著名的 Watt's 型镀镍液，这使原来只能用 $0.5A/dm^2$ 的电流密度提高到 $5A/dm^2$，Watt's 镀液成功的关键是采用了具有良好的 pH 缓冲性能的硼酸，此工艺一直沿用至今。

第一个光亮镀镍专利是在 1908 年由美国芝加哥 Meaker 公司的 E. C. Broad 获得的，他发现在镀镍液中加入 1,5-萘二磺酸和锌盐可获得光亮镀层。以 Watt's 镀镍液为基础的光亮镀镍液是在 1934 年由 Schlötter 提出的，并获得了美国专利(U. S. P. 1972693)，所用的光亮剂为芳香族多磺酸。1936 年美国专利 USP2026718 中提出用钴盐和甲酸做光亮剂。1941 年美国 McGean 化学公司获得了用十二烷基硫酸钠做防针孔剂的专利。1953 年 Harshaw 公司的 A. DuRose 发现了香豆素的高整平作用，创立了具有高抗蚀性的半光亮整平性镀镍液。几乎在同时 Udylite 公司的 H. Brown 发现了炔类光亮剂与糖精合用可以获得非常光亮的镀镍层，从而奠定了现代光亮镀镍的基础并在工业上获得大规模应用，在应用过程中光亮剂又进一步获得完善。后来，有人把半光亮镍与光亮镍组合起来，这就构成了多层镍系统。有人用镀镍光亮剂于镀铁镍合金，又衍生出了光亮铁镍合金工艺。此外，随着电铸和厚镀层要求镍层的延展性要好，应力要低，故于 1900 年左右发展了氟硼酸镀液，在 1938 年发展了氨磺酸镀镍，并实现了工业化。

到20世纪80年代光亮镀镍已发展到很高的水准，达到了比较完美的程度，其主要进展表现在以下两个方面：

（1）采用混合初级光亮剂或加入辅助初级光亮剂

在混合初级光亮剂中，除使用糖精、苯磺酸盐外，还加入微量（几十毫克/L）的苯亚磺酸钠，以提高低电流密度区镀层的光亮度，减少镀液对金属杂质及过量的第二类光亮剂所引起的镀层剥落及低电流密度区发黑和漏镀现象。

辅助初级光亮剂主要是不饱和脂肪族磺酸（酯）类（sulPhones）化合物，如丙烯基磺酸钠等，在pH＝3～5时，大约有90％被加氢而成为饱和磺酸，10％的化合物发生C—S键断裂，形成硫化镍而进入镀层，也有相当量的含碳物质进入镀层，因而也具有增光作用。

（2）采用炔醇与环氧的加成物和含氮杂环衍生物做次级光亮剂

20世纪50年代初至60年代末广泛应用的次级光亮剂是1,4-丁炔二醇及香豆素。它们与初级光亮剂配合使用，可获得光亮、整平的镀层，但光亮的电流密度范围不宽（约$1\sim2A/dm^2$），低电流密度区不够光亮，甚至漏镀，添加量范围及镀液温度范围比较狭窄。此外，这两种物质（尤其是香豆素）在使用过程中会产生有害分解产物，导致镀层变暗及发脆，镀液必须经常处理，维护比较麻烦。为了克服这些缺点，20世纪60年代末以来，国外对次级光亮剂进行了大量的研究工作。主要是发明了炔醇与环氧的加成物及吡啶（pyridine）、喹啉（quinoline）等含氮杂环的衍生物。

炔醇与环氧的加成物主要是丁炔二醇、炔丙醇与环氧丙烷和环氧氯丙烷在催化下缩合的产物丁炔二醇与环氧丙烷、环氧氯丙烷的缩合产物：

① 1mol丁炔二醇与2～3mol环氧丙烷在碱催化下缩合而成，产物必须与过量的环氧丙烷分离，这样才能获得整平性及延展性良好的光亮镀层。

② 丁炔二醇与环氧氯丙烷在酸催化剂（如BF_3）下缩合，再用亚硫酸钠把产物转化为可溶性的碘酸盐［氢氧（羟）烷基磺酸盐］。产物与糖精合用可获得很光亮的镀层，但高电流区易产生白朦。

③ 1mol丁炔二醇与2～3mol环氧氯丙烷及环氧丙烷的缩合物。要求产物中不对称的炔基磺酸必须占50％以上，才能获得较好的效果。

含氮杂环有机物，如吡啶、喹啉的季铵化衍生物都具有很好的整平效果。据介绍，效果较好的有以下几种化合物：

$$C_5H_5N^{\oplus}—CH_2—C(Cl)=CH(Cl)$$

1，2-二氯丙烯基吡啶

$$C_5H_5N^{\oplus}—CH_2—CH_2—CH_2SO_3^{\ominus}$$

N-（3-磺丙基）吡啶内盐

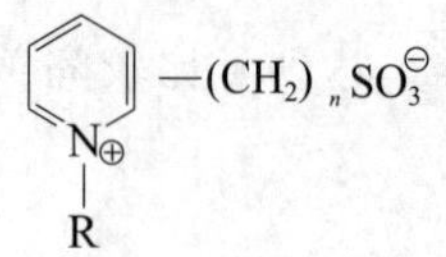

$\text{(吡啶环)}-(CH_2)_nSO_3^{\ominus}$（吡啶环 $N^{\oplus}$ 上连 R）

2（或 4）-乙基（或甲基）吡啶磺酸内铵盐

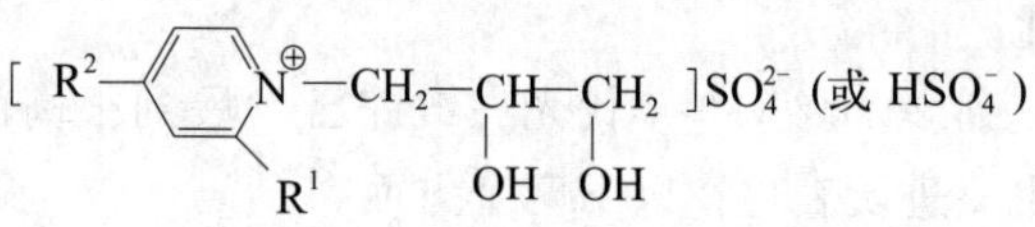

$[R^2\text{-(吡啶环, }R^1\text{)}N^{\oplus}-CH_2-CH(OH)-CH_2(OH)]SO_4^{2-}$（或 HSO_4^-）

N-（2，3-二羟丙基）吡啶硫酸盐

R 为 H 或烷烃

炔二醇与脂肪族卤代饱和一元酸反应生成的双酯与吡啶的反应物

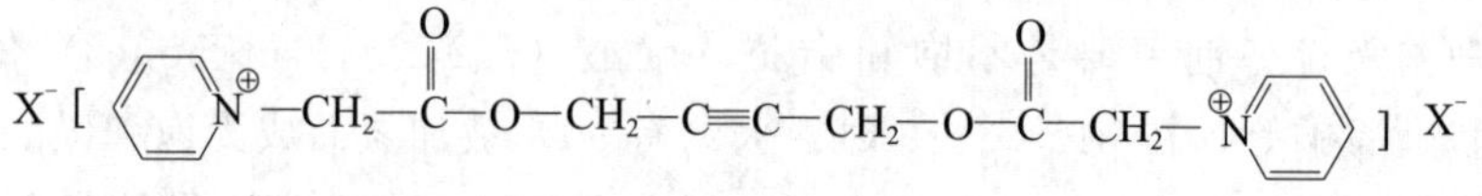

$$X^-[C_5H_5N^{\oplus}-CH_2-\overset{O}{\overset{\|}{C}}-O-CH_2-C\equiv C-CH_2-O-\overset{O}{\overset{\|}{C}}-CH_2-{}^{\oplus}NC_5H_5]X^-$$

进入 20 世纪 80 年代以来，光亮镀镍已达到了比较完美的程度，其主要特点是：

① 镀层具有镜面光亮，光亮电流密度范围宽广，复杂形状零件的凹凸部分均可获得光亮镀层。

② 整平性好，发生光亮速度快，数分钟后即可获得光亮镀层，大大提高了生产效率。

③ 镀层具有良好的延展性，应力可降至很低。

④ 有害分解产物少，溶液稳定，易于管理。

镀镍光亮剂的发展可以分为四个阶段或四代。

8.1.2 第一代光亮镀镍

第一代光亮镀镍是指 1950 年前，最初使用的光亮镀镍方法，所用的光亮剂以无机盐（如镉盐、锌盐、钴盐、硒盐等）和磺酸盐及其衍生物（如 1,5-苯二磺酸、苯三磺酸、对甲苯磺酰胺）为主，此时的光亮镀镍实际上只能达到半光亮的程度。表 8-1 列出了第一代光亮镀镍的典型配方工艺。

表 8-1 第一代光亮镀镍配方

成分及操作条件	配方 1	配方 2	成分及操作条件	配方 1	配方 2
硫酸镍/(g/L)	200～250	300～400	氯化镉/(g/L)	0.001～0.01	—
氯化钠/(g/L)	15～20	25～35	苯酚/(g/L)	—	0.3～0.6
硼酸/(g/L)	35～40	30～40	pH 值	4.2～4.6	4.5～4.8
硫酸镁/(g/L)	20～25	—	温度/℃	20～35	25～40
糖精/(g/L)	0.5～1.0	0.3～0.6	电流密度/(A/dm^2)	0.5～1.0	0.5～1.5

8.1.3 第二代光亮镀镍

第二代光亮镀镍是指 20 世纪 60 年代大规模采用以丁炔二醇与糖精组合光亮

剂的光亮镀镍。这种光亮剂组合比第一代光亮剂有更好的光亮度和较低的脆性，镀层白亮，但整平性差，而且丁炔二醇的还原产物1,4-丁二醇和正丁烷残留在镀液中会使镀液性能恶化，并且很难用活性炭除去。表8-2列出了第二代光亮镀镍的典型配方工艺。

表8-2　第二代光亮镀镍配方

成分及操作条件	配方1	配方2	成分及操作条件	配方1	配方2
硫酸镍/(g/L)	250～300	300～350	十二烷基硫酸钠/(g/L)	0.05～0.15	0.05～0.10
氯化镍/(g/L)	30～50	—	pH值	4～4.6	4～4.5
氯化钠/(g/L)	—	10～15	温度/℃	40～50	50～55
硼酸/(g/L)	35～40	35～40	电流密度/(A/dm^2)	1.5～3.0	1.5～3.0
糖精/(g/L)	0.8～1.0	0.8～1.0	阴极移动	需要	需要
丁炔二醇/(g/L)	0.4～0.5	0.4～0.5			

8.1.4　第三代光亮镀镍

第三代光亮镀镍是指20世纪70年代大规模使用以丁炔二醇与环氧化合物的缩合产物做次级光亮剂，以糖精做初级光亮剂的光亮镀镍。这种组合光亮剂可以大大提高镀液的整平能力和光亮度，大处理周期也较长。到20世纪70年代，我国也自行合成了丁炔二醇与环氧氯丙烷的缩合物BE、丁炔二醇与环氧氯丙烷缩合后再用亚硫酸钠磺化的产物791，以及环氧丙烷与丁炔二醇的缩合物PK等。

第三代光亮镀镍的主要缺点是出光速度慢，低电流区光亮度差，高电流区易发雾，只适用于要求不高的简单工作。后来的研究发现，在第三代镀镍光亮剂中加入适量的乙烯磺酸钠、烯丙基磺酸钠和烯丙基磺酰胺等化合物，可以进一步提高出光速度和整平速度，降低金属杂质离子的影响。表8-3列出了第三代光亮镀镍的典型配方工艺。

表8-3　第三代光亮镀镍配方

成分及操作条件	配方1(滚镀)	配方2(滚镀)	配方3(挂镀)	配方4(挂镀)
硫酸镍/(g/L)	180～250	350～380	300～350	250～320
氯化镍/(g/L)	—	30～40	—	—
氯化钠/(g/L)	15～20	—	12～15	12～20
硼酸/(g/L)	30～45	40～45	35～40	35～45
791光亮剂/(mL/L)	1～2	—	2～4	0.8～1.2
BE/(mL/L)	—	0.5～0.75	—	—

续表

成分及操作条件	配方1(滚镀)	配方2(滚镀)	配方3(挂镀)	配方4(挂镀)
糖精/(g/L)	1.5～3	0.8～1	0.8～1	1～2
十二烷基硫酸钠/(g/L)	—	0.05～0.10	0.05～0.10	0.05～0.25
pH值	4.5～5.5	3.8～4.2	4～4.5	4.2～4.8
时间/s	44～45	50～58	40～50	50～60
电流密度/(A/dm^2)	0.5～2	3～5	2～3	2.5～4.5

8.1.5 第四代光亮镀镍

第四代光亮镀镍是指20世纪80年代国外开发的以吡啶类衍生物、丙炔胺和丙炔醇衍生物及其环氧缩合物或磺化产物为主的光亮镀镍。第四代镀镍光亮剂都是多种中间体复配而成的，它兼顾了光亮度、整平能力、出光速度、在镀液中的稳定性、容忍杂质的能力、低电流区的覆盖能力；分解产物的多少及除去的难易、添加剂的消耗量、镀镍层的色泽、硬度、应力、延展性等多方面的要求。单靠一两种中间体往往难以达到上述的各项要求。

第四代镀镍光亮剂又常以光亮剂、柔软剂、润湿剂、低电流区走位剂或统称为辅助光亮剂的形式面世。其工艺特点是：

① 镀层外观可以是白亮或乌亮，晶粒细小，结构微密，柔软性好，针孔少；

② 整平性好，出光速度快（一般3～5min即可光亮），覆盖能力（走位性）好；

③ 添加剂的分解产物少，镀液使用寿命长，大处理的周期长；

④ 镀液抗杂质能力强，能容忍较多的各种金属杂质。

(1) 柔软剂

为初级光亮剂，其主要成分为邻苯甲酰磺酰亚胺（糖精）和对甲苯磺酰胺等。另外还需加入两类辅助成分，才能组成优良的柔软剂。一类辅助成分是烯丙基磺酸钠、苯亚磺酸钠等，它们主要起辅助整平作用；另一类是杂质容忍物质或抗杂质干扰物质，如烯烃的磺化产物、有机多酸盐和不饱和烷基磺酸钠等，它们可提高柔软剂的低电流密度区的光亮作用。在市售的镀镍光亮剂中，有人将柔软剂作为单一产品销售，也有人将它与低、中、高电流区的走位剂合在一起，以走位剂的形式销售。

(2) 光亮剂

通常指在高、中电流密度区起光亮、整平作用的中间体，为次级光亮剂。它们是近年来发展最快、变化最大的光亮剂组分，主要是以下几类物质：

① 炔醇的加成物。炔醇加成物的名称、结构、添加量和消耗量见表8-4。

表 8-4　炔醇加成物的名称、结构、添加量和消耗量

代号	品名	化学结构	添加量/(mg/L)	消耗量/(g/KAH)	生产厂
PAP	丙氧基化丙炔醇	$HC\equiv C-CH_2OCH_2-CH(OH)-CH_3$	10～30	6	达志,风帆,永生,金日
PME	乙氧基化丙炔醇	$HC\equiv C-CH_2O-CH(OH)-CH_3$	10～30	4	达志,风帆,永生,金日
BEO	乙氧基化丁炔二醇	$HOCH_2-C\equiv C-CH_2O-CH(OH)-CH_3$	20～100	6	达志,风帆,永生,梦得
BMP	丙氧基化丁炔二醇	$HOCH_2-C\equiv C-CH_2OCH_2-CH(OH)-CH_3$	50～150	5	达志,风帆,金日,梦得
POPS	丙炔-3-磺丙基醚钠盐	$HC\equiv C-CH_2O-CH_2-CH_2-CH_2SO_3Na$	10～50	10	达志,风帆
PHE	2-丙炔基-2-羟烷基醚	$HC\equiv C-CH_2O-CH_2-CH(OH)-R$	10～30	5	达志
POG	甘油单丙炔醚	$HOCH_2-CH(OH)-CH_2O-CH_2-C\equiv CH$	5～30	5	达志,风帆
HBE	4-羟基-2-丁炔基-2羟烷基醚	$HOCH_2-C\equiv C-CH_2O-CH_2-CH(OH)-R$	20～100	6	达志
HD	3-己炔-2,5-二醇	$CH_3-CH(OH)-C\equiv C-CH(OH)CH_3$	20～200		风帆,BASF

② 炔胺衍生物。炔胺衍生物的名称、结构、添加量和消耗量见表 8-5。

表 8-5　炔胺衍生物的名称、结构、添加量和消耗量

代号	品名	化学结构	添加量/(mg/L)	消耗量/(g/KAH)	生产厂
MPA	二甲基丙炔胺	$(CH_3)_2NCH_2-C\equiv CH$	1～10		BASF
DEP	二乙基丙炔胺	$(C_2H_5)_2N-CH_2-C\equiv CH$	1～10	1.5	达志,风帆,永生,金日
PDA	丙炔基二乙胺甲酸盐	$(C_2H_5)_2N-CH_2-C\equiv CH\cdot HCOOH$	2～20	3	达志,风帆
DEPS	*N*,*N*-二乙基丙炔胺丙烷磺酸内盐	$HC\equiv C-CH_2-\overset{+}{N}(C_2H_5)_2-CH_2CH_2CH_2SO_3^-$	10～100	—	风帆
DMEAP	炔醇胺类化合物		50～100		风帆
EAP	二乙胺基戊炔醇	$(C_2H_5)_2N-CH_2-C\equiv C-CH_2-CH_2OH$	1～10		BASF

③吡啶衍生物。吡啶衍生物的名称、结构、添加量和消耗量见表 8-6。

表 8-6 吡啶衍生物的名称、结构、添加量和消耗量

代号	品名	化学结构	添加量/(mg/L)	消耗量/(g/KAH)	生产厂
PPS	吡啶鎓丙烷磺基内盐	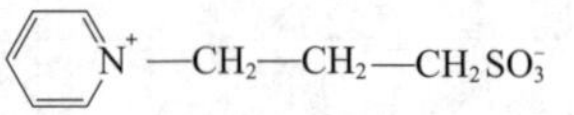 $C_5H_5N^+—CH_2—CH_2—CH_2SO_3^-$	20～200	10	达志，风帆，梦得，金日，BASF
PHP 或 PPSOH	吡啶鎓羟丙磺基内盐	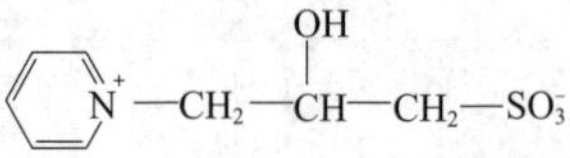 $C_5H_5N^+—CH_2—CH(OH)—CH_2—SO_3^-$	50～500	30	达志，风帆，永生，吉和昌，梦得
APC-50	N-丙烯基氯化吡啶	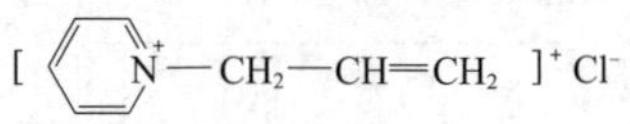 $[C_5H_5N^+—CH_2—CH=CH_2]^+Cl^-$			BASF
TC-PHP	吡啶鎓羟丙基硫代内盐	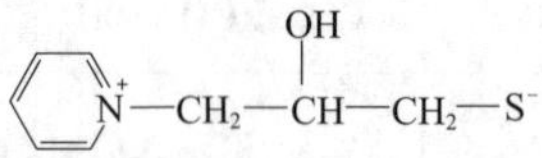 $C_5H_5N^+—CH_2—CH(OH)—CH_2—S^-$	100～300		
SPV	N-(3-丙磺酸)-2-乙烯基吡啶内盐	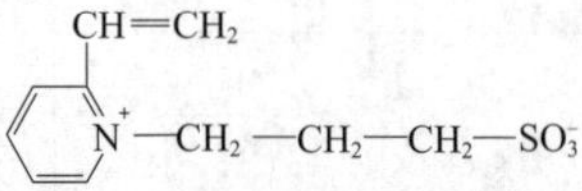 2-($CH=CH_2$)$C_5H_4N^+—CH_2—CH_2—CH_2—SO_3^-$			Raschig
	吡啶乙氧基醚磺酸盐	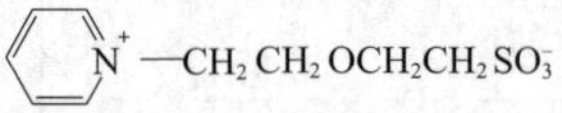 $C_5H_5N^+—CH_2CH_2OCH_2CH_2SO_3^-$			
	吡啶丙烷硫酸盐	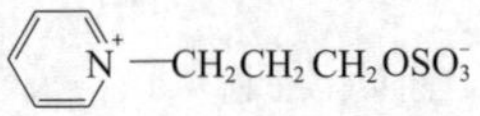 $C_5H_5N^+—CH_2CH_2CH_2OSO_3^-$			
	吡啶苄磺酸盐	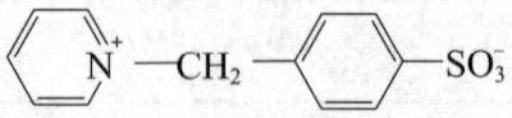 $C_5H_5N^+—CH_2—C_6H_4—SO_3^-$			
BN 乌亮剂	吡啶季铵盐类衍生物		5～15	2～6	永生，延中
SAPS	糖精-N-3-丙烷磺酸钠	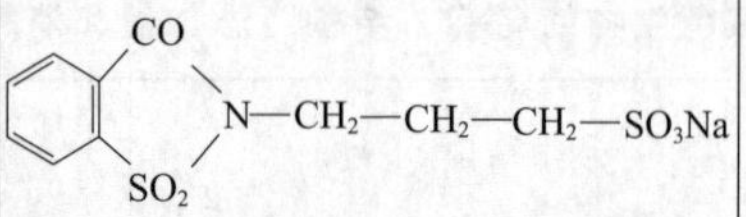 $C_6H_4(CO)(SO_2)N—CH_2—CH_2—CH_2—SO_3Na$			Raschig

④低电流密度区走位剂。低电流区走位剂的名称、结构、添加量和消耗量见表 8-7。

表 8-7 低电流区走位剂的名称、结构、添加量和消耗量

代号	品名	化学结构	添加量/(mg/L)	消耗量/(g/KAH)	生产厂
VS	乙烯基磺酸钠	$H_2C=CH-SO_3Na$	100～300	20～40	梦得，BASF
US	羧乙基异硫脲钠盐	$H_2N—C(=\oplus NH_2)—S—CH_2—CH_2—COONa$	10～20	3	达志

续表

代号	品名	化学结构	添加量/(mg/L)	消耗量/(g/KAH)	生产厂
PS	炔丙基磺酸钠	$HC\equiv C-CH_2-SO_3Na$	10～100	12	达志，风帆，梦得，BASF
ATP	S-羧乙基异硫脲氯化物	$H_2N-\overset{\oplus NH_2}{\overset{\Vert}{C}}-S-CH_2-CH_2-COOH\cdot HCl$	1～10	1.5	风帆，BASF
ATPN	羟乙基异硫脲内盐	$H_2N-\overset{\oplus NH_2}{\overset{\Vert}{C}}-S-CH_2-CH_2OH$	1～10	1	达志，梦得，BASF
ALS	丙烯基磺酸钠	$H_2C=CH-CH_2-SO_3Na$	3～10	120	达志，风帆，BASF
SAS	烯丙基磺酸钠	$CH_3-CH=CH-SO_3Na$	500～2000	10～20	梦得，吉和昌
ALO_3	炔醇基磺酸钠	$HOCH_2-C\equiv C-SO_3Na$	10～100	12	达志
BAS	苯亚磺酸钠	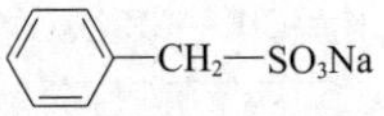 $C_6H_5-CH_2-SO_3Na$	20～100	30	达志，梦得
LCD	杂环多硫化物磺酸钠		10～50	10	达志
IUS	3-异硫脲丙酸盐	$H_2N-\overset{\oplus NH_2}{\overset{\Vert}{C}}-S-CH_2-CH_2-COO^-$	2～20	2	达志
TES	乙氧化烷醇基磺酸钠	$RO(CH_2CH_2O)_nSO_3Na$	10～50	10	达志
SSO_3	羟烷基磺酸钠	$HO-R-SO_3Na$	2～20	2	达志，风帆
SPS	羰基化合物磺酸钠	$R-\overset{O}{\overset{\Vert}{C}}-SO_3Na$	500～2500	60	达志
UAS	不饱和烷基磺酸钠		300～3000	40	达志，BASF
PN	烷醇基磺酸钠	$HOCH_2-R-SO_3Na$	50～500	30	达志，风帆，吉和昌
BOPS			10～100		吉和昌
PESS	丙炔鎓盐				梦得

⑤ 润湿剂或防针孔剂。润湿剂的名称、结构、添加量和消耗量见表 8-8。

表 8-8　润湿剂的名称、结构、添加量和消耗量

代号	品名	化学结构	添加量/(mg/L)	消耗量/(g/KAH)	生产厂
A-BP	磺基丁二酸酯钠盐	NaO_3S-CH_2-COOR / $\vert$ / CH_2-COOR	200～1000	10	达志

续表

代号	品名	化学结构	添加量/(mg/L)	消耗量/(g/KAH)	生产厂
A-MP	磺基丁二酸二乙酯钠盐	$NaO_3S-CH_2-COOC_2H_5$ / $CH_2-COOC_2H_5$	20～200	2	达志
A-YP	磺基丁二酸二戊酯钠盐	$NaO_3S-CH_2-COOC_5H_{11}$ / $CH_2-COOC_5H_{11}$	20～200	2	达志,BASF
EHS	乙基己基硫酸钠	$CH_3-C(C_2H_5)-CH_2-CH_2-CH_2-CH_2OSO_3Na$	500～1000	50～80	梦得
DC-EHS	2-乙基己基硫酸钠	$CH_3-C(C_2H_5)-CH_2-CH_2-CH_2-CH_2OSO_3Na$	50～250	2	达志
TC-EHS	2-乙基己基硫酸酯盐	$CH_3-C(C_2H_5)-CH_2-CH_2-CH_2-CH_2OSO_3^-$	50～250	—	风帆,BASF
AS2230	月桂基醚硫酸盐	$C_{12}H_{25}OSO_3^-$	100～1000		BASF
DRO	聚氧乙烯烷基酚醚硫酸钠	$R-C_6H_4-O-(CH_2CH_2O)_n-SO_3Na$	200～400	10	达志
LRO			50～250	40	吉和昌
LB	低泡润湿剂	烯烃的磺化产物	1～2mL/L		永生,BASF

⑥ 白亮剂。白亮剂的名称、性能与生产厂见表 8-9。

表 8-9　白亮剂的名称、性能与生产厂

代号	品名	性能	添加量/(mg/L)	消耗量/(g/KAH)	生产厂
EHS		增加镀层白亮及分散能力			吉和昌
MOSS	丁醚鎓盐	强力白亮走位剂	10～20	3～5	梦得,延陵

第四代光亮镀镍的典型配方列于表 8-10，其特点是可在 2～5min 内获得柔软、镜面光亮、深镀能力好、消耗量低、适于挂镀和滚镀用等。

表 8-10　第四代光亮镀镍的典型配方

成分及操作条件	滚镀配方	挂镀配方	成分及操作条件	滚镀配方	挂镀配方
硫酸镍/(g/L)	280～320	200～260	主光剂/(mL/L)	0.5～0.7	0.3～0.7
氯化镍/(g/L)	45～55	45～55	柔软剂/(mL/L)	6～8	8
硼酸/(g/L)	40～50	40～50	pH 值	4～4.5	4～5
十二烷基硫酸钠或低泡润湿剂/(mL/L)	0.5～1	0.5～1	电流密度/(A/dm^2)	0.1～10	—
			温度/℃	50～60	50～60

8.1.6 普通和光亮镀镍液的类型

根据镍镀层的外观，镀镍可以分为普通镍、半光亮镍、光亮镍、高硫镍、低应力镍、硬镍和黑镍等，其中半光亮镍、高硫镍与光亮镍又可组成多层镍。为便于讨论，本书把镀镍分为三类：普通镍、光亮镍、多层镍。重点是阐述光亮镍和多层镍的添加剂和工程。

（1）普通镀镍液

普通镀镍液主要有：低氯化物硫酸盐（Watt's 镀液）、高氯化物硫酸盐、氯化物、氨基磺酸盐、焦磷酸盐、柠檬酸盐、氟硼酸盐电解液等。其中应用最广的是硫酸盐、氯化物和氨磺酸镀液。表 8-11 列出了硫酸盐、氯化物和氨磺酸镍镀液的配方和作业条件。1 号配方为低浓度打底用镀液，2 号为普通镀镍液，3 号为快速镀镍液，4 号为高效、高分散能力（throwing power）全氯化物镀液，具有针孔少，应力大的特点，适于不锈钢及管状零件的打底电镀，也可作为应力镍用。5 号为低应力镀镍液，具有较高的硬度和延展性，可采用高的电流密度，适于做高速镀镍和电铸用。其缺点是成本高，且对杂质比较敏感，需用高级原材料而且要经常提纯，另外，在高温时氨磺酸易分解（80℃时的分解率为 7%～8%），因而镀液温度不宜过高。

表 8-11 普通镀镍液的配方和操作条件

溶液组成	1 打底镀镍	2 普通镍	3 快速镍	4 全氯化物	5 氨磺酸镍
$NiSO_4 \cdot 7H_2O$/(g/L)	120～140	250～300	280～300		
$NiCl_2 \cdot 6H_2O$/(g/L)			40～60	300	10
$Ni(H_2NSO_3)_2$/(g/L)					350
NaCl/(g/L)	7～9	7～9			
H_3BO_3/(g/L)	30～40	35～40	35～40	30	40
Na_2SO_4/(g/L)	50～80	40～60			
$MgSO_4 \cdot 7H_2O$/(g/L)		50～60			
$C_{12}H_{25}SO_4Na$/(g/L)	0.01～0.02		0.05～0.1		
pH 值	5～5.6	4～4.5	4～4.2	3.8	3～4
温度/℃	30～35	30～40	50～60	55	30～50
电流密度/(A/dm²)	0.8～1.5	0.8～1	1～7.5	1～13	2～20
阴极移动	不需要	需要	需要	需要	需要

在普通镀镍液中必须有相当量的氯离子，才能消除镍阳极钝化，故称为阳极

去极化（或反钝化）剂，也称为阳极溶解的活化剂。氯离子还能提高溶液的导电性，改善镀液的均一性和析出速度。高氯离子镀液适于快速镀镍、镀高应力镍和不锈钢的镀镍，氯离子的补充通常是通过氯化镍或氯化钠来实现的。

硫酸钠和硫酸镁是作为导电盐加入的，以改善镀液的分散能力。其中硫酸镁的加入还可使镀层白而柔软，还可提高镀层的光亮度。必须指出，Na^{+}过量时，双电层中有部分镍离子被钠离子取代，使镍离子放电受到抑制，有利于氢离子放电，使阴极膜中 pH 值升高更快，容易产生毛刺。普通镀镍液常见故障及调整方法见表 8-12。

表 8-12　普通镀镍液的常见故障及调整方法

故障现象	故障原因	调整方法
镀层起疱脱皮	(1)镀前预处理不好 (2)镀液 pH 值不正常 (3)有机物或金属杂质污染 (4)电流偏大,温度偏低	(1)加强镀前处理 (2)调整镀液 pH 值 (3)检查杂质类别,按要求处理 (4)调整电流、温度至最佳值
镀层粗糙、毛刺	(1)镍阳极品质不良 (2)有固体悬浮物 (3)添加剂未全部溶解	(1)调换合格阳极 (2)过滤镀液 (3)加热、搅拌,再过滤镀液
镀层有针孔、凹洞	(1)十二烷基磺酸钠太少 (2)pH 值不正常 (3)有机杂质污染 (4)镀前处理不良	(1)补充十二烷基磺酸钠 (2)调整 pH 值 (3)活性炭处理 (4)加强镀前处理
镀层暗,被镀物凹部呈灰黑色	(1)pH 值偏高 (2)镀液温度偏高 (3)有铜、锌等杂质	(1)适当降低 pH 值 (2)适当降低温度 (3)电解除去金属杂质或加除杂质剂
阳极钝化	(1)阳极电流偏高 (2)氯化物含量偏低	(1)增大阳极面积 (2)补充氯化物
镀层晶粒粗大	(1)镍含量高,电流低 (2)温度偏高 (3)pH 值偏低	(1)稀释镀液和增大电流密度 (2)适当降低温度 (3)适当调整 pH 值
无镀层沉积	(1)有铬和硝酸根存在 (2)导电体接触不良	(1)加温及电解处理 (2)检查电路
零件尖端或边缘镀层脱落	(1)电流密度过大 (2)主盐或硼酸浓度太低	(1)降低电流 (2)分析调整镀液成分

(2) 光亮镀镍液

① 配方与作业条件　光亮镀镍不仅可以省去繁重的抛光工程，改善操作条件，节约电能及抛光材料的消耗，而且还能实现连续电镀，使被镀物通过一次上挂钩后，便可连续实现铜/镍/铬等多层电镀工艺，使电镀工艺实现了自动化，因此光亮镀镍得到了国际上的高度重视和大规模的应用。

光亮镀镍电解液类型很多，其主要差别在于光亮剂的不同。表 8-13 列出了国内典型的光亮镀镍液的配方和工艺条件。

表 8-13　光亮镀镍液的配方与工艺条件

溶液组成和工艺条件	武汉风帆	广州二轻	武汉材保所	上海永生	美国安美特	杭州东方	福建八达
硫酸镍（$NiSO_4 \cdot 6H_2O$）/(g/L)	220～320	250～300	280～320	300～350	270	260～300	250～300
氯化镍（$NiCl_2 \cdot 6H_2O$）/(g/L)	50～70	45～55	45～55		60		30～50
氯化钠（NaCl）/(g/L)				15～18		10～20	
硼酸（H_3BO_3）/(g/L)	35～45	40～50	40～45	40～45	45	40～50	40～45
N-100 主光亮剂/(mL/L)	0.3～0.7						
N-101 走位水/(mL/L)	6～10						
WT-300 低泡润湿剂/(mL/L)	1						
BH-981 开缸剂/(mL/L)		10					
BH-208 润湿剂/(mL/L)		2					
BN-92A 光亮剂/(mL/L)			0.4～0.6				
BN-92B 光亮剂/(mL/L)			4～6				
3# 或 5# 镀镍光亮剂/(mL/L)				4～5			
6# 镀镍光亮剂/(mL/L)				0.3～0.5			
LB 低泡润湿剂/(mL/L)				1～2			
3# 主光亮剂/(mL/L)					0.5		
3# 柔软剂/(mL/L)					5		
BNB-3 光亮剂/(mL/L)						1	
P-3 柔软剂/(mL/L)						5	
FK-280A 辅光剂/(mL/L)							10～15
FK-280B 主光剂/(mL/L)							2
FK-37 低泡润湿剂/(mL/L)							1～3
pH	4.0～5.0	4.0～5.0	3.8～4.2	4.2～5.5	4.5	3.5～4.4	3.8～4.8
T/℃	45～65	45～65	50～65	48～55	60	50～60	55～65
D_k/(A/dm^2)	2～8	2～8	2～6	2～8	5	2～6	1～10
空气搅拌或阴极移动	需要	需要	需要	需要	需要	需要	需要

②镀液成分与作业条件的影响　光亮镀镍在工程和操作上已形成了三高一低的特点，即高浓度、高温和高电流密度，低 pH 值。硫酸镍浓度高的镀液导电性能较好，工作范围较宽，允许使用较高的电流密度，能提高沉积速度、镀层的光亮度和整平性，但镀液均一性差，成本高，带出损失大。

光亮镀镍的工作温度通常为 45～65℃，采用较高的温度能使用较大的电流密度，但温度过高，会加快盐类水解形成氢氧化物沉淀的速度（尤其促进铁杂质的水解），并降低镀液的均一性。过高的温度也会加速某些添加剂的挥发和分解，增大添加剂的消耗量。

pH 值较高的电解液虽然均一性较好，电流效率较高，但 pH 值偏高（大于 4.5）时，就会形成镍及金属杂质（尤其是铁）的胶态碱式盐或氢氧化物沉淀，它们吸着在阳极表面，并形成细小颗粒混合的镀层，使镀层粗糙，内应力增高，脆性增大，并有助于氢气泡在阴极表面停留，形成针孔。此外，高 pH 值会促使阳极极化，导致添加剂的氧化分解。pH 值较低的镀液，阳极溶解较好，泥渣少，并能采用高的电流密度。但 pH 值过低时也易形成针孔和引起素材的氢脆，降低镀层光亮度。

③ 杂质的影响及消除　镍的沉积电位较负，镀液内的许多层金属杂质及有机物较易与镍共沉积，影响镀层的外观及物理力学性能，光亮镀镍液对杂质更为敏感。杂质的影响程度与电解液的类型及添加剂类型有关，但有着共同的规律性，在一般镀镍的著作及资料中都有详述。现仅扼要归结见表 8-14。

表 8-14　杂质对光亮镀镍液的影响及消除方法

杂质种类	最大临界浓度/(g/L)	影响	消除
	光亮镍		
铜	0.01～0.03	导致镀层附着力不良，低电流密度区镀层呈灰黑色	低电流密度（0.2A/cm^2）电解处理，或加选择沉淀剂
锌	0.02～0.08	镀层发脆，发暗，低电流密度区呈黑色条纹状沉积	低电流密度（0.2A/cm^2）电解处理，或加选择沉淀剂
铅	0.005	灰色或黑色粗糙层且影响附着	低电流密度（0.2A/cm^2）电解处理，或加选择沉淀剂
镉	0.01～0.05	低电流密度区镀层发暗，发脆	低电流密度（0.2A/cm^2）电解处理，或加选择沉淀剂
铁	0.03	镍层发脆，并出现针孔、粗糙及斑痕	用双氧水把 Fe^{2+} 氧化成 Fe^{3+} 调整 pH 值至 5.2～5.5，使氢氧化铁沉淀，然后滤去。或电解处理（电流密度 0.4A/dm^2 左右）
铬（Cr^{6+}）	0.005～0.01	电流效率降低，镀层出现条纹，斑痕，长疱，剥落，以至低电流密度区镀上镍	用亚硫酸氢钠或硫酸亚铁把 Cr^{6+} 还原成 Cr^{3+}，然后用电解处理除去，或调整 pH 值至 5.8～6.0，在 60℃下搅拌，过滤除去
铝	0.25	电流效率降低，镀层粗糙，低电流密度区出现白色粉末，高电流密度区镀层剥落	调整 pH 值至 5 左右，过滤除去
锡（Sn^{2+}）		低电流密度区镀层发黑	用双氧水氧化为 Sn^{4+}，过滤除去

续表

杂质种类	最大临界浓度/(g/L)	影响	消除
	光亮镍		
硝酸根	0.2	电流效率下降，镀层灰黑，发脆，低电流密度区无镀层	在低pH值(1～2)下用大电流($>1A/dm^2$)电解，使之在阴极还原为氨除去
磷酸根		降低极限电流密度，镀层粗糙	调整pH值至5.2～5.5，使生成磷配镍沉淀，过滤除去
硅酸盐		使镀层形成细针孔	滤液加入活性炭，搅匀后彻底过滤
有机杂质或过量添加剂		形成斑痕，条纹，针孔，镀层发脆，低电流密度区镀层发黑等	活性炭处理或双氧水-活性炭联合处理，也可用电解处理

④ 光亮镀镍常见故障及调整方法　光亮镀镍的常见故障及调整方法见表8-15。

表8-15　光亮镀镍的常见故障及调整方法

故障现象	产生原因	调整方法
镀层不光亮	(1)光亮剂不足 (2)镀品光亮度差 (3)有机杂质多 (4)金属杂质多 (5)电流密度小 (6)pH值过低 (7)前面工程镀层不好	(1)补充光亮剂 (2)提高镀品表面的光亮度 (3)用双氧水、活性炭处理 (4)电解或加消除剂 (5)提高电流密度 (6)适当提高pH值 (7)检查前道工程，设法调整
镀层生花斑	(1)润湿剂未充分溶解 (2)润湿剂过多 (3)润湿剂太少 (4)前处理不当	(1)充分煮沸后加入 (2)适当升温，增加电流密度 (3)适当补加润湿剂 (4)加强前处理
镀层脆性	(1)前处理不完全 (2)糖精含量不足 (3)硼酸含量不足 (4)光亮剂过量	(1)加强前处理 (2)调整糖精含量 (3)分析调整硼酸含量 (4)加双氧水、活性炭处理，过滤
镀层针孔	(1)前处理不当 (2)素材金属不良 (3)有机或无机杂质多 (4)润湿剂过量或不足 (5)电流过大 (6)硼酸含量不足 (7)pH值过高 (8)温度过高 (9)存在添加剂不溶物	(1)加强前处理 (2)检查改善素材 (3)用活性炭或电解处理 (4)用活性炭处理或补充 (5)调整电流 (6)调整硼酸含量 (7)适当降低pH值 (8)调整镀液温度 (9)添加剂溶解完全后过滤再加入

续表

故障现象	产生原因	调整方法
镀层变朦	(1)温度过高 (2)光亮剂不足 (3)pH 值过高或过低 (4)润湿剂不足 (5)润湿剂溶解不当	(1)降温到作业范围 (2)补充光亮剂 (3)调整到作业范围 (4)补充润湿剂 (5)充分煮沸后加入
毛刺	(1)镀液混浊 (2)阳极泥渣多,阳极袋破损	(1)过滤 (2)检查阳极袋,过滤
镀层有橘皮、皱皮状光亮	(1)润湿剂过量或活性炭未过滤净 (2)pH 值过高	(1)用活性炭处理,认真过滤镀液 (2)适当降低 pH 值

(3) 多层镀镍液

经典的防腐装饰性镀层主要采用铜-镍-铬电镀体系。由于铜、镍、铬的电位比铁正，对铁来说是阴极性镀层，对素材的防蚀主要靠机械保护，一旦镀层出现腐蚀缝隙，腐蚀作用即在铁上加速进行。为了提高耐蚀性，只得增加镀层厚度。

在国外，随着汽车工业的发展，对防腐装饰性镀层提出了越来越高的要求。20 世纪 50 年代以来，逐渐发展了以镍-铬为主体的防腐装饰镀层。镍-铬体系对素材的防蚀作用是电化学保护作用，可分为阳极牺牲型（如二层镍及三层镍）和腐蚀分散型（如微孔铬、微裂纹铬）两种类型。

腐蚀分散型是以适当工艺在铬上形成大量的微孔或微裂纹，从而使腐蚀电流大为分散，在铬层表面造成均匀腐蚀以达到延缓腐蚀作用的目的。

阳极牺牲型系利用不同镍层电化学活性的差异，在腐蚀过程中，靠牺牲活性最大、电位最负的镍层来达到保护素材金属的目的。而不同镍层电化学活性的差异则是通过选用不同的添加剂来实现的。因此多层镍（主要指二层镍及三层镍）的防蚀性能与添加剂的选择有密切的关系。

与铜-镍-铬体系相比，采用多层镍-铬能明显提高镀层的耐蚀性，达到减薄镀层厚度、节约金属和能源消耗的目的。据报道厚度为 30.5μm 的两层的双层镍的抗蚀性能优于厚度为 51μm 的单层镍，厚度 30μm 二层镍的耐蚀性优于 40μm 的铜-镍-铬，若在严酷环境下，使用多层镍（二层镍或三层镍）-微间断铬（微孔或微裂纹）体系，镀层总厚度只需 30μm 左右，而用铜-镍-铬体系，则镀层总厚度需 50μm 以上，即达到同样的耐蚀性，后者要比前者增厚 60％～70％。

多层镍工程有：普通镍/光亮镍，半光亮镍/光亮镍，普通镍/半光亮镍/光亮镍，半光亮镍/闪镀镍/光亮镍，半光亮镍/光亮镍/镍封，半光亮镍/高硫镍/光亮镍等。典型的多层镍的配方与作业条件列于表 8-16。

表 8-16 多层镍配方与作业条件

成分与作业条件	二层镍			三层镍				
	第一层（半光亮镍）		第二层（光亮镍）	半光亮镍＋光亮镍＋镍封		半光亮镍＋闪镀镍＋光亮镍（或光亮镍）		
				缎光镍液		闪镀镍溶液	高硫镍液	
	1	2		1	2		1	2
硫酸镍（$NiSO_4 \cdot 7H_2O$）/(g/L)	250～300	250～300	320～350	350～380	300	300～350	300	100
氯化镍（$NiCl_2 \cdot 6H_2O$）/(g/L)	40～50	45～55					40	
氯化钠（NaCl）/(g/L)	12～15		12～15	12～18	30	12～16		
柠檬酸（$C_6H_8O_7 \cdot H_2O$）/(g/L)								100
硼酸（H_3BO_3）/(g/L)	40～45	40～50	35～40	40～45	40	35～45	40	30
EDTA 二钠（$C_{10}H_{14}O_8N_2Na_2$）/(g/L)					10～15			
香豆素[$C_6H_4(CH_2)_2OCO$]/(g/L)	0.1～0.15		0.2～0.3					
糖精（$C_6H_4COSO_2NH$）/(g/L)			0.6～0.8	2.5～3.0		0.8～1.0		
苯亚磺酸钠（$C_6H_5SO_2Na$）/(g/L)						0.5～1.0		
BH 半光镍润湿剂/(mL/L)		1.5～2.5						
BH-963A① /(mL/L)		0.3～0.5						1～3
BH-963B① /(mL/L)		0.4～0.6					2～6	
BH-963C① /(mL/L)		4～6						
1,4-丁炔二醇（$C_4H_6O_2$）/(g/L)			0.8～1.0	0.4～0.5	0.5	0.3～0.5		
十二烷基磺酸钠 $C_{12}H_{25}SO_3Na$/(g/L)	0.1～0.15		0.05～0.1				0.05～0.1	
聚乙二醇/(g/L)				0.15～0.2				
硫酸钡（0.2～0.4μm）/(g/L)					10～20			
二氧化硅（＜0.5μm）/(g/L)				50～70				
pH 值	3.5～4.0	4.0～5.0	3.5～4.0	4.2～4.6	4.0～4.5	2.5～3.0	3.0～3.5	6.0
T/℃	50～55	45～55	45～55	55～60	55～60	43～47	40～50	40
D_k/(A/dm^2)	3～4	2～6	3.5～4	3～4	4～5	3～4	3～4	1～3
阴极移动或空气搅拌	需要	需要	需要	需要	需要	需要	需要	需要
时间/min				3～5	3～5		2～3	2～3

① 缎光镍镀液需要搅拌，搅拌方法有机械、空气搅拌和镀液循环等方式。缎光镍层厚度为 0.5～2μm，闪镀镍层厚度为 0.38～0.76μm。

8.2 镀镍添加剂的类型

8.2.1 光亮剂和整平剂

镍在电镀工业中的最大用途是当防护装饰镀层，即作为很薄的镀铬层下面的光亮底层，以使对钢、黄铜、锌压铸品及金属化的塑胶等物品提供一种高度光亮且抗腐蚀的装饰表面。光亮镍或可由普通镍打光获得，但费时、费力还有污染，也不利于电镀作业的连续化、自动化。因而国内外都广泛采用在加有光亮剂的镀液内直接获得光亮镍镀层。

根据光亮电镀的整平细晶理论，即“不细不光，不平不亮”，要得到光亮的镀层，必须同时满足镀层表面平滑和结晶细小这两个条件，两者缺一不可。因此，优良的镀镍光亮剂除具有细化晶粒的作用外，还必须有良好的整平作用，这样才能填平素材画痕等微观不平整表面。然而往往一种光亮剂难以达到两方面的高要求，所以除了添加光亮剂外，有时还要加入具有特殊整平能力的整平剂。

电镀光亮剂通常分为两类，第一类光亮剂或初级光亮剂以及第二类光亮剂或次级光亮剂，这将在第 8.3 节详述。

关于整平作用的机理及整平剂化学结构对整平性能的影响已在前面章节中做了详细阐述，此处不再阐述。本章的重点是阐述镀镍的光亮剂。

8.2.2 改变镍镀层电化学性能的添加剂

经典的铜/镍/铬防腐装饰性镀层是靠镀层的机械保护作用，而镍/铬体系镀层防护作用的机理是电化学保护作用，主要分为多层镍及不连续铬（微孔铬及微裂铬）两种类型。多层镍主要是利用各镍层含硫量的差别，从而获得不同的电化学活性。在腐蚀过程中，含硫量较高的光亮镍的电位较负，把其当牺牲镀层来保护不含硫或含硫量低的半光亮镍层，从而提高了整个双层镍体系的防护性能。各镍层电化学活性的差异则是靠选用不同的添加剂来实现的。因此，控制好半光亮镍、高硫镍和光亮镀镍液中添加剂的品种与数量是获得高耐蚀性多层镍的关键。

微孔铬是在双层镍表面上再镀上一层 0.5～2μm 厚的含有无数个非导体（如氧化物、碳化物、氮化物和硫酸盐）固体微粒的光亮镍层（称为缎光镍、复合镍），然后镀铬来达到含众多微孔的铬层，从而达到分散腐蚀的目的。微裂纹铬则是在半光亮镍和光亮镍之间，加约 1μm 的高硫镍，然后镀铬来实现的。因此，微孔铬或微裂纹铬都是通过添加适当添加剂的镍层来实现的，这类添加剂就称为改变镍镀电化学性能的添加剂。

8.2.3 防针孔剂

在镀镍过程中阴极易析出氢气，由于氢在镍上的过电位较低，通常附着在镀镍层上而形成针孔、凹洞和气道。另一方面在阴极区形成的胶体氢氧化物也易附着在阴极表面形成针孔或毛刺。消除针孔的最有效方法是在镀镍液中加入能降低电解液表面张力的表面活性剂（润湿剂），使氢气或胶体粒子不易附着在镀镍层表面。常用的防针孔剂是十二烷基磺酸钠，也有用硫酸化醇、醇醚硫酸酯以及烷基取代芳磺酸。此外，高级醇、氨基酸或芳磺酸的硫酸或磷酸酯也可用做防针孔剂。对于用空气搅拌的镀液，不宜用泡沫较多的十二烷基磺酸钠，而是用低泡的2-乙基己基硫酸钠。此外也有用芳磺酸、烷基芳磺酸以及氨基酸的碱金属盐。镀镍用溶液的表面张力通常控制在 $3\times10^{-4}\sim3.5\times10^{-4}$ N/cm。关于表面活性剂的润湿作用原理见第 5.1 节。

8.2.4 其他功能的添加剂

在镀镍液中为了降低镀层的张应力，提高镀层的延展性，往往还要加入应力消除剂。应力消除剂大多数为阴离子表面活性剂和某些含硫有机物。实验证明萘磺酸、糖精、对甲苯磺酰胺等均为有效的应力消除剂（见表 8-17）。那些浓度的变化对镀层应力的影响较小，但有些添加剂，如丙烯硫脲、胱氨酸盐、萘胺二磺酸和硫代乙酰胺等的浓度对应力有较大影响。

表 8-17　有机添加剂对镀镍层应力的影响

添加剂	镀液类型	应力/psi		
		无添加剂	有添加剂	应力变化
糖精 1g/L	瓦茨液	+11250	−11250	−22500
糖精 2g/L	氨磺酸液	+7000	−17000	−24000
糖精 3g/L	氨磺酸液	+8500	−14000	−22500
萘磺酸 4×10^{-3} mol/L	瓦茨液	+21000	−12000	−33000
萘二磺酸 4×10^{-3} mol/L	瓦茨液	+21000	−8000	−29000
苯磺酸 4×10^{-3} mol/L	瓦茨液	+18000	+10000	−8000
苯三磺酸 4×10^{-3} mol/L	瓦茨液	+21000	−4000	−25000
糖精 4×10^{-3} mol/L	瓦茨液	+42000	−10000	−52000
对二甲苯磺酸 4×10^{-3} mol/L	瓦茨液	+42000	+5000	−37000
硫代乙酰胺 4×10^{-3} mol/L	瓦茨液	+42000	−3000	−45000
硫脲 5×10^{-3} mol/L	瓦茨液	+28500	−71000	−99500
硫脲 8×10^{-3} mol/L	瓦茨液	+28500	−35500	−64000

续表

添加剂	镀液类型	应力/psi		
		无添加剂	有添加剂	应力变化
对甲苯磺酰胺 2g/L	氨磺酸液	+8500	0	−8500
对甲苯磺酰胺 3g/L	氨磺酸液	+8500	−13000	−21500
对甲苯磺酰胺 30g/L	氨磺酸+$NiCl_2$	+24000	−5500	−29500
胱氨酸盐酸盐 0.001mol/L	瓦茨液	+42000	−8000	−50000
丁炔二醇 0.2g/L	瓦茨液	+14000	+50000	+36000
丁炔二醇 0.5g/L	瓦茨液	+20000	+64000	+44000
香豆素 4×10^{-4}mol/L	瓦茨液	+43000	+2000	−41000
香豆素 1g/L	瓦茨液	+18000	+12000	−6000
水合氯醛 4×10^{-4}mol/L	瓦茨液	+43000	+32000	−11000
甘氨酸 4×10^{-4}mol/L	瓦茨液	+43000	+16000	−27000

注：1psi=6.9×10^{-3}MPa。

为了提高镀镍层的硬度和镀层的耐磨性，有时还要加入镀层增硬剂。许多有机添加剂可以提高镀层的硬度，其中香豆素、萘二磺酸、糖精、丁炔二醇以及水合氯醛-萘二酸等都是有效的增硬剂（见表 8-18）。

表 8-18 有机添加剂对镍层硬度的影响

添加剂	浓度/(g/L)	镀液类型	硬度/(kgf/mm^2)		
			无添加剂	有添加剂	硬度变化
苯二磺酸	0.6	瓦茨液	280	380	100
丁炔二醇	0.2	瓦茨液	220	460	240
丁炔二醇	0.5	瓦茨液	220	620	400
香豆素	1.0	瓦茨液	220	574	354
香豆素	3.0	瓦茨液	220	578	358
胱氨酸	0.5～0.8	瓦茨液	250	450	200
萘二磺酸	3.75	氨磺酸液	190	270	80
萘二磺酸	1.0	瓦茨液	280	380	100
萘二磺酸	8.0	瓦茨液	250	650	400
糖精	0.5～1.5	氟硼酸液	256	580	324
糖精	0.5	氨磺酸液		525	
糖精	0.03	瓦茨液	220	520	300
糖精	3.0	瓦茨液	220	580	360

续表

添加剂	浓度/(g/L)	镀液类型	硬度/(kgf/mm^2)		
			无添加剂	有添加剂	硬度变化
苯磺酸钠	18	瓦茨液	92	164	72
苯磺酸钠	0.7	瓦茨液	92	250	158
硫脲	0.2	SO_2^-—Cl—	210	570	360
对甲苯磺酰胺	1.0	瓦茨液	280	340	60
对甲苯磺酰胺	0.7	瓦茨液	92	140	48

注：1kgf=9.8N。

总之，添加剂在镀镍中的功能及用途是多方面的。可以说没有添加剂就没有现代镀镍工业。关于添加剂在镀镍过程中的作用机理，添加剂的电极过程等理论问题的研究也是最多的。电镀添加剂的一些基本理论也都与镀镍有密切关系。

含硫添加剂还会增加镀层的抗张强度并降低其延展性。表 8-19 列出了某些添加剂对镀层的抗张强度和镀层延伸率的影响。其中萘三磺酸的影响特别大，在瓦茨镍液中，只要加入 0.02g/L 就能使抗张强度由 604MPa 上升至 1725MPa。在氨磺酸镀液中加入 8g/L 萘三磺酸，镍层的抗张强度由 552MPa 上升至 966MPa，延伸率仅 1.0%。普通市售光亮镀镍液的抗张强度在 897MPa 至 1587MPa 之间，延伸率为 1%～6%。香豆素的还原产物对镀层有害，它可使镀层延伸率下降，加入 1g/L 和 3g/L 时延伸率分别降至 5%和 1%。0.2g/L 的丁炔二醇可使镍层延伸率降至 4%。当丁炔二醇与 3g/L 的醋酸联合使用时，延伸率可达 9%。

表 8-19　有机添加剂对抗张强度和延展性的影响

添加剂	镀液类型	温度/℃	D_k/(A/dm^2)	最终抗张强度/psi	屈服(软化)强度/psi	延伸率/%
无	氟硼酸盐	55	7.5	74500	52700	16.6
糖精 1g/L	氟硼酸盐	55	7.5	203000	120000	1.0
无	氨磺酸盐	49	3.0	80000	50000	8
萘三磺酸 8g/L	氨磺酸盐	49	3.0	140000	110000	1.0
萘三磺酸 8.7g/L	氨磺酸盐	49	3.0	170000	140000	1.0
+香豆素 1g/L						
无	氨磺酸盐	49	3.0	110000	70000	7
萘三磺酸 8g/L	氨磺酸盐	50	3.0	150000	110000	1.0
苯二磺酸 1.5g/L	氨磺酸盐	50	2.2～6.5	75500	—	12
无	氨磺酸盐	45	1.0	87500	—	—
萘三磺酸 0.02g/L	硫酸盐	45	1.0	250000	—	—

续表

添加剂	镀液类型	温度/℃	$D_k/(A/dm^2)$	最终抗张强度/psi	屈服(软化)强度/psi	延伸率/%
萘三磺酸 1.0g/L	硫酸盐	45	1.0	140000	—	—
无						
苯磺酸镍 7.5g/L		55	5.0	56000		28
三氨甲苯基甲烷氯化物 5～10mg/L		55	5.0	212000		5.0

注：1psi＝6.9×10^{-3}MPa。

8.3 两类光亮剂的特征及功能

根据光亮剂在光亮镀镍中的作用，可把镀镍光亮剂分为两大类，即第一类光亮剂和第二类光亮剂。我国及英、美等国家通常把第一类光亮剂称为初级光亮剂(primary brightener)，把第二类光亮剂称为次级光亮剂（secondary brightener)。德国称第一类光亮剂为载体剂（glanzbilder）或光亮剂（weichmacher)，称第二类光亮剂为光亮形成剂（glanzbider）或光亮剂（glanzmittel)。有时，对第一、第二类光亮剂的划分正好颠倒，不过，本质上仍然是按功能把镀镍光亮剂分成两个类型。

必须指出的是某些光亮剂难以明确地进行分类，其可能兼具两类光亮剂的功能，或者单一功能不甚明显，仅当组合在一起用时才显出明显的光亮效果。

另外，在现代光亮镀镍液中，第一类光亮剂除了具有光亮作用外，还具有降低应力的作用，即能把张应力降低至零，甚至产生压应力。

8.3.1 第一类光亮剂的基本特征

最常用的第一类光亮剂是磺酰胺，磺酰亚胺，单、双和三苯磺酸，烷基磺酸，芳基磺酸，苯亚磺酸等。表 8-20 列出了在商业上应用的典型第一类光亮剂结构。

表 8-20　商用典型的第一类光亮剂的名称与结构

化合物的种类	实例	
	名称	结构
芳磺酸	苯磺酸 1,3,6-萘三磺酸	$C_6H_5-SO_3H$ SO_3H, HO_3S, SO_3H（萘环）
芳磺酰胺	对甲苯磺酰胺	$CH_3-C_6H_4-SO_2NH_2$

续表

化合物的种类	实例	
	名称	结构
芳磺酰亚胺	邻苯甲酰磺酰亚胺(糖精)	(苯环并五元环，含 SO_2、NH、CO)
杂环磺酸	噻吩-2-磺酸	(噻吩环，S，SO_3H)
芳亚磺酸	苯亚磺酸	(苯环)—SO_2H
乙烯基脂肪族磺酸①	丙烯基磺酸	$CH_2=CH—CH_2—SO_3H$

① 这类化合物除具有第一类光亮剂的作用外，还具有第二类光亮剂的作用，因此也列于表 8-20 中。

根据研究，可以把第一类镀镍光亮剂的基本特征归结如下：

① 分子结构中含有乙烯磺酰基（ethylene sulfone group）特征功能团，其中C—S 键中硫的价态为四价或六价。这通常为芳香族化合物，如芳磺酰胺、芳磺酰亚胺或芳磺酸等。

② 能使镀镍层结晶明显细化，并产生相当的光亮。光亮比较均匀，能扩大光亮电流密度范围，但不能产生全光亮镀层。

③ 能吸着在电极表面上，阻碍镍的沉积，使阴极极化，阴极电位负移，但电位负移值相对较小（平均为 15～45mV），且当添加剂浓度增至相当值后，电位不再随浓度变化。

④ 绝大多数的初级光亮剂能使镀层具有相当的含硫量，硫含量与初级光亮剂在镀液内的浓度符合吸着等温线形式，即在一定温度、一定 pH 值，开始镀层含硫量随第一类光亮剂浓度的增大而迅速增高，但当初级光亮剂浓度达到一定数值后，镀层含硫量却不再变化（详见第 8.5 节）。第一类光亮剂也会使镀镍层的含碳量升高。

⑤ 由未加添加剂的瓦茨镀镍液内得到的镍镀层显张应力，加入第一类光亮剂后镀层的张应力降低（随其浓度增加，还会转变为压应力），显示出良好的延展性。

⑥ 第一类光亮剂在镀液内的添加量较大，浓度允许范围较宽，通常为 1～10g/L 的范围。

对于同类型的化合物，其性能也各异。一般来说，芳磺酸比烷基磺酸更有效。但烷基磺酸对温度的升高不很敏感，在高温下可以获得较好的光亮度。

某些第一类光亮剂的水溶性差，在很多情况下要用它们的钠盐，但钠离子含量过高对镀镍是不利的，必须加以限制，因此，添加剂中最好含钠量少或不含钠。

磺酰胺和磺酰亚胺在提高第二类光亮剂的光亮电流密度范围方面是最有效

的。它们可以降低电解液对杂质的敏感程度，也能提高第二类光亮剂对杂质的容许量，尤其是改善低电流密度区的金属杂质的影响，提高低电流区的光亮度。这类化合物中糖精仍是最杰出的代表。

芳亚磺酸能使镀镍液具有更高的对杂质的容许量，这能有效防止低电流区出现无光亮的镀层。芳基磺酸具有很高的光亮作用和对外来金属杂质及有机杂质的容许量。

某些第一类光亮剂不能用活性炭处理从镀液除去，有些则可以，这在选用时应注意。有些第一类光亮剂在加热镀液时易分解，如糖精在沸腾温度下易分解为邻甲苯磺酸，不过后者并不影响镀层的光亮度。

第一类光亮剂也容易在阴极上被还原，芳磺酸特别容易发生氢解而形成亚硫酸盐，再进一步还原为硫化镍。脂肪族磺酸还原时先形成氢硫（巯）基化合物，再还原为硫化镍（详见第 2 章)，使镀膜中含硫量上升。

8.3.2 第二类光亮剂的基本特征

第二类光亮剂通常是指能产生全光亮镀层的光亮剂，分为无机化合物和有机化合物两类，无机化合物有锌、镉、汞、铅、铋、砷、硒、铊等，这类光亮剂的光亮效果较差，目前只有铅、镉和硒还有应用，而绝大多数都采用有机化合物。这些有机化合物多是含有不饱和基团并能在阴极上被还原的物质。

最常用的第二类光亮剂有醛类（甲醛、水合氯醛、磺基苯甲醛)、炔类（丁炔二醇、炔丙醇、醚化炔醇)、腈类（丁二腈、氢氧基丙腈)、染料（三苯甲烷染料)、硫脲及其衍生物等。表 8-21 列出了商用典型第二类光亮剂的名称与结构。

表 8-21 典型第二类光亮剂的名称与结构

活性基团	化合物类型	实例	
		化合物名称	结构
$C=O$	醛	甲醛	$H-\overset{\displaystyle O}{\overset{\|}{C}}-H$
	氯和溴取代醛	水合氯醛	$Cl_3-C-\overset{\displaystyle OH}{\underset{\displaystyle OH}{C}}-OH$
	磺化醛	邻磺基苯甲醛	$C_6H_4(SO_3H)-\overset{\displaystyle O}{\overset{\|}{C}}-H$
$C=C$	丙烯和乙烯化合物	烯丙基磺酸	$CH_2=CH-CH_2-SO_3H$
$C=C-\overset{\displaystyle O}{\overset{\|}{C}}-O$	不饱和羧酸及其酯	顺式-邻羟基肉桂酸	$C_6H_4(OH)-CH=CH-\overset{\displaystyle O}{\overset{\|}{C}}-OH$
		二酸二乙酯（马来酸二乙酯）	$C_2H_5-O-\overset{\displaystyle O}{\overset{\|}{C}}-CH=CH-\overset{\displaystyle O}{\overset{\|}{C}}-O-C_2H_5$

续表

活性基团	化合物类型	实例	
		化合物名称	结构
C≡C	炔醇类化合物	1,4-丁炔二醇	$HO-CH_2-C\equiv C-CH_2-OH$
	炔酸化合物	苯丙炔酸	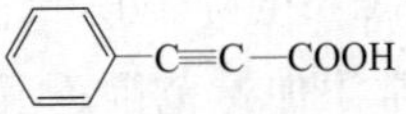 $C_6H_5-C\equiv C-COOH$
	炔磺酸	2-丁炔-1,4-二磺酸	$HO_3S-CH_2-C\equiv C-CH_2-SO_3H$
	炔醛		$HC\equiv C-CHO$
C≡N	腈类化合物	羟基丙腈	$HO-CH_2-CH_2-CN$
		丁二腈	$NC-CH_2-CH_2-CN$
		β-氰基乙硫醚	$NC-CH_2-CH_2-S-CH_2-CH_2-CN$
C═N	喹啉,吡啶季铵盐	磺化 N-甲基喹啉	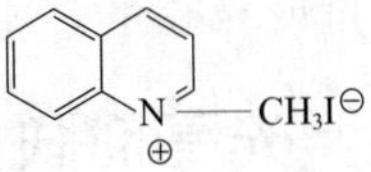 喹啉环 $N^{\oplus}-CH_3I^{\ominus}$
	氨基多芳基甲烷	三苯甲烷染料(如品红)	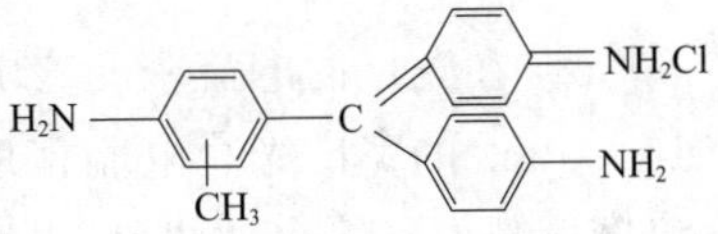 H_2N—(C₆H₃, CH_3)—C(=C₆H₄=NH_2Cl)—C₆H₄—NH_2
	吖嗪、硫吡啶和氧吡啶染料	吖嗪染料——甲基蓝	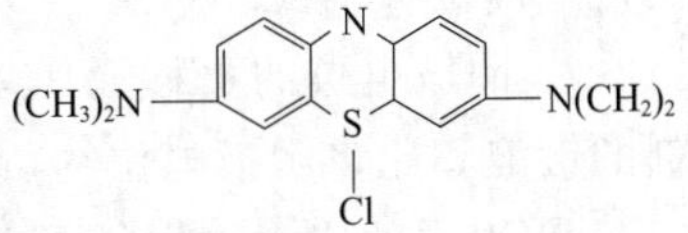 $(CH_3)_2N$—(N, S—Cl 杂环)—$N(CH_2)_2$
	亚烷基胺和多胺	四亚乙基五胺	$NH_2[(CH_2)_2NH]_3(CH_2)_2NH_2$
N═N	偶氮染料	对氨基偶氮苯	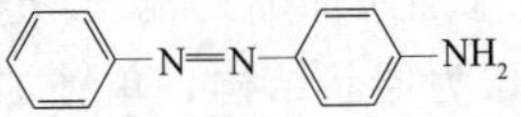 $C_6H_5-N=N-C_6H_4-NH_2$
N═C═S	硫脲及其衍生物	硫脲	$NH_2-C(=S)-NH_2$
		丙烯硫脲	$CH_2=CH-CH_2-NH-C(=S)-NH_2$
		2-巯基苯并噻唑	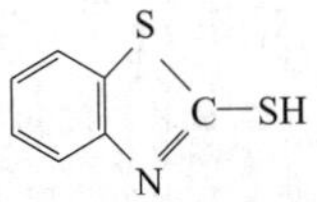 苯并噻唑环(S, N) C—SH
$\lbrace CH_2-CH_2-O \rbrace$	聚乙烯醇	聚乙烯醇	$HO\lbrace CH_2CH_2O \rbrace_nH$ $n=10\sim40$

根据研究，可以把第二类光亮剂的基本特征归结如下：

① 分子结构含有不饱和基团，如醛、酮基，烯基，炔基，亚氨基，氰基等。

② 单独使用时能产生全光亮镀层，但光亮电流密度范围十分狭窄，不仅高

电流密度区不能获得全光亮镀层，而且在大多数情况下，低电流密度区也不能产生全光亮镀层。

③ 能被阴极表面强烈吸着，强烈阻滞镍的电沉积过程，使阴极电位显著负移，负移的数值与第二类光亮剂在镀液内的浓度成正比。但当阴极过电压较大时（如超过 30mV）常使镀层脆性明显增大。因此第二类光亮剂的浓度一般控制比较严格（通常添加量范围为几十毫克/升至几百毫克/升）。过量添加除会增加镀层脆性外，还容易在低电流密度区还原，使金属在镀品的凹部分难以沉积而造成“漏镀”。

④ 许多第二类光亮剂，除具有光亮作用外，还具有很好的整平作用，如 1，4-丁炔二醇、香豆素及某些吡啶衍生物。

⑤ 第二类光亮剂很容易被阴极还原，还原产物会混杂在镀层中，因而会增加镀层的含碳量或含硫量。

8.3.3 两类光亮剂联合使用的效果

① 在宽广的电流密度范围内均可获得全光亮镀层，优良的光亮剂具有 0.1～10A/dm^2 的宽广光亮电流密度范围，复杂零件的凹坑部分可以全光亮，而高电流密度部位又不会“烧焦”（burning）。

② 阴极电位的负移值比单独使用第二类光亮剂时的负移值小。与不含添加剂的镀液相比，阴极电位约负移 20～30mV。

③ 镀层的应力可以得到很好的调节，可使原来的张应力降至零，使镀层具有很好的延展性。

④ 未加添加剂的瓦茨液获得的镀层为柱状结构，单独加入第一类光亮剂得到的镀层为层状结构，单独加入第二类光亮剂得到了镀层，有的是层状结构，有的是柱状结构，而两类光亮剂联合使用获得的镀层总是层状结构。表 8-22 列出了部分发表的镀镍光亮剂的专利号及所用的光亮剂。

表 8-22 部分光亮镀镍添加剂的专利

发明人或公司	专利编号	采用的主要添加剂
E. C. Broad	U. S. P(1908)	1,5-苯二磺酸＋锌盐
Schlötter	U. S. P 1972693(1934)	苯二磺酸镍＋萘三磺酸
Weisberg & stoddard	U. S. P 2026718(1936)	硫酸钴＋甲酸钠＋甲醛
Harshaw	U. S. P 2029386(1936)	磺化的含油树脂
	U. S. P 2029387(1936)	磺化松烯
Hinrichsen	B. P 461126(1937)	硫酸钴＋甲酸钠
Hull	U. S. P 2085754(1937)	有机酮
Harshaw	U. S. P 2125229(1938)	亚硒酸＋萘二磺酸
McGean	U. S. P 2122818(1938)	萘磺酸＋锌或镉

续表

发明人或公司	专利编号	采用的主要添加剂
	U. S. P 2114006(1938)	磺化氨基甲苯＋锌或镉
Harshaw	U. S. P 2198267(1940)	萘磺酸＋氨基多芳基甲烷(如品红)＋十二烷基硫酸钠。磺酰胺和磺酰亚胺
Udylite	B. P. 529825(1940)	酮和醛,如甲醛和水合氯乙醛
Udylite	U. S. P 21918132240801 2231182(1940-46)	磺酰胺(如对甲苯磺酰胺)＋锌或镉 卤化醛＋甲苯磺酸
	B. P. 525847(1940) 529825(1941)	
Harshaw	U. S. P. 2238861(1941)	吖嗪,氧氮芑,吲达胺＋氮(杂)茚苯基染料,品红
Udylite	U. S. P. 2402801(1946)	硫酸铊＋邻苯甲酰磺酰亚胺＋对甲苯磺酰胺
Udylite	U. S. P. 2466677(1949) 2467580(1949)	氯或溴取代乙烯磺酰胺,芳基磺酸盐
Harshaw	B. P. 741096(1953)	香豆素,芳香族硫化物＋甲烷衍生物
Udylite	B. P. 736556(1953)	喹啉氯化物＋磺酸
Udylite	B. P. 758162(1953)	香豆素硫酸盐＋苯磺酰胺＋糖精
Harshaw	U. S. P. 2782152(1954) 2784152(1954)	香豆素＋氨基多芳基甲烷
Udylite	U. S. P. 3041256(1962)	1,4-二羟基-2-丁烯-2-磺酸钠
W. Canning	B. P. 973423(1964)	香豆素,4-羟基香豆素
Dehydag	F. P. 1393139(1964)	邻甲苯磺酰胺,烷基吡啶,十二烷基硫酸钠
M & T Chemicals	B. P. 971165(1964)	糖精,邻磺基苯甲醛,磺化的二苯并硫茂二氧化物
Dehydag	DAS 1217170(1966)	甲苯磺酰亚胺,胍,甲醛,二氢氧基癸基硫酸盐
Udylite	U. S. P. 3661596(1972)	硒化合物
Udylite	U. S. P. 3699016(1972)	丁炔二醇与环氧丙烷的缩合物
Udylite	U. S. P. 3898138(1975)	炔属二醇,丁烯醇,间磺基苯甲酸
Udylite	U. S. P. 3862019(1975)	*N*-(3-磺丙基)吡啶内胺盐＋炔醇-环氧乙烷加成物
Udylite	B. P. 1481594(1976)	炔属二醇与脂肪族卤代饱和一元酸反应生成的双酯与吡啶或喹啉的加成物
Udylite	U. S. P. 4062738(1977)	炔属二醇与环氧丙烷及环氧氯丙烷的加成物
Udylite	U. S. P. 4067785(1978)	吡啶烷基磺酸内胺盐
E. P. Harbulak	U. S. P. 4069112(1978)	不饱和环状磺酰基光亮剂
R. A. Tremmel	U. S. P. 4089754(1978)	硫代环丁磺酰基光亮剂
W. Schenk	U. S. P. 4092346(1978)	1-氯-2-丙烯-3-磺酸
F. Popescu	U. S. P. 4077855(1978)	不饱和季铵化合物做次级光亮剂
	E. P 0008447(1979)	*N*-(2,3-二羟丙基)吡啶硫酸盐
K,Pluss	U. S. P. 4150232(1979)	吡啶烷基磺酸甜菜碱
M. Patsch	U. S. P. 4210709(1980)	芳香族磺基内胺盐

续表

发明人或公司	专利编号	采用的主要添加剂
M. Patsch	U. S. P. 4077855(1980)	1-氯-2-丙烯-3-磺酸光亮剂，芳香族磺化甜菜碱做整平剂
G. G. Simulin	S. U. P. 1006546(1981)	苯磺酰-2-硫茂磺酰亚胺，丁炔二醇
D. R. Reiegren	U. S. P. 4411969(1984)	原甲酰苯磺酸光亮剂 全氟环己基磺酸钾润湿剂
R. A. Tremmel	U. S. P. 4441969(1984)	香豆素，芳香族氢氧基羧酸，炔属化合物，醛类
K. E. Heikkila	U. S. P. 4667049(1987)	二甲胺基硫代甲基硫烷磺酸盐
J. Eder, et al	Czoch. P. 256329(1989)	烷基磺酸氢氧烷基醚无副反应光亮剂

8.4 镀镍光亮剂的分子结构与其性能的关系

8.4.1 镀镍光亮剂分子结构的基本特征

1940 年 H. Brown 首先指出，第一类光亮剂及第二类光亮剂分子结构的基本特征是分子中含有不饱和基团。

如上所述，第一类光亮剂主要是含有乙烯磺酰基（$-\overset{|}{C}=\overset{|}{C}-SO_2-$）的芳香族化合物，包括芳磺酰胺、芳磺酰亚胺、芳磺酸等。

与苯环对应的环状化合物，如环已烷磺酸等，由于分子结构中没有$-\overset{|}{C}=\overset{|}{C}-SO_2-$，因此不具有光亮作用。

第二类光亮剂的不饱和基团有$-\overset{|}{C}=O$，$-\overset{|}{C}=\overset{|}{C}-$，$-C\equiv C-$，$-\overset{|}{C}=N-$，$-C\equiv N$等，主要化合物包括甲醛、香豆素、丙炔醇、1，4-丁炔二醇、吡啶及萘和喹啉的烷基羧（磺）酸等。

但并非所有不饱和结构的化合物均能用于第二类光亮剂，如不与碳原子相连的不饱和键$-N=O$，$-N=N-$等不具有光亮剂效果。同时也并非一切含有上述第二类光亮剂特征功能团的化合物都能用做光亮剂。如乙炔二羧酸 $HOOC-C\equiv C-COOH$ 能使镀层变暗、变脆，也没有整平能力，这可能是羧酸具有强吸电子作用造成的。

8.4.2 单一镀镍光亮剂的作用

一些有机化合物的分子结构中，同时具有一、二两类光亮剂的特征功能团，它们是否可以达到两类光亮剂的联合作用呢？

H. Brown 就此进行研究，他指出，一般来说，这是很困难的。首先，在同一分子中，两类功能团很难具有理想的比例，其次，这两类功能团的寿命，即它们在阴极的反应速度是不相同的。但也的确存在一些同时具有两类光亮剂特征的物质。例如下列四种化合物，每种的分子内部都具有两类光亮剂的特征功能团：

$HC{=}CH_2$ / SO_3H (a)　　SO_3H / N (b)　　$C{\equiv}N$ / SO_3H (c)　　$HC{\equiv}C-CH_2SO_3H$ (d)

化合物（a）即乙烯基苯磺酸，由低浓度至高浓度均只有第一类光亮剂的特征。

化合物（b）即吡啶磺酸也仅表现出第一类光亮剂的特征，但其季铵化产物，即 N-烯丙基吡啶-3-磺酸则表现出单一光亮剂的特征。因其在阴极会氢解为吡啶磺酸及具有第二类光亮剂特征的 N-丙烯基吡啶。

化合物（c）即氰基苯磺酸，主要表现出第一类光亮剂的特征，但也不完全像第一类光亮剂。例如在高氯化物镍镀液内，当（c）的浓度为 0.5g/L 时，镀层光亮但没有整平作用，且脆性较大，而浓度为 3g/L 时，镀层仍有脆性，并出现表面条纹，这一特征与第二类光亮剂香豆素在高氯镍液内的行为相似。

化合物（d）即丙炔基磺酸，当浓度为 0.5g/L 时，已具有光亮、整平特征。同时，这又能降低镀层的张应力，在较高温度（70～80℃）获得的镀层具有较好的延展性。这不仅向镀层提供相当的硫含量（约 0.93%），而且也使含碳物质进入镀层。这些特征都表现出化合物（d）同时兼有第一、第二两类光亮剂的特征。概括而论，许多分子中具有以下结构不饱和脂肪族磺酰化合物都可看成单一的镀镍光亮剂。

$-C{=}C-SO_2-$　　如乙烯基磺酸（或磺酸盐）

$-C{=}C-C-SO_2-$　　如烯丙基磺酸盐

$-C-C{\equiv}C-C-SO_2-$　　如 2-丁炔-1,4-二磺酸

（$HO_3S-CH_2-C{\equiv}C-CH_2-SO_3H$）

$-C{\equiv}C-SO_2-$　　如乙炔基磺酸

$-C{\equiv}C-C-SO_2-$　　如丙炔基磺酸

此外，某些具有不饱和脂肪族磺酰基取代的芳香族化合物也具有单一光亮剂的特征，如苯乙烯磺酸钠 $C_6H_5-CH=CH-SO_3Na$。

虽然这类化合物具有单一光亮剂的特征，但常常把它们用做第一类光亮剂的辅助光亮剂，它们除具有上述第一、第二两类光亮剂的功能外，还具有以下

特征：

① 加速镀层发生光亮的速度；

② 减少针孔；

③ 降低次级光亮剂的消耗量。

值得指出的是，当不饱和脂肪磺酰化合物分子内的不饱和键不是位于磺酰基—SO_2—的 α 位或 β 位，而是位于 γ 位或更远的位置时，在镍阴极表面不产生 C-S 键的氢解反应。因此，它们不使含硫物质进入镀层，因而不能用做第一类光亮剂，此时主要表现为第二类光亮剂的特征。

8.4.3　α、β 不饱和酯或丙烯的光亮、整平作用

分子中含有共轭结构 α、β 不饱和内酯，如：

甲基丙烯酸酯　$CH_3-CH=CH-C(=O)-O-R$

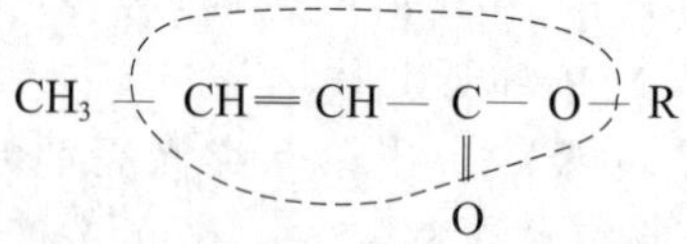

二甲基顺丁烯二酸酯　$H-C(-C(=O)-O-CH_3)=C(-C(=O)-O-CH_3)-H$

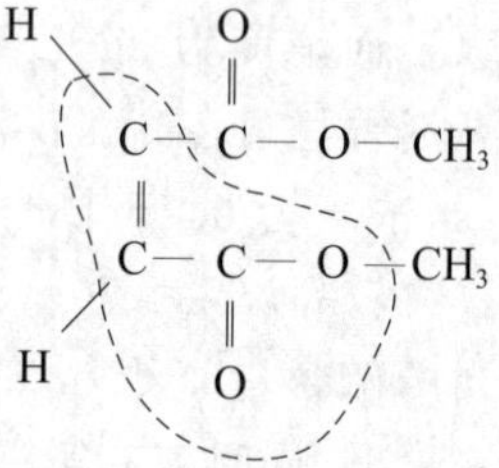

二甲基反丁烯二酸酯　$H-C(-C(=O)-O-CH_3)=C(-C(=O)-O-CH_3)-H$

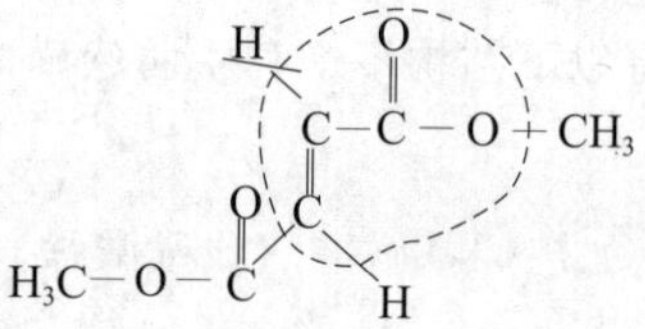

苯基 α-吡喃酮（即香豆素）

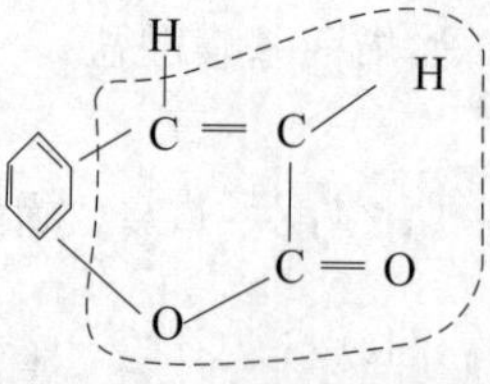

这些物质在 pH 值为 3.8～5.5 的 Watt's 镀液内单独使用时，基本上表现出第二类光亮剂的特征，能产生具有优越整平性能及良好延展性的无硫半光亮镍层。当与第一类光亮剂联合使用时，能产生全光亮、高整平、延展性的镀层。但当它们的浓度超过一定限度（香豆素大于 0.3g/L，酯类超过 1g/L）时，整平性不再增高（中低电流密度区整平性反而降低）。它们能使镀层引入含碳物质（含碳量约为 0.06%），但不改变瓦特镍的柱状结构。

当酯类没有上述共轭结构时，则不具有光亮、整平作用。如丙烯基甲酸酯：

$$CH_2{=}CH{-}CH_2{-}O{-}\underset{\underset{O}{\|}}{C}{-}CH_3$$

与甲基丙烯酸酯相比，由于羰基与烯丙基的双键是共轭的，因而使镀层不产生光亮，低电流密度区脆而暗，附着力也不好。

8.4.4 含氮杂环化合物的光亮、整平性能

分子结构中含有 $-\overset{|}{C}{=}N-$键的杂环化合物（如吡啶、喹啉），由于氮原子上有一未成对电子，在酸性溶液内能与 H^+ 结合成为阳离子，并能与烷基化试剂反应生成季铵盐，易于吸着在阴极表面阻化金属离子的沉积过程，因而吡啶或喹啉的衍生物，尤其是季铵化产物（吡啶甜菜碱）具有很强的光亮、整平作用，这是很好的第二类光亮剂。如吡啶与一氯醋酸生成的季铵盐 $C_5H_5\overset{\oplus}{N}{-}CH_2COO^{\ominus}$，吡啶与氯乙酸甲酯生成的季铵盐 $C_5H_5\overset{\oplus}{N}{-}CH_2COOCH_3$ 等与一类光亮剂联合使用，均能获得光亮、高整平的镀层。但也并非所有吡啶、喹啉衍生物都是性能良好的次级光亮剂。例如当环上带有氨基或羧基时，光亮整平作用大为降低。如烟酸：

$$C_5H_4N{-}COOH \rightleftharpoons C_5H_4\overset{\oplus}{N}H{-}COO^{\ominus}$$

即使与最好的初级光亮剂相配合，也不能产生很好的光亮平滑效果。而当环上的碳原子直接与$-SO_2$ 或$-SO_3$ 相连时，如吡啶磺酸 $^{\ominus}O_3S{-}C_5H_4\overset{\oplus}{N}{-}H$，正如前面所述，此时吡啶由第二类光亮剂变成第一类光亮剂，但当$-SO_2$ 或$-SO_3$ 通过小的烷基与吡啶环上的氮原子相连时，则又表现为第二类光亮剂的特征，如 $C_5H_5\overset{\oplus}{N}{-}CH_2CH_2SO_3^{\ominus}$。

8.4.5 诱导效应及空间位阻对光亮、整平性能的影响

光亮剂大多是通过在电极上的吸着而起作用。吸着越强，对电极反应阻化作用也就越大，因而光亮整平作用也就有可能越强。而有机添加剂被电极吸着的能力，与添加剂分子的极性有关，极性越强的分子，越易被电极吸着。例如，乙醛 $CH_3{-}\underset{\underset{O}{\|}}{C}{-}H$，由于分子中具有不饱和 $-\overset{|}{C}{-}O$ 键，有相当的光亮整平作用，在

瓦茨液内能获得半光亮镀层，但光亮整平作用较弱。分子内—CH_3 氢被电负性较强的吸电子基团卤素所取代后，由于诱导效应，分子的极性增强，光亮整平作用随之增高。

$$X_3C \leftarrow \underset{H}{C}{=}O \longleftrightarrow X_3C-\underset{H}{\overset{\oplus}{C}}-O^{\ominus}$$

溴的电负性比氯小，但三溴乙醛的光亮整平作用反而比三氯乙醛更好，这可能是由于溴的空间阻碍作用比氯大，使三溴乙醛不易水合，因而有利于在电极上吸着的缘故。

空间阻碍效应，尤其是烷基的阻碍作用，对双键化合物的吸着经常产生有害的效果。例如，4-甲基香豆素的光亮整平作用比香豆素小得多，但 3-氯香豆素的效果相差不大。当烷基直接连接在带有双键的碳原子上时，空间障碍的影响最大。例如 6-甲基香豆素的光亮平滑效果比 4-甲基香豆素好得多。

8.5 多层镀镍添加剂

8.5.1 半光亮镀镍添加剂与二层镀镍

二层镍系由半光亮镍及全光亮镍组成。前者含硫很低（通常为 0.003%～0.005%），称为半光亮镍，后者含硫较高（通常为 0.04%～0.08%）。含硫较高的光亮镍层相对于含硫较低的半光亮镍层来说其电位较负。在形成腐蚀电池时，由于两层镍之间存在足够的电位差，相对于半光亮镍层来说，腐蚀作用优先在光亮镍层横向进行，从而阻滞了腐蚀作用向整个镍层的穿透速度，与单层镍相比，显著地提高了抗蚀性能。

二层镀镍开始于 20 世纪 40 年代，起初的目的是节省抛光成本。1953 年经腐蚀试验证明了其耐蚀性优于同一厚度的单层镍，此后双层镍的耐蚀性已为大量实验事实所充分证明。1953 年美国首先把二层镍用于汽车保险杆的电镀，1957 年美国第一台大型二层镍自动流程投入生产，此后二层镍的应用范围及规模日益扩大，汽车的外部零件及其他一些户外使用的产品，均可采用二层镀镍。

(1) 半光亮镍添加剂是决定双层镍抗蚀性能的根本因素

① 二层镍的抗蚀性能决定于两镍层之间的电位差。

Harbulak 等人深入地研究了多层镍的耐蚀性与各镍层的含硫量及电位差之间关系。电镀工业实践证明了具有良好耐蚀性的二层镍，其半光亮镍的最大允许含硫量不应超过 0.003%～0.005%。他们研究了半光亮镍的含硫量对二层镍电位差的影响，结果证明与半光亮 0.003%～0.005% 相应的二层镍，电位差大约在 100～125mV 之间。为了保证双层镍有良好的耐蚀性，二层镍的电位差至少应为 125mV。例如，汽车尾部的两个反射镜，镀层均为 30μm 厚的二层镍，但其中一个二层镍间的电位差为 65mV，另一个为 145mV，经装在汽车上行驶六年后进行检查，前者表面有很宽的腐蚀坑，经金相检查，虽然腐蚀过程是沿光亮镍层横向进行，但半光亮镍层也遭到了严重腐蚀。当二层镍的电位差为 30mV 时，出现由光亮镍扩展至半光亮镍的半球形腐蚀坑，此时腐蚀过程已不沿光亮镍层横向进行，这正是一般单层镍遭受腐蚀的特征。这时半光亮镍受腐蚀的程度几乎与光亮镍层相同，也就是说，由于电位差不适当，使组合镀层仅达到了单层镍的作用。

② 二层镍的电位差决定于半光亮镍添加剂。二层镍的电位差决定于光亮镍的电位。现深入分析两者电位的大小及变化规律。

如前所述，光亮镍中的硫主要来自初级光亮剂（芳香族类磺酰基化合物，最常见的是糖精）。E. D. Harbulak 等人研究了糖精浓度与镍镀层含硫量的关系。结果如图 8-1 所示。

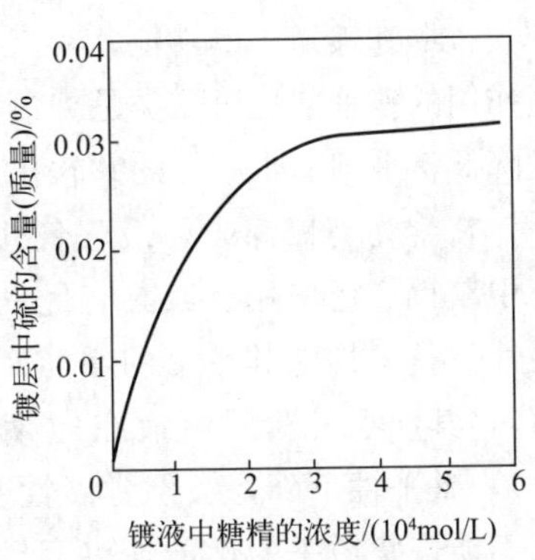

图 8-1　瓦茨镀液中糖精浓度与镀层含硫量的关系

电镀条件：55℃，pH=4，4A/dm²

由图 8-1 可知，当镍液内糖精浓度低于 100mg/L 时，糖精浓度的微小变化对镀层含硫量有显著的影响。而当糖精浓度高于 400mg/L 时，镀层含硫量几乎不变（大约为 0.03%）。其他初级光亮剂也大致表现出类似的规律。通常光亮镍液糖精的加入量在 1g/L 以上，再加上镍液内的其他含硫添加剂，可使光亮镍的含硫量达 0.03%～0.08%左右。由于光亮镍液内含硫添加剂的数量较大，因此由图 8-1 可判断，光亮镍的含硫量相当固定，从而电位也相当固定，不会因添加剂种类及添加量的变化而发生很大的波动。当然，也可设想采用特殊方法（如加入能提供高硫量的添加剂），进一步提高光亮镀层的硫，从而达到提高二层镍电位差的目的。但这可能造成两个不利后果。其一是非常活性的光亮镍层会受到加速腐蚀，并可能在镀层表面造成严重的点蚀。其二是当光亮镍的硫含量大于 0.8%时，为保持镀层光亮，镀层会变得很脆，并影响与光亮镍的附着力。因此用提高光亮镍含硫量的方法来提高二层镍的电位差，是不适宜的。光亮镍的含硫量应控制在 0.03%～0.08%的范围，常用光亮镍添加剂所提供的镀层含硫量也大致在此范围。如用美国 Udylite 公司的 66 号添加剂所获得的光亮镍，含硫量约为 0.05%。

决定二层镍电位差的关键是半光亮镍，首要的是半光亮镍添加剂的选择，应选择尽可能不向镀层提供硫，使半光亮镍电位相对较正，与光亮镍的电位差尽可能大的添加剂。

(2) 半光亮镍添加剂的选择

根据上述分析，用于二层镍底层的半光亮镍，所用的添加剂应具备以下主要性能：

① 必须是无硫（或硫在电镀过程中不进入镀层）化合物，以保证半光亮镍层含量不大于0.003%～0.005%，并保证由它们所获得的半光亮镍与光亮镍之间的电位差大于125mV。

② 应具有良好的整平作用，并显示半光亮镍特征。

③ 由它们所获得的镀层具有低内应力，良好的延展性，否则会影响与光亮镍层的附着力。

④ 有足够的稳定性，镀液便于维护管理。

与光亮镍不同，在二层镀镍中能满足以上要求的半光亮镍添加剂数量较少。

按照在镀液中的功能，半光亮镍添加剂大体可分为三类：第一类是具有一定光亮作用的整平剂；第二类是抑制整平剂产生有害产物的“免疫剂”（immunisator）或降低整平剂的张应力的“软化剂”；第三类是防针孔剂（与光亮镍液相同）。

在半光亮镀镍中，最著名的整平剂是香豆素。自1945年起即已在半光亮镀镍中获得广泛应用。其具有优良的整平性能，并使镀层具有相当光亮及良好的延展性。整平性随其浓度的增加而增高（当浓度达到0.1g/L时，整平性达到最佳值），其缺点是新配镀液在短期使用后，即出现大量有害分解产物（详见第2章），整平性下降，镀层延展性变差，光亮度下降，变成暗灰色，即使重新补充，也不能恢复原来的性能，以至镀液使用不长时间后即需用活性炭或双氧水-活性炭彻底处理，此过程不仅费时，而且提高了生产成本。

另一缺点是含香豆素的半光亮镍液，在进行选择性纯化（电解处理）时，必须十分小心。因为香豆素在低电流密度时的分解速度比高电流密度时快。

据资料报道，使用丙炔醇的醚加成物，包括丙炔醇与环氧丙烷或与丙烷磺内酯的加成物，可延长香豆素液的使用寿命，但镀液仍需用活性炭每两三星期处理一次，且整平性仍随时间而降低。有资料报道，在含香豆素的基本镀液中，降低香豆素含量，并加入芳香族羟基羧酸，可获得延展性、自整平的镍层。镀液中还可进一步添加己炔二醇（HD）和/或初级炔及炔醇加成物等，从而使镀层具有更好的整平性及良好的物理性能。尤其是显著抑制了香豆素的分解产物，提高了镀液的寿命（镀液可使用6个星期以上才需处理）。在此体系中，香豆素的浓度为20～150mg/L（最佳为50～90mg/L），羟基羧酸的浓度为0.005～1.5g/L（最佳为0.02～0.2g/L）。

除香豆素外，半光亮镍液常用的整平剂是不饱和醇（如丁炔二醇），它们与香豆素相比，整平能力较差，但因为它们根本不含有害分解产物，整平能力基本上是固定的。

此外，甲醛、水合三氯乙醛等也具有整平作用（水合三氯乙醛的整平作用比甲醛更好)，见表 8-23。

表 8-23　典型的半光亮镍工艺的组成和操作条件

镀液组成和操作条件	1	2	3[①]	4[②]	5[③]	6[④]	7[⑤]
硫酸镍($NiSO_4 \cdot 6H_2O$)/(g/L)	260～300	240～280	250～300	250～300	260～320	300～350	340
氯化镍($NiCl_2 \cdot 6H_2O$)/(g/L)	30～40	45～60	45～55	40～50	38～53	45～55	45
硼酸(H_3BO_3)/(g/L)	35～40	30～40	40～50	40～45	38～50	40～45	45
1,4-丁炔二醇/(g/L)	0.2～0.3	0.2～0.3					
香豆素/(g/L)	0.15～0.3						
聚乙二醇/(g/L)	0.01						
十二烷基硫酸钠/(g/L)	0.01～0.03	0.01～0.02					
乙酸/(mL/L)		1～3					
BH-963A/(mL/L)			0.3～0.5				
BH-963B/(mL/L)			0.4～0.6				
BH-963C/(mL/L)			4～6				
BH 半光亮镍润湿剂/(mL/L)			1.5～2.5				
BN-99A/(mL/L)				3～4			
BN-99B/(mL/L)				1.5～2.5			
BN-99C/(mL/L)				4～6			
十二烷基硫酸钠/(g/L)				0.05～0.1			
DN-95A 柔软剂/(mL/L)					2～3		
DN-95B 填平剂/(mL/L)					1～2		
DN-95C 辅助剂/(mL/L)					1～2		
Y-17 润湿剂/(mL/L)					1～3		
SN-92 无硫半光亮镍添加剂/(mL/L)						1.2～1.5	
SN-92 半光亮镍柔软剂/(mL/L)						1～2	
LB 低泡润湿剂/(mL/L)						1～2	
M-901 开缸剂/(mL/L)							6
M-902 添加剂/(mL/L)							0.5
NP-A 润湿剂/(mL/L)							1～3
pH	3.8～4.2	4.0～4.5	4.0～5.0	3.8～4.2	3.8～4.5	3.8～4.2	3.6～4.0
温度/℃	55～60	45～50	45～55	50～60	50～60	50～60	50～70
阴极电流密度/(A/dm^2)	3～4	3～4	2～6	2～6	2～6	2.5～4	4.3～6.5
阴极移动或空气搅拌	需要	需要	需要	需要	需要	需要	需要

① 配方 3 是广州二轻工业研究所的产品。
② 配方 4 是武汉材料保护研究所的产品。
③ 配方 5 是广东达志化工有限公司的产品。
④ 配方 6 是上海永生助剂厂的产品。
⑤ 配方 7 是安美特化学有限公司的产品。

半光亮镍液中的所谓稳定剂，其主要功能是制止（或抑制）整平剂的分解或使镀液对分解产物有较小的敏感性。例如前面提到的甲醛、芳香族羟基羧酸以及甲酸、乙酸等都属于稳定剂之列。这些物质有的具有软化作用，可降低镀层的张应力（如乙酸），有的可提高镀层的光亮度及整平性（如甲醛、水合三氯乙醛）。

（3）含硫杂质污染半光亮镍液对二层镍抗蚀性的影响

虽然半光亮镍添加剂的性能是影响二层镍耐蚀性的本质因素，但操作不当尤其是半光亮镍液受到某些含硫添加剂的污染，也会严重影响二层镍的电位差及抗蚀性。P. Harbulak 等人研究了由 Udylite 公司的 66 号光亮剂为添加剂的光亮镍液及以 N2E 为添加剂的半光亮镍液间的电位差，光亮镍层具有固定的含硫量（因而电位也是固定的）。当半光亮镍液内未加糖精时，两镍层的电位差为 155mV，当半光亮镍内糖精浓度为 6mg/L 时，电位差降为 100mV，而当糖精浓度增至 20mg/L 时，电位差仅为 25mV，完全失去了二层镍的作用。在用香豆素（0.2g/L）做半光亮镍添加剂时，也观察到类似的结果。因此，在生产实践中，一定要严格防止含硫添加剂对半光亮镍液的污染。

8.5.2 高硫镍添加剂与三层镀镍

三层镍是在半光亮镍与光亮镍之间加 0.25～1μm 左右的高硫镍薄层，以均匀地向镀层提供含硫量更高（0.1%～0.3%）的中间镍层，其电位比光亮镍更负，再加上光亮镍的电位差又比半光亮镍负，致使三层镍的电位差明显大于二层镍。当镍-铬镀层发生腐蚀时，它比光亮镍更为活性，首先遭到腐蚀。腐蚀过程沿高硫镍层横向进行，直到几乎全部被腐蚀除去。此时支撑在腐蚀坑上的光亮镍层仍起阳极作用，使半光亮镍层几乎不被腐蚀，因而发挥了比二层镍更为优越的抗蚀性能。实践证明在三层镍中，除保持 1μm 的高硫镍外，半光亮镍层的厚度应占剩余镍层厚度中的 60%～70%，这样有利于保证镀层的高耐蚀性。

要获得含硫量稳定在 0.1%～0.3%的高硫镍，其关键是选择合适的光亮剂。表 8-24 列出了各种有机含硫添加剂加到瓦茨镀镍液中所获得的镍层的含硫量。

表 8-24 瓦茨镀镍液中加入有机硫添加剂后镀层的含硫量及含碳量

添加剂	镀层含硫量/%	镀层含碳量/%
无	0.002	0.001
苯磺酸(4×10^{-3}mol/L)	0.019	0.001
萘一磺酸(4×10^{-3}mol/L)	0.026,0.056	0.001
萘二磺酸(4×10^{-3}mol/L)	0.032,0.035	0.001
萘三磺酸(4×10^{-3}mol/L)	0.034	—
萘酚一磺酸(4×10^{-3}mol/L)	0.026,0.057	0.01

续表

添加剂	镀层含硫量/%	镀层含碳量/%
萘酚二磺酸(4×10^{-3}mol/L)	0.018,0.037	0.01
糖精(5×10^{-4}mol/L)	0.03	—
萘胺一磺酸(4×10^{-3}mol/L)	0.10,0.18	0.39,0.68
萘胺二磺酸(4×10^{-3}mol/L)	0.11	0.04,0.038
二氰基丁基巯基丙磺酸(0.05g/L)	0.14,0.16	—

由表 8-24 数据可知，用糖精、苯或萘磺酸做添加剂时，镀层的含硫量均不能达到 0.1%以上，只有用萘胺磺酸以及下列结构的氰基或酰胺基烷基磺酸，才能获得含硫量大于 0.1%的高硫镍层：

$$HSO_3—R—S—R'—CN \quad HSO_3—R—S—R'(CN)_2 \quad \text{(二氰基丁基巯基丙磺酸)}$$

$$HSO_3—R—S—R'—\overset{O}{\overset{\|}{C}}—NH_2 \quad HSO_3—R—S—R'(\overset{O}{\overset{\|}{C}}—NH_2)_2$$

表 8-25 列出了常见的高硫镍镀液的组成和操作条件。

表 8-25　高硫镍镀液的组成和操作条件

镀液组成和操作条件	1	2①	3②	4③	5④
硫酸镍($NiSO_4\cdot6H_2O$)/(g/L)	320～350	300	300～350	280～320	300
氯化镍($NiCl_2\cdot6H_2O$)/(g/L)	30～50	40		35～45	90
硼酸(H_3BO_3)/(g/L)	35～45	40	35～45	35～45	38
1,4-丁炔二醇/(g/L)	0.3～0.5				
糖精/(g/L)	0.8～1				
苯亚磺酸钠/(g/L)	0.5～1				
十二烷基硫酸钠	0.05～0.15		0.1～0.15		
TN-98 高硫镍添加剂/(mL/L)		8～10			
HSA-60 高硫镍添加剂/(mL/L)		0.05～0.1			
氯化钠(NaCl)/(g/L)			12～16		

续表

镀液组成和操作条件	1	2①	3②	4③	5④
高硫镍电位调节剂/(mL/L)			5		
高硫镍均匀剂/(mL/L)			5		
NS-32 高硫镍添加剂/(mL/L)				10～12	
HSA-60 高硫镍添加剂/(mL/L)					5
NP-A 润湿剂/(mL/L)					1～3
pH	2～2.5	2.5～3.5	3.0～3.5	4.0～4.6	2.0～3.0
T/℃	45～50	45～55	45～50	40～45	46～52
D_k/(A/dm²)	3～4	2～3	2～4	2～5	2.1～4.3
时间/min		2～3	2～4	<4	2～4

① 配方 2 是武汉材料保护研究所产品。
② 配方 3 是上海长征电镀厂的产品。
③ 配方 4 是广州电器科学研究所的产品。
④ 配方 5 是安美特公司的产品。

8.6 21 世纪镀镍添加剂的进展

8.6.1 镍离子的基本性质与添加剂的选择

镀镍液的 pH 值通常在 4～5 之间，在不加配位剂时镍离子以六水合配离子形式 $[Ni(H_2O)_6]^{2+}$ 存在。不同金属的水合配离子的电极反应速度有很大差别，它们大致可以分为三类：第一类为电极反应速度极快的水合配离子，如 Cu^+、Ag^+、Au^+、Pb^{2+}、Cd^{2+} 等；第二类为电极反应速度较快的水合配离子，如 Cu^{2+}、Zn^{2+} 等；第三类为电极反应速度较慢的水合配离子，如 Fe^{2+}、Co^{2+}、Ni^{2+}、Cr^{3+} 等。电极反应速度的快慢常用电极反应的标准速度常数 k_0 和交换电流密度 I_0 或近似用超电压来表示。大量的实验事实证明，决定镀层晶粒粗细和光亮程度的主要因素是电极反应的速度。Ni^{2+} 属于电极反应速度较慢的水合配离子，它的超电压高达几百毫伏，析出电位与氢的相近，氢超电压小，镍与氢总是同时析出，电流效率低。Ni^{2+} 的交换电流密度在 10^{-10} A/cm² 左右，电沉积的速度较慢，不会生成晶粒粗大、粗糙或树枝状镀层，所得镀层比较细密，镀层的晶粒比较细小且有相当的光亮度，因此镍盐只要加点硼酸做 pH 缓冲剂，就可用于有实用价值的半光亮的瓦特（Watt's）镍工艺。金属镍有很高的催化活性，可以催化许多有机物的阴极还原反应，使多种有机物变成光亮剂和整平剂。Ni^{2+} 的这些特性就决定了它不可以采用镀锌、镀铜用的高吸附性、高抑制作用、高阴极极化的添加剂或中间体，若用这么强的添加剂，镍就很难沉积或镀液的电流效率会降到很低，而大部分对阴极反应稍有抑制作用的物质都可成为镀镍的光亮剂或中间体，这就是为何镀镍有这么多中间体的原因。Ni^{2+} 本身没有整平能力，出光速度较慢，本身的还原超电压还略微偏低，所以不加光亮剂和整平剂就得不到镜面光亮的镀层。镀镍时析氢严重，易产生针孔和麻点，另外镀液中的杂质金属离子和有机杂质（包括添加剂和它的分解产物）也会影响镀层的光亮度，这些问题就是添加剂应解决的问题。

8.6.2 镀镍光亮剂的发展[1, 2]

（1）第一代光亮剂

1908 年 E. C. Board 发现在镀镍液中加入锌盐和萘二磺酸可获得光亮的镍层。1912 年 Elkington 发现镉盐可使镀镍层光亮，这是镀镍溶液最早使用的光亮剂。1927 年 Schlotter 发现萘二磺酸可起光亮作用。1928 年 Lutz 和 Westhmok 发现葡萄糖、甘油、黄蓍胶和阿拉伯胶有助于获得光亮镍层。1934 年 Schlotter 提出以瓦特镍液为基础的光亮镀镍液。1936 年 Weisburg 和 Stocklund 发展了硫酸钴、甲酸镍及甲醛基的光亮镀镍液。总体来说，此阶段光亮剂以金属盐和芳磺酸为主体，为第一代镀镍光亮剂，其特点是：光亮剂分解快、寿命短、应力大。所获镀层针孔少，但亮度、整平性比有机光亮剂差。仅呈现半光亮，且镀层较脆。镀液对铜、锌、铅等杂质比较敏感，需经常进行处理。此阶段光亮剂的主要作用是由于在电解液中形成了高分散度的氢氧化物胶体，吸附在阴极表面而阻碍金属的析出。同时芳磺酸在阴极被还原，提高了阴极极化作用，产生一定的过电位，使金属离子还原反应速度变得更慢，镀层晶粒被进一步细化，从而获得光亮镀层。但镀层结晶仍较粗大，光亮度较差。

（2）第二代光亮剂

1940 年 H. Brown 使用苯磺胺和苯亚胺包括糖精作为镀镍光亮剂。1945 年发现了香豆素可做光亮剂组分。1946 年 Freed 提出邻苯甲醛磺酸。1947 年 Hoffman 提出苯乙烯磺酸。1950 年 H. Brown 发现乙烯基磺胺、丙烯基磺胺和磺酸。1953 年 H. Brown 发现炔类光亮剂与糖精合用可获得很光亮的镀层，从而奠定了现代光亮镀镍的基础。1955 年 Shenk 提出芳基磺亚胺以及 Kandos 发现了 1,4-丁炔二醇等皆可起光亮作用。总之，此阶段光亮剂以 1,4-丁炔二醇和糖精为代表，为第二代镀镍光亮剂。其特点是：在镀层光亮度、使用寿命方面都比第一代有所提高，而且镀层脆性也小。但丁炔二醇碳链长度较短，在阴极上的吸附强度不够。因此光亮和整平性尚嫌不足。光亮区电流密度范围不够宽，而且还容易分解。一般镀液工作一个月左右后需大处理一次。此阶段所用的光亮剂多为有机添加剂。它们易扩散并吸附在阴极表面的突起部位，一方面使金属离子在这些部位的放电受阻，有利于金属离子在凹陷处沉积，从而填平金属表面的微观沟槽，减少阴极表面的厚度差，使镀层表面变得平整光滑，提高了整平性，加快了光亮的速度；另一方面，提高阴极过程的过电位，有利于晶核的形成，得到比较细致的结晶层，从而提高镀层高光亮度。但镀层的结晶仍较大，故光亮度也较差。

为何丁炔二醇要与糖精联合使用？经过研究，人们发现糖精等初级光亮剂会产生压应力，压应力的方向是使镀层拉伸的。即从金属基体上生长出来的镀层与原基体上的结晶层相比有向外伸长的趋势，宏观上就表现为压应力。初级光亮剂多数是有机磺酰胺、芳香族磺酸盐、硫酰胺等，典型的初级光亮剂是糖精，还有现在流行的 BBI、ALS 等。丁炔二醇等次级光亮剂的加入则会使金属晶格有向内收缩的趋势，这种应力被称为张应力。压应力与张应力的方向相反，彼此可以相互抵消，甚至应力为零。当两类光亮剂，如丁炔二醇与糖精联合使用时，镀层的应力就被消除，镀层不再出现裂纹、易碎和结合不良的现象。这就是为何初级光亮剂要和次级光亮剂联合使用的原因。

（3）第三代光亮剂

到了 20 世纪 70 年代末，国外将丁炔二醇与环氧乙烷、环氧丙烷、环氧氯丙烷等催化缩合，得到一系列单或双取代醚化物。缩合物的整平光亮效果大为提高，用量少且化学性能稳定，推进了光亮镀镍的大规模工业化生产。另外，还有半亮镍、高硫镍、镍封等工艺也开始应用。与此同时，国内也广泛开展了各类炔醇与环氧化物反应产物的研究与开发，如丁炔二醇与环氧丙烷、环氧氯丙烷进行催化缩合的 BE、PK、791 等产品，它们的整平性比丁炔二醇好得多，大处理周期也较长。所以 1,4-丁炔二醇的环氧化合物及糖精就是第三代镀镍光亮剂的代表，如果将 BE 和糖精再加上一些辅助光亮剂，就可组成效果较好的第三代镀镍光亮剂，以下是第三代镀镍光亮剂的参考配方：

BE 镀镍光亮剂	400mL/L
PAP（丙炔醇丙氧基醚）	10g/L
PS（丙炔基磺酸钠）	50g/L
BSI（糖精钠）	115g/L
配槽量	1～2mL/L
消耗量	120～180mL/KAH

本组合光亮剂使用效果不错，也适用于滚镀镍，若要求镀层更白一些，可用部分 BBI 代替 BSI。但其不足之处是：出光速度慢、整平性不理想、低电流密度区光亮性差或漏镀、高电流密度区易发雾。只适用于要求不高的简单工件，复杂零件则难达要求。出光速度慢会带来生产效率低、镍消厂耗较大等不利情况。

（4）第四代镀镍光亮剂[3-5]

第四代镀镍光亮剂已属于较完善的镀镍光亮剂，它是从各个方面对以前光亮剂的补充和完善。随着对镀镍光亮剂的深入研究，人们已认识到，理想的光亮镀镍工艺应该包括初级光亮剂、次级光亮剂和辅助光亮剂的配合使用，充分利用初级、次级、辅助光亮剂的协同效应，在适当的条件下，可获得全光亮、高整平和延展性良好的镀层，且阴极电流效率和镀液的分散能力都比较高，镀层光亮电流密度范围宽、柔软剂用量少，分解产物也少，对铜、铅等杂质容忍度高，故处理周期较长，一般可延长到一年以上。

① 第四代镀镍光亮剂中的初级光亮剂　第四代镀镍光亮剂中的初级光亮剂，通常称为柔软剂，如武汉风帆公司的柔软剂 S，它含有 BBI（双苯磺酰亚胺）和 VS（乙烯基磺酸钠）等中间体，效果优良。糖精（BSI）是广泛使用的初级镀镍光亮剂。BSI 和 BBI 的作用基本相同，单独使用均有负整平性，BBI 的综合性能略好一些，能使镀层白一点。常用的初级光亮剂主要有 BSI、BBI、AIS、VS、PN、PS、BSS、SI、ATPN、PESS、SSO 等。它们大都有提高镀液的分散能力和韧性之作用，某些还有改善低区走位及提高镀液抗杂质的能力。

第四代镀镍初级光亮剂一般由 3～5 种中间体复配而成，其中有些组分完全摆脱了炔类体系。即使采用炔类也不大使用丁炔二醇，而是丙炔醇的加成物。直接用丙炔醇代替丁炔二醇，光亮整平性好得多，但镀层脆性很大，不宜直接加入，故大多用它们与环氧化合物的加成物。

初级光亮剂可细化晶粒，降低镀层张应力，使镀层产生柔和光泽。

② 第四代镀镍光亮剂中的次级光亮剂　第四代镀镍次级光亮剂的中间体主要有以下四大类：

a. 吡啶类衍生物：PHP（丙烷磺酸吡啶鎓盐），别名 NB-PSOH，又称为 TC-PHP、NB-BSO_3、PPS、APC50 等，PPS 和 PPSOH 对高、中电流密度区也有良好的光亮整平作用。相对而言，PPSOH 的光亮范围比 PPS 宽，但其消耗量比后者大数倍，易造成比例失调。吡啶类衍生物被认为是第四代镀镍光亮剂的必备成分。PA（丙炔醇）出光也快，但易分解，镀层脆性大；加入量小，作用小；量大，低区又易漏镀。因此不主张直接采用。PAP、PME 整平性较好，光亮性一般，但消耗量较低。它们大都是吡啶的磺化产物或是吡啶的季铵化产物。吡啶若没有进行磺化或季铵化是不能作为镀镍光亮剂使用的，吡啶虽有光亮整平能力，但镀层脆而黄，低电流密度区发黑，沉积速度极慢，添加初级光亮剂也无任何改善。而吡啶的磺化或季铵化产物则是优良的镀镍光亮剂，具有良好的整平能力，尤其是在高、中电流密度区，若与其他中间体如炔醇类衍生物及炔胺类化合物配合使用时更是如此，此时在光亮电流密度范围内，均有很好的整平能力，出光速度快。它们的使用量及消耗量一般比 1,4-丁炔二醇的环氧化合物小一个数量级。因此，即使它们的分解速率与第三代镀镍次级光亮剂相同，它们所产生的有机杂质也会相应少许多，也就是说可以延长镀液的大处理周期，改善镀层的脆性。PHP 是最常用的吡啶类衍生物，在适当的条件下，PHP 的最佳整平浓度大约在 200～300mg/L 之间，这类化合物的浓度与整平能力之间常有一最佳值。

b. 丙炔醇类衍生物：PAP、PME、PP-HPE、PP-PSE 等。它基本是丙炔醇与环氧乙烷或环氧丙烷等环氧化合物的缩合物，是优良的镀镍快光剂，既可以单独使用，也可以与其他镀镍中间体组合使用。丙炔醇能加快出光速度，但它较容易分解，且镀层脆性很大，用量小时作用不大，量大极易引起低电流密度区漏镀，一般不宜使用，而丙炔醇与环氧化合物的加成物则有良好的整平性和光亮性，是一种优良的镀镍快光剂，丙炔醇的环氧化合物的加成物的阻化作用较大，不仅光亮度较高，而且整平能力很好，出光速度快，但持久力较弱，脆性较大。

c. 炔胺类化合物：MPA、DEP、PA-DEPM、PA-DEPS 等。它们大都是高整平剂，光亮性很好，其中 DEP 的光亮整平效果最佳，且加足量后低区光亮性也很好。这类化合物中大部分都含有 N，所以具有较好的整平性，应注意的是炔胺类化合物有些难溶于水。由于它们的阻化作用很强，在镀液中含有 mg/L 级即有光亮、整平作用，它们是优质镀镍光亮剂中的必备组分，虽然价格贵一点。

d. 丁炔衍生物：BEO、BMP、BP-SO_3、BP-DESE、BP-BHPE、BP-HTE 等。由于它们的价格较低，且一般都是长效光亮剂及弱整平剂，在中低档第四代光亮剂中也有不少应用实例，在半光亮镀镍光亮剂中也应用较多。以 BEO、BMP 而言，它们对结晶生长仅有中等的阻化作用，故可产生一定的光亮作用，镀层脆性较小，与其他中间体配合使用时，也有较好的效果。

次级光亮剂可产生较强吸附作用，能大幅度提高阴极极化，使镀液具有较好的整平性和分散能力，镀层细致光亮；辅助光亮剂可改善镀液的光亮覆盖能力，减少针孔，加快出光和整平速度，并降低其他光亮剂的消耗，降低镀液对杂质的敏感度。

③ 第四代镀镍的辅助光亮剂

a. 低区走位及杂质容忍剂　这类中间体多为硫脲类含硫化合物。它们具有扩展低区镀层，防止或减少漏镀和提高重金属杂质的容忍能力。硫脲类化合物用量少，但会给镀层带来脆性；加多了低区发暗，高、中区亮度下降，应慎用。这类中间体有：ATP（硫脲类化合物，或 ATPN 羧乙基硫脲鎓甜菜碱）、SOS（硫脲乙基化合物）、PS（炔丙基磺酸盐类）、SSO_3（吡啶羟基丙烷磺酸盐）、POP-DH（炔丙基氧代羟基丙烷化合物），其他代号还有 VS（乙烯基磺酸钠）、PESS（丙炔鎓盐）、ASNA（饱和烯烃磺化物）、HPSS（有机多硫化合物）、MHSS 或 MHEE（不饱和脂肪酸衍生物）、MSEE（不饱和脂肪酸的磺化物）、SOB（芳香族磺酸盐）等。它们并不是必需成分，但走位作用明显，特别是 ATP。其中，PS 被认为综合效果最好，可提高镀液分散能力与镀层光亮性，提高低电流密度区整平性及抗杂质干扰能力，减小镀层脆性，减少次级光亮剂的消耗及扩大其含量范围。VS 与 ALS 作用相似，但整平效果比 ALS 好。PN（脂肪烃不饱和磺酸盐）为除杂水，可配位铜、锌、铅等杂质。TPP（固体状除杂剂）及 EHS（已基乙基硫酸钠）、TC-EHS 等为低泡润湿剂等。

b. “长效”光亮剂　辅助光亮剂对高、中电流密度区有一定光亮整平性，但远不及第一类强整平剂，且加入量大后低区镀层易漏镀。其优点是消耗量较低，因此被称为长效光亮剂。这类中间体多为丁炔二醇衍生物，如 BEO（丁炔二醇乙氧基化合物）、BMP（丁炔二醇丙氧基化合物），还有 BP-SO_3、BP-DESE、BP-BHPE、BP-HTE 等。这类中间体属较低档的第四代光亮剂，因不含硫，也可用于半光亮镍添加剂中作为整平剂使用。

辅助光亮剂可改善镀液的光亮覆盖能力，减少针孔，加快出光和整平速度，并降低其他光亮剂的消耗，降低镀液对杂质的敏感度。有的产品加有杂质掩蔽剂，对铜、铅等杂质容忍度高。

总之，第四代镀镍光亮剂是以吡啶衍生物和炔胺类化合物及丙炔醇衍生物的组合物以及柔软剂为其典型的代表。

目前，第四代镀镍光亮剂仍然存在一些问题，主要有以下几方面：

第一，中间体多为含硫化合物，因此镀层活性高。优点是与半光亮镍组成双层镍时易达到 120mV 以上电位差的要求，缺点是镀层本身耐蚀性不大好。

第二，光亮剂的消耗量大于第三代产品，加之售价普遍较高，因此在镀镍总成本中添加剂的相对成本比例增加。但因出光快、高整平、光亮范围宽，因而可以缩短镀镍时间。这样，一是减少了昂贵镍的消耗，二是提高了生产效率，总的成本仍然下降，最适用于外观要求高而抗蚀要求不高的装饰产品，特别是采用厚铜薄镍工艺的产品。

第三，市售的不少产品的组分配比是根据单组分的安培小时消耗量折算而成的比例，并未经大生产长期考验，因此使用两三个月后比例易失调，效果变差。

8.6.3　镀镍中间体的进展

市售的国内外名牌光亮剂，除了中间体质量优良外，更重要的是配方科学合理，光亮剂中各组分在实际生产中能大致按设计的比例同步消耗，补充添加后能回到原始的开缸状态。然而，要研制出这种配方并不容易，这要求中间体质量好，纯度高，且对有机合成有很高的要求。电镀中间体基本上来自制药中间体、印染中间体、食品添加剂、塑料橡胶添加剂和石油化工添加剂等。由于许多产品是按其行业要求研制开发的，其中的微量杂质对电镀很可能十分有害。例如在塑料工业和除草剂中广泛使用的 1,4-丁炔二醇，在电镀中应用时必须加以提纯。对电镀而言，一般要求出光速度快，整平性能佳，光亮电流密度范围宽，对温度的适应范围宽，水溶性好，其分解产物少，对镀液危害小，使用寿命长，对杂质的容忍度高等。另外，单凭赫尔槽试验显然是不够的，要借助于日新月异的新技术新设备，创造良好的实验手段和方法，对镀液、镀层的各项性能进行深入研究。近年来，经过中间体厂的不断努力，在制造工艺和纯化技术上下功夫，现已能独立开发出各种新型中间体和性能接近国际水平的通用中间体。表 8-26 至表 8-28

是江苏梦得电镀化学品有限公司近年开发的各种特色镀镍光亮剂中间体及乌亮镍和白亮滚镀镍的中间体配方。

表 8-26　江苏梦得公司近年开发的各种特色镀镍光亮剂中间体

名称及代号	性状	镀液含量	作用
MOSS 丁醚鎓盐	红棕色液体	0.02～0.06g/L	白亮，走位
PESS 丙炔鎓盐	淡黄色液体	0.02～0.06g/L	强走位
TPP 锌、铜除杂剂	白色粉末	0.001～0.005g/L	除锌、铜杂质，走位，白亮
MASS 苄基-烯吡啶内盐	淡黄色白色液体	0.005～0.02g/L	乌亮，快速出光，全区域整平
BOSS 苄基-甲基炔一醇吡啶内盐	淡黄色液体	0.05～0.1mL/L	白亮，快速出光，整平
DOSS 镀镍增柔剂	白色粉末	0.04～0.06g/L	减少镀层脆性
BKSS 多苯磺酰亚胺丙磺酸钠	白色粉末	0.5～1g/L	白亮，增加柔软性
MT-80 琥珀酸酯钠盐	无色液体	0.5～2mL/L	润湿，消针孔、麻点
MUSS 强整平剂	淡黄色液体	0.005～0.02g/L	强整平
PDD 苯乙烯基硫脲鎓盐	白色固体	0.2%～0.8%	深孔走位及除杂剂（佛山亚特公司）

表 8-27　江苏梦得电镀化学品有限公司提供的乌亮镍的配方

（1）开缸剂的配方

中间体	用量/（g/L）
BSI	160
SAS	60
PS	40
TPP	0.2
MASS	1.5
PESS	1.5
开缸量 8～12mL/L	

（2）主光剂的配方

中间体	用量/（g/L）
PPS	60
PME	30
DEP	15
PAP	40
SAS	30

续表

中间体	用量/（g/L）
PA	6
MASS	15
PESS	15
TPP	1
开缸量 0.4～0.6mL/L	

表 8-28 江苏梦得电镀化学品有限公司提供的白亮滚镀镍配方

（1）开缸剂的配方

中间体	用量/（g/L）
BKSS	30
BSI	100
ALS	160
MOSS	5
开缸量 8～12mL/L	

（2）主光剂的配方

中间体	用量/（g/L）
PPS	35
PPSOH	100
PME	40
DEP	20
ALS	150
BKSS	10
MOSS	15
TPP	1
开缸量 0.4～0.6mL/L	

8.6.4 镀镍光亮剂的结构与性能的关系[6]

第四代镀镍光亮剂要求具有出光速度快、整平性强、柔软性好、消耗量低等优点。光亮剂要有怎样的结构才能具有上述的性能？这是个重大的理论问题，值得深入探讨。

（1）镀层怎么才能快速变光亮

根据“平滑细晶理论”，要得到光亮的镀层，必须同时满足镀层表面平滑和结晶细小两个条件，通俗来说就是“不细不光，不平不亮”，两者缺一不可。表面的光亮度取决于表面的平滑程度，而表面的平滑程度又由多种因素决定，如晶粒的大小，晶粒的取向和择优取向的程度，以及外来杂质（包括添加剂）的共沉积等。在这些因素中，目前认为最重要的是晶粒的大小，就像用粗大的石块铺路得不到平整光滑的路面一样，只有细小的晶粒才能填平微观凹凸的表面（几何整平），而又不产生凹凸度超过 0.15μm 的新表面。因此，要得到光亮的镀层，其晶粒的尺寸应小于 0.2μm。因为若晶粒较大，则大晶粒之间会出现缝隙，它会使镀层表面呈现乳白色、雾朦状或者不完全光亮。

镀层要光亮，镀液既要晶粒细化剂又要整平剂。单有晶粒细化剂，底材原来的粗糙表面得不到平整，镀层最多只能达到半光亮。而单有整平剂，由于沉积的晶粒粗大，又会出现新的显微凹凸的表面，所以镀层也不光亮，而要快速得到光亮的镀层，镀液中整平剂还必须是高效的整平剂。

（2）哪种结构的有机物才是高效的整平剂

所谓整平能力是指能使微观不平表面上谷处沉积得厚，峰处沉积得薄，最终得到平整表面的能力。根据 Kardos 提出的整平扩散控制理论，整平剂应符合下列条件：

① 整平剂对阴极的电极反应必须有阻止作用；

② 整平剂在电极反应中是消耗的，如被电化学还原或被镀层夹杂等；

③ 整平剂的电极过程是扩散控制的。

根据 Weil 等的研究，镀镍层的光亮度可用表面凹凸度小于 0.15μm 的面积占总面积的百分数来表示，对于镜面光亮的镍表面，其粗糙度应小于 0.15μm，因此粗糙度小于 0.15μm 的面积占总面积的百分数越大，镍层就越光亮。

由于水合镍离子的交换电流密度在 10^{-10} A/cm^2 左右，电沉积的速度已较慢，所得镀层也比较细密，因此要得到快速光亮的镀层，最主要的任务就是找到合适的高效整平剂。所谓高效整平剂，就是整平能力要强，而且整平速度要快。只有高度缺电子或有高度不饱和键的有机物，才最迫切要吸附到高活性阴极区或高阴极电流密度的微观峰区获得电子，这一方面抑制了微观峰区镍离子的电沉积，使峰区镍层的厚度减薄，另一方面则有利于镍离子在微观谷区的电沉积，这样金属表面很快就被整平，镀层很快就变成镜面光亮，整平剂则很快被还原而消耗。哪些有机物最缺电子，最容易被还原，它的整平能力就最强，镀层的出光速度就最快，镀层的亮度也最高。合适的高效整平剂大致可分为以下几类：

① 有机染料类整平剂　大家知道，具有大面积共轭 π 键的染料是缺少大量电子的有机物，它们是一类极好的整平剂，由于分子面积太大，也极易被夹杂在镀层中而使镀层的含碳量和脆性大增，所以它并不是首选的高效整平剂。但如果在染料分子中多引入一些亲水基团，这些基团因多属吸电子基团，会降低它的吸附能力和整平能力，但也会降低镀层的脆性。目前有机染料类整平剂在酸性光亮

镀铜中已获得广泛的应用，也取得很好的效果，相信在不久的将来也会在镀镍光亮剂中获得应用。

② 炔醇、烯醇和烯胺类整平剂　这类有机物作为整平剂的效果是由其缺电子程度和被还原的容易程度决定的，而这两种程度又可用有机物分子中的不饱和键的不饱和程度决定。各种键的不饱和程度则可用各种键的键能来表示，键能越高，表示缺电子程度越严重，越容易在阴极吸附和还原，其整平性也越好。表 8-29 列出了各种不饱和键的键能。

表 8-29　各种不饱和键的键能

键名	C—H	C—C	C═C	C≡C	C—N	C═N	C≡N	C═O
键能/（kJ/mol）	413	346	610	835	305	615	889	736

由表 8-29 的结果可知，三键的出光速度大于双键，氰基 C≡N 和炔基 C≡C 的键能最高，缺电子程度最严重，也最容易在阴极吸附和还原，因此氰基和炔基化合物是这类中最好的整平剂。从数据看氰基化物还比炔基化物的整平性更好一些，不过氰基在还原时是否有游离氰化物产生尚不清楚，所以含氰基的整平剂目前还很少使用。氰基含有的三键键能高达 889 kJ/mol，高于炔基，分子中含氰，应是一种较好的快光剂与整平剂。将取代基 R 引入氰基有三种形式：R—C≡N、 C≡N^+—R 和 R^1—C≡N^+—R^2。第一种模型，由于氰基位于分子末端，阴极极化很大，易被夹杂而使镍层脆性明显增加；第二种模型为带正电的季铵盐，比第一种易被吸附与还原，镀层的脆性依然很大；第三种模型是适当控制 R^1、R^2 的碳链长度，一般 $R^1<R^2$ 或 $R^1 \ll R^2$。在兼顾水溶性、表面活性的前提下，即可保证出光速度快、整平性好、镀层柔软性好、分子结构稳定性高和消耗量低的功能。

在双键化合物中其键能按以下顺序递降：

$$C═O>C═N>C═C$$

所以含 C═O 的整平剂会比含 C═N 和 C═C 的整平剂好。

③ 炔醇类整平剂的结构对整平能力的影响　丙炔醇衍生物有良好的整平性和光亮性，是一种优良的镀镍快光剂。PAP（丙氧基丙炔醇）常在挂镀镍光亮剂中应用，PME（乙氧基丙炔醇）多用于滚镀镍，PAP 和 PME 的阻化作用较大，不仅光亮度高，而且整平能力好，出光速度快，但发光的持久力不足，镀层的脆性较大，用量在 20mg/L 就有明显效果。

大家知道，有机物在阴极上的吸附和还原是由其结构决定的。

a. 炔基位于分子的一端，具有不对称性，有利于快速出光，键能愈高，出光速度愈快。实验证明，丙炔醇的出光速度比丁炔二醇快得多。图 8-2 是吉和昌公司在 2017 年第 19 届中国电子学会电镀专家委员会学术年会上提出的看法，仅供大家参考。

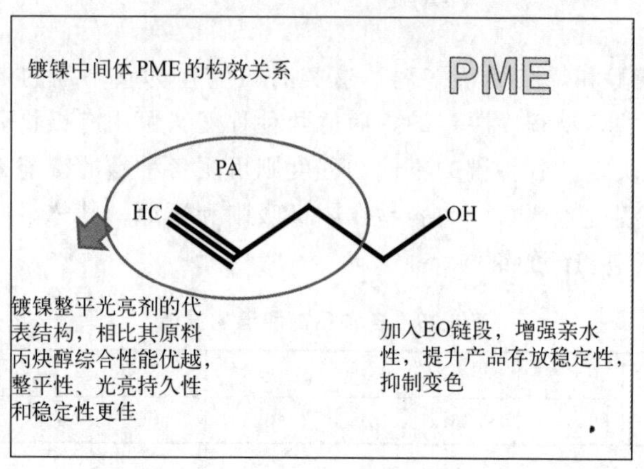

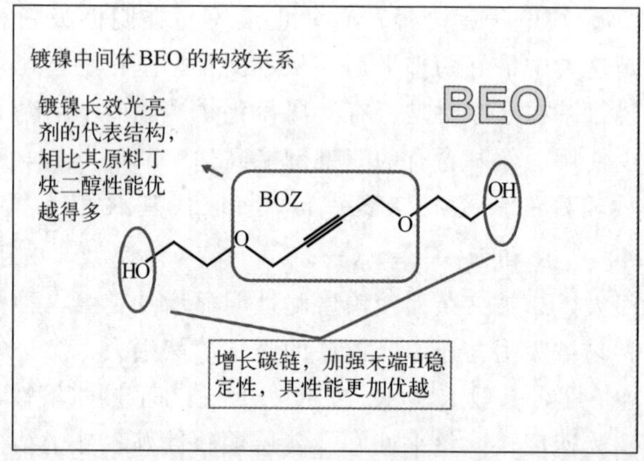

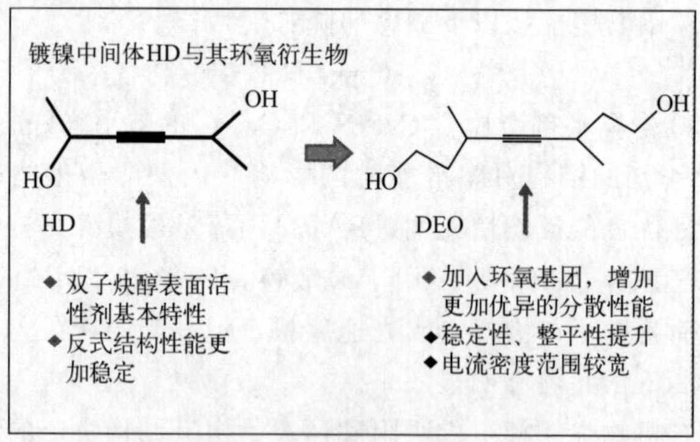

图 8-2　吉和昌公司的方案

b. 在炔基的侧链中引入强吸电子的磺酸基，它使炔基上的电子云显著降低，也就降低了整平剂的吸附和还原能力，其整平效果也显著降低。

c. 炔基周围的空间位阻对整平剂的吸附和还原也有明显的影响，位阻越大，吸附和还原越难，整平效果也显著降低。若炔基两端均被羟丙基包围（四甲基丁炔二醇），使还原反应无法进行，它也就失去了整平作用。

d. 炔基侧链的羟甲基（—CH_2OH）是强吸电子基，它含有活性氢，可与环氧化合物反应而形成单或双取代醚化物，使光亮电流密度范围有所改善，光亮剂的分解产物较少，镀层脆性较小，但镀层的光亮度和整平性比未醚化的略差一些。

④ 炔胺类整平剂的结构对整平能力的影响　炔胺类化合物具有极好的光亮度和整平性，它们是优质镀镍光亮剂中的必备组分。由于它们的阻化作用极强，在镀液中只要含有 mg/L 级即有光亮、整平作用，常用的炔胺类化合物是：DEP（*N*,*N*-二乙基丙炔胺）、MPAS（2-甲基-3-丁炔-2-胺酸化物）、TC-DEP（*N*,*N*-二乙基丙炔胺硫酸盐）、PABS（*N*,*N*-二乙基丙炔胺甲酸盐）、DEPS（*N*,*N*-二乙基丙炔胺磺酸内酯钾盐）等。它们大都具有极好的整平性，应注意的是炔胺类化合物有些难溶于水。

在炔胺类化合物中目前认为 *N*,*N*-二乙基丙炔胺盐酸盐的效果最好，这是由于：

a. 在炔基旁的二乙氨基—N（C_2H_5）$_2$ 具有很强的推电子作用，使 C—N 键具有部分双键的性质，它与炔键可构成共轭体系，使炔基上的电子云大增，更容易在阴极上吸附和还原，所以显现出极强的整平能力，成为目前最强的整平剂。

b. *N*,*N*-二乙基丙炔胺是一种带碱性的胺，当它与各种酸（如盐酸、硫酸、甲酸等）形成带正电的季铵盐，季铵盐的正电荷极易与阴极的负电荷相吸引，这就大大增强了它在阴极上的吸附和还原，也就增强了它的整平性和光亮作用。若在炔键与氨基之间增加一个碳原子，C—N 键的电子云无法通过共轭作用传至炔基上，二乙氨基上的电子云只能通过诱导作用传至炔基上，故其推电子作用明显降低，其整平能力也明显下降，要达到相同整平能力所需的整平剂浓度要提高四倍以上才行。

⑤ 含氮杂环类整平剂的结构对整平能力的影响　含氮杂环类化合物是一类很好的整平剂，已广泛用于各类镀镍添加剂中，含氮杂环中吡啶、喹啉、咪唑等单核或多核的含氮芳香族化合物及其各种衍生物都具有良好的整平作用，其中用得最多的是吡啶的衍生物。吡啶若没有进行恰当的磺化或季铵化是不能作为镀镍光亮剂使用的，吡啶虽有光亮整平能力，但镀层脆而黄，低电流密度区发黑，沉积速度极慢，添加初级光亮剂也无任何改善。而吡啶的磺化或季铵化产物则是优良的镀镍光亮剂，具有很好的整平能力，尤其是在高、中电流密度区，若与其他中间体如炔醇类衍生物及炔胺类化合物配合使用时更是如此，此时在光亮电流密度范围内，均有很好的整平能力，出光速度快。它们的使用量及消耗量一般比 1,4-丁炔二醇的环氧化合物小一个数量级。常用的吡啶衍生物是 PPS（丙烷磺酸

吡啶鎓盐）和 PPS—OH（羟基丙烷磺酸吡啶鎓盐），它们具有优良整平能力的原因与炔胺类化合物相似：一是由于吡啶环是个大的共轭体系，缺电子程度严重，也最容易在阴极吸附和还原；二是吡啶环上的 N 原子已形成带正电荷的季铵盐阳离子，季铵盐的正电荷极易与阴极的负电荷相吸引，这就大大增强了它在阴极上的吸附和还原，也就增强了它的整平性和光亮作用。由于分子中吸电子的磺酸基离吡啶环较远，并不影响吡啶环的吸附和还原，而它的强亲水性则有利于还原产物脱离阴极表面，不被夹杂在镀层中，降低了镀层的脆性。若吸电子的磺酸基直接位于吡啶环上，它将大大降低吡啶衍生物的整平能力。

（3）分子结构与消耗量的关系

光亮剂在电镀过程中的消耗来自几方面的因素：阴极的强制性还原、阳极的强制性氧化、电化学的催化反应、沉淀物的生成及工件出槽时的带出等。为了探讨分子结构与消耗量的关系，鞠传伟[6] 以相同操作条件，对相同摩尔浓度的不同主光亮剂进行电解试验。通过色谱分析发现，丙炔醇的消耗速率最大，因为它的炔基在端部，容易被阴极还原。吡啶的衍生物消耗速率最小，因为吡啶环是个大的共轭体系，缺电子程度严重，本身非常稳定，吡啶环难以打破，故消耗速率最小。他认为光亮剂的分子结构与消耗速率存在如下关系：①具有对称性的物质稳定性好，难还原，故消耗量低；②表面活性高的物质消耗量低；③具有杂环结构的物质消耗量低。

（4）分子结构与柔软性的关系

众所周知，使用丙炔醇、吡啶等，镀层的应力相当大。究其原因，高能键位于分子结构的外端，特性吸附作用强大，易被镀层夹杂，致使镀层发脆。将其与环氧化物加成为衍生物后，提高了亲水性和表面活性，吸附温和，镀层夹杂较小，晶粒生长较慢，镀层各种应力下降，柔软性好。同时，由于分子中高能键不稳定，极易参与电极反应，故增加键能小一点的烯基，有利于解决高键能到低键能间的吸附，既降低镀层脆性，又降低主光亮剂的消耗。高能键不在分子末端，柔软性比高能键在分子末端的好。

总之，一种好的光亮剂，应该具备含有以高能键为主，中高能键为辅，含有带正电的季铵氮元素，有较高的表面活性和稳固的分子结构等条件，这样，可兼顾出光速度、镀层柔软性、整平性以及消耗量等诸方面的特性。

2016 年瞿德勤[7] 发明了一种全光亮镀镍柔软剂，该柔软剂可有效增加镀层的柔软性和走位、低消耗量，减少镀层脆性，能够使镀层与紧固件本体紧密结合，施镀效果良好，与主光剂同时使用会使镀层柔和丰满。所述全光亮镀镍柔软剂的配方如下：

① 全光亮镀镍柔软剂的配方：

糖精钠	30（15～30）g/L
丙炔磺酸钠	5（0.5～5）g/L

丙烯基磺酸钠　　50（20～50）g/L
吡啶-2-羟基丙磺酸内盐　　10（2～10）g/L
异硫脲丙磺酸内盐　　3（0.1～3）g/L
pH 值　　4.5～5.0
温度　　20～60℃

② 全光亮镀镍柔软剂的配制方法：

a. 在搅拌桶内加入配方量 2/3 的纯水，边搅拌边加入糖精钠，至完全溶解；

b. 搅拌状态下依次加入丙炔磺酸钠、吡啶-2-羟基丙磺酸内盐、丙烯基磺酸钠，至完全溶解调成主液；

c. 另取适量温水（40℃）溶解异硫脲丙磺酸内盐，溶解好后加入主液中，充分搅拌均匀；

d. 调整 pH 值为 4.5～5.0，加入余量纯水至所需体积，最后过滤灌装，即得。

全光亮镀镍柔软剂的配制方法简单、易于操作，制得的全光亮镀镍柔软剂具有低消耗量、可有效增加镀层的柔软性和走位且施镀效果好的特点。

2016 年瞿德勤[8] 也发表了全光亮镀镍主光剂及其配制方法的专利。全光亮镀镍主光剂的配制方法简单，易于操作且成本低廉，制得的全光亮镀镍主光剂能够使镀层与紧固件本体紧密结合，可适用于较宽电流密度范围，镀层光亮，镀镍效果好。

① 全光亮镀镍主光剂的配方：

乙氧化丁炔二醇　　8（3～15）g/L
N,*N*-二乙基丙炔胺甲酸盐　　4（2～8）g/L
吡啶-2-羟基丙磺酸内盐　　15（10～30）g/L
丙炔磺酸钠　　10（5～20）g/L
1-（3-磺丙基）吡啶内盐　　6（3～10）g/L
磺基丁炔醚钠盐　　2（0.5～3）g/L
1-丙炔基甘油醚　　2（1～5）g/L

② 全光亮镀镍主光剂的配制方法如下：

a. 在搅拌桶内加入配方量 2/3 的纯水，边搅拌边加入乙氧化丁炔二醇，至完全溶解；

b. 搅拌状态下依次加入 *N*,*N*-二乙基丙炔胺甲酸盐、吡啶-2-羟基丙磺酸内盐、丙炔磺酸钠、1-（3-磺丙基）吡啶内盐、磺基丁炔醚钠盐、1-丙炔基甘油醚，至完全溶解；

c. 调整 pH 值为 4.5～5.0，加入余量纯水至所需体积，最后过滤灌装，即得。

全光亮镀镍主光剂的配制方法简单，易于操作且成本低廉，制得的全光亮镀镍主光剂能够使镀层与紧固件本体紧密结合，适用于较宽电流密度范围，镀层光亮，镀镍效果好。

8.6.5 新型光亮镀镍工艺

(1) 新型纳米复合光亮镀镍工艺

2016年杨鹰等[9]发明了一种复合光亮剂和纳米晶镍电镀液及基于纳米晶电镀液在工件表面镀镍的方法。由于电镀纳米晶体镍相比传统镀镍层具有更高的硬度、更好的耐磨耐腐蚀性以及更优良的磁性、高温、力学及电催化性能，因而近年来被广泛应用于汽车、航空航天及材料工程等领域。为提高电镀纳米晶镍的装饰性能，需要在镀镍液中加入光亮剂，质量好的光亮剂分解产物少，对镀镍层的整平性和光亮度起到良好的作用，可获取镜面光亮的镀层，而且镀层韧性好，镀层结构致密，孔隙率低。镀液的分散能力和覆盖能力好，镀镍过程分解产物少，出光速度快，镀液稳定性好、使用寿命长。纳米复合光亮镀镍，操作简单，条件温和，获得的镍层晶粒平均尺寸达到了8nm，镀层外观光亮均匀，质量稳定。

纳米复合光亮镀镍工艺条件如下：

硫酸镍	250（250～300）g/L
氯化镍	40（40～50）g/L
硼酸	35（35～45）g/L
十二烷基硫酸钠	0.1（0.1～0.2）g/L
复合光亮剂	10（8～15）mL/L
温度	45（45～55）℃
pH值	3.8～4.5
时间	15min
阴极电流密度	5（5～10）A/dm^2

其中复合光亮剂的配方为：

糖精钠	120（100～200）g/L
二乙基丙炔胺	1.4（1.0～1.5）g/L
丙烷磺酸吡啶鎓盐	14（10～15）g/L
乙烯基磺酸钠	400（100～500）g/L
S-羧乙基异硫脲甜菜碱	0.6（0.4～0.8）g/L

复合光亮剂的配制方法：

准确称取糖精钠120g/L、二乙基丙炔胺1.4g/L、丙烷磺酸吡啶鎓盐14g/L、乙烯基磺酸钠400g/L和*S*-羧乙基异硫脲甜菜碱0.6g/L，依次倒入容积大于1000mL的容器中，加入约2/3的去离子水，加热至40～50℃，至溶解完全，搅拌均匀，待冷却至室温后标定至1000mL，然后转移至避光容器中保存，即得到纳米晶镍复合光亮剂。

该复合光亮剂在镀液中的分散能力和覆盖能力好，镀镍过程分解产物少，出光速度快，镀液稳定性好，使用寿命长。

(2) 钢铁件直接光亮镀镍新工艺

为了提高钢铁制件的抗腐蚀性和装饰能力，通常是先将钢铁件进行除油、除锈、清洗，再进行电镀碱铜→酸铜→亮镍→装饰铬等一系列的工序。其过程烦琐、复杂，加工成本高，其中一道电镀质量不合格，则整体工件就会报废，造成大量物质、能源的浪费。为了克服上述问题，降低成本、节约能源。目前，该领域正朝着向钢铁制件上直接镀镍的技术发展，省去先镀碱性铜、又镀酸性铜两道工序，这就为镀镍工艺技术提出了更为严酷的要求。首先，镀镍层与钢铁制件要有更好的结合力；其次，镀镍层必须完整、结晶细致、光亮、均匀、无针孔、韧性好；最后，镀镍液不能对钢铁制件特别是管型、深凹型的工件有腐蚀性。

2015 年宋文超等[10] 发明了一种钢铁件直接光亮镀镍新工艺，可以在钢铁制件上直接镀出结合力好、韧性好、光亮、平整、均匀的镀镍层，且镀镍液对钢铁制件特别是管型、深凹型的工件没有腐蚀性。其工艺组成和条件为：

硫酸镍	280～360g/L
氯化镍	50～60g/L
硼酸	40～45g/L
柔软剂	8～12mL/L
光亮剂	1.5～2mL/L

其中镀镍光亮剂的配方为：

羟基丙烷磺酸吡啶鎓盐	250 (250～300) g/L
N,*N*-二乙基丙炔胺硫酸盐	22 (22～24) g/L
丙氧基丁炔二醇	60 (50～60) g/L
丙炔醇甘油醚	6 (6～8) g/L
丙炔基磺酸钠	40 (35～40) g/L
葫芦脲	0.2 (0.1～0.2) g/L
3-巯基丙烷磺酸钠	3 (3～4.5) g/L

选用上述的镀镍光亮剂，可以在钢铁制件上直接镀出结合力好、韧性好、光亮、平整、均匀的镀镍层。

本节参考文献

[1] 周长虹，王宗雄．镀镍中间体浅谈[J]. 材料保护，2000，33(2)：10-12.

[2] 李新梅，冯拉俊，李志勇．不同发展阶段的镍、铬电镀光亮剂的特性[J]. 材料保护，2001，34(12)：5-7.

[3] 刘仁志．电镀镍添加剂的技术进步和新一代镀镍光亮剂[J]，电镀与精饰，2004，26(4)：18-20.

[4] 袁诗璞．谈谈第四代镀镍光亮剂[J]. 电镀与精饰，2001，20(4)：44-50.
[5] 陈正法．现代镀镍光亮剂与中间体浅谈[J]. 材料保护，2007，40(3)：77-79.
[6] 鞠传伟．关于镀镍光亮剂分子结构的探讨[J]. 电镀与环保，2001，21(3)：16-17.
[7] 瞿德勤．全光亮镀镍柔软剂及其配制方法．CN105463518A(2016-4-6).
[8] 瞿德勤．全光亮镀镍主光剂及其配制方法．CN105648480A(2016-6-8).
[9]杨鹰，崔东红，李海普．一种复合光亮剂和纳米晶镍电镀液及基于纳米晶电镀液在工件表面镀镍的方法．CN105926010A(2016-9-7).
[10] 宋文超，李玉梁，熊剑锋，胡哲，左正忠．一种钢铁件直接镀镍用光亮剂及其镀镍液．CN105088288A(2015-11-25).

第 9 章

镀铜添加剂

9.1 镀铜电解液的基本类型

9.1.1 各种镀铜液的性能比较

铜是一种富有延性、易于机械加工的软金属，呈赤红色，导电和导热性极好。铜在空气中不稳定，易氧化。在水、二氧化碳或氯化物作用下表面会形成“铜绿”。铜遇碱性化合物，表面易变成棕色或黑色。铜对于水、盐溶液以及酸，在没有溶解氧和还原气氛（如含 SO_2 工业大气）中的稳定性比镍更好，镀铜层的孔隙率也比镍低，因此镀铜层主要用于钢铁和其他镀层之间的中间层，广泛用于铜/镍/铬防护装饰镀层中。美国安美特公司用于严酷环境的最佳耐蚀性组合镀层为：铜（20μm）/三层镍（35～40μm）/复合镍（5μm）/铬（0.25μm），随着镍价的上涨，大多数工厂均采用铜做底层。

镀铜还用于修复已磨损零件的尺寸及电铸模型。在热处理工程中用于钢铁的防渗碳，这是利用铜的高熔点及碳与铜不能形成固溶体和化合物的特性。此外镀铜还广泛用于塑胶上电镀及印刷配线板的穿孔金属化等，它们是镀铜量最大的应用领域。

镀铜电解液除常见的氰化物镀铜、酸性镀铜和酸性光亮铜外，还有三乙醇胺镀铜、酒石酸盐镀铜、焦磷酸盐镀铜、乙二胺镀铜、柠檬酸盐镀铜、羟基亚乙基二膦酸（HEDP）镀铜等，它们都已在生产上应用。表 9-1 列出了上述各种镀铜电解液的镀液性能和镀层性能。表 9-2 及表 9-3 列出了这些镀铜工程的优缺点及其实用性。

表 9-1 各种镀铜液的镀液性能

镀液类型	前处理	均一性/%	覆盖能力 $\phi10\times100$ 钢管	电流效率/%	电流密度/(A/dm²)	阳极	沉积速度
氰化物镀铜	钢铁物可直接镀	46.8	中间宽1mm,长 2cm未镀上	63.7	3	溶解良好,无铜粉	为一价铜放电,沉积速度比 Cu^{2+} 镀液快一倍
HEDP 镀铜	钢铁物可直接镀	38.2	全部镀上	74.7	2.1	稍有铜粉	较氰化镀铜和酸性镀铜慢

续表

镀液类型	前处理	均一性/%	覆盖能力 ϕ10×100钢管	电流效率/%	电流密度/(A/dm^2)	阳极	沉积速度
柠檬酸盐镀铜	较严格，直接镀无保证	60.1	全部镀上	98	1.95	稍有铜粉	较氰化镀铜和酸性镀铜慢
酒石酸盐镀铜	较严格，要打底镀层	42.8	中间 34cm 未镀上	95	3	有铜粉	较氰化镀铜和酸性镀铜慢
焦磷酸盐预镀铜	较严格，要打底镀层	46.3	中间4cm，长2cm未镀上	93.9		稍有铜粉	较氰化镀铜和酸性镀铜慢，用后变慢
三乙醇胺镀铜	较严格，要打底镀层	55	中间 5.2cm 未镀上	98.5	2.25	有铜粉	较氰化镀铜和酸性镀铜慢
乙二胺镀铜	较严格，要打底镀层	21.4	全镀上	95	4	稍有铜粉	在二价铜电镀中沉积速度尚快
酸性镀铜	较严格，需打底镀相当厚度	12.8	中间 7.8cm 未镀上	100	4.2	要有Cu-P阳极，有微量铜粉	电流效率高，沉积速度快
光亮酸性镀铜	较严格，需打底镀相当厚度	12.4	中间 6.5cm 未镀上	99	5	要有Cu-P阳极，有微量铜粉	电流效率高，沉积速度快

表 9-2　各种镀铜液的镀层性能

镀液类型	显微硬度(维瓦)	孔隙率	附着力(画痕试验)	整平性	腐蚀失重(酸性NaCl液，10μm，浸15天)/g	废气	废水	后处理
氰化物镀铜	127.40	10μm以上几乎无细孔	良好	22.6μm ∇-1	0.1179	需排气	需相当设施	不需要
HEDP镀铜	179.30	16μm以上几乎无细孔	良好	18.5μm ∇-2/3	—	不需排气	需相当设施	不需要
柠檬酸盐镀铜	114.38	17μm以上几乎无细孔	画痕处微有脱落	19.94μm ∇-2/3	0.1467	不需排气	需相当设施	不需要
酒石酸盐镀铜	141.30	30μm以上几乎无细孔	不镀打底层时镀层剥落	23.3μm ∇-1	0.1662	不需排气	需相当设施	不需要
焦磷酸盐镀铜	170.30	15μm以上几乎无细孔	画痕处微脱落	20.63μm ∇-1	0.1431	不需排气	需相当设施	不需要
三乙醇胺镀铜	215.40	15μm以上几乎无细孔	不打底时镀层剥落	20.63μm ∇-1	0.1296	不需排气	需相当设施	不需要
乙二胺镀铜	177.40	16μm以上几乎无细孔	画痕处微有脱落	19.89μm ∇-1/3	0.1391	不需排气	需相当设施	不需要

续表

镀液类型	显微硬度(维瓦)	孔隙率	附着力(画痕试验)	整平性	腐蚀失重(酸性 NaCl 液,10μm,浸 15 天)/g	废气	废水	后处理
酸性镀铜	95.27	40μm 以上几乎无细孔	不打底镀层严重剥落	23.27μm ∇-1	0.1693	不需排气	碱中和,即可处理	不需要
光亮酸性镀铜	88.17	20μm 以上几乎无细孔	不打底镀层严重剥落	23.79μm ∇-1/3	0.1631	不需排气	碱中和,即可处理	需碱中和

表 9-3　各种镀铜液的价格、优缺点和适用性

镀液类型	镀液成本[①]/(元/L)	优点	缺点	适用性
氰化物镀铜	1.26	1. 前处理简单,不需打底 2. 阳极溶解良好,无铜粉 3. 溶液稳定性好 4. 素材及 Ni、Cr 层的附着力好 5. 镀层细孔少 6. 镀层溶蚀失重小 7. 沉积速度比同条件的 Cu 镀液快 8. 覆盖能力好,适于复杂零件电镀	1. 氰化物剧毒,有废气、废水,操作条件差 2. 氰化物会水解而成碳酸盐,累积后,阳极溶解和阴极电流效率下降,应定期清除 3. 镀厚层易产生毛刺	1. 做钢铁物,轻金属品的装饰性电镀底层 2. 防渗碳镀铜 3. 锌压铸品镀层
HEDP 镀铜	2.28	1. 镀液不含剧毒的氰化物,HEDP 本身镀性较小 2. 钢铁物可直接镀 3. 覆盖能力、均一性好 4. 镀液不腐蚀素材,稳定性佳	1. 电流效率较低,沉积速度较慢 2. 要用特种方法处理废水	1. 可做钢铁品的打底层 2. 较适于管状零件的电镀,对内管的腐蚀很小
柠檬酸盐镀铜	3.92	1. 均一性和覆盖能力较好 2. 不含剧毒氰化物	1. 镀液配制麻烦 2. 不镀时镀液会发酵长霉 3. 不镀打底层附着力无保证	经打底后可做钢铁件装饰性电镀的底层
酒石酸盐镀铜	4.72	无特别优点	1. 镀液有大量铜粉,溶液稳定性差 2. 均一性和覆盖能力差 3. 镀层结晶较粗糙,孔隙多	经打底后可作为钢铁物装饰电镀的底层

续表

镀液类型	镀液成本[①]/(元/L)	优点	缺点	适用性
焦磷酸盐镀铜	3.55	1. 镀液稳定性好 2. 镀液腐蚀性比强碱镀液低 3. 镀液的覆盖能力较好	1. 电流效率低,沉积速度慢 2. 焦磷酸盐易水解成磷酸盐,积累后电流下降低	只有 $K_4P_2O_7/Cu$ 之比很高的镀液才适于钢铁件的打底镀铜,否则都需先打底后再使用
三乙醇胺镀铜	1.25	1. 镀液均一性较好 2. 镀层孔隙较少	1. 阳极有铜粉 2. 覆盖能力较差 3. 低电流密度处镀层发黑	经打底后可做钢铁件装饰性电镀的底层
乙二胺镀铜	1.00	1. 镀液覆盖能力较好 2. 镀层外观较好	1. 阳极有铜粉 2. 温度高镀层易产生毛刺 3. 钢铁件直接镀无保证	经打底后可用于钢铁件的装饰电镀和防渗碳镀铜
酸性镀铜	0.46	1. 镀液成本低,沉积速度快 2. 在室温下电镀,镀液成分范围宽 3. 废水处理方便	1. 镀层粗糙,防锈力差 2. 均一性、覆盖能力差 3. 阳极要磷铜板 4. 镀液腐蚀性强	适于电铸和塑胶上电镀
光亮酸性镀铜	0.48	1. 镀液配制成本低 2. 光亮整平性好 3. 镀层延展性好 4. 沉积速度快 5. 废水处理方便	1. 钢铁物直接镀困难,需相当厚度的打底层 2. 均一性和覆盖力差 3. 需特制磷铜阳极 4. 温度在30℃以上要降温 5. 镀液的腐蚀性强 6. 镀后一般要后处理	因光亮、整平和延展性好,适于塑胶上电镀和电铸。经打底镀后可用于钢铁件和轻金属件的装饰性电镀,管状物和滚镀较麻烦

① 这是多年前的价格,仅供比较用。

9.1.2 氰化铜镀液

氰化物镀铜液的主要成分是氰化亚铜和氰化钠，铜主要以［Cu（CN)$_3$］$^{2-}$形式的络离子存在：$CuCN + 2NaCN \rightleftharpoons Na_2[Cu(CN)_3]$。这种络离子具有很高的稳定性（$\beta \approx 10^{28}$）和阴极极化度，加上强碱镀液具有很好的导电性，因此这种镀液具有很好的分散能力和覆盖能力，有相当的脱脂能力，镀层结晶细致，适于钢铁件及锌、铝合金制品的打底，尤其适于锌压铸品镀镍前的打底，它能有效防止锌压铸品在酸性镀镍液中的置换反应，所得铜层与底材的附着力良好，这是目前锌压铸品最适用的打底电镀方法。但是，这种镀液含有大量剧毒的氰化物，在生产过程中产生的大量废气、废水和废渣，严重造成环境公害，必须进行严格的废水处理。此外，镀液的氰化物易水解，而形成碳酸盐，它的积累会使阳极和阴极电流效率下降，必须定期清除。该镀液通常需要在加温下工作，能源消耗较大。

普通氰系镀铜层是不光亮的，整平性较差，沉积速度较慢，当镀层达到相当厚度后就会变得粗糙，出现毛刺及瘤状物，为了提高沉积速度及获得光亮、整平的厚镀层，常采用加有添加剂的高效氰系镀铜液。

根据镀液成分及用途的差异，氰化物镀铜液可分为打底型、酒石酸钾钠型及高效率型和光亮型四种，其配方及作业条件如表 9-4 所示。

表 9-4　各种氰化物镀铜液的成分及操作条件

镀液组成及操作条件	1 打底液	2 酒石酸盐液	3 高效率液	4① 光亮镀液	5① 光亮镀液	6① 光亮镀液
氰化亚铜(CuCN)/(g/L)	15	26(19～45)	49～127	52～75		
铜(Cu)/(g/L)	11	15～30	53(34～89)		42～74	60(55～65)
氰化钠(NaCN)/(g/L)	23	35(26～53)	93(62～154)	8～12		
游离氰化物/(g/L)	6	4～9	16(11～19)		3.8～9.8	22(20～30)
铜:游离氰化物	1∶0.55	1∶0.3	1∶0.2			
氰化钾(KCN)/(g/L)			115(76～178)			
碳酸钠(Na_2CO_3)/(g/L)	15	30(15～60)				
氢氧化钠(NaOH)/(g/L)			30(22～37)	15～20	7.5～60	
氢氧化钾(KOH)/(g/L)			42(31～52)			21(10～35)
酒石酸钾钠/(g/L)		45(30～60)		30～40	10	
W-97/(mL/L)				12		
氯化三甲基苄基铵/(g/L)					0.9	
酒石酸锑钾/(g/L)					0.15	
Ultinal 光亮剂/(mL/L)						5
641 润湿剂/(mL/L)						1
pH 值		12.2～12.6				
温度/℃	41～60	55～70	60～80	45～65	80	70～75
阴极电流密度/(A/dm²)	1.0～3.2	1.6～6.5	1.0～11.1	0.15～5.0	0.4～3.5	2.0
阳极电流密度/(A/dm²)	0.5～1.0	0.8～3.3	1.5～4.0			
阳极面积比	3∶1	2∶1	3∶2	(2.3～2.6)∶1		
槽电压/V	6	6	0.75～4			1.8
阴极效率/%	10～60	30～70	99			
搅拌方式	阴极移动或机械搅拌					

① 配方 4 为武汉风帆电镀技术有限公司产品；配方 5 为杜邦化学公司产品；配方 6 为安美特化学公司产品。

打底液镀液由于含铜量低，游离氰化物高，铜层与底材之间具有极好的附着力，用于打底时，通常厚度为0.5～1μm。

酒石酸钾钠型镀液其游离氰化物与金属铜的比值也较大，铜层与底材的附着力也较好，且与高效率镀液相比，对杂质的敏感性较小，主要用于中等厚度铜的沉积（一般可达2～7μm），它不再要求打底，使用起来比较方便。

高效氰化物镀液具有沉积速度快，阳、阴极效率高的优点，但对杂质（尤其是有机杂质）很敏感。

上述三种镀液得到的镀层都是不光亮的，若要获得光亮的氰化物镀铜液，可以加入合适的光亮剂来实现。例如在高效型镀液中加入适当添加剂，同时采用周期换向电流或间歇电流，并配以适当的作业措施（如溶液循环过滤）则能获得光亮、整平和延展性好的厚铜层，铜层厚度可达25～50μm。

高效氰化物镀铜液于1938年开始在生产上应用，到20世纪70年代初，由于采用了性能优越的添加剂，氰系光亮镀铜的品质获得了明显的改进，可在宽广的电流密度范围（3～8A/dm^2）内获得十分光亮的铜层，沉积速度可达1μm/min，出现光亮只要1min，镀液的整平性好、工作范围宽且易于管理。由于镍价猛涨，我国以铜代镍较为流行，光亮氰化物镀铜的研究才得到重视，并取得相当的成果。

9.1.3 酸性硫酸铜镀液

（1）镀液的特点

酸性硫酸铜镀液的基本成分为硫酸铜和硫酸。它分普通镀液和光亮镀液两种。普通酸性镀铜工艺的主要特点是成分简单，溶液稳定，价格便宜，电流效率高，沉积速度快。其缺点是分散能力差，结晶粗糙，附着力差，钢铁件无法直接镀。普通酸性镀铜液主要用于电铸或钢铁物品在氰化物镀铜液打底后的进一步加厚。

在普通的酸性硫酸铜溶液中加入适当的光亮剂便可获得高光亮、高整平的铜层。这种工艺国外在20世纪60年代已开始应用，但使用温度的上限低于27℃，需要冷冻降温。我国在20世纪70年代研究成功了M-N全光亮酸性铜及SH-110全光亮酸性镀铜工艺，其作业温度的上限可达40℃，在工业上获得了广泛的应用。

（2）酸性光亮镀铜的主要特点

① 高光亮高整平。采用国产光亮剂可使底材表面的光洁度在0.5h内提高两级，并获得镜面的镀层。在粗糙的铜品及未打光的锌压铸品上用氰化铜液打底后，用酸性光亮铜加厚，可获得整平而光亮的铜层，不需打光即可直接镀镍，这对电镀过程的连续化、自动化有重大的作用。

② 高速高电流密度。酸性光亮镀铜液在强烈搅拌时，使用的电流密度高达20A/dm^2以上，具有很高的沉积速度，特别适于镀厚铜和电铸。

③ 高分散能力和穿孔能力。选择合适的光亮剂，可获得很好的分散能力和覆盖能力，完全可以满足高厚度、小孔径的现代多层印制电路板穿孔电镀（through hole plating）的需要。

④ 高延性低应力。酸性光亮镀铜层的应力很小，延展性很好，特别适于塑料和印制电路板的电镀。

表 9-5 列出了国内外典型酸性光亮镀铜液的组成和操作条件。

表 9-5　国内外典型酸性光亮镀铜工艺

镀液组成及操作条件	1	2	3[①]	4[②]	5[③]	6[④]	7[⑤]	8[⑥]	9[⑦]
硫酸铜 ($CuSO_4 \cdot 5H_2O$)/(g/L)	150～220	180～220	200～240	180～220	195～255	200～220	180～240	195～235	160～230
硫酸(H_2SO_4)/(g/L)	50～70	50～70	55～75	50～70	60～90	55～74	50～90	50～70	50～70
氯离子(Cl^-)/(mg/L)	20～80	20～80	30～100	40～100	30～90	80～150	60～100	50～100	20～100
聚二硫二丙烷磺酸钠(SP)/(g/L)	0.01～0.02								
亚乙基硫脲(N)/(g/L)	0.0003～0.0008	0.0003～0.0008							
巯基苯并咪唑(M)/(g/L)	0.0004～0.0010								
AEO/(g/L)	(可不加) 0.01～0.02								
聚乙二醇 (M=6000)/(g/L)	0.05～0.1								
TPS/(g/L)		0.01							
甲基紫/(g/L)		0.01							
辛酚聚氧乙烯醚(OP-21)/(g/L)		1							
光亮剂 2001/(mL/L)			3～4						
亮铜-3A 剂/(mL/L)				4～6					
亮铜-3B 剂/(mL/L)				0.3～0.5					
UBAC 添加剂/(mL/L)					5				
湿润剂 HT/(mL/L)						3			
晶细剂 HT/(mL/L)						1			
填平剂 HT/(mL/L)						0.5			
UP33A/(mL/L)							0.8～1.4		
UP33B/(mL/L)							0.4～1		
33C/(mL/L)							3～5		
Ultra 500Mu 开缸剂/(mL/L)								4	

续表

镀液组成及操作条件	1	2	3[①]	4[②]	5[③]	6[④]	7[⑤]	8[⑥]	9[⑦]
Ultra 500A 走位剂/(mL/L)								0.6	
Ultra 500B 光亮剂/(mL/L)								0.4	
DC-810A									3～4
温度/℃	10～40	7～40	15～40	10～40	24～38	24～28	20～45	20～40	15～43
阴极电流密度/(A/dm²)	2～4	1～6	1.5～8	1～5	2.2～8.6	2～6	1～8	1～10	1～5
阳极	磷铜	磷铜	磷铜	磷铜板	磷铜	磷铜	磷铜	磷铜	磷铜
搅拌	空气搅拌	空气搅拌	空气搅拌	空气搅拌	空气或机搅	空气搅拌	空气或机搅	空气搅拌	空气搅拌

① 配方 3 为上海永生助剂厂产品。

② 配方 4 为武汉风帆电镀技术有限公司产品。

③ 配方 5 为美国乐思公司产品。

④ 配方 6 为美国安美特公司产品。

⑤ 配方 7 为日本荏原公司产品。

⑥ 配方 8 为广东达志化工公司产品。

⑦ 配方 9 为河北金日公司产品。

9.1.4 焦磷酸铜镀液

焦磷酸盐镀铜液是以焦磷酸钾为主要成分的碱性镀铜液，在 pH＝9～10 时，主要形成 $[Cu(P_2O_7)_2]^{6-}$ 的络离子：

$$Cu_2P_2O_7 + 3K_4P_2O_7 \rightleftharpoons 2K_6[Cu(P_2O_7)_2]$$

焦磷酸盐镀铜液的主要优点是镀液无毒，稳定，均一性好，镀层结晶细致，柔性好，光亮、整平，电流效率高。其缺点是允许的电流密度上限较小，沉积速度较慢，不能直接用于钢铁件的电镀。但在印制电板穿孔金属化、导波、锌压铸品上已获得广泛应用。焦磷酸盐镀铜不仅适于单面板的穿孔金属化，而且适于多层板的多孔金属化，这是因为在高厚度与孔径比（8∶1）时，仍能获得满意的铜层。

在普通焦磷酸盐镀铜液中加入适当的光亮剂，也可获得光亮且整平的镀层，允许使用较高的电流密度，沉积速度也较快，在日本、欧、美等国获得了广泛的应用。

焦磷酸盐镀铜液使用的光亮剂主要是含巯基的杂环化合物（氮杂环或硫氮杂环）作为主光亮剂，用二氧化硒或亚硒酸做辅助光亮剂。实验结果证明 2-巯基苯并咪唑（MB 防老化剂）比 2-巯基苯并噻唑（M 促进剂）更稳定，它不仅能使镀层光亮，而且有相当的整平作用，可提高作业电流密度。其可以单独使用，也可与 2-巯基苯并噻唑（0.0011～0.005g/L）并用。

亚硒酸盐或二氧化硒是各类配合物镀液的有效光亮剂。它不仅可提高镀层的光亮度，还可以降低巯基化合物的内应力，因此两者的配合使用可以获得很好的效果。表 9-6 列出了普通与光亮焦磷酸盐镀铜液的作业配方与条件。

表 9-6 普通与光亮焦磷酸盐镀铜液的配方与条件

镀液成分及作业条件	普通镀液		光亮镀液	
	1	2	3	4
硫酸铜($CuSO_4 \cdot 5H_2O$)/(g/L)	37～43			
焦磷酸铜($Cu_2P_2O_7$)/(g/L)		60～70	70～90	50～65
焦磷酸钾($K_2P_2O_7 \cdot 3H_2O$)/(g/L)	175～185	280～320	300～380	350～400
$(NH_4)_2H(C_6H_5O_7)$/(g/L)		20～25	10～15	
磷酸氢二钾(K_2HPO_4)/(g/L)	20～30			
硝酸铵(NH_4NO_3)/(g/L)	6～10			
氨水($NH_3 \cdot H_2O$)/(mL/L)				2～3

9.1.5 HEDP 铜镀液

焦磷酸盐镀铜虽具有分散能力良好，电流效率高，镀层结晶细致半光亮等优点，但由于焦磷酸根会部分水解为正磷酸根，当其累积到相当程度后，镀液的性能就会变劣，电流密度范围缩小，沉积速度降低。镀层与底材，特别是与钢基体的附着力越来越差。因此它不适于钢铁件的直接镀铜。

数年前国内开发了 HEDP（1-羟基亚乙基-1,1-二膦酸）、柠檬酸-酒石酸以及三乙醇胺直接镀铜等，但真正在生产中大规模应用的是 HEDP 镀铜，它可以保证钢基体上铜层的附着力良好，可以获得半光亮或光亮的铜层。HEDP 镀铜的配方及作业条件列于表 9-7。

表 9-7 HEDP 镀铜的配方及作业条件

<table>
<tr><th>镀液成分及作业条件</th><th>含量</th><th colspan="2">镀液成分及作业条件</th><th>含量</th></tr>
<tr><td rowspan="2">Cu(以碱基式碳酸铜或硫酸铜形式加入)/(g/L)</td><td rowspan="2">8～12</td><td colspan="2">温度/℃</td><td>30～50</td></tr>
<tr><td colspan="2">$S_{阴}:S_{阳}$(阴阳极面积比)</td><td>1∶1</td></tr>
<tr><td>羟基亚乙基二膦酸 HEDP(100%计)/(g/L)</td><td>80～130</td><td colspan="2" rowspan="2">阴极移动</td><td rowspan="2">15～25
(或压缩空气搅拌)</td></tr>
<tr><td>HEDP/Cu(摩尔比)</td><td>3～4</td></tr>
<tr><td>碳酸钾(K_2CO_3)/(g/L)</td><td>40～60</td><td rowspan="3">光亮剂</td><td>二氧化硒(SeO_2)/(g/L)</td><td>0.1～0.3</td></tr>
<tr><td>pH(用 KOH 或 NaOH 调节)</td><td>9.0～10.0</td><td rowspan="2">聚二硫二丙烷磺酸钠(SP)/(g/L)</td><td rowspan="2">0.005～0.01</td></tr>
<tr><td>电流密度/(A/dm^2)</td><td>1.0～1.5</td></tr>
</table>

实验证明 HEDP 镀铜工艺具有以下特点：

① 可在钢铁物品、可伐合金（Kovar）物品上直接镀铜，无需打底镀金。

② 镀液成分简单、稳定性好、管理操作方便。

③ 镀液的覆盖能力、电流效率优于氰系镀铜液，沉积速度、分散能力接近氰系镀铜液。

④ 镀层的韧性和显微硬度与氰化物镀层相似。

9.2 光亮氰化物镀铜添加剂

9.2.1 光亮氰化物镀铜添加剂的演化

用于氰化镀铜的添加剂，根据功能主要可分为三类：一是使镀层光亮、整平的光亮剂及整平剂；二是消除有机杂质污染，减少及消除针孔的润湿剂：三是促进阳极均匀溶解的添加剂。

为便于系统了解国外光亮氰系镀铜添加剂的演化过程，本书系统收集了自1932年以来，氰系镀铜采用的主要添加剂，并以表格形式列于表9-8。

表9-8 氰系镀铜添加剂

专利号	公布日期	添加剂名称
U.S.P.1683869	1932年6月21日	酒石酸盐及柠檬酸盐
U.S.P.2065082	1936年12月22日	铝盐和柠檬酸盐
U.S.P.2129264	1938年9月6日	季铵化合物
U.S.P.2225057	1941年9月9日	十六烷基-2-甜菜碱
U.S.P.2287564	1942年6月23日	硫氰酸盐和糖类
U.S.P.2471918	1949年5月31日	酰基噻吩
U.S.P.2495668	1950年1月24日	巯基醇、乙二醇、羧酸
U.S.P.2541770	1951年2月13日	季铵化合物(防针孔剂)
U.S.P.2582233	1952年1月15日	硫化聚胺
U.S.P.2609339	1952年9月2日	绕丹宁及其衍生物
U.S.P.2612469	1952年9月30日	邻氨基苯甲酸与硫化物及三乙醇胺的反应产物
U.S.P.2677654	1954年5月4日	二硫代缩二脲
U.S.P.2694677	1954年11月16日	负二价硒加醛多胺的缩合产物
U.S.P.2732336	1956年1月24日	硒加铅或锑加聚胺
U.S.P.2770587	1956年11月13日	负二价硒化物
U.S.P.2771441	1956年11月20日	焦炭炉副产物
U.S.P.2773022	1956年12月4日	Cd、Co、Ni、Zn的烷基二硫代氨基甲酸盐

续表

专利号	公布日期	添加剂名称
U. S. P. 2774728	1956 年 12 月 18 日	锑加硫氰酸盐加亚甲基二萘磺酸
U. S. P. 2778788	1957 年 1 月 22 日	Mo、Pb、Sn、Cd 加润湿剂混合物
U. S. P. 2783194	1957 年 2 月 16 日	碘酸盐(用以氧化硫化物)
U. S. P. 2813066	1957 年 11 月 12 日	烷基聚胺(用以络合金属杂质)
U. S. P. 2814590	1957 年 11 月 26 日	带有氨基的硒螯合物
U. S. P. 2825684	1958 年 3 月 4 日	无机硒化物加 Cd、Bi 或 Ag
U. S. P. 2838448	1958 年 6 月 10 日	As、Zn 加胺类
U. S. P. 2841542	1958 年 7 月 1 日	碲加有机酸盐
U. S. P. 2848394	1958 年 8 月 19 日	钛的配位化合物
U. S. P. 2854389	1958 年 9 月 30 日	硒化铜加亚甲基二萘磺酸盐
U. S. P. 2862861	1958 年 12 月 2 日	硫代六元含氮杂环
U. S. P. 2873234	1959 年 2 月 10 日	双二硫代氨基甲酸硒
Aust. p. 287767		β-萘酚加间硝基苯甲酸加糖精
Can. p. 401287		甲氧基苯甲醛 Al、Ti 或其他金属
DBP. 847100		炔属衍生物
DBP. 879048		硒和碲化物加有机酸
DBP. 895686		碱金属甲醛亚硫酸盐加不饱和醇
DBP. 924489		丙烯醛等加硝基化合物加聚乙二醇醚加碱金属黄原酸盐的缩合物
DBP. 924490		聚氧乙烯醚加炔醇
DBP. 933843		聚乙烯亚胺或聚乙烯氮茂烷酮
French1055127		糠醛加香豆素加哌嗪
French1097166	1962 年 4 月	有机脂肪族磺酸盐
U. S. P. 3030282	1965 年	聚乙氧基或聚丙氧基季铵盐加双二硫代氨基甲酸硒碱金属酒石酸盐加水杨酸与六亚甲基四胺的反应产物
U. S. P. 3216913	1967 年	硫代三嗪与伯胺或仲胺的反应产物
U. S. P. 3296101	1967 年	长链烷基胺的磺酸盐
U. S. P. 3480524	1969 年	乙酰丙酮与二氧化硒的反应产物加硫代含氮六元杂环化合物
U. S. P. 3532610		2～4 价有机硒化物
B. P. 1415129	1975 年	聚乙烯亚胺与二苯基偶氮羰肼的反应产物
Metal Finish.	1986 年 4 月	糖精＋聚乙二醇＋硒氰酸钠

9.2.2 光亮氰化物镀铜添加剂的分类与性能

由表 9-8 可知，氰化物镀铜的光亮剂主要由四类添加剂组成，第一类是无机易还原的化合物，如无机硫、硒、碲、砷、锑、铋、钼的化合物。第二类是易还原的有机化合物，它包括含不饱和键的炔（—C≡C—）类，亚胺（>C=N—），醛类（—C(=O)—H），硝基化合物以及各种易被还原的有机硫化物、硒化物。第三类是强吸附型的高分子化合物，如聚乙烯亚胺、丙烯醛-硝基化合物-黄原酸-乙二醇醚的缩合产物、三乙醇胺-硫化物-邻氨基苯甲酸的反应产物、六亚甲基四胺（hexamethylene tetramine）-酒石酸-水杨酸的反应产物、硫代三嗪与胺类的反应产物以及聚酰亚胺和二苯基偶氮羰肼的反应产物等。第四类是一些表面活性剂。如各种润湿剂用作防针孔剂。所用的表面活性剂有季铵盐型阳离子表面活性剂以及十六烷-甜菜碱类两性表面活性剂。另一类表面活性剂是作为光亮剂的分散剂，如亚甲基萘二磺酸、聚氧丙烯季铵盐等，下面将予以分类说明。

(1) 无机易还原的化合物

无机硫、硒、碲、砷、锑、铋、钼等在溶液中可以存在多种价态，它们既易被氧化，也易被还原。加入的无机物或者其电解产物中只要有一种（或多种化合物）比氰化亚铜络离子（$[Cu(CN)_3]^{2-}$）的析出电位略正，并且可以与 $[Cu(CN)_3]^{2-}$ 同时放电，这种化合物就可达到氰化物铜光亮剂的作用。

在碱性介质中，硫、硒、碲、锑的标准电位可用图 9-1 所示的简单图解来说明。图 9-1 中标出了不同价态的化合物之间相互转化（氧化或还原）的电位值，两化合物间的横线上标明的数值，表示由低价变高价时的标准电位，若用高价变为低价，则数值前应改变符号，正的数值越大，表示向右的反应很容易自发进行，负的数值越大，表示向右的反应越难进行。必须指出的是图中所列的数据并未考虑超电压，它与实际的析出电位尚有相当差距。

$$S^{2-}\xrightarrow{0.48}S\xrightarrow{0.61}SO_3^{2-}\xrightarrow{0.91}SO_4^{2-}$$

$$Se^{2-}\xrightarrow{0.92}Se\xrightarrow{0.366}SeO_3^{2-}\xrightarrow{-0.05}SeO_4^{2-}$$

$$Te^{2-}\xrightarrow{1.14}Te\xrightarrow{0.57}TeO_3^{2-}\xrightarrow{>-0.4}TeO_4^{2-}$$

$$Sb\xrightarrow{0.66}SbO_2^{-}\xrightarrow{0.44}H_3SbO_6^{4-}$$

图 9-1　无机硫、硒、碲、锑化合物的标准电位图解

由图 9-1 可知，Se^{2-} 氧化成 Se 的电位为 +0.92V，而 Se 氧化为亚硒酸盐 SeO_3^{2-} 的电位为 +0.366V，这说明 Se^{2-} 很容易在空气中或受阳极氧化而迅速转化为 Se 或 SeO_3^{2-}，这两种氧化产物在阴极还原的电位与 $[Cu(CN)_3]^{2-}$ 还原的电位接近（均未考虑超电压），而且比铜络离子的析出电位更正，它可以优先在

高 D_k 处吸附放电，从而使镀层达到整平和光亮的目的。

$$[Cu(CN)_3]^{2-}+e^- \longrightarrow Cu+3CN^- \quad E^{\ominus}=-1.165V$$

$$Se+2e^- \longrightarrow Se^{2-} \quad E^{\ominus}=-0.92V$$

最常用的无机易还原化合物是亚硒酸盐、亚砷酸盐、亚锑酸盐，它们均可明显提高铜层的光亮度。

若无机的硒化物的还原电位还不完全达到要求，则可加入适当的有机酸进行电位调整。如用酒石酸、柠檬酸、氨基酸、有机胺等与硒形成有机配合物或金属有机化合物，它们的还原电位比无机硒化物更负，从而更加接近 $[Cu(CN)_3]^{2-}$ 的析出电位。这可能就是许多专利中混合使用硒与有机酸的目的。

（2）有机易还原的化合物

从已发表的光亮氰化物镀铜的光亮剂来看，所采用的主要是以下三类易被还原的有机物：巯基或硫酮类化合物；烷基二硫代氨基甲酸盐或黄原酸盐；含不饱和键的有机物及其缩合产物。这与氰化物镀银所用的有机添加剂极为相似（见第 14 章）。

有机化合物的还原电位不仅与被还原的原子团的结构有关，还与整个分子的结构有关（见第 2 章）。一般来说，具有共轭 π 键的化合物的还原电位比不具 π 键的更正，即更容易还原。而取代基的诱导效应的影响则比共轭效应的影响小得多。因此，可以通过改变添加剂的分子结构来调节添加剂的还原电位，以达到最佳的效果。

许多硫代物在高温碱性液中会水解，仅当水解产物仍具光亮效果时，这种有机化合物才是长效光亮剂，因此寻找氰化物镀铜光亮剂时，既要考虑光亮剂本身的效果，还要考虑其水解产物的光亮效果。

（3）载体光亮剂或表面活性剂

许多易还原的有机添加剂难溶于水，在水溶液中的分散效果较差，因此必须添加合适的分散剂做载体光亮剂，使光亮剂在不同的电流密度还均能起作用。由此看来，载体光亮剂具有扩大光亮电流密度范围的作用，也是电镀液中不可缺少的一类添加剂。由表 9-5 可知，在光亮氰化物镀铜液中可用亚甲基萘二磺酸、长链脂肪族磺酸等阴离子表面活性剂以及十六烷基-α-甜菜碱等两性表面活性剂。

季铵盐型表面活性剂在阴极上具有较强的吸附作用，它可与 $[Cu(CN)_3]^{2-}$ 配阴离子在电极表面形成稳定的缔合物（离子对），可以进一步提高铜配阴离子的阴极还原超电压，使镀层晶粒细化，光亮度提高，这同时还具有降低溶液表面张力的效果，可减少镀层的针孔，也被称为防针孔剂。

9.3 光亮酸性镀铜添加剂

鉴于由简单成分的酸性镀铜液内获得的铜层的分散能力差，镀层粗糙，没有光亮等缺点，早在 20 世纪初就开始了镀铜添加剂的研究工作。早期曾采用的添加剂有单宁酸、间苯二酚、动物胶、糊精、消化蛋白等。其能在不同程度上使镀层结晶细致、整平，但不能获得光亮镀层。

到20世纪40年代才开始酸性镀铜光亮剂的研究工作。美国通用汽车公司(General Motors)最早采用硫脲作为光亮剂，它具有很好的光亮和整平作用，但光亮电流密度范围较窄，尤其是易水解产生有害分解产物硫氰酸铵，导致镀层变脆。后来Dayton Bright Copper Co.公司改用乙酰硫脲、磺化乙酰硫脲和磺化取代硫脲，上述问题并未很好解决。为了改善硫脲的性能，曾采用两个途径：一是加入降低镀层脆性的添加剂（如甘油、萘二磺酸钠、糖蜜等）；另一途径是选用适当的硫脲衍生物（如乙酰基硫脲）作为光亮剂，虽然均未获得满意的结果，但累积了极有价值的宝贵经验。例如在1945年Dayton Bright Copper Co.公司改用乙酰硫脲、磺化乙酰硫脲和磺化取代硫脲，Utylite公司发现了几种磺化的脂肪族硫化物是有效的整平剂。Houdaille公司发现硫化和磺化甲苯产生的复杂混合物可得到苯基硫化物、磺化二甲苯基聚二硫化物二甲苯基亚砜等活性成分。第二次世界大战后，光亮镀铜的开发主要集中于磺化有机硫化物做整平光亮剂的研究，为了获得镜面光亮，必须外加络合氨基染料和氯离子做整平剂。在这些人工作的基础上，人们开始从光亮与整平两个方面去研究组合添加剂，终于获得了满意的成果。

光亮酸性铜光亮剂获得了突飞猛进的发展，突破了高整平、高覆盖能力、无脆性和镀液稳定等各个技术关键，使光亮酸性镀铜达到了比较完满全面的程度。

9.3.1 光亮酸性镀铜添加剂的演化

光亮酸性镀铜的主要专利及采用的添加剂很多，本节比较详细地汇集了自1945年以来各国专利中报道的添加剂（见表9-9），从中可以看出光亮酸性镀铜添加剂的演化过程。

表9-9 光亮酸性镀铜添加剂的演化

专利号	公布日期	添加剂名称
U.S.P.2391289	1945年12月18日	取代硫脲+润湿剂+糊精
U.S.P.2424887	1947年	丙烷磺内酯磺化的硫醇
U.S.P.2462870	1949年3月1日	硫脲+糖蜜
U.S.P.2475974	1947年7月12日	三乙醇胺
U.S.P.2482354	1949年9月20日	三异丙醇胺
U.S.P.2489538	1949年11月29日	乙酰硫脲、磺化乙酰硫脲、磺化取代硫脲
U.S.P.2563360	1951年8月7日	硫脲+润湿剂
U.S.P.2602774	1952年7月8日	硫脲+氯化物
U.S.P.2663684	1953年12月22日	巯基苯并噻唑

续表

专利号	公布日期	添加剂名称
U. S. P. 2696467	1954年12月7日	硫脲＋木质磺酸盐
U. S. P. 2700019	1955年1月18日	乙酰硫脲＋有机羧酸盐
U. S. P. 2700020	1955年1月18日	巯基苯并咪唑
U. S. P. 2707166	1955年4月26日	碱性藏红染料
U. S. P. 2733108	1956年1月31日	氨基噻唑或氨基噻唑啉＋巯基化合物的缩合产物
U. S. P. 2738318	1956年3月13日	藏红染料＋硫脲
U. S. P. 2742412	1956年4月17日	硫脲＋甘油,乙二醇或乙二醇醚
U. S. P. 2742413	1956年4月17日	硫脲＋六亚甲基四胺、吡啶或脲环
U. S. P. 2789040	1957年7月2日	丙烯酰胺聚合物
U. S. P. 2799634	1957年7月16日	取代的乙酰硫脲＋二硫代氨基甲酸＋葡萄糖
U. S. P. 2805193	1957年9月3日	硫氮杂苯染料
U. S. P. 2805194	1957年9月3日	三苯甲烷染料
U. S. P. 2830014	1958年4月8日	有机磺酸
U. S. P. 2840518	1958年6月24日	蛋白质自溶产物或酶＋硫脲
U. S. P. 2842488	1958年7月8日	叔胺＋磺酸
U. S. P. 2853433	1958年9月23日	羧基胺＋乙内酰硫脲缩合产物
D. B. P. 837029		取代硫脲、硫代偶氮羰肼、硫代酰胺
D. B. P. 863493		有机二硫酰亚胺
D. B. P. 888493		硫代或三硫代碳酸酯
D. B. P. 924489		丙烯醛等与氮化物的缩合产物＋聚乙二醇酯＋碱金属黄原酸盐
D. B. P. 932709		炔醇＋硫酚
D. B. P. 933843		聚乙烯亚胺或聚乙烯氮茂烷酮
D. B. P. 940860		硫脲＋氮杂环化合物
D. B. P. 962129		硫脲＋多羟基醇
DAS 1000204		取代的氮杂环化合物
DAS 1004009		取代的芳香族磺酸盐
DAS 1007592		取代硫脲或二硫代氨基甲酸盐
DAS 1011242		有机磺酸盐＋聚丙烯酸或聚甲基丙烯酸
Aust. 171066		胶体＋硫脲＋Ni或Co盐
French 952619		对甲苯硫化物、亚砜、二硫化物或二亚砜
French 1097166		取代的芳香族磺酸盐

续表

专利号	公布日期	添加剂名称
French 1119382		硫代烷链磺酸
U. S. P. 3267010	1966 年 8 月	有机硫化物、聚醚、灰二氮蒽染料(藏花红型)
U. S. P. 3328273	1967 年 7 月	有机多硫化物、聚醚、灰二氮蒽染料
U. S. P. 3261010	1966 年 8 月	有机硫化物、聚醚、灰二氮蒽染料(藏花红型)
U. S. P. 3542655	1970 年 11 月	有机多硫化物＋杂环化合物＋聚醚
U. S. P. 3682788	1972 年 8 月	有机多硫化物＋开链硫脲＋聚醚
U. S. P. 3704213	1970 年 1 月	甲醛与脲的反应产物
U. S. P. 3725220	1973 年 4 月	有机硫化物＋聚醚＋三苯甲烷染料
U. S. P. 3732151	1973 年 5 月	带巯基的氮杂环化合物＋硫化的磺化苯＋三苯甲烷的氨基衍生物染料
U. S. P. 3743584	1973 年 6 月	聚合的非那宗衍生物＋有机硫化物＋大分子量的有机含氧化物
U. S. P. 3770589	1973 年 11 月	氮原子季铵化的聚乙烯亚胺＋有机硫化物＋聚醚
U. S. P. 3798138	1974 年 3 月	带巯基的噻唑或咪唑衍生物＋二硫代氨基甲酸衍生物
U. S. P. 3804729	1974 年 4 月	有机多硫化物＋巯基吡啶或巯基咪唑＋聚醚
B. P. 1415129	1975 年 11 月	Schiff 碱聚乙烯亚胺与二苯基偶氮羰肼的反应产物
U. S. P. 3940320	1976 年 2 月	氮原子季铵化的吡啶衍生物＋带有—SO_3^- 基的烷基硫化物＋组合整平剂
U. S. P. 3956120	1976 年 5 月	通式为 (五元环：N(=Y)—Z，S(=O)(=O)) 的化合物＋通式为—S—Alk—SO_3M 的硫化物(Alk 表示烷基)＋整平剂
U. S. P. 3966565	1976 年 7 月	多杂环胺类＋—S—Alk—SO_3M＋整平剂
U. S. P. 3956078	1976 年 5 月	芳香胺(或芳香烷基胺、环状脂肪胺)＋—S—Alk—SO_3M＋整平剂
U. S. P. 4036710	1977 年 7 月	具有氨基的三苯甲烷类染料(碱性蓝)＋—R—Sn—Alk—SO_3M(Sn 多为硫化物，R＝H、M 或硫化物)＋整平剂
U. S. P. 4036711	1977 年 7 月	季化的芳胺或芳烷胺＋—S—Alk—SO_3M＋整平剂
U. S. P. 4038161	1978 年 6 月	环氧氯丙烷加氢苯的反应产物＋二硫代氨基甲酸衍生物＋聚醚
U. S. P. 4110176	1978 年 7 月	多烷基醇季铵盐

续表

专利号	公布日期	添加剂名称
B. P. 1526076	1978 年 11 月	聚乙烯亚胺-环氧丙烷-氯苄缩合物＋有机硫化物＋聚醚
U. S. P. 4134803	1979 年 1 月	有机二硫化物与卤代羟基磺酸的反应产物酰胺＋有机硫化物＋含氧高分子化合物
U. S. P. 4272335	1981 年	酞菁化合物
B. P. 2097020	1981 年	取代酞菁、叔胺与环氧氯丙烷反应产物、聚二硫化物
U. S. P. 4310392	1982 年	酚酞
U. S. P. 4336114	1982 年	烷化聚乙烯亚胺
U. S. P. 4376685	1983 年	二烷基二硫代氨基甲酸＋烷基磺酸
E. P. 297306	1989 年	苯并噻唑阳离子做光亮剂

9.3.2 光亮酸性镀铜添加剂的结构与分类

(1) 有机添加剂的结构

由以上列出的数十篇专利可看出，可用为酸性光亮镀铜的添加剂品种繁多。根据笔者对大量资料的统计、分析及实验研究，这些添加剂可归纳为下面几种主要结构类型。

① 有机硫化物

a. 磺烷基硫化物。这类化合物中应用最广泛的为通式如下的磺烷基单硫化物或多硫化物，其结构式为：

$$RS—Alk—SO_3M$$

式中，M 代表一价阳离子；Alk 为 1～8 个碳原子的二价脂肪基（饱和或不饱和烃基）；R 为氢、金属阳离子及它们的硫化物和多硫化物（MS_n），R 也可以是烷基、烯基、炔基、环烷基、芳香基及其衍生物或它们的硫化物和多硫化物等，其结构见表 9-10。

表 9-10 磺烷基单硫化物和多硫化物的结构

单硫化物	多硫化物
$HS—(CH_2)_3—SO_3Na$	$NaS—S—(CH_2)_3SO_3Na$(SP 或 S_{12})
$C_6H_5—S—(CH_2)_3SO_3Na$	$C_6H_5—S—S—(CH_2)_3SO_3Na(S_1)$
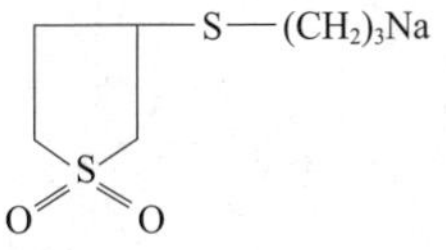 (环丁砜环，S，O，O)—S—$(CH_2)_3Na$	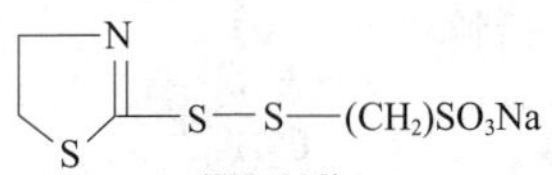 (噻唑啉环，N，S)—S—S—$(CH_2)SO_3Na$ (SH-110)
$NaO_3S—S—(CH_2)_3SO_3Na$	$NaO_3S(CH_2)_3—S—S—(CH_2)_3SO_3Na(S_9)$

续表

单硫化物	多硫化物
$HN\!=\!C(NH_2)\!-\!S\!-\!(CH_2)_3SO_3Na$	$(CH_3)_2N\!-\!C(=S)\!-\!S\!-\!(CH_2)_3SO_3Na$ (TPS) $(H_2N)_2N\!-\!C(=S)\!-\!S\!-\!S\!-\!C(=S)\!-\!N(CH_3)_2$

聚二硫二丙烷磺酸钠（SP）和聚二硫丙烷磺酸钠及苯基聚二硫丙烷磺酸钠（S_1）是优良的镀层晶粒细化剂并有提高电流密度的作用，它们与 2-巯基苯并咪唑（M）和 *N*-亚乙基硫脲配合使用时可获得很光亮的镀层。在 10～40℃时的用量为 0.01～0.02g/L，含量过低时镀层不光亮，过高时产生白云状，低电流区变暗，此时可加少量亚乙基硫脲（N）或通电处理来解决。

b. 黄原酸衍生物。除磺烷基单硫化物和多硫化物外，常用的有机硫化物还有黄原酸衍生物，其结构式为：

$$S\!=\!C\begin{cases}S(CH_2)_3SO_3H\\ OC_2H_5\end{cases}\qquad \text{（黄原酸乙酯—}S\text{—丙烷磺酸）}$$

还有结构式如下的二硫代氨基甲酸的衍生物：

$$(R^1)(R^2)N\!-\!\underset{\underset{\displaystyle S}{\|}}{C}\!-\!S(CH_2)_nX$$

式中，R^1、R^2 为 H、脂肪基、芳香基，n 为 1～10 的整数，X 为羧基、磺酸基或它们的碱金属盐。

② 硫酰胺衍生物　这是分子结构中含有基团 $-\underset{\underset{\displaystyle SH}{|}}{C}\!=\!N-$ 或其互变异构体 $-\underset{\underset{\displaystyle S}{\|}}{C}\!-\!NH-$ 的有机化合物，主要包括：

a. 开链硫脲（详见 U. S. Patent3682788）。

$$\diagdown\!\!\!\!\!\diagup N\!-\!\underset{\underset{\displaystyle SH}{|}}{C}\!=\!N- \rightleftharpoons \diagdown\!\!\!\!\!\diagup N\!-\!\underset{\underset{\displaystyle S}{\|}}{C}\!-\!NH-$$

例：硫脲　$NH_2\!-\!\underset{\underset{\displaystyle S}{\|}}{C}\!-\!NH_2$

N-乙基硫脲　$(C_2H_5)(H)N\!-\!\underset{\underset{\displaystyle S}{\|}}{C}\!-\!NH_2$

N,N'-二乙基硫脲 $\begin{matrix} C_2H_5 & & & & H \\ & \diagdown & & & \diagup \\ & N-&C&-N & \\ & \diagup & \| & & \diagdown \\ H & & S & & C_2H_5 \end{matrix}$

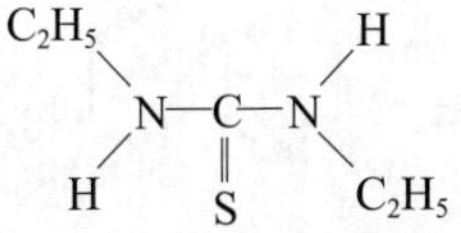

N-丁基硫脲 $\begin{matrix} C_4H_9 & & & \\ & \diagdown & & \\ & N-&C&-NH_2 \\ & \diagup & \| & \\ H & & S & \end{matrix}$

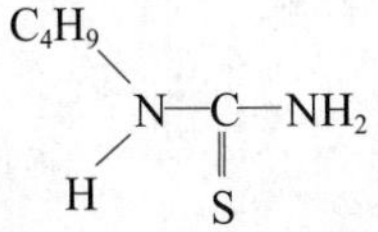

N-苯基硫脲 $\begin{matrix} C_6H_5 & & & \\ & \diagdown & & \\ & N-&C&-NH_2 \\ & \diagup & \| & \\ H & & S & \end{matrix}$

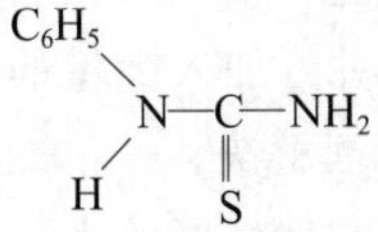

N-苯基、甲基硫脲 $\begin{matrix} C_6H_5 & & & \\ & \diagdown & & \\ & N-&C&-NH_2 \\ & \diagup & \| & \\ CH_3 & & S & \end{matrix}$

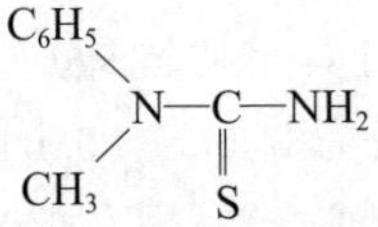

以上实例中，硫脲在一定浓度下虽然能获得良好的整平效果，但易产生条纹及白云状。其余硫脲衍生物（即氮原子上的 H 被烷基或芳香基取代的硫脲）效果很好。但若 H 被乙酰基、丙烯基及氨基所取代，则会产生有害影响，降低整平能力。乙基硫脲与藏花红染料共同使用可在操作温度达 35℃下代替 2-四氢噻唑硫酮，无论光亮度和整平性均比 2-甲氢噻唑硫酮好。

b. 杂环硫化物（详见 U. S. Patent3542655 的表Ⅱ及 U. S. Patent3804729）。

在此情况下 $\underset{\displaystyle SH}{\underset{|}{-C}}{=}N- \rightleftharpoons \underset{\displaystyle S}{\underset{\|}{-C}}-NH-$ 是杂环基团的一部分，杂原子可以是氮、氧、硫等。

例：

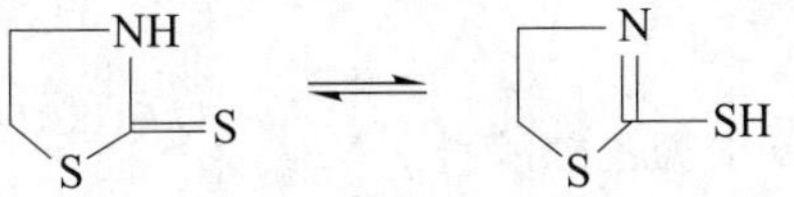

2-巯基噻唑或四氢噻唑硫酮，简称 H-1

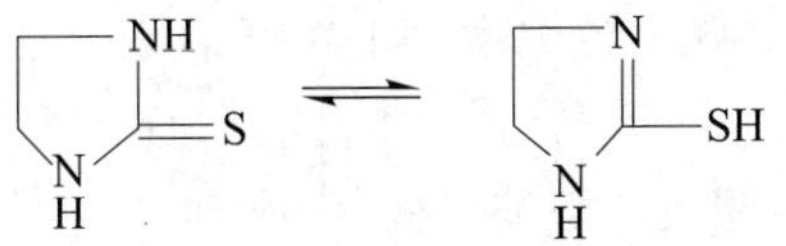

2-四氢咪唑硫酮或亚乙基硫脲，代号 H-6 或 N

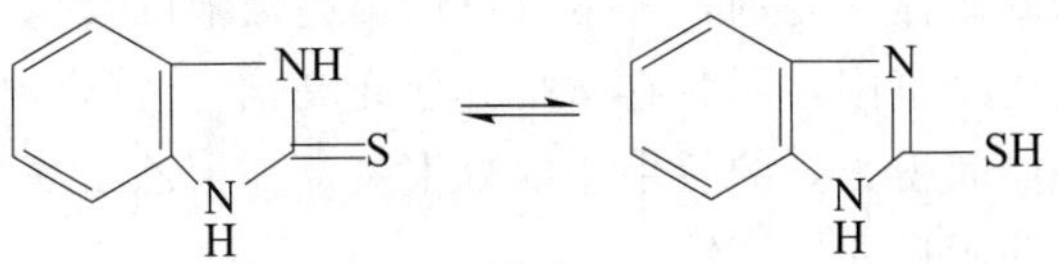

2-巯基苯并咪唑，代号 M

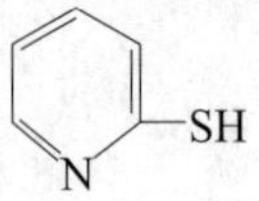

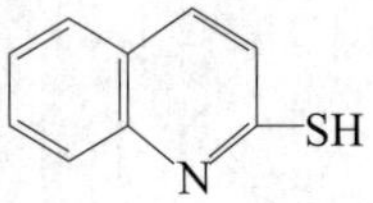

巯基吡啶　　　巯基喹啉

亚乙基硫脲（N）可以在宽广温度范围（10～40℃）内获得整平性能和韧性良好的光亮镀层，在10～40℃范围时，用量为0.0002～0.001g/L。如N含量过低时，光亮度和整平性能下降，低电流密度区也不光亮，用量超过0.01g/L时，镀层会产生树枝状条纹，整平性能也下降，此时可加入少量的过氧化氢或聚二硫二丙烷磺酸钠（SP）来调节，也可用弱电解处理解决。

2-巯基苯并咪唑（M）的性能与N类似，也是良好的光亮剂和整平剂，尤其能使低电流区光亮，它与N配合使用时具有协同效应，可使两者的作用超过它们单一作用之和。在10～40℃时的用量为0.003～0.01g/L，M含量过低，光亮整平性差，M含量过高，镀层呈颗粒状或烧焦，可加入 H_2O_2 或SP来调整，也可用弱电解处理解决。

③ 聚醚化合物　在酸性光亮镀铜中应用最广的聚醚化合物是聚乙二醇型非离子表面活性剂。所谓聚乙二醇型表面活性剂是指分子结构中含有 $\leftarrow CH_2OCH_2 \rightarrow_n$ 结构的聚醚。用在酸性镀酮中，n 应大于3，即分子中应有三个以上的醚氧原子。

例如：

a. 聚乙二醇。

$CH_2OH(CH_2OCH_2)_nCH_2OH$　分子量为1000～6000

b. 脂肪族聚乙二醇醚。

如JU　清洗剂　$C_{12}H_{25}(CH_2OCH_2)_nOH$

聚氧乙烯蓖麻油　$RCO(CH_2OCH_2)_nOH$

c. 芳香族聚氧乙烯醚。

如OP乳化剂：辛基酚聚乙二醇醚 $C_8H_{17}-C_6H_4-O(CH_2CH_2O)_nH$　$n=10\sim21$。

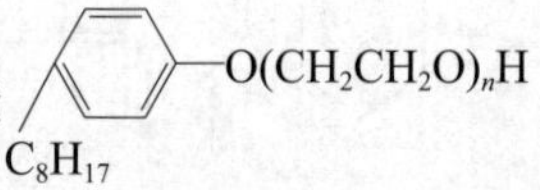

n 越大，水溶性越好。

d. 聚乙二醇缩甲醛。除聚乙二醇型非离子表面活性剂外，常用的聚醚还有1,4-二氧戊环的聚合物（聚乙二醇缩甲醛）$\left[H_2C\begin{matrix} O-CH_2 \\ O-CH_2 \end{matrix} \right]_n$（分子量296～5000）

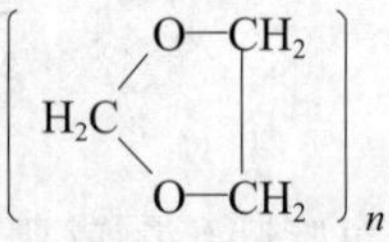

聚醚类化合物属载体光亮剂，其本身可以提高镀液的过电压，使镀层晶粒细化，扩大光亮电流密度范围，同时它又是其他光亮剂不可缺少的分散剂，与其他添加剂配合使用则能获得很好的效果。部分聚醚（如聚乙二醇）会在阴极上产生一层疏水膜，必须除膜后才能镀镍。

④ 季铵类化合物　主要包括：

a. 氮原子季化的芳胺。如：

$[C_6H_5CH_2N^+(CH_3)_3]OH^-$　　　*N*-苄基三甲基铵氢氧化物

$[C_6H_5CH_2N^+(CH_3)_2(CH_2)_2OH]OH^-$　　　*N*-苄基-*N*-乙醇基二甲基铵氢氧化物

$C_6H_5N^+(CH_2CHOHCH_3)_2(CH_2)_3SO_3^-$　　　*N*-苯基-*N*-二丙醇基-*N*-丙磺酸鎓盐

b. 氮原子季化的杂环化合物。如：

$C_6H_5CH_2N^+C_5H_5Cl^-$　　　*N*-苄基吡啶氯化物

$C_6H_5CH_2N^+C_5H_4SO_3$　　　*N*-苄基-3-磺基吡啶鎓盐

$C_9H_6N^+(SO_3^-)CH_2C_6H_5$　　　*N*-苄基-8-磺基喹啉鎓盐

c. 聚乙烯亚胺的季铵化产物。如：

$$\left[-CH_2-CH_2-\overset{\oplus}{N}(CH_2-C_6H_5)(CH_2-CH_2OH)-CH_2-CH_2-\right]Cl^{\ominus}$$

甲基紫和藏花红可作为光亮剂和整平剂，与四氢噻唑硫酮、聚二硫二丙烷磺酸钠、聚乙二醇等配合使用时可把操作温度提高至35℃，并能在低电流密度区产生较好的光亮作用，但光亮度比25℃以下时的差，达不到镜面光亮，并降低了电流密度的上限。

⑤ 有机染料　可用作酸性光亮镀铜整平剂和增光剂的有机染料有很多品种，如吩嗪染料、噁嗪染料、三苯甲烷染料、二苯甲烷染料、噻嗪染料、酞菁染料、酚红染料等。

a. 吩嗪染料（Phenazine dyes）。它也称为藏花红染料，是指分子结构中含有 $C_6H_5-N{=}N-C_6H_4-$ 吩嗪基的染料。如：

(a) 二乙基藏红偶氮二甲基苯胺，商品名Janus Green B（JGB），中文名健那绿。

健那绿

(b) 二乙基藏红偶氮二甲基酚，商品名 Janus Black，中文名健那黑。

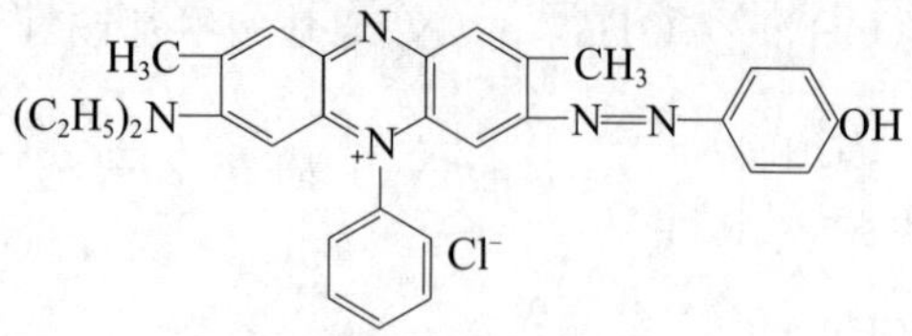

健那黑

(c) 藏红偶氮萘酚，商品名 Janus Blue，中文名健那蓝。

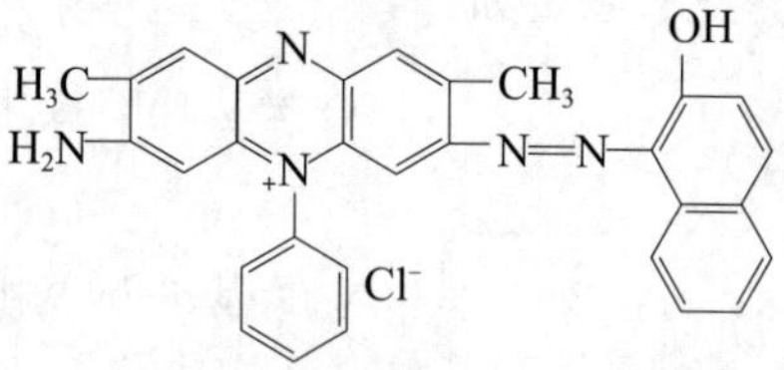

健那蓝

这些染料的使用浓度为 0.0015～0.05g/L，最佳浓度为 0.015g/L。它们可以单独使用，也可以混合使用。

b. 噻嗪染料（Thiazine dyes）。它是指分子中含有氮和硫六元芳环——噻嗪环的染料，如：

(a) 亚甲基蓝：

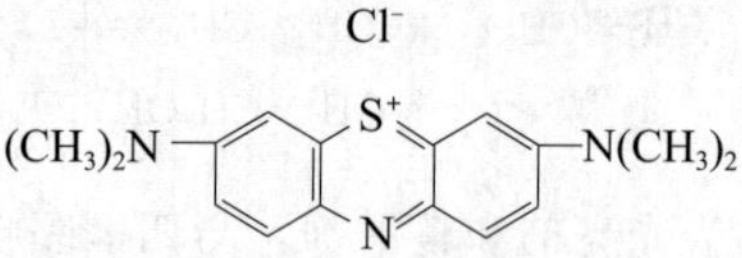

(b) 甲苯胺蓝：

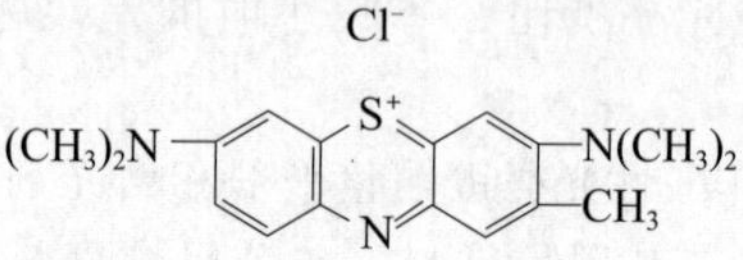

(c) 劳氏紫：

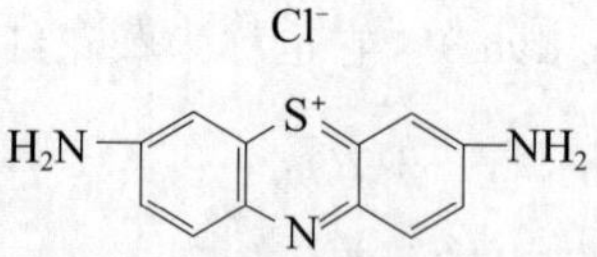

(d) 亚甲基绿：

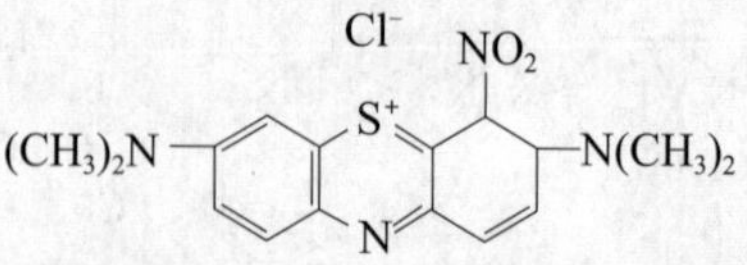

它们在镀液中的用量为 0.002～0.05g/L，最佳浓度范围为 0.004～0.01g/L。

c. 噁嗪染料（Oxazine dyes）。它是指分子中含有氮和氧六元芳环——噁嗪环的染料，如：

（a）凯里蓝：

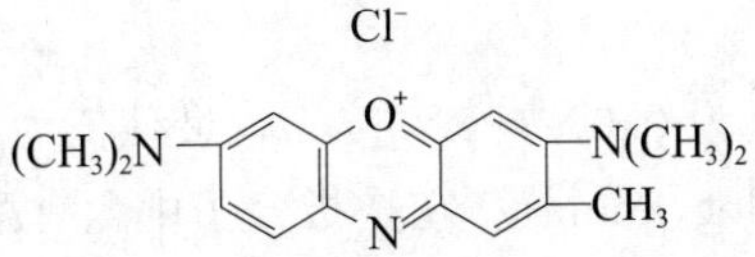

Cl^-

$(CH_3)_2N$　O^+　$N(CH_3)_2$

N　CH_3

（b）尼罗蓝：

Cl^-

H_2N　O^+　$N(C_2H_5)_2$

N

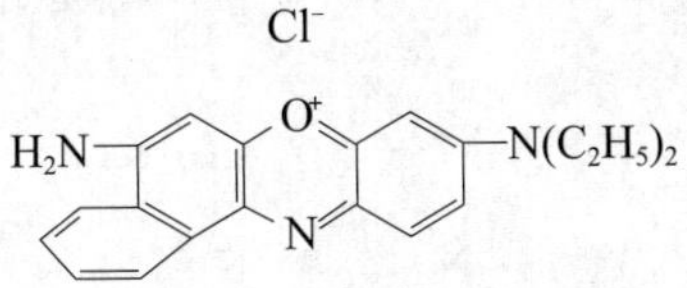

在镀液中的用量为0.002～0.05g/L，最佳用量为0.004～0.015g/L。

d. 三苯甲烷染料（Triphenylmethane dyes）。它是指分子中含有三苯甲烷基团$(C_6H_5)_3C$—的染料，如：

（a）龙胆紫：

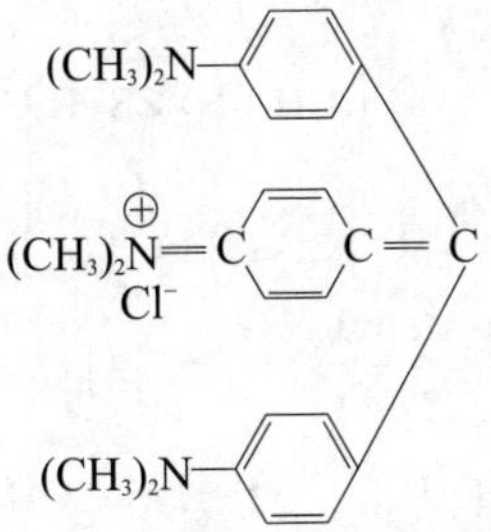

$(CH_3)_2N$—

$(CH_3)_2\overset{\oplus}{N}$═C　C═C

Cl^-

$(CH_3)_2N$—

（b）甲基蓝：

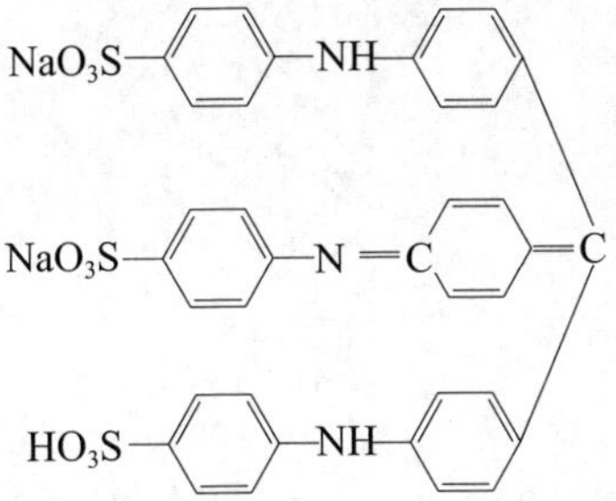

NaO_3S—　—NH—

NaO_3S—　—N═C　═C

HO_3S—　—NH—

e. 二苯甲烷染料（Diphenylmethane dyes）。它是指分子中含有二苯甲烷基团的染料，如：

（a）维多利亚蓝：

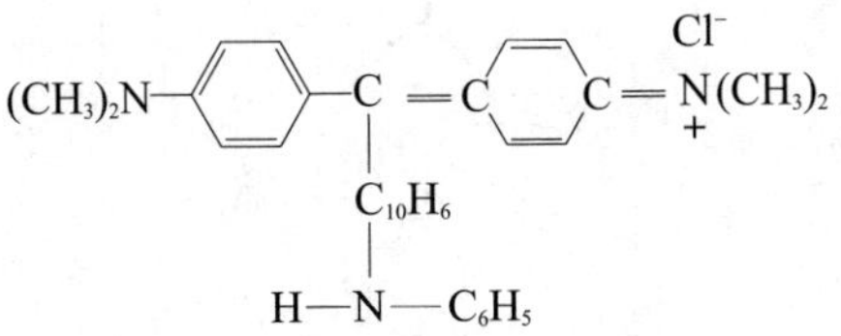

Cl^-

$(CH_3)_2N$—　—C ═C　C═$\overset{+}{N}(CH_3)_2$

$C_{10}H_6$

H—N—C_6H_5

(b) 碱性槐黄：

$(CH_3)_2N$— C ═C C═ $\overset{+}{N}(CH_3)_2$ Cl^-

NH_2

它们在镀液中的用量为 0.002～0.05g/L，最佳值为 0.005～0.01g/L。

f. 酞菁染料（Phthalocyanine）。它是指分子中含有酞菁结构的染料，如爱尔信（Alcian）蓝。

$CH_2{+}SC(N(CH_3)_2)_2$ Cl^-

N N N N

$((CH_3)_2N)_2CS{+}H_2C$ Cl^- — N—Cu—N — $CH_2{+}SC(N(CH_3)_2)_2$ Cl^-

$((CH_3)_2N)_2CS{+}H_2C$ Cl^-

它在镀液中的最佳用量为 0.006～0.03g/L。

g. 酚酞染料（Phenolphth alein）。

(a) 酚酞：

OH OH C O C O

(b) 酚红：

OH OH C O S O O

它在镀液中的用量为0.005～5g/L，最佳值为0.1～0.2g/L，使用时要加醇和聚醚类表面活性剂。表9-11汇列出国内生产的镀铜添加剂中间体的代号、化学名、含量、用量及制造厂。

表 9-11　国内生产的镀铜添加剂中间体

代号	化学名	含量/%	用量/(mg/L)	生产厂[①]
M	2-巯基苯并咪唑	≥95	0.6～1.0	风帆,梦得,金日
N	亚乙基硫脲	≥95	0.4～1.0	风帆,梦得,金日
SP	聚二硫二丙烷磺酸钠	≥90	20～100	风帆,梦得,金日
MPS	3-巯基-1-丙磺酸钠盐	85	20～100	风帆
DPS	*N*,*N*-二甲基二硫甲酰胺丙磺酸	≥98	10～100	风帆
UPS	3-硫异硫脲丙磺酸化合物	≥95	10～100	风帆
ZPS	3-(苯并噻唑-2-巯基)-丙烷磺酸钠	≥90	10～100	风帆
SWM(水溶性 M)	3-(苯并咪唑-2-巯基)-丙烷磺酸钠	≥90	10～100	风帆
H_1	四氢噻唑-2-硫酮	≥98		风帆,梦得
JPH	交联聚酰胺水溶液	约 20	0.05～0.50	风帆
DEN-4007	低摩尔聚乙烯亚胺嵌段共聚物		20～40	达志
PN,DEN-4006	聚乙烯亚胺的烷基化聚合物	50	20～40	达志,梦得
DAE-4005	脂肪胺与环氧乙烷加成物		20～40	达志,金日
DNP-4004	苯胺的聚醚类阴离子化合物		30～50	达志
PCU-4001	聚醚类阴离子化合物		100～1000	达志
SNP-4002	有机多硫烷基化聚合物		400～600	达志
ZNP-4003	聚合蒽醌醇紫染料		100～500	达志
DLP-4008	绿色染料		0.01～0.5	达志
312	聚合茜素醇蓝染料		50～200	达志
313	聚合茜素醇蓝染料		20～100	达志
TSTL-1	聚合吩嗪(紫红)染料		0.0005	风帆
BSP	苯基二硫丙烷磺酸钠	98	10～40	梦得
SH110	噻唑啉基丙烷磺酸钠	98	10～40	梦得
JHS	偶氮嗪染料	50	10～40	梦得
P	聚乙二醇 6000	98	100～300	梦得,金日
AEO	脂肪胺聚氧乙烯醚	99	0.5～1.0	梦得
AESS	酸铜强走位剂	50	5～20	梦得

续表

代号	化学名	含量/%	用量/(mg/L)	生产厂①
GISS	酸铜强走位剂	50	15～20	梦得
TPS	二甲基甲酰胺磺酸钠	98	20～50	梦得
MESS	巯基咪唑丙磺酸钠	98	0.5～2	梦得

① 风帆：武汉风帆化工有限公司；梦得：江苏梦得电镀化学品有限公司；金日：河北金日化工有限公司；达志：广东达志化工有限公司。

(2) 添加剂的类型

如上所述，现代的优良镀铜添加剂均包括四种左右的主要成分，只有这些成分共同使用起协同作用时，才可能获得光亮度、整平性、延展性等综合指标比较理想的镀层。这四种主要成分是：

① 不饱和有机硫化物　这是现代高光亮度、高整平酸性镀铜添加剂的组成中必不可少的成分。如前所述，它们的特点是分子结构中含有 $-\underset{\displaystyle SH}{\underset{|}{C}}=N-$ 基团或其互变异构体 $-\underset{\displaystyle S}{\underset{\|}{C}}-NH-$，它们在电极表面具有较强的吸附作用，使阴极极化明显提高，它们的电极过程受扩散步骤控制，或者参加电极反应，故会混在镀层中而消耗，有时也称扩散控制阻挡剂，使铜的沉积过程具有良好的微观电流分布。因此在酸性镀铜中，它是一种优良的整平剂。在单独使用时，对镀层不起光亮作用，只能使镀层晶粒细化。只有与其他添加剂配合使用，在其他添加剂的协同作用下，才能获得最佳整平效果，并使镀层光亮度明显提高，还扩大了光亮电流密度范围，尤其是显著提高了镀层低电流密度区的光亮度，并阻止高电流密度区镀层的粗糙。

这类整平剂的整平能力与其浓度有关。一般有一最佳浓度范围，大于或低于此浓度范围，其整平作用均不理想。大体来说，它们的最佳浓度范围均为 0.5～1mg/L。含量过低整平效果较差，过高镀层出现树枝状条纹。

② 表面活性剂类化合物

a. 聚醚化合物。有机染料及季铵类化合物均属于表面活性剂类化合物。这些物质是非离子型或阳离子型表面活性物质，具有较强的表面活性，与前述分子中有 $-\underset{\displaystyle SH}{\underset{|}{C}}=N-$ 基团的整平剂类似之处是，它们亦能较强地吸附在电极表面，并明显提高阴极极化，具有相当的整平作用，但作用不如前者明显（一般为几何整平）。单独使用，可产生细晶粒镀层，但不能使镀层光亮，但它们与主整平剂及带有磺酸基的有机硫化物共同使用时，协同效应十分明显，能明显提高整平性（尤其是低电流密度区的整平性）、光亮度及光亮电流密度范围。在使用聚乙二醇

类表面活性物质时，应注意，由于它们在电极表面的吸附作用较强，因而会在阴极上产生一层疏水膜，影响与镍层的附着力，因此镀铜后必须在碱液中进行阴极电解脱膜。这几类物质可称为协同整平光亮剂。

这几类物质可仅使用其中一种，也可两类以上共同使用（如聚醚加染料）或与主整平剂联合使用，往往整平效果更好。

b. 带有磺酸基的有机硫化物。这类物质也是现代高光亮、高整平镀铜添加剂中必不可少的成分，虽然单独使用时，不但不能获得光亮镀层且有负整平作用，但与前述的整平剂联合使用时，能获得高光亮、高整平的镀层。一般认为在组合光亮剂内，它主要起光亮剂的作用。

硫化物的含量一般为 0.01～0.02g/L。浓度过低，光亮度差，镀层边沿产生毛刺，甚至烧焦。过高，镀层产生白云状，低电流区不光亮。

c. 氯离子（Cl^-）。在光亮酸性镀铜中，往往要加入少量 Cl^-（10～80mg/L）才能获得光亮、整平镀层。在组合添加剂中，Cl^- 有整平作用。含量过低，整平、光亮性差，易产生树枝状条纹。过高，光亮度下降、低电流区不光亮，并增大光亮剂的消耗。

9.3.3 光亮酸性镀铜添加剂的性能

（1）添加剂的整平性能

在第 4.4 节中，已经详细介绍了各类酸性光亮镀铜添加剂的整平效果。由表 4-7 中可知，在使用的苯基聚二硫丙烷磺酸钠（S_1）、2-四氢噻唑硫酮（H_1）、亚甲基二萘二磺酸钠（D_1，即 NNO 扩散剂）、聚乙二醇（P_1，$M=6000$）和 Cl^- 浓度对整平能力的影响有以下顺序：

$H_1 > Cl^- > D_1 \geqslant P_1 > S_1$

值得指出的是 Cl^- 也具有优良的正整平作用，这是酸性光亮镀铜液中不能缺少其的原因之一。

染料类整平剂在不同浓度和电流密度下的整平能力见表 4-5，在所测定的染料中，整平能力随整平剂的浓度或电流密度有很大的变化，其中可见，耐尔蓝 Ax（Nile Blue Ax）在 5×10^{-4}mol/L 时、在 $2A/dm^2$ 下显示最大的整平能力（88%），而当电流密度 $<0.5A/dm^2$ 时它不但无整平作用，反而出现负整平作用。

（2）添加剂对镀层内应力的影响

添加剂对镀层内应力有很大的影响，图 9-2～图 9-5 是 H_1、S_1 和 Cl^- 以及同时含有这三种添加剂时镀层的内应力随镀层厚度的变化曲线。单独使用 H_1、S_1 和 Cl^- 时，所得镀层呈现张应力，当镀层厚度达 5μm 以上时，内应力随厚度的变化均不大，这说明在沉积初期（$<5\mu m$），镀层内应力随厚度变化规律较为复杂，这主要取决于素材的结构和表面状态，即所谓“诱导应力”，而厚度超过

5μm，尽管不同添加剂或同一添加剂因浓度不同所表现的应力大小不一样，但它们随厚度增大的应力状态几乎不变。

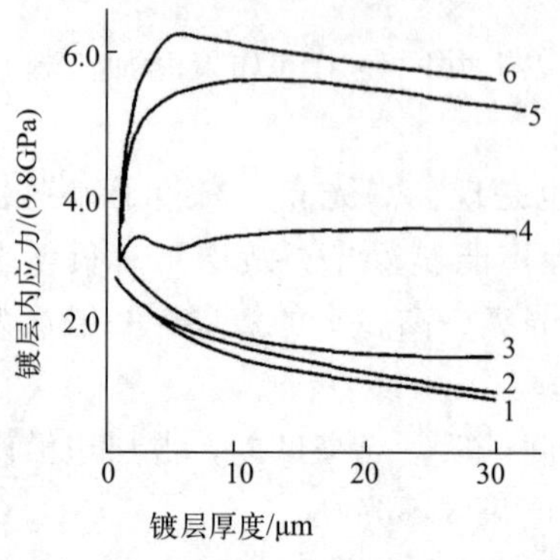

图 9-2　含有 H_1 酸性硫酸铜镀液中镀铜层内应力与厚度的关系曲线（25℃，2A/dm^2）

H_1 浓度/（mg/L）：1—空白；2—0.1；3—0.5；4—1.0；5—5.0；6—10

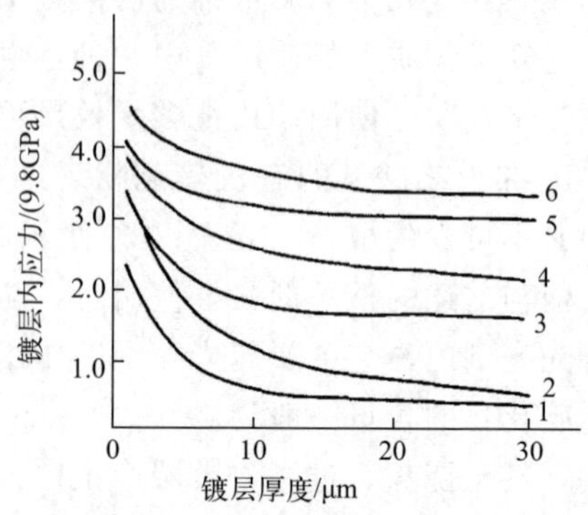

图 9-3　含有 S_1 酸性硫酸铜镀液中镀铜层内应力与厚度的关系曲线（25℃，2A/dm^2）

S_1 浓度/（mg/L）：1—空白；2—1.0；3—5.0；4—10；5—50；6—100

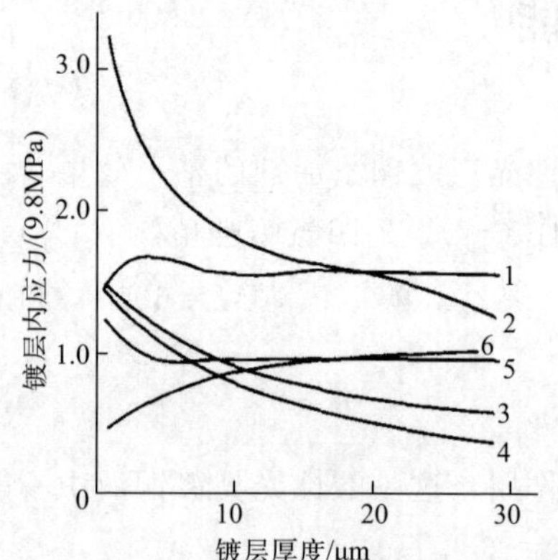

图 9-4　含有 Cl^- 的酸性硫酸铜镀液中镀铜层内应力与厚度的关系曲线（25℃，2A/dm^2）

Cl^- 浓度/（mg/L）：1—空白；2—3.0；3—15；4—30；5—150；6—300

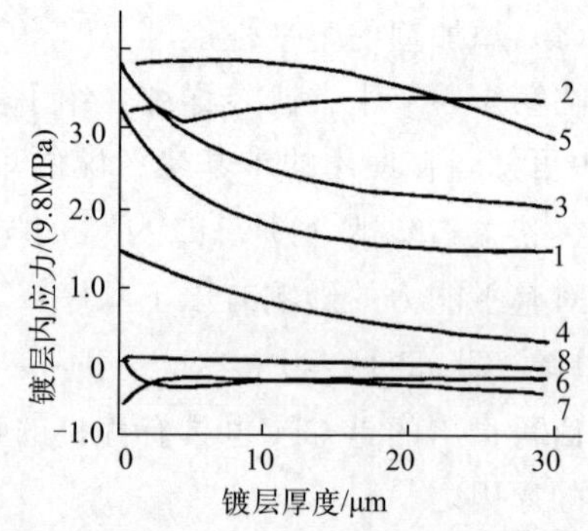

图 9-5　含有 H_1、S_1 和酸性硫酸铜镀液中镀铜层内应力与厚度的关系曲线（25℃，2A/dm^2）

添加剂/（mg/L）：1—空白；2—H_1 1.0；3—S_1 10；4—Cl^- 30；5—H_1 1.0+S_1 10；6—H_1 1.0+Cl^- 30；7—S_1 10+Cl^- 30；8—H_1 1.0+S_1 10+Cl^- 30

由图 9-2 可见，H_1 浓度为 0.1mg/L 时，应力与空白液相当，当 H_1＞1mg/L 时，则随 H_1 浓度增大而增大。在含 S_1 的镀液中镀层应力也同样随 S_1 浓度的增大而提高，但相应的数值较小些，应力随厚度的变化规律也较相似（见图 9-3）。添加 Cl^-（3～300mg/L）时，镀层的张应力降低，但当 Cl^- 浓度大于 30mg/L，镀层厚度超过 10μm 时，则内应力随 Cl^- 浓度提高而有所提高。

当 H_1、S_1、Cl^- 同时组合使用时，镀层的张应力变为很低的压应力，但只

含 H_1 和 S_1 时，镀层表现出最高的张应力（见图 9-5），加入 Cl^-，镀层内应力几乎消失，这说明 Cl^- 与 H_1、S_1 之间有协同降低应力的作用，也说明 Cl^- 对取得光亮而不脆的铜层具有重要作用。这可能就是广泛采用光亮酸性镀铜液中都强调要有适量 Cl^- 同类似 H_1、S_1 等添加剂联合使用的原因。

（3）添加剂的电化学性能

① H_1 的电化学性能。双电层电容的测定结果证实 H_1 具有强的吸附作用（见图 9-6），可以通过在阴极上的吸附作用而阻化铜的电解沉积过程，影响铜晶体的生长，使镀铜层晶粒显著细化。极化曲线测量也表示（图 9-7）H_1 的极化值最大，它对铜的沉积过程的阻化最显著，有利于提高成核速度，导致铜层晶粒细化，且由于其强吸附易被混杂在细晶界面上，因而使铜层应力提高。

② S_1 的电化学性能。双电层电容的测定结果表示（见图 9-6）S_1 也具有吸附的活性，但其吸附性不如 H_1 强，因此在低浓度情况下其不能有效地使镀层细化，当含量达到 100mg/L 时，细化晶粒的作用才明显表现出来，这可以从镀层的显微照片中看出。然而当含量达 20mg/L 时，则一反常态使晶粒粗化，且呈现规则排列，这种结构特点可以说明 S_1 同 H_1 一样是应力的增强剂。极化曲线测量结果表示（图 9-7），S_1 可以提高铜电解沉积过程的极化值，这说明 S_1 已与 Cu^{2+} 和 Cu^+ 配位而形成配合物，因而使铜离子的放电困难，超电压使极化值升高。

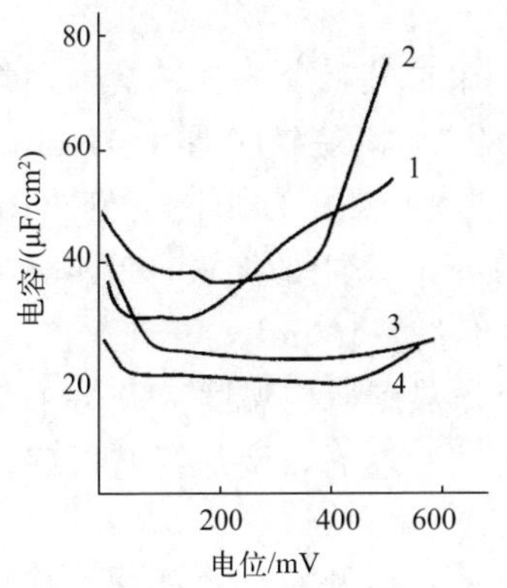

图 9-6　铜电极在含不同添加剂的 0.75mol/L H_2SO_4 溶液中的微分电容曲线

添加剂（mg/L）：1—空白；2—Cl^- 29.9；3—S_1 9.75；4—H_1 1.17

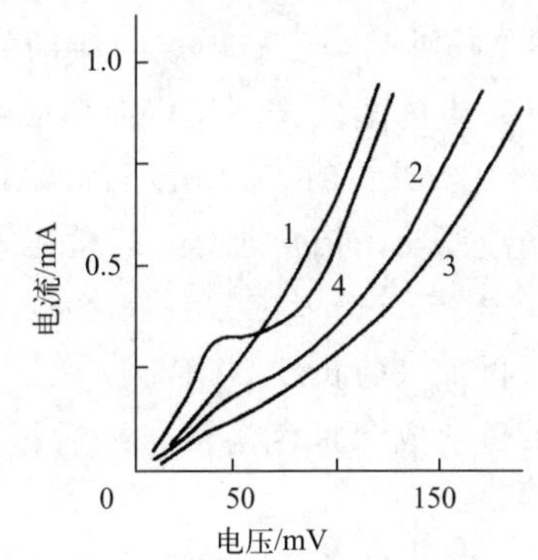

图 9-7　铜电极在含不同添加剂的 0.75mol/L H_2SO_4 溶液中的阴极极化曲线

添加剂（mg/L）：1—空白；2—S_1 9.75；3—H_1 1.17；4—Cl^- 29.9

③ Cl^- 的电化学性能。Cl^- 的存在会使酸性镀铜液的开路电位正移 10mV 左右；这可能是 Cl^- 容易与 Cu^+ 形成水溶性小的配合物膜，Cl^- 作为电极表面与铜离子之间的“氯桥”，有利于电子从电极导向铜离子，提高了电极表面 Cu^+ 浓度，减小双电层电容和降低活化极化，因而降低了成核速度，有利于晶核的生长，会得到较粗的晶粒，也有利于消除镀层的应力。Cl^- 显示正整平作用，这可

能也是由于与 Cu^+ 形成水溶性小的配合物膜有关。因为在微观峰的电位一般比微观谷的为负，于是在微观峰处，铜配合物的浓度要比微观谷处为高，这就可能达到整平效果。

9.3.4 光亮酸性镀铜主要添加剂的合成方法

（1）噻唑啉基聚二硫丙烷磺酸钠（SH110）的合成

① 合成原理

a. 2-巯基四氢噻唑钠盐的合成。2-四氢噻唑硫酮（H_1）在水中可通过互变异构而形成 2-巯基四氢噻唑，它与碱反应即形成 2-巯基四氢噻唑钠盐：

酮式 $\underset{}{\overset{\text{互变异构}}{\rightleftharpoons}}$ 烯醇式 $\xrightarrow{NaOH}$ 2-巯基四氢噻唑钠盐 + H_2O

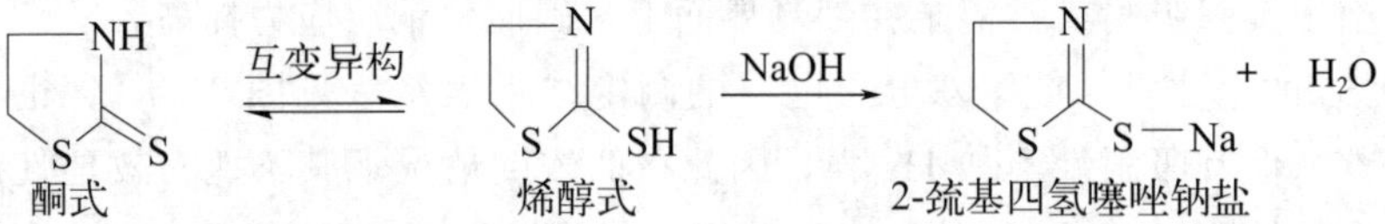

b. 2-聚二硫四氢噻唑钠盐的形成。2-巯基四氢噻唑钠盐可以与硫黄发生双分子亲核加成反应而形成 2-聚二硫四氢噻唑钠盐：

(S—Na) + S ⟶ [$S^{\delta+}$---$S^{\delta-}$] ⟶ (S—S—Na)

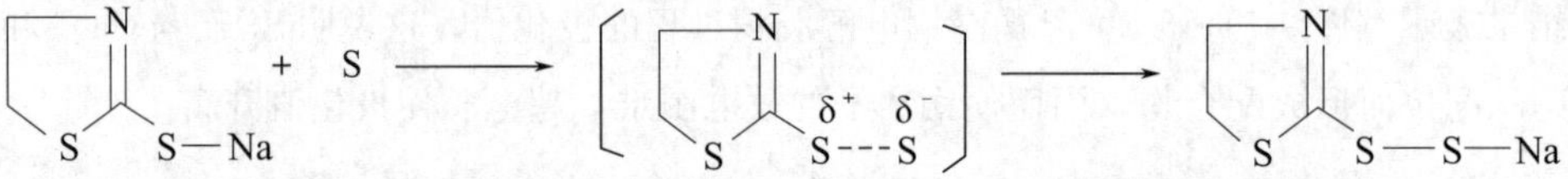

c. 2-噻唑啉基聚二硫丙烷磺酸钠的形成。2-聚二硫四氢噻唑钠盐与丙烷磺内酯很容易发生内酯的开环反应而形成噻唑啉基聚二硫丙烷磺酸钠（SH-110）。

② 合成方法　在 500mL 四口烧瓶中，安装搅拌器、球形冷凝管、100℃温度计及滴液漏斗，依次加入 5g 氢氧化钠溶于 10mL 水中的溶液，2-四氢噻唑硫酮（H_1，熔点 105～106℃）13.2g，正丁醇（CP 级）200mL，开动搅拌，等 H_1 溶解后，再加入硫黄粉（CP 级）3.2g，用水液加热到瓶内温度 75℃左右，反应物由浅黄色变成深棕色溶液，之后把溶液冷至 30℃左右，滴加羟基丙磺酸内酯（HO- 环 SO_2-O ）13.5g，加完后继续搅拌，瓶内物呈淡黄色黏稠物料。抽滤、烘干，得淡黄色 SH-110 产品 27～28g。

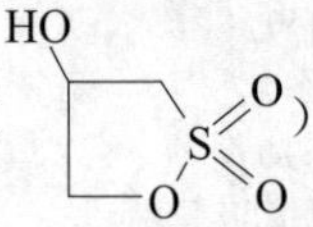

（2）聚二硫二丙烷磺酸钠（SP）的合成

① 合成原理

a. 1,3-丙烷磺内酯的合成。

丙烯醇在亚硫酸钠和硫酸的作用下形成羟基丙磺酸钠：

$$HOCH_2CH=CH_2+Na_2SO_3+1/2H_2SO_4 \xrightarrow{\text{空气}} HOCH_2CH_2CH_2SO_3Na+1/2Na_2SO_4$$

羟基丙磺酸钠在酸的作用下变成羟基丙磺酸：

$$HOCH_2CH_2CH_2SO_3Na + HCl \xrightleftharpoons{C_2H_5OH} HOCH_2CH_2CH_2SO_3H + NaCl$$

羟基丙磺酸在真空下脱水形成 1,3-丙烷磺内酯：

$$HOCH_2CH_2CH_2SO_3H \xrightarrow[\triangle]{\text{真空}} \text{(1,3-丙烷磺内酯)} + H_2O$$

b. 聚二硫二丙烷磺酸钠的合成。

硫化钠在熔融状态下与硫黄反应形成二硫化钠：

$$Na_2S \cdot 9H_2O + S \xrightarrow{\triangle} Na_2S_2 + 9H_2O$$

二硫化钠与 1,3-丙烷磺内酯反应形成聚二硫二丙烷磺酸钠：

$$Na_2S_2 + \text{(1,3-丙烷磺内酯)} \longrightarrow NaO_3SCH_2CH_2CH_2SSCH_2CH_2CH_2SO_3Na$$

② 合成方法

a. 1,3-丙烷磺内酯的合成。把 120g 亚硫酸钠溶于 200mL 水中，加热溶解后倒入 500mL 三颈瓶中，开动搅拌，用硫酸调 pH 至微酸性，通入空气，使反应液变为乳白色。把 20mL 丙烯醇和冷的 10%硫酸 20mL 混合，倒入分液漏斗中，待亚硫酸钠液冷至室温后开始滴加乳白色液，历时 1.5～2h，反应自动维持 pH 值在 6.5 左右。滴完后用稀硫酸调节 pH 值至 2 左右，加热浓缩至原体积的 1/3，冷却除去结晶硫酸钠，得羟基丙烷磺酸钠液，加入 60mL 浓盐酸和 80mL 乙醇，搅拌均匀后静置，滤去结晶氯化钠，滤液进行减压蒸馏除去溶剂和盐酸，得红棕色油状羟基丙磺酸。然后放入 50mL 三颈瓶中，在碱液下用油液加热至 100℃以上，使羟基丙磺酸脱水而形成 1,3-丙烷磺内酯，产生率 72%左右，在 31℃以下形成针状晶体。

b. 聚二硫二丙烷磺酸钠（SP）的合成方法。在 50mL 三颈瓶中加入 15g 硫化钠，在沸水液中加热使其溶解，在搅拌下分批加入硫黄粉 1.2g，加完后继续搅拌至变为深红色液体。

在 250mL 三颈瓶中，加入 100mL 乙醇，在搅拌下把上述溶液缓缓倒入其中，得黄绿色悬浮液，然后在搅拌下滴加 10.5g 丙烷磺内酯，温度控制在 50℃以下，得白色浆状体，过滤，烘干，得白色粉末状聚二硫二丙烷磺酸钠，含量在 90%以上。

（3）2-巯基苯并咪唑（M）的合成方法

2-巯基苯并咪唑的商品名为橡胶防老化剂 MB，用为电镀铜光亮剂时常称为光亮剂 M。这是由邻苯二胺与二硫化碳的碱液在乙醇溶液中反应而得钾盐，再与酸反应而得产物 2-巯基苯并咪唑。

$$C_6H_4(NH_2)_2 + KOH + CS_2 \xrightarrow{C_2H_5OH} \text{(苯并咪唑-2-基)}C{-}SK + H_2O + H_2S\uparrow$$

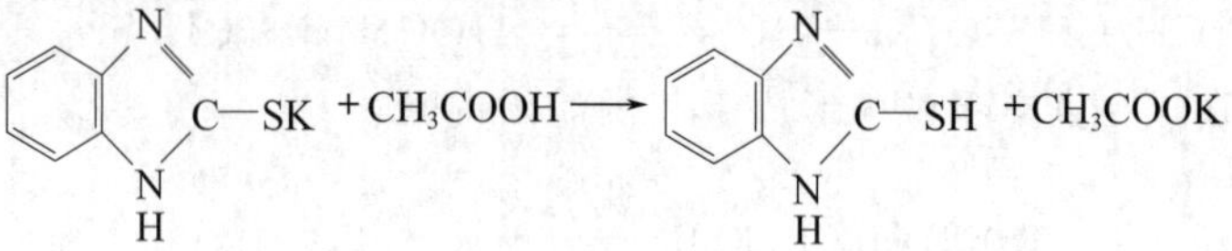

$$\text{C}_6\text{H}_4\text{(N=C(SK)NH)} + CH_3COOH \longrightarrow \text{C}_6\text{H}_4\text{(N=C(SH)NH)} + CH_3COOK$$

合成方法：于 1000mL 三颈瓶中放入 32.4g 邻苯二胺，19g 氢氧化钾和 26g 二硫化碳，300mL 乙醇（95%），45mL 水，加热回流 3h，然后小心加入 12g 植物活性炭，加热回流 10min，滤去活性炭，滤液加热至 60～70℃，再加入 300mL 热水。然后在良好搅拌下加入由 25mL 醋酸和 5mL 水所组成的溶液。此时有白色闪光结晶析出。把混合物放入冰箱 3h，使之结晶完全。在布氏漏斗内收集产品，于 40℃烘箱中过夜干燥，得到 37.8～39g 2-巯基苯并咪唑，产生率为 84%～86.5%，熔点 303～304℃。

（4）亚乙基硫脲（N）的合成

亚乙基硫脲的商品名为橡胶硫化促进剂 NA-22，在电镀上称为光亮剂 N，它是由乙二胺与二硫化碳反应的产物：

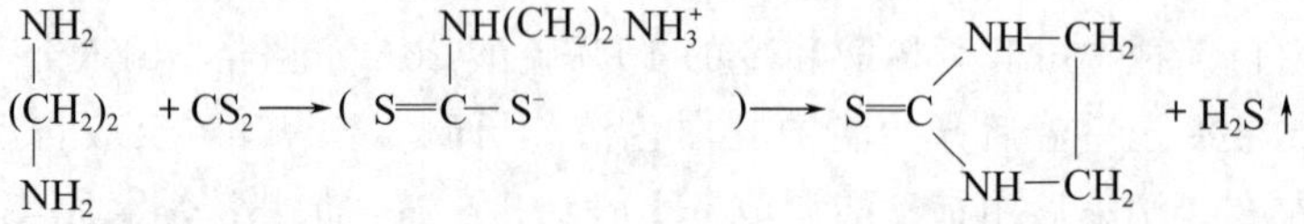

$$NH_2(CH_2)_2NH_2 + CS_2 \longrightarrow (S{=}C(NH(CH_2)_2NH_3^+){-}S^-) \longrightarrow S{=}C\begin{matrix}NH-CH_2\\ |\\ NH-CH_2\end{matrix} + H_2S\uparrow$$

合成方法：在 2L 圆底烧瓶内放入 120g 92%乙二胺，300mL 95%乙醇和 300mL 水。烧瓶上安装球形冷凝器及滴液漏斗，漏斗内放入 121mL 二硫化碳。先加入约 15～20mL 二硫化碳，开动搅拌，此时反应剧烈，必要时用外冷却，然后水液加热至 60℃，再滴加其余二硫化碳，历时 2h，控制回流速度以冷凝器的 1/8 为宜。加完后水液升温至 100℃，继续回流 1h。随后加入 15mL 浓盐酸，混合物在通风橱内回流 9～10h（100℃水液）。然后在冰箱内冷却，结晶析出，用布氏漏斗过滤，继续用 200～300mL 丙酮洗涤，可得 156～167g 白色亚乙基硫脲，产生率为 83%～89%，熔点 197～198℃。

9.4 焦磷酸盐镀铜添加剂

9.4.1 焦磷酸盐镀铜添加剂的演化

焦磷酸盐镀铜的商业化始于 1941 年，当时 J. E. Stareck 在他发表的专利中已开始用无机金属氯化物（Bi、Fe、Cr、Sn、Zn、Cd、Pb 的氯化物）作为光亮剂，不过效果不甚理想。1944 年，英国联合铬金属公司（United Chromium Incorp.）发现氨也是一种光亮剂，加入少量的氨（1～3g/L）便可获得均匀而且具有相当光亮度的镀层，并可改善阳极的溶解，此后，在许多焦磷酸盐镀铜液中都有氨。但是氨容易挥发，其消耗量随镀液的温度、pH、搅拌和液中氨含量的增加而增加，必须每天补充。另外过量的氨会导致形成氧化亚铜并降低附着力。到了 20 世纪 50 年代，焦磷酸盐镀铜的研究进入了全盛时期，这一直延续到 60 年代，各种单金属和合金的焦磷酸盐电镀工艺相继问世，各种无机和有机添加剂也陆续被发现，其中苏联和印度在非光亮型镀液上做了大量的工作，而欧美则在光亮剂上取得了许多专利，表 9-12 列出了部分光亮焦磷酸盐镀铜所用添加剂的名称、结构、用量和公布的年代。

表 9-12　部分焦磷酸盐镀铜添加剂

添加剂名称	添加剂结构	用量	文献
无机金属氯化物 (inorganic metallic chloride)	Fe、Cr、Sn、Zn、As、Bi	—	J. E. Stareck, U. S. P. 2, 250, 556（1941）L. Serota, Met. Finish 58,(4)76(1960)
氨	NH_3	1～2g/L	United Chromium Incorp. B. P. 597407(1944)
2-巯基苯并咪唑 (2-mercaptobenzimidazole)	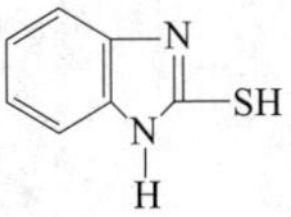 （结构式：苯并咪唑环，2位—SH，N—H）	2～4mg/L	Metal & Thermit Corp., B. P. 774, 424(1957)
甘油 (glycerin)	$H_2C(OH)—CH(OH)—CH_2(OH)$	—	T. L. Rama Char, Electroplating 10,347(1957)
亚硫酸钠 (sodium sulfite)	Na_2SO_3	—	T. L. Rama Char, Electroplating 10,347(1957)
三乙醇胺 (triethanolamine)	$N(CH_2CH_2OH)_3$	—	S. K. Panikkar, T. L. Rama Char, J. Sci. Ind. Res. (India) 19A,(June)(1996)
二苯胺磺酸(diPHenylamine sulfonic acid)	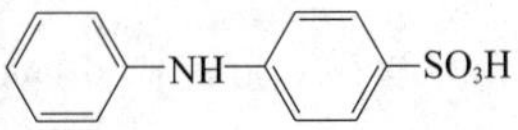 $C_6H_5—NH—C_6H_4—SO_3H$	—	
2,7-萘二磺酸 (naPHthalene disulfonic acid)	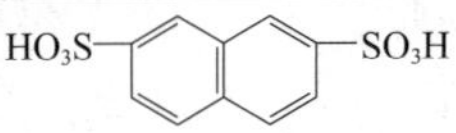 $HO_3S—C_{10}H_6—SO_3H$	—	L. Serota, Met. Finish, 58(4)76(1960)
硫代硫酸钠 (sodium thiosulfate)	$Na_2S_2O_3$	2g/L	S. K. Panikkar, T. L. Rama Char, J. Sci. Ind. Res. (India) 19A,(June)(1996)
酒石酸钠钾 (Rochelle Salt)	NaOOC—CH(OH)—CH(OH)—COOK	—	
溴化钾 (potassium bromide)	KBr	—	
三羟戊二酸 (trihydroxyglutaric acid) + 亚硒酸钠 (sodium selenite)	$HOOC—(CHOH)_3—COOH$ + Na_2SeO_3	7g/L 0.02g/L	B. A. Purin, E. A. Ozola Russ. P., 139449（1961）, 351764 (1961)

续表

添加剂名称	添加剂结构	用量	文献
2-巯基噻唑 (2-mercaptothiazole)	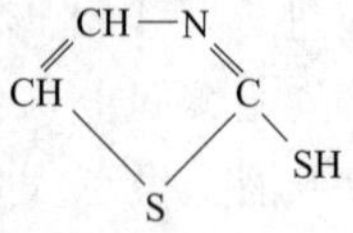 CH—N / CH C / SH / S	0.005～0.01mg/L	Albright & Wilson Ltd., B. P. 940, 282 (1963) Wilmot Breeden Led. Fr. P. 1, 329, 175 (1962)
2-巯基噻二嗪 (2-mercaptothiadiazole)	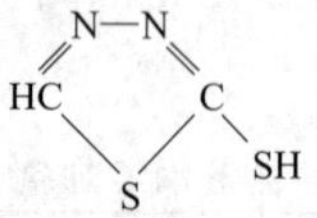 N—N / HC C / SH / S	0.5～1.0g/L	F. H. Wells, D. M. Lyde, B. P. 939. 997(1963) V. S. P. 3,161,575(1964)
动物胶(gelatin) 酵母(babersyeast)	— —	0.8g/L 0.2g/L	I. Hampel, G. Stumpf, H Zeng, Elektrie, 17 (8) 269 (1963)
氨基乙酸(glycocoll)	H_2NCH_2COOH	0.5g/L	
糠醛(furaldehyde) 或 糠醇(furancarbinol)	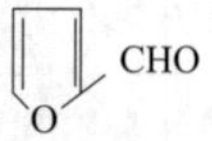 (呋喃环)—CHO 或 (呋喃环)—CH_2OH 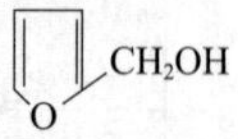	1～3g/L 3～4g/L	A. A Stiaponavichiuk, R. M. Vishomirskus, Teory and Practice of Bright Electroplating (Russ)P199(1963)
三异丙醇胺 (triisopropanolamine)	$N(CH_2CHOHCH_3)_3$		T. G. Stoebe, F. H. Hammad, M. L. Rudee, Electrochimica Acta, 9, 925(1964)
嘧啶 (pyrimidine)	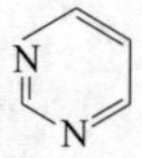 (嘧啶环)		W. Canning & Company Ltd., B. P. 1,05 1,150(1966) Okuno Seiyaku Kogyo Ltd., J. P. 24285(1968)
亚硒酸钠 (sodium selenite)	Na_2SeO_3	8～20mg/L	Okuno Seiyaku Kogyo Ltd., J. P. 24285(1968)
2,5-二巯基-1,3,4-间二硫氮茂(2,5-dimercapto-1,3.4-thiadiazole)	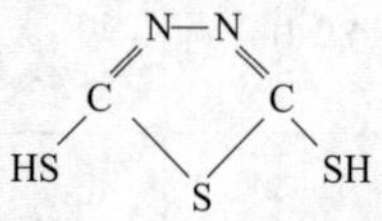 N—N / C C / HS SH / S	1g/L	P. E. Hinton, M. S. Thesis, The University of Arizona, Tucson, Arizona, 1968
硝酸钾 + 氨	KNO_3 + NH_3	15g/L 2mL/L	V. A. Lamb, C. E. Johnson, D. R. Valentine, J Electrochem. soc., 117, 281c, 341c, 381c (1970)
乙醇胺 (ethanolamine)	$H_2N—CH_2CH_2OH$	—	E. E. Irashkevich, Russ. P. 378543(1973)

续表

添加剂名称	添加剂结构	用量	文献
2-巯基苯并咪唑 （M促进剂） （2-mercaptobenzothiazole）	N, SH, S		
甲基硫脲吡啶 （methylthiouracil）	H, H_3C, N, S, NH, O		
丙基硫脲吡啶 （propylthiouracil）	H, C_3H_7, N, S, NH, O		上海轻工业专科学校，电镀原理与工艺 P125.（1979）
丙二酰硫脲 （malonylthiourea）	O, NH, S, N, O, H		
硫代苯基乙基缩苹果酰脲 （thioPHenylethylmalonylurea）	CO—NH, C, CH—SH, C_2H_5, CO—NH		
2-巯基-5-氨基噻二嗪 （2-mercapto-5-aminothiadiazole）	N—N, C, C—NH_2, HS, S		C. Ogden，O. Tench，J. Electrochem. Soc.，128（3）539（1981）
2-巯基-5-甲基噻二嗪 （2-mercapto-5-methylth-iadiazole）	N—N, C, C—CH_3, HS, S		
有机硫化物 + NH_3	— NH_3		G. C. Van Tilburg，Plating & Surface Finish. 71（6）78（1984）
亚硫基二乙酸 （thiodiglycolic acid） β-2，2′-二羟基二乙硫 （β-thiodiglycol）	$S(CH_2COOH)_2$ $S(CH_2CH_2OH)_2$		V. A. Popovich，et al. 3asch. Met.，21（1）140（1985）（Russ）

9.4.2 光亮焦磷酸盐镀铜添加剂的类型与作用机理

在无机添加剂中，添加硝酸盐（如 KNO_3 或 $NaNO_3$）可以扩展电流密度范围。当这与氨合用时光亮电流密度可以升至最高。但硝酸盐会降低阴极的极化，尤其是在阴极电流密度大于 3.0A/dm^2 时。硝酸盐还有抑制氢气形成的作用，这是由于下列反应的结果：

$$NO_3^- + 10H^+ + 8e^- \longrightarrow NH_4^+ + 3H_2O$$

由于 NO_3^- 能吸收阴极的 H^+，从而抑制了 H^+ 的还原和氢气的形成，并提高了阴极电流密度的上限。

无机氨是一种通用型光亮剂，它可单独使用，也可与硝酸钾合用（KNO_3 15g/L＋NH_3 1g/L)，或与其他有机添加剂合用（例如氨 0.25～1.0g/L＋低浓度有机光亮剂)。无机硒化物（如二氧化硒、亚硒酸、亚硒酸盐等）是另一种有效的焦磷酸盐镀铜光亮剂，其用量为 6～20mg/L，用量低时镀层光亮度低，效果不好，用量过高易形成暗红色镀层，亚硒酸盐是一种易被氧化与还原的物质，属于易消耗的物质，在阴极上可与铜络离子同时还原，因此具有相当的光亮和整平作用，另一方面用双氧水处理镀液有机添加剂时，它会被氧化成无光亮作用的硒酸盐。单独使用亚硒酸盐的光亮效果并不好，实际生产上大多与其他有机光亮剂配合使用。

有机光亮剂的品种较多，文献中报道的有有机羧酸类、醇胺类、醛酮类和有机硫化物类。有机酸（如草酸、柠檬酸、酒石酸、氨三乙酸）是一种铜的有效螯合剂，可以提高阴极极化，使镀层晶粒变细，光亮度提高，同时还可改善阳极溶解，但其光亮作用是很有限的。光亮作用最有效的是有机硫化物，特别是杂环巯基或硫酮类化合物大多具有良好的光亮作用。2-巯基苯并咪唑（MB 防老化剂）和 2-巯基苯并噻唑（促进剂 M）是我国较常用的焦磷酸盐镀铜光亮剂，其中 MB 防老化剂中的咪唑环比促进剂 M 的噻唑环更稳定，其使用寿命较长，促进剂 M 使用长时间后会形成絮状沉淀，MB 防老化剂与促进剂 M 也可联合使用，如在配方中再加入适量亚硒酸盐则可获得更加光亮、整平的铜层，并可降低镀层的内应力。2,5-二巯基-1,3,4-二噻唑（DMTD）是一种成功的焦磷酸盐镀铜的光亮剂，这是安美特公司专利焦磷酸盐镀铜光亮剂 PY-61H 的有效成分之一。C. Ogden 和 D. Tench 用循环电量法（cyclic voltammetric stripping，VS）研究了添加剂对沉积铜速度的影响（见图 9-8)，发现 2,5-二巯基-1,3,4-二噻唑（DMTD）和 2-巯基-5-氨基-1,3,4-二噻唑（MATD）在低浓度（＜0.04mol/L）能加快铜的沉积速度［相对沉积速度用旋转电极时镀层的溶解峰面积（A_r）对静态电极的溶解峰面积（A_s）之比来表示］，$A_r/A_s>1$ 表示有加速作用，而在高浓度 DMTD＞0.016mA，MATD＞0.033mA 时则只起降低铜的沉积速度的作用，而 2,5-二甲基-1,3,5-噻二唑则对沉积速度无影响（A_r/A_s 为一平线)。

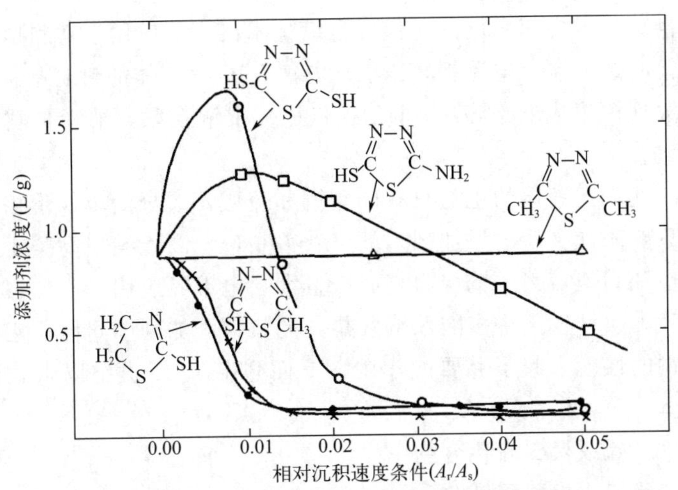

图 9-8 相对沉积速度条件（A_r/A_s）随各种添加剂浓度的变化曲线

镀液加热到 55℃再保温 16h，然后冷至室温再进行测定

C. Ogden 认为添加剂要有加速沉积铜的作用必须具备两个可与 Cu^{2+} 配位的基团（如—SH 或—NH_2），它可作为两个 Cu^{2+} 的配体桥，有利于电子的导通，因而有加速沉积铜的作用（见图 9-8）。当 2,5-二甲基-1,3,4-噻二唑（DMTD）形成二聚体后就难以形成配体桥，所以形成的配合物会抑制铜离子的放电。按照这一机理，C. Ogden 认为，只含一个配位基团的 2-巯基噻唑、2-巯基-5-甲基噻二唑无法形成配体桥而容易形成二聚体，因此在较低浓度下即显示出对 Cu^{2+} 放电的减速作用。2,5-二甲基-1,3,4-噻二唑不含配位基团，它既无法形成配合物，又不能形成二聚体，故既无加速作用也无减速作用。

V. A. Popovich 等人在研究亚硫基二乙酸（Ⅰ）和 β-2,2′-二羟基二乙硫（Ⅱ）对焦磷酸盐镀铜液的光亮作用机理时发现，亚硫基二乙酸会降低铜阴极反应的极化值，提高铜的沉积速度，他们认为这也是通过桥形机理对电子转移起了催化作用。β-2,2′-二羟基二乙硫则增加阴极极化，降低铜的沉积速度。双电层电容的测定结果表示阻挡作用是由于醇分子在阴极上吸附而造成的。同时存在Ⅰ和Ⅱ溶液的极化曲线同时显示Ⅰ的加速作用和Ⅱ的减速（阻挡）作用。单独加Ⅱ时，镀层晶粒变细，但并不光亮，加入 5×10^{-4} mol/L 的Ⅰ可得光亮而整平的铜层，镀层的厚度较薄（<10μm）。若把Ⅰ和Ⅱ组合使用则可获得镜面光亮的铜层，厚度 50μm。

9.5 21 世纪酸性硫酸盐光亮镀铜添加剂的进展

9.5.1 新型酸性光亮镀铜中间体的进展

镀铜层具有极好的延展性，导电、导热性优良，已被越来越多的工业部门采用。在电子信息技术飞速发展的时代，电镀技术已广泛应用于塑料电镀、印刷滚桶电镀、铜箔制造、印制电路板（PCB）电镀，IC封装体的封装基板布线及层间的互联，超大规模集成电路芯片（ULSI芯片）中铜互联，纳米材料科学及半导体工业等领域。

酸性硫酸盐光亮镀铜的主盐只有硫酸铜和硫酸，成分简单，价格便宜，废水处理容易，只要添加少量的添加剂，就可获得高速、高光亮、高整平、高电流效率、高分散性和高覆盖力的铜层，是面广量大、电镀界应用最广的镀种之一。21世纪以来，我国已开发出许多酸性硫酸盐光亮镀铜添加剂中间体，它们在改进硫酸盐光亮镀铜的性能上起了重要的作用。下面列出了21世纪以来我国开发的酸性镀铜中间体。

（1）有机二硫或聚二硫化合物

聚二硫二丙烷磺酸钠

N,*N*-二甲基-ω-硫丙基二硫磺酸钠

烷基二硫代氨基甲酸盐

N,*N*-二甲基-3-硫丙基二硫代氨基甲酸盐

苯基二硫丙烷磺酸钠（BSP）

2-噻唑啉基聚二硫丙烷磺酸钠（SH110）

二羟基聚二硫二丙烷磺酸钠

N,*N*-二甲基二硫甲酰胺丙磺酸（DPS）

（2）有机胺或酰胺类化合物

硫代羧酸酰胺

四氢呋喃酰胺

高分子丙烯胺

聚乙烯亚胺烷基盐

聚乙烯亚胺烷基化合物

聚乙烯亚胺丙磺酸钠（Leveller 135Cu）

聚酰胺的交联物（EXP2887）

交联聚酰胺水溶液（JPH）

脂肪胺乙氧基磺化物（AESS）

巯基咪唑丙磺酸钠（MESS）

脂肪胺乙氧基磺化物

乙内酰硫脲和多环芳香胺的组合物

（3）含巯基或硫酮类化合物

2-四氢噻唑硫酮

2-咪唑烷硫酮

硫脲嘧啶

甲基咪唑啉硫酮

2-巯基苯并噻唑

2-巯基-5-磺基苯并噻唑

4,5-巯基吡啶

(4) 各种磺酸盐

四甲基秋兰姆化二硫磺酸钠

异硫脲丙磺酸内盐(UPS)

巯基丙烷磺酸钠(HP)

二甲基甲酰胺磺酸钠(TPS)

烯丙基磺酸钠(ZPS)

巯基丙磺酸钠(MPS)

乙烯基磺酸钠(OPX)

1,3-丙烷磺内酯(1,3-PS)

3-苯并硫噻唑丙基磺酸/钠

(5) 表面活性剂

改性聚醚 HFI

EO、PO 嵌段共聚物(RPE)

琥珀酸酯钠盐(MT-200)

聚乙二醇(M6000～20000)

聚乙烯己二醇

聚氧乙烯醚(M300000～400000)

聚氧烯醇、聚氧烯的嵌段共聚物

多胺与环氧乙烷加成物(AE)

脂肪胺与环氧乙烷加成物(DAE)

脂肪胺聚氧乙烯醚(AEO)

烷基聚醚磺酸盐

聚氧乙烯季铵盐

(6) 有机染料类化合物

甲基蓝

甲基紫

藏花红

噻嗪类染料

三苯甲烷染料

聚合硫代染料(碱性黄)

吩嗪类染料

偶氮系列染料

蒽醌系列染料

碱性硫代嗪染料

吩噻嗪染料

9.5.2 非染料酸性硫酸盐光亮镀铜添加剂的进展

酸性镀铜添加剂可分为两大体系：有机染料系和非染料系。有机染料中具有代表性的有日本大和210、510系列，安美特210、510系列等。非染料中具有代表性的有我国自行合成的“M、N、SP、P”组合，SH110型以及近来美国通用公司推出的EPI系列。21世纪初期，一些学者对某些添加剂的作用机理做了一系列的研究，取得了一定的成果。如：非染料酸性镀铜中，2-巯基苯并咪唑与乙烯硫脲配合使用（即MN），整平及光亮作用较好[1]；吸附态的聚二硫二丙烷磺酸钠与亚铜离子形成表面配合物阻化铜离子的沉积[2]；四氢噻唑硫酮的表面配位放电的整平作用机理[3]；2-巯基苯并咪唑对铜的电沉积起阻化作用[4]；V. V. Kuznetsov等[5] 对一系列冠醚电镀添加剂做了电化学研究，发现冠醚可以比其他配合物先分裂，在沉积动力学中起关键作用。21世纪以来国内外对酸铜添加剂进行了不少研究，张涛等[6] 通过电化学工作站研究了*N*,*N*-二乙基硫脲作为镀铜光亮剂的电化学行为。研究结果表明，*N*,*N*-二乙基硫脲可以提高阴极极化，提高铜离子还原的过电位。2011年肖发新等[7] 用霍尔槽法及电化学法研究了添加剂BSP、H_1、PN、PEG对镀层质量、镀液分散能力的影响。发现用以上组合光亮剂可得到光亮平整的镀层，对应电流密度0.5～4.3A/dm^2。施镀15min，镀液分散能力可达32.8%，高于市售光亮剂的26.2%。肖宁等[8] 通过电化学方法、表面形貌分析和镀层显微硬度比较了噻唑啉基聚二硫丙烷磺酸钠（SH110）、十六烷基三甲基溴化铵（CTAB）、聚乙烯亚胺烷基盐（PN）及四氢噻唑硫酮（H_1）四种整平剂对酸性电镀铜层的影响。结果表明，CTAB和PN效果较好。付正皋等[9] 在酸性镀铜中使用环氧乙烷与环氧丙烷缩聚物作湿润剂、苯基聚二硫丙烷磺酸钠作加速剂、含酰胺的杂环化合物作整平剂，并分别研究了三种添加剂对填孔效果的影响。结果表明，三种添加剂缺少任何一种都不能达到理想的镀层效果和填充效果。

现在国内市场上应用比较广泛的是MN系列。传统的MN型非染料系列为M（2-巯基苯并咪唑）、N（亚乙基硫脲）、SP（聚二硫二丙烷磺酸钠）、P（聚乙二醇，分子量4000～6000）的组合。这一系列添加剂存在的问题主要是：①出光速度慢；②整平效果不理想；③低电流密度区域走位性能差，光亮和整平不足。其中，最大的问题是低电流密度区走位和整平不足。

（1）21世纪以来我国在MN体系的研究和改进

① 改善M在水中的溶解度　M在水中的溶解度很小，一般不大于0.2g/L，如稍不慎，镀液中多加了点，就会有结晶析出，悬浮于镀液中，易吸附到阴极镀

件上，表面就会有麻砂状镀层出现。要提高 M 在水中的溶解度，可将 M 进行磺化，形成 2-巯基苯并咪唑磺酸钠，它在冷水中就能溶解，这样麻砂状镀层就不会出现，覆盖能力和耐温范围都有所改善，它是优良的中低位光亮剂，能取代传统的 M，但整平能力和出光速度仍无改善。

② 替代 SP 的新型中间体　聚二硫二丙烷磺酸钠（SP）具有去极化作用，并且质量分数越大，去极化作用越强。它可使铜的沉积电位从 −0.285V 正移到 −0.165V，可以加速铜离子的成核过程，有利于铜层的快速沉积，故又称为加速剂（accelerator）。SP 同 Cl^- 的协同作用可强烈促进铜的电沉积，这是因为 SP 通过 Cl^- 与 Cu^+ 形成配合物，催化铜的电沉积反应[10]。由于聚二硫二丙烷磺酸钠的—S—S—键中的硫难以同 Cu^+ 形成配位键，它必须在阴极上还原为 $HS(CH_2)_3SO_3H$（MPS），之后 MPS 与 Cu^{2+} 反应生成 Cu^+ 的巯基配合物。若用更易形成配位键的苯基二硫丙烷磺酸钠（BSP）和巯基丙烷磺酸钠（HP）代替 SP，其整平性和光亮度可获得明显改善，BSP 的苯环使其整平能力更强。用 HPS 取代 SP 时低位光亮整平效果好。用 TPS 取代 SP 的高温走位性能优良，而噻唑啉基聚二硫丙烷磺酸钠（SH110）是晶粒细化剂与整平剂的结合产物，特别适用于线路板电镀。

③ 替代 M、N 的新型中间体　四氢噻唑硫酮或 2-巯基咪唑（H_1）是不含苯基的 2-巯基苯并咪唑，它的还原电位更低，更易在低电流密度区还原，因此用它来取代 M、N，可以改善低电流密度区的走位、整平性和光亮度。

④ 改善 M、N 体系性能的新型中间体　近年来国内合成了不少改善 M、N 体系性能的新型中间体。如聚乙烯亚胺衍生物 PN、GISS 和 AESS（江苏梦得公司产）。

聚乙烯亚胺衍生物包括 G1500 聚乙烯亚胺、聚乙烯亚胺烷基盐（PN）、聚乙烯亚胺烷基化合物（GISS）。聚乙烯亚胺烷基盐（PN）是一种带正电的季铵化的高分子聚合物，其单体是亚乙基亚胺烷基盐$\left[CH_2CH_2-RN^+H\right]_n$，它的正电荷使它在阴极上有极强的吸附能力和极强的阴极极化作用，在高温 45℃下这些性能保持不变，因此它能明显增强低区的光亮度、整平性和改善深镀能力，是强力的酸铜走位剂，但要配合含硫类光亮剂使用，效果比聚乙二醇好。同时它是一种优良的耐高温载体，适于复杂零件的电镀，是酸铜光亮剂中最优良的高温载体。在镀液中引入丙氧基聚乙烯亚胺也能改善低电流区的光亮范围和提高镀液的整平能力。另外，脂肪胺乙氧基磺化物（AESS）也是一种强力酸铜走位剂，作用与聚乙烯亚胺类基本相同，同时具备一定的润湿能力。AESS 的走位能力不及 PN，使用 PN 时如没有合适的强力中低位整平剂便得不到光亮的镀层[11]。

⑤ 酸铜强整平剂 POSS、CPSS、ADSS、CPSS（江苏梦得公司产）。

这类化合物是取代 M、N 和 H_1 的物质，估计是带磺酸基的不饱和有机硫化物，这类物质也是现代高光亮、高整平镀铜添加剂中必不可少的成分，虽然单独使用时，不但不能获得光亮镀层且有负整平作用，但是与聚醚和聚乙烯亚胺类整平剂联合使用时，能获得高光亮、高整平的镀层。一般认为在组合光亮剂中，它主要起光亮剂的作用。

⑥ 改善 M、N 体系性能的酸性光亮镀铜新工艺　国内许多研究者已用各种酸性镀铜中间体来改善酸性光亮镀铜的性能，也发现某些组合光亮剂可明显改善 M、N 体系出光速度慢、整平效果不理想和低电流密度区域走位性能差、光亮和整平不足的缺点。表 9-13 列出了研究过的添加剂的改进配方。

表 9-13　M、N 系列酸性光亮镀铜添加剂的改进配方[12]　单位：g/L

添加剂	1. MN 系	2. 改进 1	3. 改进 2	4. 改进 3	5. 改进 4	6. 改进 5	7. 改进 6
M	0.0003～0.01	0.0003～0.001	0.0003～0.001	0.0003～0.01	H_1 0.0002～0.01	TPS 0.03～0.06	H_1 0.0002～0.001
N	0.0002～0.007	0.0002～0.0007	0.0002～0.007	0.0002～0.0007		0.0003～0.0007	BSP 0.01～0.03
SP	0.01～0.02	0.01～0.02	0.01～0.02	0.01～0.02	0.01～0.02		
P	0.05～0.1	0.05～0.1	0.1～0.2	0.1～0.25	0.05～0.1	0.05～0.1	0.05～0.1
十二烷基硫酸钠	0.05～0.2						
PN		0.2			0.02～0.04	0.02～0.4	0.02～0.04
AESS			0.01～0.02	0.01～0.02			
GISS				0.01～0.02	0.01～0.02	0.01～0.02	0.01～0.02
温度/℃	15～30	15～45	15～35	15～35	15～45	15～45	15～45

改进 1：传统 MN+PN。PN 是一种聚乙烯亚胺烷基盐，由于是阳离子型聚合物，在阴极表面与铜离子产生竞争吸附，阻碍铜离子的沉积，具有良好的阴极极化作用，对镀层的整平有显著的促进作用。PN 是一种良好的载体，加入 PN，走位能力提高，镀层比传统 MN 工艺的更细腻。

改进 2：传统 MN+AESS。AESS 是一种强力的酸铜走位剂，同时有一定的润湿能力，对增大阴极极化有一定的积极作用。加入 AESS，与光亮剂、整平剂配合使用，能改善低电流密度区的光亮度和整平性。

改进 3：MN 的替代工艺。H_1 具有极强的整平性，其作用等同于 M、N，可以取代 M、N。加入 H_1，与走位剂联合使用，低电流密度区得到改善，镀层更加均匀。工艺中 H_1 含量低时，光亮度、整平性均会下降，低电流密度区不良，含量过高时会产生树枝状光亮条纹，可少量加入 SP 或电解处理。

改进 4：M、SP 的替代工艺 1。TPS 在分子结构上既具有 M 的结构特征，又具有 SP 的结构特征，所以在酸铜电镀中具有两者联合使用的同等功效。TPS 过量会使镀层发白。

改进5：M、SP的替代工艺2。此工艺中，H_1 取代M、N，BSP取代SP，BSP的分子结构与SP相比多一个苯环，离域 π 键使其在阴极的吸附能力增强，其阴极极化作用比SP更强一点，整平性得到一点改进。

改进6：M、SP的替代工艺3。此工艺中，用MESS、HP代替M、SP，改善中低电位的光亮整平性，全面整平性得到进一步改善。

非染料系列酸铜光亮剂的发展焦点主要集中在中间体上，一般杂环上含有C═O、C═S具有光亮整平作用，含有S—S的芳香烃（苯基）、烷烃烷基磺酸及杂环化合物具有光亮和整平作用。其中含S—C—N、HN—C—S、N—C（SH）—N及其苯环、杂环化合物，尤其是以双键、苯或杂环靠近一端时，光亮整平性最好。K. Kondo等[13] 指出，聚乙烯亚胺及其带有支链的一类物质在强酸性溶液中，氮元素以带正电荷的形式存在。带有支链的聚乙烯亚胺与 Cu^{2+}、Cu^{+} 在镀件表面形成配合物，直接在阴极表面形成吸附层阻碍铜离子的电沉积。乙烯基咪唑的聚合物、高分子季铵类化合物、乙烯基吡咯烷酮与乙烯基咪唑与季铵类化合物反应产物，这些化合物均有良好的整平作用。

表9-14列出了某些典型的非染料酸性硫酸盐光亮镀铜工艺[14]。

表9-14　典型的非染料酸性硫酸盐光亮镀铜工艺

配方与工艺条件	高铜低酸工艺		低铜高酸工艺	
	配方1	配方2	配方1	配方2
$CuSO_4 \cdot 5H_2O$/（g/L）	190～250	180～220	40～80	60～100
H_2SO_4/（g/L）	50～60	50～70	40～80	20～100
Cl^-（g/L）	0.04～0.10	0.04～0.15	0.04～0.08	0.04～0.10
聚乙烯亚胺/（mg/L）		0.5～1.0		1.5～3.0
聚乙二醇/（mg/L）		5～10		15～40
聚二硫二丙烷磺酸钠/（mg/L）		10～40		25～60
组合光亮剂	适量		适量	
阴极电流密度/（A/dm^2）	1～3	2.2～5.4	1～3	2.2～5.4
温度/℃	20～30	15～40	20～30	15～40

此外，温州市高特化工有限公司采用美国PMC集团Rasching公司中间体经严格组合生产的GT-210酸性镀铜光亮剂为新一代非染料酸性硫酸盐光亮镀铜工艺，其工艺配方和优点如下：

$CuSO_4 \cdot 5H_2O$　　180～220g/L

H_2SO_4　　50～80g/L

Cl^-　　20～120mg/L

GT-210 开缸（MU）　　3～5mL/L
GT-210A 低走位　　0.2～0.4mL/L
GT-210B 高位剂　　0.3～0.6mL/L
GT-802A 润湿剂　　2～4mL/L
T　　15～45℃
D_k　　2～6A/dm^2
搅拌　　空气或阴极移动

GT-210 酸性镀铜工艺的优点：

出光快，整平性佳，低电位区光亮；

使用温度范围宽，最高温达 45℃；

电流密度范围宽，消耗量少，成本低，易于控制且兼容性好。

(2) 国外新型非染料添加剂镀铜工艺——美国通用公司的 EPI 工艺

EPI 系列酸性镀铜添加剂由开缸剂、补充剂和辅助剂组成，镀液为高铜低酸液，其中氯离子含量是染料型酸性镀铜中氯离子含量的一半。EPI 系列由于不含染料分子，克服了染料系高温分解的缺点，适宜于宽温操作，而且没有染料分子夹杂在镀层中，与染料型相比降低了镀层的内应力，能够得到柔软的镀层。此外，EPI 在塑料基体上也能得到光滑的镀层。EPI 系镀层的光亮度、整平性、镀液稳定性等各项性能指标能与现有最好的染料系安美特 510 相抗衡，尤其是多种添加剂的平衡性方面优点尤为突出，但 EPI 的低区走位比安美特 510 略逊一筹。EPI 所镀铜层作为中间层，进入下一工序的前处理简单、经济快捷，颇具应用价值。目前，美国的 EPI 系列在非染料系中取得了迄今最好的效果，可以与目前最好的染料添加剂的效果相媲美，而且在高端产品中已经获得了广泛应用。

(3) 国内两所大学的最新研究成果——全光亮非染料酸性镀铜工艺

最近湖南科技大学化学化工学院刘俊峰教授的硕士研究生胡奔疾和华中科技大学应用化学刘烈炜教授的硕士研究生张艳清都对全光亮非染料酸性镀铜工艺进行仔细深入的研究，他们收集了国内的各种非染料酸性镀铜中间体进行仔细的工艺筛选和性能测试，最后提出了全光亮非染料酸性镀铜工艺配方，结果如表 9-15 所示[14,15]。

表 9-15　湖南科技大学和华中科技大学的全光亮非染料酸性镀铜工艺

湖南科技大学	华中科技大学
硫酸铜（$CuSO_4 \cdot 5H_2O$）190～220g/L	硫酸铜 220g/L
硫酸（H_2SO_4）57.4～72.4g/L	硫酸 70g/L
氯离子（Cl^-）0.058～0.067g/L	氯离子 0.05～0.06g/L

续表

湖南科技大学	华中科技大学
噻唑啉基聚二硫丙烷磺酸钠（SH110）0.009～0.013g/L	2-巯基苯并咪唑 M 0.0003～0.0010g/L
酸铜强整平剂（POSS）0.018～0.023mL/L	聚二硫二丙烷磺酸钠（SP）0.0320～0.0600g/L
巯基丙烷磺酸钠（HP）0.019～0.024g/L	*N*，*N*-二甲基二硫甲酰胺丙磺酸（DPS）0.0300～0.0600g/L
聚乙烯亚胺烷基盐（PN）0.027～0.032g/L	表面活性剂 S 0.1200～0.2400g/L
聚乙烯亚胺烷基化合物（GISS）0.043～0.057g/L	表面活性剂 PE 0.0480～0.1000g/L
琥珀酸酯钠盐（MT-200）0.18～0.24g/L	表面活性剂 P 0.0600～0.1000g/L
聚乙二醇 6000（P）	低端光亮剂 I 0.0060～0.0120g/L
自选 J 型添加剂 0.0012～0.0017g/L	四氢噻唑硫酮 H_1 0.0160～0.0300g/L
电流密度 1.8～3.8A/dm^2	聚乙烯亚胺烷基盐（PN）0.0200～0.0400g/L
温度 12～36℃	脂肪胺乙氧基磺化物（AESS）0.0100～0.0200g/L
搅拌方式 空气搅拌，阴极移动	温度 15～45℃
阳极 磷铜（含铜 99.5%）	电流密度 2A/dm^2
	搅拌方式 空气搅拌，阴极移动
	阳极 磷铜（含铜 99.5%）

结果表明，改进后的新工艺在光亮和整平上都优于 MN 系列，尤其是在抑制铜离子放电方面作用明显。铜离子放电速度减慢，铜在阴极的沉积速度得到控制，便于得到结晶细致的镀层，同时也有利于镀层的整平。虽然与目前世界上性能最好的 EPI 系列相比还有一定的差距，但是与 MN 系列及其所替代工艺相比，前进了很大一步。EPI 无论在光亮、整平，还是在低区走位上，都可以与目前性能最好的染料系安美特 510 相媲美。染料系添加剂之所以能够得到很好的效果，就是因为染料分子一般含有不饱和键的多个杂环形成的离域大 π 键，容易吸附在阴极表面，阻碍铜离子的沉积，对镀层的整平有显著的促进作用。非染料添加剂的配方如果要达到染料系的水平，就要从添加剂的分子结构上入手，最重要的就是低端整平和走位剂。非染料中所用的大多是非离子表面活性剂和阴离子光亮剂，相对于阳离子表面活性剂来说，它们与铜离子的竞争吸附能力就弱一些。因此，在此配方中引入了几种阳离子型的表面活性剂来增强镀液中添加剂在阴极表面与铜离子的吸附竞争力。其中 PN 就是一种阳离子型的表面活性剂，在阴极表面与铜离子竞争吸附，阻碍铜离子沉积的能力增强，对镀层的整平有显著的促进作用，如果再配以更强的低端光亮剂和整平剂，能够达到更好的效果。同时，所

用添加剂随温度变化的稳定性，以及各种添加剂之间的协同效应是在添加剂复配过程中值得注意的问题。另外，镀液的稳定性、持久性也是工艺生产中必须考虑的因素。

(4) 江苏梦得电镀化学品有限公司的610非染料型酸性光亮酸铜工艺[16]

① 江苏梦得电镀化学品有限公司专门为本书提供了610非染料型和染料型（见后）酸性光亮酸铜工艺及光亮剂配方，以下是该电镀工艺及操作条件。

原料及操作条件	范围	标准（开缸）
$CuSO_4 \cdot 5H_2O$	180～220g/L	200g/L
H_2SO_4	50～70g/L	60g/L
Cl^-	20～80mg/L	60mg/L
610A（开缸剂）	3～4mL/L	4mL/L
610B（主光亮剂）	0.8～1mL/L	0.9mL/L
610C（走位剂）	0.5～1mL/L	0.8mL/L
温度	15～38℃	20～30℃
阴极电流密度	1.5～8A/dm^2	3～5A/dm^2
阳极电流密度	0.5～2.5A/dm^2	
阳极	磷铜（0.03%～0.06%磷）	
搅拌方法	强烈空气搅拌	
电压	2～10V	

② 光亮剂的消耗与补充：

610A（绿色）	20～40mL/KAH
610B（黄色）	80～120mL/KAH
610C（淡黄色）	20～40mL/KAH

③ 610酸铜工艺的特点：

a. 使用方便，简单，消耗量少。

b. 配合深孔走位剂610C使用，可满足复杂零件对电镀的要求。

c. 与M、N及染料体系光亮剂相兼容。

④ 610非染料型酸性光亮酸铜添加剂配方见表9-16。

表 9-16　610 非染料型酸铜添加剂配方

610A 的配方		610B 的配方		610C 的配方	
中间体	含量/（g/L）	中间体	含量/（g/L）	中间体	含量/（g/L）
HP	3	HP	5	AESS	15
PEG	25	M	0.5	PN	15
MCC	2	N	0.33		
		MT-580	10		
		PEG	2		
		ABSS	5		
		MTOS	2		

9.5.3　染料型酸性硫酸盐光亮镀铜添加剂的进展

国外在酸铜添加剂中引入了多种新组分，特别是引入性能优异的染料，使酸铜镀液表现出优良的综合性能。高档产品的电镀一般都用染料添加剂，近几十年来，国外相继开发出各种有机染料添加剂，瑞期 869、安丽特 869、大和 210、大和 910、安美特 210、安美特 510 等复合染料系列，其中效果较好的是安美特 510 系列，这些与非染料添加剂相比，其优点在于低电流密度区光亮性和整平性很好，能在宽电流密度范围内获得均匀的光亮整平镀层，更适用于复杂件电镀，镀液调整也较为简单。

早期的镀铜工艺中，人们常用有机染料作为镀液整平剂和二级光亮剂。经过多年的研究，人们开发出了种类各异的大量有机染料添加剂，包括：吩嗪染料，即结构中含有 $C_6H_5—N=N—C_6H_5$ 基团（C_6H_5 为苯基）；噻嗪染料，即结构中含有噻嗪环的染料；噁嗪染料，即结构中含有噁嗪环的染料；酚酞和酚红染料等[17]。

近年来我国许多中间体制造商也开发出了许多性能优良的染料，用它们和其他国产中间体搭配，也可开发出性能优异的酸铜光亮剂。表 9-17 和表 9-18 是江苏梦得电镀化学品有限公司和武汉吉和昌化工科技股份有限公司新开发的染料产品。

表 9-17　江苏梦得电镀化学品有限公司新开发的酸铜染料产品[16]

代号	染料名称	性状	镀液含量/（g/L）	消耗量/（mL/KAH）	作用
MTOY	酸铜黄染料	黄色液体	0.02～0.03	3～6	光亮
MDER	酸铜蓝染料	蓝色液体	0.02～0.05	3～5	整平、光亮
MDOR	酸铜紫红染料	紫红色液体	0.04～0.08	5～10	光亮、走位

续表

代号	染料名称	性状	镀液含量 /（g/L）	消耗量 /（mL/KAH）	作用
MDOA	酸铜红染料	深红色液体	0.04～0.08	5～10	光亮、走位
CUS	高位剂	蓝色透明液体	0.2～0.5	3～6	辅助
MTOS	硫代嗪黄染料	黄色液体	0.02～0.03	3～6	光亮
MDDS	酚酞嗪蓝染料	蓝色液体	0.01～0.03	1～5	整平、光亮
MDES	噻嗪染料	紫黑色固体	0.002～0.004	0.1～0.5	光亮、走位
MDOS	酚酞嗪紫红染料	紫红色液体	0.02～0.05	3～6	光亮、走位
MCC	酸铜染料	深绿色液体	0.002～0.005	0.1～0.5	辅助

表 9-18　武汉吉和昌化工科技股份有限公司新开发的染料产品[18]

代号	染料名称	性状	镀液含量/（g/L）	作用
NPZ-1/NPZ-3	蓝紫吩嗪染料	蓝紫色液体	0.04～0.06	整平、光亮
NPZ-2/NPZ-4	紫红吩嗪染料	紫红色液体	0.08～0.12	低区整平光亮
BY-1	碱性黄染料	黄至橘黄色粉末	0.01～0.03	整平、低区走位

（1）用染料来改善 MN 体系的低电流区的性能

国内曾从 40 多种染料中筛选出甲基紫和藏花红，认为这两种染料效果较好，用它来改良 MN 体系也可获得良好的效果。

陈少华[19] 等发现甲基紫加入镀液能明显改善霍尔槽试片低电流密度区的光亮度，它是优良的低区走位剂，当用量达 15mL/L 时，试片镜面光亮，其工艺配方为：

$CuSO_4 \cdot 5H_2O$	180g/L
H_2SO_4	40mL/L
Cl^-	40mg/L
M	0.872mg/L
N	0.594mg/L
SP	27.8mg/L
P	73.1mg/L
甲基紫	0.06mg/L
D_k	2.0A/dm^2
T	22℃
搅拌	搅拌或阴极移动

（2）以染料为主体的光亮酸铜添加剂配方

江苏梦得电镀化学品有限公司[16,20] 开发了许多酸铜染料产品，他们也深入研究了各种中间体的作用和搭配。最近该公司隆重推出120系列高性能染料型酸性光亮酸铜工艺。120染料型酸铜光亮剂采用正交试验优选出120型酸铜光亮剂的配方，再经过小试和中试及投至电镀厂大槽进行生产后不断改进，确定以下中间体添加剂配方，见表9-19。

表9-19 江苏梦得染料体系酸铜120光亮剂中间体配方

120MU		120B		120A	
中间体	用量/(g/L)	中间体	用量/(g/L)	中间体	用量/(g/L)
TOPS	30	TOPS	80	MDER	90
MTOY	60	MTOY	60	MDOR	110
MT-880	50	MT-880	20	MDOA	50
CUS	100	CUS	50	MTOY	60
H_2SO_4	25mL/L	H_2SO_4	50mL/L	PNIR	30

注：硫酸∶水=1∶2。

如果整平亮度要再好些的话，可适量提高PNIR的量。

(3) 120型高填平强走位染料型酸性光亮镀铜工艺[16]

① 镀液的组成及操作条件：

组成	含量范围	最佳用量
$CuSO_4 \cdot 5H_2O$	180～240g/L	200g/L
硫酸	50～80mL/L	60mL/L
Cl^-	60～120mg/L	80mg/L
开缸剂120MU	4～6mL/L	5mL/L
主光亮剂120A	0.4～0.6mL/L	0.5mL/L
主光亮剂120B	0.4～0.6mL/L	0.5mL/L
温度	16～35℃	20～28℃
阴极电流密度	1～6A/dm^2	3～5A/dm^2
阳极电流密度	0.5～3.0 A/dm^2	
阳极	磷铜(0.03%～0.06%磷)	
搅拌方法	空气搅拌或阴极移动	

② 工艺特性

a. 快速出光，填平能力佳。

b. 走位效果好，低电位区都具有良好的填平度。

c. 镀液稳定，容易操作控制。

d. 镀层柔韧性好，不易产生针孔和麻点。

e. 添加剂耐高温性能好，夏天不需降温设备，能正常电镀。

f. 适用于高档的塑料电镀、灯饰、五金件等的酸铜电镀。

③ 镀液的控制及维护光亮剂的消耗与补充：

120 添加剂	消耗量（1000A/h）	
	五金电镀	塑料电镀
主光亮剂 120A	50～80mL	50～90mL
主光亮剂 120B	50～70mL	50～70mL
开缸剂 120MU	50～70mL	50～70mL

（4）染料的作用机理

刘烈炜[21] 等研究了有机染料对酸性镀铜电沉积的影响，他们先后对染料浓度对阴极极化曲线的影响、染料浓度对铜还原过电位的影响、染料浓度对极限电流密度的影响、染料浓度对微分电容的影响，以及对铜还原的电极过程等进行了研究，最后得出的结论是：①染料的加入提高了阴极过电位约 100mV；②染料主要影响铜离子的第二步放电过程，它与亚铜离子形成配位化合物吸附在电极表面阻碍吸附铜原子向电极表面扩散、进入晶格的过程；③显著增大电化学反应的极化作用；④强烈地吸附在电极表面降低体系的微分电容；⑤细化晶粒，改变晶体的生长方式，使镀层成为规则、致密的网状结构。

笔者认为，染料分子都含有苯环、N、S、O 等杂原子或杂环的化合物，如吩嗪类等，染料系添加剂之所以能够得到很好的效果，就是因为染料分子一般含有不饱和键的多个杂环形成的离域大 π 键，按照配合物的软硬酸碱理论，染料属于超强的软性配体，它同高软性的一价铜离子容易形成高稳定的表面配合物，使铜的还原变得更加困难，所以阴极极化提高，阴极析出电位负移，使晶核形成概率增大，镀层晶粒得到细化，镀层的光亮度得到提高。

染料分子是一种含有不饱和键的多个杂环形成的离域大 π 键的分子，它是容易得失电子的有机物，因此它很容易吸附在中低电流区的峰处，一方面自身被电解还原，另一方面它在电极表面又易与 Cu^{+} 配位形成配合物，阻碍铜离子的沉积，因此对镀层的整平有显著的促进作用，是一类极好的整平剂，可以大大加快出光的速度，减少电镀时间，节约电镀成本。

染料分子是一种面积较大、移动速度较慢的分子，所以它易受扩散控制，作为整平剂这是很好的特性，但它的牢固而持久的吸附就很容易被包覆在镀层中，提高了镀层的应力和含碳量，降低了镀层的纯度和其他性能，在电子领域的应用就受到限制。染料分子易在阳极被氧化而聚合成难溶于水的沉淀物，使镀层易产生麻点，这在微电子领域是不允许的。所以染料型光亮酸铜工艺主要还是用于防腐-装饰行业。

9.5.4 印制电路板填孔电镀铜添加剂的研究进展

(1) 填孔电镀铜添加剂的研究进展

1966 年，H. G. Creutz[22] 在美国专利［U. S. Pat. 267.010 中最早提出用添加剂来实现盲孔电镀填孔，1984 年 Yokoi 等人[23] 提出，在电镀时二价铜离子转化为一价铜离子，当氯离子存在时，抑制剂聚乙二醇（PEG）会与氯离子一起吸附于阴极的表面，同时存在的氯离子会与聚乙二醇抓住的铜离子形成配位键阻止铜离子的沉积，产生抑制作用，1992 年 Healy 和 Pletcher[24] 推翻了 Yokoi 等人提出的填孔电镀机理，他们以拉曼光谱分析开路电位时以及电镀开始后的阴极上的 PEG 光谱，发现开路电位时没有 PEG 的光谱，而电镀开始后阴极表面有 PEG 的光谱；1998 年 West 及 Kelly[25] 提出了新的理论，吸附在孔底表面上的光亮剂会因电镀沉积缩小几何面积而累积，孔外表面及孔口处有整平剂或抑制剂吸附，导致铜离子不易在此处沉积，而达到填孔的效果[26]。2000 年日本科学家 Takeshi[27] 提出一份印制电路板使用填孔添加剂的报告，报告中指出添加 SP 和 PEG 可以实现填孔，并且 PEG 分子量越高其填孔效果越好；同时提到即使是在低浓度的硫酸铜浓度下只要选择适当的添加剂照样可以实现填孔。2001 年 Taephaisitphonges 等人[28] 发表文章，指出使用 PEG 为抑制剂、SP 为光亮剂、JGB 为整平剂，并且添加氯离子，以多种电化学方法来说明添加剂在填孔中的影响，从而来反映填孔机理，文章得出，填孔出现空洞（void）是因为光亮剂的量太多，需要加入整平剂（JGB）才可以改善。2003 年 Sun 等人[29] 也使用 PEG 为抑制剂、SP 为光亮剂、JGB 为整平剂，以及添加氯离子，他们还考虑电流密度等其他因子的影响，实验完成后得出：要想完成超填孔电镀（Super-Filling）必须整平剂（JGB）的量高于 20mg/L。近年窦维平教授[30] 以 SP（聚二硫二丙烷磺酸钠)、MPS（3-巯基-1-丙烷磺酸盐）为光亮剂，JGB（健那绿)、DB（二嗪黑)、ABPV（阿尔新蓝）等季铵盐为整平剂，PEG（聚乙二醇）为抑制剂，并且在适量的氯离子条件下进行填孔，并得出了添加剂的最佳范围。同时 C. Alan 等也对 PEG（聚乙二醇）体系做了大量的研究，但是 PEG 体系存在添加剂操作范围窄、表面镀层厚、镀液寿命短的缺陷，使得制作过程中成本增加，不适于大规模生产，同时相关专利提到，用含有胺类与缩水甘油醚的反应缩合物或该缩合物的季铵盐衍生物可以实现填孔；将咪唑的化合物或者含有醚键的聚环化合物作为整平剂，因其具有特定多分散性。国内对于盲孔电镀的研究主要集中在工艺方面，曾曙、张伯兴[31] 认为目前对于填孔的影响因素的研究比较多，但是大规模的应用尚有待时日，目前国内的市场已经被国外药水商抢占了绝大部分。崔正丹等人[32]利用电化学手段以及填孔实验来阐述填孔添加剂各组分在填孔过程中的作用；2011年崔正丹等人[33]又提出了填孔电镀存在爆发期的理论，他们认为其中电流密度的影响大，在电镀填孔不同时期采用不同电镀参数组合，能缩短电镀填孔时间，获得较好盲孔填平效果。杨智勤等[34]认为，填孔的主要原理是盲孔孔底Cu^{+}与光亮剂中S元素形成配合物，光亮剂由于其分子量相对较小，通电后一般富集在孔底，从而孔内和孔表面的沉积速率不同，孔底的电沉积速率明显要高于孔壁。

目前国内的印制电路板厂商所用的盲孔添加剂大多靠进口，产品主要来自于美国、德国、日本等，代表产品有安美特的填孔添加剂EVF，荏源（JCU）的填孔添加剂CU-BRITE VF，麦德美的填孔添加剂VF-100以及罗门哈斯的填孔添加剂VF-A、VF-B产品，这些产品价格高昂，国内该类产品很少，目前整个市场基本处于国外产品垄断状态，对于国内的印制板制造技术的发展是极不利的。国内的电镀填孔添加剂目前处于起步阶段，很多国内印制电路板工厂产品定位较低，主要产品为单面板、双面板、简单多层板，一些大中型线路板厂才会涉及到高密度互联印制源电路盲孔板，所占比率正逐渐增加，目前其所用添加剂只能忍受高成本选择国外供应商，因此开发出一种填平效果好、成本相对低、维护控制较为方便的产品，对于印制电路板工厂来说是非常有吸引力的，同时对于整个印制电路板行业的发展是极其有益的。

（2）填孔酸性光亮镀铜新工艺

我国现已是世界印制电路板的制造中心，全国有2000多家制造厂，产值超过1000亿元。电镀铜是PCB制程中的关键制程，作为实现线路板层与层之间导通的金属化孔的主要方法。目前印制板的孔径越来越小，小孔数量越来越多，除了通孔外，还有一阶、二阶、三阶等盲孔，电镀的难度提高，对镀层的要求也特别高（见表9-20）。我国填孔电镀起步较晚，水平也不高，与国外产品的差距还较大，进口产品在国内市场上仍具有很大的优势，高端产品大都被国外公司垄断，如Ethone公司的CUPROSTAR ST-2000和CUPROSTAR CVFl，EBARA-Udylite公司的CU-BRIGHT VF，Rohm and Haas公司的ELECTROPOSIT以及ELECTROPOSIT™1100等进口产品。

酸性电镀铜添加剂一般由光亮剂、整平剂和抑制剂等组成，通常要几种添加剂共同协调作用，才能达到理想的效果，根据资料和实际生产经验[35]，光亮剂一般为带有磺酸基的有机硫化物，常用的有聚二硫二丙烷磺酸钠、噻唑啉基聚二硫丙烷磺酸钠等，它的主要作用是细化晶粒、增强高电流区光亮度等。单独使用不能得到光亮镀层，需搭配整平剂以及氯离子使用才能发挥其作用。关于光亮剂的加速原理[36]，目前普遍认为巯基丙磺酸钠盐之所以能够产生加速铜沉积的作用，是因为它能够将二价铜离子还原为一价铜离子，因此加速二价铜离子还原成金属铜的速率。

抑制剂主要为聚醚，常用的为聚乙二醇、脂肪醇聚氧乙烯醚、聚氧乙烯聚氧丙烯嵌段聚醚等，它能够在阴极与界面上定向排列产生吸附作用，提高阴极极化作用，使镀层的晶粒更均匀、更致密。

表 9-20　PCB 镀铜层技术要求

技术指标	技术要求范围
导电性	0.55～0.63μΩ·cm
延展性	>8%
内应力	<25MPa
硬度	105～115HV
密度	$8.8kg/dm^3$
抗拉强度	288.12～363.58MPa
微观结构	等轴型
可焊性	优良

①印制板通孔电镀酸铜的工艺　2014 年中科院的马倩等人[36] 开发了一种印制板通孔电镀酸铜的工艺，该工艺以聚二硫二丙烷磺酸钠（SP）为加速剂，聚乙二醇（PEG-10000）为载体，季铵盐类化合物（MX-86）为整平剂，嵌段聚醚类化合物（SQ-5）为润湿剂，施镀过程采用空气搅拌，具体配方和工艺如下：

$CuSO_4 \cdot 5H_2O$	60g/L
H_2SO_4	200g/L
Cl^-	60mg/L
SP	15～25mg/L
SQ-5	0.4～0.6g/L
PEG-10000	0.1～0.3g/L
MX-86	15～25mg/L
温度	24℃
电流密度	$2.0A/dm^2$

采用该配方进行 PCB 通孔镀铜时，其重复性良好，对深径比为 8∶1 的通孔电镀时的分散能力高于 90%，深镀能力良好；铜镀层表面光滑致密，无明显的瘤状凸起，镀层杂质含量低，纯度较高；镀层的延展性高于 15%，抗拉强度大于 248MPa，热冲击 3 次后无起泡、孔壁分离等现象，满足工业 PCB 的应用要求。

② 高深度盲孔快速填孔工艺[37]　2015 年苏州福莱盈电子有限公司的曹化要发明了一种印制板填孔电镀酸铜的工艺，公开了一种电镀铜电解液及高深度盲孔快速填孔工艺，电镀铜溶解液包括：第一添加剂、第二添加剂、五水硫酸铜溶

液、硫酸溶液、盐酸溶液和纯净水，通过配置电镀铜电解液、初始阶段填孔、爆发阶段填孔和回复期填孔，改变电流和时间，完成高深度盲孔的快速填孔，填孔率大于95%，镀层表面平整，平整度达到95%以上，填孔镀铜无空洞、无缝隙，表面沉积厚度低，延展性较好，具有良好的光泽、高韧性和低内应力。具体配方和工艺如下：

硫酸铜	190～210g/L
硫酸	90～110g/L
氯离子	40～60mg/L
湿润剂	1.5～2.5mL/L
光亮剂	7.5～15mL/L
整平剂	7.5～15mL/L

初始阶段填孔：把设置有盲孔的线路板放置在电镀铜溶解液中进行电镀，盲孔的孔深120μm，孔径100μm，电镀的电流密度为0.5A/dm^2，温度保持在22～25℃，电镀时间35min，初始阶段的填孔主要是聚氧烷基大分子量的润湿剂，协同氯离子一起吸附在阴极表面高电流区，降低镀铜速率。

爆发阶段填孔：电流密度调整为1.3A/dm^2，电镀时间15min，进行爆发阶段填孔；爆发阶段填孔主要是含硫的小分子量化合物的光亮剂，吸附在阴极表面低电流区，加速镀层的沉积。

回复期填孔：电流密度调整为1.8A/dm^2，电镀时间25min，使得盲孔内部均匀分布有镀铜层，主要是含氮的杂环类或非杂环类芳香族化学品的整平剂，可在突出点高电流区赶走已吸附的光亮剂粒子，从而压抑该区之快速镀铜，使得全板面铜厚更为均匀。

该发明的电镀铜液，填孔率大于95%，镀层表面平整，平整度达到95%以上，填孔镀铜无空洞、无缝隙，表面沉积厚度低，延展性较好，具有良好的光泽、高韧性和低内应力，提高线路板的质量。

③ 替代安美特EVF工艺的研究[38]　江西理工大学许永章[38]收集了江苏梦得电镀化学品有限公司、日本川株式会社、巴斯夫（中国）有限公司和武汉市合中生化制造有限公司的酸铜填孔用中间体［按光亮剂（B）、抑制剂（C）和整平剂（L）］分别与安美特EVF工艺用的B、C、L进行各种性能的对比，结果发现下列组合工艺的性能与EVF工艺相当：

盲孔填孔液的组成和工艺条件：

$CuSO_4 \cdot 5H_2O$	120g/L
H_2SO_4	100g/L
Cl^-	50mg/L
光亮剂B（日本川株式会社）	0.3mg/L
抑制剂C（江苏梦得电镀化学品有限公司）	15mg/L

整平剂 L（武汉市合中生化制造有限公司）	10mg/L
阴极电流密度	1.0A/dm^2
温度	常温
搅拌方式	喷淋
阴阳面积比	1∶2

经过半年的实验，镀液性能一直稳定，盲孔的填孔能力一直大于85%、下凹小于15μm、面铜厚小于20μm、延展性28%、光亮度8级、镀层的晶型结构没有晶界断裂的缺陷等。从中试结果表明，添加剂与目前国内普遍应用的美国安美特公司生产的PCB盲孔填孔添加剂在使用品质上相当，完全可以取代。

④ PCB-200高性能填孔工艺

a. 镀液组成和操作条件　江苏梦得电镀化学品有限公司[16] 开发了许多酸铜中间体，其中不少适于印制电路板的填孔电镀。他们开发的PCB-200高性能填孔工艺的镀液组成和操作条件如下：

$CuSO_4 \cdot 5H_2O$	220（210～230）g/L
H_2SO_4	50（45～55）g/L
Cl^-	50（45～55）mg/L
PCB-200B光亮剂	2（1～3）mL/L
PCB-200C运载剂	30（25～35）mL/L
PCB-200L整平剂	5（3～8）mL/L
阴极电流密度	1.8（1.0～2.5）A/dm^2

b. PCB-200线路板光亮剂中间体配方：

PCB-200C		PCB-200B		PCB-200L	
中间体	用量/（g/L）	中间体	用量/（g/L）	中间体	用量/（g/L）
PEG-8000	150	TOPS	20	PAS	0.4
MT-880	50	CUS	5	MTOY	0.4
H_2SO_4	5mL/L	H_2SO_4	5mL/L	H_2SO_4	5mL/L
硫酸∶水＝1∶2		硫酸∶水＝1∶2		硫酸∶水＝1∶2	

c. 光亮剂消耗量与补充：

PCB-200C消耗量	PCB-200消耗量B	PCB-200L消耗量
150～300g/KAH	80～120g/KAH	100～160g/KAH

d. 工艺特点：

(a) 面铜只需镀17～25μm即可填满盲孔。

(b) 孔径比3∶1的通孔分散能力（TP）可维持在80%以上。

(c) 光亮剂稳定性良好，分解产物少，且活性炭过滤周期长。

(d) 铜层内应力极低，软板镀铜后不易造成板弓板翘。

(e) 镀层抗拉强度为 30～40kN/cm^2，铜层延伸率达 15%～20%。

(f) 大口盲孔（开口 125μm）只需调整部分添加剂浓度即可将孔填满。

本节参考文献

[1] 朱琼霞，杨富国．有机添加剂在酸性光亮镀铜工艺中的应用．安徽化工，2000(2)：24.

[2] 李权．聚二硫二丙烷磺酸钠对铜电沉积过程的表面作用机理研究．四川师范大学学报，1999，22(1)：71-73.

[3] 李权．表面活性剂四氢噻唑硫酮的整平作用机理研究．四川师范大学学报，1998，21(6)：684-687.

[4] 黄令，张睿，辜敏，等．玻碳电极上铜电沉积初期行为研究．电化学，2002，8(3)：263-268.

[5] Kuznetsov V V，Skibina L M，Geshel' S V. Copper Electroplating from Sulfate Electrolytes Containing Crown Ethers. Protection of Metals，2003，39：145-146.

[6] 张涛，吴一辉，杨建成，等．*N*，*N*-二乙基硫脲添加剂对铜微沉积工艺电化学行为的影响．化学学报，2008(66)：2434-2438.

[7] 肖发新，危亚军，王东生，李博，马路路．高分散光亮酸性镀铜新工艺．腐蚀科学与防护技术，2011，23(2)：175-178.

[8] 肖宁，邓志江，滕艳娜，等．整平剂对酸性镀铜硬度的影响．电镀与涂饰，2015，34(19)：1082-1087.

[9] 付正皋，潘湛昌，胡光辉，等．快速填盲孔电镀铜添加剂的研究．孔金属化和电镀，2015(7)：139-145.

[10] Dow W P，Huang H S，Yen M Y，et al. Roles of chloride ion in microvia filling by copper electrodeposition using EPR and galvanostatic measurements. J. Electrochem. Soc.，2005，152(2)：77-88.

[11] 刘烈炜，张艳清，杨志强．无染料酸性镀铜添加剂的发展状况，材料保护，2006，39(6)：38-40.

[12] 马辛平，马忠信．酸性镀铜光亮剂的发展．电镀与环保，2002，22(4)：16-18.

[13] Kondo K，yamakawa N，tanaka Z，et al，Copper damascene electrodeposition and additives. J. of electroanalytical chemistry，2003，559：137-142.

[14] 胡奔疾．全光亮酸性镀铜工艺研究．湘潭：湖南科技大学，2011.

[15] 张艳清．无染料酸性镀铜工艺的研究．武汉：华中科技大学，2006.

[16] 江苏梦得电镀化学品有限公司产品说明书，2017.

[17] 林航．有机添加剂对铜电沉积机理影响研究．漳州：闽南师范大学，2013.

[18] 武汉吉和昌化工科技股份有限公司产品说明书，2017.

[19] 陈少华，曹林峰．硫酸盐镀铜光亮剂的改进研究．电镀与精饰，2010，32(12)：30-32.

[20] 杭冬良，汤新生，周佩佩．复合染料型酸性镀铜工艺．电镀与涂饰，2012，31(4)：8-12.

[21] 刘烈炜，吴曲勇，卢波兰，杨志强．有机染料对酸性镀铜电沉积的影响．材料保护，2004，37(7)：4-6.

[22] Creutz H G, Stevenson R M, Romanowski E A. Electrodeposition of Copper From Acidic Bath. U. S. Pat. 267. 010. 1966. 288. 690.

[23] Yokoi M, Konishi S, Hayashi T. Reverse pulse plating of copper from acid electrolyte: A rotating ring disc electrode study. Denki Kagaku, 1984, 52: 218-221.

[24] Healy J P, Pletcher D. The chemistry of the additives in an acid copper electroplating bath Part Ⅰ Polyethylene glycol and chloride ion. J. Electronanl. Chen, 1992, 338: 155-165.

[25] Kelly J J, West A C. Coper Deposition in the Presence of Polyethylene Glycol Ⅰ, Quartz Crystal Microbalance Study. Journal of the Electrochemical Society, 1998, 145: 3472-3476.

[26] Kelly J J, West A C. Coper Deposition in the Presence of Polyethylene Glycol Ⅱ, Electrochemical Impendence Spectroscopy. J Electrochem. Soc 998, 145(10): 3477-3481.

[27] Takeshi K, Junichi K, Kuniaki M. Influnce of Bath Composition to Via-Filling by Copper Electroplating. Jonual of Japan Insitiue of Electronics, 2000, 1: 1-7.

[28] Taephaisitphonges P, Cao Y, West A C. Electrochemical and Fill Studies of Multicompouent Additivs Packing for Copper Deposition. Journal of the lectrochemical Society, 2001, 148: 492-497.

[29] Sun J J, Kondo K, Okamuna T, Oh S, Omisaka M, Yonemura H, Hoshino M, Takehashi K. High-Aspect-Ratio Copper Via Filling Used for Three-Dimensioal Chip Staking. J. Electrochem Soc, 2003, 150: 355-358.

[30] Dow W P, Yen M Y, Liu C W, Huang C C. Electrochem. Acta, 2008, 5.

[31] 曾曙，张伯兴．电镀填孔工艺影响因素之探讨．印制电路信息，2005(9)：33-36.

[32] 崔正丹，谢添华，李志东．电镀填孔超等角沉积(Super Filling)影响因素探讨．2010中日电子电路秋季大会暨秋季国际PCB技术/信息论坛论文集，p92-97.

[33] 崔正丹，谢添华，李志东．不同电镀参数组合对电镀填孔效果影响研究．印制电路信息，2011(4)：80-84.

[34] 杨智勤，张曦，陆然，等．图解电镀铜填孔机理．印制电路信息，2011(9)：11-13.

[35] 石新红，杜平磊．酸铜添加剂开发和应用．复旦学报(自然科学版)，2014，53(2)：198-204.

[36] 马倩，靳焘，宗同强，曾瑜，计红果，韩亚冬．印制电路板通孔电镀铜添加剂的研究．电镀与涂饰，2014，33(24)：1049-1052.

[37] 曹化要．一种电镀铜溶解液及高深度盲孔快速填孔工艺．CN 105316713A(2016-2-10).

[38] 许永章．印制电路板电镀填孔添加剂应用工艺研究．赣州：江西理工大学，2013.

第 10 章

镀锌添加剂

10.1 镀锌的发展史

镀锌层具有优良的电化学防腐蚀性能，特别是铬酸盐钝化后的表面，在大气中很稳定，加上锌的价格便宜，因此是物美价廉的金属优良防腐蚀性镀层。在机械、车辆、建筑、五金、帆船和飞机等工业上获得了广泛的应用，这约占电镀总量的 50%～60%。

锌镀层的优良防腐蚀性能早已为人所知。1927 年，美国纽约的 J. W. Revere 发现锌层在大气和水中对铁有很好的保护作用。铁上镀锌的最早专利是 1852 年在英国公布的，10 年后，美国才公布了其第一个镀锌专利。不过当时的工艺在生产上尚无多大实用价值，因为电源是用昂贵的蓄电池，而直流电用于电镀是 1880 年的事了。

10.1.1 酸性光亮镀锌

镀锌的研究最初是从酸性镀液开始的。1907 年 R. C. Snowden 发现加少量甲醛到酸性镀液中可以降低锌层晶粒的尺寸。1908 年 E. C. Broadwell 发明了由硫酸锌和萘二磺酸锌组成的镀锌液，这被认为是第一个成功的镀锌工艺，它可用于各种类型零件的电镀，尽管其分散能力较差，零件在电镀前要彻底清洗。在此期间人们发现某些胶类（如动物胶、阿拉伯胶）、糖类（如麦芽糖、果糖和糊糖）和酚类（如联苯三酚、β-萘酚）也具有细化晶粒和增加镀层光亮度的作用。1921 年 A. Classen 发明了用淀粉、清蛋白和动物胶组成的混合物做光亮剂的酸性光亮镀锌工艺，可以获得色白、光亮、细晶的镀层。1928 年法国 Q. Marino 提出用甘油和糊精做光亮剂，用溴代苯甲酸的碱金属盐做阳极去极化剂和活化剂的专利。此后的研究主要集中在如何改善酸性镀锌液的均一性、电流效率以及镀层性能方面。佐藤系统地研究了许多化合物，并根据它们对镀层性能和电流效率的影响进行了分类，他发现使镀层品质变好的添加剂往往又会降低电流效率，只有直链淀粉是良好的添加剂，而生物碱和蛋白质是不好的添加剂。1930 年 R. W. Rice 把添加葡萄糖的酸性镀锌液与不加光亮剂的氰化镀锌液进行了比较，发现氰化物镀液的分散能力较好，管理费用高，而酸性光亮镀锌层的色彩较好。1931 年 L. C. Pan 研究了各种酸性硫酸盐镀锌配方的分散能力，指出吡啶是一种提高镀液分散能力的有效添加剂。后来 L. E. Cambi 和 G. Devoto 又发现吡啶对于提高硫酸盐镀锌液的电流效率也是有效的。1933 年 H. Cockel 指出硫酸盐镀锌液中加入硫脲或甲基硫脲做添加剂可以获得类似氰化物镀液的结果，1934 年 N. P. Lapin 等对各类酸性镀液进行了广泛的研究并与氰化物镀液进行比较。他们发现用甘草做添加剂时，镀层品质及镀液的分散能力可与无添加剂的氰化镀锌相媲美。

为了进一步改善酸性硫酸盐镀液的分散能力，人们开始往硫酸盐镀液中加入氯离子和铵离子，从而逐步演变为全氯化物镀锌液。第一个商业化光亮氯化物镀锌工艺于 1963 年在德国诞生，主要是为了解决氰化物镀锌的废水问题。开始的氯化物镀锌大部分含有大量氯化铵，以提高镀液的分散能力。光亮剂则选用以亚苄基丙酮为主光亮剂的组合光亮剂。到 20 世纪 70 年代初，英、法、美和日本几乎同时将锌酸盐镀锌实现大规模工业化，在添加剂中非离子表面活性剂受到重视。随着铵的废水处理问题的严重性日益突出，70 年代以后不含铵的全氯化钾光亮酸性镀锌开始问世，其性能随着光亮剂的日益完善而日趋完美。例如，美国专利 4075066 中提出用至少一种聚烷氧基萘酚、芳香族羧酸或其溶于镀液的盐、阴离子芳香族磺酸及其水溶性盐做光亮剂。这种镀液能在 pH＝3～6，2～10A/dm^2，20～60℃下获得高光亮、高整平和延性好的锌层。至 1985 年，美国光亮镀锌中氯化物镀锌已占 40%，碱性锌酸盐镀锌 25%，氰化物镀锌只占 35%。之后氰化物镀锌逐年下降，镀锌工艺的无氰化已不再是人们的梦想，而是真实可实现的目标。

10.1.2 碱性氰化物镀锌

虽然碱性氰化物镀锌在 1855 年已作为专利提出来，到 1916 年已开始用于壳形铸品的电镀。到 1921 年，W. Blum 发展了无添加剂的碱性氰化物镀锌工艺，其基本成分为：锌 33g/L、氰化钠 93g/L、氢氧化钠 75g/L、NaCN∶Zn＝2.0～3.0，22～35℃，D_k 0.5～8A/dm^2。1933 年，美国杜邦公司发明了适于钢铁上做防腐装饰用的光亮氰化镀锌液。1936 年 V. Mattacotti 发明了添加少量添加剂的碱性氰化物镀锌液，所用的添加剂为丙酮、甲乙酮和醌等。几乎在同时，J. F. Calef 提出用阿拉伯胶的氰化物镀锌液。而 J. Higginshvp 指出，把玉米糖浆加入氰系镀锌液中可以改善锌层的品质。此后许多关于氰系镀锌添加剂的专利和出版物陆续发表，不过所用的添加剂都集中在低分子量的化合物和天然高聚合物上，如硫脲与糠醛、苯基硫脲、硫氰酸盐-甲醛、糊精与动物胶、香豆素、氧茂和 1,4-氧氮环己烷以及动物胶等。到 1938 年，H. J. Barrett 和 C. J. Wernlund 发明了用聚乙烯醇和其他聚合物做光亮剂和整平剂的光亮氰化镀锌工艺。1939 年，美国杜邦公司的 R&H 分公司发明了用硫化物做镀液钝化剂、聚乙烯醇做光亮剂的光亮氰系镀锌工艺。随后，杜邦公司的 Crasselli 分公司提出用锌粉纯化镀液和用芳香醛-钼体系做光亮剂的专利。与此同时，美国 Udylite 公司也发明了光亮氰化物镀锌工艺，并简化了纯化镀液的方法，所用光亮剂为胶状硫脲或硫氰酸盐和甲醛树脂。

1940 年 L. S. Palatnik 等指出镀锌时镀层的压应力是由于镀液中加入胶类和磺化蓖麻油的结果。N. T. Kudryatsev 和 A. A. Nikiforova 发现在酸性硫酸盐液中加入磺酸衍生物，可以得到延展性好、应力小而光亮的镀层。后来 A. W. Hothersall 测定了不同条件下所得镀锌层的压应力，指出添加剂对镀层的性能有决定性的影响，必须严格加以控制。

从 1940 年至今，许多无机金属光亮剂，特别是大量的各种类型的有机添加剂被用作光亮剂和整平剂，以获得稳定、操作电流密度宽、成本低且光亮的锌层。除了上述的化合物外，所用的化合物主要是芳香醛、蛋白质、各种类型的聚合物、多功能化合物。其中最引人注目的是合成有机物，如多胺和杂环氮类化合物所形成的聚合物。它们不仅可在氰化物镀液中在很宽的电流密度范围内获得极光亮的镀层，而且也适用于低氰、中氰和无氰镀锌液，成为至今工业生产上实际应用最广的一类添加剂。

有人认为氰系镀锌光亮剂也可像镀镍光亮剂那样分为第一类和第二类光亮剂，它们联合使用时会显出“协同效应”。那些易被还原的物质，如醛、酮、酰胺、硫脲常被视为第一类光亮剂（主光亮剂），而各类聚合物、胶类、缩聚产物则被当作第二类光亮剂或整平剂。但是镀锌添加剂的分类远比镀镍添加剂研究得少，而且大半是人为的分类，缺乏科学依据。

10.1.3 锌酸盐镀锌

单一的氰化锌钠 $Na_2Zn(CN)_4$ 镀锌液的电流效率很低（1%～2%），添加氢氧化钠后电流效率逐渐升高。当氢氧化钠浓度高于 80g/L，即形成锌酸盐 Na_2ZnO_2 ［或 $Na_2Zn(OH)_4$］时，电流效率达到了最高值，此后则大致保持恒定。这时的镀液组成与氰化物镀锌液大致相同。因此由氰化物镀锌过渡到无氰锌酸盐镀锌是完全可能的。

早在 1936 年，E. Mantzell 就报道锌酸盐溶液具有良好的电流效率和分散能力，但镀层是疏松的粉状物，没有实用价值。在此后的 30 年中，很少人去进行改进锌酸盐镀液的工作。直到 20 世纪 60 年代，随着废水管理制条例的实施，人们才把视线集中在取代氰化物的无氰电镀上。60 年代初，德国对锌酸盐镀锌进行了较系统的研究，发现在锌酸盐溶液内加入少量季铵化的聚乙烯亚胺，可在类似氰化物镀锌工艺范围内获得光亮、晶细的镀层，因而获得了专利。这类溶液比氰化物镀锌和铵盐镀锌的含锌量低。在废水处理方面，只需调整清洗水的 pH 值到 9 左右，氢氧化锌即可沉淀分离。其分散能力高于铵盐镀锌而接近于氰系镀锌。这一结果迅速引起了电镀界广泛的兴趣，展开了轰轰烈烈的无氰电镀的研究。为了解决取代氰的问题，人们从配位剂和添加剂两个方面进行工作。配位剂方面的研究工作在20世纪60年代获得较好的进展，发现用EDTA、三氨乙酸、葡萄糖酸钠和三乙醇胺可以取代氰化物而获得良好的镀锌层，并用于工业生产。Zehncleb认为三乙醇胺同其他有机配位剂比较，废水处理较为方便。因为在中性至微酸性时它的配位能力很弱，锌很容易沉淀出来，所以在许多国家的专利中都采用三乙醇胺做锌酸盐镀锌的配位剂。而且EDTA、三氨乙酸做配位剂时，能与镀液中的铁离子配位，结果会形成灰黑色的Zn-Fe合金，使镀层光亮度下降。另一问题是它可与其他电镀废水中的金属离子，如Cu^{2+}、Ni^{2+}等螯合，使混合废水难以用平常方法进行废水处理。为了克服上述缺点，后来研究工作的重点就转向添加剂了。

锌酸盐镀锌添加剂实际上是从氰化物镀锌的添加剂演化而来的。在美国专利2791554（1956）中已提出把环氧氯丙烷和氨（或胺）的反应产物作为光亮剂，但效果较差。1958年R. O. Hull把乙二胺同环氧氯丙烷的反应产物用于氰化物镀锌液，并获得了美国专利。1961年杜邦公司的Riedel发明了用不饱和环状亚乙基亚胺和环氧乙烷的反应产物加上吡啶或喹啉的羧酸、醇、醛和酰胺等做氰化物镀锌光亮剂的专利。后来德国专利1253003中提出把乙二胺、二乙烯三胺、三乙烯四胺和四乙烯五胺单独或者和醛一起添加到锌酸盐液中，可获得光亮的镀层。1966年Durnson发明了用六亚甲基四胺-环氧氯丙烷-聚乙烯醇的反应产物做氰系镀锌光亮剂。1967年，德国Schering也采用了不饱和环状亚乙基亚胺和环氧氯丙烷做光亮剂的主要成分。1969年，小西三郎等详细研究了乙二胺、六亚甲基四胺同环氧氯丙烷的反应条件。指出在无水条件下1mol的乙二胺与1mol的环氧氯丙烷在60～120℃下所得的反应产物做锌酸盐镀锌液的基本光亮剂是有效的，除此之外，还必须加入某些芳香醛作为辅助光亮剂才能得到较满意的效果。进入20世纪70年代以后，环氧-胺类合成光亮剂逐步得到完善，二甲胺、二甲氨基丙胺以及某些杂环化合物（如吡啶、喹啉衍生物是良好的辅助光亮剂），这就使锌酸盐镀锌作为一种新型的无氰镀锌液在工业上获得了广泛的应用。实验证明它是一种成分简单、成本低、对设备腐蚀性小、分散能力和覆盖能力好、废水处理简单的新工艺，深受用户的欢迎。据统计，从1968年开始，德国已有10万升镀液加入生产。到1975年，锌酸盐镀锌已占总镀锌量的8%，美国则占7%。该工艺在英国和澳大利亚的应用也有很大发展。1977年底，美国又报道它已经在数万升体积的高速自动线上大规模生产。1978年，日本村一浩一提出一种耐高温型光亮剂，它不是由环氧氯丙烷和各种胺的反应产物，而是以水溶性两性聚二氧硫化合物为主，这种聚二氧硫化合物是由二烷基二丙烯基胺、无水马来酸和二氧化硫通过自由基引发共聚而成的。使用这种添加剂，镀液的作业温度可提高至50℃，阴极电流密度可达$5A/dm^2$，沉积速度达$1\mu m/min$，光亮剂稳定，自然分解少，能直接在铸品上镀锌，镀锌层的延性良好。同年，日本专利中再次肯定添加聚二氧砜类物质可以克服原锌酸盐镀锌的缺点，使镀层的光亮度、光亮电流密度范围超过氰化物镀锌，镀层均匀、富延展性。这就使锌酸盐镀锌达到高速、高电流密度、耐高温和高延展性的新境界，并开始在世界各国大面积推广。到 1981 年，日本锌酸盐镀锌已占总镀锌量的 40%，中国则占 50.5%。

10.1.4 焦磷酸盐镀锌

在镀锌的历史中，许多人致力于寻找代替氰化物的配位剂（或络合剂），也取得一些很有意义的成果。其中毒性小又可获得良好镀层的配位剂应推焦磷酸盐和葡萄糖酸盐。焦磷酸盐的毒性很小，它是重要的食品填充剂。

早在 1915 年，酸性焦磷酸盐镀液已研究出来，但这种镀锌层不光亮，也无多大实用价值。至 20 世纪 50 年代，印度学者 Rama char 对焦磷盐做过较详细的研究。到 1964 年焦磷酸盐镀锌已用于生产，其中在瑞典等欧洲国家应用较多。该工艺的主要优点是镀层脆性小、电流效率高、溶液稳定、阳极化学溶解少、废水无毒，只要锌的含量低于 5×10^{-6} 就可以放流。1964 年 J. Hampel 和 Theile 指出糖精、丁炔二醇（或甘油）和醛的混合物是焦磷酸盐镀锌的有效光亮剂，镀液的允许电流密度比氰化物镀锌更大。1965 年 Hanson 公司发明了一种用醛、酮和磺酸做光亮剂的光亮焦磷酸盐镀锌工艺。1969 年 L. Domnikov 介绍了一种用动物胶和硫脲做光亮剂，用柠檬酸三铵做阳极去极化剂的焦磷酸盐镀锌液，所得的锌层外观好，硬度和耐蚀性均较高。此后，英国发明了低温（25℃）焦磷酸盐镀锌专利。德国发明了用柠檬酸三铵做阳极活化剂，用胶、硫脲、糖精、萘酚磺酸做光亮剂的光亮镀锌专利。1972 年，日本介绍了用有机缩聚物做光亮剂的焦磷酸盐镀锌专利。

由于磷酸盐易引起湖泊的富营养化，加上焦磷酸盐镀锌液的成本较高，阴极电流密度范围狭窄，因而在工业生产上受到较大限制，进入 20 世纪 80 年代以后，工业上已很少使用这种工艺了。

10.2 镀锌电解液的基本类型

10.2.1 碱性氰化物镀锌工艺

（1）氰化物镀锌的特点和分类

氰化物镀锌液具有优良的分散能力和覆盖能力，允许使用的阴极电流密度和溶液的温度范围较宽，对设备的腐蚀性小，适应性好，较适于电镀形状复杂和镀层厚度在 20μm 以上的零件。氰系镀锌层光亮细致、内应力小、附着力好，能满足一般防腐装饰的要求。氰化物镀锌的主要缺点是电流效率低（70%～75%），且随镀液中氰化钠的含量、温度和电流密度等有很大变化。该镀液的整平性和光亮度还达不到酸性光亮镀锌的水准。氰化物镀锌的致命弱点是镀液的剧毒性，生产时要采用良好的通风设备和严格的废水处理。

随着全世界对氰化物废水管制的进一步严格和电镀技术的发展，为了降低废水处理费用，许多电镀工作者都致力于降低镀液中氰化物用量的研究。结果发现，只要保持氰化钠对锌的比值不变，就可以不改变或少改变镀液中络合离子的状态。这时即使降低到高氰镀锌液的一半，仍能保持和高氰镀锌液几乎相同的电镀性能。因此，中浓度氰系镀液可以在只加常用氰化物镀锌液添加剂而不加其他特殊添加剂的条件下获得满意的效果。当镀液中氰化钠浓度降低至15g/L时（此时的镀液称为低氰镀液），由于 CN^- 浓度已很低，镀液中放电配离子含 CN^- 量低，超电压小，需要外加表面吸附较强的特种添加剂才能正常使用，氰化钠的浓度进一步降至5～7g/L的镀液称为微量氰系镀液，此时的 CN^- 主要起杂质抑制剂的作用，这种作用也可用其他配位剂来承担，如三乙醇胺、酒石酸钾钠、EDTA等，而主光亮剂必须用高分子添加剂。因此可以说微氰镀液与无氰锌酸盐镀锌实质上已没有多大区别。表10-1列出了高、中、低、微氰镀液的主要作业条件和优缺点。

表 10-1　含氰量不同的氰化物镀锌的作业条件和优缺点

项目	高氰	中氰	低氰	微氰
Zn/（g/L） （摩尔值）	34～35 （0.52）	15～20 （0.23～0.31）	6～12 （0.09～0.18）	5～7 （0.1）
NaCN/（g/L） （摩尔值）	75～105 （1.53～2.12）	35～55 （0.71～1.12）	9～16 （0.18～0.33）	5～10 （0.1～0.2）
NaOH/（g/L） （摩尔值）	75 （1.88）	75 （1.88）	75 （1.88）	75 （1.88）
NaCN/Zn （摩尔值）（平均值）	2.94～4.07 （3.5）	3.09～3.61 （3.35）	1.83～2.0 （1.92）	1.0～2.0 （1.5）
NaOH/Zn （摩尔值）（平均值）	（3.6）	6.10～8.17 （7.1）	10.4～20 （15.2）	（18.8）
添加剂	视需要而定	视需要而定	需要	需要类似无氰锌酸盐镀锌的添加剂
D_k/（A/dm^2）	1～10	1～3.5	1.5～2.0	1～2.5
D_A/（A/dm^2）	2～4	2～4	2～4	2～4
温度/℃	24～36	24～36	24～36	15～30
优点	镀液稳定，操作范围宽，对杂质及有机物不敏感，对前处理要求不高	氰化物量降低，毒性减小，镀液稳定，操作范围宽，对杂质及有机物不敏感，对前处理要求不高	氰化物含量低，镀物携带少，有利于三废处理	氰化物含量低，镀物携带少，有利于三废处理

续表

项目	高氰	中氰	低氰	微氰
缺点	剧毒，三废处理投资大，不能用于高碳钢和铸铁物的电镀	剧毒，需三废处理，镀液分析管理需加强	毒，CN^- 含量低有利于三废处理，但对前处理要求提高，镀液稳定性下降，需加强管理。成本提高，镀液均一性、覆盖能力低	微毒，有利于三废处理，但镀前处理和镀液管理要求高，杂质允许量低，要用特种光亮剂，光亮剂消耗量大，镀液成分变化大

(2) 氰化物镀锌液中配离子的形态

在各种氰化镀锌液中，总氰化物对锌的摩尔比是决定镀液的稳定性、分散能力、覆盖能力、电流效率和超电压的关键因素，也是决定镀层的晶粒粗细、光亮度的关键因素。摩尔比太小、镀液不稳定、阳极溶解不正常，容易钝化，镀层粗糙或变暗。摩尔比太大，则锌离子的析出电位太负，H^+ 优先放电、致使金属析出困难，电流效率和沉积速度大幅度下降，只能得到很薄的镀层。

为何摩尔比值如此重要呢？原来摩尔比决定了镀液中配离子的配位数，即决定了放电配离子的形式和状态。比值高，生成高配位数的氰配离子就多，这种配离子的稳定性高，放电所需的活化能大。所以，高摩尔比镀液的超电压高，电流效率低。对于氰化物镀锌，若用 $Na_2Zn(CN)_4$ 来配制镀液，其电流效率只有20%左右，镀液超电压很高，析 H_2 很多，只能获得很薄的镀层，若用 $Na_2Zn(OH)_4$ 配制镀液，其电流效率接近100%，但超电压只有几十毫伏，只能得到海绵状或树枝状的镀层。因此，实用的氰化物镀液是由 NaCN 和 NaOH 按一定比例配制而成的，生产时主要控制好 NaCN 对 Zn、NaOH 对 Zn 的摩尔比值，其值应在以下范围内。

NaCN（总）/Zn=2.7～4.3　NaOH（总）/Zn=3.2～4.0

在绝大多数电镀专利中，都认为氰化物镀锌液中存在着不同量的 $[Zn(CN)_4]^{2-}$ 和 $[Zn(OH)_4]^{2-}$，实际情况可能不是如此。由于 CN^- 和 OH^- 对 Zn^{2+} 的配位能力相差不大，$\lg\beta[Zn(CN)_4^{2-}]=16.89$，$\lg\beta[Zn(OH)_4^{2-}]=15.44$，而且形成的配位离子的构型也相同。因此，在镀液中 OH^- 与 CN^- 可以发生相互的取代反应：

$$[Zn(CN)_4]^{2-}+OH \rightleftharpoons [Zn(OH)(CN)_3]^{2-}+CN^- \tag{10-1}$$

$$[Zn(OH)_4]^{2-}+CH^- \rightleftharpoons [Zn(CN)(OH)_3]^{2-}+OH^- \tag{10-2}$$

$$n[Zn(OH)_4]^{2-}+(4-n)[Zn(CN)_4]^{2-} \rightleftharpoons 4[Zn(OH)_n(CN)_{4-n}]^{2-} \quad 1\leqslant n\leqslant 3 \tag{10-3}$$

反应的结果是形成内界同时含 OH^- 和 CN^- 的混合配体配离子 $[Zn(OH)_n(CN)_{4-n}]^{2-}$。椎尾一用离子交换膜的电渗法对氰化物镀锌液进行了研究，证明在溶液中存在下列形式的混合配体配离子：

$$[Zn(CN)_3(OH)]^{2-}, [Zn(CN)_2(OH)_2]^{2-}, [Zn(CN)_3(H_2O)]^{-}$$

当镀液中［OH^-］浓度升高，配离子中 n 值增大，由于 OH^- 具有较强的去极化作用，配离子放电的超电压减小，电流效率上升。相反，当镀液中［CN^-］浓度升高，混合配体配离子中 CN^- 的数目增大，由于 CN^- 不易从配离子中解离出来，配离子放电的活化能高，阻力大，镀液的超电压也随之增大，所得镀层的晶粒就细小。因此，控制好 NaCN/Zn 和 NaOH/Zn 的比值，实际上就是控制好适当的 n 值，这样就可以获得满意的镀层。按 J. Darken 的看法，氰系镀锌液中配离子的形态与放电方式如下：

$$[Zn(OH)_3(H_2O)]^- + CN^- \rightleftharpoons [Zn(CN)(OH)_3]^{2-} + H_2O \tag{10-4}$$

$$[Zn(OH)_3(CN)]^{2-} + e^- \longrightarrow Zn(OH)_2^- + OH^- + CN^- \tag{10-5}$$

10.2.2 锌酸盐镀锌工艺

锌酸盐通常是指 $Na_2Zn(OH)_4$ 或 $Na_2ZnO_2 \cdot H_2O$ 的脱水盐 Na_2ZnO_2，在水溶液中，其组成随［OH^-］浓度的升高而变化。Mellor 曾有过叙述，日本土肥和小西三郎等人也有过这方面的研究，它们认为镀液中 ZnO 和苛性碱的浓度应具有如下关系：

$$X = aY^{2/3}$$

式中，X 为 ZnO 或 $Zn(OH)_2$ 的摩尔浓度；Y 为 KOH 或 NaOH 的摩尔浓度。

虽然可以制成 $a<2$ 的锌酸盐，但只有 $a>10$ 时锌酸盐镀液才是稳定的，阴极电流效率也高，即若 ZnO 定为 10g/L 时，NaOH 必须达 100g/L（$a=10$）所得溶液才适于生产使用。分析大部分锌酸盐镀锌专利，它们所用的锌酸盐溶液的 a 值大多在 10 左右。

根据 Bockris 及其同事的研究，从锌酸盐溶液中电解沉积锌的反应机理可用以下四步反应说明：

$$Zn(OH)_4^{2-} \rightleftharpoons Zn(OH)_3^- + OH^- \tag{10-6}$$

$$Zn(OH)_3^- + e^- \longrightarrow Zn(OH)_2^- + OH^- \tag{10-7}$$

$$Zn(OH)_2^- \rightleftharpoons ZnOH + OH^- \tag{10-8}$$

$$ZnOH + e^- \longrightarrow Zn + OH^- \tag{10-9}$$

反应式（10-7）是最慢的一步，即反应的速度决定步骤。由于［$Zn(OH)_3$］$^-$ 的放电速度仍非常快，因此所得的镀层只能是疏松、海绵状的，必须加入适当的添加剂才能获得良好的镀层。

锌酸盐镀锌的优点是成分简单、使用方便、对钢铁设备腐蚀性小、管理费用低、镀层细致光亮、钝化膜不易变色，它可由氰化物镀液转化，废水处理方便。缺点是镀液的均一性和覆盖能力比氰化物镀锌溶液差，镀液的电流效率低，镀层超过一定厚度时脆性增加，不适于要二次加工或要除氢的镀物。

不加添加剂的锌酸盐溶液只能镀出疏松、粗糙或海绵状的镀层。近年来国内外已发展出一大批专用添加剂，它们均可获得细致光亮的锌镀层。国内的专用添加剂大多是环氧氯丙烷与胺类的反应产物，表10-2列出了国内合成专用添加剂所用的胺类。

表10-2 国内专用锌酸盐镀锌添加剂及其所用的胺类

专用添加剂名称	与环氧氯丙烷反应的胺类	专用添加剂名称	与环氧氯丙烷反应的胺类
DPE-Ⅰ	二甲氨基丙胺	Zn-2	六亚甲基四胺
DPE-Ⅱ	二甲氨基丙胺、氯甲烷	NJ-45	四乙烯五胺
DPE-Ⅲ	二甲氨基丙胺、乙二胺	EQD-Ⅲ	75%体积四亚乙基五胺、25%体积乙二胺
DE	二甲胺	GT-1	80%体积四亚乙基五胺、10%体积二甲胺、10%体积乙二胺
DIE	二甲胺、咪唑		
F0-39	二甲胺、有机酸	GT-4	80%体积多亚乙基多胺、10%体积二甲胺、10%体积乙二胺
KP-7	盐酸羟胺		

碱性锌酸盐镀锌是我国无氰镀锌的主要工艺，其镀液拥有量已超过了酸性氯化物镀锌和氰化物镀锌液。但是，由于其电流效率低（约60%～80%），虽能满足挂镀要求，但对滚镀不适宜。同时由于镀层脆性较大，这些都限制了它们的应用，部分锌酸盐镀锌已被耐高温高效的酸性光亮氯化钾镀锌所取代，用量有逐步下降的趋势。

10.2.3 铵盐镀锌工艺

氯化铵镀锌是应用较广的无氰镀锌工艺之一。该工艺具有电流效率高（达95%以上），沉积速度快，镀层结晶细致、光亮，电镀过程渗氢少，可镀高碳钢及铸铁等铸品的优点。在氯化铵镀液中加入适量的柠檬酸和氨三乙酸，可明显提高镀液的均一性和覆盖能力，可镀形状较复杂的零件。铵盐镀锌的缺点是镀液对设备的腐蚀严重，铬酸盐钝化膜易变色，废水处理也较麻烦，正逐步被无铵和无其他配位剂的氯化钾（或钢）镀锌所取代。

铵盐镀锌的主要光亮剂是硫脲或亚苄基丙酮，载体光亮剂是表面活性剂脂肪醇聚氧乙烯醚或聚乙二醇，海鸥洗涤剂是润湿剂。国内应用的主要铵盐镀锌的配方及操作条件列于表10-3。

表10-3 常用铵盐镀锌工艺配方及操作条件

溶液组成及操作条件	氯化铵镀液			氯化铵-氨三乙酸液		氯化铵-柠檬酸液	
	1	2	3	4	5	6	7
氯化锌($ZnCl_2$)/(g/L)	40～50	30～35	15～35	18～20	30～45	30～40	40～50
氧化锌(ZnO)/(g/L)				18～20			
氯化铵(NH_4Cl)/(g/L)	200～250	220～280	200～220	220～270	250～280	220～250	240～270

续表

溶液组成及操作条件	氯化铵镀液			氯化铵-氨三乙酸液		氯化铵-柠檬酸液	
	1	2	3	4	5	6	7
硼酸(H_3BO_3)/(g/L)		25～30					
光亮剂/(mL/L)	0.8～1.0						
柔软剂/(mL/L)	20～30						
聚乙二醇(M=6000)/(g/L)		1～2		1～1.5	1～1.5	1～2	1～2
硫脲/(g/L)		1～2		1～2	1～1.5	1～2	1～2
海鸥洗涤剂/(mL/L)		0.5～1		0.2～0.4	0.2～0.4		
脂肪醇聚氧乙烯醚/(g/L)			5～8				
六亚甲基四胺/(g/L)			5～10				
亚苄基丙酮/(g/L)			0.2～0.5				
氨三乙酸/(g/L)				30～40	10～30		
柠檬酸/(g/L)						20～30	20～30
pH值	5～6	5.6～6	6～7	5.8～6.2	5.4～6.2	5～6	5～6
温度/℃	15～45	10～35	15～35	15～55	10～30	10～35	10～35
阴极电流密度/(A/dm^2)	0.5～0.8	1～1.5	1～4	1～1.5	0.5～0.8	1～2.5	0.5～0.8

注:1. 为防止镀锌层的铬酸盐钝化膜变色,可在各镀液中加0.5g/L的醋酸钴。

2. 配方1、3、5、7适于滚镀,滚镀锌液中的氯化锌含量可高一些,以60～80g/L为宜。

10.2.4 无铵氯化物镀锌工艺

弱酸性无铵氯化钾或氯化钠镀锌是发展比较迅速的无氰镀锌工艺。其镀层结晶细致，具有很高的光亮度和整平性，适于低铬、超低铬和三价铬钝化，钝化膜色彩鲜艳，蓝白钝化膜的色彩与装饰铬相似。镀层的脆性小，延展性好，20μm的锌层也无明显脆性和龟裂，其镀液的导电性好，槽电压低，能耗低，操作温度宽。由于镀液的电流效率高达96%～99%，沉积速度快，可直接在难镀的基体，如铸铁、铸钢、锻钢、碳氮共渗钢和含硫易削钢以及高强钢和弹簧上电镀。该工艺的另一特点是镀液不含氨和其他配位剂，废水处理比较简单。该工艺的主要缺点是镀液含有大量腐蚀性强的氯离子，对设备的腐蚀比较严重。同时该镀液不像碱性镀液有一定的去污功能，因此镀前处理要求较高，要用强的除油与除锈药剂才能保证获得良好的结合力。酸性氯化钾镀锌工艺配方及操作条件见表10-4。

表10-4 酸性氯化钾镀锌工艺配方及操作条件

镀液组成和操作条件	1①	2②		3③		4④		5⑤	
	挂镀	挂镀	滚镀	挂镀	滚镀	挂镀	滚镀	挂镀	滚镀
氯化锌($ZnCl_2$)/(g/L)	60～80	60～100	40～50	60～80	40～60	60～70	45～60		
氯化钾(KCl)/(g/L)	200～230	200～230	200～230	180～220	180～220	200～220	200～240		

续表

镀液组成和操作条件	1①	2②		3③		4④		5⑤	
	挂镀	挂镀	滚镀	挂镀	滚镀	挂镀	滚镀	挂镀	滚镀
硼酸(H_3BO_3)/(g/L)	25～35	20～25	20～25	25～35	25～35	25～35	25～35		
亚苄基丙酮/(g/L)	20～30								
邻氯苯甲醛/(g/L)	20～30								
对氯亚苄基丙酮/(g/L)	20～30								
载体/(g/L)	200～300								
苯甲酸钠/(g/L)	40～100								
扩散剂 NNO/(g/L)	50～80								
其他辅助光亮剂/(g/L)	0.1～10								
CZ-3A 柔软剂/(mL/L)		20～25	15～20						
CZ-3B 光亮剂/(mL/L)		1～2	1～2						
DZ-100A 开缸剂/(mL/L)				15～20	15～20				
氯锌-8 号/(mL/L)						18～20	14～20		
D2-3-6/(mL/L)									
pH 值	4.5～6.0	4.8～5.6	4.8～5.6	4.5～5.5	4.5～5.5	4.5～6.0	4.5～6.0		
温度/℃	10～50	10～50	10～50	15～70	15～70	10～50	10～50		
阴极电流密度/(A/dm^2)	1～5	1～5	0.5～0.8	0.5～3.5	0.1～1.0	1～8	0.5～5		
阳极	0# 锌板								
阳阴极面积比	(1∶1.5)～2								

① 王宗雄，尚书定．酸性镀锌光亮剂的配制．电镀与涂饰，2000，19(6)：49～51。

② 配方 2 为上海永生助剂厂的工艺及添加剂。

③ 配方 3 为广东达志化工公司的工艺及添加剂。

④ 配方 4 为武汉风帆电镀技术有限公司的工艺及添加剂。

⑤ 配方 5 为河北金日化工公司的工艺及添加剂。

氯化物镀锌发展很快，各种耐高温载体光亮剂及各种辅助光亮剂相继诞生并投入市场，使新组合的光亮剂不仅可耐高温，而且分散能力与深镀能力以及镀层的应力、韧性都有很大改善。表 10-5 列出了国内外已生产的氯化物镀锌添加剂的中间体，读者可以自行选用与配伍。

表 10-5　国内外已生产的氯化物镀锌添加剂的中间体

产品名称	化学组成	外观	主要成分含量/%	1%水溶液的 pH 值	添加量/(g/L)	制造厂名称
Lugalvan BAR (BA)	亚苄基丙酮	浅黄色结晶	≥99.5		0.3～0.6	印度 MAHANOL 河北金日化工 德国 BASF，Raschig

续表

产品名称	化学组成	外观	主要成分含量/%	1%水溶液的pH值	添加量/(g/L)	制造厂名称
Lugalvan EH 158	烷醇聚氧乙烯醚					德国 BASF
Lugalvan BNO	β-萘酚聚氧乙烯醚					德国 BASF
Lugalvan BNO 12	β-萘酚聚氧乙烯醚	黄色块状晶体	98-100	6～8		德国 BASF
Lugalvan NES	烷基酚聚氧乙烯磺酸钠	黄褐色溶液	39-41	11～13		德国 BASF
Lugalvan HS1000	硫二甘醇聚氧乙烯醚	黄褐色蜡状固体		6～7.5	0.1～0.5	德国 BASF
Lugalvan ES 9578	萘酚聚氧乙烯磺酸钠					德国 BASF
Pluronic E (E6000,E9000)	聚氧乙烯醚					德国 BASF
Pluronic PE (PE6400)	环氧乙烷环氧丙烷嵌段共聚物					德国 BASF
Tamol NNO	NNO扩散剂					德国 BASF，河北金日化工
Tamol NN 8906	萘磺酸钠盐浓缩产品					德国 BASF
Tamol NN 9401	萘磺酸钠盐浓缩产品					德国 BASF
Lutron HF 1,3	改性聚乙二醇醚					德国 BASF
Lutensol type	非离子表面活性剂					德国 BASF
Ralufon Nape 14-90	萘酚聚氧乙烯聚氧丙烯丙磺酸钾	棕色黏稠液	70	5～9	0.5～2.0	德国 Raschig
Ralufon EA 15-90	烷醇聚氧乙烯丙磺酸钾	黄棕色黏稠液	70	6.0	0.5～2.0	德国 Raschig
Ralufon EN 16-80	癸醇聚氧乙烯醚	无色至淡黄色黏稠液	80	7.0	0.5～2.0	德国 Raschig
Ralufon F 5-13	烷醇聚氧乙烯丙磺酸钾	浅棕色黏稠液	85	11		德国 Raschig
Ralufon N6,N9,N20-90	十九烷基酚聚氧乙烯丙磺酸钾	浅棕色黏稠液	80	11		德国 Raschig
金特尔 TSA-20	多碳醇聚氧乙烯醚磺酸盐	浅黄色液体	≥70	8	4～6	河北金日化工

续表

产品名称	化学组成	外观	主要成分含量/%	1%水溶液的pH值	添加量/(g/L)	制造厂名称
金特尔 NMS	丁二酸聚氧乙烯萘酚醚磺酸盐	黄色液体	≥65	7	2～3	河北金日化工
金特尔 NS-665	壬基酚聚氧乙烯磺酸钠	黄色液体	≥70	8	3～6	河北金日化工
金特尔 NS-663	2-乙基己醇聚氧乙烯磺酸钠					河北金日化工
金特尔 PZ-NT-10	β-萘酚聚氧乙烯醚					河北金日化工
金特尔 93-10		浅黄色液体	≥45	8	3～6	河北金日化工
金特尔 9248		浅黄色液体	≥60	8	3～6	河北金日化工
金特尔 NS-660		黄色液体	≥50	8	3～6	河北金日化工
金特尔 NS-662		黄色液体	≥60	8	3～6	河北金日化工
金特尔 NS-666		黄色液体	50～80	8	3～5	河北金日化工
金特尔 HA-10		白色固体	≥98	7	3～5	河北金日化工
金特尔 HA-20		白色固体	≥98	7	3～6	河北金日化工
金特尔 HA-30		白色固体	≥98	7	3～6	河北金日化工
金特尔 NP-20		白色固体	≥98	7	3～6	河北金日化工
金特尔 HS-1000	多硫醇乙氧基化合物	白色固体	≥98	7	1～8	河北金日化工
金特尔 HEP-20		白色液体	≥99	7	3～6	河北金日化工
金特尔-MCBA		白色粉末	≥98	7	0.3～1	河北金日化工
金特尔-HB		浅黄色液体	98		0.1～0.2	河北金日化工
金特尔-CBA	邻氯苯甲醛	无色液体			0.1～0.6	河北金日化工
金特尔-CBAC	邻氯苯甲醛与丙酮缩合物	微黄色晶体			0.1～0.8	河北金日化工

10.2.5 硫酸盐镀锌工艺

氯化物对钢铁设备的腐蚀性很大，随着弱酸性无铵氯化物镀锌工艺的突破，也加速了对弱酸性无铵硫酸盐镀锌工艺的研究，硫酸盐镀锌液成分简单、性能稳定、电流效率高、沉积速度快，对设备的腐蚀性小，也是一种有发展前途的工艺。其缺点是分散能力与深镀能力较差，主要用于线材板材的电镀。

弱酸性无铵硫酸盐镀锌液通常由硫酸锌、导电盐（硫酸钠、硫酸镁等）、pH缓冲剂（硼酸）以及有机添加剂等组成。根据 K. Boto 的看法，硫酸盐镀锌的光亮剂也可分为两类：第一类光亮剂通常指主光亮剂，如芳香族磺酰胺、硫脲、亚苄基丙酮、葡萄糖和季铵盐等；第二类光亮剂指整平剂或载体光亮剂，如聚乙二醇、脂肪醇聚氧乙烯醚、明胶、氧乙烯化萘磺酸等。表 10-6 列出了某些硫酸盐镀锌液的组成和操作条件。

表 10-6　硫酸盐镀锌液的组成和操作条件

溶液组成与操作条件	1	2	3	4①	5①
硫酸锌($ZnSO_4 \cdot 7H_2O$)/(g/L)	250～300	215	180	300～450	600～700
硫酸钠(Na_2SO_4)/(g/L)	250	50～160			
硫酸铝[$Al_2(SO_4)_3$]/(g/L)	1～2	20			
2,6-萘二磺酸/(g/L)	2～3				
硼酸/(g/L)	15～20		25	20～30	
葡萄糖/(g/L)	2～3				
明矾/(g/L)		45～50			
糊精/(g/L)		10			
氯化钠(NaCl)/(g/L)			30		
脂肪醇聚氧乙烯醚/(g/L)			2		
亚苄基丙酮/(g/L)			0.2		
硫锌-30 光亮剂/(mL/L)				14～18	
硫锌-75 添加剂/(mL/L)					16～18
开缸剂/(mL/L)					25～30
pH 值	4～5	4～5	4	4.5～5.5	2.5～3.5
温度	室温	室温	20	10～50	10～60
阴极电流密度	2～6	2～6	6	10～30	40～70

① 配方 4、5 是武汉风帆电镀技术有限公司的工艺和产品。

10.3　光亮氰化物镀锌添加剂

10.3.1　光亮氰化物镀锌添加剂的演化

碱性氰化物镀锌已有 100 多年的历史，而光亮氰化物镀锌只有五六十年的历史。自 1935 年出现第一个光亮氰化物镀锌添加剂以来，各式各样的添加剂被发现，有不少还获得了专利权。为了进一步了解人们对添加剂的认识过程，本书比较系统地查阅和收集了不同的发明者所公布的光亮氰化物镀锌的添加剂，汇列于表 10-7 中。表 10-7 是按发明的年份编排的，这有利于了解添加剂的演进过程。

表 10-7 光亮氰化物镀锌添加剂的演进

发明者	所用添加剂	文献	年份
J. Higgins	玉米糖浆	Monthly Rev. Am Electroplaters' Soc	22,(4)58 (1935)
J. F. Calef	阿拉伯胶	Monthlg Rev. Am Electroplaters' Soc	22,(7)36 (1935)
V. Mattacotti	丙酮、甲乙酮、醌	Can. P. 359,945	1936
Du Pont Inc	硫脲、糖醛	Fr. P. 804,587	1936
I. C. I. Ltd.	糊精、明胶	Brit. P. 472,996	1937
R. O. Hull	苯基硫脲	U. S. P. 2,080,483	1938
J. A. Hendricks Jr.	硫氰酸盐、甲醛	U. S. P. 2,101,580-1	1938
Du Pont Inc	香豆素、氧茂、1,4-氧氮环己烷、动物胶	Fr,P. 826,935	1938
	环己烷、动物胶	Electroplaters' Soc. (6)91	
H. J. Barrei	聚乙烯醇和其他聚合物	Can. P. 873,358	1938
F. F. Oplinger	聚乙烯醇、硫化物	U. S. P. 2,145,518	1939
Barrett& Wernlund	聚乙烯醇等	U. S. P. 2,171,842	1939
L. R. Westbrook	芳香醛、钼化合物	U. S. P. 2,218,734	1940
L. R. Westbrook	芳香醛、钼化合物	U. S. P. 2,196,588	1941
R. O. HULL	芳香醛、钼化合物、锌粉	U. S. P. 2,196,588	1940
L. S. Palatnik	磺化蓖麻油、胶类	J. Tech. PHys(USSR),10,1756	1940
R. A. Hoffman	芳香醛	Can. P. 401,286	1941
A. E. Chester	蛋白质	U. S. P. 3,227,638	1949
M. B. Diggin	氨与环氧氯丙烷缩合物	U. S. P. 2,791,554	1957
	六亚甲基胺与环氧氯丙烷反应产物	U. S. P. 3,227,638	1965
	聚乙烯醇等	U. S. P. 3,318,787	1967
	聚乙烯醇等	U. S. P. 3,411,996	1968
	聚乙烯亚胺	U. S. P. 3,393,135	1968
	聚乙烯醇与高磺酸降解的共聚物	U. S. P. 3,751,348	1971
P. J. Szilayit	多功能聚合物	U. S. P. 3,769,183	1971
F. Popescu	*N*-烷基羧酸杂环氮化物(如吡啶)+聚乙烯醇或胶类	Fr. P. 2,155,085	1973
C. W. McFarland	聚亚烷基亚胺与环碳酸酯反应产物	U. S. P. 4,146,442	1979
K. Glaser	磺烷基化的聚亚烷基多胺	U. S. P. 4,178,217	1979
W. E. Eckles	含氮杂环化物与环氧化物的反应产物	U. S. P. 4,188,271	1980
C. V. Bishop	多羧乙基化的多胺与卤代丙烷磺酸盐的反应产物	U. S. P. 4,210,500	1980
S. Acimovic	咪唑+环氧氯丙烷+胺	U. S. P. 4,399717	1983

从表10-7中可以看出，在20世纪30～40年代，光亮氰化物镀锌出现了第一个高潮，到1939年终于找到了聚乙烯醇这个优良的添加剂。第二个研究高潮出现在60～70年代，在众多的合成聚合物中找到了一些可明显提高光亮电流密度范围和分散能力，又很稳定的合成聚合物做主光亮剂，再与适当的辅助光亮剂和整平剂配合，即可获得高速、高光亮和高耐蚀性的镀锌层。至70年代末，光亮氰化镀锌已基本完善，市场上有各种公司的专用添加剂出售，它们在生产中都可获得满意的结果。进入80年代后，光亮氰化物镀锌的研究几乎处于停顿状态，在1981～1990年期间尚未查到有氰化物镀锌的专利公布，这一方面是因为这种工艺已较完善，可以满足生产的各种要求，更主要的是60年代以后，无氰电镀有了蓬勃的发展，确认无氰电镀是可行的，因此人们研究的重点已转向无氰电镀，事实也证明，无氰镀锌工艺性能和镀层性能上均可与氰化物镀锌相媲美。除非特殊需要，剧毒的氰化物是应该革除的。

10.3.2 光亮氰化物镀锌添加剂的类型与性能

(1) 主光亮剂

氰化镀锌添加剂按其作用机理可分为三大类：①主光亮剂；②载体光亮剂；③辅助光亮剂。主光亮剂主要是那些在锌离子放电的同时可被还原的产物（有机物或无机物），其还原电位必须比锌络合离子的放电电位略正，这样才能显出光亮作用。有机物的还原电位与有机物分子的结构、浓度、酸度、电流密度（或阴极电位）以及电极材料等均有关系，这在第2章有机添加剂的阴极还原中已做了详细说明。锌离子在氰系镀液中的放电电位也与氰化物的含量、其他络合剂的种类与含量、锌离子的浓度、溶液的碱性、阴极电流密度等有关，因此锌络离子的放电电位和添加剂的放电电位均为变数，要在众多变数的条件下使两者电位相近，这不是容易做到的，这就是不同类型的镀液要用不同配比的添加剂才能获得良好效果的原因。

大家知道，在氰化物镀液中，金、银、铜的氰络离子均是一价金属离子，它们的放电电位（或析出电位）很正，因此适用的主光亮剂是那些可在较正电位下还原的有机硫化物或聚硫化合物（见第9.2节）。在氰系镀锌液中，锌络离子$[Zn(OH)_3(CN)]^{2-}$的析出电位较负，它比无络合剂的镀镍液中镍离子的析出电位还负一些，因此，镀镍常用的炔类光亮剂对氰系镀锌来说效果不大，因为其还原电位太正了。实验证明，许多不饱和羰基化合物（如醛、酮、羧酸等）是氰化物镀锌的有效主光亮剂。表10-8列出了适于氰系镀锌用的各种主光亮剂的名称和结构。这些羰基化合物大多不溶于水，因此使用时要与表面活性剂或亚硫酸氢钠合用时才能分散到镀液中，它们的用量通常在0.02～5g/L或更高。单独使用这类光亮剂只能在很小的电流密度范围内获得光亮的镀层。使用量较高时，镀层的脆性较大，因此也难以得到厚而韧性大的镀层。只有与适当的载体光亮剂配合使用时才能获得较为满意的结果。

表 10-8　适于氰系镀锌用的各种主光亮剂

中文名	分子结构	中文名	分子结构
甲醛	$H-\overset{O}{\overset{\parallel}{C}}-H$	3-甲氧基-4 羟基苯甲醛（香草醛）	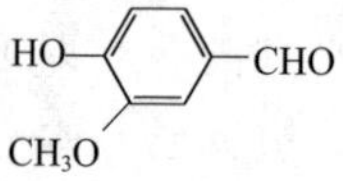 HO—C_6H_3(—OCH_3)—CHO
苯甲醛	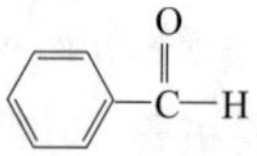 $C_6H_5-\overset{O}{\overset{\parallel}{C}}-H$	胡椒醛（洋茉莉醛）	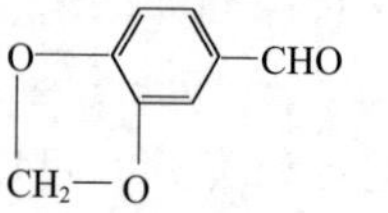 CH_2(—O—)(—O—)C_6H_3—CHO
对甲氧基苯甲醛（茴香醛）	 $CH_3O-C_6H_4-CHO$	3,4,5,6-四氢苯甲醛	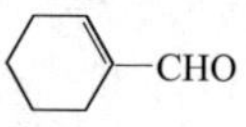 C_6H_9—CHO
邻氯苯甲醛	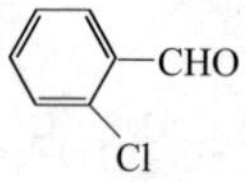 C_6H_4(—CHO)(—Cl)	氧茂甲醛（糠）	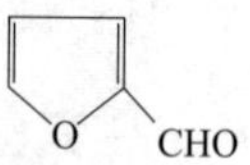 C_4H_3O—CHO
对氯苯甲醛	 $Cl-C_6H_4-CHO$	甘油醛	$HO-CH_2-\underset{}{\overset{OH}{\overset{\vert}{CH}}}-CHO$
对氨基苯甲醛	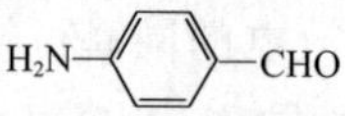 $H_2N-C_6H_4-CHO$	肉桂醛	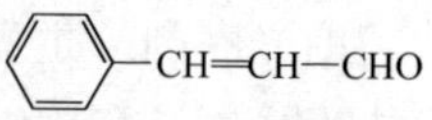 $C_6H_5-CH=CH-CHO$
3,4-二甲氧基苯甲醛（藜芦醛）	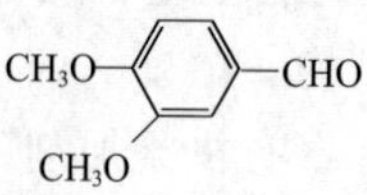 CH_3O—C_6H_3(—OCH_3)—CHO	吡啶-2-醛	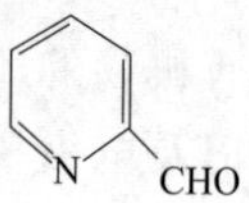 C_5H_4N—CHO
邻羟基苯甲醛（水杨醛）	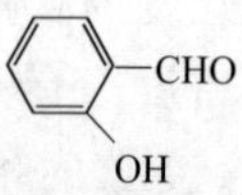 C_6H_4(—CHO)(—OH)	硫代尿素	$H_2N-\overset{S}{\overset{\parallel}{C}}-NH_2$
苯基硫代尿素	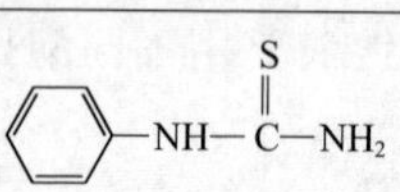 $C_6H_5-NH-\overset{S}{\overset{\parallel}{C}}-NH_2$	苯甲酸	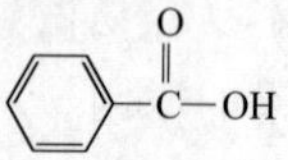 $C_6H_5-\overset{O}{\overset{\parallel}{C}}-OH$
香豆素	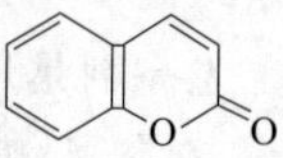 （香豆素结构式，含 O 及 =O）	水杨酸钠	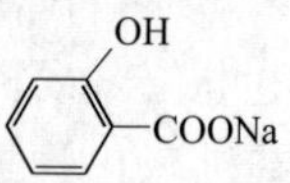 C_6H_4(—OH)—COONa
苯乙酮	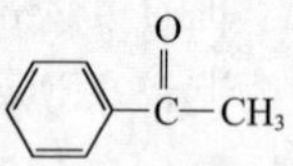 $C_6H_5-\overset{O}{\overset{\parallel}{C}}-CH_3$	3-吡啶甲酸（烟酸）	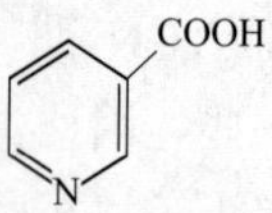 C_5H_4N—COOH
亚苄基丙酮	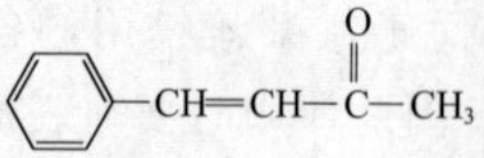 $C_6H_5-CH=CH-\overset{O}{\overset{\parallel}{C}}-CH_3$	醛胺反应产物	$R-CH=N-R'$

（2）载体光亮剂

载体光亮剂又称为次级光亮剂，它能使镀层晶粒明显细化，并产生相当的光亮度。光亮比较均匀，能扩大光亮密度范围，但不能产生全光亮镀层，只有与主光亮剂配合使用时才能获得较宽的全光亮镀层。

氰系镀锌的载体光亮剂主要是天然和人工合成的高聚物，如动物胶、糊精、阿拉伯胶、蛋白质、磺化蓖麻油、聚乙烯亚胺、磺烷化的聚亚烷基多胺等。由于胶类大多为面型聚合物，在电极表面的吸附过强，脱附困难，很易被混杂在镀层中而引起镀层的脆性，因此不是好的载体光亮剂。在 20 世纪 30 年代末期发现的聚乙烯醇（PVA）是一种较好的载体光亮剂，它具有线型结构：

$$-CH_2-\left[\begin{array}{c}CH\\ |\\ OH\end{array}-CH_2\right]_n-\begin{array}{c}CH\\ |\\ OH\end{array}-CH_2-$$

其在阴极上容易形成吸附膜，疏水的碳氢链紧靠阴极，而亲水的羟基伸向液中：

阴　极　表　面

$$-CH_2-\begin{array}{c}CH\\ |\\ OH\end{array}-CH_2-\begin{array}{c}CH\\ |\\ OH\end{array}-CH_2-\begin{array}{c}CH\\ |\\ OH\end{array}-CH_2-$$

由于阴极电流对吸附膜中分子的电子云的排斥使用，使伸向液中的羟基上的电子云密度增大，其配位能力进一步增强，这就有利于在阴极表面形成吸附络合物或表面络合物$[Zn(OH)_3(CN)(PVA)]^{2-}$：

$$[Zn(OH)_3(CN)]^{2-}+PVA \xrightleftharpoons{\text{阴极表面}} [Zn(OH)_3(CN)(PVA)]^{2-}$$

阴　极　表　面

$$-CH_2-\begin{array}{c}CH\\ |\\ OH\end{array}-CH_2-\begin{array}{c}CH\\ |\\ OH\end{array}-CH_2-\begin{array}{c}CH\\ |\\ OH\end{array}-CH_2-$$

$$\begin{array}{c}OH \quad\quad OH\\ \searrow \quad \swarrow\\ OH^-\\ |\\ Zn\\ / \;\; | \;\; \backslash\\ CN^- \;\; OH^- \;\; OH^-\end{array}$$

这种表面络合物具有饱和的配位数 6（Zn^{2+} 的饱和配位数为 6），它放电所需的能量比$[Zn(OH)_3(CN)]^{2-}$高得多：

$$[Zn(OH)_3(CN)]^{2-}+e^- \longrightarrow Zn(OH)_2^- + CN^- + OH^- \quad \text{阻力小,反应快}$$

$$[Zn(OH)_3(CN)(PVA)]^{2-}+e^- \longrightarrow Zn(OH)_2^- + PVA + CN^- + OH^- \quad \text{阻力大,反应慢}$$

即阴极反应的阻力增大，反应的超电压升高，Zn^{2+} 还原反应的速度明显下降，这样就可获得细晶的镀层，这就是 Da Fonte 所说的 PVA 对锌电沉积的阻化作用。对于 PVA 吸着而言，其易在高电流密度区（即阴极表面的微观峰处）优先吸附，使 Zn^{2+} 在微峰处的放电困难而对微观谷处的影响却不大，这就使阴极表面的电流分布变得更加均匀，即可在宽广的电流密度范围内形成光亮细致的镀层并明显改善镀液的分散能力。

聚乙烯醇在电极表面上是通过碳链上的羟基与锌配离子配位的。大家知道羟基对 Zn^{2+} 的配位能力不如 NH_2 强，若用长链的聚乙烯亚胺（PEI）来取代聚乙烯醇应当取得更好的效果，事实也证明，用聚乙烯亚胺时可以在比聚乙烯醇更高的电流密度下获得光亮的镀层。聚乙烯亚胺具有以下结构：

$$H_2N\text{⟮}CH_2—CH_2—NH\text{⟯}_nCH_2—CH_2—NH_2$$

通常我们用的三亚乙基四胺、四亚乙基五胺和多亚乙基多胺均属该类，这类化合物在阴极表面也可形成吸附配合物或表面配合物$[Zn(OH)_3(CN)(PEI)]^{2-}$：

阴　极　表　面

—CH_2　CH_2—CH_2　CH_2—CH_2　CH_2—

NH　NH　NH

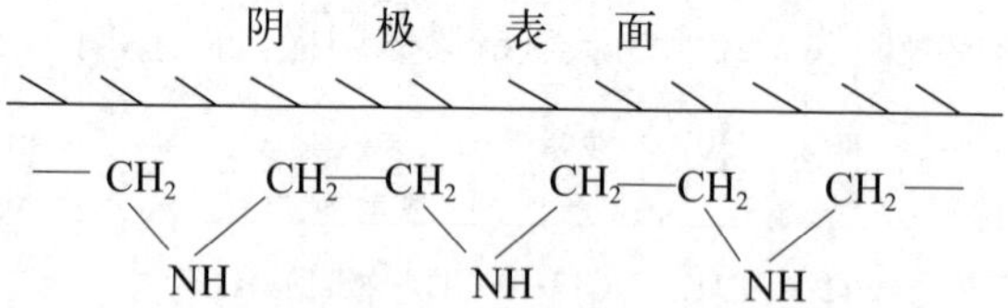

聚乙烯亚胺在阴极表面的吸附

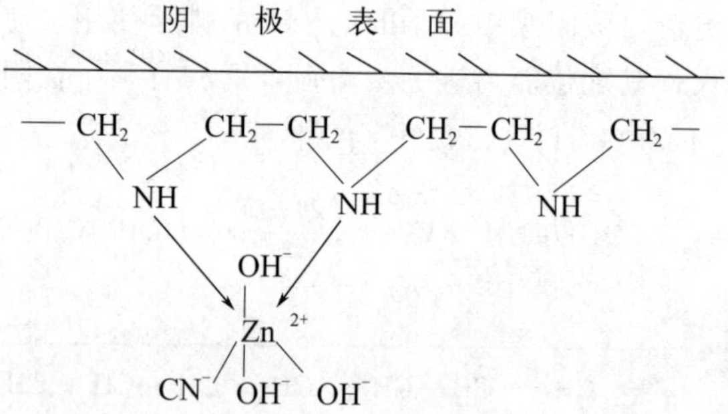

阴　极　表　面

—CH_2　CH_2—CH_2　CH_2—CH_2　CH_2—

NH　NH　NH

OH^-

Zn^{2+}

CN^-　OH^-　OH^-

其放电速度比$[Zn(OH)_3(CN)(PVA)]^{2-}$更慢，使用的效果也更好。

$[Zn(OH)_3(CN)(PVA)]^{2-}+e^- \longrightarrow Zn(OH)_2^- + CN^- + OH^- + PVA$ 慢

$[Zn(OH)_3(CN)(PEI)]^{2-}+e^- \longrightarrow Zn(OH)_2^- + CN^- + OH^- + PEI$ 更慢

聚乙烯亚胺的缺点是在阴极其吸附还太强，引起镀层的纯度下降、脆性和硬度增大，防腐蚀性变差。为了降低这类添加剂的脆性，可以在聚合链中引入更多的亲水基团来实现。把环氧氯丙烷同氨或胺反应，所形成的聚合物同时含是 O、N 等配位原子，其效果比单纯的聚乙烯亚胺更好。

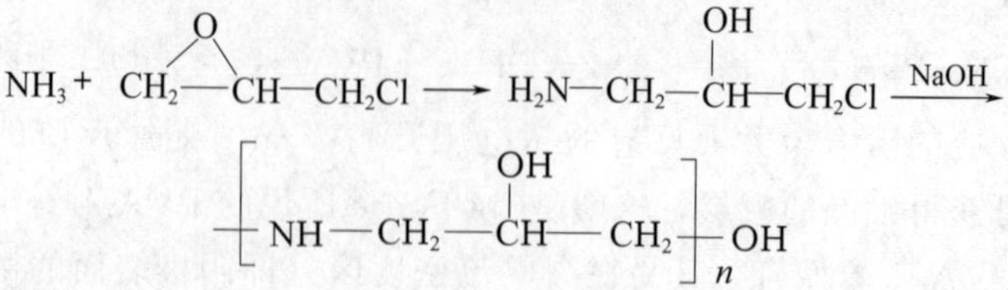

$$NH_3 + \underset{\text{(环氧)}}{CH_2—\overset{O}{—}CH}—CH_2Cl \longrightarrow H_2N—CH_2—\overset{OH}{\overset{|}{CH}}—CH_2Cl \xrightarrow{NaOH}$$

$$\left[NH—CH_2—\overset{OH}{\overset{|}{CH}}—CH_2 \right]_n OH$$

环氧-胺缩聚物的发现，不仅使氰系镀锌光亮剂有了质的飞跃，更主要的是其带动了无氰液锌酸盐镀锌的发展，目前市售的许多同时适于氰化物镀锌和锌酸盐镀锌用的添加剂大多属于这类物质，只是所用的环氧化合物和胺类不同，或反应条件不同而已，这将在锌酸盐镀锌添加剂中详述。

（3）辅助光亮剂

除了主光亮剂与载体光亮剂外，若在镀液中加入一些辅助光亮剂则可获得更好的效果。目前所用的辅助光亮剂主要是杂环氮类的衍生物，尤其是叔胺芳香型杂环化合物的季铵化合物，它可表示为$[\text{(吡啶环)}(R^1)N\text{-}R^2]^+X^-$。表 10-9 列出了组成光亮氰系镀锌常用的杂环季铵化合物的杂环化合物及季化剂。杂环化合物上最好有 OH、COOH、NH_2、SO_3H 等亲水基，以保证生成物的水溶性。

表 10-9　组成杂环季铵化合物辅助光亮剂的杂环化合物及季化剂

杂环化合物（含 R^1 的吡啶环）	季铵化试剂 R^2X	杂环化合物（含 R^1 的吡啶环）	季铵化试剂 R^2X
吡啶	氯甲基苯 $C_6H_5CH_2Cl$	2-羧基吡啶	氯乙酸 $ClCH_2COOH$ 氯乙酸乙酯 $ClCH_2COOC_2H_5$
3-氯吡啶	氯甲烷 CH_3Cl 溴甲烷 CH_3Br	3-羧基吡啶(烟酸)	2-氯丙酸 $CH_3CHClCOOH$ 3-氯丙酸 CH_2ClCH_2COOH
3-磺基吡啶（SO_3）	碘甲烷 CH_3I	4-羧基吡啶(异烟酸)	4-对甲氨基氯苯 $Cl-C_6H_4-N(CH_3)_2$
3-羟基吡啶	氯乙烷 C_2H_5Cl	烟酸苯酯（$COOC_6H_5$）	4-氯氯苄 $ClCH_2-C_6H_4-Cl$
2-氨基吡啶（NH_2）	溴乙烷 C_2H_5Br 溴丙烷 C_3H_7Br	烟酸苄酯（$COOCH_2C_6H_5$）	丙烷磺内酯 $CH_2CH_2CH_2-SO_3-O$（环）
2-甲基吡啶（CH_3）	硫酸二甲酯 $(CH_3)_2SO_4$ 硫酸二乙酯 $(C_2H_5)_2SO_4$	烟酰胺（$CONH_2$）	3-氯丁酸 $CH_3CHClCH_2COOH$
喹啉	环氧乙烷（CH_2-O-CH_2）	咪唑	

续表

杂环化合物 (吡啶环, R¹)	季铵化试剂 R^2X	杂环化合物 (吡啶环, R¹)	季铵化试剂 R^2X
8-羟基喹啉	环氧丙烷 CH_2—CH—CH_3 (O)	对吡啶	
异喹啉		二亚乙基二胺 HN NH	

在含有环氧-胺系添加剂的镀液中再加入适量的杂环季铵化合物，能使镀层光亮范围扩大，晶粒细化，内应力降低，韧性提高，因此把其作为辅助光亮剂是适当的。之所以能起这些作用，主要是因为其具有良好的整平作用，有的书刊也称之为整平剂。除了季铵盐有些作用外，季鏻化合物 $R_4P^+X^-$ 也有类似作用。有人认为非季铵化的吡啶或其他杂环化合物，如 2-巯基-3-羟基吡啶、2-巯基间吡啶等也具有类似的效果。尤其可改善低电流密度区的光亮度。

10.4 光亮锌酸盐镀锌添加剂

10.4.1 光亮锌酸盐镀锌添加剂的演化

无氰光亮锌酸盐镀锌是从光亮氰化物镀锌演变来的，这种演变能够成功的理论依据是发现低氰或微氰镀液中氰化物的作用主要是掩蔽杂质而不是改变放电配离子的结构，其作用不像配位剂而更像添加剂，镀液中的放电离子仍然是锌酸盐。因此，在低氰或微氰镀锌液中可以用其他杂质掩蔽剂（如三乙醇胺）来取代氰化物。

既然低氰或微氰镀锌液可用合成高分子添加剂获得光亮的锌镀层，那么用合成高分子添加剂从无氰锌酸盐镀液中也应当获得光亮的锌镀层，经过试验，许多用于光亮氰化物镀锌的合成高分子添加剂的确也适用于无氰光亮锌酸盐镀锌。由表 10-10 可以看出，光亮锌酸盐镀锌添加剂的研究热潮主要出现在 20 世纪 60～70 年代，进入 80 年代后，我们仔细查阅了 1981～1989 年的文献索引，结果未查到一篇这方面的专利，相反却见到了大量酸性光亮镀锌的专利，说明 20 世纪 70 年代后期至今的研究热潮已集中到酸性光亮镀锌的添加剂上去了。这是由于锌酸盐镀锌还存在下列缺点的缘故。

表 10-10　无氰光亮锌酸盐镀锌添加剂的演化

发明者	所用添加剂	文献
J. B. Winters	环氧氯丙烷与乙二胺的反应产物胺与卤代醇的反应产物 环氧氯丙烷-胺反应生成物 糖醛-亚硫酸氢钠-脂肪族多亚烷基多胺反应产物 氨与环氧氯丙烷的反应产物 *N*-甲基二氮己环与环氧氯丙烷的反应产物 二甲氨基丙胺与环氧氯丙烷反应产物＋2-巯基吡啶(间吡啶)	U. S. P. 2579154 B. P. 1219931-2(1955) U. S. P. 2680712 U. S. P. 2791554(1957) U. S. P. 2803008(1957) B. P. 1433716(1958)
R. O. Hull	乙二胺与环氧氯丙烷的反应产物	U. S. P. 2806089(1958)
J. B. Winters	氨、乙二胺与环氧氯丙烷的反应产物 二甲氨基丙胺与环氧氯丙烷的反应产物＋季铵化吡啶	U. S. P. 2833705(1958) B. P. 1445823(1960)
Riedel	环状亚胺与环氧氯丙烷的反应产物 聚乙烯亚胺和硫酸二甲酯的反应产物，*N*-亚苄基烟酸 聚乙烯亚胺和硫酸二甲酯的反应产物＋1-亚苄基吡啶-3-羧酸	D. P. 1109479(1961) B. P. 1591639(1962) D. P. 11150255(1963)
Schering	不饱和环亚乙基亚胺与环氧氯丙烷的反应产物	D. P. 12328001232801(1965) U. S. P. 3185637(1965)
R. Burnson	六亚甲基胺与环氧氯丙烷反应产物＋聚乙烯醇(PVA) 多亚乙基多胺＋醛类 不饱和环亚胺与环氧氯丙烷的反应产物	U. S. P. 3227638(1966) D. P. 1253003(1967) D. P. 1243488(1967)
J. D. Rushmere	聚乙烯亚胺	U. S. P. 3318787(1967)
R. Dahlmann	六亚甲基胺与环氧氯丙烷反应产物＋醇胺＋醛类	U. S. P. 3317412(1967)
G. Rindt	*N*-苯甲基-3-甲基羧酸盐吡啶氯化物，烟酸-*N*-氧化物	U. S. P. 3318787(1967)
J. R. Rushmere	脂肪二胺与环氧氯丙烷的反应产物＋亚苄基烟酸卤化物	U. S. P. 3411996(1968)
S. Konishi	乙二胺与环氧氯丙烯反应产物＋芳香醛杂环硫化物 六亚甲基胺与环氧氯丙烷的反应产物 乙醇胺与芳香醛的反应产物 聚(胺)二氧硫和芳香醛 三乙烯四胺与环氧氯丙烷的反应产物 烯胺与环氧乙(丙)烷的反应产物＋香草醛	J. Met. Fin. Japan，20(6)263 (1969) SU. 307115 SU. 320557 Jap. P 70-3703370-346(1970) Czech. P. 135101 Czech. P. 135999
W. Immel	EDTA 及其盐＋动物胶＋回香醛	D. P. 1496728(1971)
W. E. Rosenberg	聚乙烯亚胺及其季铵化产物 脂环二胺与环氧化合物的反应产物 二甲氨基丙胺与环氧氯丙烷的反应产物 二甲氨基丙胺与环氧氯丙烷的反应产物	U. S. P. 3767540(1971) U. S. P. 3803008(1971) Jap. P. 71-10642(1971) Fr. P. 2049184(1972)
M. M. Kampe	甲醛与环氧氯丙烷反应产物＋γ-甲基氮己烷(picoline，C_6H_7N)＋对氨基苯甲醛氨三乙酸＋向日葵精 多乙烯多胺与二硫化碳反应产物 聚乙烯醇＋芳香醛(或杂环醛)＋三乙醇胺 三聚氰胺-甲醛-环氧氯丙烷的反应产物 二乙醇胺与环氧氯丙烷反应产物＋茴香醛＋三乙醇胺 胺与环氧氯丙烷的反应产物再季铵化 三乙醇胺＋亚硫酸氢钠＋润湿剂	U. S. P. 3655534(1972) Jap. P. 72-16047(1972) Jap. P. 72-78146(1972) CA. 77. 423197(1972) U. S. P. 3745099(1972) U. S. P. 3824158(1972) U. S. P. 3853718(1972) U. S. P. 3869359(1973)

续表

发明者	所用添加剂	文献
F. Nobel	二甲氨基丙胺与环氧氯丙烷的反应产物 二甲氨基丙胺与环氧氯丙烷的反应产物＋三乙醇胺 二甲氨基丙胺与环氧氯丙烷的反应产物 二甲氨基丙胺与环氧氯丙烷的反应产物	U. S. P. 3869538(1973) U. S. P. 3871974(1973) D. P. 1771371(1973) Fr. P. 2216364(1973)
R. Kessier	第二、三胺与环氧氯丙烷的反应产物再季铵化	U. S. P. 3884774(1975)
Y. Yanagida	杂环胺(间咪唑、吡唑)与环氧氯丙烷的反应产物 二甲氨基乙胺与环氧氯丙烷的反应产物＋三乙醇胺＋茴香醛＋$NaHSO_3$	U. S. P. 3954575(1976) Jap. P. 74-79930(1974)
F. Popescu	聚乙烯亚胺的磺化产物 烯磺酸型表面活性剂 五乙烯六胺＋硫代尿素＋二甲基二硫代氨基甲酸钠＋甲醛 杂环胺(间咪唑)与环氧氯丙烷的反应产物糠醛＋硫代尿素 氯苄与烟酸反应产物做次级光亮剂 二甲氨基丙胺与二溴丙烷的反应产物＋三乙醇胺	U. S. P. 4022676(1977) U. S. P. 4040916(1974) D. P. 1935821 U. S. P. 4045306(1977) Plating& Surf. Fin，62（5）(1975) Jap. P. (kokai)75-67237(1975) D. P. 2616654(1976)
F. Popescu	聚乙烯亚胺的磺化产物	U. S. P. 4022676(1977)
G. Senge	杂环胺(咪唑)与环氧氯丙烷的反应产物 烷基醇胺＋二甲氨基丙胺与环氧氯丙烷的反应产物 二甲氨基丙胺、二乙醇胺与环氧氯丙烷的反应产物 多亚烷基多胺的季铵化产物与环氧氯丙烷的反应产物	U. S. P. 4045306(1977) U. S. P. 4046648(1977) D. P. 2643898(1977) Jap. P. (kokai)52-22528
S. James	烟酸的反应产物	U. S. P. 4062739(1977)
W. Canning	1,3-二氯丙醇与环氧氯丙烷的反应产物＋吡啶季铵盐	U. S. P. 4071418(1978)
B. S. James	二甲氨基丙胺与二氯丙二醇反应产物＋亚苄基烟酸氯化物	U. S. P. 4071418(1978)
F. W. Eppensteiner	环氧氯丙烷、烟酸和香豆素的反应产物	U. S. P. 3081366(1978)
F. Gargning	烷氧基化的聚亚烷基多胺的磷酸酯 二羟基二丙烯胺、马来酸与二氧化硫的反应产物	U. S. P. 4104139(1978) 实务表面技术(4)(1978)
K. Oshima	间咪唑和季铵化间咪唑的反应产物	U. S. P. 4113583(1978)
J. A. Zehnder	聚(胺)二氧硫和铵化吡啶化物	U. S. P. 4134804(1979)
R. Fikentsher	聚亚烷基多胺的烷基化产物	U. S. P. 4135992(1979)
S. Acimovic	含氮化物或醇或羧酸与环氧化物的反应产物＋吡啶	U. S. P. 4166778(1979)
H. G. Creutz	咪唑及其衍生物与环氧氯丙烷的反应产物	U. S. P. 4169771(1979)
R. Merker	季铵化的吡啶羧酰胺内盐	U. S. P. 4177131(1979)
R. Fikentsher	季铵化的聚乙烯亚胺	U. S. P. 4188271(1980)
W. E. Eckles	杂环氮化物或烷胺同甲醛和环氧氯丙烷的反应产物	U. S. P. 4188271(1980)
R. Herr	反应物为一个以上杂环氮化物	U. S. P. 4366036(1982)
S. Acimovic	反应物为烟酸与其他物质	U. S. P. 4399717(1983)
W. william	含氮杂环化物与环氧氯丙烷和醚的反应产物	U. S. P. 4730022(1988)

①阴极电流效率低，一般只能达到 60%～80%，低于酸性光亮镀锌，它虽能满足挂镀要求，但对滚镀不适宜。

② 镀层的脆性较大，韧性不如氰化物镀，不适于镀取厚度超过 20μm 的厚层。要镀厚必须采用特种添加剂。

③ 合成高分子添加剂的使用温度大半低于 40℃，用于滚镀时需降温设备。

④ 镀液中金属锌离子的浓度较难控制。

10.4.2 光亮锌酸盐镀锌添加剂类型与性能

（1）载体光亮剂的主要类型

光亮锌酸盐镀锌添加剂既然是从氰系镀锌演化而来，其类型与性能也与光亮氰化物镀锌大致相同，尤其是主光亮剂，几乎都是采用易在锌电极上还原的有机醛、酮类化合物，而辅助光亮剂主要是用季铵化或季𬭸化的有机杂环化合物，而最常用的仍是季铵化的吡啶衍生物：

$$\left[\text{(3-COOH-pyridinium, } N^+\text{-}CH_2C_6H_5)\right]X^- \qquad \left[\text{(3-}COO(CH_2)_2CH_3\text{-pyridinium, } N^+\text{-}CH_2C_6H_5)\right]X^-\ (X^-\text{为卤素})$$

1-亚苄基吡啶-3-羧酸　　1-亚苄基吡啶-3-羧酸丙酯

现已证明这些化合物都是优良的整平剂，不仅可用于碱性无氰或低氰镀锌而且可用于酸性氯化物（或硫酸盐）镀锌和镀镍中。

光亮锌酸盐镀锌添加剂的研究主要集中在合成高分子化合物载体光亮剂上。最早的研究是用氨或有机胺同环氧氯丙烷的反应，选用不同的第二、第三胺或二胺将得到不同类型的反应产物：

① 氨与环氧氯丙烷的反应：

$$NH_3 + \underset{\text{O}}{CH_2\text{—}CH}\text{—}CH_2Cl \longrightarrow H_2N\text{—}CH_2\text{—}\underset{|}{\overset{OH}{CH}}\text{—}CH_2Cl \xrightarrow{NaOH} \text{⁅}HN\text{—}CH_2\text{—}\overset{OH}{CH}\text{—}CH_2\text{⁆}_nOH + NaCl$$

② 二甲氨基丙胺及其类似物与环氧氯丙烷的反应：

$$R^1R^2N\text{—}(CH_2)_x\text{—}NH_2 + \underset{\text{O}}{CH_2\text{—}CH}\text{—}CH_2Cl \longrightarrow R^1R^2N\text{—}(CH_2)_x\text{—}NH\text{—}CH_2\text{—}\overset{OH}{CH}\text{—}CH_2Cl \xrightarrow{\triangle}$$

$$\text{—}\overset{R^1}{\underset{Cl^-\ R^2}{N^+}}\text{—}(CH_2)_x\text{—}NH\text{—}CH_2\text{—}\overset{OH}{CH}\text{—}CH_2\text{—}\overset{R^1}{\underset{Cl^-\ R^2}{N^+}}\text{—}(CH_2)_x\text{—}NH\text{—}CH_2\text{—}\overset{OH}{\underset{CH}{CH}}\text{—}CH_2Cl \quad \text{DPE 型添加剂}$$

③ 二甲胺与环氧氯丙烷的反应：

$$(CH_3)_2NH + \underset{O}{CH_2-CH}-CH_2Cl \longrightarrow (CH_3)_2N-CH_2-\overset{OH}{CH}-CH_2Cl \longrightarrow$$

$$(H_3C)_2N-CH_2-\overset{OH}{CH}-CH_2-N^+(CH_3)_3\ Cl^- \longrightarrow$$

$$(H_3C)_2N-CH_2-\overset{OH}{CH}-CH_2\left[-N^+(CH_3)_2-CH_2-\overset{OH}{CH}-CH_2-\right]_n Cl^-$$ DE 型添加剂

④ 咪唑或吡啶等杂环化合物同环氧氯丙烷的反应：

$$HN\diagup\!\!\diagdown NH + \underset{O}{CH_2-CH}-CH_2Cl \longrightarrow HN\diagup\!\!\diagdown N-CH_2-\overset{OH}{CH}-CH_2Cl \xrightarrow{\triangle}$$

$$\left[-N\diagup\!\!\diagdown N-CH_2-\overset{OH}{CH}-CH_2-\right]_n$$

⑤ 含季铵基团的卤代烷 $[X-R-\overset{+}{R}R'_3]\ X^-$ 同聚亚乙基亚胺的反应：

$$[Cl-R-N^+R'_3]\ X + -CH_2-CH_2-NH-CH_2-CH_2-NH- \xrightarrow{NaOH}$$

$$\sim CH_2-CH_2-\underset{\underset{N^+R'_3}{|}}{\underset{R}{N}}-CH_2-CH_2-NH\sim$$

R= $-CH_2-CH_2-$ 或 $-CH_2-\overset{OH}{CH}-CH_2-$，$R'=C_1\sim C_4$烷基，X=Cl、Br、I

⑥ 脂环二胺与环氧氯丙烷或 1,3-二氯-2-羟基丙烷的反应：

$$R'\text{-}(HN\ \ NH)\text{-}R + \underset{O}{CH_2-CH}-CH_2Cl \longrightarrow HN\ \ N-CH_2-\overset{OH}{CH}-CH_2Cl \longrightarrow$$

$$HN\ \ N-CH_2-\overset{OH}{CH}-CH_2-N\ \ N-CH_2-\overset{OH}{CH}-CH_2Cl \longrightarrow$$

$$\sim N\ \ N-CH_2-\overset{OH}{CH}-CH_2-\overset{+}{N}(Cl^-)(-CH_2-\overset{OH}{CH}-CH_2Cl)\ \ N-CH_2-\overset{OH}{CH}-CH_2-N\ \ N\sim$$

（环上取代基为 R、R′）

⑦ 聚二氧硫类化合物：

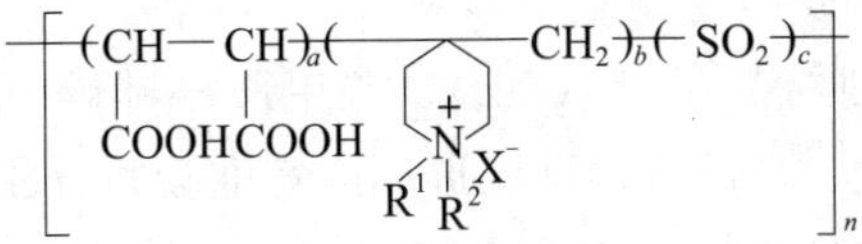

$$\left[\left(\underset{\text{COOH}}{\text{CH}} - \underset{\text{COOH}}{\text{CH}} \right)_a \left(\underset{\underset{R^1\ \ R^2}{\overset{+}{N}X^-}}{\text{C}_5\text{H}_8} - CH_2 \right)_b \left(SO_2 \right)_c \right]_n$$

R^1、R^2=C_1～C_4 烷基、β-羟乙基，a=0.03～0.5，b=0.3～0.77，c=0.2～0.4，n=5～100

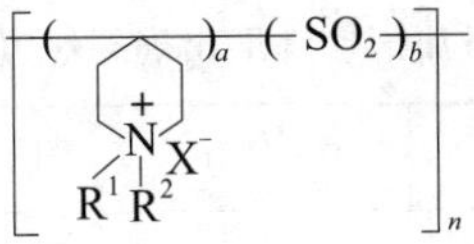

$$\left[\left(\underset{\underset{R^1\ \ R^2}{\overset{+}{N}X^-}}{\text{C}_5\text{H}_8} \right)_a \left(SO_2 \right)_b \right]_n$$

R^1、R^2＝H、烷基、芳基、磺烷基、芳烷基、羟烷基 $HO(CH_2)_{1\sim6}$，X^-＝卤素、HSO_4^-、HSO_3^-、$HCOO^-$、CH_3COO^-，$a:b$＝100（10～100），平均分子量2000～350000

（2）载体光亮剂的结构特点与性能

① 合成光亮剂主链中应含季铵离子　在合成的长链聚合物的主链中应含有易在阴极上吸附的季铵离子，它能有效抑制锌离子的放电速度，尤其是在高电流密度区的放电速度，因而可把光亮电流密度范围向高电流密度区扩展，并获得非常光亮的镀锌层。在合成高聚物中引入季铵阳离子可通过选用第二、第三胺直接与环氧氯丙烷或1，3-二氯-3-羟丙烷反应而获得，此法的优点是可以控制季铵阳离子的含量。对于未进行季铵化反应的载体光亮剂，可以通过加入事先合成的辅助光亮剂季铵化合物来达到同样的目的。还有一种方法是用事先聚合好的聚乙烯亚胺（分子量通常在1000以上）与含季铵阳离子的卤代烷反应而得。一般来说，季铵阳离子含量高，高电流密度区的允许电流密度增大，镀层的光亮度也变好。相反，季铵阳离子含量低时，则显不出扩展光亮电流密度范围和提高镀层光亮度的作用。

② 合成光亮剂主链中亲水基与疏水基的比例要适当　合成的高分子载体光亮剂都属于表面活性剂类，要适合电镀用，合成载体光亮剂必须易溶于水，同时又要易在阴极上吸附，形成吸附膜或表面配合物膜，要满足这些条件，就要求合成物的主链中亲水基与疏水基的比例要适当。如果仔细分析一下上述各种类型的合成聚合物的主链就会发现，分子链中大都含有聚乙烯醇的链节—CH_2—CHOH—CH_2—或聚乙烯亚胺的链节—CH_2—CH_2—NH—，这说明它们都是聚乙二醇（PVA）和聚乙烯亚胺（PIM）的改进物。在这些合成聚合物的主链中，疏水的碳氢链的碳原子数与亲水的O或N原子数之比约在（1.5～3）：1，即所用的胺不能选长链的胺，而只能用C/N比在2～3的胺类。六亚甲基四胺在碱性水溶液中易水解成二甲胺，因此用二甲胺取代六亚甲基四胺合成载体光亮剂可获

得同样的效果。

(3) 胺的结构对合成产物性能的影响

由环氧氯丙烷分别与二甲胺（DE）、二甲胺＋咪唑（DIE）、二甲氨基丙胺（DPE）和四亚乙基五胺（GT-1）反应形成的锌酸盐镀锌添加剂，其C/N比虽然都接近，但结构有明显的不同，因此产物的性能也明显不同。实验证明若把在不同添加剂的锌酸盐液中镀相同厚度锌层的试样分别在半径为1mm的圆棒上进行弯曲，然后记录锌层出现裂纹（或变形）时的弯曲度，所得结果列于表10-11。

表10-11　不同合成添加剂镀锌层出现裂纹（或变形）时的弯曲度

添加剂	DE	DIE	DPE	GT-1
弯曲度	0.93	0.90	0.30	0.10

根据表10-11的结果和镀层的显微相片可以看出，晶粒特别细的DPE镀层的弯曲度小，脆性很大。晶粒相对较粗的DE和DIE镀层的弯曲度较大，镀层脆性较小，均为密集的纤维状结构，达到该弯曲度时，尚无明显碎裂现象只是表面严重变形。GT-1镀层虽晶粒粗，但因呈现密排膜状结构，因此弯曲度最小，表现出最大的脆性，弯曲度达到0.10时镀层碎裂。这证明镀层晶粒粗细及是否存在层状结构与脆性大小密切相关。

用载波扫描法研究这几种合成添加剂在单晶锌电极上的吸附行为，得出它们吸附性强弱的顺序如下：

$$GT\text{-}1>DPE>DE、DIE$$

这一顺序与镀层脆性大小的顺序原则上一致，证明这类添加剂使晶粒细化和出现层状结构，从而使脆性提高是同它们的吸附性有关的，可以认为，随着电结晶过程的进行，表面活性添加剂在生长着的晶面上活性位置的吸附，直至表面覆盖度达到某一临界值，此时形成一层紧密的表面配合物，提高了锌络离子放电的超电压，使镀层晶粒变细，随着反应的进行，新的添加剂又形成吸附膜，它再与镀液中和锌络离子形成紧密的表面配合物，再放电，如此反复进行就得到由一系列层状薄锌层组成的锌层，添加剂的吸附越强，越易形成层状结构，添加剂也越容易被混杂在镀层中，从而使镀层的脆性增大，含碳量升高。要降低镀层的脆性，就要降低合成添加剂的吸附强度，这就要在合成产物中引入更多的亲水基团。根据作者的研究，若在二甲胺-环氧氯丙烷体系中适当加入一些有机酸，可以降低反应产物（FO-39）吸附强度，减少镀层的脆性、变色和长疱现象，从而达到镀厚镀层（30μm）的要求。

锌酸盐与氰化物镀锌添加剂的中间体已大量商品化（见表10-12），使用者可以选择不同的中间体加以调配，以获得最合己用的添加剂，其性能已大大超越20世纪国产的合成添加剂。

表 10-12　国内外已生产的锌酸盐与氰化物镀锌添加剂的中间体

产品名称	化学组成	外观	主要成分含量/%	1%水溶液的 pH 值	添加量/(g/L)	制造厂名称
IME 水性阳离子聚合物	咪唑与环氧氯丙烷的反应产物	淡黄色水溶液	约 35	7.0	0.01～0.1	德国 Raschig 公司，印度 MAHANOL 公司，武汉风帆化工，河北金日化工
MOME 阳离子聚合物水溶液		红色或棕红色溶液	40	6～8	1～3	
BPE	二-(1-苄基-3-羧基)二氢吡啶基醚	橘红色或棕红色液体		8.0		
BCPC	1-苄基-3-羧基吡啶鎓氯化物	白色粉末	98			
BPC-48(34)(38)	1-苄基吡啶鎓-3-羧酸盐	透明黄棕色至红棕色液体	48 34	5～6	0.1～1	印度 MAHANOL 公司，德国 BASF 公司，武汉风帆化工，河北金日化工，广东达志化工
金特尔-DE	二甲胺与环氧氯丙烷反应产物	浅黄色液体	≥98		4～6	河北金日化工
DPE-Ⅲ	乙二胺、二甲氨基丙胺与环氧氯丙烷的反应产物	浅黄色液体			4～6	
金特尔-IZE	咪唑与环氧乙烷反应产物	浅黄色液体	≥50		0.15～0.5	
金特尔-TPHEDA-30	多乙烯多胺与环氧氯丙烷反应产物	黄色液体	≥50		5～6	广东达志化工
金特尔-IZEC	咪唑与环氧氯丙烷反应产物	黄色液体	≥50		0.15～0.5	河北金日化工
金特尔-HAA	水基阳离子季铵盐	黄色液体	≥26		0.3～0.5	
金特尔-HEA	阳离子聚合物	白色液体	≥50		0.15～0.3	
金特尔-IEP	水基阳离子季铵盐	黄色液体	≥40		0.3～0.5	
金特尔-DPAE	二甲氨基丙胺与环氧乙烷反应产物	黄色液体	≥98		0.5～2	
金特尔-MAA	改性对甲氧基苯甲醛	白色粉末	≥98		0.1～1	
金特尔-TE1500	叔胺与环氧乙烷反应产物	琥珀色液体	≥50		0.2～0.5	
金特尔-UEC	六亚甲基四胺与环氧氯丙烷反应产物	琥珀色液体	≥50		2～3	
金特尔-PFE	多醛共聚物	琥珀色液体	≥99		0.8～1.3	
NA	烟酸	白色粉末	≥99.5		0.5～5	

续表

产品名称	化学组成	外观	主要成分含量/%	1%水溶液的pH值	添加量/(g/L)	制造厂名称
DT-60	聚有机多胺化合物	黄色液体	>99	5～8	0.5～1	广东达志化工
DG-20	低分子量聚乙烯亚胺	浅黄色液体	>99	8～11	0.1～0.2	
DZ-98	有机胺与环氧氯丙烷反应产物	无色到微黄色液体	>99	6～9	1～2	
YZ-101	聚氧乙烯脂肪醇醚加成物	浅黄色液体	>80	6～9	1～5	
DV-1000	改性聚乙烯醇加成物	无色黏稠液体	>99	4～8	0.01～0.1	
Lugalvan BPC 34(48)	苄基吡啶鎓-3-羧酸盐	黄或红褐色液体	47～49	5.5～6.5		德国 BASF 公司
Lugalvan G 15	低分子量聚乙烯亚胺					
Lugalvan G 20	低分子量聚乙烯亚胺					
Lugalvan G 35	低分子量聚乙烯亚胺					德国 BASF 公司，广东达志化工
Lugalvan G 15000	高分子量聚乙烯亚胺	无色或黄色液体	50	10～12		德国 BASF 公司
Lugalvan IMZ	咪唑					
Lugalvan ES 9572(9573)	咪唑-环氧氯丙烷反应产物					
Lugalvan IZE	咪唑-环氧氯丙烷反应产物	黄色液体	45	8～10	1～10	
BN Betaine	苄基吡啶鎓-3-羧酸盐	黄色水溶液	48	6		德国 Raschig 公司
Lugalvan ANA	对甲氧基苯甲醛	油状液体	98			德国 BASF 公司，印度 MAHANOL 公司
Dicolloy IMZE		黄色液体	60	4～8		德国 Dillen bery 公司
Dicolloy IMZEN		棕色液体	55	6～8		
Dicolloy DE		黄色黏稠液体	90	7～10		
Dicolloy DES		黄色液体	70	7～10		
Dicolloy BZN		棕色液体	80	7～10		
Dicolloy UQUAP		淡黄至棕色液体	80	7～10		

续表

产品名称	化学组成	外观	主要成分含量/%	1%水溶液的 pH 值	添加量/(g/L)	制造厂名称
ANAR ($C_8H_8O_2SO_3$)	双磺基茴香醛	乳白色颗粒	98			印度 MAHANOL 公司
M-35 ($C_3H_3NaO_3S$)	聚乙烯亚胺	无色至黄色液体	40	9.5～11.5		

10.5 光亮酸性镀锌添加剂

10.5.1 光亮酸性镀锌添加剂的演化

光亮酸性镀锌液是使用最早的镀锌液，包括硫酸盐、氯化物和氟硼酸体系，早在 20 世纪初就开始了广泛的研究，所用的添加剂主要限于胶类、糊精、淀粉、糖蜜、硫脲、甘草精、萘磺酸、葡萄糖、甘油和吡啶衍生物等（见表 10-13），使用这些光亮剂的镀液其分散能力和覆盖能力很差，因此只适于电镀形状简单的零件，如管材、带材和线材的电镀。

进入 20 世纪 60 年代后，光亮酸性氯化物镀锌的研究受到重视，由氯化锌和氯化铵组成的镀液可在阴极电流效率没有下降的情况下，仍有良好的分散能力，这是由于镀液中形成稳定同时含氨和羟基的混合配体络合物。

$$ZnCl_2 + nNH_4Cl \longrightarrow [Zn(NH_3)_{6-n}(OH)_n] \quad n=1\sim2$$

这种镀液还具有较高的阴极电流效率、镀品的氢脆性小，故适于铸物、高强钢和热处理过的钢材的电镀。该工艺于 20 世纪 60 年代最早在德国应用，到 20 世纪 70 年代初，在英、法、美、日几乎与锌酸盐镀锌同时实现大规模的工业化，这时使用的光亮剂主要是芳香族醛酮、硫脲衍生物或芳醛与炔醇的反应产物、聚乙烯亚胺或烷醇（或酚）聚氧乙烯醚和 *N*-取代吡啶季铵盐。镀层的光亮度以及镀液的分散能力、覆盖能力和整平性都有很大的改善，其性能已达到氰化物镀锌的水准。到了 20 世纪 70 年代末期，铵离子（NH_4^+）的污染问题被提了出来，有人甚至以为这比 CN^- 更难处理，于是酸性光亮镀锌的重点又转向无铵氯化物（KCl 或 NaCl）镀锌。1978～1980 年，酸性镀锌的专利绝大部分是无铵氯化物镀锌的，这种镀液具有极高的电流效率。在通常的工作电流密度范围内，要比任何其他体系的效率高得多。其优点是对低的分散能力多少有补偿。镀液的性能取决于添加剂的品种与性能，添加剂的主要类型与铵盐镀锌差不多，研究的重点是改进载体光亮剂的浊点、发泡性以及辅助光亮剂的整平性能。

由于无铵氯化物镀锌对设备和厂房的钢结构物有极强的腐蚀性，20 世纪 80 年代以来，人们的兴趣一方面在于改进无铵氯化物镀锌添加剂的性能，另一方面则努力发展低腐蚀性的镀液，其重点是发展酸性无铵硫酸盐光亮镀锌或酸性硫酸盐-氯化物镀锌，通过选用合适的添加剂来提高溶液的分散能力和平滑性，以扩大其应用范围。

表10-13汇集了主要光亮酸性镀锌添加剂的专利和文献，可以从中了解80多年来光亮酸性镀锌添加剂的演化过程，为开辟新型添加剂创造条件。

表10-13 光亮酸性镀锌添加剂的演化

发明者	所用添加剂	文献
R. C. Snowden	甲醛	J. PHys. Chem. 11369(1907)
S. A. Tucker	甘草精	Trans. Amer. Electrochem. Soc. 15477
R. Marc	阿拉伯胶	Z. Elektrochem,19431(1913)
A. Classen	淀粉、清蛋白、动物胶	Brit. P. 186459(1921)
Q. Marino	甘油、糊精、溴代苯甲酸盐	Fr. P. 661863(1928)
H. Sato	直链淀粉	J. Inst. Metals,41571(1928)
R. W. Rice	葡萄糖	J. Inst. Metals,43602(1930)
L. C. Pan	吡啶衍生物	Monthly Rev. Am. Electroplat. Soc, 18(5)8(1931)
L. E. Cambi	吡啶衍生物	Atti. Accad,Lincei,1527(1932)
H. Cockel	硫脲或甲基硫脲	U. S. P. 1903860(1933)
N. P. Lapin	甘草精	Trans. State Inst. Appl. Chem (USSR),2156(1934)
N. T. Kudryatsev	有机磺酸	Khim Referat. Zhur. 7135(1940)
R. A. Hoffman	非离子表面活性剂	U. S. P. 2457152(1958)
C. W. Jernstedt	硫脲及其衍生物	U. S. P. 2678909(1954)
K. M. Gorbunova	硫脲	Zh. Fiz,Khimi,30(2)269(1956)
W. H. Safranek	甘油、糖精、对甲苯磺酰胺、润湿剂(Tergitol)	Plating 451027(1958)
W. H. Safranek	甘草、含氨甘油、润湿剂(Tergitol)	U. S. P. 2905603(1959)
E. C. Broadwell	萘二磺酸	Plating 46639(1959)
K. P. Bellinger	螯合剂	Plating 561135(1969)
E. A. Blount	螯合剂	Electroplat. Met. Fin. 2327(1970)
	萘酚聚氧乙烯醚+聚乙烯亚胺($M=600$)	U. S. P. 3723262-3(1973)
	壬基酚聚氧乙烯醚、芳醛与炔醇反应物	U. S. P. 3773630(1973)
Henkel	*N*-苯基-*N*-(γ-羟乙基)乙基硫代尿素	U. S. P. 3795594(1973)
R. O. Hull	亚苄基丙酮+羟胺酸式盐	U. S. P. 3808110(1973)
	聚乙烯亚胺($M=6000$)+β-萘酚聚氧乙烯醚	Fr. P. 1219932(1973)

续表

发明者	所用添加剂	文献
M &T	壬醇聚氧乙烯醚、N-亚苄基吡啶氯化物吡啶季铵盐	U. S. P. 3821095(1973) U. S. P. 3822194(1973)
DuPont	二甲胺与环氧氯丙烷反应产物＋亚苄基丙酮＋β-萘酚甲醛与芳磺酸缩聚物，N-苯基-N-(羟乙基)乙基硫脲聚乙烯亚胺 含氮杂环化物(吡啶-3-乙酸，吡啶-3-磺酸)＋芳醛酮＋苯甲酸＋羟烷基硫酸盐＋两性羟乙基化表面活性剂芳香族羧基化合物＋聚氧丙烯醚	U. S. P. 3855085(1973) U. S. P. 3878069(1973) Russ. P. 318899(1973) U. S. P. 3928149(1974)
E. D. Kochman	多乙烯多胺＋木工胶 缩水甘油与聚乙二醇或环氧氯丙烷共聚物	Russ. P. 387038(1974) U. S. P. 3928149(1974)
G. F. Hsu	烷基醇(酚)聚氧乙烯醚、芳香醛酮、有机酸	U. S. P. 4070256(1978)
W. E. Eckles	萘酚(炔醇)聚氧乙烯醚、甲醛与芳磺酸缩合物、芳醛酮	U. S. P. 4075066(1978)
K. Huebner	羟烷基季铵化物＋硫脲衍生物	U. S. P. 4075066(1978)
C. P. Steinecker	聚羟丙基三烷基季铵盐(M＝1600～2500)＋萘磺酸	U. S. P. 4089755(1978)
J. A. Henricks	邻苯二胺与硬脂酸反应产物的季铵化和磺化产物	U. S. P. 4093523(1978)
W. E. Rosenberg H. G. Creutz D. A. Arcilesi	聚氧乙烯丙烯醚、线型聚胺和酮 N-磺酸盐取代乙烯亚胺(M＝1200)＋芳醛酮 烷基醇聚氧乙烯丙烯醚、芳醛酮、甲醛芳磺酸反应物或烷基苯磺酸盐	U. S. P. 4100040(1978) U. S. P. 4101387(1978) U. S. P. 4119502(1978)
F. Popesu R. W. Her W. J. Willis V. M. Canaris R. K. Lowery	壬基酚聚乙二醇醚，1-苯基-1-戊二烯-3-酮 氨磺基烷基化的聚胺-醛-聚烯胺反应产物 氨磺酸-脂胺-环氧氯丙烷的反应产物 取代芳磺酸、芳羰基化物、聚乙烯亚胺、萘酚或乙二醇聚氧乙烯醚 环氧氯丙烷与咪唑反应物的季铵化产物＋芳醛＋聚醚或PVA 氮杂环化物-甲醛-环氧氯丙烷-胺或酰胺反应物	Ger. P. 2905177(1979) U. S. P. 4134802(1979) U. S. P. 4146441(1979) U. S. P. 4162947(1979) U. S. P. 4169771(1979) U. S. P. 4169722(1979)
H. C. Crertz	氮杂环化物同硫酸二烷酯的季铵盐＋聚醚	U. S. P. 4170526(1979)
S. Martin	聚丙烯酰胺及其N-取代物＋硫脲及其N-取代物	U. S. P. 4176017(1979)
F. Popescu B. J. DeFonte R. K. Lowery F. Popescu J. D. Fellman S. Morisaki W. E. Rosenberg	芳酮、芳丁烯(炔)醇 乙氧化的炔二醇＋3-丙烷磺酸钠 含硫聚合物 聚芳乙烯酮 芳醛与酰胺或硫代尿素的缩合物 糖醛 烷(芳)氨基酸，聚氧乙烯醚 聚醚＋杂环或芳基不饱和脂肪酸＋芳或含氮杂环醛	Fr. P. 2417556(1979) U. S. P. 4252619(1979) U. S. P. 4229268(1980) U. S. P. 4226682(1980) U. S. P. 4218292(1980) Plating. 68(8)55(1981) U. S. P. 4251331(1981) Aust. P. 361267(1982)

续表

发明者	所用添加剂	文献
S. S. Yakobon	聚氧乙烯丙烯醚(M=2500～4800)+羰基化合物	Russ. P. 1232707(1983)
P. A,Koh! S. Martin C. W. Skimin H. Noguchi	酚酞 烷基酚聚氧乙烯羧酸、亚苄基丙酮、苯甲酸钠 OP-10,亚苄基丙酮、BTA、烟酸、肉桂酸	U. S. P. 4379738(1983) U. S. P. 4397718(1983) U. S. P. 4405413(1983) J. Mct. Fin. Japan, 34, (11) 554 (1983)
OMI Inter. Corp Y. Ando C. W. Welch C. Steinecker N. Greif	多羟基化合物 取代烷基磺酸盐	Brit. P. 2152535(1984) U. S. P. 4479856(1984) U. S. P. 4422908(1984) U. S. P. 4444630(1984) U. S. P. 4496439(1985)
OMI. Inter. Corp	羧基化聚氧乙烯醚	U. S. P. 4597838(1985)
S. Martin	烷(芳)基聚烷氧基磺酸	U. S. P. 4541906(1985)
T. V. Venkatesha	邻氨基苯甲酸+甲醛+聚乙烯醇	Metal Finish,83(8),33(1935)
Mac Dermid Ine	乙氧合双酚的磺化产物	Brit. P. 2178747(1986)
O. A. Nikstina	无机添加剂(Cr、Ni、Tl、Ce 的硝酸盐)	J. Appl. Chem, WSSR. 58 (9) 1865 (1986)
S. Szepomial	烷(芳)醇聚氧乙烯醚、多乙烯多胺的羟烯醇聚氧乙烯醚、醚化的聚亚甲基硫脲、芳醛	Pol. P. 127890(1986)
T. V. Venkatesha T. V. Venkatesha	间硝基苯甲醛+糊精 氨基乙酸+硫脲	Metal Finish. 84(2),20(1978) Plating and Surf. Fin. 74(6)77(1987)
F. Hanna	非离子表面活性剂+亚苄基丙酮+吡啶 聚乙烯吡咯烷酮+有机硫化物+亚苄基丙酮	Metal Finish. 86(11),33(1988) U. S. P. 5200057(2003)
BASF. A. G J. M. Mayama T. V. Venkatesha	芳香醛 氯化硫胺+葡萄糖+醛类 二甲基亚二氧硫+烯丙基硫脲	Eur. P. 311971(1988) Surface(Paris)27,(198)53(1988) Metal Finish. 87(4),23(1989)

10.5.2 光亮酸性镀锌添加剂的类型与性能

光亮酸性镀锌添加剂的主要类型与碱性锌酸盐镀锌添加剂类似，也可把它们分成三种类型：主光亮剂、载体光亮剂、辅助光亮剂。这种分类不仅适于镀锌，而且适于镀镍、镀铜、镀镉、镀锡等许多单金属和合金电镀添加剂的分类，由此可以领悟到电镀添加剂的真谛。如果从其作用机理来分类，则可把上述三类称为：光亮剂、分散剂、整平剂。即载体光亮剂主要有分散主光亮剂（primary brighteners）的作用，而辅助光亮剂主要有整平的作用。

（1）主光亮剂

光亮酸性镀锌的主光亮剂的品种很多，结构千变万化，若仔细分析其结构特点，就会发现它们都具有特定的结构单元：

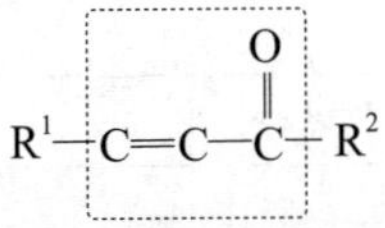

$$R^1-C=C-\overset{O}{\overset{\|}{C}}-R^2$$

乙烯基取代羰基化合物

$$R^5R^6N-\overset{S}{\overset{\|}{C}}-NR^7R^8$$

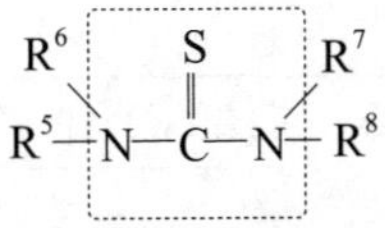

N-取代硫脲衍生物

即只要方框内的结构保持不变，方框外的取代基可以千变万化，所生成的有机物都有光亮效果。含有这两种结构单元中任何一种的化合物，都属于易在阴极上放电，而且优先在阴极微观峰处放电（还原）的物质，硫脲衍生物还原时镀层中含有硫，乙烯基取代羰基化合物不含硫，镀锌层中也不含硫，因此镀层的耐蚀性较好，这是它应用比较普遍的原因之一。具有乙烯基取代羰基化合物结构单位的化合物很多，包括芳香醛酮、杂环类醛酮、芳香或杂环类羧酸等，表 10-14 列出了具有乙烯基取代羰基化合物结构单元 $-\overset{R^3}{\overset{|}{C}}=\overset{R^4}{\overset{|}{C}}-\overset{O}{\overset{\|}{C}}-$ 的各种有机化合物，表 10-15 列出了具有 *N*-取代硫脲基本结构单元的各种化合物，它们可在许多专利和文献中见到。

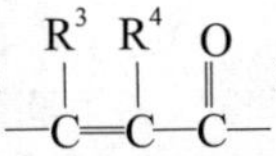

表 10-14　具有 $-\overset{R^3}{\overset{|}{C}}=\overset{R^4}{\overset{|}{C}}-\overset{O}{\overset{\|}{C}}-$ 结构单元的主光亮剂

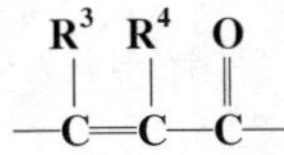

化合物名称	化合物的结构	化合物名称	化合物的结构
β-苯丙烯醛（肉桂醛）	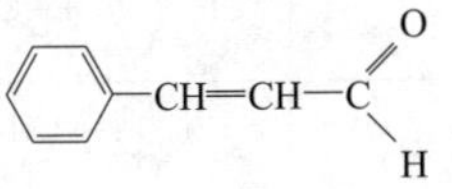 $C_6H_5-CH=CH-CHO$	丙烯醛或甲基丙烯醛	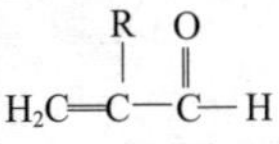 $H_2C=C(R)-\overset{O}{\overset{\|}{C}}-H$　R=H,CH_3
β-苯丙烯酸（肉桂酸）	$C_6H_5-CH=CH-\overset{O}{\overset{\|}{C}}-OH$	2,4-己二烯醛	$H_3C-CH=CH-CH=CH-\overset{O}{\overset{\|}{C}}-H$
亚苄基丙酮	$C_6H_5-CH=CH-\overset{O}{\overset{\|}{C}}-CH_3$	苯甲醛	$C_6H_5-\overset{O}{\overset{\|}{C}}-H$
β-肉桂酰硫茂	$C_6H_5-CH=CH-\overset{O}{\overset{\|}{C}}-$（四氢噻吩-2-基）	吡啶-4-甲醛	$C_5H_4N-\overset{O}{\overset{\|}{C}}-H$
苯乙烯基苯甲酮	$C_6H_5-CH=CH-\overset{O}{\overset{\|}{C}}-C_6H_5$	邻羟基苯甲醛（水杨醛）	o-$HO-C_6H_4-\overset{O}{\overset{\|}{C}}-H$
乙烯基苯甲酮	$H_2C=CH-\overset{O}{\overset{\|}{C}}-C_6H_5$	对甲氧基苯甲醛（茴香醛）	$CH_3O-C_6H_4-\overset{O}{\overset{\|}{C}}-H$

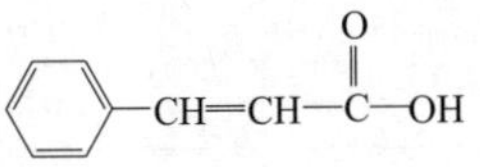

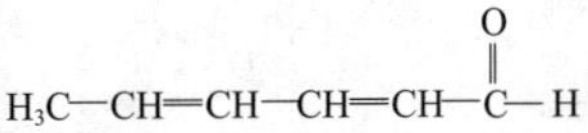

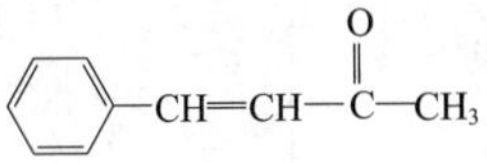

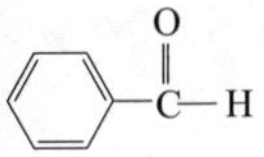

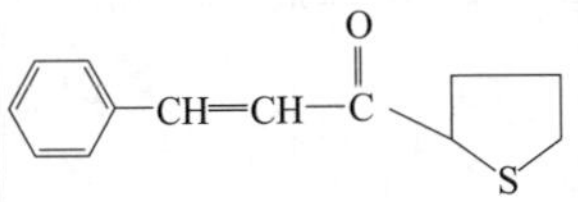

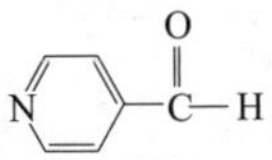

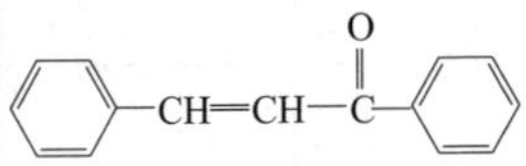

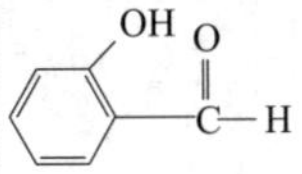

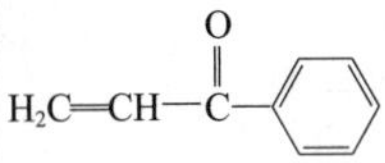

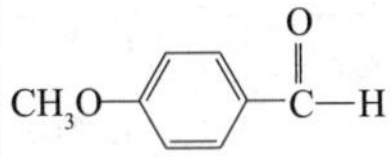

续表

化合物名称	化合物的结构	化合物名称	化合物的结构
对羟基苯甲醛	$HO-C_6H_4-C(=O)-H$	邻羟基肉桂酸	$o\text{-}HO-C_6H_4-CH=CH-C(=O)-OH$
对氯苯甲醛	$Cl-C_6H_4-C(=O)-H$	邻甲氧基肉桂酸	$o\text{-}CH_3O-C_6H_4-CH=CH-C(=O)-OH$
邻氯苯甲醛	$o\text{-}Cl-C_6H_4-C(=O)-H$	邻氯肉桂酸	$o\text{-}Cl-C_6H_4-CH=CH-C(=O)-OH$
3-甲氧基-4-羟基苯甲醛(香草醛)	$HO(OCH_3)C_6H_3-C(=O)-H$	邻羧基肉桂酸	$o\text{-}HOOC-C_6H_4-CH=CH-C(=O)-OH$
洋茉莉醛	$(O-CH_2-O)C_6H_3-C(=O)-H$	对氨基肉桂酸	$H_2N-C_6H_4-CH=CH-C(=O)-OH$
3,4-二甲氧基苯甲醛(藜芦醛)	$CH_3O(OCH_3)C_6H_3-C(=O)-H$	2,4-二氯肉桂酸	$Cl-C_6H_3(Cl)-CH=CH-C(=O)-OH$
呋喃甲醛(糠醛)	$C_4H_3O-C(=O)-H$	呋喃丙烯酸	$C_4H_3O-CH=CH-COOH$
邻苯二甲酰亚胺	$C_6H_4(C(=O))_2NH$	β-丙烯酸吡啶	$C_5H_4N-CH=CH-COOH$
酚酞	$(HO-C_6H_4)_2C(C_6H_4)C(=O)O$	β-羟基萘甲醛	$C_{10}H_6(OH)-C(=O)H$
苯甲酸	$C_6H_5-C(=O)-OH$	香豆素	$C_9H_6O_2$
		2-噻吩醛	C_4H_3S-CHO
		糖精	$C_6H_4(C(=O))(SO_2)NH$

表 10-15 具有 N-取代硫脲基本结构的有机物

化合物名称	化合物的结构	化合物名称	化合物的结构
硫脲	$H_2N-C(=S)-NH_2$	N-羟基-N-乙基硫脲	$(HO)(H_5C_2)N-C(=S)-NH_2$
N-苯基硫脲	$H_2N-C(=S)-NH-C_6H_5$	N-丙烷磺酸基硫脲	$H_2N-C(=S)-NH-CH_2CH_2CH_2SO_3H$
N-乙酰基硫脲	$H_2N-C(=S)-NH-COCH_3$	N-苯基-N′-羧甲基硫脲	$C_6H_5-NH-C(=S)-NH-CH_2COOH$
N-邻甲苯基硫脲	$H_2N-C(=S)-NH-C_6H_4(o\text{-}CH_3)$	N-苯基-N′-3-羧苯基硫脲	$C_6H_5-NH-C(=S)-NH-C_6H_4(m\text{-}COOH)$
N-吡啶基硫脲	$H_2N-C(=S)-NH-C_5H_4N$	N-苯基-N-羟乙基-N′-乙基硫脲	$H_5C_2-NH-C(=S)-N(C_6H_5)(CH_2CH_2OH)$
N,N′-二苯硫脲	$C_6H_5-NH-C(=S)-NH-C_6H_5$	N-丁基-N′-羧甲基硫脲	$C_4H_9-NH-C(=S)-NH-CH_2COOH$
N′,N′-二甲基-N-苯基硫脲	$C_6H_5-NH-C(=S)-N(CH_3)_2$	N-辛基硫脲	$C_8H_{17}NH-C(=S)-NH_2$
N,N′-乙烯基硫脲	$CH-NH$ / $CH-NH$ 成环，$C=S$（环状：$CH=CH$ 与两个 NH 及 $C=S$）	N-α-萘基-N′-羧甲基硫脲	$C_{10}H_7-NH-C(=S)-NH-CH_2COOH$
N,N,N′,N′-四甲基硫脲	$(H_3C)_2N-C(=S)-N(CH_3)_2$	N-苯基-N-甲基硫脲	$(C_6H_5)(H_3C)N-C(=S)-NH_2$
N-丙烯基硫脲	$H_2C=CH-CH_2-NH-C(=S)-NH_2$		

在主光亮剂中应用较多的是亚苄基丙酮（benzylidene acetone），其最佳用量是 0.2～0.3g/L，在此范围内光亮电流密度范围和整平能力随亚苄基丙酮含量的增加而增大。含量超过 0.3g/L 时，上述作用就不明显了。邻氯苯甲醛的效果不比亚苄基丙酮差，但价格约为后者的 10 倍，不宜用于工业生产。香豆素也有明显光亮效果，但由于分解产物的副作用很大，镀液性能很快恶化，而无实用

价值。

对芳香醛酮光亮作用机理的研究证明芳香醛（如茴香醛）可以优先在锌电结晶生长较快的位置上吸附并阻挡锌离子放电。在锌电结晶的同时，还发生醛的电化学还原，从而降低吸附位置上锌电沉积的电流效率，起了微观整平作用。由于主光亮剂可以明显降低锌络离子在阴极上的放电速度，提高阴极反应的超电压，并可得到微观整平作用，因此它们具有明显的光亮作用。

（2）载体光亮剂

载体光亮剂（carrier brightener）的主要作用是提高镀液的阴极极化，促进不溶于水的主光亮剂均匀分散到镀液中，以扩大光亮电流密度范围。这类光亮剂担负主光亮剂的载体或分散剂的作用，故称之为载体光亮剂或分散剂。

① 载体光亮剂的浊点决定了镀液的耐温性能　通常用作载体光亮剂的是非离子表面活性剂或阴离子表面活性剂。滚镀锌时，夏天镀液的温度可达50℃以上。要使镀液在夏季也可24h连续生产，这就要求所用的载体光亮剂具有较高的浊点，在高温下不会析出（浑浊）而失去光亮作用，即镀液的耐温性能主要取决于载体本身的浊点。当镀液的温度达到表面活性剂（载体光亮剂）的浊点时，即失去对主光亮剂的增溶和分散作用而自身析出，使镀液的性能明显恶化。非离子表面活性剂溶液的浊点随着电解质的加入而明显下降（见表10-16），要使镀锌液的浊点降到70℃以上，非离子表面活性剂本身的浊点要达到95℃以上。对于烷基酚聚氧乙烯醚而言，烷基的碳数（X值）越高，浊点也越高。同时聚合的环氧乙烷分子数（n值）越大，浊点也越高。

电解质的影响以NaOH最明显，其次是碳酸钠和磷酸钠。在各种酸中，硫酸使浊点稍有下降，盐酸甚至反而使浊点上升。因此，要提高镀液的浊点（或耐温性能）主要通过改变表面活性剂的结构及表面活性剂间的配伍入手。国内已制出镀锌液浊点超过65℃的载体光亮剂，其用量通常在10～20g/L左右。表10-16列出了各种物质的3%溶液对壬基酚聚氧乙烯醚类非离子型表面活性剂浊点的影响。然后详细介绍镀锌液中常用的各类非离子和阴离子型表面活性剂的结构、名称和代号，以便于大家从其代号就可知其大致的性能。

表10-16　各种3%电解质溶液对壬基酚聚氧乙烯醚浊点的影响

项目	浊点/℃						
环氧乙烷加成物	蒸馏水	NaCl	Na_3PO_4	Na_2CO_3	NaOH	HCl	H_2SO_4
OP-9[壬基酚聚氧乙烯醚(9)]	55	45	43	32	31	60.5	51
OP-10.5[壬基酚聚氧乙烯醚(10.5)]	72	61	60	43	45.5	78	69
OP-15[壬基酚聚氧乙烯醚(15)]	98	84.5	83.5	70	67	>100	96
OP-20[壬基酚聚氧乙烯醚(20)]	100	95	92	78	73	>100	>100

a. 非离子表面活性剂型载体光亮剂。用于酸性光亮镀锌的非离子表面活性

剂型载体光亮剂主要有以下几种类型：

（a）烷基醇聚氧乙烯醚。

RO（C_2H_4O）$_n$H　R=C_7～C_{16} 烷基，n=7～20

脂肪醇聚氧乙烯醚（TMN）　$C_{12}H_{25}O$（C_2H_4O）$_8$H

十二烷醇聚氧乙烯醚　$C_{12}H_{25}O$（C_2H_4O）$_{25}$H

渗透剂 JFG　RO（C_2H_4O）$_7$H　R=C_7～C_9 烷基

Surfynol 465

$$H_3C-\underset{}{\overset{CH_3}{\overset{|}{C}H}}-CH_2-\overset{CH_3}{\overset{|}{C}}(O[CH_2CH_2]_mOH)-C\equiv C-\overset{CH_3}{\overset{|}{C}}(O[CH_2CH_2]_nOH)-CH_2-\overset{CH_3}{\overset{|}{C}H}-CH_3$$

2,4,7,9-四甲基-5-癸炔-4,7-二醇聚氧乙烯醚

$m + n = 10$

Surfynol 485

$$CH_3-\overset{CH_3}{\overset{|}{C}}(O[CH_2CH_2]_mOH)-CH_2-CH_2-\overset{CH_3}{\overset{|}{C}}(O[CH_2CH_2]_nOH)-CH_3$$

2,5-二甲基己烷-2,5-二醇聚氧乙烯醚

$m + n = 30$

（b）烷基醇聚氧乙烯聚氧丙烯醚。

$C_nH_{2n+1}O$（C_3H_6O）$_x$（C_2H_4O）$_y$H n=6～14，x=1～6，y=10～20

十二烷醇聚氧乙烯聚氧丙烯醚　$C_{12}H_{25}O$（C_3H_6O）$_3$（C_2H_4O）$_{15}$H

十一烷醇聚氧乙烯聚氧丙烯醚　$C_{11}H_{23}O$（C_3H_6O）$_2$（C_2H_4O）$_{15}$H

（c）烷基（或芳基）酚聚氧乙烯醚。

R—C_6H_4—O—$(CH_2CH_2O)_nH$　　R=C_8~C_{12},n=10~21

OP-10　C_8H_{17}—C_6H_4—O—$(CH_2CH_2O)_{10}H$　　R=C_8,n=10

OP-15　C_8H_{17}—C_6H_4—O—$(CH_2CH_2O)_{15}H$　　R=C_8,n=15

OP-21　C_8H_{17}—C_6H_4—O—$(CH_2CH_2O)_{21}H$　　R=C_8,n=21

Triton X 165　C_8H_{17}—C_6H_4—O—$(CH_2CH_2O)_{16}H$　　R=C_8,n=16

Igepal CO-630 $C_9H_{19}-C_6H_4-O-(CH_2CH_2O)_{10}H$ R=C_9,n=10

Sferox DF $C_{12}H_{25}-C_6H_4-O-(CH_2CH_2O)_7H$ R=C_{12},n=7

萘酚聚氧乙烯醚 $C_{10}H_7-O(CH_2CH_2O)_nH$ n=8~20(6~40)

烷基酚聚氧乙烯聚氧丙烯醚 $C_9H_{19}-C_6H_4-O-(CH_2CH(CH_3)O)_x(CH_2CH_2O)_yH$

x=1~6，y=10~20

(d) 聚醚。

$HO(C_2H_4O)_y(C_3H_6O)_x(C_2H_4O)_yH$ $x=8\sim24, x+2y=21\sim160$

Pluronic L64 $HO(C_2H_4O)_{11}(C_3H_6O)_{24}(C_2H_4O)_{11}$ $x=24, x+2y=46$

Pluronic L68 $HO(C_2H_4O)_{68}(C_3H_6O)_{24}(C_2H_4O)_{68}$ $x=24, x+2y=160$

(e) 烷基胺聚氧乙烯醚。

$R^1R^2N-(CH_2CH_2O)_nH$

十二烷胺聚氧乙烯醚 $C_{12}H_{25}NH(CH_2CH_2O)_{15}H$ $R^1=C_{12}$ 烷基，$R^2=H$

(f) 烷基酰胺聚氧乙烯醚。

$RCON[(C_2H_4O)_nH][(C_2H_4O)_mH]$ n=5~20，m=5~20

十二酰胺聚氧乙烯醚 $C_{12}H_{25}CON[(C_2H_4O)_7H]_2$

b. 阴离子表面活性剂型载体光亮剂。

(a) 烷基醇（酚）聚氧乙烯磺酸酯。

$RO(CH_2CH_2O)_nSO_3Na$

AFS $C_{12}H_{25}O(CH_2CH_2O)_3SO_3Na$

烷基酚聚氧乙烯磺酸酯 $C_9H_{19}-C_6H_4-O(CH_2CH_2O)_{10}SO_3Na$

萘酚聚氧乙烯磺酸酯 $C_{10}H_7-O(CH_2CH_2O)_{10}SO_3Na$

(b) 烷基醇（酚）聚氧乙烯磷酸酯。

RO（CH_2CH_2O）PO_3H_2

十二烷醇聚氧乙烯磷酸酯 $C_{12}H_{25}O(CH_2CH_2O)_nPO_3H_2$ $n=3\sim10$

(c)萘磺酸和甲醛的缩合物。

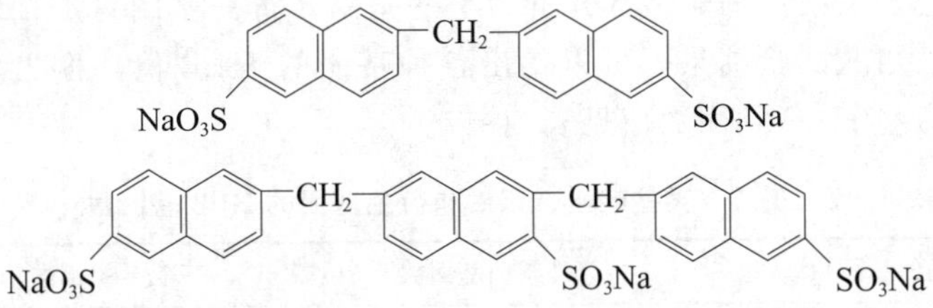

扩散剂NNO(Blancol N)

(d)n-烷基二苯醚二磺酸钠。

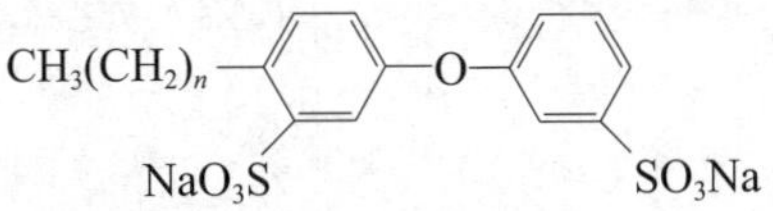

n=9~11

② 载体光亮剂的 HLB 值决定了光亮剂在镀液中的稳定性　难溶于水的主光亮剂由于表面活性剂的乳化作用和增溶作用而变得易溶于水。乳化作用的结果是使难溶的主光亮剂成为细小的液滴被表面活性剂包围而形成水包油型乳化液，主光亮剂的疏水基向着胶团内的表面活性剂的疏水端而形成混合胶团，在这种胶团中不溶物已进到胶团的内部，从而均匀地分散在镀液中。因此，载体光亮剂实际起的是乳化剂的作用，常用的乳化剂大多为非离子或阴离子型表面活性剂，其乳化能力的大小主要由表面活性剂的亲疏平衡值(HLB 值，见第 5.1 节)决定，聚氧乙烯链越长[$RO(CH_2CH_2O)_nH$ 中的 n 值越大]，亲水基团所占比重越大，HLB 值也越大，表面活性剂的亲水性越强，浊点越高，在镀液中的稳定性越好，在镀液升温或降温时光亮剂不会析出，镀液不会变浑浊，这就可以保证镀液的正常使用。并非所有乳化剂皆有增溶作用，只有脂肪酸、脂肪醇和壬基酚的聚氧乙烯醚类乳化剂才具有较强的增溶作用，其用量视分散相(主光亮剂)之性质、含量而定。

提高 HLB 值的另一种方法，是在非离子表面活性剂的聚氧乙烯醚末端引入亲水的基团，如羧基、磺酸基、磷酸基等。例如：

$$RO(CH_2CH_2O)_nH \longrightarrow \begin{cases} RO(CH_2CH_2O)_nCOONa & \text{羧化} \\ RO(CH_2CH_2O)_nSO_3Na & \text{磺化} \\ RO(CH_2CH_2O)_nPO_3Na_2 & \text{磷酸化} \end{cases}$$

这些亲水基团的引入不仅提高了表面活性剂的 HLB 值，而且提高了其浊点和在镀液中的稳定性，因此可以适当减少聚氧乙烯的链节数。目前国内使用的耐高温型酸性光亮镀锌载体光亮剂大多属这类表面活性剂。

一些学者从各个方面研究了 HLB 值的定量表示法，川上提出了一个能够根据表面活性剂的组成计算 HLB 值的公式：

$$HLB=7+11.7\lg(M_H/M_L)$$

M_H 及 M_L 分别是表面活性剂分子中亲水基及亲油基的分子量。

Davies 把表面活性剂的结构分解为一些基团，每一基团对 HLB 值均有相当的作用。从已知的试验结果，可以得出各种基团的 HLB 值，称之为 HLB 基团数。所得的一些 HLB 基团数值见表 10-17。

表 10-17　某些亲水、亲油和衍生基团的 HLB 基团数

亲水基的基团数	亲油基的基团数	衍生基团的基团数
$—SO_4Na^+$　38.7	—CH—	$\leftarrow CH_2—CH_2—O \rightarrow$　+0.33
$—COOK^+$　21.1	$—CH_2—$　−0.475	(亲水的氧乙烯基)
$—COONa^+$　19.1	$—CH_3$	$\leftarrow CH_2—CH_2—CH_2—O \rightarrow$　−0.15
$—SO_3Na^+$　11	═CH—	(亲油的氧乙烯基)
—N(叔胺)　9.4		
酯(失水山梨醇环)　6.8		
酯(游离)　2.4		
—COOH　2.1		
—OH(自由)　1.9		
—O—　1.3		
—OH(失水山梨醇 0.5 环)		

利用这些基团数，按如下公式可计算出表面活性剂的 HLB 值：

$$HLB=7+\sum(\text{亲水的基团数})-n(\text{亲油的基团数})$$

式中，n 表示表面活性剂分子中亲油基团的数目。可以看出，一个氧乙烯基是一个亲水基，具有一个正 HLB 基团数，而一个氧丙烯基是一个疏水（亲油）基，具有一个负 HLB 基团数。表 10-18 列出了各种乳化剂的 HLB 值。

表 10-18　各种乳化剂的 HLB 值

商品名称	生产公司	化学名称和组成	HLB 值
Span 85	日本石碱化学	失水山梨醇三油酸酯	1.8
Kessco Esters	Armour Ind Chem	乙二醇单硬脂酸酯	2.9
Pluronic L16	BASF Wyandotte	环氧丙烷环氧乙烷嵌段共聚物(聚醚)	3.0
Atlas G-2859	日本石碱化学	聚氧乙烯(4,5)山梨醇油酸酯	3.7
Tegin 515	Goldschmidt	甘油单硬脂酸酯	3.8
Span 80	日本石碱化学	失水山梨醇单油酸酯	4.3
Kessco Esters	Armour Ind Chem	二乙二醇单硬脂酸酯	4.3
Span 60	日本石碱化学	失水山梨醇单硬脂酸酯	4.7
Brij 52	日本石碱化学	鲸蜡醇聚氧乙烯(2)醚	5.3
Span 40		失水山梨醇单棕榈酸酯	6.7
Pluronic L62	BASF Wyandotte	聚醚 L62	7.0

续表

商品名称	生产公司	化学名称和组成	HLB值
Atlas G-1425	日本石碱化学	山梨醇-羊毛脂环氧乙烷加成物	8.0
Span 20	日本石碱化学	失水山梨醇单月桂酸酯	8.6
Lipal 5-OA	Draw	油醇聚氧乙烯(5)醚	9.0
Pluronic L103	BASF Wyandotte	聚醚 L103	9.0
Tween 61	日本石碱化学	聚氧乙烯(4)失水山梨醇单硬酸酯	9.6
Brij 30	日本石碱化学	月桂醇聚氧乙烯(4)醚	9.7
Tween 81	日本石碱化学	聚氧乙烯(5)失水山梨醇单油酸酯	10.0
Tween 65	日本石碱化学	聚氧乙烯(20)失水山梨醇三硬脂酸酯	10.5
Renex 648	日本石碱化学	壬基酚聚氧乙烯(6)醚	10.9
Tween 85	日本石碱化学	聚氧乙烯(20)失水山梨醇三油酸酯	11.0
Pluronic L63	BASF Wyandotte	聚醚 L63	11.0
Atlas G-1790	ICI America	聚氧乙烯(20)羊毛脂	11.0
Myri 45	日本石碱化学	硬脂酸聚氧乙烯(8)酯	11.1
PEG-400-Monooleat	Kessler Div	聚乙二醇-400-油酸半酯	11.4
PEG-400- Monostearat	Kessler Div	聚乙二醇-400-硬脂酸半酯	11.6
Atlas G-3300	日本石碱化学	烷基芳香磺酸盐	11.7
		三乙醇胺油酸盐	12.0
Igepal CA-630	GAF	辛基酚聚氧乙烯(9)醚	12.8
Atlas G-2127	日本石碱化学	月桂酸聚氧乙烯(8)酯	12.8
Brij 56	ICI America	鲸蜡醇聚氧乙烯(10)醚	12.9
PEG-400-Monolaurat	Kessler Div	聚乙二醇-400-月桂酸半酯	13.1
Renex 690	日本石碱化学	壬基酚聚氧乙烯(9)醚	13.3
Tween 21	日本石碱化学	聚氧乙烯(4)失水山梨醇单月桂酸酯	13.3
Tergitol 15-S-9	Union Carbid	直链 $C_{11}\sim C_{15}$ 醇聚氧乙烯(9)醚	13.3
Renex 20	日本石碱化学	聚氧乙烯(16)纸浆浮油	13.8
Renex 30	日本石碱化学	十三烷醇聚氧乙烯(12)醚	14.5
Tween 60	日本石碱化学	聚氧乙烯(20)失水山梨醇单月桂酸酯	14.9
Tween 80	日本石碱化学	聚氧乙烯(20)失水山梨醇单油酸酯	15.0
Pluronic L64	BASF Wyandotte	聚醚 L64	15.0
Brij 73	ICI America	硬脂醇聚氧乙烯(20)醚	15.3
Brij 88	ICI America	油醇聚氧乙烯(20)醚	15.3

续表

商品名称	生产公司	化学名称和组成	HLB 值
Tergitol 15-S-15	Union Carbide	直链 $C_{11}\sim C_{15}$ 醇聚氧乙烯(15)醚	15.4
Renex 31	ICI America	十三烷醚聚氧乙烯(15)醚	15.4
Tween 40	日本石碱化学	聚氧乙烯(20)失水山梨醇单棕榈酸酯	15.6
Brij 85	ICI America	鲸蜡醇聚氧乙烯(20)醚	15.7
Atlas G-7596P	日本石碱化学	聚氧乙烯失水山梨醇单月桂酸酯	16.3
Tagat 0	Goldschimidt	聚氧乙烯甘油单油酸酯	16.4
Tween	日本石碱化学	聚氧乙烯(20)失水山梨醇月桂酸酯	16.7
Brij	日本石碱化学	月桂醇聚氧乙烯(23)醚	16.9
Pluronic P65	BASF Wyandotte	聚醚 P65	17.0
Tergitol 15-S-30	Union Carbide	$C_{11}\sim C_{15}$ 直链醇聚氧乙烯(30)醚	17.6
		油酸钠	18.0
		油酸钾	20.0
Atlas G-263	日本石碱化学	*N*-十六烷基-*N*-乙基对氧氮己环乙氧基硫酸酯	25.0～30.0
Pluronic F68	BASF Wyandotte	聚醚 F68 月桂醇硫酸钠	29.0～40.0

表面活性剂的 HLB 值往往在产品说明书中已有标明，也可查阅有关表面活性剂的数据表获得。实验结果证明，作为载体光亮剂的表面活性剂的 HLB 值宜选 15～18 范围的为好。必须指出的是，用计算法算出的 HLB 值与实测值常常相差较大，应当以实测值为准。

(3) 辅助光亮剂

辅助光亮剂通常指对细化晶粒、改善镀液整平性和光亮度有辅助作用的光亮剂，它也应在一定的电流密度下对阴极反应有一定的阻挡或抑制作用，而且要求本身在还原过程中形成的还原产物不影响电极过程。辅助光亮剂的定义与分类并不严格，许多书刊都简单地把有辅助和整平作用的添加剂称为辅助光亮剂。在大多数情况下，在主光亮剂中引入亲水的吸电子基（如—COOH、—OH、—SO_3H、—Cl 等)，或把易还原的醛、酮基转变为羧基后，光亮剂的还原电位负移，光亮和整平作用降低。例如在主光亮剂亚苄基丙酮中引入磺基，结果水溶性得到明显改善，但整平能力下降，单独使用时只能获得半光亮的镀层。

$$C_6H_5\text{—}CH{=}CH\text{—}\overset{\overset{\displaystyle O}{\|}}{C}\text{—}CH_3 \longrightarrow C_6H_5\text{—}\underset{\underset{\displaystyle SO_3}{|}}{CH}\text{—}CH_2\text{—}\overset{\overset{\displaystyle O}{\|}}{C}\text{—}CH_3$$

水溶性差、光亮、整平作用强　　水溶性好、光亮、整平作用弱

主光亮剂：苯亚甲基丙酮 $C_6H_5-CH=CH-CO-CH_3$ →

辅助光亮剂：

- $C_6H_5-CH=CH-COOH$ 肉桂酸
- $o-HO-C_6H_4-CH=CH-COOH$ 邻羟基肉桂酸
- $o-Cl-C_6H_4-CH=CH-COOH$ 邻氯肉桂酸
- $o-HOOC-C_6H_4-CH=CH-COOH$ 邻羧基肉桂酸
- $H_2N-C_6H_4-CH=CH-COOH$ 对氨基肉桂酸
- $CH_3O-C_6H_4-CH=CH-COOH$ 对甲氧基肉桂酸

由于光亮剂的整平性较弱，在许多镀液中还需加入主要有整平作用的辅助光亮剂，这类辅助光亮剂主要是可在镀液中溶解的含氮杂环化合物或它们的季铵盐：

① 含氮杂环化合物

2-氨基吡啶（吡啶环上 $-NH_2$） 2-溴吡啶（吡啶环上 $-Br$）

2-吡啶甲酸（吡啶环上 $-COOH$） 异烟酸（吡啶环上 $-COOH$）

烟酸（吡啶环上 $-COOH$） 烟酰胺（吡啶环上 $-CONH_2$）

烟酸甲酯（吡啶环上 $-COOCH_3$） 烟酸丁酯（吡啶环上 $-COOC_4H_9$）

氧化烟酸（吡啶环上 $-COOH$，N→O） 3-甲醇基吡啶（吡啶环上 $-CH_2OH$）

4-氰基吡啶（吡啶环上 $-CN$） 4-氰基氧化吡啶（O←N 吡啶环上 $-CN$）

2-甲基吡啶 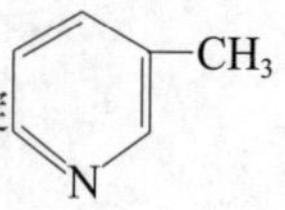 2-甲基吡嗪

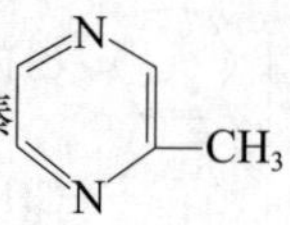

2-乙烷磺酸基吡啶 $-(CH_2)_2-SO_3H$

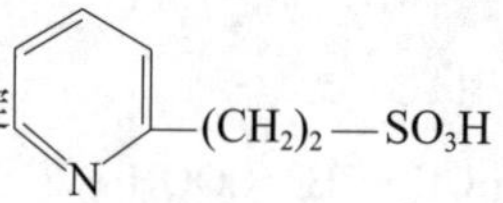

3-乙烷磺酸基吡啶 $-(CH_2)_2-SO_3H$

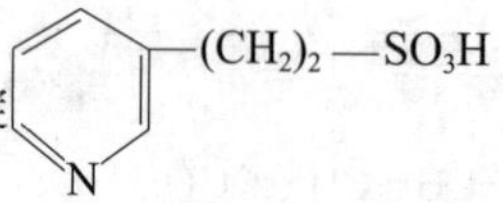

2,3-吡啶二羧酸 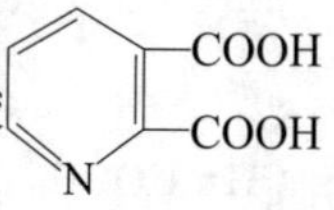 2,5-吡啶二羧酸

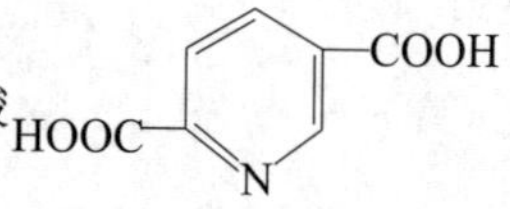

N,N'-二氧化-4,4′-连二吡啶 O←N…N→O

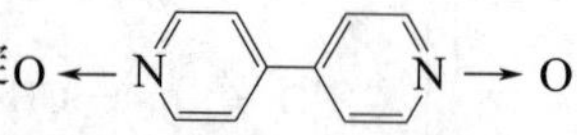

2-乙烷基磺酸吡啶 $CH_2CH_2SO_3H$

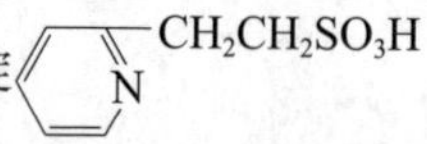

4-丙烷磺酸基吡啶 $-(CH_2)_3-SO_3H$

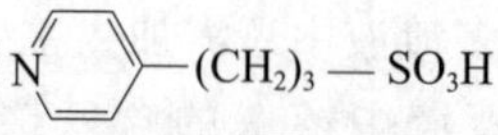

1,3-二-(4,4′-吡啶基)丙烷 $-(CH_2)_3-$

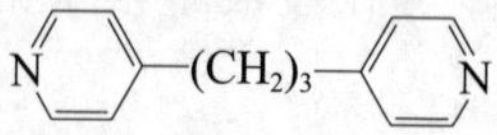

1,2-二-(4,4′-吡啶基)乙烯 $CH=CH$

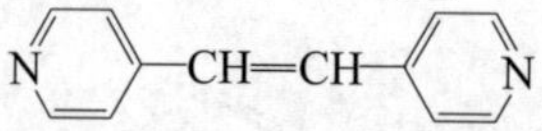

2,2′-二吡啶基胺 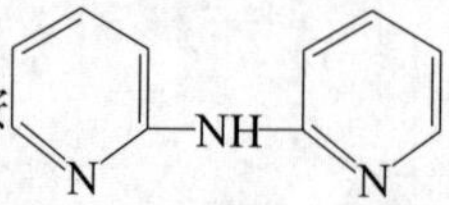 苯并三氮茂

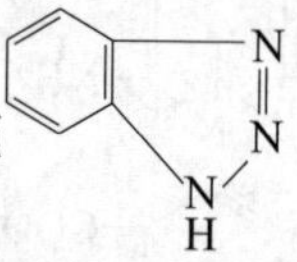

8-羟基喹啉 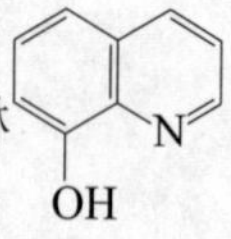 2-羟基喹啉

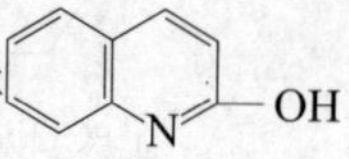

异吡啶 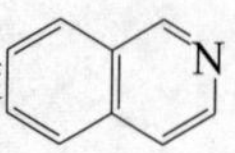 氧化喹啉水合物 $N\rightarrow O\cdot H_2O$

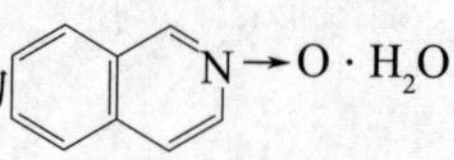

② 季铵化合物

N-乙基吡啶氯化物 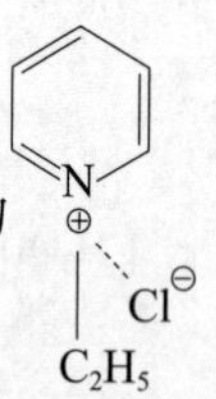 N-苄基吡啶氯化物

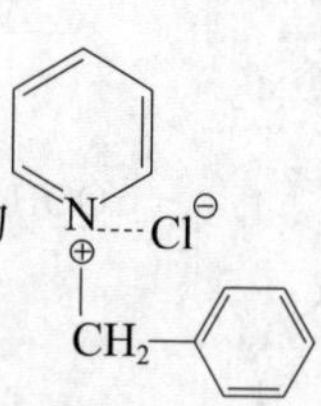

N-2-羟乙基吡啶氯化物 CH_2CH_2OH

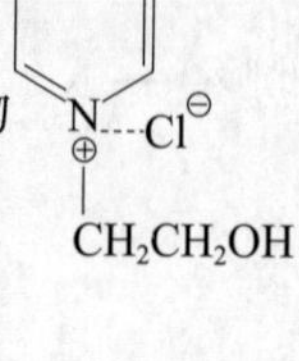

N-2-羟丙基吡啶氯化物 $C_5H_5N^{\oplus}(CH_2CH_2CH_2OH)\cdots Cl^{\ominus}$

吡啶基-N-丙烷磺酸内铵盐 $C_5H_5N^{\oplus}—(CH_2)_3—SO_3^{\ominus}$

N-亚苄基-3-磺基吡啶内铵盐 $HO_3S—C_5H_4N^{\oplus}—CH_2—C_6H_5\cdots Cl^{\ominus}$

N-丙烯基吡啶溴化物 $C_5H_5N^{\oplus}—CH_2—CH=CH_2\cdots Br^{\ominus}$

N-丙烯喹啉溴化物 $C_9H_7N^{\oplus}—CH_2—CH=CH_2\cdots Br^{\ominus}$

N-丙炔基喹啉溴化物 $C_9H_7N^{\oplus}—CH_2—C\equiv CH\cdots Br^{\ominus}$

N-2,3-二氯丙烯基氯化物 $C_5H_5N^{\oplus}—CH_2—C(Cl)=CH(Cl)\cdots Cl^{\ominus}$

N-苄基-3-磺基吡啶内铵盐 $C_6H_5—CH_2—N^{\oplus}C_5H_4—SO_3^{\ominus}$

4-甲基吡啶-N-氧化丙烷磺酸内铵盐 $H_3C—C_5H_4N^{\oplus}—O—(CH_2)_3—SO_3^{\ominus}$

4-苄基-N-苄基吡啶氯化物 $C_6H_5—CH_2—C_5H_4N^{\oplus}—CH_2—C_6H_5\cdots Cl^{\ominus}$

4-甲基-N-(4-氧化苯基亚苄基)吡啶氯化物 $C_6H_5—O—C_6H_4—CH_2—N^{\oplus}C_5H_4—CH_3\cdots Cl^{\ominus}$

N-丙炔基-4-(2-乙烷磺酸)吡啶溴化物 $HC\equiv C—CH_2—N^{\oplus}C_5H_4—(CH_2)_2—SO_3H\cdots Br^{\ominus}$

N-丙炔基-2-丙醇基吡啶溴化物

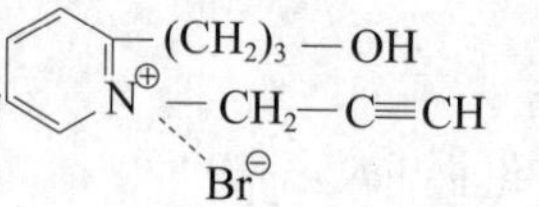

N-(2,3-二氯丙烯基-2-)喹啉碘化物

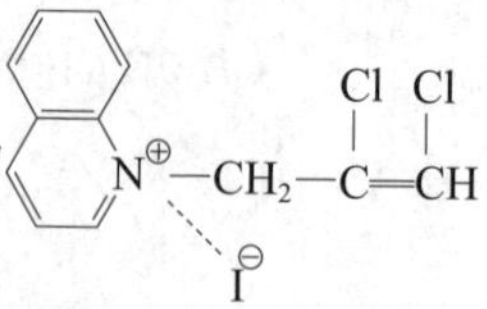

α,α′-二(N,N′-吡啶基)对二甲苯氯化物

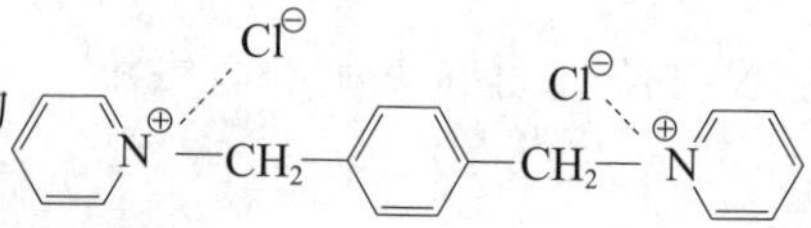

1,3-二(N,N′-2,3-二氯二丙烯基-4,4′-氯化吡啶)丙烷

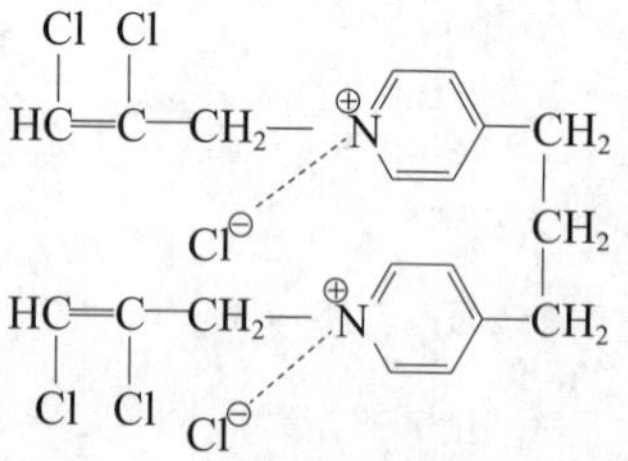

含氮杂环化合物的用量通常在0.01～0.5g/L的范围。在上述众多的化合物中，较为有效的是烟酸和烟酰胺。烟酸的用量在0.1～0.5g/L之间，低于0.1g/L时，在低电流密度区镀锌层上产生暗色条纹，含量在0.15g/L时光亮效果很好，在总电流1A时可获得全片光亮的哈槽试片，低电流区不会产生条纹。使用烟酰胺的效果比烟酸更好些，最佳使用浓度为0.04～0.12g/L，可获得更宽的光亮电流密度范围，但镀层光亮度不如烟酸的好。

10.6 21世纪镀锌和锌合金添加剂的进展

镀锌层具有优良的耐蚀性、可钝化成多种色彩的外观及价格低廉等特点，成为应用最广的电镀层，其用量约占整个电镀总量的60%。镀锌工艺分碱性锌酸盐、碱性氰化物、酸性氯化铵、酸性氯化钾、酸性硫酸盐镀锌等，其中用量最大的是碱性锌酸盐镀锌和酸性氯化钾镀锌。目前这两种镀锌已经成为世界上两大主要的无氰镀锌工艺，其总量已大大超过氰化镀锌工艺。酸性氯化钾镀锌的电流效率高（90%～95%），能在铸件上直接镀锌，缺点是对设备的腐蚀严重且镀层的防护性能差。碱性锌酸盐镀锌对设备的腐蚀性小，尤其对管状镀件的内表面没有腐蚀性，镀层的防护性能好，镀液的分散能力高，镀层厚度分布均匀，但电流效率低（50%～80%），不能在铸件上直接镀锌。

10.6.1 碱性锌酸盐镀锌中间体的进展

锌酸盐 Na_2ZnO_3 是四羟基合锌酸钠 $Na_2Zn(OH)_4$ 的脱水产物，在水溶液中它以四羟基合锌配离子 $[Zn(OH)_4]^{2-}$ 形式存在。由于羟基离子是一种电子桥，有很强的去极化作用，能加速电子的传递，使锌离子的还原反应加速。所以没有添加剂的锌酸盐镀锌只能获得海绵状的镀层。要获得良好的镀层，就必须添加有很强抑制锌离子还原的添加剂，它们都是长链含氮高分子缩聚物或者是季铵化的缩聚物。这些缩聚物很容易吸附在镀件表面，在表面与锌离子形成表面配合物，阻止锌离子的还原，使锌离子的还原速度降低到可获得良好镀层的程度。缩聚物的分子量越大，吸附作用越强，阴极极化作用越大，锌离子的还原电位越负，析氢越多，阴极的电流效率就越低，镀层的晶粒越细，镀层的光亮度越好，但光亮剂也越易被夹杂在镀层中，使镀层的脆性变得越大，镀层就不能镀厚。

20 世纪 80 年代，我国开发了一系列有机胺和环氧氯丙烷反应形成的缩聚物光亮剂，所用的有机胺是二甲胺、二甲氨基丙胺、二甲氨基丙胺＋乙二胺、盐酸羟胺、四乙烯五胺、四乙烯五胺＋乙二胺、六亚甲基四胺、六亚甲基四胺＋二甲胺、二甲胺＋乙二胺、多乙烯多胺＋二甲胺＋乙二胺等。

表 10-19 列出了市场上光亮剂的代号和形成缩聚物所用的胺类。

表 10-19 市场上光亮剂的代号和形成缩聚物所用的胺类[1]

光亮剂代号	有机胺名称	光亮剂代号	有机胺名称
DPE-Ⅰ	二甲氨基丙胺	Zn-2	六亚甲基四胺
DPE-Ⅱ	二甲氨基丙胺缩聚后再加压季铵化	NJ-45	四乙烯五胺
DPE-Ⅲ	二甲氨基丙胺：乙二胺＝(9：1)～(10：1)	GT-1	四乙烯五胺：二甲胺：乙二胺＝8：1：1
DE	二甲胺	GT-4	多乙烯多胺：二甲胺：乙二胺＝8：1：1
KR-7	盐酸羟胺	DHE	六亚甲基四胺：二甲胺＝7：3
EQD-Ⅱ	四乙烯五胺：乙二胺＝3：1	FO-39	二甲胺，有机酸

在表 10-19 的光亮剂中镀锌层的光亮度和脆性按以下顺序递增：

六亚甲基四胺≪二甲胺＜二甲氨基丙胺＜乙二胺＜四乙烯五胺＜多乙烯多胺

而镀液的电流效率和沉积速度却按以上顺序递降。在表 10-19 的光亮剂中性能最好的是 DPE-Ⅱ，它是缩聚后再经加压季铵化的产物。季铵化使缩聚物带上正电荷，更易被带负电的阴极表面吸附，吸附强度也更强，阴极极化作用也更大，所以在光亮度、覆盖能力和分散能力等方面都比未季铵化的好。这一规律后来被许多研究者证实，现已成为合成碱性锌酸盐镀锌和锌合金添加剂普遍采用的规则。

有机胺和环氧氯丙烷反应形成的缩聚物光亮剂的出现与完善，使碱性锌酸盐镀锌和锌合金工艺在生产上获得广泛应用，而缩聚物光亮剂也成为碱性锌酸盐镀锌和锌合金添加剂的不可或缺的基本组分，随后数十年碱性锌酸盐镀锌和锌合金添加剂的发展，都是在此基础上的改进与补充。

这些年来，我国在镀锌中间体的制造上也做了许多工作，河北金日化工、武汉吉和昌化工和江苏梦得都推出许多新型镀锌中间体（见表10-20），为无氰镀锌的发展做出了重大贡献。经过10年发展，国内电镀中间体生产企业，风帆化工、吉和昌、河北金日、江苏梦得、武汉和昌、武汉奥克特化在行业内快速发展，在系列电镀中间体上都已大规模工业化，达到或接近国际品质；同时在产品配套方面，优于国外公司：武汉风帆化工具有镍、铜系列产品；吉和昌和江苏梦得有镍、锌、铜全系列产品；河北金日具有锌系列产品，武汉和昌具有镍系列产品、武汉奥克特化具有环氧乙烷衍生物系列产品。

表10-20 新型碱性锌酸盐镀锌中间体

代号	化学成分	性质	用途	制造商
DTS	多胺甲基化物	淡黄色液，pH7～8，用量2～5g/L	走位剂、整平剂、低电流区晶粒细化剂	金日化工
ADS	高级脂胺阳离子季铵盐	淡黄色液，pH7～7.5，用量0.5～5g/L	走位剂、整平剂、增亮剂、防高区烧焦	金日化工
IZE	咪唑与环氧乙烷加成物	浅黄色液，用量0.15～0.5g/L	主光亮剂、整平剂	金日化工，吉和昌
IZEC	咪唑与环氧氯丙烷缩合物	黄色液，用量0.15～0.5g/L	主光亮剂	金日化工
BPC	苄基吡啶鎓-3-羧酸盐	淡黄色液，用量1～3g/L	特效光亮剂，改善分散能力	金日化工
TPHE	多烯多胺与环氧氯丙烷缩合物	黄色液，用量5～6g/L	整平剂	金日化工
HOME	水性阳离子季铵盐	黄色液，用量1～3g/L	光亮剂载体	金日化工
IME	水性阳离子季铵盐	黄色液，用量0.5～2g/L	光亮剂载体	金日化工
HAA	水性阳离子季铵盐	黄色液，用量0.3～0.5g/L	整平剂、低电流区走位匀镀剂	金日化工
IEP	水性阳离子季铵盐	黄色液，用量0.3～0.5g/L	整平剂、低电流区晶粒细化剂	金日化工
HDE	水性联胺季铵盐	淡黄色液，用量0.3～3g/L	整平剂、走位剂、匀镀剂、抗高温剂	金日化工

续表

代号	化学成分	性质	用途	制造商
DDS	水性阳离子季铵盐	淡黄色液，用量0.5～5g/L	整平剂、走位剂、匀镀剂、抗高温达55℃	金日化工
IDTE	水性阳离子季铵盐	淡黄色液，用量1～3g/L	整平光亮剂、晶粒细化剂、增白剂	金日化工
DPE-34	阳离子季铵盐	微黄色液，用量0.5～5g/L	高区整平光亮剂、晶粒细化剂、抗高温达55℃	金日化工
DPTHE	多胺高分子聚合物	淡黄色液，用量0.2～2g/L	中低区走位剂，可承受高锌浓度，提高低区镀层厚度	金日化工
WT-50/62	多胺高分子聚合物	无色至淡黄色液，用量0.3～0.4g/L	整平剂、走位剂、光亮剂、配位剂	金日化工
DEP-3S	多胺甲基化物	浅黄色液，用量2～5g/L	整平剂、走位剂、晶粒细化剂	金日化工
DSP	多胺化合物	无色透明液体，用量6～8mL/L	配位剂、走位剂，除钙和其他杂质离子	金日化工
625-1	水溶性阳离子季铵盐	浅黄色透明液体，用量10～20mL/L	特效整平剂，细晶白亮剂	金日化工
DPAE	二甲氨基丙胺与环氧乙烷加成物	黄色液体，用量0.5～2g/L	整平匀镀剂，晶粒细化剂，防高电流区烧焦	金日化工
MAA	改性对甲基苯甲醛	白色粉末，用量0.1～1g/L	整平剂、光亮剂	金日化工
TE-1500	叔胺与环氧乙烷加成物	琥珀色液体，用量0.2～0.5g/L	配位剂，低电流区分散剂	金日化工
HEA	阳离子聚合物	无色透明液体，用量0.15～0.3g/L	整平剂，低电流区分散剂	金日化工
MAB		白色粉末，用量80～160mg/L	整平剂、光亮剂	吉和昌
DMA	改性芳香醛	无色至淡黄色透明液体，用量0.2～0.6g/L	主光剂、整平剂	吉和昌
IAE	聚乙烯亚胺阳离子季铵盐	浅黄色透明液体，用量0.2～0.5g/L	分散剂、低区光亮剂	吉和昌
JC-7		无色透明液体，用量2～5g/L	除杂剂、水质净化剂	吉和昌
IMC	咪唑阳离子季铵盐	无色至淡黄色液体，用量10～100mg/L		吉和昌

续表

代号	化学成分	性质	用途	制造商
MOMC		浅棕红色透明液体，用量 100～240mg/L		吉和昌
EQD	多烯多胺阳离子季铵盐	浅黄色透明液体，用量 0.5～2g/L	载体光亮剂，提高电流效率	吉和昌
PSA	氮杂环衍生物	蓝色透明液体，用量 0.2～2g/L	低区光亮剂、除杂剂	吉和昌
MTS		无色至淡黄色透明液体，用量 0.8～1.5g/L	低区光亮剂、除杂剂	吉和昌
NCZATW 45	季铵盐衍生物	浅黄色至棕色液体，15%～25%	分散剂、走位剂、提高光亮及低位整平剂	佛山亚特公司

碱锌中间体 WT（脲胺类阳离子季铵盐），可以完全替代氰化物作为强配位型中间体，使无氰碱锌添加剂的性能得以飞跃性的提升，极大改善镀层的分散性和提高低区的光亮填平性能。碱锌主要中间体还有 BPC、IMZE、G35 等。国外 BASF 公司占据着 BPC、IMZE、G35 市场的大部份额，RODIA 公司占据着 WT 的大部份额，RASCHIG 公司的乳化剂 16-80、载体 15-90、14-90 占据市场大部份额。国内多采用几种有机物复配的组合光亮剂，它们的综合效应和影响显著提高了阴极极化，能获得致密、平整、光亮和力学性能优良的镀层，并与基体结合力良好。例如碱性锌酸盐镀锌添加剂已由胺类和环氧丙烷的缩合物，发展为杂环化合物如咪唑和吡啶及其衍生物等与环氧丙烷的缩合物，能得到光亮且结合力和韧性好的镀层，即使镀厚弯折也不暴皮。见图 10-1。

有机胺和环氧化合物反应形成的缩聚物光亮剂还存在下列缺点：

① 镀层的光亮度不足，难达镜面光亮，只能满足中低档产品的要求，不能满足高档产品的要求。

② 镀层的脆性较大，不能镀厚的（如 30μm 以上的）镀层。

③ 镀层的耐蚀性还不够好，耐中性盐雾的时间短。

④ 光亮电流密度范围较窄，高电流密度区易烧焦，一般只在 $1\sim2A/dm^2$ 内使用，不适于复杂零件的电镀。

⑤ 电流效率较低（50%～80%），不能在铸件上直接镀锌。

⑥ 镀锌时产生的氢气泡多，镀层容易产生针孔和条纹，不能满足光学零件的要求。

10.6.2 改善碱性锌酸盐镀锌性能的研究

10.6.2.1 改善镀层的光亮度的研究

提高镀层的光亮度的方法有多种，最主要的是：①加入易在阴极上还原的有

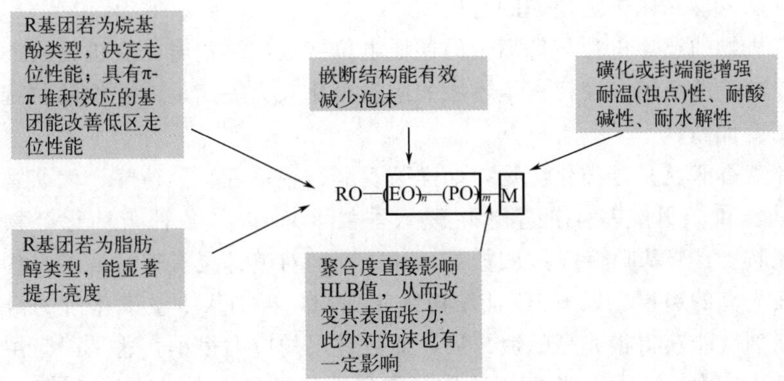

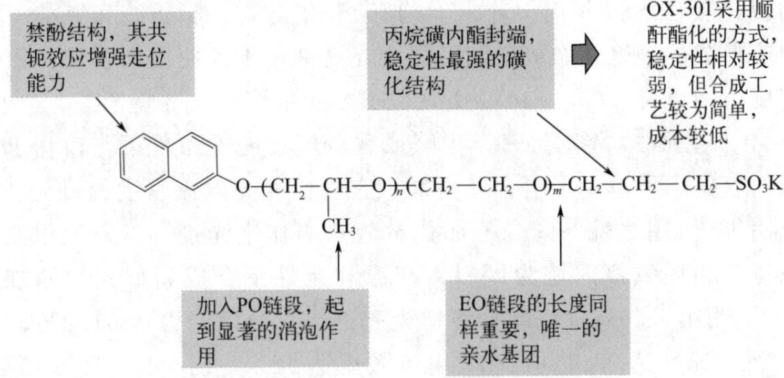

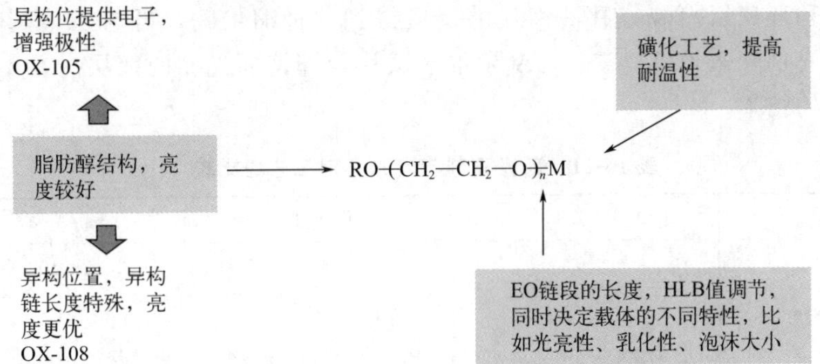

图 10-1 电镀酸锌载体的通用构效关系

引自：胡哲，任凡，通过环氧类电镀中间体的构效关系探索产品创新思路，2017 年第 19 届中国电子学会电镀专家委员会学术年会论文集。

机物，使阴极极化大大提高；②加入杂质掩蔽剂或除杂剂，消除杂质对镀层光亮度的影响；③加入氢气抑制剂或润湿剂，使氢气少产生或使氢气快速离开镀件表面。

(1) 加入易在阴极上还原的有机物

当有机物的还原电位与锌离子的还原电位接近或更正时，有机物的还原将显著抑制锌离子的还原，使锌离子还原的阴极极化大大提高，镀层的晶粒变细，镀层的光亮度提高。

各种芳香醛就是这类化合物，如洋茉莉醛、香草醛、藜芦醛、大茴香醛、对羟基苯甲醛和 3-甲氧基-4-羟基苯甲醛（香兰素），以及各种杂环化合物，如烟酸、烟酰胺、1-苄基吡啶-3-羧酸盐等。洋茉莉醛对镀锌层有较好的增光作用，能获得镜面光亮的镀层。以 DPE-Ⅲ作初级光亮剂，再加入少量磺化过的洋茉莉醛作主光亮剂就能获得很光亮的镀锌层，而且锌层的应力很小，这是因为主光亮剂产生的是压应力，而次级光亮剂洋茉莉醛产生的是张应力，彼此正好应力抵消。此外，以 DE-81 作初级光亮剂时，用香草醛作主光亮剂（也称主光剂）也能获得很光亮的镀锌层。1989 年周卫等人[1] 把杂环化合物、脂肪胺和醛类一起和环氧氯丙烷反应形成的缩聚物做成一液型组合光亮剂，不仅使用和管理方便，而且光亮电流密度范围更宽（0.5～10A/dm^2），2A 赫尔槽试片可全光亮。

1991 年王克勤[2] 将对羟基苯甲醛或香草醛在碱性条件下与市售 DE 添加剂反应，从而获得一种单一型组合光亮剂，它可使光亮电流密度提升到 10A/dm^2。同年倪光明等[3] 用 2-巯基间二氮茚代替芳香醛作主光剂，以六亚甲基四胺、2-巯基间二氮茚和环氧氯丙烷为原料，在温和条件下合成新型镀锌添加剂 SD-1，他们称 SD-1 为第三代碱性锌酸盐镀锌光亮剂，其分散能力达 61.2%，深镀能力达 92%，沉积速度达 23.15μm/h，电流效率达 72.47%，可在 10～40℃、0.5～3.5A/dm^2 条件下获得光亮、平整、细致的镀锌层。

2004 年左正勋、马冲[4] 用含氮杂环化合物、羟基胺（醇胺）、酰基或硫酰基二叔胺和环氧氯丙烷或甘油卤代醇反应得到一种缩聚物，再与 1-苄基吡啶-3-羧酸盐主光剂配伍，可以获得 3A 赫尔槽试片全部镜面光亮的镀层。表 10-21 是他们得到的结果。

表 10-21 新光亮剂与老光亮剂工艺的比较

项目	DE	DPE-Ⅲ	新光亮剂
ZnO/（g/L）	10	10	10
NaOH/（g/L）	120	120	120
添加剂	DE 缩聚物 5mL/L 香草醛 0.2g/L	DPE-Ⅲ缩聚物 4mL/L 三乙醇胺 30mL/L	新缩聚物 0.8mL/L 苄基吡啶羧酸盐 1.5g/L，聚乙烯醇 1500 0.5g/L
总电流/A	2	2	2
温度/℃	25	25	25
时间/min	5	5	5
Hull Cell	0.5～4ASD 是光亮的，4ASD 以上烧焦	0.2～8ASD 是光亮的，8ASD 以上烧焦	0.1～12ASD 是光亮的

2008年刘贵喜[5] 用派嗪、乙二胺、香草醛、甲醛同环氧氯丙烷反应制得成本低的一液型光亮剂，可以获镀层物性好、光亮电流密度范围宽、镀层色泽鲜艳、厚度均匀的镀层。

2012年李丽波等[6] 用二甲胺同环氧氯丙烷反应后，再与四乙烯五胺反应制得缩聚物光亮剂，然后在锌酸盐溶液中和茴香醛一起作光亮剂，所得镀层均匀致密，可达镜面光亮，镀液分散能力达58.1%，光亮电流密度提升到0.8～10.73A/dm^2。

2016年党庆风[7] 提出用羟基苯甲醛和1-苄基吡啶-3-羧基盐共同作主光亮剂的碱性锌酸盐镀锌光亮剂配方。镀锌光亮剂包括有机胺与环氧氯丙烷的缩聚物、1-苄基吡啶-3-羧酸盐、有机醛、植酸、聚乙烯亚胺和去离子水，各组分及其质量份为：

有机胺与环氧氯丙烷的缩聚物	3～5份
1-苄基吡啶-3-羧酸盐	0.5～5份
有机醛	0.1～1份
植酸	0.4～1份
聚乙烯亚胺	0.5～1份
去离子水	80～90份

其制备方法是：按配方定量称取各组分，先将去离子水80～90份加入到带有夹套的搅拌器中，升温至40～50℃，再加入有机胺与环氧氯丙烷的缩聚物3～5份、1-苄基吡啶-3-羧酸盐0.5～5份、聚乙烯亚胺0.5～1份、有机醛0.1～1份、植酸0.4～1份，搅拌30～40min，待各组分混匀后，停止搅拌，出料，即得碱性镀锌光亮剂。所述的有机醛是大茴香醛、对羟基苯甲醛、3-甲氧基-4-羟基苯甲醛中的一种或多种。

2017年江苏梦得公司杭冬良先生[8] 发明了一种新型碱性锌酸盐镀锌光亮剂，它是由1-苄基吡啶鎓-3-羧酸盐、氯化胆碱、尿素和2,4-二氯苯甲醛组成的复合光亮剂，可以获得高光亮的镀锌层，其光亮剂的组成和反应条件为：

1-苄基吡啶鎓-3-羧酸盐	49%～51%
氯化胆碱	19%～21%
尿素	14%～16%
2,4-二氯苯甲醛	14%～16%
NaOH	40%
pH	6.5～7.0
反应温度	70～75℃
反应时间	60min

(2) 加入杂质掩蔽剂或除杂剂

碱性锌酸盐镀锌液对杂质比较敏感。在工业级的ZnO和NaOH中含有大量的铁、铅、锑等杂质。适合在强碱性锌酸盐镀锌液中作杂质掩蔽剂的大都是可与杂质形成高稳定性的螯合剂，如三乙醇胺、酒石酸钾钠、葡萄糖酸钠、植酸钠、羟基亚乙基二膦酸钾和 EDTA 钠盐等。上述螯合剂的羟基、羧基、膦酸基和氨基在强碱性条件下可与三价铁等杂质离子形成比锌更稳定的螯合物，使铁等杂质不能在阴极析出，使镀锌层变得清亮，无雾状。

早期的 DE 型碱性锌酸盐镀锌就必须加三乙醇胺镀层才比较光亮，镀层结晶也更加细致。酒石酸钾钠、葡萄糖酸钠和 EDTA 钠盐也是碱性锌酸盐镀锌常用的掩蔽剂或除杂剂，它可消除铁、铅和锑等杂质对镀层的危害，大大缩短新配槽液的预电解除杂时间。

用含三乙醇胺的配方（ZnO 15～20g/L，NaOH 100～120g/L，DPE-Ⅲ 2～4mL/L，洋茉莉醛 0.1～0.2g/L，三乙醇胺 20～30g/L，温度 15～25℃）进行滚镀锌，可以获得沉积速度快、镀层结晶细致光亮的镀层。

2017 年河北金日化工开发出用酒石酸钾钠和 EDTA 二钠为水质调理剂的碱性无氰锌酸盐镀锌工艺，感谢该公司殷振坤总工为本书提供了高光亮型和功能型锌酸盐镀锌添加剂的组成配方：

ZnO	8～13g/L
NaOH	80～120g/L
开缸剂（柔软剂）	6～8mL/L
光亮剂（高光亮型）	2～4mL/L
光亮剂（功能型）	2～4mL/L
水质调理剂	10～12mL/L
温度	10～50℃
阴极电流密度	0.5～4A/dm^2

金日化工新型碱性无氰锌酸盐镀锌添加剂的组成配方：

开缸剂（柔软剂）的配方		水质调理剂的配方	
DTS	15%	酒石酸钾钠	20%
DDS	10%	EDTA 二钠	0.5%
ADS	5%	纯水	80%
BPC-48	5%		
WT-50	5%		
纯水	60%		

光亮剂（高光亮型）配方		光亮剂（功能型）配方	
IZEC	3%	MAA	1%～2%
DTS	10%	DTS	15%
DDS	10%	IME	10%
纯水	77%	纯水	73%

(3) 加入氢气抑制剂或润湿剂

锌酸盐镀锌时锌的析出电位较负，电流效率较低，有大量氢气在镀层表面逸出，若镀液表面张力较大，氢气易停留在镀层上阻止锌的沉积，结果就形成了针孔。若氢气流一直在同一地方向上移动，镀层就会出现气道，这些镀层的缺陷对光学零件来说是不能允许的。要消除析氢造成的影响，可以采取两种方法：一是加入可降低表面张力的表面活性剂，它们通常称为润湿剂，可使氢气较易离开工件表面，从而减少或消除针孔和气道；二是采用阴极移动或者循环过滤的方法，使表面的氢气尽快离开工件表面。最常用的润湿剂是十二烷基硫酸钠（K12）和2-乙基己基硫酸钠，渗透剂是OT（琥珀酸二辛酯磺酸钠），K12的泡沫较多，不适于空气搅拌下使用。2-乙基己基硫酸钠和渗透剂OT属低泡型，可在空气搅拌下使用。国外最为常用的润湿剂是琥珀酸双酯磺酸钠，不同结构的琥珀酸双酯磺酸钠与表面张力的关系见表10-22。

表 10-22　不同结构的 Aerosol 琥珀酸双酯磺酸钠与表面张力的关系[9]

Aerosol 琥珀酸双酯磺酸钠系列	分子量	对矿油表面张力/（dyn/cm）	
		0.1%溶液	1.0%溶液
琥珀酸二辛酯磺酸钠 Aerosol-OT	444	5.86	1.84
琥珀酸二己酯磺酸钠 Aerosol-MA	388	20.1	4.18
琥珀酸二戊酯磺酸钠 Aerosol-AY	360	27.5	7.03
琥珀酸二丁酯磺酸钠 Aerosol-IB	332	41.3	31.2

注：1dyn=10^{-5}N。

由表10-22结果可见，表面活性剂琥珀酸双酯磺酸钠中酯基的疏水基团（烷基）的碳链越长或疏水基越大，其表面张力越小，润湿性越好。

2017年德国巴斯夫公司[10] 在中国专利CN106471161A中指出有一类添加剂可以抑制或减少镀锌时氢气的析出。这类添加剂为含醚基的单糖，可表示为：

R—O—G_x—H　　　　G为1～6个碳的单糖，$x=1\sim4$

四个碳的单糖叫丁糖，四到六个碳的单糖叫乳糖、葡萄糖、木糖、阿拉伯糖、L-苏糖、D-苏糖、己基糖苷等。表10-23列出了几种糖苷作镀锌添加剂时产生的泡沫量及镀层的外观。

表 10-23　几种糖苷作镀锌添加剂时产生的泡沫量及镀层的外观

测试号	镀锌添加剂	镀层的外观	产生的泡沫量
1	—	镀层无光泽，有丝纹高电流区无光泽，有稀少条带	稀少泡沫产生 泡沫保持在液中
2	丁基葡糖苷	镀层无光泽，有丝纹 高电流区比1号有明显改善	稀少泡沫产生 泡沫保持在液中

续表

测试号	镀锌添加剂	镀层的外观	产生的泡沫量
3	异戊基木糖苷	镀层无光泽，有丝纹 中电流区比1号有明显改善	稀少泡沫产生 泡沫保持在液中
4	己基葡糖苷	镀层无光泽，有丝纹 中电流区比1号有明显改善	稀少泡沫产生 泡沫保持在液中

他们用以下的配方获得了不会产生泡沫和气泡且结合力好，符合光学外观要求的镀锌和锌合金镀层。

ZnO　　9.34g/L

NaOH　　97.0g/L

Na_2CO_3　　35.0g/L

缩聚物1　　7.7g/L

缩聚物2　　7.0g/L

高光亮剂　　50mL/L

丁基葡糖苷　　1g/L

温度　　15～30℃

阴极电流密度　　0.5～5A/dm^2

缩聚物1是*N*,*N*-双（二烷基氨基）烷基脲与1,3-二卤代丙醇的季铵化缩聚物。

缩聚物2是咪唑和环氧氯丙烷的反应产物。

高光亮剂是烟酸苄基酯（1-苄基吡啶-3-羧酸盐）。

10.6.2.2 提高碱性锌酸盐镀锌分散能力的研究

分散能力是指镀件表面不同部位上沉积出镀层厚度均匀程度的量度，分散能力越强，镀层间的厚度差越小，厚度分布越均匀。如果分散能力不好，为了使低厚度区的镀层厚度达到所要求的厚度，高厚度区的镀层厚度就要达到很高才行，这高出来的厚度就是很大的浪费，所以分散能力好的工艺可以节省电镀成本，而分散能力的好坏也是电镀工艺是否满足生产要求的重要指标。

增加阴极的极化度，就能提高镀液的分散能力。电镀光亮剂的一个重要作用就是提高阴极的极化度。光亮剂分子中有易被还原的不饱和基团、有许多共轭π键和带正电季铵盐的化合物容易被阴极强力吸附或还原，它们都可以明显提高阴极的极化度。

2013年易鹏[11] 公开了一种高分散性碱性镀锌工艺：

氧化锌　　10～12g/L

氢氧化钠　　120～140g/L

光亮剂　　12～16mL/L

辅助光亮剂	2.0～4.0mL/L
净化剂	1～2mL/L
阴阳极面积比	1∶(1～2)
温度	15～45℃
电流密度	1～8A/dm^2

该工艺的添加剂由A和B组分构成。A组分由载体光亮剂、主光亮剂、辅助光亮剂以及净化剂构成，其组分为：

DPE-Ⅲ（载体光亮剂）	120g/L
1-苄基吡啶-3-羧酸盐（主光亮剂）	40g/L
咪唑丙氧基缩合物（辅助光亮剂）	20g/L
聚胺砜衍生物（辅助光亮剂）	80g/L
咪唑阳离子季铵盐（辅助光亮剂）	8g/L
2-巯基噻唑啉（辅助光亮剂）	2g/L
Na_2EDTA（净化剂）	2g/L
A组分消耗量为160～240mL/KAH	
B组分为脲胺类阳离子季铵盐	125g/L
B组分消耗量为80～160mL/KAH	

主光亮剂采用的是氯苄与烟酸型有机物的合成物苄基烟酸鎓盐；辅助光亮剂采用的是咪唑丙氧基缩合物、聚胺砜衍生物、咪唑阳离子季铵盐、2-巯基噻唑啉以及脲胺类阳离子季铵盐；其中咪唑丙氧基缩合物用以增强低电流区的极化，提高镀层亮度；聚胺砜衍生物作为镀锌高温载体，提高镀液耐高温性能；咪唑阳离子季铵盐扩大光亮电流密度范围；2-巯基噻唑啉作为整平剂；脲胺类阳离子季铵盐提高镀液的分散性能，使高低区镀层厚度均匀。净化剂采用的是乙二胺四乙酸二钠Na_2EDTA。该发明添加剂的分散能力达81.81%，远高于国内同行业59.4%的分散能力，接近国外先进技术86.04%的分散能力。镀层光亮性、外观、脆性等自主合成材料与进口材料基本相当。

10.6.2.3 无脆性高耐蚀高光亮碱性锌酸盐镀锌的研究

2015年陈楷城[12] 发明了一种高耐蚀高光亮无脆性的碱性锌酸盐镀锌新工艺，该无氰碱性镀锌电镀液由以下组分构成：锌10～12g/L，氢氧化钠130～145g/L，51011调整剂25～30mL/L，51012开缸剂6～8mL/L，51015光亮剂1～3mL/L，51016湿润剂0.1～0.3mL/L；阴极电流密度2～3A/dm^2，空气搅拌，连续过滤。其中，所述的开缸剂为多乙烯多胺与环氧氯丙烷的反应产物，湿润剂为十二烷基硫酸钠，光亮剂由聚乙烯亚胺、咪唑丙氧基缩合物、氮杂环类衍生物、改性芳香醛类化合物、环氧氯丙烷和水制得，调整剂或杂质掩蔽剂为葡萄糖酸钠，该发明提供的环保型无氰碱性镀锌工艺具有以下特点：

① 分散能力达 84.12%，远高于国内同行的 59.4%～72.7%，接近国外先进技术的 86.04%。

② 镀液稳定性和镀锌层光亮度比国内产品明显提高，但与国外还有一定差距。

③ 可获得全片镜面光亮的镀层，电流密度范围宽。

④ 厚度可达 30μm，无脆性，使得镀液分散能力和覆盖能力超过传统的碱性镀锌光亮剂。

⑤ 镀锌层的耐盐雾时间可达 160～170h。

该工艺所用光亮剂的组成如表 10-24 所示。

表 10-24 环保型合成光亮剂的组成

化合物	含量/份	实例 1	实例 2	实例 3
聚乙烯亚胺	10～20	10	15	20
咪唑丙氧基缩合物	15～25	15	20	25
氮杂环类衍生物	25～35	25	30	35
改性芳香醛化合物	13～23	13	18	23
环氧氯丙烷	70～80	70	75	80
水	400～500	400	450	500
反应温度/℃	45	45	45	45
反应时间/h	3～5	3～5	3～5	3～5

合成步骤：

① 将聚乙烯亚胺、咪唑丙氧基缩合物、氮杂环类衍生物、改性芳香醛化合物和水加入反应器，升温至 45℃。

② 将环氧氯丙烷加入滴液漏斗中，在搅拌下缓慢滴入①中的反应器内，反应温度控制在 45℃以下，反应 3～5h。

③ 待滴完环氧氯丙烷后，将反应器温度升至 80℃，搅拌 6h，即得环保型合成光亮剂。

10.6.2.4 耐高温宽电流镜面光亮的碱性锌酸盐镀锌的研究

2010 年韩艳等[13] 发现从一种或几种胺、醇胺、氮杂环化合物与环氧卤代烷合成的大分子季铵聚合物或聚二氧硫化合物作为载体光亮剂。

$$N(R^1R^2)(CH_2)_n NH-\overset{\overset{\large S}{\|}}{C}-NH(CH_2)_n N(R^3R^4)$$

$$N(R^1R^2)(CH_2)_n NH-\overset{\overset{\large O}{\|}}{C}-NH(CH_2)_n N(R^3R^4)$$

以含有—CH_2—C_5H_4N—COO—结构的有机物，如1-苄基吡啶-3-羧酸盐作主光亮剂。辅助光亮剂由可增强低电流密度区的极化，提高镀液分散能力和深镀能力的聚乙二醇；提高镀层整平性和镀液抗杂能力的聚胺类化合物；引入可降低反应产物吸附强度，减少镀层脆性和变色现象的有机酸，引入一些有利于氢气析出的润湿剂；选择一些可掩蔽镀液中铜、铁、铅等金属杂质，提高镀层清亮度和深镀能力的配位剂，如葡萄糖酸钠、酒石酸钾钠等共同组成辅助光亮剂。此外还可选择一些脂肪醇、脂肪醇酰胺等非离子表面活性剂来有效降低高温氢氧化钠产生的碱雾和刺激性气味。他们经过优选，最后给出的工艺配方是：

ZnO	10～13g/L
NaOH	110～130g/L
JZN-11A	15～20mL/L
JZN-11B	0.1mL/L
JZN-11C	2mL/L
JZN-11D	0.1mL/L
阴极电流密度	0.5～5A/dm^2
温度	25～35℃

该工艺的特点是：

① 操作温度可达52℃。

② 镀层镜面光亮，结合力好。

③ 分散能力高于82%，深镀能力好。

④ 阴极电流效率在65%～90%。

⑤ 赫尔槽0.1A电流时哈氏全光亮，6A电流时仅有0.5cm左右烧焦。

⑥ 电流密度相差20倍时厚度比小于1.6。

10.6.2.5 抗镀层起泡光亮剂的开发研究

2014年高瑛等[14] 发明了一种可克服碱性锌酸盐镀锌层起泡的光亮剂，该光亮剂中的载体光亮剂前体，为一种含酰胺官能团的二叔胺，如二甲氨基丙胺与一种或多种含酰胺官能团的单叔胺，如尿素，通过一次缩合反应而得高分子聚酰胺的季铵盐：

$$H_2N-\overset{\overset{\displaystyle O}{\|}}{C}-NH_2+m\,R^1R^2N(CH_2)_aNH_2\xrightarrow{110\sim160℃}R^1R^2N(CH_2)_aNH\overset{\overset{\displaystyle O}{\|}}{C}NH(CH_2)_aNR^1R^2$$

还公开了一种用于碱性镀锌或锌合金电镀液中的载体光亮剂，该载体光亮剂是一种随机共缩聚物，参与共缩聚的主要有以下两种成分：上述载体光亮剂前体混合胺及一种或多种连接剂。使用该共缩聚物作为碱性镀锌或锌合金电镀液的载体光亮剂与目前广泛使用的主光剂苄基吡啶𬭩-3-羧酸盐有很好的相容性，可减少对磺化芳香醛的依赖，克服镀层起泡的倾向，拓展操作窗口；同时相对提高镀液的分散能力；还可获得分散性高、覆盖力高的光亮性电镀层，且这种镀层的抗剥落（起泡）性能优异。电镀液中还含有其他添加剂，所述其他添加剂为苄基吡啶𬭩-3-羧酸盐、芳香醛磺化物、硅酸盐、酒石酸盐、葡萄糖酸盐、有机胺和氮杂环化合物以及表卤代醇的缩合物中的一种或几种。

10.6.2.6 高沉积速度高分散性碱性镀锌工艺的研究

广东佛山亚特公司开发了一种 Millenium NCZ-1821。高速高分散性光亮碱性镀锌工艺，其电流效率高达 85%，生产率可提高 30%，镀锌层光亮度好，厚度分布较均匀，延展性优越，钝化层结合力好。以下是亚特公司彭惠泰总经理提供的工艺的组成和性能：

锌	10g/L
氢氧化钠	120g/L
NCZ-1821A 开缸剂	10mL/L
NCZ-1821B 光亮剂	1mL/L
NCZ-1821C 除杂剂	2mL/L
镀液温度	31℃

该工艺的主要性能如下：

(1) 赫尔槽试验

电流/时间	试片外观描述
0.5A/10min	高区半光亮，中、低区光亮
2.0A/5min	高、中、低区光亮
4.0A/3min	高区半光亮，中、低区光亮度好

(2) 镀层均镀能力（镀层厚度对比）

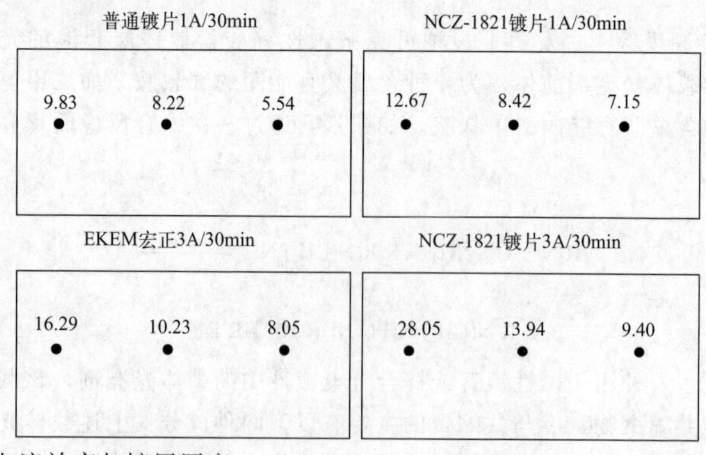

(3) 电流效率与镀层厚度

见表10-25。

表 10-25　电镀效果

序号	电流密度/（A/dm^2）	电流/时间	G_1/g	G_2/g	ΔG/g	厚度/μm	电流效率/%	烘烤试验条件：温度200℃ 时间2h冷水急冷
1	1	0.5A/30min	16.30	16.56	0.260	6.155	85.25	无起泡，无脱皮现象
2	2	1.0A/30min	16.28	16.67	0.390	9.157	64.00	无起泡，无脱皮现象
3	3	1.5A/30min	16.29	16.78	0.490	10.08	53.55	无起泡，无脱皮现象
4	4	2.0A/30min	16.43	16.98	0.550	11.48	45.08	无起泡，无脱皮现象

NCZ-1821光亮剂碱锌镀液电流效率与美德耐ACF-Ⅱ光亮剂碱锌对比：

$1A/dm^2$ 时为85.25%，比ACF-Ⅱ光亮剂碱锌镀液电流效率高13.12%。

$2A/dm^2$ 时为64.00%，比ACF-Ⅱ光亮剂碱锌镀液电流效率高1.70%。

$3A/dm^2$ 时为53.55%，比ACF-Ⅱ光亮剂碱锌镀液电流效率高6.55%。

$4A/dm^2$ 时为45.08%，比ACF-Ⅱ光亮剂碱锌镀液电流效率高7.38%。

10.6.2.7　碱性镀锌合金的研究

常用的锌镍合金镀液主要有两种类型。一种是弱酸性氯化物镀液，采用镍盐和锌盐作为主盐，氯化物作为导电盐，硼酸作为缓冲剂。这种镀液的特点是阴极电流效率高（95%以上），沉积速度快，镀层脆性低，污水处理比较容易，镀层含镍量多在11%～15%范围内，但镀液的分散能力和覆盖能力较差。另一种是碱性锌酸盐镀液，主盐一般采用锌酸盐和镍盐，特点是镀液的分散能力和覆盖能力较高，镀层均匀、光亮，电流密度范围宽，适合于复杂零件的电镀，挂镀和滚镀均可，镀液对设备腐蚀性小，尤其是对管状镀件的内表面没有腐蚀性，镀液不含剧毒物，易于管理，废水处理简单，但阴极电流效率较低（50%～80%）。碱性体系电镀锌镍合金镀液由于具有以上特点，所以已经广泛应用于对汽车等机械零件进行电镀。

2003年英国麦克德米德公共有限公司[15] 在中国申请了锌和锌合金电镀添加剂和电镀方法的专利，该添加剂包括一个无规共聚物，该共聚物包括：一种或多种包含酰胺或硫代酰胺官能团的二叔胺，如尿素、*N*,*N*′-双［3-（二甲氨基）丙基］脲和硫脲，一种或多种饱和的仲二叔胺，如二甲氨基丙胺、3,3′-亚氨基双-（*N*,*N*-二甲氨基丙胺）和/或包含不饱和部分的仲二叔胺，如4,4′-亚甲基双-*N*,*N*-二甲基苯胺，以及一种或多种能与所述的二叔胺反应的饱和或不饱和交联剂，其中，当所有的交联剂是饱和的情况下，必须有不饱和的二叔胺存在，进行反应所生成的产物。该专利提出的碱性镀锌工艺是：

金属锌　　　　12g/L

NaOH	135g/L
酒石酸钾钠	50g/L
N-苄基烟酸（主光剂）	0.02g/L
咪唑环氧氯丙烷缩聚物	0.5g/L
阴极电流密度	0.5～4A/dm^2
温度	20～35℃

其中酒石酸钾钠可用葡萄糖酸盐、庚酸盐和其他羟基酸取代，*N*-苄基烟酸可为芳香醛取代，咪唑环氧氯丙烷缩聚物可用 *N*,*N*′-双［3-（二甲氨基）丙基］脲和 3,3′-亚氨基双-（*N*,*N*-二甲氨基丙胺）反应物取代。

该工艺不仅适用于镀锌，也适于锌与 Fe、Co、Ni 和 Mn 合金的电镀。

2014 年陈伟等[16] 发明了一种电镀锌镍合金镀液，其配方为：

氧化锌	2～20g/L
氢氧化钠	60～200g/L
硫酸镍	5～40g/L
十二烷基苯磺酸钠（配位剂）	50～70mL/L
胺类与环氧类化合物的缩合物（光亮剂）	4～6mL/L
三乙醇胺	8～15mL/L
阴极电流密度	2～4A/dm^2
温度	10～30℃
阳极	锌板

添加三乙醇胺是因为在强碱性条件下它与锌离子和镍离子都能形成比较稳定的配合物，因而能够提高阴极极化、稳定镀液、使镀层晶粒细小、镀层光亮、镀层锌镍比保持恒定，从而也提高镀层的耐腐蚀能力。同时它也能掩蔽铁、铅、锑等杂质对镀层光亮度的影响，提高镀层的光亮度。

2015 年侯淅燕等[17] 开发了一种 ZN 型碱性锌-镍合金电镀工艺，其工艺配方为：

ZnO	12g/L
NaOH	100g/L
$NiSO_4 \cdot 6H_2O$	8g/L
三乙醇胺	20g/L
四乙烯五胺	25g/L
ZN 合成添加剂	2g/L
十二烷基苯磺酸钠	0.1g/L
阴极电流密度	2.5A/dm^2
温度	室温
沉积速度	12μm/30min

ZN 添加剂的合成：将咪唑和 2-氯丙酸（1：1）混合于三口烧瓶中，水浴加热到 80℃，保温 1h，用去离子水稀释，得到缩聚物 ZN 添加剂。

10.6.3 酸性氯化钾镀锌添加剂的进展

酸性镀锌包括氯化铵镀锌、氯化钾镀锌、氯化钠镀锌和硫酸盐镀锌。氯化铵镀锌因含有大量的氨，对人体和环境都有很大的影响，废水处理困难，所以现在已很少使用；硫酸盐镀锌虽然镀液的腐蚀性很小，但它的分散能力和深镀能力较差，所以实际应用也较少；氯化钠镀锌液的导电性较差，造成分散能力和深镀能力也差。故本书只评述酸性氯化钾镀锌添加剂的进展。

酸性氯化钾光亮镀锌具有镀液稳定、阴极电流效率高（效率高达 95%）、沉积速度快、分散能力好、镀层光亮度类似镀铬工艺的光亮度、镀液操作环境条件（如温度、电流密度）较宽、三废处理简单等优点，因此氯化钾镀锌，以其加工的高效率深受行业的欢迎，电镀加工量名列行业前茅。在整个镀锌（碱锌或者酸锌）工艺中，氯化钾或氯化钠作为镀液占工艺的 25%～30%，达到 6800×10^4～13000×10^4L，消耗的光亮添加剂约 600×10^4～800×10^4t/a 以上。然而，在现有技术中，酸性氯化钾镀锌工艺中仍存在不少缺陷。

① 常用的主光亮剂是亚苄基丙酮、邻氯苯甲醛或者二者联合混用的混合物，其中邻氯苯甲醛的出光速度最快，光亮度也最好，但也最易被氧化。这些芳香醛、酮有很强的刺激性气味，会对操作者的皮肤、眼睛造成伤害；这些芳香醛、酮不溶于镀锌液，必须先用 10～15 倍的表面活性剂（如 OP-10～21 或聚醇、醚等），将这些芳香酮、醛进行充分的乳化后方可使用，并且在使用时，还需要有与之相匹配的辅助光剂（又称柔软剂），而这些辅助光剂内也含有大量泡沫极为丰富的表面活性物质，电镀锌层由于大量夹杂表面活性物质而脆性大，与工件基体间的结合力差，从而导致锌镀层对工件的抗蚀性下降，另外在电镀锌层的清洗过程中，由于电镀锌层表面泡沫太多，需使用大量的水，且难以清洗干净，影响了随后的出光、钝化等工序，同时，在对镀锌槽处理时，会产生大量的带有丰富泡沫的、难以处理的废水，造成水源和土壤受到严重的污染。氯化钾镀锌较差的防护能力和废水处理问题，已显现其发展方式的巨大瓶颈。若采用可溶于水的多醛作主光剂，由于它的阴极极化下够，无法获得光亮整平的镀层，所以在实际生产中也很少采用。

② 目前，国内用于氯化钾镀锌工艺的组合光亮剂，主要是由主光亮剂、载体光亮剂和辅助光亮剂适量配制而成。主光亮剂多以亚苄基丙酮为主要原料；载体光亮剂较常用的有 OP-乳化剂和聚氧乙烯脂肪醇醚等；辅助光亮剂较常用的有芳香族羧酸、芳香族磺酸盐及含氮杂环化合物，如肉桂酸、苯甲酸钠、亚甲基双萘磺酸钠及烟酸等，用苯甲酸钠时要与扩散剂 NNO 联用才有协同作用，才易获得好的分散能力和深镀能力，以及宽的光亮区范围。将常用的几种光亮剂按一定

比例混合而成的组合光亮剂，由于这些辅助光亮剂与组合光亮剂的工作电流密度和温度范围很窄（0.5～2.0A/dm^2，20～40℃），且现有的光亮剂浊点较低，光亮电流密度范围比较窄，高电流密度区电镀层易烧焦。电流密度太高，镀件钝化时烧焦、变黑的废品率较高。这些问题始终困扰着工程技术人员，有待于人们改进解决。

③ 常用的载体光亮剂是非离子型表面活性剂和阴离子型表面活性剂。载体光亮剂常用烷基酚聚氧乙烯醚和脂肪醇聚氧乙烯醚，其使用温度超过 35℃乳化性能就会大大降低，使得主光剂醛类或酮类得不到很好的溶解和分散，从而造成氧化产生有害的产物，影响镀液性能。而实际生产中由于环境温度及电镀过程中的放热，往往槽液的温度会达到 50℃以上，因而提高载体的耐温性能非常有意义。传统的市售光亮剂配方中，采用上述类似的非离子表面活性剂与氨基磺酸、浓硫酸或氯磺酸等来进行磺化[18]，以达到生产中耐温的要求。但硫酸酯盐在强电解质溶液中是不稳定的，会水解脱掉酸根离子[19]，因此开发可以耐高温且不含有硫酸酯盐的载体光亮剂也是当前的紧迫任务。

④ 早期氯化钾镀锌镀液的泡沫多，光亮剂消耗量大，分解产物多，镀层有机夹杂较多，镀层脆性大，钝化比较困难，钝化膜易变色，镀层耐蚀性差。经过一段时间的改进后，添加剂消耗量比较低了，镀层光亮度提高，脆性也较低了，泡沫也减少了，但由于它是靠光亮剂中的有机溶剂消泡的，不能采用空气搅拌，且主光亮剂邻氯苯甲醛及其衍生物稳定性较差，若镀液用双氧水或高锰酸钾除铁（Fe^{2+}）时，镀液中的主光亮剂也会被破坏，同时镀锌层彩钝时，膜层结合力差，容易脱膜，因此不适合于彩色钝化，钝化后的耐蚀性（中性盐雾试验）也不如碱性镀锌。因此开发低泡、高耐蚀性镀锌层也有重大的实际意义。

为了解决这些问题，推动酸性氯化钾镀锌添加剂的发展，许多电镀中间体制造商都纷纷推出具有各种独特性能的中间体，表 10-26 列出了这些相关内容。

表 10-26　新型酸性氯化物镀锌中间体

代号	化学成分	性质	用途	制造商
OS-8	聚醚类化合物	无色至淡黄黏液用量 1～2g/L	乳化剂，与高温载体合用更好	吉和昌
OX-105	高温载体	淡黄至橙黄黏液	耐高温，光亮整平好，分散渗透力好	吉和昌
OX-201	高温载体	无色至淡黄黏液	耐高温，耐盐，光亮好，深镀能力好	吉和昌
OX-301	低泡镀锌载体	黄至黄棕色黏液	滚镀首选低泡载体，耐温，耐盐	吉和昌
OX-401	磺酸型低泡镀锌载体	黄至棕色黏液	耐温，耐盐，分散深镀力和低区好	吉和昌

续表

代号	化学成分	性质	用途	制造商
MSO	含硫杂环化合物	无色透明液 用量0.2～0.4g/L	低区走位好，光亮，有一定除杂力	吉和昌
WT	脲胺类阳离子季铵盐	微黄至黄色黏液用量2～5g/L	提高低区分散性	吉和昌
TSA-20	功能性复合载体	浅黄色液体 用量4～6g/L	宽 D_k，耐高温，耐盐，高整平性载体	金日化工
TSA-3520	特级酚聚氧乙烯聚氧丙烯醚	白色至微黄色透明液 用量0.2～0.4g/L	低泡、稳定、乳化、整平、耐强酸、全光亮、低应力	金日化工
TSA-7326	低泡载体白亮剂	黄色液体 用量3～10g/L	低泡、白亮、耐高温、耐盐、低区匀镀剂	金日化工
TSA-8321	低泡载体走位剂	黄色液体 用量6～8g/L	低泡、走位、整平、耐高温、耐盐	金日化工
金特尔-NMS	磺酸钠盐	黄色液体 用量2～3g/L	NNO的替代品，耐高温、高分散、低区走位剂	金日化工
金特尔-HB		黄色液体 用量0.1～0.15g/L	抗杂质，高耐蚀低区走位剂	金日化工
金特尔-NHS	磺酸钠盐	浅黄色液体 用量1～3g/L	NNO的替代品，耐高温、无浊点、低泡、光亮、耐蚀	金日化工
HA-10		白色膏体 用量3～5g/L	匀镀白亮剂，高分散，防针孔	金日化工
HA-20	亚苄基丙酮，邻氯苯甲醛乳化剂	白色固体 用量3～6g/L	光亮整平剂	金日化工
HA-30	亚苄基丙酮，邻氯苯甲醛乳化剂	白色固体 用量3～6g/L	整平匀镀剂，扩大光亮范围	金日化工
HS-1000		黄色液体 用量5～8g/L	防烧焦剂，导电、分散、低区匀镀好	金日化工
T94-28	酸锌载体光剂	浅黄色液体 用量3～6g/L	滚锌首选，耐高温，高稳定，高分散和高深镀力，光亮度均匀	金日化工
HA-110	高级异构脂肪醇醚	白色膏状体 用量3～5g/L	光亮整平、低区走位、防针孔剂	金日化工
3515	多元醇醚硫酸酯盐	黄色透明液体 用量2～5g/L	特效整平剂、乳化剂、分散剂	金日化工
SN-10	羟乙基胺	白色颗粒 用量0.2～0.3g/L	强还原剂，防有机物聚集，提高镀层耐蚀性	
SN-2030	乙二醇醚	无色液体 用量5～8g/L	分散剂、填平剂、主光剂的增溶剂	金日化工

续表

代号	化学成分	性质	用途	制造商
T94-28	低泡性耐高温载体	浅黄色液体 用量 3～6g/L	滚镀酸锌首选，稳定性好，深镀能力强，防止针孔，渗透分散好，光亮度均匀	金日化工

国内河北金日化工，专注电镀专用功能型表面活性剂的生产，酸锌载体TSA-20、T94-28 以极高的性价比占据市场大部份额。

10.6.4 近年来改善氯化钾镀锌性能的研究

10.6.4.1 改善主光亮剂水溶性的研究

酸性镀锌的主光亮剂大都是易在阴极上还原的芳香族醛、酮，这些芳香族醛、酮，不溶于镀锌液，必须先用 10～15 倍的表面活性剂将这些芳香酮、醛进行充分的乳化溶解后方可使用，同时，还需要有与之相匹配的表面活性剂（又称柔软剂）一起使用，镀液中这么大量的、泡沫极为丰富的表面活性剂的存在，使电镀锌层大量夹杂表面活性物质而造成脆性大增，不能镀厚，与工件基体间的结合力变差，从而导致锌镀层对工件的抗蚀性下降。

改善主光亮剂水溶性的另一方法，是在芳香醛、酮分子中引入亲水基团，如磺基、羧基和羟基等，其中以引入磺基的方法最简便，效果也最好，只要将磺化剂与芳香醛、酮直接反应即可。所用磺化剂可以是硫酸、磺酰氯和氨基磺酸。但是磺基是一种强吸电子基，它会强烈阻止芳香族醛、酮的还原，降低其光亮效果，所以磺化后产物的用量会大一些。

2015 年宋文超等[20] 发明了一种用于氯化钾或氯化钠镀锌工艺的主光亮剂。它是用 N,N-二乙基丙炔胺而不是用常规芳香醛、酮作主光亮剂，然后通过聚合反应而形成的水性主光亮剂。该主光亮剂不含任何表面活性剂，不产生泡沫，提高了镀层的纯度，降低了镀层的脆性，可以镀厚镀层，减少了废水的排放，有效地保护水源和土壤，不产生刺激性气味气体，且制备方法简单，易于生产。

该主光亮剂的合成方法是：在一反应器内，置入 3.5gN,N-二乙基丙炔胺、45mL 一缩二乙二醇（98%），1.0g 硫酸钴；开动搅拌机（2500～3000r/min）；在 65℃±5℃下搅拌 60～90min；接着，加入 7.5g 氨基磺酸，在 85℃±5℃下，搅拌 60～90min；停止加热，搅拌下自然降温 10～15min，取出反应物，冷至室温。然后置入－5～0℃的冰箱中，冷置 24h，即得水溶性的酸性氯化钾镀锌的主光亮剂。

10.6.4.2 扩大光亮电流密度范围，防止镀层烧焦的研究

镀锌液中的光亮剂可以使镀层光亮并且细致，现有镀锌组合光亮剂大多采用

亚苄基丙酮作为主光亮剂，但其因为微溶于水，所以需要加入大量的表面活性剂作载体，使其乳化，并且现有的光亮剂浊点较低，工作温度也低，电流密度区光亮范围比较窄（0.5～2.0A/dm^2，20～40℃），高电流密度区电镀层易烧焦。2013年段国敏[21] 发明了一种镀锌组合光亮剂及其制备方法，用以克服现有镀锌光亮剂浊点低、光亮电流密度范围比较窄的缺陷，使用该发明所述的镀锌组合光亮剂进行氯化钾或硫酸盐镀锌，可以得到全镜面光亮的镀层。镀锌工艺配方和操作条件如下：

氯化锌 $ZnCl_2$	70g/L
氯化钾 KCl	220g/L
硼酸 H_3BO_3	35g/L
组合光亮剂	2mL/L
温度	25℃
赫尔槽总电流	4A

250mL赫尔槽试片全片光亮，测定该氯化钾镀锌液的浊点为78℃。

该镀锌组合光亮剂由以下组分构成：

脂肪醇聚氧乙烯醚	250（100～300）kg/t
95%～98%的硫酸	110（50～150）kg/t
20%～40%的氢氧化钠溶液	150（100～300）kg/t
邻氯苯甲醛	70（50～90）kg/t
苯甲酸	80（50～100）kg/t
烟酸	6（3～10）kg/t
苯甲酸钠	21（10～30）kg/t
OP-21	40kg/t
NNO扩散剂	17（5～30）kg/t
糖精	17kg/t

组合光亮剂的合成方法如下：将含量为250kg/t的脂肪醇聚氧乙烯醚和含量为40kg/t的烷基酚聚氧乙烯醚（OP-21）投入反应釜中，在搅拌下缓慢加入含量为110kg/t的质量分数为98%硫酸，反应时间为30min。控制反应温度在40℃。加完硫酸后，将反应釜中的物料用泵或是其他工具移至另一容器中，再将含量为150kg/t的质量分数为40%的氢氧化钠溶液加入到反应釜中，搅拌的同时将上述脂肪醇聚氧乙烯醚和硫酸的反应产物缓慢加入到反应釜中，控制反应温度为85℃反应90min。反应结束后，可用少量硫酸或氢氧化钠调节pH值为6.8。将测试好pH值的产物全部移到第三个容器中进行沉淀和分离，沉淀60min后，将顶层澄清透明的产物移入反应釜中，在搅拌下一次加入含量为70kg/t的邻氯苯甲醛、含量为80kg/t的苯甲酸、含量为6kg/t的烟酸、含量为21kg/t的苯甲酸钠、含量为17kg/t的NNO扩散剂、糖精，直至完全溶解后即得镀锌组合光亮剂

成品。所述的镀锌组合光亮剂可以作为氯化钾或硫酸盐镀锌溶液中的光亮剂，上光快，浊点高，能明显地扩大电流密度区的光亮度，低电流密度区全光亮，光亮性好。

2014 年王玉田[22] 发现，用于氯化钾镀锌工艺的辅助光亮剂与组合光亮剂，其电流密度无法提高的主要原因是，辅助光亮剂中缺少扩大电流密度的导电电解质，通过多年的试验，她找到了使用天然树胶用于氯化钾镀锌的辅助光亮剂，从而解决了电流密度高，镀件钝化时烧焦、变黑、废品率较高等问题。她将天然树胶粉碎成粉状，用热水溶解，再经过滤机滤除杂质后，添加于辅助光亮剂中，搅拌均匀，即得新型辅助光亮剂。它能扩大高电流密度区的阴极极化，提高镀液的分散能力，使镀层结晶细致、光亮，镀液的覆盖能力好，镀层清亮、平整；镀液的沉积速度快，镀层结合能力达到要求；使用电流效率高，镀件不烧焦、不变黑；制备简单、稳定、成本低、污染小、绿色环保。

10.6.4.3 耐高温载体光亮剂的开发

镀液在连续长时间作业或在滚镀时都会使液温升高，甚至达到 50℃以上，这就要求载体光亮剂有较高的浊点。因为当镀液的温度达到表面活性剂（载体光亮剂）的浊点时，表面活性剂将失去对主光亮剂的增溶和分散作用而自身析出，使镀液的性能明显恶化。在表面活性剂中，常用作主光亮剂载体的阴离子表面活性剂并无浊点，只有非离子表面活性剂有浊点，对于聚氧乙烯类非离子表面活性剂来说，其浊点随聚氧乙烯数的增加而升高，如 OP-20 的浊点比 OP-9 高 50℃，所以要耐高温就要选高聚氧乙烯类非离子表面活性剂。非离子表面活性剂的浊点还随电解质（如 KCl 等）的加入而明显降低，要使镀锌液的浊点达到 70℃以上，非离子表面活性剂本身的浊点要达到 95℃以上。使用高聚氧乙烯类非离子表面活性剂会使镀液的黏度和气泡增加，镀层易夹杂有机物而使镀层性能下降。

提高镀液耐温性能的最好方法就是采用无浊点的阴离子表面活性剂或将非离子表面活性剂磺化而变成阴离子的聚氧乙烯磺酸盐。

2013 年杨威等[23] 将结构式为 $RO(CH_2CH_2O)_nH$ 的脂肪醇聚氧乙烯醚或结构式为 $RC_6H_4O(CH_2CH_2O)_nH$ 的烷基酚聚氧乙烯醚用磺化的方法转变成结构式为 $RO(CH_2CH_2O)_n(CH_2)_2SO_3M$ 的脂肪醇聚氧乙烯醚磺酸盐或结构式为 $RC_6H_4O(CH_2CH_2O)_n(CH_2)_2SO_3M$ 的烷基酚聚氧乙烯醚磺酸盐，其中 R 为 C_6～C_{14} 的饱和烷烃，n 为 5～30 的整数，M 为碱金属。该发明用的磺化方法是两步合成法：

① 将经过脱水处理的摩尔份数为 1 份的结构式为 $RO(CH_2CH_2O)_nH$ 的脂肪醇聚氧乙烯醚或结构式为 $RC_6H_4O(CH_2CH_2O)_nH$ 的烷基酚聚氧乙烯醚和摩尔份数为 1.01～1.1 的 NaOH 混合，在氮气保护下，在 20～60℃下反应 20～40min，反应得到结构式为 $RO(CH_2CH_2O)_nNa$ 或 $RC_6H_4O(CH_2CH_2O)_nNa$ 的盐。

② 在 40～50℃下向上述盐中加入摩尔份数为 0.9～1 份的 1,3-丙烷磺内酯，升温至 60～70℃，反应 20～40min，反应时间为 0.5～2h，反应完成后加入水调节 pH 值至 6～8 后分层，上层即为氯化钾镀锌的载体光亮剂；其中 R 为 C_6～C_{14} 的饱和烷烃，n 为 5～30 的整数。

合成好的载体光亮剂按下列工艺进行镀锌：

化合物	浓度
氯化锌	60g/L
氯化钾	200g/L
硼酸	25g/L
苯甲酸钠	1.4g/L
载体光亮剂	16g/L
分散剂 NNO	0.4g/L
亚苄基丙酮	0.4g/L
pH	4.5～5.8
温度	10～55℃
赫尔槽的电流强度	1～10A/min
光亮电流密度范围	0.5～5A/dm^2

该发明合成的氯化钾镀锌的载体光亮剂既能起到非离子表面活性剂作为载体光亮剂的效果，在强电解质中稳定性好，镀层延展性及抗磨损性能均比较优良，同时，该发明的载体光亮剂的制备方法采用两步合成法，工艺容易控制，生产易于实现，而且转化率也在 90%以上，成本低，具有很强的实用性。

10.6.4.4 降低镀液泡沫的研究

镀液的发泡通常是由表面活性剂引起的，通常阴离子表面活性剂的发泡性比非离子表面活性剂强，而疏水基的碳链越长，发泡性越严重，有时要用外加消泡剂来解决。在非离子表面活性剂中，若在聚氧乙烯中引入聚氧丙烯形成聚氧乙烯聚氧丙烯共聚物时，其产生的泡沫大大减少，所以聚氧乙烯聚氧丙烯共聚类表面活性剂又称为低泡表面活性剂。实验证明，各种脂肪族有机醇、醇胺、醇酰胺形成的聚氧乙烯聚氧丙烯共聚类表面活性剂适用于低温和低泡的环境。

近年来一些国际知名公司开发了氯化钾镀锌第三代产品，新产品具有镀液泡沫低和镀层耐腐蚀性好的特点，受到了电镀厂家的青睐。目前，安美特化学公司、美国哥伦比亚公司、美国 PAVCO 公司已经在国内市场上推出了低泡型氯化钾镀锌新产品，广州三孚新材料科技有限公司和上海永生助剂厂等国内添加剂供应商也先后推出了同类产品。

2012 年，詹益腾等[24] 提出了一种低泡型载体光亮剂及其镀锌工艺，其工艺配方和操作条件为：

氯化锌 $ZnCl_2$	60（50～70）g/L
氯化钾 KCl	200（180～220）g/L
硼酸 H_3BO_3	30（25～35）g/L
组合柔软剂	30（25～35）mL/L
组合光亮剂	2（1～2）mL/L
温度	35（10～50）℃
阴极电流密度	2（0.5～4）A/dm^2
阳极	一级锌锭
搅拌	压缩空气搅拌
过滤	连续过滤

该工艺合成的低泡型载体表面活性剂是由90%～95%的非离子型表面活性剂，如辛基酚聚氧乙烯醚（EO50～100）、十二醇聚氧乙烯醚（EO50～100）、异构十三醇聚氧乙烯醚（EO50～100）中的至少一种和5%～10%的非离子型有机硅表面活性剂（消泡剂）组成。

所用的组合柔软剂包括12.6%低泡型载体光亮剂（包括1%非离子型有机硅表面活性剂、11.6%辛基酚聚氧乙烯醚EO=100）、10%苯甲酸钠、8%异丙醇，余量为水。

所用的组合光亮剂包括4%邻氯苯甲醛、2%亚苄基丙酮、10%低泡型载体（包括0.3%非离子型有机硅表面活性剂、9.7%辛基酚聚氧乙烯醚EO=50）、8%异丙醇，余量为水。

使用该氯化钾镀锌添加剂的镀液为低泡型，可以用压缩空气搅拌，允许电流密度大，沉积速度快，且添加剂消耗量低，与第一代、第二代氯化钾镀锌工艺相比，添加剂消耗量可降低30%～50%。镀锌层有机物夹杂少，耐蚀性强。如采用重量法，在电流密度1A/dm^2时，电流效率大于97.86%；在电流密度3A/dm^2时，平均沉积速度为55$\mu m/h$；用霍氏槽，电流1A，用八点法测镀液分散能力为39.09%；用内孔法测覆盖能力，其内壁全部有镀层；镀锌8～10μm，经稀硝酸出光，三价铬彩色钝化，加封闭，时效48h后进行中性盐雾试验，经160h，其表面白锈＜5%。

2014年郭崇武[25] 发表了CB-405低泡型氯化钾镀锌工艺的研究，他选用的是进口的低泡表面活性剂作载体，但没公开进口产品的牌号。

10.6.4.5 江苏梦得公司开发的CT-1型酸性氯化钾镀锌工艺

感谢江苏梦得公司为本书提供了CT-1型酸性氯化钾镀锌工艺及添加剂的配方，以下是CT-1型酸性氯化钾镀锌工艺配方及操作条件：

氯化锌 $ZnCl_2$	60（50～70）g/L
氯化钾 KCl	200（190～220）g/L

硼酸 H_3BO_3	30（25～35）g/L
CT-1 光亮剂	0.7（0.6～0.8）mL/L
CT-2 柔软剂	20（15～25）mL/L
pH	5.2（4.8～5.8）
温度	30（15～50）℃
阴极电流密度	2（0.3～5）A/dm^2

所用柔软剂和光亮剂的配方、开缸量和消耗量如下：

柔软剂/（g/L）		主光剂/（g/L）	
MD 高温载体	400	MD 高温载体	325
BAR 亚苄基丙酮	10	邻氯苯甲醛	80
苯甲酸钠	70	BAR 亚苄基丙酮	40
BOZ 丁炔二醇	2	苯甲酸钠	50
烟酸	5	BOZ 丁炔二醇	10
酒精	200	酒精	200
开缸量	20～30	开缸量	0.6～0.8
消耗量	150～300mL/L	消耗量	60～100mL/L

补加药水时，按光亮剂∶柔软剂＝1∶3 的比例补加。

该工艺具有以下特点：

① 具有优良的光亮度、平滑度及均一度。

② 出光快，浊点高，耐温性好，电流效率高，降低对镀液冷却要求，节省能源，增加产能。

③ 挂镀、滚镀均适用。

④ 废水处理容易。

10.6.4.6 河北金日化工开发的新型酸性氯化钾镀锌工艺

感谢河北金日化工公司为本书提供了耐蚀型、白亮型及乌亮型三种型的酸性氯化钾镀锌工艺及添加剂的配方，以下是氯化钾镀锌工艺的配方及操作条件：

氯化锌 $ZnCl_2$	40～50g/L
氯化钾 KCl	180～220g/L
硼酸	25～35g/L
开缸剂	20～25mL/L
光亮剂	0.5～1.5mL/L
pH 值	4.5～6.0
温度	10～55℃
阴极电流密度	0.2～2.0A/dm^2
挂镀阴极移动	8～12n/min

滚镀转速　　　　　　　　6～8r/min

(1) 耐蚀型氯化钾镀锌光亮剂配方

开缸剂（柔软剂）		光亮剂	
金特尔 3515	10%	TSA-108	10%
TSA-108	10%	SN-2030	20%
NMS	5%	邻氯苯甲醛	8%
苯甲酸钠	10%	HB	2%
SN-10	1%	水	60%
水	64%	开缸量	1～2mL/L
开缸量	25～35mL/L		

(2) 白亮型氯化钾镀锌光亮剂配方

开缸剂（柔软剂）		光亮剂	
9428	25%	9428	20%
HA-10	5%	HA-10	10%
苯甲酸钠	5%	乙醇	15%
NHS	8%	邻氯苯甲醛	11%
HS-1000	3%～5%	水	余量
烟酸	0.5%		
水	余量		

(3) 乌亮型氯化钾镀锌光亮剂配方

开缸剂（柔软剂）		光亮剂	
TSA-20	23%	TSA-20	20%
HA-30	5%	HA-30	5%
NMS	10%	乙醇	15%
苯甲酸钠	5%	邻氯苯甲醛	8%
烟酸	0.5%	亚苄基丙酮	3%
HS-1000	5%	水	余量
HB	2%	开缸量	0.5～0.8mL/L
水	余量		
开缸量	20～30mL/L		

10.6.4.7　上海永生助剂厂开发的 LCZ 氯化钾镀锌工艺

2014 年，上海永生助剂厂沈品华[26] 推出 LCZ 氯化钾镀锌工艺，其镀液配方和操作条件为：

氯化锌 $ZnCl_2$	65（45～80）g/L
氯化钾 KCl	220（200～230）g/L
硼酸 H_3BO_3	25（23～27）g/L
LCZ-A 开缸剂	30（25～30）mL/L
pH	5.4（5.0～5.6）
温度	35（10～50）℃
阴极电流密度	0.5～5.0A/dm^2

该工艺为低泡，低应力，易钝化且降低了50%的COD（化学耗氧量），有利于废水处理。

本节参考文献

[1] 周卫，汪红．电镀锌用组合光亮剂[P]. CN1037178(1989-11-15).

[2] 王克勤．一种多功能碱性镀锌光亮剂及其制备方法[P]. CN1049192(1991-2-13).

[3] 倪光明，张文敏，吴华强，严怡芹，董吉溪．镀锌添加剂的合成与应用工艺[P]. CN1056538(1991-11-27).

[4] 左正勋，马冲．碱性无氰锌酸盐镀锌光亮剂及其组合物光亮剂[P]. CN1544705A(2004-11-10).

[5] 刘贵喜．组合型锌酸盐镀锌光亮剂[P]. CN101191242A(2008-6-4).

[6] 李丽波，王佳佳，国绍文．一种碱性锌酸盐镀锌光亮剂的制备方法[P]. CN102828209A(2012-12-9).

[7] 党庆风．一种碱性镀锌光亮剂[P]. CN105780075A(2016-7-20).

[8] 杭冬良．一种电镀锌用光亮剂[P]. CN106435659A(2017-2-22).

[9] 殷振坤，任华明．表面活性剂与电镀添加剂[J]. 表面活性剂工业，1998(2)：45-49.

[10] 巴斯夫欧洲公司．用于碱性镀锌的添加剂[P]. CN106471161A(2017-3-1).

[11] 易鹏．高分散性碱性镀锌添加剂[P]. CN103255449A(2013-8-21).

[12] 陈楷城．一种环保型无氰碱性镀锌电镀液及镀锌工艺[P]. CN105063679A(2015-11-18).

[13] 韩艳，乐洪甜，杨志．JZN-11 碱性无氰镀锌工艺的开发及应用[J]. 化工装备技术，2010，31(5)：50-53.

[14] 高瑛，吴成勇，郑镜飞．用于碱性镀锌或锌合金电镀液中的载体光亮剂前体及载体光亮剂和电镀液[P]. CN103952733A(2014-7-30).

[15] 麦克德米德公共有限公司，锌和锌合金电镀添加剂和电镀方法[P]. CN1443254A(2003-9-17).

[16] 陈伟，邢宗跃，唐琳燕，李成林，周瑛．一种电镀锌镍合金镀液[P]. CN103938233A(2014-7-23).

[17] 侯淅燕，裴和中，张国亮，黄攀，李雪．ZN 添加剂的合成及其对碱性锌-镍合金电镀层性能的影响[J]. 材料保护，2015，48(6)：4-6.

[18] 宋相丹．磺化剂及磺化工艺技术研究进展[J]. 当代化工，2010，39(1)：83-85.
[19] 张立茗，方景礼，袁国伟，沈品华．实用电镀添加剂[M]. 北京：化学工业出版社，2007.
[20] 宋文超，胡哲，左正忠，李玉梁．一种用于氯化钾或氯化钠镀锌工艺的主光亮剂[P]. CN264710965A(2015-6-24).
[21] 段国敏．一种镀锌组合光亮剂及其制备方法[P]. CN103184479A(2013-7-3).
[22] 王玉田．一种用于氯化钾镀锌的辅助光亮剂及其制备方法与用途[P]. CN103789799A(2014-5-14).
[23] 杨威，付远波，陈彰评，宋文超，周世骏，黄维，黄开伟．一种用于氯化钾镀锌的载体光亮剂及其制备方法[P]. CN102943288A(2013-2-27).
[24] 詹益腾，胡明．一种低泡型载体光亮剂及其使用方法[P]. CN102383152A(2012-3-21).
[25] 郭崇武．低泡型氯化钾镀锌工艺的开发与镀层性能研究[J]. 电镀与涂饰，2014，33(15)：651-655.
[26] 沈品华．LCZ 新一代氯化钾镀锌光亮剂的研究[J]. 中国电镀，2014(3)：37-41.

第 11 章

酸性光亮镀锡和锡合金添加剂

11.1 光亮锡和铅锡镀层的产生

11.1.1 Sn^{2+} 和 Pb^{2+} 的电化学性质

Sn^{2+} 和 Pb^{2+} 在酸性溶液中电解析出时只能得到粗糙的、树枝状的或针状的沉积物。这是因为 Sn^{2+} 和 Pb^{2+} 都属于电化学反应超电压很小，而电极还原反应速度很快的金属。Meibuhr 等测定了纯锡和锡汞齐（含 1%锡）阴极在 0.4mol/L $SnSO_4$ 和 1.0mol/L H_2SO_4 溶液中于 25℃和搅拌时的极化曲线，再求得不同电流密度下的超电压值如图 11-1 所示。

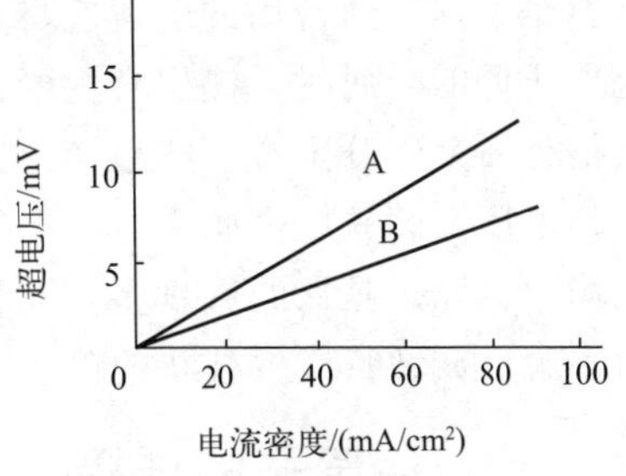

图 11-1 无添加剂时纯锡和液体锡汞齐阴极测得的不同电流密度下的超电压值

测定条件：25.0℃±0.2℃，0.4mol/L $SnSO_2$ + 1.0mol/L H_2SO_4

A—0.1%Sn（Hg）阴极；B—纯 Sn 固体阴极

由图 11-1 可知，在电镀常用的电流密度（<10A/dm^2）范围内，其超电压只有几毫伏。测得无添加剂时 Sn^{2+} 在 H_2SO_4 液中（组成同上）的交换电流密度 I_O 为 110mA/cm^2（在纯锡上）和 80mA/cm^2［在 4%Sn（Hg）上］。

Hampson 和 Larkin 测定了铅在 0.5mol/L Pb$(NO_3)_2$ 溶液中，Pb^{2+} 在铅电极上反应的交换电流密度为 85mA/cm^2，与 Sn^{2+} 的 I_O 值相近，比 Cu^{2+}、Zn^{2+} 的 I_O 约大 2～3 个数量级，比铁族金属离子快 6～7 个数量极。因此 Sn^{2+} 和 Pb^{2+} 均属于电极反应极快的一类金属离子。实际测定 Pb^{2+} 在 Pb（Hg）电极上的还原速度常数大于 1cm/s，与电极反应速度极快的 Cu^{+}、Ag^{+} 的速度（≥10^{-1}cm/s）相当。

大家知道，电镀时镀层的晶面取向是和素材金属的结晶状态有关的。一般来说，在多晶体上获得的镀层，也具有多晶结构，即这种镀层是在不同晶面指数的晶面上形成的。晶面指数不同，在该面上形成镀层的超电压也不同。表 11-1 是在 25℃和 10mA/cm^2 电流密度下在不同晶面指数的单晶面上析出金属的超电压。

表 11-1 不同晶面指数的单晶面上电解析出金属的超电压（25℃，$10mA/cm^2$）

单位：mV

晶面指数	金属和特点			
	Pb	Sn	Cu	Ni
	0.5mol/L $Pb(ClO_4)_2$ 0.5mol/L $HClO_4$	0.5mol/L $SnCl_2^-$ 0.5mol/L HCl	0.5mol/L $Cu(ClO_4)_2$ 0.5mol/L $HClO_4$	1.0mol/L $NiCl_2$ 0.39mol/L H_3BO_3，pH 3.1
(100)	3.0	2.5	35	768
(110)	3.0	4.0	30	783
(111)	4.4	—	43	800

由表 11-1 中数据可知，超电压低的铅和锡要由一个晶面变为另一晶面时会引起相当大的相对超电压的变化，而高超电压的金属（如镍）发生晶面转化时所引起的相对超电压变化较小。例如电解沉积铅时，从（111）面变为（110）面时超电压会从 4.4mV 降至 3.0mV，下降了 30%。而对镍来说只下降很小一部分。这就是说，在通常用的电镀底材金属（具有多晶结构）上电解沉积像铅、锡这类超电压低的金属时，镀层会主要在超电压低的占优势晶面上沉积，而这种晶面较其他晶面又十分困难，结果镀出来的沉积物就是单向生长的针状或树枝状镀层。而超电压高的铁族金属在电解沉积时各种晶面易于转化，故沉积层会在各个晶面上均匀生长，晶核的数量多，晶粒的生长速度较慢，所以得到的是细密的结晶，而不会形成针状或树枝状的镀层。

11.1.2 阴离子的选择

早在 1917 年 Иzrapblwe 就详细研究了单盐阴离子对金属离子电解析出的影响，发现阴离子对超电压低的金属离子其电解析出的超电压和镀层性能有明显影响，一般来说，由它们构成的镀液超电压按以下顺序选择：

$$PO_4^{3-},NO_3^-,SO_4^{2-},ClO_4^- > NH_2SO_3^- > Cl^- > Br^- > I^-$$

这一顺序也是形成粗糙、大晶粒镀层倾向增大的顺序。在单盐镀盐中，阴离子的影响和上述结晶学因素的影响是可比较的。例如在镀铅时从高氯酸盐变为氨磺酸盐时溶液超电压的变化，几乎同由（111）面变为（110）面时超电压的变化相当。

酸性光亮镀锡早期曾用氟硅酸、高氯酸、氟硼酸、氯化物以及氯化物和硫酸盐的混合液，后来演变为纯硫酸镀液。

氯化物镀液因 Cl^- 的腐蚀性强，而且许多添加剂在氯化物溶液中不显效果。例如烷基酚聚氧乙烯醚、聚乙二醇以及非离子型的聚氧乙烯聚氧丙烯醚等加入到 0.4mol/L $SnCl_2$ 和 2.0mol/L HCl 溶液中时，镀液的超电压和镀层结构同无添加剂时一样，所得镀层都是树枝状的。甚至在硫酸镀液中加入少量的 Cl 也会明显降低超电压，并使镀层品质变差，这可能是由于 Cl^- 易与金属离子形成电子容易通过的电子桥的缘故。所以在酸性光亮镀锡时较少采用氯化物镀液。

硫酸盐具有成本低、腐蚀性小的优点，所以硫酸酸性光亮镀锡是国际上应用最广的一种电镀液。

氟硼酸盐的导电性很好，而其锡、铅盐的溶解度都很大，因此用氟硼酸盐可以得到高沉积速度和高均一性的光亮镀锡和镀铅锡镀液。但是 F^- 的毒性很大，这是得不到进一步发展的主要原因。

烷基磺酸、羟烷基磺酸越来越受到人们的重视，其主要原因是它们溶解锡的容量大，尤其是甲基磺酸、亚锡液的稳定性大大优于硫酸体系，且使用的电流密度高、沉积速度快，可在高温下操作，尤其适于高速连续性镀锡和锡合金。它的最主要缺点是成本太高，不利于大规模推广。

11.1.3 光亮镀层与添加剂

既然 Sn^{2+} 和 Pb^{2+} 都是属于电化学反应超电压极小，而电极还原速度又特别快的金属离子，要获得细致、光亮的镀层就必须设法大幅降低它们的电极还原速度。已知的可以大幅度降低金属离子电极还原速度的有效方法就是加入适当的配位剂（即络合剂）或适当的添加剂。在强酸性溶液中很难找到可以大幅度抑制金属离子电解沉积反应的配位剂，因此在酸性镀液中加入可在结晶生长点上选择吸附的有机添加剂以抑制结晶生长，促进晶核生成是必不可少的。

根据松田好晴等人的研究，在酸性硫酸溶液中只有吸附电位较宽，而且要在较负的电位（−0.8V）下脱附的添加剂才能得到较好光亮的镀层。因为在实际电镀时，在常用的平均电流密度下（如 0.5～5.0A/dm^2），由于被镀零件表面的不均匀性，在突出部位上的电流密度可能已超过 5.0A/dm^2，即该处的电位较负，若添加剂在比较负的电位下早已脱附，这就无法影响突出部位上 Sn^{2+} 的放电，结果突出部位沉积的仍然多，凹陷处仍然少，因此也就无法获得光亮的镀层，这说明只有在实际电镀电位范围内可以较强吸附的添加剂才有光亮效果。

若光亮剂在锡电极上的吸着能力弱，其脱附电位也就比较正，因此无法在实际电镀条件下保持吸附状态，其光亮效果也就很差。反之，若光亮剂在电极上吸附过强时，其脱附电位很负，甚至超过 H^+ 的析出电位时，Sn^{2+} 还原的超电压很高，Sn^{2+} 的析出电位很负，在金属锡析出的同时也伴随着大量氢气的析出，结果电流效率下降，镀层的光亮度变差。因此，电镀用的光亮剂必须是在金属电极上适当强吸附的物质。图 11-2 是镀液中添加各种有机添加剂（均为 0.3g/L）镀液的微分电容-电位曲线。根据这些添加剂吸附曲线的特点，可以把它们分为三类：过强吸附、强吸附

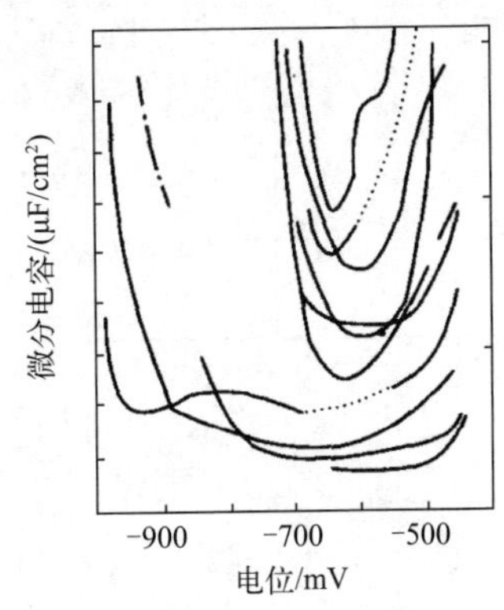

图 11-2 各种 0.3g/L 有机添加新镀液的微分电容-电位曲线

和弱吸附，表 11-2 列出了这三类化合物的名称、结构、脱附电位和镀层的表面状态，其中过强吸附和强吸附的有机添加剂的微分电容值均在 2.5$\mu F/cm^2$ 以下，只是脱附电位不同。而弱吸附有机添加剂的微分电容值则在 2.5$\mu F/cm^2$ 以上。

表 11-2　添加剂的脱附电位和其光亮效果

吸附类型	添加剂名称	添加剂结构	脱附电位/mV	镀层表面状态
过强吸附型	肉桂醛	C_6H_5—CH═CH—C(H)═O	−970	镀层外发黑，析 H_2 严重
	焦茶醛	$(CH_3)_2CH$—C_6H_4—C(H)═O	−950	析 H_2 严重，几乎无镀层
强吸附型	苯甲醛	C_6H_5—C(H)═O	−870	灰色镀层
	亚苄基丙酮	C_6H_5—CH═CH—C(═O)—CH_3	−790	结晶细密的光亮镀层
弱吸附型	二苯甲酮	C_6H_5—C(═O)—C_6H_5	电容值高，几乎无吸着，电容最低值约−650$\mu F/cm^2$	镀层较粗，比空白略细
	肉桂酸甲酯	C_6H_5—CH═CH—C(═O)—OCH_3	电容值高，几乎无吸着，电容最低值约−650$\mu F/cm^2$	镀层较粗，比空白略细
	肉桂酸乙酯	C_6H_5—CH═CH—C(═O)—OC_2H_5	电容值高，几乎无吸着，电容最低值约−650$\mu F/cm^2$	镀层较粗，比空白略细
	苯基乙基酮	C_6H_5—C(═O)—C_2H_5	电容值高，几乎无吸着，电容最低值约−650$\mu F/cm^2$	镀层比空白略粗
	苯基甲基酮	C_6H_5—C(═O)—CH_3	电容值高，几乎无吸着，电容最低值约−650$\mu F/cm^2$	镀层比空白略粗
	苯甲基丙酮	C_6H_5—CH_2—CH_2—C(═O)—CH_3	电容值高，几乎无吸着，电容最低值约−650$\mu F/cm^2$	镀层比空白略粗

从表 11-2 的结果可以看出：①醛类的吸附能力比酮类和酯类强，这与醛基（—C(═O)H）中羰基（>C═O）的化学活性特别高是一致的。羧基中碳原子上的正电荷越高，就越容易被阴极吸附并还原。酯基中的羰基活性较低，其吸附性能也特别差。②在羰基旁边有连接苯环的共轭双键存在时（如肉桂醛、亚苄基丙

酮)，由于这些基团有很强的吸电子效应，取代基常数 a 值很正，羰基上碳原子的电子应可移动到共轭双键上，从而提高羰基上碳原子的正电荷，也就提高了其吸附能力和反应活性。③并非所有强吸附的添加剂均有光亮效果，只有吸附较强，脱附电位在析 H_2 电位之前的添加剂才有光亮效应。具体来说，在含硫酸亚锡、硫酸、甲醛和壬基苯酚聚氧乙烯醚体系中只有亚苄基丙酮满足上述条件，才可获得光亮细密的镀层。

11.1.4 添加剂和作业条件对光亮镀锡的影响

(1) 添加剂浓度的影响

除了添加剂的结构对添加剂的吸附和光亮度有很大影响外，添加剂浓度和作业条件也有很大影响，表 11-3 列出了几种吸附添加剂浓度变化时添加剂的脱附电位和镀层的表面状态。

表 11-3 添加剂浓度对脱附电位和镀层表面状态的影响

添加剂名称	添加剂浓度/(g/L)	脱附电位/mV	镀层表面状态
肉桂酸	0.1	−830～−755	镀层均匀,在未显光亮前晶粒已粗大镀层变黑色
	0.2	−930	
	0.3	−950	析 H_2 严重,几乎无镀层
焦茶醛	0.02～0.03	−630	吸附弱,不起作用
	0.1	−950	析 H_2 严重,晶粒粗大
	0.3	−980	析 H_2 严重,几乎无镀层
	0.5	−1010	析 H_2 严重,几乎无镀层
亚苄基丙酮	0.1	−700	镀层部分光亮
	0.3	−790	镀层细密,光亮
	0.5	−870	析 H_2 明显,晶粒变大,光亮变差

由表 11-3 可见，随着添加剂浓度的增加，脱附电位向负移动，吸附区域扩大。对于过强吸附的添加剂，低浓度时吸附太弱，不易获得镀层，浓度较高时吸附又过强，由于析出 H_2 而使镀层晶粒粗大，因此这类添加剂的有效浓度非常狭窄，只有配合其他条件时才有实用价值。对于吸附能力适中的亚苄基丙酮，其最佳浓度为 0.3g/L，当浓度达 0.5g/L 时，由于析 H_2 严重，晶粒变粗，镀层光亮度变差。

(2) 辅助光亮剂和表面活性剂的影响

从以上的讨论可以看出，在酸性硫酸镀锡液中，要找到能获得光亮镀层的单一添加剂是很困难的，就是找到了这种添加剂（如亚苄基丙酮），其允许的浓度范围也很窄，维持控制困难，而且镀层也达不到镜面光亮。这就迫使人们去寻找辅助光亮剂和对组合光亮剂进行深入的研究。

在加入 0.3g/L 亚苄基丙酮的硫酸亚锡（表面活性剂已加入的）镀液中，若加入不等量的甲醛，然后在 25℃、1.0A/dm^2 下电镀，不加甲醛和只加 1mL/L 甲醛时只能得到至多半光亮的镀层，当加入 3mL/L 时镀层表面变得相当细密，加入 5mL/L 时得到的是镜面光亮的镀层。研究甲醛加入前后镀液极化曲线的变化（见图 11-3），发现随着甲醛添加量的增加，极化值变小，金属的析出电位向正移动。在不加甲醛时发现析 H_2 严重，所以镀层光亮性差，当加入 5mL/L 甲醛时，H_2 不再析出，实测电流密度 1A/dm^2 时的电流效率为 100%，因而可以不再产生氢气，在这种条件下才获得了真正光亮的镀层，甲醛也因此被称为辅助光亮剂。

为何甲醛的加入可以达到光亮作用的目的呢？这是由于甲醛在镀液中可以与其他有机物一起在电极上吸附，使主光亮剂亚苄基丙酮的吸附减弱，锡的析出电位向正移动，H_2 则难以析出的缘故。

图 11-4 是在 H_2SO_4 98g/L＋$SnSO_4$ 60g/L 溶液中逐步加入各种必要成分时电解沉积锡的单扫描电位图。由图可见，没加添加剂时，或在甲酚磺酸或亚苄基丙酮单独加时，锡的析出电位在－500mV 附近。当加入表面活性剂 $C_{18}H_{35}O(CH_2CH_2O)_9H$ 时，由于其在电极上的吸附，抑制了锡和 H_2 的析出，使它们的析出电位负移（锡的析出电位负移至－800mV 附近）。当甲酚磺酸、亚苄基丙酮和 $C_{18}H_{35}O(CH_2CH_2O)_9H$ 混合使用时，它们的吸附作用增强，锡的析出电位负移至约－1100mV，此时 H_2 已开始大量析出，当加入甲醛之后，吸附峰位向正移动至－950mV 左右，使 H_2 的析出受到抑制，也就可以获得光亮的镀层。

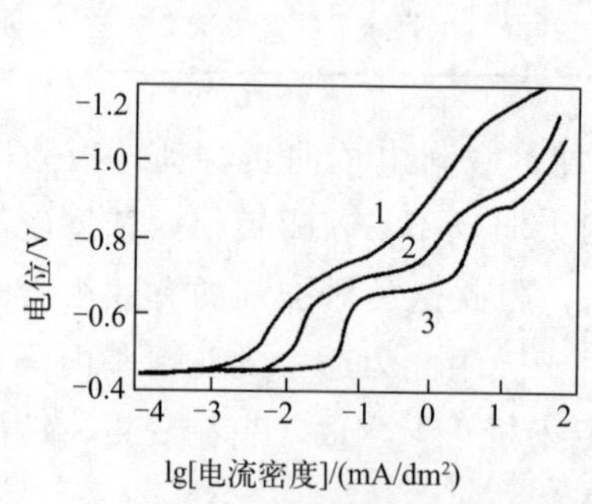

图 11-3 甲醛浓度对锡阴极极化曲线的影响

电解液：H_2SO_4 98g/L＋$SnSO_4$ 40g/L＋$C_{18}H_{35}O(CH_2CH_2O)_9H$ 2g/L＋甲酚磺酸 10g/L＋亚苄基丙酮 0.3g/L＋甲醛

1—未加；2—加 5mL/L；3—加 10mL/L

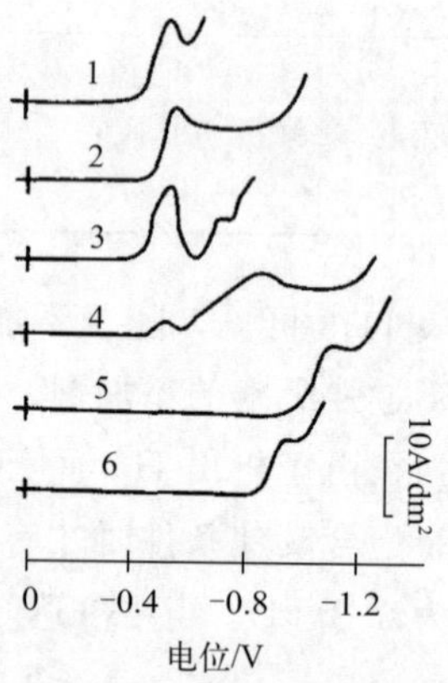

图 11-4 电解沉积时有机添加剂对单扫描电位图的影响

1—无添加剂；2—甲酚磺酸；3—亚苄基丙酮；4—$C_{18}H_{35}O(CH_2CH_2O)_9H$；5—2＋3＋4；6—2＋3＋4＋甲醛

总而言之，表面活性剂的加入有三种作用：①抑制了 Sn^{2+} 的放电，使 Sn 的析出电位负移，提高反应超电压，使晶粒细化。②抑制了 H^+ 的放电，使 H_2 的析出电位负移。③表面活性剂本身也是一种分散剂，可以提高亚苄基丙酮在镀液中的含量，促进亚苄基丙酮在电极上的吸附，即表面活性剂对亚苄基丙酮的吸附有协同效应。

（3）作业条件的影响

① 电流密度　有机添加剂的吸附电位范围是由阴极电流密度决定的，因为一定的电流密度就对应着一定的电位。所以阴极电流密度的大小会影响有机添加剂的吸附性能。不同结构的有机添加剂在不同阴极电流密度下的吸附强弱是不同的，所有镀层的光亮度也就随之变化。表 11-4 列出了四种有机添加剂在不同电流密度下镀锡时所得镀层的光亮度，A、B、C、D、E 表示镀层由半光亮逐步变为全光亮的几个等级。

表 11-4　在各种电流密度下从含有各种有机添加剂镀液中获得镀层的光亮度

亚苄基丙酮 $C_6H_5-CH=CHOOCH_3$					肉桂醛 $C_6H_5-CH=CH-CHO$				
D_k/(A/dm^2) 添加量/(g/L)	0.5	1.0	1.5	2.0	D_k/(A/dm^2) 添加量/(g/L)	0.5	1.0	1.5	3.0
0.05	C	C	B	B	0.05	C	C	B	B
0.1	D	D	C	C	0.1	D	D	C	C
0.3	E	E	D	C	0.3	E	E	D	D
0.5	E	E	D	C	0.5	E	E	D	D
0.7	E	D	D	D					
0.03	A	B	B	C	0.05	A	B	C	C
0.05	A	B	B	C	0.1	A	B	C	C
0.3	D	E	E	E	0.5	A	B	B	E

由表 11-4 结果可看出：

a. 不同添加剂的有效浓度和适用电流密度是各不相同的，这是由它们的结构和吸附性能决定的。

b. 羰基邻位含有吸电子强的苯乙烯基的添加剂（亚苄基丙酮和肉桂醛）。由于羰基碳原子上的电子云密度减小，反应活性强，也就容易在低电流密度区吸附和还原，所以不论用何种浓度，其最佳光亮区均在低电流密度区。这与它们在极化曲线的低电流密度区有较大极化度是一致的。

c. 苯甲醛和焦茶醛的醛羰基旁也没有大的苯乙烯型共轭体系，因此醛羰基的反应活性较弱，只有在高电流密度区才参与反应，所以其光亮区就出现在高电流密度区，仅当它们的浓度较高时，低电流密度区的光亮度才逐渐变好。

② 温度　添加剂在电极上的吸附一般随温度升高而减弱，超过相当温度时

就会解吸，因此和电流密度的影响一样，我们说某一添加剂有效都是指在特定温度条件下的结果。

亚苄基丙酮在不同温度下对硫酸镀锡液极化曲线的影响如图 11-5 所示，从这些结果可以看出，在电解液组成为 H_2SO_4 98g/L＋$SnSO_4$ 40g/L ＋ $C_{18}H_{35}O(CH_2CH_2O)_9H$ 2g/L＋甲酚磺酸 10g/L＋甲醛 5mL/L＋亚苄基丙酮 0.3g/L 时，温度在 25℃时镀层的光亮度最好，与此相对应的是极化曲线的极化值也最大。随着温度的上升，镀层的光亮度逐渐变劣，当温度在 40℃以上时光亮度完全消失，这和极化曲线极化值随温度上升而减小是相对应的。这说明添加剂的吸附随温度上升而明显减弱，在 40℃以上时吸附已很弱。

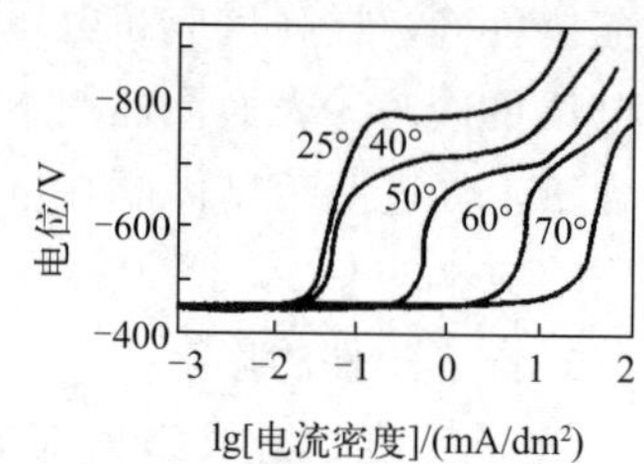

图 11-5　含亚苄基丙酮的硫酸镀锡液在各种温度下的极化曲线

试验条件（电解液）：H_2SO_4 98g/L＋$SnSO_4$ 40g/L＋$C_{18}H_{35}O(CH_2CH_2O)_9H$ 2g/L＋甲酚磺酸 10g/L＋甲醛 5mL/L＋亚苄基丙酮 0.3g/L

11.2　酸性光亮镀锡添加剂的发展

11.2.1　酸性镀锡添加剂的演化

在酸性镀液中要获得光亮的镀层，其关键就是寻找合适的添加剂。几十年来，人们对这一课题进行了许多探索，获得了许多可喜的成果。

1923 年，Fink 用胶体或接近于胶体的物质，如芦荟素和鞣酸镀锡首先获得了专利权。1924 年，Stack 和 Alexander 曾对动物胶和甲酚进行了实验，取得了专利权。1925 年，Mathers 在硫酸-硫酸亚锡镀液中用甲酚和动物胶做光亮剂获得了成功。1935 年，Pine 用甲酚、动物胶以及芦荟素和醛缩合物做光亮剂获得了专利。1936 年，Schlötter 发明的酸性光亮镀锡电解液，首先在技术上获得成功。1937 年，Nachtman 用甲酚磺酸、β-萘酚和动物胶做光亮剂于带钢的连续镀锡。此专利镀液一直沿用至今，这是目前使用的获得无光亮镀层的标准电解液。

1948～1950 年，Lowkape 等根据存在非离子有机添加剂时 Sn 的微分电容和极化曲线，证明存在抑制放电的有机添加剂吸附膜。1955 年，Mathers 和 Disher 发现在 $SnSO_4$ 溶液中加入由硬木的破坏性干馏中获得的木焦油和正辛基硫酸组成的添加剂后会使锡沉积层光亮。1957 年，英国锡研究会的 Harpe 也用木焦油做光亮剂。在 1955～1962 年间，锡研究会完成了对木焦油干馏产物进一步的研究，确定木焦油干馏时温度范围为 150～200℃的馏分具有最好的光亮效果。1959 年，Klapka 提出用邻苯二酚、间甲苯酚和苯胺树脂做光亮剂。1962 年，Clarke 和 Brition 提出了一种新型的比较稳定的光亮剂，他们把邻甲苯胺和乙醛的反应产物分散在正辛基硫酸钠内，再加入 $SnSO_4$ 溶液中，获得了很好的效果，为醛胺系 Schiff 碱光亮剂的开拓奠定了基础。1962 年，土肥信康和高屿四郎也指出在 $SnSO_4$ 液中用胺与醛、酮反应产物做光亮剂是有效的。1963 年，土肥信康公布了醛胺系光亮剂的配制方法，这就是首例在专刊上介绍的光亮酸性镀锡工艺。同年，土肥信康还发表了分散剂对光亮镀锡的影响，认为壬基酚聚氧乙烯醚是最好的分散剂。1967 年，Baeyenss 等报道了亚苄基丙酮、肉桂醛和 2-甲基-2，3-二氢化苯甲醛也是有效的光亮剂。1969 年，小浦延幸和松田好晴分别提出在氯化物镀液中加入阳离子表面活性剂 $\left[CH_3(CH_2)_{12}—N\bigcirc\right]^+$ Cl^- 和 $[(CH_3)_3N—C_nH_{2n+1}]^+$ （$n=9$，11，13）X^- 做光亮剂。1967～1970 年，日本专利中提出用亚苄基丙酮、β-苯丙烯醛（肉桂醛）、焦萘醛和苯甲醛做光亮剂。1975 年，美国专利把可能用于镀锡光亮剂的化合物分为第一和第二类光亮剂（见表 11-5）。1976 年，Rosenberg 在美国专利 3977947 中提出用烷氧基取代的萘醛做光亮剂，并发现某些乳化剂和某些羧酸、羧酰胺和羧酸酯对镀锡的光亮作用有协同效应。Dahlgren 在美国专利 3954573 中提出含 N,N-二甲氨基甲基、N,N-二羟乙基甲氨基的混合物同 2，4，6-三取代苯酚和甲醛、表面活性剂一起做酸性镀锡光亮剂，可以获得高光亮度的镀锡层。1978 年，Rosenberg 提出用二烷氧基苯甲醛做镀锡光亮剂。1980 年，Wasserman 发表了钢带在高均一性氟硼酸溶液中连续镀锡的添加剂，这是一种合成添加剂。同年 Hsu 提出光亮镀锡和锡-镉合金的光亮剂。Popescy 则指出下列通式的有机化合物同分散剂合用可做 H_2SO_4 或 HBF_4 体系镀锡的光亮剂。R^1-(2-萘基)—CH=C(R^2)—C(=O)—R^3，$R^1=X^-$、OH^-、烷氧基（X 为卤素）；$R^2=H$、烷基；$R^3=$烷基、苯基、羟苯基、吡啶及其取代物。

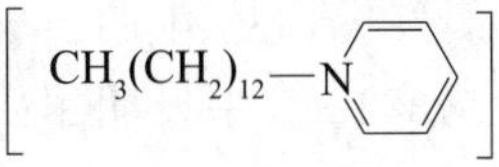

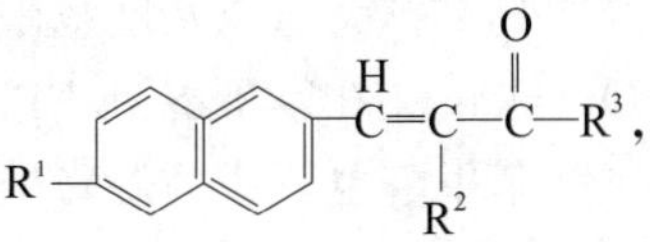

表 11-5 酸性光亮剂镀锡的两类光亮剂

光亮剂类型	化合物
第一类光亮剂	肉桂醛，2-乙基肉桂醛，2，4-己二烯醛，二氢苯甲醛，亚苄基丙酮，对氯亚苄基丙酮，亚苄基乙烯苯，乙烯基甲酮，2-肉桂酰硫茂，异丁基苯乙烯酮，2-甲基-2，3-二氯化苯甲醛，ω-乙酰肉桂酸乙酯，2-(ω-苯酰)乙烯，2-亚苄基环己酮
第二类光亮剂	丙烯酸，异丁烯酸，丙烯酰胺，异丁烯酰胺，缩水甘油烯酸酯，乙二醛，甲醛，茂二醛，α-羧基己二醛，N-乙烯基吡咯烷酮，N-乙烯基氢芴，2-乙烯基氢苯，烷基缩水甘油醚，乙烯基醋酸酯，四氢氧茂，对二乙胺苯甲酸，丙二醇丙烯酸酯，二甲氨基乙基异丁烯酸酯

1981 年，Fong 提出用以下结构式的表面活性剂作为酸性镀液的分散剂。

$R^1—Ar—O(C_3H_6O)_n—(C_2H_4O)_mH$

$R^1 = X^-$、—NH_2、—COOH；Ar＝苯基或萘基；$n=0\sim10$，$m=0\sim100$

1981 年，Kohl 和 Chatham 提出用环内酯（苯酞、酚酞、萘酞）和环酰亚胺（酞酰亚胺、氧氮杂萘酮）等做氟硼酸体系镀锡和铅锡合金的光亮剂。1982 年，Teichmann 和 Mayer 在美国专利 4347107 中提出用芳胺（邻氯苯胺最好）、脂醛（甲醛）、非离子表面活性剂（壬基酚聚氧乙烯醚）和酚磺酸（甲酚磺酸）做酸性光亮镀锡的添加剂。日本高田利宏提出用芳香族硝基化合物代替过去用的芳香胺类，同醛酮和非离子型表面活性剂联合作为酸性镀锡和铅锡合金光亮剂，其耐氧化性比过去的胺系光亮剂好。1983 年西方化学（Occidental Chemical Co）公司的 Mayer 在美国专利 US4381228 中发明了一种用硫酸或氟硼酸体系的高速光亮镀 Sn-Cu 合金的新工艺，光亮剂由全氟烷基磺酸、非离子表面活性剂、脂肪醛和芳香胺组成。1985 年哥伦比亚化学公司的 Rosenberg 在美国专利 US4545870 中用烷基醇或烷基酚的聚氧乙烯醚、甲基丙烯酸以及 2，3，4-三甲氧基苯甲醛做光亮剂的酸性硫酸体系镀锡工艺。1986 年日本 EBARA 公司的 Ono 在日本专利 JP61-117297 中指出在烷基磺酸亚锡液中加入表面活性剂和芳香醛做光亮剂。

Mc Gean-Rohco 公司的 Opaskar 在欧洲专利 EP196232 中指出，在烷基磺酸镀锡和锡合金液中，光亮剂可以由非离子、阳离子或两性表面活性剂，以及具有以下结构的初级光亮剂 $ArCH{=}CH{-}\overset{\overset{\displaystyle O}{\|}}{C}{-}CH_3$（Ar：苯基、萘基、吡啶基、呋喃基、噻吩基）和由低级脂肪醛、取代烯烃等次级光亮剂组成。

1987 年 LeaRonal 公司的 Noble 在 EP216955 中指出水溶性的咪唑啉、单偶氮染料和酰胺甜菜碱等的季铵化产物具有扩大电流密度范围、改善分散能力、提高浊点和改善镀层质量的作用。Opaskar 又在欧洲专利 EP207732 中提出用卤代苯甲醛、二烷氧基苯甲醛、三烷氧基苯甲醛也可作为烷磺酸镀锡和锡铅液的初级光亮剂。LeaRonal 公司的 Noble 在美国专利 US4640746 中公布了一种中性（pH 1.5～5.5）镀锡铅的方法，所用的络合剂为葡萄糖酸、焦磷酸、柠檬酸、苹果酸、酒石酸和丙二酸等，导电盐则用各种铵盐。

1989 年 MacLee Chemical 公司的 Lee 在美国专利 US4844780 中提出了一种镀锡、铅和锡铅合金的光亮剂组合，它是由表面活性剂（如 OP-15、十六烷基二乙醇胺聚氧乙烯-15-醚）、初级光亮剂（如戊二醛、亚苄基丙酮）、次级光亮剂（如苯甲醛）、整平光亮剂（甲基丙烯酸）以及抗氧化剂（如 *N*,*N*-二丁基对苯二胺）或儿茶酚（catechol）等组成。Lea Ronal Inc. 公司的 Toben 发明了一种烷基磺酸高速镀锡、铅和锡铅的新工艺（EP319997），该工艺所得的镀层是淡灰色的暗锡，可焊性很好，镀液具有清澈、稳定、低泡、高沉积速率等优点，所用的表面活性剂是由苯酚、苯、甲苯、萘、双酚 A 结合环氧乙烷和环氧丙烷，该工艺在专用的高速电镀设备上实施。

1990 年 MacDermid 公司的 Deresh 在欧洲专利 EP362981 中提出一种适于高

速、高电流密度、剧烈循环的镀锡和锡铅工艺，所用的光亮剂由丙醛、α-萘醛、亚苄基丙酮等羰基化合物组成，表面活性剂用烷基酚聚氧乙烯醚或短链醇的聚氧乙烯，消泡剂用硅酮或硅酸盐溶于聚丙二醇中。Blasberg-Oberflachentechnik 公司的 Metzger 在欧洲专利 EP379948 中提出一组可提高烷磺酸镀锡和锡铅光亮电流密度范围且高低电流区光泽一致的组合光亮剂，它是由非离子表面活性剂 OP-10、芳醛（如萘醛）、芳酮（如氯乙酰苯甲酮、亚苄基丙酮）、不饱和羧酸（如甲基丙烯酸）以及合成的 Schiff 碱（如乙醛或巴豆醛与胺、氨基酸、肼、酰胺的反应产物）等组成。1991 年 Lea Ronal 公司的 Federman 获得了该公司磺酸型电解液高速钢带连续镀锡的补充专利（EP455166），在该公司原专利（EP319997）的基础上，镀液中增加了防二价锡氧化的抗氧化剂或稳定剂氢醌和多种酚类化合物。同年该公司的 Nobel 也得到了一个减少锡和锡、铅镀液沉渣的专利（US5066367）。他提出在镀液中加入铋盐和各种还原剂，如氢醌、间苯二酚、间苯三酚以及连苯三酚、氨基酚、氢醌硫酸酯等，可以明显抑制二价锡的氧化，减少沉渣的形成。

1992 年，Technic Inc 公司的 Kroll 发明了一种新的光亮镀锡和锡铅合金的方法（US5110423），它是用低泡润湿剂、非硅系消泡剂、低挥发性光亮剂组成。该专利最特别的是用烷基苯酚、乙烯基苯酚的聚氧乙烯、聚氧丙烯醚这种相嵌共聚物作为低泡非离子表面活性剂，同时用在镀液中十分稳定，又可逐渐释放出二醛（如丙二醛、戊二醛、丁二醛、己二醛）的母体化合物做低挥发性光亮剂。这些母体化合物有以下几类：

（1）取代二氢吡喃

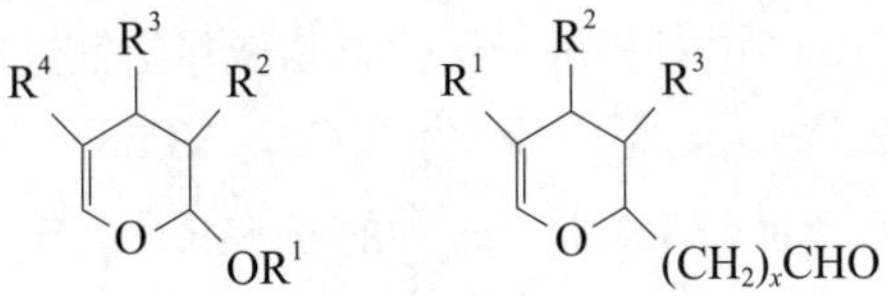

R^1,R^2,R^3,R^4=H,C_1~C_5烷基

x=0~5

（2）取代二氢呋喃

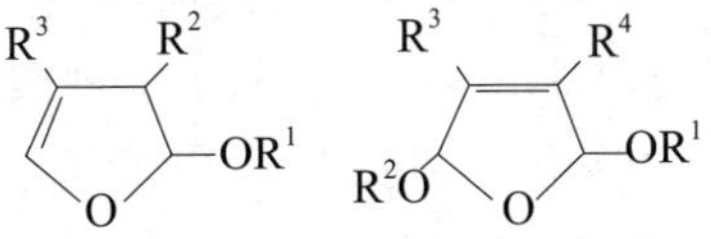

R^1,R^2,R^3,R^4=H,C_1~C_5烷基

（3）取代四氢呋喃

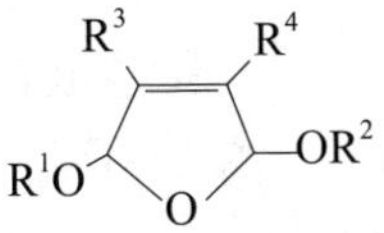

R^1,R^2,R^3,R^4=H,C_1~C_5烷基

（4）二醛的缩醛

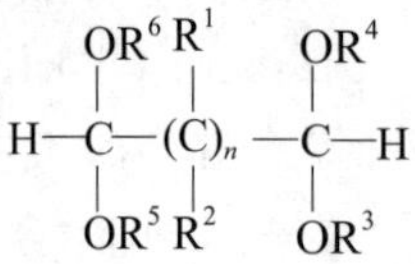

$$\begin{array}{c} \mathrm{OR^6}\ \ \mathrm{R^1}\qquad\ \ \mathrm{OR^4} \\ \mathrm{H-\overset{|}{\underset{|}{C}}-\overset{|}{\underset{|}{(C)_n}}-\overset{|}{\underset{|}{C}}-H} \\ \mathrm{OR^5}\ \ \mathrm{R^2}\qquad\ \ \mathrm{OR^3} \end{array}$$

R^1,R^2,R^3,R^4,R^5,R^6=H,C_1~C_5烷基

n=0~10

（5）羟基磺酸盐

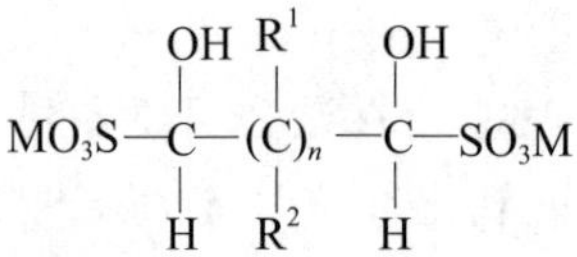

$$\begin{array}{c} \mathrm{OH}\ \ \mathrm{R^1}\qquad\ \ \mathrm{OH} \\ \mathrm{MO_3S-\overset{|}{\underset{|}{C}}-\overset{|}{\underset{|}{(C)_n}}-\overset{|}{\underset{|}{C}}-SO_3M} \\ \mathrm{H}\ \ \ \mathrm{R^2}\qquad\ \ \mathrm{H} \end{array}$$

R^1,R^2=H,OH,C_1~C_5烷基

n=0~10

M=Na^+,K^+,NH_4^+

其中较好的组合是丙二醛（或其母体）或丁二醛（或其母体）＋1-萘醛＋氯苯甲醛＋肉桂醛，其中较好的抗氧化剂是1-苯基-3-吡唑烷酮、氢醌磺酸盐、间苯二酚和儿茶酚。

1992年日本的NAGANOKEN公司的Suyama得到了一个光亮镀锡专利（JP04-254597），他用甲基苯胺同乙醛、丁烯醛（巴豆醛）的缩合产物（Schiff碱）做第一光亮剂，而用乙基喹啉、乙酰喹啉、8-羟基喹啉、邻菲咯啉做第二光亮剂。日本村田制作所（Murata Manufacturing Co. Ltd）的Maeda发明了一种中性（pH 4～8）柠檬酸盐镀锡和锡合金工艺（US5118394），光亮剂用五乙烯六胺同甲醛和苯甲酸甲酯的反应产物。1994年Lea Ronal公司的Thomson在欧洲专利EP625593中提出用周期表中$\mathrm{IV_B}$、$\mathrm{V_B}$、$\mathrm{V_{1B}}$族元素做氟硼酸和烷磺酸镀液中Sn^{2+}的稳定剂。

1995年该公司的Luke在US5378347中对多价金属化合物做稳定剂进行了系统的阐述。指出$\mathrm{IV_B}$族的$TiCl_3$、$ZrOSO_4$，$\mathrm{V_B}$族的V_2O_5、$VOSO_4$、$NaVO_3$、Nb_2O_5和钽的氯化物以及$\mathrm{VI_B}$族的钨酸钠都是Sn^{2+}的优良稳定剂，用量在0.2～5g/L。Lea Ronal公司的Toben在EP652306中进一步完善了该公司烷基磺酸体系高速连续镀锡的工艺，提出将烷芳基聚氧乙烯聚氧丙烯表面活性剂进一步磺化、磷酸化、膦酸化、硫酸酯化及羧酸化，可以大大提高其浊点，使镀液可在搅动下无泡地进行生产。Dipsol化学公司的Sakurai发明了一种羧酸-焦磷酸体系电镀Sn-Zn合金的工艺，用咪唑啉、丙氨酸、甘氨酸类甜菜碱（两性表面活性剂）做光亮剂，可在70℃，0.1～10A/dm^2下获得均匀平滑、易铬酸钝化的Sn-Zn合金镀层［EP663460（1995）、US5618402（1997）］。

1996年日本钢铁公司的Date在JP08-209399中进一步改进钢板镀锡液中因Fe（Ⅲ）而造成的沉渣，他用邻氢醌或对氢醌和α-羟基羧酸合用来达到目的。同年，Date在JP08-269770中又提出用焦儿茶酚、氢醌、邻羟基茴香醚、对氨基酚等用作钢带镀锡液的稳定剂。1997年NAGANOKEN公司的Arai在EP829557

(1997) 和 EP893514 (1999) 中提出用焦磷酸盐-碘化物体系无氰镀 Sn-Ag 合金，适于半导体芯片电镀用。1998 年 NIKKO KINZOKUKK 公司的 Kodama 在 JP10-317184 专利中发明了电镀光亮 Sn-Bi 合金的方法。锡铋盐是用有机磺酸盐，光亮剂用萘酚聚氧乙烯醚及氯苯甲醛和萘醛。

1999 年日本钢铁公司的 Hirano 在 EP889147 中提出用酚磺酸体系进行钢板镀锡，用 α-萘磺酸聚氧乙烯醚等做光亮剂。日本 Lea Ronal 公司的 Ichiba 在 US5871631 中提出一种高速高电流密度镀锡工艺，该工艺使用的电流密度达 $50A/dm^2$。这种酸性镀锡液所用的添加剂有 A、B 两种。其中 A 为分子量为 3000～18000 的聚氧丙烯聚氧乙烯醚，B 为分子量为 300～1500 的聚氧丙烯聚氧乙烯醚，A∶B＝0.6～32。

2000 年日本上村公司的 Yanada 发明了一种适于电子零件、芯片、石英晶体振荡器、引线框架、内连接器脚以及印制电路板使用的 Sn-Cu 合金电镀工艺 (EP1001054)，它所用的光亮剂由巯基化合物（如巯基乳酸、巯基丁二酸、硫代乙醇酸、硫代氨基甲酸盐等）和硫脲衍生物（如二甲硫脲、二乙硫脲、三甲硫脲、四甲硫脲、*N*,*N*′-二异丙硫脲、乙酰硫脲、亚乙基硫脲、1,3-二苯硫脲等）组成。2001 年 Lucent Technologies Inc. 公司的张莹博士发明了一种高速、高温、高电流密度、高电流效率且具高可焊性的磺酸型酸性镀锡、铅和锡铅的新工艺 (US6267863)。该工艺所用的非离子表面活性剂为 OP-10，晶粒细化剂为酚酞，光亮剂为氯苯甲醛和甲基丙烯酸。镀层的含碳量＜0.1%。日本 MacDermid 公司的 Tamura 在 EP1111097 专利中提出一种宽电流密度范围、无氰的有机磺酸电镀光亮 Sn-Cu 合金工艺。该工艺用烷基醇聚氧乙烯醚或烷基酚聚氧乙烯醚做分散剂，用脂肪族醛酮、芳香族醛酮以及 α-羧酸做光亮剂。可以选用的醛酮有：甲醛、乙醛、三聚乙醛、丙醛、丁醛、异丁醛、3-羟基丁醛、乙二醛、己醛、苯甲醛、3,4-二甲氧基苯甲醛、亚苄基丙酮、乙酰丙酮、萘醛、水杨醛、茴香醛和甲基丙烯酸等。所用的抗氧化剂为儿茶酚、间苯二酚、氢醌等。

2002 年 Shipley 公司的 Egli 发明了一种适于 PCB、半导体封装、引线框架和内连接器使用的 Sn-Ag 合金电镀工艺 (EP1167582)。他选择具有酮-烯醇结构的共轭化合物

$$R-\overset{R'}{\overset{|}{C}H}-\overset{O}{\overset{\|}{C}}-R'' \rightleftharpoons R-\overset{R'}{\overset{|}{C}}=\overset{OH}{\overset{|}{C}}-R'' \qquad R', R''=H,OR或烷基$$

作为晶粒细化剂和稳定剂。具有这类结构的化合物有环己二酮、羟基吡咯酮、羟基呋喃酮、二羟基苯醌、3-甲基-1，2-环戊二酮、maltol 等。Atotech 公司的 Opaska 得到了用羟基多羧酸（如柠檬酸）镀 Sn-Zn 合金的专利 (EP1201789)，用聚亚烷基亚胺、羟烷基取代二胺等芳香族羰基化合物做光亮剂。Shipley 公司的 Heber 在欧洲专利 EP1241281 中提出了三种减少锡须的方法：底层镀一层薄的 Ni、Co、Ni-Co、Ni-P、Ni-W 镀层；加入合金元素，如 Pb、Ni、Cu、Bi、

Zn、Ag、Sb、In 等；改变镀锡层的晶粒结构。Shipley 公司的 Crosby 在 EP1260614 中进一步完善了该公司酸性高速镀锡工艺，可以获得光亮且无锡须的锡层。所用的光亮剂为羧烷基聚亚烷基亚胺或羧甲基化的聚乙烯亚胺。

2003 年，Shipley 公司的 Egli 在欧洲专利 EP1342816 中指出无或少锡须的锡层实际上不存在晶面，或相邻晶面之间的夹角只有 5°～22°，或者每个晶面或相邻晶面夹角在 5°～22°的等价晶面的 X 射线衍射峰的强度小于各衍射峰总强度的 5%～10%。Shipley 公司的 Brown 在欧洲专利 EP1342817 中提出取代羟基苯磺酸适于作为各种有机磺酸和无机酸镀锡液中 Sn^{2+} 的稳定剂，它可以有效地抑制二价锡的氧化。Shipley 公司的 Cobley 发明羟胺的硫酸、硝酸、盐酸盐在电镀锡、铜、银、金、铂、钯、钴、镉、镍、铋、铟、铑、铱、钌等镀液中可以有效地抑制添加剂的消耗，并提高镀液的宏观分散能力和微观分散能力（EP1308541）。除了普通的羟胺盐外，具有下列结构的取代羟胺盐也具同样效果。

$(R^1—NHR^2—OH)_nX$ R^1、$R^2=C_1\sim C_6$ 烷基，$n=1\sim2$

当 $n=1$ 时，$X=HSO_4^-$、$H_2PO_4^-$、NO_3^-、F^-、Cl^-、Br^-、I^-

当 $n=2$ 时，$X=SO_4^{2-}$

11.2.2 现代镀锡光亮剂的三种必要成分

从过去文献报道的添加剂中可以看出酸性镀锡用的光亮剂要么是用天然的醛、酮、木焦油或与木焦油主要成分类似的酞类化合物；要么是以醛-胺反应产物或醛-胺反应产物外加甲醛；要么就是在醛、酮或醛-胺反应物中再加入表面活性剂。通过近年来对光亮酸性镀锡机理的研究，基本上肯定了镀锡光亮剂中必须含有以下三种主要成分。

(1) Sn^{2+} 的稳定剂

在酸性溶液中，Sn^{2+} 很容易为空气中的 O_2 氧化为 Sn^{4+}，这可从它们的电极电位看出：

$$Sn^{4+}+2e^-\rightleftharpoons Sn^{2+}\quad E^\ominus=0.15V$$

同时 Sn^{2+} 也容易在电解时被阳极所氧化。因此，要获得长期稳定的镀液，就必须在镀液中加入可稳定 Sn^{2+} 的稳定剂，二价锡的稳定剂大致可以分为有机稳定剂和无机稳定剂两大类：

① 有机稳定剂

a. 酚类：间苯二酚、间苯三酚、连苯三酚、氨基酚。

b. 氢醌类：氢醌、氢醌硫酸酯、氢醌磺酸酯。

c. 苯胺类：N,N-二丁基对苯二胺。

d. 肼类：水合肼、硫酸肼、盐酸肼。

e. 吡唑酮类：1-苯基-3-吡唑酮。

f. 还原性酸：抗坏血酸、山梨酸钠、硫代苹果酸、苯酚磺酸、甲酚磺酸、萘酚磺酸、乙氧基-α-萘酚磺酸及其他取代苯酚磺酸。

g. 硫醇或硫醚：2-硫代乙醇、脂肪族硫醇、二羟基丙硫醇，2,2-二羟基二乙硫醚。

② 无机稳定剂

a. IV_B 族化合物：$TiCl_3$、$ZrOSO_4$。

b. V_B 族化合物：V_2O_5、$VOSO_4$、$NaVO_3$、Nb_2O_5、钽的氯化物。

c. VI_B 族化合物：Na_2WO_4。

(2) 光亮剂

虽然文献中提出的酸性镀锡主要光亮剂的名目繁多，很容易使人眼花缭乱，但只要仔细分析其结构特点，就会发现它们尽管千变万化，但万变不离其宗，什么样的结构是镀锡光亮剂的基本结构单元呢？原来下列的基本结构就是其基本结构单元。

$$R^1-\boxed{HC=CH-\overset{\overset{O}{\|}}{C}}-R^2 \qquad R^1-\boxed{\underset{\underset{R^3}{|}}{C}=\underset{\underset{R^4}{|}}{C}-\overset{\overset{O}{\|}}{C}}-R^2$$

即只要方框内的结构保持不变，方框外的取代基 R^1、R^2 可以千变万化，这样生成的有机化合物都有光亮效果。表 11-6 列出了具有方框结构的各类化合物。

表 11-6 具有基本结构 $-CH=CH-\overset{\overset{O}{\|}}{C}-$ 的镀锡光亮剂

化合物名称	化合物的结构	化合物名称	化合物的结构
丙烯醛或甲基丙烯醛	$CH_2=\overset{\overset{R}{\vert}}{C}-\overset{\overset{O}{\Vert}}{C}-H$ R=H,CH_3	二氢苯甲醛	(二氢苯环)$-\overset{\overset{O}{\Vert}}{C}-H$
β-苯丙烯醛（肉桂醛）	$C_6H_5-CH=CH-\overset{\overset{O}{\Vert}}{C}-H$	对氯亚苄基丙酮	$Cl-C_6H_4-CH=CH-\overset{\overset{O}{\Vert}}{C}-CH_3$
亚苄基丙酮	$C_6H_5-CH=CH-\overset{\overset{O}{\Vert}}{C}-CH_3$	苯乙烯基苯甲酮	$C_6H_5-CH=CH-\overset{\overset{O}{\Vert}}{C}-C_6H_5$
2-甲基-2，3-二氢苯甲醛	(2-CH_3-二氢苯环)$-\overset{\overset{O}{\Vert}}{C}-H$	乙烯基苯甲酮	$CH_2=CH-\overset{\overset{O}{\Vert}}{C}-C_6H_5$
2,4-己二烯醛	$H_3C-CH=CH-CH=CH-\overset{\overset{O}{\Vert}}{C}-H$	α-肉桂酰噻吩	$C_6H_5-CH=CH-\overset{\overset{O}{\Vert}}{C}-$(噻吩基，S)
异丁基苯乙烯酮	$(CH_3)_2CH-CH_2-C_6H_4-CH=CH-\overset{\overset{O}{\Vert}}{C}-R$	苯二甲酰亚胺	$C_6H_4(C=O)_2NH$（环状：两个 $\overset{\overset{O}{\Vert}}{C}$ 与 NH 成环）

续表

化合物名称	化合物的结构	化合物名称	化合物的结构
乙酰肉桂酸乙酯	$CH_3-\overset{O}{\overset{\|}{C}}-C_6H_4-CH=CH-\overset{O}{\overset{\|}{C}}-OC_2H_5$	酚酞	HO OH C O C O
苯甲基环己酮	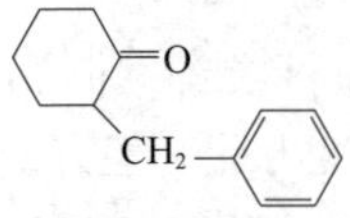 O CH_2	苯乙烯基乙萘酮	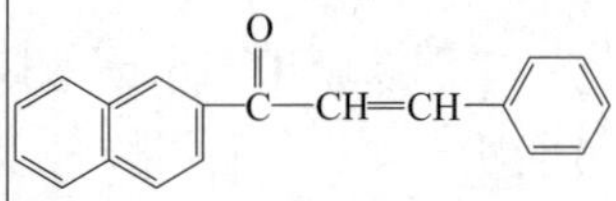 $\overset{O}{\overset{\|}{C}}-CH=CH-$
苯酞	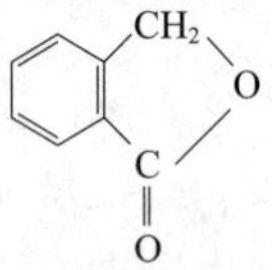 CH_2 O C O		

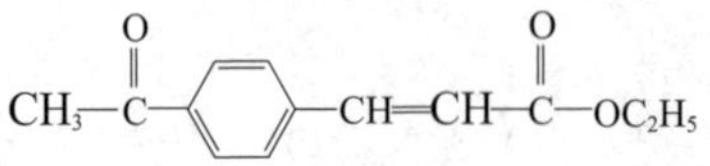

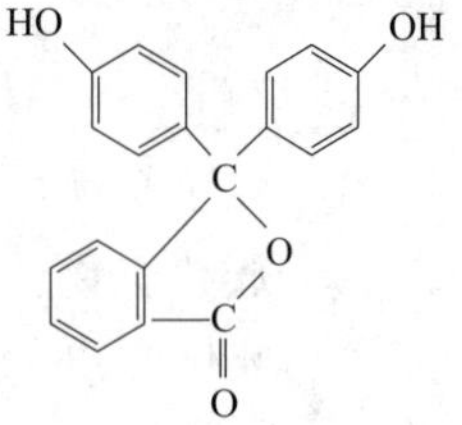

必须指出的是随着结构的变化，乙烯基上的羧基的电子云密度也会发生变化，所以其反应性或光亮效果会发生某些变化。从表 11-6 可以得到启示，在自然界中，具有上述基本结构的化合物多得很，可以从中选择效果好、成本低、稳定性好、来源丰富的有机化合物作为光亮剂。

(3) 分散剂

许多光亮剂在水溶液中的溶解度很小，在电极上的吸着量有限，所以单独使用光亮效果也较差。要获得较好的光亮效果，就得配以适当的分散剂。分散剂都是一些表面活性剂，这里主要利用表面活性剂的胶束增溶作用来提高光亮剂在镀液中的含量。

早期用的分散剂是一些阴离子表面活性剂，如正辛基硫酸钠等，可以把木焦油和醛-胺缩合物分散到镀液中。由于阴离子表面活性剂本身在阴极上的吸着较弱，因此后期就被既有分散效果，又有抑制 H_2 析出和 Sn^{2+} 放电的非离子型表面活性剂所取代，这类离子型表面活性剂主要是聚乙二醇、聚乙二醇烷醛酚聚氧乙烯醚、聚乙二醇丙二醇镶嵌共聚物、烷醛酚聚氧乙烯醚。表 11-7 列出了某些典型的非离子型分散剂的名称、国内外代号和结构式。在这些分散剂中，国内外应用最广的是烷醛酚聚氧乙烯醚，即国内的 OP 乳化剂。

表 11-7 非离子型酸性镀锡分散剂

名称	国内代号	国外代号	结构式
聚乙二醇	M300	Polyglycol E300(美)	$HO(C_2H_4O)_6C_2H_4OH$
聚乙二醇	M400	Polyglycol E400(美)	$HO(C_2H_4O)_{12\sim14}C_2H_4OH$

续表

名称	国内代号	国外代号	结构式
聚乙二醇烷基醇醚(聚氧乙烷基醇醚)	平平加	TMN(美)	$C_{12}H_{25}—O—(C_2H_4O)_{6\sim7}H$
烷基酚聚氧乙烯醚	OP-7,8	Triton X114(美)	R—C_6H_4—$(OC_2H_4)_{7\sim8}OH$ R=C_8
烷基酚聚氧乙烯醚	OP-10	Triton X100(美)	R—C_6H_4—$(OC_2H_4)_{10}OH$ R=C_8
烷基酚聚氧乙烯醚	OP-12,13	Triton X102(美)	R—C_6H_4—$(OC_2H_4)_{12\sim13}OH$ R=C_8
烷基酚聚氧乙烯醚	OP-16	Triton X165(美)	R—C_6H_4—$(OC_2H_4)_{16}OH$ R=C_8
烷基酚聚氧乙烯醚	OP-30	Triton X305(美)	R—C_6H_4—$(OC_2H_4)_{30}OH$ R=C_8
壬基酚聚氧乙烯醚	OP 系	Triton N-10(美)	C_9H_{19}—C_6H_4—$O(C_2H_4O)_mH$ R=C_8
聚氧丙烯醚		PolyglycolP400(美)	$HO(C_3H_6O)_6C_3H_6OH$
聚氧丙烯醚		PolyglycolP750(美)	$HO(C_3H_6O)_{12}C_3H_6OH$
聚氧乙烯聚氧丙烯醚		Pluronic L61(美)	$HO(C_2H_4O)_a(C_3H_6O)_{30}(C_2H_4O)_bH$ $a+b=30$
聚氧乙烯聚氧丙烯醚		Pluronic L64(美)	$HO(C_2H_4O)_a(C_3H_6O)_{30}(C_2H_4O)_bH$ $a+b=26$
聚氧乙烯聚氧丙烯醚		Pluronic L68(美)	$HO(C_2H_4O)_a(C_3H_6O)_{30}(C_2H_4O)_bH$ $a+b=160$
聚氧乙烯聚氧丙烯醚		Pluronic P25	$HO(C_2H_4O)_a(C_3H_6O)_{19}(C_2H_4O)_6H$ $a+b=44$
甲基聚氧丙烯醚		Dowand TPM	$CH_3(OC_3H_6)_3OH$
甲基聚氧丙烯醚		Dowand DPM	$CH_3(OC_3H_6)_2OH$

11.3 酸性半光亮镀锡及锡合金工艺

11.3.1 酸性半光亮镀纯锡工艺

半光亮锡层也称为暗锡、雾锡、灰锡和亚光锡等。由于它具有比光亮锡更好的可焊性，而且对印制板的碱性蚀刻液有很好的抗蚀保护能力，因此被广泛用于电子元器件的可焊性镀层及印制板的碱性蚀刻保护层。半光亮镀锡液具有优良的分散能力和覆盖能力，不含氟和铅，废水处理容易，镀液的维护和控制简单，有利于环保，是一种清洁生产工艺。为了防止纯锡层可能产生锡晶须，可以在镀锡液中加入少量的其他元素，如铜、银、铋、铈和锑等。

常用的酸性半光亮镀锡工艺分硫酸型和磺酸型两种。前者价格便宜，但液中二价锡比甲基烷酸镀液易氧化，因此要用较好的稳定剂。甲基磺酸型镀液的稳定性较好，使用电流密度较高，较适于高速电镀使用，但镀液的成本较高。随着高速电镀的普及和国产化的实现，甲基磺酸及甲基磺酸锡的价格大幅下降，这为它的大批量使用打下了很好的基础。

(1) 硫酸型酸性半光亮镀锡工艺的特点

① 镀液具有优良的覆盖能力，适于各种复杂零件的电镀。

② 镀液的分散能力优良，镀层的厚度分布均匀。

③ 镀液稳定，可在25～32℃下正常工作。

④ 镀层的焊接性能优良，可承受各种老化条件的考验。

⑤ 镀液不含铅和其他有害物质，是一种环保型绿色产品。

(2) 酸性半光亮镀锡液的组成和操作条件

见表11-8。

表11-8 硫酸型和甲基磺酸型半光亮镀锡液的组成和操作条件

原材料	硫酸型		甲基磺酸型
	(1)	(2)	
硫酸亚锡/(g/L)	40～55	36(27～54)	
金属锡/(g/L)		20(15～30)	22(18～26)
硫酸(*d*1.84)/(g/L)	60～120	150(140～220)	以甲基磺酸亚锡形式加入
硫酸/(mL/L)		100(80～120)	
β-萘酚/(g/L)	0.5～1		
明胶/(g/L)	1～3		
酚磺酸/(g/L)	80～100		
AMT-1B添加剂/(mL/L)		30(15～45)	

续表

原材料	硫酸型		甲基磺酸型
	(1)	(2)	
AMT-1S 稳定剂/(mL/L)		25(20～30)	
甲基磺酸(d1.35)/(g/L)			150(120～180)
甲基磺酸/(mL/L)			111(89～133)
镀液温度/℃	15～30	25(15～35)	25(15～35)
阴极电流密度/(A/dm^2)	0.5～1.5	1.5(0.5～3.0)	2(1～5)
阴阳极面积比	1∶2	1∶2	1∶2
阳极	纯锡球或锡板(纯度 99.9%以上)		
阳极袋	聚丙烯(PP)袋		
搅拌	循环过滤(5 个循环/h 以下)与阴极移动(10～30 次/min，摆幅 10cm)		
槽体	橡胶、聚氯乙烯、聚乙烯、聚丙烯塑料		
过滤机	耐硫酸或甲基磺酸材质的过滤机		

(3) 镀液的配制方法

① 在另一储槽中注入 75%最终体积的去离子水或蒸馏水。

② 在不断搅拌下小心加入计量的浓硫酸。

③ 趁热在搅拌下加入所需的硫酸亚锡，搅拌 1h。

④ 加入 1～2g/L 活性炭，搅拌 0.5h 后将溶液滤入镀槽，或用 1μm 活性炭滤芯直接滤入镀槽。若硫酸亚锡可完全溶解则不必用活性炭与过滤。

⑤ 待溶液温度降至室温后加入 AMT-1B 添加剂，搅拌均匀。

⑥ 加入所需量的 AMT-1S 稳定剂，搅拌均匀。

⑦ 以纯水调整至标准液位，循环过滤即可。

(4) 镀液的维护与补充

① 每天分析镀液 1～2 次（视工作量而定），依分析数据调整镀液中硫酸亚锡和硫酸的浓度。

② 添加剂的补充方法：a. 按 250～350mL/KAH 补充 AMT-1B 添加剂；b. 每补充 1g Sn^{2+} 时添加 1.25mL 的 AMT-1S 稳定剂。

③ 镀液要避免 Cu^{2+}、Cl^- 等杂质离子带入，镀液中 Cu^{2+} 过多时镀层会出现黑点或黑色条纹，此时可通过 0.2A/dm^2 小电流电解处理除去，也可用重金属杂质去除剂 AMT-1R 进行沉淀处理，每加入 1mL AMT-1R 可除去 10mg Cu^{2+}。砷、锑的带入也会使镀层变暗，孔隙率增加。当氯离子浓度达到 300mg/L 或硝酸根达 2g/L 时都会影响镀液的覆盖能力，操作时需多加注意。为了防止氯离子污染，工件可采用 5%～10% H_2SO_4 预浸，预浸后可以不经水洗就直接进入镀液。

④ 如镀液长期使用后出现严重浑浊，可用 AMT-1P 絮凝剂处理，以除去四价锡沉淀。AMT-1P 的使用方法如下：

a. 选择 5 个 50mL 或 100mL 量筒，加入等量的浑浊镀锡液。然后加入不同量的 AMT-1P 絮凝剂；b. 剧烈搅拌 30min 后让其静置 4～6h，选择沉淀物体积最小或澄清液体积最大的那只量筒的加入量作为大槽处理的标准；c. 若发现 5 个量筒中沉淀物体积相同且最小时，此时应在 2～3 个量筒中选取加入絮凝剂量最少的那个作为标准；d. 生产线上处理时，最好将镀液打入备用槽中处理，加入絮凝剂后应剧烈搅拌 0.5h，并让其静置过夜，次日将澄清液虹吸或用活性炭滤芯泵入已清洗过的镀槽中，分析调整镀液的成分浓度后，按霍尔槽试片补充 AMT-1B 添加剂；e. 如要提高锡层的防变色能力和可焊性，镀后的锡层可用 AMT-AT 防变色剂进行镀后处理，处理条件是浓度 50%，60～70℃，1～2min。

(5) 常见故障及排除

硫酸盐酸性镀锡常见故障和纠正方法见表 11-9。

表 11-9　常见故障及排除方法

故障	原因	排除方法
局部无镀层	①前处理不良 ②添加剂过量 ③电镀时零件相互重叠	①加强前处理 ②小电流电解 ③加强操作规范性
镀层脆或有裂纹	①镀液有机污染 ②添加剂过多 ③温度过低 ④电流密度过高	①活性炭处理 ②活性炭处理或小电流处理 ③适当提高温度 ④适当降低电流密度
镀层粗糙	①电流密度过高 ②锡盐浓度过高 ③镀液有固体悬浮物	①适当降低电流密度 ②适当提高硫酸含量 ③加强过滤，检查阳极袋是否破损
镀层有针孔、麻点	①镀液有机污染 ②阴极移动太慢 ③镀前处理不良	①活性炭处理 ②提高移动速度 ③加强前处理
镀层发暗、发雾	①镀层中铜、砷、锑等杂质污染 ②氯离子、硝酸根离子污染 ③Sn^{2+}不足，Sn^{4+}过多 ④电流过高或过低	①小电流电解 ②小电流电解 ③加絮凝剂过滤 ④调整电流密度至规定值
镀层沉积速度慢	①Sn^{2+}少 ②电流密度太低 ③温度太低	①分析，补加 $SnSO_4$ ②提高电流密度 ③适当提高操作温度
阳极钝化	①阳极电流密度太高 ②镀液中 H_2SO_4 不足	①加大阳极面积 ②分析，补加 H_2SO_4
镀层发暗，但均匀	镀液中 Sn^{2+} 多	分析调整

续表

故障	原因	排除方法
镀层有条纹	①添加剂不够 ②电流密度过高 ③重金属污染	①适当补充添加剂 ②调整电流密度 ③小电流电解
镀层起泡	①前处理不良 ②镀液有机污染 ③添加剂过多	①加强前处理 ②活性炭处理 ③小电流处理

（6）镀液的分析方法

① Sn^{2+} 的分析。a. 取 2mL 的槽液，加入 250mL 锥形瓶中；b. 加入 100mL 纯水及 30%的硫酸 15mL；c. 加入 2mL 淀粉溶液；d. 用 0.1mol/L 的碘溶液滴定至蓝色终点，碘液消耗量为 A（mL）；e. 计算：Sn^{2+}（g/L）＝2.97×碘液消耗量 A。

② H_2SO_4 的分析。a. 取 5mL 的槽液，加入 250mL 锥形瓶中；b. 加入 100mL 纯水，再加入 2～3mL 酚酞指示剂；c. 用 1mol/L 的 NaOH 滴定至粉红色终点，NaOH 的消耗量为 B（mL）；d. 计算：H_2SO_4（mL/L）＝［（B×9.808）－（A×0.826）］×0.567。

11.3.2 酸性半光亮镀锡液的性能

（1）沉积速度

用 5cm×10cm 的铜霍尔槽样板，以 1A 总电流在 25℃下镀 5min，然后用 X 射线荧光测厚仪分别测定 AMT-1 及 S 公司半光亮镀锡液的沉积速度，结果如图 11-6 所示，由图可见，在 $2A/dm^2$ 时它们的沉积速度分别为 4.7μm/5min 和 4.5μm/5min。

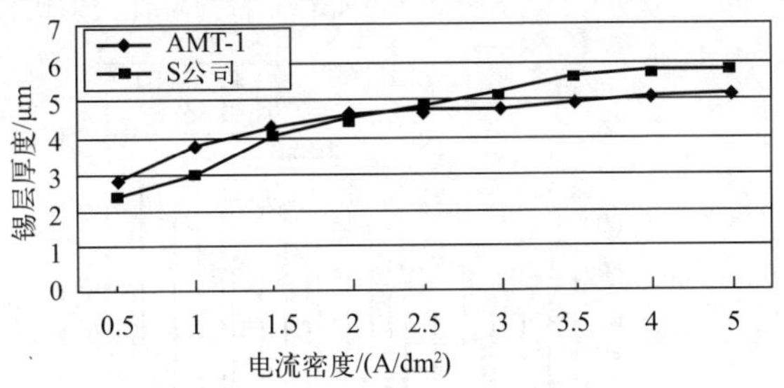

图 11-6　AMT-1 及 S 公司半光亮镀锡液沉积速度的比较

（2）分散能力

用远近阴极比为 2∶1 的哈林（Haring）槽，阴极用铜板，分别在 AMT-1 和 S 公司镀液中，以 $1.0A/dm^2$、$1.5A/dm^2$ 和 $2A/dm^2$ 的电流密度，在 25℃下施镀 5min。清洗干燥后称量远近阴极在施镀前后的增重，再按下式计算分散能力：

$$分散能力=\frac{M_2}{M_1}\times100\%$$

式中，M_2 为远阴极镀层的增重；M_1 为近阴极镀层的增重。

测量结果如图 11-7 所示。由图可见，在 2.0A/dm^2 时 AMT-1 液的分散能力约为 81%，S 公司的约为 75%。

(3) 覆盖能力

用 ϕ10mm×100mm 铜管以水平夹角 45°分别挂在 2L 的 AMT-1 和 S 公司镀液中，以 0.5A/dm^2、1.0A/dm^2、1.5A/dm^2、2.0A/dm^2 和 2.5A/dm^2 的电流密度，在 25℃下电镀 5min，然后剖开铜管，测量两端管内锡层的长度，再按下式计算覆盖能力：

$$覆盖能力=\frac{a+b}{L}\times100\%$$

式中，a 为左端管内锡层的长度；b 为右端管内锡层的长度；L 为铜管的总长度。

测量结果如图 11-8 所示。由图可见，两种镀液的覆盖能力相当，在 2.0A/dm^2 时覆盖能力达 82%，在 2.5A/dm^2 时可达 93%。

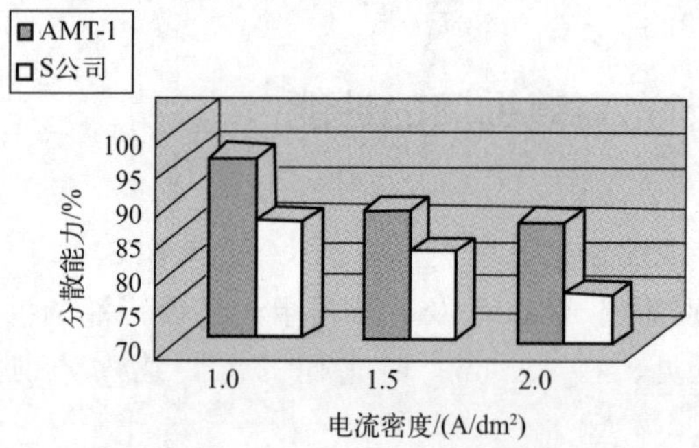

图 11-7　AMT-1 及 S 公司半光亮镀锡液分散能力的比较

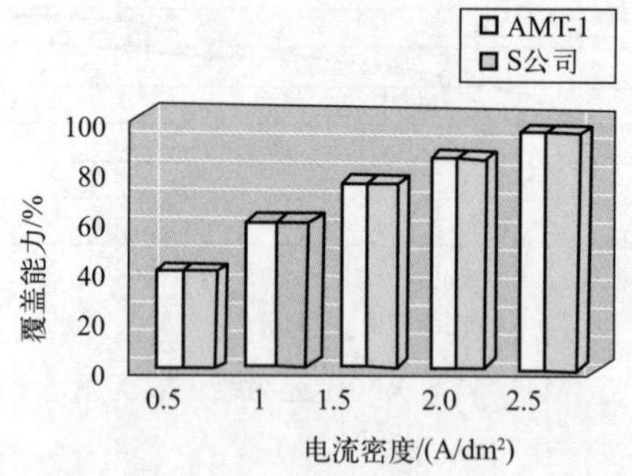

图 11-8　AMT-1 及 S 公司半光亮镀锡液覆盖能力的比较

(4) 电流效率

用铜库仑计以电流效率 100%的硫酸铜溶液为参照液，分别测定 AMT-1 和

S公司镀液在 $2A/dm^2$、25℃下的电流效率分别为98.5%和98.2%，表明两种镀液的电流效率十分接近。

（5）铜离子的影响

用霍尔槽试验法，以铜极做阴极，在AMT-1镀液中分别加入不同量的铜离子，并在总电流1A、25℃下施镀5min，取出后观察镀层外观的变化，结果表明，在镀液中加入120mg/L Cu^{2+} 时，对0.5～$5A/dm^2$ 电流密度区的镀层外观无影响。当 Cu^{2+} 浓度达240mg/L时，则在 $2.5A/dm^2$ 以上的高电流密度区会出现灰暗现象。当 Cu^{2+} 浓度达600mg/L时，灰暗区扩大到 $2A/dm^2$ 以上的镀层。

（6）稳定剂AMT-1S，对 Sn^{2+} 的稳定效果

二价锡离子在高温下易被氧化而形成难溶的偏锡酸胶体，使溶液变浑浊，因此用浊度计测定50℃和60℃时添加15mL/L AMT-1S稳定剂和不加稳定剂溶液的浑浊度就可以知道稳定剂的稳定效果。图11-9是高温处理一定时间后两种溶液的浑浊度的测定结果，由图可见，加稳定剂的溶液的浑浊度远比未加的要低，表明稳定剂是有效的。

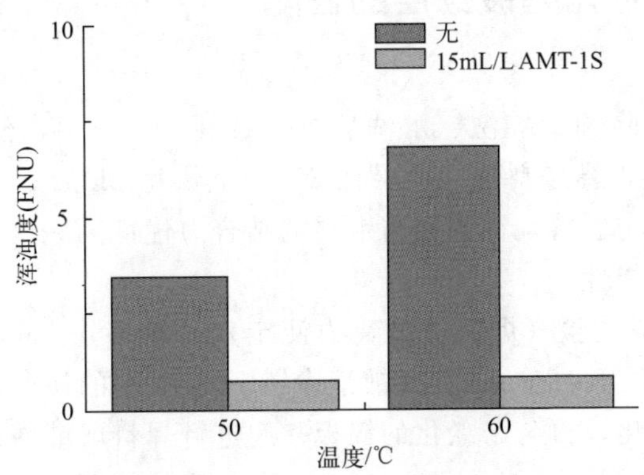

图11-9　在高温时AMT-1S稳定剂稳定 Sn^{2+} 的效果

若在加与不加稳定剂的镀锡液中加入双氧水来加速 Sn^{2+} 的氧化，再利用浊度计来测定溶液的浑浊度，结果如图11-10所示。当加入双氧水（30%）的量达7mL/L时，加稳定剂镀液的浑浊度比未加稳定剂的低好多，表明稳定剂确有很好的稳定 Sn^{2+} 的效果。

（7）絮凝剂AMT-1P对偏锡酸的沉降效果

在两个装有浑浊镀锡液的100mL量筒中，一个加入2mL，AMT-1P絮凝剂，另一个不加絮凝剂，将两个量筒充分搅拌后静置，记录经过不同时间后上层澄清液的体积（mL），结果如图11-11所示。

由图11-11可见，加絮凝剂后，上层澄清液的体积远大于未加絮凝剂的，而且两者之差随着静置时间的延长在加大，这说明加入絮凝剂后静置时间越长，沉淀物的分离效果越好。

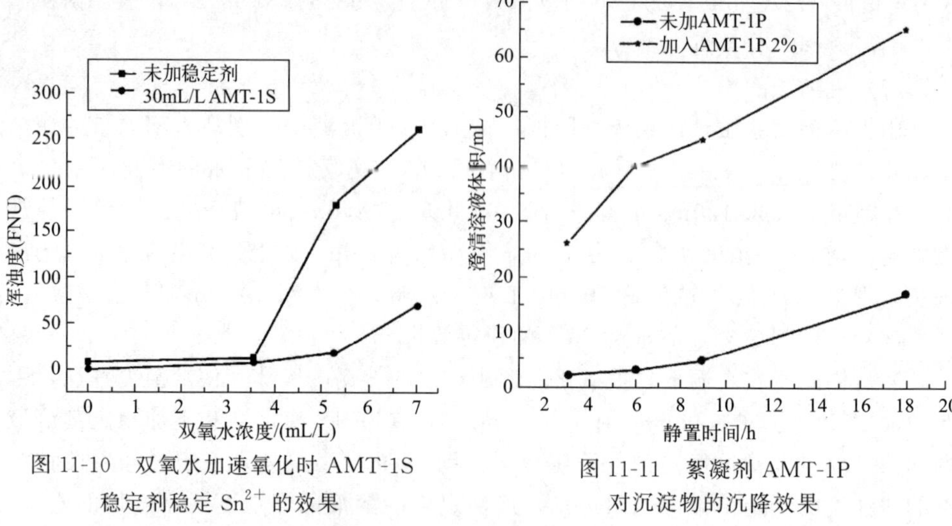

图 11-10 双氧水加速氧化时 AMT-1S 稳定剂稳定 Sn^{2+} 的效果

图 11-11 絮凝剂 AMT-1P 对沉淀物的沉降效果

11.3.3 酸性半光亮镀锡层的性能

(1) 结合力

紫铜板经常规除油、酸洗、水洗后进行镀锡 30μm 厚，然后将它弯曲 90°，结果未发现镀层有开裂与剥落。镀层在 200℃下烘烤 2h 后迅速浸入冷水中，也未观察到镀层起泡与剥落，证明锡与铜层的结合力优良。

(2) 锡层的可焊性

① 焊料球铺展试验（焊料球散锡力测定） 将多块 5cm×10cm 紫铜板在 25℃、$2A/dm^2$ 条件下，在 AMT-1 镀液中镀上 4μm 厚的锡层，将部分镀锡铜板经下列老化条件老化，再与未老化的锡板一起进行焊料球铺展试验。试验时先将直径 0.76mm 无铅 Sn-Ag-Cu 焊料球放在测试板中，然后在 260℃热盘上加热 40s，再用显微镜测量焊球铺展的长度 a 和 b（见图 11-12)，由 a 和 b 可计算出焊料球铺展面积及焊料球的散锡力。散锡力越高，表示锡层的可焊性越好。

a. 老化条件。高温烘烤：155℃4h 和 8h；潮湿试验：98℃，相对湿度 100%下 8h；高温回流 3 次：恒温区 T_1 150℃ 45s，T_2 230℃ 15s（图 11-13)。

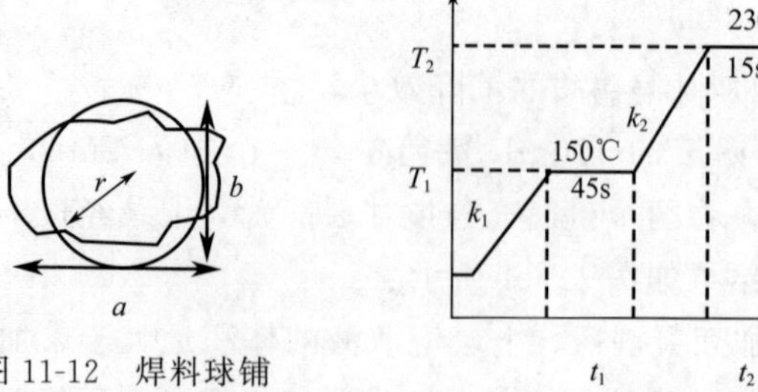

图 11-12 焊料球铺展半径的计算

图 11-13 高温回流的升温曲线

b. 计算。

$$焊料球散锡力=\frac{焊料球铺展面积\ \pi r^2}{焊料球截面积\ \pi R^2}$$

其中，焊料球半径 $R=0.76/2=0.38$（mm）；焊料球铺展半径 $r=[(a+b)/2]=2\text{mm}$。

c. 测定结果。测定结果如图 11-14 所示，由图可见，AMT-1 半光亮镀锡层与 S 公司的镀锡层均有优良的可焊性，其中 AMT-1 镀锡层似乎略好一些。

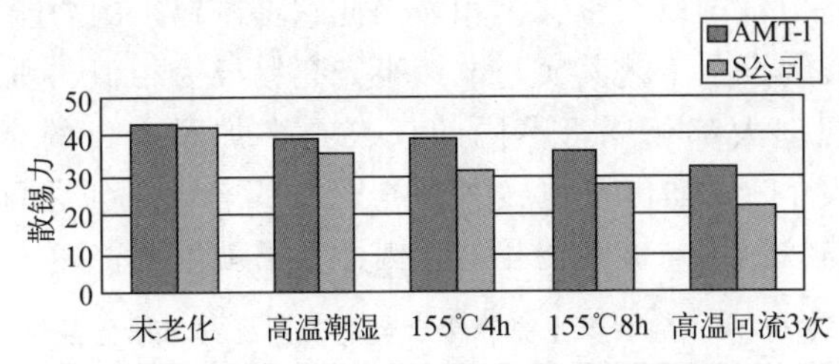

图 11-14　AMT-1 与 S 公司半光亮镀锡层的散锡力

② 焊料球推力测定　用含有球栅阵列（BGA）小圆球状焊点的样品板在 AMT-1 液中镀锡 4μm 厚，取其中几块样品板按上述老化条件进行高温烘烤、高温潮湿和高温回流 3 次后，再与未老化的样品板一起进行焊料球推力测定。测定前先在板上涂布助焊剂，再放上直径 0.76mm 的无铅 Sn-Ag-Cu 焊料球，在回流焊机上回流一次，焊料球就被焊接在样品板上，再放入焊料球剪切试验机中，用移动臂将焊料球推离焊接点，同时记录推离焊料球所需的力，力值越大，表示焊接越牢，可焊性越好。图 11-15 示出了焊料球推力的测定结果。由图可见，AMT-1 与 S 公司的半光亮镀锡层均具有优良的可焊性，它们均可承受 155℃烘烤 4h、高温潮湿试验 8h 和三次高温回流的考验。

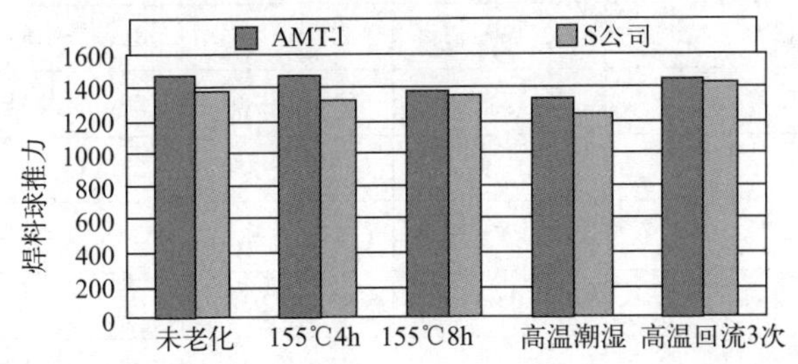

图 11-15　AMT-1 和 S 公司镀锡层的焊料球推力测定结果

11.3.4　酸性半光亮镀锡合金

酸性半光亮镀纯锡层熔点较高，受外力时易长锡须，其可焊性也比锡铅合金差。为了改善这些性能，通常采用加入少量其他合金元素的方法。以前最常用的可焊性锡合金是锡铅合金。由于环保法令的出台，无铅化已成为21世纪的必由之路。按欧洲议会的决议，2006年7月1日起将全面实施电子产品的无铅化，因此锡铅合金也将被停止使用。最被看好的锡合金是锡铜、锡银、锡铋、锡铈、锡锑和锡铈铋合金等。锡铜合金的焊接性能很好，价格便宜，铜的引入也可抑制锡须，锡铋合金的熔点较低，焊接性能很好，铋的引入也可抑制锡须。锡银合金在含银3.5%处形成共晶组织，可实用化。但银的价格较贵，且镀液的维护与控制较困难。锡锑合金的硬度较高，耐磨性较好。镀锡液中加入铈可以改善锡的结晶组织，细化晶粒。但铈难以与锡共沉积，因此它抑制锡须的功能有限。

酸性半光亮镀锡合金工艺其实与电镀半光亮锡极为相似，所用的光亮剂、稳定剂和其他的处理剂大都相同，不同的仅仅是多加了少量的合金元素铜、银、铋、铈和锑等。表11-10列出了电镀各种半光亮锡合金的工艺配方和操作条件。这些镀液的维护与控制均与镀纯锡相似，因此本书就不再赘述。

表11-10 酸性半光亮镀锡合金的工艺配方与操作条件

项目	半光亮锡铜	半光亮锡铈	半光亮锡铋	半光亮锡锑
$SnSO_4$/(g/L)	36(27～54)	36(27～54)	36(27～54)	36(27～54)
Sn/(g/L)	20(15～30)	20(15～30)	20(15～30)	20(15～30)
H_2SO_4(相对密度1.84)/(g/L)	180(150～200)	180(150～200)	180(150～200)	180(150～200)
H_2SO_4/(mL/L)	100(82～108)	100(82～108)	100(82～108)	100(82～108)
铜盐/(g/L)	适量			
$Ce(SO_4)_2$/(g/L)		15(10～20)		
$Bi_2(SO_4)_3$/(g/L)			0.5(0.1～1.0)	
酒石酸锑钾/(g/L)				0.4(0.1～0.6)
AMT-1B添加剂/(mL/L)	30(15～45)	30(15～45)	30(15～45)	30(15～45)
AMT-1S稳定剂/(mL/L)	25(15～30)	25(15～30)	25(15～30)	25(15～30)
温度/℃	25(15～35)	25(15～35)	25(15～35)	25(15～35)
阴极电流密度/(A/dm^2)	1.5(0.5～3.0)	1.5(0.5～3.0)	1.5(0.5～3.0)	1.5(0.5～3.0)
阴阳极面积比	1∶2	1∶2	1∶2	1∶2
阳极	纯锡球或锡板(纯度99.9%以上)			
阳极袋	聚丙烯(PP)袋			
搅拌	循环过滤(5个循环/h以下)与阴极移动(10～30次/min,摆幅10cm)			
槽体	聚氯乙烯、聚乙烯、聚丙烯塑料			
过滤机	耐硫酸的过滤机			

11.4 酸性光亮镀锡工艺

11.4.1 酸性光亮镀锡液的组成和操作条件

锡是无毒金属，也不受食品中有机酸的腐蚀，同时，酸性光亮镀锡液具有优良的分散能力与覆盖能力，镀层质地柔软，受冲击或弯曲时也不会开裂与剥落，因此，虽然锡镀层对钢铁是阴极性镀层，但仍被广泛用于制罐工业用马口铁的防腐蚀镀层。锡镀层对铜是阳极性镀层，能有效保护铜基体不受腐蚀，而且锡层具有优良的可焊性。因此，许多铜合金制的电子元器件都用锡镀层作为保护性的可焊性镀层。常见的酸性光亮镀锡液有硫酸型、磺酸型、甲酚磺酸型和氟硼酸型。其中甲酚磺酸型有酚类化合物的污染问题，氟硼酸型有氟的污染问题。这两种镀液的使用已愈来愈少。硫酸型镀锡液价廉物美，是应用最多的镀液。磺酸型镀液虽然价格较高，但适于高速电镀，应用也越来越广。表 11-11～表 11-14 分别列出了硫酸型、甲基磺酸型、甲酚磺酸型和氟硼酸型光亮镀锡液的组成和操作条件。

表 11-11　硫酸型光亮镀锡液的组成和操作条件②

项目	1(高浓度)	2(中浓度)	3(低浓度)	4	5
硫酸亚锡/(g/L)	70	40	25	40～70	40
硫酸/(g/L)	160(87mL/L)	140(76mL/L)	130(71mL/L)	140～170	140
配槽光亮剂/(mL/L)	15(ABT-1B)①	15(ABT-2B)①	15(ABT-3B)①	15(SS-820)	
ST-1S 稳定剂/(mL/L)	25(20～40)	25(20～40)	25(20～40)		
X-10/(g/L)					10～15
亚苄基丙酮/(g/L)					0.2～0.5
二苯甲烷/(g/L)					0.06～0.2
间苯二酚/(g/L)					0.5～1
甲醛/(mL/L)					16
光亮剂/mL	1～3(ABT-1A)①	1～3(ABT-2A)①	1～3(ABT-3A)①	1～3(SS-821)	
絮凝剂(处理用)/(mL/L)	10～40	10～40	10～40		
ABT-1R 重金属沉淀剂①	每加入 1mL ABT-1R 可除去 10mg Cu^{2+}				
温度/℃	25(10～35)	25(10～35)	25(10～35)	10～35	室温
阴极电流密度/(A/dm^2)	1～6	1～6	1～6	1～4	1～4
阴极移动/(次/min)	20～30	20～30	20～30	20～30	15～30

续表

项目	1(高浓度)	2(中浓度)	3(低浓度)	4	5
阴阳面积比	2∶1	(1.5～2)∶1	(1.5～2)∶1		
阳极	纯度99.9%以上的纯锡球或锡板				
槽电压/V	0.5～1.5	0.5～1.5	0.5～1.5		
阳极袋	聚丙烯(PP)袋				
槽体	聚氯乙烯、聚乙烯和聚丙烯塑料				
搅拌	循环过滤(5个循环/h以下)				

① ABT-X系列添加剂是FB-X系列添加剂的改进产品，由原南京大学化学系教授、中国台湾上村公司高级技术顾问方景礼研制。

② ABT-1高浓度光亮镀锡液适于电子元件引线、空调器冷却用细铜管以及各种带材、线材的连续高速电镀使用；ABT -2中浓度光亮镀锡液适于普通电子元器件的电镀；ABT-3低浓度适于复杂零件及要求高分散能力镀件的电镀；ABT-AT防变色剂能有效提高锡层的抗变色能力和可焊性。使用条件是：浓度50%，60～70℃，1～2min。

表11-12　甲基磺酸型光亮镀锡液的组成和操作条件

项目	1	2	项目	1	2
Sn(以甲基磺酸锡形式)	25(20～30)	40(30～50)	阴极电流密度/(A/dm²)	1～4	1～5
甲基磺酸	150(120～180)	220(200～250)	阳极	99.95%锡球	纯锡板
光亮剂/(mL/L)		50	阴极移动	15～20次/min，3～5cm	8～12m/min
开缸剂/(mL/L)	50(45～60)				
光泽剂/(mL/L)	40(30～50)				
补充剂/(mL/L)	75(60～90)		光亮剂消耗量/(mL/KAH)	150～200	
温度/℃	5～14	15～30	补充剂消耗量/(mL/KAH)	60～90	

表11-13　甲酚磺酸型光亮镀锡液的组成和操作条件

项目	常规电镀	钢带或引线的高速电镀液	项目	常规电镀	钢带或引线的高速电镀液
硫酸亚锡/(g/L)	60	60～80	乙氧合甲萘酚磺酸/(mL/L)		6～9
甲酚磺酸/(mL/L)	75	40～70	4,4'-四甲基二氨基二苯甲烷		0.05～0.2
硫酸/(mL/L)	60	20～30	温度/℃	25(15～30)	25(15～30)
β-萘酚	1		阴极电流密度/(A/dm²)	1.5(1～3)	3(2～5)
明胶	2		阳极	纯度99.99%以上的锡板或锡球	

表 11-14 氟硼酸型光亮镀锡的组成和操作条件

项目	操作条件	项目	操作条件
Sn^{2+}(以氟硼酸亚锡形式加入)/(g/L)	20(15～25)	温度/℃	17(10～25)
氟硼酸/(mL/L)	100(80～140)	阴极电流密度/(A/dm²)	2(1～10)
甲醛(37%)/(mL/L)	5(3～8)	阳极电流密度/(A/dm²)	1(0.5～5)
光亮剂/(mL/L)	20(15～30)	阴极移动/(次/min)	1.5(1～2)
分散剂/(mL/L)	10(8～15)	阳极	含锡 99.9%以上的锡板或锡球

11.4.2 硫酸型光亮镀锡液的配制与维护

(1) 镀液的配制方法（以 ABT-1 镀液为例）

① 在另一储槽中注入 2/3 最终体积的去离子水或蒸馏水。

② 在不断搅拌下小心加入计量的硫酸，注意防止硫酸溅出。

③ 趁热在搅拌下加入所需的硫酸亚锡，搅拌 1～2h。

④ 加入 2～3g/L 的活性炭，彻底搅拌 30min 或直接用 1μm 活性炭滤芯过滤。

⑤ 将溶液滤入镀槽，并让其冷却到施镀的温度。

⑥ 加入所需量的配槽光亮剂 ABT-1B 和稳定剂 ABT-1S，搅拌均匀后即可试镀。

(2) 镀液的维护与控制

① 按上法配制好镀液，取 267mL 进行霍尔槽电镀试验，总电流 2A，25℃。试片除高电流端 1cm 不光亮外，其余应全光亮。

② 每天应分析镀液主成分一次，硫酸亚锡和硫酸的分析值应控制在以下范围：

项目	高浓度液	中浓度液	低浓度液
硫酸亚锡/(g/L)	>60	>35	>20
硫酸/(g/L)	>150	>140	>120

③补加光亮剂 ABT-XA 系列的消耗速度为 0.25～0.3mL/（A·h），应当少量勤补加。当低电流密度区光亮度下降时，通常按 1mL/L 的量补充光亮剂 ABT-XA。

④ 按补加 1g $SnSO_4$ 加入 1mL ABT-1S 稳定剂的标准，在补充 $SnSO_4$ 的同时补充稳定剂。

⑤ 电镀液要避免 Cu^{2+}、Cl^-、NO_3^- 等杂质带入，镀液中 Cu^{2+} 过多时会出现黑点或黑色条纹，此时可通过 0.2A/dm² 小电流电解处理除去，也可用重金属杂质去除剂 AMT-1R 进行沉淀处理，每加入 1mL AMT-1R 可除去 10mg Cu^{2+}。

当 Cl^- 浓度高达 300mg/L 或 NO_3^- 达 2g/L 时都会影响镀液的覆盖能力，其预防方法与电镀半光亮锡时相同。

⑥ 若镀液长期使用后出现严重浑浊，可用 AMT-1P 絮凝剂处理，处理方法与电镀半光亮锡时相同。

⑦ 镀液中 Sn^{2+} 和硫酸的分析方法也与电镀 AMT-1 半光亮锡时相同。

⑧ 为了提高锡层的抗变色能力，镀后可用，ABT-AT 防锡变色剂在 70℃下浸 1～2min，水洗后热风吹干即可。

11.4.3 甲基磺酸型光亮镀锡液的配制与维护

(1) 镀液的配制方法

① 在镀槽中加入 1/2 计量体积的去离子水或蒸馏水。

② 加入计量的甲基磺酸，搅拌均匀。

③ 加入计量的甲基磺酸锡，搅拌均匀。

④ 加入所需的添加剂，再加纯水至规定体积。

⑤ 开启过滤机对镀液进行循环过滤，将镀液温度控制在 0～14℃，即可试镀。

(2) 镀液的维护与控制

① 定期分析甲基磺酸及甲基磺酸亚锡的含量，并根据工艺规范进行调整。

② 光亮剂的消耗量一般在 150～200mL/KAH，当镀件表面光亮度降低时，按 2～4mL/L 补充光亮剂，并尽可能采用少加勤加的方法。

③ 补充剂的消耗在低温下为 60～90mL/KAH，随温度升高，消耗量增加。

④ 电镀溶液应避免铜离子、硫酸根和氯离子等杂质带入，否则会影响镀层质量。

⑤ 镀液不可用空气搅拌，以防 Sn^{2+} 被氧化为四价锡沉淀。

(3) 常见故障及处理方法

见表 11-15。

表 11-15 常见故障及处理方法

故障	产生的原因	解决方法	故障	产生的原因	解决方法
镀层光亮度差	光亮剂不足 电流密度太低 杂质污染 酸含量太低	补加光亮剂 增大电流密度 处理槽液或小电流电解 补充甲基磺酸	镀层发雾	光亮剂太少 稳定剂太少 添加剂分解产物过多	补充光亮剂 补充稳定剂 活性炭处理后过滤
镀层粗糙	金属锡含量高 光亮剂少 电流密度太高	按分析补充 Sn^{2+} 补充光亮剂 降低电流密度	镀液浑浊	四价锡过多 阳极泥太多	絮凝剂处理 过滤、清洗阳极及阳极袋

续表

故障	产生的原因	解决方法	故障	产生的原因	解决方法
镀层结合力差	前处理不良 电流过大	调整前处理工艺 降低电流	阳极钝化	阳极电流密度太高	增加阳极面积 降低阳极电流密度

11.4.4 ABT-X系列光亮镀锡液的性能

（1）霍尔槽试验

霍尔槽试验是在 267mL 霍尔槽中进行，恒定镀液温度 30℃下电镀 10min，所用总电流分别为 0.5A、1.0A、1.5A、2.0A 和 3.0A，所得结果如图 11-16 所示。

（2）分散能力

分散能力的测定是用厦门大学生产的 DD-1 电镀参数测试仪进行的，试验是在 25℃、3A/dm^2 下进行的，所得结果见表 11-16。

表 11-16　各种光亮镀锡液的分散能力

电流密度/(A/dm^2)	ABT-X 系列镀液			S Stannostar(OMI)液
	ABT-1(H)	ABT-2(M)	ABT-3(L)	
3.3	58.7%	57.2%	68.4%	58.7%

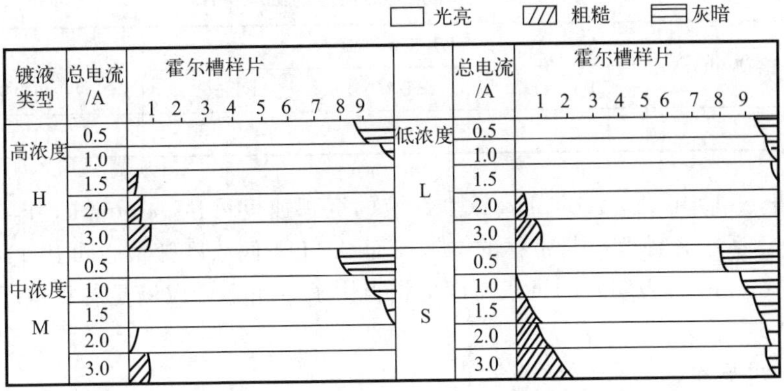

光亮　粗糙　灰暗

镀液类型	总电流/A	镀液类型	总电流/A
高浓度 H	0.5	低浓度 L	0.5
	1.0		1.0
	1.5		1.5
	2.0		2.0
	3.0		3.0
中浓度 M	0.5	S	0.5
	1.0		1.0
	1.5		1.5
	2.0		2.0
	3.0		3.0

霍尔槽样片 1 2 3 4 5 6 7 8 9

图 11-16　各种光亮镀锡液的霍尔槽试验结果

S 为 OMI 公司的 Stannostar 镀液

（3）覆盖能力

覆盖能力的测定是用内径分别为 6mm 和 8mm，长 100mm 的铜管，在 30℃、1.5A/dm^2 电流密度下电镀 10min，然后切开铜管，测量已镀进锡层的距离，结果见表 11-17。

表 11-17 各种光亮镀锡液的覆盖能力

铜管的内径与长度	ABT-X 系列镀液			S Stannostar(OMI)液
	ABT-1(H)	ABT-2(M)	ABT-3(L)	
ϕ8mm×100mm	100	100	100	—
ϕ6mm×100mm	53	59	82	51

由表 11-17 可见，覆盖能力有以下顺序，其中 ABT-3 型低浓度镀液最好

ABT-3＞ABT-2＞ABT-1～Stannostar

(4) 电流效率

电流效率的测定是用铜库仑计，并用电流效率为 100%的硫酸铜溶液做参照。测定是在 25℃、2A/dm^2 下进行的，所得结果列于表 11-18。

表 11-18 各种光亮镀锡液的电流效率

镀液类型	ABT-1(H)	ABT-1(M)	ABT-3(L)	S(Stannostar,OMI)
电流效率/%	98.1	97.9	76.5	97.4

(5) 沉积速率

沉积速率的测定是在 30℃、4A/dm^2 的条件下进行，电镀时间为 1h，镀后测定各镀层的厚度。所得结果见表 11-19。

表 11-19 各种光亮镀锡液的沉积速率

单位：μm/h

电流密度/(A/dm^2)	ABT-X 系列镀液			S Stannostar(OMI)液
	ABT-1(H)	ABT-2(M)	ABT-3(L)	
4	140	122	118	123

由表 11-19 可见，ABT-1 高浓度镀液的沉积速度可达 140μm/h，即 2.3μm/min，它已适于各种线材与带材的电镀。而 ABT-3 低浓度镀液也可达 118μm/h，即 1.97μm/min。表明它的沉积速度也相当快了，完全可以满足各种电子元器件电镀的需求。

(6) 电导率

表 11-20 列出了 25℃下测得的各种光亮镀锡液的电导率，结果表明，各种镀液的电导率相差很小。

表 11-20 各种光亮镀锡液的电导率

镀液类型	ABT-1(H)	ABT-2(M)	ABT-3(L)	S(Stannostar)液
电导率/($\Omega^{-1}\cdot cm^{-1}$)	0.36	0.35	0.34	0.34

（7）阴、阳极极化曲线

用甘汞电极做参比电极，在 25℃下分别测定各种光亮镀锡液的阴极和阳极极化曲线，结果如图 11-17 和图 11-18 所示。

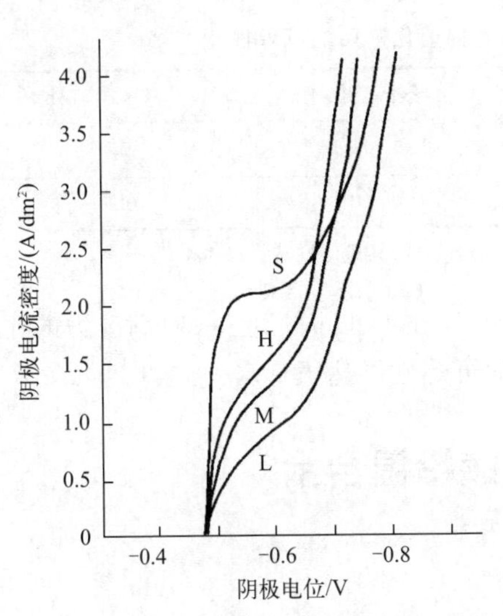

图 11-17　各种光亮镀锡液的阴极极化曲线

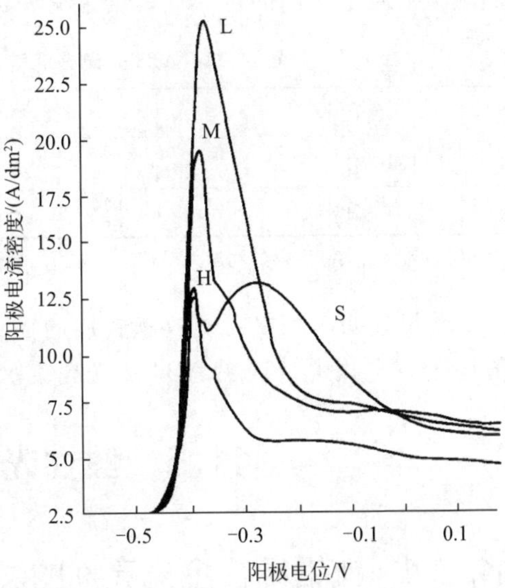

图 11-18　各种光亮镀锡液的阳极极化曲线

11.4.5　ABT-X 系列酸性光亮镀锡层的性能

（1）显微硬度

将低碳钢样片分别在各种光亮镀锡液中镀得 20μm 厚的锡层，然后用 71 型显微硬度计测量各镀层的显微硬度，所得结果见表 11-21。

表 11-21　各种光亮镀锡层的显微硬度

镀液类型	ABT-1(H)	ABT-2(M)	ABT-3(L)	Stannostar(OMI)
显微硬度/(kgf/mm^2)	62.23	86.77	86.72	87.27

注：1kgf/mm^2＝9.8MPa。

（2）结合力

将 0.3mm 厚的铜板分别在各种酸性光亮镀锡液中镀得 30μm 厚的锡层，然后反复弯曲 180°直至断裂，结果没有发现镀层有脱落现象。将同样的样板在 200℃烘箱中烘烤 2h，然后立即投入冷水中，结果也未发现镀层有起泡或剥落现象，证明锡层在铜上的结合力很好。

（3）加速腐蚀试验

将低碳钢板分别在各种光亮镀锡液中镀得 15μm 厚的锡层，然后放在中性盐雾箱中 3 个周期，结果在锡层表面未发现有锈点出现。同样的样板放在高温潮湿试验箱中3个周期，也未发现表面有锈蚀斑点。

（4）锡层的可焊性

用直径0.6mm的铜线在ABT-2光亮镀锡液中镀上8μm厚的锡层，然后用润湿天平测定它们的可焊性，结果见表11-22。

表11-22　ABT-2光亮镀锡层在各种老化前后的可焊性

项目	未老化	蒸汽老化4h	155℃烘烤16h
3s时润湿力的比值/F%①	83	70	76
零交时间/s	0.7	1.0	0.9

① F%是指实际测得的润湿力对理论润湿力之比值，F%达70%，其可焊性达优良水平。

结果表明，ABT-2光亮镀锡层的零交时间均在1s以内，且3s时润湿力的比值均在70%以上，证明ABT-2光亮镀锡层的可焊性已达优良水平。

11.5　酸性光亮镀铅锡合金

11.5.1　镀铅锡合金光亮剂的发展

从无添加剂的Pb^{2+}、Sn^{2+}溶液中只能得到树枝状的镀层，只有加入添加剂后才能获得光滑、半光亮和全光亮的合金镀层。由于Pb^{2+}与Sn^{2+}均为电极还原反应速度很快的金属，它们的标准电位只相差10mV，而它们的超电压都很小，正是由于它们性质上的相似，因此，对Pb或Sn镀层有光亮作用的添加剂通常也是镀铅锡合金的有效光亮剂，这一点已为许多实验事实所证实。下面介绍的是镀铅锡合金添加剂的发展概况。

1911年，Betts提出用连苯三酚、间苯二酚、水杨酸、邻氨基酚和对苯二酚作为从氟硼酸液中沉积铅锡的添加剂。1930年，Macnaughtan把消化蛋白、动物胶和间苯二酚加入氟硼酸镀铅锡溶液中，发现这些添加剂可使镀层光滑和提高镀层的含锡量。1945年，Grag在英国专利中提出用蒽醌磺酸盐做氨磺酸和氟硼酸镀液的光亮剂。1947年，Hoffman提出用聚醚（如烷基和烷基芳香基聚乙二醇醚）做光亮剂。1954年，Киряков发现萘酚、茜素红、对苯二酚、百里酚、苯酚、间苯二酚和苯胺在氨磺酸铅液中有光亮结果。1956年，Gianelos提出用尼古丁多环磺酰胺做光亮剂。1963年，Graham和Pinkerton研究了220种以上有机化合物对高速带钢连续镀Pb、Sn的效果，指出对苯二酚，苯醌和醌氢醌最为有效。1966年，土肥信康提出在氟硼酸镀铅锡液中用醛-胺缩合产物（席夫碱）做光亮剂。1968年，Meibuhr研究了Sn^{2+}同酚磺酸的配位作用，指出酚基和磺基都参与对Sn^{2+}配位的看法。1969年，Rothschild首先提出高均一性镀Pb-Sn合金镀液，并用消化蛋白做光亮剂。

1970～1971年，法国专利首先用酚衍生物、醛和聚氧乙烯加合物分散剂组成的组合添加剂得到光亮的Pb-Sn镀层。1971年，Pauvonic和Oechslin研究了消化蛋白在铅锡合金镀层上的吸附现象。1972年，Nishihara用脂肪醛（乙醛、丙醛）与邻甲苯胺反应形成的席夫碱做光亮剂。1973年，美国专利提出用糠醛、亚苄基丙酮、肉桂醛做镀铅锡合金的光亮剂。1974年，Karustis，Tr. E. P. Leahy在美国专利中提出用甲醛、芳香族伯胺、芳醛和芳胺的缩合产物和多核芳香二磺酸（如2,7-萘二磺酸）做酸性铅锡镀液的光亮剂，可得镜面光亮镀层。1975年，土肥信康、小幡惠吾用乙醛和邻甲苯胺缩合物以及非离子表面活性剂和乙醛做酚磺酸光亮镀Pb-Sn的光亮剂。在2～5A/dm^{2}的电流密度范围内可以得到很平滑光亮的镀层，镀层含Sn量为50%～100%。1976年，土肥信康等把醛-胺缩合物用作烷基醇磺酸光亮镀Pb-Sn的光亮剂。B. D. Ostrow等提出用低级烷氧化缩聚物季铵化的吡啶或喹啉衍生物与芳醛组合做酸性光亮镀Pb-Sn合金的光亮剂。Dahlgren等提出用一种或一种以上取代酚、甲醛或芳醛和聚氧乙烯聚氧丙烯表面活性剂做氟硼酸镀Pb-Sn合金光亮剂。1977年，Pblcako Bo等研究了喹啉和间苯二酚组合添加剂对Pb^{2+}、Sn^{2+}在Hg上同时析出的影响，指出该添加剂对Pb^{2+}的抑制作用比Sn^{2+}强，添加剂的抑制作用是喹啉的还原。同年Kggu Ha等研究了各种醛在硫酸镀锡液中的吸附作用。1978年，土肥信康等把醛-胺缩合物用于甲基磺酸光亮镀Pb-Sn的光亮剂。G. F. Hsu提出用非离子聚氧乙烯型表面活性剂，低级脂肪醛、胺和杂环芳醛（或酮）做BF_4^-、$NH_2SO_3^-$体系镀铅锡合金的光亮剂。1979年，Hull公司的V. M. Canaris和W. J. Willis在美国专利中提出用烷氧化的胺和各种醛组合成氟硼酸镀铅锡的光亮剂。

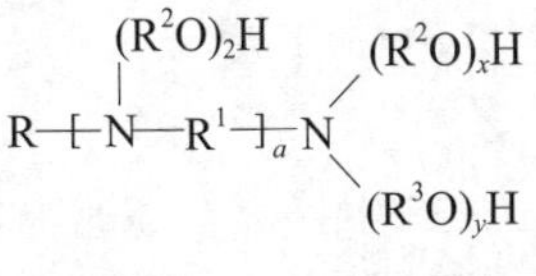

$$R \text{+} N(R^2O)_2H - R^1 \text{+}_a N \begin{cases} (R^2O)_xH \\ (R^3O)_yH \end{cases}$$

R:8~12个碳的烷基;R^1:丙基;R^2:乙基;
R^3:丙基;a=0~1；x、y=10~30

1979年，清华大学研究成功氟硼酸盐光亮镀铅锡合金工艺，所用的光亮剂由甲醛、邻甲苯胺、2,4-二氯苯甲醛和OP乳化剂组成。1980年，Dohi和Obata介绍了一种适于挂镀和滚镀的烷基磺酸盐光亮镀铅锡溶液。美国专利提出一种pH=4～8的柠檬酸盐镀锡和锡合金工艺，所用光亮剂是一种水溶性聚合物，如聚氧乙烯及其衍生物以及由乙二醇、丙二醇或丙三醇的反应产物，此外还加少量醛（如乙醛、胡椒醛）做辅助光亮剂。1981年，吉冈修在日本专利中提倡在导线上镀半光亮铅锡合金层。Kahl公布了用酚酞和Triton X-100组成的高速镀铅锡溶液的配方。他同时也拥有一个专利，估计文章发表的光亮剂和专利中有所不同。美国乐思公司提出用全氟烷基磺酸做润湿剂，以促进阳极溶解。用芳胺和醛做光亮剂，用非离子表面活性剂做晶粒细化剂，用芳磺酸稳定镀液和改善光亮度。1982年，Unruh研究了在含甲醛的硫酸镀铅锡液中，表面活性剂、醛-胺缩合物和各种醛的光亮及整平作用，发现甲醛具有正整平作用。而且整平能力同光亮作用之间有直接的关系。在氟硼酸镀铅锡合金的苏联专利中提出用甲醛和4,4′-二氨基-3,3′-二甲氧基二苯基甲烷做光亮剂。其配方为Sn（以 BF_4^- 盐形式）15～20g/L，Pb（以 BF_4^- 盐形式）7～12g/L，HBF_4 312～330g/L，H_3BO_3 18～20g/L，甲醛（37%）5～10g/L，4,4′-二氨基-3,3′-二甲氧基二苯基甲烷3～6g/L。Teichmann和Mayer对酸性光亮镀锡和锡合金的添加剂做了较详细的说明，指出光亮剂最好是芳香胺和脂醛的缩合产物，其中最好的是邻氯苯胺和甲醛，非离子表面活性剂中以烷基酚聚氧乙烯醚为好，其中烷基含2～20个碳均有效，环氧乙烷的量以10～20mol为好，芳磺酸能使溶液稳定，提供辅助光亮作用，并可使镀层晶粒细化。

1983年，我国张启远等发现在铅锡合金镀液中掺入P、Ga、Ge等元素可保护融态的Pb-Sn合金不被氧化，因为在合金表面可以形成非常致密的表面防氧化膜，这是由掺入元素和Sn的含氧酸组成的，其厚度为几十埃到100Å。1986年，Opaska在EP196232专利中指出具有下列结构的有机物可作为电镀锡铅的初级光亮剂：

$$ArCH{=}CH{-}\overset{\overset{\displaystyle O}{\|}}{C}{-}CH_3$$ Ar：苯基、萘基、吡啶基、呋喃基、噻吩基

而次级光亮剂则用低级脂肪醛。1987年，Opaska又提出卤代苯甲醛、二或三烷氧基苯甲醛也可作为初级光亮剂。1989年，McGean-Rohco公司的Bokisa在US4885064中提出取代α-炔醇类（α-Acetylenic alcohol）：

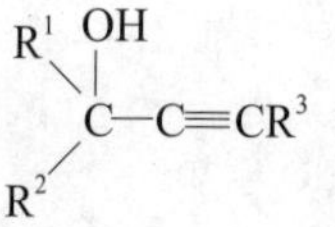

$$R^1R^2C(OH){-}C{\equiv}CR^3$$ R^1、R^2=H，烷基；R^3=H，烷基，$-C(OH)R^1R^2$

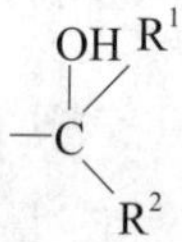

可做电镀锡铅的光亮剂。LeaRonal公司在EP319997中提出在高速电镀生产线上电镀锡铅合金的专利，用芳基酚聚氧乙烯聚氧丙烯低泡表面活性剂做分散剂。1991年该公司又在EP455166中增加酚类和氢醌做高速镀锡铅液二价锡的稳定剂，使镀液具有高速、稳定、低泡等特点。1992年Kroll在美国专利US5110423中提出用芳基酚聚氧乙烯聚氧丙烯醚做润湿剂，用脂肪二醛或可释放出二醛的取代二氢吡喃、取代二氢呋喃、取代四氢呋喃、羟基磺酸盐做低挥发性光亮剂。2001年美国Lucent Technologies Inc.公司在美国专利US6267863中提出用OP-10、酚酞、氯苯甲醛和甲基丙烯酸做电镀光亮剂。

由于从2004年开始陆续禁止使用铅，因此电镀铅锡合金将改为电镀纯锡或其他无害的锡合金，如锡铜、锡铋、锡银等合金。因此从2000年以后，电镀铅锡的研究与开发已基本处于停顿的状态。

11.5.2 高速电镀铅锡合金工艺

铅锡合金一般是从含消化蛋白或动物胶的氟硼酸镀液中获得的。这种镀液虽然具有较好的导电能力和稳定性，镀层也是光滑的，但允许的电流密度较低（$3A/dm^2$），添加剂（如消化蛋白）分解后有臭味，需要经常处理和补充。Kohl提出的高速铅锡合金镀液，允许的阴极电流密度超过 $80A/dm^2$，比一般的电镀工艺快25倍。该工艺具有成本低、稳定和添加剂无毒等特点，这就大大减少了镀液活性炭处理和添加剂补充的次数。高的使用电流密度可以明显缩短电镀时间，为新型高效电镀铅锡合金的设计创造了条件。

（1）镀液配方和操作条件

见表11-23。

表 11-23 镀液配方和操作条件

项目	作业范围	最佳值	项目	作业范围	最佳值
铅[以 $Pb(BF_4)_2$ 形式加入]/(g/L)	8～65	20～39	辛基酚聚氧乙烯(10)醚(OP-10)/(g/L)	0.2～20	1～2
锡[以 $Sn(BF_4)_2$ 形式加入]/(g/L)	15～100	35～45	温度/℃	0～100	50～100
游离 HBF_4/(g/L)	50～600	275～325	电流密度/(A/dm^2)	4～10	4～8
酚酞/(g/L)	0.005～5	1～2			

（2）镀液成分和作业条件的影响

镀液的极限电流密度 I_d 就是镀液可以正常工作的最大电流密度。I_d 可表示为：

$$I_d = nFM_o c_b$$

式中，c_b 是金属离子浓度；n 是物质的量，mol；F 是法拉第常数；M_o 为质量传递系数，其主要由搅拌程度决定。由上式可知，要提高镀液的工作电流密度就要提高镀液的极限电流密度，就必须提高镀液中金属离子浓度和提高搅拌程度。表11-24列出了镀液组成和搅拌程度对镀液使用电流密度的影响。

表 11-24 镀液组成和搅拌程度对阴极电流密度的影响

条件	镀液						
	A	B	C	D	E	F	G
锡/(g/L)	100	76	50	50	35	15	100
铅/(g/L)	62	45	31	31	21	10	62
HBF_4/(g/L)	235	200	335	200	368	400	100

续表

条件	镀液						
	A	B	C	D	E	F	G
OP-10/酚酞（摩尔比）	99	150	42	150	55	150	600
搅拌	强（抽汲机打）	强（抽汲机打）	弱（振动或循环）	高（抽汲机打）	中（振动或循环）	低	高
电流密度/(A/dm^2)	40～90	25～60	4～10	25～60	4～8	0.2～2	2～7
应用	平板表面线材	平板表面	平板表面	平板表面	平板表面	滚镀	高速沉积
均一性	可	好	很好	好	很好	很好	很差

配方A、B和D允许的电流密度高，适用于无穿孔的印制电路板和线材。配方C和E有最好的均一性，适于带穿孔的印制电路板，配方F适于滚镀，配方G适于阴极特定区域的高速沉积。

11.5.3 光亮磺酸镀铅锡合金工艺

(1) 镀液的组成和操作条件

Pb^{2+}/Pb的标准电极电位为－0.126V，Sn^{2+}/Sn的标准电位为－0.136V，两者只差10mV，而且两者的超电压都很小，因此从简单的酸性镀液（硫酸、氟硼酸、氨磺酸、酚磺酸、烷基磺酸等）中都可获得任意组成的合金镀层。由苯酚磺酸和2-羟基丙磺酸［$CH_3CH(OH)CH_2SO_3H$］构成的光亮铅锡合金镀液的组成和操作条件见表11-25和表11-26。

表11-25　光亮苯酚磺酸铅锡镀液的组成和操作条件

组成和条件 \ 镀液种类	挂镀	滚镀
Sn^{2+}(以苯酚磺酸锡形式加入)/(g/L)	19(15～25)	9(8～12)
Pb^{2+}(以苯酚磺酸铅形式加入)/(g/L)	1(0.8～1.2)	1(0.8～1.2)
游离苯酚磺酸/(g/L)	100(80～120)	100(80～120)
乙醛(20%)/(mL/L)	6(4～8)	6(4～8)
光亮剂①(胺-醛系)/(mL/L)	20(15～40)	20(15～40)
分散剂②(PEGNPE,15H)/(g/L)	20(15～40)	20(15～40)
温度/℃	17(15～25)	17(15～25)
阴极电流密度/(A/dm^2)	2(0.5～6)	1(0.5～3)

续表

组成和条件 \ 镀液种类	挂镀	滚镀
阳极和沉积物的组成	Sn95%-Pb5%	Sn95%-Pb5%
阴极移动/(m/min)	1～3	2～8

① 光亮剂：在2%Na_2CO_3溶液中加入280mL乙醛和106mL邻甲苯胺，在15℃反应10天，把所得的沉淀物用异丙醇溶解成20%溶液。

② 分散剂：15mol的环氧乙烷同1mol壬基酚加成的产物，聚乙二醇壬基酚醚（英文代号PEGNPE，15H）。

表11-26　2-羟基丙磺酸光亮镀铅锡液的组成和操作条件

组成和条件 \ 镀液种类	挂镀	滚镀
Sn^{2+}（以羟丙磺酸锡形式加入）/(g/L)	18(15～25)	9(8～12)
Pb^{2+}（以羟丙磺酸铅形式加入）/(g/L)	2(1.5～3)	1(0.8～1.2)
游离羟丙磺酸/(g/L)	100(80～120)	100(80～120)
甲醛(37%)/(mL/L)	10(8～12)	8(6～10)
光亮剂①（胺-醛系）/(mL/L)	20(15～30)	20(15～30)
温度/℃	17(15～20)	17(15～20)
阴极电流密度/(A/dm²)	2(1～6)	1(0.1～3)
阳极和沉积物的组成	Sn90%-Pb10%	Sn90%-Pb10%
阴极移动/(m/min)	1～3	2～8
分散剂①(PEGNPE,15H)/(g/L)	10(5～15)	5(3～7)

① 所用光亮剂和分散剂与表11-25相同。

表11-25和表11-26介绍的光亮铅锡镀液，是防止产生锡须的低铅光亮铅锡镀液，如要获得Sn60%-Pb40%的合金镀层，则可通过改变镀液中的Sn^{2+}/Pb^{2+}实现。用2-羟基丙磺酸镀液可以获得比苯酚磺酸镀液更加均匀光亮的镀层。

(2) 设备和前处理

作为镀槽的材料常用硬质橡胶或聚氯乙烯加衬的铁槽，过滤机、冷冻机和热交换器材料要用耐氟硼酸的碳化物、橡胶和聚四氟乙烯等，对于磺酸镀液不锈钢已显示非常良好的耐蚀性。

酸性光亮镀锡和铅锡合金镀液的槽电压低，电镀电源一般用低电压（3V），部分有微调的。光亮电镀用的整流器要用涟波（脉动率），单相半波不适用。

阳极一般用和镀层组成相同的铅锡合金。在光亮滚镀液中为了防止金属离子浓度上升，可用镀白金的钛钢或石墨。对于光亮镀液来说连续过滤是必需的。含Sn^{2+}的铅镀液不宜采用空气搅拌。

镀品的前处理通常在脱脂后在不含硫酸的3%～10%的氟硼酸、酚磺酸、2-

羟基丙磺酸溶液中浸渍，水洗后在盐酸或硫酸液中弱腐蚀，盐酸或硫酸带入镀液有良影响。

(3) 镀液的管理

含 Sn^{2+} 镀液遇到空气时会被氧化为 Sn^{4+}，要使 Sn^{4+} 还原为 Sn^{2+} 比较困难，因此除不用空气搅拌外，镀液的使用温度一般不宜超过 25℃，就是在不工作时最好也能保持在 15～20℃。磺酸镀液的优点是镀层的含锡量很少随电流密度的改变而变化，在 0～10A/dm^2 范围内铅含量基本稳定。但是光亮剂、分散剂、金属浓度、甲醛、游离酸和温度对光亮区电流密度范围有影响，其影响的程度按所排顺序减弱。镀液中各成分的浓度、温度和电流密度对镀液的均一性影响不大，对镀层组成的影响也很小。

镀层中铅的含量用 EDTA 法进行定量分析，锡的含量则由余量计算。镀液中 Sn^{2+} 用碘量法，铅用 EDTA 法分析。注意有些有机杂质会使终点不明，需事先加硝酸，在加热条件下使有机物分解。镀液中的有机杂质可用活性炭处理除去，添加剂的补充可通过梯形槽试验确定，挂镀和滚镀时消耗量也不同，一般在 0.6～1.4mL/（A·h）。

11.6 21世纪镀锡和锡合金添加剂的进展

锡和锡合金镀层具有无毒、耐蚀和可焊等特性，是工业上非常重要的防腐-装饰和功能性的镀层，常用于马口铁的电镀、端子和线材的连续电镀、钢板的高速电镀、电子器件引线脚的电镀、BGA 封装的凸点电镀和印制板的锡保护层电镀。

至今已开发的镀锡工艺有酸性硫酸盐镀锡工艺、酸性氟硼酸盐镀锡工艺、甲基磺酸（MSA）盐镀锡工艺、卤素法镀锡工艺、碱性锡酸盐工艺等。随着现代化的发展、社会的需求及环保的加强，酸性硫酸盐镀锡工艺和甲基磺酸盐工艺成分简单，沉积速度快，电流效率高，对设备腐蚀小，并可在室温下工作，过程控制容易，可获得半光亮和全光亮的镀层，成为市场最受欢迎的工艺，将占据主导地位。甲基磺酸镀液由于对基材及设备的腐蚀性小，镀液产生废物少，甲基磺酸锡不易被空气氧化而使镀液浑浊，甲基磺酸镀液中亚锡离子的氧化速率非常低[约为 0.07g/（dm^3·h）]，这样就可以采用连续过滤来清除二氧化锡沉淀物，而无需停工排渣。甲基磺酸可生物降解生成硫酸盐和二氧化碳，可循环率达 80%，镀液稳定性好，沉积速度快，并可与多种金属共沉积，合金成分比例范围较大，甲基磺酸电解液在环保方面有明显的优势，已成为当今研究与应用的热点[1]。本书将重点介绍这两种工艺的发展状况和最新的研究成果。

11.6.1 酸性镀锡液的特性

在强酸性镀锡液中，能与 Sn^{2+} 生成稳定配合物的配位剂很少，Sn^{2+} 主要以

六水合配离子形式 $[Sn(H_2O)_6]^{2+}$ 存在，它的交换电流密度为 $8\times10^{-2}A/cm^2$，比 Cu^{2+} 的交换电流密度还大 2～3 个数量级，$[Sn(H_2O)_6]^{2+}$ 的电化学反应超电压或过电位很小，只有 2～3mV，因此它属于电化学反应速率很快的金属离子，通常具有较低的阴极极化。在无添加剂的酸性镀锡液中只能得到多孔、疏松、粗糙的树枝状或针状镀层，所以在酸性镀锡时，只有加入较强添加剂来降低 Sn^{2+} 的还原速度，抑制锡枝晶的生长，才能实现致密和光亮的镀层。因此，酸性镀锡是典型的需要较强添加剂才能进行的电镀过程。由于镀液中 Sn^{2+} 较碱性锡酸盐中 Sn^{4+} 的电化当量要高 2 倍，因此沉积速度比碱性电解液快得多，电流效率高(接近 100%)，因而比碱性锡酸盐工艺节省电能，同时原料易得，成本较低，可在室温下工作，控制和维护较方便，容易操作，废水易处理，是应用最广的镀锡工艺。光亮酸性镀锡层柔软、孔隙小，既可作表面装饰性镀层如代银等，也可作可焊性镀层，广泛应用于电子、电工、食品罐头及家用电器等方面[2]。

酸性镀锡体系目前应用最广的就是硫酸和甲基磺酸体系，表 11-27 列出了硫酸和甲基磺酸的物理化学性能，甲基磺酸的腐蚀性和氧化能力都比硫酸弱，Sn^{2+} 在甲基磺酸溶液中比较稳定，而在硫酸溶液中就很不稳定，容易变黄并产生四价的偏锡酸沉淀，溶液很快浑浊。甲基磺酸对锡的溶解度达 1151.59g/L，而硫酸只有 303.88g/L，所以甲基磺酸镀液可以浓缩，对阳极的溶解性好，可在非常高的电流密度下操作。而硫酸镀液常会出现阳极溶解不良和钝化，使镀液中 Sn^{2+} 浓度下降直接影响生产效率。

表 11-27　硫酸和甲基磺酸的物理化学性能

特性	硫酸	甲基磺酸
颜色	无色	无色
分子量	98	96
密度/ (g/cm^3)	1.82	1.48
沸点/℃	279.6	122
冰点/℃	10.4	19
热稳定性/℃	340	180
酸式电离常数 pK_a	−3	−2
腐蚀性能	较高	较低
氧化能力	强氧化能力	无氧化能力
当量电导/ ($S\cdot cm^2/mol$)		
2 当量	413.84	232.97
1 当量	444.88	299.60
溶锡量/ (g/L)	303.88	1151.59

酸性镀锡体系必须通过选用不同的添加剂，改变阴极界面行为，对 Sn^{2+} 放

电产生阴极抑制作用，实现不同尺寸的晶粒镀层，产生不同整平光亮表面，从而得到外观不同的哑光锡和光亮锡镀层。一般哑光锡晶粒尺寸在1000～5000nm以内，比光亮锡晶粒尺寸（100～800nm）要大，说明哑光镀锡添加剂的阴极抑制能力比光亮镀锡添加剂的弱，光亮镀锡要求添加剂能够具有更强的抑制枝晶生长的能力。通常哑光镀锡层比较柔软，镀层晶粒尺寸大和孔隙率高，其耐蚀能力相对弱，但镀层应力容易释放，锡须生长速度较慢，同时镀层添加剂夹杂量和高温变色较少[3]。光亮镀锡层因添加剂组成复杂，很少应用在带钢高速电镀上，但在端子、线材和窄钢带连续镀上有很大应用，此外对不能耐高温热处理的基体，如柔性印制线路板、微型器件和特殊镀层等，直接电镀光亮镀锡是可行的，镀液的高沉积效率和高致密性能够减少镀件在溶液中浸泡时间，并提高了耐蚀性。电子行业的迅猛发展促进了锡和锡合金需求的增长，锡及其合金镀层由于其优良的可焊性，逐渐地应用到半导体器件、连接器、电阻电容等电子行业中作为焊接镀层，还常应用于工程、通信、军事、消费产品领域，如印刷电路板、连接器、阀门、轴承、半导体、晶体管、电线及金属管等。

研究表明，酸性镀锡添加剂至少含3种成分，即通常所说的主光剂、辅助光亮剂和载体光亮剂。光亮剂主要是一些含有不饱和双、三键的含氮、硫或氧的有机物等。作为主光剂，可供选择的有芳香醛、芳香酮以及胺类化合物，如苯甲醛、肉桂醛、亚苄基丙酮等。主光剂应是在阴极上有较强吸附而又易被阴极还原的有机物，有较高的阴极极化和阴极还原的超电压。

有些主光剂一方面使晶粒细化，同时也具有很好的整平能力，它能强力吸附在镀件的微观凸出处使微观凹处得到填平。起整平作用的组分常是含有π键基团的有机物。强吸附而又易被阴极还原的有机物当其浓度过高时，氢气容易析出，引起针孔、麻点和气道等，使光亮作用明显下降，须添加辅助光亮剂才可以得到全光亮镀层。作辅助光亮剂的有脂肪醛和不饱和羰基化合物如酯类、醛类、酮类等。醛类被认为是较好的辅助光亮剂。载体光亮剂也叫分散剂，主要是各种表面活性剂。早期所用的多是阴离子型表面活性剂，如正辛基硫酸钠。它可以使醛胺缩合物很好地溶于镀液，但是其在阴极上的吸附较弱，很快被非离子型表面活性剂取代。如聚乙二醇、聚乙二醇烷基醚和烷基酚聚氧乙烯醚等都可作载体。其中最常用的是烷基酚聚氧乙烯醚类。此外，稳定剂也是酸性光亮镀锡不可缺少的。常用的稳定剂有抗坏血酸、对苯二酚、脂肪醇、苯酚磺酸等。不同的稳定剂具有不同的稳定作用，如抗坏血酸主要是防止二价锡离子的化学氧化，而苯酚磺酸则有抑制电化学氧化的作用。现在多采用多种抗氧化添加剂的组合物作复合稳定剂。絮凝剂则是将已经出现的四价锡离子沉淀去除，以延长镀液的使用周期。显然，将上述各类添加剂有选择地分别加入到镀液中同样能获得很好的光亮效果。由此，开发出了晶粒细小、镀层光亮、电流效率高、沉积速度快、镀液稳定、耐空气和阳极氧化、综合性能好、管理方便、成本低廉的酸性镀锡添加剂。

11.6.2 21世纪酸性镀锡和锡合金添加剂的进展

2001年欧洲专利[4] 发明了一种高速镀锡电解液。这种高速电镀锡的电解液由磺酸亚锡、磺酸和至少一种有机添加剂组成。有机添加剂为聚亚烷基二醇和酚酞或其衍生物的反应产物。有机添加剂的质量浓度为0.2～2.0g/L。

2001年美国希普雷公司[5] 发明了一种高速镀锡工艺，该工艺所用光亮剂为环氧乙烷和环氧丙烷共聚物（EO/PO），或环氧丙烷和聚氧乙烯的反应产物，分子量为300～18000。该工艺的组成和条件为：锡（甲磺酸锡形式）15g/L，甲磺酸40g/L，硫酸1g/L，EO/PO共聚物0.5g/L，聚乙二醇6000 0.5g/L，还原剂0.25g/L，40℃，30A/dm^2，转速1500r/min。同年肖友军[6] 发现稀土元素可以提高酸性镀锡液的抗氧化性能。陈华茂等[7] 开发了一种多功能镀锡添加剂，其镀液性能为：均镀能力99%，深镀能力100%，电流效率87%，沉积速度59μm/h。镀液稳定性好。

2003年杨防祖等发现，通过在锡镀液或者锡合金镀液中加入特定的添加剂，可以形成一年以上不产生晶须的镀层。这种特定的添加剂含有选自双酚A环氧乙烷加成物、双酚A环氧丙烷加成物、双酚F环氧乙烷加成物、双酚F环氧丙烷加成物中的至少一种。

2004年何祚明等[8] 研究成功GH系列光亮硫酸盐镀锡工艺并应用于生产，该工艺能有效防止镀层发雾、发白等现象且镀锡液不易变混，使用周期较长。同年于锦等[9] 研究了铈盐对电镀锡参数和性能的影响，发现铈盐的加入可以扩大阴极电流密度范围，增强镀液的均镀能力，加宽镀层的光亮范围，提高镀层的耐蚀性和电导率，还可以代替镀镍并可保持锡镀层长时间不变色。同年，罗维等[10] 开发了印制电镀板图形保护用硫酸型哑光镀锡工艺，用于图形保护的酸性镀锡的关键是要有极佳的分散能力和高的电流效率，这就对添加剂提出了较高的要求。新开发的添加剂为组合添加剂，也就是利用多种有机添加剂不同的极性、吸附电位和脱附电位，来达到不同的极化度，使电流密度范围较宽，二次电流分布更均匀，从而实现较好的分散能力和高电流效率之间的平衡，来满足图形保护镀锡的工艺要求。用该工艺取代PCB制造通常使用的氟硼酸体系工艺作为图形蚀刻时的保护镀层，不仅利于环保，而且质量稳定可靠，具有极佳的性价比。

2005年Wen Shixue等[11] 研究了在硫酸锡和硫酸以及明胶添加剂的镀液中锡在低碳钢表面的成核和长大。通过线性扫描伏安法和电流跃迁法来观察其形貌，研究了镀锡层的烧焦影响。阐述了锡在基体钢表面上的沉积机理：首先在台阶处形成三维晶粒，随后被周围许多更小的、更密的晶粒包裹覆盖。在没有明胶添加剂时，镀层质量不仅差，而且是三维结构占主要成分。发现在氢气和明胶共同析出时，基体钢上的覆盖层又快又完整地生长，并且观察到的是二维晶粒模型。

2006 年广东风华高新科技集团有限公司[12] 公开了一种甲基磺酸锡系镀纯锡电镀液的添加剂，它由非离子型表面活性剂、含氮化合物和两性表面活性剂组成。非离子表面活性剂的作用为助溶，既可以提高两性表面活性剂溶解性，也能提高电镀液的稳定性。含氮化合物具有增加镀层厚度和厚度的均匀性的作用；两性表面活性剂的作用是提高电镀锡的电流效率和电镀速度，优化镀层结构。添加了此添加剂的甲基磺酸锡系镀纯锡电镀液的均镀能力强，电镀后得到的镀层表面均匀细致。表面活性剂的加入不仅影响锡沉积的电极过程，而且影响锡镀层的织构择优情况。

同年李俊华、费锡明、徐芳[13] 采用循环伏安、电势阶跃和交流阻抗等电化学方法研究了酸性镀锡溶液中亚苄基丙酮（4-苯基-3-丁烯-2-酮）和 SN-A 等有机添加剂对锡电沉积的影响。加入有机添加剂后锡电沉积过程的阴阳极峰电位之差达 0.9V，说明其电极过程不可逆；伏安图上同时出现一感抗性电流环，说明锡沉积过程中发生晶核形成过程。亚苄基丙酮和 SN-A 都能阻化锡的沉积，增大了阴极极化。加入亚苄基丙酮后锡沉积的电化学阻抗比 SN-A 增大很多，并能阻化氢气的析出。当这两种添加剂联合作用时，锡电沉积的阴极过电位增大，更有利于得到光亮锡层；加入有机添加剂后锡电沉积的实验曲线均靠近瞬时成核理论曲线，说明锡沉积遵循瞬时成核三维生长的电结晶机理。

2006 年曹立新等[14] 和 2008 年王孝伟[15] 等研究了在不同电流密度下，酸性镀锡液中加入三乙四胺六乙酸（TTHA）对去除 Fe^{2+} 的效果和对镀层的影响，通过盐雾试验及塔菲尔曲线的测量，研究了镀层的耐蚀性能。研究结果表明：采用小电流密度和加入三乙四胺六乙酸均能有效去除酸性镀锡液中的铁杂质，消除铁杂质对镀层的影响，可获得银白色光亮镀层。TTHA 不仅能显著地提高镀层的表观质量，是一种能有效消除镀锡液中铁杂质影响的添加剂；还就 TTHA 影响阴极电沉积过程的作用机理进行了探讨，指出 TTHA 不仅可以通过螯合作用，还可以通过影响阴极电沉积过程有效地降低沉积过程中铁的干扰。

2008 年，C. T. J. Low 等[16] 研究了全氟阳离子表面活性剂对液相传质控制区域和氢气析出的影响。表面活性剂吸附在电极表面抑制氢气的析出，从而导致峰电流和极限电流密度的降低。同时还观察到在有表面活性剂时开缸电解液中溶解氧的减少。当加入表面活性剂时，锡沉积层的形貌是紧密平滑的，但是当电流密度高的时候会有杆状的沉积锡。从镀层可以看到加入表面活性剂后改变了其形貌，赫尔槽实验的结果是得到了锡全覆盖层。

2009 年 Yanada Isamu 等[17] 在镀液中加入可溶性的钨盐、钼盐、锰盐，也可以抑制晶须的形成。

2010 年王凯明等[18] 公开了一种甲基磺酸哑光镀锡的添加剂，除酸和主盐外，以杂环类化合物、胺类化合物为晶粒细化剂，用聚乙二醇和聚丙二醇的醇醚为非离子表面活性剂分散剂。

2011 年 W. Zhang 等[19] 公开了 Solderon BHF350 光亮剂及其工艺，该光亮剂在工作区间，残炭及晶粒结构等方面性能较好。同年蒋金鸿等[20] 研究了酸性镀锡溶液的净化处理，他认为酸性镀锡溶液中需要加入絮凝剂用于沉降镀液中的胶体，在镀液密度大于 1.14g/cm^3 时，使用聚丙烯酰胺，镀液性能可得到恢复。2011 年尹国光等[21] 用电化学工作站测试钒酸盐含量对镀锡溶液开路电位以及亚苄基丙酮和复合添加剂含量对镀液阴极极化曲线的影响。通过划痕试验、弯曲试验、热震试验和盐雾试验检测了添加剂对镀液和镀层性能的影响。结果表明：当钒酸盐含量为 0.05g/L 时，镀锡溶液开路电位明显提高，添加一次能维持镀液 70 天不变黄，90 天不浑浊；当亚苄基丙酮含量为 0.10g/L、复合添加剂含量为 2.3g/L 时，吸附电位范围在－0.78～－0.53V，阴极极化度提高，获得镜面光亮锡镀层的电流密度范围为 0.5～5.0A/dm^2；优化添加剂后阴极电流效率为 93%，沉积速度为 92μm/h，镀层孔隙率为 0.063 个/cm^2，24h 中性盐雾试验为 10 级，结合力合格；该镀锡添加剂能还原镀液中的溶解氧和 Sn^{4+}，有效抑制 Sn^{2+} 的氧化，细化镀层结晶。

2012 年 Long Jinming 等[22] 以 TX-10、芳香酮为添加剂在甲基磺酸镀液中得到光亮镀锡层。

2013 年 F. X. Xiao 等[23] 提出亚苄基丙酮和辛基酚聚氧乙烯醚可以阻碍 Sn^{2+} 的还原，抑制了氢气的析出，甲醛作为辅助光亮剂可以轻微地降低 Sn^{2+} 还原峰电流。

2014 年 Benabida 等[24] 认为亚麻籽油可以作硫酸盐电镀锡的晶粒细化剂，并对其电化学特性作了细致的研究。同年 Walsh 等[25] 评述了甲基磺酸体系在电沉积领域的各种应用，指出甲基磺酸体系是一个优秀的电解质体系，适合多种金属及其合金、多孔金属氧化物和导电聚合物等的电镀和其他电化学工程。同年 Sharma 等[26] 研究了硫酸盐体系脉冲电沉积纯锡镀层，发现电流密度、添加剂浓度、占空比、频率以及 pH 对晶粒尺寸影响较大，而搅拌速率和温度对其影响较小。

2015 年吕小方[27] 发明了一种电镀锡添加剂，其成分配比为：甲基磺酸亚锡 25～55g/L，甲基磺酸 90～140g/L，稳定剂 15～20g/L，光亮剂 10～15g/L，聚丙烯酰胺和聚合氯化铝 15～25g/L，稀土添加剂 3～8g/L，其余为去离子水。该发明的效果是：镀液性质稳定，能够长时间保持清亮不浑浊；镀层结晶细化、光亮区大、均匀性好，无铅更加环保。

2016 年安成强等[28] 发明了一种可降解环保镀锡液，其配方为：有机磺酸锡盐 10～25g/L，甲基磺酸 100～250g/L，硫脲 50～250g/L，苯二酚 1～10g/L，聚氧乙烯壬酚醚 0.1～5g/L，邻苯二酚 0.1～10g/L，乙基磺酸盐 20～300g/L，萘甲醛 0.5～3g/L，余量去离子水。该发明中的甲基磺酸可生物降解为硫酸盐和二氧化碳，所镀产品可焊性好，镀层均匀，且可有效地抑制晶须等的生长。镀液性能稳定，无有害物质析出，镀液还具有良好的稳定性和较高的沉积速率、可与其他金属共沉积、可降解等多种优点，克服了以前电镀锡的不环保、有毒性、镀液不稳定、沉积速率不高等缺点。

2017年周子童[29] 发明了一种环保镀锡液，其配方为：乙磺酸亚锡5～30g/L，有机羧酸100～250g/L，硫脲50～250g/L，儿茶酚1～10g/L，聚氧乙烯壬酚醚0.1～5g/L，邻苯二酚0.1～10g/L，柠檬酸镁20～300g/L，萘甲醛0.5～3g/L，余量去离子水。所镀产品可焊性好，镀层厚，且有效地抑制晶须的生长，镀液性能稳定，无有害物质析出。

2017年杭冬良[30] 公开了一种电镀锡用光亮剂溶液，其组成为：1-苄基吡啶鎓-3-羧酸盐5～10份；氯化胆碱10～15份；尿素5～10份；柠檬酸3～5份；硼酸3～5份；4-苯基-3-丁烯-2-酮3～5份；水50～60份。该发明解决了碱性电镀锡锡镀层光亮的问题，从而解决目前酸性电镀锡对设备腐蚀严重的问题。

11.6.3 酸性镀锡工艺存在的问题与近年来的改进

纯锡电镀工艺由于具有成本低、镀层性能与锡铅镀层接近、与各种焊料兼容性好、无须更改原有的工艺和设备等优点，得到了业界广泛的认同与接受。随之而来，也出现了许多新的问题，其中最为典型的是镀锡液的耐高温问题、高速镀锡问题、锡须问题、镀层变色问题和镀液浑浊问题。这些问题对工业电子电镀过程来说是非常重要的，它的出现曾一度困扰了纯锡电镀的现场用户，影响了纯锡电镀的进一步推广。

11.6.3.1 纯锡镀层的变色问题

(1) 纯锡镀层的变色现象

尽管锡的化学稳定性高，在大气中耐氧化，不易与硫化物反应，但纯锡镀层确实存在着变色问题，而且还相当严重，纯锡镀层变色是一个普遍现象，在引线框架、连接器的镀锡层上，甚至其他装饰性镀锡层上都有发生。

纯锡镀层的变色主要有两种情况：

① 变黄（存放变色）　在环境条件下的变色。典型的变色为“变黄”。即镀后在一定的温度、湿度条件下放置或储存一定时间后，外表面显现黄色，有的也会泛蓝或紫。变黄影响镀层外观，严重变黄可能会引起可焊性变差，一般用户不能接受。

② 变紫（回流焊的变色）　镀后在回流焊条件下（对纯锡峰值温度为260℃）处理一定时间后，外表面显现紫色或蓝色。变色的范围可从黄色到棕色。变紫可能影响可焊性或引起贴装故障，许多用户不能接受。

(2) 纯锡镀层变色的原因

① 有机物的夹杂或吸附　当镀层中的有机物较多，且这些有机物易氧化变色时，通常会使镀层变黄色。在水汽的引导下通过毛细作用在镀层孔隙中夹杂的有机分子会迁移至镀层的表面，并在表面聚集。因此，变黄有时要经过一定时间放置，且潮湿、高热的环境会促使变黄现象加速或严重。

② 镀层存在较多的缺陷、孔隙、裂纹等，它会使镀液渗入其中，无法清洗除去，从而使有机物夹杂过多。与锡铅镀层相比，纯锡镀层一般结晶较粗，结晶颗粒不规则性大，结晶缺陷等也较多。

③ 水分淤积于锡镀层表面，与空气中的酸性气体（CO_2、NO_2 等）和氧化性气体（O_2），形成腐蚀性溶液，从而把 Sn^{2+} 氧化成 Sn^{4+}，形成表 11-28 中的有色物质，于是锡镀层就发生了变色。

表 11-28　锡及其氧化物的色泽

名称	颜色
Sn	白色
SnO	黑色
$SnO \cdot xH_2O$	黄色
$SnO_2 \cdot xH_2O$	白色
SnO_2	白色

（3）锡镀层变色对镀层性能的影响[31]

① 锡镀层变色后对镀层可焊性的影响　用可焊性测试仪 SKC-2H 测量可焊性，焊剂为松香 25%、酒精 75%，焊料为锡 60%、铅 40%，测试温度 235℃±2℃，以润湿称重法考察镀层的 3s 润湿力和零交时间。结果表明 3s 润湿力：正常试样为 -83×10^{-5}N，变色后试样为 -42×10^{-5}N。零交时间正常试样为 1.2s，变色后试样为 1.7s。可以看出，锡镀层发生变色后，可焊性将大大下降。这是因为变色后的锡镀层孔隙增多，而且有些变色层已不是纯锡物质，所以可焊性大大下降。

② 锡镀层变色后对镀层耐蚀性的影响　镀层耐蚀性是通过中性盐雾试验，按 ASTMB-117 标准在 5%的 NaCl 溶液中进行的。试验结果表明：4 周后正常试样依然保持光亮外观，而变色试样 2 周后腐蚀严重。可以看出，锡镀层发生变色后，耐蚀性能严重下降。这是因为变色后，锡镀层已生成二价锡的氧化物、四价锡的氧化物和一些含水化合物。

（4）锡镀层变色的防护措施

① 镀前处理　试样表面应尽可能平整、无孔和干净。有时可以在试样上进行必要的碾压、研磨和抛光等处理，尽可能选用材质较好的试样。因为试片表面不平整、有孔或者不干净都会使镀层的结合力下降和孔隙率增大，从而使镀层更容易变色。

② 镀后处理 酸性镀锡添加剂中有许多表面活性剂物质，容易在镀层上形成一层有机膜，如果不除去，镀层容易泛黄。可用10%的 Na_3PO_4 溶液除去镀层上的有机膜，然后再彻底清洗干净，再用去离子水清洗（除去可能存在的氯离子），然后烘干、晾干（若镀层还有水分，容易形成黄色的 $SnO \cdot xH_2O$）。此外，还须注意周围环境的变化，包括：电镀车间是否保持通风，尽量减少酸雾，控制环境温度和湿度，在南方地区，空气过于潮湿，可配备吸湿机；尽量缩短产品在空气中的暴露时间；不用手直接接触产品，以防腐蚀性物质污染镀层。

11.6.3.2 耐高温镀锡光亮剂

目前的光亮镀锡主要是硫酸盐-硫酸工艺。它的特点是成分简单，沉积速度快，操作方便，成本低廉，但镀液适应的温度较低，一般只能在15～25℃之间，超过了30℃则溶液易浑浊、沉淀、Sn^{4+} 极易产生，并随之产生镀层外观呈现雾状、灰斑，并有针孔、麻点，甚至有晶须产生。这将对微电子线路带来极大的危害。而作为光亮镀Sn或Sn合金的主光剂使用最多的是醛类，如苯甲醛、肉桂醛以及含酮基类物质如亚苄基丙酮等，再辅以芳基羧酸钠盐或联双芳基羧酸钠盐等，还有具有毒性的物质如苯酚、萘酚等。这些成分组成的光亮剂具有良好的光亮作用，对镀液的分散性能亦具有较好的帮助。但明显的缺陷是不适宜较高的液温，消耗量过快，且致镀层脆性增加，可焊性下降。镀Sn的光亮剂中还含有可助溶醛类、酮类的"载体"物质，这些"载体"均为泡沫丰富的表面活性剂，在阴极摆动（滚动）时，以及阴极析氢过程中，液面会覆盖大量的泡沫，抑制了溶液的散热效应，导致 Sn^{2+} 快速向阴极扩散、电迁移速度过快而造成沉积时结晶极化降低，镀层灰暗粗糙。

2012年宋文超、左正忠、胡哲、周自强[32] 发明了一种耐高温镀锡光亮剂，它具有良好耐高温特性和消泡作用，可以使镀锡层外观光亮。光亮剂由乳化酮混合液、丁二酰亚胺溶液、3-（苯并噻唑-2-巯基）丙烷磺酸钠溶液、2-乙基己基硫酸酯钠盐溶液按照体积比（3～5）：（5～7.5）：（1.5～2.5）：（2.5～3.5）混合而成。镀锡液配方如下：$SnSO_4$ 40～50g/L、H_2SO_4 80～90mL/L、稳定剂20～35mL/L、光亮剂20～30mL/L。该镀锡液可以耐高温，操作温度可以达到45℃，它可以使镀锡层外观光亮。

11.6.3.3 高速镀锡光亮剂

随着电子工业和镀锡钢板业的快速发展，高速电镀更切合其实际需要，因此高速镀锡逐渐成为这些工业电镀中的第一选择。目前国外电镀添加剂厂商对专供高速电镀使用的添加剂均有较深的研究，并且都有实际产品供应。对于国内而言，对高速电镀工艺设备的研究较多，但对于与之匹配的电镀添加剂的研究十分有限。在高速电镀中镀液作高速循环不可避免地会卷入大量空气，对于高速电镀纯锡，在大量空气条件下不但会造成二价锡的氧化，而且容易造成镀液泡沫增加，会影响镀层和镀液的性能，导致样品质量变差。

2012年，韩生、方曦、朱贤[33] 公开了一种高速电镀光亮镀锡电镀液配方及其制备方法，其镀液的组成为：

甲基磺酸锡（70%）	140～170mL/L
甲基磺酸	120～150mL/L
光亮剂	2～3g/L
导电盐	35～45g/L
晶粒细化剂	5～5.5g/L
抗氧剂	10g/L
润湿剂	1g/L
防泡剂	0.001g/L

其中光亮剂为苯甲醛及丙烯醛，按质量比即苯甲醛：丙烯醛为（2～5）：1组成的混合物；所述的导电盐为硫酸钠、甲基磺酸钠及苯磺酸钠，按质量比即硫酸钠：甲基磺酸钠：苯磺酸钠为（0～2）：3：（0～2）组成的混合物；所述的晶粒细化剂为噻二唑、烷基苯胺、三嗪衍生物及水杨酸衍生物，按质量比即噻二唑：烷基苯胺：三嗪衍生物：水杨酸衍生物为1：（0～3）：（0～4）：（0～1.5）组成的混合物；所述的抗氧剂为对甲苯磺酰胺、邻磺酰苯酰亚胺及2,6-二叔丁基对甲酚，按质量比即对甲苯磺酰胺：邻磺酰苯酰亚胺：2,6-二叔丁基对甲酚为（2～4）：1：（0～1）组成的混合物。电流密度优选为15A/dm^2，温度为25℃，光亮剂消耗量为0.4g/Ah，晶粒细化剂消耗量为7g/Ah，抗氧剂消耗量为0.05g/Ah。

该发明的高速电镀光亮镀锡电镀液，由于采用了甲基磺酸锡作为主盐，和现在商用的硫酸锡相比，甲基磺酸高速电镀光亮镀锡电镀液具有更低的应力，这为解决镀层间结合力差的问题提供了一个基础。同时由于甲基磺酸高速电镀光亮镀锡电镀液具有优良的电镀速率、分散能力和抗泡能力，镀液可以完全适合高速电镀工艺。另外，甲基磺酸高速电镀光亮镀锡电镀液由于精心选取了光亮剂、晶粒细化剂，电镀过程中在达到同样镀层厚度的情况下，相对于目前商业高速电镀光亮锡产品可提高电镀速度，同时也减少添加剂的用量，这样也可以减少高速电镀光亮镀锡的生产成本。

2016年李宁教授的博士生王志登[34] 开发了高速哑光镀锡添加剂和高速全光镀锡添加剂。高速哑光镀锡采用甲基磺酸体系。Sn^{2+}浓度为15g/L，采用环氧乙烷和环氧丙烷共聚物EPE4600（商品名pluronic L-94，EO含量40%，浊点79℃）作为甲基磺酸镀锡阴极抑制剂，用量为0.8～1.6g/L，选用对苯二酚或Fe^{2+}作稳定剂，发现Fe^{2+}浓度为10g/L时减缓Sn^{2+}氧化作用最强。阴极电流密度为0～8A/dm^2，45℃时可获得很好的高速哑光镀锡层。EPE4600工艺和商业添加剂 TPG-7 的性能比较见表 11-29。

表 11-29 EPE4600 工艺和商业添加剂 TPG-7 的性能比较

项目	浊点/℃	润湿性	颜色	深镀能力/cm	电流效率/%	孔隙率/ $(mgFe/dm^2)$
EPE4600	79	73.5	无色	5	86.9	5.49
TPG-7	58	66	浅灰色	2.1	86.4	9.0

高速全光镀锡也采用甲基磺酸体系，选用亚糠基丙酮、亚苄基丙酮和戊二醛作光亮剂，NP-10 和 NS-665 为载体组合，优化后得到 HIT-2 添加剂，静态下镀液最大光亮范围为 0～5.1A/dm^2，获得（112）晶面强织构的光亮镀锡层。

11.6.3.4 高稳定光亮镀锡液

在酸性镀液中 Sn^{2+} 容易被氧气氧化或被锡阳极氧化成不溶性的偏锡酸而使镀液变浑浊，所以加入防止 Sn^{2+} 氧化的稳定剂是镀液必要的组分。稳定剂的选择直接影响镀液的寿命和性能，择优选用一种好的稳定剂至关重要。稳定剂的主要功能有三种：①能够优先与氧气反应，牺牲自身，保护 Sn^{2+}；②稳定剂要比 Sn^{2+} 优先在阳极氧化，氧化产物必须不影响镀锡，对环境无害；③稳定剂在镀液体系中能够可逆循环，不必经常补充，可长期稳定镀液。稳定剂的作用机理可以分为三类，即配位作用、还原作用和阻化作用。配位作用指稳定剂能与 Sn^{2+} 形成稳定的配合物，抑制 Sn^{2+} 的氧化与水解，如氟化物、柠檬酸等。还原作用指稳定剂能优先与氧气或阳极反应，保护 Sn^{2+} 不被氧化或使 Sn^{4+} 还原为 Sn^{2+}，如对苯二酚、肼类、抗坏血酸等。阻化作用指稳定剂能阻止 Sn^{2+} 的氧化和维持 Sn^{4+} 的低浓度，通过自身的氧化还原来保持镀液的稳定。常见的有酚类和稀土，如 V_2O_5、$TiCl_3$ 和 $Ce_2(SO_4)_3$ 等。若镀液中有 Sn^{4+} 生成，它立即与低价离子反应变回 Sn^{2+}，如

$$Sn^{4+} + V^{2+} + H_2O \longrightarrow Sn^{2+} + VO^{2+} + 2H^+$$

生成的高价金属离子再在阴极获得电子还原成低价离子：

$$VO^{2+} + 2H^+ + 2e^- \longrightarrow V^{2+} + H_2O$$

如此往复循环，就实现了镀液的稳定[34,35]。

稳定剂有很多种，如酚类、酚磺酸、抗坏血酸、氢醌类、苯胺类、肼类、吡唑酮类、磺酸类、硫醇醚和金属盐类等。常用的抗氧化剂主要有对苯二酚、邻苯二酚、抗坏血酸、羟基苯磺酸及稀土盐类。磺酸类稳定效果最好，因为磺酸可以阻止 Sn^{2+} 被电解氧化和添加剂在强酸性电解质中分解氧化。肼类、V^{3+}/V^{5+} 和 Ti^{3+}/Ti^{5+} 有毒性，羟胺类有气味，所以较少使用。研究表明，对苯二酚能够与氧气优先反应保护 Sn^{2+}，它具有可逆转换特性，能够长期维持镀液稳定。对苯二酚在镀液中使用是绿色的，因为它最终的降解产物是 CO_2 和 H_2O[36]。

2011 年周爱国等[37] 在甲基磺酸盐镀锡稳定剂的研究中，研究了邻苯二酚、抗坏血酸、五氧化二钒和三氯化钛对 Sn^{2+} 的稳定效果，在基础镀液（Sn^{2+} 90g/L，甲基磺酸 120g/L，OP 乳化剂 10mL/L，光亮剂 12mL/L）中添加组合稳定剂，组合添加剂成分如表 11-30 所示。

表 11-30　不同镀液的添加剂组成

组号	邻苯二酚/（g/L）	抗坏血酸/（g/L）	五氧化二钒/（g/L）	三氯化钛/（g/L）
1	0	0	0	0
2	2	0	0	0
3	0	2	0	0
4	0	0	0.1	0
5	0	0	0	0.1
6	2	0	0.1	0
7	2	0	0	0.1
8	0	2	0.1	0
9	0	2	0	0.1

将所得 9 组镀液各取 30mL，按照强光照射自然老化、加热老化和加速氧化的条件进行试验。结果表明，镀液变黄与产生沉淀的时间越长，说明镀液的稳定性越好。稳定剂单独使用时抗氧化能力顺序为：

三氯化钛≈五氧化二钒＞抗坏血酸＞邻苯二酚

由抗坏血酸与两种无机稳定剂组合的稳定剂，其抗氧化能力明显优于邻苯二酚与两种无机稳定剂组合的稳定剂。酚类在高温时的稳定性不如抗坏血酸。五氧化二钒使用前需还原才能溶于水中，操作过程比使用三氯化钛复杂。综合考虑稳定剂的抗氧化能力、配制过程及对镀层性能的影响，最佳的稳定剂组成为：抗坏血酸 2g/L，三氯化钛 0.1g/L。

2012 年宋文超等[38] 发明了一种适合较宽、较高的温度范围的耐高温光亮镀锡稳定剂，它是由结构式为 $R^1{-}\!\left[CH_2{-}O{-}CH_2\right]_n\!{-}R^2$ 的 A 物质、结构式为 $R^1{=}C{-}C{=}C{-}C{-}C{-}C{-}R^2$（第一、第四个 C 之间以 O 桥连）的 B 物质、钨酸钠和硫酸铝钾组成的混合溶液，其中 A 物质中 R^1、R^2 为—H、—OH 或—CH_2OH，$n=10\sim15$，R^1、R^2 相同或不同；其中 B 物质中 R^1 为 O，R^2 为—$C_nH_{2n}OH$，n 为整数；1000mL 混合溶液中含硫酸铝钾 10～30g，钨酸钠 5～20g，A 物质 3～10g，B 物质 5～15g。该稳定剂不仅能抑制 Sn^{2+} 的氧化、对 Sn^{2+} 有良好的稳定作用，还对 Sn^{4+} 有较强的还原作用，可以将溶液中已存在的 Sn^{4+} 有效地还原为 Sn^{2+}；并能对溶液中的悬

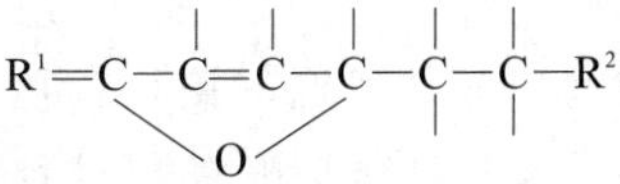

浮物有凝聚沉淀功能，保证了溶液的长时间透明。该发明所述的A物质为聚乙烯醇1000、聚乙烯醇1200或聚乙烯醇20000。所述的B物质为抗坏血酸、葡萄糖或多聚糖。该发明的制备方法是：

① 称取15g/L硫酸铝钾、10g/L钨酸钠，置入600mL的水中，加热溶解，得到硫酸铝钾和钨酸钠混合溶液。

② 称取3g/L聚乙烯醇1200加入到上述混合溶液中，搅拌溶解。

③ 再将7.5g/L抗坏血酸加入到上述溶液中，搅拌，溶解。加水补充至1000mL，即成。

2013年王昊[39] 研究了抗坏血酸、2-萘酚、硫酸羟胺、苹果酸和肉桂酸对 Sn^{2+} 的稳定效果，结果如表11-31所示。

表11-31 稳定剂对MSA镀锡液稳定性的影响

稳定剂	高温氧化试验（出现浑浊的时间）/h	双氧水加速氧化试验（变橙色所需双氧水的量）/mL
无稳定剂	1.5	0.3
2-萘酚	3	0.44
抗坏血酸	沸腾4h后不浑浊	0.5
硫酸羟胺	沸腾4h后不浑浊	0.45
苹果酸	2	0.39
肉桂酸	2	0.4
硫酸羟胺+抗坏血酸（1g/L+3g/L）	沸腾4h后不浑浊	1.1

由表11-31结果可知，无稳定剂时 Sn^{2+} 很容易被氧化，耐高温时间短，镀液变橙色所需双氧水的量只要0.3mL，在基础液中添加抗坏血酸，镀液不容易被氧化，加热沸腾4h后不浑浊，镀液变橙色所需双氧水的量要0.5mL。在基础液中添加硫酸羟胺，镀液加热沸腾4h后也不浑浊，镀液变橙色所需双氧水的量要0.45mL。在基础液中添加1g/L硫酸羟胺+3g/L抗坏血酸时镀液的稳定效果最好，镀液加热沸腾4h后不浑浊，镀液变橙色所需双氧水的量要1.1mL。

11.6.3.5 防止锡须的镀锡液

锡须是从电镀锡层表面自发生长出来的一种细长的锡单晶。普通的锡须直径通常为1～3μm，长度通常为1μm～1mm，最长可达9mm。锡须是电沉积过程中形成的缺陷或是从基体中挤压出来的，而不是锡表面残留的。锡须一般呈现直线形、弯曲形、扭结形甚至环状，外表面有不规则的条纹。锡须有惊人的高电流负载能力，通常为10mA，最大可达到50mA，这样的电流对于电子集成电路来说是致命的。因此锡须生成机理成为当今研究的焦点，其目的是寻找解决的方法。

2006 年王先锋等[40] 总结了前人对锡须生长机理的看法，认为有许多因素驱动锡须的生长，其中压应力是较为普遍的生长机理模型。压应力来源于基材本身、电沉积底层以及电沉积锡。无论以何种方式存在，压应力无疑是锡须生成的催化剂。而应力消除是锡须生长的主要促发剂。电沉积锡本身通常含有微小的张应力，而基材的应力消除引起了压应力。压应力主要产生于机械操作（基材冲压或切断、电镀锡后的处理）和扩散（结晶容积扩散、晶粒边缘扩散、金属相间扩散）。由于在切断过程中基体产生应力或缺陷、错位促使锡扩散更容易发生，所以相对于元件本身，冲压材料的横断边缘更易形成锡须。除了冲压形成的应力外，扩散可能是另一种应力的源泉。有三种主要的扩散可以参考：容积扩散、晶粒边缘扩散、金属相间扩散。容积扩散非常依赖于温度，并且扩散速度在达到金属的熔点时急剧增加。晶粒边缘扩散受温度影响不大，是低温条件下的主要扩散模式。金属相间扩散是金属间化合物常规相在化学计量处及基材与镀层之间沿着浓度梯度扩散所形成的。由于扩散产生压应力，从而成为锡须生成的前提。

关于防止产生锡须的方法也有多种，如在镀锡液中加入少量的合金元素，如铜、银、铋、稀土等，也有镀锡后进行热熔，或在镀锡前将基体金属进行蚀刻。下面介绍两种抑制晶须形成的方法。

① 在硫酸盐电镀锡或锡合金电解液中加入特殊的光亮剂，使所获得镀层的（101）和（102）晶面的定向指数大于其他晶面的定向指数，（101）晶面的定向指数大于 1 而小于 5，（102）晶面的定向指数大于 5 而小于 20。所采用的光亮剂为酮类或非离子型表面活性剂，在阴极电流密度为 $1\sim3A/dm^2$ 下电镀能形成（101）和（102）晶面的定向指数大于其他晶面定向指数的镀层，所得镀层还需进行热处理，热处理的温度应低于纯锡的熔点。按上述方法所得锡或锡合金镀层就不会产生晶须。

② 在电镀前进行特殊的处理：为了防止在铜及铜合金基体上电镀锡或锡合金时产生晶须，可以采用下述的前处理方法，即电镀前在一种蚀刻液中蚀刻，该蚀刻液由铜盐、卤化物及有机酸组成。铜盐可选用氯化铜、溴化铜、乙酸铜及甲酸铜，铜盐含量为 5～25g/L，低于 2g/L 蚀刻速度降低，高于 50g/L 时抑制晶须形成的效果不再提高。卤化物可选用盐酸、氯化钠、氯化钾、氯化铵、氢溴酸及溴化钾，卤化物含量为 10～150g/L。有机酸可以采用甲酸、乙酸、丙酸、乳酸、酒石酸及柠檬酸，有机酸含量为 10～200g/L。铜或铜合金蚀刻后再镀锡或锡合金则不再有晶须形成。

2013 年顾向军[41] 发明了一种配方合理、镀液性能稳定、所生产的产品质量高、不易发黑和生长晶须的镀锡溶液。其配方为：氯化亚锡 25（20～50）g/L，盐酸 150（150～250）g/L，硝酸铋 5（5～10）g/L，络合剂 150（120～180）g/L，稳定剂 60（50～100）g/L，光亮剂 5（5～15）g/L，余量为去离子水。所述的配位剂为羟基亚乙基二膦酸（HEDP）、柠檬酸三钾、硼酸的水溶液，稳定剂为次亚磷酸钠、聚乙二醇的水溶液，光亮剂为聚氧乙烯脂肪醇醚与甲醇的稀释溶液。

2013年李平[42]发明了一种环保镀锡液，其配方为：有机磺酸锡盐乙磺酸亚锡10（5～30）g/L；有机酸烷醇基磺酸150（100～250）g/L；配位剂硫脲100（50～250）g/L；还原剂儿茶酚2（1～10）g/L；表面活性剂聚氧乙烯壬酚醚1（0.1～5）g/L；抗氧化剂邻苯二酚2（0.1～10）g/L；金属盐乙烷磺酸盐50（20～300）g/L；光亮剂萘甲醛1（0.5～3）g/L；余量为去离子水。温度控制在55℃，pH值4，电流密度10A/dm^2。该发明配方合理，所镀产品可焊性好，镀层厚，镀层厚度经测量可达2.5μm，而且有效地抑制晶须的生长，镀液性能稳定，无有害物质析出。

2013年谢柳芳[43]发明了一种镀锡溶液添加剂。镀纯锡容易生长晶须导致电子元器件短路造成事故，目前的镀锡镍、锡钴等合金镀层薄，容易产生镀层开裂和延伸性差。新发明的Sn-Ag合金配方合理，溶液稳定性好，所镀的产品镀层均匀，表面光亮，可有效防止表面生长晶须，焊接性能与含铅镀层接近，适合各种电路板、引线框架等镀层的需求。该发明公开了一种镀锡溶液添加剂的配方：硫酸100（20～200）g/L，过氧硫酸10（5～50）g/L，硫酸银2（1～5）g/L，四唑2（1～50）g/L，丙二醇2（1～10）g/L，与余量水充分搅拌即可加入到镀锡溶液中，pH值控制在5，镀液温度50℃，电流密度10A/dm^2。该镀锡溶液稳定性好，所镀的产品镀层均匀，表面光亮，可有效防止表面生长晶须，焊接性能与含铅镀层接近，适合各种电路板、引线框架等镀层的需求。

2016年侯霞[44]发明了一种环保镀锡液，该镀锡液的配方为：有机磺酸锡盐乙磺酸亚锡10（5～30）g/L；有机酸羧酸150（100～250）g/L；配位剂硫脲100（50～250）g/L；还原剂儿茶酚2（1～10）g/L；表面活性剂聚氧乙烯壬酚醚1（0.1～5）g/L；抗氧化剂邻苯二酚2（0.1～10）g/L；金属盐柠檬酸镁50（20～300）g/L；光亮剂萘甲醛1（0.5～3）g/L；余量为去离子水。温度控制在55℃，pH值5，电流密度10A/dm^2。该配方所镀产品可焊性好，镀层厚，镀层厚度经测量可达2.5μm，而且有效地抑制晶须的生长，镀液性能稳定，无有害物质析出。

2017年吴慧敏等[45]发明了一种镀锡、锡合金的光亮剂，该光亮剂可用于镀锡、锡铅、锡锌、锡钴锌、锡镍、锡铋等合金，用量为5～80g/L，所得镀液稳定，镀层性能优良。光亮剂的配方为：聚乙二醇（分子量6000～12000）20（10～30）g/L，A剂160（120～200）g/L，B剂160（120～200）g/L，2-巯基噻唑啉3（2～4）g/L，5%氢氧化钾溶液150（100～180）g/L，余量为蒸馏水。其中A剂为二甲胺和咪唑与环氧氯丙烷反应的产物环氧咪唑胺；B剂为聚乙烯吡咯啉酮和苯甲酸的混合溶液。

本节参考文献

[1] 王亚雄,黄迎红. 甲基磺酸盐在锡及锡基合金镀层中的应用现状[J]. 电镀与涂饰,2008,27(2):26-29.

[2] 邓正平,温青. BH-411光亮硫酸镀锡工艺及实践[J]. 电镀与涂饰,2005,24(4):36-37.

[3] Long J M, Guo Z C, Zhu X Y, et al, Additive-Effects on the morphological and structural characteristics of matt tin electrodeposits from a methansulfonic acid bath[J]. Advanced Materials Research, 2012, 460: 11-14.

[4] Lucent Technologies Inc. Tin electroplating process[P]. EP Pat 99309320. 2(2001-7-2).

[5] 美国希普雷公司. 锡电解质[P]. CN1326015A(2001-12-12).

[6] 肖友军. 稀土催化剂抗酸性镀锡液氧化变质的研究[J]. 电镀与涂饰, 2001,20(4):20-22.

[7] 陈华茂,吴华强. 一种多功能镀锡添加剂镀液性能的研究[J]. 安徽师范大学学报(自然科学版),2001,24(3):269-270.

[8] 何祚明,曾领才,张承科. 光亮硫酸盐镀锡工艺及生产实践[J]. 电镀与涂饰,2004,23(2):49-53.

[9] 于锦,郭春光,徐炳辉. 铈盐对电镀锡参数和性能的影响[J]. 表面技术,2004. 33(2):62-63.

[10] 罗维. 硫酸盐型亚光纯锡电镀工艺在PCB上的应用[J]. 印制电路信息,2004(5):31-33.

[11] Wen Shixue, Szpunar Jerzy A. Nucleation and growth of tin on low carbon steel[J]. Electrochimica Acta, 2005, 50: 2393-2399.

[12] 广东风华高新科技集团有限公司. 用于甲基磺酸锡系镀纯锡电镀液的添加剂[P]. CN 20051003369. 6(2006-9-27).

[13] 李俊华,费锡明,徐芳. 2种有机添加剂对锡电沉积的影响[J]. 应用化学,2006,23(9):1042-1046.

[14] 曹立新,韩清瑕,李宁. 三乙四胺六乙酸消除高速镀锡液中铁杂质影响的研究[J]. 材料保护,2006,39(6):62-65.

[15] 王孝伟,曹立新,于元春. 酸性镀锡液中铁杂质的影响及去除[J]. 电镀与环保,2008,28(1):17-19.

[16] Low C T J, Walsh F C. The influence of a perfluorinated cationic surfactant on the electrodeposition of tin from a methanesulfonic acid bath[J]. Journal of Electroanalytical Chemistry, 2008, 615: 91-102.

[17] Yanada Isamu, Tsujimoto Masanobu. Tin electroplating bath, tin plating film, tin electroplating method, and electronic device component[P]. US Pat 20090098398(2009-4-16).

[18] 王凯明,朱艳丽. 甲基磺酸系统亚光纯锡电镀液添加剂及其镀液[P]. CN101922026A(2010-12-20).

[19] Zhang W, Guebey J, Toben M. A Novel Electrolyte for the High Speed Electrodeposition of Bright Pure Tin at Elevated Temperatures[J]. Metal Finishing, 2011, 109(1-2): 13-19.

[20] 蒋金鸿. 酸性镀锡溶液的净化处理[J]. 电镀与精饰,2011,33(9):4.

[21] 尹国光,肖海明,曲仕文,张辛浩. 硫酸盐电镀锡添加剂的探讨[J]. 材料保护,2011,44(6):1-4.

[22] Long J M, Zhang Z, Guo G C, et al. Electrochemical Study of the Additive-Effect on Sn Elec-

trodeposition in a Methan sulfonate Acid Electrolyte[J]. Advanced Materials Research, 2012,460:7-10.

[23] Xiao F X, Shen X N, Rea F Z, et al. Additive-Effects on Tin Electrodepositing in Acid Sulfate Electrolytes[J]. International Journal of Minerals, Metallurgy, and Materials, 2013, 20(5): 472-478.

[24] Benabida A, Galai M, Zarrouk A, et al. Effects of additive on the electroplating of tin on mild steel[J]. Der Pharma Chemica, 2014, 6(6): 9.

[25] Walsh F C, De Leon C P. Versatile Electrochemical coatings and Surface Layers from aqueous methansulphonic Acid [J]. Surface and Coatings Technology, 2014, 259: 676-697.

[26] Sharma A, Bhattacharya S, Das S, et al. A study on the effect of pulse electrodeposition parameters on the morphology of pure tin coatings[J]. Metallurgical and Materials Transactions A, 2014, 45(10): 4610-4622.

[27] 吕小方．一种电镀锡添加剂[P]. CN104988544A(2015-10-21).

[28] 安成强，刘春明，于晓中．一种可降解环保镀锡液[P]. CN105274586A(2016-1-27).

[29] 周子童．一种环保镀锡液[P]. CN106811776A(2017-6-9).

[30] 杭冬良．一种电镀锡用光亮剂溶液[P]. CN 106757190A(2017-5-31).

[31] 李立清，杨丽钦．锡镀层变色原因初探[J]. 腐蚀与防护，2007(11): 493-494.

[32] 宋文超，左正忠，胡哲，周自强．耐高温光亮镀锡光亮剂[P]. CN102304732A(2012-1-4).

[33] 韩生，方曦，朱贤．一种高速电镀光亮镀锡电镀液及其制备方法和应用[P]. CN102418123 A(2012-4-18).

[34]王志登．甲基磺酸镀锡添加剂设计优选及作用研究．哈尔滨：哈尔滨工业大学，2016.

[35]于锦，郭春光，徐炳辉．铈盐对电镀锡参数和性能的影响[J]. 表面技术，2004, 33(2): 3.

[36]Wu T, Zhao G, Lei Y, et al. Distinctive tin dioxide anode fabricated by pulse electrodeposition: High oxygen evolution potential and efficient electrochemical degradation of fluorbenzene[J]. The Journal of physical Chemistry C, 2011, 115(10): 3888-3898.

[37] 周爱国，郭忠诚，陈步明．甲基磺酸盐镀锡稳定剂的研究[J]. 电镀与涂饰，2011, 30(1): 6-9.

[38] 宋文超，左正忠，胡哲，周自强．耐高温光亮镀锡稳定剂[P]. CN 102304733 A(2012-1-4).

[39] 王昊．环保型高速光亮镀锡研究．沈阳：沈阳理工大学，2013.

[40] 王先锋，贺岩峰．锡须生长机理的研究进展[J]. 电镀与精饰，2006, 24(8): 49-51.

[41] 顾向军．一种镀锡溶液[P]. CN 103160872 A(2013-6-19).

[42] 李平．一种环保镀锡液[P]. CN 103173808 A(2013-6-26).

[43] 谢柳芳．一种镀锡溶液添加剂[P]. CN 103184480 A(2013-7-3).

[44] 侯霞．一种环保镀锡液[P]. CN 105239062A(2016-1-13).

[45] 吴慧敏，冯传启，王升富．一种镀锡，锡合金的光亮剂及其制备方法和应用[P]. CN106418453A(2017-3-15).

第 12 章 电镀贵金属的添加剂

12.1 镀金添加剂

12.1.1 镀金的发展

黄金镀层不仅具有高贵典雅的金黄色，还可以镀出光亮如镜、色彩多变的浅黄、绿色、粉红、橘红等多种合金镀层，这些镀层在空气中不会变色，具有良好的耐蚀和耐磨性能，因此被广泛用于首饰、餐具、人造珠宝、纽扣、奖牌、化妆品容器、眼镜、钢笔、打火机、钟表、家具及各种装饰用品中。

随着科学技术的发展，黄金镀层的高导电性、低接触电阻、良好的焊接性能、优良的延展性、耐蚀性、耐磨性、抗变色性，已成为电子元器件、印制电路板、集成电路、连接器、引线框架、继电器、波导器、警铃和高可靠开关等不可缺少的镀层。此外，黄金镀层的优良反射性，特别是红外线的反射功能，已成功地用于航空航天领域，如火箭推进器、人造卫星以及火箭追踪系统等。由于纯金可与硅形成最低共熔物，因此金镀层可广泛用于各种关键和复杂的硅芯片载体元件中。纯金镀层具有优良的打线或键合功能，因此它成了集成电路和印制电路板首选的打线镀层，为半导体和印制板的表面组装（SMT）工艺的实施立下了汗马功劳。含有少量其他金属，如镍或钴的酸性镀金层具有非常好的耐磨性能，是连接器和电接触器的最好镀层，它被用作低负荷电气接触器的专用精饰已有几十年的历史，经久不衰。最厚的镀黄金层可达 1mm，最薄的电镀装饰光亮黄金镀层只有 0.025μm。

镀金液通常分为氰化物镀金液与无氰镀金液。氰化物镀金液通常又分为酸性、中性和碱性镀金液。酸性镀液主要用于电子零件、器件的电镀，尤其是用于印制电路板。中性镀液主要用于电镀 14K～18K 金合金，特别是用于表壳和珠宝工业，它也可用于高纯金的电镀。碱性氰化物镀液可用于纯金与金合金的电镀，适于电子工业和装饰工业使用。表 12-1 列出了各类镀金液的性能和应用。

表 12-1 各类镀金液的性能和应用

氰化亚金钾镀液					无氰镀液	
pH 3.0～4.5	pH 4.5～5.5	pH 5.5～8.0	pH 8.0～10.0	pH 10.0～12.5	pH 6.0～8.0	pH 8.0～10.5
Co,Ni 合金	Co,Ni 合金	高纯金	Ag,Cu 合金	Ag,Cd/Cu 合金	纯金或合金	纯金或合金
30～40℃	40～50℃	45～65℃	20～30℃	50～60℃	50～60℃	50～60℃
$1.0A/dm^2$	$1.0A/dm^2$	$0.5A/dm^2$	$0.5A/dm^2$	$1.0A/dm^2$	$0.5A/dm^2$	$0.5A/dm^2$
效率 35%～50%	效率 65%～75%	效率 94%以上	效率 98%或以下	效率 55%	效率 100%	效率 100%或以下
维氏硬度 120～350	维氏硬度 120～190	维氏硬度 60～70	维氏硬度 110～120	维氏硬度 180～400	维氏硬度 110～240	维氏硬度 110～400
耐磨性优良	耐磨性优良	焊接性良好	最佳的装饰效果	耐磨性可变	耐磨性差	耐磨性差
均一性差	均一性良好	均一性极好	均一性良好	均一性良好	均一性特别好	均一性特别好
适用于印制配线板、接触器和装饰品等	适用于印制配线板电镀工业	适用于高温处理的半导体电镀工业	适用于某些接触器和装饰品	适用于低 K 值的装饰品	视合金成分不同有广泛用途	视合金成分不同有广泛的用途

(1) 电镀黄金

电镀黄金的历史非常悠久，早在 17 世纪就有了雷酸液镀金的方法，真正的电镀黄金是 1800 年 Brugnatalli 的工作。1838 年，英国伯明翰的 G. Elkington 和 H. Elkington 兄弟发明了高温碱性氰化物镀金，并取得了专利。它后来被广泛用于装饰品、餐具和钟表的装饰性镀薄金，成了以后一个世纪中电镀黄金的主要技术。其作用的基本原理到了 1913 年才为 Fray 所阐明，到 1966 年 Raub 才把亚金氰络盐的行为解释清楚。在电镀金历史上第一次革命性的变革是酸性镀金液被开发出来。早在 1847 年时，Derulz 曾冒险在酸性氯化金溶液中添加氢氰酸，发现可以在短时间内获得良好的镀层。后来 Erhardt 发现在弱有机酸（如柠檬酸）存在时，氰化亚金钾在 pH＝3 时仍十分稳定，于是酸性镀金工艺就诞生了。现在人们已经知道，氰化亚金钾在 pH 3 时是有可能形成氢氰酸的，但氢氰酸在酸性时会同弱有机酸形成较强的氢键而被束缚在溶液内。而不会以剧毒气体的形式逸出来，这就是为何酸性镀金可以安全进行的原因。

到了 20 世纪 40 年代，电子工业的快速发展鼓舞了人们对电镀黄金在科学上和技术上探索的兴趣。当时要求的是如何获得不需经过抛光的光亮镀层，而且可以精确控制镀层的厚度。这就提出了寻找合适光亮剂的问题。1957 年，F. Volk 等人开发了中性（pH 6.5～7.5）氰化物镀黄金液。还发现若加入 Ag、Cu、Fe、Ni 和 Co 等元素后不仅可以提高镀层的光亮度，也可获得各种金的合金，所用温度为 65～75℃，槽电压为 2～3V，缓冲盐是用磷酸盐。到了 60 年代，各种酸性的和合金系统的镀液被开发出来，而且发现了它们的一些特殊的物理力学性能。例如良好的延展性、耐磨性、耐蚀性和纯度等。在1968～1969年间，国际黄金价格急剧上涨波动，为了降低成本，减少不必要的镀金，因而发展出了局部选择性镀金的新技术。到了20世纪60年代后半期和70年代，无氰镀金取得了重大的进展，这是电镀黄金历史上的第二次革命。无氰镀黄金主要有亚硫酸盐（钠盐和铵盐）镀金、硫代硫酸盐镀金、卤化物镀金和二硫代丁二酸镀金等。其中研究最多、应用最广的是亚硫酸盐镀金，它除了不含剧毒的氰化物外，还具有许多氰化物镀液没有的优点。但是单独用亚硫酸盐做配位剂（即络合剂）时，镀液还不稳定，因此镀液中还要引入氨、乙二胺、柠檬酸盐、酒石酸盐、磷酸盐、碳酸盐、硼酸盐、EDTA、有机多膦酸等第二或第三配位剂才能使镀液稳定。这些化合物不仅有良好的pH缓冲作用，对镀液的稳定、镀层的光亮和与基材的附着力等都有相当的效果。到了80年代，随着高级精密电子工业和航空航天工业的发展，对镀金的要求也越来越高。人们发现脉冲镀金可以明显改善镀层的质量、厚度的均匀分布以及提高镀液的电流效率和沉积速度。而激光镀金可以提高沉积速度和沉积的选择性、便于精准地在指定的微区沉积上金，使选择性镀金可以得到精准的控制。80年代，电脑已取得长足的进步，而电脑控制的全自动电镀生产线，为印制电路板的批量生产创造了良好的条件。在电镀工艺方面，发现在加入Ni、Co的酸性镀金液中，再加入特殊的有机添加剂，可以达到以下的特殊效果：

① 可降低镀金液中金的浓度至4g/L（高速电镀则为8g/L）。

② 提高镀液的分散能力或金层的厚度分布，这是因为这类添加剂能在较高的电流密度下降低阴极效率，从而用化学方法矫正在印制电路板上的电流分布。

③ 扩大了工作的电流密度范围，如用3-(3-吡啶）丙烯酸做添加剂时，最高光亮的电流密度可由1.0A/dm^{2}提高到4.3A/dm^2。

④ 新型添加剂十分稳定，不会同阳极发生反应而形成一层阳极膜，也不会被阳极分解。

⑤ 新型添加剂可以被分析，这对镀液的维护控制十分有利。

这些特殊的效果，深受印制电路板业者的欢迎，它非常适于金手指等部位的电镀，因为获得的金属具有低的接触电阻、高耐蚀、高耐磨、高硬度等特性，而工艺的操作条件宽广，分析、控制与维护都十分方便，适于大批量的连续生产。

到了20世纪末和21世纪初，人们发现烷基或芳基磺酸，不仅可以扩大光亮电流密度区的范围，使光亮区向高电流密度区移动，而且可以提高电流效率，加快沉积速度。例如用吡啶基丙烯酸3g/L的酸性氰化镀硬金液，在3A/dm^{2}时的电流效率达48%，沉积速度可达0.98μm/min。镀金的主要进展是无氰及无污染镀金液的开发。过去的镀金液常用三价砷（As^{3+}）、一价铊（Tl^+）和二价铅

(Pb^{2+}) 等做晶粒细化剂或光亮剂，这些都是高污染的，虽然它们的使用浓度都较低（<20mg/L)，但人们还是找到了用有机光亮剂来取代它们。常用的有机光亮剂有以下几种：烟酸、烟酰胺、吡啶、甲基吡啶、3-氨基吡啶、2,3-二氨基吡啶、2,3-二(2-吡啶基) 吡嗪、3-(3-吡啶基) 丙烯酸、3-(4-咪唑基) 丙烯酸、3-吡啶基羟甲基磺酸、2-(吡啶基)-4-乙烷磺酸、1-(3-磺丙基) 吡啶甜菜碱、1-(3-磺丙基) 异喹啉甜菜碱等，这些有机光亮剂都可提高镀金层的光亮度、扩大光亮区的电流密度范围且加快沉积速度或提高电流效率。

(2) 无氰镀金

最早提出用金的亚硫酸盐配合物来镀金的专利是 1962 年 Smith 提出的美国专利 US3057789，但该配合物要在 pH 9～11 的条件下才稳定。他建议使用加 EDTA 二钠的电解液。1969 年，Meyer 等在瑞士专利 506828 中介绍了有机多胺，特别是乙二胺作为第二配位剂的亚硫酸盐电镀金-铜合金时，pH 值在 6.5 时亚硫酸金络盐仍然稳定。1972 年，Smith 在 US3666640 中发现由亚硫酸金盐、有机酸螯合剂和 Cd、Cu、Ni、As 的可溶性盐组成的电解液在 pH 8.5～13 是稳定的。1977 年，Stevens 在 US4048023 中发明了一种微碱性的亚硫酸金盐、磷酸盐和 $[Pd(NH_3)_4]Cl_2$ (Palladosamine chloride) 络盐组成的镀金液。

1980 年，Laude 在 US4192723 中发明了一种由一价金和亚硫酸铵组成的镀金液。1982 年，Wilkinson 在 US4366035 中提出用亚硫酸金盐、水溶性铜盐或铜的配合物、水溶性钯盐或它的配合物、碱金属亚硫酸盐和亚硫酸铵组成的无氰镀金合金电解液。1984 年，Baker 等在 US4435253 中发现用碱金属亚硫酸盐、亚硫酸铵、水溶性铊盐和无羟基、无氨基的羧酸组成的镀金液。1985 年，Shemyakina 在 US4497696 中提出用氯金酸、EDTA 的碱金属盐、碱金属亚硫酸盐、亚硫酸铵反应后而形成的镀金液。1988 年，Nakazawa 等在 US4717459 中提出用可溶性金盐、导电盐、铅盐和配位剂组成的镀金液。1990 年，Kikuchi 等在日本公开专利 JP02-232378 中提出在 3-硝基苯磺酸存在时，亚硫酸金盐在 pH 8 时仍然稳定。1994 年，Morrissey 在 US5277790 中发现了一种 pH 值可低于 6.5 的亚硫酸盐镀金液，该溶液中必须含有乙二胺、丙二胺、丁二胺、1,2-二氨基环己烷等有机多胺做第二配位剂，同时要含有芳香族硝基化合物，如 2,3-或 4-硝基苯甲酸、4-氯-3-硝基苯甲酸、2,3-或 4-硝基苯磺酸、4-硝基邻苯二甲酸等。

2000 年，Kitada 在 US6087516 中介绍了一种新的无氰的二乙二胺合金氯化物 $[Au(en)_2]Cl_3$ 的合成方法，它是由氯金酸钠 ($NaAuCl_4$) 和乙二胺反应而得。Kuhn 等在 US6165342 中发明了一种用巯基磺酸，如 2-巯基乙磺酸、双 (2-磺丙基) 二硫化物等做金配位剂，Se、Te 化合物做光亮剂，AEO、OP 类表面活性剂和缓冲盐组成的无氰镀液。2003 年 Kitada 等在 US6565732 中提出了用 $[Au(en)_2]Cl_3$ 做金盐，有机羧酸做缓冲剂，噻吩羧酸、吡啶磺酸做有机光亮剂和无机钾盐做导电盐的无氰镀金液。

12.1.2 镀金的配位剂

如上所述，目前镀金所用的主要配位剂（即络合剂）是氰根（CN^-）和亚硫酸根（SO_3^{2-}）离子，其主要物理化学性质列于表 12-2。

表 12-2 CN^- 和 SO_3^{2-} 的主要物理化学性质

项目	CN^-	SO_3^{2-}	项目	CN^-	SO_3^{2-}
标准生成焓 $\Delta H^\ominus$/(kJ/mol)	151.1	−640.0	配体类型	单齿或双齿	单齿或双齿
标准生成自由能 $\Delta F^\ominus$/(kJ/mol)	165.8	−486.1	键长/Å	1.10～1.13（C—N 键）	1.54（S—O 键）
标准生成熵 $\Delta S^\ominus$/(J/mol)	118	−29.3	$[AuL_2]$（L = CN^-，SO_3^{2-}）的结构	线型	线型
离子结构	$^-$：C≡N：	S(··)，O、O、O^-、O^-	$[AuL_2]$[L＝CN^- 的稳定常数(lgβ)]	37	30
离子形成	线型	锥型	还原电位	$Au(CN)_2^- + e^- \longrightarrow Au + 2CN^-$，−0.60V	
配位原子	C(主)，N(次)	S(主)，O(次)	形成氢键的难易	容易	容易

CN^- 通常为单齿配位体，因 C 上电子云密度超过 N 的，故与金属配位时，主要用 C 做配位原子。作为双啮配位体通常出现有阳极膜上，其结构可写成→[Au—C≡N→]$_n$Au—，这是一种聚合物膜。在 CN^- 的金属配合物中（如 M←C≡N），除了形成正常的 σ 键以外，金属离子 Au^+ 的 d 轨道电子还可以与 CN^- 中的 C 原子的空 p 轨道形成反馈 π 键，也称 d→p_π 键，这就是说 M←C 之间实际上有双键的特性。这就是氰配合物特别稳定的原因。SO_3^{2-} 作为单啮配体同金属配位时，可以通过 S 或 O 原子配位：

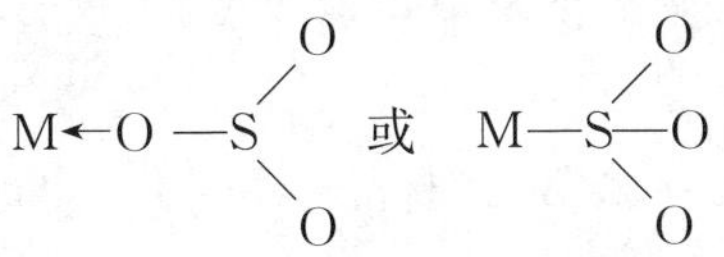

```
              O                  O
             /                  /
M←O —S        或    M—S—O
             \                  \
              O                  O
```

Newman 和 Powell 利用红外光谱的特征，从光谱排列证实了许多金属的亚硫酸盐配合物中的 SO_3^{2-} 是通过 S 原子与金属配位的。SO_3^{2-} 还可以作为双啮的螯合配体，通过两个 O 原子或一个 O、一个 S 原子参与配位，也可以同时与两个金属离子配位形成多核配合物。

在镀金溶液中广泛采用磷酸盐和各种有机酸（特别是柠檬酸盐）作为镀液的 pH 缓冲剂，柠檬酸缓冲体系应用于 pH＝4～6 的镀液，而磷酸盐型缓冲剂适于酸性、中性和碱性的 pH 范围。加了缓冲剂的镀液，不仅可使镀层光滑，而且可使金属的晶粒细化，以致用通常的显微镜在600倍下也无法分辨。这表示缓冲剂不仅具有提高镀液的pH缓冲性能，其还有提高镀液的超电压的功能。

为何在含柠檬酸的酸性镀金液中（pH＝3～4），HCN酸不溢出？镀层晶粒为何会细化？这主要是这些缓冲剂含有多个离解或未离解的羟基，可以通过配位作用与HCN形成氢键，使HCN被束缚在溶液中而不溢出，这是可在酸性条件下镀金的关键，所以这类有机酸也是一种优良的配位剂。

H—C≡N:→H
$^{-}$O:　　　:O
C　　　C
O—H← :N≡C—H

Au^{+}的配位数通常为2，其最高配位数为4，不过要形成$[Au(CN)_4]^{3-}$和$[Au(SO_3)_4]^{7-}$相当困难，主要是配位体间的斥力较大和Au^{+}的正电荷较低。然而引入某些中性配位体，如NH_3、乙二胺等，则可形成更加稳定的混合配位体配合物：

$$[Au(SO_3)_2]^{3-}+2NH_3 \rightleftharpoons [Au(NH_3)_2(SO_3)_2]^{3-}$$

离子体积小的NO_2^-、Br^-、Cl^-等也可与$[Au(SO_3)_2]^{3-}$形成混合配位体配合物，这种配位饱和型配合物的形成，进一步使Au^{+}得到稳定，不容易歧化为Au^{3+}和金属金，所以第二配位体的引入是稳定镀液的一种有效措施。

国内外都着手用有机多膦酸代替柠檬酸做缓冲剂，常用的有机多膦酸为1-羟基亚乙基-1,1-二膦酸（HEDP）、氨基三亚甲基膦酸（ATMP）和乙二胺四亚甲基膦酸（EDTMP）。这些有机酸在溶液中都容易与$[Au(CN)_2]^-$、$[Au(SO_3)_2]^{3-}$、$[Au(NH_3)_2(SO_3)_2]^{3-}$等配位离子内的$CN^-$、$SO_3^{2-}$、$NH_3$等形成氢键，从而形成了包围配位离子的第二配位层。图12-1是$[Au(NH_3)_2(SO_3)_2]^{3-}\cdot 2HEDP$的第一和第二配位层的示意图。在英国专利1426804（1976）中，提出用合成好的，组成为$\{M[AuL(SO_3)_2]_p\}_q$［M为一价或多价阳离子；L为分子式为$R^1R^2N—R—NR^3R^4$的胺或多胺（R为C_1～C_4烷基或取代烷基，H）；p＝1、2或3，q＝0、1或2］的固体配合物直接配制镀液，也得到很好的效果。

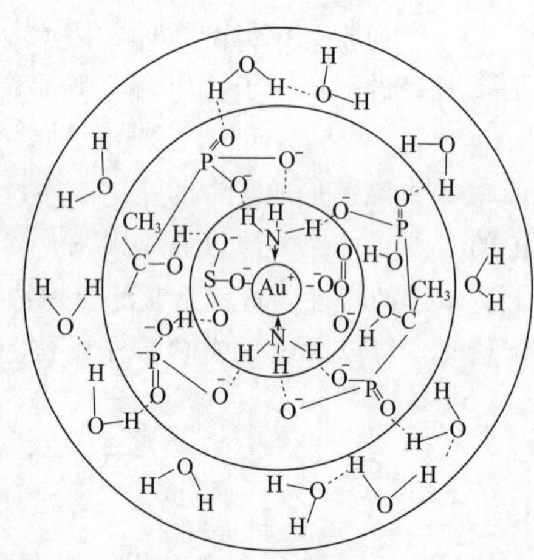

图12-1 $[Au(NH_3)_2(SO_3)_2]^{3-}\cdot 2HEDP$的配位结构示意图

在这种固体配合物中，柠檬酸盐、磷酸盐也含在其中，说明它们也参与了某种形式的配位作用。金要从内配位层中被还原出来，就要克服第一和第二配位层的抑制作用，而使 Au^{+} 放电的超电压得到提高，镀层的晶粒得到细化，不过镀液的电流效率有所降低。表 12-3 是$[Au(SO_3)_2]^{3-}$ 体系中第一配位层和第二配位层引入各种配体时镀液性能的比较。

表 12-3　亚硫酸盐镀金体系配离子的形态与镀液性能

镀液体系	配离子的形态	镀液性能
Au^{+}-SO_3^{2-}	$[SO_3^{2-} \rightarrow Au^{+} \leftarrow SO_3^{2-}]$	镀液不很稳定，易发生歧化反应而析出金，过电压小，镀层外观差，作业范围窄
Au^{+}-SO_3^{2-}-NH_3	NH_3 ↓ $[SO_3^{2-} \rightarrow Au^{+} \leftarrow SO_3^{2-}]$ ↑ NH_3	镀液较稳定，镀层外观好，但 pH 变化较大，NH_3 易挥发
Au^{+}-SO_3^{2-}-胺(L) (L＝乙二胺或多胺)	H_2N—CH_2—CH_2—NH_2 (两个 N 均配位)；$[SO_3^{2-} \rightarrow Au^{+} \leftarrow NH_2]$，$H_2N \rightarrow Au^{+}$，↑ SO_3^{2-}	镀液较稳定，超电压高，镀层外观好，但镀液有气味
Au^{+}-SO_3^{2-}-X^{-} (X^{-}＝Cl^{-}、Br^{-})	SO_3^{2-} ↓ $[Br^{-} \rightarrow Au^{+} \leftarrow Br^{-}]$ ↑ SO_3^{2-}	镀液较稳定，过电压高，高 pH 值镀液可降至 7～9，但 X^{-} 会促使金属杂质进入溶液，降低镀液性能
Au^{+}-SO_3^{2-}- NH_3-HEDP	SO_3^{2-} ↓ $[H_3N \rightarrow Au^{+} \leftarrow NH_3]$·2HEDP ↑ SO_3^{2-}	镀液较稳定，使用 pH 值可降低，工作范围扩大，超电压高，镀层外观好，附着力好
Au^{+}-SO_3^{2-}- ATMP-HEDP	$[SO_3^{2-} \rightarrow Au^{+} \leftarrow SO_3^{2-}]$·HEDP·ATMP	镀液极稳定，使用 pH 范围很宽(8～12)，超电压高，镀层外观好，附着力好

除了羟基亚乙基二膦酸（HEDP）、氨基三亚甲基膦酸（ATMP）外，乙二胺四亚甲基膦酸（EDTMP）也是一种优良的取代传统磷酸盐、多聚磷酸盐和柠檬酸盐的螯合剂，它除了可以作为优良的导电盐、pH 缓冲剂外，还能降低镀液成分对基体材料的溶蚀，同时可以阻止金与一般金属杂质（例如铜、镍、钴、铁和铅等）发生共沉积。同时这类螯合剂在阳极的氧化作用下仍然显得十分稳定，而普通羟基酸则容易被氧化而破坏。有机多膦酸的使用浓度范围很宽，约在 80～250g/L 范围内。

12.1.3 镀金的添加剂

(1) 无机添加剂

在镀金所用的添加剂中，最主要的是无机添加剂，这不仅可以改善镀层的晶粒尺寸和光亮度，对镀层的颜色、针孔率、硬度、应力、耐磨性能也有很大的影响。无机添加剂大半是一些金属离子（Cu、Ni、Co、Cd、Ag、Bi、Pd、In、Pb、Sn、Cr、Fe和Mn等），其用量在0.5～10g/L。除了金属离子以外，一些半金属元素（如As、Sb、Se、Te、Mo等）的化合物也是重要的无机添加剂。其中砷离子可以明显改善镀层厚度的分布，同时使镀层显现光彩和颜色，其使用的浓度范围为0.4～12mg/L。由于砷的毒性较大，有时可以用铅离子（硝酸铅或醋酸铅）取代砷离子，以改善镀层性能，包括改善树枝状的沉积、减少针孔、改善金属的分布，其使用范围约为12mg/L。铊离子（Tl^+）也常被用来取代砷，它的增光效果很好，而且可在宽广的pH范围（3～12）内提高镀液的电流效率。铊的用量通常为4～8mg/L。Se和Te的化合物（如KSeCN、$KSeO_2$、$KTeO_2$）也是有效的光亮剂，其用量在0.1～1g/L范围内。

金属离子添加剂应用最多的是Ni、Co和Sb。含0.3%～2%Ni、Co的碱性氰化物镀液所得的镀层，具有组织紧密，结晶细致，无针孔，且硬度大，耐磨性好，颜色也接近纯金，这是它们应用较多的原因。

彩色镀金液是利用某些金属离子可与金共沉积而形成不同色彩的合金而实现的。合金成分对金颜色的影响见表12-4。典型的彩色镀金液的配方和条件见表12-5。

表12-4 合金成分对金颜色的影响

合金成分	金层颜色随着金成分增加而出现的变化
Cu	黄→淡红→红
Ni	黄→淡黄→白
Co	黄→橙→绿
Cd	黄→绿
Ag	黄→淡黄→黄绿→绿
Bi	黄→紫
Pb	黄→淡黄
In及Ag	黄→天蓝

表12-5 典型的彩色镀金液的配方和条件

项目	绿色	淡红金色	淡黄金色	红色
$KAu(CN)_2$/(g/L)	3.7	3.7	3.7	3.7
KCN/(g/L)	7.5	7.5	3.7	7.5

续表

项目	绿色	淡红金色	淡黄金色	红色
AgCN/(g/L)	0.7～1.5	—	—	—
CuCN/(g/L)	—	1.5～3	—	—
$K_4Fe(CN)_6$/(g/L)	—	30	30	30
$K_4Ni(CN)_6$/(g/L)	—		1.8	1.8
温度/℃	43～48	60～70	60～70	60～70
D_k/(A/dm^2)	1～2	2～4	2～4	2～4

在镀金层中合金元素的共沉积一般都使金的内应力增加，延展性变差。表12-6是金层中加入不同合金元素以后，金层内应力和延展性变化的情况。

表 12-6　合金元素对镀金层内应力和延展性的影响

合金元素	Co	Ag(50%)	Ag(75%)	Cu	Ni	Sn	Pb
应力/MPa①	+240	+205	+55	−48	−7	+28	0
延展性	差	差	差	较好	差	较好	好

①“+”表示张应力，“−”表示压应力。

由表12-6可见，银金合金是张应力，是横方向的。铜金合金是压应力，是垂直方向的。铅金合金无应力，延展性最好。

镀金层的耐磨性是一个很重要的品质指标，对接插零件特别重要。好的耐磨性能，在一定的压力下，经多次摩擦，而金属不会破裂、脱皮。好的耐磨性能还要求接触性要好、电阻要小，导电性也要好。影响镀层耐磨性的主要因素如下：①应力的大小；②镀层晶粒的大小；③镀层的抗张强度；④镀层的合金成分；⑤镀层的硬度；⑥表面有机物的含量。在这些因素中，镀层硬度对耐磨性的影响最小。表12-7列出了各种合金元素的各类镀金液的金含量、内应力、硬度和耐磨性（可承受摩擦的次数）。

表 12-7　各种镀金层的内应力、硬度和耐磨性

镀液种类	pH	合金元素	Au含量/%	硬度	内应力/kPa	耐磨性/次
酸性氰化物	3～5	Cu	99.8	190	88.9～177.8	1800
碱性氰化物	8～9	Ag	50	125	—	500
碱性氰化物	10～12	Ag	75	170	—	800
碱性亚硫酸盐	8～9	Cu	75	300	—	1500
酸性氰化物	3～5	Ni	80	350	—	2700
酸性无氰	1～2	Sn	80	210	—	600

续表

镀液种类	pH	合金元素	Au 含量/%	硬度	内应力/kPa	耐磨性/次
碱性亚硫酸盐	8～9	Pd	80	210	—	800
酸性氰化物	3～5	—	99.99	75.9	8.89～17.8	—
碱性亚硫酸盐	8～9	—	99.9	125	8.9～17.8	—
碱性亚硫酸盐	8～9	Cd	99.9	195	22.2～44.5	—

由表 12-7 可见，酸性氰化物镀液中添加 Co 和 Ni 时，镀层的耐磨性最好。为了进一步提高镀金的耐磨性，有人加入铀和钼（以可溶性硝酸铀、醋酸铀、钼酸或氢氧化钼形式加入），镀层中最多可含 10%铀及 0.05%钼。加入铀后金属可由黄→粉红→淡黄→淡紫或黑紫，钼会使金色变浅，但耐磨性可比纯金属高 6 倍之多。

镀层中引入不同合金元素之后，其接触电阻有明显变化，这可从表 12-8 的数据看出。测定采用四探针法，负荷 200g，电压 20mV，4 个点的直径 750μm，镀金 5μm。金属老化后接触电阻会增高，其原因主要是表面形成合金元素氧化物的结果，如加 Co 的金属表面可形成 200Å 厚的 CoO。为了改善高温接触电阻，有人提出用镉和铁做添加剂。

表 12-8　各种合金元素对金属接触电阻的影响

合金元素	Au 含量/%	电镀后电阻/mΩ	老化后电阻/mΩ	品质评价
Co	99.8	0.6	1.7	合格
Ag	50	0.6	4.8	不合格
Ag	75	0.8	1.2	很好
Cu	75	0.8	20	差
Ni	80	4.9	750	很差
Sn	80	0.7	2.5	合格
Pd	80	3.0	4.0	很好

镀金层本身具有 p 型半导体性质，镀层中加入 Ga、In、Tl 不会影响这种性质，但引入 Sb 和 Ag 时，如加锑后镀 5～12μm，然后直接焊在锗上（不加助焊剂），即可组成 n 型电晶体，其镀金工艺为：

$KAu(CN)_2$	12(含纯金 8)	g/L	Sb(以锑酸钾形式加入)	6～16mg/L
KCN	30	g/L	温度	60℃
K_2HPO_4	30	g/L	电流密度	0.1～1.0A/dm^2
K_2CO_3	30	g/L	搅拌	高电流密度时一定要用

(2)有机添加剂

早期最常用的有机光亮剂是二硫化碳衍生物或黄原酸盐($C_2H_5OCS_2$)的缩合

物与醛或聚乙二醇酯或与土耳其红油合用。美国原子能委员会曾在氰系镀金液中加入土耳其红油,以得到无针孔的金镀层。在美国专利中也提出用磺化油(如磺化蓖麻油或土耳其红油)作为镀金的光亮剂。Hodgson 和 Szudlapski 把一种有机磷酸酯[如(C_2H_5)H_2PO_4]作为添加剂加入含柠檬酸盐的镀液中,使镀层更加均匀和光亮。硫脲的性质与二硫化碳相近,可在含无机光亮剂的氰化镀金液中使用。聚乙烯亚胺 $H_2N(CH_2CH_2NH)_nH$ 不仅是镀镍的有效光亮剂,也是镀金的光亮剂,用于镀金时 n 值为 1～5。Kitada 曾指出(US6565732、2001),杂环化合物,如联吡啶、邻菲罗啉、噻吩羧酸、吡啶、吡啶磺酸是$[Au(en)_2]Cl_3$ 镀金液的有效光亮剂,它的用量在 0.1～10g/L 范围内。在德国专利 DE2355581 中指出,吡啶-3-磺酸是一种典型的经常使用的有机光亮剂,它可将沉积光亮金层的电流密度范围向高电流密度方向移动或扩大,而采用较高的电流密度可以得到较高的沉积速度。

2002 年 Deguss A 公司的 Bronder Klaus 发现通式为 R—SO_m—H(m=3～4,R 是 C_1～C_{14} 的烷基和芳基)的有机磺酸盐,如戊基磺酸盐、己基磺酸盐、庚基磺酸盐、辛基磺酸盐、壬基磺酸盐、癸基磺酸盐、十二烷基磺酸盐、环己基磺酸盐以及对应的硫酸盐,当加入量在 0.1～5g/L 时,可以明显提高光亮区的范围。

12.1.4 镀金电解液的类型、性能与用途

镀金液的种类繁多,从不同的镀金液中镀出的金有不同的物理性质,其应用范围也各不相同。要对这些镀金液进行科学的分类,还比较困难,这里只能采用电镀工作者常用的按镀液 pH 值进行分类的方法。表 12-1 列出了不同 pH 的有氰和无氰镀金液的性能和应用范围,下面分门别类予以讨论。

(1) pH 3.0～3.5 的酸性镀金液

酸性镀金液由氰化金钾、弱有机酸、磷酸盐、螯合剂和光亮剂组成,其配制方法是把氰化金钾溶在弱有机酸中,再加入一定量的缓冲剂、螯合剂和光亮剂。典型的酸性镀金液的配方和作业条件见表 12-9。微量的钴、镍、锑、添加某些有机添加剂也有这种效果,但不能提高镀层的耐磨性。

表 12-9 典型的酸性镀金液的配方和作业条件

镀液组成/(g/L)		操作条件				备注
		pH	温度/℃	电流密度/(A/dm^2)	液电压/V	
氰化金钾 柠檬酸或其盐	6～8 90	3.0～6.0	40～60	1.0	—	硬度:85～90HV 阳极:碳或白金
氰化金钾 柠檬酸钾 酒石酸锑钾 EDTA 二钾	12 125 1 3	3.5～4.5	13～35	0.5～1.0	2～4	阳极:碳或白金,下同

续表

镀液组成/(g/L)		操作条件				备注
		pH	温度/℃	电流密度/(A/dm^2)	液电压/V	
氰化金钾 磷酸二氢钾 柠檬酸钾 柠檬酸 *N*,*N*-乙二胺二乙酸镍	8 30 35 25 3	3.2～4.4	20～50	2～6	—	硬度:120～150HV
氰化金钾 柠檬酸钾 柠檬酸 硫酸肼	16 135 55 6	4.2	70	0.2	—	

从酸性镀金液中可以镀出24K高纯金和几种金合金。但由于pH值低，容易使素材金属溶解而污染镀液，铜及其合金、镍及其合金、银及其合金虽都可从这些镀液中直接镀金，但从维护镀液的角度考虑，最好先在含金量低的溶液中打底，以防止镀液被污染。钢及铜铍合金要镀铜，以防止溶液污染和提高附着力。

pH值范围在4.5～5.5的镀金液有较大的发展。在实际操作中，最高的pH值为5.1～5.2，其特点是电流效率高，镀液的酸性低，因此适用于覆盖抗蚀剂的印制电路板和接点的镀金，这些零件的镀金正在不断增多，使高效率酸性镀金的应用越来越广。

在酸性镀金液中，溶液的pH、温度和使用的电流密度对镀液和镀层的性能有明显的影响，其影响的趋势由图12-2所示箭头表示，实际的变化呈曲线状，图中的箭头是一种粗略的表示法。

(2) pH值为5.5～8.0的中性镀金液

中性镀金液是一类不含游离氰化物，只含氰化金钾、缓冲剂或配位剂（EDTA、磷酸盐）和少量合金元素添加剂的镀液。如不含合金元素，镀液的电流效率可达100%，金属的纯度可达99.99%，维氏硬度65～75。有时加入晶粒细化剂，使镀层细致、光亮，此时最适合于半导体上使用，因为这具有良好的耐高温和可焊性。若加入有机增硬剂，则可用于印制电路板和电接点，但不普遍，因为其耐磨性差。表12-10列出了某些中性镀金液的配方和作业条件。

表12-10 某些中性镀金液的配方和作业条件

镀液组成/(g/L)		操作条件				备注
		pH	温度/℃	电流密度/(A/dm^2)	液电压/V	
氰化金钾 柠檬二氢钾 磷酸氢二钾 氰化镍钾	6～10 90 20 1.5～2	6.5～7.5	65～75	0.5～1.0	2～3	硬度:85～90HV 阳极:碳或白金

续表

镀液组成/(g/L)	操作条件				备注
	pH	温度/℃	电流密度/(A/dm^2)	液电压/V	
氰化金钾 焦磷酸钾 氰化银钾	7.0 (用焦磷酸调 pH)	25～40	0.5～2.0	—	几乎纯金
氰化金钾 铜(以 EDTA 二钠盐形式) 锌(以 EDTA 二钠盐形式) 镍(以 EDTA 二钠盐形式) EDTA 二钾盐	8.0	60	2～2.5	—	铜-金合金

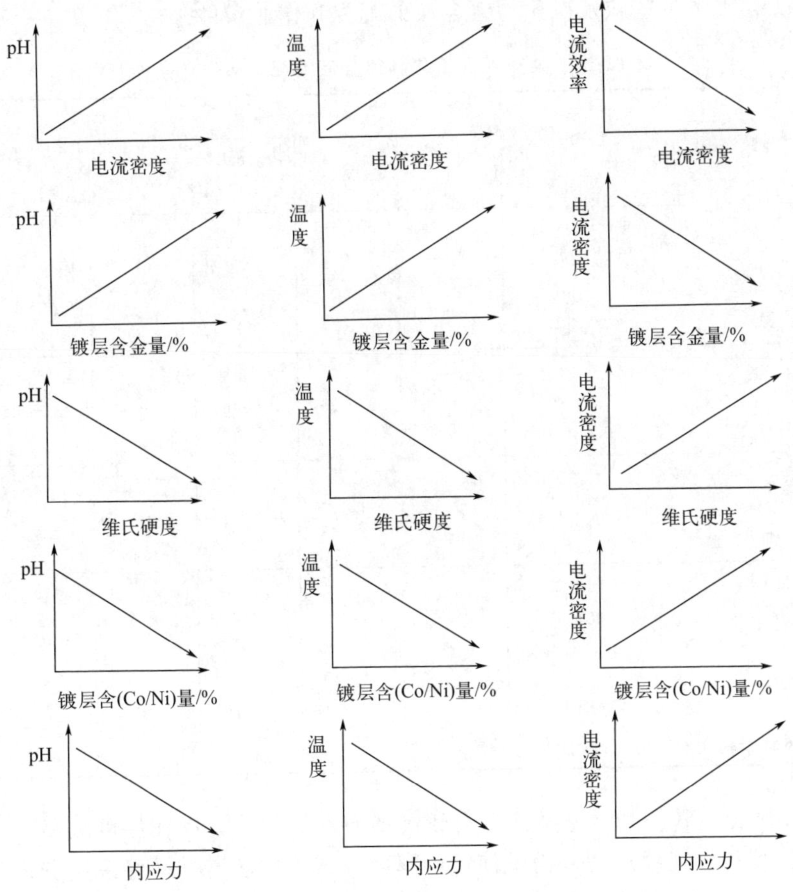

图 12-2　作业条件对酸性镀金性能的影响

中性氰化物镀液同碱性氰化物镀液相比，具有均一性好，对应相当金浓度的极限电流密度较高和可以镀厚镀层等优点。其缺点是光亮度差些，一般在半光亮以上，不过电流密度的影响较小，适于滚镀。

中性镀金液对金属杂质的允许量较高，例如在酸性镀金液中，镍或钴的含量高达0.1g/L时，即对镀层有重大影响，但在中性镀液中，即使高达1.0g/L也只有很少（或无）影响。有机物的污染会严重损害可焊性，因此，要尽量避免脱脂剂等有机物带入槽内。

（3）pH值为8.0以上的碱性镀金液

这种镀液主要由溶解在磷酸及弱有机酸中的氰化金钾所组成，镀液中含游离的氰化钾，以防止产生置换镀层和改善金阳极的溶解。此外，镀液中还含有提高导电性和均一性的导电盐碳酸钾和磷酸钾，以及防止氰化钾的分解，增加溶液导电性的氢氧化钾和为了使镀层晶粒细化，并增加其硬度的光亮剂。这种光亮剂通常是银，含量约1%～3%，其阴极电流效率可达95%～100%，在常温下操作。表12-11列出了某些碱性氰化物镀金液的配方和作业条件。

表12-11 某些碱性氰化物镀金液的配方和作业条件

镀液组成/(g/L)		操作条件				备注
		pH	温度/℃	电流密度/(A/dm^2)	液电压/V	
氰化金钾 氰化钾 碳酸钠 磷酸氢二钾	6～8 30 30 30	—	50～65	<0.5	—	阳极:纯金或不锈钢(下同)
氰化金钾 氰化钾 氰化银钾	6～48 45～200 0.08～0.4	—	13～25	<0.6	—	几乎是纯金
氰化金钾 氰化钾 土耳其红油	30 80 1	—	50～70	0.5～1.5	—	
氰化金钾 氰化钾 氢氧化钾 酒石酸锑钾 甘油 磺化蓖麻油	4～32 30～120 15～45 0.5～5 30～120 10～19	11.5～13.7	20～32	0.2～0.6	—	

高pH值（10～12.5）镀液含有较高的游离氰化物，操作温度较高，还要求有很好的搅拌和连续过滤。为了使镀层厚度分布均匀，镀槽最好采用圆形的，这样电流的分布比较均匀，镀层的成分也较一致。这种镀液主要用于装饰品的电镀，在镀液中加入铜、镍、镉等合金元素，则可产生一系列的颜色和纯度，这些合金元素大半具有光亮作用，可以不加光亮剂而获得极为光亮的镀层，所以在装饰上的应用很广。对一些制品，如表带、手链等，人们多采用双层镀金法，即先

镀 7～8μm（或更厚）的 16K 银金合金或镉铜 17K 黄金，然后再从酸性镀金液中再镀 2～3μm 的 20K～22.5K 黄金，在这种情况下通常可节约 33%～50%的黄金。

（4）无氰镀金液

亚硫酸盐无氰镀金液是深受人们欢迎的新型镀金液，因为这种镀液容易掌握，均一性好，电流效率可达 100%，特别突出的是温度和 pH 改变时并不使镀层成分有较大改变，在 50～60℃操作时，溶液忍受其他金属杂质的能力很高。

在亚硫酸盐镀金液中，应用较多的是 pH＝8～10.5 的高 pH 值镀液，这包含亚硫酸盐、磷酸盐、柠檬酸盐、有机膦酸盐等，操作温度为 50～60℃，使用镀铂的钛阳极。表 12-12 列出某些亚硫酸盐镀金液的组成和作业条件。

表 12-12　某些亚硫酸盐镀金液的组成和作业条件

镀液组成/(g/L)		操作条件			备注
		pH	温度/℃	电流密度/(A/dm^2)	
金 亚硫酸铵 柠檬酸钾	5～25 150～250 80～120	8～11	45～65	0.1～0.8	阳极:金板
金(以亚硫酸金钠形式) 亚硫酸钠 HEDP(100%计) ATMP(100%) 酒石酸锑钾	15～20 100～120 40～60 60～90 0.2～0.4	10～13	30～40	0.2～0.8	阳极:金或白金板
亚硫酸金钾(或钠) 亚硫酸钾(或钠) 导电盐(磷酸、硫酸或柠檬酸盐) 金属添加剂(Sb、As、Se、Ti 等)	1～30 40～150 5～150 0.005～0.5	8～12	20～82	0.1～5	

从碱性无氰镀金液中可以镀出酸性镀金液无法镀出的合金镀层及颜色。除了在装饰品工业及一些要求耐磨性不太高的薄金上使用外，在薄膜配线镀纯金上的应用也越来越广，电子工业积极研究从无氰亚硫酸盐镀金液中获得高合金元素的镀金层，以节约昂贵的金。

12.2　镀银添加剂

12.2.1　镀银添加剂的演化

镀银层比镀金价格便宜得多，而且具有很高的导电性、光反射性和对有机酸和碱的化学稳定性，故使用面比黄金广得多。早期主要用于装饰品和餐具上，后来在飞机和电子制品上的应用越来越多。

镀银最早始于1800年，第一个镀银的专利是1838年由英国伯明翰的Elkington兄弟提出的，所用的镀液为碱性氰化物镀液，与他们发明的碱性氰化物镀黄金体系很类似。一个多世纪以来，镀银液的基本配方和当年的配方差别不大，仅仅是提高了银配位离子浓度以达到快速镀银的目的而已。氰系镀液过去的主要缺点是使用的电流密度小，现在这个问题也解决了，高效镀银使电流密度可高达$10A/dm^2$，光亮镀银可达$1.5\sim3A/dm^2$，其镀面光滑而无需再打光，也可镀厚。电子元器件的高速选择性镀银，如引线框架的选择性镀银，采用喷射镀的方法，所用的电流密度高达$300\sim3000A/dm^2$，镀液中氰化银钾［$KAg(CN)_2$］的浓度也高达40～75g/L，阳极采用白金或镀铂的钛阳极，这样在1s内即可镀上约4～5μm的银层，它已能满足硅芯片和银焊垫之间用铝线来键合。

镀银最早用的光亮剂二硫化碳是Milword和Lyons在1847年发表的专利中提出的，现在还在使用，仅稍加改变而已。用二硫化碳做光亮剂并不能得到全光亮的银层，且加入镀液后要等一段时间才会发生作用，估计真正的光亮剂是二硫化碳与镀液中的CN^-反应生成的取代尿素、硫脲、胍、硫化物、氰胺化物及其他种硫化物中的某些化合物。1913年，Frary报道二硫化碳与乙醚、各种酸、氰和亚硫酸的混合物可作为硫氰酸盐镀银的光亮剂，也发现黄原酸钾和砷、锑、锡的硫化物也是有效的光亮剂。后来发现硫脲也是一种镀银光亮剂。当其用量达35～40g/L时，其光亮度可超过二硫化碳衍生物。

1939年，Weiner发现从硫代硫酸钠镀液中可以获得光亮的镀银层。证明硫代硫酸钠本身就是一种优良的光亮剂。1943年，Weiner发现可用硒化物代替硫化物作为镀银的光亮剂。例如亚硒酸盐同蛋白质和脂肪酸的缩合物以及很多二价硒化物同少量铅和锑化物合用都是有效的光亮剂。同年，德国的Siemens Halske在德国专利731961中提出用黄原酸盐类做镀银光亮剂。后来，Durrwachter发现甲醛和蛋白胶可做乳酸镀银的光亮剂。

1950～1953年，印度的Rama Char等提出添加5～20g/L的氨磺酸铵或1g/L的硫代硫酸钠可以显著改善碘化物镀银的光亮度。在1953～1957年间，美、法、瑞士专利中都提出用二硫化碳和酮类的缩合产物作为氰系镀银的光亮剂。1956年，美国专利中提出用乙二醇和丙三醇锑做氰系镀银光亮剂。1957年，德国专利959775中用硫代氨基甲酸盐缩合物作为氰系镀银光亮剂。美国专利中提出用乙酰丙酮和二硫化碳的反应产物和磺化蓖麻油做氰系镀银光亮剂。同年，还提出用酒石酸锑钾、葡萄糖酸锑钾、硒化合物和表面活性剂做氰系镀银的光亮剂。1959年，Popov和Kravtsova用动物胶来改善硫氰酸盐镀银层的光亮度。

1963年，Kaikaris和Kundra用动物胶做溴化物镀银的光亮剂获得了成功。1964年，Schlötter用动物胶和其他添加剂做硫氰酸盐镀银的光亮剂。1966年，德国Schering公司采用硒或碲化物作为氰系镀银的光亮剂。

同年，Sel-Rex公司则用锑和铋化物作为氰系镀银光亮剂。Racinskiene 和 Kaikaris用动物胶作为氨磺酸镀银的光亮剂。同年，Foulke 和 Johnson 获得了用聚乙烯氮茂烷酮和酒石酸锑钾做硫氰酸盐光亮镀银的光亮剂。1967 年，英国专利中用三氯化锑同三乙醇胺的反应产物作为氰化镀银的光亮剂。1968 年，英国专利也用聚乙烯氮茂烷酮或酒石酸锑钾合并做硫氰酸盐镀银光亮剂，不过镀层只为半光亮。

1972 年，苏联用二氰胺同甲醛的反应产物做 EDTA 镀银的光亮剂，可得镜面光亮的镀银层，光亮剂的用量为 1～10g/L，镀层光亮度与光亮剂用量有关。1973 年，日本专利中用 0.1～10g/L 的 Co、Mn、Ni、Cu、Cd、As、Tl、Sb、Ca、Sr 或 Ba 的可溶性盐做磷酸盐镀银的光亮剂。1975 年，德国专利中提出用分子量大于 1000 的聚乙烯亚胺做硫代硫酸盐镀银的光亮剂，可以得硬而光亮的银镀层。1976 年，英国专利认为，无氰镀银的光亮剂应含有以下五种成分：①磺酸型阴离子表面活性剂，如土耳其红油；②含氮羧酸或磺酸型两性表面活性剂；③阳离子或非离子型表面活性剂；④可溶性醛类（如糠醛）；⑤含 C—SH 或 C═S 互变异构体的化合物，如甲基氧茂硫醇等。

1976 年，美国专利中提出有两类添加剂可以作为硫代硫酸盐无氰镀银的光亮剂。第一类是高分子的聚胺化合物，这包括分子量为 500～20000 的聚乙烯亚胺以及由氨和烯亚胺［如乙二胺、四乙烯五胺、*N*,*N*-双（4-氢氧基丁酰）二丙烯三胺等］与环氧氯丙烷反应而形成的可溶性多氮化合物。另一类可获得光亮而延性银层的添加剂是某些含硫或含硒的化合物，其结构式与名称见表 12-13。

美国 Technic 公司，提出用分子量为 100～60000 的聚亚胺化合物作为丁二酰亚胺无氰镀银的光亮剂，其用量为 0.001～1.0g/L，所用的聚亚胺有聚乙烯亚胺、聚丙烯亚胺和聚羟基乙烯亚胺。

表 12-13　某些含硫和含硒光亮剂的名称与结构

光亮剂的名称	光亮剂的结构	光亮剂的名称	光亮剂的结构
二乙基二硫烷	$CH_3—CH_2—S—S—CH_2—CH_3$	溴化三乙基硒	$(C_2H_5)_3Se^+Br^-$
甲基丙基硒硫烷	$CH_3—S—Se—CH_2—CH_2—CH_3$	2,5-二硫代己烷-1,6-二羧酸	$(HOOC—CH_2—S—CH_2)_2$
二硒化钾	K_2Se_2	3,6-二硫代辛烷-1,8-二羧酸	$(HOOC—CH_2—CH_2—S—CH_2—)_2$
硒氰酸钾	KSeCN	二硒二氢氧基乙酸	$(HOOC—CHOH—Se)_2$
		硒代羟基乙酸	HSe—CHOH—COOH
苯甲基硒磺酸钾	$C_6H_5—CH_2—SeSO_3K$	硫代羟基乙酸	HS—CHOH—COOH
丙基硒氰酸酯	$CH_3CH_2CH_2SeCN$	二硫代二苯-2,2′-二羧酸	(2-HOOC-C₆H₄)—S—S—(C₆H₄-2-COOH)
溴化三苯甲基硫	$(C_6H_5—CH_2)_3S^+Br^-$	硒代二羟基乙酸	HOOC—CHOH—Se—CH(OH)—COOH

1977 年，Colovbev 系统研究了 25 种含硫有机化合物的半波电位和在氰系镀液中获得的镀层光亮度的关系，发现能获得镜面光亮的添加剂其半波电位落在 0.6～0.9V 之间，大于或小于此范围时，镀层的光亮度下降，要获得长效的光亮剂应选择光亮剂的水解产物的半波电位也在 0.6～0.9V 之间的有机硫化物，后来有人推荐用硫代氨基甲酸盐做光亮剂，其用量只要 0.1mL/L。

1978 年，美国专利提出一种无氰酸性硫代硫酸钠镀银专利。所用的光亮剂由两部分组成，一类是表面活性剂，它可以是磺酸型阴离子表面活性剂，或者是含氮羧酸或含氮磺酸型两性表面活性剂，也可以是一种阳离子或非离子型表面活性剂。另一类是易被电极还原的可溶性醛和一种含有 C ═S 的化合物或其异构物。醛类的用量约为 1.1g/L，C ═S 化合物用量约为 0.03g/L。典型的醛类是糠醛、茴香醛、肉桂醛、戊二醛、苯甲醛。典型的含 C ═S 化合物是甲基咪唑硫醇或双硫腙等。溶液在搅拌下进行电镀，镀层呈镜面光亮，针孔率低，而且变色速度比平常的银层慢得多。1978 年英国专利 GB 1534429 中提出用土耳其红油、十二烷基磺酸钠、二丁基萘磺酸钠做润湿剂，用各种硫化物或硒化物做光亮剂的复合银-石墨电镀液，所用的硫化物和硒化物为黄原酸钠、二硫代氨基甲酸盐、硫代硫酸盐（钠或铵）、硫代四氢噻唑以及亚硒酸钠等。1979 年，A. Fletcher 和 W. L. Moriorty 在美国专利中用负二价的硒化物作为低氰（游离氰＜1.5mg/L）焦磷酸镀银液的光亮剂，用量为 0.1～54mg/L，镀液的 pH 值为 8～10。该镀液适于打底镀银、正式镀银和高速镀银。同年我国成都 715 工厂和四川大学化学系研究成功以聚乙烯亚胺为添加剂的硫代硫酸钠光亮镀银工程，可以得到光亮、细致而无脆性的镀层。

1980 年，德国专利用锑的酒石酸盐、甘油、烷胺或其他多羧酸配合物作为硫代硫酸盐-硫氰硫酸盐镀银的光亮剂。早期有人用三氧化锑、甘油和氢氧化钠在一起煮沸以后所得的溶液做氰系镀银的光亮剂。我国广州电器科学研究所岑启成、刘慧勤、颐月琴三位工程师研究成功了以 SL-80 为光亮剂的硫代硫酸铵镀银工艺，并于 1982 年 11 月通过了技术鉴定，其使用电流密度比其他无氰镀银都高，镀层光亮细致，耐变色性能优于氰系物镀银膜。1981 年日本专利中则把卤素负离子（Br^-、I^-）和 $SeCN^-$ 联合作为硫氰硫酸盐镀银的光亮剂。同年在加拿大专利中用醛类和含 C ═S 的化合物做光亮剂，用阴离子磺酸型和两性含 N 的羧酸或磺酸型表面活性剂做晶粒细化剂。T. V. Novey 在氨磺酸镀银的美国专利中，提出用吡啶单羧酸或酰胺和一种染料组合而成的光亮剂。吡啶衍生物的用量为 0.5～10g/L，染料的用量为 0.01～2.0g/L，所用染料可从偶氮染料酸性蒽染料和芳胺染料中任选一种。

1982 年，澳大利亚专利中提出类似组成的氨磺酸盐银光亮剂，吡啶衍生物与美国专利相同，染料中除偶氮、二氧蒽类外，还增加了硫吡啶染料（thiazine dye）。具体实例中用了 3g/L 的烟酸和 0.05g/L 的 3-溴-4-氨基二氧蒽-1-磺酸。日本专利提出用芳香或杂环氢硫基化合物作为氰系镀膜的光亮剂。中国台湾用萘磺酸的甲醛缩合物和酮碱化二硫化物凝聚物作为氰系镀银的光亮剂，前者的用量为50g/L，后者为0.2g/L。日本专利57-131382中发现二硫代氨基甲酸或硫代半卡巴肼（Thiosemicarbazide）是低氰镀银液防止置换银层形成的有效添加剂。1984年美国专利4478692中指出烷基磺酸银溶液是一种很好的无氰镀银和银合金（如Ag-Pd）的溶液。1986年美国专利4614568发现环状硫脲基化合物也是一种低氰或无氰镀银液防止置换银层形成的有效添加剂。镀液中同时也含有有机羧酸。

1991年日本专利03-061393发明了一种用硫代羰基化合物做光亮剂的无氰镀银液。在1991年出版的《Metal Finishing》中，Kondo等介绍了一种由甲基磺酸银、碘化钾和*N*-（3-羟基亚丁基）对氨基苯磺酸组成的无氰镀银液。1996年日本专利96-41676中提出在烷基磺酸镀银液中用非离子表面活性剂做晶粒细化剂，可以获得致密性与氰化物镀液相当的镀层。

2001年美国专利6251249中提出在烷基磺酸、烷基磺酰胺或烷基磺酰亚胺镀银液中，用有机硫化物和有机羧酸做添加剂。可用的硫化物包括硫代乙醇酸、2-巯基丙酸、2-巯基烟酸、胱氨酸、2-巯基噻唑啉、单巯基丙三醇、硫代水杨酸、硫代二乙二醇、硫代二乙醇酸、硫代二丙酸、硫代脯氨酸、二氢苯并噻喃-4-醇、硫脲、有机黄原酸盐、有机硫氰酸盐等。所用的羧酸包括甲酸、乙酸、丙酸、苯甲酸、柠檬酸、氨三乙酸、磺基乙酸、草酸、EDTA、丁二酸、酒石酸、α-氨基酸和聚羧酸等。2002年法国专利FR2825721中提出用由硫代半卡巴脲同二硫化碳的反应产物二硫代氨基甲酰基二硫代氨基甲酸盐和黄原酸盐的混合物做光亮镀银的光亮剂。2003年美国专利US6620304中提出了一种无氰又无有害物质的环保型光亮镀银液，银盐是采用甲基磺酸银，络合剂是用氨基酸或蛋白质，如甘氨酸、丙氨酸、胱氨酸、蛋氨酸，以及维生素B群（如烟酰胺），镀液的稳定剂是用3-硝基邻苯二甲酸、4-硝基邻苯二甲酸、间硝基苯磺酸等，pH缓冲剂是用硼砂或磷酸盐，表面活性剂是选商用的产品，如Tegotain 485，镀液pH＝9.5～10.5，温度25～30℃，阴极电流密度为1A/dm^2。

12.2.2 镀银光亮剂的类型与性质

总结一个多世纪来镀银所用的光亮剂，可以把其分为三大类型：第一类是无机易还原的化合物，这主要是无机的硫化物、硒化物、碲化物、锑化物和铋化物。第二类是有机易还原的化合物，这主要是硫、硒、锑的有机化合物含双键、三键或共轭π键的有机化合物。第三类是阳离子、阴离子、非离子和两性型表面活性剂。第一类或第二类都属于被阴极还原，能有效抑制阴极表面微观凸起处的电解沉积，有利于沉积层的均一和光亮作用，所以它们是镀液的主光亮剂。第三类是表面活性剂，由于能在阴极表面上均匀吸附，能在较大电流密度范围内抑制金属离子的放电，因此其对于扩大电镀作业范围和提高金属离子放电超电压，使晶粒细化和形成镀层都有重要作用，所以常被称为晶粒细化剂。同时由于表面活性剂的胶絮增溶作用，有利于光亮剂在水溶液中的均一。因此，又有人称表面活性剂为载体光亮剂或分散剂。

为了获得在宽广电镀工艺范围内的全光亮剂镀层，在镀液中一般都需要同时加入主光亮剂和载体光亮剂，而且在用量上还要适当匹配，这样才能达到理想的效果。

(1) 易被还原的无机光亮剂

① 无机硫化物光亮剂　常用的含硫无机光亮剂有：硫代硫酸盐、硫氰酸盐、亚硫酸盐。各种价态的无机硫化物在酸性、碱性条件下的标准还原电位如图 12-3 所示。

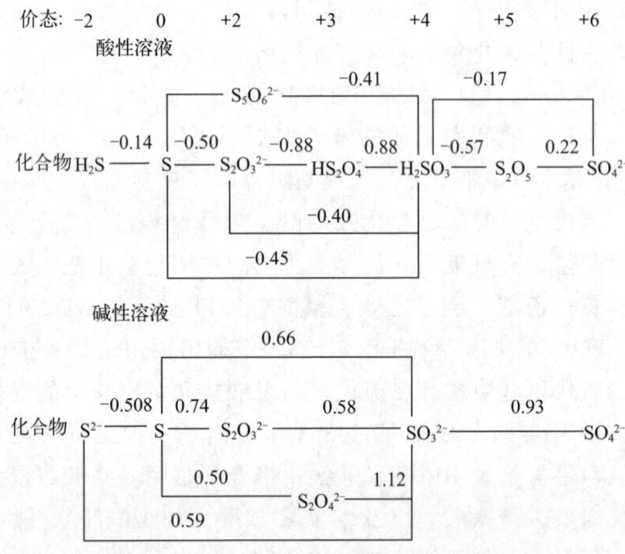

图 12-3　无机硫化物的标准电位图解（单位：V）

由图中数据可见在酸性溶液中，$S_2O_3^{2-}$ 和 H_2SO_3 可自发转化为 S，其标准电位均为正值（分别为 0.50V 和 0.45V），在碱性溶液中 $S_2O_3^{2-}$ 还原为 S 的标准还原电位为－0.74V，SO_3^{2-} 还原为 S 的标准电位为－0.66V，还原为 S^{2-} 的标准电位为－0.59V，它们与［$Ag(CN)_2$］$^-$ 还原为金属银的标准电位－0.31V 接近，可以同时被还原，故有相当的光亮作用，但不如［$Ag(CN)_2$］$^-$ 配位离子易还原，所以光亮效果不很好。如欲获得更好的光亮效果，除 $S_2O_3^{2-}$，尚需加其他添加剂，如美国通用汽车公司采用的添加剂是下列配方：

$(NH_4)_2S_2O_3$（60%液）　200mL　Na_2S　7.5g

醋酸（28%）　28.5mL　pH＝4.12

要获得全光亮的镀层还需要加入其他类型添加剂。硫代硫酸钠或硫代硫酸铵当光亮剂时，通常用量较低，故应经常补充。硫代硫酸盐还容易使阳极钝化，这是氰系镀液中不用其做光亮剂的原因之一。同时，在镀液中易造成 Ag_2S 固体粒子沉淀而附着于阴极上，造成针孔，要克服此缺点，就必须加入氧化剂使硫化物变为 SO_4^{2} 。所用氧化剂很多，其中一种是碘酸钾，这可使高电流密度下不出现针孔。硫氰酸盐在镀银液中会分解成 S 或 H_2S，最好用醇与酚形成酯后再用，因为酯不易解离，也不易与 Ag^+ 形成配位离子（即络离子）。最好的化合物是异硫氰酸丙烯酯。

② 无机硒、碲化物光亮剂　硒化物和碲化物的还原电位比相应的硫化物更正，可以在 $[Ag(CN)_2]^-$ 或其他银配位离子放电的同时被还原，因此是无机添加剂中的较好的一类光亮剂。硫、硒、碲化物的标准还原电位如图 12-4 所示。图中两种价态化合物之间用横线连接，其上数值表示向右方向反应的标准电位值，若反应为向左方向进行，则数值应反号。

价态: −2		0		+4		+6
			酸性溶液			
H_2S	−0.14	S	−0.45	H_2SO_3	−0.17	SO_4^{2-}
H_2Se	0.40	Se	−0.74	H_2SeO_3	−1.15	SeO_4^{2-}
H_2Te	0.72	Te	−0.529	TeO_2(固)	−1.02	H_6TeO_6(固)
			碱性溶液			
S^{2-}	0.48	S	0.61	SO_3^{2-}	0.91	SO_4^{2-}
Se^{2-}	0.92	Se	0.366	SeO_3^{2-}	−0.05	SeO_4^{2-}
Te^{2-}	1.14	Te	0.57	TeO_3^{2-}	> −0.4	TeO_4^{2-}

图 12-4　硫、硒、碲化物的标准电位图解（单位：V）

在已加有硫化物的银液中再加入亚硒酸钠，或在有机脂肪酸或蛋白质分解产物中再加入亚硒酸盐均能获得更加光亮的镀层，这种光亮剂在较高电流密度下获得光亮镀层，那是一种效率高、稳定性好、镀层硬度大的光亮镀银添加剂。所用的光亮剂除亚硒酸盐外，还可用硒化钾 K_2Se、硒化钙 CaSe。在含硒镀液中加入锑盐或铅盐也能获得增加光亮和扩大电流密度的效果（操作电流密度可达 $7A/dm^2$）。

③ 无机锑、铋化物光亮剂　锑和铋化物的还原性质与硫、硒、碲化物相似，也属易还原的物质，其标准电位如图 12-5 所示。

锑、铋化物与长键有机物及碱金属氢氧化物配合使用也是一种有效的光亮剂，同时还能提高镀层的硬度。用此光亮剂的镀银液在德国称为“Silverx bath”，很受欢迎。所用光亮剂系由三氧化二锑、甘油及氢氧化钾等共沸而成，但有趣是加入酒石酸盐后反而会使这种含锑的镀液的光亮区变窄。但酒石酸钾可与 2-巯基苯并咪唑、丁炔二醇和其他光亮剂配伍。

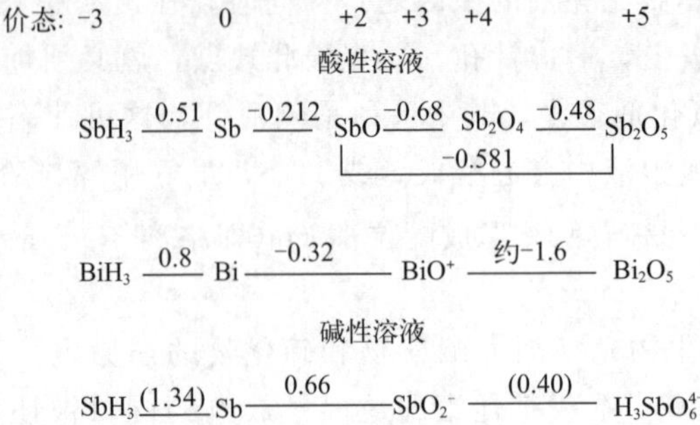

价态: -3　　0　　+2　+3　+4　　+5

酸性溶液

$$SbH_3 \xrightarrow{0.51} Sb \xrightarrow{-0.212} SbO \xrightarrow{-0.68} Sb_2O_4 \xrightarrow{-0.48} Sb_2O_5$$

$$SbO \xrightarrow{-0.581} Sb_2O_5$$

$$BiH_3 \xrightarrow{0.8} Bi \xrightarrow{-0.32} BiO^+ \xrightarrow{\text{约}-1.6} Bi_2O_5$$

碱性溶液

$$SbH_3 \xrightarrow{(1.34)} Sb \xrightarrow{0.66} SbO_2^- \xrightarrow{(0.40)} H_3SbO_6^{4-}$$

图 12-5　锑、铋化物的标准电位图解（单位：V）

（2）易被还原的有机光亮剂

镀银用易被还原的有机光亮剂可分三类：巯基或硫酮类化合物；二硫化碳黄原酸盐；含不饱和键的有机物及缩合产物。

① 巯基或硫酮类化合物　索洛维也夫（Coloviev）等人详细研究了各含硫化合物及其在 0.5mol/L K_2CO_3 液中的水解产物对氰系镀银的光亮效果（见表 12-14）。光亮效果是用光漫射系数 D 来表示的，D 值越小，镀层越光亮。

表 12-14　含硫化合物及其在 0.5mol/L K_2CO_3 液中的水解产物的光漫射系数

化合物	结构式	光漫射系数 D/%	
		原化合物	水解产物
丁基黄原酸盐	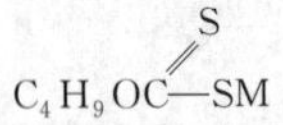 $C_4H_9OC(=S)—SM$	0.7	15
2-巯基苯并噻唑	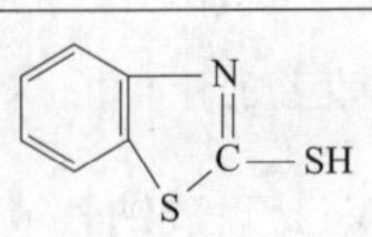 苯并噻唑环（N=C—SH，S）	1.0	—
苯并噻唑磺酸	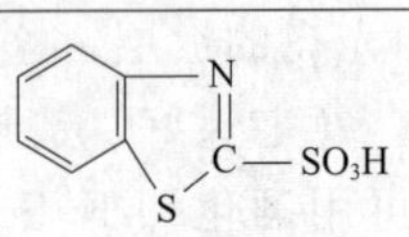 苯并噻唑环（N=C—SO_3H，S）	0.2	17
烯丙基硫脲	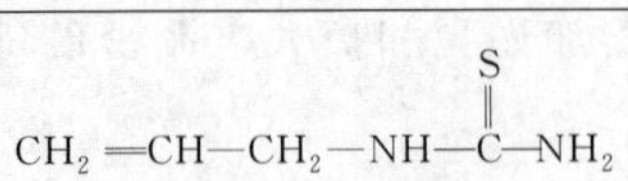 $CH_2=CH—CH_2—NH—C(=S)—NH_2$	0.9	1.0
2-氨基噻唑	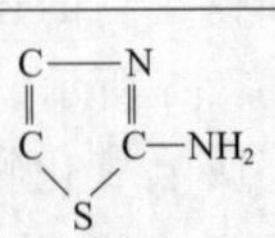 噻唑环（C—N，C=C，S，C—NH_2）	0.35	0.15
苯甲基硫脲	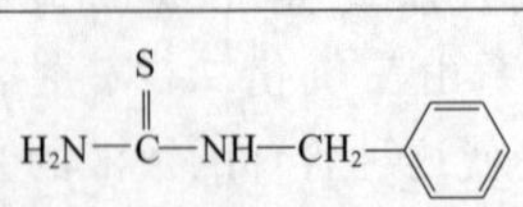 $H_2N—C(=S)—NH—CH_2—C_6H_5$	4.6	0.4

续表

化合物	结构式	光漫射系数 D/%	
		原化合物	水解产物
双硫腙	$C_6H_5-NH-NH-C(=S)-N=N-C_6H_5$	1.4	—
铋酮		0.2	1.0
二甲氨基苯甲基碱性蕊香红	$HS-C$(N—CO, S 环)$HC-CH_2-C_6H_4-N(CH_3)_2$	0.25	0.30
二乙酰硫脲	$CH_3-C(=O)-NH-C(=S)-NH-C(=O)-CH_3$	1.0	1.5
异丙基黄原酸酯	$i\text{-}C_3H_7OC(=S)-SM$	0.3	20
甲基硫代尿素间吡啶	H—C—N(CH_3)—C=S，HC，C(=O)—NH 环	0.3	20
巯基苯并咪唑	苯并环—N=C(—SH)—NH	6.0	0.35
红氨酸	$H_2N-C(=S)-C(=S)-NH_2$	0.8	0.4
巯基乙酸	$HS-CH_2COOH$	0.9	—
硫代丙二酰代尿素	$CH_3(CH_2)_2(CO)_2CS$	0.7	1.1
硫代水杨酸	$C_6H_4(SH)COOH$	0.25	19
氨基硫脲	$H_2N-NH-C(=S)-NH_2$	0.4	21
二硫化碳	CS_2	1.8	—

由表 12-14 结果可以看出，丁基或异丙基黄原酸盐、2-苯并噻唑磺酸、烯丙基硫脲、铋酮、二甲氨基苯甲基碱性蕊香红、甲基硫代尿素间吡啶、红氨酸、硫代丙二酰代尿素、硫代水杨酸以及氨基硫脲等都可作为氰系镀银的光亮剂。

② 二硫化碳及黄原酸盐　二硫化碳是一种有毒的可燃性液体，在镀液中的溶解度很小。使用时要把 28g CS_2 溶于 56g 乙醚中，然后倒入 1L 氰系镀液中，至少要搅拌 7～14 天，越沉越好，把未溶的 CS_2 除去后，取上述已溶好的母液 7.5mL，再加入 100L 镀银液中。它的光漫射系数 D 值为 1.8%，即本身的光亮作用并不很强，常要再与土耳其红油合用才可获得更好的效果。

黄原酸盐使用起来简单方便，用量控制准确，其光亮效果也比二硫化碳好(光漫射系数 D 值比 CS_2 的小)，故已成为取代二硫化碳的有效光亮剂，其主要缺点是光亮剂水解产物不具光亮效果，所以使用寿命不长，且要经常处理，以防分解产物的累积。

③ 含不饱和键的有机物及其缩合产物　醛类、酮类、含双键或三键的有机物如各类染料也有相当的光亮效果。典型的醛类有糠醛、茴香醛、肉桂醛、戊二醛、苯甲醛或二甲氨基苯甲醛等。它们有相当的光亮作用，但单独使用的效果较差，经常是与硫脲或二硫化碳缩合后再做光亮剂。最著名的这类光亮剂是德国 Degussa 公司售的一种称为 ASK 的氰系镀银光亮剂，那是丙烯醛-二氧化硫缩合物，即 acrolein-sulphur dioxide condensation 的德文缩写，后来改用黄原酸合成。该光亮剂在 0.5～5A/dm^2 电流密度范围内可获得光亮镀层。

另一种光亮剂，用的缩合物系由 CS_2 与二硫肼基盐在碱性液中反应而成。这是由德国的 Dr. M. Schlötter 研究出来的。在酸性光亮镀锡的光亮剂发展上曾发挥重大的作用。该光亮剂在镀液中很稳定，且不受光的影响，比上述的醛、酮类与 CS_2 缩合而得光亮剂要好得多，因为后者对光太敏感了。这种光亮剂在 0.3～1.8A/dm^2 区域为光亮区。若再加黄原酸、硫代碳酸盐、二硫化碳或硒化合物，则光亮效果更好。

(3) 载体光亮剂（或表面活性剂）

早期光亮剂镀银用的载体光亮剂为土耳其红油，那是各种油类的磺化产物，如磺化蓖麻油、磺化海狸油、1,3,6-萘三磺酸或萘二磺酸以萘磺酸和甲醛的缩合物（如 N,N-扩散剂）等都属于磺酸型阴离子表面活性剂，其用量约为 0.075g/L。另一种载体光亮剂是两性型表面活性剂，如磺化脂肪酸胺，$R^1R^2R^3C—NH(C_2H_4O)_nSO_3Na$($R^1+R^2+R^3=C_{12}\sim C_{14}$, $n=15$)，其用量为 0.4g/L 左右，既有阴离子表面活性剂的性质，又有阳离子表面活性剂的性质。

常用的阳离子型载体光亮剂是聚氧乙烯烷基胺（相对密度 0.94）和甲基聚乙醇季铵。而非离子型载体光亮剂可以用吐温 40，这是聚氧乙烯山梨醇的油酸酯。阳离子或非离子型表面活性剂的用量在 0.9g/L 左右。

从上述的各种专利资料看来，载体光亮剂中应用最多的是磺酸型阴离子表面活性剂，这在使用表面活性剂的配方中几乎是不可少的，有时除用阴离子表面活性剂外，还同时添加少量非离子表面活性剂和其他类型的表面活性剂。

12.2.3 无氰镀银配位剂的发展

下面列出了1913年以来人们在无氰镀银配位剂上所做工作的大事记，从中可看出人们在不同时期的主攻方向。因为任何事物都是波浪式前进的，在某一时间以为无希望的体系，在新时期，随着其他技术的进步和人们认识水准的提高，又可能有新的突破。

1913年，Frary详述了在此之前无氰电镀的情况，那时已试验了醋酸铵、硫氰酸钠、硫代硫酸钠、乳酸铵、亚铁氰化钾＋氨水和硼酸苯甲酸甘油酯等做配位剂的无氰镀银。当时配制镀液的方法是用硫代硫酸钠与碳酸银煮沸1h后再进行过滤。用亚铁氰化钾时，也是把氯化银、亚铁氰化钾和水（或氨水）一块煮沸或加热来配制镀液。1916年，Mathers和Kuebler指出从酒石酸盐镀银液中以获得质硬光亮而附着力好的银层。1917年，Mathers和Blue发现用高氯酸、氟硅酸和氟化物的银盐构成的镀液比硝酸银的镀液好。

1931年，Saniger发现从硫酸、硝酸、氟硼酸和氟化物镀液中只能得到树脂状的镍镀层，阳极溶解也不好。1933年，Schlötter等提出用碘化物作为配位剂，动物胶做光亮剂的镀液，其优点是可以在铜或铜合金上电镀。缺点是碘化物成本高，而且会和银共沉积而使得银层变为黄色。1934年，Gockel试验了硫脲为配位剂的镀银液，但发现银的硫脲配合物容易结晶出来。1935年，Fleetwood等把柠檬酸引入碘化物镀银液中，可以获得均一性好、晶粒细致和附着力好的镀层。1938年，Alpern和Toporek发现把磺酸、柠檬酸或顺丁烯二酸引入碘化物镀液中可以获得类似氰化物镀液中获得的镀层，镀液的pH值为1.7，这一结果证实了Fleetwood的实验结果。1939年，Piontelli等从氨磺酸和少量酒石酸的镀液中获得致密的银镀层，性能接近氰系镀层，同年，Weiner从硫代硫酸钠、亚硫酸氢钠和硫酸钠镀液中获得了光亮的镀银层，指出亚硫酸氢钠能阻止银的硫代硫酸盐配合物氧化分解，镀液中的硫酸钠可用氯化钠、醋酸钠或柠檬酸钠代替。1941年，Levin把焦磷酸钠和氢氧化铵引入碘化钾镀银液中。1945年，Narcus研究了氟硼酸盐镀银液的性能，指出镀层的晶粒是细小的，镀液的均一性也高。1949年，Graham等研究了饱和氯化锂镀银液，这种溶液能给出有吸引力的银白色镀层。使用这个溶液时需加热到沸点一段时间后再用。如不加热处理则镀层为海绵状。如用氯化铵或乙二胺盐酸盐代替氯化锂，可以提高阳极电流效率。

1950年，印度的Rama chaf等详细把碘化物镀银液同氰系镀液进行了比较，比较的项目包括镀层品质、附着力、镀液的阴极效率、均一性和使用电流密度范围等。同年，美国专利中提出用焦硫酸钠、硫酸铵和氨水做镀银的配位剂。1951年，Kappanna和Talaty研究了添加各种添加剂的氟化物镀银体系，发现镀层附着力较差，只在铂上好些。镀前加工物表面要用氰系镀银打底。1953 年，Raranchar 在碘化物镀液中加入 5～20g/L 的硫酸铵，并用 1g/L 的硫代硫酸钠做光亮剂可以得到光亮的银层，不过镀液其阴极的极化值低于氰系镀液。1955 年，Cemeprok 提出用亚铁氰化钾做配位剂镀银，使用温度 60～80℃，电流密度为 1～1.5A/dm^2，镀液的均一性很好，可以直接镀。镀层晶粒细密，容易打光，可镀厚层。阳极钝化可定期加入 10～12mL/L 氨水来消除。1957 年，Batashev 和 Kitaichik 研究了添加剂动物胶的碘化物镀银层，指出其镀层显微结构与氰化物的相当。1959 年，Popov 和 Kravtsova 研究了硫氰酸铵镀银液，可在铜和黄铜上镀银，添加动物胶可改善镀层的光亮度。

1961 年，Cuhra 和 Gurner 在捷克专利中提出用氧化银、硫代硫酸钠、硫酸氢钾和少量硫代尿素组成的镀银液，该配方除应用金属零件外也适合于陶瓷和其他绝缘材料。1962 年，ф. K. Андрошенко 和 B. B. OpexoBA 在苏联专利（212690）中提出用焦磷酸钾和碳酸铵组成的镀银液，这具有很好的均一性。1963 年，ф. едоТеВ 等把亚铁氰化钾和硫氰酸钾同时作为银的配位剂，先用亚铁氰化钾使银离子转变为［KAg（CN)$_2$］，然后再加入 KSCN。所得镀层与氰化物镀液的相当，镀层细致，均一性好，适于镀复杂零件。同年，Kaikaris 和 Kundra 研究了溴化铵体系镀银，用动物胶做光亮剂，可以得到光亮、细致和附着力好的银层。同年，Batashev 对碘化物镀液进行研究，发现碘常与银共沉积，镀层比氰化物粗糙，但在附着力、针孔率和硬度上是令人满意的。1964 年，Popova 等研究了 pH＝7.5～8.5 的乙二胺镀银液，指出黄铜经汞齐化或先在亚铁氰化钾中预镀后可进入乙二胺液电镀。在 Fischer 和 Weiner 的《贵金属电镀》一书中介绍了亚硫酸银的配合物镀银配方，认为镀液的均一性好，镀层结晶细致易打光。同年，在法国专利和随后的美国专利中同时提出用 4-氨磺基苯甲酸（$H_2NSO_2-C_6H_4-COOH$）做配位剂的镀银液，以为其镀层类似于氰系镀层。1966 年，N. CAKOBA 在苏联专利中提出用磺基水杨酸镀银，镀液由磺基水杨酸银、磺基水杨酸铵、碳酸铵和醋酸铵组成，pH＝8～9，电流密度 0.5～1.5A/dm^2。英国专利提出用磷酸三钠和磷酸三铵镀银的工艺，该镀液的 pH 值为 8.5～9.0，最佳温度 35℃，使用电流密度为 1.2～1.7A/dm^2。同年，Racinskiene 等提出含氨或不含氨的氨磺酸镀银工艺，可在钢、镍或汞齐化的铜和黄铜上镀银，如加动物胶可得光亮镀层。1967 年，Hazapemblah 和 ШуHaq 在苏联专利中提出用乙二胺和亚硫酸钠当配位剂镀银，镀品必须先在亚硫酸钠预镀液中浸银后电镀。同年，在苏联专利中还提出用硫酸铵镀银的工艺，镀液中添加少量柠檬酸钾（4g/L）、硫酸高铁（1～3g/L）和大量的氨水，这样可获得光亮而硬的银层。1968 年，英国专利中提出在硫氰酸盐溶液中加聚乙烯氮茂酮可获得半光亮的镀银层。

1970 年，美国专利中提出类似苏联在 1962 年提出的焦磷酸-氨体系镀银工艺，把苏联采用的碳酸铵改为碳酸钾和氨水。1971 年，Jayakishnan 等用含高硫酸的碘酸-硫化钾镀银液作为不锈钢冲析银镀液，同年苏联发表两个磺基水杨酸镀银专利，分别在镀液中加入乙二胺＋铵盐和酒石酸钾钠＋铵盐。1972 年，有人通过极化曲线的测量，以为在过量 KI 溶液中存在三种配位离子：AgI_2^-、AgI_3^{2-} 和 AgI_4^{3-}。在镀得的光亮银层中含有少量 I_2（约 0.05%），所用光亮剂为聚乙烯醇（1.2g/L）。如预先用浓 KI 溶液处理表面，可使得在铜-黄铜表面上直接镀银成为可能。1975 年，日本公开专利（昭 48～89838）用含柠檬酸钾 20g/L 的碘化钾镀银液来电镀印制电路板，在 60℃、1.0A/dm^2 时的沉积速度为 10μm/15min。南京大学化学系方景礼教授根据国内外无氰电镀的成功经验，发表了“双络合剂电镀理论的依据及其应用”一文，用混合配体配合物的概念解释了镀液中多种配位体的作用。苏联专利 487.960 中提出用含高氯酸钾、高氯酸铵和乙醇的高氯酸盐镀银工艺。从该镀液中可获得光亮的镀层。德国 Schering 公司声称发明了一种称为“Argatect”的镀银液。1976 年，各国杂志上透露这种镀液是由硫代硫酸银配合物组成的，用于挂镀时，镀液含银量为 20～40g/L，pH＝8～10，使用温度 15～30℃，电流密度 0.8A/dm^2，阴极电流效率 98%～100%。用于滚镀时，银含量为 25～35g/L，电流密度 0.4A/dm^2，其他指标与挂镀相同。从当年发表的西德专利（2 410 441）来看，所用的添加剂可能是分子量大于 1000 的聚乙烯亚胺，用量为 0.08g/L 左右。由“Argatect”所得到的镀银层是纯银（99%），并非合金，银层的耐磨性好，适于接插零件使用，在 200℃时具有热稳定性，硬度也不改变，而且还能从冲洗液中用简单的方法回收一定数量金属银。

1976 年，我国电子工业部和西南师范学院联合研究成功亚氨基二磺酸镀银工艺，这是国际首创的新型无氰镀银体系，现已在一些工厂应用多年，镀层性能与氰化物相当，只是镀液的稳定性差些。美国 Technic 公司在德国专利（2.610.501）中首次提出用丁二酰亚胺光亮镀银，这具有镀液稳定，镀层结晶细致且有相当光亮，铜材可以直接镀银，镀层性能与氰化物的接近等优点，其主要缺点是丁二酰亚胺本身在碱性溶液中会水解，同时镀层相当脆。同年，美国乐思公司在美国专利 4067784 中提出 $S_2O_3^{2-}$-HSO_3^--SO_4^{2-} 体系光亮镀银。苏联 Мологких 等提出 EDTA 四钠盐镀银的工艺，镀液中还含有 NH_4NO_3，pH＝9.8～10.5，电流密度 0.3～0.5A/dm^2。

1977 年，苏联 Puzbah 等提出从乙二胺-磺基水杨酸溶液中镀银。美国专利（4003806）中把 $NaNO_3$（40g/L）和 $Ca(NO_3)_2$（20g/L）加入碘化镀银液，镀液中还可加入动物胶等光亮剂，所得镀层附着力好、均匀、有展性。

1978 年，美国 Technic 公司的丁二烯亚胺及其衍生物镀银工艺又获得美国专利，专利号 4126524，所谈内容与 1976 年批准的德国专利相同。同年，美国专利 4067784 中提出了氯化银硫代硫酸钠-亚硫酸氢钠-硫酸钠光亮镀银工艺，所用光亮剂如前所述。日本棋山武司提出了一种无氰镀银工艺，其配方为：磷酸氢二钾

100～150g/L、硝酸银 20～40g/L，碳酸钾 30～55g/L，氨水 20～40mL/L，pH=9.5～11.0，阴极电流密度 0.3～1.5A/dm^2。此溶液获得的镀银层致密光亮沉积速度快，可焊性能好。该镀液与氰系镀液相当。同年，棋山武司还提出碘化物镀液，其配方为：碘化银 20～90g/L，碘化钾 350～600g/L，有机酸（酒石酸、柠檬酸等）少量，pH=4.5～7.0，温度 40～70℃，阴极电流密度 0.5～1.5A/dm^2。作者声称该专利溶液稳定性良好，镀层在光亮、晶粒细度和均一等方面都不比氰系镀银逊色，而在可焊方面比氰系镀银更佳。

1979 年，Flectcher 和 Moriarty 在美国专利中提出微氰光亮镀银工艺，其配方为：$KAg(CN)_2$ 45～75g/L，$K_2P_2O_7$ 50～150g/L，Se^{2-} 化合物 0.4～1mg/L，pH=8～10，温度 18～24℃，阴极电流密度 0.1～2.0A/dm^2，该镀液含游离氰化物低于 1.5g/L，焦磷酸钾也可用磷酸盐、柠檬酸盐、硼酸盐或酒石酸盐替代。镀液成分适当变更之后，即可成为冲击镀液（strike bath）和高速镀液，高速镀液的使用电流密度可达 50A/dm^2。日本日立在美国专利中提出打底镀银溶液可采用的配位剂如下：氨、硫代硫酸盐、溴化物、碘化物、甲胺、硫代尿素、二甲胺、乙胺、乙二胺、甘氨酸、乙醇胺、咪唑、烯丙基胺、正丙胺、2,2′-二氨基二乙胺、2,2′-二氨基二乙基硫、胺群、苯基硫代乙酸、苯甲基硫代乙酸、β-苯甲基硫代丙酸和硫氰酸盐。在中国电子学会第一届电子电镀年会上，南京大学化学系方景礼教授进一步完成了他的双络合剂电镀理论，提出了“多元络合物电镀”的理论概念，并应用多元络合物的概念解析了络合剂、缔合剂和表面活性剂在镀液中的作用。美国乐思公司提出含有机膦酸配位剂的无氰镀银液，镀液的 pH>7，电流密度可达 80A/dm^2，所得的镀层是光滑的，附着力很好。

1980 年，我国广州电器科学研究所岑启成、刘慧勤、顾月琴三位工程师研究成功了以 SL-80 为光亮剂的硫代硫酸铵镀银新工艺，并于 1982 年 11 月通过了技术鉴定，其使用电流密度比其他无氰镀液都高，镀层光亮细致，耐变色性能优于氰化物镀银层。德国专利提出硫代硫酸盐-硫氰酸盐光亮镀银工艺，并用锑的酒石酸盐、甘油、烷胺和其他多羧酸络合物做光亮剂。1981 年，加拿大的 G. A. Karustis 在加拿大专利 CA1110997 中提出用甲基磺酸酸性无氰镀银工艺，并用两性含氮的羧酸或磺酸型两性表面活性剂做晶粒细化剂，用各种醛和含 C═S 键的化合物做光亮剂。美国专利 US4279708 中提出用明胶和吡啶衍生物作为碱性氨磺酸镀银的光亮剂，吡啶衍生物是指烟酸、异烟酸和烟肼。此外某些偶氮和蒽醌染料也可作为光亮剂。英国专利再次肯定 $S_2O_3^{2-}$-HSO_3^--SO_4^{2-} 体系镀银是有效的，镀液的 pH 值为 4.5～5.5。1982 年，澳大利亚专利 Aust. P. 364897 中也提出用氨磺酸做银的络合剂，并用烟酸、二氧蒽和硫吡啶染料做光亮剂。美国乐思公司再次提出可溶性银盐、非氰电解质和有机膦酸组成的镀银液。使用的有机膦酸有 HEDP、EDTMP 或 ATMP 等。镀层表面光滑、半光亮、附着力很好。沉积速度为 1.1μm/s。所用的配方为：KAg（CN)$_2$ 60g/L、柠檬酸钾 100g/L、氨基三亚甲基膦酸（ATMP）30g/L、pH＝7～10、温度65～75℃、电流密度80～150A/dm^2，属于快速镀银作业。1984年，美国专利US4478692指出烷基磺酸体系不仅可镀银，也可镀Ag-Pd合金。

1991年出版的《Metal Finishing》中，介绍了一种由甲基磺酸银、碘化钾和*N*-（3-羟基亚丁基）对氨基苯磺酸组成的无氰镀银液。日本专利03-061393发明了一种用硫代羰基化合物做光亮剂的无氰镀银液。1992年世界专利WO92-07975发明了用氨基酸特别是甘氨酸做配位剂的无氰镀银液，但要求恒电位电镀且阴、阳极要用隔膜隔开。1996年，日本专利96-41676中提出在烷基磺酸镀银液中用非离子表面活性剂做晶粒细化剂，可以获得致密性与氰化物镀银液相当的镀层。1997年德国专利提出用硫代硫酸盐和有机亚磺酸盐（R—SO_2X，R＝烷芳或杂环基，X＝一阶阳离子）组成的无氰镀银液。

2001年美国专利6251249中提出在烷基磺酸、烷基磺酰胺或烷基磺酰亚胺无氰镀银液中，用有机硫化物和有机羧酸做光亮添加剂。2003年，美国专利US6620304中发明了一种无氰又无有害物质的环保型无氰镀银液。银盐采用甲基磺酸银，配位剂是氨基酸或蛋白质，如甘氨酸、丙氨酸、胱氨酸、蛋氨酸以及维生素B群（如烟酰胺）。镀液的稳定剂用硝基邻苯二甲酸，pH缓冲剂用硼砂或磷酸盐，再加少量表面活性剂做晶粒细化剂和润湿剂，镀液的pH＝9.5～10.5，温度25～30℃，阴极电流密度为1A/dm^2。

12.2.4 我国使用的几项无氰镀银工艺

从1970年初开始，我国许多工厂和研究机构对无氰镀银进行广泛的研究，研究后进行试产的有亚氨基二磺酸铵（NS）镀银、烟酸镀银、磺基水杨酸镀银、咪唑-磺基水杨酸镀银、丁二酰亚胺镀银、以SL-80为添加剂的硫代硫酸铵光亮镀银。从目前使用的情况来看，以亚氨基二磺酸铵镀银、烟酸镀银、咪唑-磺基水杨酸镀银和硫代硫酸铵光亮镀银较好，下面简单介绍这几种作业的情况。

（1）亚氨基二磺酸铵镀银

该工艺为我国首创，镀层品质、镀液性能接近氰系镀银。镀液配制容易，管理方便，原料易买，废水处理简单。但镀液含氨，使用又在碱性，因此氨的挥发和铜材的化学溶解较为严重，镀液对杂质比较敏感。配方和作业条件见表12-15。

表12-15 亚氨基二磺酸铵镀银配方和作业条件

配方和作业条件	普通镀银	快速镀银	配方和作业条件	普通镀银	快速镀银
硝酸银/(g/L)	25～30	65	柠檬酸铵/(g/L)	2	—
亚氨基二磺酸铵(NS)/(g/L)	80～100	120	pH(NaOH调整)	8.5～9	9～10
硫酸铵/(g/L)	100～120	60	温度/℃	10～35	15～30
氨磺酸/(g/L)	—	50	阴极电流密度/(A/dm^2)	0.2～0.5	0.1～2
NC_1/(g/L)	—	12			

(2) 烟酸镀银

烟酸镀银液比较稳定，镀液中虽也含氮，但挥发较少，pH 较 NS 镀银稳定些。该镀液的均一性与覆盖能力较好，镀层略比氰系和 NS 镀银光亮，抗腐蚀性也优于氰系镀层。但是烟酸价格较贵，资源缺乏，电镀作业较复杂，管理较困难。其配方和作业条件见表 12-16。

表 12-16 烟酸镀银配方和作业条件

配方和作业条件	范围	配方和作业条件	范围	配方和作业条件	范围
硝酸/(g/L)	51(40～50)	氢氧化铵/(g/L)	51	pH	9(8.5～9.5)
烟酸/(g/L)	100(30～50)	醋酸铵/(g/L)	61	温度/℃	室温
氢氧化钾/(g/L)	35	碳酸钾/(g/L)	55	电流密度/(A/dm^2)	0.2～0.5

(3) 咪唑-磺基水杨酸镀银

该镀液用咪唑（imidazole）取代易挥发的氨，因此镀液较上两种无氰镀银液稳定，同时对高低温及光、热的适应性好，对铜不敏感，镀液沾在白色滤纸或白布上烤干后无黑色印迹，镀层性能相当于氰系镀银，电流密度上限低于氰系镀银，而下限宽于氰系镀银。其组成和作业条件见表 12-17。

表 12-17 咪唑-磺基水杨酸镀银配方和作业条件

配方和作业条件	范围	配方和作业条件	范围	配方和作业条件	范围
硝酸银/(g/L)	20～30	醋酸钾/(g/L)	40～50	温度/℃	15～30
咪唑/(g/L)	130～150	pH	7.5～8.5	$S_{阴}:S_{阳}$	1:(1～2)
磺基水杨酸/(g/L)	130～150	阴极电流密度/(A/dm^2)	0.1～0.3		

该工艺的主要缺点是使用电流太小，同时咪唑的价格昂贵，难以全面推广使用。

(4) 硫代硫酸铵镀银

以 SL-80 为添加剂的硫代硫酸铵镀银液，镀液稳定，作业电流密度高（可达 0.3～0.8A/dm^2），镀层结晶细致光亮，呈银白色。被镀物无需打光即可满足生产要求，从而可明显节省贵金属银。天然大气曝晒结果证明镀层的耐变色能力优于氰系镀层。硫代硫酸盐成本低，货源充足，便于推广使用，因此该工艺是有前途的光亮镀银工艺，其配方和作业条件见表 12-18。

表 12-18 硫代硫酸铵镀银配方和作业条件

配方和作业条件	范围	最佳	配方和作业条件	范围	最佳
硝酸银(化学纯)/(g/L)	40～50	50	pH	5～6	5～6
硫代硫酸铵(工业)/(g/L)	200～250	250	温度	室温	室温

续表

配方和作业条件	范围	最佳	配方和作业条件	范围	最佳
偏重亚硫酸钾(化学纯)/(g/L)	40～50	40	阴极电流密度/(A/dm^2)	0.3～0.8	0 6
SL-80 添加剂/(mL/L)	8～12	10	$A_{阴}:S_{阳}$	1:(2～3)	1:(2～3)
辅助剂/(g/L)	0.3～0.5	0.5	SL-80 添加剂消耗量/(mL/KAH)	100	

SL-80 添加剂是由含氮有机化合物与含环氧基团化合物的缩合产物，其不增加镀层硬度。辅助剂主要用于改善阳极溶解，在镀液中的寿命较长，无需经常加添加剂，主要视阳极溶解情况而定。

12.3 21世纪电镀贵金属添加剂的进展

金镀层耐蚀性强，具有良好的抗变能力。金的导电性、焊接性较好，接触电阻较低，耐高温，并且在一定条件下还具有耐磨性，因此，镀金广泛应用于航空、航天、精密仪器仪表、电子等方面的电镀，包括印刷电路板、接插件、集成电路、引线框架等工业领域。迄今为止，国内外镀金工艺主要采用氰化物镀金，氰化物镀金本身又可以分为氰化物碱性镀金、氰化物中性镀金和氰化物酸性镀金。对印刷线路板镀金或对酸碱比较敏感的材料（例如高级手表制件等）的镀金，还是采用中性镀金比较好。为了提高中性镀金的稳定性，也可以在镀液中加入螯合剂，比如三乙烯四胺、乙基吡啶胺等。氰化金钾是最常用的金盐，它有很高的稳定性和易溶性，因此，有些中性和弱酸性镀金仍采用氰化金钾作主盐，然后采用非氰体系的配位剂。氰化镀金液的化学稳定性好，分散能力和深度能力好，镀层光亮性也好。但是氰化镀金毒性很大，生产时要求具备良好的通风设备和废水处理条件。因此世界各国纷纷出台相应的政策，逐步淘汰氰化镀金工艺。经过一系列科技工作者的努力，以氰化金盐为主的镀金技术已经成为成熟和系统化的工艺，21 世纪以来的研究和进展很少，绝大部分的研究和进展都在无氰镀金领域。目前比较有代表性的无氰镀金有亚硫酸盐镀金、硫代硫酸盐镀金、亚硫酸盐-硫代硫酸盐复合配位剂镀金、柠檬酸盐镀金、乙内酰脲镀金和乙二胺镀金等。亚硫酸盐镀金是比较成熟的无氰镀金工艺，现阶段无氰镀金液主要以 $NaAuCl_4$ 或 $Na_3Au(SO_3)_2$ 作为金源，由于完全无氰化物，且镀液较为稳定，分散能力也较好，容易配制，是常用的无氰镀金工艺之一。亚硫酸盐镀金的主要缺点是镀液中的亚硫酸盐不稳定，通过阳极上产生的氧或者空气中的氧的氧化作用而降低其浓度，引起镀液的分解；另外镀金层的物理性质不稳定，由于镀层中共析了硫，镀层结晶较粗大，难以满足精密电子制件电镀的要求[1]。

12.3.1 21世纪镀金工艺技术的进展

21世纪以来，由于环保意识的加强，电镀工作者对无氰电镀金工艺进行了更为深入的探索研究。2000年，日本专利（JP2000-204496）详细介绍了以乙二胺二硫酸盐为配位剂的无氰镀金工艺：三氯二乙二胺金［$Au(en)_2Cl_3$］、以Au^{3+}计10g/L，乙二胺二硫酸盐10g/L，柠檬酸盐50g/L，邻菲咯啉0.1g/L，pH3～5，温度60℃，$1.0A/dm^2$。2000年，美国专利6165342[2] 中采用含硫化合物作为稳定剂，其分子式可表示为$X—S—CHR—(CR'R'')_n—SO_3H$，此类化合物有2-巯基乙基磺酸、3-巯基乙基磺酸等。在镀液中添加硒或锑化合物作为光亮剂。同年，蔡积庆[3] 在亚硫酸盐镀金液中加入铵盐、芳香族硝基化合物。研究发现，如果［NH_4^+］/［Au］的摩尔比值为［SO_3^{2-}］/［Au］的摩尔比值的2倍，且同时满足［NH_4^+］/［Au］>40和［SO_3^{2-}］/［Au］>20的条件，即使不添加传统的金属元素添加剂，也可以获得光亮性良好的镀金层。在镀液中加入3,5-二硝基安息香酸、2,4-二硝基苯等芳香族硝基化合物，可以提高镀液的稳定性，抑制镀液劣化和发生金沉淀析出。当［芳香族硝基化合物］/［Au］的摩尔比值为0.1以上时，镀液具有极为优良的稳定性，镀液配制4周以后不会发生分解。

2001年，Kato等人[4] 研究了亚硫酸钠-硫代硫酸钠体系镀层含硫的机理。测试结果表明，镀层硬度随镀层中硫含量的增加而提高。镀层中的硫主要来源于硫代硫酸钠，而不是源于硫代硫酸根的分解反应。Kato认为，［$Au(S_2O_3)_2$］$^-$还原的中间体$Au_2S_2O_3$是镀层中硫元素的主要来源，此外还有一部分来源于$NaAuS_2O_3$。这个推断，用石英晶体微天平得到了证明。

2002年，蔡积庆[5] 用乙二胺类化合物作为配位剂，通过添加柠檬酸、酒石酸等有机羧酸，吡咯啉等杂环化合物，得到了一种酸性无氰镀金液。以通电时间表征镀液寿命，乙二胺类镀金液寿命在3000h以上，而普通亚硫酸盐镀液寿命在2000h以下。乙二胺类镀液可获得性能优良的镀金层。

2003年南京大学方景礼教授[6] 发明了一种中性化学镀金工艺。印制电路板常用的化学镀镍/置换镀金工艺是用氰化金配离子腐蚀化学镀镍磷镀层，从而形成金镀层，但也同时残留磷在金/镍镀层之间，形成一层黑色高磷层，它就是通常说的“黑垫”或“黑带”，它会大大降低可焊性和键合性能。中性化学镀金层是用还原剂还原金配离子产生的金层，它不腐蚀镍，不会产生“黑垫”或“黑带”现象，同时金层的纯度高，具有优良的可焊性和键合性能，它可取代高金厚度的电镀镍金工艺，可节省50％的金。该工艺由金盐、羟基酸配位剂、还原剂和加速剂组成。

2003年，T.A.Green等人[7] 比较了碱性亚硫酸盐镀金体系与亚硫酸盐-硫代硫酸盐镀金体系的镀液性能及镀层性能。实验结果表明，亚硫酸盐-硫代硫酸盐镀液的电流效率可达 99.1%，高于亚硫酸盐镀液的电流效率；亚硫酸盐-硫代硫酸盐镀液稳定性高；亚硫酸盐-硫代硫酸盐体系得到的镀层结合力、硬度、钎焊性、厚度均一性均优于亚硫酸盐体系。但是镀层的平整性比亚硫酸盐体系差，并且镀层应力较大。研究表明，电流密度为 0.55A/dm^2 时，亚硫酸盐-硫代硫酸盐体系所得到的镀层为平整光滑的。同年，美国专利 6565732[8] 在乙二胺镀金液中添加了嘧啶和吡咯等作为光亮剂。

2004 年，中国专利 1497070A[9] 在无氰电镀金镀液中添加了一种选自硫脲嘧啶、2-氨基乙硫醇、*N*-甲硫脲、3-氨基-5-巯基-1,2,4 三唑、4,6-二羟基-2-巯基嘧啶和巯基烟酸盐的化合物作为金的配位剂。同年，张邦林[10] 提出了无氨亚硫酸盐电镀金工艺，克服了由于氨水挥发导致 pH 值下降、金还原析出的问题。同时避免了氨与铜生成配离子，污染镀液。在镀液中添加氯化钾作为导电盐，当氯化钾含量在 100g/L 以上时，镀层光亮细致。同时由于氯离子对阴极反应的活化作用，降低了反应的活化能，加速了电极反应，提高了允许的电流密度范围。2004 年方景礼[11] 发表了印制板化学镀镍置换镀金工艺。置换镀金不需要还原剂，具有设备简单、管理容易、施镀方便、镀层厚度分布均匀等优点，通常应用于非导通线路的高档印刷线路板（PCB）的表面精饰，如电脑、手提电话、医疗器械、汽车电子设备以及各种界面卡板等。镍/金组合镀层具有防止铜基体氧化、提供可焊性表面及良好的导电性等作用。其中镍层为阻挡层、可焊层，而较薄的置换镀金层则充当保护、导电作用。2004 年，Hayashi 等[12] 同样以亚硫酸金钠作为金源，亚硫酸钠作为主要配位剂，有机羧酸（如苹果酸、柠檬酸和乳酸等）和 EDTA 作为辅助配位剂，发明了一种亚硫酸盐无氰镀金液。

2005 年，M. J. Liew 等人[13] 对亚硫酸钠-硫代硫酸钠体系中金离子与配位剂的配位机理进行了研究。采用旋转圆盘电极，进行循环伏安曲线、阴极极化曲线测试，对镀液进行了紫外吸收光谱分析。测试结果表明，在亚硫酸钠-硫代硫酸钠双配位剂体系中，Au^+ 与 $S_2O_3^{2-}$ 配位，而不是与 $S_2O_3^{2-}$、SO_3^{2-} 形成双配位体的配合物。此外，对老化液的研究发现，镀液使用 2 个月后，pH 值没有明显的改变，但是镀层质量明显下降，镀液中有黑色沉淀生成。同年，中国专利 1643185A[14] 报道了一种无氰电镀金的镀液，添加了碘离子作为金的配位剂，添加了乙二醇或 γ-丁二酯作为光亮剂。

2006 年，Y. Ohtani 等人[15] 研制了无毒的乙内酰脲（MH）和 5，5-二甲基乙内酰脲（DMH）作为配位剂的无氰镀金溶液。$[Au(MH)_2]^-$ 稳定常数为 10^{17}，$[Au(DMH)_4]^-$ 稳定常数约为 10^{21}。此镀液在 60℃、pH=8 的条件下电流效率接近 100%。所得镀层平整、致密、可焊性高。镀液中添加 Tl^+ 作为晶粒细化剂，以获得光亮的金镀层。D. G. Ivey 等[16] 在研究 Au-Sn 合金镀液中提出，分别配制稳定性高的镀金液及镀锡液后混合得到 Au-Sn 合金镀液。采用紫外吸收光谱研究了镀液配制方法对稳定性的影响，并对亚硫酸盐镀液的配位机理进行了探讨。同年，郭承忠等[17] 在亚硫酸盐镀液中添加甘油作为稳定剂，甘油能够阻滞亚硫酸盐在高温下氧化成硫酸盐，使镀液稳定，延长镀液的使用寿命，甘油的浓度控制在 0.3mL/L 以内。

2007 年，O. Yevtushenko 等人[18] 研究了以巯基丙磺酸钠（MPS）为配位剂的无氰电镀金体系，采用脉冲电沉积的方法得到了纳米级晶粒的金镀层。通过 TEM 测试了晶粒尺寸，高温 XRD 研究了纳米金的热力学稳定性。研究了酒石酸、糖精等有机添加剂和 $NaAsO_2$ 对纳米金晶粒尺寸的影响。阴极极化曲线表明，含硫、砷的添加剂可以明显提高阴极极化，降低晶粒尺寸。对脉冲电沉积参数进行了优化，可以得到尺寸为 7nm 的晶粒。但是此体系电流效率仅为 70%，低于传统的亚硫酸盐镀金体系。同年刘海萍等[19] 考察了亚硫酸金盐镀液体系，以亚硫酸盐及硫代硫酸盐同时作为配位剂稳定剂时二者的相互作用关系，发现二者都具有还原作用，且亚硫酸盐的还原作用较硫代硫酸盐强，在一定的配比下，得到的镀层具有优异的性能。为了防止置换镀金过程中镍基体的过腐蚀，他们在镀液中加入了胺类化合物以减缓置换反应初始速率，有效地减少了镀金过程中对镍基体造成的过度腐蚀。

2007 年黎松强等[20] 研究了提高化学镀金沉积速率相关因素，考察了弱还原性化学镀金 pH 值和稳定剂对沉积速率的相关性，以及柠檬酸铵的缓冲作用。控制 pH 值在 5～9 较宽的范围内，加入活性金属离子 Ni^{2+}、Co^{2+}、Cu^{2+} 和 Zn^{2+} 等，提高沉积速率达一倍以上，而且在开始沉积后的 20～60min 内，沉积速率基本维持不变，有可能获得较厚的镀层。此外，镀层的光泽性也因添加活性金属离子而得到提高，与基体金属的结合力也相应提高。

2009 年吴赣红等[21] 在无氰亚硫酸盐镀金液中加入乙二胺代替挥发性的氨，镀液更加稳定，镀层为金黄色，光亮均匀，结合力更好。该工艺的配方为：亚硫酸金钠（以金计）1～3g/L，无水亚硫酸钠 13g/L，乙二胺/Au＝（6～10）/1，磷酸氢二钾 30g/L，pH 8～9，温度 50～60℃，沉积时间 10～15min。

2009 年，A. He 等[22] 研究了添加柠檬酸铵的亚硫酸盐镀金液。这种微酸性的镀液在室温下即可施镀，沉积速度达到 10μm/h，镀液不需要添加剂可保持稳定 24 周。研究表明，镀液的稳定性与配制方法有关，金盐、配位剂、辅助配位剂的加入顺序影响镀液的稳定性。柠檬酸铵作为 Au^{+} 的辅助配位剂，在镀液中还起到缓冲剂的作用。同时研究了脉冲电镀工艺参数对镀层性能的影响。

2010 年 Lin[23] 和 Ugur[24] 指出，采用脉冲电源进行电沉积时，可以有效提高阴极电流密度，降低浓差极化，改善电流分布及镀层质量。脉冲电沉积已广泛应用于电沉积单金属或合金，并获得了性能优异的镀层。

2010 年冯慧峤[25] 研究了乙内酰脲（DMH）体系无氰电镀金工艺。通过单因素实验考察了镀液组成及工艺条件对镀层外观、沉积速度及镀层微观形貌的影响。实验结果表明，金盐含量、配位剂含量、加速剂含量、温度及电流密度对镀层外观及沉积速度的影响较大。确定的较优的直流电镀工艺条件为：三氯化金10g/L；DMH 100g/L；磷酸钠 75g/L；加速剂 A0.5g/L；硝酸铈 10mg/L；糖精 0.1g/L；温度 40℃；pH 值 9；电流密度 $3A/dm^2$。选用含有多对未共用电子对配体的添加剂，如癸二酸、亚油酸、三乙醇胺、联吡啶、有机磷化物等。这类添加剂具有加速电子传递的作用，有利于沉积速度的提高。在该工艺条件下可以以较高的沉积速度获得光亮、均一、结合力良好的镀金层；在正交实验优化的脉冲工艺参数基础上，考察了脉冲参数对镀层外观、沉积速度及镀层微观形貌的影响。脉冲平均电流密度对镀层微观形貌的影响大。确定了较优的脉冲电镀工艺参数为：脉冲占空比 60%，脉冲频率 3kHz，脉冲平均电流密度 $3A/dm^2$；添加剂的加入使镀层择优取向程度变强，对镀层硬度无明显影响，镀金层结合力和耐蚀性很好。镀液稳定性良好，脉冲工艺下镀液的分散能力好，直流电沉积时 DMH 镀液具有与亚硫酸盐镀金液相当的覆盖能力和分散能力。循环伏安曲线测试结果表明，5,5-二甲基乙内酰脲水溶液电化学窗口较宽，电镀工艺范围内性质稳定，无副反应发生；DMH 体系中金的电沉积为不可逆过程；光亮剂的加入能够抑制阴极峰电流，使沉积电势负移。阴极极化曲线测试结果表明，光亮剂的加入能够明显增大金阴极沉积的超电势。计时电流法测试结果表明，金在玻碳电极上的电沉积过程基本符合三维连续成核的生长机理，添加剂的加入不会影响其成核方式。同年，安茂忠、杨培霞、张锦秋、杨潇薇、冯慧峤[26] 获得了系列乙内酰脲无氰镀金的专利。

2010 年梁继荣等[27] 发明了无氰化学镀金镀液及无氰化学镀金方法：它是以硫代硫酸金盐和抗坏血酸组合的自催化镀金液。文中利用 H_2O_2 去除镀液中生成的 $S_2O_3^{2-}$ 从而保证一定的镀速，但是这种镀液稳定性不好，短期内镀液即报废，无法满足工业化的要求。

2010 年孙建军等[28] 发明了一种无氰镀金电镀液，该发明提供了一种无氰镀金电镀液及多种适用于该镀金体系的添加剂，该无氰型镀金液的配方为：金的无机盐（氯金酸盐或者亚硫酸金盐）1～50g/L，配位剂嘌呤类化合物（鸟嘌呤、腺嘌呤、次黄嘌呤、黄嘌呤、6-巯基嘌呤及其衍生物中的一种或几种）1～200g/L，支持电解质（KNO_3、$NaNO_3$、KOH 中的一种或几种）1～100g/L，pH 调节剂（KOH、NaOH、氨水、硝酸和盐酸中的一种或几种）0～200g/L 及所述的镀金添加剂体系为蛋氨酸（30～5000mg/L）、L-半胱氨酸（5～800mg/L）、2-硫代巴比妥酸（30～1500mg/L）、硫酸铜（10～1200mg/L）、硝酸铅（10～1800mg/L）、硒氰化钾（1～600mg/L）和酒石酸锑钾（10～2000mg/L）中的一种或者几种。使用该无氰镀金液的操作条件为：pH 范围为 10～14，电流密度 0.1～$0.6A/dm^2$，温度 20～60℃。无氰镀金电镀液的电镀步骤为：先将配位剂、支持电解质和电镀液 pH 调节剂按照所述原料配方混合均匀，最后在搅拌溶液的情况下把混合液加入到金的无机盐溶液中，制成无氰镀金电镀液。在电镀过程中，先将镀液温度维持在20～60℃，然后，将处理好的金属基底置于电路组成部分的阴极上，将阴极连同附属基底置于电镀液中，并通以电流，所通的电流大小与时间要根据实际要求而定。该发明的优点在于镀液毒性低或无毒，镀液稳定性好，与镍、铜等金属基底置换速率低。镀层结合力良好且光亮，能满足装饰性电镀和功能性电镀等多领域的应用，解决了无氰镀金液不稳定、成本高、毒性大等问题。

2011年杨潇薇、安茂忠、冯慧峤等[29] 正式发表了乙内酰脲无氰电镀金工艺。

2011年李冰、李宁等[30] 探讨了无氰亚硫酸金盐置换镀金的工艺参数对镀速及镀液稳定性的影响，具体讨论了金盐与配位剂在不同比例条件下的镀速变化。测试使用稳定剂的镀液对镍离子的耐受能力以表征其生产稳定性和使用寿命。使用优化后的镀液对印制电路板进行实际使用试验，并对镀层的结合力、可焊性进行测试。最终确定了一种置换镀金的最佳工艺条件，镀液不含氰、丙二腈等带有CN^-的物质，镀金液的镀速较快，且不随Ni^{2+}浓度的变化而变化。镀层外观、结合力及可焊性均能满足生产需求，适用于化学镀镍/置换镀金、化学镀镍/化学镀钯/置换镀金等工艺的清洁生产。具体组分及工艺参数如下：亚硫酸金钠（以Au^+计）1.0g/L，次亚硫酸钠37.8g/L，硫代硫酸钠24.8g/L，硼砂10g/L，稳定剂1g/L，表面活性剂0.01g/L，pH6.0，温度80℃。

2012年杨潇薇[31] 对5，5-二乙基乙内酰脲（DMH）体系无氰电镀金工艺进行进一步的研究，认为最佳工艺为：10g/L $AuCl_3$，80g/L DMH，80g/L K_3PO_4，0.1g/L糖精，0.1g/L丁炔二醇，0.01g/L十二烷基硫酸钠；优化的直流电镀的工艺条件为：电流密度1.5～1.8A/dm^2，温度45～50℃，pH9～10；优化的脉冲电镀的工艺条件为：平均电流密度1.8～2.0A/dm^2，频率1kHz，占空比10%。在优化的镀液组成和工艺条件下，可以获得性能优良的镀金层。在优化条件下，DMH镀金液有较高的分散能力和覆盖能力，基本达到氰化物电镀的水平。镀液静置6个月和施镀56A·h/L后不发生明显变化，具有良好的化学和电化学稳定性。所得镀金层结晶细致、均匀，与铜、镍基体结合牢固，即使镀层厚度达20μm仍具有良好的外观。镀金层主要沿Au（111）和Au（220）晶面择优生长，镀层纯度高。由丁炔二醇、糖精和十二烷基硫酸钠组成的添加剂可增大阴极极化，使金电沉积的阴极还原峰负移，还原峰电流减小，使金电沉积的反应电阻增大。在加入添加剂的镀液中获得的镀金层晶粒尺寸明显减小，平整性良好。添加剂的引入并没有改变其原来的三维连续成核生长模式，但减小了晶体的外延生长速率，提高了晶核的成核速率和饱和晶核数密度。DMH镀金液具有良好的稳定性，金的沉积速度较快，可达0.3～0.35μm/min，电流密度上限达1.8A/dm^2，在这些方面相比于应用前景较好的亚硫酸盐镀金液有很大优势。在DMH镀金液中获得的镀金层一直呈现光亮的棕黄色，虽能够满足功能性镀层的需求，但作为装饰性镀金层其外观尚不能被接受。为了获得光亮的金黄色镀金层，需要开发新型的添加剂，同时考虑引入辅助配位剂。表 12-19 列出了各种添加剂对镀金层外观的影响。

表 12-19　添加剂对镀金层外观的影响

添加剂	添加量/（g/L）	外观质量/分
无	0	70
烟酸	0.1～2	80
丁炔二醇	0.1～0.5	85
硝酸铈	0.01～0.1	80
硫脲	0.1～1	70
糖精	0.1～0.5	85
吡啶	0.1～1	70
烷基磺酸盐	0.5～1	70
2,2′-联吡啶	0.1～0.5	75

2012 年李兴文[32] 对不同镀金工艺进行了对比，指出亚硫酸盐镀金工艺是较有前途和实用价值的无氰镀金工艺。这种镀液均镀能力和深镀能力良好，电流效率高，镀层细致光亮，沉积速度快，孔隙少，镀层与镍、铜、银等金属结合力好，镀液中加入硫酸钴、乙二胺四乙酸二钠或酒石酸锑钾可获得硬金镀层。但阳极不溶解，需经常补加溶液中的金含量。由于温度较高，一般采用 60℃以上，镀液稳定性差，在镀槽的搅拌泵和加热器上生成金的沉淀，难以保证稳定的电镀条件。为了获得可焊性良好的镀金层，往往加 Ti、Pb、As 等金属元素光亮剂，以便获得平滑均匀的镀金层，但是近年来发现这些元素对人体和环境有害。无氰镀金液中含有金盐、NH_4^+、SO_3^{2-} 和芳香族硝基化合物等。金源有 $HAuCl_4$、$NaAuCl_4$ 等，镀液中加入 NH_4^+ 和 SO_3^{2-} 旨在提高镀金层的表面光泽，获得平整均匀的镀层表面，确保镀金层的焊接性能。即使不添加传统的金属元素添加剂，也可以获得光泽性良好的镀金层。镀液中加入 3,5-二硝基安息香酸、2,4-二硝基苯等芳香族硝基化合物，可以提高镀液的稳定性，抑制镀液劣化和发生金沉积。芳香族硝基化合物/［Au］的摩尔比值为 0.10 以上时，镀液具有极为优良的稳定性，镀液配制 4 周以后不会发生金沉积。芳香族硝基化合物浓度为 1.0～10.0g/L。如果芳香族硝基化合物浓度低于 0.5g/L，难以保持镀液的稳定性；如果浓度高于 20g/L，则会有溶解性问题。金盐补充液中芳香族硝基化合物对 Au 的摩尔比值应为 0.01 以上，有助于保持镀液的稳定，否则将会导致芳香族化合物的消耗速度与供应速度的不平衡，降低镀液的稳定性。

2012 年孙建军等[33] 发明了一种无氰镀金电镀液，该无氰镀金电镀液的主要组分为：金盐采用氯金酸，主配位剂为三羟甲基氨基甲烷或其盐酸盐，辅助配位剂为糖精或其盐类，添加剂为聚乙烯亚胺、哌嗪或聚乙烯吡咯烷酮。电镀液的操作条件为：pH 值为 7～9，电流密度为 0.05～0.5A/dm^2，温度为 20～60℃。该镀金工艺的实例为：氯金酸 10.2g/L，三羟甲基氨基甲烷盐酸盐 28.4g/L，糖精钠 30.8g/L，聚乙烯亚胺 1.0g/L，电流密度 0.3A/dm^2，pH 8.0，温度 40℃。该发明的优点在于：所需原料成本低，配制方法简单易行，镀液本身无毒或低毒，镀液稳定性好，镀液属于中性，在电沉积的过程中不会对镀件产生强腐蚀等作用，且本身具有一定的缓冲能力，长时间放置镀液的 pH 值不会发生大的变化，与镍、铜等金属基底置换速率低，镀前无需预镀金，电流密度适用范围比较宽，电沉积后所得镀层结合力良好且光亮，能满足日常装饰性电镀和功能性电镀等多领域的应用，镀液废水不含氰化物，处理相对简单，对人体和环境的危害较小。

2012 年叶伟炳[34] 获得了一种乙内酰脲无氰镀金液，电镀金溶液含有：三氯化金、乙内酰脲、铬离子、焦磷酸钾、碳酸钾和光亮剂，其中，所述镀液的光亮剂是具有羧基或羟基的含氮原子化合物，或是具有羧基的含硫原子化合物。该发明的实例为：三氯化金 35g/L，乙内酰脲 76g/L，铬离子 40g/L，焦磷酸钾 29g/L，碳酸钾 87g/L，咪唑（3-吡啶羧酸）5g/L。电镀过程为：将金属基材先后经粗砂纸和细砂纸磨光；将打磨后的基材浸泡在质量分数为 13%的 KOH 溶液中，13min 后取出；水洗后在水洗溶液中去除基材表面的氧化膜；水洗后将基材与导线连接，放入电镀液中，然后镀金；镀完后水洗并放入化学钝化液中进行防变色处理；最后在空气中自然干燥。所述的镀金过程中，电流密度为 1.6A/dm^2，镀液的温度为 56℃。该发明提供的电镀金溶液是一种无氰镀金溶液，能够在不含氰的情况下，在金属基质上镀上金镀层，并且所述金镀层具有很好的光亮度，并且金镀层致密度高。

2014 年刘茂见[35] 发明了一种双脉冲电镀金的工艺，双脉冲电镀的参数为：正脉冲频率为 700～1000Hz，时间为 50～100ms，工作比为 10%～20%，电流密度为 0.3～0.4A/dm^2；负脉冲频率为 700～1000Hz，时间为 20～80ms，工作比为 5%～10%，电流密度为 0.03～0.04A/dm^2。所述方法获得的镀层晶粒细、镀层厚度分布均匀、孔隙率低、不易变色、硬度高、耐蚀性强。

2014 年安茂忠等[36] 发明了无氰光亮电镀金添加剂及其应用，所述添加剂为有机添加剂或者是无机添加剂和有机添加剂的混合物，添加剂中各组分的浓度为 0.5～30g/L。无机添加剂为金属盐、非金属盐、非金属氧化物中的一种或几种的混合物。如 Cu、Ni、Co、Fe、Sb、Sn、Se 中的一种或几种；有机添加剂为硫脲、丁炔二醇、丁二酰亚胺、烟酸、烟酰胺、L-甲硫氨酸、咪唑、乙二胺四乙酸、羟乙基乙二胺三乙酸、2-氨基噻唑、硫代氨基脲、吡啶、2,2-联吡啶、4,4-联吡啶、2-氨基吡啶、3-氨基吡啶、正十二烷基二苯醚二磺酸钠、十六烷基二苯醚二磺酸钠、十二烷基硫酸钠、十二烷基苯磺酸钠、聚乙烯亚胺、聚乙烯醇、聚乙二醇、腺嘌呤、鸟嘌呤、次黄嘌呤、胞嘧啶、尿嘧啶、胸腺嘧啶、香草醛、胡椒醛、糖精、尿酸、腺苷、可可碱、3-羟基-2-吡啶甲酸、2-吡啶甲酸中的一种或几种的混合物。所述电镀金添加剂中各组分的浓度为：酒石酸锑钾 10g/L、聚乙二醇 5g/L、鸟嘌呤 5g/L、丁二酰亚胺 5g/L，电镀金中添加剂的用量为 0.5mL/L。不含添加剂的镀液中得到的镀层外观不光亮、结晶较为粗大，含添加剂的镀液中得到的镀层宏观均匀平整、金黄全光亮。新发明的无氰光亮电镀金添加剂可以起到提升镀层光亮性、细化晶粒、稳定镀液以及降低表面张力的作用。因此，可将其用于电镀金镀液中，其添加量为 0.1～100mL/L。本发明所述添加剂可以有效改善多配位剂无氰电镀金体系的镀液和镀层性能，镀液在长时间工作的条件下不出现分解、沉淀等不稳定的情况，电镀条件下可获得宏观金黄全光亮、微观结晶均匀致密、平整、无裂纹的镀金层。

2014 年朱忠良[37] 发明了一种无氰电镀金镀液及使用其的电镀工艺。所述镀液含 180～200g/L 主配位剂（为海因衍生物，如乙内酰脲、3-羟甲基-5,5-二甲基乙内酰脲、5,5-二苯基乙内酰脲等）、5～8g/L 辅助配位剂（为柠檬酸钾、柠檬酸铵、酒石酸钾、酒石酸钾钠、次黄嘌呤等）、20～30g/L 碳酸氢钾、0.5～0.8g/L 氯化金钾和 0.5～5mL/L 的组合添加剂（为金属盐和有机物，如硫脲、丁炔二醇、丁二酰亚胺、烟酸、烟酰胺、L-甲硫氨酸等）。该发明的无氰电镀金体系镀液稳定性、分散能力、覆盖能力好，电流效率高，镀层结晶平整、致密，镀层外观金黄光亮，应用的电流密度范围广、温度要求宽广，该体系可以满足长时间电镀厚金的要求，在电镀过程中随着镀层厚度的增加，没有发现镀层发红、有浮灰等问题。

2015 年曹小云[38] 开发了一种氯化胆碱无氰置换镀金工艺，通过对施镀过程中各因素的考察，确定了最佳配方和施镀工艺为：氯化胆碱 500g/L、氯金酸 1.0g/L、T＝80℃、pH＝2.0，镀速 11nm/min。Au 沉积速率随着氯金酸浓度、施镀温度的增大呈上升的趋势，随氯化胆碱浓度的减小呈增大的趋势，与镍基底相比金镀层具有良好的耐腐蚀性和可焊性。实验中考察了添加剂 2,2-联吡啶对中低磷镍层基体下置换镀金层性能的影响，结果表明 2,2-联吡啶的加入能明显改善镀层的形貌。添加剂 1,10-菲咯啉对镀液中过量 Cu^{2+} 有屏蔽作用，并可改善镀层的形貌。

2015 年帅和平[39] 研究了抗氧化剂 RS-1212 对无氰镀金工艺的影响，结果表明，镀液中加入抗氧化剂可以使得镀层晶粒细小，光泽度更好，防变色能力强，平整性好，结合力好；镀液极化变小，分散能力好，覆盖能力好，稳定性好。

2016 年赵林南等[40] 研究了添加剂对压电陶瓷表面化学镀金工艺的影响，结果表明，在 2.0g/L 亚硫酸金钠，15.0g/L 磷酸二氢钾，13.0g/L 无水硫酸钠，添加 0～2.0g/L 聚乙二醇、0～2.0g/L 聚丙烯酰胺，pH 值为 7，温度为 50℃，化学镀时间10min的镀液中添加聚乙二醇或聚丙烯酰胺可明显提高镀速，加入聚乙二醇1.5g/L时镀速可提高45%，加入聚丙烯酰胺2.0g/L时镀速可提高35%，镀层微观形貌更致密。在最佳浓度条件下，有添加剂的镀层要比无添加剂的镀层的腐蚀电位更正，腐蚀电流更小，因此有添加剂的耐腐蚀性更强；添加聚丙烯酰胺镀层的耐腐蚀性要比添加聚乙二醇镀层的耐腐蚀性更好。同年喻如英介绍了阳离子高分子添加剂对氰化金钾-柠檬酸镀金溶液的影响，指出高分子添加剂聚乙烯亚胺（PEI）、聚乙烯亚胺烷基衍生物（PEIAI）、聚乙烯亚胺乙氧基衍生物（PEIEt）、聚乙烯亚胺甲基衍生物（PB）、聚乙烯亚胺氯醇衍生物（PEIEp）对镀液和镀层都有显著的影响：

① 通过用电化学方法测定孔隙率，发现在镀液中加入聚乙烯亚胺衍生物，随着添加浓度的增加镀层的孔隙率减小，特别是乙氧基（PEIEt）和烷基（PEIAI）衍生物添加5×10^{-6}时，孔隙率就急剧减小。

② 用硝酸烟雾腐蚀试验算出含有各种不同添加剂镀液的金属层的腐蚀面积率，PEIEt、PEIAI、PEI为0.3%，PB、PEIEp为1%，无添加剂为3%。

③ 无添加剂镀层表面粗糙度为70nm，添加PEIEt、PEIAE和PEI的镀层表面粗糙度减小到30～40nm，这是由于加入这些物质后，使阴极电位向负的方向移动，从而促进了晶核的形成，抑制了结晶的柱状成长的结果。

④ 不含添加剂的镀液的电沉积效率为12.5mg/（A·min），加入添加剂后，电沉积效率随着添加浓度的增加而减小，特别是PEIAI，电沉积效率十分低下，PEIEt添加浓度在5×10^{-6}以下，PEI添加浓度在10×10^{-6}以下基本上能维持原有的电沉积效率。

2016年石明[41] 发明了一种磺酸二硫化物无氰镀金的电镀液及电镀方法，该电镀液为金12（10～15）g/L的三氯化金、聚二硫二丙烷磺酸钠或苯基二硫丙烷磺酸钠93（72～108）g/L和14（9～16）g/L的邻硝基苯酚及含量为0.30（0.16～0.48）g/L的三氧化砷。电镀液的pH值为8～10，电镀液的温度为50～60℃，电镀的时间为20～40min，阳极与阴极的面积比为（1～4）：1，所述电流为单脉冲方波电流，脉宽为0.5～1ms，占空比为5%～30%，平均电流密度为0.5～1A/dm^2。该发明以三氯化金为金主盐，以聚二硫二丙烷磺酸钠或苯基二硫丙烷磺酸钠为主配位剂，以三氧化砷为光亮剂，以硝基酚为稳定剂，由于二硫基易被氧化形成硫单质沉淀，而导致镀液不稳定，该发明中加入硝基酚，可大大避免上述问题。由此获得的镀液具有较好的分散能力和深镀能力，阴极电流效率高，镀液性能优异。镀液在碱性条件下电镀获得的镀层的孔隙率低，光亮度高，镀层质量良好。脉冲电镀获得的镀层比直流电沉积镀层更均匀、结晶更细密。不仅如此，脉冲电镀还具有：镀层的硬度和耐磨性均高；镀液分散能力和深镀能力好；减少了零件边角处的超镀，镀层分布均匀性好，可节约镀液使用量。

同年石明[42] 还获得一种杂环硫醇无氰镀金的电镀液及电镀方法的专利，该专利公开了一种杂环硫醇无氰镀金的电镀液及电镀方法。其中，电镀液包含金10～15g/L的三氯化金、以巯基计35～55g/L的杂环硫醇（2-噻吩硫醇、3-噻吩硫醇、2-巯基吡啶或4-巯基吡啶）、0.20～0.58g/L的醇胺化合物（二乙醇胺或三乙醇胺）和0.08～0.22g/L的三氧化二锑。单脉冲方波电流的脉宽为0.9ms，占空比为5%，平均电流密度为0.8A/dm²，pH值为9.5，温度为55℃，电镀时间为30min。该发明以杂环硫醇为主配位剂，以醇胺化合物为电子加速剂，以三氧化锑为光亮剂，以三氯化金为金主盐，由此使获得的镀液具有较好的分散力和深镀能力，阴极电流效率高，镀液性能优异。采用碱性条件下电镀获得的镀层的孔隙率低，光亮度高，镀层质量良好。

2016年谢金平等[43] 发明了一种有机胺体系无氰电镀金镀液及方法，该镀液组成为：1～20g/L金盐（为非氰金盐，包括氯化金钾、氯化金、亚硫酸金钠等中的一种）、有机胺配位剂20～200g/L、导电盐50～150g/L、添加剂0.01～10g/L。其中有机胺配位剂是由醇胺、酰胺以及含氮杂环中的多种组分复配而成。醇胺类包括：二乙醇胺、三乙醇胺、3-丙醇胺、异丙醇胺、*N*,*N*-二甲基乙醇胺；酰胺类包括：甲酰胺、乙酰胺、丙酰胺、丁酰胺、异丁酰胺、丙烯酰胺、聚丙烯酰胺、已内酰胺、二甲基甲酰胺、二甲基乙酰胺；含氮杂环及其衍生物包括：吡啶、吡咯、吡唑、异噁唑、吲哚、哒嗪、嘧啶、吡嗪、腺嘌呤、鸟嘌呤等物质及其衍生物；镀液中导电盐为柠檬酸盐、氨基磺酸盐、酒石酸盐、草酸盐、有机磷酸盐、磷酸盐中的一种或多种，添加剂为吡啶羧酸、丙氨酸、甘氨酸、苯丙氨酸、谷氨酸、氨基乙二醇、硫羟乳酸、聚乙烯亚胺、聚乙烯醇等中一种或多种。镀液的pH值为5～9，室温或者加热镀液至50℃以下，待加工镀件为阴极，阳极采用金、铂、钛材料制备的板或网状阳极，然后采用恒电流方式，电流密度为1～5A/dm²，施镀1～30min，得到金镀层。本发明通过有机胺类配位剂的复合使用，能够使镀液稳定性达到氰化物镀液的稳定能力，加工得到的金镀层致密，结合力好，焊接性能优异。

2016年，丁启恒等[44] 发明了一种复配无氰镀金液及其制备方法，该复配无氰镀金液其特征在于：是由无氰金盐、软碱类配位剂、非软碱类配位剂、还原剂、杂质屏蔽剂、添加剂、pH缓冲剂和水组成；其中，无氰金盐亚硫酸金钠的含量为0.8～6g/L，软碱类配位剂（硫氰酸钠、氨基硫脲、亚乙基硫脲、2-氨基-5-巯基-1,3,4-噻唑、6-巯基嘌呤中的一种或任意两种以上的复配混合物）的含量为8～50g/L，非软碱类配位剂（焦磷酸钾、三聚氰胺、氨基磺酸盐、亚氨基二乙酸、甘氨酸、四亚乙基五胺、尿苷、咖啡因、柠檬酸铵、酒石酸中的一种或任意两种以上的复配混合物）的含量为3～20g/L，还原剂（次磷酸钠、甲醛、无水亚硫酸钠、水合肼中的一种或任意两种以上的复配混合物）的含量为1～10g/L，杂质屏蔽剂（二乙基三胺五乙酸、氨基三亚甲基膦酸、羟基亚乙基二膦酸、乙二胺四亚甲基膦酸、二乙烯三胺五亚甲基膦酸中的一种或任意两种以上的复配混合物）的含量为5～20g/L，添加剂（抗坏血酸钠、胭脂红、日落黄、D-山梨糖醇中的一种或任意两种以上的复配混合物）含量为1～10g/L，pH缓冲剂（磷酸二氢钠、磷酸氢二钠、六偏磷酸钠、焦磷酸二氢二钠中的一种或任意两种以上的复配混合物）的含量为10～40g/L。该复配无氰镀金液对镍层的腐蚀很小，且具有稳定性好、镀敷效果佳、金盐利用率高的优点。也具有制备方法简单和生产成本低的特点。

2016年黄剑贞等[45]对无氰镀金技术进行了评述，指出亚硫酸盐镀金液的分散能力和深镀能力良好，电流效率高，镀层细致光亮，沉积速度快，孔隙少，镀层与镍、铜、银等金属的结合力好。目前普遍使用的是亚硫酸盐镀金钴合金。它与金镍合金都是一种硬度高、耐磨性好的镀层，可作为硬金镀层使用，主要用于接插件、印制板插头、触点等耐磨件。常规的碱性无氰镀液适用于装饰性镀层，电子元件则以弱酸性无氰镀液为主。为了提高镀液的稳定性，往往添加膦酸、氨基乙酸、葡萄糖酸等的混合液。

2017年黄兴桥等[46]发明了一种无氰镀软金的电镀液及其电镀方法，以磺酸卡宾金作为镀软金的主盐，以柠檬酸铵和羟基亚乙基二膦酸（HEDP）作配位剂，以磷酸氢二钾作pH缓冲剂，以联吡啶和聚乙烯亚胺作有机添加剂，以丁炔二醇、聚乙烯吡咯烷酮和聚二硫二丙烷磺酸钠等作软金促进剂。按以下工艺条件进行镀金：磺酸卡宾金22（15～22）g/L，柠檬酸铵110（110～130）g/L，羟基亚乙基二膦酸35～45g/L，磷酸氢二钾25（18～25）g/L，丁炔二醇2.5～4.8g/L，联吡啶250（200～250）mg/L，pH 6～8，温度45～65℃，单脉冲电源的脉宽110～130ms，占空比52%～58%，平均脉冲电流密度2～5A/dm^2。所得金层达镜面光亮，均匀平整，致密无裂纹。镀液不含氰化物，溶液稳定，通过加入有机添加剂，可获得（111）晶面高度择优取向的金层，（111）晶面织构系数为1.03～2.78，最大织构系数百分比达85%～96%。所得金层很柔软，易于金丝与金层进行超声波绑定焊接，可广泛用于微电子封装的金丝绑定，同时可提高微电子封装的导电率和可靠性，也可用于微电子半导体表面镀金层的加工。

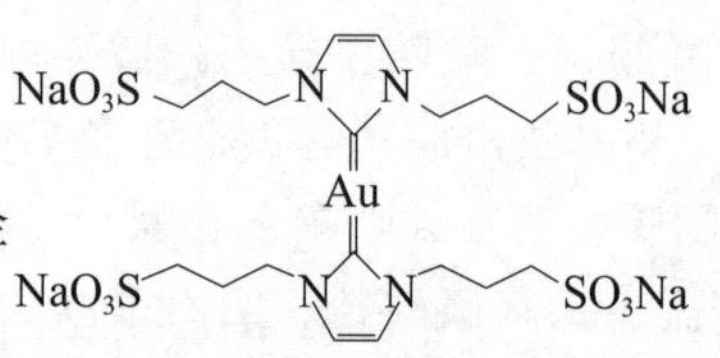

磺酸卡宾金(笔者认为结构式有误)

2017年黄兴桥等[47]还发明了一种无氰镀硬金的电镀液及其电镀方法，镀液的组成与镀软金的基本相同，只是改变添加剂的种类和数量，以获得（200）晶面高度择优取向的金层，（200）晶面织构系数为1.8～5.5，最大织构系数百分比达90%～99.9%。所得金层很硬，可用于热插拔件的“金手指”的金层，同时也提高了“金手指”的耐磨性和可靠性，也适于“金手指”表面金层的加工。

2017年毕四富等[48]研究了添加剂对亚硫酸盐体系化学镀金的影响。指出在亚硫酸盐化学镀金体系中，聚乙烯亚胺、对苯二酚、苯并三氮唑等有机添加剂对镀金液稳定性、沉积速度及镀层外观有较大的影响。在亚硫酸盐-硫代硫酸盐化学镀金液中，以硫脲为还原剂时，聚乙烯亚胺、对苯二酚会使沉积速度下降且镀液变得不稳定。苯并三氮唑的加入有助于改善化学镀金层的外观，加入50mg/L时镀金层的外观平整、光亮，且镀金液相对稳定。

2018年李小军等[49]研究了电铸金添加剂对3D硬足金工艺产品的影响，指出在含有20～35g/L氰化亚金钾和80g/L磷酸盐的电铸金基础溶液中，在pH 6.5～6.8，温度40℃，电流密度0.4A/dm^2和电镀时间12h的条件下，对比研究了分别采用氨基羧酸盐体系添加剂和有机多膦酸盐体系添加剂时所得铸金层的表面形貌、纯度、显微硬度和电流效率，结果表明，采用有机多膦酸盐添加剂时，阴极电流效率为92.01%，比采用氨基羧酸盐体系添加剂时高19.99%，所得3D硬足金工艺产品外观均一，结晶细致，显微硬度为HV97，纯度为100%，满足硬足金产品的佩戴使用要求。

12.3.2 镀金配位剂的进展[50]

Au与配位剂形成的配离子中Au大都是以Au^+存在，只有少数金配离子中的Au以Au^{3+}存在。由于Au^+在水溶液中很不稳定，容易生成Au或经历水解形成AuOH，因此大部分的电镀金工艺中，Au都是从Au^+配合物中还原出来的。Au^+可以与很多种配位剂发生配位反应形成配合物，配位数可以是2、3或4，如果配位剂用L来表示，其配位过程可以表示为：

$$Au^+ + xL^{n-} \rightleftharpoons AuL_x^{(xn-1)-}$$

配合物的稳定常数可以表示成：

$$\beta = [AuL_x^{(xn-1)-}]/([Au^+][L^{n-}]^x)$$

一些常见的配位剂与Au^+和Au^{3+}形成的金配离子及其稳定常数如表12-20所示。从表中可以看出，金氰配位离子稳定常数最大，在电极上放电还原时需要最高的活化能，得到的镀金层最细致、均匀，有良好的光亮性。而亚硫酸盐、硫代硫酸盐与Au^+形成的配离子也有相对较高的稳定性，国内外研究学者对这两种无氰镀金液都进行了大量研究。但在亚硫酸盐和硫代硫酸盐镀液中获得的镀金层经常会有S的夹杂，这将会大大降低镀层的硬度。为了寻找在有氧条件下稳定的不含S的配位剂，电镀学者把研究方向转移到水溶性的、能与Au^{3+}形成配合物的配位剂上。与Au^{3+}形成配离子的稳定分子结构通式可以表示为$[AuL_4]^-$，其中L可以为Cl^-、CN^-、NO_3^-和CH_3COO^-等，但由于Au^{3+}属于硬酸性离子，在水溶液中的$[AuL_4]^-$会与OH^-发生配体取代反应形成$[AuL_x$

$(OH)_{4-x}]^-$ ($x=0\sim4$) 型混合配体配合物。

表 12-20 金配离子的稳定常数

配位剂	金配离子	稳定常数 (β)
氰化物	$Au(CN)_2^-$	5.0×10^{38}
亚硫酸盐	$Au(SO_3)_2^{3-}$	6.3×10^{26}
硫代硫酸盐	$Au(S_2O_3)_2^{3-}$	1.3×10^{26}
硫脲	$Au(thio)_2^+$	1.6×10^{22}
氢氧化物	$Au(OH)_2^-$	7.9×10^{21}
氢氧化物	AuOH	1.3×10^{20}
氨	$Au(NH_3)_2^+$	1.6×10^{19}
碘化物	AuI_2^-	7.9×10^{18}
溴化物	$AuBr_2^-$	2.5×10^{12}
氯化物	$AuCl_2^-$	1.6×10^{9}
甲基乙内酰脲	$Au(MH)_2^-$	1.0×10^{17}
5,5′-二甲基乙内酰脲	$Au(DMH)_4^-$	5.0×10^{21}

长期以来，镀金的配位剂都采用剧毒的氰化物，一个世纪过去了，人们一直在寻找代氰的配位剂。目前，无氰镀金液的开发在国内外已取得了很大进展，其中具代表性的电镀金工艺包括：亚硫酸盐镀金、硫代硫酸盐镀金、亚硫酸盐-硫代硫酸盐复合配位剂镀金、柠檬酸盐镀金、卤化物镀金、乙内酰脲镀金、乙二胺镀金和硫脲镀金等。其中有一定实际应用价值的工艺是亚硫酸盐镀金，其镀层属软金，比较适合于微电子工业中的应用。亚硫酸盐镀液中能够获得厚的镀金层，同时镀金层具有良好的整平性、延展性、光亮性和较低的应力，镀层与 Cu、Ni、Ag 等基体结合牢固，耐酸性、抗盐雾性良好。此外，金镀层还与抗蚀剂有良好的相容性，在电子元器件电镀过程中可以减少抗蚀剂层的溶解。在微电子和光电子领域，亚硫酸盐镀液在很多方面优于氰化物镀液，它有更好的深镀能力，因此可以使镀金层在晶片上的厚度分布更加均匀。其与价格低廉、镀液稳定的氰化物镀金液相比还存在一些缺点，主要是镀液的稳定性较差，镀液静置一段时间后，配离子会发生分解，镀液中会有颗粒 Au 析出，同时有大量 SO_4^{2-} 产生。近年来发现加入 3,5-二硝基安息香酸或 2,4-二硝基苯 1～10g/L 可以大大提高镀金液的稳定性。另外在亚硫酸盐镀液中加入氨，特别是含氮的有机物，如乙二胺(En)、咪唑（Im)、吡唑、苯并咪唑、嘌呤等时，它们可与一价金离子形成更加稳定的混合配体配合物，如 $[Au(En)_2(SO_3)_2]^{3-}$、$[Au(Im)_2(SO_3)_2]^{3-}$ 等，有机胺添加剂如乙二胺的加入能够使镀金液在 pH=5～8 范围内稳定。在镀金液中同时加入多胺和硝基化合物，可使 pH 值维持在 4.5 左右。这也可以使亚硫酸

盐镀液更加实用化。同时，为了保证镀液的稳定性，可加入辅助配位剂（如柠檬酸盐、酒石酸盐、有机多膦酸、EDTA等）和稳定剂。在亚硫酸盐镀金液中加入2,2-联吡啶能够起到很好的稳定作用。根据配合物的软硬酸碱原理，软酸与软碱、硬酸与硬碱可形成更稳定的配合物[48]。一价金离子 Au^+ 是一种很强的软酸，它与软碱可形成很稳定的配合物，对 Au^+ 而言，它对配位剂的亲和力有以下顺序：含硫配位剂＞含氮配位剂＞含氧配位剂，即 S＞N＞O。

对于含硫基团：

$$C{=}S > C{-}S^- > C{-}S{-}S{-}C > \text{含硫杂环(如噻吩)}$$

含硫化合物：

$$CN^- > S_2O_3^{2-} > (H_2N)_2C{=}S > C_6H_5S^- > SO_3^{2-} > SCN^- > C_6H_5SH$$

由此顺序我们可以得出以下结论：

① Au^+ 可同以上序列的化合物或其衍生物形成稳定的配合物或配盐，如亚硫酸金钠、硫代硫酸金钠等。

② 硫代硫酸金钠的稳定常数比亚硫酸金钠高很多，在 Au^+-SO_3^{2-}-$S_2O_3^{2-}$ 体系中形成的配合物以 $[Au(S_2O_3)_2]^{3-}$ 为主。

③ Au^+ 可同以上序列的多个化合物或与一些含氮的配位剂形成混合配体配合物，如 $[Au(SO_3)(S_2O_3)]^{3-}$、$[Au(NH_3)_2(SO_3)_2]^{3-}$ 等，它们的稳定常数可以比单一配体的高，也可以比单一配体的低，人们可以选用比单一配体的高的配合物构成电镀液[50]。

硫代硫酸盐电镀金主要采用 $Na_2S_2O_3$ 或 $(NH_4)_2S_2O_3$ 作为配位剂，对这种镀液的开发主要是由于硫代硫酸盐的环保性和 $Au(S_2O_3)_2^{3-}$ 配离子稳定常数较大（约 10^{26}），但 $S_2O_3^{2-}$ 易发生分解反应，获得的镀金层中还有少量 S 夹杂，这些都限制了硫代硫酸盐镀液的实际应用。要配制稳定的硫代硫酸盐镀液需要使用较低浓度的 $S_2O_3^{2-}$，并且要在 pH＞9 的条件下操作，或使用亚磺酸［通式为 R—S（═O）—OH 的一类化合物］作为镀液的稳定剂[51]。

Osteryoung 等[52] 以硫代硫酸盐和碘化物作为配位剂，获得了稳定性较高的镀液，可以在 pH＝9.3 的条件下施镀。研究结果表明，镀液中主要存在 $Au(S_2O_3)_2^{3-}$ 配离子，没有发现 Au^+ 与 I^- 形成的配合物。在最佳条件下，硫代硫酸盐镀液可以获得半光亮、整平性和均匀性良好的镀金层，阴极电流效率接近100％，最佳电流密度范围在 0.1～0.5A/dm^2。

在亚硫酸盐镀液中加入硫代硫酸盐就形成了亚硫酸盐-硫代硫酸盐复合镀液，与单独配位剂相比，镀液的稳定性有很大提高，而且不需添加任何稳定剂，镀液可以在中性和弱酸性条件下使用，因此该镀液的应用范围更广。该镀液的高稳定性是由于硫代硫酸盐与 Au^+ 或亚硫酸盐和硫代硫酸盐共同与 Au^+ 形成了稳定常数更高的配合物，亚硫酸盐的存在使硫代硫酸盐的分解减少到很低，也少了镀液中 S 的生成[49]。Osaka[53,54] 首先研究了使用等浓度的 Na_2SO_3 和 $Na_2S_2O_3$ 共同为配位剂，$NaAuCl_4$ 为主盐的镀金液，镀液中同时加入一定量的 Na_2HPO_4 和 Tl_2SO_4。此镀液在 pH=6.0 的弱酸条件下相对稳定，镀液中不需加入稳定剂，镀液中离子的形成过程可以表示为：

$$Au^+ + SO_3^{2-} + S_2O_3^{2-} \rightleftharpoons [Au(SO_3)(S_2O_3)]^{3-}$$

该镀液可获得质量较好的镀金层，镀层硬度为 $80kg/mm^2$，Tl^+ 的加入起到了很好的晶粒细化作用。Sullivan 等[55] 研究了硫代硫酸金配合物的还原反应，并计算了相应的动力学参数。Roy 等[56] 研究了 $S_2O_3^{2-}$-SO_3^{2-} 镀金中碳上的成核机理。

2010 年福州大学孙建军教授[28] 提出用嘌呤类化合物及其衍生物作为金的主配位剂，嘌呤是由嘧啶环与咪唑环组合而成的双环化合物，配位能力最强的还是咪唑环上的亚胺氮原子。嘌呤上随取代基的不同，自然界有鸟嘌呤、腺嘌呤、次黄嘌呤、黄嘌呤、6-巯基嘌呤及其衍生物，它们都是无毒或微毒的物质，可以同 Au^{3+} 和 Au^+ 形成稳定的配合物。在氯金酸盐或者亚硫酸金盐液中加入蛋氨酸、L-半胱氨酸、2-硫代巴比妥酸、硫酸铜、硝酸铅、硒氰化钾、酒石酸锑钾中的一种或者几种作光亮剂，就可形成很稳的镀金液。该镀液获得了中国发明专利，其应用实例如下：氯金酸钠 10g/L，腺嘌呤 24.3g/L，KNO_3 10.1g/L，KOH 56.1g/L，硝酸铅 0.3g/L，电流密度 $0.1A/dm^2$，pH 13.5，浴温 40℃。该发明的无氰镀金电镀液化学稳定性很好，而且在电镀过程中不需要除氧，操作简单，镀金层的晶粒细致、光亮且结合力好，能满足装饰性电镀和功能性电镀等多领域的应用。

海因类配位剂是乙内酰脲的衍生物，它与 Au^{3+} 和 Au^+ 都可发生配位反应。Au^+ 可与 1-甲基乙内酰脲（MH）发生配位反应生成$[Au(MH)_2]^-$（稳定常数约为 10^{17}），Au^{3+} 可与 5,5-二甲基乙内酰脲（DMH）发生配位反应生成$[Au(DMH)_4]^-$（稳定常数约为 10^{21}）。Y. Ohtani 等[57] 对乙内酰脲体系配位剂与 Au^{3+} 形成的配合物的稳定性进行了研究。这些配合物主要包括 1-甲基乙内酰脲（MH）、5,5-二甲基乙内酰脲（DMH）、1,5,5-三甲基乙内酰脲（TMH）。研究结果表明，稳定常数的数值为 TMH>DMH>MH。Y. Ohtani[58] 还以 $HAuCl_4$ 为主盐、磷酸盐和磷酸二氢盐为 pH 缓冲剂和导电盐，分别研究了 MH、DMH 和 TMH 三种镀液的性能。这三种镀液都有相对较好的稳定性，在 DMH 和 TMH 镀液中可以获得均一、致密的镀金层，沉积速率可达到 40.8mg/（A·min)，电流效率可达 100%。应用旋转圆盘电极对极限电流密度的测试结果表明，在 MH 镀液中电子转移的数量明显少于 DMH 镀液，因此在 MH 镀液中形成了 Au^+ 配合物。Y. Ohtani 等[59] 对 5,5-二甲基乙内酰脲电镀金做了比较详尽的研究，对该镀液的组成和工艺条件进行了优化。当镀液中 Au^{3+} 浓度为 0.04mol/L，配位剂浓度为 Au^{3+} 浓度的 6 倍，pH 值为 8，温度为 60℃时，阴极电流效率可达 100%。镀液中 Tl^+ 的加入使金的沉积电势正移，增大了电流密度范围，加快了金的沉积速度。Tl^+ 起到了很好的晶粒细化作用，有助于获得光亮的镀金层。

2014 年安茂忠等[60] 发明了一种多配位剂无氰电镀金镀液，其特征在于所述海因衍生物为乙内酰脲、5,5-二甲基乙内酰脲等，辅助配位剂为柠檬酸钾、柠檬酸铵、硫代氨基脲等，添加剂为有机添加剂或者是无机添加剂和有机添加剂的混合物，添加剂中各组分的浓度为 0.5～30g/L。所述无机添加剂为金属盐、非金属盐、非金属氧化物中的一种或几种的混合物；有机添加剂为硫脲、丁炔二醇、丁二酰亚胺、烟酸、烟酰胺等。电镀金镀液的组成为：5,5-二甲基乙内酰脲 35g/L，硫代氨基脲 5g/L，柠檬酸钾 5g/L，氢氧化钾 10g/L、碳酸钾 30g/L、氯化金钾 20g/L、组合添加剂 2mL/L，所述组合添加剂组成为硫酸镍 5g/L、二氧化硒 1g/L、聚乙烯亚胺 10g/L、烟酸 10g/L、L-甲硫氨酸 5g/L。调整镀液 pH 值为 9，镀液温度 50℃，电流密度 0.8A/dm^2，适当搅拌，电镀时间 80min，得到金黄全光亮、外观均匀平整、SEM 观测微观结晶均匀致密、无裂纹的镀金层。

2016 年石明[41] 直接用聚二硫二丙烷磺酸钠或苯基二硫丙烷磺酸钠作主配位剂来镀金，也取得很好的效果，还获得了发明专利，该镀液含金计 12g/L 的三氯化金、以二硫基计 93g/L 的磺酸二硫化物和 14g/L 的硝基酚及 0.30g/L 的三氧化二砷。所述磺酸二硫化物为聚二硫二丙烷磺酸钠或苯基二硫丙烷磺酸钠。证明含硫有机物可以作为镀金的主配位剂。

2016 年石明[42] 还提出用杂环硫醇作主配位剂的无氰镀金液，而且还获得了发明专利。所述的电镀液，包含以金计 12g/L 的三氯化金、以巯基计 43g/L 的杂环硫醇、0.36g/L 的醇胺化合物和 0.18g/L 的三氧化二锑。其中杂环硫醇为 2-噻吩硫醇、3-噻吩硫醇、2-巯基吡啶或 4-巯基吡啶，所述醇胺化合物为 C_1～C_4 醇胺。2017 年黄兴桥[46,47] 以磺酸卡宾（笔者估计是 2,5-环二唑-N,N'-二丙烷磺酸）作主配位剂的金盐也称为磺酸卡宾金，是最新刚出现的一种新型无氰的金盐，用它和其它组分可以组成适合微电子用的无氰软金镀液和适合接插用的无氰硬金镀液。目前这两种镀液已获中国发明专利。但专利上画出的结构式笔者认为可能有误

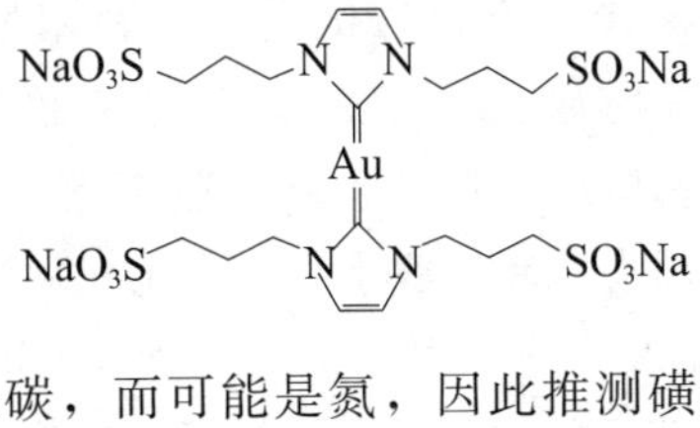

因为与金配位的不可能是碳，而可能是氮，因此推测磺酸卡宾金具有以下的可能结构

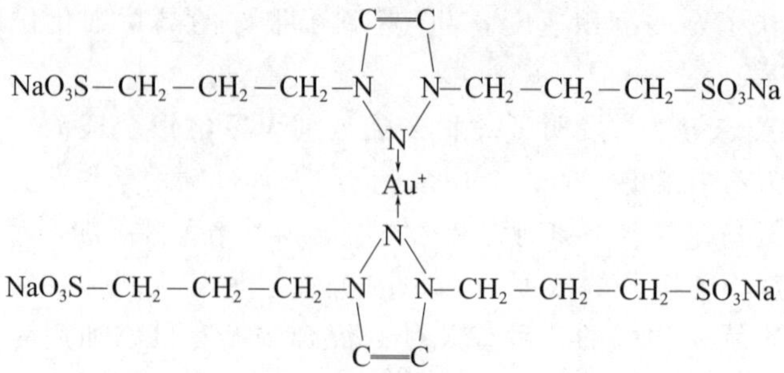

```
                                  C══C
                                 /    \
NaO3S—CH2—CH2—CH2—N          N—CH2—CH2—CH2—SO3Na
                                 \    /
                                   N
                                   ↓
                                  Au+
                                   ↑
                                   N
                                 /    \
NaO3S—CH2—CH2—CH2—N          N—CH2—CH2—CH2—SO3Na
                                 \    /
                                  C══C
```

1,2,5-环三唑-*N*,*N*′-二丙烷磺酸金(磺酸卡宾金)

12.3.3 镀金添加剂的进展 [31]

在什么条件下镀层才会显出光亮来，根据作者多年对光亮电镀和电解抛光过程的研究，发现镀层的光亮和镀层表面或底材表面是否平整有极大的关系，也和镀层晶粒的大小有很大关系。通俗来说就是“不细不光，不平不亮”，要得到光亮的镀层，必须同时满足镀层表面平整干净和晶粒细小两个条件，两者缺一不可，这就是作者提出“平滑细晶理论”的中心思想。根据这一观点，要提高镀层的光亮度的方法有多种，最主要的是：①加入易在阴极上还原的有机物，使阴极极化大大提高，使镀层晶粒细化；②加入适当的整平剂使镀层表面平整；③加入杂质掩蔽剂或除杂剂，消除杂质对镀层表面光亮度的影响；④加入润湿剂，使氢气少产生或使氢气快速离开镀件表面，防止镀层表面出现针孔和气道。这些条件也就是开发光亮电镀液必须考虑的因素。

(1) 加入易在阴极上还原的有机物

当有机物或某些金属离子的还原电位与金配离子的还原电位接近或更正时，它们的还原将显著抑制金离子的还原，使金离子还原的阴极极化大大提高，镀层的晶粒变细，镀层的光亮度提高。各种含硫的有机物、含不饱和键，特别是含三键的炔类以及芳香醛、酮类化合物，都是常用的有机光亮剂。

常用的含硫光亮剂有硫脲、亚乙基硫脲、2-噻唑啉-2-硫醇、苯磺酰脲、邻甲酰基磺酸、糖精、L-甲硫氨酸、硫代氨基脲、*N*,*N*-二甲基二硫代氨基甲酸-（3-磺丙基）酯、3-巯基丙磺酸-（3-磺丙基）酯、3-巯基丙磺酸钠盐、双磺丙基二硫化物、3-（苯并噻唑基-*S*-硫代）丙磺酸钠盐等。含不饱和键，特别是含三键的炔类以及芳香醛、酮类化合物有丁炔二醇、烟酸、2,2′-联吡啶、烟酰胺、1-苄基吡啶-3-羧酸盐、腺嘌呤、鸟嘌呤、次黄嘌呤、胞嘧啶、尿嘧啶、胸腺嘧啶、2-氨基吡啶、3-氨基吡啶、香草醛、胡椒醛等。这些光亮剂的用量范围约为 0.1～5g/L。镀液中这类添加剂的加入，一方面可以提高镀金层的光亮性，另一方面还可以提高沉积光亮镀层的电流密度，提高镀层的沉积速度和阴极电流效率。

除了有机光亮剂外，无机光亮剂也经常在镀金液中使用，常用的无机光亮剂有 Ni^{2+}、Co^{2+}、Pd^{2+}、Cu^{2+}、Sn^{2+}、Ag^{+}、Pb^{2+}、Fe^{2+}、In^{3+}、Tl^{+}、稀土

Re^{3+}、Se、Te、Sb、As、Mo 等，含量范围为 0.5～10g/L。大部分无机添加剂都会夹杂在镀金层中，并与金以合金的形式沉积出来。添加剂的夹杂在改变镀层光亮性和颜色的同时，也对镀层的纯度、应力、硬度、抗张强度、耐磨性能和延展性等带来重要影响。

在 DMH 镀金液中获得的镀金层虽然均匀、完整，但光亮性很不理想，要想获得光亮的镀金层，在镀液中必须加入合适的光亮剂。日本学者在 DMH 镀液中加入了 Tl^+ 作为晶粒细化剂，获得了结晶细致、均匀，外观光亮的镀金层。但 Tl^+ 毒性较大，仍然不能满足无毒、环保的要求。杨潇薇[31] 在 DMH 镀金液中进行了光亮剂种类和用量的优选，结果见表 12-21。

表 12-21 添加剂对镀金层外观的影响

添加剂	添加量/(g/L)	外观质量/分
无	0	70
烟酸	0.1～2	80
丁炔二醇	0.1～0.5	85
硝酸铈	0.01～0.1	80
硫脲	0.1～1	70
糖精	0.1～0.5	85
吡啶	0.1～1	70
烷基磺酸盐	0.5～1	70
2,2′-联吡啶	0.1～0.5	75
3,5-二硝基苯甲酸	0.1～0.5	60
聚乙烯多胺($n=100$)	0.1～0.5	60
十二烷基硫酸钠	0.1～0.5	75
土耳其红油	镀液分解	—
三乙醇胺	镀液分解	—
亚硒酸钠	镀液分解	—
硫醇	镀液分解	—

从表中数据可以看出，镀液中加入烟酸、丁炔二醇、硝酸铈和糖精，一方面可以提高镀金层的光亮性，另一方面还可以提高沉积光亮镀层的电流密度，提高镀层的沉积速度和阴极电流效率。这些光亮剂的用量范围在 0.1～5g/L。其中光亮效果较明显的是丁炔二醇和糖精，若再加入一定量的十二烷基硫酸钠，获得的镀金层光亮性进一步提高。因此，DMH 镀金液中确定的光亮剂组合为丁炔二醇、糖精和十二烷基硫酸钠。

安茂忠等[36] 对镀金无机添加剂和有机添加剂的组合提出了看法，以下是他们在专利中提出的几种组合方式：

① 酒石酸锑钾 10g/L、聚乙二醇 5g/L、鸟嘌呤 5g/L、丁二酰亚胺 5g/L，电镀金中添加剂的用量为 0.5mL/L。

② 亚硒酸钾 5g/L、糖精 10g/L、1,4-丁炔二醇 5g/L、十二烷基硫酸钠 1g/L，添加剂的用量为 10mL/L，得到的镀层均匀平整、金黄全光亮，SEM 观测微观结晶均匀细小、平整致密、无裂纹。

③ 腺嘌呤 10g/L、香草醛 2g/L、次黄嘌呤 2g/L、十二烷基苯磺酸钠 1g/L，电镀金中添加剂的用量为 30mL/L。

④ 硫酸镍 5g/L、二氧化硒 1g/L、聚乙烯亚胺 10g/L、烟酸 10g/L、L-甲硫氨酸 5g/L，电镀金中添加剂的用量为 40mL/L。

⑤ 酒石酸锑钾 10g/L、硫酸铜 10g/L、聚乙烯醇 5g/L、尿嘧啶 2g/L、十二烷基硫酸钠 1g/L，电镀金中添加剂的用量为 50mL/L。

⑥ 吡啶 5g/L、胡椒醛 2g/L、硫脲 2g/L、腺嘌呤 5g/L，电镀金中添加剂的用量为 5mL/L。

⑦ 糖精 10g/L、胡椒醛 2g/L、十二烷基硫酸钠 1g/L 配制电镀金添加剂，电镀金中添加剂的用量为 10mL/L。

⑧ 硫酸铜 5g/L、亚硒酸钠 2g/L、咪唑 2g/L、糖精 10g/L、硫脲 2g/L、乙二胺四乙酸 5g/L，电镀金中添加剂的用量为 20mL/L。

⑨ 亚硒酸钠 5g/L、鸟嘌呤 5g/L、香草醛 2g/L、丁炔二醇 10g/L，电镀金中添加剂的用量为 70mL/L。

添加剂的加入使得镀液性能和镀层性能得到很大程度的提高，而且该发明所述的组合添加剂具有极高的稳定性、在镀液中不发生分解，可以提升电沉积速率、不影响阴极电流效率、扩大允许的工作温度和电流密度范围，获得性能优异的镀金层，各种添加剂在整个组合中具有协同、配位的作用，多组分添加剂在镀液中的作用缺一不可。加入添加剂后的无氰电镀金体系可以适用于不同领域的生产要求，达到替代氰化物电镀金的目的，实现镀金工艺的绿色环保化。上述发明所得电镀金添加剂不含有剧毒物质，经过多次恒电流施镀后添加剂无沉淀、变色等现象，在很宽的温度范围、电流密度范围内均能得到金黄全光亮、外观均匀平整、SEM 观测微观结晶均匀致密、无裂纹、性能优异的镀金层，保证了加入添加剂后的无氰电镀金体系可以应用于不同领域的生产要求，实现完全替代氰化物电镀金的目的，实现镀金工艺的绿色环保化。

亚硫酸金（Ⅰ）盐液中加入次磷酸盐、DMAB、甲醛、肼、硼氢化物等还原剂时会造成金盐的水溶液不稳定，容易发生歧化反应，因此必须添加适当的稳定剂，诸如乙二胺、三乙醇胺、EDTA、溴化钾、苯并三氮唑等。这些添加剂可与亚硫酸镀金液中一价金离子形成更稳定的配合物，因此镀液的稳定性得到提高。此外还需加入一些促进剂或光亮剂，如 N,N-二甲基二硫代氨基甲酸-（3-磺丙基）酯、3-巯基丙磺酸-（3-磺丙基）酯、3-巯基丙磺酸钠盐等促进剂的用量为

$0.5\times10^{-6}\sim100\times10^{-6}$。

（2）加入杂质掩蔽剂或除杂剂

工业级的原料中都会含有大量的金属杂质。它们会影响镀层的外观与性能，因此必须设法除去这些杂质。除去金属杂质的方法很多，如沉淀法、电解法、置换法和掩蔽法等。常用的掩蔽法就是在镀液中加入适当的螯合剂，它与杂质金属离子形成高稳定性的螯合物，不会在镀金时析出杂质金属，也就消除了杂质金属的干扰。可与杂质 Fe、Cu、Zn、Ni 等离子形成高稳定性螯合物的螯合剂有三乙醇胺、酒石酸钾钠、葡萄糖酸钠、植酸钠、羟基亚乙基二膦酸钾和 EDTA 钠盐等。上述螯合剂的羟基、羧基、膦酸基和氨基在强碱性条件下可与铁等杂质离子形成比金更稳定的螯合物，使铁等杂质不能在阴极析出，使镀金层变得清亮，无雾状，大大缩短新配槽液的预电解除杂时间。

12.3.1~12.3.3 参考文献

[1] 冯慧峤．乙内酰脲体系无氰电镀金工艺的研究[D]. 哈尔滨:哈尔滨工业大学,2010.

[2] Zilske W,Kuhn W. Cyanide-free Electroplating Bath for Deposition of Gold and Gold Alloys [P]. US 6165342(2000-5-14).

[3] 蔡积庆．亚硫酸盐镀金[J]. 电镀与环保，2000,20(6):16-17.

[4] Osaka T,Kato M,Sato J. Mechanism of Sulfur Inclusion in Soft Gold Electrodeposited from the Thiosulfate-Sulfite Bath[J]. Journal of the Electrochemical Society. 2001,148(10): 659-662.

[5] 蔡积庆．无氰镀金[J]. 电镀与环保，2002,22(1):11-12.

[6] Fang Jingli(方景礼). Electroless gold plated electronic components and method of producing the same[P]. US Pat 6533849(2003-3-18).

[7] Green T A,Liew M J, Roy S. Electrodeposition of Gold from a ThiosulfateSulfite Bath for Microelectronic Applications[J]. Journal of the Electrochemical Society, 2003,150(3): 104-110.

[8] Kitada,Katsutsugu,Shindo,et al. Gold Plating Solution and Plating Process[P]. US 6565732(2003-9-7).

[9] 阿部美和,今滕桂．用于镀金的无氰型电解溶液[P]. CN 1497070A(2004-5-19).

[10] 张邦林．亚硫酸盐无氨镀金的工艺特性研究[J]. 涂料涂装与电镀，2004,2(1):30-32.

[11] 方景礼．印制板化学镀镍置换镀金工艺[J]. 电镀与涂饰,2004,23(4):34-39;印制板的表面终饰工艺系列讲座-第五讲印制板化学镀镍/置换镀金新工艺[J]. 电镀与涂饰，2004,23(8):34-39.

[12] Hayashi,Katsunori,Hirose,et al. Displacement Gold Plating Solution[P]. US 6767392B2 (2004-7-27).

[13] Liew M J,Sobri S,Roy S. Characterisation of a Thiosulphate-sulphite gold electrodeposition process[J]. Electrochimica Acta, 2005,51:877-881.

[14]水谷文一,鹰羽宽,石川诚,等. 镀金液及镀金方法[P]. CN 1643185A(2005-7-2).

[15] Ohtani Y,Sugawara K,Nemoto K. Investigation of Bath Computisions and Operation Conditions of Gold Plating Using Hydantoin-GoldComplex[J]. Journal of the Surface Finish, 2006,57(2):167-171.

[16] Ivey D G,He A, Liu Q,et al. Development of stable,non-cyanide solutions for electroplating Au-Sn alloy films[J]. Journal of Materials Science, 2006,17:63-70.

[17] 郭承忠,梁成浩,杨长江. 亚硫酸盐电镀金-钴合金工艺的研究[J]. 电镀与环保, 2006,26(6):11-13.

[18] Yevtushenko O,Natter H, Hempelmann R. Influence of Bath Composition and Deposition Parameters on Nanostructure and Thermal Stability of Gold[J]. Journal of the Solid State Electrochem, 2007,11:138-143.

[19] 刘海萍,李宁. 无氰镀金工艺的研究[J]. 电镀与环保,2007,27(4):26-28.

[20] 黎松强,吴馥萍. 提高化学镀金沉积速率相关因素研究[J]. 黄金,2007,28(1):5-8.

[21] 吴赣红,李德良,董坤,曹环. 一种无氰化学镀金工艺的研究[J]. Ulphite Mater Electron, 2009,20:543-550.

[22] He A,Liu Q,Iveyl D G. Electroplating of gold from a solution containing tri-ammonium citrate and sodium sulphite[J]. Journal of Materials Science-Materials in Electronics,2009, 20(6):543-550.

[23] Lin J C,Chang T K,Yang J H. Localized electrochemical deposition of micrometer copper columns by pulse plating[J]. Electrochimica Acta,2010,55(6):1888-1894.

[24] Ugur E,West A C. Simulation of electrochemical nucleation in the presence of additives under galvanostatic and pulsed plating conditions[J]. Electrochimica Acta, 2010, 56(2): 977-984.

[25] 冯慧峤. 乙内酰脲体系无氰电镀金工艺的研究[D]. 哈尔滨:哈尔滨工业大学,2010.

[26] 安茂忠,杨培霞,张锦秋,杨潇薇,冯慧峤. 无氰电镀金的镀液及采用无氰电镀金的镀液电镀金的方法[P]. CN 101906649 A(2010-12-8).

[27] 梁继荣,董振华. 无氰化学镀金镀液及无氰化学镀金方法[P]. CN 101892473 A(2010-10-2).

[28] 孙建军,陈金水. 一种无氰镀金电镀液[P]. CN 101838828 A(2010-9-22).

[29] 杨潇薇,安茂忠,冯慧峤,等. 乙内酰脲无氰电镀金工艺[J]. 材料保护,2011,44(10):31.

[30] 李冰,李宁,谢金平,王恒义,王群,高帅. 一种无氰置换镀金技术的研究[J]. 2012 秋季国际 PCB 技术信息论坛,2012:p443-448.

[31] 杨潇薇. DMH 体系无氰电镀金工艺及金电沉积行为研究[D]. 哈尔滨:哈尔滨工业大学,2012.

[32] 李兴文. 不同镀金工艺的对比[J]. 表面工程,2012(3):22-25.

[33] 孙建军,张国明,邱清一,陈金水. 一种无氰镀金电镀液[P]. CN 102383154 A(2012-3-21).

[34] 叶伟炳. 一种电镀金溶液及电镀金方法[P]. CN 102758230 A(2012-10-31).

[35] 刘茂见. 一种双脉冲电镀金的工艺[P]. CN 103806053 A(2014-5-21).

[36] 安茂忠,任雪峰,张锦秋,宋英,刘安敏. 无氰光亮电镀金添加剂及其应用[P]. CN 103741180 A(2014-4-23).

[37] 朱忠良. 一种无氰电镀金镀液及使用其的电镀工艺[P]. CN 104233384 A(2014-12-24).

[38] 曹小云．基于氯化胆碱的无氰置换镀金工艺的研究[D]. 常州：常州大学，2015.

[39] 帅和平．抗氧化剂对无氰镀金工艺的影响研究[J]. 印制电路信息，2015(12)：62-65.

[40] 赵林南，张娜，张颖，田栋，陶珍东．添加剂对压电陶瓷表面化学镀金工艺的影响[J]. 材料保护，2016，49(4)：33-35.

[41] 石明．一种磺酸二硫化物无氰镀金的电镀液及电镀方法[P]. CN 105332019A(2016-2-17).

[42] 石明．一种杂环硫醇无氰镀金的电镀液及电镀方法[P]. CN105369303A(2016-3-2).

[43] 谢金平，李冰，范小玲，李宁，宗高亮．有机胺体系无氰电镀金镀液及方法[P]. CN105350035A(2016-2-24).

[44] 丁启恒，吕泽满，郝志峰，陈世荣，余坚．一种复配无氰镀金液及其制备方法[P]. CN105937028 A(2016-9-14).

[45] 黄剑贞，朱琼霞．无氰镀金技术的研究进展[J]. 广东化工，2016，43(10)：141.

[46] 黄兴桥，崔皓博．一种无氰镀软金的电镀液及其电镀方法[P]. CN106521575A(2017-3-22).

[47] 黄兴桥，崔皓博．一种无氰镀硬金的电镀液及其电镀方法[P]. CN106757200A(2017-5-31).

[48] 毕四富，刘海平，王尧，曹立新．添加剂对亚硫酸盐体系化学镀金的影响研究[J]. 电子电镀，2017，12(4)：15-19.

[49] 李小军，程臻君，陈建飞，江建平，王源平，朱卫峰．电铸金添加剂对 3D 硬足金工艺产品的影响[J]. 电镀与涂饰，2018，37(1)：1-6.

[50] 方景礼．电镀配合物——理论与应用[M]. 北京：化学工业出版社，2007.

[51] Alymore M G，Muir D M. Thiosulfate leaching of gold-A review[J]. Minerals Engineering，2001，14(2)：135-174.

[52] Wang X，Issaev N，Osteryoung J G. A novel gold electroplating system：gold(I)-iodide-thiosulfate[J]. Journal of the Electrochemical Society，1998，145(3)：974.

[53] Osaka T，Kodera A，Misato T. Electrodeposition of soft gold from a thiosulfate-sulfite bath for electronics applications[J]. Journal of the Electrochemical Society，1997，144(10)：3462-3469.

[54] Osaka T，Okinaka Y，Sasanoc J. Development of new electrolytic and electroless gold plating processes for electronics applications[J]. Science and Technology of Advanced Materials，2006，7(5)：425-437.

[55] Anne M. Sullivan，Paul A. Kohl. Electrochemical Study of the Gold Thiosulfate Reduction [J]. J. Electrochem. Soc.，1997，144(5)：1686-1690.

[56] Sobri S，Roy S，Aranyi D，et al. Growth of electrodeposited gold on glassy carbon from a thiosulphate-sulphite electrolyte[J]. Surf. Interface Anal.，2008，40：834-843.

[57] Ohtani Y，Saito T，Sugawara K. Coordination equilibra of hydantoin derivatives with gold ions[J]. Journal of the Surface Finish，2005，56(8)：479-480.

[58] Ohtani Y，Sugawara K，Nemoto K. Investigation of hydantoin derivatives as complexing agent for gold plating[J]. Journal of the Surface Finish，2004，55(12)：933-936.

[59] Ohtani Y，Sugawara K，Nemoto K. Investigation of bath computisions and operation conditions of gold plating using hydantoin-gold complex[J]. Journal of the Surface Finish，2006，57(2)：167-171.

[60] 安茂忠，任雪峰，杨培霞，宋英，刘安敏．一种多配位剂无氰电镀金镀液及电镀金工艺[P]. CN 103741181 A(2014-4-23).

12.3.4 21世纪镀银配位剂和添加剂的进展

银有着独特的银白色光泽，化学性质稳定，作为装饰性镀层在餐具、首饰等工艺品上很受广大群众欢迎；银镀层的电导率和钎焊性能优良，广泛应用于电气与电子工业中的电接触材料和印制板的焊接材料。镀银已有160多年的历史，但镀液的主要成分仍然是氰化银钾和氰化钾。由于氰化钾的剧毒性，2003年12月，国家发改委公布产业结构调整指导目录（征求意见稿），将“含氰电镀”列为“淘汰类”项目，但对电镀金、银、铜基合金及预镀铜打底工艺暂缓淘汰。可见，无氰电镀代替有氰电镀仍然是一个必然的趋势。

Ag^+ 和 Au^+ 的性质非常接近，它们所用配位剂也大同小异。21世纪以来国内外对无氰镀银进行了广泛的研究，也取得了许多成果，主要研究了两类不同的银配合物：①无机配合物，如硫代硫酸盐、碘化物、亚硫酸盐、硫氰酸盐、三偏磷酸盐、焦磷酸盐等；②有机配合物如丁二酰亚胺、乙内酰脲、乳酸、硫脲等，开发了一批有实用价值的新工艺，如硫代硫酸盐镀银、烟酸镀银、NS镀银、磺基水杨酸镀银等，也出现了一大批专利，极大地促进了无氰镀银工艺研究的进展，但这些工艺均不成熟，无法彻底取代有氰镀银[1]。

2005年王思醇[2]比较了过去开发的多种有影响的配合物无氰镀银的性能，结果如表12-22所示。

表12-22　过去开发的多种有影响的无氰镀银的性能

测试项目	氰化镀银	硫代硫酸盐镀银	NS镀银	磺基水杨酸镀银	烟酸镀银
结合力	良好	一般	好	好	良好
抗硫性	12	9	8	6	8
含硫量	2.4	11	7	5.5	2.5
钎焊性	95	64	70	78	86
深镀能力	87	43	49	44	78
分散能力	54	40	42	40	50
电流效率	99	84	86	81	96.8
沉积速度	12	6	7	6	11
硬度	90～100	160～170	160～170	150～160	120～130
表面电阻	4	5.3	4.8	4.4	4.2
盐雾试验	差	一般	一般	可以	一般
孔隙率	7	16	12	11	8
内应力	0.47	1.9	1.4	0.9	0.8
延展性	10	8	11	10	9

续表

测试项目	氰化镀银	硫代硫酸盐镀银	NS 镀银	磺基水杨酸镀银	烟酸镀银
光亮度	1	0.4	0.5	0.65	0.85
膜层耐蚀性	14	10	10	18	12
气味	10	20	30	50	70
点焊性	良好	一般	一般	较好	好
槽液稳定性	良好	差	一般	较好	一般

结果表明：

① 结合力　硫代硫酸盐镀银、NS 镀银、磺基水杨酸镀银在弯曲断裂时均有不同程度的银粉脱落，硫代硫酸盐镀银最为严重。说明镀层脆性较强，不宜点焊。

② 抗硫性和含硫量综合比较　烟酸镀银较好，其次为磺基水杨酸镀银，但烟酸镀银成本较高，对 Cu^{2+} 太敏感，镀层表面易出现发黄微粒状物质。

③ 焊接性　根据钎焊和电阻焊综合比较，烟酸镀银较好，其次为磺基水杨酸镀银，但烟酸镀银电阻焊焊点周边易变色。

④ 孔隙率和膜层耐蚀性以及盐雾试验综合比较　磺基水杨酸镀银较好，烟酸镀银次之。

⑤ 从电流效率、分散能力、深镀能力、沉积速度综合分析　烟酸镀银较好，NS 镀银次之。

⑥ 从内应力、硬度、表面电阻、延展性综合比较　烟酸镀银较好，磺基水杨酸次之。

⑦ 从槽液稳定性和挥发气味综合分析　磺基水杨酸较好，烟酸镀银次之。

综合上述：硫代硫酸盐镀银，镀层焊接性能较差，抗变色能力不强，且槽液变黑（Ag_2S 沉淀）后，镀层一致性太差。NS 镀银孔隙率较多，抗变色能力不强，对 Cu^{2+}、Fe^{3+}、Fe^{2+} 等杂质较敏感，维护较难。磺基水杨酸镀银与 NS 镀银差不多，但对 Cu^{2+} 的敏感性没有那么强。烟酸镀银较好，但易挥发且有刺激性气味，成本较高，易有悬浮的异烟酸铜造成电镀质量下降。

无氰镀银添加剂主要有无机添加剂和有机添加剂两大类，无机添加剂主要是可溶性金属化合物，通常为 As、Bi、Co、Cd、In、Ni、Pb、Se、Sb、Te 和 Ti 等金属的硫酸盐、硝酸盐等无机酸盐、氧化物和氢氧化物，其中以 As、Bi、Sb、Se、Te 等的可溶性金属化合物为佳。有机添加剂主要是非离子型表面活性剂、聚胺类化合物、含氮杂环化合物、含硫化合物和氨基酸化合物。非离子型表面活性剂最好使用亲疏平衡值 HLB>11 的聚乙二醇（分子量为 1000～10000）、聚氧乙烯烷基醇等；聚胺类化合物有乙二胺、二亚乙基三胺、三亚乙基四胺、聚乙胺和聚亚乙基亚胺（分子量为 1000～10000）等，其中以聚亚乙基亚胺和聚乙胺为佳；环状含氮化合物有咪唑、1-甲基咪唑、苯并咪唑、苯并三氮唑、2,2′-联吡啶、邻菲咯啉等。含硫化合物有 NaSCN、$Na_2S_2O_3$、$K_2S_2O_3$、硫脲、乙基硫脲、氨基噻唑、巯基苯并噻唑；氨基酸化合物有酪氨酸、蛋氨酸、组氨酸、色氨酸和丝氨酸等[3]。苏永堂等[4] 对添加剂进行了分类，在酸性条件下对镀层起光亮或半光亮作用的添加剂有：硫代氨基脲、2-巯基苯并噻唑、2-甲基吡啶等含硫化合物和含氮杂环化合物；在碱性条件下，对镀层起光亮或半光亮作用的添加剂有：L-组氨酸、L-谷氨酸、聚亚乙基亚胺、乙二胺、聚乙胺等氨基酸和聚胺类化合物。有人发现增加硼酸有助于提高镀液的稳定性，增加聚环己亚胺有助于提高镀层的光亮性。酒石酸锑钾、酒石酸钾钠、硫脲、聚亚乙基亚胺、丁二酰亚胺、聚乙烯己二醇等有机添加剂能提高镀层的硬度。王春霞等[5] 在烟酸镀银溶液中添加硫代硫酸钠，可获得半光亮镀层。硫代氨基脲可促使硫代硫酸盐镀银溶液阳极溶解，并使镀层结晶细化。醛类及含氮羧酸的衍生物、含 C═S 结构的化合物可提高界面活性、镀层光亮度及整平的能力。单价金属的无氰镀液中，常选用有机磺酸盐化合物，促使镀液中硫代硫酸根离子稳定的氨基酸化合物，后者既具有胺的性质，又具有羧酸的性质。酚酞和聚烷氧基酚可以提高镀层的光亮性，2-巯基苯并噻唑及其磺化产物对银虽有一定光亮作用，但有时会使阳极发黑，镀层的抗变色性能不好。王春霞等[5] 还提到有人在无氰化物的金属配合物硫代硫酸盐中，添加氨基酸，以达到提高化学镀速的目的，以及有人选用了聚亚乙基亚胺这种水溶性化合物为光亮剂，还选用了柠檬酸或酒石酸为导电盐，可以镀出均匀、光亮的金银合金镀层。采用二乙烯醇、三丙烯醇、乙烯醇作为润湿剂可以得到无毒、抗变色的镀银液。21 世纪以来，无氰镀银虽然已有很多研究，但始终存在若干问题，无法真正替代氰化镀银。综合考查各种无氰镀银工艺，其问题归纳起来主要有：①镀层性能总体达不到商业要求，如镀层光亮度不够，与基体结合力不好或镀层夹杂有机物导致纯度不高、电导率下降等；②镀液稳定性差，对其他金属杂质比较敏感，导致电镀周期短，增加了应用成本；③工艺性能不能满足生产需要，镀液分散能力差，阴极工作电流密度低，阳极容易钝化等。同氰化镀银相比，无氰镀银操作工艺较复杂，维护困难，镀液稳定性不理想，难以大规模工业生产，因而目前镀银仍以氰化体系占主导地位。

无氰镀银工艺人们主要从配位剂和添加剂两个方面开展研究工作。一是寻找无毒或者低毒的配位剂，使其与银离子配合物的稳定常数尽可能与银氰配离子接近；二是开发光亮剂和表面活性剂。

12.3.5 21 世纪镀银工艺技术的进展

2000 年日本专利公开了一种电镀银或银合金的镀液，它含有银盐或者含有银盐及水溶性的下列金属盐类的混合物：Sn、Bi、Co、Sb、Ir、Pb、Cu、Fe、Zn、Ni、Pd、Pt 和 Au。该镀液还含有至少一种脂肪族硫化物，此化合物含有至少一个醚氧键和1-羟基丙基基团或羟基丙烯基基团，没有碱性叔氮原子。该镀银及其合金镀液的优点是不含氰化物，可以保证镀液连续工作6个月或更长时间不分解。

2000年欧洲专利[7] 发明了一种浸镀银工艺。该浸镀银溶液由一种可溶性银离子源、一种酸和添加剂所组成。其中的添加剂由下列物质中选择：脂肪胺类、脂肪酰胺类、季铵盐类、两性盐类、树脂胺类、树脂酰胺、脂肪酸、树脂酸，这些物质的羟乙基化变体以及它们的混合物。该溶液用来处理铜件表面，可以加强其可焊性，可用于印制电路板的制造中。该浸镀银层比常规镀银层具有更高的抗电迁移能力，浸银工艺成本低，通用性强。

2001年美国专利[8] 中提出在烷基磺酸、烷基磺酰胺或烷基磺酰亚胺无氰镀银液中，用有机硫化物和有机羧酸作光亮剂。

2001年，王兵等[9] 以甲基磺酸银为主盐，柠檬酸和硫脲为辅助配位剂，加入SH-1和SH-2光亮剂，在室温，阴极电流密度为0.5A/dm^2 条件下，得到了光亮银镀层。

2001年，白祯遐[10] 介绍了亚氨基二磺酸铵（NS）碱性（pH=8～9.5）无氰光亮镀银，其所在的西北机器厂表面处理分厂从1975年底以来就一直使用NS镀银，且基本没有出现大的故障，镀液稳定性不低于氰化镀银液，分散能力和深镀能力也较好，镀层质量优良，但镀液中氨易挥发，pH变化较大，对Cu、Fe杂质较敏感。NS无氰镀银工艺是我国20世纪70年代四机部重点科研攻关项目[11]。

2002年，蔡积庆[12,13] 概述了多种Sn-Ag合金无氰镀液，获得了均匀致密平滑的Sn-Ag合金镀层，该镀液适用于电子部件的可焊性镀层，以取代传统的Sn-Pb合金镀层。

2002年胡进等[14] 发明了一种氰化镀银光亮剂，目前商品化的氰化镀银光亮剂绝大部分含硫，在电沉积过程中容易分解，生成的小分子硫化物会夹杂在镀层中，易使镀层变色，而且电镀时的电流密度范围较窄，操作温度较低（5～20℃），不适合气温较高地区使用。新发明的氰化镀银光亮剂的组成为：酒石酸锑钾200～400g/L，酒石酸钾钠50～200g/L，其中溶剂为水。配制时只要将两种药剂溶于一升水即可。这种不含硫的光亮剂，克服了含硫光亮剂易使银层变色的缺点，且在氰化镀银过程中可起导电和提高阴极电流密度上限的作用，也使电镀时的操作温度范围变宽到5～40℃，方便于不同温区的地方使用。

同年左正忠等[15] 还公开了用二甲胺和咪唑与环氧氯丙烷反应的产物作氰化镀银光亮剂的专利。其反应步骤为：将二甲胺溶液及咪唑置于反应器中搅拌加热至55～65℃，然后缓慢滴加环氧氯丙烷，滴加完毕后仍在55～65℃下搅拌35～45min，再将温度升至85～95℃，搅拌35～45min，停止搅拌，冷却到室温，放出反应物，加蒸馏水搅拌稀释至500mL，得淡黄色黏稠液，即为所需光亮剂。

用该光亮剂镀出的银层色泽均匀且不易变色，镀层硬度较高，耐磨性较好，与基体结合力强。与一般氰化物镀银相比，加新光亮剂的镀液具有较高的阴极电流密度范围和操作温度范围，且深镀能力较好。

同年左正忠等[16] 还公开了用酒石酸钾钠 100～250g/L，咪唑 10～20g/L 作氰化镀银光亮剂的专利，所得镀银液与镀银层的性能与上述两专利所述的性能相当。

2003 年，安茂忠等[17] 报道了碘化物镀液脉冲电镀 Ag-Ni 合金工艺，确定了 Ag-Ni 合金镀层的最佳镀液组成及工艺条件。

2003 年，Gerhard[18] 发明了一种无氰环保型无氰镀银液。银盐采用甲基磺酸银，配位剂是氨基酸或蛋白质，如甘氨酸、丙氨酸、胱氨酸、蛋氨酸以及维生素 B 群。

2004 年，杨勇彪等[19] 研究了以海因为配位剂的无氰镀银工艺，此配方可以大大提高镀液的稳定性，并使镀层光亮细致。美国电化学产品公司在同一年也推出了一种无氰镀银 E-Brite 50/50 工艺，据称这是一种革命性的无氰（光亮）镀银体系，无需预镀，无需外加光亮剂就可在铜、黄铜与青铜表面得到光亮银镀层，且分散能力、沉积速率、槽液稳定性均优于其他体系，但其成本及实际应用还有待观察。

2004 年武汉大学的左正忠[20] 将咪唑与环氧氯丙烷反应得到的淡黄色黏稠物，结合酒石酸钾钠等作为光亮剂，得到不易变色、硬度较高、耐磨性较好、与基体结合力强的光亮镀银层。该光亮剂同一般的氰化镀银光亮剂相比，具有电流密度范围较宽、深镀能力好等优点。

2004 年魏立安[21] 在硫代硫酸盐镀银工艺的基础上，通过加入辅助配位剂及光亮剂，获得了较为理想的无氰镀层，其镀层质量不亚于氰化镀银层。

2005 年，德国的 Hoffacker 和 Gerhard[22] 在基于一种配位剂 albuminateamino acid（简称为 EAS）及其衍生物的基础上，提出了一种新的无氰镀银工艺。经过赫尔槽和 1L 槽试验，发现能克服“WMRC 报告”中提到的三个缺陷，他们后续将进行 250L 大槽中试，据说对应用于实际生产相当乐观。该镀液主盐为甲基磺酸银，pH 值为 9.5～10，电流密度为 0.3～1.0A/dm^2，加入有机添加剂后能在黄铜上获得相当亮白的银层，且镀层性质与氰化镀银相当，甚至抗腐蚀性还高于氰化镀银层，成本与氰化镀银有很强的竞争力。

2005 年和 2007 年 Morrisaey 等人[23,24] 提出了一种以乙内酰脲及其取代化合物与银的配和物为银盐，2,2′-联吡啶作光亮剂的全光亮无氰镀银配方。

2005 年成旦红等[25] 发明了一种在磁场和脉冲电流作用下的无氰镀银的工艺方法，其工艺过程和步骤为：化学除油—化学除锈—光亮镀镍—活化处理—浸银—脉冲镀银—钝化—干燥—成品。

其中脉冲镀银的配方为：硝酸银 50～60g/L，硫代硫酸钠 250～350g/L，焦亚硫酸钾 90～110g/L，硫酸钾 20～30g/L，硼酸 25～35g/L，光亮剂 5mL/L；操作条件为：镀银液 pH 值为 4.2～4.8，温度 20～40℃，镀银时间 10min，平均脉冲电流密度 0.7～1.1A/dm^2，脉冲脉宽 0.5～1ms，占空比 5%～15%，机械搅拌，阳极用高纯银板，$S_{阳}$ ∶ $S_{阴}$ =2∶1。本工艺可制得色泽均匀、镜面光亮、抗变色性强、结合力好的银层。

2005 年成旦红等[26] 还发明了一种硝酸银-硫代硫酸盐镀银工艺，可得到表面平整、抗变色性能好、耐腐蚀性强、与基体结合力强的镜面光亮镀层。光亮剂的组成为：二氨基硫脲 35～55g/L，邻二氮杂菲 10～20g/L，十二烷基二苯醚磺酸钠 1～5g/L，氟碳表面活性剂 3～10g/L，聚乙二醇 15～30g/L 的混合物。该专利主要解决了镀层抗变色能力差，镀液维护困难，光亮效果不理想等问题。2005 年苏永堂等[27]、2004 年周永璋[28] 均有过这方面的报道。同时，太原某公司也推出了经硫代硫酸盐体系改进的无氰镀银工艺，在某军工厂运行了 15 年，溶液仍然稳定，质量达到军标要求，其他单位也有应用。

2006 年安茂忠、卢俊峰[29] 发明了一种无氰镀银光亮剂及其制备方法。这种光亮剂用于无氰镀银体系，特别是乙内酰脲体系，能获得镜面光亮的镀层，而且镀层与基体结合牢固，不易变色。该光亮剂的组成为：胡椒醛 0.1～1mol/L，亚硫酸氢钠 0.1～2mol/L，三乙醇胺 0.1～2mol/L，丁炔二醇 0.1～1mol/L。其制法是按以下步骤进行：①将 0.1～2mol/L 亚硫酸氢钠配成饱和溶液；②将 0.1～1mol/L 胡椒醛加入到步骤①制成的亚硫酸氢钠溶液中，超声振荡 30～60min，使全部的胡椒醛变成亚硫酸氢钠的加成物；③另将三乙醇胺 0.1～2mol/L 和丁炔二醇 0.1～1mol/L 溶解到步骤②制成的溶液中，加入溶剂搅拌稀释至一升，即得所需的光亮剂。

2006 年 Ogihara 等人[30] 用砷、铊、硒或者碲的化合物作为光亮剂，苯并噻唑或者苯并咪唑为光亮调节剂，可以得到光亮或者半光亮的稳定镀银层。

2007 年福州大学的孙建军等[31] 发明了一种以嘧啶类化合物及其衍生物为配位剂，硝酸钾、亚硝酸钾、氢氧化钾、氟化钾及相应的钠盐为电解质，氢氧化钾、氢氧化钠等调节 pH 值，聚乙烯亚胺、环氧胺缩聚物、硒氰化物或者硫氰化物为添加剂的无氰镀液。该镀液制备简单，稳定性好，毒性极低，且镀件无需预镀银或者浸银。同年梁彤祥[32] 提出，在硝酸银、氨水、氢氧化钠混合而成的银氨溶液中，分散剂为醋酸钠、草酸钠、柠檬酸钠、十二烷基磺酸钠的一种或几种混合物，还原剂为葡萄糖，稳定剂为聚乙二醇和乙醇，可用于石墨粉表面化学镀银。目前在我国的实际生产中使用较好的有硫代硫酸铵镀银、亚氨基磺酸铵镀银、咪唑-磺基水杨酸镀银和烟酸镀银。

2007 年魏喆良、唐电[33] 开发了印刷电路板的乙二胺配位浸镀银工艺，结果表明：①采用乙二胺作配位剂可以使溶液中的银离子以更稳定的配银离子形式存在。印刷电路板表面覆铜层一旦被银覆盖，铜置换银的反应随即停止，可得到薄且均匀的银镀层。②溶液中银离子浓度、配位剂（乙二胺）含量以及溶液 pH 值等工艺参数对浸镀沉积速度和镀层形貌具有重要影响。在本实验条件下，当溶液中银离子浓度为 3g/L，银离子与乙二胺的摩尔比为 1∶5，溶液 pH 值为 11.3 时，可获得均匀致密的银镀层。

2007 年申雪花[34] 介绍了磺基水杨酸-咪唑镀银工艺，在硝酸银 40g/L，磺基水杨酸 130g/L，咪唑 130g/L，醋酸钠 40g/L，碳酸钾 40g/L，室温；pH 值 8，电流密度 0.1～0.2A/dm^2，电镀时间 10～20min 等条件下电镀，可获得结合紧密，外观平整、光滑的银白色镀银层。

2008 年南京大学方景礼教授等[35] 发明了一种新型微碱性化学镀银液，它适于高密度印制电路板的最终表面精饰，克服了国内外流行的酸性化学镀银工艺存在的咬蚀铜线、侧腐蚀、盲孔难上银、焊球气孔多及焊接强度低的缺点；该工艺所得银层具有高抗蚀性、低接触电阻、无电迁移、高焊接强度及高打线强度的特点，并且镀件在焊接时焊料不会产生气泡，它是唯一可取代化学镀镍金的工艺，尤其是线宽线距小于 30μm 的印制板，会发生线路桥联或超镀（over plating）而无法使用时。该工艺现已在英国和中国印制板厂使用。新型微碱性化学镀银液的组成为：①银离子或银配离子 0.01～20g/L；②胺类配位剂 0.1～150g/L；③氨基酸配位剂 0.1～150g/L；④多羟基酸类配位剂 0.1～150g/L。

2009 年张华伟等[36] 研究了一种连续高速选择镀银工艺，给出了连续高速选择镀银工艺中前处理（包括电解除油、酸活化、预镀铜、预镀银）和后处理（反脱银和可焊性保护）的配方、维护和保养方法，讨论了高速镀银中各工艺条件（如银离子、游离氰化钾含量，pH 和温度）对产品质量的影响，总结了在连续高速选择镀银中的故障处理方法。其中 JS-5 高速镀银工艺的操作条件如下：银离子 50～70g/L，游离氰化钾 0～2g/L，SILVREX JS-5 开缸剂 0.5～2mL/L，SILVREX JS-5 补充剂 5～100mL/L，JS 润湿剂 5mL/L，pH 8.0～9.5，50～70℃，电流密度 30～150A/dm^2。目前，该工艺在宁波、常熟等地企业主要用来生产 TO 系列（属于 IC 引线框架的一种，一般分为 TO92、TO126、TO220、TO3P 等）产品。产品的镀层均匀性较好，生产成本较低，良品率较高，能满足上游客户的要求。

2010 年徐晶等[37] 研究了烟酸脉冲镀银及其对镀层性能的影响，结果表明，在电流密度 0.25A/dm^2、频率 1000Hz、温度 25℃的条件下，烟酸脉冲镀银可获得光亮且抗变色能力强的镀层。烟酸镀银层的外观质量、抗变色能力及沉积速率均优于丁二酰亚胺镀银层，烟酸体系获得的镀层表面平整、结晶细致、晶粒圆滑，晶粒分布更加均匀。丁二酰亚胺体系所得镀层沿晶面择优取向，而烟酸体系所得镀层不沿晶面择优取向。在丁二酰亚胺与烟酸体系中得到的银晶均为立方晶系。

2010 年杜朝军等[38] 研究了以 DMDMHH（1,3-二羟甲基-5,5-二甲基乙内酰脲）为配位剂的无氰镀银工艺，镀液组成为 DMDMH 60～120g/L，硝酸银 25～40g/L，氯化钾 18g/L，醋酸钠 15g/L，甲基磺酸 0～12g/L，温度 35～65℃，pH 6～11，时间 8min，电流密度 0.6A/dm^2。DMDMH 镀液稳定，结晶细致光亮，与基体结合良好，镀液分散能力和深镀能力接近氰化镀液。2010 年李炳芳、徐启泰[39] 发明了一种无氰高速镀银电镀液，该镀液是为了解决现有镀银液稳定性差，镀液成本高，生产效率低等问题，提供一种简单高效的无氰高速镀银电镀液。所述电镀液中各组分浓度为：硝酸银 40～60g/L，硫代硫酸钠 100～300g/L，焦亚硫酸钠 45～85g/L，硫酸钠 8～22g/L，硼酸 15～38g/L，光亮剂（硒氰化钠）0.1～2.2mg/L。该发明电镀液的毒性小，沉积速度快。

2011 年杨培霞等[40] 用 5,5-二甲基乙内酰脲和焦磷酸钾为配位剂，研究了低污染无氰镀银溶液的组成。考察了硝酸银 25～30g/L、5,5-二甲基乙内酰脲 100～120g/L、碳酸钾 80g/L、焦磷酸钾 30g/L、903 添加剂 0.8g/L、pH10～11 条件下所得镀银层外观与氰化物相当，晶粒细小、致密，晶粒尺寸纳米级；实验结果表明，采用低污染无氰镀银溶液可获得光亮细致的镀银层，镀银溶液对环境污染小，其废水处理容易，具有工业应用推广的价值。

2011 年刘安敏[41] 研究了乙内酰脲复合配位剂体系电镀银工艺及沉积行为，指出以 5,5-二甲基乙内酰脲（DMH）为主配位剂的无氰电镀银体系，通过优选辅助配位剂、导电盐，确定了优化的复配无氰电镀银体系及其镀液组成。通过单因素实验，明确了镀液组成及各工艺条件对镀层外观、极限电流密度、阴极电流效率、沉积速度以及镀层微观形貌的影响。研究结果表明：主盐浓度、配位剂含量和比例、镀液温度、pH 值、搅拌情况等对镀层质量的影响较大。优化后的镀液组成及工艺条件为：硝酸银 12.5g/L，DMH 87.5g/L，吡啶羧酸 87.5g/L，氢氧化钾 75g/L，碳酸钾 100g/L，pH 值 10～11，温度 60℃±2℃，搅拌条件 600r/min，阴极电流密度 0.6～0.9A/dm^2。在此条件下，镀液性能与氰化物镀液相当，所得镀层光亮，与铜基体之间具有很高的结合强度。镀液中添加剂在一定的含量范围内对镀层的外观质量有明显的提升作用，聚乙烯亚胺（PEI）含量为 1～90mg/L 时体系在高电流密度区所得镀层外观质量较好，2,2-联吡啶含量为 0.1～5g/L 时所得镀层外观平整光亮、结晶致密；聚乙烯醇（PEG）含量为 2～60mg/L 时所得镀层结晶细密。为了研究添加剂对镀层质量的提升作用，进行了不同添加剂含量时所得镀层的 SEM 测试，当添加剂的组合为 A1B2C1（PEI 2mg/L、2,2-联吡啶 0.25g/L、PEG 5mg/L）与 A2B2C1（PEI 4mg/L、2,2-联吡啶 0.5g/L、PEG 5mg/L）时，结果表明，镀层结晶细密，镀层性能与氰化物电镀银层相当。镀液的分散能力、覆盖能力良好，镀液稳定性优异。

2011 年杜朝军等[42] 开展了以蛋氨酸为配位剂的无氰镀银工艺的研究。近年来，随着环保意识的提高，性能优异的无氰镀银工艺的开发成为研究热点。目前的研究主要集中在：①寻找或合成无毒或低毒的配位剂，使其与银离子配位的稳定常数尽可能与银氰配位离子的接近或相当；②在现有的无氰镀银工艺配方的基础上，研制有机与无机添加剂，改善镀液与镀层的性能。该研究选用无毒的生物蛋氨酸作配位剂，所用镀液的成分及工艺条件为：硝酸银 26g/L，间硝基苯磺酸 8g/L，蛋氨酸 93g/L，碳酸钠 18g/L，醋酸钠 13g/L，甲基磺酸 19g/L，电流密度 0.7 A/dm^2，pH 值 10，30℃，8 min。该工艺稳定，镀层结晶细致、均匀、光亮，镀层与基体的结合力良好，镀液的分散能力和覆盖能力接近于氰化物镀银的，有望替代氰化物镀银工艺。

2011 年曾凡亮、宋邦强、王凯铭[43] 发明了一种无氰镀银光亮剂及其电镀液，该种无氰镀银光亮剂以水为溶剂，主要成分为十二烷基二苯磺酸钠 12～16g/L，β-萘酚聚氧乙烯醚 20～26g/L，HEDTA 1～1.5g/L，磷酸二氢钾 1～2g/L，尿素 8～13g/L，聚乙二醇 8～15g/L，含硫杂环化合物 50～70g/L，含氮羧酸 7～9g/L。所述的含硫杂环化合物为巯基吡嗪、8-巯基喹啉、2-乙酰基噻唑、吡嗪乙硫醇、苄基甲基硫醚、苄硫醇中的一种或两种以任意比例混合。所述的含氮羧酸为氨基乙酸、氨三乙酸、半胱氨酸、亮氨酸、丙氨酸、苯丙氨酸、色氨酸、天冬氨酸、谷氨酸、组氨酸中的一种。无氰镀银光亮剂的配制方法如下：在带搅拌的容器中，先加入总水量的 2/3，将称量好的十二烷基二苯磺酸钠、β-萘酚聚氧乙烯醚、PEG 加入水中，搅拌至完全溶解，升温至 40～50℃，再加入称量好的 HEDTA；把含硫杂环化合物、含氮羧酸、尿素、磷酸二氢钾加入容器中，搅拌至完全溶解，定容并搅拌 1～2h。该发明的光亮剂不含氰化物，镀层镜面光亮，能达到氰化镀银同等效果，经过镀层性能测试发现，经过该无氰光亮镀银镀层不易变色，脆性小，附着力好，能满足不同应用方面对镀层的需求。

2011 年南京大学赵健伟[44] 发明了一种光亮无氰镀银电镀液及其配制方法，该光亮无氰镀银电镀液各组分为：50～800mg/L 光亮剂、25～60g/L 银离子来源物、130～190g/L 配位剂、10～40g/L 支持电解质和 10～50g/L 镀液 pH 调节剂，电镀液 pH 值范围为 8～11。其中，光亮剂为氨基酸类化合物、咪唑、聚乙二醇、喹啉衍生物、糖精中的一种或几种。所述配位剂为乙内酰脲或其衍生物。所述支持电解质为碳酸钾、柠檬酸钾、硝酸钾中的一种。所述镀液 pH 调节剂为氢氧化钾、氢氧化钠或氢氧化钾与氢氧化钠的混合物。配制光亮无氰镀银电镀液的方法是，先将配位剂、支持电解质和电镀液 pH 调节剂用部分水溶解，按照所述原料配方混合均匀；冷却至室温，再缓慢加入银离子来源物，搅拌至溶液澄清；然后向其中加入光亮剂，最后加入剩余水，搅拌均匀后静置，即可。该发明的突出优点是：镀液稳定且毒性低，极少用量的光亮剂就能显著改善镀液性能和镀层质量。镀层结晶细致且结合力良好，表面平整、光亮、抗变色性好，可满足装饰性电镀和功能性电镀等多领域的应用，具有很好的实用性，能够产生很好的经济效益和社会效益。

2013 年杨宝良[45] 发明了一种光亮氰化电镀银溶液，其组成成分及体积分数为：氰化银钾 3%～6%、氰化钾 10%～20%、氢氧化钠 5%～10%、光亮剂 0.5%～1.5%，其余加水至 100%。该电镀银溶液能克服普通电镀银溶液控制较难，造成电镀后表面易变色等缺点。该发明在常温下即可配制，作业范围广，能够在 15～25℃内操作且镀层表面质量无变化；出光性能好，能在工件表面得到均匀光亮银镀层，镀件颜色美观；溶液使用寿命长，对杂质容忍度好，抗杂质离子影响能力强。

2013 年钱新亚[46] 发明了一种氰化镀银光亮剂及其制备方法，该氰化镀银光亮剂主要由酒石酸锑钾、咪唑、十二烷基二苯磺酸钠、聚氧乙烯醚、去离子水等组成。其配方为：酒石酸锑钾 100～250g/L；咪唑 10～20g/L；十二烷基二苯磺酸钠 2～5g/L；聚氧乙烯醚 1～5g/L；余量为去离子水。镀银电镀液的制备方法为：将酒石酸锑钾 100～250g/L、咪唑 10～20g/L、十二烷基二苯磺酸钠 2～5g/L、聚氧乙烯醚 1～5g/L 溶于去离子水中，以去离子水稀释至一升，搅拌均匀即得所需光亮剂。

该氰化镀银光亮剂具有镀层均匀且不易变色，得到硬度较高、耐磨性好、与基体结合力强的光亮镀银层。与一般的氰化镀银光亮剂相比在操作上具有工作温度高、电流密度范围宽、深镀能力好等优点。

2013 年金波愔[47] 发明了一种无氰镀银溶液添加剂，添加剂的组分配比如下：光亮剂 0.1～10g/L，整平剂 5～10g/L，配位剂 100～600g/L，其余为去离子水。所述的光亮剂为含氮化合物三氮唑、苯并三氮唑、2-羟基吡啶、吡啶、2,2-联吡啶、1,10-菲咯啉、三乙烯四胺、二乙烯三胺中的一种或几种；所述整平剂为芳香烃类化合物萘、1-甲基萘、1,4-萘醌、1-萘酚中的一种或几种；所述的配位剂是乙二胺四乙酸二钠、烟酸、氨基磺酸、焦磷酸钾中的一种或几种。该发明的有益效果为：镀液稳定并且毒性低，分散能力好，所得镀层光亮细致，结合力优良，工艺采用环保的有机添加剂，无重金属、硫化物，镀层耐蚀性好。此外，该镀液可直接用于黄铜、铜、化学镍等工件，无需预镀，结合力也能得到保证。

2014 年，亢若谷等[48] 研究了从烟酸体系制备银镀层的工艺，采用电化学工作站研究了电沉积性能和镀层耐蚀性，采用热反射率测试仪测试了镀层反射率，通过 XRD 表征不同制备条件下所得镀层的相组成。结果发现，随着烟酸浓度的增大，电沉积电位越低，镀层晶粒越小；不同烟酸浓度得到的银镀层有不同的择优取向，随着镀液中烟酸浓度的升高，镀层的耐腐蚀性降低，热反射率降低；烟酸浓度对镀层的表面光亮度无明显影响，通过对比银镀层与不锈钢基体的热反射率，发现热反射率与材料本身有很大的关系。研究得知，在烟酸体系可以获得光亮、耐蚀性好的银镀层。烟酸体系中烟酸含量对镀银过程及镀层性能的影响较大。

2014 年张晶等[49] 发明了一种单脉冲无氰电镀银的方法，该无氰镀银液主要由硝酸银、乙内酰脲及其衍生物、焦磷酸钾、碳酸钾、盐酸、去离子水等组成：硝酸银 30～60g/L，乙内酰脲及其衍生物 100～150g/L，焦磷酸钾 40～60g/L，碳酸钾 60～100g/L，盐酸 2～10g/L，光亮剂 5～10mL/L，余量为去离子水。所述的乙内酰脲衍生物包括 1,3-二氯-5,5-二甲基乙内酰脲、1,3-二羟甲基-5,5-二甲基乙内酰脲、5,5-二甲基乙内酰脲、3-羟甲基-5,5-二甲基乙内酰脲、1,3-二溴-5,5-二甲基乙内酰脲中的一种或其中几种的混合物。光亮剂是由炔醇化合物、醛化合物、稀土化合物按比例混合的组合光亮剂。电镀液的温度为 20～40℃。电镀液的 pH 值为 6～10。以银板作为阳极，以待镀件作为阴极，在阳极、阴极之间施加单脉冲电源，控制阴极平均脉冲电流密度为 0.4～1.0A/dm^2；采用阴极机械搅拌，待镀层厚度达到要求时，完成电镀。单脉冲电源的占空比为 40%，脉冲周期为 3ms。该发明镀液配方简单，易于控制，均镀和覆盖能力强，批次生产稳定性高。镀层结晶细致，外观色泽好，无起皮、脱落及剥离。它可以替代氰化物电镀银工艺，具有环保无污染，减少了电镀银对操作人员身体的损害。

2015 年丁辉龙等[50] 为了满足发光二极管（LED）照明市场目前及日后持续快速增长的迫切需要，开发了一种用于引线框架的新型高光亮度银电镀产品。该镀银液含有的氰化物浓度低，所得银镀层具有高光亮度（＞2.0GAM）和高反射率（波长 450 nm 下＞94%），能降低光吸收损失，增大光反射，从而提高 LED 的出光效率，并且键合及焊接性能优良。该新型高光亮度银电镀产品工艺操作范围宽，可用于 40～100A/dm^2 下的高速喷镀设备，能稳定生产出高光亮度及性能优异的银镀层，提高生产力。

2015 年李兴文[51] 发明了一种无氰镀银方法，它是一种硝酸银-二甲基海因体系无氰镀银工艺，镀液组成为：二甲基海因 50～200g/L，硝酸银的浓度为 8～30g/L，海因质量与硝酸银的质量比为（8～13）：1，氨基磺酸的浓度为 50～150g/L，氢氧化钾的浓度为 65～125g/L。光亮剂的组成成分及含量为：水杨酸 1g/L，2,2-联吡啶 0.8g/L，丙氨酸 1g/L，咪唑 1g/L。将上述物质以水或蒸馏水稀释至 1L，即为光亮剂。本镀液稳定性好，镀液中银离子与铜、镍等单金属及合金基底不发生置换，镀件可不经预镀银或浸银，镀层镜面光亮，能达到氰化镀银同等效果，镀层结合力良好，表面平整、抗变色性好、耐腐蚀、耐磨性高，某些方面达到甚至优于氰化镀银，满足装饰性电镀和功能性电镀等多领域的应用，极具推广应用价值。

2015 年张明[52] 发明了一种硫代硫酸盐镀银电镀液，该发明公开了一种硫代硫酸盐镀银电镀液及电镀方法。该硫代硫酸盐镀银电镀液包括：含量为 40～50g/L 的硝酸银，含量为 230～250g/L 的硫代硫酸盐，含量为 45～65g/L 的碳酸盐，含量为 40～50g/L 的焦亚硫酸盐，含量为 2～3g/L 的柠檬酸，含量为 0.3～0.5g/L 的硫代氨基脲和含量为 0.1～0.2g/L 的三乙醇胺。所述电流为方波脉冲电流，脉宽为1～4ms，占空比为5%～30%，平均电流密度为0.3～0.5A/dm^2，电镀液的pH值为9～11。电镀液的温度为15～35℃。

该技术方案选用硫代氨基脲作为阳极活化剂，复配柠檬酸、硫代氨基脲和三乙醇胺作为光亮剂，使得镀液的稳定性好，镀层抗变色性和可焊接性强。

2015年曾雄燕[53]发明了一种丁二酰亚胺镀银电镀液及电镀方法。该丁二酰亚胺镀银电镀液包括以银计含量为10～20g/L的硝酸银、含量为130～150g/L的丁二酰亚胺、以甲基磺酸根计含量为30～40g/L的甲基磺酸盐、以碳酸根计含量为20～30g/L的碳酸盐和含量为1～2g/L的聚乙烯亚胺（分子量为400～600）。电流为单脉冲方波电流，脉宽为1～3ms，占空比为5%～20%，平均电流密度为0.3～0.7A/dm^2。电镀液的pH值为8～10，电镀液的温度为15～30℃。阴极与阳极的面积比为1/2～2，该发明选用丁二酰亚胺为配位剂，选用甲基磺酸盐为添加剂以提高镀层的致密性和平滑度，甲基磺酸盐可促进银的沉积速率，提高镀层的致密性和平滑度。此外，在一定程度上，甲基磺酸盐可抑制丁二酰亚胺的水解以降低镀液中游离的供银离子配位的浓度。选用聚乙烯亚胺作为光亮剂，从而使得镀液的稳定性好，镀层抗变色性和可焊接性强。

2015年曾雄燕[54]也公开了一种咪唑-磺基水杨酸镀银电镀液及电镀方法。该咪唑-磺基水杨酸镀银电镀液包括含量为30～40g/L的硝酸银、含量为135～145g/L的磺基水杨酸、含量为135～145g/L的咪唑、含量为35～45g/L的醋酸盐、含量为35～45g/L的碳酸盐、含量为0.070～0.116g/L的2,2-联吡啶和含量为0.034～0.045g/L的硫代硫酸盐，电流为双向脉冲电流，正向脉宽为1～3ms，正向占空比为5%～20%，正向平均电流密度为0.2～0.3A/dm^2，负向脉宽为1～3ms，负向占空比为5%～20%，负向平均电流密度为0.1～0.2A/dm^2。电镀液的pH值为8～9.5，电镀液的温度为15～30℃。

该技术方案复合选用2,2′-联吡啶和硫代硫酸盐作为光亮剂，优化硝酸银、磺基水杨酸、咪唑的基础原料组分的用量，使得镀液的稳定性好，镀层抗变色性和可焊接性强。

2015年曾雄燕[55]还发明了一种亚氨基二磺酸铵镀银电镀液及电镀方法，该亚氨基二磺酸铵镀银电镀液包括含量为30～50g/L的硝酸银、含量为120～160g/L的亚氨基二磺酸铵、含量为90～130g/L的硫酸铵、含量为6～12g/L的氨基酸和含量为3～6g/L的吡啶类化合物，所述氨基酸选自组氨酸、谷氨酸和蛋氨酸中的一种或至少两种。所述吡啶类化合物选自吡啶、2,2′-联吡啶、4,4′-联吡啶、烟酸、异烟酸、柠檬酸、异烟肼中的一种或至少两种，电流为单脉冲方波电流，脉宽为1～4ms，占空比为5%～15%，平均电流密度为0.2～0.8A/dm^2；所述电镀液的pH值为8～9.5，电镀液的温度为15～30℃。阴极与阳极的面积比为1∶(0.5～1.5)，银板数量为2块。

该发明选用亚氨基二磺酸铵为配位剂，硫酸铵作为辅助配位剂，复合选用氨基酸和吡啶类化合物作为光亮剂。从而使得镀液的稳定性好，镀层抗变色性和可焊接性强；使得废弃的镀液处理很方便。

2015年禹胜林[56]发明了一种无氰镀银电镀液及制备方法，该电镀液的配方如下：硝酸银50～90g/L，硫酸钾40～70g/L，硫酸钠60～140g/L，缓冲剂30～50g/L，湿润剂5～25g/L，光亮剂5～35g/L。所述缓冲剂选自硼酸、乙酸钠、乙酸铵的一种。湿润剂为磺基丁二酸钠。光亮剂选自氨基磺酸钾、二硫代碳酸钾、苯亚甲基丙酮、糖精的一种。配制方法为：取去离子水1000mL，按配方称取适量的湿润剂，加入去离子水中，搅拌至溶解；再称取适量的硝酸银、硫酸钾、硫酸钠加入到上述溶液中，常温下搅拌至溶解；然后将上述溶液用水浴锅加热至65℃，加入适量光亮剂，再用缓冲剂调节溶液的pH值，搅拌均匀。该发明形成的镀层耐磨、耐腐蚀性好，镀层光亮度高，导电性好，稳定性能好。

2015年沈福建等[57]发明了一种镀银光亮剂及其制备方法，该制备方法如下。①将丙烷磺酸吡啶鎓盐、1,4-丁炔二醇、甲壳胺、壬基酚聚氧乙烯醚、磷酸二氢钾、硝酸、柠檬酸、阴离子表面活性剂和水混合制得混合物M1；其组分含量为：100质量份的丙烷磺酸吡啶鎓盐，1,4-丁炔二醇的用量为55～70质量份，甲壳胺的用量为40～50质量份，壬基酚聚氧乙烯醚的用量为20～30质量份，磷酸二氢钾的用量为25～40质量份，硝酸（45%～55%）的用量为6～10质量份，柠檬酸的用量为8～15质量份，阴离子表面活性剂的用量为2～8质量份，水的用量为150～300质量份。阴离子表面活性剂选自十二烷基苯磺酸钠、十二烷基硫酸钠和琥珀酸二异辛酯磺酸钠中的一种或多种。②向所述混合物M1中滴加氨水调节pH值至4.5～6，制得混合物M2。③将所述混合物M2热处理（60～90℃，时间为30～60min）制得镀银光亮剂。通过该制备方法制备的镀银光亮剂在电镀中光亮效果优异，并且电镀得到的镀银层平整且光泽度好。

2016年田长春、陈东初[58]发明了一种无氰碱性的镀银工艺。在碱性镀银中，可作为主光剂的物质很多。除了常规的无机金属盐、有机盐及化合物之外，当今作为主光剂的中间体有苄基烟酸鎓盐、咪唑丙氧基缩合物、氯化六亚甲基三季铵盐、二甲氨基丙胺和乙二胺与环氧氯丙烷的缩合物、水溶性阳离子季铵盐，还有季铵化聚乙烯咪唑、低分子量的聚乙烯亚胺、甲氧基苯甲醛等。这些中间体各自或组合起来均有一定的增光作用，但对镀层而言并不完善，在基础液中仅加入主光剂，尽管镀层的光亮度可大幅度地呈现，但由于其未能充分地溶入本体镀液中并均匀地吸附、润湿在金属/溶液界面，导致不可避免地在金属表面特别是高电流区出现气流、疤痕状，在低电流区甚至有雾色、漏镀现象。结晶晶粒较大，镀层厚度极不均匀，且脆性较大。为了克服这些缺点，该发明公开了一种新的无氰碱性镀银的配方，其组成为：银10～12g/L、氢氧化钠130～145g/L、调整剂25～30mL/L、开缸剂6～8mL/L、光亮剂1～3mL/L、湿润剂0.1～0.3mL/L，温度25～30℃、阴极电流密度2～3.5 A/dm^2、阳极电流密度1～

$2A/dm^2$、过滤连续、搅拌空气，阴极移动。其中，所述的光亮剂由聚乙烯亚胺、咪唑丙氧基缩合物、氮杂环类衍生物、改性芳香醛类化合物、环氧氯丙烷和水制得。所述光亮剂通过以下步骤制备：将10～20份聚乙烯亚胺、15～25份咪唑丙氧基缩合物、25～35份氮杂环类衍生物、13～23份改性芳香醛类化合物和400～500份水加入反应器中，升温至45℃；将70～80份环氧氯丙烷加入滴液漏斗中，缓慢滴入反应器中并搅拌反应，反应温度不超过45℃，滴加时间为3～5h；滴加完成环氧氯丙烷后，将反应器的温度升高至80℃，搅拌反应6h，得到光亮剂。调整剂为葡萄糖酸钠。开缸剂为多乙烯多胺与环氧氯丙烷加成物。湿润剂为十二烷基硫酸钠。走位剂为改性聚乙烯醇加成物。该镀液可以获得全片镜面光亮的银镀层，电流密度范围宽，表面平整、抗变色性好、耐腐蚀、耐磨性高，镀层结合力好，分散能力和覆盖能力佳，电镀废水处理更容易，维护简单，经济实用。

2016年赵健伟[59] 发明了一种碱性半光亮无氰置换化学镀银镀液及其制备方法。所述的镀银液中各组分的质量浓度为：光亮剂50～450mg/L、银离子来源物15～55g/L、配位剂110～190g/L、辅助配位剂5～40g/L及镀液pH调节剂10～50g/L。所述的光亮剂的浓度分别为：聚乙二醇的浓度为10～300mg/L，聚乙烯醇的浓度为10～200mg/L，聚乙烯吡咯烷酮的浓度为10～200mg/L，咪唑的浓度为10～200mg/L，糖精的浓度为10～200mg/L。银离子来源物为氯化银、硝酸银或硫酸银中的一种。配位剂为乙内酰脲或其衍生物。辅助配位剂为苯甲基磺酸盐、甲基磺酸盐或柠檬酸盐中的一种或几种。镀液pH调节剂采用氢氧化钾、氢氧化钠、盐酸、硝酸中的一种或几种。镀银液的pH值范围8.0～12.0。镀液的制备方法，包括以下步骤：先将配位剂溶解，加入辅助配位剂和pH调节剂调节至pH值为8.0～10.0，控制温度在50～55℃的条件下，缓慢加入银离子来源物的同时溶液出现絮状沉淀，再搅拌至絮状沉淀逐渐溶解，银离子来源物加入完毕后，镀液静置并降温至25～30℃，再向其中加入光亮剂，进一步测量溶液pH值，利用pH调节剂调至8.0～12.0，加水至所需体积，搅拌均匀后静置待用。该发明镀液稳定，可以在常温下保存3年以上，效率高，镀层结合力好，表面平整、半光亮、抗变色性好。镀液维护简单，长期运行中，仅需要补充银离子即可，此外，镀液抗污染能力强，对铜离子有较强的容忍能力。

2017年胡国辉等[60] 发明了一种无氰光亮镀银电镀液，其组分浓度为：硝酸银22～30g/L，柠檬酸20～50g/L，亚硫酸钠10～20g/L，光亮剂0.02～2g/L，晶粒细化剂1.11～55g/L。其中光亮剂的组成为：硒化物（亚硒酸钠或二氧化硒）0.01～1份，铋盐（硝酸铋）0.01～1份。晶粒细化剂的组成为：酒石酸（K^+，Na^+，NH_4^+）盐1～40份，丁二酰亚胺0.1～10份，咪唑类衍生物0.01～5份。咪唑类衍生物有2-羟基苯并咪唑、1-乙烯基咪唑、*N*-乙基咪唑、1，2-二甲基咪唑、苯并咪唑、2,5,6-三甲基苯并咪唑、1-三苯甲基咪唑、*N*-丙基咪唑、N-乙酰基咪唑、2-巯基-1-甲基咪唑、2,4-二甲基咪唑、4,5-二苯基咪唑、2-甲基咪唑和4-甲基咪唑等。镀液pH 9～12，镀液温度20～40℃，阴极电流密度0.1～2A/dm^2，该镀液可在5s内镀出光亮银层，光泽度值＞110Gu，晶粒尺寸为5～80nm，是氰化镀银的1/3～1/2，且性质非常稳定，容易控制，镀液电流效率高，分散能力和覆盖能力好。

2017年刘明星等[61] 开发了一种无氰镀银新工艺，该无氰镀银溶液成分及操作条件为：22～28g/L硝酸银，450～550mL/L LD-7805M，20～30mL/L LD-7805A，pH值为9～10，温度为15～40℃，阴极电流密度为0.3～2A/dm^2，S_k∶S为1∶2。结果表明，所得银镀层外观平整、均匀、全光亮，具有银白色光泽，无发雾现象，银层微观形貌为晶粒细小均匀、结晶致密平整、排列有序。所得镀银层的平均晶粒尺寸为100nm左右，可用于装饰性镀层；镀层分散能力很好，赫尔槽试片厚度测试点镀层厚度测定结果在3.0～3.4μm之间。用410mm×100mm的黄铜管（需带电入槽）测定溶液的深镀能力，评定结果认为深镀能力满足要求。银镀层的可焊性满足航天标准技术要求，试片表面膜层平滑，焊料无结瘤现象；对试片进行两次反向弯折后，焊膜层和银镀层均未出现鱼鳞状及剥落现象，与氰化银镀层可焊性类似。得银镀层表面（经10%硫酸溶液调整后用重铬酸钾钝化处理）平均变色时间t为60min，氰化银镀层为55min，抗变色性能均合格。在同条件测试载荷下，新工艺所得镀银层的表面接触电阻值均低于传统氰化镀银的镀层。

12.3.4~12.3.5 参考文献

[1] 张庆．无氰镀银技术发展及研究现状[J]. 电镀与精饰，2007，29(5)：12-16.

[2] 王思醇．无氰镀银工艺探索[J]. 2005(贵阳)表面工程技术创新研讨会《论文集》，2005：p27-31.

[3] 王丽丽．无氰镀银[J]. 电镀与精饰，2001，23：442.

[4] 苏永堂，成旦红，张烯，等．无氰镀银添加剂的研究[J]. 电镀与环保，2005，25(2)：12.

[5] 王春霞，杜楠，赵晴．无氰镀银的研究进展[J]. 电镀与精饰，2001，28(6)：18-21.

[6]〈日本专利〉JP2000 192 279A(2000-7-11).

[7]〈欧洲专利〉EP 1029944(2000-8-23).

[8] Jean W, Michael D. Patrick L Precious metal deposition composition and process[P]. US 2006251249(2001-7-26).

[9] 王兵，郭鹤桐，于海燕．甲基磺酸盐电镀银镀层工艺的研究[A]//中国电子学会电镀专业委员会．全国电镀年会论文集[C]. 深圳：中国电子学会电镀专业委员会，2001：91-93.

[10] 白祯遐．无氰光亮镀银[J]. 电镀与环保，2001，2l(1)：21-23.

[11] 陈春成．无氰镀银技术概况及发展趋势[A]//中国电子学会生产技术分会．2003年全国电子电镀学术研讨会论文集[C]. 深圳：中国电子学会电镀技术部，2003：118-120.

[12] 蔡积庆．SnAg合金无氰电镀液[J]. 技术改造-技术革新，2002(3)：68-70.

[13] 蔡积庆．电镀银和银合金[J]．电镀与环保，2002，22(3)：8-10.
[14] 胡进，李卫东，左正忠，杨江成，吴慧敏，冯祥明．一种氰化镀银光亮剂[P]．CN1386911A (2002-12-25).
[15] 左正忠，胡进，李卫东，刘仁志，杨江成，冯祥明．一种氰化镀银光亮剂[P]．CN1386912A (2002-12-25).
[16] 左正忠，刘仁志，李卫东，胡进，杨江成，王志军．一种氰化镀银光亮剂[P]．CN1386913A (2002-12-25).
[17] 安茂忠，张鹏，刘建一．碘化物镀液脉冲电镀 Ag-Ni 合金工艺[J]．电镀与环保，2003(3)：15-18.
[18] Gerhard H. Bath system for galvanic deposition of metals [P]. US 2006620304(2003-9-16).
[19] 杨勇彪，张正富，陈庆华，等．铜基无氰镀银的研究[J]．云南冶金，2004，33(4)：20-22.
[20] 左正忠．一种氰化镀银光亮剂[P]．CN1155738C(2004-6-30).
[21] 魏立安．无氰镀银清洁生产技术[J]．电镀与涂饰，2004，23(5)：28-29.
[22] Hoffacker，Gerhard. Bath syscem for galvanic deposition of metals[P]. US Pat 6620304 (2005-2-22).
[23] Morrisaey Ronald J. Non-cyanide silver plating bath composition[P]. US 20050183961 (2005-8-25).
[24] Morrisaey Ronald J. Non-cyanide silver plating bath composition[P]. US 20070151863 (2007-7-5).
[25] 成旦红，苏永堂，曹铁华，张庆，王建泳．无氰镀银的工艺方法[P]．CN1680630A(2005-10-12).
[26] 成旦红，苏永堂，曹铁华，李科军．用于无氰镀银的光亮剂及其制备方法[P]．CN1676673A (2005-10-5).
[27] 苏永堂，成旦红，张炜，等．无氰镀银添加剂的研究[J]．电镀与环保，2005，25(2)：11-13.
[28] 周永璋．硫代硫酸钠无氰镀银[J]．电镀与环保，2004，24(1)：15-16.
[29] 安茂忠，卢俊峰．无氰镀银光亮剂及其制备方法[P]．CN1804143A(2006-7-19).
[30] Ogihara Yoko. ElectrolyticSiIver Plating solution[P]. US 20060060474(2006-3-23).
[31] 孙建军，谢步高，林志彬，等．用于镀银的无氰型电镀液[P]．CN 101092724A(2007-12-26).
[32] 梁彤祥．一种石墨粉表面化学镀银制备导电胶的方法 [P]．CN 1919933A(2007-2-28).
[33] 魏喆良，唐电．印刷电路板的乙二胺配位浸镀银工艺[J]．福州大学学报(自然科学版)，2007，35(4)：616-619.
[34] 申雪花．无氰镀银工艺研究[J]．科技咨询导报，2007，No. 12.
[35] 方景礼，等．微碱性化学镀银液[P]．CN101182637(2008-5-21).
[36] 张华伟，张继平，李久盛，王明生，郝利峰，任天辉．一种连续高速选择镀银工艺[J]．2009，28(3)：14-16.
[37] 徐晶，郭永，胡双启，赵璐，李江，赵建国．烟酸脉冲镀银及镀层性能的实验室研究[J]．电镀与涂饰，2010，29(5)：26-28.
[38] 杜朝军，刘建连，俞国敏．以 DMDMH 为配位剂的无氰镀银工艺[J]．电镀与涂饰，2010，29(5)：23-25.
[39] 李炳芳，徐启泰．一种无氰高速镀银电镀液[P]．CN101781783A(2010-7-21).

[40] 杨培霞，赵彦彪，杨潇薇，张锦秋，安茂忠．无氰镀银溶液组成对镀层外观影响的研究[J]．电镀与精饰，2011，33(11)：33-35.

[41] 刘安敏．乙内酰脲复合配位剂体系电镀银工艺及沉积行为[D]．哈尔滨：哈尔滨工业大学，2011.

[42] 杜朝军，刘建连，谢英男，喻国敏．以蛋氨酸为配位剂的无氰镀银工艺的研究[J]．电镀与环保，2011，31(1)：15-18.

[43] 曾凡亮，宋邦强，王凯铭．一种无氰镀银光亮剂及其电镀液[P]．CN102071445A(2011-5-25).

[44] 赵健伟．一种光亮无氰镀银电镀液及其配制方法[D]．CN102268701A(2011-12-7).

[45] 杨宝良．一种电镀银溶液[P]．CN103451692A(2013-12-18).

[46] 钱新亚．一种氰化镀银光亮剂及其制备方法[P]．CN 102995078 A(2013-3-27).

[47] 金波愔．一种无氰镀银溶液添加剂[P]．CN 103469261 A(2013-12-25).

[48] 亢若谷，曹梅，畅玢，龙晋明，朱晓云，杨杰伟．烟酸体系中烟酸含量对镀银过程及镀层性能的影响[J]．太原理工大学学报，2014，45(5)：594-597.

[49] 张晶，王修春，伊希斌，马婕，刘硕，潘喜庆．一种单脉冲无氰电镀银的方法[P]．CN 103668358 A(2014-3-26).

[50] 丁辉龙，何莼，叶家明，陈喆垚．引线框架上的高光亮度银电镀[J]．电镀与涂饰，2015，34(19)：1115-1122.

[51] 李兴文．一种无氰镀银方法[P]．CN 104342726 A(2015-2-11).

[52] 张明．一种硫代硫酸盐镀银电镀液[P]．CN 104514020 A(2015-4-15).

[53] 曾雄燕．一种丁二酰亚胺镀银电镀液及电镀方法[P]．CN 104611736 A(2015-5-13).

[54] 曾雄燕．一种咪唑-磺基水杨酸镀银电镀液及电镀方法[P]．CN 104611737 A(2015-3-15).

[55] 曾雄燕．一种亚氨基二磺酸铵镀银电镀液及电镀方法[P]．CN 104611738 A(2015-5-13).

[56] 禹胜林．一种无氰镀银电镀液及制备方法[P]．CN 104532310 A(2015-4-22).

[57] 沈福建，江豪，褚诗泉，纪沿海．一种镀银光亮剂及其制备方法[P]．CN 105040048 A(2015-11-11).

[58] 田长春，陈东初．一种无氰碱性的镀银工艺[P]．CN 105951139 A(2016-9-21).

[59] 赵健伟．一种碱性半光亮无氰置换化学镀银镀液及其制备方法[P]．CN 106222633 A(2016-12-14).

[60] 胡国辉，刘军，包海生，肖春艳，李礼．一种无氰光亮镀银电镀液[P]．CN107299367A(2017-10-27).

[61]刘明星，欧忠文，胡国辉，聂亚林，缪建峰．无氰镀银新工艺的研究[J]．电镀与精饰，2017，39(3)：13-17.

第13章 镀铬添加剂

镀铬层具有美丽的银白金属光泽，也有很好的化学稳定性，在大气中可以长久保持原来的光泽而不会变色。镀铬层质地坚硬，耐磨性很好，容易镀厚，所以镀铬是电镀中应用比较广泛的种类之一。但其严重的污染又成了被“革命”的对象。

镀铬按其工业用途可分为装饰性镀铬、工业用镀铬、镀黑铬和镀微孔铬。装饰性镀铬主要利用铬层美丽的色彩和其抗磨、抗变色能力。镀工业铬主要利用铬层很高的硬度（维氏硬度达800～1000）及较高的耐磨性和耐热性，以提高许多承受摩擦的工具和机器零件的使用寿命，俗称硬质铬已用新的名称，即工业用镀铬来称呼。所用镀层的厚度可从数微米至数厘米，最常用的是10～50μm。装饰性镀铬层的厚度则非常薄，按日本JIS标准只需0.1μm。镀黑铬主要是利用其反光系数低、吸光效能高的特性，多用于太阳能的吸收和光学仪器、仪表零件的防光反射。镀微孔铬是利用铬层的裂纹可容藏相当的润滑剂和利用铬层本身的耐磨性能，以提高内燃机汽缸、活塞环及曲柄轴等零件的耐磨性。

13.1 镀铬的发展

早在1856年，Geuther曾从 $K_2Cr_2O_7$ 和 H_2SO_4 配制的溶液中沉积出金属铬。从19世纪中叶到1920年间，德国、法国、比利时、匈牙利和美国的许多人试图在三价铬盐的水溶液中沉积铬，结果均未成功，从现代配位化学的观点看，这是很自然的。因为 Cr^{3+} 的离子半径小、电荷高，水对其配位能力很强，即 $[Cr(H_2O)_6]^{3+}$ 配离子中的水难以离解。这一点已为标记水分子（$H_2^{18}O$）与 $[Cr(H_2O)_6]^{3+}$ 的水交换速度极慢，以及实测取代 $[Cr(H_2O)_6]^{3+}$ 中水的速度极慢得到证明。实测取代 $[Cr(H_2O)_6]^{3+}$ 中水的速度为 1.8×10^{-6}，比取代 $[Fe(H_2O)_6]^{2+}$ 中水的速度（1×10^{6}）慢得多。

后来Carreth和Curry证实从铬酸液中可以得到铬层。到1906年，Bancroft教授指出，真正的镀铬液既不是硫酸铬，也不是硫酸盐，而是铬酸。1909年，Salzer对镀铬液进行研究后指出，要从铬酸液中获得铬层必须添加少量硫酸铬。从1912年至1914年，Sargent对铬酸和硫酸铬混合液进行了系列的研究，并于1920年正式发表了从无水铬酸中添加少量硫酸的镀铬液，后人称之为沙（Sargent）氏镀液。1924年，德国的Liebreich发表了镀铬专利。1926年，美国Fink取得了第一个光亮镀铬的专利，1932年又获得了第二个专利。在这些专利中，

他把 SO_4^{2-} 称为催化剂，其浓度必须小心控制在 $CrO_3/H_2SO_4=100/1$，此专利代表着第一个稳定而可靠的光亮镀铬液。Liebreich 和 Fink 的工作使镀铬液真正走上了实用的阶段，并在工业上获得了广泛的应用。

到 1950 年，镀铬液的基本组成仍然不变，所做的改进大多限于在上述基本液中加入适当的添加剂，以改进镀液的性能、镀液的管理和镀层的耐蚀性能。其中比较突出的是 1930 年发现在镀铬液中加入氟硅酸后，镀层的光亮度变好，电流效率提高，高电流密度区光亮镀层的范围扩大，沉积速度加快，以及能使断电后钝化的铬层活化等优点。但引入氟硅酸后，镀液的腐蚀性增加，镀液的管理要求高，承受铁杂质污染的能力下降，这也限制了其应用。

镀铬液的另一重大改进是 1950 年美国的联合铬金属（United Chromium）公司的 Stareck 和 Dow 发明了自调高速（self regulaton high speed，SRHS）镀铬液，它是采用双催化剂体系，通常是加入过量而难溶的氟硅酸盐和硫酸盐，根据其饱和溶解量，可以自动地控制其浓度，免去了烦琐的分析工作，使镀液始终保持在最佳状态。这是自 Sargent 镀液诞生以来实现的第一个重大进步。到了 20 世纪 50 年代中期，Bornhauser 等发明了四铬酸镀液，这在生产上是有用的，但因镀液浓度太高而受到限制。

镀铬液的第二个重大进步是 1957 年美国安美特化学公司（M & T Chemicals Inc）的 Stareck 和 Dow 发明的微裂纹铬（microcrack chromium）。在标准铬或无裂纹铬的情况下，铬层表面往往出现肉眼可见的裂纹，腐蚀介质由此侵入，腐蚀电流比较集中，腐蚀迅速地向纵深发展，贯穿到底层。而在微裂纹铬的情况下，由于铬表面有大量肉眼不可见的微裂纹，在这些微裂纹的部位形成无数个微电池，这样就分散了镍阳极的腐蚀电流，从而延缓了镍层因受腐蚀而穿透的速度，使整个镀层体系的耐蚀性明显提高。图 13-1 是普通铬与微裂纹铬腐蚀原理与腐蚀电流大小的比较。

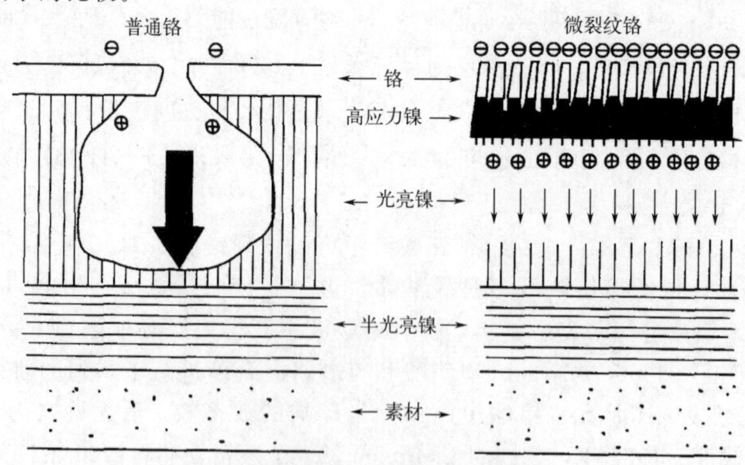

图 13-1　普通铬与微裂纹铬腐蚀原理图

最初应用的微裂纹铬工程是双层微裂纹铬，第一层铬具有良好的覆盖能力并能在凹沟中保证有合适厚度的无裂纹光亮铬，第二层铬产生微裂纹铬。两层的总厚度一般为 0.75～2.5μm 范围内，最低厚度不得小于 0.8μm。

1960 年，Safranck 和 Hardy 又发展了单层微裂纹铬工艺，他在含有硫酸盐的镀铬液中添加 0.013g/L 硒酸，在 40～50℃、$20A/dm^2$ 的电流密度下就得到微裂铬层。不过按 ASTMB 标准的规定，这种单层微裂纹铬的最低厚度仍与双层微裂纹铬一样，不得小于 0.8μm，而镀层的裂纹密度至少要达到 300 条/cm。要镀这两种微裂纹铬都需要增加设备和添加剂的费用，而且要延长电镀时间（16～$20A/dm^2$ 下要镀 8～13min），这就增加了电能的消耗。为克服这些缺点，美国 Harshaw 化学公司和 M&T 化学公司在 60 年代中期又发展了一种电镀高应力镍层产生微裂纹铬的新技术。那是在光亮镍表面就形成十分均匀的网状微裂纹，因而具有很好的耐腐蚀性能，这就大大降低了铬层的厚度。

1969 年，Harshaw 化学公司把这种工艺定名为 PNS（post nickel strike）法，在日本和我国都称为高应力镍法。高应力镍可以用简单的设备在小型槽内进行，而且电镀时间很短，在 $8A/dm^2$ 条件下只要镀 1～2min 即可。表 13-1 列出了美国 Harshaw 化学公司的 PNS-100 以及 M&T 化学公司的几种高应力镍配方。

表 13-1　几种高应力镀镍液

工程规范	Harshaw 公司 PNS-100	M&T 公司			工程规范	Harshaw 公司 PNS-100	M&T 公司		
		1	2	3			1	2	3
氯化镍（$NiCl_2 \cdot 6H_2O$）/(g/L)	250	150	150	150	六亚甲基四胺/(g/L)			0.25	
Ni^{2+}/(g/L)	61.75	37	37	37	四氢吡啶/(g/L)				0.25
PN-1/(g/L)	50				温度/℃	29	50	50	50
PN-2/(mL/L)	2				pH	4.0	3.5	3.5	3.5
丁炔二醇/(g/L)		0.2	0.2	0.2	电流密度/(A/dm^2)	8			
糖精/(g/L)		0.25	0.25	0.25	电镀时间/min	1～3			
1,1-乙烯-2,2-二氯化吡啶/(g/L)		0.25			搅拌	空气搅拌	空气搅拌	空气搅拌	空气搅拌

1974 年日本掘龙藏提出用锡镍合金取得微裂纹铬的专利，由氯化亚锡 50g/L、氯化镍 250g/L、氟化氢铵 40g/L、氨水 35mL/L 和光亮剂 30mL/L 组成。1975 年 Langhein-Pfanhauser Werke 公司提出用 3-吡啶甲醇、异烟肼或 4-吡啶丙烯酸作为添加剂的高应力镀镍液。主盐用氯化镍，缓冲剂用醋酸盐，此外还加了少量润湿剂。镀液的 pH 值为 3～4，温度 35～45℃，电流密度 5～$15A/dm^2$，电镀时间 30s～10min，所得镀层的裂纹数为 1500 条/cm。

1980 年日本久保光康提出在镀镍液中添加碱土金属盐氯化钡（20g/L 获得微裂纹铬的专利。其余条件与普通氯化镍镀液相似，所得镀层裂纹数为 400 条/cm）。1981 年保加利亚 Russer 和 Karaivaov 提出 Watt's 镀镍液中添加有机化合物获得高应力镍的专利，所用的有机添加剂为吡啶-4-羧酸酰胺（0.07～0.3g/L）。

20 世纪 60 年代中期，根据微裂纹铬得出的分散腐蚀可以提高铬层耐蚀性的原理，美国乐思国际化学公司的 Brown 和 Tomaszewsk 提出了微孔铬（microporous chromium）工艺，后来 Odekerken 对此也做了详细的研究。他是在光亮镍表面上沉积含有分散不导电粒子（如 $BaSO_4$、SiO_2 等）的镍层，厚度为 0.1～0.5μm。这种镍每平方厘米表面含有数万个微粒，在它上面再镀铬时，不导电粒子上面不沉积铬，因而出现很多的小孔。若不导电粒子太大，表面微孔数少，铬层会失去光亮，故粒子直径最好为 0.02μm（通常在 0.1μm 左右），这样每平方厘米微孔数可达 2 万～40 万个，镀层的耐蚀性就非常好。含不导电微粒的光亮镀镍也称为缎状镍（satin nickel），一般只需在一专用的高硫镍液中镀 1～5min 即可。

镀微孔铬时，如果铬层很薄，其耐磨性较差，最好铬层的厚度能达 0.5～0.9μm。这样耐磨与耐蚀性都得到改善。微裂纹铬和微孔铬都具有优良的耐蚀性能，并且均为国际所公认。在国际标准（ISO）中规定对于铁或钢基材上镀铜-镍-铬层，凡采用微孔铬或微裂纹铬的镀层体系，其中镍层厚度与普通铬相比可减少 5μm。微裂纹铬和微孔铬的工艺特点列于表 13-2。

表 13-2　微裂纹铬工艺与微孔铬工艺的比较

微裂纹铬(PNS)	微孔铬(缎状镍)
在光亮镍或半光亮镍表面上镀 0.5～3.0μm 的 PNS 镀层，然后镀铬。由于 PNS 内应力高，所以在铬镀层表面形成了均一的裂纹	在光亮镍上沉积含有分散的不导电的粒子的镍层(0.1～0.5μm)，然后镀铬。 粒子直径：采用胶体微粒，直径＜5μm，常为 0.1μm 左右
一般微裂纹铬中微裂纹数为 250 条/cm，采用 PNS 法获得的微裂纹数达 300～800 条/cm，一般微裂纹数达 300 条/cm 以上，耐蚀性就很好	微孔数： (1)20000 孔/cm，可达相当的耐蚀性。 (2)80000 孔/cm，耐蚀性良好。 (3)400000 孔/cm，耐蚀性良好
均一性不比镀镍差	微孔的分布良好
腐蚀蓝点试验 4 周期左右表面开始腐蚀，12 周期后镀层被轻度破坏，腐蚀速度较慢	腐蚀泥试验 2 周期左右表面开始腐蚀，4 周期左右镀层基本被破坏，腐蚀速度比微裂纹铬快
若 PNS 镀层达不到相当的厚度，就得不到均匀的裂纹。在复杂形状的零件上，难以得到均一的裂纹	即使是一般较薄的铬层也是好的，难以得到均匀分解的粒子，在高电流密度区，针孔变为裂纹状态
溶液管理容易，裂纹数一定	溶液管理困难，必须采用某种方法使粒子很好的分散，容易混入外来的粒子。不能用活性炭过滤。针孔数会慢慢减少，粒子会变坏

续表

微裂纹铬(PNS)	微孔铬(缎状镍)
与镀层厚度无关	不能用厚的铬层,否则针孔被覆盖,长期使用有失去光亮的倾向
从建液开始就能得到均匀的裂纹,随时间的增加,溶液并不老化	由于粒子变坏,长期使用的镀液和镀层的耐蚀性比新配液差

1974 年 Ludwig 从提高铬层抗腐蚀性能着眼，提出了二层铬的方法。第一层是从高温镀液中获得相对比较软、无孔和无裂纹的铬层，其厚度为 5～8μm，电镀条件为：CrO_3 300g/L±20g/L 低硫酸含量，Cr^{3+} <1g/L，70℃，电流密度 25～30A/dm^2，约镀 30min。第二层是用微裂纹电镀液，在 55～65℃、电流密度 50～60A/dm^2，电镀 45min，所得微裂镀层厚度约 45μm。

到了 80 年代，人们发现低碳键的烷基磺酸（如甲基磺酸、乙基磺酸）与硫酸组成的镀铬液：CrO_3 200～300g/L，H_2SO_4 2～3g/L，H_3BO_3 1～10g/L，烷基磺酸 1～5g/L，在 55～65℃下，20～80A/dm^2 时可以获得高电流效率（27%）的平滑光亮的铬层，其硬度可达 1100HV。80 年代后期，欧洲开发了以磺基乙酸、碘酸盐和有机含氮化合物组成的镀铬液：CrO_3 200～300g/L，H_2SO_4 2～3g/L，碘酸盐 1～3g/L，磺基乙酸 80～120g/L，有机氮化物 3～15g/L。T 50～60℃，D_k 20～80A/dm^2，该镀液所有的有机氮化物包括吡啶、2-氨基吡啶、3-氯吡啶、烟酸、异烟酸、2-吡啶甲酸。这种镀液的电流效率也可达 20%以上。1985 年美国安美特公司的 Newby 博士发明了高效无低电流腐蚀的 HEEF-25 镀铬新工艺，在世界范围广泛应用。

13.2 铬电解沉积的机理

13.2.1 铬酸液中配离子的形态

铬酸酐在水中很快就结合水而形成铬酸，其阴离子为黄色：

$$CrO_3 + H_2O \longrightarrow H_2CrO_4$$

随着铬酐浓度的升高，溶液的 pH 值也下降，此时两分子的铬酸可以通过脱水而缩聚成重铬酸，重铬酸根是两个铬酸根四面体共享角上的氧原子而连接在一起的，在溶液中显橙色。

$$H_2CrO_4 + H_2CrO_4 \longrightarrow H_2Cr_2O_7 + H_2O$$

随着铬酐浓度的进一步提高，重铬酸还可以再结合铬酸而形成三铬酸、四铬酸。

$$H_2Cr_2O_7 + H_2CrO_4 \longrightarrow H_2Cr_3O_{10} + H_2O$$

$$H_2Cr_3O_{10} + H_2CrO_4 \longrightarrow H_2Cr_4O_{13} + H_2O$$

其酸根的颜色分别为红色和棕色。各种铬酸根离子的结构如图 13-2 所示。

当稀释铬酸溶液时，多铬酸逐步解聚，随着聚合度的降低，溶液颜色变浅。例如 0.01mol/L 铬酸液呈黄色，表示主要离子是 $HCrO_4^-$，0.1mol/L 铬酸液呈橙色，表示 $HCr_2O_7^-$ 离子占优势，普通镀铬液铬酸的浓度为 1mol/L 和 2.5mol/L（100～250g/L）溶液呈红色，表示以 $HCr_3O_{10}^-$ 为主。对于四铬酸离子为主的镀液，其铬酐的浓度应达 3.5～4mol/L（350～400g/L）。

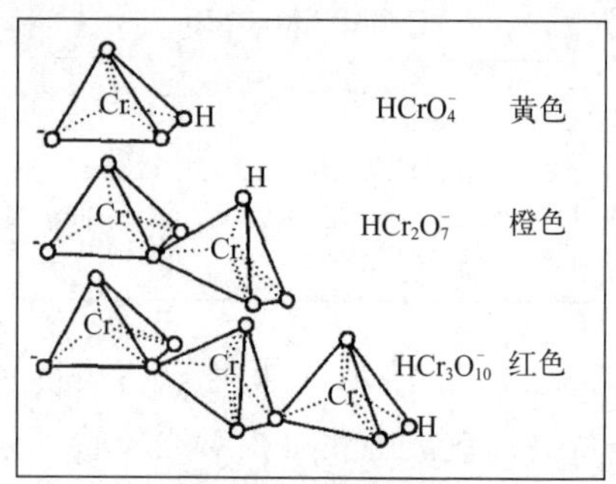

图 13-2 各种铬酸根离子的结构和颜色

往铬酸液中加入硫酸时，H_2SO_4 几乎 100% 离解为 HSO_4^-，由于水的离子积（10^{-14}）小于 SO_4^{2-} 的水解常数（8.7×10^{-13}），因此，在强酸性铬酸溶液中，SO_4^{2-} 按下式完全水解为 HSO_4^-。

$$SO_4^{2-} + H_2O \rightleftharpoons HSO_4^- + OH^-$$

所以，不论是添加硫酸还是硫酸盐，在镀铬液中真正起催化作用的是 HSO_4^- 而不是 SO_4^{2-}。HSO_4^- 一方面可使阴极膜被催化还原为金属铬，同时还具有下述的屏蔽作用，可阻止铬酸被还原为黑铬［$Cr(OH)_2$］和无法电解沉积的$[Cr(H_2O)_6]^{3+}$。

13.2.2 获得光亮铬层的基本条件

根据多年来各国学者对镀铬过程的深入研究，获得了许多解决机理所必需的重要事实，从中可以看出要获得光亮铬层的基本条件。以下汇集了镀铬的某些重要信息。

① Brenner 和 Ogburn 用放射性 ^{51}Cr 做标记原子进行铬电沉积的研究，结果确认金属铬层是由溶液中存在的六价铬直接被还原而成的，这与加入镀液的 Cr^{3+} 无关。

② 从不含任何催化离子的纯铬酸溶液中，得不到光亮铬的镀层，得到的是含 $Cr(OH)_2$ 的黑铬镀层。

③ 从只含水和三价铬离子的水溶液（硫酸铬水溶液）中也无法得到铬的镀层，阴极上只有氢气析出。

④ 铬酸在阴极还原时，会形成铬酸铬（Ⅲ）层，仅当溶液中存在 SO_4^{2-}、F^-、SiF_6^{2-}、Cl^- 等催化阴离子时才可获得光亮镀铬层。

⑤ SO_4^{2-}、F^-、SiF_6^{2-}、Cl^- 等催化离子具有溶解阴极膜和 $Cr(OH)_3$ 等的作

用。用量少时它们的催化作用不明显，电流效率低、沉积速度慢，用量过多时抑制铬的析出，同样使电流效率降低。

⑥ 用 $CrO_3/Na_2SO_4=100:1$ 的铬酸溶液和用 $CrO_3/H_2SO_4=100:1$ 的铬酸溶液，在相同的电镀条件（40℃，$23A/dm^2$，黄铜片上镀 5min）下，所得镀层没有差别，证明 H_2SO_4 或 Na_2SO_4 都是有效的催化剂。

⑦ 阴极铬酸盐膜的分解，在低 pH 值的镀液中的易于进行。

13.2.3 镀铬的机理

在普通镀铬液中，铬主要以三铬酸负离子 $HCr_3O_{10}^-$ 形式存在。由于阴极与镀液间的电位主要集中于双电层的紧密层，也称亥姆荷茨双层。因此，带负电的三铬酸负离子其离阴极表面最近的方式是刚好位于紧密双电层的外平面，因为该层的厚度约 $(3\sim6)\times10^{-8}$cm，故电子有可能以量子力学的隧道效应方式在双电层中跃迁。这样，电子就可以通过紧密层而转移到靠近双电层外平面的三铬酸根离子的一端。起初，一端六价铬酸的 Cr═O 键获得一个电子而形成 Cr—O^-，六价铬离子被还原为五价铬离子。

$$^-O\text{—}Cr(=O)_2\text{—}O\text{—}Cr(=O)_2\text{—}O\text{—}Cr(=O)_2\text{—}OH+e^- \longrightarrow {}^-O\text{—}Cr(O^-)(=O)\text{—}O\text{—}Cr(=O)_2\text{—}O\text{—}Cr(=O)_2\text{—}OH$$

随着另一个电子的转移，五价铬被继续还原为四价铬。

$$^-O\text{—}Cr(O^-)(=O)\text{—}O\text{—}Cr(=O)_2\text{—}O\text{—}Cr(=O)_2\text{—}OH+e^- \longrightarrow {}^-O\text{—}Cr(O^-)_2\text{—}O\text{—}Cr(=O)_2\text{—}O\text{—}Cr(=O)_2\text{—}OH$$

当四价铬获得第三个电子而被原为含有三价铬的重铬酸铬时，就伴随着放出 O^{2-}。

$$^-O\text{—}Cr(O^-)_2\text{—}O\text{—}Cr(=O)_2\text{—}O\text{—}Cr(=O)_2\text{—}OH+e^- \longrightarrow (^-O)_2Cr\text{—}O\text{—}Cr(=O)_2\text{—}Cr(=O)_2\text{—}OH+O^{2-}$$

在酸性镀液中，O^{2-} 马上与 H^+ 反应生成水

$$O^{2-}+2H^+ \longrightarrow H_2O$$

重铬酸铬是阴极膜的组成部分，会把 Cr（Ⅲ）束缚在阴极配合物膜中，从而阻止了不能直接电沉积的稳定的三价铬水合配离子的形成。重铬酸铬中的三价铬还可以再获得一个电子再还原成重铬酸亚铬：

$$(^{-}O)_2Cr—O—Cr(=O)_2—O—Cr(=O)_2—OH + e^- \longrightarrow {}^{-}O—Cr—O—Cr(=O)_2—O—Cr(=O)_2—OH + O^{2-}$$

它在强酸性介质中可与 H^+ 反应而分解，生成难溶的氢氧化亚铬。

$$^{-}O—Cr—O—Cr(=O)_2—O—Cr(=O)_2—OH + H^+ \longrightarrow Cr(OH)_2 + H_2Cr_2O_7$$

这是在不存在 HSO_4^- 催化剂时铬酸阴极还原的结果，产物不是金属铬层而是含 $Cr(OH)_2$ 的黑铬层，它是铬的氧化物和金属铬组成的混合物。反应放出的重铬酸还可结合铬酸而转化为三铬酸离子。若镀液中存在着催化剂 HSO_4^-，则氢氧化亚铬不会单独析出来，它可借氢键与氢氧化亚铬形成酸离子：

$$Cr(OH)_2 \rightleftharpoons Cr{=}O + H_2O$$

$$Cr{=}O + HSO_4^- \rightleftharpoons Cr{=}O\cdots H—O—S(=O)_2—O^- \rightleftharpoons {}^{+}Cr—O—H\cdots O{=}S(=O)_2—O^-$$

如用双箭头代表氢键，正电荷用 δ+ 表示，则形成的配位离子可表示为：

$$^{\delta+}Cr—O \leftrightarrow H \leftrightarrow O—S(=O)_2—O^-$$

因为配位离子的一端带有正电荷，在紧密双电层的外平面它就要转向，使酸离子的正电端靠向阴极表面，并把紧密双电层中的水分子置换出来，而带负电的硫酸根正四面体指向溶液。靠向阴极的铬（Ⅱ）离子，很容易从阴极获得电子而依次被还原为 Cr（I）和金属，并使 HSO_4^- 再生，其过程可表示为：

$$^{\delta+}Cr—O \leftrightarrow H \leftrightarrow O—S(=O)_2—O^- \rightarrow Cr—O^{\delta-} \leftrightarrow H \leftrightarrow O—S(=O)_2—O^- \xrightarrow{e^- + 2H^+} Cr + H_2O + HSO_4^-$$

与此同时，阴极表面吸附的 H^+ 也被还原为氢气。整个过程可用图 13-3 表示。

由上述模式可看出，要使 Cr（Ⅲ）离子不形成稳定的水合配离子，重铬酸铬的形成是必需的。由于 HSO_4^- 可参与形成便于电子转移的中间态，其后它又能再生，所以它是真正的催化剂。溶液的高酸度不仅对分解阴极膜，而且对保持高浓度 HSO_4^- 都是必需的，自然这就是镀铬的必要条件之一。而造成铬沉积所需的高电压和低电流效率的原因，则是由于存在平行的析氢反应的结果。当然 HSO_4^- 不仅只与三铬酸负离子的一个 Cr ═O 键形成氢键，它也可以与两端四个 Cr ═O 键中的任何一个形成氢键。

实际上，在镀铬液中，三铬酸根与不同数目 HSO_4^- 形成氢键的配合物都处于平衡之中。如果与三铬酸离子中的各个 Cr ═O 键成键的 HSO_4^- 的数目用 n 表示，则：

$$HCr_3O_{10}^- + nHSO_4^-$$

其中 n 为 0～6 的所有整数，若以各种 n 值的配离子占总配离子的相对百分数 N_n 对 n 作图，则得如图 13-4 所示的分配图。

我们可以把所有 $HCr_3O_{10}^-$ 与 HSO_4^- 形成的配离子分为三级，A 组是三铬酸两端均未被 HSO_4^- 屏蔽，其还原的中间产物为铬酸二铬（Ⅲ），在酸性液中，铬酸二铬分解，形成不能放电的水合三价配离子 $[Cr(H_2O)_6]^{3+}$ 和铬酸根离子：

$$({}^-O)_2Cr{-}O{-}Cr(=O)_2{-}O{-}Cr(O^-)_2 + 9H^+ \longrightarrow 2Cr^{3+} + HCrO_4^- + 4H_2O$$

铬酸二铬（Ⅲ）

因此阴极反应的结果是放出 H_2 和形成 Cr^{3+}，这相当于图 13-4 中的曲线 A，即镀液中 $CrO_3/H_2SO_4 = 10^6/1$ 时出现的情况。当镀液中 $CrO_3/H_2SO_4 = 1/1$ 时，由于 HSO_4^- 大为过量，于是就形成了三铬酸离子中的 Cr ═O 键几乎全与 HSO_4^- 形成氢键而受到完全的屏蔽的 C 组配合物（见图 13-4 中曲线 C），此时电子转移完全被阻止，结果阴极只析出氢气。

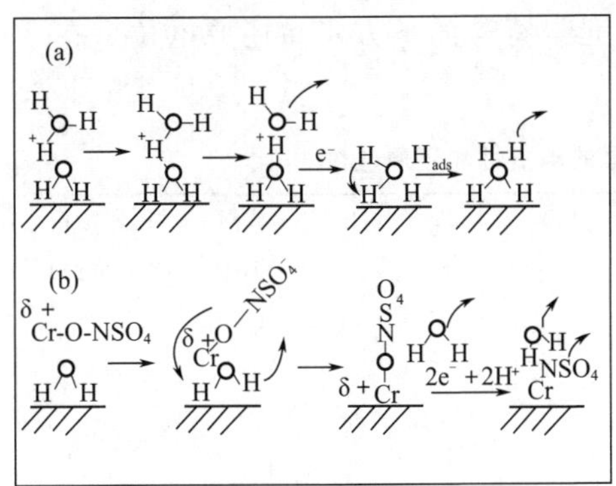

图 13-3　电极反应过程示意图

（a）特征吸附的水和 H^+ 的过程；

（b）特征吸附的氧合硫酸氢根合铬（Ⅱ）配合物还原为金属铬的过程

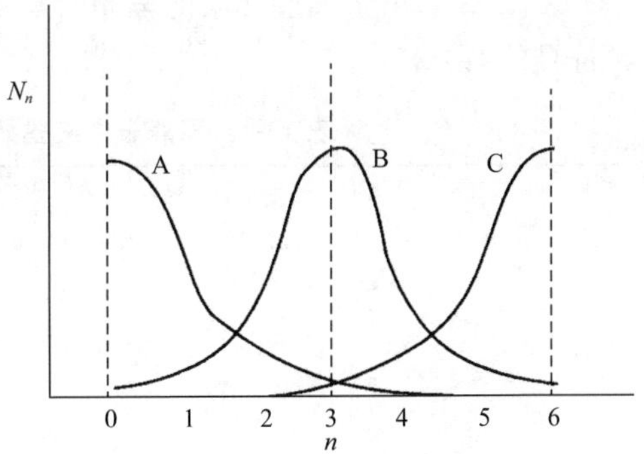

图 13-4　N_n 对 n 的理想分布曲线

N_n：三铬酸根与 HSO_4^- 形成的各种配离子的相对量；n：与 HSO_4^- 形成氢键的 Cr ═O 键的数目

CrO_3/H_2SO_4 比值：(A)$10^6/1$；(B)100/1；(C)1/1

B组配合物是三铬酸的2～4个Cr═O键被HSO_4^-屏蔽，配位离子中还留下2～4个自由的Cr═O键，这相当于$CrO_3/H_2SO_4=100/1$的情况，此时由于HSO_4^-的催化作用，三铬酸可被还原为金属铬，阴极上可以得到光亮的铬层。有副反应时也有部分H_2析出。不过此时镀液的电流效率都比A组和C组的高，若比值偏离100/1，则镀液中配合物就向B组配合物减少的方向转化，使镀液的电流效率和沉积速度都下降，这就是镀铬时要严格控制CrO_3/H_2SO_4比值的原因。

在实际镀液中的配合物不可能完全是$n=3$的形式，所以阴极反应的结果总有少量Cr^{3+}形成，其一部分会扩散到PbO_2阳极而被氧化为Cr^{6+}，一部分仍留在镀液中。

以上的模式基本上解释了镀铬时出现的各种事实，这是至今提出的最完整的电解析出铬机理的理论。

13.3 镀铬添加剂

13.3.1 催化剂

所谓催化剂是指能加快反应的速度，而本身并不消耗的物质。根据上述镀铬的机理，只有能与多铬酸（通常指三铬酸）根中的Cr═O键形成牢固氢键的化合物才具有催化活性。由于镀铬是在强酸性溶液中进行的，要与Cr═O键形成氢键的化合物必须具有HY的结构单元，而且元素Y的电负性也要大才行。从元素周期表来看电负性最大的元素在周期表的右上角。

表13-3列出了某些元素的电负性（在元素符号的下方）和还原电位（在元素符号的右方）。

表13-3　周期表中某些元素的电负性和还原电位

B	−0.87	C	−0.2	N	0.96	O	1.23	F	2.87	（还原电位）
	8.3		11.26		14.53		13.61		17.42	（电负性）
		Si		P	0.28	S	−0.51	Cl	1.36	
			8.15		10.48		10.36		13.01	
				As	0.58	Se	−0.78	Br	1.09	
					9.81		9.75		11.84	
						Te	−0.92	1	0.54	
							9.01		10.45	

Y还要满足的第二个条件是本身不容易被阴极还原，所以真正能满足这两个条件的元素只有O、Cl和F。实践证明大部分含O、Cl、F的无机酸或配合物酸都是有效的催化剂。

(1) 含氧酸催化剂

小西三郎等研究了各种含氧酸阴离子对镀铬的催化作用，发现除了最常用的 SO_4^{2-} 催化剂外，ClO_4^- 在 250g/L CrO_3、$ClO_4^-/CrO_3=3/100$ 时可以得到灰色的金属铬，在 CrO_3 400g/L 的镀液中，当 $ClO_4^-/CrO_3=5/100\sim7/100$ 时镀液的电流效率较高，且能得到光亮的镀层，其用量要比 ClO_4^{2-} 高 5～7 倍，因为它是很强的酸，在镀液中以 $HClO_4$ 形式存在的量很少，只有其浓度足够高时，镀液中才有足量的可与 Cr═O 形成氢键的 $HClO_4$。

有机磺酸 $R-SO_3H$ 的结构与 HSO_4^- 相似，碳原子小于 3 的乙基磺酸、甲基磺酸都是优良的镀铬催化剂，它可以明显提高镀铬的电流效率和分散能力。有机磺酸也可以同 Cr═O 形成牢固的氢键。氨基羧酸以及各种羧酸、羟基酸也都可以同 Cr═O 形成稳定的氢键，许多文献也有报道它们可以作为有效的镀铬催化剂，可以提高铬的还原速度和电流效率。

氨磺酸根 $H_2NSO_3^-$ 的磺酸根与 SO_4^{2-} 相似，在强酸性溶液中，它以 $H_3^+N—SO_3^-$ 的形式存在，由于 NH_2 基比 SO_4^{2-} 基更容易得到 H^+，$—SO_3^-$ 要变成可形成氢键的$—SO_3H$ 也就比较困难，所以氨磺酸也是个较差的催化剂，在 CrO_3 250g/L 的镀液中，$NH_2SO_3^-/CrO_3$ 之比值，必须达到 1/10 时才能获得光亮的铬层。磷酸根很容易被还原为亚磷酸，在酸性液中的还原电位为

$$H_3PO_4+2H^++2e^-\longrightarrow H_3PO_3+H_2O\quad E^\ominus=-0.276V$$

故磷酸在镀铬液中本身先被还原，结果阴极上得到的是咖啡色的非金属析出物，亚磷酸还原为次亚磷酸的电位为－0.50V，它比磷酸难被还原一些，在镀铬时还因此用亚磷酸做添加剂可以析出一些灰色的铬层，但电流效率极低。

硼酸 H_3BO_3 很容易在电极上被还原为硼，结果阴极上也只能获得咖啡色的非金属析出物。硝酸根也很容易被还原，这些物质的还原要消耗电能，故阴极电流效率很低，阴极上得到的是黑色非金属沉积物。醋酸在镀铬条件下也容易被还原为醛、醇。因此，在 CrO_3 250g/L，$CH_3COO^-/CrO_3=1/10$ 以上时，阴极上只能得到黑色非金属析出物。所以硝酸盐是镀黑铬的有效添加剂。

硒酸（H_2SeO_4）的酸强度与硫酸相当（均为 $pK_1=-3$，$pK_2=2$)，在强酸性液中也可以 $HSeO_4^-$ 形式存在，在 50℃以下可以作为催化剂，另一方面它自身又可被阴极还原，所得镀层为 Cr-Se 合金。如在 $SeO_4^{2-}/CrO_3=1/100\sim10/100$ 时可得到光亮的 Cr-Se 合金，而且电流效率也较高。

碘酸钾与含氮有机酸合用可提高镀液的分散能力和覆盖能力，这主要是由于碘酸钾对于被镀表面有一定的活化作用，从而使其表面真实电流得到提高，避免了低电流区不能正常析铬现象，同时使镀液的导电能力增加的缘故。

(2) 氯离子和氯代脂肪酸催化剂

氯离子在许多金属镀液中都可作为便于电子传递的桥形配体与金属形成配离

子，使配离子放电的超电压降低，电流效率升高。在镀铬时，Cl^-可以作为催化剂，使阴极上析出灰色铬层，而且具有很高的电流效率。在CrO_3 250g/L时电流效率最高可达35%。当CrO_3为400g/L时，电流效率可达43%左右，这是其他催化剂望尘莫及的。图13-5表示CrO_3和四种常用催化剂阴离子浓度对镀铬层外观、沉积量和电流效率的影响，在SO_4^{2-}、SiF_6^{2-}、F^-和Cl^-四种催化剂中，光亮镀层范围最宽的是SO_4^{2-}，其次是SiF_6^{2-}或F^-，在Cl^-镀液中得不到光亮铬层。然而从电流效率来看，当$CrO_3 > 250$g/L时，Cl^-镀液的电流效率最高，其次是F^-和SiF_6^{2-}，SO_4^{2-}的电流效率最低。

氯代羧酸是镀铬的新型催化剂，它具有较高的电流效率，镀层的硬度高，摩擦系数小，很适于镀工业用铬。用于镀装饰铬时，可提高镀液的覆盖能力和均一性。常用的氯代羧酸有一氯乙酸、二氯乙酸、三氯乙酸、2,2-二氯二酸、2,2′-二氯丁二酸。氯的取代一方面使有机氯化物在阴极也能部分分解而放出Cl^-，因而提高电流效率的作用。

(3) 氟化物和氟配位离子的催化剂

氟化物，特别是氟配位离子（如SiF_6^{2-}、AlF_6^{3-}、TiF_6^{2-}、BF_4^-等）是一类较好的催化剂，这主要是它们具有下列优点：

① 明显提高阴极电流效率。

② 在较低的温度和电流密度下获得光亮的铬层。

③ 使铬层表面活化，故在电流中断或重叠镀铬时，仍能获得光亮的铬层。

④ 镀液的覆盖能力较好。

氟化物镀液的主要缺点是：

① 对加工物、镀槽和阳极的腐蚀性较大，对镀液的管理要求较高。不过采用氟配位离子时，其腐蚀性比用F^-时小得多，这是因为腐蚀性强的F^-都已参与配位，游离F^-极少。

② 镀液允许金属杂质的能力较差，如镀液中Fe^{3+}超过3g/L时，就会严重影响铬层的光亮与镀液的均一性，降低工作范围及电流效率。

用SiF_6^{2-}或SO_4^{2-}做催化剂时，获得

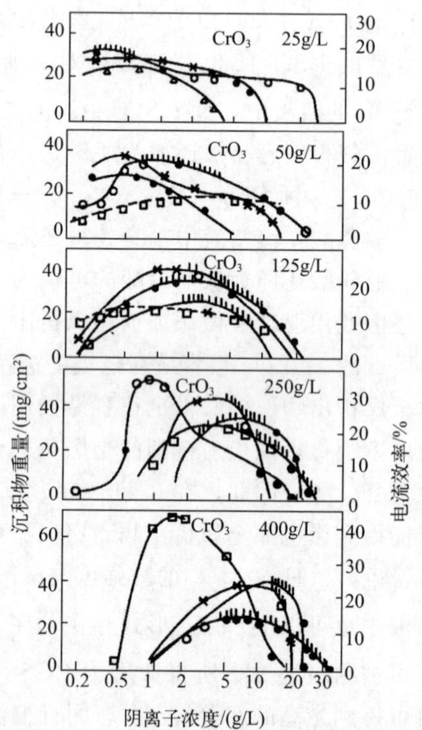

图13-5 铬酸和催化剂阴离子浓度对镀铬层外观、沉积量和电流效率的影响

—○— SO_4^{2-}；—●— SiF_6^{2-}，F^-；—□— Cl^-；

光泽镀层；—灰色镀层；---棕色或无镀层

最高镀铬电流效率时的阴离子/CrO_3 之比为 1/100～2/100，而用 F^- 时则为 6/100～12/100，正好是 SiF_6^{2-} 的 6 倍，这说明真正起催化活性的可能不是 F^-，而是 MF_6^{2-}。在不加 SiF_6^{2-} 而只加 F^- 时，很可能是 F^- 与还原中间体 Cr^{3+} 形成 CrF_6^{3-} 后起作用，AlF_6^{3-}、TiF_6^{2-} 也是良好的催化剂就是旁证。

把 SO_4^{2-} 与氟化物合用时，有时可以获得更好的效果，这种镀液就称为双催化剂或复合镀铬液。例如在 50g/L CrO_3 的镀液中，若不加 SO_4^{2-} 只加氟化物，只能得到灰色的金属铬，当与 SO_4^{2-} 并用时，F^- 的浓度在 2g/L 以内就获得电流效率较高、镀层光亮的铬层。同样，在 250g/L 的镀铬液中，只加 BF_4^- 而不加 SO_4^{2-}，则只能得到电流效率低的灰色铬层，加入 SO_4^{2-} 后，电流效率和外观都明显改善。

（4）稀土催化剂

镀铬添加剂的最新发展是把稀土金属引入镀液，常用的稀土金属离子是镧（La^{3+}）、铈（Ce^{4+}）和混合轻稀土，它们可以用氧化物、硫酸盐或氟化物的形式加入普通的硫酸型或氟硅型镀液，它们可以明显提高镀液的覆盖能力和镀层的光亮度，对镀液的电流效率无明显影响。在苏联专利 4223（1980）中提出用氟化镧（LaF_3），而在另一苏联专利 6231（1983）中采用的是氧化镧和硫酸镧。其配方见表 13-4。

表 13-4　配方

项目	数量	项目	数量	项目	数量
CrO_3/(g/L)	300～400	$BaSiF_6$/(g/L)	1～2	pH	0.6～0.8
$SrSO_4$/(g/L)	5～6	$La_2(SO_4)_3 \cdot 8H_2O$/(g/L)	1～2	温度/℃	45～50
$SrCO_3$/(g/L)	0.4～0.6	La_2O_3/(g/L)	2～3	D_k/(A/dm^2)	11～20
$CaSiF_6$/(g/L)	0.5～0.7				

据称，从该镀液中可获得光亮如镜的铬层，铬层最高厚度或达 76～78μm。稀土金属离子为何具有此等效果呢？大家知道，镀层的光亮与添加剂的整平作用有密切的关系，而整平作用的实质是镀液微观分散能力的改善，稀土离子具有 3 个正电荷（用 R^{3+} 表示），离子体积也比三铬酸离子小。在镀铬时，它优先向阴极表面扩散，并首先吸附在阴极凸出部电流密度大处。由于 R^{3+} 十分稳定，其标准电位比氢低，在水溶液中其并不被还原，然而它阻止了三铬酸配位离子在阴极凸出部的还原，而有利于三铬酸离子在阴极凹陷处的还原，结果电流密度小的凹陷处，铬沉积量相对增加，而凸出部的沉积量相对减少，最终就得到平滑而光亮的镀层，这说明稀土离子实际上是一种无机的整平剂。由于镀液微观分散能力的改善，原来因电流密度太小而无铬沉积的部位，在稀土离子存在时，该处的实际电流密度有所提高，铬层也就可以在该处沉积，这就是稀土离子可以提高镀液覆盖能力的原因。标准镀铬液中不加稀土时，镀层的结构为六方晶格，加入稀土

后，由于它的吸附作用与催化作用，降低了六方晶格转变为立方晶格的活化能，促使六方晶格向立方晶格转变，提高了镀层的硬度。

镀铬层表面含有较多的针孔、裂纹等缺陷，当存在腐蚀介质时，镀铬层作为阴极，针孔处作为阳极，出现大阴极小阳极的腐蚀体系，加速铬层的腐蚀脱落，失去对基体的保护。加入某些添加剂，促使形成光滑致密的镀层，消除表面针孔与裂纹，从而提高镀层的耐蚀性。此类添加剂主要有：甲醛、乙二醛及稀土元素等。这些添加剂也可提高铬层的硬度。加入丙炔基磺酸钠后，它能吸附在表面的空穴处，阻碍位错的形成，使内应力降低。此外，它还可以抑制析氢反应，从而提高镀层结合力。

13.3.2 铬雾抑雾剂

镀铬的阴极电流效率很低，普通镀铬液（CrO_3 250g/L，H_2SO_4 2.5g/L）的电流效率是10%～15%。加其他添加剂的镀液其电流效率一般低于30%，表示阴极约有60%以上的电能用于析H_2。另外，镀铬时阳极是用不溶性铅合金阳极，在阳极上有大量氧气析出。阴、阳两极大量的气体逸出，不可避免地就会把镀液以飞沫的形式带出，带出量约占耗用铬酐的30%。这种铬飞沫有极强的腐蚀性与毒性，它不仅危害操作者的健康，增加铬酸的消耗，而且还会弄脏其他镀液，加速各种电镀设备的腐蚀。

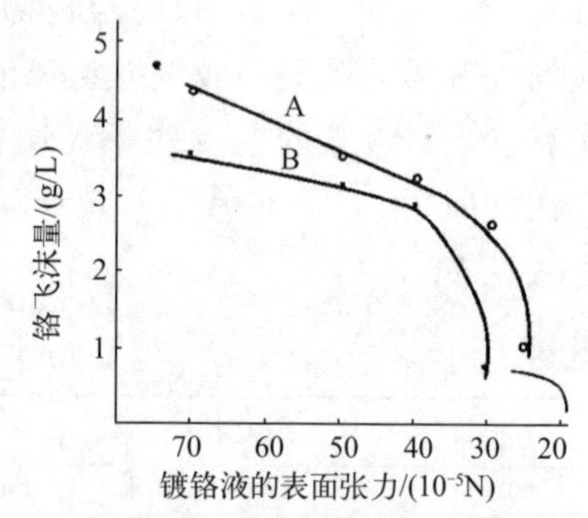

图 13-6　铬飞沫量与铬镀液表面张力的关系

条件：电流密度 5A/dm²；A：55℃；B：38℃

为了防止铬的飞沫从镀液中逸出，多采用对铬酸有良好耐酸性的表面活性剂，这些表面活性剂只要能使铬酸液的表面张力从普通液的7×10^{-4}N降至25×10^{-5}N，此时铬的飞沫量几乎可以被完全抑制。这可从图13-6中铬的飞沫量与镀铬液表面张力的关系曲线看出。

用于铬飞沫的抑制剂其主要成分为氟取代原有机化合物，其主要类型有：

① R_F—SO_3X　R_F：4～18碳原子数的C—F键；X：H或金属（碱、重和稀有金属）

② $[CH_3(CF_2)_n—CH_2N^+(R^1)(R^2)(R^3)]X^-$　R^1,R^2,R^3：H或烃醛；X^-：阴离子；n：2～6

③ $R_F\cdot(CH_2)_n—SO_3X$　R_F：饱和CF基；X：阳离子；n：1～3

④ $Cl(CF_2—CFCl)_n—CF_2COOH$

第①类铬抑雾剂称为全氟磺酸烷基化合物，在 R_FSO_3X 通式中，R_F 为含有 4～18 个碳原子的直链、支链和环链的氟碳链。X 为阳离子，可以是氢、碱金属、稀有金属或重金属一类的离子，如 NH_4^+、Mg^{2+} Zn^{2+}、Ca^{3+}、Al^{3+}、Ni^{2+}、Cu^{2+}、Ce^{4+} 等。某些阳离子（如锌和铜），随着添加量的增加会增强泡沫的稳定性。R_FSO_3X 的典型化合物以及在镀液中的最佳使用浓度列于表 13-5。

表 13-5　某些典型的 R_FSO_3X 型铬飞沫抑制剂的结构和最佳使用浓度

氟碳磺酸化合物	结构式	最佳浓度/(g/L)	氟碳磺酸化合物	结构式	最佳浓度/(g/L)
全氟丁基磺酸	$CF_3(CF_2)_2CF_2SO_3H$	6～25	全氟正癸基磺酸	$CF_3(CF_2)_8CF_2SO_3H$	0.01～2
全氟异戊磺酸	$C_5F_{11}SO_3H$	1～6	全氟环己烷磺酸	$C_6F_{11}SO_3H$	0.2～12
全氟正己磺酸	$CF_3(CF_2)_4CF_2SO_3H$	0.2～4	全氟-4-甲基环己烷磺酸	$C_7F_{13}SO_3H$	0.2～12
全氟正辛基磺酸	$CF_3(CF_2)_6CF_2SO_3H$	0.06～4	全氟-2-甲基环己烷磺酸	$C_7F_{13}SO_3H$	0.2～12
全氟环己烷甲基 2-磺酸	$C_7F_{13}SO_3H$	0.2～12	全氟二环己烷磺酸	$C_{11}F_{21}SO_3H$	0.01～2
全氟二甲基环己烷磺酸	$C_8F_{15}SO_3H$	0.1～6	全氟二环己烷二磺酸	$C_{11}F_{20}(SO_3H)_2$	0.01～4
全氟乙基环己烷磺酸	$C_8F_{15}SO_3H$	0.1～6	全氟萘二磺酸	$C_{10}F_6(SO_3H)_2$	0.01～4
全氟异丙基环己烷磺酸	$C_9F_{17}SO_3H$	0.1～6	全氟萘烷磺酸	$C_{10}F_{17}SO_3H$	0.01～2
全氟二乙基环己烷磺酸	$C_{10}F_{19}SO_3H$	0.01～2			

一般来说，所用氟碳酸的碳链越长，量越多，形成的泡沫也越厚。当镀液的温度高时，由于此时泡沫破灭速度快，泡沫厚度易降低，故以采用长链氟碳酸较为理想。随着碳原子数增加，泡沫比较稳定。若泡沫层太厚，当氢气和氧气充斥过多时就会引起爆炸，若泡沫层太薄，抑制铬飞沫的效果较差。一般来说，用碳数 8～12 的全氟烷基磺酸作为铬抑雾剂时，其泡沫量厚薄恰当，且用量少，综合性能较好。

据资料报道，美国乐思公司推销的 Zeromist 铬雾抑制剂，其成分为 8 个碳原子的全氟辛基磺酸钾。上海有机所合成的 F-53 铬抑雾剂的分子式为 $F(C_2H_4)_{n+1}OC_2F_4SO_4K$，这是在 6 个碳及 2 个碳之间带有一个醚键的全氟醚磺酸钾盐。武汉长江化工厂生产的 FC-80 铬抑雾剂，其碳数也为 8，结构与美国的全氟辛基磺酸钾 $CF_2(CF_2)_6CFCOOK$ 相同，它不含醚键。

早期的德国专利曾提出用全氟-4-甲基环己烷磺酸，瑞士专利提出用氟丁烷磺酸。德国生产的 ET-428 也是 8 个碳的全氟辛基磺酸乙基季铵盐，属于第②类铬抑雾剂。

13.3.3 三价铬离子

镀铬液中除了铬酸和催化剂外，通常还要少量的 Cr^{3+}，Cr^{3+} 的存在有利于改善镀液的分散能力，促进铬在低电流密度区沉积，虽然也会适当降低阴极电流效率。镀液中 Cr^{3+} 的含量以 1～4g/L 为宜，若低于此浓度范围，镀液的沉积速度缓慢，均一性差，仅在高电流密度区有金属析出。若 Cr^{3+} 浓度超过 4g/L，镀液的导电性下降，镀层颜色变暗，铬的析出电位向负移动，要维持正常电镀时，槽电压要升高。Cr^{3+} 浓度过高时，则获得光亮铬层的范围显著缩小，甚至只能得到灰暗、脆裂和有斑点的镀层。

镀铬液中的 Cr^{3+} 可以通过对新配镀液进行电解处理获得。电解时应采用大面积的阴极与小面积的阳极。例如用铜皮做成瓦楞形挂在阴极棒上电解 1～2h。要求阳极面积比阴极面积大一倍，这样电解生成的 Cr^{3+} 不会再被阳极氧化为 Cr^{6+}。当镀液中 Cr^{3+} 过多时，则可用小面积阴极和大面积阳极进行电解，使部分 Cr^{3+} 被阳极氧化为 Cr^{6+}。

Cr^{3+} 也可以用其盐类（如硫酸铬）直接加入镀液中，这可省去费时间的电解处理，还可用一些有机还原剂直接加入镀液中，它可使部分 Cr^{6+} 定量还原为 Cr^{3+}。

13.3.4 其他特种添加剂

除了上述添加剂外，镀铬有时还添加一些特种添加剂，以满足特种需要。例如在镀铬液中加入少量的硼酸（约 5～10g/L），可以防止镀铬层产生斑点，使镀层变得更硬和更光亮。

在铬酸镀液中加入少量的钨的化合物对改善铬层的性质很有帮助。而加入硒酸、钛或锆的化合物时，可以使原来只能获得无光铬层的镀液直接镀出光亮的铬层。把氧化镁加入普通的复合电解液中，可以提高镀液的覆盖能力。加入磷钨酸、磷钼酸、硅钼酸、硼钨酸、砷钨酸等各种杂多酸也可以提高镀液的覆盖能力。

有机添加剂在其他电镀上应用很多，它们在强氧化性的铬酸液中用得很少，不过在有些资料上偶尔也提到。例如，乙醇酸、二氯丁二酸以及其他的一些有机酸，它们可以提高镀液的均一性、覆盖能力和使用的电流密度范围。

13.4 镀铬电解液的基本类型

13.4.1 普通镀铬液

由铬酸和硫酸组成的普通镀铬液，国外称为沙氏（Sargent）镀液，无水铬酸的浓度通常在100～400g/L的范围内，硫酸的添加量约为铬酐的1/100。其标准配方为：

	标准镀铬液	低浓度镀铬液
铬酐	250g/L	120g/L
硫酸	2.5g/L	1.1g/L
温度	45～55℃	5.3℃
电流密度	15～20A/dm^2	15～20A/dm^2

图13-7为标准镀铬液光亮区的范围，在光亮区的左边，得到的是暗而脆的铬层，在光亮区的右边，得到的是乳白而软的镀层。光亮区镀层的晶粒极细，其尺寸只有0.008μm，而非光亮区镀层的晶粒尺寸最高可达100μm。这种镀液既可做装饰性镀铬用，也可能用来镀工业用铬。硬铬通常都直接镀在铁或铜上，铜的硬度超过40RC时应退火，以消除应力，否则镀层有剥落的危险。硬镀超过62RC的铜不应镀工业用铬。

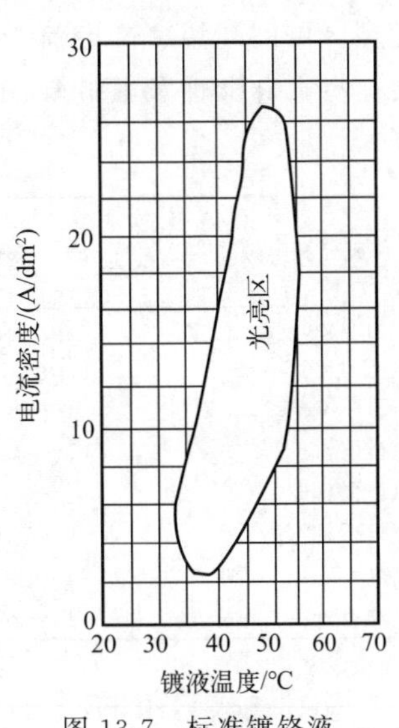

图13-7 标准镀铬液光亮区的范围

13.4.2 氟化物复合镀铬液

这是在铬酸溶液中加入SO_4^{2-}和各种氟化物作为催化剂的镀液。常用的氟化物有氟化钠、氟化铵、氟氢酸铵等。其特点是可在低温、低电流密度下获得光亮的镀层，而且覆盖能力很高，适于作为专用的装饰性镀铬。其主要缺点是氟化物缺乏简易的分析方法。已开始用市售的氟离子选择电极进行测定，使测定方法大为简化。典型的氟化物复合镀液的配方如下：

铬酐	250g/L	氟化铵	4～6g/L
温度	25～35℃	电流密度	2～20A/dm^2

若硫酸和氟化铵分别用难溶的硫酸锶和氟化钙代替，则可得到自动调节高速镀铬液，其配方和条件为：

铬酐	250g/L	氟化钙	6.5g/L
硫酸锶	5.5g/L	温度	55～65℃
电流密度	30～60A/dm^2		

该镀液的电流效率较高，在液温55℃，电流密度30A/dm^2时可达21%，在60A/dm^2时为26%，镀层的硬为HV700。在CrO_3 250g/L溶液中，氟化钙在20～65℃时的溶解度为5.6～5.9g/L，温度的影响不大。当镀液中F^-太少时，未溶解的氟化钙就会自动离解出所需量的F^-。

自调节镀液既可用于装饰镀铬，也是一种很好的工业用镀铬液，其主要优点是能用的电流密度大、沉积速度快、裂纹少、外观好、表面光滑、镀液易于管理。其缺点是成本较高，F^-的腐蚀性大。

13.4.3 氟硅酸盐复合镀铬液

氟硅酸盐复合镀液是仅次于普通镀铬液的应用最普及的镀液，它同时适用于装饰性镀铬和镀工业用铬，其主要特点是电流效率可高达25%，沉积速度快，光亮区可向高温、高电流密度扩展，而且不怕电流中断和重叠镀铬。常用的氟硅酸盐有氟硅酸钾和氟硅酸钠，也可用氟硅酸，见表13-6。

表13-6 氟硅酸盐复合镀铬液

成分和电镀条件	镀液配方				自动调节镀铬液
	Ⅰ	Ⅱ	Ⅲ	Ⅳ	Ⅴ
酪酐/(g/L)	120～150	120～130	250	250	250～300
硫酸/(g/L)	0.9～1.0	0.9～1.0	1.5	0.5	—
$SrSO_4$/(g/L)	—	—	—	—	6
氟硅酸/(g/L)	0.5～1.0	0.4	—	—	—
氟硅酸钠/(g/L)	—	—	5	10	—
氟硅酸钾/(g/L)	—	—	—	—	20
温度/℃	45～50	45～55	50～60	40～50	50～70
电流密度/(A/dm²)	15～20	25～40	20～40	10～30	40～100

图13-8表示用HF、H_2SO_4和SiF_6作为催化剂对镀铬液电流效率的影响。由图可见，氟硅酸做催化剂时的电流效率最高，氢氟酸的次之，硫酸的最低。图13-9是配方Ⅲ镀液的光亮区范围和电流密度的关系。图13-10是标准镀液和氟硅酸盐镀液的电流效率。

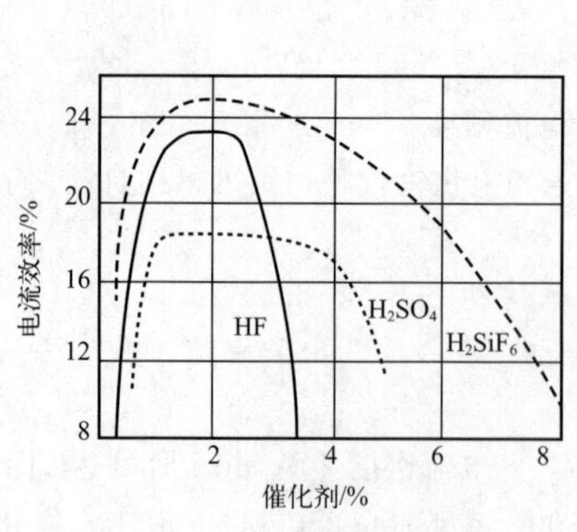

图13-8 各种催化剂对镀铬电流效率的影响（CrO_3 250g/L）

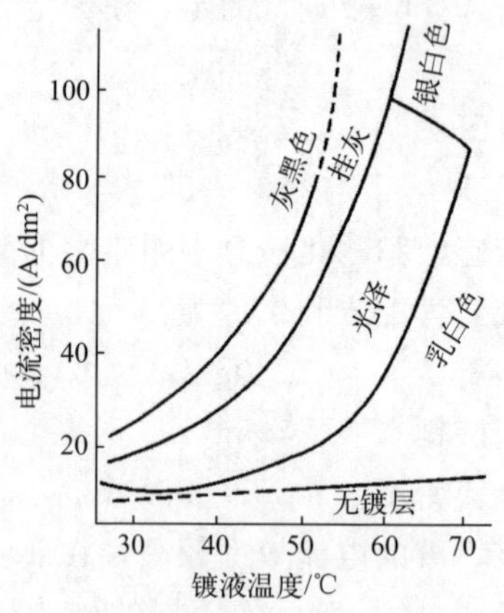

图13-9 添加氟硅酸钠镀铬液的光泽范围

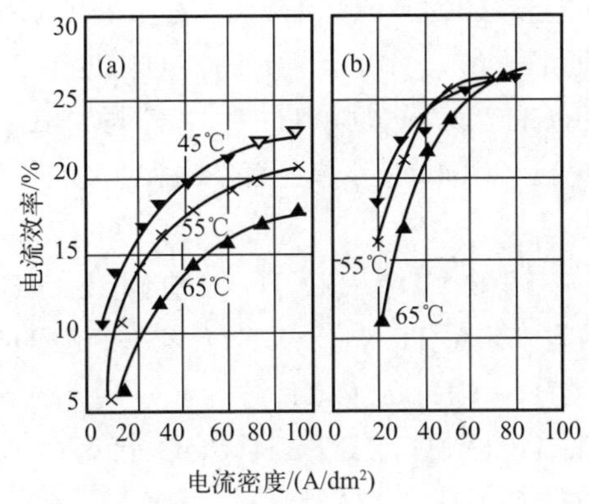

图 13-10　标准镀液（a）和氟硅酸盐镀液（b）的电流效率

（a）CrO_3 250g/L，H_2SO_4 2.5g/L；（b）CrO_3 250g/L，H_2SO_4 1.5g/L，$NaSiF_6$ 5g/L

电流密度下标准镀铬和氟硅酸盐镀铬液的电流效率曲线。标准镀铬液的电流效率随温度的变化较大，氟硅酸盐镀液在 35～55℃之间的电流效率相差很小，这对于工业生产是较为方便的。

表 13-7 是标准镀铬液、氟化钾镀铬液和氟硅酸复合镀液在不同电流密度时镀层的维氏硬度。由表 13-7 可见，单纯添加 KF 时，镀层的硬度有所下降，而当 SO_4^{2-} 与 SiF_6^{2-} 合用时，镀层的硬度非但不下降，还有所提高，这也是氟硅酸盐复合镀液被普遍采用的原因之一。

表 13-7　从各类镀铬液所得镀层的维氏硬度（50℃）

镀液 / 维氏硬度 HV / 电流密度/(A/dm²)	250g/L CrO_3 +2.5g/L H_2SO_4	300g/L CrO_3 +7.5g/L KF	250g/L CrO_3 +1.5g/L H_2SO_4 +2.5g/L H_2SiF_6
20	1000	470	1120
40	1065	836	1150
60	1110	885	1150
80	1190	800	1180

13.4.4 高效镀铬液

标准镀铬液的电流效率只有 13%左右，它表明 87%的电能都在做无用功（如析氢等）。因此提高镀铬的电流效率是节能和降低生产成本的关键，也是人们努力的目标。从 20 世纪 70 年代开始，人们把目光集中到开发高电流效率的镀铬添加剂上，并找到了不少可提高镀铬电流效率的添加剂，归纳起来，主要有以下几类：

① 无机含氧酸：高氯酸盐 ClO_4^-；碘酸盐 IO_3^-；溴酸盐 BrO_3^-。

② 卤化物：氟化物 F^-，SiF_6^{2-}，BF_4^-，AlF_6^{3-}，TiF_6^{2-}；氯化物 Cl^-；溴化物 Br^-；碘化物 I^-。

③ 卤代酸：一氯乙酸 $ClCH_2COOH$，二氯乙酸 $Cl_2CHCOOH$，三氯乙酸 Cl_3CCOOH，2,2-二氯丁二酸，HOOC—CH_2—$C(Cl)_2$—COOH,2,2′-二氯丁二酸 HOOC—CH(Cl)—CH(Cl)—COOH；一溴乙酸 $BrCH_2COOH$，二溴乙酸 $Br_2CHCOOH$，三溴乙酸 Br_3CCOOH；一氟乙酸 FCH_2COOH，二氟乙酸 $F_2CHCOOH$，三氟乙酸 F_3CCOOH。

④ 有机磺酸：甲基磺酸 CH_3—SO_3H，乙基磺酸 C_2H_5—SO_3H，丙基磺酸 C_3H_7—SO_3H，苯磺酸；氨基磺酸 H_2N—SO_3H，羟乙基磺酸 $HOCH_2$—CH_2—SO_3H，羟丙基磺酸 $HOCH_2$—CH_2—CH_2—SO_3H。

⑤ 有机羧酸：甲酸 HCOOH，乙酸 CH_3COOH，丙酸 CH_3CH_2COOH，丁酸 C_4H_9COOH，戊酸 $C_5H_{11}COOH$。

⑥ 氨基酸：氨基乙酸 H_2NCH_2COOH，氨基丙酸 CH_3—$CH(NH_2)$—COOH。

⑦ 吡啶衍生物：吡啶 N；2-氨基吡啶 N NH_2；3-氯吡啶 Cl N；烟酸（3-吡啶甲酸）COOH N；异烟酸（4-吡啶甲酸）N —COOH；皮考啉酸（2-吡啶甲酸）N COOH。

以上 7 类化合物，虽然结构各异，但它们均可同三铬酸的部分 Cr ═O 形成稳定的氢键，有利于三铬酸直接还原为金属铬，因此它们均可提高镀铬的阴极电流效率。按此思路我们还可以找到更多的其他类型的添加剂，并实现高效、无低电流区腐蚀、无阳极腐蚀的高效镀铬添加剂及镀铬工艺。表 13-8 列出了目前国内外已开发的高效镀铬液的组成和操作条件。

表 13-8 国内外高效镀铬液的组成和操作条件

溶液组成和操作条件	山西大学	上海永生	安美特(Atotech)①	溶液组成和操作条件	山西大学	上海永生	安美特(Atotech)①
铬酐(CrO_3)/(g/L)	150～350	150～300	225～275	3HC-25 添加剂/(mL/L)		8～10	
硫酸(H_2SO_4)/(g/L)	2.0～4.0	1.5～4.0	2.5～4.0	HEEF-25 开缸剂/(mL/L)			550
三价铬(Cr^{3+})/(g/L)		1～5		温度/℃	55～70	55～65	55～60
CH-1 添加剂/(g/L)	6～10			阴极电流密度/(A/dm^2)	30～80	50～75	30～75

① 补充用 HEEF-25R 补缸剂，添加量为 350mL/KAH。

13.4.5 微裂纹镀铬液

微裂纹铬是安美特公司（M&T chemicals Inc.）发明的，它可以从含有特种添加剂的镀铬液中直接镀成，也可以先镀高应力镍，再镀普通铬。安美特公司和我国在镍层上直接镀微裂纹铬的工艺配方见表 13-9。

表 13-9 美中两国微裂纹铬镀液的配方和条件

美国安美特公司		中国		美国安美特公司		中国	
CCD 铬盐/(g/L)	270	CrO_3/(g/L)	250	温度/℃	43	温度/℃	45～48
硫酸根(SO_4^{2-})/(g/L)	1.8	H_2SO_4/(g/L)	1.5	电流密度/(A/dm^2)	19	电流密度/(A/dm^2)	14～18
铬酸：硫酸	175：1	H_2SiF_6/(g/L)	0.75	电镀时间	最少 6min		
FN 添加剂/%	2.25	Na_2SeO_3/(g/L)	0.015				

安美特公司的镀液具有很好的覆盖能力和分散能力。美国-Harshaw 氏化学公司提出的 PNS-100 高应力的镍工艺和安美特化学公司推出的几种高应力镍镀液的工艺配方和条件已在表 13-1 中做了介绍，安美特公司高应力镍的特点是加入了 BF_4^- 和少量六亚甲基四胺、1,1-乙烯-2,2-二氯化吡啶和环己烷。1980 年 D. Rusev 提出用吡啶四羧酸的酰肼与乙醇丙烯腈作用的化合物作为高应力镍的添加剂，添加剂用量 0.07～0.3g/L，5μm 厚的镀层应力达 37～40kPa，微裂纹数为 500 条/cm。

PNS-100 高应力镍通常仅适用于结构形状简单的单一制品生产流程。因为光亮镍液中糖精的带入会降低其应力，因此镀光亮镍后一定要用多槽逆流水洗。同时，为了产生高的拉应力，可用高氯化物镀液，添加醋酸铵和采用较高的电流密度来达到。

1983 年 Rashkov 等对添加硫脲、砷化物、硒化物来获得微裂纹铬的机理进行解释，他们认为 Ni 阴极的极化会引起镀层的氢化作用，结果形成了富氢的 NiH_2 膜，其晶格条件比正常镍高 6%，故会出现压应力，并使其上的铬层产生微裂纹。

13.4.6 微孔铬镀液

如前所述，要获得微孔铬层，通常是双层或三层镍之后，再用含有分散的不导电粒子的光亮镀镍液镀一层薄的镍层，这层镍也称为封锁镍。最后再用普通镀铬液镀一层很薄（0.5～0.9μm）的铬层。这样得到的铬层就是微孔铬层。因此，获得微孔铬层的关键是缎状镍工艺。缎状镍所用的固体粒子直径通常为 0.1～1.0μm，塑胶粒子则为 0.3μm。镀液中的总量为 5～45g/L。美国乐思化学有限公司提出的缎状镍Ⅱ工艺配方和操作条件如下：

硫酸镍	300～375g/L	光亮剂 63#	7.5mL/L
氯化镍	60～90g/L	温度	60℃
硼酸	45～48g/L	阴极电流密度	2～6.5A/dm^2
DN-310	7.5mL/L	阳极电流密度	1～3.5A/dm^2

DN-303	20mL/L	pH	3.4～4.0
DN-306	20mL/L	搅拌	强烈空气搅拌
DN-307	0.5～2.0g/L	时间	0.5～2min

缎状镍Ⅱ工艺是乐思公司发展的工艺，它比缎状镍Ⅰ工艺的优点是电镀时间可缩短，在光亮镍与缎状镍之间可以省去水洗工程。

微孔铬适于脚踏车零件、保险杆、钢制车架等装饰件的电镀，具有良好的抗腐蚀性能。

13.4.7 黑铬镀液

黑铬电镀层是含铬酸的水溶液中添加有机和无机催化剂代替普通镀铬用催化剂硫酸而取得的。镀层黑色的产生，除金属铬外还有铬的氧化物沉积，镀层成分为铬 56%、氮 0.4%、碳 0.1%、氧 26%、氢 12%。由于微小金属铬弥散在铬的氧化物中形成吸收光中心的结晶产生黑色。镀层中氧化铬含量越高、黑镀越深，一般氧化铬的含量在 25%左右。

早期的电镀黑铬是 Siemens 用醋酸做催化剂获得的。此后 Ollard、石田等研究了这类镀液的组成。在一般醋酸系的镀液中添加钒卤、镍盐、硝酸钠等添加剂。Gilbert 后来发现用丙酸代替冰醋酸也可获得同样效果。Smith 和 Grahnm 等在电镀黑铬溶液中添加了各种无机物催化剂，如氟硅酸、氟硼酸、氟化铵等。同时还有添加钒盐的镀液和添加硝酸盐的镀液。国外用三价铬或四铬酸盐镀液来电镀黑铬的研究也在进行中。

上海轻工业研究所和上海照相机厂联合研究的电镀黑铬工艺已用于海鸥 DF 照相机零件的电镀，他们和日本专利提出了光亮性黑铬镀液，这两种工艺的配方和条件见表 13-10。

表 13-10　黑铬镀液的配方和条件

上海轻工业研究所	日本专利
铬酸酐　200～250g/L	铬酸酐　200～700g/L
硝酸钾　4～6g/L	硝酸、硝酸盐　0.5～10g/L
氟硅酸　0.05～0.1g/L	0.2g/L　饱和
添加剂 BC　0.1～1.0mL/L	NaOH　10～140g/L
温度　(18±2)℃	高锰酸盐、碳酸锰、钨酸盐、硫脲、三乙醇胺、氨基乙酸、*N*，*N*-二甲醛磺胺中之一≥1g/L
电流密度　20～25A/dm^2	电流密度 2～3A/dm^2　电流效率 10%(D=20A/dm^2)
阳极　铅锡合金极	
电镀时间　30min	

添加剂 BC 为有机添加剂，它具有改善铬镀层的均匀度和致密性，扩大电流范围以及提高镀层黑度等优点，所得镀层的黑度可达 97%以上，外观呈现消光的黑色，硬度为 HV200（负荷 50g），耐磨实验可通过 5 次。镀层在 120℃烘

15min 后可弯 90°。镀黑铬液已商品化，色亮可达真黑，其特点是不含硫酸根和氯根。

13.5　三价铬镀铬液

13.5.1　三价铬和六价铬镀铬工艺的比较

21 世纪初，一些环保新法规陆续登场，尤其是欧洲议会通过的新法规（WEEE＋ROHS），它要求 2006 年 7 月 1 日起实施商品禁止含有镉、六价铬、汞和铅。日本各大电子公司已于 2004 年实行电子元件的无害化，中国也跟随欧美同步实行危害物质的管制。

大家知道，六价铬是一种巨毒的强氧化剂，它很易诱发癌症。按 WEEE＋ROHS 的规定，大小家电、资讯、通信、消费性设备、灯具、电子、电机工具、玩具、休闲运动、洁具、医疗设备、自动贩卖机等进入欧洲市场时，产品中的六价铬必须低于 0.1%。美国对六价铬的排放标准也由 0.05mg/L 降至 0.01mg/L。

三价铬的毒性比六价铬的小得多，只有六价铬的 1%左右，三价铬镀铬经过近 100 年的研究，目前已开发出适于工业规模使用的新工艺，表 13-11 列出了三价铬和六价铬镀铬工艺的比较。

表 13-11　三价铬和六价铬镀铬工艺的比较

工艺特点	三价铬镀铬	六价铬镀铬	工艺特点	三价铬镀铬	六价铬镀铬
铬的含量/(g/L)	15～20	15～300	覆盖能力	好	差
槽液温度/℃	30～55	49～52	搅拌	空气搅拌	无
pH	2.3～4.0	＜1	铬雾逸出	无	有
阴极电流密度/(A/dm^2)	4～16	19～22	电流中断的影响	无	无色继续再镀，需特别处理
电流效率/%	＞30	10～16	杂质敏感性	敏感(Ni,Fe,Cu)	不敏感
分散能力	好	差	沉积速度/(μm/min)	0.1～0.3	0.1～0.2
最高镀层厚度/μm	＜3		不限镀层的耐蚀性	优	良
镀层硬度	低(HV600～900)		高废水处理	简单，只有 Cr^{6+} 的 20%	欧洲国家要求零排放
镀液的稳定性	差	好	抽风	不需要	必须
镀层的色泽	不锈钢的黄白色	蓝白色	阳极	不需象形阳极	需要象形阳极

由表 13-11 可以看出，三价铬镀液铬的含量低，只有六价铬镀液的 1/10，三价铬镀液的电流效率高，沉积速度、分散能力和覆盖能力比六价铬的好，无需象

形阳极，也不受电流中断与电流波动的影响，镀层的耐蚀性也较好，电镀可在较低温度下进行而且没有六价铬雾产生。

三价铬镀液也存在一些缺点，主要是镀液的稳定不够好，要严格防止 Cr^{6+} 的产生，镀层的色泽不像六价铬的蓝白色，而呈不锈钢的黄白色，较难为客户接受。此外，镀层的厚度只能达到 3μm，不能再增厚，镀层的硬度也达不到硬铬的要求，因此只能用作装饰性镀铬而不能用作耐磨镀层和修复镀层。三价铬镀液的另一缺点是对杂质敏感，其主要的有害金属杂质的允许含量很低。

$Cr^{6+}<0.05\%$，$Fe^{2+}<0.05\%$，$Cu^{2+}<0.002\%$，$Pb^{2+}<0.002\%$，$Zn^{2+}<0.01\%$

13.5.2 三价铬镀铬液的组成和操作条件

表 13-12 列出了国内外几种三价铬镀铬液的组成和操作条件。

表 13-12 国内外几种三价铬镀铬液的组成和操作条件

镀液组成与操作条件	1	2	3	4	5①
氯化铬/(g/L)	100～200		107～133	106	5.2(Cr)
硫酸铬/(g/L)		20～25			
甲酸钾/(g/L)			67～109	80	
甲酸铵/(g/L)		55～60			
草酸铵/(g/L)	80～150	6.5			
氯化铵/(g/L)		90～95	53	54	
氯化钾/(g/L)		70～80	75	76	
溴化铵/(g/L)	6～15	8～12	10～20	10	
醋酸钠/(g/L)			14～41		
硼酸/(g/L)	40～50	40～50	49	40	75
硫酸钠/(g/L)	100～180	40～45			
硫酸/(g/L)		1.5～2.0			
磺基丁二酸二辛酯/(g/L)	0.2～0.4				
润湿剂/(mL/L)	12～15		1	1	
pH 值	3～4	2.5～3.5	2.5～3.3	2.8	3.3～3.7
温度/℃	25～40	20～30	20～25	25	43～50
阴极电流密度/(A/dm²)	10～20	100	15～30	5～10	3～5
阳极				石墨	DSA 专用阳极
Trimac 电镀盐(18023)/(g/L)					260
Trimac 浓缩液(18024)/(mL/L)					100
Trimac 载体(18025)/(mL/L)					10
Trimac 润湿剂(18026)/(mL/L)					3

① 配方 5 为 MacDermid 公司的 Trimac 工艺。

为了防止三价铬镀液中不断产生六价铬，人们主要从以下几个方面来加以解决：

① 加入还原剂将镀液中的 Cr^{6+} 还原为 Cr^{3+}。常用的还原剂有重亚硫酸盐、甲醛、乙二醛、亚硫酸钠等，也可用稀土、钼、锆、砷、硒、碲和银的化合物作为还原剂。但这种方法需要不断地补充还原剂，要保证长期稳定生产较为困难。

② 美国专利 USP4615773 提出一种含有铱金属氧化物的电极做阳极，可使阳极不产生或很少产生 Cr^{6+}，能保持槽液长期稳定的工作。

③ 采用含有大量卤素离子（一般为 Cl^-）的镀液，使阳极产生氯气而不产生 Cr^{6+}，也有人提出加入少量溴化铵，可有效地解决氯气的逸出问题。

④ 采用离子交换树脂隔膜设立阳极区和阴极区，中间采用离子隔膜隔离 Cr^{3+}，使 Cr^{3+} 无法通过隔膜进入阳极区。这就是通常说的双槽电镀法。

为使三价铬镀液能够镀出较厚的镀层，人们采用了以下几种方法：

① 用脉冲电镀的方法，可以镀得较厚的三价铬镀层。

② 在含 Cl^-、SO_4^{2-} 的三价铬镀液中适当加入尿素后，可以获得较厚的铬层，而且镀层的外观与六价铬的很相似，镀层质量很好，镀液稳定，沉积速度快，在 pH 值升高时能抑制多聚物的生成。

13.6 21世纪镀铬添加剂的进展

镀铬是世界上三大镀种之一。镀铬层具有很高的硬度，其干摩擦系数是所有金属中最低的，具有很好的耐磨性。镀铬层还具有很好的化学稳定性，在大气中能长期保持原有光泽而不变色，因此被广泛用于各种零件防腐-装饰镀层的最外层。而厚的硬铬层则被用于各种材料的模具、轴承、轴、量规、齿轮等，还可用于修复磨损零件的尺寸。

13.6.1 21世纪六价铬镀铬添加剂的进展

传统的镀铬工艺均为六价铬电镀，至今已有 80 多年的历史，形成了至今仍普遍采用的铬酐-硫酸工艺体系。然而该工艺仍存在不少缺点，主要是：①阴极电流效率低，一般只有 12%～15%，故沉积效率低，电能损耗大；②镀液的分散能力和覆盖能力差，如欲获得均匀的镀层，必须采取人工措施，如设计象形阳极或保护阴极；③镀铬生产对温度控制要求很高，必须严格控制温度变化，电流密度也必须根据所用温度来选定，如欲获得光亮度镀层，要严格控制温度变化正负 1～2℃；④生产时由于产生大量氢气和氧气，加上温度较高，产生了严重危害工人健康的铬雾，原材料浪费严重，六价铬是公认的致癌物质，对环境及人体健康危害极大。

镀铬添加剂通常被分成三代，单独使用硫酸作为催化剂的镀铬液称为第一代镀铬液；同时加入两种或两种以上无机阴离子的镀铬液称为第二代镀铬液；采用有机或复合添加剂的镀铬液称为第三代镀铬液。20 世纪第三代镀铬液的杰出代表是，1984 年美国安美特（M&T）化学公司的 Newby 博士成功地开发出高效、无低电流区腐蚀的新型 HEEF-25 硬铬工艺。该镀液用磺基乙酸、碘酸盐和吡啶衍生物复配的复合添加剂，液中不含氟，故不侵蚀镀件的低电流密度区域，阴极电流效率达 25%，沉积速度可达 30～80μm/h，镀层光亮平滑。该工艺已在国内外广泛使用，是有机添加剂镀铬液的典型代表。除 HEEF-25 外，还有许多公司的高效镀铬液，如 Canning 的 CSI，华美的 KC-50，德国的 ANKORl127、NF-T 以及香港永星化工有限公司引进的 PALDO 等，并基本上占据了国内摩托车、汽车等行业的功能性镀铬市场。在此形势下，我国电镀工艺研究人员也开展了广泛的研究，相继推出了一系列的高效镀铬添加剂，如 Ly-2000、ST-926、ST-627、CH、SHC-25、CS 等，其性能与 HEEF-25 相似。其添加剂大多数是有机和无机化合物的混合物，经生产应用基本上能满足功能性镀铬的要求。由于国产添加剂以较低的价格推向市场，与国外产品相比有很强的竞争力。

2000 年意大利的利多·弗雷迪亚尼乔瓦民·梅雷洛[1] 发明了一种氨烷基磺酸和杂环碱的抑制剂的链烷二磺酸-链烷磺酸化合物催化的镀铬液，用［$H_2N—(CH_2)_n—SO_3H$］（$n=1\sim12$）链烷磺酸作添加剂来减少阳极腐蚀，用 $Y—(CH_2)_n—SO_3H$（Y=H 或 SO_3H，$n=1\sim12$）链烷二磺酸来改进槽液的深镀能力和渗透能力，减小表面张力和提供光亮镀层。

2000 年德国[2] 发明了一种用 α-羟基乙烷磺酸钠作催化剂的六价铬镀铬工艺。同年俄罗斯专利[3] 提出用硫酸锌（$ZnSO_4 \cdot 7H_2O$）和叶酸（维生素 B_6）作催化剂的六价铬镀铬工艺。

2000 年上海永生助剂厂沈品华等[4] 研究成功第三代 3HC-25 高效镀硬铬添加剂，该镀硬铬添加剂的电流效率高，镀层光亮度和抗腐蚀性能好，不含氟，无低电流腐蚀，能提高生产效率、降低生产成本和节约用电 50%左右，提高了产品质量和经济效益。

2000 年江苏宜兴市新新稀土应用技术研究所杨胜奇[5] 研究成功 CF-201、CF-202 超低浓度装饰性镀铬稀土添加剂，它适用于表面形状复杂且要求镀层防腐要求较高的工件镀装饰铬。该镀铬液的工艺配方为：铬酸 120～180g/L，硫酸 0.4～0.8g/L，三价铬 1～3g/L，CF-201 稀土添加剂 2g/L，CF-202 稀土添加剂 1g/L，温度 35～50℃，阴极电流密度 10～20A/dm^2，$S_a : S_k =$（4～5）：1，阳极必须是含锡 15%以上的铅锡合金。补充时加铬酸量 1%的 CF-201 添加剂和 0.5%的 CF-202。新配槽液时由于铬酸中含有 0.4%的硫酸根，配制硫酸时必须加以扣除。另外镀液中没有三价铬离子，必须加酒精 2～3g/L（90%浓度的药用酒精），或加 10%的老镀铬液。

该镀铬液的特点是：①深镀能力好，所有表面特别是复杂工件低凹处都镀上

86%～90%以上。②分散能力好，镀层厚薄分布均匀，提高整体镀层的耐盐雾测试小时数。③镀铬液浓度低，带出损失少；温度低，减少镀液蒸发气体对空气的污染和损失；电流密度低，节约电的消耗；沉积速度快，同等时间增厚镀层；电流效率高，可达25%以上。④兼有除杂功能，长期使用杂质积累少，工艺稳定，少故障，易操作。⑤镀层光亮，结构致密，硬度高，可达HV850～900，耐磨性好。

2002年南京张升达等[6] 开发了一种微裂纹高效镀硬铬添加剂ST-927，在铬酐-硫酸镀液中加入ST-927添加剂，阴极电流效率提高了一倍，达26%，沉积速度提高了两倍，节约电能约50%，镀层外观光亮，硬度和耐蚀性都大有提高，铬酐浓度增加，微裂纹数减少，铬酐浓度一定时随硫酸浓度和添加剂浓度提高微裂纹数增加，光亮性改善，最佳的镀铬工艺条件为：铬酐180～220g/L，铬酐/硫酸比值为100∶（1.3～1.5），添加剂浓度20mL/L，温度55～65℃，阴极电流密度60～75A/dm^2，整流器波纹系数＜3%。表13-13是镀层经72h中性盐雾后的试验结果。

表13-13　镀层经72h中性盐雾后的试验结果

项目	ST-927镀铬	传统镀铬
微裂纹密度/（条/cm）	800～1000	80～110
微裂纹长度/μm	3～8	20～30
微裂纹宽度/μm	0.1～0.2	0.2～0.3
表面粗糙度（$HV_{0.05}$）	970～1287	810～877
铬层厚度/μm	15～25	15～25
中性盐雾72h	9.8～10级	3～5级

2001年欧洲专利[7] 提出用烷基二磺酸、氨基烷基磺酸和氮杂环化合物作催化剂的六价铬镀铬工艺。同年日本专利[8] 认为用六氟硅酸钠、草酸和氢醌作添加剂可以获得良好的铬层。

2002年西安理工大学的李新梅[9] 对高效复合镀铬添加剂进行了研究。通过电化学方法、金相组织分析、重量法、斑点法、弯曲法等试验方法研究指出：添加剂对镀层质量起着至关重要的作用，但不同类型的添加剂对镀液和镀层性能的影响并不相同，同一添加剂在不同镀液中所起作用亦有差异，各种镀液对添加剂具有选择性。有机添加剂的作用效果优于无机添加剂。采用适当的添加剂复合不仅可以显著提高镀铬层质量，增加光亮度、电流效率、分散能力和沉积速度，而且可以扩大镀铬工艺范围。单纯的无机添加剂复合对改善镀层质量的作用要小于有机-有机复合以及有机-无机复合的作用。稀土对镀层质量影响较大，尤其是在高温中等电流密度时，可大大改善镀层的综合性能，而稀土与有机添加剂复合可弥补单一添加稀土的不足。复合添加剂的作用效果并不是单一添加剂的简单叠加，各个因素之间既有相互促进，又有相互制约。复合添加剂的作用机理主要是三方面的复合：①通过吸附改变电极表面状态及界面层中的电势分布，影响电极过程；②通过改变双电层结构来影响反应粒子的表面浓度及界面反应的活化能，从而影响电极反应速度；③通过配位作用，影响界面上反应粒子的组成、排列方式及界面反应速度，从而阻化金属离子的放电，提高阴极极化。在大量试验的基础上，研制出分别适合于低、中、高三种不同铬酸浓度的较好的复合镀铬添加剂配方：TJ-1～TJ-7。所研制的配方，不含氟、腐蚀率低，稳定性好，易操作，在镀层质量、节铬、节电、节能、环境保护诸方面都有明显的改善，并将其与市售的 WR-1 添加剂镀铬效果进行了对比，结果表明该研究得到的配方镀铬效果更优良。

2002 年天津中盛公司赵壮志等[10] 推出 LY-2000 镀铬添加剂，该添加剂不含氟，电流效率达 24%～27%，每千安培小时消耗仅 3～5mL，电镀时间减少 1/3，改善了分散能力，提高了镀层的光亮度，生产效率提高了 30%，节约能耗 50%，工件凹凸减少 20%，取得了良好的经济效益。

2002 年王光辉等[11] 对前期宽温低铬高效镀铬添加剂的研究进行了总结，指出在标准镀铬电解液中，铬酐的含量为 250g/L，加入氟、氟硅酸等虽然能实现低浓度镀铬，但这种镀液稳定性差，对杂质敏感，镀层上易产生黄膜或彩膜，存在明显的低区腐蚀，需要采取特殊措施才能使用。而加入稀土添加剂后能较大幅度地降低铬酐浓度至 180g/L 以下，使电流效率提高至 25%左右，分散能力由 −60%上升至 −30%，提高近一倍，深镀能力由标准镀铬液的 24.7%上升至 80%以上，工作温度宽，一般不需加温，在 5～60℃范围都能良好工作。加入添加剂后铬酐的浓度、三价铬含量、操作温度与电流密度等要求都可以放宽，镀层晶格由六方晶格转变为立方晶格，从而使硬度提高；铬镀层晶粒细化，微裂纹细小均匀，硬度提高，从而提高了镀层的耐磨性；添加剂降低了析氢量和细化了晶粒，这有利于消除镀层的内应力并提高了镀层的耐蚀性，研究表明，加入稀土后镀层的腐蚀速率比未加稀土的降低了 20%左右。王光辉等在上述基础上推出了 TR-21 宽温低铬高效镀铬添加剂，该镀铬添加剂具有如下特点：

① 超强深镀能力，克服了普遍之深镀、均镀力不佳，低区腐蚀等弊害，对 20mm 深孔也能良好上铬；

② 极大降低装饰铬成本，允许亮铜打底直接镀装饰铬，对塑料件镀铬效果特佳；

③ 工作温度低，10℃即可良好工作，电流效率比通常之镀铬添加剂提高 20 个百分点；

④ 起镀电流极低，上镀效果几乎与镀锌镀锡一样容易，操作简便，对设备没有特殊要求；

⑤ 长期连续使用工艺稳定好，镀液维护简易，工作电流宽，不易出现零件

烧焦的缺陷；

⑥ 镀铬出光快，表面越镀越亮，可以达到全光水平；

⑦ 工作铬酐浓度低，环保效益良好，不使用硫酸，镀液管理维护方便。

2005 年美国专利[12] 发明了一种用 Mo、V、W、Nb 的同多酸阴离子、短链脂肪族磺酸盐或卤素衍生物作镀铬添加剂的新工艺。

2006 年周琦等[13] 进行了电镀铬添加剂的对比研究，以碘酸钾、三氯乙酸、甘氨酸和甲酸为添加剂，加入到标准镀铬液中，测定了镀液的分散能力、光亮电流密度范围、深镀能力、阴极电流效率。结果表明，四种添加剂的最高阴极电流效率如下：三氯乙酸为 30.06%，碘酸钾为 22.02%，甲酸为 19.97%，甘氨酸为 16.05%。四种添加剂中只有甲酸和甘氨酸的外观光亮平滑，甲酸能提高电流效率的质量浓度范围为 1～7g/L；甘氨酸能提高电流效率的质量浓度范围为 1～4g/L。甲酸使阴极电流效率和深镀能力提高；甘氨酸提高分散能力的效果好于甲酸。二者均能扩大光亮电流密度范围。综合考虑单一使用甲酸的适宜质量浓度为 1～5g/L，单一使用甘氨酸的适宜质量浓度为 1～3g/L。三氯乙酸和碘酸钾这两种添加剂的试片光亮范围窄，其含量高的试片粗糙发灰，虽然它们的电流效率、分散能力较高，但不适于作镀铬液的单一添加剂。

2008 年上海普来得公司王清龙[14] 推出 SPL-296 固体硬铬添加剂，用该添加剂镀出的铬层细致、平滑、光亮、均匀，电流效率达 25%，析氢减少，能耗降低，生产效率成倍提高，可在高电流密度下操作，不腐蚀低电流密度区，无阳极腐蚀，使镀液中金属杂质的积累大幅减慢，延缓了镀液的老化，延长了槽液的寿命。

2008 年李昌树[15] 研究了高效六价铬镀铬工艺，他以标准镀铬液为参比，测定了 HCR、WR-26、BH 三种高效镀铬添加剂的镀液性能和镀层性能，结果表明：三种添加剂中，HCR 添加剂的综合性能最好，电流效率可达 26.3%，但表面有粗裂纹，镀层硬度低，为此他在 HCR 添加剂的基础上，试图增加辅助添加剂来改善 HCR 的缺点。他考察了碘化钾、硼酸等五种添加剂对电流效率、硬度及表面形貌的影响，选取碘化钾和丙二酸进行正交试验，最终确定改进后的 HCR 添加剂镀铬的工艺配方为：

铬酸酐	250g/L	硫酸	2.50g/L
三价铬	2～3g/L	HCR 添加剂	2.2g/L
丙二酸	1.0g/L	碘化钾	0.3g/L
电流密度	6.5A/dm^2	温度	56℃
阳极	纯铅板	阴阳面积比	1∶2

优化后电流效率可达 27.8%，镀层结晶致密，平整均匀，硬度、耐蚀性等都有改善，添加剂的加入使晶体在（200）晶面生长趋势加强，晶体结构为体心立方。

2009年张仪等[16] 发明了一种高硬度球墨铸铁活塞环镀铬工艺，可以有效防止镀铬层脱落，解决了球墨铸铁镀铬结合力的难题。该镀铬液的组成工艺条件为：CrO_3 80～220g/L，H_2SO_4 1.4～2.0g/L，NaF或KF 3～7g/L，甲基磺酸12～15mL/L，温度58～62℃，阴极电流密度60～65A/dm^2，处理时间2.5～3.5h。

2010年王文等[17] 发明了一种薄板表面镀铬的方法，该发明公开了一种薄板表面镀铬的方法，步骤如下。①碱洗：包括碱液浸洗、电解清洗、碱冲洗。②酸洗：包括电解酸洗、酸冲洗。③电镀：包括镀铬、冲洗。④涂油。充分利用CrO_3＋NH_4F镀液的性能优势，通过对前处理酸洗工艺以及电镀参数进行优化，特别是碱洗、酸洗溶液浓度控制，对电镀段电流效率、电镀浓度进行严格控制，克服了传统工艺的弱点，在两步法设备配置基础上，通过工艺参数、流程优化，同步生成金属铬和氧化铬，最后通过水溶液调节氧化铬总量，形成性能色泽明亮的镀铬板。在带钢表面生成致密的金属铬和氧化铬层，实现一步生产带钢表面镀金属铬和氧化铬最佳组合的电镀铬钢板，获得镀层明亮、均匀的优良镀铬板。同时，该方法节省能耗，降低环保排放压力，降低生产和维护成本，为提升镀铬板竞争力创造了条件，故推广及应用前景良好。该预浸槽和镀铬槽液的组成为：CrO_3（150±5）g/L，NH_4F（3.5±0.2）g/L，Cr^{3+}≤5g/L，Fe^{3+}≤5g/L，Cl^-≤30μg/g，H_2SO_4≤0.09g/L，温度37～39℃。调整槽（带稀溶液的槽子，调整氧化铬的最终含量）溶液条件：CrO_3（75±3）g/L，NH_4F（1.5±0.2）g/L，H_2SO_4≤0.08g/L。电镀电流条件：电镀电压30V，电流密度100～120A/dm^2，电流效率20%。

2010年冯辉等[18] 评述了脉冲电镀铬的研究现状与展望。指出脉冲电镀技术可提高镀铬的沉积速度，减少镀层裂纹和孔隙，增强镀层耐腐蚀性。双向脉冲电镀可在电镀过程中不断修饰镀层表面并可获得纳米晶格多层结构，镀层具有更好的抗腐蚀性，纳米晶格多层结构具有相互弥补镀层缺陷及减小镀层内应力的特点，对有特殊耐腐蚀要求的工件是一种值得深入研究的新技术。随着电子元器件的不断发展，开关式电源也逐步应用到镀铬技术中，推动了脉冲电镀铬技术的发展。

2010年余章军[19] 发明了手机按键脉冲镀硬铬工艺，该工艺摒弃了镍、钴、氰化物达到环保要求；将原有直流镀铬，镀层薄，无法达到耐磨要求，改为脉冲镀铬，由此生产的手机按键，镀铬层厚度可达2～4μm，耐磨性好。其最佳的脉冲镀硬铬成分和工艺条件为：CrO_3 250g/L，H_2SO_4 3.0g/L，Cr^{3+} 4.0g/L，XY-301硬铬添加剂25mL/L，铬雾抑制剂F-21 2mL/L，温度60℃，脉冲电源占空比60%，脉冲频率250Hz，平均电流密度60A/dm^2。

2011年高发明等[20] 发明了一种冷轧钢带光亮电镀铬的方法，该发明公开了一种冷轧钢带光亮电镀铬的工艺，其特征是第一步电镀铬层，其镀液成分为：铬酐100～160g/L、NH_4F 1.5～3.0g/L、混合稀土添加剂0.5～1.5g/L。镀液温度25～40℃，电流密度25～70A/dm^2，电镀时间10～20s。所述的混合稀土添加剂是指硝酸镧、硝酸铈、硝酸铕、硝酸镨、硝酸钕中的两种或几种的混合物。第二步电镀氧化铬层，其镀液成分为：铬酐50～75g/L、NH_4F 0.8～2.5g/L、NaOH 5～15g/L。镀液温度15～30℃，电流密度8～20A/dm^2，电镀时间2～6s。该发明最大的特点就是电镀铬及氧化铬过程中采用NH_4F作为催化剂。F^-和SO_4^{2-}一样也是电镀铬的催化剂，没有F^-就不会产生镀铬层，F^-作为催化剂的好处在于易产生板状金属铬镀层，与传统的硫酸催化剂比较镀层的外观更美观，电镀铬和电镀氧化铬的温度更低。同时加入F^-可以提高电流密度的上限，适合于高速电镀铬。该发明充分利用镀液的性能优势获得镀层明亮、均匀的优质镀铬板，进一步提高镀铬板表面质量。同时，该方法对设备腐蚀性小、温度低、有效节省能耗。

2012年冯明[21] 发明了一种恒电流密度在钨合金表面直接镀硬铬的方法，将钨合金清除油污、酸洗、中和、活化后镀硬铬，镀铬液配方为：CrO_3 180～220g/L、H_2SO_4 1.8～2.2g/L、Cr^{3+} 3～8g/L、添加剂DL-8 3～5g/L。温度53～57℃，电流密度45A/dm^2，电镀时间25～35s。与现有技术相比，该发明不经过特殊、复杂的前处理工序，减少了对环境的污染，提高了零件的一次合格率，所得镀层结晶细致、硬度高、耐磨，颜色呈光亮淡青的银白色，并且结合力良好，将钨合金镀硬铬后的零件加热到220℃，保温3h，然后迅速投入20℃的水中，检查试样，镀层无起泡、起皮、脱落现象，表明镀层与基体结合良好，满足设计要求。在使用过程中镀层无起泡、起皮、脱落现象，适用于含钨较高的钨合金材料镀硬铬。

2012年闫瑞景等[22] 发明了一种复合型镀铬添加剂，该发明公开了一种复合型镀铬添加剂，包括有机物和无机物。所述有机物为：甲酸或氨烷磺酸或二甲基磺酸或氨基磺酸或吡啶磺酸或甲烷磺酸，用量为1～20g/L，或含氮有机化合物0.01～0.1g/L。无机物采用轻型稀土氟化物，轻型稀土氟化物为镧、铈、镨、钕的氟化物，用量为0.001～0.01g/L，和/或ⅤA族元素氧化物、氢氧化物、硫酸盐之一，ⅤA族元素氧化物或氢氧化物为砷、碲、铋的氧化物或氢氧化物或硫酸盐，用量为0.01～0.1g/L。标准镀铬镀液中含有250g/L铬酐和2.3～2.7g/L的硫酸，工作温度50～70℃，电流密度15～100A/dm^2，将所述有机物和无机物加于标准镀铬溶液中，不仅电流效率高，镀层光亮度好，工艺光亮范围宽，深镀能力好，而且镀层硬度高，电流效率高，阳极无腐蚀，工艺光亮范围宽，深镀能力好，操作工艺简单，成本低。

镀铬工艺中，第一催化剂为氟离子或氟硅酸等，电流效率高，镀层细致光亮，但对阳极和镀层基体都有腐蚀，这样溶液中杂质积累速度快，工艺难以控制，镀槽容易老化报废。改以链烷基磺酸或其盐，镀层光亮，结晶细致，但腐蚀阳极和光亮范围窄，深镀能力欠佳，赫尔槽试片9cm，尤其使用链烷基磺酸盐，镀层防腐能力下降。中国专利 CN89105414.6、CN87102034 公开的稀土添加剂，都是低温低浓度镀铬工艺，但改到标准电镀液中，很难控制工艺参数。以碘等卤素为添加剂，电流效率提高，因为碘释放剂对镀层基体有活化作用，但高电流区镀层结合力差，外观暗灰，呈半光亮，光亮范围窄。以羧酸和碘复合为添加剂，镀层脆，易崩裂。

2013 年吕智强等[23] 发明了一种高效凹版镀铬添加剂，有效解决电流效率低、电能消耗高及对镀件有腐蚀的问题，由 1，5-萘二磺酸钠盐 12（12～18）kg、碘化钾 8（8～12）kg、亚甲基双萘磺酸钠 9（9～15）kg、硫酸 0.4（0.4～0.6）kg、酒精 0.25（0.25～0.35）kg、铬酐 0.4（0.4～0.6）kg 和纯净水 25（25～39）kg 制成，在 35℃纯净水中，加入 1，5-萘二磺酸钠盐，搅拌至溶解，加入碘化钾，搅拌至溶解，加入亚甲基双萘磺酸钠搅拌 0.2h，加入硫酸搅拌至溶解。加入酒精搅拌至溶解，加入铬酐搅拌至溶解。该发明具有非常好的效果，添加该发明添加剂的镀铬液，电流效率高，沉积速度快，不含氟化物，对镀件及阳极铅板无腐蚀，保证电镀质量。

2013 年欧忠文等[24] 发明了一种枪管内膛镀铬高效添加剂及其镀液，其添加剂主要成分是甲基磺酸盐、溴化钠、硫酸镁，镀液主要成分为 CrO_3、H_2SO_4、Fe^{3+}、Cr^{3+}。其特征在于镀液各成分浓度为：CrO_3 180～200g/L，H_2SO_4 2～3g/L，Fe^{3+} 2～4g/L，Cr^{3+} 2～5g/L。将其应用于枪管内膛镀铬工艺中，能显著提高枪管内膛镀铬层的合格率，提高电流效率，可达到 20%～27%，同时提高铬层沉积速度，是传统镀硬铬的 2～3 倍，降低枪管内膛镀铬时间以及镀铬过程中的能源消耗。在铬层性能方面有利于铬层硬度的提高，降低枪管射后掉铬率，显著提高铬层质量，使铬层细致光亮，厚度均匀，使镀液均镀能力强，减小锥差，仅需一镀就能完成深管零件内壁镀铬，使其锥差符合工艺标准，无需进行换向镀铬，大大提高镀铬效率，节约时间，降低深管内壁镀铬的成本。本添加剂不含氟，对阳极腐蚀较小，能有效地保护阳极。

2014 年陈国华[25] 发明了一种镀铬添加剂及其电镀液。油缸伸缩件一般用 45＃钢经调质处理，车磨加工，为提高表面硬度、耐磨、耐温和耐蚀等性能，需进行表面镀硬铬处理，形成表面镀铬层，厚度一般在 10～30μm 以上。传统的电镀液一般镀硬铬工艺电流效率低，只有 20%～25%，施镀时间长。新发明涉及一种镀铬添加剂及其电镀液，镀铬添加剂的组成为：甲苯二磺酸钠 22%，氨基磺酸钠 8%，氨三乙酸 5%，氧化镁 3%，硫酸锶 2.5%，硼酸 5%，蒸馏水 54.5%。所述的镀铬添加剂配制方法的特征是：在常温下，在不锈钢搅拌罐内，按比例先加入蒸馏水，加入甲苯二磺酸钠和氨基磺酸钠，搅拌至完全溶解，再依次加入氨三乙酸、硼酸、氧化镁、硫酸锶，搅拌至完全溶解，静置，过滤，灌装。所述的镀铬添加剂的电镀液，其组成是：铬酸酐 250（200～270）g/L，硫酸 2.5（2.0～3.0）g/L，镀铬添加剂 25（20～30）mL/L，余量为水。采用该发明电镀液进行电镀，阴极电流效率高达35%～45%，沉积速度很快，相同的镀层厚度，施镀时间可以缩短一半；镀层硬度高，呈均匀密集的网状裂纹，耐磨性能好；能产生微裂纹，提高抗腐蚀能力，油缸伸缩件中性耐盐雾试验可达72h以上；镀液分散能力好，镀层厚度均匀，不易产生粗糙疱瘤现象，铬层外观清亮平滑；镀层与基体结合力强，前处理与传统工艺相似，操作容易；镀液不含氟化物，不含稀土元素，工件无低电区的腐蚀。产品质量提高，生产时间减少。

2015年郭力[26]研究了几种表面活性剂对抑制铬雾的影响。在镀铬液中加入一定量的表面活性剂甲基二磺酸钠、全氟辛基磺酸四乙基胺，具有较好的抑雾效果。全氟辛基磺酸四乙基胺比甲基二磺酸钠的效果略好些，全氟辛烷的抑雾效果差，应被淘汰。铬雾抑制剂全氟辛基磺酸四乙基胺的用量应控制在20～40mg/L，用量太少抑雾效果差，用量太多会因泡沫太多而造成其他的影响。全氟辛基磺酸四乙基胺的添加方式为：先用100倍100℃热蒸馏水使其彻底溶解后，加入预热后的镀铬液中，如果未完全溶解就加入镀液，就不能有效地抑制铬雾的挥发。

2016年张颖[27]发明了一种压铸锌合金件镀装饰铬方法，该方法包括如下步骤。

① 镀前处理　包括表面除油除脂、酸洗除锈、活化处理过程以提高镀层的结合力。其中表面除油除脂为采用丙酮超声波除油及碱洗除脂工艺，碱洗除脂的溶液成分和工艺为：$Na_2CO_3 \cdot 10H_2O$ 35～45g/L，$Na_3PO_4 \cdot 12H_2O$ 18～20g/L，十二烷基硫酸钠0.6～0.8g/L，温度60～64℃，时间6～10min。采用酸洗溶液进行酸洗，酸洗溶液的成分和工艺为：CrO_3 130～150g/L，HNO_3（68%）130～150mL/L，室温，处理时间为2～3min。采用活化溶液进行活化，活化溶液的成分和工艺为：HF（40%）400～420mL/L，室温，时间为5～7min。

② 无氰预镀铜　其中镀液成分为：焦磷酸铜80～90g/L，焦磷酸钠140～150g/L，柠檬酸三钠200～220g/L，酒石酸钾钠36～40g/L，HEDP 15～17g/L，乙二胺160～180g/L，二氟化氢铵58g/L，氟化钠2～3g/L，氟化锂6～8g/L。氨水调节pH值8.5～9.5。电镀工艺的阴极电流密度：初始电流密度2～7A/dm^2，时间6～8min；工作电流密度1.5～2.5A/dm^2，时间10～12min。

③ 酸性镀铜　酸性光亮镀铜工艺溶液及操作步骤如下：硫酸铜（$CuSO_4 \cdot 5H_2O$）300～320g/L，硫酸（ρ=1.84g/L）20～22mL/L，氯离子65～75mg/L，填平剂0.7～0.9mL/L，开缸剂36mL/L，光亮剂0.2～0.3mL/L；温度32～36℃；阴极电流密度2～5A/dm^2，阳极电流密度1.5～2.5A/dm^2；空气搅拌；连续过滤；电镀时间14～16min。

④ 电镀半光亮镍　硫酸镍（$NiSO_4 \cdot 6H_2O$）230～240g/L，氯化镍（$NiCl_2 \cdot 6H_2O$）55～65g/L，H_3BO_3 38～50g/L，开缸剂3～6mL/L，填平剂0.8～1.0mL/L；温度72～74℃；pH 3.6～4.0；阴极电流密度3～5A/dm^2；打

气搅拌；连续过滤；电镀时间 20～30min。

⑤ 电镀高硫镍　硫酸镍（$NiSO_4 \cdot 6H_2O$）210～230g/L，氯化镍（$NiCl_2 \cdot 6H_2O$）45～55g/L，H_3BO_3 35～40g/L，湿润剂 1～5mL/L；温度 30～40℃；pH 2.8～3.0；阴极电流密度 3.5～3.7A/dm^2；机械搅拌；连续过滤；电镀时间 1.5～2min。

⑥ 电镀光亮镍　硫酸镍（$NiSO_4 \cdot 6H_2O$）220～240g/L，氯化镍（$NiCl_2 \cdot 6H_2O$）42～44g/L，H_3BO_3 45～55g/L，主光剂 0.6～0.8mL/L，柔软剂 6～8mL/L；辅助剂 5～7mL/L；湿润剂 1.0～1.2mL/L；温度 48～52℃；pH4.0～4.2；阴极电流密度 4～6A/dm^2；打气搅拌；连续过滤；电镀时间 25～35min。

⑦ 电镀铬：铬酐 270～290g/L，硫酸（ρ=1.84g/L）1.0～1.2g/L，三价铬 1.5～3.0g/L，添加剂适量；温度 42～44℃；阴极电流密度 12～14A/dm^2；电镀时间 2～5min。

该发明获得的镀层，镀膜厚度均匀，耐蚀性高，硬度高，表面光亮整洁，镀层不起皮、不剥落，不褪色、不变色，适于装饰件、工艺品等装饰性镀铬处理。

21 世纪以来，六价铬电镀添加剂的研究没有 20 世纪活跃，其研究范围大多是第三代添加剂的改进，以稀土阳离子和氟化物的配合为代表的第三代镀铬光亮剂和以有机或复合型光亮剂为代表的第四代镀铬光亮剂是目前普遍使用的添加剂，第四代效果更佳，由单一组分向复合组分、由无机物向有机物发展，即更多地利用相关离子的协同效应是今后铬电镀添加剂发展的方向。

13.6.2　21 世纪三价铬镀铬添加剂的进展

长期以来，电镀铬通常采用六价铬电镀液。它具有工艺稳定、成本低廉、易于维护、镀层硬度高、耐蚀性好、可镀厚等优点。但由于六价铬对环境带来严重污染，欧洲议会和理事会 2003 年 1 月 23 日颁布 ROHS 指令，欧洲于 2006 年 7 月 1 日全面禁止含有六价铬的电子电器设备在欧洲市场流通。2006 年 2 月 28 日中国政府颁布了《电子信息产品污染控制管理办法》，我国环保总局新制定的《电镀污染物排放标准》（GB 21900—2008）限制使用的有害物质种类和限量与欧盟 ROHS 一致。各国颁布的政策法令大大限制了含六价铬产品的应用，促进了三价铬电镀的发展。与六价铬电镀相比，三价铬镀铬有如下优点：三价铬盐毒性低，仅为六价铬的 1%；电镀过程中不产生铬雾，镀液中三价铬的浓度只有六价铬的 1/7 左右，污水处理简单；镀液分散能力、覆盖能力比六价铬镀铬好；镀液可在常温工作；电流密度范围宽；电镀过程中不受断电的影响；等等。因此对三价铬电镀的研究和应用受到极大重视。

2001 年 Hong[28] 指出，添加剂的使用和选择对增厚铬层有较大的影响，采用两种羧酸配位剂比单一配位剂好，使用三种羧酸配位剂的综合效果更好，都能有效地提高沉积速度和沉积层厚度。该工艺能保持高速电沉积 20h，镀层厚度达

450μm，镀层硬度达到 HV1200，但镀液和工艺的稳定性还存在问题。

2002 年 Song[29] 研究发现在三价铬镀液中若没有配位剂时，在阴极表面就没有金属铬的析出。研究还发现镀液中甲酸根的存在能提高铬的沉积效率，这是由于甲酸根的加入能破坏 Cr^{3+} 配位化合物 $[Cr(H_2O)_6]^{3+}$ 的正八面体稳定结构。研究还发现镀液中加入两种或以上适宜和适量的配位剂，有利于提高阴极表面铬的沉积效率。三价铬的阴极电流效率虽然比六价铬电镀高些，可达到 25%左右，但仍然较低，这是由于三价铬电沉积过程中，阴极上大量析出 H_2，使电沉积铬的效率很低、沉积速率很慢的缘故。因此提高阴极电沉积效率的研究具有重要意义。

2003 年 Snyder[30] 指出，选择适宜的三价铬镀液体系，如氯化物体系所得铬层多为白亮或不锈钢色，而硫酸盐比氯化物体系得到的镀层颜色稍深，镀液中成分特别是配位剂的使用和选择会影响镀层的色调。

2003 年 Renz 等[31] 发现采用脉冲技术，并对脉冲参数进行了优选，得到三价铬层的厚度超过 15μm。与直流电镀相比，脉冲电镀的镀层厚度提高了 5 倍左右，同时还改进和提高了三价铬镀层的质量。经过进一步的改进或提高，有希望将三价铬电镀用在镀厚铬方面。三价铬镀层在适宜的温度下进行热处理，能明显地提高镀层的硬度和耐磨性，三价铬镀层为非晶态，随热处理温度升高，镀层晶化并有高硬度的 Cr-C 化合物生成弥散在镀层中，从而使硬度大大提高。

2004 年武汉大学吴慧敏[32] 进行了全硫酸盐体系三价铬电镀铬的研究，指出全硫酸盐体系三价铬镀液的电流效率为 21%，超过了六价铬的 11%；沉积速度达 0.07μm/min；25℃时的分散能力在 76%左右，而 50℃时六价铬的分散能力为 65%左右。在 25℃、$25A/dm^2$ 时三价铬镀液的深镀能力为 78%左右，而 50℃、$25A/dm^2$ 时六价铬镀液的深镀能力为 70%，在最佳工艺条件下镀层厚度可达 7μm。在 25～40℃温度区间、25～$35A/dm^2$ 电流密度范围内镀层的光亮度最好，与六价铬的相当。

2004 年 Nam 等[33] 进行了三价铬体系电镀硬铬的研究，还进行了碳氮氧共渗析（oxynitrocarburise）处理，处理后镀层的硬度可以提高到 HV1400，磨损系数降为 $1.9\times10^{-6}mm^3/rev$，摩擦系数变为 0.4。同时，可促进镀层转化为微裂纹。采用脉冲技术得到的镀层硬度、耐磨性等力学性能也会有一定的提高。为了提高镀层硬度，还可在镀液中加入某些硬质颗粒，如 WC 颗粒等[34,35]，就能共沉积得到复合镀层，以提高镀层的硬度和耐磨性能。

2005 年李国华等[36] 介绍了三价铬镀液中配体的作用，在含有配位剂的三价铬电镀溶液中，Cr^{3+} 极易形成多核配位化合物，配位化合物形式很复杂，且随配位剂的类型、含量以及 pH 值等的变化而变化。在水溶液中可发生 $[CrA_5X]^{2+}+H_2O \longrightarrow [CrA_5H_2O]^{3+}+X$ 反应，其中 A 是中性分子，X 是负离子，还可发生 Cr^{3+} 的水解反应，并随 pH 值的升高发生羟桥化作用。三价铬配位化合物的配体交换反应快慢与阴离子的配位能力有关。三价铬镀液成分较复杂，可选用的配位剂类型较多，且特性各异，且随配位剂的类型、数量、pH 值、温度、时间等条件的变化而改变，其存在状态和稳定性也难以掌握。至今对三价铬离子在镀液中的配位状态、规律和稳定性的研究很少，其配位机理尚不清楚，目前对三价铬电沉积历程和沉积机理仍了解得很少，特别是对其电极过程动力学方面研究得更少。至今仍不十分清楚三价铬在阴极上的还原历程，虽然比较公认的是三价铬离子在阴极上第一步还原为二价铬离子，然后进一步还原为金属铬，但其控制步骤等仍有不同观点，不同体系的控制步骤也有所不同。因此，必须大力加强三价铬电沉积机理更加广泛和深入的研究。

2006 年广州二轻所胡耀红等[37] 发表了 BH-88 硫酸盐三价铬镀铬工艺的使用及维护的论文，指出该工艺具有稳定可靠，分散能力佳，覆盖能力好，赫尔槽 3A、5min 时可覆盖 8cm 以上，镀层光亮，耐蚀性与六价铬层相当，电流效率高，电能消耗低，操作简单，维护容易，彻底环保，无二次污染，阳极寿命长，综合成本低等特点。BH-88 三价铬镀铬的配方和工艺如下：开缸剂 100mL/L，导电盐 280～350g/L，辅助剂 10mL/L，润湿剂 3mL/L，pH 3.0～3.7，温度 40～50℃，D_k 3～7A/dm^2，电压<12V，时间 1～5min，DSA 深层阳极。

2006 年陈百珍[38] 对羧酸盐-尿素体系脉冲电沉积铬及铬合金进行了研究，选择了三种羧酸类配位剂，并与尿素组合成混合羧酸盐-尿素复配配位剂，作为 Cr^{3+} 镀液体系中的配位剂，通过镀液配方的正交优化试验，确定了混合羧酸盐-尿素体系脉冲电沉积制备纳米晶铬镀层的工艺条件。系统研究了工艺条件对铬层厚度和电沉积速度的影响，得到了最佳镀液组成和工艺条件为：$CrCl_3 \cdot 6H_2O$ 0.6mol/L，羧酸盐 A 0.4mol/L，羧酸盐 B 0.3mol/L，CH_3COONa 0.2mol/L，尿素 2.0mol/L，$Cr_2(SO_4)_3$ 0.1mol/L，H_3BO_3 0.72mol/L，NaCl 2.0mol/L，电流密度 5～6A/dm^2，pH 2.0，温度 35℃，电沉积时间 60min，脉冲工作比 0.3～0.5，换向时间 2ms，脉冲频率 20Hz。在此工艺条件下，制得了厚度为 11.2μm，镀层平整光亮，晶粒尺寸小于 100nm 的纳米晶铬镀层，且为（210）晶面择优取向的面心立方结构晶体，此镀液体系的电流效率高达 25.32%，未加任何光亮剂就可得到光亮铬镀层。

作者还研究了混合羧酸盐-尿素体系中 Cr^{3+} 阴极沉积机理和电结晶机理。适量浓度的单一配位剂和复配配位剂均能增大析氢电位，提高电流效率，均能使 Cr^{3+} 两步放电电位负移，从而获得光亮致密的纳米晶格的铬镀层。复配配位剂能增加 Cr^{3+} 的析出电位并使电沉积活化能比单金属铬还原的活化能低，故能提高铬沉积的电流效率和沉积速度。镀液中配离子 $[Cr(H_2O)_5L]^{2+}$ 的还原受电化学极化控制；$[Cr(H_2O)_5L]^{2+}$ 配位离子在阴极放电首先经历前置转化反应生成 $[CrL]^{2+}$；然后 $[CrL]^{2+}$ 分两步放电，第一步得电子反应生成吸附态的电活性中间产物，吸附态中间产物再进一步还原得到铬。其反应的第二步为电极反应速度控制步骤。

$$[Cr(H_2O)_5L]^{2+} \rightleftharpoons [CrL]^{2+} + 5H_2O$$

$$[CrL]^{2+} + e^- \rightleftharpoons [CrL]_{ad}{}^+$$

$$[CrL]_{ad}{}^+ + 2e^- = Cr + L^-$$

用稳态极化曲线测定了电极反应的动力学参数，如表观传递系数 $\alpha=0.499$、交换电流密度 $i_0=9.03\times10^{-5}A/cm^2$，反应速率常数 $k_s=3.60\times10^{-7}cm/s$，$Cr^{3+}$ 阴极反应级数为 1，Cr^{3+} 阳极反应级数为 0，Cr^{3+} 的扩散系数 $D_0=6.87\times10^{-6}cm^2/s$ 等，恒电位阶跃研究表明，铬在铜电极上电结晶成核方式属于三维连续成核。

2007 年李保松等[39] 提出了三价铬电沉积的动力学数学模型，根据此动力学模型可知，三价铬电沉积第一步反应（$Cr^{3+}+e^- \longrightarrow Cr^{2+}$）的电流密度受液相传质步骤控制，强搅拌下此反应可生成更多的 Cr^{2+}，但同时也加速了 Cr^{2+} 从电极表面向镀液本体的扩散。Cr^{2+} 的还原（$Cr^{2+}+2e^- \longrightarrow Cr$）是整个三价铬电沉积过程的速度控制步骤，其电流密度与镀液扩散状况无关，选择合适的配体，加速 Cr^{2+} 的电荷转移是提高三价铬电沉积速度和质量的关键。

2008 年曾志翔等[40] 指出，如采用双槽式或特殊的单槽以及喷流式、隔膜式，还可采用调制电源等措施，可以得到较厚的铬镀层。在三价铬镀液中选择适宜的多种配位剂也有得到厚铬镀层。随着电沉积时间的延长，pH 值逐渐上升，最后基本达到一稳定值，为 8.4～8.6。由实验得知：当 pH 值超过 8 时，就会生成羟桥聚合物或 $Cr(OH)_3$ 胶体，从而阻碍了三价铬镀层的继续沉积，影响了铬镀层结晶的正常进行，致使镀层难以继续增厚，这是三价铬电镀不能增厚的关键所在。根据以上研究和试验可知，在三价铬电沉积中使用 pH 值较低的镀液，选择适宜的缓冲剂，并强化搅拌条件，使镀液维持在比较低且稳定的 pH 值范围内，就能有效地提高电镀铬层的效率和厚度。在镀铬液中加入配位剂甲酸，它能和三价铬形成配位离子，并能催化三价铬配体的交换，加入乙酸就可使羟桥聚合物完全解聚，或部分“解聚”，从而使镀液稳定，沉积速度快，并能在 pH 值升高时抑制羟聚物的生成。甲醇的作用是可降低阴极析氢量，抑制阴极扩散层的 pH 值上升，还可与三价铬形成配位化合物，阻抑羟基配体和聚合物的形成。镀液中加入甲酸或甲醇后，能明显地增加沉积速度和厚度，同时改善镀层质量，提高镀液的稳定性，使用该工艺可获得厚度超过 200μm 的沉积层。若采用酸-甲醇-尿素三价铬体系，采用搅拌方法，而不需要经常调整 pH 值，在 25℃和低电流密度条件下，沉积速度达到 50～100μm/h，镀层厚度可达至 250μm。

2008 年李永彦[41] 研究了硫酸盐体系电镀三价铬工艺特性及阴极过程，指出三价铬镀层的色调可通过在镀液中加入某种物质来改善镀层的颜色，如加入铝盐后，可使镀层色泽变白，选择适宜的三价铬镀液体系，如氯化物体系的三价铬镀液可得到白亮或不锈钢色，选择硫酸盐比氯化物体系得到的镀层颜色稍深，镀液中成分，特别是配位剂的使用和选择会影响镀层的色调，选择加入适宜的添加剂，如咪唑及其衍生物等，也有良好的外观效果。

2009年李宁等[42] 提出了TRI-08环保型、低浓度、常温的三价铬电镀新工艺，采用少组分镀液、降低镀液浓度和成分含量、采用常温电镀和选用便宜阳极材料，既能降低能源消耗，又有利于污水处理，可大大降低投资成本，又能明显地提高效益。

2009年杜荣斌等[43] 研究发现，镀液中加入阻氢剂也能有效地抑制阴极上氢气的析出。其阻氢作用主要取决于它对阴极表面的屏蔽，通过改变表面覆盖度和改变电势来影响氢超电势。在电沉积铬中含氮的阳离子表面活性剂，如十二烷基二甲基苄基溴化铵有阻抑氢析出的作用，就能有效地提高三价铬的沉积速率。

2009年胡晓赞等[44,45] 的研究表明，选用析氧超电势较低的阳极是有利的，如氯化物体系常选用石墨阳极，而硫酸盐体系则选用特制的DSA阳极；在镀液中加入适宜的稳定剂，通常多为还原剂和（或）配位剂，如溴化物、甲醛、维生素C和NH_4^+等，能有效地阻抑六价铬的生成和积累。

2009年孙化松[46] 开发出两种硫酸盐三价铬电镀工艺，甲酸-草酸体系是一种常温硫酸盐三价铬电镀工艺，该工艺的沉积速度达0.18μm/min，分散能力93%，覆盖能力96%，镀液稳定性和结合力良好，孔隙率低，耐蚀性好。甲酸-羧酸体系是一种低浓度硫酸盐三价铬电镀工艺，该工艺Cr^{3+}的含量仅6g/L，光亮电流密度范围可达1.8～15A/dm^2，沉积速度达0.17μm/min，分散能力96%，覆盖能力100%，为非晶态镀层，结合力良好，孔隙率低，耐蚀性与六价铬相当，与国外工艺比较，该工艺的工作温度更低，沉积速率更快。

2010年田军等[47] 对三价铬装饰性镀铬新工艺进行了研究，赫尔槽实验结果表明该镀液的稳定性良好，具有光亮范围宽（2～25A/dm^2），分散能力好（约为35%），覆盖能力佳（80%以上），较传统的六价铬性能好；该体系得到的镀层的厚度最大可以达到近4μm，可以达到装饰性镀层的要求；镀液使用温度为室温，无需加热，降低了成本；由于添加剂经济环保，故该体系的成本较低；镀层色泽明亮，平整性能良好；与光亮镍的结合力良好；镀层耐蚀性与六价铬相当；因此，该三价铬体系可以替代六价铬装饰性镀铬体系。

2011年王凯铭等[48] 发明了一种三价铬镀液组合物及其配制方法和镀铬工艺。该镀液组合物包括主盐、导电盐、pH稳定剂、配位剂、润湿剂和走位剂，采用包括开缸剂、稳定剂、调合剂、修正剂和调整剂在内的五种添加剂配制而成。所述主盐为碱式硫酸铬或六水硫酸铬，含量为140～150g/L；所述导电盐为氯化钾、氯化铵、溴化铵和硫酸钠，质量比为7∶5∶0.1∶1，含量为230～240g/L；pH稳定剂为硼酸60～70g/L；配位剂为甲酸钠和乙酸钠，质量比为55∶1，含量为38～42g/L；润湿剂选自异辛醇硫酸酯钠、十二烷基苯磺酸钠、十二烷基硫酸钠、琥珀酸二己酯单磺酸钠、丁二酸乙基己酯磺酸钠、琥珀酸聚氧乙烯醚酯磺酸钠、异辛基正丁基琥珀酸双酯磺酸钠、十二烷基正丁基琥珀酸混合双酯磺酸钠、松香基琥珀酸双酯磺酸钠、壬基酚聚氧乙烯醚、辛基酚聚氧乙烯醚中的一种，用量为 0.2～0.3g/L；走位剂为硫酸亚铁铵，镀液铁离子含量为 80～100μg/g。

镀液组合物的配制方法：在容器中加入占所需体积 1/2 的水，加热至 60℃左右，按总体积比例，加入 410～440g/L 的开缸剂、10g/L 硼酸，搅拌使其完全溶解，将溶液温度保持在 35℃左右，按总体积比例加入 70～80mL/L 的稳定剂，5mL/L 的调合剂，2mL/L 盐酸，保温 29～32℃，搅拌 8～12h，以保证铬的配位，再加入 3mL/L 的修正剂，补充水至所需体积；调整镀液 pH 值至 2.5～2.7，继续搅拌 1～2h，测量 pH 值仍稳定在 2.5～2.7，即配制完成所述镀液组合物，调整剂用以补充电镀中消耗的主盐，在正常电镀生产中按 454g/KAH 的补充量补充；采用该镀液组合物的镀铬工艺具有电流效率高、走位性能好、管理简单、成本较低等特点，得到的镀层光亮，色泽与六价铬镀铬工艺得到的产品接近。

2011 年王秋红等[49] 研究了三价铬电镀液中金属杂质离子浓度对镀层质量的影响及其处理效果，指出对三价铬镀液有害和敏感的杂质通常有：Cu^{2+}、Ni^{2+}、Zn^{2+}、Pb^{2+}、Fe^{2+}、Fe^{3+}和有机物等。杂质的产生和积累多是由于原材料纯度不够、挂具或极杠保护不好、工件入镀液前清洗不净或操作不慎掉入零件等因素造成。杂质去除方法：①可采用阴极小电流密度（$D_k=0.5\sim5.0A/dm^2$）电解处理，该方法也能除去少量有机杂质；②采用离子交换膜或树脂除去，如采用全氟磺酸膜树脂等；③在镀液中加入适宜的掩蔽剂，多为金属杂质的配位剂，如 EDTA 等。若含有机杂质量较多时，可用活性炭处理。

2012 年牛艳丽等[50] 发明了一种高耐蚀环保三价铬电镀液及其电镀方法，由主盐、配位剂、稳定剂、润湿剂、添加剂、导电盐和水组成，所述主盐含量为 80～140g/L，所述配位剂含量为 20～80g/L，所述稳定剂含量为 2～10g/L，所述湿润剂含量为 0.05～2g/L，所述添加剂含量为 2～8g/L，所述导电盐含量为 200～300g/L。电镀条件为：温度 45～55℃、阴极电流密度 10～20A/dm^2、pH 值 3～4，电镀 25～35min。电镀过程中所使用的阳极为 DSA 铱钛涂层阳极；电镀后用水将镀件清洗干净，然后吹干。该电镀液在电镀过程中环保无污染，所获得的镀层具有高耐蚀性，镀铬层和基材也具有很好的结合力，可以很好地抵抗融雪剂对机械工件的腐蚀。并且所提供的电镀方法在电镀过程中可使沉积速度得到很大程度的提高。该电镀液和电镀方法可广泛应用于金属材料表面电镀。

2014 年刘茂见[51] 发明了一种不锈钢表面电镀铬工艺，包括以下步骤：不锈钢先经过除油、浸蚀后，用三价铬电镀液进行电镀。三价镀铬液的组成为：六水硫酸铬 17～24g/L，甲酸铵 20～60g/L，乙酸铵 0～20g/L，碱金属或铵的硫酸盐或卤化物 120～232g/L，缓冲剂硼酸 40～70g/L，乳化剂聚氧乙烯辛烷基酚醚 1mL/L，光亮剂丙三醇 2mL/L。电镀后进行中和浸渍处理，浸蚀后先依次电镀无氰碱铜和电镀铜锡合金，再进行三价铬电镀。

2014 年杨涛、谢洪波[52] 研究了甲酸-乙酸组成的双络合剂体系三氯化铬镀铬工艺，该工艺镀液的组成和工艺条件为：三氯化铬 100～150g/L，冰醋酸 15～20mL/L，甲酸 15～20mL/L，氯化铵 100～150g/L，硼酸 35～40g/L，硫酸亚铁 0.25～0.50g/L，pH 2.5～3.0，温度 26～45℃，阴极电流密度 8～20A/dm^2。

无亚铁离子时，三氯化铬含量 80g/L，整个赫尔槽试片发黑，无法获得白色镀层。补加亚铁离子 50mg/L 获得白色镀层后，改变三氯化铬含量，含量低于100g/L，高区易烧焦，电流密度上限降低。对于镀液分散能力作用不明显。镀液中铬离子一般控制在 20～24g/L 为宜。导电盐是由碱金属或碱土金属和盐酸及硫酸之类的强酸盐构成。可减少电能消耗和提高镀液的分散能力。常用的有 Na^+、K^+、NH_4^+ 的氯化物或硫酸盐。其中 NH_4^+ 可防止在阳极上产生氯气：

$$4Cl_2 + 2NH_4^+ + 2e^- \longrightarrow N_2 + 8HCl$$

另外，铵离子对三价铬离子也具有良好的配位作用，可抑制六价铬的生成。氯化铵作为主导电盐，它对于镀层覆盖能力也有好的作用。赫尔槽试片能向低电流密度区走位约 1cm。使用甲酸、乙酸双配位剂系统。在不加入配位剂的情况下，无论加入多少三氯化铬，均没有镀层或只获得镀层很薄的黑色膜。加入配位剂之后开始有镀层析出。在含有亚铁离子 50mg/L 情况下，单种络合剂含量影响如表 13-14 所示。

表 13-14　配位剂加入量的影响

单位：mL/L

CH_3COOH	10	出现蓝白色镀层，光亮范围窄
	20	蓝白色镀层，光亮范围拉宽
HCOOH	10	出现蓝白色镀层，光亮范围窄
	20	蓝白色镀层，光亮范围拉宽
CH_3COOH 和 HCOOH	各 20	蓝白色镀层，光亮范围优于单一配位剂

选择单一配位剂，如甲酸、乙酸、草酸、氨基乙酸、酒石酸、柠檬酸等，沉积速度慢，且只能镀得几个微米厚镀层。当采用双配位剂时，形成了更为稳定的三价铬配合物，减少了羟桥多聚化反应。用两种配位剂的效果优于表中任何配位剂单独使用效果。当配位剂加入量过多时，镀层易偏黄。如以甲酸与甲醇为双配体的镀液中能明显地增加沉积速度和厚度，改善镀层质量，提高镀液的稳定性。三价铬易形成羟桥多聚化合物与 pH 值的升高有关。因此，具有高缓冲作用的羧酸可以与硼酸、铵盐一起起着稳定镀液的 pH 的作用，可以防止阴极表面生成三价铬的氢氧化物，保证镀液的稳定，提高铬镀层质量。为了减少或抑制三价铬的羟桥化聚合反应，向镀液中加入一些羧酸类二价铬特效配位剂，可使二价铬转变为双核配位化合物而失去催化作用。如尿素和甲酸等镀液中可镀得 50～70μm 厚的铬层。此外，增加配位剂的浓度，提高配位剂配位能力，提高对羟桥反应的竞

争力；采用脉冲电源，瞬间高电流密度也可以提高镀层的厚度。

2014 年吕志等[53] 对常温下硫酸盐体系三价铬镀铬工艺进行了研究，开发出 DS-500 硫酸盐体系三价铬镀铬工艺，该工艺的特点为：

① 环保　在电镀过程中不产生铬酸雾和氯气，不腐蚀设备；带出损失更少，重金属污染更小；在常温下进行，更节能。

② 性能优良　覆盖能力和分散能力更好、成品率更高、工作电流密度小、电流效率更高，有效地降低了能源消耗和电源成本。

③ 维护简单　维护相对容易，可以不采用离子交换树脂进行处理，管理成本低且方便。

④ 阳极稳定　阳极性能稳定，析氧过电位低，正常维护下阳极基本不生成六价铬。

2014 年罗小平等[54] 研究了复合配位剂对硫酸盐三价铬电沉积的影响，指出采用动电位扫描法和计时电流法研究了丁二酸、1,6-己二醇、尿素和乙二胺作辅助配位剂时，以甘氨酸为主配位剂的硫酸盐镀液中三价铬的电沉积机理。测试了不同配位体系镀液中所得铬镀层的外观和耐蚀性。辅助配位剂的加入可增强三价铬电沉积的阴极极化作用，但不会改变其三维瞬时成核机理。以尿素或乙二胺作辅助配位剂时，铬镀层均匀、光亮，耐蚀性好，因此尿素和乙二胺较适用于装饰性镀铬工艺。

2014 年侯峰岩等[55] 公开了一种用于三价铬电镀厚铬电解液的添加剂及电解液配制方法，添加剂采用去离子水配制水溶液，其中包括至少一种轻金属化合物，它是钛、铝、镁的硫酸盐、氯化物或硫酸盐与氯化物的混合物，其浓度为 80～900g/L；至少一种有机羧酸或羧酸盐，它是酒石酸、酒石酸盐、柠檬酸、柠檬酸盐、苹果酸、苹果酸盐、草酸、草酸盐、乳酸、乳酸盐的两种或两种以上的组合物，其浓度为 30～500g/L。其配制方法是在去离子水中搅拌下加入轻金属化合物和有机羧酸或羧酸盐，80℃陈化 5～10h 配制成添加剂。按照需配制的三价铬镀厚铬电解液的体积数，在三价铬镀铬槽中加入一半体积的去离子水，在搅拌状态下加入硫酸铬 150～200g/L 或氯化铬 160～213g/L，甲酸或甲酸盐 76～100g/L，硼酸 20～50g/L，硫酸钾或氯化钾 100～120g/L，添加剂 100～200mL/L，补充去离子水至需配制的电解液体积数，40℃陈化 24h，用 NaOH 溶液、稀硫酸或稀盐酸调整电解液 pH 值至 1～3，即可进行电镀。采用该添加剂制得的电解液可有效延长三价铬电镀时间、增加铬镀层厚度。

2016 年王宗雄等[56] 介绍了镀铬工艺及相应配方，认为三价铬镀液主要由主盐、配位剂、导电盐、抑制剂、缓冲剂、润湿剂、光亮剂和催化剂组成。配位剂为有机羧酸及其盐、有机胺及其盐、氨基酸、硫氰酸盐等；导电盐为 K^+、Na^+、NH_4^+ 等的氯化物和硫酸盐；抑制 Cr^{6+} 产生为溴化铵；pH 缓冲剂为硼酸或有机酸；润湿剂为十二烷基硫酸钠和 2-乙基己基硫酸钠；光亮剂为丙三醇等；

催化剂为铁或硫的化合物；稳定剂为次亚磷酸钠和尿素。

三价铬镀铬可分为两个体系：硫酸盐体系和氯化物体系，其优缺点比较见表13-15。

表 13-15 硫酸盐体系和氯化物体系三价铬镀铬优缺点比较

硫酸盐体系	氯化物体系
硫酸盐阳极没有氯气析出，导电差，电压高，对环境没污染，对设备无腐蚀力，电流效率较低，光亮电流密度范围较窄	氯化物导电好，电压低，镀液分散能力、深镀能力和电流效率较高，阳极有氯气析出，对环境有污染，对设备有腐蚀，光亮电流密度范围较宽

硫酸盐体系三价铬镀装饰铬工艺组成和操作条件如下：

$Cr_2(SO_4)_3 \cdot 6H_2O$	50～100g/L	pH 值：2.0～3.5
$Al_2(SO_4)_3 \cdot 18H_2O$	50～100g/L	温度：25～40℃
Na_2SO_4	71～99g/L	D_k：3～12A/dm^2
H_3BO_3	50～62g/L	时间：2～15min
氨基乙酸	18～30g/L	镀层厚度：3～8μm
次亚磷酸钠	10～21g/L	镀层外观：光亮无裂纹
非离子表面活性剂	0.2g/L	阳极：涂钛阳极
阳极与阴极面积比	2∶1	

氯化物体系三价铬镀装饰铬工艺组成和操作条件如下：

$CrCl_3 \cdot 6H_2O$	106g/L	pH 值：2.7
$HCOONH_4$	38g/L	温度：20～25℃
CH_3COONa	16.4g/L	D_k：10A/dm^2
NH_4Cl	133g/L	时间：5min
NH_4Br	10g/L	阳极：石墨
$CO(NH_2)_2$（尿素）	20g/L（有氯气产生）	
十二烷基硫酸钠	0.02～0.04g/L	

2017 年白林森等[57] 发明了一种离子液体高压 CO_2 无水电镀液体系下在金属基材表面电镀超耐磨铬的方法，在镀槽内加入铬盐 L、离子液体、无机添加剂、表面活性剂、光亮剂形成无水电镀液体系，电镀液与阳极和阴极不接触；向电解槽通入高压 CO_2，气压范围 11～15MPa，温度范围 50～80℃，处于高压状态，搅拌速率 50～80r/min，持续 30～40min，停止搅拌，完全封闭电解槽，此时电镀液处于饱和高压状态，整个电镀槽被均匀分散的电镀液所充满，电解液与阳极和阴极接触，处于导电状态，通电，电沉积金属，然后解压降温，取出镀件，清洗，干燥。电镀液的组成为：硫酸铬 0.2～0.3mol/L，无机添加剂 5～15g/L，表面活性剂为氟烷基磷酸盐、氟烷基磺酸盐或十二烷基硫酸钠 0.4～0.8g/L，光亮剂为糖精 3g/L，其余为离子液体。

离子液体三价硫酸铬无水体系镀铬，绿色环保，且在电镀过程中采用安全措施，当高压装置漏气时，能够自动断电保护设备和电镀液；电沉积过程中电流效率高，能耗低。通过预处理步骤，镀层与基体结合力良好，性能优良；镀铬层的晶粒细小，镀层表面晶粒尺寸均匀，结构致密，表面平整；由于加入 5～15g/L 1～4μm 的 SiC 耐磨损性粒子、MoS_2 自润滑性粒子、BN、SiO_2 粒子，镀层的耐磨性和硬度显著提高。

白林森所进行的在高压 CO_2 下的复合镀铬，就是本书著者方景礼教授在 2016 年北京举行的第 19 届世界表面精饰大会上所报告的《面向未来的表面处理新技术——超临界表面处理新技术》的第一个专利应用，希望能看到更多研究者也能参与这一新技术的应用。

本节参考文献

[1] 利多・弗雷迪亚尼乔瓦民・梅雷洛．从用带有例如氨烷基磺酸和杂环碱的抑制剂的链烷二磺酸-链烷磺酸化合物催化的电镀槽中镀铬[P]. CN 1246898(2000-3-8).

[2] 世界专利 WO200000672-A2(2000-1-6).

[3] 俄罗斯专利 RU2151827-C1(2000-6-27).

[4] 沈品华，钱宝梁．3HC-25 高效镀硬铬添加剂的研制和应用[J]. 电镀与精饰，2000，33(12)：20.

[5] 杨胜奇．CF-201、202 超低浓度装饰性镀铬稀土添加剂，CF-201、CF-202 镀硬铬稀土添加剂．江苏宜兴新新稀土应用技术研究所产品说明书，2000.

[6] 张升达，王如星．微裂纹高效镀硬铬工艺研究[J]. 材料保护，2002，35(11)：25.

[7] 欧洲专利 EP968324-B1(2001-4-11).

[8] 日本专利 JP2001152384(2001-6-5).

[9] 李新梅．高效复合镀铬添加剂的研究[D]. 西安：西安理工大学，2002.

[10] 赵壮志，佟明群．LY-2000 镀铬添加剂[C]. 天津市电镀工程学会第九届学术年会论文集，2002.

[11] 王光辉，成兰英．宽温低铬镀铬工艺的最新研究进展[C]. 2002 年电子电镀年会论文集，2002：p35-40.

[12] 美国专利 US 6837981(2005-1-4).

[13] 周琦，史敬伟，程秀莲．电镀铬添加剂的对比研究[J]. 电镀与精饰，2006，8(2)：37.

[14] 王清龙．SPL-296 固体硬铬添加剂[J]. 电镀与环保，2008(5)：46-47.

[15] 李昌树．高效六价铬镀铬工艺研究[D]. 沈阳：沈阳理工大学，2008.

[16] 张仪，宋建华，段修文．一种高硬度球铁活塞环镀铬工艺[P]. CN101597781(2009-12-9).

[17] 王文，朱国和，矫大鹏．一种薄板表面镀铬的方法[P]. CN 101928966 A(2010-12-29).

[18] 冯辉，袁萍萍，张琳，徐莉，邓秋芸，张勇，桂阳海．脉冲电镀铬的研究现状与展望[J]. 电镀与精饰，2010，32(1)：20-23.

[19] 余章军．手机按键脉冲镀硬铬工艺[P]. CN101818371A(2010-9-1).

[20] 高发明，于升学，侯莉，刘玉文，白振华．一种冷轧钢带光亮电镀铬的方法[P]. CN

102021623 A(2011-4-20).

[21] 冯明．一种恒电流密度在钨合金表面直接镀硬铬的方法[P]. CN 102465325 A(2012-5-23).

[22] 闫瑞景，贾雅博，牛新宇，梁镇海，赵鑫，闫景芳．一种复合型镀铬添加剂[P]. CN102560566 A(2012-7-11)；CN 103215621 A(2013-7-24).

[23] 吕智强，水晔，李小平．高效凹版镀铬添加剂[P]. CN 102965696 A(2013-3-13).

[24] 欧忠文，胡国辉，刘军，蒲滕．枪管内膛镀铬高效添加剂及其镀液[P]. CN 103122469 A (2013-5-29).

[25] 陈国华．一种镀铬添加剂及其电镀液[P]. CN 103757667 A(2014-4-30).

[26] 郭力．电镀中表面活性剂的选择和应用研究[J]. 广东化工，2015，42(8)：119-121.

[27] 张颖．一种压铸锌合金件镀装饰铬方法[P]. CN105506690A(2016-4-20).

[28] Hong G，Siow K S，Zhiqiang G，et al. Hard Chromium Plating from Trivalent Chromium Solution[J]. Plating and Surface Finishing，2001，3：69-73.

[29] Song Y B，Chin D T. Current efficiency and polarization behavior oftrivalent chromium electrodeposition process[J]. ElectroehimicaActa，2002，48：349-356.

[30] Snyder D L. Distinguishing trivalent deposits by color [J]. Plating and Surface Plating，2003 (11)：34-39.

[31] Renz R P，Fortman J J，Taylor E J，et al. Electrically Mediated Process for Functional TrivalentChromium to Replace Hexavalent Chromium：Scale • up for Manufacturing Insertion[J]. Plating and Surface Finishing，2003，90(6)：52-59.

[32] 吴慧敏．全硫酸盐体系三价铬电镀铬的研究[D]. 武汉：武汉大学，2004.

[33] Kee-Seok Nam，Ku-Hyun Lee，Shik-Cheol Kwon，et al. Improved wear and corrosion resistance of chromium(Ⅲ)plating by oxynitrocarburising and steam oxidation[J]. Materials Letters，2004，58：3540-3544.

[34] Renz R P，Fortman J J，Taylor E J. Functional Trivalent Chromium Plating：An Alternative to Hexavalent Chromium Plating[C]. SUR/FIN Proceedings，Chicago，2005：366-379.

[35] Hamid Z Abdel，Ghayad I M，Ibrahim K M. Electrodeposition and characterization of chromium-tungsten carbide composite coatings from a trivalent chromium bath[J]. Surface and Interface Analysis. 2005，37(6)：573-579.

[36] 李国华，赖奂汶，黄清安．三价铬镀液中配体的作用[J]. 材料保护，2005，38(12)：44-46.

[37] 胡耀红，赵国鹏，陈立格，刘建平．BH-88 硫酸盐三价铬镀铬工艺的使用及维护[J]. 材料保护，2006，39(9)：130-134.

[38] 陈百珍．羧酸盐-尿素体系脉冲电沉积铬及铬合金与 Fe-Ni-Cr 镀层着黑色研究[D]. 长沙：中南大学，2006.

[39] 李保松，林安，甘复兴．三价铬电沉积的动力学数学模型[J]. 武汉大学学报(理学版)，2007，53(2)：184-188.

[40] 曾志翔，梁爱民，张俊彦．三价铬镀硬铬工艺中试研究[J]. 电镀与环保，2008，28(2)：17-20.

[41] 李永彦．硫酸盐体系电镀三价铬工艺特性及阴极过程的研究[D]. 哈尔滨：哈尔滨工业大学，2008.

[42] 李宁，屠振密，毕四富，等．环保型三价铬电镀新工艺(TRI-08)特性及维护[C]. 中国电子

学会电镀专家委员会．上海:2009年全国电子电镀及表面处理学术交流会论文集,2009:p235-238.

[43] 杜荣斌,刘涛,姜效军．氟化物电沉积铬中十八烷基三甲基氯化铵的阻氢作用[J]. 电镀与涂饰,2009,28(8):6-8.

[44] 胡晓赞,屠振密,李永彦,等．氯化物三价铬电镀液中六价铬离子的去除方法及效果．材料保护,2009,42(2):74-76.

[45] 胡晓赞,屠振密,李永彦,等．硫酸盐体系三价铬镀液中六价铬离子的积累与去除．电镀与涂饰,2009,28(4):4-7.

[46] 孙化松．硫酸盐三价铬电镀工艺开发及阴极过程[D]. 哈尔滨:哈尔滨工业大学,2009.

[47] 田军,乔秀丽,聂春红．三价铬装饰性镀铬新工艺的研究[J]. 哈尔滨商业大学学报(自然科学版),2010,26(2):214-217.

[48] 王凯铭,曾凡亮,朱艳丽．一种三价铬镀液组合物及其配制方法和镀铬[P]. CN 102154665 A(2011-8-17).

[49] 王秋红,胡光辉,潘湛昌,等．三价铬电镀液中金属杂质离子浓度对镀层质量的影响及其处理效果．材料保护,2011,44(3):60-61,80.

[50] 牛艳丽,蔡志华,陈蔡喜．一种高耐蚀环保三价铬电镀液及其电镀方法[P]. CN 102383150 A(2012-3-21).

[51] 刘茂见．一种不锈钢表面电镀铬工艺[P]. CN 103806056 A(2014-5-21).

[52] 杨涛,谢洪波．三价铬镀铬沉积原理及工艺特点研究[J]. 中国表面处理网,2014年10月10日．

[53] 吕志,周长虹．常温下硫酸盐体系三价铬镀铬工艺[C]. 第十届全国转化膜及表面精饰学术年会论文集,2014:p111-114.

[54] 罗小平,黄中林,谢继云,王增祥,陈昌国．复合配位剂对硫酸盐三价铬电沉积的影响[J]. 电镀与涂饰,2014,33(3):100-104.

[55] 侯峰岩,王庆新,吕春雷．用于三价铬电镀厚铬电解液的添加剂及电解液配制方法[P]. CN 103628098 A(2014-3-12).

[56] 王宗雄,王超,彭海家,等．镀铬工艺的应用及相关配方(Ⅰ)[J]. 表面工程与再创造,2016,16(3):28-30.

[57] 白林森,梁蓬芝．一种离子液体高压 CO_2 无水电镀液体系下在金属基材表面电镀超耐磨铬的方法[P]. CN107245737A(2017-10-13).

第 14 章

化学镀铜添加剂

14.1 化学镀铜的原理与应用

14.1.1 化学镀铜层的性能与用途

化学镀铜层是世界上应用范围最广的一种化学镀层，它广泛用于各种非导体的金属化、各种印制电路板的孔内金属化和无线电机体外壳的电磁屏蔽。这主要是由于现代的化学镀铜工艺具有价格低廉、镀液稳定、镀层与非导体的附着力好、镀层的导电性好、韧性高、可焊性与电磁屏蔽效果优异等特点。

(1) 各种非导体的金属化

塑料、玻璃、陶瓷、纸张、木材、水泥、鲜花、动物等非导体的金属化是化学镀铜的最早应用。它主要用于非导体后续电镀的最初导电膜，厚度通常只需1～2μm，故这种应用也称为化学镀薄铜。

化学镀薄铜作为装饰性塑胶电镀的开始导电膜比化学镀镍更为有利，它能延长镀层承受室外腐蚀曝露的时间。在过去的几十年间，化学镀薄铜的应用在连续增长。据估计，现在每年化学镀薄铜的表面积超过数百万平方米。特别是塑胶工业的迅速发展，使化学镀铜大有用武之地。在 1979 年间，美国汽车的塑胶装饰物有一半是采用化学镀铜，其用量是相当可观的。此外，许多塑胶装饰件、工艺美术品、石英钟外壳、气压瓶内盖、无线电机体的外壳、旋钮、装饰品等也大半采用化学镀铜层作为后续电镀的导电层，在国内外的用量都很大。

(2) 印制电路板的孔内金属化

现代的化学镀厚铜工艺已能提供光亮、高速和优良物理性能（如延展性、导电性、可焊性）的厚铜层，其沉积速度可达 10μm/h 以上，可以直接用于双面和多面印制电路板的孔内金属化，孔内的铜层已有足够的厚度，随后可以直接电镀铜而不再需要孔内金属化后的内镀铜工序。高延展性高速化学镀铜工艺的诞生，已能使孔体内的铜层不再产生微观断裂或其他缺陷（如孔隙），因而适于耐焊接冲击的全加成、高密度、小孔径的多层印制电路板的制造。随着电子计算机、各种通信设备和家用电器的发展，双面和多层印制电路板的需求量日益增多。

(3) 无线电机体外壳的电磁屏蔽

电子仪器产生的电磁波会严重干扰电视、无线电通信设备的正常工作。1983

年 10 月 1 日，美国一联邦通讯委员会通过决议，所有电子仪器均要求对 10～1000MHz 的电磁波实行屏蔽，目前世界各国也在照此办理。

化学镀铜层具有优良的电磁屏蔽效果，塑胶外壳上只要镀上 1μm 厚的化学镀铜层就可达到屏蔽电磁波的效果。1.5μm 厚的化学镀铜层的电磁屏蔽效果超过 38μm 的含镍涂料，50μm 的含铜涂料和 64μm 的热镀锌层，而且成本也最低。

化学镀铜除了上述三方面的应用外，在电子工业中它还用于塑料导波和内腔的镀铜，同轴电缆、雷达、天线和天线架的金属化，以及热辐射和反射器的金属化等。

14.1.2 化学镀铜工艺

化学镀铜液主要由铜盐、配位剂、稳定剂、加速剂和其他添加剂组成。根据配方中配位剂、还原剂和添加剂的种类可把化学镀铜工艺分为许多种。如根据镀铜层的厚度，可分为镀薄铜溶液和镀厚铜溶液。根据镀液的用途，又可分为塑料金属化、印制电路板内孔金属化和印制线路板全加成法溶液等。此外根据镀液的稳定性、温度的差异，可以分为高稳定、低温等镀液。表 14-1 列出了国内外代表性的化学镀铜液的配方工艺和操作条件。

表 14-1 国内外典型的化学镀铜工艺 单位：g/L

成分与条件	国内工厂配方(1)	湖南大学(2)	南京大学		科学院计算所(5)	1915 所		日本东芝(8)	日本日立(原铜)(9)	日本上村(10)	美国(11)	英国(12)
			双配体(3)	单配体(4)		常温(6)	高温(7)					
硫酸铜	5	15	15～22	15～22	10	16	10	0.03mol/L	10	0.04mol/L	12	12.3
酒石酸钾钠	22	45				14	14				14	
EDTA								0.045mol/L	30			
Na_2EDTA					45	25	25				20	
Na_4BDTA										0.06mol/L		
四(2-羟丙基)乙二胺(Quadrol)								0.015mol/L				13.5
氨基三亚甲基膦酸			40～60	40～60								
羟基亚乙基二膦酸			5～10									
三乙醇胺										4×10^3 mol/L		
氨基乙酸										0.06mol/L		
HCHO(37%)/(mL/L)	8～12	10	10～30	10～30	15	15	10	0.1mol/L	3g/L	0.06mol/L	8	7
NaOH	8～15		45～65	40～60	14	14～15	12				15	8.5
氯化镍	2											
硫酸镍		0.3										
铁氰化钾/(mg/L)		150										
亚铁氰化钾/(mg/L)					100	10	10			3×10^3 mol/L		

续表

成分与条件	国内工厂配方(1)	湖南大学(2)	南京大学		科学院	1915 所		日本东芝(8)	日本日立(原铜)(9)	日本上村(10)	美国(11)	英国(12)
			双配体(3)	单配体(4)	计算所(5)	常温(6)	高温(7)					
聚乙二醇/(mg/L)		60						100mol/L			1	
2-巯基苯并噻唑/(mg/L)			2～5		2～5			0.5mol/L				0.05
2,2-联吡啶					10	20	20	10mol/L	30			
硅酸钠									0.75			
氰化钠/(mg/L)											100	14.5
烷基酚聚氧乙烯醚											10^{-3} mol/L	
pH		12.5	12～13	12～13	11.7		12.3		12.5	12.5		
温度/℃	15～25	30	10～40	10～40	60	28～35	40～50		50～70	65		
沉积速度/(μm/h)		0.4			5	2	4	5.8		3.0		
时间/min	20～30	30～45										

14.1.3 化学镀铜机理

化学镀铜机理的研究始于 20 世纪 60 年代。1964 年 Lukes 首先弄清楚在化学镀铜时放出的氢气是来自阳极过程，是甲醛的阳极氧化反应的产物，这与阴极反应无关。1966 年齐藤围用局部阳极和局部阴极反应的概念来说明化学镀铜反应。1968 年 Paunovic 首先用混合电位的概念来说明化学镀铜的反应机理，证明可以用阴、阳极极化曲线的方法来研究化学镀铜反应。1971 年 Schoenberg 弄清了镀液中铜配离子的结构，并由此说明化学镀铜的最佳 pH 值。1973 年 Shippey 和 Donahue 提出了一种酒石酸盐-甲醛体系化学镀铜沉积速度与各成分浓度关系的经验方程式，它与实测值很吻合，由此可知各成分的反应级数。进入 80 年代后，人们利用化学镀铜的电化学机理及极化曲线方法研究了各种体系化学镀铜的反应机理及各种添加剂的作用机理。1988 年洪爱娜发表了次磷酸钠-柠檬酸钠体系化学镀铜工艺及沉积速度与各成分浓度的经验方程式，为无甲醛污染的化学镀铜的应用奠定了基础。

（1）局部阳极反应

按电化学反应机理，局部阳极反应为甲醛的氧化和氢气的产生：

$$2HCHO+4OH^- \longrightarrow 2HCOO^- + H_2 + 2H_2O + 2e^-$$

这个反应实际上是下列三步反应的总和。

① 亚甲基二醇阴离子的形成。甲醛与水反应形成亚甲基二醇，它在碱性溶液中离解为亚甲基二醇阴离子。

$$HCHO+H_2O \rightleftharpoons CH_2(OH)_2 \xrightarrow{+OH^-} H_2C\begin{matrix} \diagup OH \\ \diagdown O^- \end{matrix} + H_2O$$

② 接触脱氢反应。

$$H_2C\begin{matrix} \diagup OH \\ \diagdown O^- \end{matrix} \xrightarrow{M} \left[M \cdot H_2C\begin{matrix} \diagup OH \\ \diagdown O^- \end{matrix}\right]_{ad} \longrightarrow HCOOH+H_2O+M \cdot H_{ad}+e^-$$ （ad 表示吸着态）

③ 氢气的形成。

$$M \cdot H_{ad}+M \cdot H_{ad} \longrightarrow H_2 \uparrow +M$$

式中，M 表示金属表面，ad 表示吸着态。

接触脱氢反应是一种表面催化反应，它受电极的种类和表面状态的影响很大。亚甲基二醇阴离子的形成要消耗碱，因此局部阳极反应速度（通常用阳极电流表示）受溶液 pH 值的影响，图 14-1 为实测一定甲醛浓度下溶液 pH 值对局部阳极的极化曲线之影响。由图可见，随着溶液 pH 值的升高，阳极电流不断增大，反应速度加快。在一定 pH 值下改变甲醛的浓度，所得阳极的极化曲线如图 14-2 所示，每根曲线都有一极大值，它们与一定的电位值相对应，即当阳极电位比－0.5V 正时，阳极电流迅速下降，使电极表面催化功能消失，从而抑制了甲醛的氧化。根据齐腾围的研究，认为在此电位下铜表面开始形成 Cu_2O：

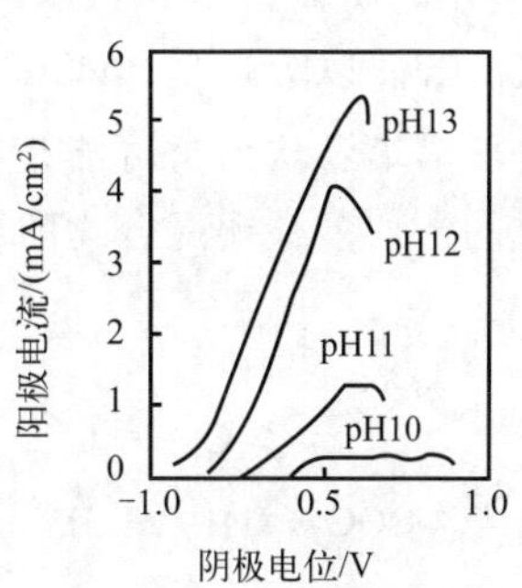

图 14-1　pH 对局部阳极极化曲线的影响（HCHO 0.1mol/L，25℃）

$$2Cu+H_2O \rightleftharpoons Cu_2O+2H \cdot +2e^-$$

$$E=E_0-0.0591pH=0.214-0.0591pH \text{（V，25℃）}$$

在 pH＝13 时，$E=0.214-0.7683=-0.5543$（V）。

此电位即 pH＝13 时阳极电流极大值对应的电位。

（2）局部阴极反应

Cu^{2+} 在碱性酒石酸盐（$tart^{2-}$）溶液中会形成 Cu^{2+} 的螯合物。根据 Tikhonor 等用分光光度法进行的研究，认为在 pH＝2～5 时形成的是［Cu(tart)］配合物，在 pH＝5.3～9.0 时形成的是 $[Cu(OH)(tart)]^-$ 配离子，在 pH＝9～13.5 时形成的是 $[Cu(OH)_2(tart)]^{2-}$ 配离子，其不稳定常数 $K=7.3\times10^{-20}$。

Meites 用极谱法研究了汞电极上碱性酒石酸铜配离子的阴极还原反应，认为反应可以用下式表示：

$$[Cu(OH)_2(tart)_2]^{4-}+2e^- \longrightarrow Cu(Hg)+2tart^{2-}+2OH^-$$

齐腾围确定在 pH＝10～13 时酒石酸铜配离子的形式为［$Cu(OH)_2$(tart)］$^{2-}$，其阴极还原可以有两种方式：

① 先离解出 Cu^{2+}，然后 Cu^{2+} 还原为金属铜：

$$[Cu(OH)_2(tart)]^{2-} \rightleftharpoons Cu^{2+} + 2OH^- + tart^{2-}$$

$$Cu^{2+} + 2e^- \longrightarrow Cu$$

② 配离子直接放电：

$$[Cu(OH)_2(tart)]^{2-} + 2e^- \longrightarrow Cu + 2OH^- + tart^{2-}$$

研究酒石酸盐对铜的摩尔比（R）不同的溶液的阴极极化曲线，结果如图 14-3 所示。由图可见，在摩尔比 $R<1.25$ 时，极化曲线出现三个峰，其中 O 峰为配离子离解出的 Cu^{2+} 的还原峰，它处在较正的电位。Q 峰仅在 $R=1$ 时明显，当 $R=1.25$ 时已很小，R 值再增大时则消失。齐藤以为这是［$Cu(OH)_2$(tart)］$^{2-}$ 以外的离子的放电峰，笔者认为这可能是在高 pH 值、低［$tart^{2-}$］时形成的下列多核铜配合物的放电峰，其放电的电位较负。

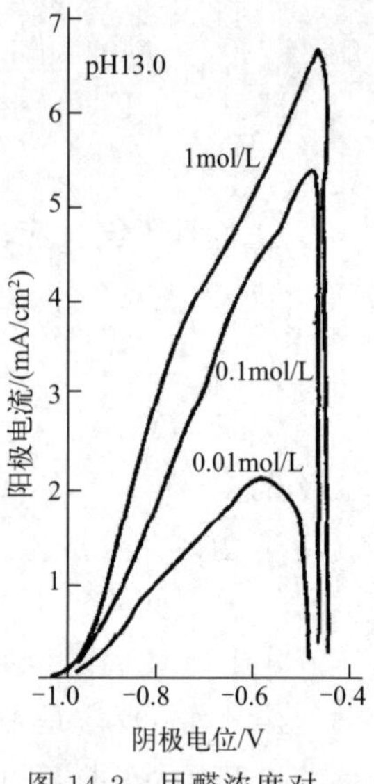

图 14-2　甲醛浓度对阳极极化曲线的影响（pH＝13，25℃）

当 R 值大于 1.25 时，多核配合物完全转化为单核配合物［$Cu(OH)_2$(tart)］$^{2-}$，其放电峰为 P 峰。在实际的化学镀铜液中，R 值通常都大于 1.5，因此局部阴极反应为酒石酸铜配离子的直接放电。

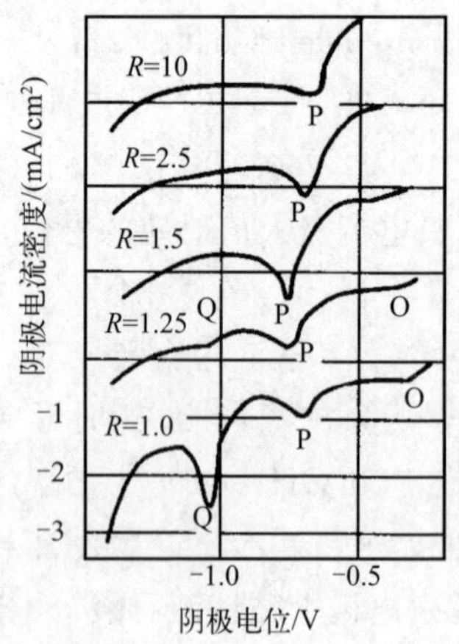

图 14-3　酒石酸盐浓度对局部阴极极化曲线的影响［Cu 0.02mol/L，pH＝12.0，25℃，R＝酒石酸钾钠/Cu（摩尔比）］

14.1.4 化学镀铜的经验速度定律

化学镀铜的电化学反应模式可由图 14-4 看出。曲线 M 是在铜电极上测定的外部极化曲线，曲线 c 为局部阳极的极化曲线。在实际化学镀铜时，被氧化的物质和被还原的物质共存于溶液中，它们有可能发生作用。同时，局部阴极电流还包含溶液氧或 H^+ 的还原电流，所以实际测定的只能是外部极化曲线。

化学镀铜的反应是在无外加电流时的反应，即在电位 N 处进行，这个电位被称为混合电位，在此电位下外部电流为零，此时阳极电流（I_a）和阴极电流（I_c）均为零，即：

$$I_a + I_c = 0, |I_a| + |I_c| = I_0 \quad (14\text{-}1)$$

I_0 称为在混合电位时的交换电流密度。化学镀铜的沉积速度 v［单位为 g/（h·cm^2）］可由 Cu^{2+} 的电化当量 X［单位为 g/（A·h）］与 I_0 的乘积来表示。

$$v = XI_0 = 1.185 I_0 [g/(h \cdot cm^2)] \quad (14\text{-}2)$$

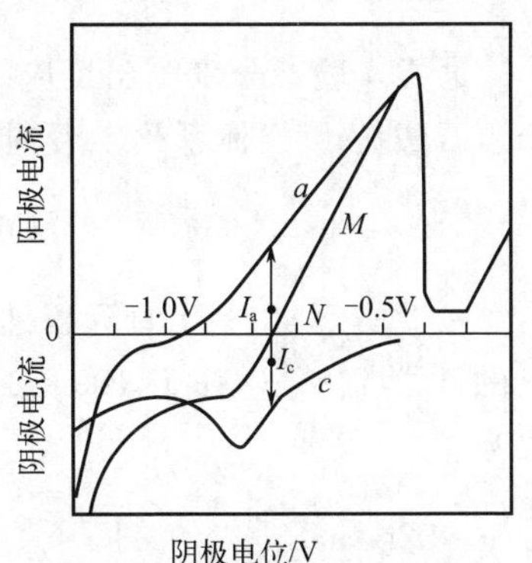

图 14-4 化学镀铜的电化学机理示意图

从极化曲线求得 I_0 值，即可从式（14-2）算出化学镀铜的沉积速度。此法可以用来研究各种溶液成分和作业条件对沉积速度的影响。

实际测定酒石酸钾钠-甲醛化学镀铜体系中镀液 pH 和铜浓度对沉积速度的影响，如图 14-5 所示。随着镀液 pH 值和铜浓度的升高，沉积速度都加快，阳、阴极的电流上升。随着铜浓度的增大，混合电位向正方向移动。图 14-6 是甲醛浓度增大时沉积速度随 pH 的变化关系。随着甲醛浓度的升高，阴、阳极反应都

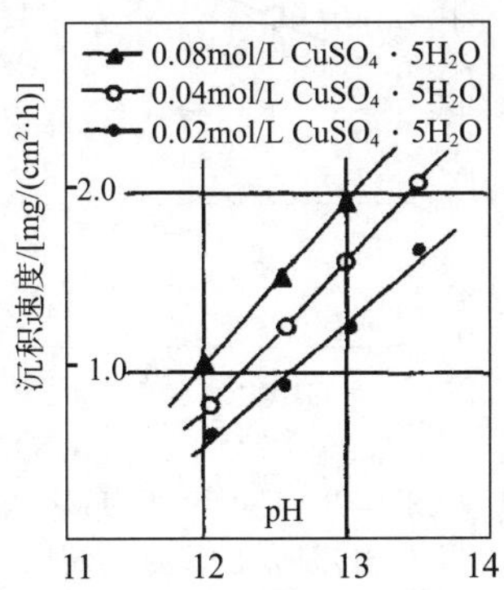

图 14-5 沉积速度随 pH 和 Cu 浓度的变化曲线［HCHO 0.3mol/L，酒石酸钾钠/硫酸铜＝2.5（摩尔比），25℃］

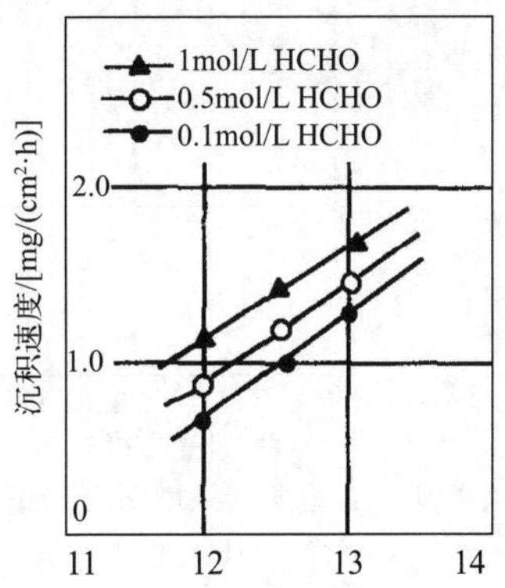

图 14-6 沉积速度随 pH 和甲醛浓度的变化曲线（$CuSO_4 \cdot 5H_2O$ 0.04mol/L，酒石酸钾钠 0.1mol/L，pH 12，25℃）

加快（电流增大），沉积速度也加快。图 14-7 是酒石酸钾钠浓度升高时沉积速度的变化曲线。由图可见，随着酒石酸钾钠浓度的升高，沉积速度只有很微弱的上升。

Shippey 和 Donahue 也研究了 Cu^{2+}、OH^- 和 HCHO 浓度对沉积速度的影响，结果如图 14-8 所示，他利用通常反应速度定律的表达式。

$$v=K[Cu^{2+}]^a[OH^-]^b[HCHO]^c[L]^d\exp\left(\frac{-E}{T}\right) \tag{14-3}$$

通常实验，分别测出反应级数 a、b、c、d 及反应的活化能 E，结果得到一个酒石酸盐-甲醛体系化学镀铜的经验速度定律，其表达式为：

$$v=18.5[Cu^{2+}]^{0.47}[OH^-]^{0.18}[HCHO]^{0.07}\exp\left[18.7\left(\frac{T-313}{T}\right)\right] \tag{14-4}$$

按此方程式计算的沉积速度与实测值一致。该方程式只适于活性铜表面上的化学镀铜。对于 EDTA-甲醛体系化学镀铜的经验速度定律，其表达式为：

$$v=82[Cu^{2+}]^{0.78}[OH^-]^{<0.02}[HCHO]^{0.13}[EDTA]^{<0.02}\exp\left[\frac{17(T-323)}{T}\right] \tag{14-5}$$

从式（14-5）可见，在电解液的各成分中，对析铜速度影响最大的是溶液中铜的含量。在最好条件下，从 EDTA 溶液中化学镀铜的速度要明显超过酒石酸盐镀液，特别是在 pH＝12.1～12.8 时。

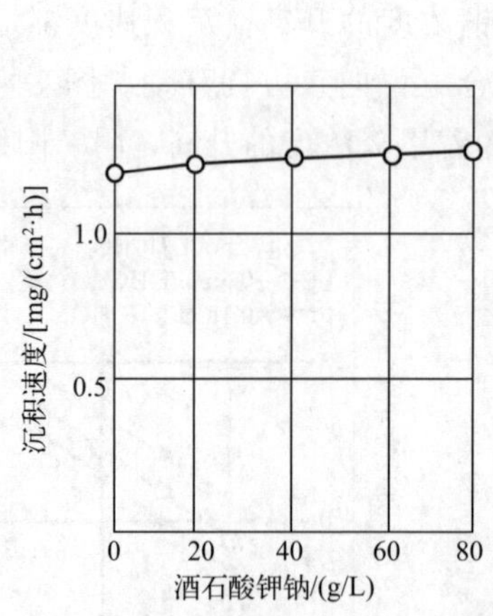

图 14-7　酒石酸盐浓度对沉积速度的影响（$CuSO_4 \cdot 5H_2O$ 0.04mol/L，HCHO 0.3mol/L，pH 12，25℃）

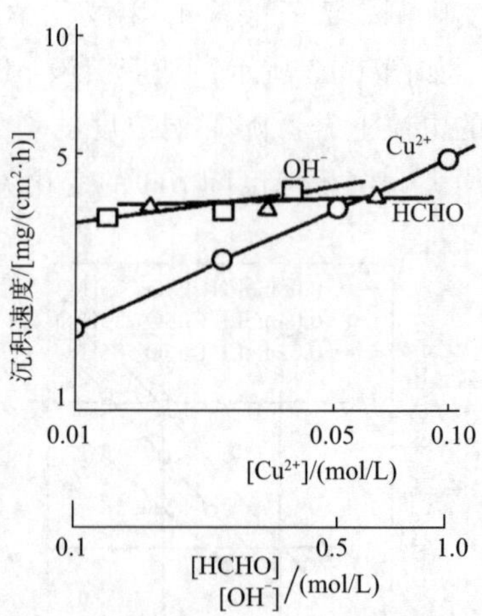

图 14-8　Cu^{2+}、OH^- 和 HCHO 的反应级数的测定

14.2 化学镀铜的配位剂与还原剂

14.2.1 化学镀铜液的成分

化学镀铜液主要由铜盐、配位剂或络合剂、还原剂、pH 调整剂、稳定剂、加速剂和其他添加剂组成。这些成分不仅对镀液的性能（如沉积速度、稳定性、使用温度等）有影响，而且对镀铜层的性能（如外观、韧性、附着力、粒子大小、抗张强度等）也有明显的影响。常用化学镀铜液中各种成分的作用及其实例列于表 14-2。

表 14-2 化学镀铜液的成分和作用

镀液成分	作用	实例
1. 铜盐	提供镀铜用铜离子	硫酸铜、硝酸铜、氯化铜、碳酸铜、酒石酸铜、氢氧化铜、醋酸铜等
2. 配位剂(络合剂)	1. 防止 Cu^{2+} 水解 2. 改善镀液的稳定性 3. 改善沉积速度 4. 改善镀层的性能	氨二乙酸、氨三乙酸、EDTA、*N*-羟乙基乙二胺三乙酸、酒石酸钾钠、柠檬酸钠、葡萄糖酸钠、三乙醇胺、甘油、四羟丙基乙二胺、羟基亚乙基二膦酸(HEDP)、氨基三亚甲基膦酸(ATMP)
3. 还原剂	使铜配离子还原为金属铜	甲醛或聚甲醛、肼、次磷酸钠、硼氢化钠(或钾)、二甲氨基硼烷
4. pH 调整剂	使镀液 pH 达规定值	氢氧化钠、氢氧化钾、硫酸、有机酸
5. 加速剂	提高镀液的沉积速度	2-羟基吡啶、4-氰基吡啶、胞嘧啶、2-巯基苯并噻唑、盐酸亚胺脲、腺嘌呤、2-氨基-6-羟嘌呤、苯并三氮唑
6. 稳定剂	抑制 Cu_2O 粉的产生，防止镀液自然分解	氰化钠、铁氰化钾、亚铁氰化钾、镍氰化钾、硫氰酸钾、巯基苯并噻唑、若丹宁、联吡啶、1,10-菲咯啉、丙腈、硅酸钠、碘化钾、2-碘-3-羟基吡啶
7. 稳定、加速剂	1. 稳定镀液 2. 加快沉积速度	聚氧乙烯十二烷基硫醚、8-羟基-7-碘-5-磺基喹啉
8. 增韧剂	提高铜层的韧性	聚氧乙烯烷基酚醚、聚氧乙烯烷基醚、全氟烷基碘酸钾、聚氧乙烯脂肪酸胺
9. 光亮剂	提高铜镀层的光亮度	α,α'-联吡啶；1,10-菲咯啉

14.2.2 配位剂或络合剂

(1) 化学镀铜常用配合物的稳定常数

Cu^{2+} 在碱性溶液中会形成氢氧化铜沉淀，要获得稳定的真溶液就必须加入合适的配位剂或络合剂，使 Cu^{2+} 转化为在碱性溶液中稳定的配合物。根据软硬酸碱原理，Cu^{+}为软酸，它容易与含S、N和共轭结构的软碱配体（如CN^{-}、1，10-菲咯啉、α，α'-联吡啶、硫脲等）形成稳定的配合物。而Cu^{2+}属于交界酸，它容易与含N、O的交界碱（如氨基酸、羟基酸、羟基膦酸、氨基膦酸、烷基醇胺等）形成稳定的配合物。表14-3列出了Cu^{+}、Cu^{2+}同各种配位剂（螯合剂，chelate）形成的配合物的稳定常数。表中K为稳定常数，β为积累稳定常数，其值为各级稳定常数之积（如$\beta_2=K_1\cdot K_2$，$\beta_3=K_1\cdot K_2\cdot K_3$）。

表14-3　Cu^{+}和Cu^{2+}配合物的稳定常数

配体名称	结构	稳定常数(lg或lgβ)
氯离子	Cl^{-}	Cu^{2+}：K_1 0.98，β_2 0.69，β_3 0.55
氟离子	F^{-}	Cu^{2+}：$K_1$0.95
氰离子	CN^{-}	Cu^{+}：β_2 24，β_3 29.2，β_4 30.7
羟离子	OH^{-}	Cu^{2+}：K_1 6.0
磷酸根	HPO_4^{2-}	Cu^{2+}：K_1 6.0
焦磷酸根	$P_2O_7^{4-}$	Cu^{2+}：K_1 6.7，β_2 9.0
三聚磷酸根	$P_3O_{10}^{5-}$	Cu^{2+}：K_1 9.3，$[Cu(HP_3O_{10})]^{2-}$ 14.9
硫氰酸根	SCN^{-}	Cu^{+}：β_2 11.0 Cu^{2+}：K_1 1.7，β_2 2.5，β_3 2.7，β_4 3.0
硫酸根	SO_4^{2-}	Cu^{2+}：K_1 1.0，β_2 1.1，β_3 2.3
硫代硫酸根	$S_2O_3^{2-}$	Cu^{2+}：K_1 10.3，β_2 12.2，β_3 13.8
氨	NH_3	Cu^{+}：K_1 5.90，β_2 10.80 Cu^{2+}：K_1 4.13，β_2 7.61，β_3 10.48，β_4 12.59
醋酸	CH_3COOH	Cu^{2+}：$K_1$1.70，$\beta_2$2.65，β_3 2.60，β_4 2.54
氨基乙酸	H_2NCH_2COOH	Cu^{2+}：$K_1$1.70，$\beta_2$2.65，$\beta_3$2.60，β_4 2.54
羟基乙酸	$HOCH_2COOH$	Cu^{2+}：K_1 8.22，β_2 15.11
α-氨基丙酸	$CH_3—CH(NH_2)COOH$	Cu^{2+}：$K_1$8.17. β_2 15.01
2,3-二氨基丙酸	$CH_2(NH_2)—CH(NH_2)COOH$	Cu^{2+}：K_1 11.46，β_2 19.95

续表

配体名称	结构	稳定常数(lg 或 lgβ)
2,3-二羟基丙酸	$CH_2(OH)—CH(OH)COOH$	Cu^{2+}:K_1 12.51
乙醇胺(EA)	$H_2NCH_2CH_2OH$	Cu^{+}:β_2 9.41,$\beta(CuL_3OH^{+})$17.70 Cu^{2+}:β_2 16.48
二乙醇胺(DRA)	$HN(CH_2CH_2OH)_2$	Cu^{+}:$\beta_2$7.98 Cu^{2+}:K_1 3.8,β_2 16.0
三乙醇胺(TEA)	$N(CH_2CH_2OH)_3$	Cu^{+}:β 27.98 Cu^{2+}:K_1 3.9,$\beta_2$6.0
N,N-双(2′-羟乙基)甘氨酸	$N(CH_2CH_2OH)_2(CH_2COOH)$	Cu^{2+}:K_1 10.3,$\beta_2$13.5,$\beta_3$15.1
2-氨基-3-巯基丙酸(半胱氨酸)	$HSCH_2CH(NH_2)COOH$	Cu^{2+}:K_1 19.2
乙二胺(en)	$H_2N—CH_2—CH_2—NH_2$	Cu^{+}:$\beta_2$10.63 Cu^{2+}:K_1 10.44,$\beta_2$19.60
二乙烯三胺(bien)	$H_2N—CH_2—CH_2—NHCH_2—CH_2—NH_2$	Cu^{2+}:K_1 16.02,β_2 20.88
三乙烯四胺(trien)	$H_2N—CH_2—CH_2—NHCH_2—CH_2—NHCH_2—CH_2—NH_2$	Cu^{2+}:K_1 19.31
氨二乙酸	$HN(CH_2COOH)_2$	Cu^{2+}:$\beta_2$16.20
氨三乙酸(NTA)	$N(CH_2COOH)_3$	Cu^{2+}:K_1 13.6
N-羟乙基乙二胺	$H_2NCH_2CH_2NHCH_2CH_2OH$	Cu^{2+}:K_1 10.07,β_2 17.58
乙二胺单乙酸	$H_2NCH_2CH_2NHCH_2COOH$	Cu^{2+}:K_1 13.40,β_2 21.44
乙二胺 N,N′-二乙酸	$HOOCCH_2NHCH_2CH_2NHCH_2COOH$	Cu^{+}:$\beta_2$19.8
乙二胺 N,N′-二乙酸-N,N′-二丁酸	$(HOOCCH_2)(HOOCCH_2CH_2CH_2)NCH_2CH_2N(CH_2COOH)(CH_2CH_2CH_2COOH)$	Cu^{2+}:K_1 18.76

续表

配体名称	结构	稳定常数(lg 或 lgβ)
乙二胺四乙酸(EDTA)	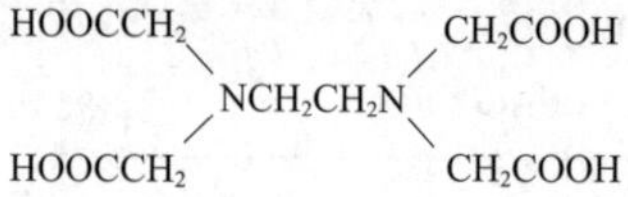	Cu^{+}:K_1 8.5 Cu^{2+}:K_1 18.8,β(CuHL)21.8,β[Cu(OH)L]21.2
二乙三胺五乙酸(DTPA)	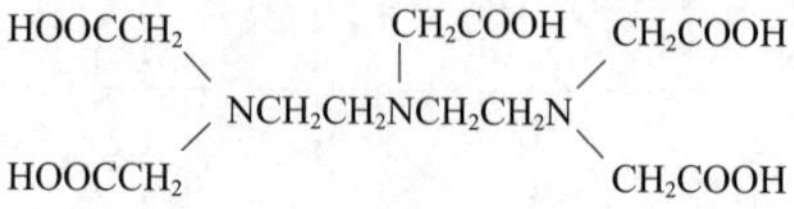 (DTPA)	Cu^{2+}:K_1 20.50,β(CuHL)24.5,β(Cu_2L)26.0
羟乙基乙二胺三乙酸(HEDTA)	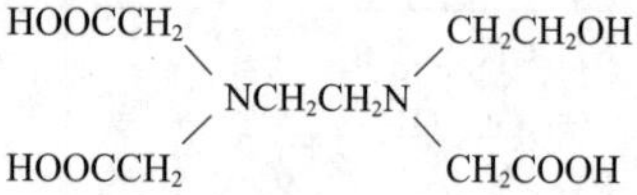 (HEDTA)	Cu^{2+}:K_1 17.42
环己二胺四乙酸(DCTA)	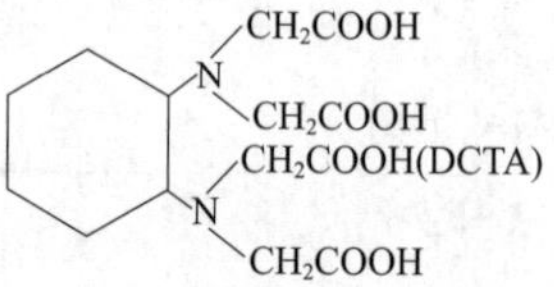	Cu^{2+}:K_1 21.3,β(CuHL)24.4
柠檬酸	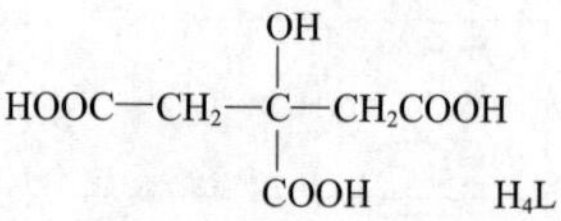	Cu^{2+}:K_1 18,β(CuHL)22.3,β(CuH_3L)28.3
1-羟基亚乙基-1,1-二膦酸(HEDP)	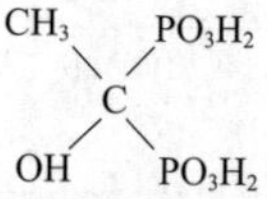 H_4L	Cu^{2+}:K_1 12.48,β(CuHL)6.26,β(Cu_2L)16.86
亚甲基二膦酸(MDP)	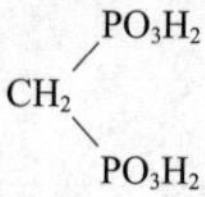	Cu^{2+}:K_1 6.78
乙二胺四亚甲基膦酸(EDTMP)	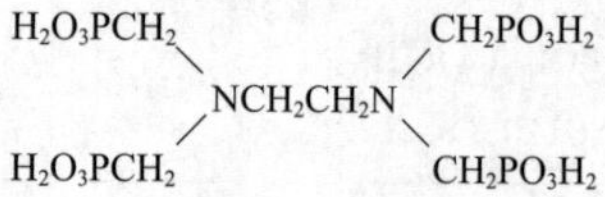	Cu^{2+}:K_1 18.95
α-吡啶甲酸(吡考啉酸)	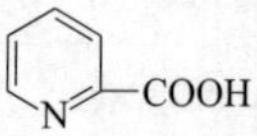	Cu^{2+}:K_1 7.9,β_2 14.75
6-羟基尿环	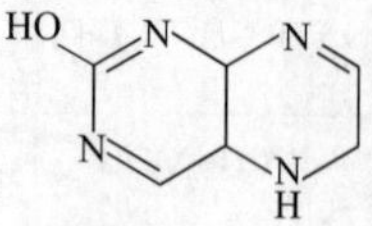	Cu^{2+}:K_1 6.54

续表

配体名称	结构	稳定常数(lg 或 lgβ)
2,6-二氨基尿环	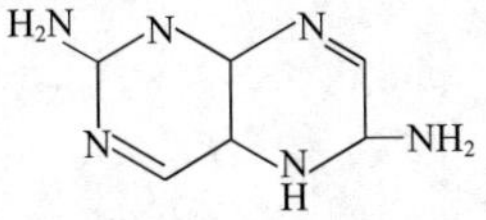	Cu^{2+}：K_1 9.0，β_2 13.68
6-氨基尿环（腺嘌呤）	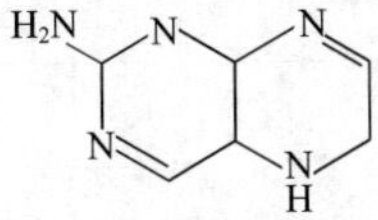	Cu^{2+}：K_1 6.99，β_2 13.32
2-氨基吡啶	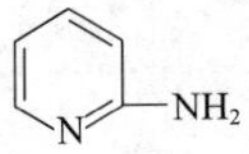	Cu^{+}：K_1 5.28，β_2 8.00
3-氨基吡啶	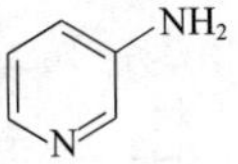	Cu^{+}：K_1 2.91，β_2 5.18，β_3 1.06
4-氨基吡啶	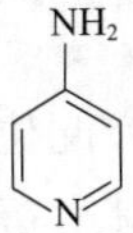	Cu^{+}：K_1 7.03，β_2 10.51
2,2′-联吡啶	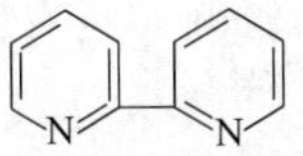	Cu^{+}：K_1 10.68，β_2 14.35 Cu^{2+}：K_1 8.00，β_2 13.60
1,10-菲咯啉	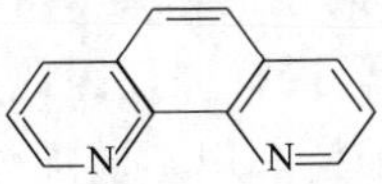	Cu^{2+}：K_1 9.14，β_2 16.03，β_3 21.44
硫脲	$H_2N-\overset{\overset{S}{\|}}{C}-NH_2$	Cu^{+}：β_2 6.3 Cu^{2+}：β_4 14.67
乙腈	CH_3-CN	Cu^{+}：β_1 3.27
胞间二氮苯	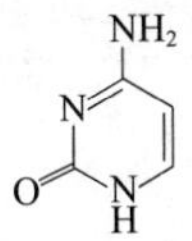	Cu^{2+}：K_1 1.40，β_2 2.65
8-羟基喹啉	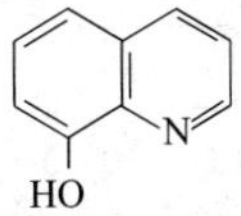	Cu^{2+}：K_1 11.95
8-羟基喹啉-5-磺酸	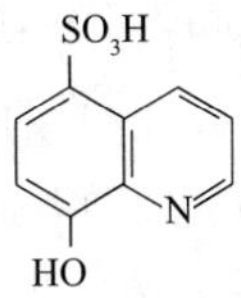	Cu^{2+}：K_1 12.16，β_2 22.45

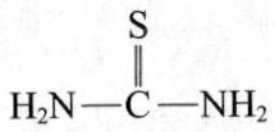

续表

配体名称	结构	稳定常数(lg 或 lgβ)
8-羟基-5,7-二碘喹啉	I, I, N, OH	Cu^{2+}：K_1 10.25，β_2 19.44
8-羟基-7-碘喹啉	I, N, OH	Cu^{2+}：K_1 18.39，β_2 15.66
酒石酸	HOOC—CH(OH)—CH(OH)—COOH　　H_2L	Cu^{2+}：K_1 3.2，$\beta_2$5.1，$\beta_3$5.8，$\beta_4$6.2，β[$Cu(OH)L^-$]12.44，β[$Cu(OH)_2L^{2-}$]19.14

（2）配位剂对化学镀铜速度的影响

适于化学镀铜用的配位剂很多，在选择配位剂时，除了考虑在碱性液中防止产生氢氧化铜沉淀的能力外，还必须考虑其对沉积速度的影响，抑制 Cu_2O 粉产生的能力以及对铜镀层物理力学性能的影响，只有这三方面都优良的配位剂才是最佳的配位剂。

化学镀铜的沉积速度除与镀液中铜盐的浓度、甲醛的浓度、镀液 pH、施镀温度等有关外，还与配合物的种类和形式有关，因此选用不同的配位剂时，其沉积速度也各不相同。图 14-9 和表 14-4 是采用不同配位剂时，沉积速度随镀液 pH 的变化情况。

表 14-4　采用各种配位剂时析铜速度随镀液 pH 的变化

配位剂	浓度/(mmol/L)	pH	沉积速度/[mg/(cm^2·min)]	配位剂	浓度/(mmol/L)	pH	沉积速度/[mg/(cm^2·min)]
酒石酸盐	80	12.1	0.80	EDTA	100	12.1	1.1
		12.5	0.98			12.5	1.6
		13.0	1.42			13.0	1.3
三乙醇胺	56	13.0	3.1	甘油		12.5	3.3

这些结果表示甘油镀液的沉积速度最快，三乙醇胺镀液次之，EDTA 镀液再次，酒石酸盐最慢。用柠檬酸盐做配位剂时，析铜速度小于三乙醇胺，但大于酒石酸镀液。用 EDTA 做配位剂时，镀液的沉积速度随 EDTA 含量的提高，开始迅速上升，达到 0.1mol/L 后趋于稳定（见图 14-10）。

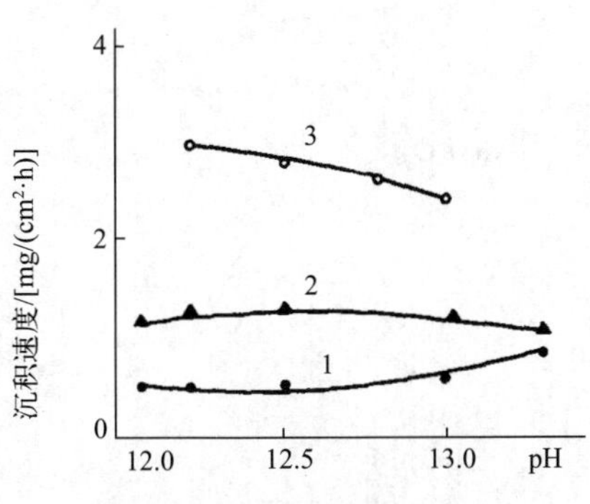

图 14-9　各种配位剂溶液中沉铜的速度和溶液 pH 的关系

1—酒石酸盐 0.8mol/L（搅拌）；
2—EDTA0.1mol/L（未搅拌）；
3—甘油 0.1mol/L（未搅拌）

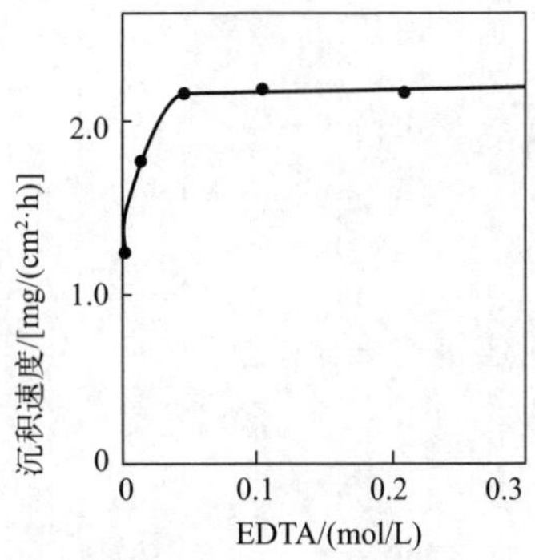

图 14-10　EDTA 浓度对沉积速度的影响

（$CuSO_4 \cdot 5H_2O$ 0.04mol/L，
酒石酸钠 0.1mol/L，
pH＝12.5，25℃）

（3）铜配合物的还原速度（析铜速度）与其离解速度的关系

M. Paunovic 用电化学方法研究了酒石酸盐、EDTA、四羟丙基乙二胺（Quadrol）和环己二胺四乙酸（CDTA）做配位剂化学镀铜时，阴极析铜电流 I_{dp}（峰值电流）和用电位扫描法测得的 $I_p/\Omega^{1/2}$ 对 Ω（Ω 为电位扫描速度，单位是 V/s）直线的斜率表示的配合物的离解速度之间的关系，结果见表 14-5。

表 14-5　阴极析铜电流（I_{dp}）和配合物离解速度的关系

配体/Cu^{2+}＝1.2			配体/Cu^{2+}＝3.0		
配体种类	$I_{dp}\times10^3$/(A/cm^2)	$(I_p/\Omega^{1/2})/\Omega(10^{-2})$	混合电位/V	$I_{dp}\times10^3$/(A/cm^2)	$(I_p/\Omega^{1/2})/\Omega(10^{-2})$
酒石酸盐	0.15	0.36	610	−0.75	0.54
四羟丙基乙二胺（Quadrol）	0.27	0.79	650	1.0	0.71
EDTA	0.38	1.02	680	3.6	1.02
CDTA	0.80	1.11	685	5.4	1.12

由表 14-5 数据可见，不同配体体系的混合电位、阴极析铜电流（I_{dp}）和配合物的离解速度（以 $I_p/\Omega^{1/2}$-Ω 的斜率表示）均按下列顺序增大：

酒石酸盐＜四羟丙基乙二胺＜EDTA＜CDTA

这一顺序与配体的空间位阻的顺序相同。位阻越大，配合物离解速度越快，越有利于配合物的阴极还原，也就显示较高的沉积速度。

上述实验结果可用 Eigenp 提出的含两个氮原子的双齿配体同水合金属离子间的反应模式来说明。他认为螯合物的形成与离解可分三步进行：

① 配位反应

$$M(H_2O)_6{}^{a+} + \begin{array}{c} N^{b-} \\ | \\ N \end{array} \rightleftharpoons M(H_2O)_6{}^{a+} \cdots \begin{array}{c} N^{b-} \\ | \\ N \end{array}$$

② 成键与离解

$$M(H_2O)_6{}^{a+} \cdots \begin{array}{c} N^{b-} \\ | \\ N \end{array} \underset{k_{-2}}{\overset{k_2}{\rightleftharpoons}} (H_2O)_5M \begin{array}{c} / N^{a-b} \\ | \\ N \end{array}$$

③ 成环与开环

$$(H_2O)_5M \begin{array}{c} / N^{a-b} \\ | \\ N \end{array} \underset{k_{-3}}{\overset{k_3}{\rightleftharpoons}} (H_2O)_4 \begin{array}{c} / N^{a-b} \\ | \\ \backslash N \end{array}$$

式中，k_2 和 k_{-2} 为金属-氮键（低配位数配合物）的形成与金属-水键断裂的速度常数。k_3 和 k_{-3} 为第二个金属-氮键（螯合环）的形成与断裂的速度常数，即成环与开环的速度常数。

根据 Rorabacher 提出的上述反应的总离解速度数 K_d^{ML}（L 为配体）可用下式表示：

$$K_d^{ML}=\frac{k_{-2}\cdot k_{-3}}{k_{-2}+k_3} \tag{14-6}$$

若 $k_3 \gg k_{-2}$，则

$$K_d^{ML}=\frac{k_{-2}\cdot k_{-3}}{k_3} \tag{14-7}$$

当配合物的离解是受立体因素决定时，其主要决定于螯环的形成常数 k_3。由式（14-7）可知，k_3 减小，总离解常数 K_d^{ML} 增大。k_{-2} 和 k_{-3} 分别表示螯合物中和单键配合物（M—N）中配体构型的重要性，即配体的构型必须有利于成键或构型转变。在上述配合物中构型的转变主要视配体环绕单键旋转的位阻和船-椅式构型转变的难易（对 CDTA 而言）。由于取代基的旋转位阻随其体积增大而上升，即$—CH_2—\underset{}{\overset{OH}{\overset{|}{C}}}H—CH_3$＞$—CH_2—COOH$，而船-椅式变化的位阻又比旋转的位阻大，因此上述配位剂的位阻增大的总顺序为：

酒石酸盐＜EDTA＜Quadrol＜CDTA

这也是 k_3 下降的顺序。按式（14-7），k_3 下降的顺序即 K_d^{ML} 增大的顺序，也就是化学镀铜时沉积速度提高的顺序。

(4) 配位剂抑制 Cu_2O 形成的效果

化学镀铜是利用二价铜的配离子被还原为金属铜的反应。对某些配位剂（如 EDTA）形成的 Cu（Ⅱ）配离子而言，它可以直接被还原为金属铜不形成一价铜或 Cu_2O，而另一些配位剂（如酒石酸盐）形成的配离子在还原过程中有一价铜形成，在碱性溶液中 Cu（Ⅰ）通常以 Cu_2O 沉淀形式出现。因此，选用不同的配位剂，镀液的稳定性也各不相同。表 14-6 是采用各种配位剂配制化学镀铜液时镀液中 Cu（Ⅰ）的检验结果。图 14-11 是把 Cu_2O 分别加入 0.1mol/L EDTA 溶液，0.3mol/L HCHO 溶液，0.1mol/L EDTA＋0.3mol/L HCHO 溶液中，在 pH＝12.5，温度 60℃下反应 1h 后，把所得反应产物进行 X 射线粉末衍射分析的结果。

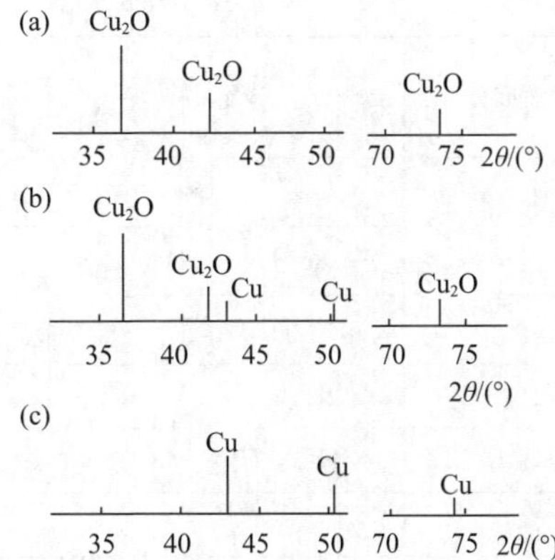

图 14-11　Cu_2O、Cu 的 X 射线粉末衍射图

(a) Cu_2O＋0.1mol/L EDTA；(b) Cu_2O＋0.3mol/L HCHO；(c) Cu_2O＋0.1mol/L EDTA＋0.3mol/L HCHO

表 14-6　配位剂对镀液中 Cu（Ⅰ）形成的影响

Cu(Ⅱ)配位剂的种类	Cu(Ⅰ)的检验结果	Cu(Ⅱ)配位剂的种类	Cu(Ⅰ)的检验结果
乙二胺(en)	有	酒石酸钾钠	有
三乙烯四胺(trien)	有	葡萄糖酸钠	有
四乙烯五胺(tetren)	有	甘油	有
乙二醚二胺-N,N,N',N'-四乙酸	有	EDTA	无
乙二胺＋右旋酒石酸	有	DTPA	无

由图 14-11 可见，在单独 EDTA 溶液中，Cu_2O 并不被溶解。在甲醛溶液中 Cu_2O 部分被还原为 Cu，而在 EDTA＋HCHO 溶液中，Cu_2O 被完全还原为金属铜，这说明在 EDTA 化学镀铜液中，Cu-EDTA 配离子是被甲醛直接还原为金属铜，并无反应的中间产物 Cu（Ⅰ）生成。

使用单一配位剂与组合配位剂时，镀液中配合物的形式也各异，其还原过程也可能不同，因此镀液的稳定性也有很大差别。表 14-7 是配位剂的种类和浓度对镀液稳定性影响的结果。由表可知，EDTA 稳定镀液的能力比酒石酸强，EDTA 与酒石酸钾钠合用比单独使用其中一种的稳定性好。稳定性最好的镀液是高 EDTA 低酒石酸钾钠的镀液。

表 14-7　配位剂种类和浓度对镀液稳定性的影响

镀液成分	分子式	配方/(g/L)			
		1	2	3	4
硫酸铜	$CuSO_4 \cdot 5H_2O$	12.5	12.5	12.5	1.24
酒石酸钾钠	$NaKC_4H_4O_6 \cdot 4H_2O$	29.0	—	14.0	19.5
EDTA 二钠	$Na_2C_{10}H_{14}O_8N_2$	—	37.5	19.5	14.0
氢氧化钠	NaOH	14.0	14.5	14.5	14.5
甲醛/(mL/L)	HCHO(37%)	15	15	15	15
稳定时间/h		3～5	10～13	30～35	8～13

14.2.3　还原剂

化学镀铜的还原剂可用甲醛、次磷酸钠、联氨（肼）、硼氢化钾（或钠）以及氨基硼烷等。其中最常用的是甲醛或聚甲醛，其次是次磷酸盐，也有采用组合还原剂，如甲醛和次磷酸盐。

van Den Meerakker 详细研究了甲醛在不同电极上的氧化反应，指出反应可以用亚甲基二醇的脱氢反应来说明，甲醛在碱性溶液中在 Cu、Pt、Pd 电极上的氧化具有相同的机理。他指出，甲醛的阳极氧化是化学镀铜的速度控制步骤，这一结论已被许多实验事实所证实。据计算，在 EDTA-甲醛体系化学镀铜液中，化学镀铜时阳极控制程度在 80%～86%，而阴极的控制程度在 14%～20%。在强碱性（pH>11）溶液中，甲醛的氧化反应可表示为：

$$2HCHO+4OH^- \longrightarrow 2HCOO^- +H_2+2H_2O+2e^-$$

其还原电位与 pH 的关系为：

$$E_0=+0.32-0.12pH$$

即随镀液 pH 值的上升，还原电位 E_0 会线性增大，其还原能力增强，化学镀铜的沉积速度加快（见图 14-6）。在 pH=10～10.5 时，仅在镀品表面发生催化反应。在 pH=11～11.5 时，甲醛浓度达 2mol/L 时，活化过的非导体表面能发生触发反应。在 pH=12.0～12.5 时，甲醛浓度只要 0.1～0.5mol/L，在活化过的非导体表面上即可发生触发反应。

甲醛的还原能力可用其还原电位表示，还原电位越负，还原能力越强。甲醛的还原电位随其浓度的升高而上升，结果如图 14-12 所示。开始上升较快，当浓度升高到一定值时其值趋于稳定。甲醛的还原电位随温度的升高呈线性增加，因此提高镀液的温度有利于提高沉积速度。

用甲醛做还原剂时镀液会逸出有毒的刺激性甲醛气体，而且镀液的 pH 值要在 12 以上，需要消耗大量的碱。最后，用次磷酸盐为还原剂的化学镀铜工程已用于生产，其特点是：操作工程范围宽，镀液寿命长，不含有毒的甲醛气体，可在较低 pH 值下使用，被认为是未来的化学镀铜液，但从次磷酸钠镀液中得不到厚的铜层，这是它的致命弱点。

用甲醛和次磷酸盐做还原剂时，反应的第一步是 C—H 和 P—H 键的断裂而形成原子态氢：

$$\mathrm{H_2C(O^-)(OH)} \xrightarrow{\text{催化表面}} \mathrm{HCOOH + H_2O + H + e^-}$$

$$\mathrm{H_2PO_2^- + OH^-} \xrightarrow{\text{催化表面}} \mathrm{H_2PO_3^- + H + e^-}$$

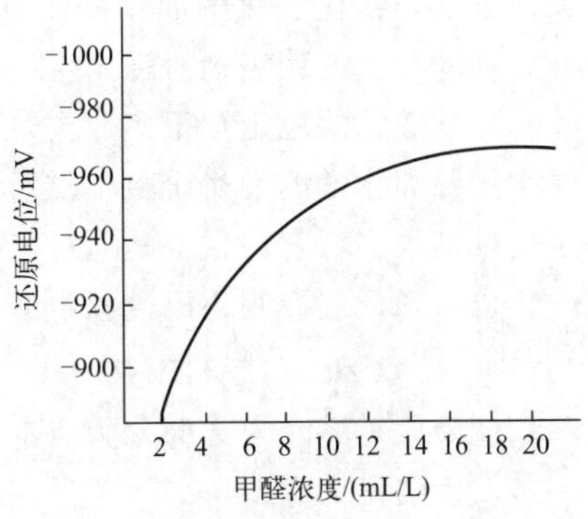

图 14-12　甲醛的还原电位随甲醛浓度的变化（EDTANa$_2$ 40g/L，pH 12.5，25℃）

产生原子态氢的难易由 C—H、P—H 键能、键长和活化能决定。表 14-8 列出了两种还原剂的相应键能、键长和活化能。由表 14-8 可知，P—H 键的键长比 C—H 的长，键能和活化能都较低，因此用次磷酸钠做还原剂时沉积速度应比甲醛的高。

表 14-8　甲醛和次磷酸钠的 C—H、P—H 键能、键长和活化能

还原剂	键能/(kJ/mol)	键长/Å	活化能/(kJ/mol)
甲醛	C—H:410.9	1.09(C—H)	48.9
次磷酸钠	P—H:321.9	1.44(P—H)	42.46

洪爱娜研究了由硫酸铜、硫酸镍、柠檬酸钠、硼酸和次磷酸钠组成的化学镀铜液的经验速度定律，该体系的化学镀镍速度 v 可用下列速度方程表示：

$$v=2054.2[\mathrm{Cu^{2+}}]^{1.36}[\mathrm{OH^-}]^{0.0417}[\mathrm{H_2PO_2^-}]^{0.6}[\mathrm{C_6H_5O_7^{3-}}]^{-0.27}[\mathrm{H_3PO_3}]^{0.311}\exp\left(15.13\,\frac{T-338}{T}\right) \tag{14-8}$$

由式（14-8）可知，对沉积速度影响最大的是 Cu^{2+} 浓度，其次是还原剂次磷酸钠的浓度。柠檬酸钠的反应级数为负值，表示其浓度升高，反应速度下降。

14.3　化学镀铜的稳定剂、促进剂和改进剂

14.3.1　稳定剂

化学镀铜过程中，由于组成与配比的失调，副反应的进行以及各种固体微粒与杂质的引入，镀液内部开始析出氢气，溶液由蓝色透明逐渐变浑浊，有悬浮物或沉淀物析出，容器壁上也开始出现铜膜，这说明镀液已经自发分解。为了使金属只在待镀加工物上沉积，防止铜粒子或落到槽底的固体杂质被连续镀金而引起

镀液分解，在化学镀铜液中除了选用不产生 Cu_2O 的配位剂及控制好作业条件外，加入合适的稳定剂对稳定生产是至关重要的。

化学镀铜的稳定剂很多，主要都是抑制产生 Cu（Ⅰ）的试剂。表 14-9 列出了常用各类化学镀铜稳定剂的名称、结构和用量。由表 14-9 可知，抑制 Cu^+ 产生的试剂很多，它们主要是通过三种途径来达到稳定的目的：

（1）降低或抑制还原过程中形成 Cu_2O 的反应速度

$$2Cu^{2+} + HCHO + 5OH^- \longrightarrow Cu_2O + HCOO^- + 3H_2O$$

此反应是溶液内部的分解反应，产物是生成 Cu_2O 沉淀。Cu_2O 在溶液中进一步发生歧化反应：

$$Cu_2O + H_2O \rightleftharpoons Cu + Cu^{2+} + 2OH^-$$

结果生成活性铜核，随后镀液就在铜核上进行化学镀铜反应

$$Cu_2O + 2HCHO + 2OH^- \longrightarrow 2Cu + H_2 + 2HCOO^- + H_2O$$

大量析出的铜会加速溶液而不是镀品表面上的化学镀铜反应，促使溶液分解。搅拌溶液，特别是空气搅拌可增加溶液中的溶解氧，有利于 Cu_2O 的氧化，从而提高镀液的稳定性。加入含 N 或含 S 的稳定剂，镀液的沉积速度通常有所下降（见图 14-13 和图 14-14），反应的速度明显被抑制，因而使镀液稳定性显著提高。

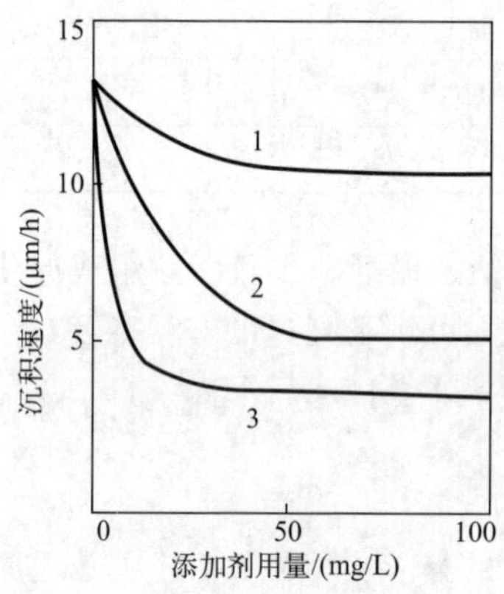

图 14-13 含 N 添加剂用量对化学镀铜速度的影响

1—镍氰化钾；2—2,2′-联吡啶；3—1,10-菲咯啉

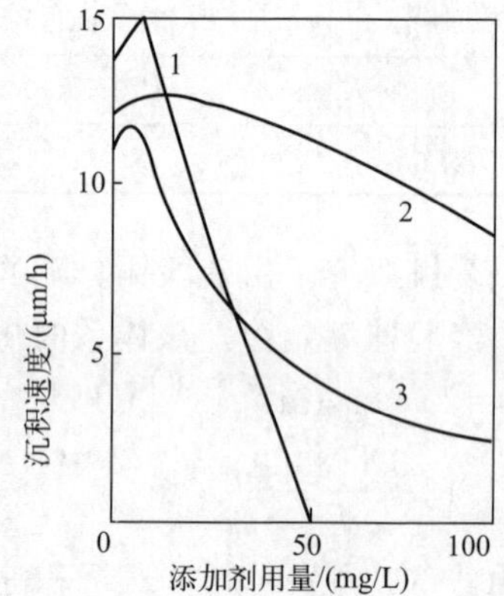

图 14-14 含 S 添加剂用量对化学镀铜速度的影响

1—2-巯基苯并噻唑；2—硫化钾；3—硫氰化钾

（2）使生成的铜粒子或其他固体粒子迅速钝化或去活性

Cu_2O 歧化生成的铜粒或其他固体粒子（如灰尘、杂质等）在镀液中也会成为催化中心，导致镀液的自然分解。如能使其钝化而失去催化中心的作用，也可使镀液保持稳定。Saubestre 认为，聚合电解质和其他高分子化合物可以吸附在铜等粒子表面而使其失去催化活性。聚乙二醇、羟乙基纤维素、聚硫胺、动物胶、聚乙烯醇、聚乙烯吡咯烷酮、OP 乳化剂等均具有这种作用。在很多组合稳定剂中都要包含使固体粒子钝化的物质，而聚合型表面活性剂也是常用的配位品

种之一。它们中较常用的是聚乙二醇，要求分子量为1000～6000，用量在100mg/L以内。

聚合电解质之所以有这种作用，认为是通过以下三方面的作用而实现的：①降低反应粒子的自由表面，增大低电流时的超电压；②改变在粒子上进行化学镀铜反应的动力学条件，即降低其反应速度；③减慢放电离子通过粒子表面吸附膜的速度。

(3) 加入Cu（Ⅰ）的配位剂，使Cu（Ⅰ）不形成Cu_2O，抑制铜粒子的产生

在表14-9所列的稳定剂中，使用最普遍的是配位型稳定剂，因为它可以根除Cu_2O的产生及Cu_2O的歧化反应。在有机稳定剂中，含S的化合物是最大的一类，且具有很好的稳定效果。这是由于S原子有空的3d轨道，它能接受铜的3d电子而形成配位键。这是有机硫化物能与Cu（Ⅰ）形成稳定的配合物和能吸附在铜粒子表面的原因。在含硫化合物中，应用最广的是2-巯基苯并咪唑和二乙基二硫代氨基甲酸钠。

表14-9　常用各类化学镀铜稳定剂的名称、结构和用量

分类	名称与结构	使用浓度/(mg/L)
含硫化合物	(1)多羟乙基十二烷基硫化物	50～60
	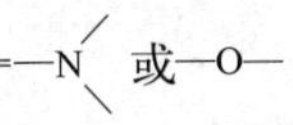 (2)下列结构的杂环化合物 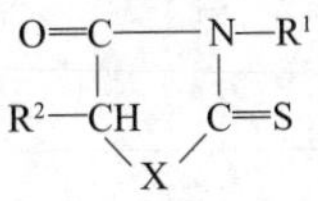 O=C—N—R¹ ; R²—CH , C=S ; X （五元环） X=S、NH R^1=H、NH_2、COOH、烷基、取代芳基 R^2=H、烷基或硝基 如罗丹宁或*N*-甲基罗丹宁或 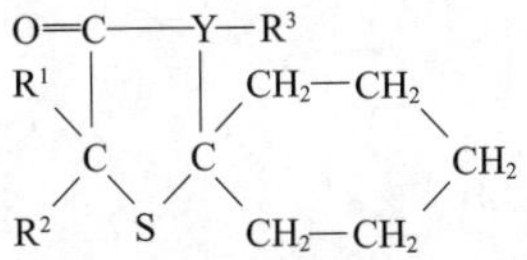 O=C—Y—R³ ; R¹ , C , S , C , R² ; CH_2—CH_2 , CH_2 , CH_2—CH_2 Y=—N< 或—O— R^1、R^2、R^3=H、烷基或硝基	1～50
	(3)硫脲、乙基硫脲及其他硫脲的衍生物	0.05～10
	(4)二乙(或甲)基二硫代氨基甲酸钠	0.01～0.5
	(5)半胱氨酸、胱氨酸、甲硫基丁氨酸	0.01～0.2
	(6)烷基硫醇$CH_3(CH_2)_nSH$，$n=7\sim15$	1～100
	(7)硫代乙酸、硫代苯甲酸、硫代丙酸	1.0
	(8)2-巯基苯并噻唑、2-巯基苯并咪唑	20～40
	(9)水溶性连二硫酸盐	0.01～8
	(10)硫氰酸盐KSCN、NaSCN	0.01～2
	(11)亚硫酸盐Na_2SO_3、$NaHSO_3$	1～10
	(12)硫代硫酸盐，$Na_2S_2O_3$	0.01～14
	(13)2,2′-硫代乙二醇	10
	(14)$R(HCONHCR'')_nR'$结构的化合物 R、R′=H，CH_2OH，$n=1\sim400$ R″=H，OH，SO_3OH，SO_3Na，SO_3K，SO_3NH_4，$COCH_3$	1～100

续表

分类	名称与结构	使用浓度/(mg/L)
含氮化合物	2,2′-联吡啶 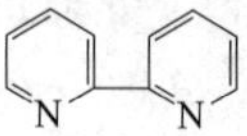	10～20
	1,10-菲罗啉 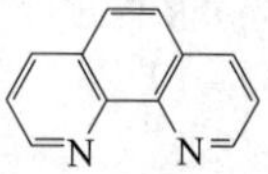	10
	2,9-二甲菲罗啉 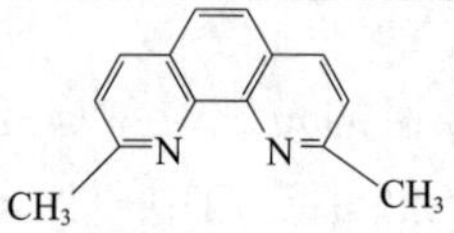	
	三吡啶	10
	2,2′-二氮萘 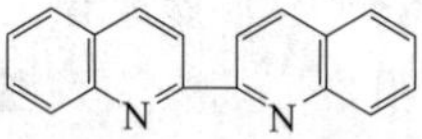	10
	4-羟基吡啶 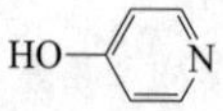 HO—	40
	脂肪胺 RCH_2NH_2	10～100
	亚铁氰化钾 $K_4[Fe(CN)_6]$ 铁氰化钾 $K_3[Fe(CN)_6]$ 氰化物 KCN、NaCN 镍氰化钾 $K_4[Ni(CN)_6]$	10～100 10～100 10～500 1～100
含硒化合物	苄基硒代乙酸 $C_6H_5CH_2SeCH_2COOH$ 硒氰酸钾 KSeCN 硒磺酸钾 K_2SeSO_3 十二烷基硒代磺酸钾 R′—Se—R″或[R″—Se—R″]X 结构化合物 R′＝H、金属、有机原子团 R″＝CN 或有机原子团	1～3 2 100 19 0.01～300
二价汞的化合物	结构式为 R—Hg—R′的化合物 R＝烷基、芳基、环烷基或其他有机基团 R′＝有机基团或极性基团，如 NO_2、SO_3OH、NH_2、COOH 例如 $HgCl_2$、苯基乙酸汞	1～5
可溶性金属盐	V、Mo、Nb、W、Re、As、Bi、Sb、La、Ce、Rh、Zn、Os 等 V_2O_5 $NaAsO_2$ 酒石酸锑钾	0.5～2000 10 10 30
醇类	甲醇、乙醇 炔醇、烯醇、甲基丁醇、甲基茂醇	50～300mL/L 25～150

续表

分类	名称与结构	使用浓度/(mg/L)
聚合物	羟乙基纤维素 聚乙烯醇 聚乙二醇 聚乙二醇硬脂酸铵 聚氧乙烯烷基酚醚 聚硅烷、各种硅树脂	300 0.1%(质量) 50～100 50～200 50～500 50～200
碘化物	碘化钾、碘化钠、邻碘苯甲酸	10～100 25～1500

TOлOBHЯ 等研究了硫脲、二乙基二硫代氨基甲酸钠等含硫化合物的稳定效果，发现随分子中硫原子数的增加其稳定作用增强。在硫原子数相同时，若在硫原子旁有阻障硫配位的大有机基团存在时，该化合物要形成稳定的配合物困难，在铜表面上的吸附能力也差，稳定作用就弱。这一规则对含 N 的有机化合物也适用。这说明影响配合物稳定性的因素也就是影响稳定剂稳定作用的因素。

1,10-菲罗啉、2,2′-联吡啶，I^-、CN^-、CNS^- 和各种有机硫化合物等都是 Cu（Ⅰ）的优良配位剂，也是化学镀铜的优良稳定剂。铁、钴、镍的氰配离子在镀液中能放出少量 CN^-，因此，也是良好的稳定剂。硒化合物的作用与硫化物接近，但硒的配位能力比硫弱一些。其他电位较负的可溶性金属盐的作用可能是它们吸附在铜表面后，可使铜粒子表面纯化或电位负移，从而失去催化活性的缘故。

用 CN^-，特别是用 $[Fe(CN)_6]^{3-}$、$[Ni(CN)_6]^{3-}$、$[Co(CN)_6]^{3-}$ 做稳定剂时可以获得很致密的化学镀铜层，而且允许的浓度范围很宽，即使加过量对沉积速度的影响也很小。但用 Fe、Co、Ni 的氰配离子做稳定剂时，镀液长期存放后它们会分解而离解出部分金属离子，结果镀液稳定性下降，镀层粗糙。1987 年 A. Kinoshita 等人提出在镀液中加入三乙醇胺作为 Fe、Co、Ni 离子的配位剂，结果发现不仅镀液稳定性得到改善，而且在镀层的物理性能（如延伸率）上也得到改善。

14.3.2 促进剂

早期的具有良好稳定性和镀层品质的化学镀铜液的沉积速度为 1～5μm/h。采用化学促进剂的高速化学镀铜液已达 7～23μm/h。

促进剂一般是含有非定域 π 键的化合物。如含氮、硫或同时含氮、硫的杂环化合物，尤其是含多个氮原子的杂环化合物。如苯并三氮唑、2-巯基苯并噻唑、胞嘧啶、2-氨基-6-羟嘌呤，腺嘌呤、4-氰基吡啶、亚胺脲、2-羟基吡啶、8-羟基-7-碘-5-磺基喹啉等。

盐酸亚胺脲　4-氰基吡啶　2-羟基吡啶　2-巯基苯并噻唑

胞嘧啶　腺嘌呤　2-氨基-6-羟嘌呤 (guanine)　8-羟基-7-碘-5-磺基喹啉 (HLQSA)

表 14-10 是 EDTA-聚甲醛体系化学镀铜液中加入 1.5mg/L 2-氨基-6-羟嘌呤和 6-氨基嘌呤时阴极电位和沉积速度的变化值。

表 14-10　6-氨基嘌呤和 2-氨基-6-羟嘌呤对阴极电位和沉积速度的影响

促进剂	浓度/(μm/L)	阴极电位/(−mV)	沉积速度/[mg/(h·cm³)]
空白	0	615	2.16
2-氨基-6-羟嘌呤	9.93	650	2.76
6-氨基嘌呤	11.10	642	3.39

图 14-15、图 14-16 和图 14-17 是在四（2-羟丙基）乙二胺-甲醛化学镀铜体系中加入 4-氰基吡啶、胞嘧啶和盐酸亚胺脲沉积速度的增长曲线。图 14-18 是在 EDTA-甲醛体系中加入 8-羟基-7-碘-5-磺基喹啉（HLQSA）时沉积速度的变化曲线。

根据 F. J. Nuzzi 的研究，发现这类化合物对化学镀铜的阳极和阴极过程都有去极化作用，但阳极去极化作用一般大于阴极去极化作用。表 14-11 列出了某些促进剂对阳极和阴极的去极化作用的大小。

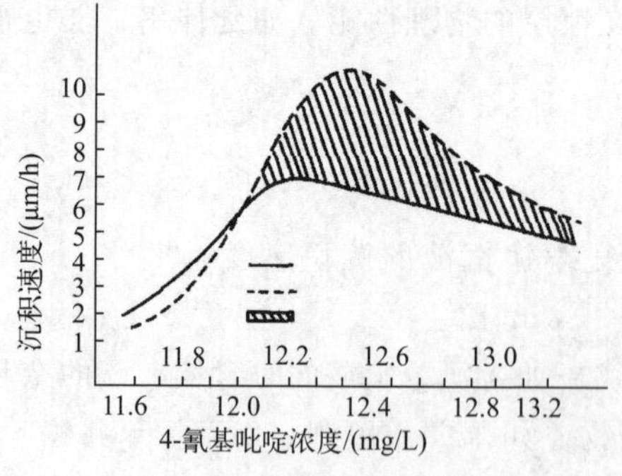

图 14-15　4-氰基吡啶对化学镀铜速度的影响

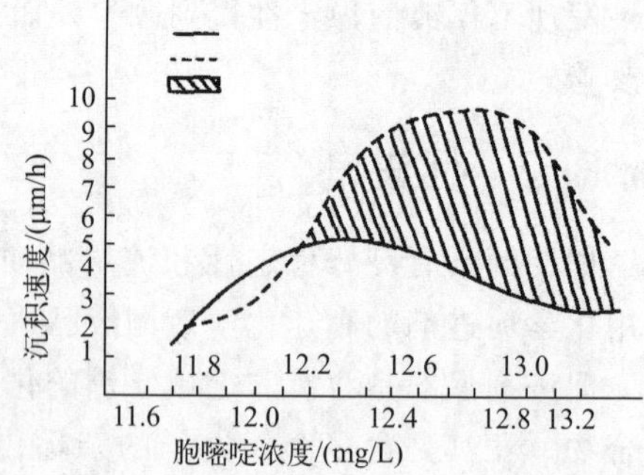

图 14-16　胞嘧啶对化学镀铜速度的影响

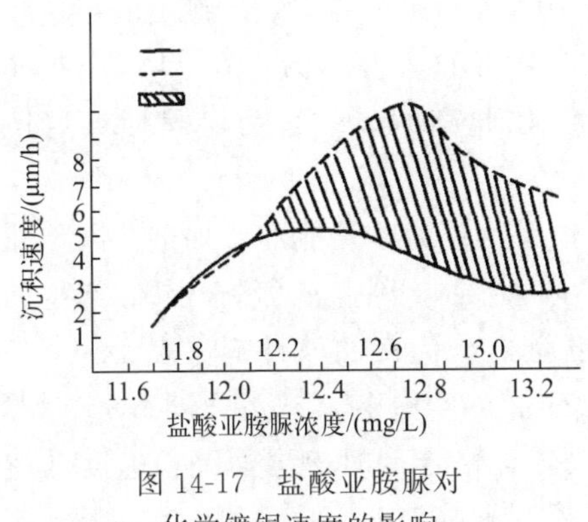

图 14-17 盐酸亚胺脲对化学镀铜速度的影响

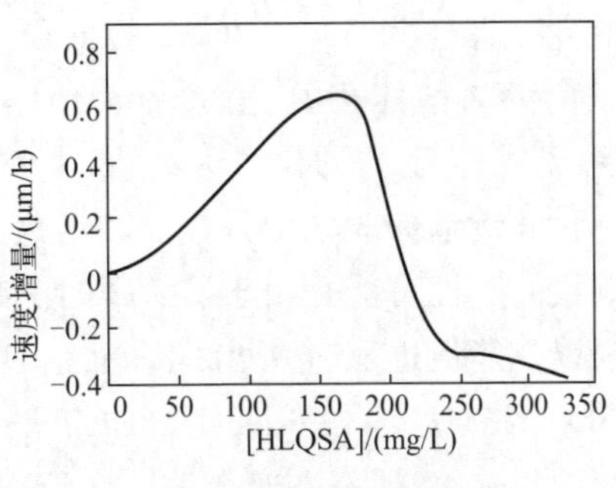

图 14-18 8-羟基-7-碘-5-磺基喹啉对化学镀铜速度的影响

促进剂的加速作用随其浓度的变化大半出现峰值（见图 14-18）。对 2-羟基吡啶而言，最佳峰值为 5×10^{-5}mol/L，2-巯基苯并噻唑为 1.0×10^{-4}mol/L，对 HLQSA 为 100～190mg/L，超过最佳浓度时沉积速度都明显下降。因此，使用促进剂的镀液必须有一套促进剂的控制方法，这样才能获得最佳的效果。M. Paunovic 等用循环伏安法对促进剂进行了研究，他们认为促进剂的去极化作用是由于促进剂分子一般存在 π 电子的共轭体系，电荷密度较大，它能以各种取向吸附在催化表面，有可能形成电极，吸附的促进剂分子和 Cu^{2+} 所形成的配合物有利于电子的传出。至于促进剂的阳极去极化作用，则认为是由于促进剂在催化表面的吸附在铜电极/溶液界面引入新的静电力，降低甲醛的氧化产物或氧化的中间产物的吸附，使电极的有效面积增大，真实电流密度减小，因此极化减小。

有些促进剂本身也是稳定剂，使用这类稳定剂时化学镀铜的沉积速度可以加快，至少不会降低，这种身兼两职的添加剂正是人们所追求的。目前已知道，具有这种性能的添加剂有：2-巯基苯并噻唑、聚氧乙烯十二烷基硫脲、8-羟基-7-碘-5-磺基喹啉等。

14.3.3 改性剂

化学镀铜层的附着力和韧性是其能否用于多层印制配线板的主要考核指标。若镀层的附着力差，在焊接时由于铜层与树脂板间的热膨胀系数相差较大，容易发生分离或脱皮，使导通能力降低。若铜层的韧性不好，印制配线板在受热或振动时，铜层易断裂并与铜箔压板分离。

引起镀层脆性的原因目前尚无统一的看法。齐藤围和 Saubestre 等认为是 Cu_2O 混杂而造成的。他们发现在酒石酸盐镀液中含有 Cu（Ⅰ），因此镀层的韧性差。弯曲 1～2 次即产生裂缝。而在 EDTA 镀液中未检出 Cu（Ⅰ）。若稳定剂选择得当，镀层的韧性很好，弯曲次数可达 10～15 次。Y. Okinaka 和 Nakahard 用透射电子显微镜（TEM）和扫描电子显微镜（SEM）研究了化学镀铜层，他们发现脆性的化学镀铜层内有许多直径从 20Å 至 300Å 的空穴，镀层的小棱角晶界上含有直径为 500～700Å 的大空穴。按分析的氢含量为 100×10^{-6}～200×10^{-6} 计算，氢压力高达 2000～4000MPa，如此高的氢气压力必然使镀层产生脆性。

化学镀铜的改性剂是指能改善化学镀铜层物理力学性能的添加剂。既然化学镀铜层的脆性可能是由于 Cu_2O 的混杂和氢脆所致，因此能抑制 Cu_2O 产生的稳定剂以及能促进氢气析出的表面活性剂也应当是优良的改性剂。表 14-12 是在 $CuSO_4\cdot5H_2O$ 0.06mg/L，EDTA 0.12mol/L，甲酸 0.5mol/L，pH＝12.5，70℃的基本 EDTA 高速化学镀铜液中加入各种稳定剂时镀层的沉积速度和镀铜层的可弯曲的次数。表 14-13 是在恒定 2,2′-联吡啶 10mg/L 时加入其他添加剂时镀液的沉积速度和镀铜层的可弯曲次数。

由表 14-11 和表 14-13 可知，使用单一添加剂时，镀铜层的韧性没有多大改善，但是当 2,2′-联吡啶同其他添加剂组合使用时镀层的可弯曲次数可提高许多倍。与此同时镀液的稳定性和光亮度也获得明显的改善。单独用一种添加剂时，用电子显微镜观察是粗大的晶粒，表面出现明显的凹凸不平，肉眼看去是暗红色的镀层，而两种添加剂组合使用时，电子显微镜观察呈平滑、细晶状镀层，肉眼看则是光亮的表面。表 14-14 列出了组合添加剂对化学镀铜层光亮度和可承受弯曲的次数的影响。

表 14-11　一些化学镀铜促进剂的阳、阴极去极化作用

加速剂种类	含量/(mg/L)	去极化作用(D/P×100%)[①]/%	
		阳极	阴极
胞嘧啶	1	79	28
腺嘌呤	1	82	31
苯并三氮唑	1	72	27
2-巯基苯并噻唑	2	79	37
吡啶	50	70	20
亚胺脲	1	0	49

① P 为无促进剂时的极化值，D 为有促进剂时的去极化值。

表 14-12　各种添加剂 EDTA 镀铜韧性的影响

添加剂	浓度/(mg/L)	可弯曲的次数	沉积速度/(μm/h)
2-巯基苯并噻唑	1～50	0	0～15
硫氰酸钾	1～100	0	7～12
2,2′-联吡啶	1～10	1～3	5～7
1,10-菲罗啉	0.1～10	1～2	4～5

续表

添加剂	浓度/(mg/L)	可弯曲的次数	沉积速度/(μm/h)
硫化钠	1～100	0	4～16
铁氰化钾	1～100	1～2	10～12
镍氰化钾	1～100	1～2	10～12
亚硝基五氰络铁酸钠	1～100	1～2	10～12

表 14-13　各种添加剂组合使用时的沉积速度和镀层可弯曲次数

(2,2′-联吡啶加入量恒定为 10mg/L，70℃)

第二添加剂	浓度/(mg/L)	可弯曲的次数	沉积速度/(μm/h)	第二添加剂	浓度/(mg/L)	可弯曲的次数	沉积速度/(μm/h)
2-巯基苯并噻唑	0.1～10	0	0～6	镍氰化钾	1～100	13～20	7～10
硫氰酸钾	0.1～10	9～13	0～6	亚硝基五氰络铁酸钠	1～100	13～20	7～10
铁氰化钾	1～100	9～13	7～10				

表 14-14　单独和组合添加剂对化学镀铜层光亮度和可弯曲次数的影响

添加剂	浓度/(mg/L)	光亮度	可弯曲的次数	添加剂	浓度/(mg/L)	光亮度	可弯曲的次数
吡啶	10	较好	1～2	吡啶+$K_4[Fe(CN)_6]$	各 10	优良	6～7
2,2′-联吡啶	10	较好	1～3	2,2′-联吡啶+$K_4[Fe(CN)_6]$	各 10	优良	5～10
三吡啶	10	差	1～2	三吡啶+$K_4[Fe(CN)_6]$	各 10	优良	10～15
$K_4[Fe(CN)_6]$	10	较好	1～2				

除了稳定剂可以增加镀层的韧性外，从氢脆假说考虑，加入表面活性剂到化学镀铜液中有利于氢气析出，减小镀层的氢脆，从而增加镀层的韧性。在现代化学镀铜液中常加入表面活性剂，常用的表面活性剂主要是非离子型表面活性剂，也有采用阴离子表面活性剂。前者为聚氧乙烯烷基醚、聚氧乙烯烷基酚醚、聚氧乙烯脂肪酸胺、聚氧乙烯烷基硫醚、聚乙二醇（分子量 1000～6000）和全氟的非离子表面活性剂。表 14-15 为各种表面活性剂对镀层光亮度和可弯曲次数的影响。图 14-19 为聚氧乙烯烷基硫醚含量对沉积速度和镀层韧性（可弯曲次数）的影响曲线。

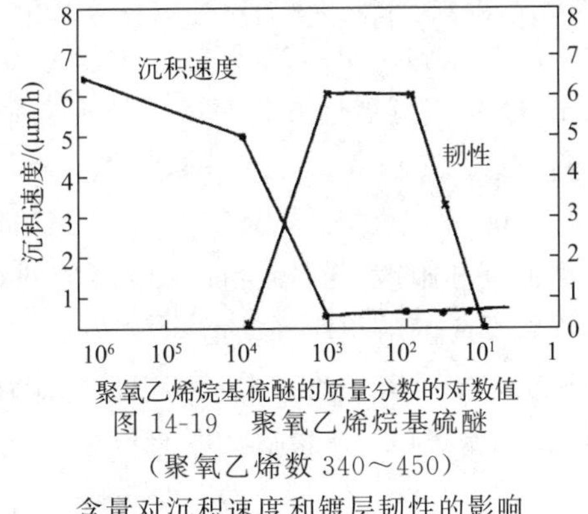

图 14-19　聚氧乙烯烷基硫醚（聚氧乙烯数 340～450）含量对沉积速度和镀层韧性的影响

表 14-15　表面活性剂对化学镀铜层光亮度和韧性的影响

浓度/(mg/L)	阴离子表面活性剂		非离子表面活性剂					
	光亮度	可弯曲次数	Rth. omeen C-25		Liponox-H		聚乙二醇 PEG-1000	
			光亮度	可弯曲次数	光亮度	可弯曲次数	光亮度	可弯曲次数
0	C	4	C	4	C	4	C	4
0.1	C	4	C	5	C	4	C	5
1	C	4	B	7	B	5	B	6
10	C	4	B	5	B	4～5	B	6
100	C	5	A	6	B	6	B	6
500	B	5	A	7	A	8	B	7～8
1000	C	5	A	7	A	7～8	B	8～9

注：阴离子表面活性剂指常用的磺酸型洗净剂；A—很光亮，B—较光亮，C—光亮。

由表可见，阴离子表面活性剂加入量在 100～1000mg/L 时，铜层的韧性略有提高，而非离子表面活性剂的加入量达 100mg/L 以上，特别是在 500mg/L 以上时，镀层的韧性有显著改善，其可弯曲的次数为无表面活性剂时的 1.5～2 倍，同时镀层的光亮度也显著提高。在实际使用时，用不发泡的聚乙二醇（分子量 1000）较为适宜。

14.4　21 世纪化学镀铜添加剂的进展

2000 年，华东理工大学宋元伟等人[1] 通过实验研究在化学镀铜液中分别添加亚铁氰化钾、2-巯基苯并噻唑及 2,2′-联吡啶三种添加剂对镀层力学性能的影响，总结出当镀铜液中不含添加剂时，镀铜速度是最大的；当加入添加剂后，铜的沉积速率明显降低，当镀速处于最低点时，镀铜层获得良好的延展性。

2001 年钟丽萍等[2] 研究了影响化学镀铜溶液稳定性和沉铜速率的因素，根据实验确定了适宜的化学镀铜液的配方及工艺规范如下：硫酸铜 16g/L，酒石酸钾钠 15g/L，Na_2EDTA 25g/L，甲醛 15mL/L，添加剂 A24mg/L，添加剂 B20mg/L，pH 12.8，温度 38℃。该镀液稳定性高，沉铜速率 2.5～3μm/20min。镀层延展性好，平整，外观良好，可用于印制线路板的孔金属化及其他塑料电镀。

2001 年胡光辉[3] 对陶瓷上化学镀铜及其镀液性质进行了研究，结果表明，提高温度和施镀时间短会改善镀层的外观。添加剂亚铁氰化钾和 2,2′-联吡啶都会影响反应的活化能和动力学参数，它们的加入提高了反应的活化能，降低了沉积速度，但改善了镀层质量和镀液稳定性。添加剂对铜层各晶面织构都有一定的影响。甲醛和 2,2′-联吡啶可能与 Cu（Ⅱ）形成 Cu（Ⅱ）-EDTA-甲醛形式电活性中间体。

2002 年胡光辉等[4] 研究了化学镀铜液的电化学反应，实验表明甲醛的氧化和 Cu（Ⅱ）的还原是相互促进的，这与它们形成 Cu（Ⅱ）-EDTA-甲醛电活性物种有关；2,2′-联吡啶表现出和甲醛相似的塔费尔极化行为，说明 2,2′-联吡啶和甲醛一样会形成促进 Cu(Ⅱ) 还原的物种，而 $K_4Fe(CN)_6$ 则没有此现象。$K_4Fe(CN)_6$ 引起平衡电位的正移，说明它阻碍了化学镀铜的沉积；2,2′-联吡啶使平衡电位负移，因此会加速化学镀铜的沉积，这点说明了 2,2′-联吡啶的双重作用，即它除了稳定降低化学沉积速度外，还因本身的结构会加速化学沉积。$K_4Fe(CN)_6$、2,2′-联吡啶和甲醛共存时，主要体现甲醛的氧化还原反应特性。

2002 年胡光辉等[5] 研究了亚铁氰化钾和 2,2′-联吡啶对陶瓷表面化学镀铜沉积速率、阻抗、镀层晶体结构和外观的影响。加入亚铁氰化钾，铜沉积速率降低，阻抗增大，镀层外观得到改善，镀层晶体呈无序生长；2,2′-联吡啶的加入，对铜沉积的抑制更明显，不仅具有稳定镀液的能力，而且改善了镀层的外观，亚铁氰化钾和 2,2′-联吡啶加入后铜的衍射线强度下降，Cu_2O 的衍射线削弱或消失；无添加剂和含亚铁氰化钾时铜晶面呈无序生长，而加入 2,2′-联吡啶铜晶面的择优取向为（220）。

2004 年谷新等[6] 用电化学研究了配位剂和添加剂对化学镀铜的影响，结果表明：

① 阳极极化　Na_2EDTA、TEA 和联吡啶对甲醛的氧化峰电位的影响均不大，但随着 Na_2EDTA 浓度的增加，峰电流明显下降，说明 Na_2EDTA 对甲醛的氧化有阻滞作用；而 TEA 也会因吸附在电极表面而阻碍甲醛的氧化，降低峰电流值；镀液中加入少量（如 5mg/L）的联吡啶能促进甲醛的氧化，提高峰电流值，但如果联吡啶浓度偏高则反而阻碍甲醛氧化、降低峰电流值。

② 阴极极化　溶液中主要有两种 Cu^{2+} 的配合物还原：Cu^{2+}-TEA 配合物约在 −0.5V 到 −0.6V 还原，TEA 的加入能明显增加该还原峰的峰电流，在一定浓度范围内提高镀速，过量则镀速反而下降；Cu^{2+}-EDTA 配合物在 −1.1V 到 −1.2V 还原，Na_2EDTA 的加入能大大增加该还原峰的峰电流。联吡啶的加入能显著降低与 Na_2EDTA 配合物相对应还原峰电流，但对 Cu^{2+}-TEA 配合物还原峰的影响不明显；TEA 的加速作用主要因为 Cu^{2+}-TEA 配合物的还原电位比 Cu^{2+}-EDTA 配合物的正，即与前者较后者易被还原这一性质有关。由称重法测得的化学镀铜速率与采用电位扫描法测定化学镀铜液体系的阳、阴极极化行为，两者之间的实验结果有良好的关联性。

2003 年美国佐治亚理工学院的 Paul A. Kohl 等[7] 采用羟乙基乙二胺三乙酸（HEDTA）作为配位剂，二硫化甲醚作为加速剂，研究了在不同的镍离子与铜离子比例条件下，化学铜的沉积速率、铜膜电阻率和结晶形态随化学镀时间的变化。利用 HEDTA 代替酒石酸钠作配位剂，增加了配合物的稳定性，降低了化学镀铜膜中镍的含量，从而降低了铜膜的电阻率。研究结果表明，使用 HEDTA 配位剂可以较大幅度地降低化学铜的电阻率。一般以次磷酸钠为还原剂，酒石酸为配位剂的化学镀铜膜的电阻率在 8.0μΩ·cm 以上，而用 HEDTA 配位剂制备的化学镀铜膜的电阻率为 3.4μΩ·cm。研究发现，硫酸镍质量浓度的降低有利于降低化学镀铜膜中杂质含量，但降低了化学铜的沉积速率。

2004 年刘烈炜等[8] 研究了钢铁化学置换镀铜工艺，采用专用的复合添加剂，可以得到低孔隙率、高结合力和高耐蚀性的铜层，该工艺的组成和条件如表 14-16 所示。

表 14-16 钢铁件化学置换镀铜工艺的组成和条件

工艺规范	配方 1	配方 2
硫酸铜	30g/L	30g/L
硫酸	30mL/L	30mL/L
丙烯基硫脲	0.08～0.1g/L	
二甲基亚砜	20mL/L	20mL/L
二甲基甲酰胺	20mL/L	20mL/L
几种组合络合剂	25g/L	
组合添加剂		10～15g/L
浸镀时间	3～5min	5～8min
温度	室温	室温

2004 年王增林等[9] 发现，在只单独加入 SPS 的化学铜溶液中，SPS 质量浓度从 0 增加到 0.1mg/L 时，化学铜的沉积速率从 6.7μm/h 增加到 8.4μm/h；随后，SPS 质量浓度继续增加，化学铜的沉积速率逐渐减小；当 SPS 质量浓度增加到 0.7mg/L 时，沉积速率为 7.5μm/h，而当联二吡啶与 SPS 共同加入时，SPS 与联二吡啶通过协同作用，抑制化学铜的沉积。在化学镀铜溶液中添加以 SPS 为主要成分的组合添加剂，就可实现微孔的超级化学铜填充新工艺，使过去仅有填孔电镀铜的方法进一步扩展了范围。其后不久，各国的学者迅速开展了相关的研究工作，并取得了较大的进展。

2004 年四川大学的李瑞海等[10] 经过对塑料表面化学镀铜的试验研究得出了利用硫酸和重铬酸钾进行表面处理，可以大大提高塑料表面的极性，从而提高塑料表面对金属镀层的附着力，并且化学镀铜的速度随着还原剂含量的提高而提高。

2005 年中科院福建物质结构研究所二部的续振林等人[11] 在这个基础上进一步建立并实现在陶瓷等非金属材料表面上无需经过催化活化的化学镀铜法。该法不仅简化了化学镀铜工艺步骤，而且能节省贵金属的使用，降低生产成本，并可得到性能良好的铜镀层；同时，镀液稳定性好，镀速快。

2005 年 Lee[12] 也报道了 DPS（*N*,*N*-二甲基硫代氨基甲酰基丙烷磺酸钠）的加入对电镀铜和化学镀铜超级填充行为的影响。化学镀铜镀液的组成为：

0.025mol/L $CuSO_4$，0.054mol/L EDTA，0.078mol/L 甲醛，0.1g/L 联二吡啶，0.5mg/L DPS（用 KOH 调节 pH 值为 12.6）。研究发现，DPS 在低质量浓度时促进化学铜的沉积，其高质量浓度时抑制化学铜的沉积，化学镀铜 25min 时，道沟填充出现了过度沉积现象。

2005 年吴丽琼等[13] 开展了乙醛酸化学镀铜的电化学研究，他们以乙醛酸作还原剂，Na_2 EDTA · $2H_2O$ 为配位剂，亚铁氰化钾和 2,2′-联吡啶为添加剂组成化学镀铜液体系，应用线性扫描伏安法研究分析了配位剂、添加剂对该镀铜体系电化学性能的影响。结果表明，配位剂 Na_2EDTA 对乙醛酸的氧化和铜的还原有阻碍作用。亚铁氰化钾和过量（20mg/L）的 2,2′-联吡啶对乙醛酸的氧化起较明显的抑制作用。

2005 年罗天骄等[14] 研究了连续碳纤维表面金属化的方法，最后得出以下结论：

① 碳纤维镀前预处理非常重要，不仅能够防止"黑心"现象的出现，而且在碳纤维表面形成以 Ag 为中心的活性吸附区。预处理首先在按体积比 1∶5 配制的甘油溶液中，浸泡 15～30min，然后在成分 100g/L $SnCl_2$＋200mL/L HCl 敏化液中加热处理一定时间后取出并用蒸馏水清洗干净，再浸入到成分为 4～8g/L $AgNO_3$＋6～8mL/L 氨水的活化液中加热处理一定时间。

② 碳纤维镀铜受镀液 pH 值、配位剂种类和使用量、还原剂体积分数、稳定剂的种类和使用量以及温度的影响，严格控制各工艺参数，才能得到性能好的镀层。由实验得到以下连续碳纤维镀铜工艺参数：$CuSO_4$ · $5H_2O$ 16g/L，Na_2 EDTA 25g/L，酒石酸钾钠 14g/L，pH 值 12～13，甲醛 12～18mL/L，按一定比例混合的 2,2′-联吡啶和亚铁氰化钾混合稳定剂 0.035g/L，镀液温度 40～60℃。

2006 年日本新宫原正三[15] 采用两步骤化学镀铜的方法实现了对双大马士革线的填充（见图 14-20）。首先通过超级化学镀铜技术实现对底部微孔的填充，然后通过普通化学镀实现对上部道沟的填充。由图 14-20 可以看出，两步骤化学镀铜法完美地填充了双大马士革线。其研究还发现，随着 SPS 质量浓度的增加，沉积铜膜的电阻率明显增大，同时 SIMS（二次离子质谱）测定结果表明铜膜中硫的含量随 SPS 质量浓度的增加而增大。由此可以断定 SPS 在化学镀铜的过程中混入了铜膜中（见图 14-20）。

2006 年郑雅杰等[16] 对四羟丙基乙二胺（THPED）和 Na_2EDTA 盐化学镀铜体系进行研究，所得结论为：

① 镀速随 Na_2EDTA 浓度的增加先升高后降低，当 THPED 为 10.0g/L 时 Na_2EDTA 从 5.1g/L 增加到 7.0g/L，其镀速从 1.80μm/h 升到 2.53μm/h，Na_2EDTA 从 7.0g/L 增加到 14.0g/L，其镀速从 2.53μm/h 降到 1.81μm/h；镀速随 THPED 浓度的增加先降低后升高，当 Na_2EDTA 为 8.7g/L 时，THPED

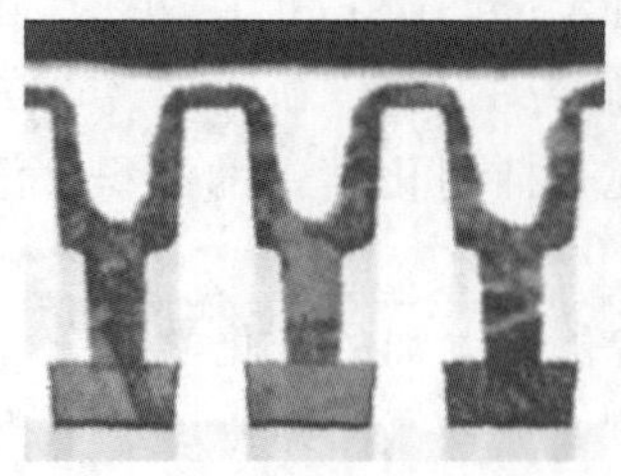

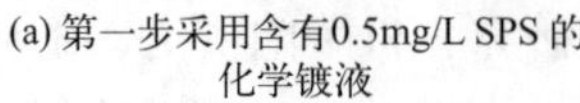

(a) 第一步采用含有0.5mg/L SPS 的化学镀液　　(b) 第二步采用不含 SPS 的化学镀液

图 14-20　两步骤化学铜填充双大马士革线的断面 TEM 图

从 7.2g/L 增加到 10.0g/L，其镀速从 2.33μm/h 降到 1.99μm/h，THPED 从 10.0g/L 增加到 14.2g/L，其镀速从 1.99μm/h 升到 2.12μm/h；镀速随硫酸铜、甲醛浓度的增加先升高后降低，随溶液 pH 值和镀液温度的增加而增加。

② 亚铁氰化钾、2,2′-联吡啶和 2-巯基苯并噻唑（2-MBT）虽均使镀速减慢，但能使镀层外观变好；PEG1000 对镀速影响较小，但能使镀层质量变好。

③ THPED 和 Na_2EDTA 化学镀铜体系的最佳条件为：10.0g/L THPED、8.7g/L Na_2EDTA、12.0g/L $CuSO_4 \cdot 5H_2O$、16.0 mL/L 甲醛（37%～40%）、10.0mg/L 2,2′-联吡啶、40.0mg/L 亚铁氰化钾、1.0g/L PEG1000、0.5mg/L2-MBT、pH 值 13.20 及镀液温度 50℃。

④ 在最佳条件下获得的镀层外观红亮、表面平整，镀液稳定，镀速达到 4.05μm/h。由 SEM 分析可知，镀层表面光滑、晶粒细致。

2006 年杨防祖等[17] 通过电化学方法研究了以次磷酸钠为还原剂，柠檬酸钠为配位剂的化学镀铜体系。应用线性扫描伏安法，检测了温度、pH 值、镍离子含量对次磷酸钠阳极氧化和铜离子阴极还原的影响。结果表明，升高温度能够加速阳极氧化与阴极还原过程；pH 值的提高可促进次磷酸钠氧化，但抑制铜离子还原；镍离子的存在不仅对次磷酸钠的氧化有强烈的催化作用，而且与铜共沉积形成合金。该合金有催化活性，使化学镀铜反应得以持续进行。

2006 年郑雅杰等[18] 还研究了三乙醇胺和 Na_2EDTA 盐双络合体系快速化学镀铜工艺，实验结果表明镀速随 Na_2EDTA 盐浓度增加而减慢，随 TEA 浓度、硫酸铜浓度、甲醛浓度、溶液 pH 值和镀液温度的增加而加快；添加剂亚铁氰化钾、2,2-联吡啶和 2-MBT 均能使镀速减慢且浓度较低时均能使镀层外观变好；PEG1000 对镀速影响较小，但能使镀层质量变好。其二次化学镀铜最佳条件是：$CuSO_4 \cdot 5H_2O$ 为 16g/L，Na_2EDTA 盐为 6g/L，TEA 为 21.5g/L，pH 值为 12.75，甲醛（37%～40%）为 16mL/L，亚铁氰化钾为 100mg/L，2,2′-联吡啶为 20mg/L，PEG1000 为 1g/L，2-MBT 为 0.5mg/L 及镀液温度为 50℃。在最佳条件下镀速达到 10.57μm/h，SEM 分析镀层表面光滑、结晶均匀。

2007 年王松泰等[19] 研究了化学镀铜配位剂及添加剂等对镀液和镀层性能

的影响，结果如表 14-17 和表 14-18 所示。

表 14-17　不同配位剂对镀液稳定性及镀层的影响

配方	一	二	三
配位剂种类	三乙醇胺	EDTA	酒石酸盐+EDTA
镀液的稳定性	温度较高时不稳定，室温条件下较为稳定，镀液 72h 内一直保持澄清，无气泡或沉淀出现	镀液 4h 内保持稳定，4h 后有少量气泡出现，12h 后有少量絮状物出现	镀液在 45℃的较高温度下可长时间保持稳定，室温条件下 72h 内保持澄清，无气泡或沉淀出现
镀层状况	厚度适中，光亮均匀的浅铜红色	均匀的深铜红色	均匀的深铜红色

配方一采用三乙醇胺为配位剂，工作温度为 25℃，沉积速度较慢，可得到均匀光亮浅铜红色镀层；配方二采用 EDTA 为配位剂，在 45℃条件下可得到均匀的深铜红色，但是镀液稳定性不如配方一、三；配方三采用酒石酸盐、EDTA 混合配位剂，工作温度可在较高的 45℃条件下进行，沉积速度较快，可得到深铜红色的均匀镀层，镀层性能好，但成本较高。

表 14-18　添加剂对镀液稳定性和镀层质量的影响

添加剂	镀液稳定性及镀层质量
丁炔二醇+PEG	镀液稳定性差，施镀一段时间后，溶液中出现深红色沉淀；镀层的光亮性和均匀性一般
2,2′-联吡啶+$K_4Fe(CN)_6$+PEG	镀液稳定性较好;镀层不光亮,不均匀
2,2′-联吡啶+$K_4Fe(CN)_6$+丁炔二醇	镀液稳定性较好;镀层不光亮,不均匀
2,2′-联吡啶+$K_4Fe(CN)_6$+丁炔二醇+PEG	镀液稳定性好；镀层光亮、均匀

在甲醛还原反应过程中，Cu^{2+} 容易被还原为 Cu^{+}，Cu^{+} 很不稳定，会以 Cu_2O 形式析出，Cu_2O 又可能发生歧化反应而形成金属铜粉，使溶液分解失效。添加剂 2,2′-联吡啶和 $K_4Fe(CN)_6$ 与 Cu^{+} 的配位作用很强，使 Cu^{+} 形成稳定的可溶性配合物以防止生成 Cu_2O，增强了镀液的稳定性。PEG 和丁炔二醇是高分子化合物，可以吸附在铜颗粒表面，能够适当降低铜离子的沉积速度，降低镀层孔隙率，从而使铜镀层均匀光亮；另一方面它们还具有排除分散在溶液中的铜粉颗粒所引起镀液不稳定的作用，使 Cu^{+} 形成稳定的可溶性配合物以防止生成 Cu_2O，增强了镀液的稳定性。

2007 年日本早稻田大学的蓬坂研究小组[20] 研究了以乙醛酸为还原剂，EDTA 为螯合剂的化学镀铜液，用分子量为 4000 的聚乙二醇（PEG4000）作抑制剂，实现了使用单一添加剂即可获得稳定的微孔化学填充（见图 14-21）。

他所用化学镀铜液的组成为：0.04mol/L 硫酸铜，0.08mol/L 乙醛酸，

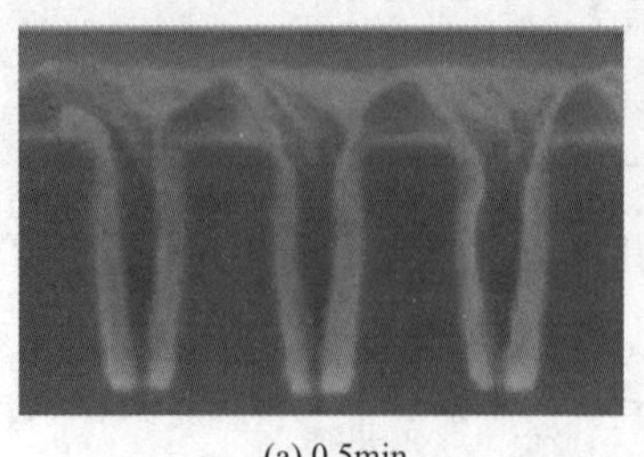

(a) 0.5min

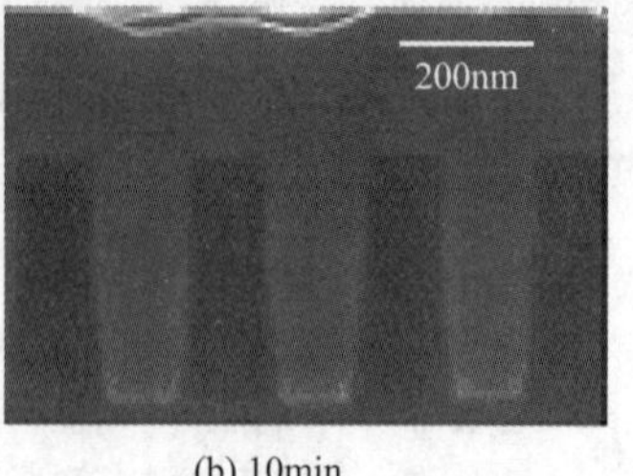

(b) 10min

图 14-21 化学铜填充微道沟随时间变化的断面 SEM 图（PEG 质量浓度为 1mg/L）

0.08mol/L EDTA，1mg/L PEG。镀液的 pH 用氢氧化四甲铵（TMAH）调节为 12.5。这是超级化学镀铜技术的一个重要进展。另外，该研究小组采用混合电位法研究了 PEG 的加入对化学镀铜溶液混合沉积电位的影响，证实了 PEG 对化学铜沉积的抑制作用。PEG4000 在以甲醛为还原剂的化学镀铜体系里单独使用时，并没有实现超级化学填充，而在以乙醛酸为还原剂的体系实现了超级化学镀铜，这主要是由于 PEG4000 对以乙醛酸为还原剂的化学镀铜体系沉积速率的抑制作用要比对以甲醛为还原剂的化学镀铜体系的抑制作用大得多的缘故。随着铜互连线尺寸的不断减小，通过电镀铜来实现超级填充面临着挑战。超级化学镀铜填充已经能够填充高深径比的亚微米级微孔和道沟，然而盐超级化学镀铜的机理研究尚未完全清楚。甲醛严重危害人体健康，以无毒的乙醛酸为还原剂的超级化学镀铜已经实现，但由于乙醛酸价格昂贵，限制了其广泛使用的可能性。

2007 年 Gan 等[21] 研究了亚铁氰化钾的添加对以酒石酸为配位剂，硼酸为 pH 缓冲剂，次磷酸钠为还原剂的化学镀铜体系的影响。研究发现，溶液中添加聚乙二醇可以降低镀层的表面张力，有利于氢气的析出，从而消除镀层表面的气体留痕，但化学镀铜沉积速度明显加快，导致镀层疏松，镀铜织物表面电阻升高，导电性能下降。亚铁氰化钾对次磷酸钠的氧化将起到显著的抑制或阻碍作用，降低了化学镀铜的沉积速率，但可以提高铜膜的质量，降低化学镀铜膜的电阻率（$4.5\mu\Omega\cdot cm$）。添加亚铁氰化钾比联吡啶在改善镀层结构、提高镀层导电性能等方面的效果更好，但以次磷酸钠为还原剂的化学镀铜溶液的沉积速率还比较低，沉积的铜膜质量（主要是电阻率和膜结构）还比较差，影响了其实际应用，仍有待于进一步提高。

2007 年杨斌[22] 进行了次亚磷酸钠化学镀铜的研究，探索了 2,2′-联吡啶、苯亚磺酸钠和甲基橙对化学镀铜的沉积速率、表面形貌、结构及阴、阳极化过程的影响，结果表明，镀液中加入添加剂后，镀液稳定，镀层亮度提高。2,2′-联吡啶使化学镀铜的沉积速率降低，苯亚磺酸钠和甲基橙在相似的低浓度范围内使沉积速率升高，而高浓度时又使沉积速率有所下降。混合添加剂的效果优于单一添加剂，其中以 2,2′-联吡啶和苯亚磺酸钠组合的效果最好，获得的镀层表面是光亮状态。

2007年张会平等[23] 研究了玻璃表面化学镀纳米铜膜，采用化学镀铜工艺直接对玻璃基体进行敏化、活化和还原处理，以十二烷基苯磺酸钠（SDBS）作为镀液添加剂，在玻璃基体表面制备了纳米晶粒尺寸的铜膜。SDBS作为添加剂在镀液中的主要作用就是增加镀液的润湿能力，并促进氢气泡的逸出，使膜层致密无孔。实验证明，沉积时间超过1min才能形成均一、连续且具有纳米晶粒尺寸的铜膜；铜膜与玻璃基体之间具有良好的附着强度。当沉积时间超过4min时，铜膜中会形成明显的〈111〉织构。

2007年刘少友等[24] 研究了表面活性剂与极性有机物对化学镀铜的影响，固定的化学镀铜基础配方在表面活性剂与极性有机物作用下的吸收光谱和沉铜速率；探讨了表面活性剂和极性有机物、光谱曲线变化、沉铜速率三者之间的内在联系及相互作用机理。结果表明：加入光谱曲线产生红移的阳离子表面活性剂十六烷基三甲基溴化铵（CTAB）可使镀液的沉铜速率提高，CTAB的添加量为4mg/L时，沉铜速率可达6.37μm/h；加入光谱曲线产生红移的阴离子表面活性剂十二烷基苯磺酸钠（SDBS）、十二烷基硫酸钠（SDS）和极性有机物甲基磺酸（MSA）、苯磺酸钠（SBS）都对沉铜反应起阻碍作用，沉铜速率表现为SBS＜SDBS＜SDS＜MSA；加入光谱曲线产生蓝移的极性有机物1,4-丁炔二醇（BOZ）使镀液的沉铜速率总体提高，但加入量大小对沉铜速率的影响不明显。

2007年申丹丹等[25] 研究了2,2′-联吡啶和亚铁氰化钾对乙醛酸化学镀铜的影响，以乙醛酸作还原剂、Na_2EDTA为配位剂、2,2′-联吡啶和亚铁氰化钾作为添加剂组成化学镀铜体系，研究了两种添加剂对化学镀铜速率、镀层表面形貌、组成和结构的影响。结果表明：添加适量的2,2′-联吡啶和亚铁氰化钾，不仅提高了镀液的稳定性，而且使沉积速率增加1倍。这两种添加剂的同时使用，使镀层颜色变亮，形貌发生变化。所得镀层是多晶铜，没有发现夹杂Cu_2O。

2008年陈亮[26] 研究了以次亚磷酸钠为还原剂的化学镀铜工艺，用亚铁氰化钾作添加剂来改善镀层的组织结构和导电性能，用柔性涤纶织物和刚性环氧树脂作基材，结果表明，最佳化学镀铜工艺配方和操作条件为：硫酸铜8g/L，硫酸镍0.9g/L，次亚磷酸钠40g/L，柠檬酸20g/L，硼酸30g/L，聚乙二醇100mg/L，亚铁氰化钾2～4mg/L，pH 9.5，温度65℃，镀铜层为亮铜色，表面电阻19mΩ/sq，晶粒尺寸43.5nm。

2009年赵金花等[27] 研究了马来酸对次磷酸钠化学镀铜沉积行为的影响。结果表明：马来酸的加入对沉积速率和镀层中镍的质量分数都没有太大影响，体系仍能保持较高镀速；同时镀层变得致密，表面变得光滑，外观颜色也有相应的改善，逐步从棕黑色变为亮铜色。溶液中添加马来酸可使（111）晶面的衍射强度得到增强。化学镀铜溶液成分和施镀条件为：硫酸铜6g/L，次磷酸钠30g/L，硫酸镍0.6g/L，硼酸30g/L，柠檬酸钠15g/L，pH值9.2，温度60～75℃。电化学测试结果表明：阳极氧化峰电流随马来酸的加入而增大，且随马来酸的质量浓度增加而逐渐减小；还原峰电流则随马来酸的加入有所增大；但随马来酸的质量浓度增加变化不大。

2010 年王增林和李娜[28] 发明了一种次亚磷酸钠-乙二胺四乙酸体系化学镀铜液，它由硫酸铜 10g/L，硫酸镍 1.75g/L，次磷酸钠 34g/L，Na_2EDTA22.3g/L，二甲氨基硼烷 0.48g/L，硫脲或亚铁氰化钾 0.001g/L 组成，该镀铜液的沉积速率快，镀铜层结晶度得到改善，铜层质量高，同时镀液稳定性得到提高。该镀铜液可取代传统的甲醛镀铜体系，大大减小了环境污染。

2010 年杨志峰[29] 进行了新型超级化学镀铜体系的研究，以甲醛作还原剂，分子量为 8000 的聚乙二醇-聚丙二醇-聚乙二醇（PEG-PPG-PEG，简称 EPE-8000）对化学镀铜液沉积速率和不同微道沟的超级化学镀铜填充的影响。结果表明，EPE-8000 对化学铜沉积有强的抑制作用。没有添加任何添加剂的化学铜沉积速率为 8.6μm/h，当 EPE-8000 的浓度为 1.0mg/L 时化学铜沉积速率降为 3.7μm/h。随着 EPE-8000 浓度的进一步增大，化学铜沉积速率的降幅明显减小，由填充道沟的断面图可知，宽度从 110nm 到 640nm 的道沟都被完全填充。线性扫描伏安法测定结果表明，EPE-8000 通过抑制阴极和阳极反应来降低化学镀铜的沉积速率。

分子量为 3100 的两端基为氧丙烯基、中间为氧乙烯基的三段共聚物 PEP-3100 作添加剂时，当 PEP-3100 的浓度由 0mg/L 增加到 1.5mg/L，化学镀铜的沉积速率由 8.6μm/h 降低到 5.0μm/h，随着 PEP-3100 浓度的进一步增大，化学铜沉积速率几乎没有改变。当 PEP-3100 的浓度为 1.5mg/L 时，宽度从 175nm 到 290nm 的道沟都被完全填充，没有出现任何空洞或缝隙，但宽度为 105nm 的道沟都出现空洞，说明 PEP-3100 对化学铜的抑制能力弱于 EPE-8000。

对于相同分子量的 PEG、PPG、EPE 在 2.0mg/L 时，PEG-2000 和 PPG-2000 化学铜沉铜填充后的道沟都出现一些空洞，但添加 EPE-2000 的化学镀铜液能实现 280nm 道沟的完全填充，没有出现任何空洞或缝隙。

2010 年周仲承等[30] 通过设计七因素三水平正交试验的方法，综合研究了沉铜液中各组分对沉积速率、溶液稳定性、镀层外观的影响，确定了一种以酒石酸钾钠为配位剂，甲醛为还原剂，稳定性较好、沉积速率较高、镀层外观较好的常温化学镀铜配方。在该实验所选用的配方体系和实验条件下，各组分对化学镀铜沉积速率的影响能力大小为：五水硫酸铜＞氢氧化钠＞稳定剂 1＞加速剂＞甲醛＞酒石酸钾钠＞稳定剂 2。在实验所选配方体系下，化学镀铜液稳定性较好且沉积速率较快的配方体系为：五水硫酸铜 7.5g/L；酒石酸钾钠 28.22g/L；氢氧化钠 10g/L，稳定剂 110.0mL/L；稳定剂 2150mg/L；加速剂 0.5g/t；甲醛 10.0mL/L。

2010 年蔡洁等[31] 研究了葡萄糖含量对钢铁酸性化学预镀铜层性能的影响，结果表明葡萄糖能显著提高镀铜层的光亮度、结合力和耐腐蚀性能，室温条件下实现了在A3钢化学预镀铜。该工艺配方为：硫酸铜20g/L，乙二胺四乙酸二钠14g/L，三乙醇胺70mL/L，葡萄糖60g/L，NaCl 40g/L，甲基蓝0.2g/L，吡啶2.0mL/L，乌洛托品3g/L，2,2′-联吡啶0.1mol/L，亚铁氰化钾0.1mol/L，室温，用H_2SO_4调pH值至1.5，时间30s。该配方工艺合理而且成本低廉，具有经济、易得、环保无污染等特点，是一种可以替代氰化预镀铜的新工艺。

2011年，申晓妮等[32]研究了添加剂对THPED和Na_2EDTA化学镀铜的影响，在适宜条件下，沉积速率可达7.1μm/h，且镀液稳定。该文系统地研究了四羟丙基乙二胺（THPED）-Na_2EDTA体系快速化学镀铜，以期进一步提高沉积速率及镀液稳定性。

2011年白林翠[33]提出一种新的高性能树枝状高分子配位剂聚酰胺PAMAM，其分子大小、形状和功能基团可以在分子水平进行设计，并且会有较多的氨基和亚氨基团，它可形成高效催化剂——PAMAM的钯配合物，用它对织物进行化学镀铜的前处理，贵金属钯可被牢牢地固定在待镀织物上，成功引发织物表面上的化学镀铜反应，省去了传统制备中繁琐复杂的敏化过程。通过正交试验和单因素试验得出了PAMAM-Pd活化方法下化学镀铜的最佳工艺，研究分析了该过程中各镀液组分对导电织物表面电阻和表观形貌的影响，制备得到电磁屏蔽性能和服用性能良好的导电织物。

2011年吴婧[34]进行了次亚磷酸钠还原化学镀铜工艺的研究，确定了最佳镀液组成和条件为：硫酸铜8g/L，硫酸镍0.8g/L，亚铁氰化钾2mg/L，次亚磷酸钠30g/L，柠檬酸钠20g/L，硼酸30g/L，聚乙二醇600 100mg/L，pH9，温度75℃，所得镀层电阻率为0.01Ω·cm。与甲醛为还原剂的化学镀铜工艺相比所得镀层结晶较为粗大，导电率较差，但机械强度较高。添加亚铁氰化钾和2,2′-联吡啶会降低沉积速率，添加马来酸沉积速率先升后降，添加亚铁氰化钾、2,2′-联吡啶和马来酸三种添加剂可改善镀层形貌和光亮度，降低镀层电阻率。

2011年袁雪莉[35]进行了次亚磷酸钠-氨三乙酸体系化学镀铜工艺的研究，确定了最佳镀液组成和条件为：硫酸铜10g/L，乙酸钠30g/L，次亚磷酸钠34g/L，氨三乙酸15g/L，pH6，温度80℃，所得镀层外观质量好，电阻率为3.1μΩ·cm，沉积速率2.4μm/h。加入聚乙二醇6000～0.3mg/L时可以加快沉积速率，当为0.3mg/L时沉积速率达2.6μm/h。铜层转为亮红色，有金属光泽。

2011年贾晋等[36]研究了不同还原剂对木材化学镀铜镀液稳定性的影响，最后得出以下结论：不同的还原剂对镀液稳定性的影响方式是不同的，选择还原剂时应考虑镀液本身的性能及用途。还原剂与主盐的浓度比对镀液的稳定性也有较大影响，合理的配比有利于镀液的稳定，同时，还原剂与配位剂的浓度配比也是影响镀液稳定性的重要因素。以甲醛为还原剂的化学镀铜溶液必须在高碱性（pH＞11以上）才能发生有效的反应，从而引起镀件基体的腐蚀，且施镀过程中存在有毒的甲醛气味对人体有害，环境污染严重，但以次亚磷酸钠为还原剂的化学镀铜液中需添加再活化剂 Ni^{2+} 以保证化学镀反应的持续进行。比较了以甲醛为还原剂的化学镀镀液的稳定性和以次磷酸钠为还原剂的化学镀镀液的稳定性。向以次亚磷酸钠为还原剂的镀液中加入氯化钯溶液后经过 40min 后镀液才浑浊，而加入以甲醛为还原剂的镀液中仅 28s 后就变浑浊。表明以次亚磷酸钠为还原剂的镀液的稳定性远高于以甲醛为还原剂的镀液稳定性。

2011 年秦志英等[37] 采用线性扫描伏安法和极化曲线方法，研究了 2,2′-联吡啶对化学镀铜过程的影响。结果表明，微量 2,2′-联吡啶有利于提高甲醛氧化以及 Cu^{2+} 还原的电流，但随着镀液中 2,2′-联吡啶浓度的进一步提高，甲醛氧化峰电位正移，造成甲醛氧化以及 Cu^{2+} 还原电流均下降。随着 2,2′-联吡啶浓度提高，铜的沉积电位正移，沉积电流下降。

2012 年昝灵兴[38,39] 进行了超级化学镀微道沟填充的研究，在甲醛为还原剂的化学镀铜液中加入 2-巯基苯并噻唑（2-MBT）和分子量为 3650 的聚醚(PE-3650)，研究对超级化学镀铜的影响，结果发现单独使用 2-MBT 对化学镀铜沉积速率有加速作用，PE-3650 对化学镀铜沉积速率有微弱抑制作用，而 2-MBT 和 PE-3650 同时加入时则剧烈降低沉积速率。在微孔道沟表面和口部出现协同抑制效应，而微孔和道沟底部只有 2-MBT 的加速作用，从而实现了超级化学镀铜的完美填充。化学镀液在 70℃和 40℃时分别加入 1.5mg/L2-MBT，可以使化学镀铜的沉积速率由 7.91μm/h 提高到 10.2μm/h 和 2.86μm/h 提高到 5.24μm/h，说明 2-MBT 是甲醛化学镀铜液比较良好的加速剂，且随着 2-MBT 的加入，镀层晶粒变得更细小、致密，提高了镀层的平整性和致密性。铜层不含其他元素，铜的纯度高。

2012 年肖友军等[40] 研究了以酒石酸钾钠为主配位剂的化学镀铜添加剂，讨论了甲醇、亚铁氰化钾、2,2′-联吡啶三种添加剂对镀液稳定性、镀层质量、沉积速率的影响，通过正交试验确定了各添加剂的用量。实验结果表明：在酒石酸钾钠为主配位剂的化学镀铜液中添加 14mL/L 甲醇、30mg/L 亚铁氰化钾和 5mg/L 2,2′-联吡啶，化学铜沉积 30min 后，沉积速率可达到 4.6μm/h。在此工艺条件下，镀层呈现带光泽的淡粉红色，镀液稳定性佳，镀层附着力好。

2012 年谢金平等[41] 进行了 PCB 高稳定性中速化学镀铜工艺研究，主要研究微量添加剂对化学镀铜镀液沉积速率及镀液稳定性的影响（见表 14-19）。

表 14-19　微量添加剂对镀液稳定性和沉积速率的测试结果

微量添加剂	镀液稳定性变化	沉积速率变化
二乙基二硫代氨基甲酸盐	稳定性增加	镀速降低
双硫腙	稳定性增加	镀速提高
二硫代乙二酰二胺	稳定性增加	镀速提高
2-巯基苯并噻唑	稳定性降低	镀速提高

续表

微量添加剂	镀液稳定性变化	沉积速率变化
聚氧乙烯烷基硫醚	稳定性增加	镀速提高
亚硫基二乙酸	稳定性增加	镀速提高

表 14-19 为部分微量添加剂对镀液稳定性和沉积速率的定性测试结果，二乙基二硫代氨基甲酸盐可以增加镀液稳定性但会降低镀速，2-巯基苯并噻唑可以提高镀速但会降低镀液稳定性，双硫腙等一些微量添加剂既可以稳定镀液又可以提高镀速。通过试验筛选合适的微量添加剂，在不改变化学镀铜镀液主反应物质含量的情况下实现镀速提高和镀液稳定性增加。开发出的高稳定性中速化学镀铜工艺，其性能满足 PCB 工业化生产。

2013 年韦家亮[42] 发明了一种化学镀铜液及化学镀铜方法，该化学镀铜液包括铜盐、配位剂、稳定剂、还原剂、pH 调节剂及添加剂，所述添加剂为硅酸钠，所述铜盐为硫酸铜，含量为 5～20g/L，所述配位剂为乙二胺四乙酸钠、酒石酸钾钠、三乙醇胺和柠檬酸钠中的至少一种，含量为 15～50g/L，所述稳定剂为亚铁氰化钾、联吡啶、甲醇、二巯基苯并噻唑和硫脲中的至少一种，含量为 0.001～0.1g/L，所述还原剂甲醛、次亚磷酸钠、氨基硼烷和水合肼中的至少一种，含量为 2～5g/L，所述 pH 调节剂为氢氧化钠、氢氧化钾和无水碳酸钠中的至少一种，含量为 10～15g/L，所述硅酸钠的含量为 0.1～2g/L，所述催化剂为硫酸镍、氯化铵和盐酸亚胺脲中的至少一种，含量为 0.01～1g/L，所述表面活性剂为十二烷基硫酸钠、十二烷基苯磺酸钠和聚乙二醇中的至少一种，含量为 0.001～0.1g/L。该发明的化学镀铜液中，硅酸钠能够有效地吸附镀液中对镀铜有害的杂质以及副反应形成的少量铜粉，并且可以通过凝聚作用，使铜粉聚在一起，通过过滤可以快速地过滤掉，可以提高生产上的化学镀铜过程稳定性。

2013 年潘湛昌等[43] 发明了一种酸性化学镀铜复合添加剂及其制备方法和使用方法，酸性化学镀铜复合添加剂成分和含量为蓖麻油聚氧乙烯醚 0.2～1.2mL/L、2-巯基-3-吡啶甲酸 0.1～0.8g/L、2,2′-联喹啉-4,4′-二甲酸二钠或 8-乙氧基喹啉-5-磺酸钠 0.05～0.3g/L、浓硫酸 0～1mL/L，根据化学镀铜液的体积，添加化学镀铜液体积 2%～3%的酸性化学镀铜复合添加剂。该发明所提供的酸性化学镀铜添加剂在酸性环境下具有出色的分散能力、整平能力和深镀能力，能够很好地解决镀铜过程中出现的氢脆、条纹、色泽差和韧性差等问题，具有经济实用、效果明显的特点，可很好地提升化学镀铜液的品质和镀铜的质量。

2013 年李丽莎[44] 进行了 2,6-二氨基吡啶作为加速剂的低温低应力化学镀铜溶液的研究，发现 2,2′-联吡啶、2,6-二氨基吡啶、十二烷基磺酸钠和硫酸镍有很好的协同作用，使镀液稳定性增加，沉积速率不随稳定剂的添加而下降，铜层光滑平整致密，颗粒变小。低温低应力化学镀铜溶液的组成和条件为：硫酸铜

10g/L，甲醛 5mL/L，2,6-二氨基吡啶 1.0mg/L，2,2′-联吡啶 1.5mg/L，硫酸镍 15mg/L，十二烷基磺酸钠 4.0mg/L，温度 35℃，pH 12.5，粘接强度 1.12kN/m。

2013 年申晓妮等[45] 研究了 2,2′-联吡啶对次磷酸钠化学镀铜的影响，以次磷酸钠化学镀铜体系为研究对象，采用 SEM、XRD、线性极化、电化学阻抗等测试方法，重点探讨了添加剂 2,2′-联吡啶对该体系的影响。结果表明，2,2′-联吡啶能明显改善镀层外观质量，其最佳浓度为 10mg/L。适宜条件下镀层结晶均匀、细致，沉积层为立方晶系单质 Cu。随着 2,2′-联吡啶浓度的增加，Cu 阴极峰电流逐渐减小并趋于稳定；2,2′-联吡啶对次磷酸钠的氧化具有抑制作用，但对 Cu 的溶解有促进作用，阻化了铜离子的阴极还原，降低化学镀铜的沉积速率，因而改善了镀层的质量。

2013 年孔德龙[46] 研究了提高化学镀铜溶液稳定性与沉积速率的方法，发现影响化学镀铜沉积速率的主要因素是配位剂的类型和反应温度。用电化学方法对 EDTA、四羟丙基乙二胺和三乙醇胺对沉积速率的影响进行表征，结果表明沉积速率与配合物的解离速率有关，配合物解离速率的降低顺序为：三乙醇胺＞四羟丙基乙二胺＞EDTA。用氯化钯加速试验对影响镀液稳定性的因素进行研究，结果表明在甲醛浓度、配位剂的类型、配合物浓度和温度中，影响镀铜溶液稳定性的主要因素是甲醛浓度和反应温度。

用高温大负载施镀试验筛选稳定剂，结果表明某含硫化合物、硫脲、吐温-60 及 2-巯基苯并噻唑对镀铜溶液稳定性有明显影响，其适宜浓度为：硫脲 5～7mg/L，吐温-60 40～50mg/L，2-巯基苯并噻唑 0.5～1mg/L，某含硫化合物 5mg/L。镀层结合力试验结果表明某含硫化合物和 2-巯基苯并噻唑为稳定剂时镀层光亮平整，而硫脲和吐温-60 为稳定剂时镀层发暗、表面粗糙。稳定剂对镀层颗粒大小的影响为：某含硫化合物＜吐温-60＜2-巯基苯并噻唑。四种稳定剂所得到镀层结合力均较好。用能谱仪（EDS）测试镀层中元素含量，认为某含硫化合物、硫脲和 2-巯基苯并噻唑在镀层中有硫夹杂，联吡啶在镀层中无夹杂，但吐温-60 会引起联吡啶在镀层中夹杂。用电化学方法研究添加剂在镀液中的作用，结果表明，联吡啶和吐温-60 主要是在电极表面吸附，某含硫化合物主要起配位作用，而硫脲有配位和吸附两种作用。

对镀液进行优化后得到了 1L 具有较高稳定性与沉积速率的镀液 KHT-1，其组成为：硫酸铜 12g/L，甲醛 10mL/L，EDTA8.928g/L，四羟丙基乙二胺 12.6mL/L，联吡啶 10mg/L，某含硫化合物 5mg/L，吐温-60 20mg/L，2-巯基苯并噻唑 0.5mg/L。KHT-1 化学镀铜液在溶液稳定性、沉积速率、镀层结合力上都有提高，但镀层光亮度、镀层颗粒大小和排列及镀层的铜含量比商品化镀液略差。

2013 年孙丽丽[47] 进行了新型化学镀法制备木质电磁屏蔽材料的研究，以桦木和水曲柳为基材，表面电阻率及金属沉积率为主要指标探讨最佳施镀效果。结果表明，乙醛酸为还原剂的木材化学镀铜，离子钯活化的最佳条件为：壳聚糖8g/L，处理8min，壳聚糖吸附氯化钯时间8min，2g/L次亚磷酸钠处理时间8min；适合桦木化学镀铜液的组成和操作条件为：硫酸铜20g/L，Na_2EDTA40g/L，乙醛酸7.5g/L，2,2′-联吡啶0.01g/L，pH12，温度55℃，施镀时间30min；适合水曲柳化学镀铜液的组成和操作条件为：硫酸铜12g/L，Na_2EDTA40g/L，乙醛酸10.5g/L，2,2′-联吡啶0.01g/L，添加剂L 0.01g/L，pH12，温度50℃，施镀时间30min；所得铜层为晶态结构，有金属光泽。镀铜单板的电磁屏蔽能为9kHz～1.5GHz，频段达到50～55dB以上，铜层结合强度对桦木为1.08MPa，对水曲柳为1.49MPa。

2013年康东红等[48] 采用次磷酸钠作为还原剂，降低了催化剂硫酸镍的质量浓度，探讨了不同添加剂对镀层沉积速率、表面形貌、电化学性能的影响。结果表明：未加2,2′-联吡啶时，沉积速率很高，反应剧烈，有大量气体逸出，镀层呈棕褐色。随着2,2′-联吡啶的质量浓度从5mg/L增加到20mg/L，沉积速率从117.52μm/h下降到14.24μm/h；此后，继续升高2,2′-联吡啶的质量浓度对沉积速率影响不大。镀层颜色也从暗棕色变为光亮的粉色，表面的致密度提高。进一步提高2,2′-联吡啶的质量浓度，使得其在反应面的吸附达到饱和。因此，2,2′-联吡啶的最佳质量浓度为15mg/L。降低硫酸镍的质量浓度仍能保持较高的沉积速率，2,2′-联吡啶，YL-343A和YL-343B均能改善镀层形貌，且不同的添加剂所起的作用不同。其中，2,2′-联吡啶起到稳定反应的作用，而YL-343A和YL-343B则能加快沉积速率。通过实验研究，进一步优选出不同添加剂的最佳添加量。添加剂的加入很好地改善了镀层的形貌，可获得光亮粉色的镀铜层。

2013年尚世智等[49] 进行了腈纶纤维表面化学镀铜的研究，得出以下结论：

① 确定了新的腈纶纤维化学镀铜条件：化学镀液pH值为12.75，镀液温度为45℃，纤维装载量不超过7.5g/L，化学镀时间为20min。

② 考察了微量添加剂2,2′-联吡啶和亚铁氰化钾的用量，当亚铁氰化钾为80mg/L、2,2′-联吡啶为10mg/L时能使镀液的稳定性和铜层质量得到明显改善，纤维电导率最高。

③ 研究了光亮剂的微量添加对导电纤维铜镀层外观的影响。实验结果表明，微量复合型光亮剂不仅对铜镀层的表面形貌和结构有很大的改善，而且降低铜镀层表面电阻率。由XRD可知：腈纶纤维镀层上的成分基本为纯铜，而且结晶度较高。

2014年曹权根等[50] 采用四羟丙基乙二胺（THPED）-乙二胺四乙酸二钠（Na_2EDTA）配位体系在环氧树脂板表面进行快速化学镀铜。研究了配位剂、主盐、添加剂和工艺参数等对沉积速率和镀液稳定性的影响，得到快速化学镀铜的最佳镀液配方和工艺条件为：$CuSO_4 \cdot 5H_2O$ 12g/L，THPED 10g/L，Na_2EDTA

5.8g/L，37%甲醛 14mL/L，2,2'-联吡啶 15mg/L，$K_4Fe(CN)_6$ 10mg/L，2-巯基苯并噻唑（2-MBT）5mg/L，pH 12.5～13.0，装载量 3.0dm^2/L，温度 40～45℃，时间 20min。在最佳工艺条件下，化学镀铜的沉积速率可达 12.7μm/h，镀层表面平整、致密、光亮，背光级数达 9 级。

2014 年孔德龙等[51] 在 THPED-Na_2EDTA 盐体系中复合添加亚硫酸钠和吐温-60，化学镀铜的沉积速率可达 7.29μm/h。然而，THPED-Na_2EDTA 盐化学镀铜的镀速仍低于单独添加 THPED 时的镀速。

2015 年陈晓宇等[52] 对钛酸钡陶瓷表面化学镀铜工艺及性能进行研究，其结论为：

① 镀液组成因素对镀层表面性能的影响大小顺序为：温度＞甲醛＞酒石酸钾钠＞五水硫酸铜＞Na_2EDTA。

② 钛酸钡陶瓷表面化学镀铜溶液的最佳配方为：五水硫酸铜 16g/L，甲醛 16g/L，Na_2EDTA 14g/L，酒石酸钾钠 18g/L，温度 40℃，氢氧化钠 14g/L，pH 值为 12.5，添加剂亚铁氰化钾和 2,2'-联吡啶均微量。

③ 在最优工艺条件下，镀层表面平整、呈淡粉红色、有金属光泽，铜晶粒大小均匀，排列紧致；镀层结合力很好，被粘落面积不足半格。

2015 年曹权根等[53] 为解决目前四羟丙基乙二胺（THPED）-Na_2EDTA 盐化学镀铜体系存在的镀速慢、稳定性不佳等问题，重点考察了不同添加剂对 THPED-Na_2EDTA 盐化学镀铜的影响（见表 14-20）。

表 14-20 不同添加剂对 THPED-Na_2EDTA 化学镀铜的影响

名称	ρ(添加剂)/(mg/L)	v(沉积)/(μm/h)	镀液稳定性
氨基吡啶	3	22.4	1.0min 分解
吡啶	40	15.2	1.5min 分解
2-MBT	5	15.6	5.0min 不分解
$K_4Fe(CN)_6$	20	10.6	5.0min 不分解
有机物 M	10	18.3	5.0min 不分解
吐温-80	40	6.8	5.0min 不分解
硫脲	45	6.9	5.0min 不分解

结果表明：硫脲（＞3mg/L）、2-巯基苯并噻唑（2-MBT）和有机物 M（含巯基的咪唑类化合物）对镀液的稳定效果较好；硫脲会极大地降低沉积速率，且镀层较差；2-MBT 可以提高沉积速率；有机物 M 兼有加速剂、稳定剂和光亮剂的功能，对镀液的稳定效果最好，且镀层光亮细致；吐温-80 和亚铁氰化钾均能改善镀层外观质量，但对沉积速率及镀液稳定性的影响不大；通过正交试验，以

有机物 M 与 2-MBT、吐温-80 和亚铁氰化钾复配，确定了最优复合添加剂配方：2-MBT7mg/L，有机物 M20mg/L，亚铁氰化钾 10mg/L，吐温-8020mg/L；在适宜工艺条件（温度 40℃，pH 值 12.5）下，镀速达到 16.3μm/h，镀液稳定时间可达 146min，所得镀层平整、光亮、细致，沉积层为立方晶系铜，PCB 孔覆背光级数达到 9 级，满足 PCB 工业生产要求。

2015 年高嵩等[54] 研究了添加剂苯亚磺酸钠和 HEDTA 对腈纶纤维表面化学镀铜的影响，结果表明：

① 在以次磷酸钠为还原剂的化学镀铜体系中，对阳极而言，苯亚磺酸钠和 HEDTA 在用量较低时可促进次磷酸钠的氧化，用量较高时却抑制次磷酸钠的氧化；对于阴极而言，苯亚磺酸钠和 HEDTA 的加入均抑制 Cu^{2+} 的还原。

② 复合添加剂与单一添加剂和无添加剂相比，其镀液中次磷酸钠的氧化峰电位略微负移，但氧化电流明显降低，表明其主要抑制了次磷酸钠的阳极氧化，使所得镀层表面均匀、细致、平整。与单一添加剂相比，混合添加剂的还原峰电势和峰电流无明显差别，表明其对 Cu^{2+} 还原影响不大。

③ 以次磷酸钠为还原剂的化学镀铜最佳配方及工艺条件为：$CuSO_4 \cdot 5H_2O$（硫酸铜）8g/L，$NaH_2PO_2 \cdot H_2O$（次磷酸钠）30g/L，$NiSO_4 \cdot 6H_2O$（硫酸镍）1.0g/L，H_3BO_3（硼酸）30g/L，$Na_3C_6H_5O_7$（柠檬酸钠）15g/L，$C_6H_5NaO_2S$（苯亚磺酸钠）40mg/L，HEDTA（*N*-羟乙基乙二胺三乙酸）60mg/L，pH 9.0，温度 80℃，时间 30min。

2015 年李维亚[55] 研究了金属化 PMMA 材料的制备及其性能，确定用次亚磷酸钠为还原剂的化学镀铜液进行金属化，化学镀铜液的最佳配方为：硫酸铜/柠檬酸三钠＝11∶19.25，次亚磷酸钠 36g/L，硼酸 30g/L，硫酸镍 1.4g/L，pH 9.0，温度 70℃。在该最佳工艺下得到的铜镀层的电阻在 50～60mΩ/sq，镀层结合力为 2～3 级，镀速为 6.5～7μm/h，加硫脲 0.5mg/L，亚铁氰化钾 4mg/L 和聚乙二醇 6000 100mg/L，电阻率降低至 40～45mΩ/sq，镀层结合力为 1～2 级，镀层由深褐色变为铜红色。

2015 年侯若洪等[56] 发明了一种陶瓷基板化学镀铜溶液及陶瓷基板的金属化工艺，该工艺由 $CuSO_4 \cdot 5H_2O$ 10～30g/L，EDTA 与酒石酸盐混合配位剂 12～35g/L，甲醛 5～20mL/L，用氢氧化钠、氢氧化锂混合 pH 调节剂，2,2′-联吡啶与亚铁氰化物的双稳定剂，浓度分别为 2,2′-联吡啶 5～30mg/L，亚铁氰化物 8～70mg/L。添加剂：对苯醌、氰醌的浓度为 0.11～11g/L，配位剂与 $CuSO_4 \cdot 5H_2O$ 的质量之比优选（2∶1）～（5∶1）；HCHO（37%）与 $CuSO_4 \cdot 5H_2O$ 的质量之比优选（1∶1.1）～（1∶1.7）。所述化学镀铜溶液中在镀液中加入各种成分及添加剂，可防止镀层起泡，改善铜沉积速率；在电镀工艺中，采用激光改性法制作陶瓷基板线路，可实现“无钯活化”化学镀铜，节约贵金属。

2015年范小玲等[57]发明了一种高活性化学镀铜溶液及化学镀铜方法，它主要是由铜盐、还原剂、配位剂、pH调整剂和组合添加剂组成，其中配位剂为乙二胺四乙酸二钠、酒石酸钾钠、柠檬酸三钠、*N*-羟乙基乙二胺三乙酸、四羟丙基乙二胺、三乙醇胺和氨三乙酸中的一种或几种组合，组合添加剂为含N或含S添加剂的组合。所述铜盐浓度为8～20g/L，甲醛浓度为5～20mL/L，配位剂浓度为10～40g/L，组合添加剂为10～20mL/L，pH调整剂将溶液调整至pH值为11～13，在温度为40℃的环境下，向基体施镀时间25～35min。所述铜盐采用硫酸铜，还原剂采用甲醛，所述配位剂由乙二胺四乙酸二钠和四羟丙基乙二胺按（1∶1）～（1∶3）的比例组成。该发明的高活性化学镀铜溶液的优点在于镀液活性高、操作温度低、稳定性好，尤其适用于活化程度较弱的非金属基体表面的化学镀铜。

2015年吴叔青等[58]发明了一种通过多巴胺对无机粒子进行表面化学镀铜的方法。首先在碱性溶液中使多巴胺通过自身氧化聚合在无机粒子表面沉积上聚多巴胺层，然后利用聚多巴胺层的功能基团，同时在外加辅助还原剂DMAB（二甲基胺硼烷）的作用下，将铜离子在无机粒子表面还原成单质铜，形成连续致密的金属铜层。该发明的方法操作简单，对设备要求低，成本低，所制备的镀铜无机粒子具有密度小、导电性能良好等特点，可用于制备导电导热涂层、电磁屏蔽涂料和吸波材料等。

2015年丁莉峰等[59]发明了一种环保型免活化无氰化学镀铜溶液及其镀铜工艺。添加剂为吡啶类物质和苯磺酸类物质，其中吡啶类物质为吡啶、2,2′-联吡啶、4,4′-联吡啶、3-氨基吡啶、2-氨基吡啶、2,3′-联吡啶中的一种；所述的苯磺酸类物质为甲基橙、苯磺酸钠中的一种。化学镀铜溶液分别包含：5～40g/L五水硫酸铜、20～50g/L酒石酸钾钠、10～30g/L柠檬酸、20～25g/L硅酸钠、0.2～5g/L稀土盐、0.5～50mg/L添加剂，恒温60～80℃，浸泡3～60min。该发明的无氰化学镀铜溶液不含甲醛和氰化物等对环境和人体有重大危害的成分，减少了环境污染，属于环保型镀液。无氰化学镀铜生产工艺免除了活化处理步骤，无氰化学镀铜生产工艺简单。无氰化学镀铜体系稳定，且无氰化学镀铜加工成本低。制造的化学铜层与基体的结合力良好，镀层表面平整无枝晶生长，结晶细致光亮。

2017年陈伟长等[60]发明了一种化学镀铜溶液用配位剂及其制备方法，该配位剂包括酒石酸钾钠150～160g/L，氢氧化钠180～200g/L，添加剂硫酸镍0.02～0.03g/L，添加剂M适量。该发明操作温度低，使用方便，能够提高镀铜液稳定性，使制得的铜层厚度适中且稳定。

2017年卢建红等[61]研究了聚二硫二丙烷磺酸钠（SPS）在二元配位化学镀铜体系中的作用，用电化学方法研究添加剂聚二硫二丙烷磺酸钠对乙二胺四乙酸（EDTA）/四羟丙基乙二胺（THPED）二元配位化学镀铜过程的影响，测量体系的混合电位-时间关系，加入 SPS 后混合电位负移，负移过程较平缓，无突跃现象；采用线性扫描伏安法研究体系，表明 SPS 促进了阴阳两极的极化，但主要是影响甲醛氧化的阳极极化过程。SPS 也因此一定程度上提高了过程的沉积速率。通过扫描电镜、能谱仪和 X 射线衍射仪对结构的分析，镀层铜纯净度较高，无氧化铜等夹杂，镀层细致平滑，发现 SPS 有促进（200）晶面择优取向的作用。

本节参考文献

[1] 宋元伟，赵斌．添加剂对化学镀铜层机械性能的影响[J]．化学世界，2000，1(7)：13-15.

[2] 钟丽萍，赵黎云，赵转青，黄逢春．影响化学镀铜溶液稳定性和沉铜速率的因素[J]．山西大学学报(自然科学版)，2001，24(2)：145-147.

[3] 胡光辉．陶瓷基上化学镀铜及其镀液性质的研究[D]．福州：福建师范大学，2001.

[4] 胡光辉，杨防祖，连锦明，吴辉煌．化学镀铜液的电化学研究[J]．材料保护，2002，35(10)：78-79.

[5] 胡光辉，杨防祖，吴辉煌．添加剂对化学镀铜的影响[J]．电镀与涂饰，2002，21(3)：24-28.

[6] 谷新，王周成，林昌健．络合剂和添加剂对化学镀铜影响的电化学研究[J]．电化学，2004，10(1)：14-19.

[7] Li J，Kohl P A. The deposition characteristics of accelerated non-formaldehyde electroless copper plating [J]. J Electrochem Soc，2003，150(8)：C558-C562.

[8] 刘烈炜，卢波兰，吴曲勇，杨志强．钢铁化学置换镀铜的研究[J]．腐蚀与防护，2004，25(12)：19-21.

[9] Wang Z L，Yaegashi O，Sakaue H，et al. Bottom-up fill for submicrometer copper via holes of ULSIs by electroless plating [J]. J Electrochem Soc，2004，151(12)：C781-C785.

[10] 李瑞海，顾宜．聚苯乙烯塑料表面化学镀铜的研究[J]．高分子材料科学与工程，2004，20(4)：208-211.

[11] 续振林，郭琦龙，沈艺程，等．陶瓷表面无敏化活化法微细化学镀铜[J]．电化学，2005，11(2)：93-95.

[12] Lee C H，Cho S K，Kim J J. Electroless Cu bottom-up Filling using 3-N，N-dimethylaminodithiocarbamoyl-1-propanesulfonic acid [J]. Electrochem Solid-State Lett，2005，8(11)：27-29.

[13] 吴丽琼，杨防祖，黄令，孙世刚，周绍民．乙醛酸化学镀铜的电化学研究[J]．电化学，2005，11(4)：402-405.

[14] 罗天骄，姚广春，张晓明，吴林丽．连续碳纤维表面金属化[J]．东北大学学报(自然科学版)，2005，26(9)：882-885.

[15] Shingubara S，Wang Z L. Formation and film characteristics of dual damascene interconnects by bottom-up electroless Cu plating [J]. AIP Conference Proceedings，2006，817(1)：13-22.

[16] 郑雅杰，邹伟红，易丹青，龚竹青，李新海．四羟丙基乙二胺和 EDTA2Na 盐化学镀铜体系

研究[J]. 材料保护,2006,39(2):20-24.

[17] 杨防祖,杨斌,陆彬彬,黄令,许书楷,周绍民. 以次磷酸钠为还原剂化学镀铜的电化学研究[J]. 物理化学学报,2006,22(11):1317-1320.

[18] 郑雅杰,李春华,邹伟红. 三乙醇胺和 EDTA2Na 盐双络合体系快速化学镀铜工艺研究[J]. 材料导报,2006,20(10):159-162.

[19] 王松泰,谈定生,刘书祯. 硬质合金化学镀铜及表面装饰工艺[J]. 上海有色金属,2007,28(4):162-165.

[20] Hasegawa M, Yamachika N, Shacham-Diamind Y, et al. Evidence for "superfilling" of submicrometer trenches with electroless copper deposit [J]. Appl Phys Lett, 2007, 90(10):101916.

[21] Gan X P, Wu Y T, Liu L, et al. Effects of $K_4Fe(CN)_6$ on electroless copper plating using hypophosphite as reducing agent [J]. J Appl Electrochem, 2007, 37(8):899-904.

[22] 杨斌. 次亚磷酸钠化学镀铜的研究[D]. 厦门:厦门大学,2007.

[23] 张会平,江中浩,刘先黎,连建设,侯旭峰,李光玉. 玻璃表面化学镀纳米铜膜[J]. 吉林大学学报(工学版),2007,37(1):11-16.

[24] 刘少友,文正康,龙成,蒋天智. 表面活性剂与极性有机物对化学镀铜的影响[J]. 日用化学工业,2007,37(1):24-27.

[25] 申丹丹,杨防祖,吴辉煌. 2,2′-联吡啶和亚铁氰化钾对乙醛酸化学镀铜的影响[J]. 电化学,2007,13(1):67-70.

[26] 陈亮. 以次亚磷酸钠为还原剂的化学镀铜工艺研究[D]. 上海:上海交通大学,2008.

[27] 赵金花,李志新,王劭南,殷列. 马来酸对次磷酸钠化学镀铜沉积行为的影响[J]. 电镀与环保,2009,29(2):35-38.

[28] 王增林,李娜. 次亚磷酸钠-乙二胺四乙酸体系化学镀铜液[P]. CN101698936A(2010-4-28).

[29] 杨志峰. 新型超级化学镀铜体系的研究[D]. 西安:陕西师范大学,2010.

[30] 周仲承,马斯才,易家香,高四,苏良飞,刘荣胜. 以酒石酸钠钾为络合剂的常温化学镀铜液研制[J]. 2010 秋季国际 PCB 技术/信息论坛,2010:p98-102.

[31] 蔡洁,张业,姚玉环. 葡萄糖含量对钢铁酸性化学预镀铜层性能的影响[J]. 材料保护,2010,43(2):38-40.

[32] 申晓妮,赵冬梅,任凤章,等. 添加剂对四羟丙基乙二胺(THPED)化学镀厚铜的影响[J]. 中国腐蚀与防护学报,2011,31(5):362-366.

[33] 白林翠. 以 PAMAM 为活化载体的化学镀电磁屏蔽织物的制备[D]. 上海:上海工程技术大学,2011.

[34] 吴婧. 次亚磷酸钠还原化学镀铜工艺研究[D]. 成都:电子科技大学,2011.

[35] 袁雪莉. 次亚磷酸钠-氨三乙酸无甲醛化学镀铜体系的研究[D]. 西安:陕西师范大学,2011.

[36] 贾晋,曹寿林,王占军,沈源,王鹏,黄金田. 不同还原剂对木材化学镀铜镀液稳定性的影响研究[J]. 内蒙古农业大学学报,2011,32(3):263-266.

[37] 秦志英,王为. 2,2′-联吡啶对化学镀铜过程的影响[J]. 材料保护,2011,44(11):12-14.

[38] 昝灵兴. 超级化学镀微道沟填充的研究[D]. 西安:陕西师范大学,2012.

[39] 昝灵兴,王晓兰,丁杰,孙宇曦,高琼,路旭斌,王增林. 2-巯基苯并噻唑对化学镀铜的影响

[J]. 电镀与涂饰,2012,31(7):20-23.
[40] 肖友军,许永章．以酒石酸钾钠为主络合剂的化学镀铜添加剂研究[J]. 表面技术,2012,41(5):103-107.
[41] 谢金平,王群,王恒义．PCB高稳定性中速化学镀铜工艺研究[J]. 印制电路信息,2012(6):25-27.
[42] 韦家亮．一种化学镀铜液及化学镀铜方法[P]. CN102877046A(2013-1-16).
[43] 潘湛昌,程果,胡光辉,张晃初,曾祥福．一种酸性化学镀铜复合添加剂及其制备方法和使用方法[P]. CN 103397316 A(2013-11-20).
[44] 李丽莎．2,6-二氨基吡啶作为加速剂的低温低应力化学镀铜溶液的研究[D]. 西安:陕西师范大学,2013.
[45] 申晓妮,任凤章,张志新,肖发新．2,2′-联吡啶对次磷酸钠化学镀铜的影响[J]. 腐蚀科学与防护技术,2013,25(4):293-296.
[46] 孔德龙．提高化学镀铜溶液稳定性与沉积速率的研究[D]. 哈尔滨:哈尔滨工业大学,2013.
[47] 孙丽丽．新型化学镀法制备木质电磁屏蔽材料的研究[D]. 哈尔滨:东北林业大学,2013.
[48] 康东红,唐有根,罗玉良,黄远提．添加剂对次磷酸钠无醛化学镀铜的影响[J]. 电镀与环保,2013,33(2):39-42.
[49] 尚世智,谢薇,李云．腈纶纤维表面化学镀铜的研究[J]. 辽宁化工,2013,42(8):897-900.
[50] 曹权根,陈世荣,杨琼,汪浩,王恒义,谢金平,范小玲．四羟丙基乙二胺-乙二胺四乙酸二钠体系快速化学镀铜[J]. 电镀与涂饰,2014,33(19):818-822.
[51] 孔德龙,谢金平,范小玲,等．化学镀铜溶液中稳定剂的研究[J]. 电镀与精饰,2014,36(3):5-9.
[52] 陈晓宇,曹林洪．钛酸钡陶瓷表面化学镀铜工艺及性能研究[J]. 广东化工,2015,42(23):8-10.
[53] 曹权根,陈世荣,杨琼,汪浩,谢金平,范小玲．添加剂对四羟丙基乙二胺-乙二胺四乙酸二钠体系化学镀厚铜的影响[J]. 材料保护,2015,48(1):5-8.
[54] 高嵩,刘彩华,陶睿,杨帆．添加剂苯亚磺酸钠和HEDTA对腈纶纤维表面化学镀铜的影响[J]. 电镀与涂饰,2015,34(19):829-833.
[55] 李维亚．金属化PMMA材料的制备及其性能的研究[D]. 上海:东华大学,2015.
[56]侯若洪,蔡志祥,叶玉梅,杨玉山,杨伟．一种陶瓷基板化学镀铜溶液及陶瓷基板的金属化工艺[P]. CN 104561955A(2015-4-29).
[57] 范小玲,孔德龙,梁韵锐,李宁,宗高亮,王群．高活性化学镀铜溶液及化学镀铜方法[P]. CN104561956A(2015-4-29).
[58] 吴叔青,胡佳勋,陈根宝．一种通过多巴胺对无机粒子进行表面化学镀铜的方法[P]. CN105112894A(2015-12-2).
[59] 丁莉峰,李敏,姚英,武鹏,杨魏戌,宋寒寒,焦汝,任亮亮,吴春,张锐．一种环保型免活化无氰化学镀铜溶液及其镀铜工艺[P]. CN105112895A(2015-12-2).
[60] 陈伟长,刘波,张勇．一种化学镀铜溶液用络合剂及其制备方法[P]. CN 107299336A(2017-10-27).
[61] 卢建红,焦汉东,焦树强．聚二硫二丙烷磺酸钠在二元络合化学镀铜体系中的作用[J]. 工程科学学报,2017,39(9):1380-1385.

第 15 章

化学镀镍添加剂

15.1 化学镀镍的原理与应用

15.1.1 化学镀镍层的性能与用途

随着塑料上电镀、印制电路板金属化、电子仪器外壳的防止电磁波干扰和石油管道的防腐蚀需求的迅猛发展，化学镀作为功能电镀的应用也日益广泛，特别是在发展新型金属复合材料上更加引人注目。通过化学镀可以获得各种特性的镀层。以化学镀镍为例，可以获得表 15-1 所列的各种性能的镀层。

表 15-1 各种化学镀镍的特性及其成分

镀层特性	镀层成分
耐磨性	Ni-P 酸性镀液
耐蚀性	Ni-P(酸性镀液),Ni-Sn-P,Ni-Sn-B,Ni-W-P, Ni-W-B,Ni-W-Sn-P,Ni-W-Sn-B,Ni-Cu-P
硬度	Ni-P(酸性镀液)+热处理,Ni-B(B≥3%)
润滑性	Ni-P(酸性镀液,含磷量要高)
耐化学品性	Ni-P(酸性镀液),多元合金
烙焊性	Ni-B(B≤1%),多元合金
二极管键合性	Ni-B(B≤1%),多元合金
非磁性	多元合金
磁性(记忆组体)	Ni-Co-P,Ni-Co-B,Co-P,Ni-Co-Fe-P
导电性	Ni-B(B≤0.3%,固有阻抗 5.8～6.0$\mu\Omega/cm^2$)
电阻	Ni-P(含 P 量高),一部分多元合金
代铑镀层	Ni-B(B=1%～3%)
代金镀层	Ni-B(B=0.1%～0.3%时用于焊接,B=0.5%～1%时用于接点,P 或 B<0.5%的 多元合金

目前用化学镀的方法所能得到的金属镀层有 Cu、Ni、Co、Au、Ag、Pd、Sn、In、Cd、Fe 以及它们与 W、Mo、Sb、Zn、Cr、Re 等共沉积的合金镀层。

若把这些金属相互组合，则可得到几乎各种性能的合金镀层。

铝合金和强化玻璃的磁力记忆存储盘（磁碟）获得了广泛的应用，它必须镀一层非磁性的化学镀镍层作为磁性记录介质的底层，然后再镀磁性镀层，这样才能满足计算机使用性能的要求。铝制品经化学镀镍后，具有价格低、质量轻、强度高、加工性和耐热性都很好等优点，故广泛用于计算机和其他机械产品。

随着计算机的普及，为了保证计算机的运行正常，对电磁波屏蔽的要求也越来越高。1983 年，美国联邦通讯委员会认为电子仪器外壳可用化学镀层来满足屏蔽要求，估计有 5 亿平方米仪器的外壳需要屏蔽，其中 1 亿平方米会采用化学镀镍和化学镀铜组合镀层的方法来解决。化学镀铜的电磁屏蔽效果是化学镀镍层的 1000～10 万倍，但其耐磨性和耐蚀性较差，所以表面上再加上一层化学镀镍层就可以获得满意的效果。表 15-2 列出了化学镀镍的用途和目的，表 15-3 为化学镀镍在各部门应用的比率。

表 15-2　化学镀镍的用途和目的

产业分类	适用的产品	目的
汽车工业	控制盘、活塞、汽缸、轴承、精密齿轮、旋转轴、各种活门、电动机内表面	硬度、耐磨损性、防止烧蚀、耐蚀性、精度等
电子工业	接点、旋钮、外壳、弹簧、螺杆、螺母、磁体、电阻、晶体管管座、计算机产品、电子产品	硬度、精度、耐蚀性、烙焊性、硬焊性、熔接性
精密机械	复印机、光学仪器、钟表等各种产品	精度、硬度和耐蚀性等
航空、船舶	水压系机器、电器产品、螺旋桨、电动机、活门和管道等	耐蚀性、硬度、耐磨损性、精度等
化学工业	各种活门、抽吸机、轮送管、摇动活门、反应器、热交换器等	耐蚀性、防污染、防氧化、耐磨损性、精度等
其他	各种模型、工作机械产品、真空机械产品、纤维机械产品等	硬度、耐磨损性、脱模性和精度等

表 15-3　化学镀镍的各产品部门应用的比率　　单位：%

<table>
<tr><th>应用部门</th><th>1979 年</th><th>1982 年</th></tr>
<tr><td>电机和电子制品</td><td>20</td><td>25</td></tr>
<tr><td>石油和天然气有关制品</td><td>15</td><td>20</td></tr>
<tr><td>飞机和太空船</td><td>10</td><td>10</td></tr>
<tr><td>汽车</td><td>5</td><td>5</td></tr>
<tr><td>化学反应装置</td><td rowspan="3">45</td><td>5</td></tr>
<tr><td>机械制品</td><td>10</td></tr>
<tr><td>食品有关的制品</td><td>5</td></tr>
</table>

续表

应用部门	1979 年	1982 年
纤维有关制品、印刷工业产品、化学品有关制品和其他制品		10
在塑胶上电镀方面		
汽车		80
工具		10
水管制品		5
海洋、家庭用品、装饰品		5

由表 15-2 可见，化学镀镍在电子工业上的应用最多，增长速度也非常快。化学镀镍层以其优异的非导体上的可镀性、烙焊性、耐磨性、电接触性和突出的电磁屏蔽特性，使得它在电子工业中占据越来越重要的地位。

15.1.2 常用化学镀镍工艺

化学镀镍的工艺很多，主要根据应用的目的和产品的类型而异，通常根据镀液所用的还原剂和镀液的酸碱性来分类，酸性镀液的 pH 值一般为 4～6，碱性溶液的 pH 值为 8～11。表 15-4 列出了以次磷酸盐为还原剂的酸性化学镀镍的作业条件，表 15-5 为以次磷酸钠为还原剂的碱性化学镀镍的作业条件，表 15-6 为以二甲氨基硼烷为还原剂的化学镀镍的作业条件。

表 15-4 以次磷酸盐为还原剂酸性化学镀镍工艺

名称 \ 含量/(g/L) \ 配方	1	2	3	4	5	6	7
硫酸镍($NiSO_4 \cdot 7H_2O$)	25	24	20～25	15～25	25	25	20～25
次磷酸钠($NaH_2PO_2 \cdot H_2O$)	30	24	20～25	15～25	23	20	15～20
醋酸钠(CH_3COONa)	—	—	12	15	10	—	8～12
柠檬酸钠($Na_3C_6H_5O_7$)	—	—	12	15	—	—	8～12
丁二酸($C_4H_6O_4 \cdot 6H_2O$)	—	—	—	5	—	—	—
丙酸(CH_3CH_2COOH)/(mL/L)	—	2	—	—	—	—	—
乳酸($C_3H_6O_3$,80%)/(mL/L)	—	33	—	—	—	25	—
氨基乙酸(H_2NCH_2COOH)	—	—	—	5～15	—	—	—
乙醇酸钠($HOCH_2COONa$)	30	—	—	—	—	—	—
硼酸(H_3BO_3)	—	—	—	—	—	10	—
硫脲(CH_4N_2S)	0.003	—	—	—	—	—	—
氟化钠(NaF)	—	—	—	—	—	1	—
铅离子(Pb^{2+})	0.002	—	—	—	0.001	—	—
pH 值	5	4.5	4.1～5.5	3.5～5.4	4.2～5	4.4～4.8	4～5
温度/℃	90	95	80～90	85～95	85～90	88～92	85～95
沉积速度/(μm/h)	20	17	6～10	12～15	10～13	10～12	约 12

表 15-5　以次磷酸钠为还原剂的碱性化学镀镍工艺

名称　　含量/(g/L)　　配方	1	2	3	4	5
硫酸镍($NiSO_4 \cdot 7H_2O$)	10～20	30	25	25	20
次磷酸钠($NaH_2PO_2 \cdot H_2O$)	5～15	30	25	25	30
柠檬酸钠($Na_3C_6H_5O_7$)	30～60	—	—	—	10
氯化铵(NH_4Cl)	—	—	—	—	30
焦磷酸钠($Na_4P_2O_7 \cdot 10H_2O$)	—	60	30	80	—
氨水($NH_3 \cdot H_2O$)(相对密度 0.9)	—	—	23	30～50	—
乳酸($C_3H_6O_3$,80%)/(mL/L)	1～5	—	—	—	—
三乙醇胺[$N(CH_2CH_2OH)_3$]/(mL/L)	—	100	—	—	—
pH 值	7.5～8.5	10～10.5	9.5～10.5	9～10	9～10
温度/℃	40～45	35～45	25～35	65	35～45
沉积速度/(μm/h)	—	10～13	2	12～15	—

表 15-6　几种典型的二甲氨基硼烷化学镀镍工艺

名称　　含量/(g/L)　　配方	1	2	3	4	5
氯化镍($NiCl_2 \cdot 6H_2O$)	24	170	—	—	—
硫酸镍($NiSO_4 \cdot 7H_2O$)	—	—	25	30	40
二甲氨基硼烷[$(CH_3)_2NH \cdot BH_3$]	10	3.7	1.5	3.5	4
硼酸(H_3BO_3)	—	25	—	—	30
醋酸钠(CH_3COONa)	22	—	—	—	—
焦磷酸钠($Na_4P_2O_7 \cdot 10H_2O$)	—	—	50	—	—
柠檬酸铵($C_6H_{17}N_3O_7$)	—	—	—	—	20
氯化铵(NH_4Cl)	—	—	—	—	30
稳定剂(NBS)/(mL/L)	—	—	—	—	100
丙二酸二钠	—	—	—	34	—
十二烷基硫酸钠	0.1	—	—	—	—
氨水($NH_3 \cdot H_2O$,28%)/(mL/L)	—	—	45	—	—
pH 值	5.5	4.3	10.7	5.5	9.5～10
温度/℃	60	27	25	77	45
沉积速度/(μm/h)	14	2.3	2.5	21	7～12

15.1.3 化学镀镍机理

化学镀是指不用电而用化学还原剂在具有催化活性的镀品表面上形成金属镀层的方法。化学镀溶液是由可溶性金属盐和还原剂为主要成分，再加入一些辅助成分（如配位剂或络合剂、稳定剂、pH 缓冲剂和光亮剂等）而组成的混合液。

以次磷酸钠为还原剂的化学镀镍反应为例，其反应式可表示为：

$$\left.\begin{array}{l}\text{酸溶液}\ [NiX_n]^{2+}+H_2PO_2^-+H_2O\xrightarrow[\text{(X=配位剂)}]{\text{催化表面}}Ni+H_2PO_3^-+nX+2H^+\\ \text{碱溶液}\ [NiX_n]^{2+}+H_2PO_2^-+3OH^-\xrightarrow{\text{催化表面}}Ni+HPO_3^{2-}+nX+2H_2O\end{array}\right\}\text{主反应}$$

$$\left.\begin{array}{l}\text{氢气的产生}\ H_2PO_2^-+H_2O\xrightarrow{\text{催化表面}}H_2PO_3^-+H_2\uparrow\\ \text{磷的析出}\quad H_2PO_2^-+[H]\xrightarrow{\text{催化表面}}P+H_2O+OH^-\end{array}\right\}\text{副反应}$$

在反应过程中同时析出的镍与磷就形成了非晶态的 Ni-P 合金。

以上是根据反应的最终产物而提出的反应方程式。至于化学镀镍反应是按哪种机理进行的，说法众多无从定论，此处仅介绍两种典型说法。

（1）通过原子态氢的化学还原机理

$$H_2PO_2^- \longrightarrow PO_2^- + 2H\text{（催化剂）}$$

$$2H\text{（催化剂）}\longrightarrow H_2\uparrow$$

$$Ni^{2+}+2H\text{（催化剂）}\longrightarrow Ni+2H^+$$

$$PO_2^-+H_2O\longrightarrow H_2PO_3^-$$

这种机理是化学镀的创始人 A. Brenner 提出来的，他认为是从次磷酸根中产生的原子态氢附着在催化的表面上，当它遇到 Ni^{2+} 时将其还原为金属镍，原子态氢结合在一起就形成氢气。

（2）通过局部电池的电化学还原机理

局部阳极反应：$H_2PO_2^-+H_2O\longrightarrow H_2PO_3^-+2H^++2e^-$

局部阴极反应：$Ni^{2+}+2e^-\longrightarrow Ni$

$$2H^++2e^-\longrightarrow H_2$$

$$H_2PO_2^-+2H^++e^-\longrightarrow P+2H_2O$$

合金化反应：$2Ni+P\longrightarrow Ni_2P$

整个反应可用图 15-1 来说明

当基材浸入镀液中时，溶液中存在 Ni^{2+}、$H_2PO_2^-$、H^+ 等反应物首先吸着在基材表面，从而形成局部电池。电池的电动势就是上述反应的驱动力，并在表面形成 Ni-P 镀层。由于局部阳极或局部阴极的位置不断变化，电子在不断移动从而形成厚度和性能均匀的镀层。

在反应进行过程中，镀层的 pH 值会因 H_2 的析出而降低，溶液中亚磷酸根离子不断积蓄，并形成难溶的亚磷酸镍沉淀，使镀液的寿命下降。由此可见化学

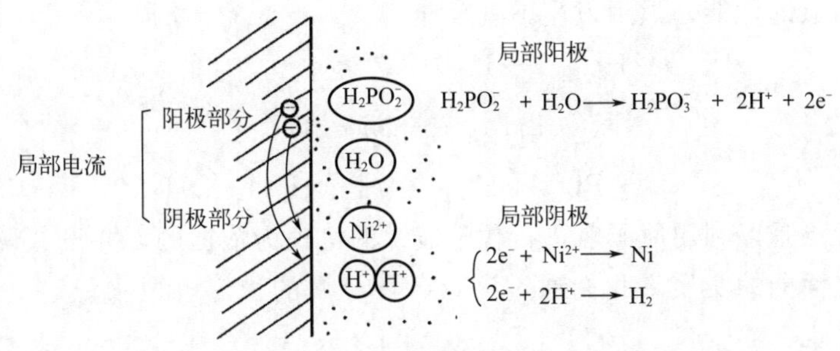

图 15-1　局部电池机构对化学镀镍反应的图解

镀现象并非单一的反应，此包括吸附、催化活性、氧化还原反应或电子转移、各种离子的扩散和配合物的解离等过程十分复杂的反应体系，它不仅受热力学因素的制约，也受到动力学因素的控制，这就是为何至今化学镀镍反应机理尚难下定论的原因。

局部电池的电化学还原机理能以简单方式说明化学镀镍的主反应、副反应和金属表面的催化活性，根据该机理展开的化学镀速度论的研究已取得有益的结果，因此这已成为大多数人容易接受的机理。

用二甲氨基硼烷为还原剂的碱性柠檬酸盐（以 L^{3-} 表示）-氨体系的化学镀镍反应，按局部电池反应机理可表示为：

阳极反应：$2(CH_3)_2NH \cdot \overset{-3}{B}H_3 + 3H_2O \longrightarrow 2(CH_3)_2NH\uparrow + B + H_3\overset{+3}{B}O_3 + 9H^+ + 9e^-$

阴极反应：$[Ni(NH_3)_nL]^- + 2e^- \longrightarrow Ni + nNH_3\uparrow + L^{3-}$

$$2H^+ + 2e^- \longrightarrow H_2\uparrow$$

合金化反应：$2Ni + B \longrightarrow Ni_2B$

因此化学镀镍反应可表示为：

$4(CH_3)_2NH \cdot BH_3 + 6[Ni(NH_3)_nL]^- + 6H_2O \longrightarrow 2Ni^0 + 2Ni_2B + 2H_3BO_3 + 4(CH_3)_2NH\uparrow + 3H_2\uparrow + nNH_3\uparrow + 12H^+ + 6L^{3-}$

即反应最终形成的是由 Ni^0 和 Ni_2B 组成的化学镀镍层，这已为 X 射线光电子能谱的研究所证实。在此同时还有二甲胺、氢气和氨气生成，并放出 H^+，后者是化学镀 Ni-B 合金过程中 pH 值会不断下降的原因。

15.1.4　化学镀镍的诱发机理

我们在研究不同金属对化学镀镍反应的影响时发现，在有的金属上如 Fe、Co、Ni、Al、Zn、Ni-Co、Ni-P 等可以直接进行化学镀镍，它们可称为催化活性金属，而另一些金属如铜、银、金、黄铜、青铜和不锈钢等，则不能直接在表面形成化学镀镍，需要用能直接化学镀镍的催化活性金属在溶液中与其接触后才能诱发反应。Smith 曾提出催化活性来源于 Ni、Pt、Pd 等金属具有特殊的表面能及其易吸附氢的性能，然后发生下列反应：

$$2H_{吸附} \longrightarrow H_2 \uparrow$$

$$Ni^{2+} + 2H_{吸附} \longrightarrow Ni + 2H^+$$

$$H_2PO_2^- + H_{吸附} \longrightarrow P + H_2O + OH^-$$

这种观点是以利用原子氢进行化学镀镍的机理为依据的，并没有说明催化活性和特殊表面能的实质。我们通过测定各种金属的稳定电位和稳定电位-时间曲线，结果发现：

① 各种金属或合金在化学镀镍液中有不同的稳定电位值（见表 15-7），在80℃的1-羟基亚乙基-1,1-二膦酸（HEDP）化学镀镍液中，稳定电位负于－0.6V者有催化活性，而比－0.55V 正者则无。稳定电位在－0.55V 与－0.6V 之间者较难诱发反应，要在特殊条件下如提高反应温度、彻底清除金属表面膜和增大接触面积时诱发反应才得以进行。

表 15-7　各种金属的稳定电位和诱发效果（80℃）

诱发金属	稳定电位/V	诱发效果	诱发金属	稳定电位/V	诱发效果
金	－0.17	无效	铝-镍合金	－0.71	有效
银	－0.20	无效	铁	－0.75	有效
黄铜	－0.22	无效	铝	－0.76	有效
青铜	－0.22	无效	锌	－0.94	有效
不锈钢	－0.33	无效	磷-镍合金	－0.72	有效
铬-镍合金	－0.55	无效	铝＋铜	－0.76	有效
镍	－0.60	反应很慢或不反应	铁＋铜	－0.75	有效

②诱发反应的有效性可从素材金属的稳定电位-时间曲线看出，因为诱发反应的发生和稳定电位的负移是同时发生的，而反应的连续进行是与素材金属稳定电位达到一定的负值相对应的。用铁接触铜和黄铜时，稳定电位在瞬间迅速负移至－0.76V（见图 15-2），60s 后铁与黄铜脱离接触，稳定电位不回复至黄铜的电位（－0.22V），而是降至镍磷镀层的－0.72V，说明素材上已形成镍磷镀层，化学镀反应可以继续进行。

若诱发金属没有诱发效果，尽管基材金属的稳定电位也有所负移，但达不到低于－0.60V 的水准，反应不能诱发，基材金属表面无镍磷镀层产生。当诱发金属脱离接触之后，研究电极的稳定电位也迅速向正移动并回复到诱发前的电位值(见图 15-3)。因此可以从诱发金属接触后，研究电极的稳定电位是否出现低于－0.60V 的负向电位突变来鉴别诱发反应的效果。有电位突变者表示反应是有效的，诱发金属有催化活性，无电位突变者则表示诱发反应是无效的，诱发金属没有催化活性。图 15-3 是用铬镍丝诱发铜时的稳定电位-时间曲线。曲线上没有出现明显的电位突变，只有电位的缓慢负移，因此诱发反应不能实现，当它脱离接触后电位迅速回复到－0.22V，说明素材金属表面未沉积镍磷镀层。

1977 年 ю. B. Ⅱpycoв 等在苏联专利 712455 中提出在醋酸-醋酸钠化学镀镍液中加入尿素 10～20g/L 时，铜表面的电位明显向负移动，促进了镍的还原反应，因而可以取消用二氯化锡和钯溶液进行的活化前处理工程，其原理也与诱发金属的作用类似。

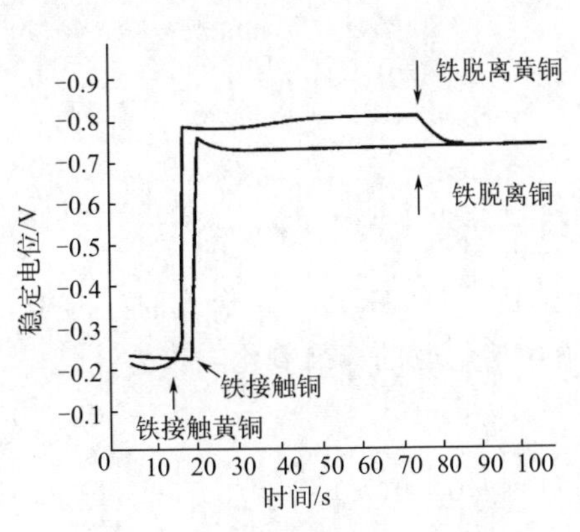

图 15-2 用铁接触铜时的稳定电位-时间曲线

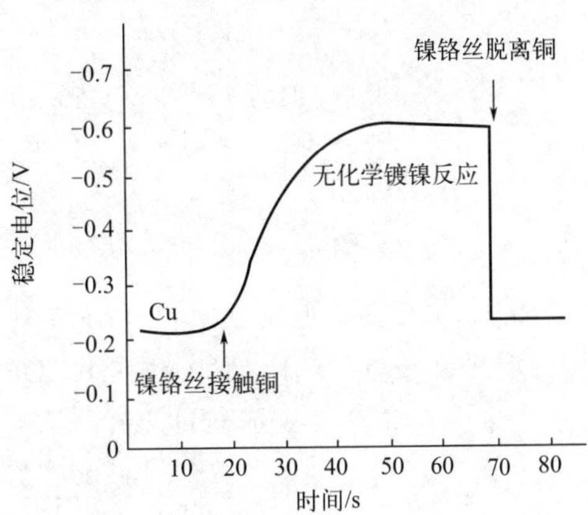

图 15-3 镍铬丝诱发铜反应时的稳定电位-时间曲线（镀液温度 80℃）

③诱发反应可用局部电池的电化学反应机理来说明。根据原电池反应和配位平衡的原理，在 HEDP 化学镀镍液中用铁诱发铜进行化学镀镍的电池反应可表示如下：

a. 阴极反应。在 pH＝5～6 时 HEDP（H_5L）的主要存在形式为 H_3L^{2-} 和 H_2L^{3-}。与 Ni^{2+} 形成$[Ni(H_3L)]$和$[Ni(H_2L)]^-$形式的配离子，其累积稳定常数（lgβ）分别为 3.31 和 5.14。在含配位剂的电解液中 Ni^{2+} 配离子的标准还原电位 $E^{\ominus}_{配}$可表示为：

$$E^{\ominus}_{配}=E^{\ominus}_{Ni^{2+}}-\frac{RT}{nF}\lg\beta \tag{15-1}$$

式中，$E^{\ominus}_{Ni^{2+}}$ 为水合 Ni^{2+} 的标准还原电位；β 为配离子的累积稳定常数；R 为气体常数；F 为法拉第常数；n 为反应的电子数。把上述配离子的 β 值代入得：

$$[Ni(H_3L)]+2e^- \rightleftharpoons Ni+H_3L^{2-} \quad E^{\ominus}_{[Ni(H_3L)]}=-0.35V \tag{15-2}$$

$$[Ni(H_2L)]^-+2e^- \rightleftharpoons Ni+H_2L^{3-} \quad E^{\ominus}_{[Ni(H_2L)]^-}=-0.40V \tag{15-3}$$

在非标准态时若体系 pH 值恒定为 6，则可不考虑 pH 的影响。假定镀液中主要存在$[Ni(H_2L)]^-$型配离子，则半反应式（15-3）的平衡电位为：

$$E_{[Ni(H_2L)]^-}=E^{\ominus}_{[Ni(H_2L)]^-}+\frac{0.059V}{2}\lg\frac{[Ni(H_2L)^-]}{[H_2L^{3-}]} \tag{15-4}$$

当诱发金属接触被镀电极时，电极反应刚开始，可近似认为体系仍处于平衡态。由于 HEDP 过量（0.15mol/L），且对 Ni^{2+} 的配位能力较强，故可近似认为溶液中的 Ni^{2+}（0.11mol/L）全转化为配离子，则 $[Ni(H_2L)]^-$ 近似等于加入镀液中 Ni^{2+} 的总浓度，游离配体的浓度（H_2L^{3-}）可近似等于外加配体的总浓度和溶液中 Ni^{2+} 总浓度之差，即：

$$[Ni(H_2L)^-]\approx[Ni^{2+}]_{总}$$

$$[H_2L^{3-}]\approx[H_2L^{3-}]_{总}-[Ni^{2+}]_{总}=0.04mol/L$$

把以上数值代入式（15-4），得：

$$E_{[Ni(H_2L)]^-}=-0.40+\frac{0.059}{2}\lg\frac{0.11}{0.04}=-0.39(V) \tag{15-5}$$

b. 阳极反应。假设铁电极在镀液中溶解形成 $[Fe(H_2L)]^-$ 形式的配离子，其稳定常数 $\lg\beta=5.31$，那么铁在 HEDP 镀液中溶解时的标准氧化电位为：

$$Fe+(H_2L)^{3-}\rightleftharpoons[Fe(H_2L)]^-+2e^- \tag{15-6}$$

$$E^{\ominus}_{Fe}=0.44+\frac{0.059}{2}\times5.31=-0.60(V) \tag{15-7}$$

在非标准态时，若体系恒温在 25℃，pH 值恒定为 6，得：

$$E_{Fe}=E^{\ominus}_{Fe}-\frac{0.059V}{2}\lg\frac{[Fe(H_2L)^-]}{[H_2L^{3-}]} \tag{15-8}$$

假定诱发过程中有 0.56mg/L 的铁（1×10^{-5}mol/L）溶解并形成$[Fe(H_2L)]^-$，镀液中游离配体浓度 $[H_2L^{3-}]$ 仍为 0.04mol/L，则：

$$E_{Fe}=0.60-\frac{0.059}{2}\lg\frac{1\times10^{-5}}{0.04}=0.60+0.11=0.71(V) \tag{15-9}$$

把反应式（15-3）和式（15-6）相加，并把式（15-5）和式（15-9）的数值代入，即得析出镍时电池反应的电动势 ε 为：

$$Fe+[Ni(H_2L)]^-\rightleftharpoons Ni+[Fe(H_2L)]^- \tag{15-10}$$

$$\varepsilon=E_{[Ni(H_2L)]^-}+E_{Fe}=-0.39+0.71=+0.32(V) \tag{15-11}$$

同时还进行着 H^+ 的还原，在 pH=6 时：

$$2H^++2e^-\rightleftharpoons H_2\uparrow \tag{15-12}$$

$$E_{H^+}=-0.059pH=-0.35(V) \tag{15-13}$$

把式（15-12）和式（15-7）相加，并把式（15-9）和式（15-13）的数值代入，即得析出 H_2 时化学电池反应的电动势 ε：

$$Fe+(H_2L)^{3-}+2H^+\rightleftharpoons[Fe(H_2L)]^-+H_2\uparrow \tag{15-14}$$

$$\varepsilon=E_{Fe}+E_{H^+}=0.71-0.35=0.36(V) \tag{15-15}$$

电池反应式（15-10）和式（15-14）的电动势均大于0.3V，证明反应均可自动向右进行，Ni和H_2可在素材铜上析出，并进一步促使$H_2PO_2^-$还原为P，从而形成Ni-P镀层。因此诱发反应的电化学机理圆满解释诱发反应的有效性等问题。

15.2 化学镀镍的配位剂、缓冲剂和还原剂

15.2.1 化学镀镍的成分

自Brenner和Riddell在1944年偶然发现化学镀镍以来，他们已从实验室的好奇与兴趣发展成拥有上亿美元的工业资产。Brenner等首创的一种碱性化学镀镍液于1946年问世，镀液的主要成分是氯化镍和柠檬酸钠，用次磷酸钠做还原剂。第一个铵盐碱性镀液含有氯化镍、醋酸钠和氯化铵，还原剂也用次磷酸钠，而早期的酸性镀液则用羟基乙酸（乙醇酸）或柠檬酸盐作为镍盐的配位剂。

美国运输总公司（GATC）于1952年把化学镀镍工业化，发展了系列Kanigan化学镀镍液。专卖的化学镀镍液主要以浓缩液的形式在市场上销售，它主要由镍盐、配位剂（或称络合剂）、缓冲剂、还原剂、加速剂和稳定剂等组合而成，表15-8列出了常用化学镀镍液的成分及使用条件。

表15-8 常用化学镀镍液的成分及使用条件

成分与条件	酸性液	碱性液
镍盐	硫酸镍 氯化镍 其他镍盐	硫酸镍 氯化镍 其他镍盐
配位剂 （络合剂与螯合剂）	乙醇酸及其盐 乳酸 丙酸 醋酸钠 苹果酸 琥珀酸 柠檬酸及其盐 葡萄糖酸 HEDP(羟基亚乙基二膦酸) ATMP(氨基三亚甲基膦酸) 甘氨酸 甘油 乙二醇酸 丙二酸 丁二酸 EDTA(乙二胺四乙酸)	氯化铵 醋酸铵(或钠) 乳酸 柠檬酸及其盐 乙醇酸钠 二乙醇胺 三乙醇胺 焦磷酸钠 HEDP的Na、K盐 ATMP的Na、K盐 水杨酸盐 酒石酸钾钠 乙二胺 丙二酸 丁二酸

续表

成分与条件	酸性液	碱性液
还原剂	联氨(肼) 次磷酸钠 二甲氨基硼烷(DMAB) 二乙氨基硼烷(DEAB) 吡啶硼烷	硼氢化钠(或钾) 次磷酸钠 联氨(肼) 二甲氨基硼烷(DMAB) 二乙氨基硼烷(DEAB) 吡啶硼烷
稳定剂	铅离子 锑盐 铋盐 其他重金属盐 钼酸盐 碘酸盐 焦亚硫酸盐 氟化物 尿素 氰化物 硫氰酸盐 硫脲 二乙氨基二硫代甲酸钠 巯基苯并硫吡啶 S、Se、Te、Sn 的有机物,甲基四羟邻苯二甲酸酐	铊盐 铅盐 铋盐 硒盐 其他重金属盐 磺酸盐 钼酸盐 硫代硫酸盐 3-*S*-异硫脲四氮唑(tetrazolium)丙烷磺酸盐 硫脲(thiourea) 巯基苯并噻唑 硫氰酸盐 各种有机硫化物 尿素 氰化物
pH 调整剂	硫酸 氨水 氢氧化钠或钾 镀液用的有机酸	硫酸 氨水 氢氧化钠或钾 镀液用的有机酸
pH 缓冲剂	甲酸 乙酸 丙酸 乳酸 丙二酸 丁二酸 己二酸 酒石酸 柠檬酸 HEDP(羟基亚乙基二膦酸) ATMP(氨基三亚甲基膦酸) 硼酸	硼酸 乙酸 丙酸 丙二酸 丁二酸 乳酸 酒石酸 柠檬酸 己二酸 HEDP ATMP
改良剂 (光亮剂、润湿剂、应力消减剂等)	重金属盐 氟化物 有机硫化物 尿素 有机氮化物 各种表面活性剂	重金属盐 氟化物 有机硫化物 有机氮化物 乙二胺 二乙烯三胺 间二氮茂 各种表面活性剂

续表

成分与条件	酸性液	碱性液
温度/℃	70～95	21～95
pH 值	4.4～5.5	8.5～14
沉积速度/(μm/h)	12.7～25.4	10～12.7

15.2.2 配位剂

化学镀镍是一定构型（包括电子构型与空间构型）的镍配合物被强还原剂在基材表面上催化还原的过程。因此配合物的构型就决定了该配合物在化学镀镍液中的稳定性和沉积速度。配合物越稳定，它越能抵御 OH^- 的进攻，阻止产生氢氧化镍沉淀，也就越能承受光、热和还原剂的作用，镀液也就越稳定。但是配合物越稳定，一般来说它越难被还原，沉积速度也越慢，要在高温下才能被还原。由此看来，镀液的稳定性与沉积速度是互相制约的。然而实际情况并不完全如此，因为沉积速度是动力学因素，而配合物的稳定性是热力学因素，只有部分体系两者有平行关系，这时我们才能找到既稳定而沉积速度又快的镀液。

Ni^{2+} 具有 8 个 3d 电子，属于 d^8 构型的离子（如 Ni^{2+}、Pd^{2+}、Pt^{2+} 等），属于动力学上惰性的离子，即它难以形成电化学反应的活性中间体。因此，电化学反应很慢。所以在选用配位剂（或络合剂）时，不可选用强配位场的配体。如在镀镍时，若用 CN^- 作为配位剂，则形成 $[Ni(CN)_6]^{4-}$，它几乎完全不被还原。因此在化学镀镍时，通常选用的都是较弱的配位剂，如羧酸（如醋酸、丙酸、乙二醇酸、酒石酸、柠檬酸等）、氨基酸（氨基乙酸、EDTA 等）、有机膦酸（如 HEDP、ATMP 等）、氨基醇（乙醇胺、二乙醇胺、三乙醇胺）和无机多磷酸（焦磷酸、三聚磷酸）等。其中最常用的是羧酸和羟基羧酸。

Ni^{2+} 在水溶液中以六水合镍配离子的形式存在，$[Ni(H_2O)_6]^{2+}$，它具有八面体构型，即六个水分子位于八面体的顶点上，Ni^{2+} 与配位剂形成配合物时，大部分取八面体和四面体构型，它们对应的配位数分别为 6 和 4。也就是说对某些配合物来说，配位数达 4 时已能形成稳定的配合物。

如果配位剂中含有两个或两个以上的配位原子，它们能同时与金属离子配位成环，就像螃蟹的一对钳形脚（叫做螯）抓住了金属离子，这种具有螯形配位基的配位剂叫做螯合剂，由它形成的配合物叫螯合物。

一般来说，螯合剂与金属离子形成五原子环或六原子环时最稳定，三原子环与四原子环的张力太大很不稳定，六原子以上的环，除非有特殊结构否则不能形成。

螯合物具有环状结构，它比相应的单啮配合物更稳定。羟基酸、氨基酸具有两个或两个以上的配位原子，而且可以与金属离子形成螯合环，所以它与 Ni^{2+} 形成的螯合物均比由单羧酸形成的配合物更稳定（见表 15-9）。

表 15-9 化学镀镍常用配合物的稳定常数

配体名称	结构	稳定常数($\lg\beta$ 或 $\lg\beta_j$ 或 $\lg\beta_{ij}$)①
氟离子	F^-	$K_1$0.7
氨	NH_3	$K_1$2.75,$\beta_2$4.95,$\beta_3$6.64,$\beta_4$7.79,$\beta_5$8.50,$\beta_6$8.49
联氨	$H_2N—NH_2$	$K_1$3.18
羟基离子	OH^-	$K_1$4.6
氰离子	CN^-	$K_1$31.3
磷酸氢根	HPO_4^{2-}	$K_1$13.8
焦磷酸根	$P_2O_7^{4-}$	$K_1$5.8,$\beta_2$7.2
硫氰酸根	SCN^-	$K_1$1.2,$\beta_2$1.6,$\beta_3$1.8
硫酸根	SO_4^{2-}	$K_1$2.3
硫代硫酸根	$S_2O_3^{2-}$	$K_1$2.06
甲酸	HCOOH	$K_1$0.46,$\beta_2$0.86
乙酸	CH_3COOH	$K_1$0.72,$\beta_2$1.15,$\beta_3$0.40
丙酸	CH_3CH_2COOH	$K_1$0.73,$\beta_2$0.96,$\beta_3$0.97
丁酸	$CH_3CH_2CH_2COOH$	$K_1$0.73,$\beta_2$0.80,$\beta_3$1.34
草酸	HOOCCOOH	$\beta_2$7.64,$\beta_3$8.4
丙二酸	$HOOCCH_2COOH$	$K_1$3.27,$\beta_2$4.94
乙醇酸	$HOCH_2COOH$	$K_1$1.69,$\beta_2$2.70,$\beta_3$3.05
氨基乙酸	H_2NCH_2COOH	$K_1$5.73,$\beta_2$10.56,$\beta_3$14.00
乳酸	$CH_3CH(OH)COOH$	$K_1$1.57,$\beta_2$2.94
3-羟基丙酸	$HOCH_2CH_2COOH$	$K_1$0.77,$\beta_2$1.32
2-氨基丙酸	$CH_2CH(NH_2)COOH$	$K_1$5.85,$\beta_2$10.34
2-氨基-3-羟基丙酸	$HOCH_2CH(NH_2)COOH$	$K_1$5.45,$\beta_2$9.98,$\beta_3$13.52
2-氨基-3-巯基丙酸	$HSCH_2CH(NH_2)COOH$	$K_1$9.46,$\beta_2$19.04
2,3-二氨基丙酸	$H_2NCH_2CH(NH_2)COOH$	$K_1$8.48,$\beta_2$15.27
2,3-二羟基丙酸	$HOCH_2CH(OH)COOH$	$K_1$2.25,$\beta_2$3.45
2-氨基-3-羟基丁酸	$CH_3CH(OH)CH(NH_2)COOH$	$K_1$5.46,$\beta_2$9.97,$\beta_3$13.42
酒石酸	HOOCCH(OH)CH(OH)COOH	$K_1$3.01,$\beta_2$5.04
柠檬酸	$HOOCCH_2C(OH)(COOH)CH_2COOH(L^{4-})$	$K_1$14.3
乙二胺	$H_2NCH_2CH_2NH_2$	$K_1$7.66,$\beta_2$14.06,$\beta_3$18.61
二乙烯三胺	$H_2NCH_2CH_2NHCH_2CH_2NH_2$	$K_1$10.7,$\beta_2$18.9
三乙烯四胺	$H_2NCH_2CH_2(NHCH_2CH)_2NH_2$	$K_1$14.0
乙二胺单乙酸	$H_2NCH_2CH_2NHCH_2COOH$	$K_1$8.19

续表

配体名称	结构	稳定常数（$\lg\beta$ 或 $\lg\beta_j$ 或 $\lg\beta_{ij}$）①
乙二胺四乙酸	$(HOOCCH_2)_2NCH_2CH_2N(CH_2COOH)_2$	K_1 18.6
三乙醇胺	$N(CH_2CH_2OH)_3$	K_1 2.95
氨三乙酸	$N(CH_2CH_2COOH)_3$	K_1 11.5
亚甲基二膦酸	$H_2O_3PCH_2PO_3H_2(HL^{3-})$	K_1 4.87
羟基亚乙基二膦酸（HEDP）	$CH_3C(OH)(PO_3H_2)_2$	K_1 9.24(L^{4-})，K_1 5.14(HL^{3-})，K_1 3.31(H_2L^{2-})
氨基三亚甲基膦酸（ATMP）	$N(CH_2PO_3H_2)_3$	K_1 5.18，β_2 9.0
乙二胺单亚甲基膦酸	$H_2NCH_2CH_2NH(CH_2PO_3H_2)$	K_1 5.15
配体 A-配体 B	混合配体配合物 MA_iB_j	$\lg\beta_{ij}$
氨二乙酸(Ida)-H_2O	$[Ni(Ida)(H_2O)_2]$	8.21
氨二乙酸(Ida)-吡啶(py)	$[Ni(Ida)(py)]$	10.10
氨二乙酸-氨(NH_3)	$[Ni(Ida)(NH_3)]$	10.72
氨二乙酸-吡啶	$[Ni(Ida)(py)_2]$	10.9
氨二乙酸-氨	$[Ni(Ida)(NH_3)_2]$	12.37
氨二乙酸-吡啶	$[Ni(Ida)(py)_3]$	11.27
氨二乙酸-氨	$[Ni(Ida)(NH_3)_3]$	13.73
氨二乙酸-吡啶-氨	$[Ni(Ida)(py)(NH_3)]$	12.12
氨二乙酸-吡啶-氨	$[Ni(Ida)(py)_2(NH_3)]$	12.54
氨二乙酸-吡啶-氨	$[Ni(Ida)(py)(NH_3)_2]$	13.24
乙二胺(en)-草酸($C_2O_4^{2-}$)	$[(en)(C_2O_4)]$	11.20
氨三乙酸(nta)-水杨酸(sal)	$[Ni(nta)(sal)]^{3-}$	14.29
氨-焦磷酸($P_2O_7^{4-}$)	$[Ni(NH_3)_2(P_2O_7)]^{2-}$	8.25

① $M+A \rightleftharpoons MA, K_1$；$MA+A \rightleftharpoons MA_2, K_2$；$M+2A \rightleftharpoons MA_2, \beta_1\beta_2=K_1K_2$；$M+A+B \rightleftharpoons MAB, \beta_{ij}$。

在含有 0.1mol/L（6.0g/L）镍的化学镀镍液中大约需要 0.3mol/L 的双配位基的配位剂（如乙醇酸或乳酸）。若用三配位基的配位剂（如苹果酸），0.2mol/L 的用量就足够了。氨基乙酸（甘氨酸）多数用在中性的（pH=6～8）镀液中，它是较强的配位剂。EDTA 的配位能力比甘氨酸更强，它可形成五个螯合环，使 Ni^{2+} 难以沉积出来，在实际生产中很少使用。因此镀液中配位剂的用量不仅取决于镍的浓度，而且与其化学结构、配合物的稳定常数和动力学条件（如离解速度常数、配体取代反应速度常数）有关。配位剂在化学镀过程中也有一定的消耗，需要定期补充。

从价格上来说，乳酸、乙醇酸、柠檬酸或葡萄糖酸是较为合适的配位剂。它们的价格便宜、原料充足。有机膦酸是新型的化学镀配位剂，它属于人工合成的廉价配位剂，具有较好的 pH 缓冲性能，宽 pH 范围的配位能力。

15.2.3 缓冲剂

在化学镀镍过程中会不断产生 H^+，这可从化学镀镍反应中看出：

$$Ni^{2+} + H_2PO_2^- + H_2O \longrightarrow Ni + H_2PO_3^- + 2H^+$$

部分 H^+ 吸收次磷酸钠氧化时放出的电子而以氢气形式析出，部分留在溶液中而使镀液的部分 pH 值下降 1～2 个单位。为了使 pH 在整个反应过程中于较长时间内保持在原来水准，就必须在镀液中添加适当的缓冲剂。缓冲剂（以醋酸钠 NaAc 为例）的作用可用下列反应式表示：

$$NaAc \longrightarrow Na^+ + Ac^-$$

醋酸根（Ac^-）与镀液中的 H^+ 化合成离解度很小的醋酸（HAc），它与醋酸钠（NaAc）一起在镀液中起缓冲剂作用：

$$HAc + H_2O \rightleftharpoons H_3O^+ + Ac^-$$

$$\frac{[H_3O^+][Ac^-]}{[HAc]} = K_a = 1.8\times10^{-5} \quad [H_3O^+] = \frac{[HAc]}{[Ac^-]}\times1.8\times10^{-5} \tag{15-16}$$

写成一般式为：

$$[H^+] = \frac{[酸]}{[酸根]}\times K_a \quad pH = pK_a + \lg\frac{[酸根]}{[酸]} \tag{15-17}$$

由上式可知，当溶液中含有等量的酸和酸根时，溶液的 pH 保持恒定值，即溶液在此时具有最大的缓冲能力。假设镀液中 NaAc 的浓度为 0.1mol/L，且溶液中 HAc 的含量与 NaAc 相等，则当 $[H^+]$ 浓度增至 0.01mol/L 时，必定有等量 Ac^- 与 H^+ 结合而形成 HAc，即：

$$\begin{array}{ccc} NaAc & \longrightarrow Na^+ & + Ac^- \\ 0.1mol/L & 0.1mol/L & 0.1mol/L \end{array}$$

加入 0.01mol/L $[H^+]$ 后：

$$\begin{array}{ccc} H^+ & + Ac^- & \rightleftharpoons HAc \\ 0.01mol/L & 0.01mol/L & 0.01mol/L \end{array}$$

此时镀液中 HAc 就变成 0.1mol/L＋0.01mol/L＝0.11mol/L，此时 Ac^- 的浓度就相应地减为 0.1mol/L－0.01mol/L＝0.09mol/L。这样镀液中 $[H^+]$ 可按下式计算：

$$[H^+] = \frac{[HAc]}{[Ac^-]}\times K_a = \frac{0.11}{0.09}\times1.8\times10^{-5} = 2.2\times10^{-5}(mol/L)$$

2.2×10^{-5} mol/L 与原来的 1.8×10^{-5} mol/L 相差甚微，即 pH 变化极小。

若在镀液中不加任何缓冲剂，而 $[H^+]$ 也同样增加 0.01mol/L 时，此时镀液中的 $[H^+]$ 的变化为：

$$\frac{1\times10^{-2}}{1.8\times10^{-5}}=555$$

即比原来增加了 555 倍。由此可见，在化学镀镍液中为了保证其沉积速度的恒定，首先必须控制 pH 的恒定。要控制 pH 长期维持在一定的水准，就必须选择适当的缓冲剂。

在酸性化学镀镍液中最有效的缓冲剂是有机一元和二元酸的钾盐和钠盐，因为较高分子量的酸会形成不溶性的镍盐。所以只有短的碳链（2～6 碳）是比较适宜的。最常用的一元酸是醋酸和丙酸或它们的盐类。二元酸（如丙二酸和丁二酸）是更有效的缓冲剂。但丙二酸价格贵，不适于工业应用。有些配方既含有一元酸也含有二元酸。醋酸和丙酸在操作温度下易于挥发因而需经常补充，大多数镀液含 10～20g/L 的缓冲剂。

由上述可知一种酸的最佳缓冲 pH 值正好是镀液中含等量酸和酸根时的 pH 值，即最佳缓冲 pH 值等于该酸的酸离解常数的对数值。例如醋酸的酸离解常数 K_a 为 1.8×10^{-5}，故最佳缓冲 pH 值等于 $\lg1.8\times10^{-5}\approx4.76$，当［酸］/［酸根］=10 或 1/10 时，最佳的缓冲 pH 值为：$pH=pK_a\pm1$。

表 15-10 列出了某些缓冲剂的 pK_a 值。由表可知在酸性镀镍液中，一元、二元或三元羧酸都是有效的 pH 缓冲剂。此外硼酸也是有效的缓冲剂。

表 15-10　某些酸在水溶液中的酸离解常数（pK_a）值（25℃）

酸	pK_a	酸	pK_a
甲酸	3.75	草酸	K_1　1.27
醋酸	4.76		K_2　4.27
丙酸	4.87	丙二酸	K_1　2.85
正丁酸	4.82		K_2　5.70
异丁酸	4.85	丁二酸	K_1　4.20
乳酸	3.86		K_2　5.64
丙酮酸	2.47	戊二酸	K_1　4.34
丁炔酸	2.65		K_2　5.27
硼酸	9.24	己二酸	K_1　4.43
磷酸	K_1　2.12		K_2　5.28
	K_2　7.21	顺丁烯二酸	K_1　1.92
	K_3　12.30		K_2　6.23

续表

酸	pK_a	酸	pK_a
羟基亚乙基二膦酸(HEDP)	K_1 1.70	反丁烯二酸	K_1 3.02
	K_2 2.47		K_2 4.28
	K_3 7.28	酒石酸	K_1 3.03
	K_4 10.29		K_2 4.37
	K_5 11.13	柠檬酸	K_1 3.13
			K_2 4.76
			K_3 6.40

15.2.4 还原剂

水合镍离子在酸性溶液中的还原电位为－0.25V，在碱性溶液中则为－0.72V。

$$Ni^{2+}+2e^- \rightleftharpoons Ni \quad E^{\ominus}=-0.25V \tag{15-18}$$

$$Ni(OH)_2+2e^- \rightleftharpoons Ni+2OH^- \quad E_B^{\ominus}=-0.25V \tag{15-19}$$

镍离子的还原电位随 pH 的变化如图 15-4 所示。在 pH＜7 时其电位是恒定的，在 pH＞7 时随 pH 值的升高而下降。

在含配位剂的溶液中镍离子的还原电位随配位剂而异，用 NH_3 做配体时为：

$$[Ni(NH_3)_6]^{2+}+2e^- \rightleftharpoons Ni+6NH_3 \quad E^{\ominus}=-0.25V \tag{15-20}$$

镍盐（0.1mol/L）在 0.1mol/L 酒石酸（以 tart 表示）、柠檬酸（以 cit 表示）和 3mol/LNH_4^+ 碱性液的 pH-电位图如图 15-5 所示。

要使 Ni^{2+} 在酸、碱和配体液中还原析出，所用的还原剂在相应的条件下必须有足够的还原能力，即所构成的化学电池的电动势必须大于零才行。表 15-11 和表 15-12 是一些还原剂在酸性和碱性溶液中的还原电位及其随 pH 的变化关系式。

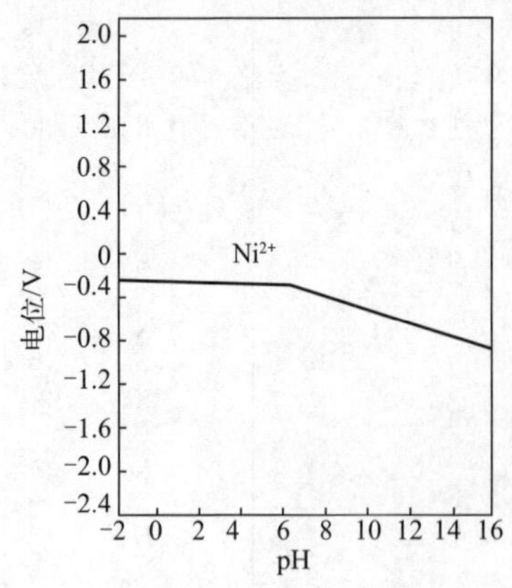

图 15-4 镍（Ⅱ）-水系的电位-pH 图

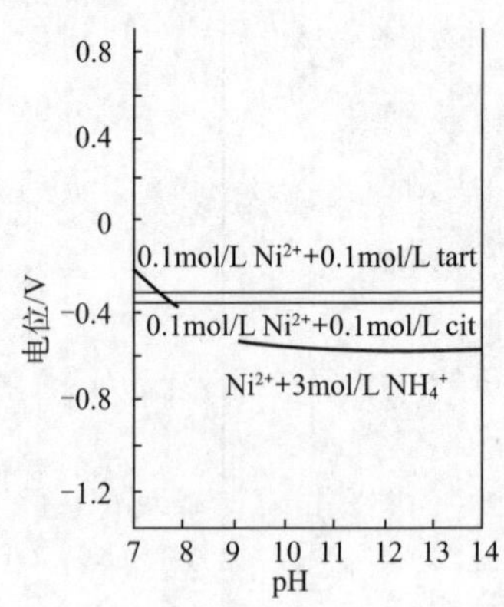

图 15-5 在碱性配体中的镍（Ⅱ）

表 15-11　一些还原剂在酸性溶液中的氧化还原电位

氧化还原体系	还原电位/V	还原电位随 pH 的变化关系
$HN_3 = 3/2N_2 + H^+ + e^-$	−3.09	
$H_3PO_2 + H_2O = H_3PO_3 + 2H^+ + 2e^-$	−0.50	−0.50-0.06pH
$H_2Se = Se + 2H^+ + 2e^-$	−0.40	
$H_3PO_3 + H_2O = H_3PO_4 + 2H^+ + 2e^-$①	−0.276	−0.276-0.06pH
$H_3PO_3 + H_2O = H_3PO_4 + 2H^+ + 2e^-$①	−0.23	−0.23-0.075pH
$HO_2 = O_2 + H^+ + e^-$	−0.13	
$HCHO + H_2O = HCOOH + 2H^+ + 2e^-$	+0.056	+0.56-0.06pH
$H_2S = S + 2H^+ + 2e^-$	+0.141	

① 不同研究者的测定结果。

表 15-12　一些还原剂在碱性溶液中的氧化还原电位

氧化还原体系	还原电位/V	还原电位随 pH 的变化关系
$H_2PO_2^- + 3OH^- = HPO_3^{2-} + 2H_2O + 2e^-$	−1.57	−1.57+0.09(14-pH)
$BH_4^- + 8OH^- = BO_2 + 6H_2O + 9e^-$	−1.24	−1.24+0.06(14-pH)
$HPO_3^{2-} + 3OH^- = PO_4^{3-} + 2H_2O + 2e^-$	−1.12	−1.12+0.09(14-pH)
$S_2O_4^{2-} + 4OH^- = 2SO_3^{2-} + 2H_2O + 2e^-$	−1.12	−1.12+0.12(14-pH)
$SO_3^{2-} + 2OH^- = SO_4^{2-} + H_2O + 2e^-$	−0.93	−0.93+0.06(14-pH)
$HSnO_2^- + H_2O + 3OH^- = Sn(OH)_6^{4-}$	−0.90	
$H_2 + 2OH^- = 2H_2O + 2e^-$	−0.828	
$3S_2O_6^{2-} + 8OH^- = 6SO_3^{2-} + 4H_2O + 2O_2 + 2e^-$	−0.57	−0.57+0.09(14-pH)
$S^{2-} = S + 2e^-$	−0.48	

由表 15-11 可知，在酸性溶液中肼、亚磷酸和次磷酸都是合适的化学镀镍还原剂，其中次磷酸的还原能力最强，是最常用的还原剂。在碱性溶液中亚磷酸、硼氢化物、氨基硼烷和次磷酸盐是最常用的还原剂。除了表中所列的还原剂外，还可用乙二醛、次硫酸钠、硫酸肼等。

15.3　化学镀镍的稳定剂、促进剂和改良剂

15.3.1　稳定剂

在化学镀镍过程中镍离子被还原为金属镍，同时次磷酸根被氧化为亚磷酸

根，它与 Ni^{2+} 会形成细小弥散的亚磷酸镍颗粒，此外镀液中还可能存在灰尘、砂粒等，这些细小弥散的颗粒不仅会使镀层粗糙或凹凸不平，而且表面也能进行催化还原，导致镀液的连锁反应和分解。在分解过程中同时会放出大量氢气并出现大量非常细小的黑色沉淀物，这由镍和亚磷酸镍或由镍与硼酸镍组成。沉积速度越快的镀液，其自发分解趋势越大，被镀面积和镀液容积之比（装载量）太大，镀液中配位剂选择不当或浓度不足，也影响镀液的稳定性。

为了防止镀液的自然分解，使还原反应只在被镀基材表面上进行，就有必要在镀液中加入稳定剂。这些稳定剂可吸着在微粒或胶粒表面，抑制了镍在微粒表面上的还原，或者通过配位作用使亚磷酸或硼酸难与 Ni^{2+} 形成微粒，也就抑制了镀液的自然分解，从而达到稳定镀液的目的。

化学镀镍的稳定剂主要有四类：①重金属离子，如铅、铋、锌、镉、锡、锑、铊等；②含氧酸盐，如钼酸盐、碘酸盐；③含硫化合物，如硫脲（thiourea）、3-*S*-异硫脲四氮唑鎓（tetrazolium）丙烷磺酸盐、羟基苯并噻唑、黄原酸酯、硫代硫酸盐、硫代邻苯二甲酸酐等；④有机酸衍生物，如甲基四羟邻苯二甲酸酐，六氯内亚甲基四羟邻苯二甲酸酐等。稳定剂除了能使镀液稳定外，有的还有光亮作用、加速作用和提高镀层耐蚀性等作用。但是添加重金属和硫化物一类［3-*S*-异硫脲四氮唑鎓（tetrazolium）丙烷磺酸钠例外］稳定剂时，常使镀层内应力和孔隙率增大，镀层延展性下降，因而降低了镀层的抗蚀性和耐磨性。

用重金属离子做稳定剂时，其用量也各异，如 Pb^{2+} 可达 2mg/L，Cd^{2+} 可达 10mg/L，Sb^{2+}、Sn^{2+} 则可达 100mg/L，不过大多数金属离子用量以 0.1～10mg/L 为宜。在酸性丁二酸化学镀镍液中，0.1mg/L 的 Pb^{2+} 就能达到稳定剂的作用。Pb^{2+} 过量时，就优先被边缘或拐角处吸附，使镀层孔隙率增大，常出现漏镀现象。当 Pb^{2+} ＞10mg/L 时，化学镀镍完全停止，图 15-6 是 Pb^{2+} 浓度对化学镀镍沉积速度的影响曲线。

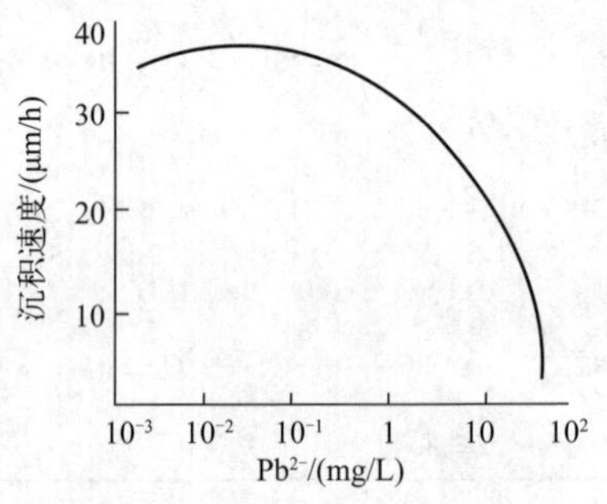

图 15-6　Pb^{2+} 浓度对丁二酸-次磷酸钠化学镀镍沉积速度的影响（pH＝4.6，95℃）

含硫稳定剂的用量也为 mg/L 级，它们可以单独使用也可与重金属盐合并使用，合并使用时能降低重金属盐浓度的影响，并得到较好的稳定效果和较快的沉积速度。但微量硫与镍共沉积会剧烈降低镀层的耐盐雾性能。

Harbulak 等人在美国专利 4483711（1984 年）中提出，用 3-*S*-异硫脲鎓盐丙烷磺酸盐做稳定剂：

$$\begin{matrix} R^1 & & \\ & N & \\ R^2 & & \\ & & CH—S—(CHR)_n—SO_3^{\ominus} \\ R^3 & & \\ & \overset{\oplus}{N}H & \\ R^4 & & \end{matrix}$$

R^1、R^2、R^3、R^4 = H 或烷基，R = H、OH，n = 1.5

它具有使用浓度范围宽，在各种作业条件下能获得含磷量较低（小于 8%）的镍磷合金层，同时镍的沉积速度可提高约 30%（见表 15-13）。当它加入因重金属离子浓度过高而报废的镀液时，可以使该镀液恢复到原有的作业性能。

表 15-13　硫脲（thiourea）和 3-*S*-异硫脲四氮唑鎓丙烷磺酸盐的浓度对沉积速度和镀层含磷百分数的影响

稳定剂	浓度/(μg/L)	沉积速度/(μm/h)	P/%
没有	—	20	9.90
硫脲	13.1	25	6.67
硫脲	26.3	31.3	6.76
硫脲	39.4	27.5	6.83
硫脲	65.7	25.8	6.46
硫脲	78.9	0	—
3-*S*-异硫脲四氮唑鎓丙烷酸盐	6.3	27.5	8.22
3-*S*-异硫脲四氮唑鎓丙烷酸盐	31.6	27.5	7.36
3-*S*-异硫脲四氮唑鎓丙烷酸盐	63.2	—	6.36
3-*S*-异硫脲四氮唑鎓丙烷酸盐	94.6	30.8	6.29
3-*S*-异硫脲四氮唑鎓丙烷酸盐	126.5	30.5	5.42
3-*S*-异硫脲四氮唑鎓丙烷酸盐	142.4	26.3	
3-*S*-异硫脲四氮唑鎓丙烷酸盐	158.2	0	5.34

甲基四羟邻苯二甲酸酐和六氯内亚甲基四羟邻苯二甲酸酐是金吉斯和杜布列娃 1977 年在苏联专利 684924 中提出的一类新型稳定剂，其特点是可以减少镀层的气孔，提高镀层的耐蚀性和沉积速度，其用量在 1.5～2.5g/L。在最好情况下沉积速度可提高 60%，耐磨性可提高 20%。

配位能力较强的配位剂也有稳定镀液的作用，它们不会参与电化学反应而混杂至镀层中（少数例外），也不会影响镀层的物理力学性能，还能抑制亚磷酸镍的析出。用羟基亚乙基-1,1-二膦酸做配位剂的化学镀镍液就有这种效果。

化学镀镍生产过程中稳定剂含量的控制与补充是个困难的问题，因稳定剂的含量低，其消耗量随被镀零件的形状和尺寸而变化，而且与施镀方法有关。滚镀时稳定剂的消耗比挂镀高。

15.3.2 促进剂

促进剂是指加入镀液中能显著提高沉积速度的物质。在加入强配位剂的镀液中，Ni^{2+}受到强的配位，其还原速度受到抑制。在这种镀液中加入第二种配位剂，以减弱镍配离子的配位状态或改变镍配离子的结构，就可达到加快沉积速度的目的。例如在乳酸和苹果酸为主配位剂的酸性化学镀镍液中，若加入一元羧酸或二元羧酸时都可明显提高沉积速度。镀液的沉积速度的增加直接与所加一、二元酸的量成正比。例如，在乳酸镀液中加入 20g/L 丙酸钠时，沉积速度由 11μm/h 上升至 16μm/h，加入 20g/L 醋酸钠时则升至 15μm/h。表 15-14 列出了在乳酸镀液中加入各种有机酸的影响。

表 15-14 乳酸镀液中加入各种有机酸的影响（pH=4.7，90℃）

添加剂	添加量/(g/L)	沉积速度/(μm/h)	镀液稳定性[①]/s	沉积后pH	镀层抗硝酸性(60s)[②]
对照液[③]	0	11	15	4.0	好
醋酸	5mL/L	14	18	4.33	好
醋酸	7.5mL/L	15	18	4.36	阴影
丙酸	5mL/L	13	15	4.24	好
丙酸	10mL/L	15	15	4.35	阴影
醋酸钠	5	12	15	4.23	阴影
醋酸钠	10	13	15	4.31	阴影
醋酸钠	20	15	15	4.41	阴影
丙酸钠	5	14	20	4.14	好
丙酸钠	10	15	20	4.25	好
丙酸钠	20	16	20	4.43	阴影
丁二酸	5	12	15	4.27	好
丁二酸	10	13	15	4.33	好
己二酸	5	12	15	4.33	好
己二酸	10	13	15	4.36	好
乙醇酸(70%)	10mL/L	10	17	4.11	阴影
苹果酸	5	10	18	4.29	好
苹果酸	10	9	20	4.39	好
苹果酸	15	8	30	4.47	好

续表

添加剂	添加量/(g/L)	沉积速度/(μm/h)	镀液稳定性①/s	沉积后pH	镀层抗硝酸性(60s)②
柠檬酸	5	9	30	4.20	好
柠檬酸	10	8	30	4.31	好
柠檬酸	15	6	30	4.40	好
氨基乙酸	5	15	27	4.0	发黑
氨基乙酸	10	14	33	4.0	发黑

① 镀液稳定性是在装有搅拌、温度60℃的100mL处理液中添加2mL、100mg/L铅溶液后，测量分解的时间来确定的，时间越长表示越稳定。

② 抗硝酸试验是把已镀过的试样一半浸入浓硝酸中60s，然后观察镀层表面状态。

③ 对照液成分：硫酸镍30g/L，88%乳酸35mL，次磷酸钠25g/L，氢氧化钠13g/L，铅0.5～1mg/L，pH=4.7。

在乳酸镀液中加入二元羧酸（如丁二酸和己二酸）后不仅沉积速度可提高20%～25%，而且提高了镀液的缓冲能力，它们并不影响镀液的稳定性和镀层的抗硝酸腐蚀性。由于丁二酸和己二酸的挥发性比醋酸和丙酸低，故它们能在很多配方中运用。

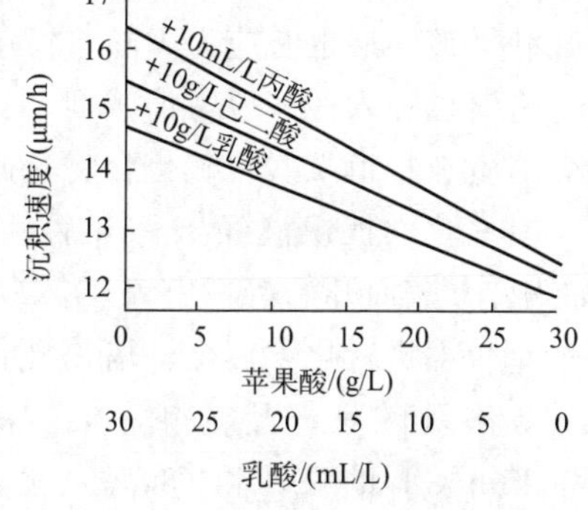

图15-7 丙酸、己二酸对苹果酸和乳酸镀镍液沉积速度的影响

由表15-14可见，在乳酸镀液中再加入更强的羟基酸（如苹果酸和柠檬酸），则沉积速度随加入量的升高而迅速下降。但在乳酸镀液中加入丙酸和己二酸时，镀液的沉积速度都升高。图15-7是羟基酸镀液中加入丙酸和己二酸时沉积速度的变化曲线。

在碱性化学镀镍液中，配位剂氨是一种很好的加速剂，这是因为氨的配位可以作为电子桥而有利于电子通过，从而加速了镍配离子的还原。这就是绝大多数碱性化学镀镍液中大半含有氨的原因。表15-15是碱性柠檬酸盐镀液中加入氯化铵对沉积速度的影响。

表15-15 碱性柠檬酸盐镀液中氯化铵浓度对沉积速度的影响

氯化铵/(g/L)	5	10	15	20	30
增重/(mg/dm^2)	66	110	129	136	128

除氨以外卤素也有类似的作用，但加速作用较小。由于Cl^-容易混杂在镀层中而降低化学镀镍层的耐蚀性，因此化学镀镍液已较少采用氯化镍做镍盐。

15.3.3 改良剂

改良剂是光亮剂、应力消减剂和润湿剂等的总称。光亮剂主要提高镀层的光亮度。化学镀镍层刚镀出时，通常就是半光亮的，可以添加一些光亮剂来提高镀层的光亮度。如萘二磺酸钠、对甲苯磺酰胺、硫脲等在酸性化学镀镍液中均能产生光亮沉积层。硒酸、镉离子、碲和铅离子也都是有效的光亮剂，而且这些物质的加入量也像有机化合物那样严格。在碱性氨镀液中添加 0.3g/L 醋酸铀也能增加沉积层的光亮。小林孝之等在日本专利中指出在碱性葡萄糖酸钠-氨体系化学镀镍硼液中加入乙二胺、二乙烯三胺或间二杂茂等化合物时，可使镀层致密细致，膜厚均匀。

在化学镀镍过程中同时有大量氢气析出，氢气在基材表面上停留时就会产生针孔、凹洞或条纹，为了降低镀液的表面张力，使氢气泡能迅速脱离镀品，就必须加入适量的润湿剂。实验结果证明，OP-乳化剂、烷基醇聚氧乙烯醚和十二烷基硫酸钠等均是有效的润湿剂，加入量在 1～10mg/L 就显效果，加入过多时会产生漏镀现象。若镀液已有空气搅拌或机械移动，润湿剂也可不用。

化学镀镍层也有应力，随着镀层的增厚，应力也加大。为了降低镀层的内应力，有时也加入一些应力消减剂。目前对哪些化合物具有消减应力的作用尚不清楚，有资料报道某些含硫化合物有此效果，但未指出具体化合物。

有些化学镀镍液经 4～5h 后，就会在未金属化或未活化部位上的介电材料（如陶瓷）表面开始沉积出镍层。为了提高镀液的选择性，即只在活化或已沉积镍的部位上进行化学镀金，塔洛扎依特等在 1981 年的苏联专利中提出，在含氯化镍、次磷酸钠、醋酸钠、氨基乙酸和硫化铅的镀镍液中加入 0.0005～0.0015mol/L 的双氧水（30%）就可达到此目的。加入双氧水后可以使零件的报废率由 30%下降为 10%，镀层的光亮度可从 20%提高到 25%，并可使单位体积的处理液内沉积出更多的金属，即可显著节约材料和化学品。

15.4 21世纪化学镀镍添加剂的进展

2000 年郭贤烙等[1] 开发了一种低温酸性光亮化学镀镍工艺，其镀液组成和工艺条件是：$NiSO_4 \cdot 6H_2O$ 25～30g/L，$NaH_2PO_2 \cdot H_2O$ 30～32g/L，柠檬酸钠 8～10g/L，丁二酸 10～15g/L，乳酸 6～8g/L，苹果酸 5～8g/L，硫酸铵 24～26g/L，稳定剂 36～40mg/L，苯甲醛 15mg/L，糖精 15mg/L，十二烷基硫酸钠 0.005～0.01g/L，pH 5.3～5.8，温度（70±2)℃，负载 1.0～1.6dm^2/L。该工艺具有沉积温度低（70℃左右）、镀速高（8～10μm/h）、镀层光亮、耐蚀性优异、镀液稳定性好、成本低等特点。

2000 年黄岳山等[2] 发明了一种化学镀镍液，采用柠檬酸和甲基四羟苯邻二酸酐作配位剂，由于柠檬酸和甲基四羟苯邻二酸酐可组成镍的双配位体系，从而提高镍离子在溶液中的稳定性和溶液的沉积速度；由于甲基四羟苯邻二酸酐能减少镀层的针孔，提高镀层的致密度，从而使镀层的耐蚀性得以提高，降低了化学镀镍的生产成本，适于作为严酷条件下零部件的化学镀镍液。该化学镀镍液的组成和操作条件为：硫酸镍或氯化镍 15～30g/L，次亚磷酸钠 20～30g/L，乙酸钠或柠檬酸钠 0～20g/L，柠檬酸 10～20g/L，甲基四羟苯邻二酸酐 1.5～2.5g/L，pH 4.3～4.5，温度 90℃，沉积速度 15～20μm/h，溶液寿命达 8 个周期，镀层的耐蚀性提高 200%，5μm 厚时可耐中性盐雾 800h 以上。

2000 年欧阳新平等[3]评述了低温化学镀镍研究进展，指出要实现化学镀镍的低温化，就要降低镀液中镍离子还原的活化能，传统的方法主要通过选择合适的配位剂来实现。目前在低温化学镀镍中使用的配位剂大致有焦磷酸盐、柠檬酸盐和乳酸盐等。使用这些配位剂实施低温化学镀镍的工艺配方见表 15-16。

表 15-16 部分低温化学镀镍镀液组成及工艺条件

组成及条件	配方一	配方二	配方三	配方四	配方五
硫酸镍/（g/L）	25	30	30	35～40	30～40
次亚磷酸钠/（g/L）	25	30	25	45～50	30～40
焦磷酸钠/（g/L）	59	60			
柠檬酸/（g/L）			100	60～80	
乳酸钠/（g/L）					20～35
三乙醇胺/（mL/L）		100			5～15
NH_4Cl/（g/L）			40		10～20
无机添加剂/（g/L）				44	
NaF/（g/L）				6～7	
pH 值	10	10	9～10	10	8.5～9.5
温度/℃	68	35	30～35	40	20～40

在低温化学镀镍技术中，配位剂的选择取决于其与镍离子的配合物的稳定性，其稳定性决定了低温镀的镀速与镀层的质量。一般来说，与镍离子配位稳定性较大的配位剂，如柠檬酸钠，会造成镀速的下降，但同时减小镀层晶粒尺寸，有利于镀层耐蚀性的提高；与镍离子配位稳定性较小的配位剂，如焦磷酸钠，会造成镀速的提高，但同时使镀层晶粒尺寸增大，导致镀层耐蚀性的降低；因而，在选择配位剂时，须考虑配位剂与镍离子是否形成螯合物，以及螯合环的大小、配位原子的电负性、空间位阻等对配合物稳定性有影响的因素。从目前文献报道来看，50℃以下的化学镀镍工艺，镍的沉积速度一般在 10μm/h 左右，这与实施

工业化生产还有一定距离，因此，寻求更合适的配位剂或多种配位剂组合使用将是化学镀镍低温化研究的重点。

2000 年肖鑫等[4] 研究了光亮碱性化学镀镍工艺，通过均匀设计法，优选了芳香基磺酸盐、芳香醛、炔醇以及含铅、含碘添加剂，从而开发了一种光亮碱性化学镀镍新工艺。经过优化筛选试验，确定碱性化学镀镍的基础配方及工艺条件如下：硫酸镍（$NiSO_4 \cdot 6H_2O$）40g/L，次磷酸钠（$NaH_2PO_2 \cdot H_2O$）30g/L，三乙醇胺（$(HOCH_2CH_2)_3N$ 20g/L，柠檬酸三钠（$Na_3C_6H_5O_6 \cdot 2H_2O$）50g/L，乳酸 24mL/L，pH 值 9.0～10.0，温度 58～62℃，施镀时间 60min，为了得到光亮如镜的化学镀镍层，优化选择了芳香醇 B（苯甲醛、对氯苯甲醛）24mg/L、炔醇 C（如丁炔二醇、丙炔醇及其衍生物）20mg/L，以及含碘 E 0.1mg/L 等添加剂进行了实验，所得镀层光亮如镜，色泽均匀。讨论了主盐、还原剂、温度及 pH 值对镀速的影响，检测了镀液、镀层的性能。

2000 年陈彦彬等[5] 进行了中温化学镀镍工艺及添加剂的研究，提出了一种中温化学镀镍工艺。在正交试验结果的基础上，采用三种添加剂组合使用，分别研究了配位剂、组合添加剂、温度及 pH 值对镀层沉积速度的影响，最终得到如下最佳镀液组成及工艺条件：$NiSO_4 \cdot 6H_2O$ 40g/L，$NaH_2PO_2 \cdot H_2O$ 40g/L，$Na_2P_2O_7 \cdot 10H_2O$ 45g/L，三乙醇胺 $N(CH_2CH_2OH)_3$100g/L，氨水 $NH_3 \cdot H_2O$ 30g/L，组合添加剂适量，pH 8.5，温度 60℃。该工艺沉积速度快，镀液的稳定性好，镀层的光亮度高。结果表明：采用组合添加剂能明显提高镀液的稳定性及沉积速度。

2001 年刘志坚[6] 研究了影响 Ni-P 合金化学镀溶液稳定性的各种因素，结果表明，配位剂和稳定剂是影响溶液稳定性的主要因素，在操作条件中，溶液 pH 值和温度是影响稳定性的主要因素，在施镀过程中添加方式将决定镀液的使用寿命。研究得出最佳长寿命化学镀镍工艺为：硫酸镍 25g/L，次亚磷酸钠 30g/L，乳酸 20mL/L，柠檬酸 5g/L，乙酸钠 15g/L，硫脲 1～3mg/L，稳定剂 E1mg/L，镀液 pH 值 5.0～5.1，施镀温度 88～92℃，装载量 $1dm^2/L$。在 40L 的工业应用扩大实验下，可以做到 10 个周期左右。镀层外观光亮平整，表面致密均匀，孔隙率低，耐磨和耐蚀性优良，显微硬度良好（HV_{100} 420～520，镀层厚度为 50～78μm）。各项性能指标能够满足工业应用要求。

2002 年蔡晓兰等[7] 研究了化学镀镍磷配位剂冰醋酸、乳酸、丁二酸、苹果酸、柠檬酸及其复合配位剂对镀层磷含量的影响，结果表明：

① 配位剂的种类及用量对化学镀 Ni-P 合金镀液的稳定性、镀速及镀层磷含量起决定性的作用。在选择配位剂时，配位剂的 pK 值是一个非常重要的参数。一般 pK 值低，镀层磷含量低，pK 值高，镀层磷含量高。

② 冰醋酸作为配位剂时（pK＝1.43）可以得到低磷镀层（P：3%～5%），镀速基本保持在 35～40μm/h，且镀速最快，冰醋酸的最佳用量为 10～15mL/L。

③ 用乳酸、丁二酸、苹果酸及其复合配位剂时可以得到中磷镀层（P：6%～9%），且镀速较快。用乳酸（pK=2.5）及其复合配位剂时镀速基本稳定在20μm/h左右，镀层磷含量在6.9%～7.6%之间，用量在20～28mL/L之间。镀液也比较稳定。丙酸-乳酸是一种兼配位剂、加速剂和缓冲剂于一身的有机配位剂，它与Ni^{2+}形成配离子的稳定性适当（pK=2.5），镀速快，价格便宜，因此在工业应用中乳酸-丙酸复合配位剂是用得最多的配位剂之一。苹果酸及其复合配位剂对镀速的影响较小，镀速基本保持在15～17μm/h，磷含量也基本保持在7.2%～7.9%之间，说明苹果酸是一种比较稳定而且实用的配位剂，在中磷配方中经常使用，其用量为10～15g/L。在苹果酸中加入丁二酸、乳酸等形成复合配位剂效果更好，镀速基本保持在26～28μm/h，镀速较快；丁二酸也是一种加速剂，镀层磷含量随丁二酸量的增加而降低，含磷量在5.0%～6.8%之间，用丁二酸作配位剂对镀速影响较小，丁二酸作配位剂属快速施镀，生产效率较高，其用量为10～20g/L。在丁二酸中加入苹果酸、乙酸钠、乳酸等作复合配位剂，镀层磷含量很稳定（5.7%），效果更佳。

④ 柠檬酸的pK值为5.4，随着柠檬酸浓度的增加，反应的镀速逐渐下降而镀层中磷的含量也逐渐升高，在柠檬酸浓度达20g/L时，磷含量从0急剧增加至9%左右，这以后再增加柠檬酸的浓度，磷含量的增加已趋于平缓，在9%～12%之间，因此为了得到高磷镀层，柠檬酸的最佳用量应是5～15g/L。在柠檬酸中加入丙酸、乙酸钠等形成复合配位剂时镀层磷含量趋于稳定，得到高磷镀层（P：9%～12%），但镀速较慢，可以添加加速剂以提高镀速。

⑤ 复合配位剂比单一配位剂更易满足多工艺要求，实验结果可用于生产实践。

2003年张天顺等[8] 开发了TL全光亮化学镀镍磷合金工艺及TL-013、TL-014两种浓缩液配方。研究了光亮剂的选择，被镀件表面状态对镀层光亮度的影响，合理的施镀条件。同时，试验研究了装载量、pH值及施镀温度对镀液的沉积速度、稳定性及镀层光亮度的影响。结果表明：该工艺可获得孔隙率低、耐蚀性能好的全光亮镀层。

2003年郭忠诚等[9] 研究了光亮剂对化学镀镍磷工艺及其镀层性能的影响，结果表明：

① 使用光亮剂后，获得了非晶态高磷镍-磷合金镀层，镀层中磷原子的增加，起到了明显的增光效果，提高了装饰性镀层的表面质量；

② 加入光亮剂后，在反应过程中，镀层表面出光速度快，一般只需15～20min镀层便开始光亮，且光亮剂用量少，持续出光时间长，镀液较为稳定可靠；

③ 光亮剂在化学镀过程中没有参加化学反应，却对磷的沉积有积极的促进作用，明显提高了镀层中的磷含量。当光亮剂的加入量达到5～6mL/L时，镀层

中的磷含量可提高到35.63%～39.03%，同时可得到全光亮的镍-磷合金镀层，有效地改善了镀层的表面质量，且出光速度快，镀液稳定可靠。但当磷含量过高后，会降低耐蚀性。考虑综合因素，光亮剂用量应控制在1～2mL/L为宜。通过扫描电镜和X射线衍射对高磷镍-磷合金镀层的分析表明，镀层为非晶态结构。显微硬度、磨损率以及耐蚀性测试结果表明，镀态下镍-磷合金镀层的硬度、耐磨性和在10%盐酸中的耐蚀性随着光亮剂的增加而降低。

2003年黄鑫等[10]研究了中温酸性化学镀镍体系中配位剂、促进剂、光亮剂及工艺参数对镀速的影响，获得了优化的中温酸性光亮化学镀镍工艺，最终确定的优化工艺为：硫酸镍25g/L，次亚磷酸钠30g/L，甘氨酸12g/L，乳酸10mL/L，乙酸钠15g/L，硫酸铵20g/L，丁二酸9g/L，复合稳定剂1mg/L，光亮剂1～3mg/L，pH值5.2～5.3，施镀温度68～70℃。采用此工艺时，镀液的镀速为9～11μm/h，得到的镀层平整，接近镜面光亮。镀层光亮，耐磨耐蚀性良好。

2004年邓立元等[11]研究了一种镜面光亮化学镀镍新工艺，优选了镀液配方及工艺条件。该工艺采用有机酸多配位体系，中温酸性化学光亮镀镍。镀液组成及工艺参数为：硫酸镍30g/L，乙酸钠20g/L，柠檬酸0.10g/L，乳酸7mL/L，丙酸3mL/L，硫酸铜0.8g/L，光亮剂2mg/L，次磷酸钠30g/L，以上述配方按顺序加入各化合物，均匀搅拌，调pH值至3～4，加热至70℃，施镀。试验表明，光亮剂A对光亮度效果的影响十分显著，在浓度约为2.00mg/L时镀层最光亮，呈现镜面效果。光亮剂A的作用还可使镀层更致密、孔隙率降低、耐蚀性提高。该镀层耐蚀性好、结合力强、硬度大、光洁度高，镀层镜面光亮，且光亮剂A无毒，减少了环境污染。研究发现除硫酸铜之外，其他添加剂都起到了稳定镀液的作用；而UPS和硫酸铜的加入都能降低镀层的磷含量。

2004年张弢等[12]发明了一种聚合物薄膜表面的化学镀镍导电薄膜及其制备方法，其特征是包括下列步骤：

① 清洁处理：将聚对苯二甲酸二乙二醇酯（PET）薄膜浸入60℃、30% NaOH溶液中30min，水洗干净。

② 活化：浸入60g/L $SnCl_2$、0.5g/L $PdCl_2$、20g/L 37% HCl溶液中1min，水洗。

③ 敏化：浸入20g/L 37% HCl溶液中1min。

④ 预浸镀镍：浸入氯化镍25g/L、次亚磷酸钠15g/L、柠檬酸钠120g/L、氯化铵40g/L、pH 9、80℃溶液1min，得化学镍层厚度1μm的PET导电膜。

⑤ 将PET导电膜在60～120℃下干燥。

⑥ 再在120～220℃下进行热处理。

所得导电PET膜可用于电磁屏蔽和军事装备隐身的雷达波屏蔽。

2004年肖鑫等[13]进行了全光亮化学镀镍磷合金工艺研究，为提高化学镀镍磷合全的装饰性，采用光亮剂 A、DEP、PA、BEO、PME 作为化学镀镍光亮剂，均能使镀层结晶细致均匀，具有良好的光泽，且有一定的镀速，但不能达到镜面光亮，装饰效果欠佳，因此单独使用一种镀镍中间体不能满足要求。在化学镀镍液中单独加入各种无机盐（铅盐、碘盐、镉盐、铈盐等），能增加镀层的光泽，但色泽不清亮，加入量偏高，沉积速度下降太快。综合两者的出光效果，将无机盐与镀镍中间体混合使用，在常规化学镀镍磷合金镀液中加入组合光亮剂(由两种镀镍中间体和无机盐复配而成)，获得了全光亮化学镀镍磷合金层。研究了镀液中光亮剂、硫酸镍、次磷酸钠、柠檬酸钠、金属杂质离子以及 pH 值和温度对化学镀镍磷合金层外观、耐蚀性和沉积速度的影响；检测了有关性能。结果表明：所得化学镀镍磷合金镀层的外观（镜面光亮的镀层)、孔隙率、耐蚀性、硬度、沉积速度（可达 15～20μm/h)、结合力等性能优于常规化学镀镍磷合金镀层，因而具有较高的应用推广价值。

2005 年刘少友等[14] 进行了中温碱性化学镀镍磷实用新工艺研究，用正交试验设计法和中心组合规则研究了以硫酸镍、次亚磷酸钠为主盐的化学镀液优化配方，研究了镀液中微量光亮剂对镀速的影响。结果表明：在施镀温度为 62.7℃，pH 值为 8.0，装载量为 $1dm^2/L$，$NiSO_4 \cdot 6H_2O$ 36.03g/L，NH_4Ac 36.96g/L，NaF 6.3g/L，$Na_3C_6H_5O_7 \cdot 2H_2O$ 23.52g/L，NaH_2PO_2 42.4g/L 条件下，施镀 1h，所得到的平均镀速为 14.65μm/h，且镀层光亮，镀层含磷量为 7.8%～8.2%，镀层硬度为 HV457，镀液可循环利用 7 个周期，能满足生产的实际需要。

2005 年王修春[15] 发明了一种化学镀镍复合添加剂，其组成为：酒石酸 100g，苹果酸 100g，乳酸 200g，乙酸钠 300g，丁二酸 50g，氢氧化钠 200g，氧化钼 60mg，碘化钾 60mg。化学镀镍液的组成为：硫酸镍 27g/L，次亚磷酸钠 30g/L，复合添加剂 70g/L，pH 4.8，温度 88℃。该镀液的沉积速度为 17μm/h，寿命 7 个周期，所得镀层均匀光亮。

2005 年王建泳等[16] 研究了镁合金化学镀镍工艺，采用碱式碳酸镍作镍源，在 AZ91 镁合金表面直接化学镀镍，采用酸洗活化一步法，即经过脱脂除油，再用磷酸、氟化氢铵以及缓蚀剂处理，无需活化。通过比较三种酸洗液的应用效果，确定 60mL/L 磷酸、40g/L 氟化氢铵和 30g/L 硼酸的混合液作酸洗液，酸洗液最佳 pH 值为 2，时间 25s。实验发现，该法同 HF 酸活化得到的镀层表面颗粒更均匀。该 Ni-P 合金结合力合格，硬度可达 HV356.7。讨论了热处理对镀层硬度的影响，结果表明，随着热处理温度的提高，镀层硬度也随之提高，在热处理温度 250℃时硬度最高。

2005 年葛圣松等[17] 研究了低磷化学镀镍磷合金新工艺，通过正交试验及单因素试验，研究了在弱碱近中性条件下以次亚磷酸钠为还原剂、氨-硫酸铵为缓冲体系，并有复合添加剂存在的低磷化学镀镍磷合金新工艺，综合考虑各种因素，得到了弱碱近中性条件下低磷化学镀镍磷合金的最佳配方及工艺条件：硫酸镍 30g/L，次亚磷酸钠 15g/L，乙酸钠 35g/L，乳酸 25g/L，硫酸铵 10g/L，复合添加剂 30μg/g，pH 值 7.5，温度 80℃。按此工艺施镀，所得镀层外观平整、光亮，镀速为 12.2μm/h，用扫描电子显微镜（JXA-840）测定镀层含磷量 3.95%，为低磷镀层。

2006 年贺雪峰等[18] 进行了光亮化学镀镍磷合金性能研究，所用光亮化学镀 Ni-P 合金的镀液配方及工艺条件为：$NiSO_4 \cdot 6H_2O$ 30g/L，$NaH_2PO_2 \cdot H_2O$ 28g/L，CH_3COONa 39.31g/L，$CH_3CHOHCOOH$ 10.57g/L，稳定剂 1mg/L，复合光亮剂中烯丙基磺酸钠为 20mg/L，吡啶为 20～80mg/L，苯亚磺酸钠为 30～70mg/L，pH 5.2，温度 87～89℃，得到了光亮的化学镀层。对镀层进行 SEM 分析，用分光光度法测出了镀层的磷含量。测量了不同镀层在 3.5% NaCl 溶液中的极化曲线，并与中性盐雾试验的结果进行比较，结果表明，加入光亮剂后得到的光亮镀层表面胞状物明显减小，晶粒细化，镀层孔隙率低，光亮镀层的磷含量较普通化学镀镍层有所增加，光亮镀层的耐腐蚀性能明显优于普通化学镀镍层。

2006 年戴长松等[19] 研究了酸性化学镀镍溶液的贵金属离子、重金属离子光亮剂对镀层硬度、结合力、孔隙率及耐蚀性的影响，并通过 AFM、XRD 和 XPS 分析光亮剂对镀层组织结构的影响。结果表明：

① 重金属离子光亮剂降低酸性化学镀镍溶液的沉积速度，而对镀层的磷含量影响不明显；贵金属离子光亮剂使酸性化学镀镍溶液镀速有所提高，使镀层的磷含量略微增加。

② 贵金属离子光亮剂使镀层孔隙率降低，耐蚀性提高；重金属离子光亮剂使镀层孔隙率增大，镀层的耐蚀性下降。

③ 重金属离子光亮剂、贵金属离子光亮剂都能使镀层表面粗糙度降低，胞状物变小。比较而言贵金属离子光亮剂效果更好。

④ 两种光亮剂均使镀层的非晶结构更加明显，镀态镀层中 Ni 以 Ni 原子和 Ni^{2+} 形式存在，P 以负价离子和 PO_4^{3-} 的形式存在，光亮剂的加入有利于镀层表面形成磷酸镍的保护膜。

2006 年严密等[20] 发明了酸性化学镀镍复合光亮剂及其使用方法，它是由初级光亮剂、次级光亮剂和辅助光亮剂组成的复合光亮剂，其中初级光亮剂由苯磺酸、苯亚磺酸钠或糖精中的一种或两种组成，其含量为 1～15g/L；次级光亮剂由香豆素、吡啶中的一种或与硫脲复配而成，其中香豆素或吡啶含量为 1～10g/L；辅助光亮剂为烯丙基磺酸钠，其含量为 10～150mg/L。使用方法是将 2.5～5mL/L 复合光亮剂缓慢加入化学镀液中，化学镀液的组成为硫酸镍 30g/L，次亚磷酸钠 28g/L，乳酸 11g/L，乙酸钠 40g/L，并用 5%～10%的稀硫酸溶液调节 pH 值至 4.5～6.0；施镀温度为 80～90℃；将干净无油的零件经 3%～

6%的稀硫酸溶液活化处理后浸入镀液中10～150min，即可在零件表面获得光亮的镀镍层。该发明不仅能显著提高镀层的光亮性，而且不会明显降低镀速；出光快，分散能力好，能提高镀液稳定性，延长镀液寿命，光亮剂分解产物不影响镀液成分和镀件质量；镀层致密，表面应力低、韧性好，显微硬度高，具有非晶态结构，耐蚀性好，镀层活性高。

2006年李北军等[21] 研究了复合配位剂化学镀镍工艺，通过实验确定最佳配方及工艺参数：$NiSO_4 \cdot 6H_2O$ 0.08mol/L，$NaH_2PO_2 \cdot H_2O$ 0.24mol/L，乳酸 0.3mol/L，柠檬酸钠 0.05mol/L，EDTA 0.015mol/L，Cd^{2+} 16mg/L，CH_3COONa 0.1mol/L，十二烷基硫酸钠 10mg/L，稀土 Ce（Ⅳ）5～15mg/L，pH=4.4～4.8，温度 89 ℃。筛选出了化学镀镍液合适的配位剂、稳定剂、缓冲剂和表面活性剂。探讨了添加剂稀土元素 Ce（Ⅳ）对化学镀镍过程的影响。结果表明，稀土元素对镀层的性能和耐蚀性都有明显的提高。

2006年胡光辉等[22] 发明了印制电路中化学镀镍浸金工艺及抗弯折剂，在化学镀镍浸金工艺步骤中增加抗弯折剂，使用添加剂消除内应力，以提高镀层韧性，抗弯折剂包含张应力消除剂、压应力消除剂、配位剂以及稳定剂，张应力消除剂可以是对甲苯磺酰胺、苯亚磺酸钠、糖精或苯磺酸，其浓度为 0.01～0.2mol/L，压应力消除剂可以是1,4-丁炔二醇、*N*-烯丙基溴化喹啉、甲醛、*N*-1,2-二氯烯丙基氯化吡啶，其浓度为 0.01～0.2mol/L；配位剂甘氨酸、乳酸，其浓度为 0.01～0.03mol/L，稳定剂碘化钾，其浓度为 10mg/L。温度 80℃。该发明抗弯折剂使用浓度低，开缸时添加，之后不需要补充；使用效果好，可以满足挠性板抗弯折裂要求，适用于要求越来越高的液晶显示器柔板、高密度细线路板等要求弯折的板。

2006年刘海萍等[23] 用正交试验法优选化学镀镍四元复合添加剂，在前期开发的化学镀镍液主配方及单因素筛选试验基础上，使用硫脲衍生物 M、乙酸铅、$CuSO_4 \cdot 5H_2O$、KI 及羟基吡啶鎓盐（PPSOH）五种药品进行正交试验，优选出一种新型四元复合添加剂。该添加剂的组成为：24mg/L 硫脲衍生物 M，5mg/L I^-，1.5mg/L Pb^{2+}，30mg/L Cu^{2+}。使用该添加剂，不仅能获得高稳定性的镀液，而且能大大提高镍镀层的耐硝酸腐蚀性能，同时获得光亮、细致的外观；与不加添加剂相比，镀液氯化钯稳定性测试时间由 21 s 延长到 12 h；镀层的耐硝酸测试时间由 23 s 延长到 404 s；采用目测外观打分法评价镀层，外观光亮性由 60.00 提高到 85.00。与某商品化添加剂相比，该四元复合添加剂对镀液、镀层性能的改善效果更为优异。

2007年吴辉煌等[24] 研究了化学镀添加剂丙酸、硫脲和乳酸化学镀镍阴极、阳极分反应的影响，发现它们的作用机理各不相同。极化曲线和交流阻抗测定发现，丙酸能同时促进 Ni^{2+} 的还原和 NaH_2PO_2 的氧化；乳酸对 Ni^{2+} 的还原起抑制作用，对 NaH_2PO_2 的氧化起促进作用，而硫脲会抑制 NaH_2PO_2 的氧化，但

促进 Ni^{2+} 的还原。丙酸、硫脲和乳酸三种添加剂的作用不同，取决于它们的分子结构。根据红外漫反射谱带的变化可以推断丙酸能与 Ni^{2+} 和 NaH_2PO_2 形成表面配合物。丙酸根的两个 O 原子除在镍基体上吸附外，还能与 Ni^{2+} 配位，—COO—成为有利于溶液中 Ni^{2+} 与金属基体发生电子传递的桥基，从而加速了 Ni^{2+} 的还原，与此同时，丙酸能与 NaH_2PO_2 形成分子间氢键，促使 P—H 键断裂并生成 HPO_2^- 中间物，从而提高 $H_2PO_2^-$ 的氧化速度。镀层中磷元素是由 $H_2PO_2^-$ 与 H 反应生成的，丙酸浓度越大，$H_2PO_2^-$ 的氧化速度越快，产生的 H 越多，镀层中磷含量也越高。

乳酸促进 NaH_2PO_2 的氧化机理与丙酸类似，但乳酸分子比丙酸多一个羟基，能与 Ni^{2+} 形成更稳定的螯合物，导致 Ni^{2+} 还原活化能增大，从而表现出抑制 Ni^{2+} 的还原。

红外漫反射谱研究表明，硫脲以其 S 原子强烈吸附在金属表面上，阻止了 $H_2PO_2^-$ 的吸附和表面的解离反应，但是吸附了硫脲的氨基—NH_2 可作为配体与 Ni^{2+} 形成表面配合物，S 原子起着 Ni^{2+} 还原过程中传递电子的桥梁作用，从而提高了 Ni^{2+} 的沉积速率。硫脲浓度越大，镀层中磷含量也越低。

添加剂的作用不能仅归因于它在金属甚体上的吸附，事实上，添加剂与还原剂、配位剂的相互作用，尤其是它们与金属离子的配位作用是不容忽视的重要因素。

2007 年孙冬柏等[25] 发明了镁合金表面化学镀镍磷合金镀层的方法，对镁合金表面进行前处理后施镀，其特征在于：

① 镀液的组成是：镍盐（硫酸镍等）15～25g/L，还原剂（次亚磷酸钠）18～30g/L，配位剂（乳酸、柠檬酸、丁二酸、苹果酸、甘氨酸中的一种）10～25g/L，添加剂 A（氨水或氟化氢铵）2～10g/L，添加剂 B（NaF、HF、KI 中的一种）1～15g/L，稳定剂（硫脲、钼酸钠和富马酸中的一种）0.5～2mg/L，表面活性剂（十二烷基硫酸钠和十二烷基苯磺酸钠中的一种）0.1～3mg/L。

② 对镁合金表面进行前处理，前处理的步骤是：a. 机械打磨；b. 在丙酮或二氯甲烷的有机溶剂中进行超声波浴清洗，超声波功率 400～800W；c. 水洗；d. 在由 NaOH 40～60g/L、$Na_3PO_4 \cdot 12H_2O$ 10～20g/L 组成的碱洗液中碱洗；e. 水洗；f. 在由 CrO_3 200～300g/L、NaF 1～10g/L、HNO_3 50～60g/L 组成的酸洗液中酸洗；g. 超声波水洗，超声波功率 400W；h. 在活化液 HF 300～450mL/L 中活化；i. 水洗。

③ 将前处理后的镁合金在镀液中施镀，镀液温度 85～95℃，pH 值 4.5～6.5。

该镀覆方法所提供的镀液稳定性好，沉积速度高，使用周期长。由于其中加入了抑制镁合金基体腐蚀的组分，因此，对镁合金基体的腐蚀性小。该镀覆方法所提供的镀覆工艺，在镀前处理的清洗过程中加入超声波，使镁合金经过前处理获得优质、清洁的基体表面。同时，在酸洗过程中，调整适当的溶液组分和配比，使酸洗既达到清洁和活化镁合金表面的效果，又不造成基体过度的腐蚀，为获得高质量的化学镀镍磷合金镀层提供了保证。镁合金经过该方法镀覆了镍磷合金镀层后，不仅耐腐蚀性能大大增强，而且硬度及耐磨性也大幅度提高。

2007 年余新泉等[26] 发明了镁或其合金化学镀镍镀液，其组成为：硫酸镍 20g/L，次亚磷酸钠 20g/L，乳酸 5mL/L，柠檬酸 5g/L，氢氟酸 5mL/L，乙酸铅 0.0005g/L，硫脲 0.0005g/L，pH 6.2，80℃。所得镀层含磷 9.8%，沉积速度 15.7μm/h，硬度 HV_{100}436，镀层与基体结合良好，耐中性盐雾 96h。

2007 年陈先义[27] 发明了一种环保光亮型化学镀镍添加剂，它解决了现有商品化学镀镍液所存在的操作工艺极其严格，以及现有化学镀镍复合添加剂容易产生针孔、使镀层的耐蚀性和装饰性较差的缺陷。该环保光亮型化学镀镍添加剂包括配位剂、稳定剂、光亮剂、表面活性剂、缓冲剂，所述配位剂由柠檬酸钠、乳酸、苹果酸中的一种或多种成分组成，所述稳定剂由碘酸钾和硫代硫酸钠中的一种或两种组成，所述光亮剂由胱氨酸、硫酸铜、丙炔鎓盐中的一种或多种成分组成，所述表面活性剂由十二烷基硫酸钠、十二烷基苯磺酸钠和正辛基硫酸钠中的一种或几种组成，所述缓冲剂为乙酸钠。该环保光亮型化学镀镍添加剂具有环保、使用方便、成本低、应用广泛、便于储存和运输的优点。

2007 年王殿龙等[28] 研究了无铅无镉光亮化学镀镍，分别研究了单组分无机金属盐、有机物以及组合光亮剂对化学镀镍层光亮性的影响。在基础镀液（不含光亮剂成分）中分别加入 $Ce(SO_4)\cdot 4H_2O$、$Ce_2(SO_4)_3\cdot 8H_2O$、$AgNO_3$、$Ti(SO_4)_2$、化学镀 30min 后洗净吹干，然后观察镀层表面的光亮性，实验结果发现，单组分光亮剂的光亮效果不理想。而含硫有机物与其他组分配合形成的多组分光亮剂可使化学镀镍层获得光亮的效果，从而确定了无铅、无镉化学镀镍光亮剂。利用原子力显微镜观察了镀层的微观形貌，探讨了镀层的光亮机理。镀层的全谱直读电感耦合等离子发射光谱仪测试结果表明，只要控制主盐中的铅含量，镀层中的铅、镉含量均可达到欧盟的 RoHS 标准。

2007 年李克清[29] 发明了镁及其合金的化学镀方法，包括：①对镁基材料进行碱性除蜡；②用包含氟盐（氟化氢铵 100g/L，六亚甲基四胺 50g/L，磷酸 150g/L）的酸性溶液活化，该酸性溶液不含氯离子，pH 值为 2.0～5.0，40℃，10min，随后用包含焦磷酸碱金属盐、含氟盐和次亚磷酸盐的碱性中和液处理（焦磷酸钾 50～100g/L，氟化氢铵 5～100g/L，次亚磷酸钠 5～100g/L，明胶 5～20g/L，柠檬酸钠 10～50g/L），该中和液的 pH 值为 8.0～12.0，50～80℃，3～5min；③预化学镀镍，其中预化学镀镍液包括 25g/L 的镍盐、10g/L 的氟化氢铵和 25g/L 的次亚磷酸钠，无氯离子，pH 值为 5.0～9.0；④化学镀镍，其中化学镀镍液包括 10～100g/L 的镍盐、10～80g/L 的次亚磷酸盐，配位剂乳酸 15g/L，缓冲剂柠檬酸氢钠 10g/L，润湿剂十二烷基硫酸钠 10g/L，稳定剂碘酸钾 0.5g/L，催化剂谷氨酸钠 0.5g/L，无氯离子，pH 值为 3～7；⑤任选的热处理。该方法能够在镁基材料上覆盖上有足够结合力的、均匀且致密的底层镍。

2007 年高延敏等[30] 研究了糖精对化学镀镍层的耐蚀性能影响，通过电化学和 XRD 以及表面形貌分析等方法，研究了光亮剂糖精对化学镀镍层耐腐蚀性能的影响及其机理，结果表明，糖精可以提高化学镀镍层在盐酸、硫酸、氯化钠中的耐蚀性能，但在氢氧化钠中耐腐蚀性能下降。

2008 年杨昌英等[31] 对选择合适的添加剂改善化学镀镍层的性能进行了研究，发现乳酸是一种兼配位剂、加速剂和缓冲剂于一身的有机添加剂，能抑制化学镀镍过程中副反应的发生，有利于防止亚磷酸镍沉淀的生成，且价格便宜。乳酸与 Ni^{2+} 形成配合物的稳定性适中，镀速较快，故以硫酸镍、次亚磷酸钠、乳酸、乙酸钠、镉离子等为化学镀镍的主要配方，采用复合配位剂、复合稀土添加剂进一步提高镀层沉积速率，改善镀层性能。结果表明，在以 27g/L 乳酸为主配位剂的基础上，同时添加丁二酸 15g/L、甘氨酸 15mg/L 作为辅助配位剂，后者可加速镀层沉积；进一步添加复合稀土 La（Ⅲ）和 Ce（Ⅳ）（$c_{La}:c_{Ce}=1:1$），当总浓度为 20～30mg/L 时，能明显提高化学镀镍的速度，改善镀层的性能。在化学镀及其复合镀中，稀土被加入后，优先吸附在晶体生长的活性点上，在基体表面成核快，有效地抑制了晶体的生长，使得镀层致密、结晶细化，减少了镀层中针孔缺陷的数目。因复合镀层的颗粒物更细致、均匀，这使得磨损时团聚间的相互脱落概率降低，提高了耐磨性。

2008 年刘海萍等[32] 进行了无铅无镉化学镀镍复合添加剂的研究，在基本化学镀镍配方的基础上，通过正交试验优选出一组无铅无镉复合添加剂：20mg/L 硫酸铜、3mg/L 硝酸银、4mg/L 碘酸钾、10mg/L 硫酸铈和 4mg/L 唑类添加剂 M。研究了该无铅无镉复合添加剂对化学镀镍液的稳定性、镀速、镀层孔隙率及外观的影响。结果表明，该添加剂使镀液的稳定性由 23 s 升高至 10h，沉积速度为 15μm/h，孔隙率＝0，镀层含磷量 10.1%；所得镀层外观光亮、细致。与某公司商品含铅镉添加剂相比，该复合添加剂对镀液、镀层性能的改善作用更为优异。

2008 年郑振[33] 进行了低磷化学镀镍稳定剂的筛选及补加工艺的研究，选择了硫脲（TU）、3-S-异硫脲丙烷磺酸盐（UPS）、碘化钾、碘酸钾和硫酸铜作为稳定剂的研究对象，分别研究了不同稳定剂的加入对镀速、稳定系数、磷含量、可焊性、热处理前后硬度以及对镍离子的还原和次亚磷酸钠氧化的影响。选择 UPS、碘化钾和硫酸铜作为优选稳定剂组合。以镀速、磷含量和镀液稳定系数作为评价指标，对三种稳定剂的组合进行正交试验，得到最优组合为：UPS 5mg/L，碘化钾 6mg/L，硫酸铜 10mg/L。硫酸铜和 UPS 的加入不仅能够提高镀层的光亮性和镀液稳定性，而且能够有效地降低镀层的磷含量。通过对镀液中硫酸铜和 UPS 的物理化学行为的研究，认为两者降低镀层磷含量的机理不同，其中硫酸铜是通过电子竞争沉积到镀层中，进而通过增大反应活化能的方式降低了镀层的磷含量；而 UPS 则是通过吸附在镀层表面，通过竞争作用抑制了次亚磷酸根的吸附，降低反应物浓度，进而抑制磷的析出。

2008 年王憨鹰等[34] 研究了光亮剂对化学镀镍磷合金镀层的影响，确定了光亮化学镀镍的工艺配方为：硫酸镍 30g/L，次磷酸钠 20g/L，乙酸钠 40g/L，2-羟基丙酸 12g/L，2g/L 的硫酸镉 12mL/L，5g/L 的丁炔二醇 12.5mL/L，25g/L 的十二烷基硫酸钠 23mL/L，pH 5，90℃下进行施镀，可以获得镜面光亮的化学镀镍层，镀层中的晶粒呈纳米尺度。

2008 年张翼等[35] 发明了一种新型化学镀镍光亮剂及其使用方法，该发明公开了一种原料组成简单、价格低廉、不含有重金属和贵金属离子而且不影响镀层磷含量的新型化学镀镍光亮剂及其使用方法；该新型化学镀镍光亮剂组成及含量是：聚氧乙烯失水山梨醇单脂肪酸酯 40～50g/L，十二烷基苯磺酸钠 8～10g/L，其余为水；化学镀镍液的组成为：硫酸镍 25～30g/L，次磷酸钠 30～35g/L，乙酸钠 18～20g/L，柠檬酸三钠 18～20g/L，乳酸 10～15mL/L，碘酸钾 20～25mg/L，温度 80～90℃，pH 4.4～4.8，装载量 1.2dm^2/L，施镀时间 3h。该新型化学镀镍光亮剂的使用方法是：取配制好的光亮剂溶液 0.05～2mL 加入到 1L 化学镀液中，调整 pH 值至 4.4～5.8，将前处理后的镀件放入镀液中，按照常规的镀覆方法在 80～90℃镀液中施镀 1～4h；该光亮剂对镀层有显著的增光性能，增强了镀层与基体的结合力，镀层的沉积速率和硬度也稍有提高，并且该光亮剂对镀层成分没有影响。

2008 年崔国峰等[36] 发明了一种无氨型化学镀镍镀液，使用氨水的化学镀镍液经过四个循环（MTO）后，镀速衰减较为严重，通常会降至 10μm/h 以下，使生产效率大为下降。无氨化学镀镍液的组成为：

镍盐（硫酸镍、氯化镍或乙酸镍）	24～30g/L
还原剂（次亚磷酸钠、硼氢化钾或钠）	24～33g/L
配位剂（柠檬酸、乳酸、苹果酸、丁二酸、甘氨酸）	20～30g/L
缓冲剂（乙酸、乙酸钠）	10～18g/L
稳定剂（钨酸钠 4～9g/L、咪唑 0.2～9g/L、EDTA 5～29g/L）	0.5～1.5mL/L
光亮剂（硫酸铜 2～10g/L、硫酸锌 2～10g/L 或 $SnCl_2$ 2～10g/L、硝酸铋 3～10g/L、酒石酸 5～20g/L）	1.5～3.9mL/L
pH（用 KOH、NaOH、K_2CO_3 调节）	4.8～6.0
温度	90℃
时间	1h

该发明不用氨和其他重金属，不会造成环境污染，不存在镀液放置较长时间而失效的问题，所得镀层可达全光亮。

2008 年张涛等[37] 发明了镁合金化学镀镍钨磷镀液，该发明提供的是一种镁合金化学镀镍钨磷镀液。它由硫酸镍 10～20g/L、钨酸钠 7～15g/L、柠檬酸钠 29～50g/L、次亚磷酸钠 14～30g/L、碳酸钠 14～30g/L、氟化氢铵 5～12g/L、占总重量 0.00005%～0.003%的添加剂和余量的水组成。添加剂为硫脲、乙酸铅、乙酸镉或碘酸钾中的一种。该发明用硫酸镍代替碱式碳酸镍，并添加钨酸钠，使得镀层耐腐蚀性、耐磨性能更好，且镀液配制方便，成本大为降低。解决化学镀镍层耐腐蚀性能、耐磨性能较低的问题。

2008 年贺东奎等[38] 发明了一种镁合金表面化学镀镍磷合金的方法，其特征在于包括如下步骤：

① 脱脂：将镁合金在 55～65℃的无磷碱性脱脂溶液中脱脂；

② 酸洗：以有机酸和阴离子表面活性剂混合物作为镁合金酸洗溶液进行酸洗；

③ 表面调整：将酸洗后的镁合金在 80～100℃的碱性表面调整液中进行表面调整；

④ 活化：将表面调整后的镁合金在氢氟酸溶液中进行活化；

⑤ 酸性浸锌：将活化后的镁合金在常温下用酸性浸锌液进行浸锌；

⑥ 镀镍：在温度为 80～90℃、pH 值为 5～6 的条件下，在化学镀镍溶液中加入光亮剂进行镀镍反应，获得产品。

该发明有如下有益效果：减少了对环境的污染，减少了对操作者身体的危害，同时，操作容易控制，工艺参数不易失控；改善了镍磷合金镀层的外观，具有更好的装饰性。

2009 年曾林等[39] 研究了聚对苯二甲酸乙二酯（PET）表面低温碱性化学镀镍工艺，该塑料用 NaOH 15g/L，洗衣粉 5g/L，70℃，5min 进行除油，用 NaOH 200g/L，1,2-丙二醇 150g/L，70℃，5min 进行粗化；用氯化亚锡 20g/L，38%盐酸 20mL/L，25℃，5 min 进行敏化；用氯化钯 0.5g/L，38%盐酸 20mL/L，25℃，10min 进行活化；最后用硫酸镍 20g/L，次磷酸钠 20g/L，柠檬酸钠 30g/L，氯化铵 30g/L，复合添加剂组合［光亮剂（$CuSO_4$ 10mg/L）、促进剂（盐酸胍 40mg/L）和稳定剂（KI 2mg/L 和 3-S-异硫脲丙磺酸内盐 UPS 4mg/L）］1mL/L，pH 8～9（氨水调），温度 50℃，时间 5 min，进行化学镀镍，这样能在聚对苯二甲酸乙二酯（PET）表面获得连续、光亮的化学镀镍层，并同时保持镀液的稳定和较快的镀速，Cu^{2+} 是较好的光亮剂，盐酸胍能够明显提高沉积速率。

2009 年沈炎宾[40] 发明了环保型化学镀镍光亮剂及其应用，该光亮剂包含 1.0（0.5～1.0）g/L 的萘 1,5-二磺酸、0.1（0.1～0.15）g/L 的硫脲、1.0（0.8～1.5）g/L 的硫酸亚铁铵、1.0（1.0～1.5）g/L 的硫酸铜、40（30～45）g/L 的柠檬酸，以及余量的水，添加量 10～15mL/L。该光亮剂配方中不含铅、铬等重金属离子，无毒无害对环境友好；该光亮剂在应用到化学镀镍液中并对工件施镀后，镀层光亮度达到或高于含 $CdSO_4$ 光亮剂的光亮效果，且镀层致密无孔隙、硬度好；同时该光亮剂兼有稳定剂作用，在应用到化学镀镍液中时无需额外添加稳定剂。

2009年宋仁军等[41] 发明了稳定的化学镀镍镀液及其制备方法，公开了稳定的化学镀镍镀液及其制备方法，所述的镀液每升溶液中含有以下物质：丁二酸3～10g，乙酸钠20～25g，乳酸8～20mL，柠檬酸4～16g，丙酸1～7mL，苹果酸8～20g，次亚磷酸钠30～35g，硫酸镍30～35g，氨基硫脲1～9mg。

其制备方法为：将丁二酸、乙酸钠在水中溶解，再加入乳酸，用碳酸钠调节溶液的pH=3～4，再加入柠檬酸、丙酸、苹果酸、次亚磷酸钠、硫酸镍、氨基硫脲，用碳酸钠调节镀液的pH=3.8～4.1。该发明与现有技术相比，镀液的稳定性高，在使用过程中没有氯气产生，容忍度高。

2010年朱艳丽等[42] 发明了一种长寿、高速的酸性环保光亮化学镀镍添加剂及其使用方法，该种添加剂中配位剂为乳酸、苹果酸、柠檬酸、甘氨酸、羟基乙酸、水杨酸中的三种或三种以上以任意比例混合的混合物；稳定剂为硫脲衍生物与含氧化合物按质量比1∶(10～30)配成复合稳定剂，所述的含氧化合物为碘酸盐或钼酸盐或溴酸盐；加速剂为戊二酸或己二酸中的一种；缓冲剂为硼酸或四硼酸钠中的一种与乙酸或者乙酸钠中的一种按质量比1∶(2～5)配合而成。该发明化学镀镍添加剂可量化生产，使用时直接按比例加入水中稀释即可使用，操作简单，使用8～10个周期后，镀层性能和速度仍很稳定，镀液稳定性能好，在槽壁不析出镍，镀层磷含量稳定在5%～8%，镀层光亮。

2010年邵忠财、胡荣[43] 发明了镁合金表面直接化学镀镍磷合金的方法，其核心配方在活化配方和化学镀液配方上。酸洗配方为：H_3PO_4 40～100mL/L，H_3BO_3 5～50g/L，$Na_4P_2O_7$ 10～50g/L；温度为室温，时间为30～300s。活化配方为：乳酸0.5～10g/L，草酸0.5～10g/L，植酸0.005～0.1g/L，柠檬酸0.5～10g/L，单宁酸0.1～5g/L，添加剂0.005～0.1g/L；温度为20～60℃，时间为30～600s。活化配方是乳酸、草酸、植酸、柠檬酸、单宁酸中的一种或几种复配而成，添加剂包括钛盐、氟锆酸盐、稀土盐中的一种或几种混合物。化学镀镍液配方为：镍盐15～50g/L，配位剂15～50g/L，次亚磷酸钠15～50g/L，氟化氢铵10～30g/L，缓蚀剂0.05～1g/L，硫脲0.0001～0.005g/L，添加剂10～50mL/L；pH=4.5～10，温度控制在85～90℃。该发明的优点在于：工艺环保，工艺流程简单，化学镀液对镁合金的腐蚀性小，所得镀层均匀细致，与基体的结合力良好。

2010年杨发才[44] 发明了一种环保化学镀镍光亮剂，其组成为：①主光亮剂由磺酸衍生物中的一种或几种组成，用量1～5g/L；②辅助光亮剂由烷基、磺基、羧基衍生物中的一种或几种组成，用量1～100g/L；③流平剂由乙氧基或丙氧基有机衍生物中的一种或几种组成，用量30～300g/L。光亮剂在化学镀镍液中的用量为 0.5～1.0mL/L。工件表面沉积 2～5μm 就能全光亮，镀层表面光滑细致，肥厚光度强，耐蚀性也优良。

2010 年谢骏等[45] 研究了镁合金化学镀中光亮剂的应用，活化液由 85% 的 H_3PO_4 50mL/L 和 NH_4HF_2 20g/L、$CH_3(CH_2)_{11}SO_3Na$ 0.1g/L，$Na_4P_2O_7 \cdot 3H_2O$ 15g/L 组成，在正常室温下，活化 0.5s。其他步骤按照操作规定进行常规操作。在镁合金化学镀的实验中，结合相关资料，在电镀液中添加添加剂可以改变镀层的微观组织，在基础电镀液中加入糖精 0.07g/L 和 1,4-丁炔二醇 0.15g/L 的混合液。实验证实，这样的电镀液可以使镀层更加光亮。

2011 年唐发德[46] 发明了一种化学镀镍溶液，该发明提供一种化学镀镍溶液，含有镍盐、还原剂和有机配位剂，硫酸镍的含量为 5～30g/L，还原剂次亚磷酸钠的含量为 5～25g/L，有机配位剂的含量为 25～65g/L，它是柠檬酸钠、三乙醇胺和乳酸的混合物，其中柠檬酸钠的含量为 20～35g/L，三乙醇胺的含量为 10～40mL/L，乳酸的含量为 5～10mL/L；所述 pH 调节剂为 NaOH 或 KOH，用量 5～20g/L；所述 pH 缓冲剂为硼酸，用量 5～20g/L；所述稳定剂为硫脲、巯基苯并噻唑或黄原酸酯，用量 0.2～2mg/L；所述润湿剂为十二烷基苯磺酸钠或十二烷基硫酸钠；所述光亮剂为硫酸高铈或苯基二磺酸钠；所述耐蚀剂为亚碲酸钾，亚碲酸钾的含量为 10～20mg/L。该发明的化学镀镍溶液，采用有机配位剂，镀液稳定性高，非常环保；另外，由于采用耐蚀剂亚碲酸钾，使得镀层的耐腐蚀性大大提高。

2011 年冒国兵等[47] 进行了 AZ91D 镁合金低温快速化学镀 Ni-P 工艺的研究，为了在低温下获得较高的化学镀镍速度，引入了添加剂（硫脲＋丁二酸），研究了添加剂对化学镀镍速度和镀层质量的影响，并对所得镀层结构、形貌和耐蚀性能进行了研究。加入添加剂后，镀层的沉积速度增加，65℃时只需 30min 就可获得无气孔或裂纹、具有“菜花状”结构的均匀完整的 Ni-P 镀层。XRD 测试结果表明，沉积的 Ni-P 镀层为非晶态。镀层的耐蚀性实验结果表明，化学镀 Ni-P 镀层后，AZ91D 镁合金的耐蚀性优于基体。

2011 年邹建平等[48] 发明了一种光亮化学镀镍配方，该配方为：硫酸镍 20～30g/L、次亚磷酸钠 23～32g/L、乙酸钠 10～20g/L、苹果酸 4～10g/L、乙酸 6～13mL/L、乳酸 6～15mL/L、硫酸铋 310mg/L、白屈菜氨酸 1～4mg/L、邻菲咯啉 1～4mg/L、十二烷基磺酸钠 1～6mg/L、硫酸铜 0.5～2.5mg/L，pH 值 4.5～5.0。该发明的优点是：添加该光亮剂后能使镀层达到全光亮的效果，并且出光速度快，一般 5min 左右开始出光，10min 便能达到镜面效果。且光亮剂用量少，镀液稳定，镀层结合力良好，镀层的腐蚀性优良，硝酸点蚀法测试能达到 200s 以上。

2011 年贾飞等[49] 进行了以硼氢化钠为还原剂化学镀镍的电化学研究，采用线性电位扫描伏安法研究了以硼氢化钠为还原剂的化学镀镍体系，考察了镀液组成及工艺条件对化学镀镍硼阴、阳极过程的影响，结果表明：乙酸镍和硼氢化钠含量的提高分别促进了 Ni^{2+} 的还原反应和 BH_4^- 的氧化反应；乙二胺、氢氧化钠以及添加剂硫脲、糖精钠对阴、阳极反应均有不同程度的抑制作用，随着电解液中乙二胺含量的增加，-0.8V 左右的 BH_4^- 的氧化峰电流密度减小，同时镍的溶出峰电流密度也减小，反应受到抑制，可能都是由于乙二胺上的氨基原子通过其孤对电子与电极表面镍原子的 3d 空轨道形成配位键，发生化学吸附，从而减小放电表面积造成的。添加剂硫脲和糖精钠在工艺上均有减缓沉积速率，使镀层平整光亮的作用，但分别是通过对阳极过程和阴极过程的抑制来实现的，并且由于硫元素的引入导致镍溶解反应的峰电流显著增大，加速了镍的氧化；升高温度有利于阴、阳极反应的进行。

2011 年宋仁军等[50] 发明了化学镀镍复合光亮剂及其使用方法，该发明公开了化学镀镍复合光亮剂及其使用方法，所述的化学镀镍液中含有以下物质：硫酸镍 30g/L，次亚磷酸钠 30g/L，丁二酸 6g/L，乙酸钠 20g/L，乳酸 16mL/L，柠檬酸 5g/L，丙酸 2mL/L，苹果酸 5g/L，氨基硫脲 4mg/L，pH 4.6，92℃，装载量 $1dm^2/L$。所述的光亮剂溶液中含有：4g/L 硫酸铈、30g/L 丙炔醇乙氧基化合物、140g/L 吡啶鎓盐、20g/L 丙炔醇，用量 2mL/L。该发明与现有技术相比，既能显著提高化学镀层光亮度，又不影响化学镀镍的镀液稳定性。

2011 年陈兵[51] 发明了一种挠性印制电路板用化学镀镍液及化学镀镍工艺。该发明的化学镀镍液，包含以下浓度含量的组分：硫酸镍，以 Ni^{2+} 的含量计算为 4.5～5.5g/L；还原剂次亚磷酸钠，15～40g/L；配位剂（葡萄糖酸、甘氨酸、乳酸、丙酸、丁二酸、苹果酸、亚甲基二磷酸、氨基三亚甲基磷酸中的一种或几种），20～100g/L；稳定剂（含铅无机盐、含硫有机物、含碘化合物中的一种或几种的组合），0.01～10mg/L；促进剂（含硫有机物、含氟无机物中的一种或两种的组合），0.001～1g/L；低应力添加剂（萘二磺酸钠、苯磺酸钠、糖精、明胶、丁炔二醇、乙酸、香豆素、甲醛、乙醛中的一种或几种），0.01～10g/L；该发明的化学镀镍工艺，化学镀镍液的温度为 75～90℃，化学镀镍液的 pH 值为 4.5～5.4，化学镀镍时间为 15～30min。采用该发明的化学镀镍液及化学镀镍工艺，能有效降低镍层的应力，改善镍层的韧性，使镍层具备良好的弯折性能，满足挠性印制电路板的生产及装配要求，进一步提高了良品率。

2011 年曾振欧等[52] 进行了中温化学镀镍稳定剂的研究，在由 $NiSO_4 \cdot 6H_2O$ 25g/L、$NaH_2PO_2 \cdot H_2O$ 30g/L、CH_3COONa 20g/L、乳酸 15mL/L 和十二烷基硫酸钠 8mg/L 组成的中温（75℃）化学镀镍液（pH4.60～4.65）中，研究了不同稳定剂对镀液稳定性、沉积速率、镀层磷含量、镀层性能等的影响。结果表明，低质量浓度（＜8mg/L）的硫脲、2-巯基苯并噻唑及 $Na_2S_2O_3$ 对镀液的稳定效果较好，但适宜的浓度范围较窄，得到的镀层性能较差。KI 作为稳定剂时兼有促进剂的作用，可以在较宽的浓度范围内获得相对稳定的沉积速率。

金属盐 A 兼有稳定剂和光亮剂的作用，其加入使镀层光亮、细致。

2011 年赵国鹏等[53] 发明了一种环保型高磷化学镍添加剂，该发明公开了一种环保型高磷化学镍添加剂的配方，它由 A 和 B 两种组分组成，A 组分包括以下浓度的原料：2～5mg/L 的可溶性铜盐（二水合氯化铜和硫酸铜的混合物，混合物中，硫酸铜的质量分数为 50%～57%）、2～4mg/L 的硫酸铈、1～4mg/L 的钼酸铵、11～23g/L 的配位剂［酒石酸质量：柠檬酸质量＝(1/10)～(2/15) 的混合物］；B 组分包括以下浓度的原料：1～4mg/L 的 PAP（丙炔醇丙氧基化合物）、1～3mg/L 的 DEP（*N*,*N*-二乙基丙炔胺）、1～4mg/L 的 PPS（丙烷磺酸吡啶鎓盐）、2～4mg/L 的 BTA（苯并三氮唑）。该发明所提供的环保型高磷化学镀镍添加剂配方中不含铅、镉等重金属离子，无毒无害，对环境友好；该添加剂在应用到化学镍镀液中，镀液稳定，所得镀层致密，孔隙率低，耐硝酸性能好，能达到在浓硝酸中浸泡 5min 镀镍层不会变色。

2012 年刘海萍等[54] 发明了一种镁合金化学镀镍复合添加剂，它是由含炔基—C≡C—的醇加成物、吡啶衍生物、烯基磺酸盐和润湿剂等与水混合组成。其中含炔基—C≡C—的醇加成物含量 0～5g/L，吡啶衍生物含量 0～10g/L，烯基磺酸盐含量 0～10g/L 和润湿剂含量 0～10g/L。该发明复合添加剂可用于碳酸镍、硫酸镍、乙酸镍为主盐的酸性至中性化学镀镍液中，用量为 1～10mL/L。所述含炔基—C≡C—的醇加成物为丁炔二醇加成物和丙炔醇加成物中的一种或两种的组合；所述吡啶衍生物为吡啶鎓丙烷磺基甜菜碱、吡啶鎓羟丙磺基甜菜碱、苄基-甲基炔醇吡啶内盐、苄基-丙基炔醇吡啶内盐、苄基-烯基吡啶内盐中的一种或几种的组合；烯基磺酸盐为丙炔基氧代羟基丙烷磺酸钠、丙烯基磺酸钠、乙烯基磺酸钠中的一种或几种的组合；润湿剂为 2-乙基己基硫酸钠、琥珀酸酯钠盐、LB 低泡润湿剂、磺基丁二酸二戊酯钠盐中的一种或几种与水混合使用。无需更改原有工艺便可有效提高深孔的覆盖率，有效提高对镁合金的防护性能，而且对镀速和外观没有明显影响。使用深径比为 4，直径 2.5mm 的深孔覆盖率有显著提高，直径 2.5mm 的深孔覆盖率接近 100%。

2012 年李炳生等[55] 发明了锌合金压铸件化学镀镍钨磷合金镀液及其制备方法，该镀液由硫酸镍、次亚磷酸钠、钨酸钠、复合配位剂、复合缓冲剂、复合稳定剂、复合光亮剂和去离子水按照一定比例组成；锌合金压铸件化学镀镍钨磷合金镀液中各成分比例为：硫酸镍 15～20g/L，次亚磷酸钠 15～20g/L，钨酸钠 15～25g/L，复合配位剂为柠檬酸钠或者焦磷酸钠或者焦磷酸钾 40～60g/L，复合缓冲剂含有硫酸铵和四硼酸钠 20～30g/L，复合稳定剂含有硫脲、碘酸钾和乙酸铅 10～15g/L，复合光亮剂含有硫酸铜、糖精和十二烷基硫酸钠 450～650mg/L。其制备方法为：按配制镀液体积计算并称取出各组分物质的重量，将称出的各组分物质分别用少量去离子水溶解，然后混合在一起搅拌均匀，加去离子水至规定体积，用氨水调 pH 值至 8～9。配方中采用复合配位剂、复合缓冲剂、复合稳定剂和复合光亮剂，化学镀镍钨磷合金镀液配方中的主盐硫酸镍和钨酸钠、还原剂次亚磷酸钠、配位剂柠檬酸钠、缓冲剂硫酸铵，成本低，工艺简单，化学镀效果好。

2012 年朱从亚[56] 发明了一种环保型化学镀镍光亮剂及其应用，光亮剂主要成分为稀土镧或硫酸镧、二氧化碲或硫酸碲、氯化铋或硝酸铋或硫酸铋、钼酸钠或二氧化钼中的一种或几种组合。该光亮剂在化学镀镍工作液中含量为 0.001～0.3g/L；也可将该光亮剂配成浓缩液含量为 1～300g/L，即在化学镀镍工作液中添加本浓缩型光亮剂 0.5～2mL/L。光亮剂的配制方法：按上述配方序号顺序分别称取好稀土镧或硫酸镧、二氧化碲或硫酸碲、氯化铋或硝酸铋或硫酸铋、钼酸钠或二氧化钼，置于容器中，单一用去离子水溶解，然后在均匀搅拌下再混合到一起，如遇水不溶的先用 1∶1 稀硫酸加热溶解再混合到一起，再用去离子水稀释至所需体积，搅匀。用时只需向化学镀镍工作液中添加本浓缩型光亮剂 0.5～2mL/L 即可。也可将该光亮剂配成浓缩液含量为 1～300g/L，即在化学镀镍工作液中添加浓缩型光亮剂 0.5～2mL/L。化学镀镍工作液的组成为：

硫酸镍	25g/L	次亚磷酸钠	30g/L
柠檬酸三钠	10g/L	乳酸	20mL/L
dl-苹果酸	15g/L	乙酸钠	12g/L
碘酸钾	10μg/g	光亮剂	0.5～2mL/L
温度	90℃	pH 值	4.8～5.1
装载量	$1dm^2/L$		

该光亮剂中不含铅、镉等有害物质，无毒无害对环境友好，符合欧盟 RoHS 标准。是替代目前化学镀镍中含铅、镉等有害物质的理想有效光亮剂，光亮效果达到或超越含铅、镉光亮剂。镀层致密、光亮、结合力和耐腐蚀性好，易施镀于铜、铁、铝等金属表面。表 15-17 列出了各种无机光亮剂对化学镀镍层的光亮效果。

表 15-17　各种无机光亮剂对化学镀镍层的光亮效果

序号	稀土镧或硫酸镧/（g/L）	二氧化碲或硫酸碲/（g/L）	氯化铋或硝酸铋或硫酸铋/（g/L）	钼酸钠或二氧化钼/（g/L）	镀层外观
1	不加	不加	不加	不加	不亮，呈不锈钢色
2	40				镜面光亮
3		40			镜面光亮
4			40		镜面光亮
5				100	不亮，呈不锈钢色
6	20	25			镜面光亮
7	25		20		镜面光亮

续表

序号	稀土镧或硫酸镧/（g/L）	二氧化碲或硫酸碲/（g/L）	氯化铋或硝酸铋或硫酸铋/（g/L）	钼酸钠或二氧化钼/（g/L）	镀层外观
8	5			50	镜面光亮
9		20	10		镜面光亮
10		30		1	镜面光亮
11			5	5	镜面光亮
12		10	10	5	镜面光亮
13	20		20	10	镜面光亮
14	10	10		10	镜面光亮
15	20	20	20		镜面光亮
16	10	10	10	5	镜面光亮

2012 年黄草明[57] 研究了香豆素添加剂对低温碱性化学镀镍-磷的影响，重点研究了香豆素添加剂对镀速和镀层的影响。结果表明：少量香豆素能使镀速增大，但浓度大于 10mg/L 后镀速反会降低；香豆素为 10mg/L 时镀层平滑、致密，由球形颗粒组成，大小均匀，约为 5～6μm，晶粒间无孔隙；香豆素对镍-磷镀层的组成基本无影响；香豆素为 10mg/L 时镀层的 XRD 谱由 Ni 主衍射峰及 Ni_5P_4 次衍射峰组成；香豆素对 Ni 沉积峰电位无显著影响，但会使其阴极峰电流密度增大，且随香豆素浓度的增加先增大后减小；香豆素与磺酸类添加剂的协同作用使阴极峰电位显著负移，过电位增大，能产生晶粒细小的全光亮和平整性优良的镍-磷镀层。

2012 年高亭亭等[58] 进行了新型化学镀镍光亮剂的研究，采用正交试验对以铋盐和吡啶衍生物为主要成分的新型化学镀镍复合光亮剂的组成进行了优化，化学镀镍液的组成及工艺条件为：$NiSO_4 \cdot 6H_2O$ 25g/L，$NaH_2PO_2 \cdot H_2O$ 28g/L，CH_3COONa 15g/L，苹果酸 6g/L，乙酸 10mL/L，乳酸 10mL/L，装载量 1.0dm^2/L，pH 4.5～5.5，80～85℃，20～30min。得到光亮剂的最佳组成为：$Bi(NO_3)_3$ 6mg/L，白屈菜氨酸或邻菲咯啉 2mg/L，十二烷基磺酸钠 2mg/L，$CuSO_4 \cdot 5H_2O$ 2mg/L。化学镀镍液中加入新型复合光亮剂后，可制得几乎为镜面光亮的、耐蚀性和结合力良好的镍镀层。该光亮剂的用量小，对镀速影响较小（仍在 20μm/h 以上)。

2012 年王新等[59] 进行了高磷化学镀镍光亮剂的研究，该镀液组成及工艺参数为：硫酸镍 25g/L，乙酸钠 15g/L，柠檬酸 8g/L，乳酸 10mL/L，苹果酸 5g/L，丁二酸 10g/L，聚乙二醇 4mg/L，次磷酸钠 30g/L，pH 4.6～4.65，温度 88～91℃，装载比 1.0dm^2/L，时间 1h。在高磷镀液中添加不同类型的光亮剂可得到不同的效果，其组成含量见表 15-18。

表 15-18　不同类型光亮剂的组成

光亮剂	硫酸高铈 $Ce(SO_4)_2$	硫酸碲 $Te(SO_4)_2$	苯亚磺酸钠 $C_6H_5SO_2Na$	*N*,*N*-二乙基丙炔胺(DEP)
无机物	2mg/L	3mg/L	—	—
有机物	—	—	30mg/L	2mg/L
复合物	2mg/L	3mg/L	30mg/L	2mg/L

无机光亮剂可以显著提高镀层的光亮度，使镀层结晶细化，表面平整细致，对镀速和磷含量影响不大，但由于存在微孔结构，镀层孔隙率升高，从而导致镀层耐蚀性下降；有机光亮剂的出光效果不及无机光亮剂，但也可以一定程度地细化晶粒，使表面更加均匀，缺陷减少，使耐蚀性得到一定提升；而复合光亮剂则可以综合前两者的优点，整体效果更佳。

该实验得出的复合光亮剂，能使高磷化学镀镍层外观光亮，表面平整细致，沉积速度快，整体性能优良。其组成为：硫酸高铈 2mg/L，硫酸碲 3mg/L，苯亚磺酸钠 30mg/L，*N*,*N*-二乙基丙炔胺（DEP）2mg/L。

2012 年刘贯军等[60] 进行了化学镀 Ni-P 合金镀层用光亮剂研究，考察了电镀镍用中间体 DEP、PME、BSI、VS、PS、PPS-OH 等在化学镀镍中的使用可行性，用正交试验法对其用量进行了优化，并研究了各种中间体用量对化学镀镍层光泽度的影响趋势，最后用 Quanta 200 型扫描电镜对化学镀 Ni-P 合金镀层使用光亮剂前后的表面形貌进行了对比观察与分析，结果表明：电镀所用之光亮剂中间体对提高化学镀层的光亮度有效，并且当光亮剂组分含量为 DEP 45mg/L、PME 15mg/L、BSI 750mg/L、VS 30mg/L、PS 200mg/L、PPS-OH 400mg/L、OP-10 10mg/L 时镀层光亮性最优。

2012 年赵岚等[61] 研究了铝及铝合金的光亮化学镀镍，研究了一种新的、简便的、环保的铝及铝合金化学镀镍新工艺，探讨了前处理、光亮剂添加量对镀层质量的影响。结果表明，铝及铝合金经过浸锌后，每升镀液中添加 15mL 光亮剂所获得的样品镀层均匀、结合力最佳。

2012 年何礼鑫[62] 发明了一种超快出光的化学镀镍溶液，其组成为：

硫酸镍	18～35g/L	次磷酸钠	16～37g/L
柠檬酸	2.5～8g/L	乳酸	12～70g/L
丙酸	5～40g/L	苹果酸	2～10g/L
丁二酸	2～8g/L	3-*S*-异硫脲丙磺酸内盐	0.01～40mg/L
碘酸钾	0.1～60mg/L	酒石酸锑钾	0～40mg/L
钼酸铵	0～35mg/L	硫代硫酸钠	0～20mg/L

硫氰酸钠（钾）	0～45mg/L	钼酸钠	0～44mg/L
硫脲	0～80mg/L	尿素	0～65mg/L
巯基苯并吡啶	0～100mg/L	光亮剂二氧化碲	0.01～50mg/L
十二烷基磺酸钠	0～200mg/L	pH 值	4.2～5.2
温度	80～95℃		

该发明是针对铝制散热器表面镀镍层的特殊性能要求而设计的一种超快出光的化学镀镍溶液，其可在适当的 pH 值及适当的使用温度下，实现在不到 3min 的时间内产生全光亮的镍镀层，以满足产品技术要求。

2012 年黄贤权等[63] 发明了一种 FPC 化学镀镍/沉金的方法。随着电子产品向轻薄小发展，器件的集成度越来越高，焊盘及间距也变小，FPC 产品整板浸入槽液时，由于大、小焊盘的沉积速率不同，金层的厚度相差 50%～60%不等，焊接时金层会迅速熔入到锡膏中，露出镍层与器件引脚焊接，针对金层较厚的小焊盘，金不能完全熔出，镍层无法参与焊接，器件会焊接不牢脱落。同时厚的金层加工成本相对过高。该发明的目的在于提供一种 FPC 化学镀镍/沉金的方法，以解决现有技术中 FPC 一次沉镍金由于大、小焊盘的沉积速率不同，金层厚度相差过大，导致焊接不便或成本过高的问题。所述镍槽的 pH 值范围在 4.6～5.2 之间，金槽的 pH 值范围在 5.1～6.1 之间，镍槽液温度控制在 80～90℃之间，金槽的温度控制在 45～50℃之间，镍槽的磷含量在 6%～8%之间。首先通过第一次化学镀镍/沉金进行初步处理，然后对不需要再次化学镀镍/沉金的焊盘或非沉金区用干膜进行覆盖，显影后再进行第二次沉金处理，从而保证了厚金的要求，以及保护小焊盘处焊接时所需的金厚层，获得良好的可靠性和外观品质，具有很强的市场竞争力。

2013 年郭国才[64] 发明了一种化学镀镍液及其应用，按每升计算由 30g 硫酸镍、30g 次磷酸钠、20g 乙酸钠、20g 柠檬酸钠、1～5g 添加剂和余量的蒸馏水组成，所述的添加剂易溶于水，其分子式为 $C_nH_pX_m$，其中 X 为 O、N 及 S 原子中的一种或两种以上的原子，$m=1～3$，$n=1～7$，$p=1～7$；C 原子与 X 原子以—C—X 或—C═X 键的形式存在，而 X 原子之间以—X—X—或—X═X—键形成，即所述的添加剂是一种含有 N、O 的胺类有机化合物尿素，或芳香族杂环类有机化合物糖精。该发明的一种化学镀镍液实现了低温 30～50℃施镀时，化学镀镍溶液的沉积速率保持不变，而 Ni-P 合金镀层中 P 的含量可以达 9.31%～15.80%；中温 60～75℃施镀时，既能提高化学镀镍溶液的沉积速率，又能使 Ni-P 合金镀层中 P 的含量达到 9.39%～12.90%。同时，在 Ni-P 合金镀层厚度减小的情况下，镀层的耐蚀性能有较大的提高。

2013 年黄琳等[65] 研究了低温化学镀镍磷合金工艺，以 A3 钢为基体，在低温下以化学镀制备镍磷合金。研究了镀液中复合配位剂含量、添加剂含量、温度、pH 等条件对镀速的影响，以优化化学镀镍磷合金工艺。对镀层的外观、结合强度、耐蚀性、孔隙率等性能进行了表征。得到化学镀 Ni-P 合金较优的工艺条件为：$NiSO_4 \cdot 6H_2O$ 30g/L，$NaH_2PO_2 \cdot H_2O$ 30g/L，柠檬酸钠 10g/L，植酸 18g/L，NaF 6g/L，巯基乙酸 0.6g/L，温度 50 ℃，pH 9.0，氨水缓冲剂适量。在此条件下得到的 Ni-P 合金镀层具有良好的外观，孔隙率低，结合力强，耐蚀性好。

2013 年蒋利民等[66] 研究了单晶硅表面硝酸银活化化学镀镍工艺，为了寻找成本低且环保的化学镀镍无钯活化工艺，以 $AgNO_3$ 为活化剂，加上适当的复合添加剂对单晶硅进行化学镀镍前活化处理。通过扫描电镜、耐蚀性试验及相关检测标准，研究了 $AgNO_3$ 浓度、活化时间、活化温度对镀层沉积速率、覆盖率和镀层光亮度、结合力及耐蚀性的影响。结果表明：当 $AgNO_3$ 浓度为 3.5～7.5g/L，温度为 40～50℃，活化时间为 12～20min 时，镀层沉积速率和覆盖率较好，镀层表面均匀、光亮、结合力强、耐蚀性好；该活化工艺及其制备的局部镍镀层能够很好地应用于多孔硅的制备。

2013 年张丕俭等[67] 发明了一种化学镀镍磷合金镀液，每升镀液含六水硫酸镍 20～45g，二水次亚磷酸钠 20～45g，乳酸 15～25mL，乙酸钠 10～15g，尿素 2～15g，其余为水，pH 值为 5，温度为 65～75℃，施镀 1h。该发明以尿素作为添加剂，尿素与镍离子形成了配合物，改变镍磷合金的沉积机理，使沉积温度大幅度降低，在较低的温度下就可获得较好的镀层，降低了生产成本，为企业增加效益。

2013 年储荣邦等[68] 研究了 SF-200 深孔纳米镍预镀新工艺，该工艺是一种在铁件上进行的深孔镀镍工艺，它集纳米技术、电镀技术和化学镀技术于一体，具有极佳的深镀能力。其镀液组成及工艺条件为：硫酸镍 30g/L，硫酸钾 30g/L，氢氧化钾 35g/L，乙酸钠 20g/L，氨水 20mL/L，SF-200A 添加剂 65mL/L，SF-200B 添加剂 65mL/L，pH 8～14，温度 45～55℃，电流密度 0.5～20.0A/dm^2，时间 1～5min。在电镀过程中，部分添加剂分解和还原所产生的杂质都可以通过简单的物理过滤的方式除去，镀液非常稳定，长期运行不需要大处理。镀液呈弱碱性，前处理要求不高，而且结合力极佳。

2013 年黄英等[69] 发明了一种用于碳纤维氰酸酯基复合材料化学镀底镍和电镀镍的镀液及其施镀方法。提供一种碳纤维增强氰酸酯基复合材料的化学镀打底镍的镀液，化学镀打底镍的镀液每升含硫酸镍 25～33g、次亚磷酸钠 19～22g、复合配位剂（乳酸、丙酸、乙酸、柠檬酸、苹果酸以及丁二酸其中的两种或三种的混合物）25～31g、乙酸钠 12～18g、稳定剂（含硫的化合物）1～2mg。能够得到厚镍层与基体结合力好、延展性好、内应力低，厚度可达 400μm 左右的厚镍层。采用该方法得到的厚镍层均匀致密、与基体结合力好、延展性好、内应力低，并且整个工艺操作简单，成本低，稳定性好，安全可靠。

2014年高嵩等[70] 对几种添加剂对涤纶化学镀镍性能的影响进行了研究，探讨了金属离子、稳定剂、光亮剂、表面活性剂种类及含量对涤纶化学镀镍层增重及电阻的影响，通过镀液阴、阳极极化曲线探讨了不同添加剂对化学镀镍过程的影响规律；采用SEM、XRD对镀层进行表征，确定了较优的镀镍添加剂及其含量，并采用正交试验方法，研究了各种添加剂复配时的性能变化。结果表明：铜离子、碘酸钾、2,2′-联吡啶、聚乙二醇对化学镀镍具有更好的影响；10mg/L糖精钠（BSI），10mg/L $CuSO_4 \cdot 5H_2O$，1mg/L 2,2′-联吡啶，10mg/L PEG，10mg/L KIO_3 的最优复配添加剂得到的涤纶化学镀镍层失重率最低，镀层更牢固、平整致密，为非晶态结构。

2014年陈帆等[71] 发明了一种化学镀镍液。所述化学镀镍液中含有主盐、还原剂、配位剂、稳定剂、光亮剂和表面活性剂。其特征在于，所述主盐为14～22g/L的六水合硫酸镍；所述还原剂为25～40g/L的一水合次磷酸钠；所述配位剂包括：二水柠檬酸三钠10～25g/L、乳酸12～24g/L和丁二酸3～5g/L；所述稳定剂包括：硫脲或其衍生物0.5～5mg/L、碘酸钾1～20mg/L和顺丁烯二酸5～10mg/L；所述光亮剂包括：硫酸高铈20～30mg/L和丁炔二醇30～50mg/L；所述表面活性剂为甲基磺酸钠或十二烷基苯磺酸钠，它的含量为2～5mg/L；所述化学镀镍液中还含有10～30g/L的胺类促进剂，它选自硫酸铵、乙酸铵或柠檬酸铵；化学镀镍液的pH值为5.4～6.0，施镀温度为70～75℃。采用该发明提供的化学镀镍液对工件表面进行化学镀镍，通过仅调节化学镀镍液中单一组分（即胺类促进剂）的含量、同时适应性调节施镀条件，从而使得仅采用一个基本化学镀镍液配方即可实现镍镀层中不同磷含量的需求，工艺简化。

2014年梁颖诗等[72] 研究了电镀镍中间体对酸性化学镀镍的影响，在由26.8g/L $NiSO_4 \cdot 6H_2O$、150mL/L BH-320B和30mg/L稳定剂组成的酸性化学镀镍液中，研究了电镀镍用中间体ATQM、SSO_3、MPA和DEP对沉积速率、镀层性能和镀液稳定性的影响。结果表明，ATQM和 SSO_3 可作为化学镀镍液的促进剂，ATQM的质量浓度为15mg/L时，沉积速率为22μm/h，是未加入ATQM时的1.3倍；SSO_3 质量浓度为20mg/L时，镀层沉积速率达到最大，是未加入 SSO_3 时的1.4倍。继续增大二者的质量浓度，沉积速率反而减小，ATQM、SSO_3 的含量分别为20mg/L、80mg/L，镀层沉积速率几乎为零，表明过量的ATQM和 SSO_3 会阻止 Ni^{2+} 的还原沉积，具有“毒化”化学镀镍液的作用。MPA和DEP可用作化学镀镍液的光亮剂，镀液中未加添加剂时，镀层的反射率为64.1%，MPA和DEP的质量浓度为200mg/L时，镀层反射率分别高达95%和96%。此外，MPA和 SSO_3 还对化学镀镍液起辅助稳定剂的作用，且随其质量浓度升高，镀液稳定性提高。镀液中不同添加剂的存在对镀层结构无明显影响，所得镀层均为非晶态结构。

2014年吴波、崔永利等[73] 发明了一种环保型高光亮中磷化学镀镍添加剂，它是由A和B两种组分组成的。A组分包括以下浓度的原料：2～5mg/L的纳米铜和可溶性铜盐的混合物，2～4mg/L的硫酸铼，1～4mg/L的烯丙基磺酸钠（ALS），配位剂为柠檬酸2.5～8g/L、乳酸12～70g/L、丙酸5～40g/L、*dl*-苹果酸2～10g/L、丁二酸2～8g/L的混合物，稳定剂为二氧化碲0.001～0.0017g/L、柠檬酸铋0.1～0.3g/L、硫脲0.3～0.5g/L、碘酸钾0.2～0.5g/L的混合物，20～40g/L的NaOH。B组分包括以下浓度的原料：1～4mg/L的丁炔二醇二乙氧基醚（BEO），1～3mg/L的*N*,*N*-二乙基丙炔胺（DEP），1～4mg/L的双苯磺酰亚胺（BBI），2～4mg/L的羟甲基磺酸钠（PN）。在每一个施镀周期，向每升镀液中分别添加0.5～10mL的添加剂A和B。化学镀镍溶液的工作温度是88～92℃。化学镀镍溶液的pH值范围是4.5～4.9。化学镀镍溶液的施镀装载量为0.5～2.5dm^2/L，镀10min后取出，试片镀层几乎能达到镜面效果，亮度优；用配好的硝酸溶液测量其耐腐蚀性，镀层变黑时间超过300s；180°反复弯曲试片五次，镀层表面没有起皮、脱皮现象。该发明所提供的环保型高光亮中磷化学镀镍添加剂配方中不含镉、铅等重金属离子，对环境无害。该添加剂应用到化学镀镍溶液中，使镀液保持稳定，所得镀层均匀致密，产生较低的孔隙率，亮度较高，耐硝酸性能好。

2014年宋昱等[74]研究了亚微米级道沟的超级化学镀镍填充工艺，在次磷酸钠化学镀镍体系中研究共同添加3-巯基丙烷磺酸钠盐（MPS）和聚乙烯亚胺-5000（PEI-5000）对超级化学镀镍的影响，通过线性扫描伏安法研究了添加剂对阳极、阴极极化曲线的影响。研究结果表明：随着3-巯基丙烷磺酸钠盐（MPS）浓度的增加，化学镀镍平均速率增大，当MPS浓度达到5mg/L时镀镍平均速率达到最大，然后在此溶液中继续添加PEI-5000，发现沉积速率会下降，且比单独添加PEI-5000还小。PEI-5000对化学镀镍的沉积速率起到抑制作用，但是其抑制性没有MPS和PEI-5000共同加入时的强，MPS和PEI-5000共同加入能更好地降低化学镀镍的沉积速率，对化学镀镍沉积起到了协同抑制的作用，利用MPS对化学镀镍的加速作用和PEI-5000的抑制作用，以及其在溶液中低的扩散系数，成功实现了超级化学镍的完全协同填充。

2014年仝新生[75]进行了硬铝合金化学镀Ni-P合金工艺研究，探索影响镀液稳定性因素及其影响规律。通过实验，研究影响镀速的因素及其影响规律，采用正交试验法确定影响镀液稳定性的主要因素有反应物浓度、添加剂浓度、温度、pH值等。以$Ni^{2+}/H_2PO_2^-$、温度、pH值为影响实验的三个主要因素进行正交试验，确定较优的镀液组成、温度、pH值为：$Ni^{2+}/H_2PO_2^-=0.4$，乳酸31g/L，乙酸钠4g/L，$PdCl_2$ 0.001g/L，pH 4，85℃。

2014年李育清等[76]发明了一种镁合金镀镍溶液以及镀镍方法，该镀镍溶液由主盐、配位剂、还原剂、pH值稳定剂和添加剂组成，其中主盐为硫酸镍，其含量为25g/L；配位剂为柠檬酸钠，其含量为30g/L；还原剂为次亚磷酸钠，其含量为 30g/L；pH 值稳定剂为乙酸钠，其含量为 12g/L；添加剂由稳定剂、促进剂、柔软剂组成，其中稳定剂为碘酸钠、钼酸铵、黄原酸酯、羟基苯并噻唑等中的一种或者几种，促进剂为丁二酸、乳酸、氟化钠、氟化钾等中的一种或两种，柔软剂为甲基四羟苯二甲酸钠、吡啶乙氧基醚磺酸钠、月桂基醚磺酸盐、丙烯基磺酸盐等中的一种或几种，其中稳定剂含量为 0.05～1g/L，促进剂为 0.5～10g/L，柔软剂为 0.5～10g/L，添加剂总量为 0.5～25g/L。该镀镍方法包括预除油、吹干、化学除油、热水洗、水洗、酸洗、水洗、活化、水洗、化学镀镍、水洗、烘干等步骤，该发明镀镍溶液以及镀镍方法解决了现有技术中镁合金镀镍溶液稳定性差，对基材选择性强，镀层性能差等技术缺陷。

2014 年刘万民等[77] 发明了一种零排放型化学镀镍液。该发明的镀镍液，主盐和还原剂均为次磷酸镍，辅助还原剂为次磷酸，其他配位剂、稳定剂、缓冲剂、加速剂、光亮剂等成分均为有机酸或其锂盐或含有掺杂磷酸铁锂的金属有机盐。其配方为：主盐次磷酸镍 0.1～0.3mol/L；还原剂次磷酸镍 0.2～0.8mol/L；配位剂为乙醇酸、乳酸、柠檬酸、苹果酸、酒石酸、水杨酸中的一种或几种的混合物，用量 5～35g/L；缓冲剂为乙酸锂或乙酸，用量 15～40g/L；稳定剂为顺丁烯二酸、反丁烯二酸或亚甲基丁二酸，用量 1～4.5g/L；加速剂为戊二酸或己二酸，用量 0～4g/L；光亮剂为乙酸铜、乙酸锌、柠檬酸铜中的一种或几种的混合物，用量 1～8g/L；pH 调节剂为氢氧化锂、碳酸锂和碳酸氢锂中的一种或几种的混合物。调节镀液 pH 值为 4.5～5.5。该发明所有原料均不含氮、硫元素，施镀过程中不会污染环境；所得镀层沉积速率大，耐蚀性能优异，镀液稳定性好，寿命长；废液可直接用作制备多元掺杂磷酸铁锂/碳复合正极材料的原料，无废弃物产生，符合清洁生产的要求，应用前景非常广阔。

2015 年张双庆等[78] 发明了化学镀镍磷合金的方法、镀液及镍磷合金层，公开了一种化学镀镍磷合金的方法、镀液及镍磷合金层。其中镀液包括以下组分：次磷酸盐 2～50g/L，镍盐 1～30g/L；配位剂包括乙酸、丙二酸、丁二酸、柠檬酸、羟基乙酸、乳酸、酒石酸、苹果酸、2,3-二羟基琥珀酸、甘氨酸、2-氨基丙酸、半胱氨酸以及乙二胺四乙酸，浓度范围为 5～50g/L；镀液稳定剂选自含锌离子、铅离子、锡离子、镉离子或铋离子的无机盐、硫脲、硫代硫酸钠、碘酸盐以及钼酸盐中的一种或两种以上，浓度范围为 0.1～2mg/L。可释放甲醛的添加剂选自羟甲基甘氨酸钠、咪唑烷基脲、重氮咪唑烷基脲、1,3-二羟甲基-5,5-二甲基乙内酰脲、2-溴-2-硝基-1,3-丙二醇以及氯化 3-氯烯丙基六亚甲基四胺中的一种或两种以上，浓度范围为 0.001～1g/L。表面活性剂的十二烷基硫酸钠，浓度范围为 1～3g/L。该发明的镀液中，可释放甲醛的添加剂，在反应过程中能够缓慢释放甲醛，镀液中的少量甲醛，使得沉积得到的镍磷合金层细小致密、表面平整且具有一良好的耐弯折性能和导电性能。

2015 年胡海娇等[79] 研究了化学镀镍的绿色光亮剂，寻找能够替代硫酸镉的化学镀镍光亮剂。以镀速、镀层光泽度为评价指标，考察不同光亮剂单独使用及复配使用时的情况。结果表明：单独使用无机光亮剂或有机光亮剂，所得镀层的光泽度均无法与使用硫酸镉时的相比；而将无机光亮剂与有机光亮剂复配，可获得满意的效果。按硫酸亚锡 6mg/L、糖精钠 50mg/L、1,4-丁炔二醇 30mg/L、十二烷基磺酸钠 20mg/L 进行复配，可以得到光泽度高达 220Gs 的化学镀镍层。无机光亮剂中的金属离子先在镀层表面的活性点发生优先吸附，然后与镍离子发生共沉积，抑制镀层向溶液相生长，使镀层颗粒变得细小。而有机光亮剂中的糖精钠与 1,4-丁炔二醇则是通过减小试片表面张力，使氢气易于从镀层表面析出，反应向镍析出的方向进行，从而提高镀层的光泽度，使镀速增大。表面活性剂十二烷基磺酸钠则加快了镀层的出光速率，提高了镀液的整平能力，降低了镀层的表面张力，使镀层具有极高的防针孔能力，而且降低了次级光亮剂的消耗。此外，十二烷基磺酸钠还具有润湿效果。

2015 年王建胜[80] 研究了钢铁表面碱性化学镀镍工艺，通过正交试验优选出一种较好的镀液配方，并对所得到的化学镀镍层采用金相显微镜、显微硬度计和 SEM 等显微分析仪器进行了外观、硬度、厚度等方面的性能测试。正交试验得到的最优工艺参数为硫酸镍 20g/L，次亚磷酸钠 35g/L，柠檬酸铵 45g/L，碘化钾 10g/L，丁二酸 10g/L，氯化铵 5g/L，施镀温度 60℃，施镀时间 1h。讨论了配位剂、还原剂、缓冲剂、温度及 pH 对镀速的影响，并检测了镀液、镀层的性能。该镀液施镀过的镀层具有外观均匀、光亮、结合力好、稳定性良好、耐蚀性好、孔隙率较好等特点，且该工艺操作、维护简单，镀液性能稳定，故具有一定工业应用价值。

2015 年龚伶[81] 发明了印制电路板镀金中的化学镀镍工艺，包括以下步骤：采用镀液在进行图像转移后的印制板上化学镀镍，其中，镀液的配方为硫酸镍 32～40g/L、次亚磷酸钠 36～40g/L、复合配位剂 25g/L、复合添加剂 3mg/L 及表面活性剂 0.1g/L，镀液的温度为 80～85℃，化学镀镍时间为 40～60min。经蚀刻后镍磷合金镀层的厚度为 11μm，镍磷合金镀层中磷含量大于 8%，这种镀层具有优异的抗蚀性能和耐磨性能。该发明应用时用于 PCB 板镀金中的图像转移与去膜蚀刻之间，通过产生镍磷合金层来替代锡铅合金层作为保护层，在 PCB 板镀金中可省去退保护层工序，使 PCB 板镀金工序简化，操作便捷。

2015 年谢刚等[82] 发明了一种中磷化学镀镍浓缩液及施镀工艺，浓缩液分为 A 液、B 液和 C 液三部分：A 液由主盐、加速剂、光亮剂和去离子水组成，常温下，将各组分混合，搅拌至固态组分完全溶解，得 A 液，每升 A 液中含主盐 450g、加速剂 0.025～0.03g、光亮剂 0.0239～0.025g；B 液由第一缓冲剂、第一配位剂、次磷酸钠、稳定剂、聚乙二醇 6000、光亮剂和去离子水组成，常温下，将各组分混合，搅拌至固态组分完全溶解，得 B 液，每升 B 液中含第一缓冲剂 60～100g、第一配位剂 70～95g、次磷酸钠 240～250g、稳定剂 0.0095～

0.01g、聚乙二醇6000 0.0175～0.018g、光亮剂0.0235～0.024g；C液由第二缓冲剂、第二配位剂、次磷酸钠、稳定剂、聚乙二醇6000、加速剂、光亮剂、氨水和去离子水组成，常温下，将各组分混合，搅拌至固态组分完全溶解，得C液，每升C液中含第二缓冲剂3～17g、第二配位剂6～46g、次磷酸钠500g、稳定剂0.175～0.18g、聚乙二醇6000 0.24～0.25g、加速剂0.05g、光亮剂0.175～0.18g、氨水226～250g；稳定剂采用硫代硫酸钠、硫脲或碘酸钾中的一种或者两种的混合物或者三种的混合物。光亮剂采用丁炔二醇、炔丙醇或乙氧基炔丙醇中的一种或者两种的混合物或者三种的混合物。加速剂采用丁二酸或已二酸。第一缓冲剂和第二缓冲剂均为氢氧化钠和乙酸的混合物；每升第一缓冲剂中含氢氧化钠95～100g、乙酸60～65g；每升第二缓冲剂中含氢氧化钠15～17g、乙酸3～5g。氢氧化钠和乙酸需混合均匀。第一配位剂和第二配位剂均为乳酸和苹果酸的混合物；每升第一配位剂中含乳酸70～75g、苹果酸90～95g；每升第二配位剂中含乳酸6～10g、苹果酸42～46g。A液和B液用于开槽，A液和C液用于补加。镀镍液镍含量低于4.0g/L，补加A液和C液。用该浓缩液镀镍时，沉积速率快，镀层硬度及耐磨性较高，适用于铝合金、各类铁合金、铜合金、镍铁合金、镍铜合金及一些非导电基体的化学镀镍。

2015年杨展等[83] 研究了表面活性剂对化学镀镍的影响，以镀层光泽度、镀速为评价指标，考察了吐温-60、聚乙二醇6000、十二烷基磺酸钠、OP-10四种表面活性剂单独使用及与初级光亮剂、次级光亮剂复配使用时的效果。结果表明：表面活性剂与初级光亮剂、次级光亮剂复配使用时的光亮效果优于单独使用时的；在$NiSO_4 \cdot 6H_2O$ 26g/L、$NaH_2PO_2 \cdot H_2O$ 32g/L、$NaAc \cdot 3H_2O$ 15g/L、$C_6H_8O_7 \cdot H_2O$ 23g/L、乳酸（质量分数为88%）10mL/L、润湿剂9～13mg/L、*dl*-半胱氨酸2～3mg/L、pH值4.78～4.82的镀液中，加入糖精钠50mg/L、PPS40mg/L、十二烷基磺酸钠15mg/L，86～90℃，1h，装载比1.0dm^2/L的条件下，镀层的光泽度达到226Gs，镀速为10.987μm/h，可代替$CdSO_4$作化学镀镍绿色复合光亮剂。

2015年肖鑫等[84] 为了提高Ni-P合金镀层的耐蚀性和表观质量，在化学镀Ni-P二元合金镀液的基础上加入钨酸钠，在钢铁上制备了Ni-W-P三元合金镀层。探讨了镀液主要成分和工艺条件对镀层外观质量及耐蚀性的影响，在碱性化学镀Ni-W-P合金镀液中加入由乳酸、柠檬酸三钠和硫酸铵复配的复合配位剂，能有效地阻止亚磷酸镍沉淀的形成，起到良好的缓冲作用，保证反应能在较平稳的碱度下进行，减少施镀过程中镍微粒的生成，确保镀液的稳定性。采用PP-SOH、PME或DEP和硫酸高铈按一定比例复配得到光亮剂，将其加入碱性化学镀Ni-W-P合金镀液中，镀层在15min达到全光亮，在25min光亮如镜，结合力好，具有良好的装饰效果。获得了较佳的工艺规范：硫酸镍25～35g/L，钨酸钠55～65g/L，次磷酸钠30～40g/L，复合配位剂80～100g/L，组合光亮剂5～

10mg/L，pH 8.5～9.0，温度 80～90℃。检测了镀层的相关性能。结果表明，所制备的 Ni-W-P 合金镀层结晶细致，光亮度和结合力好，具有良好的装饰效果，耐蚀性优于化学镀 Ni-P 合金镀层。

2015 年余祖孝等[85] 研究了硝酸铈及热处理对化学镀 Ni-W-P 合金的性能影响。为提高化学镀 Ni-W-P 镀层的耐蚀性和耐磨性，拓宽其应用，采用电化学方法和热处理等手段，研究了镀液中添加剂硝酸铈［$Ce(NO_3)_3$］的质量分数和热处理对化学镀 Ni-W-P 镀层的沉积速度、孔隙率、失重腐蚀速度、腐蚀电位、腐蚀电流、交流阻抗、显微硬度、摩擦系数等性能的影响。结果表明：添加 1.0% $Ce(NO_3)_3$ 时，所得镀层的沉积速度最大［36.5g/（m^2·h）］，孔隙率最低（0.8 个/cm^2），耐腐蚀性能最好。镀层的组织均匀、致密、无缺陷和非晶态结构是其耐蚀性能高的重要原因。100～600℃热处理后，镀层硬度和耐磨性有所提高，而 400℃热处理之后，合金显微硬度高达 HV1100，是镀态的 1.8 倍。

2015 年董欢欢等[86] 发明了一种环保型铝合金快速化学镀镍-磷添加剂，它由 A、B、C、D 四种成分组成。A 组分包括以下浓度的原料：20～60mg/L 氧化钇、20～60mg/L 氧化镱、100～500mg/L 四硼酸钠、20～40mL/L 1∶1 稀硫酸和余量的水。B 组分包括以下浓度的原料：2～8g/L *dl*-苹果酸、2～8g/L 氨基丙酸、2～5g/L 亚甲基丁二酸、0.5～2g/L 乙二胺、20～50g/L 乳酸和余量的水。C 组分包括以下浓度的原料：1～4mg/L 硫酸铜、0.5～2mg/L 酒石酸锑钾、1～5mg/L 钼酸铵、4～10mg/L 烯丙基碘和余量的水。D 组分包括以下浓度的原料：1～4mg/L 双苯磺酰亚胺（BBI）、1～3mg/L 的 *N*,*N*-二乙基丙炔胺(DEP)、2～4mg/L 乙烯基磺酸钠（VS）、1～4mg/L 烯丙基磺酸钠（SAS）和余量的水。A、B、C、D 四种组分分别独立配制成溶液，可以将四组成分别配制成 0.5～300g/L 的浓缩液，每一个施镀周期，分别取 0.5～8mL 浓缩液 A、B、C、D 混合成添加剂，加入 1L 镀液中即可。该发明的添加剂使镍-磷快速稳定沉积，施镀 10min 镀层厚度达到 5.6～6.0μm，连续施镀 1h，厚度可达 24.3～25.0μm，平均镀速超过 24.3μm/h，镀层为非晶态，均匀致密，硬度高，耐蚀性优良。

2015 年陈耘等[87] 发明了一种碱性化学镀镍钨磷合金光亮剂及应用该光亮剂的化学镀方法，该光亮剂含有：90～120g/L 糖精、1.0～2.0g/L 丙氧基化丙炔醇、0.8～1.5g/L 壬基酚聚氧乙烯醚、0.6～1.5g/L 十二烷基硫酸钠及余量的水，用量 8～12mL/L。镍钨磷合金基础溶液中包含硫酸镍 20～30g/L、次亚磷酸钠 15～25g/L、钨酸钠 30～40g/L、柠檬酸钠 50～70g/L、葡萄糖酸钠 15～25g/L、硫酸铵 25～35g/L 及四硼酸钠 5～8g/L，pH 值为 7.5～8.5，施镀温度为 83～87℃，装载量为 0.6～2dm^2/L，施镀时间为 30～40min；形成的镍钨磷合金镀层均匀、光亮度好、脆性小且结合力高，从而有效延长了镍钨磷合金镀层的使用寿命。

2015 年吴仕祥等[88] 发明了一种用于柔性电路板化学镀镍的溶液及其施镀方法，其特征在于镀镍溶液的配方为：硫酸镍 20～30g/L，次亚磷酸钠 20～40g/L，乳酸 10～30g/L，苹果酸 10～20g/L，乙酸钠 5～15g/L，乙二胺和/或其缩合物 0.5～10.0g/L，含硫化合物（选自巯基乙酸、硫代二乙酸、烯丙基硫脲、巯基噻唑、巯基苯并噻唑、氨基噻唑中的一种或几种）0.1～10.0μg/g，镀镍溶液的 pH 值为 4.4～4.8，施镀温度为 80～90℃。通过在化学镀镍溶液中，添加柱状镍添加剂和加速剂，利用该化学镀镍溶液施镀于 FPC 表面，再经过后工序的化学镀金溶液后，沉积上一层金层，该金层用退金水退去金后，在电子显微镜下观察，镍合金层没有裂纹，得到了耐弯折的镍合金层。该发明的镀镍溶液，提高了镍合金层的耐弯折和耐腐蚀能力。

2016 年 R. 雅尼克等[89] 发明了化学镀镍液以及使用方法，该化学镀镍液包含：

① 镍离子源：包含从由溴化镍、氟硼酸镍、磺酸镍、氨基磺酸镍、烷基磺酸镍、硫酸镍、氯化镍、乙酸镍、次磷酸镍以及以上一种或多种物质的组合构成的群组中选出的镍盐。

② 还原剂；由次磷酸盐、碱金属硼氢化物、可溶性硼烷化合物和肼构成的群组中选出。

③ 一种或多种配位剂：单羧酸，如乙酸、羟基乙酸、甘氨酸、丙氨酸、乳酸；二羧酸，如琥珀酸、天冬氨酸、苹果酸、丙二酸、酒石酸；三羧酸，如柠檬酸；四羧酸，如乙二胺四乙酸（EDTA)。它们可单独使用或彼此组合使用。

④ 一种或多种浴稳定剂：例如铅离子、镉离子、锡离子、铋离子、锑离子和锌离子，它们可以在浴中可溶并相容的盐如乙酸盐的形式引入。合适的铋化合物包括氧化铋、硫酸铋、亚硫酸铋、硝酸铋、氯化铋、乙酸铋等。有机稳定剂包括含硫化合物，例如硫脲、硫醇、磺酸盐/酯、硫氰酸盐/酯等。稳定剂通常以很少的量使用，经常约为 0.5～2（或 3） mg/L 溶液的量。金属稳定剂的浓度上限是这样的，其使得沉积速度不降低。

⑤ 光亮剂，由烷基或芳基取代的磺酰胺、烷基或芳基取代的磺酸、烷基或芳基取代的磺基琥珀酸盐以及烷基或芳基取代的磺酸盐构成的群组中选出的磺化化合物，包括 2-氨基乙烷磺酸、甲苯磺酰胺、1-辛烷磺酸、2-氯-2-羟基丙磺酸、糖精、磺基琥珀酸二戊酯钠、磺基琥珀酸 1,4-双（1，3-二甲基丁基）酯钠、磺基琥珀酸以及烯丙基磺酸钠。在一个优选的实施方案中，磺化化合物是 2-氨基乙烷磺酸。磺化化合物在化学镀镍液中的浓度优选在约 0.5～2.0mg/L 的范围内。所述光亮剂包含具有磺酸或磺酸根基团的磺化化合物。化学镀镍液的组成为：金属镍 6g/L，苹果酸 16g/L，乳酸 10.5g/L，甘氨酸 5g/L，乙酸 17g/L，次磷酸钠 30g/L，2-氨基噻唑 2.0mg/L，铋 2.5mg/L，磺化化合物 0.8mg/L。

2016 年野村胜矩等[90] 发明了一种化学镀镍液以及用该化学镀镍液进行的

化学镀法。化学镀镍可用于在半导体晶片上的电极上形成凸块（bump）等而与其他半导体芯片等相接合时，在形成凸块以前用化学镀法形成由镍（Ni）等形成的底部阻挡金属层（under barrier metal，UBM）。它要求化学镀镍膜厚度均匀且外观良好。所述化学镀镍液含有水溶性镍盐、作为侧链的脲基聚合物形成的光泽剂、一硫化物类添加剂以及铅离子。所述一硫化物类添加剂为从 2,2-硫代二甘醇酸、3,3-硫代二丙酸、3-［（氨基亚氨基甲基）硫基］-1-丙磺酸、甲硫氨酸、乙硫氨酸、硫二甘醇、2,2′-硫代双（乙胺）、硫代二丁酸以及硫代二丙磺酸组成的组中选出的至少一种。

所述光泽剂由式（Ⅰ）或式（Ⅱ）表示的聚合物形成。

式（Ⅰ）：

$$\left[\left[CH_2 - \underset{\displaystyle R^1}{\underset{|}{CH}} \right]_l \left[CH_2 - \underset{\displaystyle R^2}{\underset{|}{CH}} \right]_m \right]_n$$

式（Ⅱ）：

$$\left[CH_2 - \underset{\displaystyle R^3}{\underset{|}{CH}} \right]_n$$

式中，R^1 和 R^2 中的至少一方以及 R^3 为式（$—CH_2—NH—CONH_2$）或式（$—CH_2—NH—CONH—CH_3$）表示的基团，l、m 分别为 1 以上 5 以下的整数，n 为 1 以上 200 以下的整数，聚合物的重均分子量为 5000 以上 20000 以下。化学镀镍膜形成方法是将化学镀镍膜形成在设置于晶片上的电极上的方法，该化学镀镍浴在底层上有凹凸等情况下也能够形成均匀且有光泽的镀镍膜。

2016 年李炳生等[91] 发明了一种环保型化学镀镍钨磷合金光亮剂及其使用方法。光亮剂溶液包含：糖精钠 4～8g/L，乙氧基化丁炔二醇 1.5～3g/L，硫酸铜 1.5～3g/L，乳化剂 OP-10 0.5～1.5g/L，十二烷基苯磺酸钠 0.5～1.5g/L。1L 化学镀镍钨磷溶液加入该光亮剂 10mL/L。环保化学镀镍钨磷合金光亮剂不含铅、镉、硒等有害成分，所含成分无害、无毒；化学镀镍钨磷合金镀层起光快，施镀 20min，便可获得全光亮的镍钨磷镀层；镀液加入该光亮剂后保持较高的沉积速度和使用寿命；光亮剂加入镀液对镀层结合力及硬度无不利影响。

2016 年姚海军[92] 发明了一种铝合金化学镀镍的工艺，所述浸锌合金用水洗后再次进行二次浸锌合金处理，浸锌合金液组成为：70～90g/L NaOH、15～25g/L $ZnSO_4 \cdot 7H_2O$、1～3g/L $NaNO_3$、90～110g/L $C_6H_5Na_3O_7 \cdot 2H_2O$ 和 1～2g/L $NiSO_4 \cdot 6H_2O$。所述化学镀镍分为两步，化学镀镍以及镀镍液组成为：预镀镍液的组成为 15～25g/L 的 $NiSO_4 \cdot 6H_2O$、28～32g/L 的 $NaH_2PO_2 \cdot H_2O$、45～55g/L 的复合配位剂 QZ-34、10～20mg/L 的表面活性剂以及 0.2～0.4mg/L 的稳定剂，所述镀镍液的组成为 27～29g/L 的 $NiSO_4 \cdot 6H_2O$、27～29g/L 的 $NaH_2PO_2 \cdot H_2O$、15～25g/L 的 $CH_3COONa \cdot 3H_2O$、30～40g/L 的

复合配位剂 QZ-26、15～25g/L 的（$(NH_4)_2SO_4$）、10～20mg/L 的 C_6H_5CHO、8～12mg/L 的 $C_6H_5COSO_2NH_2$、8～12mg/L 的 $C_{12}H_{25}SO_4Na$ 和 2mg/L 的 $(CH_3COO)_2Pb \cdot 3H_2O$。通过预化学镀镍铝合金形成薄层致密镍，再进行下道镀镍，提高镀层结合力和耐蚀性，所述镀镍液中再加入光亮剂，可以提高镀层的光亮度，采用此种工艺化学镀镍的铝合金，具有光亮度高、耐腐蚀性好的优点，市场潜力巨大，前景广阔。

2016 年胡光辉等[93] 发明了一种化学镀镍液及其制备方法，化学镀镍液包括基础化学镀镍液和醇类添加剂。所述基础化学镀镍液的组成为：$NiSO_4 \cdot 6H_2O$ 18～25g/L，$NaH_2PO_2 \cdot H_2O$ 15～25g/L，丁二酸钠 5～15g/L，苹果酸 5～15g/L；所述醇类添加剂为乙醇，用量 1～10mL/L。pH 值为 4.8～5.2，温度 80～86℃，施镀 20～30min，即制备得到镍磷镀层。该发明的镀液包含醇类添加剂，使镀液具有好的稳定性，且应用中可显著提高镀层的抗硝酸黑化能力。

2016 年刘定富等[94] 发明了一种环境友好型化学镀镍的方法，化学镀镍的基础镀液的配制方法为：①10～15kg 六水硫酸镍溶于 30～40L 去离子水中，溶解完毕后，在搅拌下加 4～5kg 一水柠檬酸、1.5～2.5L 辅助配位剂（88%的乳酸）和 1～1.5g 稳定剂（苯并咪唑），搅拌混合均匀后，用纯水定容至 50L，再调节 pH 值至 4.58～4.62，得 A 液；②将 7～9kg 次磷酸钠溶于 30～40L 去离子水中，溶解完毕后，在搅拌下加入 3.5～4kg 结晶乙酸钠、3～3.5kg 一水柠檬酸、1.4～1.8L 辅助配位剂、1.5～2g 稳定剂、2～3g 2-乙基已基硫酸钠及 13～18g 光亮剂［碘化钾及硫酸铜，质量比为（8～15）：（30～60）］，搅拌混合均匀后，用纯水定容至 50L，得 B 液；③在搅拌下，将 14～16kg 一水次磷酸钠于 30～40L 去离子水中，加入 6～7kg 结晶乙酸钠、12g 2-乙基已基硫酸钠及 6～8g 光亮剂，搅拌混合均匀后，用纯水定容至 50L，得到 C 液；④在镀槽中加入 5L A 液及 10L 纯水，在搅拌条件下加入 10L B 液，混合均匀后测试 pH 值为 4.58～4.62，定容至 50L，加热至规定温度 85～90℃即可进行化学镀镍操作。发现苯并咪唑和碘化钾-硫酸铜复合对柠檬酸体系化学镀镍分别具有稳定作用和光亮作用，该发明以苯并咪唑作柠檬酸化学镀镍体系的稳定剂，碘化钾与硫酸铜复合作光亮剂，所有原辅材料及添加剂容易购买，施镀工艺简单易操作，镀液中不含 Pb^{2+}、Cd^{2+} 等有毒有害重金属离子，镀层耐蚀性高且光亮，是一种环境友好型表面处理技术，可以在碳钢、铝合金等材料表面镀覆镍-磷合金镀层，具有潜在的应用前景及经济效益。采用该发明进行实验室施镀，镀液使用寿命可以达到 8 个金属周期，镀层耐中性盐雾腐蚀时间＞48h，镀层光亮度可达到 208Gs。

2017 年王超男等[95] 发明了一种化学镀镍磷镀液，包括基础化学镀镍磷溶液和无机添加剂，化学镀镍磷合金镀液的配制：按硫酸镍 27g/L，次亚磷酸钠 27.9g/L，乳酸 14.5g/L，乙酸钠 15g/L，无机添加剂（硫酸亚铁）40mg/L 的比例配制成化学镀镍磷合金镀液，用 1mol/L H_2SO_4 调节 pH 值为 4.4，温度为

90℃，施镀 1h，镀速为 18.29μm/h，但不含上述无机添加剂的镀速为 17.1 μm/h，相对于基础配方，镀速增加了 6.96%。所述无机添加剂选自硫酸亚铁、硫酸钴或硫酸锌中的一种或几种。上述化学镀镍磷镀液在基础化学镀镍磷合金镀液中添加无机添加剂（硫酸亚铁、硫酸钴或硫酸锌中的一种或几种）。加入无机添加剂后，能提高化学镀镍磷合金的镀速，并且还能增加化学镀镍磷合金镀层的耐蚀性。

2018 年方舒等[96] 研究了含硫稳定剂对纳米 Ni-P-TiO_2 复合镀层形貌与性能的影响。以镀液稳定性、沉积速率、镀层孔隙率、显微硬度和耐蚀性为评价指标，研究了硫代硫酸钠、2-巯基苯并噻唑以及 *dl*-半胱氨酸三种稳定剂对 Ni-P-纳米 TiO_2 复合化学镀镍的影响，研究所采用的基础配方及工艺条件为：26g/L 六水硫酸镍，32g/L 次亚磷酸钠，15g/L 乙酸钠，20g/L 一水柠檬酸，10～30mg/L 表面活性剂，1～2g/L 纳米 TiO_2，温度 87～89℃，pH 4.6～5.0，反应时间 1h。结果表明，硫代硫酸钠对镀层耐蚀性、显微硬度和镀液稳定性的效果都较差，不适合作为该体系的稳定剂；*dl*-半胱氨酸作为稳定剂时虽然对镀层显微硬度和沉积速率比 2-巯基苯并噻唑稍好，但镀液稳定性和镀层耐蚀性不佳。实验表明 2-巯基苯并噻唑更适合作为该体系的稳定剂，其最佳用量为 6.0mg/L，在该用量下，镀层的沉积速率可达 144.6g/（m^2·h），镀层孔隙率为 1.5 个/cm^2，显微硬度可达 HV682.5。

2018 年叶涛等[97] 研究了稳定剂对中温化学镀镍-磷合金的影响。以镀液稳定性、沉积速率、镀层磷含量和光泽度为评价标准。研究了硫酸铜、硫酸高铈和硫脲各自作为稳定剂对 45＃钢上中温化学镀镍-磷合金的影响。镀液的基础配方和工艺条件为：$NaH_2PO_2 \cdot H_2O$ 28g/L，$NiSO_4 \cdot 6H_2O$ 25g/L，柠檬酸 12g/L，乙酸钠 15g/L，十二烷基磺酸钠（SDS）10mg/L，丁二酸 3g/L，pH 5.0～5.4，温度 73～77℃，时间 1h。采用硫酸铜作为稳定剂时，镀层光泽度最好，但沉积速率较慢，镀液的稳定性最好；采用硫酸高铈作为稳定剂时，化学镀镍的效果不佳。将 6mg/L 硫酸铜与 2mg/L 硫脲复配时，镀液的稳定性最好，沉积速率为 15.72μm/h，可获得光泽度为 171.3Gs、表面平滑、结晶细致的中磷化学镀镍层。

本节参考文献

[1] 郭贤烙，肖鑫，易翔，钟萍．低温酸性光亮化学镀镍[J]．腐蚀与防护，2000，21(4)：173-175.

[2] 黄岳山，岑人经．一种化学镀镍液[P]．CN1248641A(2000-3-29).

[3] 欧阳新平，罗浩江．低温化学镀镍研究进展[J]．电镀与精饰，2000，19(3)：42-45.

[4] 肖鑫，龙有前，谭正德，黄先威，苏琴．光亮碱性化学镀镍工艺研究[J]．电镀与涂饰，2000，19(3)：5-8.

[5] 陈彦彬，刘庆国，陈诗勇，尹春贵．中温化学镀镍工艺及添加剂的研究[J]．电镀与涂饰，

2000,19(1):39-42.
[6] 刘志坚. Ni-P 合金化学镀溶液稳定性的研究[D]. 昆明:昆明理工大学,2001.
[7] 蔡晓兰,张永奇,贺子凯. 化学镀镍磷络合剂对磷含量的影响研究[C]. 京津沪渝四直辖市"第一届表面工程技术交流会",2002:p43-44.
[8] 张天顺,张晶秋. TL 全光亮化学镀镍磷合金工艺研究[J]. 电镀与涂饰,2003,22(4):23-25.
[9] 郭忠诚,徐瑞东. 光亮剂对化学镀镍磷工艺及其镀层性能的影响[J]. 金属热处理,2003,28(2):51-54.
[10] 黄鑫,贺子凯,蔡晓兰. 中温酸性光亮化学镀镍[J]. 表面技术,2003,32(5):46-48.
[11] 邓立元,钟宏,杨余芳,邓克. 钢铁中温光亮化学镀镍新工艺[J]. 电镀与环保,2004,24(4):30-32.
[12] 张弢,蒋正生,章维益. 一种聚合物薄膜表面的化学镀镍导电薄膜及其制备方法[P]. CN1546727A(2004-11-17).
[13] 肖鑫,龙有前,易翔,郭贤烙,刘桂花. 全光亮化学镀镍磷合金工艺研究[J]. 湖南工程学院学报,2004,14(1):72-76.
[14] 刘少友,邹勇,唐文华,曾伟民. 中温碱性化学镀镍磷实用新工艺研究[J]. 新技术新工艺,2005(8):60-63.
[15] 王修春. 一种化学镀镍复合添加剂[P]. CN1600890A(2005-3-30).
[16] 王建泳,成旦红,张炜,李科军,曹铁华. 镁合金化学镀镍工艺[J]. 电镀与涂饰,2005:24(12):42-44.
[17] 葛圣松,邵谦,杨玉香,于美琼,关海滨. 低磷化学镀镍磷合金新工艺[C]. 山东省表面工程协会表面处理新技术交流会,2005:p59-63.
[18] 贺雪峰,应华根,严密. 光亮化学镀镍磷合金性能研究[J]. 电镀与精饰,2006,28(5):4-7.
[19] 戴长松,王殿龙,袁国辉,胡信国. 光亮剂对化学镀镍层性能及结构的影响[J]. 稀有金属材料与工程,2006,35(4):651-654.
[20] 严密,应华根,贺雪峰. 酸性化学镀镍复合光亮剂及其使用方法[P]. CN 1718859A(2006-1-11).
[21] 李北军,李昕,杨昌英. 复合配位剂化学镀镍工艺[J]. 电镀与环保,2006,26(6):25-28.
[22] 胡光辉,陈兵,李大树. 印制电路中镀镍浸金工艺及抗弯折剂[P]. CN 1812695A(2006-8-2).
[23] 刘海萍,李宁,毕四富. 用正交试验法优选化学镀镍四元复合添加剂[J]. 材料保护,2006,39(10):30-32.
[24] 吴辉煌,胡光辉,杨防祖,申丹丹. 化学镀添加剂的作用[J]. 化学与化工技术,2007(3):131-135.
[25] 孙冬柏,俞宏英,孟惠民,王旭东. 镁合金表面化学镀镍磷合金镀层的方法[P]. CN 1936079A(2007-3-28).
[26] 余新泉,郑臻,孙扬善,薛烽. 镁或其合金化学镀镍镀液[P]. CN1896310A(2007-1-17).
[27] 陈先义. 一种环保光亮型化学镀镍添加剂[P]. CN101024878A(2007-8-29).
[28] 王殿龙,苏韧,戴长松. 无铅无镉光亮化学镀镍[J]. 电镀与涂饰,2007,20(1):41-43.
[29] 李克清. 镁及其合金的化学镀方法[P]. CN1928156A(2007-3-14).
[30] 高延敏,缪文桦,王绍明,陈立庄. 糖精对化学镀镍层的耐蚀性能影响[J]. 腐蚀科学与防护技术,2007,19(4):262-264.

[31] 杨昌英，李昕，代忠旭，潘家荣．选择合适的添加剂改善化学镀镍层的性能[J]. 化学与生物工程，2008，25(4)：28.

[32] 刘海萍，李宁，毕四富，张冬．无铅无镉化学镀镍复合添加剂的研究[J]. 电镀与涂饰，2008，27(3)：19-21.

[33] 郑振．低磷化学镀镍稳定剂的筛选及补加工艺的研究[D]. 哈尔滨：哈尔滨工业大学，2008.

[34] 王憨鹰，陈焕铭，孙安，徐靖．光亮剂对化学镀镍磷合金镀层的影响[J]. 表面技术，2008，37(3)：14-15.

[35] 张翼，范洪富，闫红娟，刘振雷．一种新型化学镀镍光亮剂及其使用方法[P]. CN101144157A(2008-3-19).

[36] 崔国峰，丁坤．一种无氨型化学镀镍镀液[P]. CN101314848A(2008-12-3).

[37] 张涛，游仲，邵亚薇，孟国哲，王福会．一种镁合金化学镀镍钨磷镀液[P]. CN101289740A(2008-10-22).

[38] 贺东奎，陈开生，周学华．一种镁合金表面化学镀镍磷合金的方法[P]. CN101275221A(2008-10-01).

[39] 曾林，李宁，黎德育．PET表面低温碱性化学镀镍工艺[J]. 材料保护，2009，42(6)：36-38.

[40] 沈炎宾．环保型化学镀镍光亮剂及其应用[P]. CN101392395A(2009-3-25).

[41] 宋仁军，程功，豆忠颖，刘昌权，卢礼华．稳定的化学镀镍镀液及其制备方法[P]. CN101586236A(2009-11-25).

[42] 朱艳丽，宋邦强，王凯铭．一种长寿、高速的酸性环保光亮化学镀镍添加剂及其使用方法[P]. CN 101851752A(2010-10-6).

[43] 邵忠财，胡荣．镁合金表面直接化学镀镍磷合金的方法[P]. CN 101880872A(2010-11-10).

[44] 杨发才．环保化学镀镍光亮剂[P]. CN101649452A(2010-02-17).

[45] 谢骏，刘洋．镁合金化学镀中光亮剂的应用[J]. 河南化工，2010，27(3)：55.

[46] 唐发德．一种化学镀镍溶液[P]. CN 102286735A(2011-12-21).

[47] 冒国兵，余小鲁，陈志浩，邢昌．AZ91D镁合金低温快速化学镀Ni-P工艺的研究[J]. 材料热处理技术，2011(8)：124-127.

[48] 邹建平，曾江保，易喻兵，庄桂红，赖明峰，薛玉娣，彭强．一种化学镀镍光亮剂配方[P]. CN 101994106A(2011-3-30).

[49] 贾飞，王周成．以硼氢化钠为还原剂化学镀镍的电化学研究[J]. 物理化学学报，2011，27(3)：633-640.

[50] 宋仁军，程功，豆忠颖，刘昌权．化学镀镍复合光亮剂及其使用方法[P]. CN 102181848A(2011-9-14).

[51] 陈兵．一种化学镀镍液及化学镀镍工艺[P]. CN 102268658A(2011-12-7).

[52] 曾振欧，王勇，张晓明，赵国鹏．中温化学镀镍稳定剂的研究[J]. 电镀与涂饰，2011，30(9)：30-33.

[53] 赵国鹏，胡耀红，张晓明．一种环保型高磷化学镍添加剂[P]. CN 102140631A(2011-8-3).

[54] 刘海萍，曹立新，毕四富．一种镁合金化学镀镍复合添加剂[P]. CN 102644068A(2012-8-22).

[55] 李炳生，罗锐育，邬立平，张迪锋．锌合金压铸件化学镀镍钨磷合金镀液及其制备方法[P].

CN 102634781A(2012-8-15).
[56] 朱从亚．一种环保型化学镀镍光亮剂及其应用[P]. CN 102644066A(2012-8-22).
[57] 黄草明．香豆素添加剂对低温碱性化学镀镍-磷的影响[J]. 材料保护，2012，45(5)：12-14.
[58] 高亭亭，邢秋菊，曾江保，刘建建，高志，廖苏华，邹建平，等．新型化学镀镍光亮剂的研究[J]. 电镀与涂饰，2012，31(5)：27-29.
[59] 王新，熊璞，朱俊坚，黄颂智，江祖荣．高磷化学镀镍光亮剂的研究[J]. 广东化工，2012，39(4)：37-39.
[60] 刘贯军，高艳霞，于肖威，闫奇，李文冉．化学镀 Ni-P 合金镀层用光亮剂研究[J]. 河南科技学院学报，2012(04)：71-74.
[61] 赵岚，杨震．铝及铝合金光亮化学镀镍的研究[J]. 浙江工贸职业技术学院学报，2012，12(2)：47-49.
[62] 何礼鑫．一种超快出光的化学镀镍溶液[P]. CN 102534581A (2012-7-4).
[63] 黄贤权，周正悟．一种 FPC 化学镀镍沉金的方法[P]. CN 102586765A(2012-7-18).
[64] 郭国才．一种化学镀镍液及其应用[P]. CN 103334095A(2013-10-2).
[65] 黄琳，徐想娥，汪万强．低温化学镀镍磷合金工艺[J]. 电镀与涂饰，2013，32(4)：21-23.
[66] 蒋利民，眭俊，霍盛，王洋，杜裕杰．单晶硅表面硝酸银活化化学镀镍工艺[J]. 材料保护，2013，46(6)：43-45.
[67] 张丕俭，殷平，陈文，曲荣君，陈厚，徐强，张江．一种化学镀镍磷合金镀液[P]. CN 102953054A(2013-3-6).
[68] 储荣邦，戴昭文，杨立保．SF-200 深孔纳米镍预镀新工艺[J]. 电镀与涂饰，2013，32(6)：10-12.
[69] 黄英，吴海伟，邵杰，张伟，梁荣荣，孙旭，宗蒙．用于碳纤维氰酸酯基复合材料化学镀底镍和电镀镍的镀液及其施镀方法[P]. CN 103305820A(2013-9-18).
[70] 高嵩，杨帆，王桂林．几种添加剂对涤纶化学镀镍性能的影响[J]. 材料保护，2014，47(7)：24-29.
[71] 陈帆，连俊兰．一种化学镀镍液[P]. CN 104120412A(2014-10-29).
[72] 梁颖诗，鹿轩，林继月，张晓明，温青．电镀镍中间体对酸性化学镀镍的影响研究[J]. 电镀与涂饰，2014，33(4)：142-144.
[73] 吴波，崔永利，陈小宾．一种环保型高光亮中磷化学镀镍添加剂[P]. CN 103726036A(2014-4-16).
[74] 宋昱，王增林．亚微米级道沟的超级化学镀镍填充工艺[C]. 第三届环渤海表面精饰发展论坛论文集，2014：p47-52.
[75] 仝新生．硬铝合金化学镀 Ni-P 合金工艺研究[C]. 第三届环渤海表面精饰发展论坛论文集，2014：p158-165.
[76] 李育清，方小强，赵磊，董华强．一种镁合金镀镍溶液以及镀镍方法[P]. CN 103789752A(2014-5-14).
[77] 刘万民，唐常青，黄先威．一种零排放型化学镀镍液[P]. CN 104131272A(2014-11-5).
[78] 张双庆，胡钢．化学镀镍磷合金的方法、镀液及镍磷合金层[P]. CN104561951A(2015-4-29).
[79] 胡海娇，武晓阳，刘定富．化学镀镍绿色光亮剂的研究[J]. 电镀与环保，2015，35(5)：

29-31.
[80] 王建胜．钢铁表面碱性化学镀镍的研究[J]．现代涂装，2015，18(4)：47-50.
[81] 龚伶．印制电路板镀金中的镀镍工艺[P]. CN104419920A(2015-3-19).
[82] 谢刚，李宝平，王霞，邢晓钟，张霞，张国勇，孙正德，黄淑芳．一种中磷化学镀镍浓缩液及施镀工艺[P]. CN 104328395A(2015-2-4).
[83] 杨展，刘定富．表面活性剂对化学镀镍的影响[J]．电镀与环保，2015，35(2)：17-20.
[84] 肖鑫，刘万民，易翔．钢铁全光亮化学镀镍-钨-磷合金工艺研究[J]．电镀与涂饰，2015，34(3)：130-135.
[85] 余祖孝，附青山，郝世雄，郭洪．硝酸铈及热处理对化学镀 Ni-W-P 合金的性能影响[J]．化学研究与应用，2015，27(5)：696-699.
[86] 董欢欢，米艳丽，崔永利，王丽雪．一种环保型铝合金快速化学镀镍-磷添加剂[P]. CN104561948A(2015-4-29).
[87] 陈耘，刘子瑜，李亮，赵洁，刘晓彬，陈敏，唐家耘，朱宇瑾，王超伦，李德光，谢宝奎．一种碱性化学镀镍钨磷合金光亮剂及应用该光亮剂的化学镀方法[P]. CN105112899A(2015-12-2).
[88] 吴仕祥，简发明．一种用于柔性电路板化学镀镍的溶液及其施镀方法[P]. CN105018904A(2015-11-4).
[89] 雅尼克 R，米库斯 N J. 化学镀镍液以及方法[P]. CN105452528A(2016-3-30).
[90] 野村胜矩，小田幸典，稻川扩，柴田利明．化学镀镍浴以及用该化学镀镍浴进行的化学镀法[P]. CN 106011802A (2016-10-12).
[91] 李炳生，张开峰，陈立明，邬立平，罗铁丰，高央庆，孙旭东．一种环保型化学镀镍钨磷合金光亮剂及其使用方法[P]. CN105695967A(2016-6-22).
[92] 姚海军．一种铝合金化学镀镍的工艺[P]. CN 105937026A(2016-9-14).
[93] 胡光辉，杨文健，杜晓吟，付正皋，潘湛昌．一种化学镀镍液及其制备方法[P]. CN 106148922A (2016-11-23).
[94] 刘定富，李雨，舒刚．环境友好型化学镀镍的方法[P]. CN 106048568A(2016-10-26).
[95] 王超男，陆海彦，李祥忠，林海波．化学镀镍磷镀液[P]. CN 107523816A(2017-12-29).
[96] 方舒，沈岳军，刘定富．含硫稳定剂对纳米 Ni-P-TiO_2 复合镀层形貌与性能的影响[J]．电镀与精饰，2018，40(1)：12-16.
[97] 叶涛，刘定富，沈岳军．稳定剂对中温化学镀镍-磷合金的影响[J]．电镀与涂饰，2018，37(1)：9-12.

第 16 章

未来的表面处理新技术

16.1 我国与世界表面精饰联盟的友好往来

16.1.1 我国加入国际表面精饰联盟并主持召开第 19 届国际表面精饰大会

电镀与精饰行业在国外发展较早，它是伴随着西方工业化的需求而迅速发展的，相应的学会、协会也大都在新中国成立前就已成立，如美国的电镀与表面精饰协会和英国的金属精饰学会均诞生于 20 世纪 20 年代，日本的金属表面技术协会则在 1949 年成立。

20 世纪 40 年代，由西方数个国家的学会或协会在英国和澳大利亚等国的倡议下成立了国际表面精饰联盟（International Union for Surface Finishing，IUSF），它由各国学（协）会轮流担任主席，每届任期 4 年，每四年举行一次国际表面精饰大会（Interfinish），在两次大会之间可在各大洲举办地区性表面精饰会议，每次会议都邀请世界各国从事表面精饰的专家、学者以及工业界的工程技术人员参加学术会议。议题涉及表面精饰的各个领域。目前国际表面精饰联盟有来自美国、英国、德国、法国、日本、韩国、澳大利亚、新加坡等 23 个国家 27 个学（协）会成员[1,2]，共举行了十多届国际表面精饰大会，早已成为可与美国电镀与表面精饰年会（AESF 年会）并驾齐驱的国际表面精饰大会。表 16-1 列出了笔者所知的各届会议的时间、地点和名称。

表 16-1 世界表面精饰大会概况

届数	年份	会议地点	会议名称
10	1980	东京	Interfinish 1980
11	1984	耶路撒冷	Interfinish 1984
	1986	霍巴特	Asia-Pacific Interfinish 1986
12	1988 1989	巴黎 伯明翰	Interfinish 1988 Euro-Interfinish 1989
	1990	新加坡	Asia-Pacific Interfinish 1990

续表

届数	年份	会议地点	会议名称
13	1992 1994	圣保罗 墨尔本	Interfinish 1992 Asia-Pacific Interfinish 1994
14	1996	英国	Interfinish 1996
15	2000	德国	Interfinish 2000
16	2004	美国	Interfinish 2004
17	2008	釜山	Interfinish 2008
18	2010 2012	新加坡 米兰	Asia-pacific Interfinish 2010 Interfinish 2012
19	2015 2016	德国 北京	Euro-Interfinish 2015 Interfinish 2016

中国电镀协会是1984年10月由国家经委批准成立的，1991年根据国家对行业协会的调整精神改建成中国表面工程协会，原中国电镀协会组织机构不变，整体转入中国表面工程协会，成为中国表面工程协会电镀分会。由于中国参加联合国较迟，中国电镀协会在20世纪没有以组织形式参加世界表面精饰界的国际学术交流，所以20世纪表面精饰的国际交流都以民间或个人形式参与。本书以笔者亲自参加的8次国际学术交流为主线，回顾我国与世界表面精饰联盟的友好往来情况。

2008年6月，受韩国表面工学会会长邀请，时任中国表面工程协会秘书长马捷带队赴韩国釜山参加第17届世界表面精饰大会，在会议期间召开的国际表面精饰联盟理事会上，时任联盟主席的韩国表面工学会名誉会长，年近90高龄的廉熙泽先生提议和鼓励中国加入联盟并申办2016年第19届世界表面精饰大会[3]。2012年在意大利米兰召开的第18届世界表面精饰大会期间，国际表面精饰联盟理事会全票通过中国加入联盟和承办第19届世界表面精饰大会（Interfinish World Congress 2016，简称 Interfinish 2016）[4]，这是我国表面精饰界的大喜事，值得大家庆贺与支持。笔者作为早年参加国际表面精饰联盟活动最多的学者，有责任向大家介绍一下我国电镀工作者早年参加国际表面技术交流的状况。

16.1.2 我国初始的国际表面精饰学术交流

我国最早参与的国际表面精饰学术交流是参与亚洲地区的交流，它是由日本推动的，日本政府拨专款资助日本金属表面技术协会开展国际学术交流，由设在名古屋市的JACA组织主持，20世纪60年代JACA的会长是兼松弘先生。20世纪60年代初在日本东京举行了第1届亚洲金属精饰大会，但参加的人不多。

1985年6月1～3日在日本东京举行第2届亚洲金属精饰大会，笔者和秦宝兴、张立茗、李宁等20多人出席了会议，整个会议有100多人。在这次大会上笔者被推举为分会执行主席，我的论文“XPS和AES研究银层变色的机理”荣获大会最佳奖，得到了大会的奖状、奖金和奖品，国内《科学报》、《新华日报》和《南京日报》都报道了我获奖的消息，我国最高学术刊物《中国科学》中、英文版也刊出了我的论文，《电镀与涂饰》也专文介绍了此事[5]。从此，国际表面精饰学会以及各地的学者纷纷与我联系，中国香港电镀协会会长陈礼信先生，日本金属表面技术协会国际联络部部长黑田孝一先生，中国台湾表面技术杂志社社长兼学会召集人叶明仁先生以及澳大利亚金属表面处理学会会长 C. Whittington 先生都先后到南京大学化学系拜访我，我也开始经常出席国际表面精饰会议。

16.1.3 1986年在澳大利亚举行的亚太国际表面精饰大会 (Asia-Pacific Interfinish 1986) [6]

1986年10月19～24日，国际表面精饰联盟与澳大利亚金属精饰学会共同在澳大利亚霍巴特市举行亚太国际表面精饰大会，会议主席是国际表面精饰联盟主席、英国的 D. R. Gabe 教授，副主席是澳大利亚协会会长 C. Whittington 先生。我国有4位代表出席，他们是南京大学化学系的方景礼、上海日用五金研究所的秦宝兴、哈尔滨环保开发公司的邬德浩和哈尔滨大电机研究所的尚久琦。这次会议共收到70余篇论文，共分十个专题，用英语在三个会场同时宣讲。这十个专题概括了表面精饰的各个领域，所报告的内容是各国同行的最新研究成果。方景礼教授在会上报告了两篇论文：①“镀银层的变色机理与防护方法”；②“宽温高稳定酸性光亮镀锡工艺”。邬德浩高工的论文“还原法处理含铬废水产生的氢氧化铬废渣作制革鞣剂的研究”及尚久琦高工的论文“以镍为基的耐磨和防腐电刷镀工艺”也由方教授在会上代为宣读。会后我们组织了会议论文集的翻译工作，最后由方景礼、邬德浩、尚久琦和轻工部环保办主任程葆世工程师进行总审校，出版发行了《1986亚太国际精饰技术会议译文集》，并决定由方景礼教授撰写“1986年亚太国际精饰会议技术总结”，在《材料保护》1987年第3期上发表。

16.1.4 1988年在法国巴黎举行的第12届世界表面精饰大会 (Interfinish 1988) [7,8]

1988年10月4～7日，国际表面精饰联盟和法国电解及表面精饰工程技术协会（AITE）共同在法国巴黎的国际会议与展览中心举行了“第12届世界表面精饰大会”，这次会议是继1984年10月21～26日在耶路撒冷召开的第11届国际表面精饰会议后的正式会议。会议由法国 AITE 的 R. Tournier 任主席，以色列金属表面精饰学会的 A. Israeli 博士和法国 AITE 的 L. Ades 博士任副主席，IUSF 的常务秘书、英国的 S. Wernick 博士任名誉秘书长。全世界30多个国家的代

表 800 多人出席了会议，其中法国代表 300 多人。这是一次世界表面精饰界的盛会，大会组委会共收到 205 篇论文，其中 106 篇论文分三个会场用英语和法语（有英法同声翻译）同时宣读。这次大会有三个特邀报告，它们是：①日本早稻田大学理工学部的逢坂哲弥教授报告的“镀高密度磁碟的最近趋势”；②以色列金属表面精饰学会的 A. Israeli 博士的“功能性覆盖层的时代”；③瑞士联邦技术研究院材料部的 D. L. Landolt 的“电解抛光的进展”。会议期间全世界 50 多家公司参加了新技术、新产品展览会。这次会议中国只有我一人出席，我在大会上报告了“XPS 和 AES 研究电抛光铜表面黏液膜的组成”，并被选为分会执行主席。该文发现有机多膦酸是铜的优良电抛光剂，抛光过程中会形成一层黏液膜，它是抛亮铜的关键。用 XPS 和 AES 等表面分析手段测定了黏液膜的组成、价态和结构，确定它是由配体磷酸和 HEDP 与铜离子形成的聚合多核配合物，其组成为 $[Cu_4(PO_4)(HEDP)]_n$，该文后在英国《应用电化学》杂志（J. Appl. Electrochem.）发表，会后笔者在《电镀与环保》上发表了“第 12 届世界表面精饰会议综述：会议的主要技术进展”。会议结束后笔者应巴黎居里大学电化学分析与应用研究室主任 Tremillon 教授和该校腐蚀研究室主任 C. Fiaud 教授的邀请，在该校进行了参观与讲学。会后笔者还访问了英国几所大学和著名的 M. Canning 表面精饰公司。

16.1.5 1990 年在新加坡举行的亚太国际表面精饰大会 (Asia-Pacific Interfinish 1990)[9~11]

1990 年 11 月 19～22 日，在新加坡举行的亚太国际表面精饰会议是国际表面精饰联盟批准的大型地区性国际表面精饰会议，它是由澳大利亚金属精饰学会（The Australia Institute of Metal Finishing）和新加坡金属精饰学会（The Singapore Metal Finishing Society）共同组织的会议，有来自 23 个国家和地区的 200 多位代表出席会议。为了使代表获得更多的知识和信息，大会组委会将表面处理新材料、新产品和新设备展览会与第 6 届亚洲国际机械工具与金属加工展览会（Metal Asia 90）和第 5 届东南亚国际自动化制造技术和机器人展览会（Automasia 90）联合举办，展览会地址在新加坡世界贸易中心，参展单位有数百家，人员超过 1000 人，共设 8 个大展厅。

这次会议的主席是澳大利亚学会的会长 C. Whittington，技术委员会主席是澳大利亚学会的秘书长 Wilson 先生，会议秘书长是新加坡国立大学的 Dr. Ong 博士。本届会议共选择 66 篇论文入论文集，其中美国 13 篇，英国 10 篇，中国 10 篇，日本 8 篇，澳大利亚 7 篇，意大利 5 篇，德国 4 篇，新加坡 3 篇，新西兰 2 篇，加拿大、西班牙、荷兰、瑞典各 1 篇。笔者在会上报告了“BTL-1 高效光亮镀铬工艺”和“高速光亮低温化学镀镍工艺”两篇论文。

16.1.6 1992年在巴西圣保罗举行的第13届世界表面精饰大会 (Interfinish 1992) [12]

1992年10月5～8日，世界表面精饰联盟与巴西金属精饰协会在巴西圣保罗市举行第13届世界表面精饰大会，会议有20多个国家的200多名代表在圣保罗国际会议中心举行，时任国际表面精饰联盟主席的巴西金属精饰学会会长V. Ett担任会议主席，他也是巴西圣保罗市Cascadura电镀厂的厂长。中国只有笔者和台湾苏州大学的王建和教授参会。笔者在会上报告了三篇论文，它们是：①“XPS，AES研究黄铜的防变色膜”；②“XPS和AES研究卤素对铬酸电沉积的活化作用”；③“XPS，AES，FT-IR和Raman光谱研究钢上Fe-ATMP防腐蚀膜”，该文发现ATMP可在强酸性条件下与铁形成稳定的耐蚀性优良的防护膜，指出ATMP是通过分子中的N、O原子与Fe^{2+}配位而形成电中性的耐蚀性配合物膜，其组成为O 48.4%，P 28.6%，Fe 7.0%，N 4.3%，C 11.7%，这与［Fe（ATMP)$_2$］配合物的百分组成一致。该文受到国际腐蚀界的好评，后来发表在美国《腐蚀》(Corrosion）和《中国腐蚀与防护学报》上。在这次会议上我认识了韩国表面工学会会长廉熙泽先生。1993年我应美国电镀与表面精饰协会（AESF）纽约和密苏里分会的邀请，到美国参加AESF年会后回国时，特地在韩国参观考察一周，受到廉熙泽先生的热情接待，一周的活动全程由他陪同。他虽年事很高，但身体很好，还在不断为表面精饰业努力工作。我国参加国际表面精饰联盟，也是他极力推荐与推动的结果，我们应当好好谢谢他。

16.1.7 1994年在澳大利亚举行的亚太国际表面精饰大会 (Asia-Pacific Interfinish 1994) [13]

1994年10月2～6日，在澳大利亚墨尔本市的希尔顿酒店举行了亚太国际表面精饰大会，这次会议共有15个国家和地区的300多位代表参加。本届会议的主席是澳大利亚金属精饰学会的P. Aughterson先生，技术委员会主席是I. Rose先生，出席这次会议的贵宾有国际表面精饰联盟主席D. Gabe教授（英国），联盟副主席V. Ett（巴西），联盟总秘书B. A. Wilson（澳大利亚），美国AESF协会主席W. Bornvert，澳大利亚金属精饰学会会长T. Green，英国金属精饰学会的D. N. Layton和日本大阪大学的林忠夫教授等。会上国际表面精饰联盟主席Gabe教授做了主旨演讲，题目是“回顾著名的法拉第、奈恩斯特和霍尔先生”，他主要回顾了三位著名科学家的重大科研成果对推动表面精饰业发展所起的作用。会议还特别邀请了有24年印制板生产经验的技术专家Mechesney进行一次特别的电子工业教育课程，题目是“印刷电路板的制造技术、故障处理和质量检测”。会议论文集共收集论文79篇，共分10个专题，中国代表共提交了8篇论文，其中4篇论文的作者未出席会议，笔者在会上宣读了三篇论文，它们是：

①“钢上防腐-装饰性硅钼杂多酸化学转化膜”；②“无氰高结合力钢铁件浸铜工艺”；③“SHE-1超速化学镀镍工艺”。台湾苏州大学黄建和教授在会上报告了“电铸镍的内应力”的论文。本次会议除了学术报告外还组织参观了澳大利亚BHP钢铁集团公司钢板钢筋产品分厂，该厂主要生产热轧和冷轧薄钢板，轧好的钢板再经电镀锌、锌铝合金或涂漆处理，得到各种颜色的彩色钢板，用于建筑、家电、运输车辆、工业储罐和包装容器，该厂的年产量达170万吨。BHP公司是澳大利亚最大的跨国公司，它有大型炼铁厂、炼钢厂、不锈钢厂和不锈钢管厂及彩色钢板厂等。

这次会议以清洁生产和航空-航天领域的表面处理为主旋律，清洁生产工艺由联合国环保署全球表面精饰工作组主席D. Reeve先生主持，会上笔者应Reeve先生的邀请成为该工作组的中国代表，后来他来到中国，笔者陪同他到我国各地考察中国表面精饰行业的清洁生产状况。

16.1.8 2000年在德国举行的第15届世界表面精饰大会(Interfinish 2000)

2000年9月13～15日，在德国著名风景区嘉米许-巴登客钦（Garmish-Partenkirchen）市会展中心举行了第15届世界表面精饰大会，会议主席是德国柏林的W. Paatsch，大会推举了国际著名的学者组成“国际科学委员会”，笔者有幸被选为该委员会唯一的中国代表。本次会议的内容涉及整个表面精饰领域，它包括湿法涂装、粉末喷涂、电镀、阳极氧化、前处理与后处理以及生产工艺的管理与控制。会议的中心议题是“21世纪的表面精饰技术”[14,15]，会议共有20多个国家的300多位代表，会议使用的语言是英语，德语发言有英语同声翻译。笔者在会上报告了论文“中性化学镀金的打线（键合）功能与可焊性”，实验证明该工艺可用于需键合或焊接的印刷电路板且不会产生普通化学镀金易产生的黑垫现象。与本次会议同时举行的还有“第7次国际等离子体表面工程会议”（The 7th International Conference on Plasma Surface Engineering），它是利用离子/粒子射线进行表面处理领域的一次重要会议。由于会议地点是在德国-奥地利边境，会议特别安排一天去游览奥地利的大好河山，参观了伟大音乐家莫扎特的故乡——萨尔斯堡，欣赏了著名的阿尔卑斯山风光，品尝了奥地利的美食，使代表们个个心旷神怡。

16.1.9 2010年新加坡举行的亚太国际表面精饰大会（Asia-Pacific Interfinish 2010）[16]

2010年6月在新加坡太平洋国际酒店举行了亚太国际表面精饰大会，这次会议由国际表面精饰联盟与新加坡金属精饰学会共同举办，会议主席是新加坡金属精饰学会会长甘沧波（C. P. Kam）先生，他是新加坡著名鲜花与礼品电镀厂

RISIS 的技术总监，他在该厂工作数十年，接任新加坡金属精饰学会会长职务也有十多年之久，他多次率新加坡学会代表团出席各国举行的世界表面精饰大会和每年在中国举行的表面精饰展览会。

本届会议的规模相对较小，除会议外也举办了新工艺、新产品、新设备展览会，参会代表一百多人，中国表面工程学会未派代表团出席，仅笔者以个人身份参加了会议，并在会上报告了论文“化学镀镍废液回收利用的现状及 ENP-1 化镍废液处理剂”，因为新加坡化学镀镍的应用非常普遍，而其废液的处理又是非常头痛的问题。

16.1.10 小结[17]

自改革开放以来，我国迅速由一个落后的大国一跃成为世界的制造业大国和世界第二大经济体，但我们的产品大多数还属中低档产品，离世界一流强国还有一段距离。中央号召“大众创业，万众创新”，就是要开阔我们的眼界，勇于与国外同行竞争，在前人的基础上更上一层楼，打造我国各行业的升级版。参加国际学术会议是参与国际学术交流、了解国际行情和技术发展新动向的绝好机会，我们应该学习我们的高铁，在引进、消化、吸收的基础上不断创新，终于开发出世界一流的中国式高铁，并在世界各地开花结果。笔者希望我国的表面精饰行业以 2016 年的北京国际会议为起点，也能像高铁一样突飞猛进。

本节参考文献

[1] 方景礼．九十年代表面精饰技术的进展 Ⅱ．1990 亚太国际表面精饰会议技术总结[J]．电镀与环保，1991，11(6)：8.

[2] 方景礼．表面精饰的国际组织和国际会议[J]．电镀与环保，1991，11(1)：10.

[3] 方景礼．21 世纪的表面处理新技术(续完)[J]．表面技术，2005(6)：1.

[4] 孙长兰．参加 Interfinish 2008 国际会议情况[J]．电镀与精饰，2008(10)：26.

[5] 濯缨，学海无涯　唯勤是岸——记亚洲金属精饰会议上获奖的方景礼[J]．电镀与涂饰，1985(10)：1.

[6] 方景礼．参加东京举行的第 2 届亚洲金属精饰会议[J]．电镀世界，1985(1-2)：1.

[7] 方景礼．1986 年亚太国际表面精饰会议情况简介[J]．电镀与环保，1987(4)；34.

[8] 方景礼．1988 年第 12 届世界表面精饰大会综述(会议概况与特点)[J]．电镀与涂饰，1989，9(2)：49.

[9] 方景礼．第 12 届世界表面精饰大会综述(会议主要技术进展)[J]．电镀与环保，1989，9(4)：11.

[10] 方景礼．1990 年亚太国际精饰大会及东南亚的表面精饰[J]．材料保护，1991，24(7)：41.

[11] 方景礼．九十年代表面精饰技术的进展 Ⅰ．1990 亚太国际表面精饰会议技术总结[J]．电镀与环保，1991，11(4)：169.

[12] 方景礼．国际表面精饰技术述评[J]．国际学术动态，1991(4)：87.

[13] 方景礼．1992 年国际表面精饰会议论文题录[J]. 材料保护，1993(4)：1.

[14] 方景礼．新加坡的表面精饰业现状[J]. 电镀与涂饰，1998，17(4)：22.

[15] 方景礼．21 世纪的表面处理新技术[J]. 表面技术，2005(5)：1.

[16] 方景礼．1994 年第三届亚太国际精饰会议在墨尔本举行，95 江苏暨南京市表面处理学术交流年会论文集[C]. 南京表面处理研究会，1995-5-22：p9-10.

[17] 方景礼．回顾 30 年来我国与世界表面精饰联盟的友好往来[J]. 电镀与精饰，2015，37(9)：46C-46F.

附图　本书作者参与部分国际学术交流留影

1986年在南京大学接待日本金属表面处理协会国际联络部黑田孝一先生

1986年与国际表面处理联合会会长Gabe教授参观墨尔本钢铁公司

1992年与国际表面处理联合会会长、巴西学会会长在巴西圣保罗合影

1987年澳大利亚金属表面处理会会长C.Whittington先生参观南京大学化学系我的实验室

1993年5月与韩国金属表面理学会前会长廉熙泽先生在韩国

1988年在法国巴黎参加第12届世界表面处理会议

16.2 高耐蚀镀涂层的新动向和新理论

16.2.1 金属的腐蚀与防腐蚀

金属的腐蚀，若按腐蚀作用机理来分可分为化学腐蚀和电化学腐蚀两大类。电化学腐蚀比化学腐蚀更普遍，危害也更大。根据电化学腐蚀的原电池理论，电化学腐蚀由微电池的阳极反应和阴极反应组成。

阳极反应主要是金属的溶解和羟基的氧化而放出电子：

$$Fe = Fe^{2+} + 2e^-$$

$$4OH^- = O_2 + 2H_2O + 4e^-$$

阴极反应主要是金属离子或氢离子获得电子而被还原为金属和氢气：

$$Cu^{2+} + 2e^- = Cu$$

$$2H^+ + 2e^- = H_2$$

只要能抑制阳极反应或阴极反应的任何一方，总的腐蚀反应就被抑制，就能达到耐蚀的效果。耐电化学腐蚀的好坏，主要由金属本身发生电化学腐蚀速度的快慢来决定，腐蚀速度越慢，耐蚀性就越好。电化学腐蚀反应是在水介质中进行的，如能不让水参与，腐蚀反应就被终止。阻止腐蚀的方法很多，转移腐蚀、分散腐蚀、毒化或抑制阴极反应（毒化剂与缓蚀剂）、阻断水参与腐蚀反应等都可减缓或终止腐蚀反应而达到防腐蚀的效果。

16.2.2 20世纪以牺牲镀层来获得高耐蚀性的多层镍理论

金属镀层的耐蚀性是选择镀层的最重要指标之一，早期的电镀主要以防腐-装饰性镀层为主，主要是用它来防止钢铁的腐蚀。随着海洋、汽车、高铁等现代化装备的发展，对镀层耐蚀性的要求也越来越高，镀层的厚度越来越薄，而耐腐蚀或耐盐雾的时间却要越来越长。为适应长时间高耐蚀性的要求，1947 年英国哈肖（Harshaw）首先开发了双层镍工艺，到 60 年代美国乐思国际化学公司正式开发了三层镍工艺。它是在半光亮镍和光亮镍层中间加一层易被腐蚀的高硫镍，以防止孔的垂直腐蚀，后来再加上含有不导电微粒的光亮镍（也叫镍封），这就是典型用牺牲镀层来防止腐蚀的多层镍理论（见图 16-1）。多层镍电镀工艺后来就成为高耐蚀镀层的首选工艺，一直沿用至今。

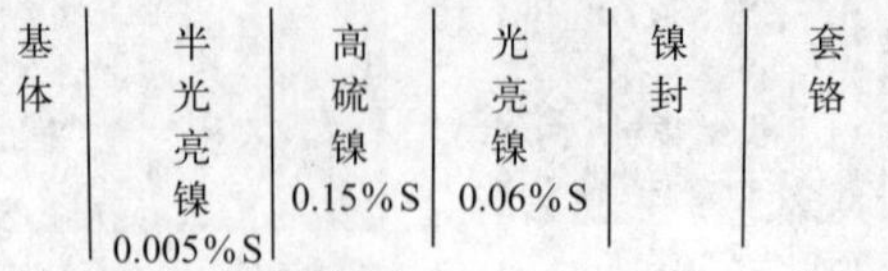

基体	半光亮镍 0.005%S	高硫镍 0.15%S	光亮镍 0.06%S	镍封	套铬

图 16-1　高耐蚀性多层镍体系的镀层结构和三层镍的含硫量

16.2.3 21世纪获得高耐蚀性镀涂层的新动向和新理论

16.2.3.1 用毒化剂阻断阴极反应的新技术

21世纪在表面精饰领域已取得很多的成果[1,2]。国外发现了一种通过毒化（poisoning）腐蚀过程的阴极反应来有效抑制腐蚀反应的新技术[3]，它是澳大利亚莫纳什（Monach）大学的Nick Birbilis带领的研究团队，在世界上首次通过阴极过程毒化物——砷元素，制成了腐蚀速率大幅降低的镁合金。他们发现对镁添加很少量的砷，就能在腐蚀反应发生前通过毒化阴极反应来有效抑制腐蚀反应，从而制成更多“不锈”（stainless）的镁合金产品。将砷作为功能添加剂加至商用合金，这一突破将有助于研究出新一代更加“不易生锈”的镁合金产品，它们在航空、航天、汽车、电子、运输等领域都有重要的应用，而且社会的需求量也非常大。

砷化物是否可毒化或终止其他金属的阴极腐蚀反应？这正是人们应该探索的新领域，深入探讨砷化物终止镁阴极腐蚀的机理，是揭开这一谜底的关键，也是开创其他“不锈金属”的钥匙，希望我国学者能加速这方面的研究，以创造出更多种的“不锈金属”。

16.2.3.2 用憎水膜阻断整个腐蚀反应的新技术——超疏水表面技术

金属腐蚀反应的必要条件是必须在水介质中才能发生电化学腐蚀。若能阻断水进入金属表面，腐蚀就难以发生。提高金属表面的疏水性，就能很好阻断水进入金属表面，也就切断了金属与腐蚀介质的电化学腐蚀。

国外提出了“超疏水表面”抑制腐蚀的新理论，它为开发长效智能防腐表面提供了新的思路，具有重要的科学意义和实用价值，引起了国内外学者广泛的关注。

（1）超疏水表面概念的来源——荷叶的疏水表面引发的深思[4,5]

把水滴入荷叶，它在荷叶上只形成水珠，并不润湿荷叶，只要稍微抖动一下，水珠几乎100%脱离荷叶，荷叶本身一点也不被润湿，这就是自然界典型的超疏水表面现象。荷叶、蝉翼、蚊子复眼等都能展现出超疏水现象。

评价材料表面疏水性的主要参数是浸润性。它是指水在固体表面的铺展能力，是固体表面的重要性质之一。一般认为，水接触角$\alpha<90°$的材料表面亲水，$90°<\alpha<150°$的材料表面疏水，而$\alpha>150°$、滚动角$<10°$的材料表面定义为超疏水表面[6]。

（2）荷叶的真实结构

对荷叶结构的深入研究发现，荷叶表面的结构包括微米-纳米乳突表面和强疏水的纳米蜡，即要形成微米-纳米级微凸表面结构和覆盖一层高疏水膜组成的表面。所以要获得超疏水表面，一是要使金属镀层表面的粗糙度达到微米-纳米级，使水珠无法进入表面的凹陷处；二是用纳米蜡或一端有强疏水长碳链、另一端有易于与金属配位的配位原子组成的配位基团，它可与金属表面形成致密的强疏水的配合物膜，也称为自组装膜[6]。

(3) 微米-纳米级表面的获得

要使金属镀层变成具有微米-纳米级微结构的最简单方法就是把纳米级微粒（如纳米级的 TiO_2、Al_2O_3、ZrO_2 等）放入正常的金属镀液，利用复合电镀的方法使微粒嵌入镀层中，它不仅改变了镀层的粗糙度，使其具有微米-纳米结构，而且可使镀层更加致密、低孔隙，从而大大提高镀层的硬度、耐磨性和耐蚀性。

另外，也可通过微纳米微粒的复合化学镀、复合刷镀、阳极氧化、表面蚀刻、气相沉积、热水腐蚀和涂装等方法来得到微纳米粗糙的表面，还可以通过模板浇注-固化-剥离来实现表面粗糙结构的精确复制。

(4) 纳米微粒对镀层的强化作用

① 具有高活性表面的纳米微粒的加入，为金属离子的沉积提供了更多的成核中心，提高了金属成核率，抑制了金属晶粒的成长，使镀层结晶更加细小，即细晶强化作用。

② 当镀层受到外力时，这些弥散在基质中的纳米微粒能够有效地阻止位错滑移和微裂纹扩散，使镀层产生弥散强化。

③ 纳米粒子的加入使镀层中晶体的缺陷密度升高，使位错的滑移运动困难，使金属能够有效抵抗塑性变形，表现出高密度位错强化效果。

④ 复合电镀中常用的分散剂主要有表面活性剂、聚电解质、无机盐和配位剂等，其中表面活性剂和聚电解质应用较广泛。

(5) 如何强化纳米微粒在溶液中的分散

纳米复合镀的主要问题是做好微粒的分散，防止团聚。

① 弄清微粒在镀液中的带电形态，再选合适的分散剂进行分散。例如 25℃时，水溶液中 SiO_2 的等电点为 pH 1.7～3.5，即当 pH 值小于 1.7 时，SiO_2 粒子表面带正电；当 pH 值大于 3.5 时，SiO_2 粒子表面带负电；当 pH 值在 1.7～3.5 时，SiO_2 粒子表面显电中性。

② 通过在粒子表面修饰一层无机物或有机物，将粒子表面活泼的基团包覆或屏蔽起来，与周围环境隔绝，降低其活性，就可以起到稳定和分散的作用。

周言敏等[7] 分别添加十二烷基硫酸钠、十六烷基三甲基溴化铵和聚乙二醇，制备了 Cu-SiO_2 复合镀层，考察了表面活性剂的带电性质与添加量对 Cu-SiO_2 复合镀层性质的影响。

成旦红等[8,9] 研究了阳离子表面活性剂和非离子表面活性剂的工艺参数对 Ag-SiO_2 和 Ni-SiO_2 复合镀层的影响。

吴敏等[10] 对含有不同质量分数分散剂（六偏磷酸钠、氯化钾、硅酸钠、三乙醇胺、Span-80 及三聚磷酸钠的纳米 SiO_2 悬浮液进行了分散效果的分析，发现在单纯去离子水中，对纳米 SiO_2 粉体而言，六偏磷酸钠是一种分散效果较好的分散剂，其质量分数在 3%～4%时，可以获得分散性和稳定性都好的镀液。

(6) 通过中性纳米粒子复合镀的方式获得微米-纳米级表面

郭燕清等[11] 把纳米 Al_2O_3 粉加入焦磷酸盐电镀 Cu-Sn 合金镀液，当纳米 Al_2O_3 微粒的浓度达 8g/L，pH＝9 时，Cu-Sn 合金镀层的微结构发生了明显的变化，镀层 Al 含量达 10.72%（质量分数），纳米 Al_2O_3 分布更加均匀，随着纳米 Al_2O_3 浓度的增大，Cu-Sn 合金镀层的腐蚀电位正移了 0.3303V，腐蚀电流比未添加时降低了 3 个数量级。

Kasturibai 等[12] 在碳钢上采用直流电沉积法制备了 Ni-SiO_2 纳米复合镀层，发现 SiO_2 的加入严重影响了 Ni 在（111）、[200] 及（220）晶面方向的生长，导致复合镀层的晶体尺寸小于纯镍镀层，最终结果是复合镀层的耐蚀性和硬度优于纯镍镀层，其中复合镀层硬度为 HV 615，而纯镍镀层只有 HV 265。

禹萍等[13] 发现 Ni-SiO_2 复合镀层不仅具有较好的抗氧化能力，而且在 5.0% NaCl＋0.5% H_2O_2 溶液中表现出较好的耐蚀性能。

吴继勋[14] 等采用具有使镀液高速流动的电镀装置，制备了 Zn-SiO_2 复合镀层。该复合镀层内部结构致密，孔隙少，与钢基体结合牢固，纳米颗粒分布均匀，其耐蚀性比锌镀层高出一倍以上。

Zamblau 等[15] 通过电沉积获得了 Cu-SiO_2 复合镀层，用交流阻抗和 Tafel 极化曲线法比较了不同镀层的耐蚀性，结果表明，Cu-SiO_2 复合镀层的耐蚀性优于铜镀层。

张庆辉等[16] 用电沉积法在低碳钢表面制备了 Ni-AlN 纳米复合镀层。结果表明，沉积速率随镀液中 AlN 浓度的增大呈先增大后减小的趋势；随镀液中 AlN 浓度的增加耐蚀性先提高后降低。当镀液中纳米 AlN 质量浓度为 1g/L 时，复合镀层中的 AlN 质量分数为 4.5%时表面致密性最好，与纯 Ni 镀层相比，腐蚀电流密度降低了 2 个数量级，耐蚀性最佳。

Li、Hou 和 Liang[17] 研究了在低共熔溶剂中电沉积 Ni-SiO_2 纳米复合镀层，电化学测试表明，Ni-SiO_2 纳米复合镀层的腐蚀电流密度比纯 Ni 镀层的腐蚀电流密度降低了 2 个数量级，耐蚀性能获得明显改善。

(7) 将超疏水结构与自修复能力相结合，是综合提升材料表面防蚀性能的一个理想手段

超疏水结构主要是看材料的表面能和表面粗糙度。平滑表面接触角最大可以达到 120°，要想达到 150°就必须增加表面粗糙度了，表面越粗糙，接触角越大。

对于超疏水表面，其疏水能力的自修复主要通过恢复低表面能来实现。

孙俊奇等[18] 利用气相沉积法，在具有微观粗糙结构的多孔层自组装涂层表面和内部沉积大量全氟辛基三甲氧基硅烷，制备了超疏水涂层。当疏水功能受损

时，涂层微孔内储存的氟硅烷自行释放到涂层表面，实现了超疏水性能的修复。

Ishizaki 等[19] 首先在镁合金表面制备微米-纳米级的纳米氧化锌转化膜，然后用氟硅烷加以修饰，获得了超疏水结构，水接触角达 153.2°，在 5% NaCl 溶液中浸泡 24h 后，经超疏水处理的镁合金低频区阻抗模量比未处理的镁合金高出 5 个数量级，极化曲线测试表明，经超疏水处理的镁合金的腐蚀电流比未处理的镁合金小得多。

(8) 电泳-电沉积法制备超疏水 Ni-PTFE 复合镀层[20]

通过电泳-电沉积法制备具有超疏水特性的金属基镍（Ni）-聚四氟乙烯（PTFE）复合镀层。在改善搅拌方式和优选表面活性剂添加量的基础上，重点分析了电流密度和镀液中 PTFE 微粒子含量对镀层润湿性的影响。结果表明：在镀液中的 PTFE 微粒子含量为 90g/L，且每克 PTFE（平均粒径 0.2μm）辅助有 65mg 的 FC-134 表面活性剂的条件下，能制备出具有超疏水与疏油特性的 Ni-PTFE 复合镀层。

(9) 通过中性纳米粒子复合电刷镀的方式获得微米-纳米级表面

袁庆龙等[21] 把纳米 ZrO_2 粉加入酸性硫酸盐电刷镀铜液中进行复合电刷镀，结果表明：纳米 ZrO_2 微粒的加入显著改变了快速刷镀铜层的形貌，在镀液中纳米 ZrO_2 微粒含量为 30g/L 时获得的镀层在 3.5% NaCl 溶液中，使复合镀层的腐蚀电位显著正移，经 10%乙酸溶液浸泡复合镀层的腐蚀速率比未添加 ZrO_2 的铜层小一个数量级，耐蚀性得到明显提升。

(10) 阴极刻蚀法制备超疏水铝镀层及其抗腐蚀性能研究

陈志磊等[22] 研究阴极刻蚀法制备超疏水铝镀层及其抗腐蚀性能。

60μm 的铝层→依次用丙酮、乙醇、去离子水清洗→干燥。将制得的镀层样品浸入 10%（质量分数）的硫酸溶液中，在室温下以 0.35A/cm^2 的恒定阴极电流处理 10min，取出后，用去离子水清洗并干燥，再在 70℃熔融十四酸中浸泡 30min，取出，用 70℃热乙醇清洗掉表面残余的十四酸，同样用去离子水清洗并干燥。用 Sirion 200 场发射扫描电子显微镜观察铝镀层经电化学阴极电流法处理前、后的表面形貌，分析构建的微细结构；用 Kruss DSA30 接触角测定仪测有机修饰样品的表面接触角，分析浸润性；用 Thermo Nicolet Almega XR 共聚焦激光拉曼显微光谱仪分析样品表面组分；用 PAR STAT 2263 DC+AC 电化学综合测试系统测试样品的抗腐蚀性能，结果表明：经阴极刻蚀处理后，铝镀层表面形成了覆盖纳米级絮状物的腐蚀孔，呈现出珊瑚状结构，再通过十四酸修饰获得稳定的超疏水膜。研究了超疏水表面的形成机制与结构特征，分析了超疏水表面的抗腐蚀性能。

(11) 化学刻蚀及溶胶-凝胶法制备具有纳米-微米混合结构的超疏水表面

陈志磊等[22] 用十六烷三甲基溴化铵的硝酸溶液刻蚀铜件，在其表面得到微米级球形刻蚀坑与纳米球共存的双云粗糙结构，该表面经氟硅烷处理后表现出超疏水性与水滴的静态接触角达 155°±2.3°。CTAB 及超声波对表面粗糙结构的形成及铜片表面疏水性产生重要影响。采用 SDBS/HCl 刻蚀铝片，在铝片上得到刻蚀坑与阶梯状结构共存的复合模式，表面经氟硅烷修饰后表现出超疏水性。

(12) 阳极氧化法制备铝上超疏水表面膜

张艳梅等[23] 用阳极氧化法在铝基表面制备了多孔膜。在 1mol/L NaOH 中除氧化膜 5min 后，以铝为阳极，高纯石墨为阴极，在 1∶9 高氯酸和无水乙醇混合液中常温电化学抛光，20V，2～3min，再在 0.3mol/L 的草酸液中，40V，0℃，阳极氧化 1h，再在 6%和 1.8%的磷酸和铬酸混合液中去除一次氧化膜，60℃，30min，再在相同条件下进行 3h 的二次阳极氧化，然后在硫酸铜 120g/L、H_3BO_3 20g/L、pH 2～2.5、10V、15～20℃、电流密度 1.68A/dm^2、交流频率 100Hz 电沉积铜 30min，在 1mol/L NaOH 液中腐蚀 4min 除去模板，再放入 1%月桂酸无水乙醇液中浸泡 30min，然后在 120℃的干燥箱中烘 30min。烘干后表面与水滴的润湿角为 153.8°，滚动角小于 1°表现出强疏水性。

(13) 铁上形成高耐蚀性的自组装膜

曹志源等[24] 最近发现用 2,2′-联吡啶-5,5′-二羧酸盐（dpdc）可在铁上形成高耐蚀性的自组装膜。量子力学计算表明，是分子中的羧基与铁表面形成配合物，而联吡啶环的大 π 键体系具有良好的疏水功能。红外光谱证明羧基已参与配位，联吡啶的 N 并未参与配位。极化曲线的腐蚀电位在成膜后正移了 87mV，确认为阳极型缓蚀。腐蚀电流由 3.682mA/m^2 下降至 0.334mA/m^2，对铁的缓蚀率可达 90.93%。扫描电镜显示，未修饰的铁表面在 3.5% NaCl 液中浸泡时已严重腐蚀，观察到许多腐蚀坑，而经 dpdc 修饰过的铁表面较为光滑，只检测到非常少的腐蚀坑。

据国外资料介绍，可作为钢铁疏水自组装缓蚀剂的有：吡啶羧醛，2,5-二巯基-1，3，4-噻二唑，含氮的多喃西夫碱，三唑衍生物，炔丙基三苯基磷溴化物，甘橘皮提取液＋碘化钾。

16.2.3.3 超疏水表面在涂料上的应用

(1) 超疏水船舶涂料

安徽皖东化工学院发明了一种复合型超疏水船舶涂料及其制作方法[25]。它是将氯橡胶与 E-51 环氧树脂混溶，同时添加偶联剂包覆改性的纳米 SiO_2 和其他助剂，由于构成极性较大的 C—Cl 键，不仅提高了涂料的耐蚀性，还改进了氯化橡胶涂料的脆性、韧性和附着力。

(2) 聚苯胺-TiO_2 复合涂层

王华、王欢[26] 介绍了聚苯胺-TiO_2 复合涂层的制备及性能。他们以氮甲基吡咯烷酮（NMP）为溶剂，通过溶液浇注法在 304 不锈钢表面制备了聚苯胺和聚苯胺-TiO_2 薄膜，用电位极化曲线和电化学交流阻抗谱研究了不同涂层在

3.5% NaCl溶液中的腐蚀性能，结果表明：相对于聚苯胺涂层，聚苯胺-TiO_2复合涂层对304不锈钢具有更好的保护性能，当TiO_2含量为5%时，复合涂层的耐蚀性能最好，腐蚀电位比不锈钢正移了381mV，保护效率达到95.44%。

（3）超疏水风机叶片涂料

江苏锦宇环境工程[27]制成了一种超疏水风机叶片涂料表面的处理方法，他们是通过先取ZnO微粉颗粒过筛，与双酚A、二缩水甘油醚搅拌制得环氧树脂浆料，然后与二乙烯三胺固化剂制得环氧树脂涂料；将风机叶片进行清洗处理后在其表面涂环氧树脂涂料，最后对涂料进行改性处理，得接触角165°、耐冲击性能突出、耐候耐磨性能好的风机叶片。菏泽远东强亚化工[28]开发了一种疏水热反射氟炭涂料。将KH550硅烷偶联剂和HMDS硅烷偶联剂分别进行纳米TiO_2和纳米SiO_2改性，预先在另一反应体系中进行，从而有效避免了在氟炭涂料最终的反应体系中引入过多数量的有机硅树脂成分，使所制得的氟炭涂料获得了相对于现有技术更好的附着力、耐蚀性和力学性能。制得的氟炭涂料太阳光反射率高达90%以上、接触角150°以上，自洁性能优异，基材附着力强、耐蚀性好，使用寿命长。

（4）水槽抗污防指纹纳米涂料

深圳市恒辉纳米科技有限公司[29]开发了水槽抗污防指纹纳米涂料，它是一种透明无色长效疏水疏油易清洁的不锈钢纳米涂层，总固含量≥95%，保质期24个月。

（5）高硬度耐磨超疏水纳米防护涂料

莱阳子西莱环保科技有限公司[30]开发了一种ZXL-DS高硬度耐磨超疏水纳米防护涂层，其特点是：

① 水在超疏水表面迅速滚落并形成接触角大于150°的疏水膜。

② 不沾性——可以让基材保持完全干燥，可排斥水和污渍。

③ 防冰性——可以让基材保持完全干燥，有效防止冰的形成。

④ 防腐蚀——可以给基材提供最强大的防腐蚀保护，让水和潮湿空气无缝可入，耐酸碱、耐盐雾、超疏水、防油污。

⑤ 耐磨损——优异的牢固度、耐老化和耐磨性能，有效降低外界对基材的磨损及伤害。

⑥ 抗污染——在ZXL-DS的保护下，灰尘、污垢、水和其他包含细菌或辐射的液体无法与涂覆材料的表面接触，使细菌和辐射被大大减弱或消除。

⑦ 自清洁——ZXL-DS可排斥脏污、污垢和水，并保持基材干净，即使污垢和细菌在表面积聚，也可轻松冲洗或雨中自清洁。

⑧ 环保安全——产品为水性乳液，环保安全无毒，无危险性，无腐蚀性。

16.2.3.4 超疏水表面在其他材料表面上的应用

（1）玻璃疏水疏油防灰尘防粘贴易清洁涂层镀膜液

广州今鸿化学原料有限公司[31]开发了一种玻璃疏水疏油防灰尘防粘贴易清

洁纳米镀膜液，它可在玻璃表面通过化学键产生化学连接，在玻璃表面形成牢固的透明涂层，显著降低玻璃表面张力，使玻璃表面具有强疏水疏油性，如同荷叶不沾水，且不影响其光学性能。该涂层能增加玻璃表面硬度，有效保护玻璃表面洁净光亮，长久弥新，在多种应用上提高产品性能，延长使用寿命，降低劳动付出，增加使用体验。疏水，疏油，疏溶剂，耐酸碱，耐摩擦，防灰尘，防粘贴，抗污防腐防霉，高透明，光亮爽滑，特别适合室内外玻璃以及电子屏幕玻璃仪器等的使用，施工简单，环保无害，1kg 镀膜液可涂覆 $50m^2$ 面积，成本低，生产效率高。

（2）真空超疏水纳米镀膜技术

它可直接在手机上进行真空镀膜，具有：

① 超疏水性：手机可在水中操作，不受水的影响。

② 耐蚀性：手机上喷酱油、洗涤剂、果汁、饮料等不沾污，不腐蚀，清水一洗就净。

③ 耐磨性：用小刀刮、硬布擦等不留痕。

④ 电磁屏蔽性：涂膜后电磁波强度明显减弱（探测器响声明显减弱）。

⑤ 成膜速度快，2min 涂好（2min 内解决表面清洗与涂膜）。

⑥ 设备小型化，可放在台子上操作，已大量生产。

16.2.4 小结

21 世纪以来，人们在提高镀层耐蚀性方面取得了两项重大突破，第一是找到砷化物可以毒化或终止镁的阴极腐蚀过程，从而创造出真正的“不锈镁”材料，它在航空航天和海洋设备上有巨大的应用前景。砷化物是否可毒化或终止其他金属的阴极腐蚀反应，这正是人们应该探索的新领域，深入探讨砷化物终止镁阴极腐蚀的机理，是揭开这一谜底的关键，希望我国学者能加速这方面的研究，以创造出更多种的“不锈金属”。

第二项突破是弄清了荷叶等超疏水表面的结构是由微纳米粗糙的表面结构加上一层表面疏水性极强的自组装配合物膜，于是人们发现可以通过微纳米微粒的复合镀（包括复合电镀、复合化学镀、复合刷镀等）、阳极氧化、表面蚀刻、气相沉积、热水腐蚀和涂装等方法来得到微纳米粗糙的表面，再加上一层高疏水的自组装配合物膜，如硅烷偶联剂、巯基含氮杂环化合物、长链有机羧酸等形成的疏水膜，就可获得接触角大于 150°的超疏水表面，使表面的耐蚀性得到很大提高。目前这方面的研究不少，但大多停留在描述耐蚀性有所提高，还没人进行单层超疏水表面与多层镍在耐盐雾上的比较，也缺少长时间在强腐蚀介质中的耐蚀性研究，作者期望我国的学者能尽快找到长期不锈的超疏水单层镀层或涂层，以真正取代 20 世纪的多层镍体系。

本节参考文献

[1] 方景礼. 21世纪的表面处理新技术 [J]. 表面技术, 2005, 34 (5): 1-5; 34 (6): 1-3.

[2] 方景礼. 面向未来的表面精饰新技术——超临界流体技术 [J]. 电镀与涂饰, 2017, 36 (1): 1-11; 36 (4): 175-189.

[3] 一种通过毒化 (Poisoning) 腐蚀过程的阴极反应来有效抑制腐蚀反应的新技术. 材料保护, 2015, 48 (2): 39.

[4] Borthlott W, Neinhuis C. Purity of the sacred lotus or Escape from contamination in Biological surface [J]. Plantation, 1997, 202: 1-8.

[5] Feng L, Li S, Li Y, et al. Super-hydrophobic surface: from nature to artificial [J]. Advanced Materials, 2002, 14 (24): 1857-1860.

[6] Meng L Y, Park S J. Superhydrophobic carbon-based materials: a review of synthesis, structure, and applications [J]. Carbonletters, 2014, 15 (2): 89-104.

[7] 周言敏. 表面活性剂对 Cu-SiO_2 复合镀层性能的影响 [J]. 电镀与环保, 2015, 35 (2): 6-8.

[8] 成旦红, 苏永堂, 张炜, 等. 脉冲银-纳米 SiO_2 复合电沉积工艺研究 [C]. 2005年上海市电镀与表面精饰学术年会, 2005: 269-274.

[9] 成旦红, 桑付明, 袁蓉, 等. 电沉积技术制备纳米 SiO_2/Ni 复合镀层工艺的研究 [J]. 中国表面工程, 2003, 15 (6): 31-34.

[10] 吴敏, 程秀萍, 葛明桥. 纳米 SiO_2 的分散研究 [J]. 纺织学报, 2006, 27 (4): 80-82.

[11] 郭燕清, 宋仁国, 陈亮, 等. 纳米 Al_2O_3 添加剂含量对 Cu-Sn 合金镀层微结构及性能的影响 [J]. 材料保护, 2015, 48 (2): 1-4.

[12] Kasturibai S, Kalaignan G P. Physical and electrochemical characterizations of Ni-SiO_2 nanocomposite coatings [J]. Ionics, 2013, 19 (5): 763-770.

[13] 禹萍, 苏王长, 谭澄宇, 等. Ni-SiC 和 Ni-SiO_2 复合镀层性能的研究 [J]. 表面技术, 2000, 29 (6): 27-29.

[14] 吴继勋, 张海冬, 李丽华. Zn-SiO_2 复合镀层的结构与耐蚀性 [J]. 北京科技大学学报, 1996, 18 (2): 16-20.

[15] Zamblau I, Varvara S, Muresan L. Corrosion behavior of Cu-SiO_2 nanocomposite coatings obtainned by electrodeposition in the presence of cetyl trimethyl ammonium bromide [J]. Journal of materials science, 2011, 46 (20): 6484-6490.

[16] 张庆辉, 沈喜训, 成旦红, 徐群杰. Ni-AlN 纳米复合镀层的制备及耐蚀性能 [J]. 电镀与精饰, 2016, 38 (12): 1-5.

[17] Li R, Hou Y, Liang J. Electro-Codeposition of Ni-SiO_2 nanocomposite coating from deep eutectic solvent with improved corrosion resistance [J]. Applied Surface Science, 2016, 367: 449-458.

[18] Li Y, Li L, Sun J. Bioinspired self-healing surperhydrophobic coating [J]. Angewandte Chemie, 2010, 122: 6265-6269.

[19] Ishizaki T, Masuda Y, Sakamoto M. Corrosion resistance and durability of superhydrophobic surface from on magnesium alloy coated with nanostructured cerium oxide film and flu-

oroalkylsilane molecules in corrosive NaCl aqueous solution [J]. Langmuir, 2011, 27: 4780-4788.
[20] 郝巧玲，明平美，崔天宏．电泳-电沉积法制备超疏水 Ni-PTFE 复合镀层［J］．电加工与模具，2014（06）：183.
[21] Yuan Qing-long, et al. Wear resistance and corrosion resistance of electro-brush plated copper nano-zirconia composite coating [J]. J. Mat. Prot., 2015, 48 (2): 15-18.
[22] 陈志磊，帅茂兵．阴极刻蚀法制备超疏水铝镀层及其抗腐蚀性能研究［J］．表面技术，2013，42（5）：156.
[23] 张艳梅，何俊杉，朱用洋，等．铝基体超疏水表面的制备［J］．电镀与涂饰，2016，35（12）：610-613.
[24] 曹志源，霍胜娟，等．铁电极表面 2,2′-联吡啶-5,5′-二羧酸盐自组装膜缓蚀性能研究［J］．电镀与精饰，2016，38（9）：1-6.
[25] 安徽皖东化工有限公司．一种复合型超疏水船舶涂料及其制作方法．CN201510605658.X，2015.
[26] 王华，王欢．聚苯胺-TiO_2 复合涂层的制备及性能［J］．电镀与涂饰，2015，34（2）：94-99.
[27] 江苏锦宇环境工程．一种超疏水风机叶片涂料表面的处理方法．CN201510576141.2.
[28] 荷泽远东强亚化工．一种疏水热反射氟炭涂料的制备方法．CN201710771637.5.
[29] 深圳市恒辉纳米科技有限公司．水槽抗污防指纹纳米涂料长效疏水疏油易清洁不锈钢纳米涂层．
[30] 莱阳子西莱环保科技有限公司．高硬度耐磨超疏水纳米防护涂层．
[31] 广州今鸿化学原料有限公司．玻璃疏水疏油防灰尘防粘贴易清洁涂层镀膜液．

16.3 面向未来的表面精饰新技术——超临界流体技术

16.3.1 超临界流体的形成与性质[1-4]

（1）超临界态与超临界流体

纯物质在密闭容器中随温度与压力的变化会呈现出液体、气体和固体等状态，当温度和压力达到特定的临界点以上时，液体与气体的界面会消失，液、气合并为均匀的流体，它就被称为“超临界流体”（surpercritical fluid，SCF），临界点时的温度称为临界温度，压力称为临界压力（见图 16-2）。表 16-2 是各种常用流体的临界点数据。在临界点附近，流体的物理化学性质，如密度、黏度、溶解度、热容量、扩散系数和介电常数等会发生急剧的变化。

（2）超临界流体的特性

① 同时具备气、液两态的双重性质

像液体：密度、溶解能力和传热系数接近液体，比气体大数百倍，由于物质的溶解度与溶剂的密度成正比，介电常数随压力而急剧变化，故它可溶解许多固

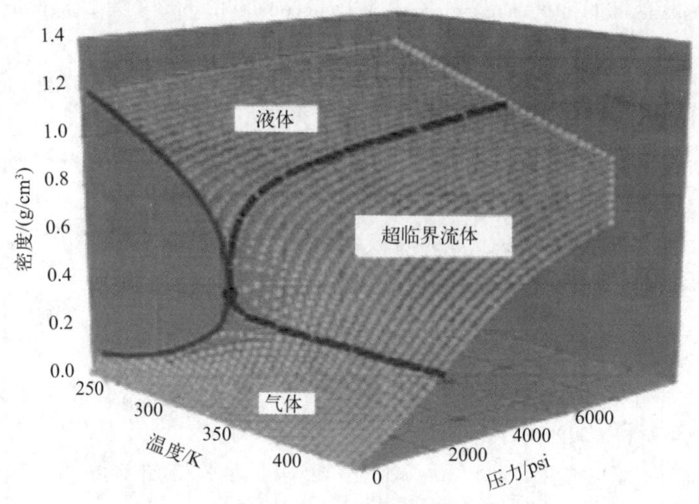

图 16-2 超临界状态与超临界流体

体，是极好的溶剂，可溶解难溶的树脂、油污、农药、咖啡因、SiN、晶圆和线路板蚀刻后的残渣等。

像气体：黏度、表面张力和扩散系数接近气体，扩散速度比液体快约两个数量级，传递速率远高于液体，可与大多数气体混合，有高的可压缩性，改变温度和压力可改变它的密度和溶解力，具有极强的流动性、渗透力、钻孔力和扩张力。

② 压力与温度的变化均可改变相变和密度。

③ 超临界流体可循环使用，节省资源与成本。

④ 超临界流体的种类很多，最常用的是二氧化碳和水，表 16-2 列出了常用超临界流体的临界点数据，表 16-3 和表 16-4 是物质在气态、液态和超临界态时性能的比较。

表 16-2 常用超临界流体的临界点数据

物质	沸点/℃	临界温度 T/℃	临界压力 p/MPa	临界密度 d/(g/cm^2)
二氧化碳	−78.5	31.6	7.39	0.448
氨	−33.4	132.3	11.28	0.24
甲醇	64.7	240.5	7.99	0.272
乙醇	78.2	243.4	6.38	0.276
水	100	374.2	22.00	0.344

由表 16-2 的数据可见，在众多的超临界流体中，二氧化碳具有最低的临界温度（31.6℃）和较低的临界压力（7.39MPa），它节能环保，原料易得，价格低廉，溶解力强，无毒且阻燃，易于回收利用，产物易纯化，适于大规模生产和

应用，所以成为目前国内外应用最广的超临界流体。

表 16-3　气体、液体和超临界流体的性质比较[13]

性质	气体	液体状态超临界流体	液体
密度 ρ/（g/cm^3）	（0.6～2.0）$\times10^{-3}$	0.2～0.9	0.6～1.6
扩散系数 D/（cm^2/s）	0.1～0.4	（0.2～0.7）$\times10^{-3}$	（0.2～0.5）$\times10^{-5}$
黏度 η/Pa・s	（1.0～3.0）$\times10^{-5}$	（1.0～9.0）$\times10^{-5}$	（0.2～0.3）$\times10^{-3}$
热导率 κ/［W/（m・K）］	（5～30）$\times10^{-3}$	（30～70）$\times10^{-3}$	（70～250）$\times10^{-3}$

表 16-4　高密度二氧化碳超临界流体与一般清洁溶剂之特性比较

溶剂	密度 /(kg/m^3)	黏度/(cP 或 $mN\cdot s/m^2$)	表面张力 /(dyn/cm)	相对介质常数 μ_r	偶极矩 /D
液态 CO_2	870 (20℃,105atm)	0.08 (20℃,105atm)	1.5 (20℃沸腾线)	1.6 (0℃,100atm)	0
超临界流体 CO_2	300 (35℃,75atm)	0.03 (35℃, 75atm)	0 (临界点以上)	1.3 (35℃,80atm)	0
1,1,1-三氯乙烷	1300	0.81	25.2	7.5	1.7
甲醇	800	0.54	22.1	32.7	1.7
纯水	1000	1.00	72.0	78.5	1.8

由表 16-3 和表 16-4 的数据可见，超临界流体的密度接近于液体，因而溶剂化能力很强，而黏度却接近于气体，其扩散能力比液体大 100 倍，氢键数由 1.93 降至 0.7 以下，因此具有很强的溶解能力、优良的流动性和传递性，是一种优良的无污染的绿色溶剂，故可取代有毒、易挥发的有机溶剂，消除了有机溶剂对环境的污染。

16.3.2　超临界流体在表面精饰领域的应用

（1）超临界 CO_2（SC_{CO_2}）在微电子和印制板清洗上的应用[6-8]

在恒温下，超临界流体中物质的溶解度随压力升高而增大。将温度和压力适当变化，可使溶解度在 100～1000 倍的范围内变化。超临界流体的这一特性一方面使目标物（如要清除的污染物）会最大限度地溶解于超临界流体中，提高操作效率；另一方面，通过适当的减压和（或）降温，就会很容易地使目标物和超临界流体分离。此外，超临界流体具有接近气体的流动性和传递特性，使目标物在超临界流体中的分配迁移进行得很快，从而加速过程的进行，提高生产效率。目前超临界流体在清洗方面的主要应用有：

① 电子电器：印刷电路板、硅晶片、微电子器件等。

② 国防工业：仪表轴承、航空组件等。

③ 光学工业：激光镜片、隐形眼镜、光纤组件等。

④ 精密机械：精密轴承、微细传动组件、燃油喷嘴。

⑤ 医疗器械：心律调节器、血液透析管、外科用具等（杀菌和清洗）。

⑥ 食品工业：食用米（去除农药，杀死细菌和虫卵）。

半导体纳微器件的清洗及许多高端产品的超临界流体清洗已得到国家自然科学基金的资助。

目前超临界流体清洗主要有两种方式：间隙式清洗和半连续式清洗，其流程为：

液态 CO_2 ←—— 高压泵 ←—— 气态 CO_2
↓ ↑
液态 CO_2 ——→ 高压泵 ——→ 加热器 ——→ 清洗器 ——→ 减压阀 ——→ 分离

SC_{CO_2} 清洗硅晶圆的效果见图 16-3。

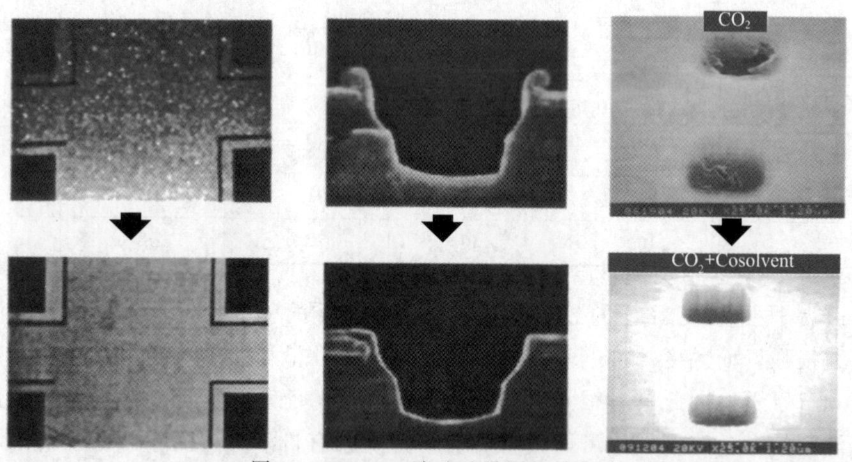

图 16-3 SC_{CO_2} 清洗硅晶圆的效果

左上 SEM 照片为硅晶圆工作中产生的 SiN 微尘；左下为 SC_{CO_2} 配合助剂清洗后之表面

中上为晶圆经蚀刻后呈现的残渣；中下为 SC_{CO_2} 清洗后的面貌

右上为化学机械抛光后只经 SC_{CO_2} 清洗的导孔；右下为加入特定配合溶剂清洗后的导孔

超临界 CO_2 清洗技术的优点：

① 超临界 CO_2 的表面张力和黏度极低，而扩散性却很高，易渗入深孔和细缝处，清洗效果极好，是国际最先进又环保的清洗新技术。

② CO_2 不可燃、无毒、化学稳定性好、易分离，不会产生副反应。

③ CO_2 来源于化工副产物，廉价易得，易回收利用，能减少温室气体排放。

④ 超临界 CO_2 处理后的产物不需干燥，无溶剂残留，简化了溶剂的分离和后处理工序，不产生溶剂废液和废水。

⑤ 超临界 CO_2 对多种污染物去除效率高，溶剂和能量消耗低，可取代各种有毒的有机溶剂，绿色环保。

⑥ 超临界 CO_2 的溶解能力可通过流体的压力来调节。

超临界 CO_2 清洗技术的缺点：

① 超临界 CO_2 清洗需要高压系统，设备投资费用较高。

② 适于大批量和高端产品的清洗，低端产品的清洗费用相对较高。

(2) 超临界萃取技术在电镀中间体纯化上的应用

在超临界状态下，溶质的溶解能力会随温度和压力而变化，使得产物和反应物可以依次分别从混合物中移去，从而方便完成产物、反应物、副产物和催化剂等物之间的分离。超临界流体可从混合物中有选择地溶解其中的某些有效组分，然后通过减压、升温或吸附将其分离析出。这种化工分离手段称为超临界流体萃取。近年来该法已在药用植物有效成分的提取，药物中活性成分、各种添加剂和化妆品的精制和纯化上获得广泛的应用。超临界化学反应能够增大化学反应速率、改善传质、降低反应温度、提高反应物的转化率和产物的选择性，而且反应产物的分离非常容易。

表面精饰添加剂和配位剂是一大类化学品，有许多需要化学合成，合成产物大多为混合物，需要进一步分离提纯。提高添加剂的纯度，除去各种有害杂质，才能复配成高质量且稳定的电镀添加剂[9,10]。

我国有很多电镀添加剂中间体的制造厂，由于合成产物的分离提纯比较困难，很多工厂往往未加分离提纯就对外销售，售价比较便宜，只能配成低质量、质量不稳定的低档产品。目前我国常用的分离提纯方法是用水提取再用醇沉淀，或用醇提取再用水沉淀，此法需用大量的有机溶剂，工艺繁杂，耗费时间，还会残留有机溶剂。超临界 CO_2 的临界温度只有 31.06 ℃，接近室温，临界压力仅为 7.39MPa，可在温和的条件下将高沸点、低挥发性的电镀中间体远在其沸点之下萃取出来，以便分离提纯。非极性的超临界 CO_2 对亲脂性的非极性有机中间体具有较高的溶解度，可利用萃取时的温度和压力的变化来分离和纯化有机中间体，使有机中间体的纯度大大提高。这是我国电镀中间体行业向高端发展的关键。

(3) 用超临界流体制备的纳米微粒来电镀高耐蚀性的金属镀层[11]

金属腐蚀反应的必要条件是必须在水介质中才能发生电化学腐蚀，若能阻断水进入金属表面，腐蚀就难以发生。最近国外提出了“超疏水表面抑制腐蚀的新理论”，它为开发长效智能防腐提供了新的思路和途径。

从荷叶的超疏水表面，人们认识到，要获得超疏水表面，一是要使金属表面的粗糙度达到微米-纳米级，因水珠的大小已超过微米-纳米级，而无法进入金属表面的凹陷处，使电化学腐蚀无法进行；二是要在微米-纳米表面形成一层疏水的表面配合物膜，防止水与微米-纳米表面接触，有了这两道防线，腐蚀就更难发生了。

要使金属镀层变成具有微米-纳米微结构的最简易方法就是把纳米级微粒（如纳米级的 TiO_2、Al_2O_3、ZrO_2 等）放入正常的镀液中，利用复合镀的方法使纳米微粒镶嵌入镀层中，它不仅改变了镀层的粗糙度，使其具有微米-纳米结构，而且可使镀层更加致密和低孔隙，这样，不仅提高了镀层的耐蚀性，而且提高了镀层的硬度和耐磨性。

Ishizaki 等[12] 从纳米氧化铈微粒的转化膜液中获得了镁合金的纳米转化膜，并用氟硅烷形成疏水膜，获得了超疏水结构，水的接触角达到 153.2°。在 5% NaCl 溶液中浸泡 24h 后，经超疏水处理的镁合金低频区阻抗模量比未处理的镁合金高出 5 个数量级，极化曲线测试表明，经超疏水处理的镁合金的腐蚀电流比未处理的镁合金小很多。

郭燕清等[13] 把纳米 Al_2O_3 粉加入焦磷酸盐体系电镀 Cu-Sn 合金镀液，当纳米 Al_2O_3 的浓度达 8g/L，镀液 pH=9 时，Cu-Sn 合金镀层的微结构发生明显变化，镀层 Al 含量达 10.72%（质量分数），纳米 Al_2O_3 的分布更加均匀。随着纳米 Al_2O_3 浓度的增大，Cu-Sn 合金镀层的腐蚀电位正移了 0.3303V，腐蚀电流比未添加时降低了 3 个数量级，镀层的显微硬度、耐蚀性、耐磨性以及与基体的结合强度都有明显提高。

制备纳米镀层的纳米粉末材料过去大都是用喷雾干燥、超细研磨、过饱和溶液结晶等方法来制备，但这些方法制得的微粒的粒径大小、均匀程度、流动性等方面均难以达到许多产业技术所要求的标准。所以寻求制备结晶纯度高、粒度均匀、流动性好的纳米颗粒是当前的研究热点。

用超临界流体的方法制备纳米微粒是国际上最新、最先进的制造方法。超临界流体拥有一般溶剂所不具备的很多重要特性，如密度、溶剂化能力、黏度、介电常数、扩散系数等随温度和压力的变化而迅速变化，即在不改变化学组成的情况下，其性质可由压力来连续调节。当从超临界状态迅速膨胀到低压、低温的气体状态时，溶质的溶解度急剧下降，这种转变使溶质迅速成核和生长成为微粒而沉积。所生成微粒的大小分布可通过压力、温度、喷嘴口径大小以及流体喷出速度等来调节。很易制得 1～1000nm 的超微粉体。此过程在准均匀介质中进行，能够较好地控制沉析过程，是一种很有前途的新技术[7]。

(4) 超临界流体沉积法制备纳米化学镀层和纳米复合镀层

超临界流体沉积（supercritical fluid deposition，SCFD）技术是近年国外发展的一种制备高质量金属镀层和金属纳米粒子的新技术，该技术以超临界流体（SCF）为介质，还原金属有机化合物后而得到金属镀层、纳米金属复合镀层和纳米金属催化剂。由于超临界流体没有气液表面，故没有表面张力，介质在其中的扩散速度相当于气体的扩散速度，因此它可以在半导体硅片、金属表面、高分子材料表面、多孔材料表面及许多无机材料表面获得高分散能力、高覆盖能力、高纯度、低电阻、与基体结合力强、粒径均匀且可控的镀层、颗粒、薄膜、棒或线。在微电子、催化和表面精饰领域有广阔的应用前景。

Watkins 等[14] 在超临界 CO_2 环境中用氢气还原有机金属化合物，分别在未修饰的氧化硅晶片上以及有 TaN、Kapton 涂层的硅晶片上沉积了 Cu、Ni、Pt、Au、Pd、Ru 等金属镀层，这些金属镀层不仅能在平坦的基体表面上沉积金属，而且可在有精细图案的基底表面沉积均匀、保形覆盖的金属镀层。

在微电子的超大规模集成电路（ULSI）领域，铜已取代铝作为较好的内联金属，这是因为铜的低电阻和优良的电迁移阻抗。然而要用腐蚀的方法制造精细的图案是很困难的，因为至今尚无合适的精密干蚀工艺，因此目前都采用溅射镀种子层后再用电镀铜层到沟槽和小孔的大马士革法（Damascene process）。当小孔的尺寸小于 45nm 时，用溅射的方法已很难在高孔径比的小孔上得到连续且保形的铜种子层，而超临界流体沉积法的高扩散性、低黏度和零表面张力正好可解决溅射方法的缺点，获得高保形、高填充力的铜种子层。

Zhao Bin 等[15] 用 Ru 作基体，0.75mol/L 氢气作还原剂，0.002mol/L 双（2,2,6,6-四甲基)-3,5-己二酮合铜作铜盐，在超临界 CO_2 中沉积铜种子层，所得铜层表面平滑，厚度为 20nm，RMS 粗糙度为 6.1nm，适于作超大规模集成电路（ULSI）的先进内联的铜种子层。见图 16-4。

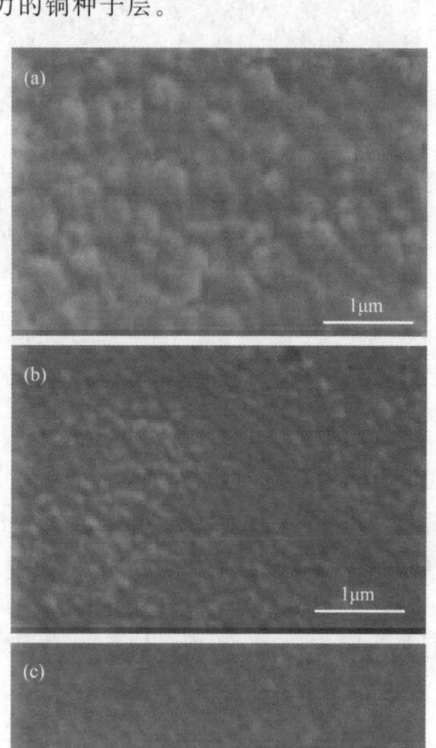

图 16-4　SCF 法在硅基体上沉积纳米铜层
(a) 室温，用液态 CO_2 作介质，未用乙醇作助溶剂；
(b) 室温，用液态 CO_2 作介质，用乙醇作助溶剂；
(c) 80℃，用液态 CO_2 作介质，用乙醇作助溶剂制备了金属

王燕磊等[16] 以超临界 CO_2 为溶剂，六氟乙酰丙酮钯［Pd（Ⅱ）$(hfac)_2$］作钯盐，在温度 100℃，压力为 12～18MPa 的条件下，经过氢气催化还原在单晶硅片上获得了金属钯镀层，该镀层均匀且连续，厚度为 0.3～1.5μm，为金属钯单质晶体结构，其晶粒尺寸随压力而变，压力为 12MPa 时晶粒尺寸为 30～60nm，压力为 15MPa 时为 90～120nm，压力为 18MPa 时为 150～180nm，表明温度一定时，压力越大，晶粒尺寸越大。当以金柱腔基底进行沉积时，得到柱腔内外表面均匀钯层。此法已突破了传统制备方法只能在平面上沉积的限制，是一种低碳环保的镀膜方法。因为 Pd 金属应用面广，特别在微电子领域可以作为连接材料，应用此法可更容易在复杂表面或柱腔中沉积金属镀层。见图 16-5。

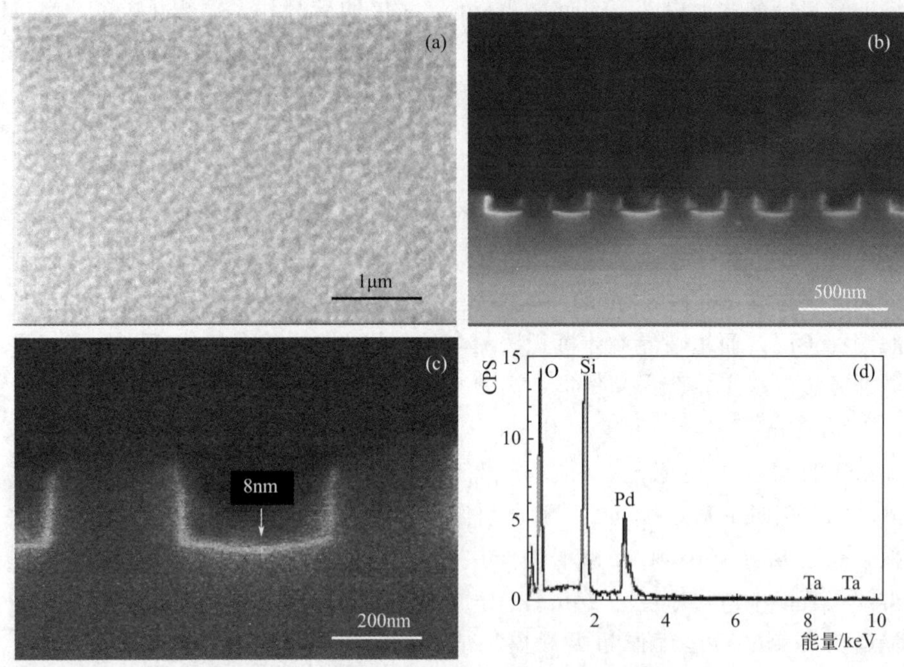

图 16-5 SCF 法在硅基体上沉积纳米钯层

(a) 钯在无孔区的扫描电镜照片；(b)、(c) 孔内钯沉积层切片的扫描电镜照片；
(d) 镀钯小孔切片的 EDX 图

Sun 等[17] 用无机盐 $PdCl_2$、$RuCl_3 \cdot 3H_2O$ 作金属源，以超临界 CO_2 为溶剂，甲醇为还原剂和共溶剂，用超临界沉积法在碳纳米管外壁上得到了分散均匀、结晶度高、粒径均匀的钯、钌纳米颗粒，它比水热法制备的 Pd、Ru 纳米颗粒更加均匀且不易团聚。

Watanabe 等[18] 研究了在沉积温度为 393～453K，沉积时间为 30～90min，用氢气同时还原两种金属配合物 $Pt(hfac)_2$ 和 $Ru(Cp)_2$，分别在科琴炭黑 (Ketjenblack，KB) 和多壁碳纳米管上沉积了 Pt-Ru 合金纳米颗粒，其颗粒尺寸在 2nm 左右，大部分合金颗粒的粒度小于 5nm，平均粒度为 3nm，试验确定 Pt 颗粒对 $Ru(Cp)_2$ 的热解具有催化作用，同时 Ru 颗粒对 $Pt(hfac)_2$ 的热解也有催化作用，即 Pt 和 Ru 具有协同催化作用。

(5) 超临界流体沉积技术在电镀上的应用[19]

电镀技术是利用阴极的直流电还原金属配离子而成金属原子，并在基体表面上形成镀层。由于金属基体结构的复杂性，在不同的部位其电流密度相差很大，电流大的地方（如边缘、尖端部位）沉积镀层的厚度就大，电流密度小的地方（如平板的中央或深孔内）沉积镀层的厚度就小，很难获得厚度均匀覆盖的镀层，这就是常规电镀的分散能力和深镀能力都较差的原因，而且随着电镀时间的延长，镀层的晶粒直径会变大，甚至出现裂纹，通常只能通过特种添加剂以及其他外部手段（如调整电流、温度、搅拌、喷射和象形阳极）来改善[9,10]。物理气相沉积（PVP）很难在空间中获得均匀覆盖的镀层；化学气相沉积（CVD）在理论上可达到均匀沉积的目的，但由于金属盐挥发性的限制，导致气相浓度很低，且质量传输速度较慢，同样也得不到理想的沉积镀层。

超临界流体是指温度和压力均处于临界点以上而形成的一种特殊状态的流体，它具有黏度低，密度可控，扩散系数大，表面张力为零，流动性及渗透性好，传递速度快等优点，因此超临界流体电沉积可以获得比普通电镀层晶粒更细密，表面更平整，分散能力和深镀能力更好，镀层的显微硬度更高，耐磨性和耐蚀性更好的镀层。超临界 CO_2 的工作温度为 31℃，压力为 7.3MPa，且无毒、无害、惰性、便宜、易回收利用，是一种环保型超临界流体。

Chang Tso-Fu Mark[20] 等对超临界电镀超薄（<100nm）镍层进行了研究，发现在超临界 CO_2 乳化液中进行电镀时，当电流密度为 1A/dm^2，时间为 30s，即可获得完全覆盖，厚度分布均匀且无缺陷的镍镀层，其晶粒尺寸在 100nm 以下，镀层硬度高达 6.951MPa，而在相同条件下普通电镀只能得到不均匀的镍层，且有很多缺陷，硬度比超临界电镀层低 30%。

Kinashi Hikayu 等[21] 用超临界 CO_2 乳化液进行电镀铜试验，所得铜层的晶粒尺寸只有 0.1μm，铜层的强度达 6300MPa，而传统电镀所得铜层的晶粒尺寸达 1.0μm，强度则小得多。

（6）超临界流体沉积技术在复合电铸上的应用

电铸技术在微机系统、精密模具及航空航天等领域有重要的应用。电铸层的性能对成型零件的内在质量有很大的影响。如前所述，纳米复合电镀层或电铸层比普通电镀层具有更好的耐蚀性、耐磨性及抗高温氧化性能。纳米颗粒由于其表面活性很高，在电沉积过程中极易团聚而影响纳米复合镀层的性能。

超临界流体具有液体般的密度，具有很强的溶解特性，其黏度与气体接近，分散特性在气体和液体之间，具有极好的扩散性能[22]。因此超临界流体条件下进行复合电铸，可有效处理纳米颗粒在电铸液中的团聚现象，促进纳米复合颗粒在电铸层中均匀分布，增强电铸层的弥散强化效应，提高电铸层的显微硬度和耐磨性。

刘丽琴等[23] 以超临界 CO_2 为载体，以纳米 Al_2O_3 为添加物，在 40℃和 10～20MPa 的压力下进行电铸镍的研究，所用电铸液的组成和条件如下：

$NiSO_4 \cdot 6H_2O$	300g/L	压力	14（8～20）MPa
$NiCl_2 \cdot 6H_2O$	60g/L	pH 值	4.2～5.5
H_3BO_3	40g/L	D_k	4A/dm^2
三甲基壬醇聚氧乙烯醚	1.2g/L	磁力搅拌速率	314r/min
Al_2O_3（直径 30nm）	60g/L	电铸时间	1h
温度	(40±0.5)℃		

结果表明，在超临界流体压力为14MPa，温度40℃，纳米 Al_2O_3 添加量为60g/L的条件下，复合电铸层的显微硬度达HV1230，比普通复合电铸层的显微硬度（HV350.7）高出数倍，复合电铸层中 Al_2O_3 的含量达9.88%，与普通复合电铸层相比有较大幅度的提高。超临界复合电铸层中 Al_2O_3 的分布非常均匀，颗粒尺寸小，团聚现象不明显，而传统条件下制得的复合电铸层中 Al_2O_3 的分散性差，有不同程度的团聚。这主要是因为超临界流体有较低的黏度，可以有效地降低纳米粒子的表面能，起到了润湿剂的作用，避免了颗粒间的相互碰撞，抑制了纳米颗粒的团聚，提高了分散效果。

16.3.3 超临界流体技术在电镀废水处理上的应用

超临界流体技术在电镀废水处理上的应用，主要是利用超临界水作为反应介质，以空气、氧、H_2O_2 等作氧化剂，在超临界状态下的氧化反应、脱水反应和裂解反应，使废水、固废和污泥中的有机物分解成 CO_2、H_2O、N_2 及无机盐。水的临界温度为374.3℃，临界压力为22.05MPa。水在通常情况下是不可压缩的，但超临界水为可压缩流体，其密度接近于液体，黏度与气体接近，扩散系数大约是液体的100倍，因此超临界水既具有液体的溶解性，又具有气体的传递性，介电常数很小，很像一种非极性溶剂。超临界水的氧化速率随着温度和压力的升高而加快，可在几分钟内将99%以上的有机物除去。若有机物在超临界水中的质量分数超过2%，即可实现自热而不需外界供应热量，因此它是个新颖、高效、快速、环保的去除难降解有机物的新型高级氧化技术，它可以除去多种有机污染物，具有广阔的应用前景。

(1) 超临界水处理含S废水[24]

电镀添加剂大多数是含硫的有机物，向波涛等[24] 研究了超临界水氧化法处理含硫废水，当 S^{2-} 为58mg/L，温度为450℃，压力为26MPa，O/S之比为3.47，反应时间为17s时，S^{2-} 可完全被氧化为 SO_4^{2-}。提高反应时间、压力和O/S比均可显著提高硫的去除率。

(2) 超临界水处理含N废水

电镀液中常用到含氮有机物，如尿素、硫脲、三乙醇胺、多乙烯多胺、环氧与胺的缩合物等，这些含N有机物用常规氧化剂难以除去，但用超临界水则易于除去。王涛等[25] 用尿素水溶液作为模拟含氮废水，在连续流动的超临界水氧化装置中进行试验，在400～500℃，压力为24～30MPa，反应时间超过2min时，可将95%以上的含氮有机物除去，增加反应温度、压力和反应时间都可以明显增大有机物的去除率。

(3) 超临界水氧化技术处理其他有机废水

F. R. Steven 和 R. S. Richard 研究了超临界水氧化技术对氰化物、甲醇、硝基苯、尿素、二噁英、多氯联苯等的处理，发现大部分化合物在550℃以上，停留时间20s，总碳量（TOC）的去除率可达99.95%。Ivette Vera Perez[26] 用超临界水处理酚和二硝基苯酚，在压力为25MPa，温度500℃左右，处理时间为40s时，TOC的去除率达99.77%。Aki[27] 研究了催化超临界水氧化吡啶，采用$Pt/\gamma\text{-}Al_2O_3$为催化剂，在24.2MPa，吡啶的浓度为0.185mol/L，氧的浓度为0.1mol/L的条件下，温度400℃时吡啶的去除率达95%，气相产物为CO_2和N_2O，证明催化剂的加入能加快氧化反应的速率，提高吡啶的去除率，使反应条件变得温和。关于新型高效催化剂的研究，目前已研究了贵金属及其氧化物、过渡金属氧化物及其金属无机盐、杂多酸及羰基催化剂等，但它们各有优缺点，尚未找到价廉物美的最佳催化剂，值得进一步深入研究[28]。

（4）超临界水氧化技术处理工业污泥

各种废水处理后都会产生污泥，而污泥处理的难度比污水处理还大，成了水处理技术的重点和难题。通常污泥的处理方法有填埋法、焚烧法和热解法等。填埋法无法杀死污泥中的细菌，会污染地下水，也会造成有害微生物引起的传染病，而且填埋场占用土地严重，也越来越难找到；焚烧法会产生大量有害气体和粉尘，还会产生二噁英等危害大的污染物；热解法会产生油等二次污染物。用超临界水氧化法处理污泥就可避免上述问题，可大大减少排水，无焚烧废气和残灰，流程短，无二次污染，装置简单。在温度370～650℃，压力22～26MPa条件下，污泥处理率达99.8%以上，最终产物为CO_2、N_2和水，不会产生NO_x、SO_2，因此无二次污染，不会对环境产业危害，是一种环保的处理方法。

1996年Hydro-Processing公司利用超临界水氧化技术处理市政污泥和工业污泥，利用90L/h的管式反应器试验系统，取得了良好的效果。Shanableh[29]等对超临界水氧化技术处理生物污泥进行了研究，结果表明，99%以上的COD在5min内可被氧化成无色无味的CO_2、H_2O和无机盐。Motonbu Goto等[30]采用超临界水氧化技术，以H_2O_2为氧化剂对污水处理厂的污泥进行处理，可得到无色无味的液体，随温度和氧化剂用量的增加，出水TOC显著降低。表16-5列出了超临界水氧化法（SCWO）与常用的焚烧法及湿式氧化法（WAO）的比较。从表16-5结果可见，无论在停留时间和去除率，还是适用性和后续处理等方面，超临界水氧化法都优于传统的湿式氧化法和焚烧法。

表16-5 超临界水氧化法与湿式氧化法和焚烧法的比较

方法	温度/℃	压力/MPa	催化剂	停留时间/min	去除率/%	适用性	排出物	后续处理
焚烧法	2000～3000	常压	不需	>10	99.99	普适	含NO_x	需要
WAO	150～350	2～20	需	15～20	75～90	受限制	有毒有色	需要
SCWO	400～600	25～40	可不需	<5	99.99	普适	无色无毒	不需

目前国内外已对许多化合物进行了超临界水氧化处理研究，包括醇类、乙酸、酚类、吡啶、多氯联苯、二噁英、卤代芳香族化合物、卤代脂肪族化合物、

硝基苯、尿素、滴滴涕、化学武器、推进剂等[31]，结果表明，经过处理后这些有机物几乎完全被氧化为 CO_2 · H_2O、N_2 等，尤其是在用常规方法难以处理的有毒有害废水废物的消除上，更显其独到的优越性。

(5) 超临界水氧化技术处理废弃印刷电路板

印刷电路板（PCB）的制造是表面精饰技术的重要应用领域，是电子电器产品最重要的部件。PCB 主要由金属层（铜箔为主）、强化层（玻璃纤维）和黏结层（树脂）构成层状结构，层与层之间是通过黏结层黏结在一起的，表 16-6 列出了 PCB 中主要成分的组成比例。

表 16-6　PCB 中主要成分的组成比例[32]

有机物（<25%）	氧化物（<35%）	金属（<50%）
塑料<20%	二氧化硅　15%	铜　20%　铝　2%　银　1000g/t
	氧化铝　6%	铁　8%　铅　2%　金　500g/t
添加剂　<5%	碱性氧化物　6%	锡　4%　锌　1%　钯　50g/t
	其他陶瓷　3%	镍　2%　锑　0.4%

由表 16-6 可知，PCB 中含有约 50%的金属，其中铜含量高达 20%，比铜矿中铜的含量高得多，回收的价值也大得多。目前 PCB 的回收技术主要有焚烧法、热解法、机械物理法、化学处理法和超临界流体法。焚烧法是将线路板破碎后投入焚化炉中焚烧，使可燃物分解，最后得到金属富集体和难溶物质，将其粉碎后送到金属冶炼厂进行回收。该法的优点是工艺简单，耗时短，能实现线路板的减容，缺点是能耗高，有机物得不到回收，燃气对环境有污染，易产生溴化氢和二噁英等剧毒物质。热解法是将破碎的线路板放入反应器中，在惰性气体保护下，加热到一定温度，使其热解，有机物变成分子量较低的碳氢化合物，以气体形式从反应器中排出，经冷凝、净化、提纯后得到燃料油或化工原料，剩余的固体残渣即为金属富集体、陶瓷和玻璃纤维的混合物，经破碎和分选后可分离回收金属和非金属材料。该法的优点是有机物和金属均可回收利用，回收率较高，二次污染少，缺点是处理温度高，时间长，能耗大，过程比较复杂。化学法可分为酸洗法和电解法。酸洗法是用硝酸、硫酸或王水将破碎的线路板的金属溶解，经分离后将其还原或电解成单金属回收，余下的高浓度铜离子溶液可回收硫酸铜或电解铜[32]。该法的优点是聚合物和各种金属均可获得良好的分离和回收，利用率高，能耗低，成本也低，缺点是处理过程会产生大量的废水和废气，易污染环境。机械物理法是将经过预处理的光板进行破碎或粉碎，将得到的线路板颗粒送入分选设备进行分选，最后得到金属富集体和非金属混合物，再进行分离和提纯。机械物理法的优点是工艺简单，回收成本低，在回收过程中不需要加化学溶剂，对环境影响小，其缺点是线路板要先预处理成光板，回收的只是半成品的金属富集体，还需继续进行冶金分离和提纯，回收效率较低[33]。

超临界 CO_2 具有类似液体的密度和溶解能力，有良好的流动性，同时又具有类似气体的扩散系数和低的黏度，它能破坏印刷电路板中的黏结层，使线路板的层与层之间完全分离，最终得到分离的金属与玻璃纤维[34]。超临界 CO_2 回收印刷电路板的流程很简单，先是除去板上的元器件，用水将光板清洗干净后放入密闭反应器中，加入一定量的水，升温升压至 280℃，40MPa，使 CO_2 达到超临界状态，反应 4h 后打开放气开关，待容器冷却后打开容器，就可得到分离开的金属铜和玻璃纤维。放出的尾气经过处理后 CO_2 可循环使用。超临界 CO_2 法与其他方法的对比见表 16-7，该法的主要优点是：①材料回收率高，铜箔和玻璃纤维可保持各自原始的形状；②工艺流程简单，不需破碎，整块线路板可直接处理；③环境性能好，无有害气体和废水，CO_2 可循环利用；④能源、资源消耗少；⑤回收过程费用少。

表 16-7　五种印刷电路板回收方法的比较[35]

回收工艺	回收率	工艺难度	环境性	能源资源消耗	回收过程花费
焚烧法	低	易	低	低	低
热解法	高	难	低	中	低
化学处理法	高	中	低	低	高
机械物理法	中	中	中	高	中
超临界 CO_2 法	高	易	高	低	低

16.3.4　超临界流体处理设备

超临界流体处理技术经过几十年的发展，其设备已由实验室自制设备发展到中试设备，现在在世界范围已建成多处大型生产设备并开始商业化运行。在美国超临界 CO_2 萃取技术被广泛用于北美棕榈果、卡发根、小连翘属植物、银杏等的萃取，生产的保健品供不应求。现在超临界萃取设备在国内外均有专用的大型设备供应。超临界水氧化设备需要高温和高压，生产设备的制造难度较大。1994 年美国 EWT 公司在得克萨斯的 Austin 为 Huntsman 公司建成并投产了世界上第一套超临界水氧化的工业装置，用来处理长链有机物和胶，总有机碳（TOC）超过 50g/L，该装置使用管式反应器，长 200m，操作温度 540～600℃，压力 25～28MPa，进料量 1100kg/h，反应后排水中 TOC 去除率为 99.988%以上，排出气体中 NO_x 为 0.6×10^{-4}，CO 为 60×10^{-6}，CH_4 为 200×10^{-6}，SO_2 为 0.12×10^{-6}，氨低于 1×10^{-6}，均符合当地直接排放标准。该装置处理废物的成本仅为原来该公司使用焚烧法处理费用的 1/3[36]。

据报道我国超临界水氧化装置生产企业有三门峡高清环保科技有限公司，石家庄开发区奇力科技有限公司和南通市华安超临界萃取公司等。三门峡高清环保科技有限公司从 1998 年开始从事超临界水氧化处理废水废液的研究，先后对农药废水、造纸废水、化工废水、制药废水等进行了小试，其生产的超临界水氧化中试设备，处理量为300L/d[37]；马承愚等[38]与石家庄开发区奇力科技有限公司共同开发的近工业化运行的中试装置，连续处理水量达900～1000L/d，用来处理有机污染物含量（COD）高达50000mg/L以上，流量＜$5m^3$/d的化工高浓度废液。

16.3.5 小结[39, 40]

在超临界状态下，普通的CO_2和H_2O变成了超临界流体，它们被赋予许多奇特的物理化学性质，显示出液体和气体的双重性质和优点。例如水在超临界状态下能与有机物、氧气、空气以任意比例互溶，气液界面消失，多相反应转化为速度更快的单相反应，一般只需几秒至几分钟就可把有机污染物转化为CO_2、H_2O和无机盐，实现有毒有害物的无害化处理。美国已把它列为能源与环境最有前途的废物处理技术。超临界CO_2流体具有类似液体的密度、溶解能力和良好的流动性，同时又具有类似气体的扩散系数、钻孔力和低黏度，它可以代替传统的有毒、易挥发的有机溶剂，用来萃取和提纯中草药、医用化学品、电镀和化工中间体等，也可利用超临界CO_2的快速膨胀法等来制备粒度大小均匀、粗细可控和流动性好的纳米微粒，成了目前最受重视的纳米微粒制造法。超临界CO_2对废旧印刷电路板黏结材料的高溶解能力，使它可直接将多层线路板迅速分解为铜箔和塑料板，成为最简单又环保的废旧线路板的资源回用新技术。把超临界CO_2用于电镀时可以获得比普通电镀晶粒更细密，表面更平整，分散能力与深镀能力更好，显微硬度更高，镀层抗磨和抗蚀性更好的镀层，成为电镀、化学镀、复合镀和电铸的优选新技术。

超临界流体新技术已在电子电器、精密机械、光学工业、食品工业、制药工业、医疗器械、化学工业和国防工业等许多领域获得了广泛的应用，但在表面精饰领域才开始应用，应用面不广，应用规模也很小。笔者希望我国的研究者们在了解了超临界流体在表面精饰领域在国内外的应用情况后，能有更多的人，在更广的范围内开展超临界沉积和三废治理方面的研究与应用，使我国表面精饰业向技术更先进，工艺更环保，品质更优越的方向转化，真正使中国制造变成中国创造。

本节参考文献

[1] Ye X R, Lin Y H, Wang C M, et al. Supercritical fluid synthesis and characterization of catalytic metal nanoparticles on carbon nanotubes[J]. Journal of materials chemistry, 2004, 14(5): 908-913.

[2] 李淑芬，吴希文，侯彩霞，张颖. 超临界流体技术开发应用现状和前景展望[J]. 现代化工，2007(2): 1-7.

[3] 银建中,刘欣,丁信伟. 超临界流体技术研究进展[J]. 江苏化工,2002(2):26-29.

[4] 竹月,超临界流体技术及其研究进展,2007(6):275.

[5] Shen Yu,Lei Weining,Qian Haifeng,Liu Weiqiao,Zhang Guishang,et al. Research progress and coating preparation technology by supercritical fluid[J]. Machine Design and Manufacturing Engineering,2015,44(1):1-5.

[6] 张士莹. 用超临界 CO_2 清洗部件的新型工业装置[J]. 河北化工,1994(2):76.

[7] 王仲军,沈玉龙. 超临界 CO_2 清洗技术[J]. 清洗世界,2005(11):19-21.

[8] 李志义,刘学武,张晓东,夏远景,胡大鹏. 超临界流体在微电子器件清洗中的应用[J]. 洗净技术,2004(5):5-10.

[9] 方景礼. 电镀配合物——理论与应用[M]. 北京:化学工业出版社,2007:640.

[10] 方景礼. 电镀添加剂——理论与应用[M]. 北京:国防工业出版社,2007.

[11] 李青山,王新伟,杨德治,吴丽娜,王庆瑞,王善元. 超临界流体制备超微粉体的研究进展[J]. 中国粉体技术,2006,11(2):37-41.

[12] Ishizaki T,Masuda Y,Sakamoto M. Corrosion resistance and durability of superhydrophobic surface formed on magnesium alloy coated with nanostructured cerium oxide film and fluoroalkylsilane molecules in corrosive NaCl aqueous solution[J]. Langmuir, 2011, 27: 4780-4788.

[13] 郭燕清,宋仁国,陈亮,戈云杰,王超,宋若希. 纳米 Al_2O_3 添加剂含量对 Cu-Sn 合金镀层微结构及性能的影响[J]. 材料保护,2015,48(2):1-4.

[14] Blackburn J M,Long D P,Cabanas A, et al,Deposition of conformal copper and nickel film from supercritical carbondioxide[J]. Science,2001,294(5540):141145.

[15] Zhao Bin,Zhao Ming-Tao,Zhang Yan-Fei,Yang Jun-He. Deposition of Cu seed layer film By supercritical fluid deposition for advanced interconnects[J]. Chin. Phys. B, 2013, 22(6):064217.

[16] 王燕磊,张占文,李波,江波. 金属 Pd 薄膜的超临界流体沉积制备及其结构表征[J]. 物理学报,2011,60(8):088103.

[17] Sun Z Y,Liu Z M,Han X,et al. decoration carbon nanotubes with Pd and Ru nanocrystals via an inorganic reaction route in supercritical carbon dioxide-methanol solution [J]. Journal of colloid and interface science,2006,304(2):323-328.

[18] Watanabe M,Akimoto T,Kondoh E. Synthesis of platinum-ruthenium alloynanoparticles on carbon using supercritical fluid deposition[J]. Journal of solid state science and technology, 2013,2(1):M9-M12.

[19] Shen Yu,Lei Weining,Qian Haifeng,Liu Weiqiao,Zhang Guishang,et al. Research progress and coating preparation technology by supercritical fluid[J]. Machine Design and Manufacturing Engineering,2015,44(1):1-5.

[20] Chang Tso-Fu Mark,Nagoshi T,Ishiyama C,et al. Intact ultrathin Ni films fabricated by electroplating with supercritical CO_2 emulsion [J]. Applied Mechanica and Materials,2013, 284-287(1):147-151.

[21] Kinashi H,Nagoshi T,Chang T F M,et al. Mechanical properties of Cu electroplated in Supercritical CO_2 emulsion evaluated by micro-compression test[J]. Microelectronic Engineer-

ing,2014,121(1):83-86.

[22] Chang T F M,Sone M. Function and mechanism of supercritical carbon dioxide emulsified electrolyte in nickel electroplating reaction[J]. Surface and Coatings Technology,2011,205(13-14):3890-3899.

[23] 刘丽琴,王创业,姜博,刘维桥,谈衡,雷卫宁．超临界状态下复合电铸层制备及其性能研究[J]. 电化学加工,2013:41-43.

[24] 向波涛,等．超临界水氧化法处理含硫废水[J]. 化工环保,1999,19(2):75-79.

[25] 王涛,杨明,向波涛,等．超临界水氧化法去除尿素液中有机物的探索[J]. 航天医学与医学工程,1997,10(5):370-372.

[26] Ivette Vera Perez. Supercritical water oxidation of phenol and 2,4-dinitrophenol[J]. Supercritical Fluids,2004,30(1):71-87.

[27] Aki S,Abraham M A. Catalytic surpercritical water oxidation of pyridine comparison of catalysts[J]. Eng Chem Res,1999,38(2):358-367.

[28] 徐明,龚为进,姜佩华,李方,奚旦立．国外超临界水氧化技术的研究现状[J]. 工业水与废水,2007,38(6):8-11.

[29] Shanableh, et al. Supercritical water a useful medium for water destruction[J]. Arab Gulf J. Sci. Res. ,1996,14(3):543-556.

[30] Motonbu Goto,et al. Supercritical water oxidation for the destruction of municipal excess sludge and alcohol distillery waste water of molasses[J]. Supercritical Fluids,1998,13:277-282.

[31] Yukihiko Matsumura,et al. Supercritical water oxidation of high concentrations of phenol[J]. Harzardous Materials,2000,B73:245-254.

[32] 王继峰,李静,杨建广．一种从废旧电路板中回收铜的新工艺[J]. 湿法冶金,2012,31(2):106-109.

[33] 白庆中,王晖,韩法,等．世界废弃印刷电路板的机械处理技术现状[J]. 环境污染治理技术与设备,2001,2(1):35.

[34] 辜信实．印制电路用覆铜箔层压板[M]. 北京,化学工业出版社,2002.

[35] 刘志峰,胡张喜,李辉,潘君齐,张洪潮．印刷电路板回收工艺与方法研究[J]. 中国资源综合利用,2007,25(2):17-21.

[36] 廖传华,褚旅云,方向,朱跃钊．超临界水氧化法在高浓度难降解印染废水治理中的应用[J]. 印染助剂,2008,25(12):22-26.

[37] 周海云,姜伟立,吴海锁,申哲明,蒋永伟,曹蕾．超临界水氧化有机废物研究应用现状及趋势分析[J]. 环境科技,2012,25(6):66-68.

[38] 马承愚,姜安玺,彭英利,等．超临界水氧化法中试装置的建立和考察[J]. 化工进展,2003,22(10):1102-1104.

[39] 方景礼．面向未来的表面精饰新技术——超临界流体技术[J]. 电镀与涂饰,2017,36(1):1-11.

[40] Fang Jing-li. New surface finishing technology for the future——Supercritical fluid technology[J]. Electroplating & finishing. 2017,36(4):175-189.

附录Ⅰ 电镀常用化学品的性质与用途

材料名称	分子式	分子量	性质	用途
焦磷酸钠	$Na_4P_2O_7 \cdot 10H_2O$	446.055	相对密度1.82,无水物为白色固体,溶于水,呈碱性	镀铜络合剂
氯化钾	KCl	74.551	无色晶体,相对密度1.984,溶于水	酸性镀锌导电盐
硝酸钾	KNO_3	101.1069	无色晶体或粉末,相对密度2.109,400℃分解放出氧气	镀铜、铜合金导电盐
硫酸钾	K_2SO_4	174.259	无色或白色晶体,味苦而咸,相对密度2.662,易溶于水	导电盐
碳酸钾	$K_2CO_3 \cdot 10H_2O$	318.358	白色晶体,相对密度2.428,易潮解,溶于水呈碱性	导电盐
硫酸铝钾(又称明矾)	$KAl(SO_4)_2 \cdot 12H_2O$	474.39	复盐,有酸涩味,相对密度1.75	缓冲剂,絮凝剂
硫氰酸钾	$KCNS$	97.183	无色晶体,相对密度1.886,溶于水	镀银、金、铜、合金
高锰酸钾	$KMnO_4$	158.034	深紫色晶体,有金属光泽,相对密度2.524,溶于水,强氧化剂	钝化、氧化剂、蚀铜剂
重铬酸钾(又名红矾钾)	$K_2Cr_2O_7$	294.18	橙红色晶体,相对密度2.676,溶于水,强氧化剂	铜的化学清洗,钝化
重铬酸钠(又名红矾钠)	$Na_2Cr_2O_7 \cdot 2H_2O$	298.00	红色晶体,相对密度2.52,100℃失水,400℃分解出氧气,易溶于水,呈酸性	氧化剂、钝化剂
焦磷酸钾	$K_4P_2O_7 \cdot 3H_2O$	384.382	无色固体,空气中吸潮,相对密度2.33,溶于水	镀铜、镉合金络合剂
氢氧化钾	KOH	56.11	白色半透明固体,相对密度2.044,熔点360℃,溶于水有强烈的放热作用,对皮肤有极强腐蚀力,能吸收二氧化碳生成碳酸钾	黑色金属氧化,镀金银,调节pH
氨水	可表示为NH_4OH或$NH_3 \cdot H_2O$		气体氨的水溶液,氨极易挥发,有强烈氨刺激性味,是一种弱酸,最浓的氨水含氨35.28%	镀铜合金,调节pH

续表

材料名称	分子式	分子量	性质	用途
碳酸钠	Na_2CO_3	105.99	有无水及 $Na_2CO_3 \cdot H_2O$、$Na_2CO_3 \cdot 7H_2O$ 及 $Na_2CO_3 \cdot 10H_2O$,无水碳酸钠是白色粉末,易溶于水,水溶液呈强碱性	去油,镀铜,调节 pH
氯化钠	NaCl	58.5	白色立方晶体,相对密度为 2.165,熔点为 801℃,味咸,显中性	酸洗,镀镍,镀锌
硫酸钠	$Na_2SO_4 \cdot 10H_2O$	322.19	无色单斜晶体,有苦咸味,相对密度 1.464,100℃失水,在空气中易风化成无水物	导电盐
硝酸钠	$NaNO_3$	85.01	无色六角晶体,相对密度 2.257,溶于水,熔点 308℃,是一种氧化剂	镀铜及其合金导电盐
钼酸铵	组成不固定		主要是仲钼酸盐,溶于水,强酸、强碱溶液	光亮剂、钝化剂
氟化铵	NH_4F	37.037	白色晶体,相对密度 1.315,易潮解,溶于水	化学抛光,镍、不锈钢的活化
乙醇 (又称酒精)	C_2H_5OH	46.069	无色透明,易挥发液体,可燃,普通酒精含乙醇 98%	检验,溶剂,光亮剂
乙二胺	$C_2H_8N_2$	60.098	结构式为: $H_2N—CH_2—CH_2—NH_2$(H、H 分列 N 两侧;各 C 上下各连一个 H) 无色黏稠液体,有氨味、有毒、易挥发	镀铜、锌用配位(络合)剂,环氧树脂的固化剂
二甲胺	$(CH_3)_2NH$	45.08	室温下为气体,有似氨味,易溶于水、乙醇和乙醚中	光亮剂原料
三乙醇胺	$C_6H_{15}O_3N$	149.188	结构式为: $CH_2—CH_2OH$ $N—CH_2—CH_2OH$ $CH_2—CH_2OH$ 无色黏稠液体,空气中易变黄,相对密度 1.242,溶于水	镀锌、镀锡合金、镀铜和化学镀铜用配位(络合)剂
六亚甲基四胺 (又名乌洛托品)	$C_6H_{12}N_4$	140.188	结构式为: N CH_2 CH_2　CH_2 N H_2C　CH_2 $N—CH_2—N$ 白色晶体,溶于水	酸洗缓蚀剂、pH 缓冲剂

续表

材料名称	分子式	分子量	性质	用途
磷酸氢二钠	$Na_2HPO_4 \cdot 12H_2O$	358.14	无色晶体，相对密度 1.52，空气中易风化	处理槽液
磷酸二氢钠	$NaH_2PO_4 \cdot H_2O$	137.99	无色晶体，相对密度 2.040，易溶于水	镀铜合金
锡酸钠	$Na_2SnO_3 \cdot 3H_2O$	266.725	白色或浅褐色晶体，溶于水，空气中吸收水分和二氧化碳生成氢氧化锡和碳酸钠。商品一般含锡42%左右	镀锡、锡合金
硫化钠	$Na_2S \cdot 9H_2O$	240.18	无色或微紫色晶体，相对密度 2.427，溶于水，呈强碱性	沉淀重金属杂质、钝化、光亮剂
氰化钠	NaCN	49.01	无色晶体，在空气中潮解，有氰化氢的微弱臭味、剧毒、溶于水，其水溶液呈碱性	氰化镀液络合剂、化学退镀剂、铜阳极腐蚀剂
亚硝酸钠	$NaNO_2$	69.0	苍黄色晶体，相对密度 2.168，熔点 271℃，320℃分解，极易溶于水、水溶液呈碱性	防锈、钝化
亚硫酸钠	$Na_2SO_3 \cdot 7H_2O$	252.15	无色晶体，相对密度 1.561，易溶于水，水溶液呈碱性	作还原剂处理槽液，镀金银
氟化钠	NaF	42	无色发亮晶体，水溶液呈碱性，相对密度 2.79	镀镍
氟硅酸钠	Na_2SiF_6	188.06	白色结晶粉末，相对密度 3.08，难溶于水	镀铬
氟硼酸钾	KBF_4	125.932	斜方或立方晶体，相对密度 2.50，溶于水	镀镍铜合金，镀锡
磷酸三钠	$Na_3PO_4 \cdot 12H_2O$	380.12	无色晶体，相对密度 1.62，在干燥空气中风化水溶液几乎全部分解为磷酸氢二钠和氢氧化钠溶液，呈强碱性	除油，发蓝
铬酸酐	CrO_3	99.994	红棕色晶体，相对密度 2.70，有强烈氧化性，溶于水成铬酸	铬酸钝化，塑料粗化
三氯化铬	$CrCl_3$	158.355	玫瑰色晶体，易吸水，相对密度 2.757，溶于水	三价铬镀铬
硫酸亚铁（又名绿矾）	$FeSO_4 \cdot 7H_2O$	278.05	蓝色晶体，相对密度 1.899，空气中氧化呈黄色，溶于水，有还原作用	镀铁，污水处理
氯化钙	$CaCl_2 \cdot 6H_2O$	219.08	白色固体，易潮解	镀铁
硫酸铵	$(NH_4)_2SO_4$	132.139	白色晶体，相对密度 1.769，溶于水，溶液显酸性	导电盐，增高镀层硬度

续表

材料名称	分子式	分子量	性质	用途
硝酸铵	NH_4NO_3	80.043	白色晶体,易吸潮,受热、受击过猛易爆炸	镀铜导电盐
草酸铵	$(NH_4)_2C_2O_4 \cdot H_2O$	124.1	无色晶体,相对密度 1.50,溶于水,有毒	镀铁
硫酸镍铵	$(NH_4)_2SO_4 \cdot NiSO_4 \cdot 6H_2O$	394.99	复盐浅绿色晶体,相对密度 1.923,溶于水	镀镍
氯化钴	$CoCl_2 \cdot 6H_2O$	237.93	红色晶体,相对密度 1.924,空气中易潮解,溶于水	光亮剂
硫酸钴	$CoSO_4 \cdot 6H_2O$	263.088	玫瑰色晶体,相对密度 1.948,溶于水	合金电镀
过氧化氢（又称双氧水）	H_2O_2	34.0147	无色液体,市售一般含 30%、5%及 90%的 H_2O_2,作氧化剂和还原剂	镀镍、铜、锡的氧化剂,处理杂质,化学抛光
碳酸钡	$BaCO_3$	197.35	白色晶体,有毒,相对密度 4.43,极难溶于水	污水处理清除 SO_4^{2-}
盐酸	HCl	36.461	为氯化氢的水溶液,纯的无色,工业品为黄色。商品浓盐酸含 37%～39%氯化氢,相对密度 1.19,为强酸,能与许多金属反应	钢铁酸洗、调节 pH、敏化、钯活化
硫酸	H_2SO_4	98.08	无色浓稠液,98.3%硫酸的相对密度为 1.834,沸点为 338℃,340℃分解,是一种强酸,能与许多金属及其氧化物作用,浓硫酸有强烈的吸水性和氧化性	调节 pH、酸洗、酸除油、铝氧化、铝化学抛光
硝酸	HNO_3	63.01	五价氮的含氧酸,纯硝酸是无色液体,相对密度为 1.5027,沸点为 86℃,一般略带黄色,发烟硝酸是红褐色液体,硝酸是强氧化剂。一体积浓硝酸与三体积浓盐酸混合而成王水,腐蚀性极强,能溶解金与铂	用于铜、铜合金及铝的光饰或化学抛光
硼酸	H_3BO_3	61.8	无色微带珍珠光泽晶体或白色粉末,相对密度为 1.435,185℃熔解,并分解,有滑腻感,无臭,溶于水、乙醇、甘油和乙醚,水溶液呈微酸性	镀镍、铜的缓冲剂
氢氟酸	HF	20.0059	为氟化氢的水溶液,是无色易流动的液体,在空气中发烟,有强烈的腐蚀性,并能浸蚀玻璃,剧毒	腐蚀与清洁铸铁、铝件、不锈钢表面,镀铅、铜

续表

材料名称	分子式	分子量	性质	用途
磷酸	H_3PO_4	97.994	商品磷酸是含 83%～98% H_3PO_4 的浓稠液，溶于水和乙醇，对皮肤有腐蚀作用，能吸收空气中水，中强度酸	铜、铝、不锈钢的电化学抛光，退镍，铝、铝件阳极化
氟硅酸（又称硅氟酸）	H_2SiF_6	144.09	水溶液无色，强酸，有腐蚀性，能浸蚀玻璃	镀铬催化剂
硒酸	H_2SeO_4	144.97	无色结晶，易溶于水，强氧化剂	光亮剂
氢氧化钠（又名烧碱、苛性钠）	NaOH	40.01	无色透明或白色固体，相对密度 2.130，熔点为 318.4℃。商品碱是块状、片状、粒状、棒状。固碱有极强的吸湿性，易溶于水并放热，有极强腐蚀作用，吸收空气中二氧化碳变成碳酸钠	去油，镀锌、锡、铜、镉，发蓝
三氧化二铁	Fe_2O_3	159.69	深红色粉末，不溶于水，但溶于酸	抛光剂
二氧化硒	SeO_2	110.96	白色晶体，有毒，相对密度 3.954，溶于水	光亮剂
氯化钡	$BaCl_2 \cdot 2H_2O$	244.27	无色晶体，有毒，相对密度 3.097，溶于水，几乎不溶于盐酸	污水处理清除 SO_4^{2-}
甘油（又名丙三醇）	$C_3H_5(OH)_3$	92.09	无色无臭油状液体，相对密度为 1.2613，溶于水	光亮剂，电抛光
甲醛	HCHO	30.0263	无色气体，有特殊刺激味，易溶于水，水溶液最高浓度达 55%，通常为 40%，冷藏时易聚合	镀锡光亮剂，化学镀铜还原剂，缓蚀剂
乙醛	CH_3CHO	44.05	无色流动液体，有辛辣味，相对密度 0.783，沸点 20℃、能与水、乙醇等混合	镀锡光亮剂
硫脲	$H_2N\underset{\underset{S}{\Vert}}{C}{-}NH_2$	76.12	白色晶体，味苦，相对密度 1.405，溶于水	光亮剂，缓蚀剂
乙酰胺	CH_3CONH_2	59.068	无色晶体，纯品无臭，工业品有鼠臭，相对密度 1.159，熔点 82℃，溶于水，能与强酸作用	印制极除胶渣
乙酸（又名醋酸）	CH_3COOH	60.0527	无色清液，溶于水，无水醋酸，又名冰醋酸	镀层检验，调节 pH
洋茉莉醛（又名氧化胡椒醛）	$C_8H_6O_3$	150.135	结构式为：（苯环上连 CHO，并连 O—CH_2—O 环） 白色晶体，见光变红棕色，溶于热水和乙醇	镀锌光亮剂

续表

材料名称	分子式	分子量	性质	用途
香草醛（又名香茅醛香兰素）	$C_8H_8O_3$	152.151	结构式为：（苯环上含 CHO、$-OCH_3$、OH） 学名为3-甲氧基-4-羟基苯甲醛，白色针状晶体，相对密度1.056，微溶于冷水，溶于热水、乙醇和乙醚	镀锌光亮剂
香豆素（又名氧染萘邻酮）	$C_9H_6O_2$	146.143	结构式为：（含 O、C=O 的苯并环） 白色晶体，相对密度0.935，溶于热水、乙醇、乙醚和氯仿	镀镍、镍合金光亮剂、整平剂
葡萄糖	$C_6H_{12}O_6$	180.16	无色或白色晶体粉末，溶于水，稍溶于乙醇	光亮剂，还原剂
蔗糖	$C_{12}H_{22}O_{11}$	342.30	白色晶体，有甜味、易溶于水	新四铬酸镀铬还原剂
苯甲醛（又名苦杏仁油）	C_7H_6O	106.12	结构式为：（苯环上含 CHO） 纯品无色液体，相对密度1.046，微溶于水，能溶于乙醚、乙醇、氯仿中，在空气中氧化为苯甲酸	镀锡、锌光亮剂
1,4-丁炔二醇	$C_4H_6O_2$	86.09	结构式为： $HO-\underset{H}{\overset{H}{C}}-C\equiv C-\underset{H}{\overset{H}{C}}-OH$ 无色晶体，溶于水	镀镍光亮剂
聚乙烯醇	以 $\left[-CH_2-\underset{OH}{CH}-\right]_n$ 表示		白色固体，产物可溶于水或溶胀	酸铜载体光亮剂
聚乙二醇	$\left[-\underset{OH}{CH}-\underset{OH}{CH}-\right]_n$		分子量从几千到几百万，易溶于水、乙醇，表面活性剂	酸铜载体光亮剂

续表

材料名称	分子式	分子量	性质	用途
酒石酸（学名 2,3-二羟基丁二酸）	$H_2C_4H_4O_6$	150.088	结构式为：HO—CH(COOH)—CH(COOH)—OH 白色晶体，微酸性，溶于水	合金电镀、浸锌络合剂
酒石酸氢钾	$KHC_4H_4O_6$	188.182	无色斜方晶体，溶于水、酸和碱液中	络合剂
酒石酸钾钠	$KNaC_4H_4O_6 \cdot 4H_2O$	282.2	无色晶体，相对密度 1.79，溶于水	络合剂
柠檬酸（又名枸橼酸）	$C_6H_8O_7$	192.126	结构式为：H—CH(H)—COOH / HO—C—COOH / H—CH(H)—COOH 无色晶体，相对密度 1.542，有强酸味，溶于水、乙醇、乙醚中	镀金、镀铜、浸铜络合剂
柠檬酸铵	$(NH_4)_2C_6H_6O_7$	226.19	无色晶体，易潮解，溶于水，水溶液呈酸性	镀金、铜、合金络合剂
柠檬酸钠	$Na_3C_6H_5O_7 \cdot 5\frac{1}{2}H_2O$	357	无色晶体，溶于水	化学镀银，退镍络合剂
氨三乙酸	$C_6H_9O_6N$	191.14	结构式为：$N(CH_2COOH)_3$ 简称 NTA，白色晶体，溶于碱溶液	镀铜、镀锌络合剂
柠檬酸钾	$K_3C_6H_5O_7$	306.395		镀金络合剂
乙二胺四乙酸二钠 EDTA-2Na	$C_{10}H_{14}O_8N_2Na_2$	336.2	白色晶体，重要有机络合剂	镀金络合剂
明胶			动物皮骨熬制而得蛋白质，无臭无味，溶于热水	光亮剂
铁氰化钾（赤血盐）	$K_3[Fe(CN)_6]$	329.24	深红色晶体，相对密度 1.85，溶于水	镀层检验
亚铁氰化钾（黄白盐）	$K_4[Fe(CN)_6]$	368.343	浅黄色晶体，相对密度 1.458，溶于水	镀银、金，化学镀铜稳定剂
氧化锌（又名锌白）	ZnO	81.4	白色粉末，相对密度 5.60，两性氧化物，溶于酸、氢氧化钠和氯化铵溶液中	镀锌，锌合金

续表

材料名称	分子式	分子量	性质	用途
硫酸锌	$ZnSO_4 \cdot 7H_2O$	287.5	无色晶体,相对密度 1.957,溶于水	镀锌,彩色电镀
氯化锌	$ZnCl_2$	136.3	白色潮解性晶体,相对密度 2.91,易溶于水	镀锌,彩色电镀
硫酸铜(胆矾)	$CuSO_4 \cdot 5H_2O$	249.685	蓝色晶体,相对密度 2.286,溶于水	镀铜,镀层检验
氯化铜	$CuCl_2 \cdot 2H_2O$	170.48	绿色晶体,有潮解性,相对密度 2.38,易溶于水	腐蚀剂
氰化亚铜	CuCN	89.56	白色粉末,相对密度 2.92,剧毒,溶于热硫酸、氰化钾溶液中	镀铜,铜合金络合剂
焦磷酸铜	$Cu_2P_2O_7$	301.04		镀铜,铜合金
硫酸镍	$NiSO_4 \cdot 7H_2O$	280.86	绿色晶体,相对密度 1.948,溶于水	镀镍,镍合金,化学镀镍
氯化镍	$NiCl_2 \cdot 6H_2O$	237.70	绿色片状晶体,有潮解性,溶于水、氨水中,水溶液呈酸性	镀镍,化学镀镍
氯化亚锡(二氯化锡)	$SnCl_2 \cdot 5H_2O$	279.7	白色晶体,相对密度 3.95,溶于水	镀锡,非金属电镀
氯化锡(四氯化锡)	$SnCl_4 \cdot 5H_2O$	350.6	白色透明晶体,易潮解,溶于水	镀锡及合金
硫酸亚锡	$SnSO_4$	214.7	白色微黄晶体,溶于水和硫酸	镀锡,锡合金
硝酸银	$AgNO_3$	169.87	无色晶体,相对密度 4.352,444℃分解,见光易分解,易溶于水和氨水中	镀银,活化
糖精(学名邻磺酰苯酰亚胺)	$C_7H_5O_3NS$	184.183	结构式为:(O, NH, SO_2) 白色晶体,溶于水	镀镍,镍合金光亮剂
阿拉伯树胶				光亮剂
牛皮胶			牛皮、牛骨熬制而得透明块状物,溶于水	镀铅锡,合金光亮剂
骨胶			暗褐色块状物	附加剂,胶黏剂
十二烷基苯磺酸钠			结构式为:($CH_2(CH_2)_{10}CH_3$, SO_3Na) 白色粉末,溶于水	乳化剂,除油剂

续表

材料名称	分子式	分子量	性质	用途
十二烷基硫酸钠			$CH_3(CH_2)_{10}CH_2SO_3Na$ 白色粉末，溶于水	润湿剂，乳化剂，除油剂
海鸥洗涤剂			由三种非离子型表面活性剂配制而成：聚氧乙烯脂肪醇醚硫酸钠85%，聚氧乙烯辛烷基苯酚醚-10 5%，椰子油烷基醇酰胺10%	润湿剂，乳化剂，洗涤剂
OP乳化剂			结构式： R $R=C_{12}\sim C_{18}$ $n=12\sim16$ $(OCH_2CH_2)_nOH$ 非离子型表面活性剂	润湿剂，乳化剂，洗涤剂，载体光亮剂
平平加			是一种聚氧乙烯脂肪醇醚 $RO(CH_2CH_2O)_nH$ 上海红卫合成洗涤剂厂出品平平加匀染剂102，$R=C_{12}\sim C_{18}$，$n=25\sim30$ 上海助剂厂合成平平加匀染剂0，$R=12$，$n=20\sim25$	润湿剂，乳化剂，洗涤剂，光亮剂
汽油			$C_4\sim C_{12}$ 的烃类，易挥发，易燃烧	去油剂
煤油			$C_{12}\sim C_{17}$ 的烃类，挥发，易燃	去油剂
丙酮	CH_3COCH_3	58.08	无色易挥发，易燃液体	去油剂，溶剂，黏结剂
乙醚	$C_2H_5OC_2H_5$	74.124	易流动无色液体，蒸气能使人失去知觉至死，易挥发着火，蒸气与空气混合着火爆炸	去油剂
氯化钯	$PdCl_2$	177.4	可用CP级	活化剂
2-巯基苯并噻唑	$C_2H_5NS_2$		CP级	抑制剂，光亮剂
次亚磷酸钠	$NaH_2PO_2\cdot H_2O$		CP级	化学镀还原剂
F-53			特定	镀铬抑雾剂
活性炭	C	12.01	强度＞70%，平均粒径0.43～0.50mm充填，相对密度0.37～0.43	有机杂质吸附剂

附录Ⅱ 常用化合物的金属含量和溶解度

名称	分子式	分子量	金属的质量分数/%	在水中的溶解度/g·(100mL)$^{-1}$
氰化银	AgCN	133.89	80.6	0.000023^{20}
氯化银	AgCl	143.32	75.3	0.000089^{10},0.0021^{100}
硝酸银	$AgNO_3$	169.87	63.5	122^{0},952^{100}
氯化铝	$AlCl_3$	133.34	20.2	69.9^{15}
硫酸铝	$Al_2(SO_4)_3 \cdot 18H_2O$	666.43	8.1	86.9^{0},1104^{100}
三氧化二砷	As_2O_3	197.84	75.7	3.7^{20},10.14^{100}
氰化亚金	AuCN	222.98	88.3	微溶;溶于KCN、$NH_3 \cdot H_2O$
氯化金	$AuCl_3$	303.33	64.9	68
碳酸钡	$BaCO_3$	197.34	69.6	0.0022^{18},0.0065^{100}
氯化钡	$BaCl_2 \cdot 2H_2O$	244.23	56.2	35.7^{20},58.7^{100}
硫酸钡	$BaSO_4$	233.39	58.8	0.000246^{25},0.000413^{100}
氯化铋	$BiCl_3$	315.34	66.3	分解为BiOCl;溶于酸、乙醇
硝酸铋	$Bi(NO_3)_3 \cdot 5H_2O$	485.07	43.1	分解;溶于酸
氯化钙	$CaCl_2 \cdot 6H_2O$	219.08		279^{0},536^{20}
硝酸钙	$Ca(NO_3)_2 \cdot 4H_2O$	236.15		266^{0},660^{30}
氢氧化钙	$Ca(OH)_2$	74.09		0.185^{0},0.077^{100}
硫酸钙	$CaSO_4 \cdot 2H_2O$	172.17		0.241^{20},0.222^{100}
氰化镉	$Cd(CN)_2$	164.45	68.4	17^{15}
硝酸镉	$Cd(NO_3)_2 \cdot 4H_2O$	308.48	36.4	215
氧化镉	CdO	128.41	87.5	不溶,溶于酸、铵盐
硫酸镉	$CdSO_4 \cdot 8/3H_2O$	256.51	43.8	77^{25}
硫酸铈	$Ce_2(SO_4)_3$	568.41	49.3	10.1^{0},2.25^{100}
醋酸钴	$Co(C_2H_3O_2)_2 \cdot 4H_2O$	249.08	23.7	溶
氯化钴	$CoCl_2 \cdot 6H_2O$	237.93	24.8	76.7^{0},190.7^{100}
硫酸钴	$CoSO_4 \cdot 7H_2O$	281.10	21.0	60.4^{3},67^{70}
氯化铬	$CrCl_3$	158.36	32.8	不溶
铬酐	CrO_3	99.99	52.0	61.7^{0},67.45^{100}

续表

名称	分子式	分子量	金属的质量分数/%	在水中的溶解度/g·(100mL)$^{-1}$
硫酸铬	$Cr(SO_4)_3 \cdot 18H_2O$	716.44	7.3	120^{20}
醋酸铜	$Cu(C_2H_3O_2)_2 \cdot H_2O$	199.65	31.8	7.4^{10},20^{100}
氰化亚铜	$CuCN$	89.56	71.0	0.00026
碱式碳酸铜	$CuCO_3 \cdot Cu(OH)_2$	221.12	57.5	不溶,热水中分解
氯化亚铜	$CuCl$	99.00	64.2	0.02^{25}
氯化铜	$CuCl_2 \cdot 2H_2O$	170.48	37.3	110.4^{0},192.4^{100}
硝酸铜	$Cu(NO_3)_2 \cdot 3H_2O$	241.60	26.3	137.8^{0},1270^{100}
焦磷酸铜	$Cu_2P_2O_7 \cdot 3H_2O$	355.08	35.8	微溶
硫酸铜	$CuSO_4 \cdot 5H_2O$	249.68	25.5	31.9^{0},203.3^{100}
氯化亚铁	$FeCl_2 \cdot 4H_2O$	198.81	28.1	160.1^{10},415.5^{100}
氯化铁	$FeCl_3 \cdot 6H_2O$	270.30	20.7	91.9^{20}
硫酸亚铁	$FeSO_4 \cdot 7H_2O$	278.05	20.1	15.65,48.6^{50}
三氯化镓	$GaCl_3$	176.08	39.6	易溶
硼酸	H_3BO_3	61.83		6.35^{30},27.6^{100}
草酸	$H_2C_2O_4 \cdot 2H_2O$	126.07		微溶,易溶于热水
氯铂酸	$H_2PtCl_6 \cdot 6H_2O$	517.90	37.7	易溶
氯化亚汞	Hg_2Cl_2	472.09	85.0	0.0002^{25},0.001^{43}
三氯化铟	$InCl_3$	221.18	51.9	易溶
硫酸铟	$In_2(SO_4)_3$	517.81	44.3	溶
三氯化铱	$IrCl_3$	298.58	64.4	不溶
二氧化铱	IrO_2	224.22	85.7	0.0002^{20}
银氰化钾	$KAg(CN)_2$	199.00	54.2	25^{20},100 热水
硫酸铝钾	$KAl(SO_4)_2 \cdot 12H_2O$	474.38		11.4^{20},易溶于热水
亚金氰化钾	$KAu(CN)_2$	288.10	68.4	14.3,200 热水
氰化钾	KCN	65.12		50^{20},100 热水
碳酸钾	K_2CO_3	138.21		112^{20},156^{100}
氯化钾	KCl	74.55		34.4^{20},56.7^{100}
铬酸钾	K_2CrO_4	194.19		62.9^{20},79.2^{100}
重铬酸钾	$K_2Cr_2O_7$	294.18		4.9^{0},102^{100}
铁氰化钾	$K_3Fe(CN)_6$	329.24		33^{4},77.5^{100}
亚铁氰化钾	$K_4Fe(CN)_6 \cdot 3H_2O$	422.39		27.8^{12}
碘化钾	KI	166.00		127.5^{0},208^{100}

续表

名称	分子式	分子量	金属的质量分数/%	在水中的溶解度/g·(100mL)$^{-1}$
高锰酸钾	$KMnO_4$	158.03		$6.38^{20}, 25^{65}$
硝酸钾	KNO_3	101.10		$13.3^{0}, 247^{100}$
氢氧化钾	KOH	56.11		$107^{15}, 178^{100}$
焦磷酸钾	$K_4P_2O_7 \cdot 3H_2O$	384.38		溶,易溶于热水
硫氰酸钾	KSCN	97.18		$177.2^{0}, 217^{20}$
过硫酸钾	$K_2S_2O_8$	270.32		$1.75^{0}, 5.2^{20}$
氯化锂	LiCl	42.39	16.4	$63.7^{0}, 130^{96}$
氯化镁	$MgCl_2 \cdot 6H_2O$	203.30	12.0	167,367 热水
氧化镁	MgO	40.30	60.3	0.0086^{30}
硫酸镁	$MgSO_4 \cdot 7H_2O$	246.48	9.9	$71^{20}, 91^{40}$
二氯化锰	$MnCl_2 \cdot 4H_2O$	197.91	27.8	$15^{18}, 656^{100}$
硫酸锰	$MnSO_4$	151.00	36.4	$52^{5}, 70^{70}$
	$MnSO_4 \cdot H_2O$	169.02	32.5	$98.47^{48}, 79.8^{100}$
柠檬酸铵	$(NH_4)_3C_6H_5O_7$	243.22		易溶
氯化铵	NH_4Cl	53.49		$29.7^{0}, 75.8^{100}$
重铬酸铵	$(NH_4)_2Cr_2O_7$	252.06		30.8^{15}
氟化铵	NH_4F	37.04		100^{0},分解
硫酸亚铁铵	$(NH_4)_2SO_4 \cdot FeSO_4 \cdot 6H_2O$	392.14	14.2	$26.9^{20}, 73.0^{80}$
氟化氢铵	NH_4HF_2	57.04		易溶
磷酸二氢铵	$NH_4H_2PO_4$	115.03		$22.7^{0}, 173.2^{100}$
磷酸氢二铵	$(NH_4)_2HPO_4$	132.06		$57,5^{10}, 106.7^{70}$
钼酸铵	$(NH_4)_6Mo_7O_{24} \cdot 4H_2O$	1235.86		43
硝酸铵	NH_4NO_3	80.04		$118.3^{0}, 871^{100}$
硫酸铵	$(NH_4)_2SO_4$	132.14		$70,6^{0}, 103.8^{100}$
硫酸镍铵	$(NH_4)_2SO_4 \cdot NiSO_4 \cdot 6H_2O$	394.98	14.9	$10.4^{20}, 30^{80}$
硼氟化钠	$NaBF_4$	109.79		$108^{26}, 210^{100}$
硼氢化钠	$NaBH_4$	37.83		55^{25}
醋酸钠	$NaC_2H_3O_2 \cdot 3H_2O$	136.08		$76.2^{0}, 138.8^{50}$
柠檬酸钠	$Na_3C_6H_5O_7 \cdot 5H_2O$	348.15		$92.6^{25}, 250^{100}$
氰化钠	NaCN	49.01		$48^{0}, 82^{35}$
碳酸钠	Na_2CO_3	105.99		$7.1^{0}, 45.5^{100}$
	$Na_2CO_3 \cdot 10H_2O$	286.14		$21.52^{0}, 421^{104}$

续表

名称	分子式	分子量	金属的质量分数/%	在水中的溶解度/g·$(100mL)^{-1}$
草酸钠	$Na_2C_2O_4$	134.00		3.7^{20},6.33^{100}
氯化钠	NaCl	58.44		35.7^{0},39.1^{100}
铬酸钠	$Na_2CrO_4 \cdot 10H_2O$	342.13		50^{10},126^{100}
重铬酸钠	$Na_2Cr_2O_7 \cdot 2H_2O$	298.00		180^{20},433^{98}
氟化钠	NaF	41.99		4.22^{18}
磷酸二氢钠	$NaH_2PO_4 \cdot H_2O$	137.99		59.9^{0},427^{100}
磷酸氢二钠	$Na_2HPO_4 \cdot 2H_2O$	177.99		100^{50},117^{80}
次磷酸钠	$NaH_2PO_2 \cdot H_2O$	105.99		100^{25},667^{100}
硫酸氢钠	$NaHSO_4$	120.06		28.6^{25},100^{100}
酒石酸钾钠	$NaKC_4H_4O_6$	210.16		47.4,易溶于热水
亚硝酸钠	$NaNO_2$	69.00		81.5^{15},163^{100}
硝酸钠	$NaNO_3$	84.99		92.1^{25},180^{100}
氢氧化钠	NaOH	40.00		42^{0},347^{100}
磷酸钠	$Na_3PO_4 \cdot 12H_2O$	380.12		1.5^{0},157^{70}
焦磷酸钠	$Na_4P_2O_7 \cdot 10H_2O$	446.06		5.41^{0},93.11^{100}
硫化钠	Na_2S	78.04		15.4^{10},57.2^{90}
亚硫酸钠	$Na_2SO_3 \cdot 7H_2O$	252.14		32.8^{0},196^{40}
硫酸钠	Na_2SO_4	142.04		4.76^{0},42.7^{100}
	$Na_2SO_4 \cdot 10H_2O$	322.19		11^{0},92.7^{30}
硫代硫酸钠	$Na_2S_2O_3 \cdot 5H_2O$	248.17		79.4^{0},291.1^{45}
连二亚硫酸钠	$Na_2S_2O_4$	174.11		65^{10},102^{60}
偏硅酸钠	Na_2SiO_3	122.06		溶
锡酸钠	$Na_2SnO_3 \cdot 3H_2O$	266.73	44.5	$61.3^{15.5}$,50^{100}
钨酸钠	Na_2WO_4	293.82	62.6	57.5^{0},96.9^{100}
醋酸镍	$Ni(C_2H_3O_2)_2$	176.78	33.2	17^{16}
碳酸镍	$NiCO_3$	118.70	49.4	0.009^{25}
碱式碳酸镍	$2NiCO_3 \cdot 3Ni(OH)_2 \cdot 4H_2O$	587.57	49.9	热水中分解
氯化镍	$NiCl_2 \cdot 6H_2O$	237.69	24.7	254^{20},599^{100}
氢氧化镍	$Ni(OH)_2$	92.71	63.3	0.003^{25}
硫酸镍	$NiSO_4 \cdot 6H_2O$	262.84	22.3	65.52^{0},340.7^{100}
	$NiSO_4 \cdot 7H_2O$	280.85	20.9	$75.6^{15.5}$,475.8^{100}
氨基磺酸镍	$Ni(SO_3NH_2)_2$	250.86	23.4	110^{10},175^{100}

续表

名称	分子式	分子量	金属的质量分数/%	在水中的溶解度/g·(100mL)$^{-1}$
醋酸铅	$Pb(C_2H_3O_2)_2 \cdot 3H_2O$	379.34	54.6	$45.61^{15}, 200^{100}$
碱式碳酸铅	$2PbCO_3 \cdot Pb(OH)_2$	775.63	80.1	不溶,溶于 HNO_3
硝酸铅	$Pb(NO_3)_2$	331.21	62.6	$37.65^{0}, 127^{100}$
一氧化铅	PbO	223.20	92.8	不溶,溶于 HNO_3、碱
氯化钯	$PdCl_2 \cdot 2H_2O$	213.36	49.9	易溶
硫酸铑	$Rb_2(SO_4)_3$	494.00	41.7	溶
三氯化钌	$RuCl_3$	207.43	48.7	不溶,溶于 HCl
三氯化锑	$SbCl_3$	228.12	53.4	601.6^{0}
三氧化二锑	Sb_2O_3	291.52	83.5	0.0008^{25}
二氧化硒	SeO_2	110.96	71.2	$38.4^{14}, 82.5^{65}$
氯化亚锡	$SnCl_2$	189.60	62.6	$83.9^{0}, 259.8^{15}$
	$SnCl_2 \cdot 2H_2O$	225.63	52.6	分解
硫酸亚锡	$SnSO_4$	214.75	55.3	33^{25}
硫酸锶	$SrSO_4$	183.68	47.7	0.014^{30}
硫酸铊	$TlSO_4$	504.82	81.0	$4.87^{10}, 19, 14^{100}$
氰化锌	$Zn(CN)_2$	117.42	55.7	不溶,溶于碱、KCN
氯化锌	$ZnCl_2$	136.32	48.0	$432^{25}, 615^{100}$
硝酸锌	$Zn(NO_3)_2 \cdot 6H_2O$	297.48	22.0	184.3^{20}
氧化锌	ZnO	81.38	80.4	0.00016^{29}
硫酸锌	$ZnSO_4 \cdot 7H_2O$	287.54	22.7	$96.5^{20}, 663.6^{100}$

注:1. 化合物中金属的质量分数(w_B)为理论值。

2. 溶解度的右上角数字为温度值,未注明者为冷水。

附录Ⅲ 某些元素的电化当量及有关数据

名称	符号	原子量	原子价	电化当量		1A 时析出量	$1A/dm^2$ 时析出	析出 1g 所需
				/(mg/C)	/[e/(A·h)]	/(g/min)	厚度/(μm/min)	电量/(A·h)
银	Ag	107.87	1	1.118	4.025	0.0671	0.639	0.248
铝	Al	26.982	3	0.093	0.336	0.0056	0.207	2.976
砷	As	74.922	5	0.155	0.559	0.0093	0.162	1.789
			3	0.259	0.932	0.0016	0.289	1.073
金	Au	196.97	3	0.680	2.450	0.0408	0.211	0.408
			2	1.021	3.675	0.0612	0.317	0.272
			1	2.042	7.350	0.1225	0.634	0.136
钡	Ba	137.33	2	0.712	2.562	0.0427		0.390
铍	Be	9.0122	1	0.047	0.168	0.0028		5.952
铋	Bi	208.98	5	0.433	1.559	0.0260	0.265	0.641
			3	0.722	2.599	0.0433	0.442	0.385
钙	Ca	40.078	2	0.208	0.748	0.0125		1.337
镉	Cd	112.41	2	0.582	2.097	0.0349	0.404	0.477
铈	Ce	140.12	3	0.484	1.743	0.0290	0.429	0.574
氯	Cl	35.453	1	0.367	1.323	0.0220		0.756
钴	Co	58.933	2	0.305	1.099	0.0183	0.206	0.910
铬	Cr	51.996	6	0.090	0.323	0.0054	0.075	3.096
			3	0.180	0.647	0.0108	0.150	1.546
铜	Cu	63.546	2	0.329	1.186	0.0198	0.221	0.843
			1	0.659	2.371	0.0395	0.443	0.422
铁	Fe	55.845	3	0.193	0.695	0.0116	0.147	1.439
			2	0.289	1.042	0.0174	0.221	0.960
镓	Ga	69.723	3	0.241	0.867	0.0145	0.245	1.153
锗	Ge	72.63	4	0.191	0.687	0.0114	0.214	1.456
			2	0.382	1.374	0.0229	0.428	0.728
氢	H	1.0078	1	0.010	0.038	0.0006		26.32
汞	Hg	200.59	2	1.039	3.743	0.0624		0.267
			1	2.079	7.485	0.1247		0.134

续表

名称	符号	原子量	原子价	电化当量		1A 时析出量/(g/min)	1A/dm^2 时析出厚度/(μm/min)	析出 1g 所需电量/(A・h)
				/(mg/C)	/[e/(A・h)]			
铟	In	114.82	3	0.397	1.428	0.0238	0.326	0.700
铱	Ir	192.22	4	0.498	1.793	0.0299	0.133	0.558
			3	0.664	2.390	0.0398	0.178	0.418
钾	K	39.098	1	0.405	1.459	0.0243		0.685
锂	Li	6.938	3	0.024	0.086	0.0014		11.63
镁	Mg	24.304	2	0.126	0.453	0.0756		2.208
锰	Mn	54.938	7	0.081	0.293	0.0049		3.413
			3	0.190	0.683	0.0114		1.464
			2	0.285	1.025	0.0171		0.976
钼	Mo	95.95	6	0.166	0.597	0.0099		1.675
			4	0.249	0.895	0.0149		1.117
钠	Na	22.99	1	0.238	0.858	0.0143		1.166
镍	Ni	58.693	3	0.203	0.730	0.0122	0.137	1.370
			2	0.304	1.095	0.0183	0.206	0.913
氧	O	15.999	2	0.083	0.298	0.0050		3.356
锇	Os	190.23	4	0.493	1.774	0.0296	0.131	0.564
磷	P	30.974	5	0.064	0.231	0.0385		4.329
铅	Pb	207.2	4	0.537	1.933	0.0322	0.284	0.517
			2	1.074	3.866	0.0644	0.568	0.259
钯	Pd	106.42	4	0.276	0.993	0.0165	0.138	1.007
			3	0.368	1.323	0.0220	0.184	0.756
			2	0.551	1.985	0.0331	0.275	0.504
钋	Po	209.98	4	0.544	1.959	0.0326		0.510
铂	Pt	195.08	4	0.505	1.820	0.0303	0.141	0.549
			2	1.011	3.640	0.0607	0.283	0.275
铼	Re	186.21	7	0.276	0.993	0.0165	0.081	1.007
铑	Rh	102.91	4	0.267	0.960	0.0159	0.128	1.042
			3	0.356	1.280	0.0213	0.171	0.782
			2	0.533	1.920	0.0319	0.257	0.521
钌	Ru	101.07	6	0.175	0.628	0.0105	0.085	1.592
			3	0.349	1.257	0.0210	0.170	0.796
锑	Sb	121.76	5	0.252	0.909	0.0151	0.228	1.100
			3	0.421	1.514	0.0252	0.378	0.661
硒	Se	78.971	4	0.205	0.736	0.0123	0.255	1.359
锡	Sn	118.71	4	0.307	1.107	0.0184	0.253	0.903

续表

名称	符号	原子量	原子价	电化当量		1A 时析出量/(g/min)	1A/dm² 时析出厚度/(μm/min)	析出 1g 所需电量/(A·h)
				/(mg/C)	/[e/(A·h)]			
			2	0.615	2.214	0.0369	0.507	0.452
锶	Sr	87.62	2	0.454	1.635	0.0272		0.612
钽	Ta	180.95	5	0.375	1.350	0.0226		0.741
碲	Te	127.60	4	0.331	1.190	0.0198		0.840
			2	0.661	2.381	0.0397		0.420
钛	Ti	47.867	4	0.124	0.446	0.0074		2.242
			3	0.165	0.595	0.0099		1.681
			2	0.248	0.893	0.0149		1.120
铊	Tl	204.38	3	0.706	2.542	0.0424		0.393
			1	2.118	7.627	0.1271		0.131
钒	V	50.942	5	0.106	0.380	0.0063		2.632
			3	0.176	0.634	0.0106		1.577
钨	W	183.84	6	0.317	1.143	0.0191		0.875
			5	0.381	1.372	0.0229		0.729
锌	Zn	65.38	2	0.339	1.220	0.0203	0.285	0.820
锆	Zr	91.224	4	0.236	0.851	0.0142		1.175

注:所列析出量、析出厚度及所需电量等数值均按电流效率100%计算。

附录Ⅳ 质子合常数和配合物稳定常数表

质子合常数的表达式为：	积累质子合常数	积累酸离解常数
$L^{n-}+H^+ \rightleftharpoons HL^{(n-1)-}$	K_1	$K_{a_1}=1/K_1$
$L^{n-}+2H^+ \rightleftharpoons H_2L^{(n-2)-}$	$\beta_2=K_1K_2$	$\beta_{a_2}=1/\beta_2$
$L^{n-}+3H^+ \rightleftharpoons H_3L^{(n-3)-}$	$\beta_3=K_1K_2K_3$	$\beta_{a_3}=1/\beta_3$
⋮	⋮	⋮
$L^{n-}+nH^+ \rightleftharpoons H_nL$	$\beta_n=K_1K_2\cdots K_n$	$\beta_{a_n}=1/\beta_n$

单一型配合物稳定常数的表达式为：	积累稳定常数	逐级稳定常数
$M+L \rightleftharpoons ML$	K_1	K_1
$M+2L \rightleftharpoons ML_2$	$\beta_2=K_1K_2$	K_1,K_2
$M+3L \rightleftharpoons ML_3$	$\beta_3=K_1K_2K_3$	K_1,K_2,K_3
⋮	⋮	⋮
$M+nL \rightleftharpoons ML_n$	$\beta_n=K_1K_2\cdots K_n$	$K_1,K_2,\cdots,K_n$

表中列出了室温时各级积累质子合常数和配合物稳定常数的对数值。表中无机配体直接写出它的分子式，有机配体则列出它的中文名称，并注明该配合物所含质子和配体的数目，例如 CuL、CuHL、CuH_2L、和 Cu_2L 等。表中所用符号为：

I——离子强度；pot——电位法；sp——分光光度法；i——离子交换法；k——动力学法；oth——其他方法；v——离子强度可变；pol——极谱法；ex——萃取法；cond——电导法；sol——溶解度法。

无机配体的质子合常数和稳定常数

配 体	金属离子	方法	I	$\lg\beta$
$As(OH)_4^-$	H^+	pot	0.1	HL 9.38
AsO_4^{3-}	H^+	pot	0.1	HL 11.2；H_2L 17.9；H_3L 20
$B(OH)_4^-$	H^+	pot	0.1	HL 9.1

配　体	金属离子	方法	I	$\lg\beta$
Br^-	Ag^+		0.1	AgL 4.15; AgL_2 7.1; AgL_3 7.95; AgL_4 8.9; Ag_2L 9.7
	Bi^{3+}	pot	2	BiL 2.3; BiL_2 4.45; BiL_3 6.3; BiL_4 7.7; BiL_5 9.3; BiL_6 9.4
	Cd^{2+}	pol	0.75	CdL 1.56; CdL_2 2.1; CdL_3 2.16; CdL_4 2.53
				$CdBrI$ 3.32; $CdBrI_2$ 4.51; $CdBrI_3$ 5.83; $CdBr_2I$ 3.75; $CdBr_2I_2$ 5.33; $CdBr_3I$ 4.18
	Cu^{2+}	sp	2	CuL −0.55; CuL_2 −1.84
	Fe^{3+}	sp	1	FeL −0.21; FeL_2 −0.7
	Hg^{2+}	pot	0.5	HgL 9.05; HgL_2 17.3; HgL_3 19.7; HgL_4 21; $HgBrCN$ 26.97
	In^{3+}	i	1	InL 1.2; InL_2 1.8; InL_3 2.5
	Pb^{2+}	pol	1	PbL 1.56; PbL_2 2.1; PbL_3 2.16; PbL_4 2.53
	Sn^{2+}	pot	3	SnL 0.73; SnL_2 1.14; SnL_3 1.34
	Ti^+	sol	v	TlL 0.92; TlL_2 0.92; TlL_3 0.40
	Tl^{3+}	pot	0.4	TlL 8.3; TlL_2 14.6; TlL_3 19.2; TlL_4 22.3; TlL_5 24.8; TlL_6 26.5
	Zn^{2+}	pot	4.5	ZnL −0.6; ZnL_2 −0.97; ZnL_3 −1.70; ZnL_4 −2.14
Cl^-	Ag^+	sol	v	AgL 3.4; AgL_2 5.3; AgL_3 5.48; AgL_4 5.4; Ag_2L 6.7
	Au^{3+}	pot	2	AuL_4 26
	Bi^{3+}	pot	0	BiL 2.4; BiL_2 3.5; BiL_3 5.4; BiL_4 6.1; BiL_5 6.7; BiL_6 6.6
	Cd^{2+}	i	0.69	CdL 1.42; CdL_2 1.92; CdL_3 1.76; CdL_4 1.06
	Cu^{2+}	i	2	CuL 0.98; CuL_2 0.69; CuL_3 0.55; CuL_4 0.0
	Fe^{2+}	sp	2	FeL 0.36; FeL_2 0.4
	Fe^{3+}	sp	0.5	FeL 0.76; FeL_2 1.06; FeL_3 1.0
	Hg^{2+}	pot	1	HgL 6.74; HgL_2 13.22; HgL_3 14.07; HgL_4 15.07; $HgClCN$ 28.2
	In^{3+}	i	0.69	InL 1.42; InL_2 2.23; InL_3 3.23
	Mn^{2+}	i		MnL 0.59; MnL_2 0.26; MnL_3 −0.36
	Pb^{2+}	i	0	PbL 1.6; PbL_2 1.78; PbL_3 1.68; PbL_4 1.38
	Pd^{2+}	sp	0	PdL 3.88; PdL_2 6.94; PdL_3 9.08; PdL_4 10.42
	Sn^{2+}	pot	3	SnL 1.15; SnL_2 1.7; SnL_3 1.68
	Th^{4+}	ex	4	ThL 0.23; ThL_2 −0.85; ThL_3 −1.0; ThL_4 −1.74
	Tl^+	pol	0	TlL 0.46
	Tl^{3+}	pot	0	TlL 6.25; TlL_2 11.4; TlL_3 14.5; TlL_4 17; TlL_5 19.15
	U^{4+}	ex	2	UL 0.52
	UO_2^{2+}	sp	1.2	UO_2L 1.6
	Zn^{2+}	ex	v	ZnL −0.72; ZnL_2 −0.85; ZnL_3 −1.50; ZnL_4 −1.75

续表

配　体	金属离子	方法	I	$\lg\beta$
ClO^-	H^+	pot	0.1	HL 7.4
CN^-	H^+		0.1	HL 9.2
	Ag^+	pot	0.2	AgL_2 21.1；AgL_3 21.9；AgL_4 20.7
	Au^+		0	AuL_2 38.3
	Au^{3+}			AuL_4 56
	Cd^{2+}			CdL 6.01；CdL_2 11.12；CdL_3 15.65；CdL_4 17.92
	Cu^+		0	CuL_2 24；CuL_3 29.2；CuL_4 30.7
	Fe^{2+}		0	FeL_6 35.4
	Fe^{3+}		0	FeL_6 43.6
	Hg^{2+}		0.1	HgL18.0；HgL_2 34.7；HgL_3 38.5；HgL_4 41.5
	Ni^{2+}		0.1	NiL_4 31.3
	Pb^{2+}	pol	1	PbL_4 10.3
	Pd^{2+}	pot	0	PdL_4 42.4；PdL_5 45.3
	Tl^{3+}		v	TlL_4 35
	Zn^{2+}		0	ZnL 5.34；ZnL_2 11.03；ZnL_3 16.68；ZnL_4 21.57
CNO^-	H^+	pot	0.1	HL 3.6
	Ag^+	cond	0	AgL_2 5.0
	Cu^{2+}	sp	v	CuL 2.7；CuL_2 4.7；CuL_3 6.1；CuL_4 7.4
	Ni^{2+}	sp	v	NiL 1.97；NiL_2 3.53；NiL_3 4.90；NiL_4 6.2
CO_3^{2-}	H^+	pot	0.1	HL 10.1；H_2L 16.4
	UO_2^{3+}	sol	0.2	UO_2L 15.57；UO_2L_2 20.70
CrO_4^{2-}	H^+	pot	0.1	HL 6.2；H_2L 6.9；H_2L_2 12.4
F^-	H^+	pot	0.1	HL 3.15
	Al^{3+}		0.53	AlL 6.16；AlL_2 11.2；AlL_3 15.1；AlL_4 17.8；AlL_5 19.2；AlL_6 19.24
	Be^{2+}		0.5	BeL 5.1；BeL_2 8.8；BeL_3 11.8
	Cr^{3+}		0.5	CrL 4.4；CrL_2 7.7；CrL_3 10.2
	Cu^{2+}		0.5	CuL 0.95
	Fe^{2+}	oth	v	FeL<1.5
	Fe^{3+}		0.5	FeL 5.21；FeL_2 9.16；FeL_3 11.86
	Ga^{3+}	sp	0.5	GaL 5.1
	Hg^{2+}		0.5	HgL 1.03
	In^{3+}		1	InL 3.7；InL_2 6.3；InL_3 8.6；InL_4 9.7
	La^{3+}	pot	0.5	LaL 2.7
	Mg^{2+}	pot	0.5	MgL 1.3

续表

配 体	金属离子	方法	I	$\lg\beta$
F^-	Ni^{2+}	pot	1	NiL 0.7
	Pb^{2+}	pot	0.5	PbL<0.3
	SbO^+	pot	0.1	SbOL 5.5
	Sc^{3+}	pot	0.5	ScL6.2；ScL_2 11.5；ScL_3 15.5
	Sn^{4+}	pol	v	SnL_6 25
	Th^{4+}		0.5	ThL 7.7；ThL_2 13.5； ThL_3 18.0
	TiO^{2+}	pot	3	TiOL 5.4； $TiOL_2$ 9.8；$TiOL_3$ 13.7；$TiOL_4$ 17.4
	UO_2^{2+}	pot	1	UO_2L 4.5；UO_2L_2 7.9；UO_2L_3 10.5，UO_2L_4 11.8
	Zn^{2+}	pot	0.5	ZnL 0.73
	Zr^{4+}		2	ZrL 8.8；ZrL_2 16.1；ZrL_3 21.9
$Fe(CN)_6^{4-}$	H^+	pot	0	HL 4.28； H_2L 6.58；H_3L 6.58
	K^+	cond	0	KL 2.3
	Mg^{2+}	sp	0	MgL 3.81
	La^{3+}	sp	0	LaL 5.06
$Fe(CN)_6^{3-}$	H^+	pot		HL<1
	K^+	cond		KL 1.4
	Mg^{2+}	cond		MgL 2.79
	La^{3+}	cond		LaL 3.74
I^-	Ag^+	pot	4	AgL_3 13.85；AgL_4 14.28；Ag_2L 14.15
	Bi^{3+}	sol	2	BiL_4 15.0；BiL_5 16.8；BiL_6 18.8
	Cd^{2+}	pot	v	CdL 2.4； CdL_2 3.4； CdL_3 5.0； CdL_4 6.15
	Hg^{2+}		0.5	HgL 12.87； HgL_2 23.8； HgL_3 27.6；HgL_4 29.8
				HgICN29.3
	I_2	ex	v	I_2L 2.9
	In^{3+}	i	0.69	InL 1.64；InL_2 2.56；InL_3 2.48
	Pb^{2+}	pol	1	PbL 1.3； PbL_2 2.8； PbL_3 3.4； PbL_4 3.9
IO_3^-	H^+	sp	0	HL0.78
	Th^{4+}	ex	0.5	ThL2.9；ThL_2 4.8；ThL_3 7.15
MoO_4^{2-}	H^+	pot	3	HL3.9；HL_2 7.50；H_8L_7 57.7；H_9L_7 62.14；$H_{10}L_7$ 65.7；$H_{11}L_2$ 68.2
NH_3	H^+	pot	0.1	HL9.35
	Ag^+	pot	0.1	AgL3.4；AgL_2 7.40
	Au^+	pot	v	AuL_2 27
	Au^{3+}			AuL_4 30
	Ca^{2+}	pot	2	CaL−0.2； CaL_2 −0.8；CaL_3 −1.6； CaL_4 −2.7

续表

配　体	金属离子	方法	I	$\lg\beta$
NH_3	Cd^{2+}	pot	0.1	CdL 2.6; CdL_2 4.65; CdL_3 6.04; CdL_4 6.92; CdL_5 6.6; CdL_6 4.9
	Co^{2+}	pot	0.1	CoL 2.05; CoL_2 3.62; CoL_3 4.61; CoL_4 5.31; CoL_5 5.43; CoL_6 4.75
	Co^{3+}	pot	2	CoL 7.3; CoL_2 14.0; CoL_3 20.1; CoL_4 25.7; CoL_5 30.8; CoL_6 35.2
	Cu^{+}	pot	2	CuL 5.90; CuL_2 10.80
	Cu^{2+}	pot	0.1	CuL 4.13; CuL_2 7.61; CuL_3 10.48; CuL_4 12.59
	Fe^{2+}	pot	0	FeL 1.4; FeL_2 2.2; FeL_4 3.7
	Hg^{2+}	pot	2	HgL 8.80; HgL_2 17.50; HgL_3 18.5; HgL_4 19.4
	Mg^{2+}	pot	2	MgL 0.23; MgL_2 0.08; MgL_3 −0.36; MgL_4 −1.1
	Mn^{2+}	pot	v	MnL 0.8; MnL_2 1.3
	Ni^{2+}	pot	0.1	NiL 2.75; NiL_2 4.95; NiL_3 6.64; NiL_4 7.79; NiL_5 8.50; NiL_6 8.49
	Tl^{+}	pot	v	TlL −0.9
	Tl^{3+}	pot	v	TlL_4 17
	Zn^{2+}	pot	0.1	ZnL 2.27; ZnL_2 4.61; ZnL_3 7.01; ZnL_4 9.06
NH_2OH	H^{+}	pot	0.1	HL 6.2
	Ag^{+}	pot	0.5	AgL 1.9
	Co^{2+}	pot	0.5	CoL 0.9
	Cu^{2+}	pot	0.5	CuL 2.4; CuL_2 4.1
	Zn^{2+}	pot	1	ZnL 0.40; ZnL_2 1.0
N_2H_4	H^{+}	pot	0.1	HL 8.1
	Cd^{2+}	pot	0.5	CdL 2.25; CdL_2 2.4; CdL_3 2.78; CdL_4 3.89
	Co^{2+}	pot	1	CoL 1.78; CoL_2 3.34
	Cu^{2+}	pot	1	CuL 6.67
	Mn^{2+}	pot	1	MnL 4.76
	Ni^{2+}	pot	1	NiL 3.18
	Zn^{2+}	pot	1	ZnL 3.69; ZnL_2 6.69
NO_2^-	H^{+}	cond	0.1	HL 3.2
	Cu^{2+}	sp	1	CuL 1.2; CuL_2 1.42; CuL_3 0.64
	Hg^{2+}	pot	v	HgL_3 13.54
	Pb^{2+}	pol	1	PbL 1.93; PbL_2 2.36; PbL_3 2.13
NO_3^-	Ba^{2+}	pot	0	BaL 0.94
	Bi^{3+}	i	1	BiL 0.96; BiL_2 0.62; BiL_3 0.35; BiL_4 0.07
	Ca^{2+}	cond	0	CaL 0.31
	Ce^{3+}	ex	1	CeL 0.21
	Ce^{4+}	sp	3.5	CeL 0.33

配　体	金属离子	方法	I	$\lg\beta$
NO_3^-	Eu^{3+}	i	1	EuL 0.15；EuL_2 −0.4
	Pb^{2+}	pol	2	PbL 0.3；PbL_2 0.4
	Sc^{3+}	i	0.5	ScL 0.55；ScL_2 0.08
	Sr^{2+}	cond	0	SrL 0.54
	Th^{4+}	i	2	ThL 1.22；ThL_2 1.53；ThL_3 1.1
	Tl^{3+}	pot	3	TlL 0.9；TlL_2 0.12；TlL_3 1.1
OH^-	H^+	pot	0	HL 14.0
	Ag^+	sol	0	AgL 2.3； AgL_2 3.6； AgL_3 4.8
	Al^{3+}	pot	2	AlL_4 33.3；Al_6L_{15} 163
	Ba^{2+}	pot	0	BaL0.7
	Be^{2+}	pot	3	BeL_2 3.1；Be_2L 10.8；Be_3L_3 33.3
	Bi^{3+}		3	BiL_3 12.4 Bi_6L_{12}168.3； Bi_9L_{20} 277
	Ca^{2+}	sol	0	CaL 1.3
	Cd^{2+}	ex	3	CdL 4.3；CdL_2 7.7； CdL_3 10.3；CdL_4 12.0
	Ce^{3+}	pot		CeL 5
	Ce^{4+}	pot	v	CeL 13.3；Ce_2L_3 40.3；Ce_2L_4 53.7
	Co^{2+}	pot	0.1	CoL 4.1； CoL_2 9.2
	Co^{3+}	oth	3	CoL 13.3
	Cr^{3+}	pot	0.1	CrL 10.2；CrL_2 18.3
	Cu^{2+}	pot	0	CuL 6.0；Cu_2L_2 17.1
	Fe^{2+}	pot	1	FeL 4.5
	Fe^{3+}	pot	3	FeL 11.0；FeL_2 21.7；Fe_2L_2 25.1
	Ga^{3+}	sp	0.5	GaL 11.1
	Hg_2^{2+}	pot	0.5	Hg_2L_9
	Hg^{2+}	pot	0.5	HgL 10.3；HgL_2 21.7
	In^{3+}	pot	3	InL 7.0；In_2L_2 17.9
	La^{3+}	pot	3	LaL 3.9；LaL_2 4.1；La_5L_9 54.6
	Li^+	pot	0	LiL 0.2
	Mg^{2+}	pot	0	MgL 2.6
	Mn^{2+}	pot	0.1	MnL 3.4
	Ni^{2+}	pot	0.1	NiL 4.6
	Pb^{2+}	pot	0.3	PbL 6.2；PbL_2 10.3；PbL_3 13.3；Pb_2L 7.6；Pb_4L_4 36.1；Pb_6L_8 69.3
	Sc^{3+}	pot	3	ScL 9.1；ScL_2 18.2；Sc_2L_2 21.8
	Sn^{2+}	pot	0	SnL 10.1；Sn_2L_2 23.5

配 体	金属离子	方法	I	$\lg\beta$
OH^-	Sr^{2+}	pot	1	SrL 0.8
	Th^{4+}	pot	0.5	ThL 9.7; Th_2L 11.1; Th_2L_2 22.9
	Ti^{3+}	i	1	TiL 11.8
	TiO^{2+}	k	0	TiOL 13.7
	Tl^+	k	3	TlL 0.8
	Tl^{3+}		3	TlL 12.9; TlL_2 25.4
	U^{4+}	pot	1	UL 12
	UO_2^{2+}	pot	3	$(UO_2)_2L$ 10.3; $(UO_2)_2L_2$ 22.0
	VO^{2+}	pot	2	VOL 8.0; $(VO)_2L_2$ 21.1
	Zn^{2+}	sol	4	ZnL 4.9; ZnL_4 13.3; Zn_2L 6.5; Zn_2L_6 26.8
	Zr^{4+}			ZrL 13.8; ZrL_2 27.2; ZrL_3 40.2; ZrL_4 53
OOH^-	H^+	ex	0	HL 11.75
	Co^{3+}	k	v	CoL 13.9
	Fe^{3+}	pot	0.1	FeL 9.3
H_2O_2	TiO^{2+}	sp	v	TiOL 4.0
	VO_2^+	pot	v	VO_2L 4.5
HPO_3^{2-}	H^+	pot	v	HL 6.58; H_2L 8.58
PO_4^{3-}	H^+	pot	0.1	HL 11.7; H_2L 18.6; H_3L 20.6
	Ca^{2+}	pot	0.2	CaHL 13.4
	Co^{2+}	pot	0.1	CoHL 13.9
	Cu^{2+}	pot	0.1	CuHL 14.9
	Fe^{3+}	sp	0.66	FeHL 21.0
	Mg^{2+}	pot	0.2	MgHL 13.6
	Mn^{2+}	pot	0.2	MnHL 14.3
	Ni^{2+}	pot	0.1	NiHL 13.8
	Sr^{2+}	i	0.15	SrL 4.2; SrHL 12.9; SrH_2L 18.85
	Zn^{2+}	pot	0.1	ZnHL 14.1
$P_2O_7^{4-}$	H^+	pot	0.1	HL 8.5; H_2L 14.6; H_3L 17.1; H_4L 18.1
	Ca^{2+}	pot	1	CaL 5.0; CaHL 10.8
	Cd^{2+}	pot	0	CdL 8.7; Cd(OH)L 11.8
	Cu^{2+}	sol	1	CuL 6.7 ; CuL_2 9.0
	Fe^{3+}	sol	v	FeH_2L_2 39.2
	Hg_2^{2+}	pot	0.75	$Hg_2(OH)L$ 15.6
	Hg^{2+}	pot	0.75	Hg(OH)L 17.45

续表

配 体	金属离子	方法	I	$\lg\beta$
$P_2O_7^{4-}$	K^+	pot	0	KL 2. 3
	Li^+	pot	0	LiL 3. 1
	Mg^{2+}	oth	0. 02	MgL 5. 7
	Na^+	pot	0	NaL 2. 3
	Ni^{2+}	sol	0. 1	NiL 5. 8;NiL_2 7. 2
	Pb^{2+}	cond	v	PbL_2 5. 32
	Sr^{2+}	i	0. 15	SrL 3. 26
	Tl^+	pol	v	TlL 1. 7;TlL_2 1. 9
	Zn^{2+}	pot	0	ZnL 8. 7; ZnL_2 11. 0;Zn(OH)L 13. 1
$P_3O_{10}^{5-}$	H^+	pot	0. 1	HL 8. 82;H_2L 14. 75;H_3L 16. 95
	Ba^{2+}	pot	0. 1	BaL 6. 3
	Ca^{2+}	pot	0. 1	CaL 6. 31;CaHL 12. 82
	Cd^{2+}	pot	0. 1	CdL 8. 1;CdHL 13. 79
	Co^{2+}	pot	0. 1	CoL 7. 95;CoHL 13. 75
	Cu^{2+}	pot	0. 1	CuL 9. 3;CuHL 14. 9
	Fe^{2+}	pot	1	FeL 2. 54;FeH_2L 15. 9
	Fe^{3+}	sp	1	FeH_2L 18. 8;FeH_2L_2 34. 6
	Hg_2^{2+}	pot	0. 75	Hg_2L_2 11. 2;Hg_2(OH)L 15. 0
	K^+		0	KL 2. 8
	La^{3+}			LaL 6. 56;LaHL 11. 78
	Li^+		0	LiL 3. 9
	Mg^{2+}	pot	0. 1	MgL 7. 05;MgHL 13. 27
	Mn^{2+}	pot	0. 1	MnL 8. 04;MnHL 13. 90
	Ni^{2+}	pot	0. 1	NiL 7. 8;NiHL 13. 7
	Sr^{2+}	pot	0. 1	SrL 5. 46;SrHL 12. 38
	Zn^{2+}	pot	0. 1	ZnL 8. 35;ZnHL 13. 9
$P_4O_{10}^{6-}$	H^+	pot	1	HL 8. 34;H_2L 14. 97
	Ca^{2+}	pot	1	CaL 5. 46;CaHL 11. 88
	Cu^{2+}	pot	1	CuL 9. 44;Cu_2L 10. 6;Cu(OH)L 13. 30
	K^+	pot	1	KHL 9. 45
	La^{3+}	pot	0. 1	LaL 6. 59;LaHL 12. 13
	Li^+	pot	1	LiHL 9. 93
	Mg^{2+}	pot	1	MgL 6. 04;MgHL 12. 08
	Na^+	pot	1	NaHL 9. 44
	Sr^{2+}	pot	1	SrL 4. 82; SrHL 11. 83;Sr_2L 8. 24

续表

配　体	金属离子	方法	I	$\lg\beta$
S^{2-}	H^+	pot	0	HL 12.92；H_2L 19.97
	Ag^+	pot	0.1	AgL 16.8；AgHL 26.2；AgH_2L_2 43.5
	Hg^{2+}	pot	v	HgL_2 53；HgH_2L_2 66.8
SCN^-	Ag^+	sol	2.2	AgL_2 8.2；AgL_3 9.5；AgL_4 10.0
	Au^+		v	AuL_2 25
	Au^{3+}		v	AuL_2 42
	Bi^{3+}	pot	0.4	BiL 0.8；BiL_2 1.9；BiL_3 2.7；BiL_4 3.5；BiL_5 3.25；BiL_6 3.2
	Cd^{2+}	pol	2	CdL 1.4；CdL_2 1.88；CdL_3 1.93；CdL_4 2.38
	Co^{2+}	sp	1	CoL 1.01
	Cr^{3+}		v	CrL 2.52；CrL_2 3.76；CrL_3 4.42；CrL_5 4.62；CrL_6 4.23（50℃）
	Cu^+	sol	5	CuL_2 11.0
	Cu^{2+}	sp	0.5	CuL 1.7；CuL_2 2.5；CuL_3 2.7；CuL_4 3.0
	Fe^{2+}	sp	v	FeL 1.0
	Fe^{3+}	sp	v	FeL 2.3；FeL_2 4.2；FeL_3 5.6；FeL_4 6.4；FeL_5 6.4
	Hg^{2+}	pol	1	HgL_2 16.1；HgL_3 19.0；HgL_4 20.9
	In^{3+}	pot	2	InL 2.6；InL_2 3.6；InL_3 4.6
	Mn^{2+}	sp	0	MnL 1.23
	Ni^{2+}	i	1.5	NiL 1.2；NiL_2 1.6；NiL_3 1.8
	Pb^{2+}	pol	2	PbL 0.5；PbL_2 1.4；PbL_3 0.4；PbL_4 1.3
	Tl^+	pol	2	TlL 0.4
	Zn^{2+}	pol	2	ZnL 0.5；ZnL_2 1.32；ZnL_3 1.32；ZnL_4 2.62
SO_3^{2-}	H^+			HL 7.30(6.8)；H_2L (8.6)
	Cu^+			CuL 7.85；CuL_2 8.60；CuL_3 9.26
	Ag^+			AgL_2 8.68；AgL_3 9.00
	Au^+			AuL_2 约 30
	Cd^{2+}			CdL_2 4.19
	Hg^{2+}			HgL_2 24.07；HgL_3 24.96
	Tl^{3+}			TlL_4 约 34
	Ce^{3+}			CeL 8.04
	UO_2^{2+}			UO_2L_2 7.10
SO_4^{2-}	H^+	pot	0.1	HL 1.8
	Ca^{2+}	sol	0	CaL 2.3
	Cd^{2+}	pot	3	CdL 0.85
	Ce^{3+}	i	1	CeL 1.63；CeL_2 2.34；CeL_3 3.08
	Ce^{4+}	sp	2	CeL 3.5；CeL_2 8.0；CeL_3 10.4

续表

配　体	金属离子	方法	I	lgβ
SO_4^{2-}	Co^{2+}	cond	0	CoL 2.47
	Cr^{3+}	pol	0.1	CrL 1.76
	Cu^{2+}	pot	1	CuL 1.0；CuL_2 1.1；CuL_3 2.3
	Eu^{3+}	ex	1	EuL 1.54；EuL_2 2.69
	Fe^{2+}	k	1	FeL 1.0
	Fe^{3+}	sp	1.2	FeL 2.23；FeL_2 4.23；FeHL 2.6
	In^{3+}	ex	1	InL 1.85；InL_2 2.6；InL_3 3.0
	K^{+}	pot	0.1	KL 0.4
	La^{3+}	ex	1	LaL 1.45；LaL_2 2.46
	Lu^{3+}	ex	1	LuL 1.29；LuL_2<2.5；LuL_3 3.36
	Mg^{2+}	pot	0	MgL 2.25
	Mn^{2+}	cond	0	MnL 2.3
	Ni^{2+}	cond	0	NiL 2.3
	Sc^{3+}	i	0.5	ScL 1.66；ScL_2 3.04；ScL_3 4.0
	U^{4+}	ex	2	UL 3.6；UL_2 6.0
	UO_2^{2+}	sp	0	UO_2L 2.96；UO_2L_2 4.0
	Th^{4+}	ex	2	ThL 3.32；ThL_2 5.6
	Y^{3+}	pot	3	YL 2.0；YL_2 3.4；YL_3 4.36
	Zn^{2+}	cond	0	ZnL 2.31
	Zr^{4+}	ex	2	ZrL 3.7；ZrL_2 6.5；ZrL_3 7.6
$S_2O_3^{2-}$	H^{+}	pot	0	HL 1.72；H_2L 2.32
	Ag^{+}	pot	0	AgL 8.82；AgL_2 13.46；AgL_3 14.15
	Ba^{2+}	sol	0	BaL 2.33
	Ca^{2+}	sp	0	CaL 1.91
	Cd^{2+}	sp	0	CdL 3.94
	Co^{2+}	sol	0	CoL 2.05
	Cu^{+}	pol	2	CuL 10.3；CuL_2 12.2；CuL_3 13.8
	Fe^{2+}		0.48	FeL 0.92(6.1℃)
	Fe^{3+}	sp	0.47	FeL 2.10
	Hg^{2+}	pot	0	HgL_2 29.86；HgL_3 32.26；HgL_4 33.61
	Mg^{2+}	sp	0	MgL 1.79
	Mn^{2+}	sol	0	MnL 1.95
	Ni^{2+}	sol	0	NiL 2.06
	Pb^{2+}	sol	v	PbL 5.1；PbL_2 6.4

续表

配　体	金属离子	方法	I	$\lg\beta$
$S_2O_3^{2-}$	Sr^{2+}	sol	0	SrL 2.04
	Tl^{+}	pol	0	TlL 1.91
	Zn^{2+}	sp	0	ZnL 2.29
Se^{2-}	H^{+}	pot	0	HL 11.0; H_2L 14.89
SeO_3^{2-}	H^{+}	pot	0	HL 8.32; H_2L 10.94
SeO_4^{2-}	H^{+}	pot	0	HL 1.88
$SiO_2\cdot(OH)_2^{2-}$	H^{+}	cond	0	HL 11.87; H_2L 21.27
	Fe^{3+}	sp	0.1	FeHL 21.03
TeO_4^{2-}	H^{+}	pot	0	HL 11.04; H_2L 18.74

某些重要的有机配体的质子合常数和稳定常数

有机配体	金属离子	方法	I	$\lg\beta$
醋酸	H^{+}	pot	0.1	HL 4.65
	Ag^{+}	pot	0	AgL_2 0.64; Ag_2L 1.14
	Ba^{2+}	pot	0	BaL 1.15
	Ca^{2+}	pot	0	CaL 1.24
	Cd^{2+}	pot	0.1	CdL 1.61
	Ce^{3+}	pot	0.1	CeL 2.09; CeL_2 3.53
	Co^{2+}	pot	0	CoL 1.5; CoL_2 1.9
	Cu^{2+}	pot	1	CuL 1.67; CuL_2 2.65; CuL_3 3.07; CuL_4 2.88
	Dy^{3+}	pot	0.1	DyL 2.03; DyL_2 3.64
	Er^{3+}	pot	0.1	ErL 2.01; ErL_2 3.60
	Eu^{3+}	pot	0.1	EuL 2.31; EuL_2 3.91
	Fe^{3+}	pot	0.1	FeL 3.2; FeL_2 6.1; FeL_3 8.3
	Gd^{3+}	pot	0.1	GdL 2.16; GdL_2 3.76
	La^{3+}	pot	0.1	LaL 2.02; LaL_2 3.26
	Lu^{3+}	pot	0.1	LuL 2.05; LuL_2 3.69
	Mg^{2+}	pot	0	MgL 1.25
	Mn^{2+}	pot	0	MnL 1.40
	Nd^{3+}	pot	0.1	NdL 2.22; NdL_2 3.76
	Ni^{2+}	pot	0	NiL 1.43
	Pb^{2+}	pot	0.1	PbL 2.20; PbL_2 3.59

续表

有机配体	金属离子	方法	I	$\lg\beta$
醋酸	Pr^{3+}	pot	0.1	PrL 2.18；PrL_2 3.63
	Sm^{3+}	pot	0.1	SmL 2.30；SmL_2 3.88
	Sr^{2+}	pot	0	SrL 1.19
	Tb^{3+}	pot	0.1	TbL 2.07；TbL_2 3.66
	Tl^{3+}		0.2	TlL_4 15.4
	Tm^{3+}	pot	0.1	TmL 2.02；TmL_2 3.61
	UO_2^{2+}	ex	0.1	UO_2L 2.61；UO_2L_2 4.9；UO_2L_3 6.3
	Y^{3+}	pot	0.1	YL1.97；YL_2 3.60
	Yb^{3+}	pot	0.1	YbL 2.03；YbL_3 3.67
	Zn^{2+}	pot	0.1	ZnL 1.28；ZnL_2 2.09
乙酰丙酮	H^+	pot	0.2	HL 8.9
	Al^{3+}	pot	0	AlL 8.6；AlL_2 16.5；AlL_3 22.3
	Be^{2+}	pot	0	BeL 7.8；BeL_2 14.5
	Cd^{2+}	pot	0	CdL 3.84；CdL_2 6.7
	Ce^{3+}	pot	0	CeL 5.3； CeL_2 9.27； CeL_3 12.65
	Co^{2+}	pot	0	CoL 5.4；CoL_2 9.57
	Cu^{2+}	pot	0	CuL 8.31；CuL_2 15.6
	Dy^{3+}	pot	0.1	DyL 6.03； DyL_2 10.70； DyL_3 14.04
	Er^{3+}	pot	0.1	ErL 5.99；ErL_2 10.67；ErL_3 14.05
	Eu^{3+}	pot	0.1	EuL 5.87；$EuL_2$10.35；EuL_3 13.64
	Fe^{2+}	pot	0	FeL 5.07；FeL_2 8.67
	Fe^{3+}	pot	0	FeL 9.8；FeL_2 18.8； FeL_3 26.4
	Ga^{3+}	pot	0	GaL 9.5； GaL_2 17.4；GaL_3 23.1
	Gd^{3+}	pot	0.1	GdL 5.9；GdL_2 10.38；GdL_3 13.79
	Hf^{4+}	pot	0.1	HfL 8.7；HfL_2 15.4；HfL_3 21.8；HfL_4 28.1
	Ho^{3+}	pot	0.1	HoL 6.05；HoL_2 10.73； HoL_3 14.13
	In^{3+}	pot	0	InL 8.0；InL_2 15.1
	La^{3+}	pot	0.1	LaL 4.96；LaL_2 8.41；LaL_3 10.91
	Lu^{3+}	pot	0.1	LuL 6.23； LuL_2 11.0；LuL_3 14.63
	Mg^{2+}	pot	0	MgL 3.67；MgL_2 6.38
	Mn^{2+}	pot	0	MnL 4.24；MnL_2 7.35
	Nd^{3+}	pot	0.1	NdL 5.3；NdL_2 9.4；NdL_3 12.6
	Ni^{2+}	pot	0	NiL 6.06； NiL_2 10.77； NiL_3 13.09
	Pb^{2+}	pot	0.1	PbL 4.2；PbL_2 6.6

续表

有机配体	金属离子	方法	I	$\lg\beta$
	Pd^{2+}	pot	0	PdL 16.7；PdL_2 27.6
	Pr^{3+}	pot	0.1	PrL 5.27；PrL_2 9.17；PrL_3 12.7
	Sc^{3+}	pot	0	ScL 0.0；ScL_2 15.2
	Sm^{3+}	pot	0.1	SmL 5.59；SmL_2 10.05；SmL_3 12.95
	Tb^{3+}	pot	0.1	TbL 6.02；TbL_2 10.63；TbL_3 14.04
	Th^{4+}	pot	0	ThL 8.8；ThL_2 16.2；ThL_3 22.5；ThL_4 26.7
乙酰丙酮	Tm^{3+}	pot	0.1	TmL 6.09；TmL_2 10.85；TmL_3 14.33
	U^{4+}	ex	0.1	UL 8.6；UL_2 17；UL_3 23.4；UL_4 29.5
	UO_2^{2+}	pot	0	UO_2L 7.66；UO_2L_2 14.15
	Y^{3+}	pot	0	YL 6.4；YL_2 11.1；YL_3 13.9
	Yb^{3+}	pot	0.1	YbL 6.18；YbL_2 11.04；YbL_3 14.64
	Zn^{2+}	pot	0	ZnL 5.07；ZnL_2 9.02
	Zr^{4+}	pot	0.1	ZrL 8.4；ZrL_2 16.0 ZrL_3 23.2；ZrL_4 30.1
	H^+	pot	0.1	HL 9.75；H_2L 12.95；H_3L 14.65
乙酰半胱氨酸	Ni^{2+}	pot	0.1	NiL 5.10；NiL_2 9.25
	Zn^{2+}	pot	0.1	ZnL 6.35；ZnL_2 12.11
	H^+	pot	0.1	HL 6.54；H_2L 10.68
	Ba^{2+}	pot	0.1	BaL 3.42；BaHL 8.46
	Ca^{2+}	pot	0.1	CaL 3.99；CaHL 8.75
	Co^{2+}	pot	0.1	CoL 4.69；CoHL 8.93
三磷酸腺苷	Cu^{2+}	pot	0.1	CuL 6.13；CuHL 9.74
	Mg^{2+}	pot	0.1	MgL 4.22；MgHL 8.70
	Mn^{2+}	pot	0.1	MnL 4.78；MnHL 9.02
	Ni^{2+}	pot	0.1	NiL 5.02；NiHL 9.34
	Zn^{2+}	pot	0.1	ZnL 4.88；ZnHL 9.27
	H^+	pot	0.1	HL 9.8；H_2L 12.1
	Ag^+	pot	0	AgL 3.64；AgL_2 7.18
	Ba^{2+}	sol	0	BaL 0.8
	Ca^{2+}	pot	0	CaL 1.24
α-氨基丙酸	Cd^{2+}	pol	2	CdL 5.13；CdL_2 7.82；CdL_3 9.16
	Co^{2+}	pot	0	CoL 4.82；CoL_2 8.48
	Cu^{2+}	pot	0	CuL 8.51；CuL_2 15.37
	Fe^{2+}	pot	0.01	FeL 7.3
	Fe^{3+}	pot	1	FeL 10.4

续表

有机配体	金属离子	方法	I	$\lg\beta$
α-氨基丙酸	Mn^{2+}	pot	0.01	MnL 3.24; MnL_2 6.05
	Ni^{2+}	pot	0	NiL 5.96; NiL_2 10.66
	Pb^{2+}	pot	0	PbL 5.0; PbL_2 8.24
	Sr^{2+}	sol	0	SrL 0.73
	Zn^{2+}	pot	0	ZnL 5.21; ZnL_2 9.54
β-氨基丙酸	H^+	pot	0.5	HL 10.21; H_2L 13.83
	Ag^+	pot	0.5	AgL 3.44; AgL_2 7.25
	Cd^{2+}	pol	1	CdL_2 5.70; CdL_3 6.78; $CdL_3(OH)$ 7.20; CdL_2CO_3 6.60; $CdL_2(NH_3)_4$ 7.98
	Co^{2+}	pot	0.2	CoL 3.58
	Cu^{2+}	pot	0.2	CuL 7.10
	Ni^{2+}	pot	0.5	NiL 4.46; NiL_2 7.84; NiL_3 0.55
	Ni^{2+}	pot	0.5	NiL (pyr) 8.34; NiL_2(pyr) 11.95; $NiL_2(pyr)_2$ 15.17(pyr=丙酮酸盐)
	Pb^{2+}	pol	1	$PbL_2(OH)_2$ 12.11
	Zn^{2+}	pot	0.5	ZnL 3.9; ZnL(pyr) 7.08; $ZnL_2(pyr)_2$ 12.1(pyr=丙酮酸盐)
茜素红 S	H^+	pot		HL 11.1; H_2L 17.17
	Be^{2+}	pot	0.1	BeL 10.96
	Zr^{4+}	sp	0.1	$Zr(OH)_2L$ 49.0
苯胺	H^+	pot	1	HL 4.78
	Hg^{2+}	pot		HgL 4.61; HgL_2 9.21
邻氨基苯甲酸	H^+	pot	0.1	HL 4.9; H_2L 7.0
	Ag^+	pot	0	AgL 1.86
	Ce^{3+}	pot	0.1	CeL 3.18
	Cd^{2+}	pot	0	CdL 1.83
	Co^{2+}	pot	0	CoL 1.56
	Cu^{2+}	pot	0	CuL 4.25
	La^{3+}	pot	0.1	LaL 3.14
	Nd^{3+}	pot	0.1	NdL 3.23
	Ni^{2+}	pot	0	NiL 2.12; NiL_2 3.59
	Pb^{2+}	pot	0	PbL 2.82
	Pr^{3+}	pot	0.1	PrL 3.22
	Zn^{2+}	pot	0	ZnL 2.57
安替比林	H^+	pot	0.1	HL 1.38

续表

有机配体	金属离子	方法	I	$\lg\beta$
苯甲酸	H^+	pot	0.01	HL 4.12
	Ag^+	pot	1	AgL 3.4；AgL_2 4.2
	Cd^{2+}	pol	0.1	CdL 1.08；CdL_2 1.18；CdL_3 1.64；CdL_4 1.87
	Cu^{2+}	pot	0.1	CuL 3.30（50% 二噁烷）
	Pb^{2+}	pol	1	PbL_2 3.30
	UO_2^{2+}	pot	0.1	UO_2L 2.59
	Zn^{2+}	pot	0.1	ZnL 2.35
联吡啶	H^+	pot	0.1	HL 4.47
	Ag^+	pot	0.1	AgL 3.03；AgL_2 6.67
	Cd^{2+}	ex	0.1	CdL 4.12；CdL_2 7.62；CdL_3 10.22
	Co^{2+}	pot	0.1	CoL 6.06；CoL_2 11.42；CoL_3 16.02
	Cu^{2+}	pot	0.1	CuL 8.0；CuL_2 13.6；CuL_3 17.08
	Fe^{2+}	pot	0.1	FeL 4.4；FeL_2 8.0；FeL_3 17.6
	Hg^{2+}	pot	0.1	HgL 9.64；HgL_2 16.74；HgL_3 19.54
	Mn^{2+}	pot	0.1	MnL 2.6；MnL_2 4.6；MnL_3 6.3
	Ni^{2+}	pot	0.1	NiL 7.13；NiL_2 14.01；Ni_3L 20.54
	Pb^{2+}	pot	0.1	PbL 2.9
	Zn^{2+}	pot	0.1	ZnL 5.3；ZnL_2 9.83；ZnL_3 13.63
铬天青 S	H^+	sp	0.1	HL11.81；H_2L 16.52；H_3L 18.77
	Be^{2+}	sp	0.1	BeHL 16.57；Be_2L_2 26.8
	Cu^{2+}	sp	0.1	CuHL 15.83；Cu_2L 13.7
	Fe^{3+}	sp	0.1	FeL 15.6；Fe_2L 20.2；Fe_2L_2 36.2
柠檬酸	H^+	pot	0.1	HL 16；H_2L 22.1；H_3L 26.5；H_4L 29.5
	Al^{3+}		0.5	AlL 20；AlHL 23；Al(OH) L 30.6
	Ba^{2+}		0.16	BaHL 18.5
	Be^{2+}	i	0.15	BeHL 20.5；BeH_2L 24.3；BeH_3L 27.9
	Ca^{2+}	i	0	CaHL 20.68；CaH_2L 25.1；CaH_3L 27.6
	Cd^{2+}	i	0.15	CdHL 20；CdH_2L 24.4
	Co^{2+}	pot		CoHL 20.8；CoH_2L 25.3
	Cu^{2+}	pol	0.15	CuL 18；CuHL 22.3；CuH_3L 28.3
	Fe^{2+}	pot	0.1	FeL 15.5；FeHL 19.1；FeH_2L 24.2
	Fe^{3+}	pot	1	FeL 25.0；FeHL 27.8；FeH_2L 28.4
	Mg^{2+}	pol	0.15	MgHL 19.29；MgH_2L 23.7
	Mn^{2+}	pot	0.15	MnHL 19.7；MnH_2L_2 24.2

续表

有机配体	金属离子	方法	I	$\lg\beta$
柠檬酸	Ni^{2+}	pot	0.15	NiL 14.3; NiHL 21.1; NiH_2L 25.3
	Pb^{2+}	pot		PbHL 19; PbH_2L 27.8
	Sr^{2+}	i	0.16	SrHL 18.8
	UO_2^{2+}	pot	0.15	UO_2HL 24.5
	Zn^{2+}	pot	0.15	ZnL11.4; ZnHL 20.8; ZnH_2L 25.0
半胱氨酸	H^+	pot	0.1	HL 10.11; H_2L 18.24; H_3L 20.2
	Co^{2+}	pot	0.01	CoL 9.3; CoL_2 17
	Co^{3+}	pot	0.01	CoL 16.2; CoL_2 32.9
	Cu^{2+}	pot	1	CuL 19.2
	Fe^{2+}	pot	0	FeL 6.2; FeL_2 11.7; Fe(OH)L 12.7
	Hg^{2+}	pot	0.1	HgL 14.21
	Mn^{2+}	pot	0.1	MnL 4.56
	Ni^{2+}	pot	0.1	NiL 9.64; $NiL_2$19.04
	Pb^{2+}	pot	0.1	PbL 11.39
	Zn^{2+}	pot	0.1	ZnL 9.04; ZnL_2 17.54
环己二胺四乙酸	H^+	pot		HL 11.78; H_2L 17.98; H_3L 21.58; H_4L 24.09
	Al^{3+}	pot	0.1	AlL 17.6; AlHL 19.6; Al(OH)L 24
	Ba^{2+}	pot	0.1	BaL 8.0; BaHL 14.7
	Bi^{3+}	pol	0.5	BiL 31.2
	Ca^{2+}	pot	0.1	CaL 12.5
	Cd^{2+}	pot	0.1	CdL 19.2; CdHL 22.2
	Ce^{3+}	pot	0.1	CeL 16.8
	Co^{2+}	pot	0.1	CoL 18.9; CoHL 21.8
	Cu^{2+}	pot	0.1	CuL 21.3; CuHL 24.4
	Dy^{3+}	pot	0.1	DyL 19.7
	Er^{3+}	pot	0.1	ErL 20.7
	Eu^{3+}	pot	0.1	EuL 18.6
	Fe^{2+}	pot	0.1	FeL 18.2
	Fe^{3+}	pot	0.1	FeL 29.3; Fe(OH)L 34.0; Fe(OOH)HL 32.2
	Ga^{3+}	pot	0.1	GaL 22.9
	Gd^{3+}	pot	0.1	GdL 18.8
	Hg^{2+}	pot	0.1	HgL 24.3; HgHL 27.4; Hg(OH) L 27.8
	La^{3+}	pot	0.1	LaL 16.3; LaHL 18.9
	Lu^{3+}	pot	0.1	LuL 21.5

续表

有机配体	金属离子	方法	I	$\lg\beta$
环己二胺四乙酸	Mg^{2+}	pot	0.1	MgL 10.3
	Mn^{2+}	pot	0.1	MnL 16.8;MnHL 19.6
	Nd^{3+}	pot	0.1	NdL 17.7
	Ni^{2+}	pot	0.1	NiL 19.4
	Pb^{2+}	pot	0.1	PbL 19.7;PbHL 22.5
	Pr^{3+}	pot	0.1	PrL 17.3
	Sm^{3+}	pot	0.1	SmL 18.4
	Sr^{2+}	pot	0.1	SrL 10.0
	Tb^{3+}	pot	0.1	TbL 19.5
	Tm^{3+}	pot	0.1	TmL 21.0
	Th^{4+}	pot	0.1	ThL 23.2;Th(OH)L 29.6
	VO^{2+}	pot	0.1	VOL 19.4
	Y^{3+}	pot	0.1	YL 19.2
	Yb^{3+}	pot	0.1	YbL 21.1
	Zn^{2+}	pot	0.1	ZnL 18.7;ZnHL 21.7
二乙醇胺	H^+	pot	0.5	HL 8.95
	Ag^+	pot	0	AgL 3.48;AgL_2 5.60
	Cd^{2+}	pol		CdL_2 4.30;CdL_3 5.08
	Cu^{2+}	pol	0.5	$CuL(OH)_2$ 18.2;$CuL_2(OH)_2$ 19.8
	Pb^{2+}	pol	0	PbL_2 8.70;PbL_3 9.0
	Zn^{2+}	pol	0	ZnL_2 6.60; ZnL_3 8.08; ZnL_4 9.11
二乙烯三胺	H^+	pot	0.1	HL 9.94; H_2L 19.07;H_3L 23.4
	Ag^+	pot	0.1	AgL 6.1;AgHL 13.2
	Cd^{2+}	pot	0.1	CdL 8.45;CdL_2 13.85
	Co^{2+}	pot	0.1	CoL 8.1;CoL_2 14.1
	Cu^{2+}	pot	0.1	CuL16.0;CuL_2 21.3
	Fe^{2+}	pot	0.1	FeL 6.23;FeL_2 10.36
	Hg^{2+}	pot	0.1	HgL_2 25.06;HgL_3 24.0
	Mn^{2+}	pot	0.1	MnL 3.99;MnL_2 6.82
	Ni^{2+}	pot	0.1	NiL 10.7;NiL_2 18.9
	Zn^{2+}	pot	0.1	ZnL 8.9;ZnL_2 14.5
二乙烯三胺五乙酸	H^+	pot	0.1	HL 10.56;H_2L 19.25;H_3L 23.62;H_4L 26.49;H_5L 28.43
	Ag^+	pot	0.1	AgL 8.70
	Al^{3+}	pot	0.1	AlL 18.51

续表

有机配体	金属离子	方法	I	lgβ
二乙烯三胺五乙酸	Ba^{2+}	pot	0.1	BaL 8.8；BaHL 14.1
	Bi^{3+}	pot	1	BiL 35.4；BiHL 38.2；Bi(OH)L 38.3
	Ca^{2+}	pot	0.1	CaL 10.6；CaHL 17；Ca_2L 12.6
	Cd^{2+}	pot	0.1	CdL 19.0；CdHL 22.9；Cd_2L 22
	Ce^{3+}	pot	0.1	CeL 20.5
	Co^{2+}	pot	0.1	CoL 19.0；CoHL 23.8；Co_2L 22.5
	Cu^{2+}	pot	0.1	CuL 20.5；CuHL 24.5；Cu_2L 26.0
	Dy^{3+}	pot	0.1	DyL 22.8；DyHL 25.0
	Er^{3+}	pot	0.1	ErL 22.7；ErHL 24.7
	Eu^{3+}	pot	0.1	EuL 22.4；EuHL 24.55
	Fe^{2+}	pot	0.1	FeL 16.0；FeHL 21.4；Fe(OH)L 21.0；Fe_2L 19.0
	Fe^{3+}	pot	0.1	FeL 27.5；FeHL 30.9；Fe(OH)L 31.6
	Ga^{3+}		0.1	GaL 25.54；GaHL 29.89；Ga(OH)L 32.06
	Gd^{3+}	pot	0.1	GdL 22.46；GdHL 24.85
	Hg^{2+}	pot	0.1	HgL 27.0；HgHL 30.6
	Ho^{3+}	pot	0.1	HoL 22.78；HoHL 25.03
	La^{3+}	pot	0.1	LaL 19.34；LaHL 22.03
	Li^{+}	pot	0.1	LiL 3.1
	Lu^{3+}	pot	0.1	LuL 22.44；LuHL 24.62
	Mg^{2+}	pot	0.1	MgL 9.3；MgHL 16.2
	Mn^{2+}	pot	0.1	MnL 15.5；MnHL 20.0；Mn_2L 17.6
	Nd^{3+}	pot	0.1	NdL 21.6；NdHL 24.0
	Ni^{2+}	pot	0.1	NiL 20.0；NiHL 25.6；Ni_2L 25.4
	Pb^{2+}	pot	0.1	PbL 18.9；PbHL23.4；Pb_2L22.3
	Pr^{3+}	pot	0.1	PrL 21.07；PrHL 23.45
	Sm^{3+}	pot	0.1	SmL 22.34；SmHL 24.54
	Sr^{2+}	pot	0.1	SrL 9.7；SrHL 15.1
	Tb^{3+}	pot	0.1	TbL 22.71；TbHL 24.85
	Th^{4+}	pot	0.1	ThL 28.78；ThHL 30.94；Th(OH) L 33.68
	Tl^{3+}	pot	1	TlL 46.0
	Tm^{3+}	pot	0.1	TmL 22.72；TmHL 24.62
	Yb^{3+}	pot	0.1	YbL 22.62；YbHL 24.92
	Zn^{2+}	pot	0.1	ZnL 18.0；ZnHL 23.6；Zn_2L 22.4
	Zr^{4+}	pot	1	ZrL 36.9

续表

有机配体	金属离子	方法	I	$\lg\beta$
乙二胺四乙酸	H^+	pot	0.1	HL 10.34; H_2L 16.58; H_3L 19.33; H_4L 21.40; H_5L 23.0; H_6L 23.9
	Ag^+	pot	0.1	AgL 7.3; AgHL 13.3
	Al^{3+}	pol	0.1	AlL 16.13; AlHL 18.7; Al(OH)L 24.2
	Ba^{2+}	pot	0.1	BaL 7.76; BaHL 12.4
	Be^{2+}	ex	0.1	BeL 9.27
	Bi^{3+}	pol	0.5	BiL 28.2; BiHL 29.6
	Ca^{2+}	pot	0.1	CaL 10.7; CaHL 13.8
	Cd^{2+}	pol	0.1	CdL 16.46; CdHL 19.4
	Ce^{3+}	pot	0.1	CeL 15.98; CeHL 19.05
	Co^{2+}	pot	0.1	CoL 16.31; CoHL 19.5
	Co^{3+}	pot	0.1	CoL 36; CoHL 37.3
	Cr^{3+}	pot	0.1	CrL 23; CrHL 25.3; Cr(OH)L 29.6
	Cu^{2+}	pot	0.1	CuL 18.8; CuHL 21.8; Cu(OH)L 21.2
	Dy^{3+}	pot	0.1	DyL 18.30; DyHL 21.1
	Er^{3+}	pol	0.1	ErL 18.98; ErHL 21.7
	Eu^{3+}	pol	0.1	EuL 17.35; EuHL 20.0
	Fe^{2+}	pot	0.1	FeL 14.33; FeHL 17.2
	Fe^{3+}	pot	0.1	FeL 25.1; FeHL 26.0; Fe(OH)L 31.6
	Ga^{3+}	pot	0.1	GaL 20.25; GaHL 21.6
	Gd^{3+}	pot	0.1	GdL 17.37; GdHL 20.0
	Hg^{2+}	pot	0.1	HgL 21.8; HgHL 24.94; Hg(OH)L 26.9; $Hg(NH_3)L$ 28.5
	Ho^{3+}	pot	0.1	HoL 18.74; HoHL 21.4
	In^{3+}	pot	0.1	InL 24.95; InHL 25.95; In(OH)L 30
	La^{3+}	pot	0.1	LaL 15.5; LaHL 17.5
	Li^+	pot	0.1	LiL 2.8
	Lu^{3+}	pot	0.1	LuL 19.83; LuHL 22.3
	Mg^{2+}	pot	0.1	MgL 8.6; MgHL 12.6
	Mn^{2+}	pol	0.1	MnL 14.04; MnHL 17.2
	Mo^{5+}	sp		MoL 6.36
	Na^+	pot	0.1	NaL 1.66
	Nd^{3+}	pot	0.1	NdL 16.61; NdHL 21.00
	Ni^{2+}	pot	0.1	NiL 18.6; NiHL 21.8
	Pb^{2+}	pol	0.1	PbL 18.0; PbHL 20.9
	Pr^{3+}	pol	0.1	PrL 16.4

续表

有机配体	金属离子	方法	I	$\lg\beta$
乙二胺四乙酸	Ra^{2+}	pol	0.1	RaL 7.4
	Sc^{3+}	pot	0.1	ScL 23.1; ScHL 21.2; Sc(OH)L 26.6
	Sm^{3+}	pot	0.1	SmL 17.14; SmHL 19.74
	Sn^{2+}	pot	0.1	SnL 22.1
	Sr^{2+}	pot	0.1	SrL 8.6; SrHL 12.64
	Tb^{3+}	pot	0.1	TbL 17.9; TbHL 20.5
	Th^{4+}	pot	0.1	ThL 23.2; Th(OH)L 30.2
	Ti^{3+}	pot	0.1	TiL 21.3
	TiO^{2+}	pot	0.1	TiOL 17.3
	Tl^{3+}	pot	0.1	TlL 22.5; TlHL 24.8
	Tm^{3+}	ex	0.1	TmL 19.32; TmHL 21.9
	UO_2^{2+}	pot	0.1	UO_2 HL 17.66
	V^{2+}	pot	0.1	VL12.7; V(OH)L 30.4
	V^{3+}	pol	0.1	VL 25.9
	VO^{2+}	pot	0.1	VOL 18.77
	VO_2^{+}	pot	0.1	VO_2L 18.1; VO_2HL 21.7
	Y^{3+}	pol	0.1	YL 18.1
	Yb^{3+}	pol	0.1	YbL 19.54; YbHL 22.2
	Zn^{2+}	pot	0.1	ZnL 16.5; ZnHL 20.9; Zn(OH)L 19.5
	Zr^{4+}	pot	0.1	ZrL 29.9; Zr(OH)L 37.7
铬黑 T	H^{+}	sp	0.1	HL 11.55; H_2L 17.8
	Ba^{2+}	sp		BaL 3.0
	Ca^{2+}	sp		CaL 5.4
	Cd^{2+}	sp	0.1	CdL 12.74
	Co^{2+}	sp	0.1	CoL 20.0
	Cu^{2+}	sp	0.1	CuL 21.38
	Mg^{2+}	sp	0.1	MgL 7.0
	Mn^{2+}	sp	0.1	MnL 9.6; MnL_2 17.6
	Pb^{2+}	sp	0.1	PbL 13.19
	Zn^{2+}	sp	0.1	ZnL 12.9; ZnL_2 20.0

续表

有机配体	金属离子	方法	I	$\lg\beta$
乙二胺	H^+	pot	0.1	HL 9.94; H_2L 17.08
	Ag^+	pot	0.1	AgL 4.7; AgL_2 7.7; AgHL 12.3; Ag_2L 6.5; Ag_2L_2 13.23
	Cd^{2+}	pot	0.5	CdL 5.47; CdL_2 10.0; CdL_3 12.1
	Co^{2+}	pot	1	CoL 5.89; CoL_2 10.72; CoL_3 13.82
	Co^{3+}	pot	1	CoL 48.69
	Cr^{3+}	sp	0.1	CrL 16.5; CrL_2 约 26
	Cu^+	pot	0.5	CuL_2 10.8
	Cu^{2+}	pot	0.1	CuL 10.55; CuL_2 19.60
	Fe^{2+}	pot	0.1	FeL 4.28; FeL_2 7.53; FeL_3 9.62
	Hg^{2+}	pol		HgL 14.3; HgL_2 23.3; Hg(OH)L 23.8; $HgHL_2$ 28.5
	Mg^{2+}	pot	0.1	MgL 0.37
	Mn^{2+}	pot	1	MnL 2.73; MnL_2 4.79; MnL_3 5.67
	Ni^{2+}	pot	1	NiL 7.66; NiL_2 14.06; NiL_3 18.61
	Zn^{2+}	pot	1	ZnL 5.71; ZnL_2 10.37; ZnL_3 12.09
氨基乙酸	H^+	pot	0.1	HL 9.84; H_2L 12.36
	Ag^+	oth	0.1	AgL 3.3; AgL_2 6.8
	Ba^{2+}	oth	0	BaL 0.77
	Ca^{2+}	oth	0	CaL 1.43
	Cd^{2+}	pot	0.1	CdL 4.14; CdL_2 7.46
	Co^{2+}	pot	0.1	CoL 4.7; CoL_2 8.5; CoL_3 11.0
	Cu^{2+}	pot	0.1	CuL 8.1; CuL_2 15.09
	Fe^{2+}	pot	0.01	FeL 4.3; FeL_2 7.8
	Hg^{2+}	pot	0.5	HgL 10.3; HgL_2 19.2
	Mg^{2+}	pot	0	MgL 3.44
	Mn^{2+}	pot	0.01	MnL 3.2; MnL_2 5.5
	Ni^{2+}	pot	0.1	NiL 5.80; NiL_2 10.70
	Pb^{2+}	pot	0	PbL 5.47; PbL_2 8.9
	Sr^{2+}	pot	0	SrL 0.9
	Zn^{2+}	pot	0	ZnL 5.52; ZnL_2 9.96
羟乙基乙二胺三乙酸	H^+	pot	0.1	HL 10.0; H_2L 15.4; H_3L 17.8
	Ag^+	pot	0.1	AgL 6.71
	Al^{3+}	pot	0.1	AlL 14.4; AlHL 16.8; Al(OH)L 23.7
	Ba^{2+}	pot	0.1	BaL 6.2
	Ca^{2+}	pot	0.1	CaL 8.5

有机配体	金属离子	方法	I	$\lg\beta$
羟乙基乙二胺三乙酸	Cd^{2+}	pot	0.1	CdL 13.0
	Ce^{3+}	pot	0.1	CeL 14.2
	Co^{2+}	pot	0.1	CoL 14.4
	Cu^{2+}	pot	0.1	CuL 17.4
	Dy^{3+}	pot	0.1	DyL 15.34;Dy(OH)L 20.1
	Er^{3+}	pot	0.1	ErL 15.4;Er(OH)L 20.5
	Eu^{3+}	pot	0.1	EuL 15.4;Eu(OH)L 19.4
	Fe^{2+}	pot	0.1	FeL 12.2;Fe(OH)L 17.2
	Fe^{3+}	pot	0.1	FeL 19.8;Fe(OH)L 29.9
	Ga^{3+}	pot	0.1	GaL 16.9;GaHL 21.07
	Gd^{3+}	pot	0.1	GdL 15.3;Gd(OH)L 19.4
	Hg^{2+}	pot	0.1	HgL 20.1;Hg(OH)L 25.7;$Hg(NH_3)L$ 26.2
	La^{3+}	pot	0.1	LaL 13.5;La(OH)L 16.95
	Mg^{2+}	pot	0.1	MgL 7.0
	Mn^{2+}	pot	0.1	MnL 10.7
	Ni^{2+}	pot	0.1	NiL 17.0
	Pb^{2+}	pot	0.1	PbL 15.5
	Zn^{2+}	pot	0.1	ZnL 14.5
8-羟基喹啉	H^{+}	pot	0	HL 9.9;H_2L 14.9
	Ba^{2+}	pot	0	BaL 2.07
	Ca^{2+}	pot	0	CaL 3.27
	Cd^{2+}	pot	0.01	CdL 7.2;CdL_2 13.4
	Co^{2+}	pot	0.01	CoL 9.1;CoL_2 17.2
	Cu^{2+}	pot	0.01	CuL 12.2; CuL_2 23.4
	Fe^{2+}	pot	0.01	FeL 8.0;FeL_2 15.0
	Fe^{3+}	pot	0.01	FeL 12.3;FeL_2 23.6;FeL_3 33.9
	La^{3+}	ex	0.1	LaL 5.85;LaL_3 16.95
	Mg^{2+}	pot	0.01	MgL 4.5
	Mn^{2+}	pot	0.01	MnL 6.8; MnL_2 12.6
	Ni^{2+}	pot	0.01	NiL 9.9;NiL_2 18.7
	Pb^{2+}	pot	0	PbL 9.02
	Sm^{3+}	ex	0.1	SmL 6.84;SmL_3 19.50
	Sr^{2+}	ex	0.1	SrL 2.89;SrL_2 3.19
	Th^{4+}	ex	0.1	ThL 10.45; ThL_2 20.4;ThL_3 29.8;ThL_4 38.8
	UO_2^{2+}	pot	0.3	UO_2L 11.25; UO_2L_2 21.0 (50% 二噁烷)
	Zn^{2+}	pot	0.3	ZnL 9.34;ZnL_2 17.56(50%二噁烷)

续表

有机配体	金属离子	方法	I	$\lg\beta$
氨三乙酸	H^+	pot	0.1	HL 9.73; H_2L 12.22; H_3L 14.11
	Ag^+	ex	0.1	AgL 5.16
	Al^{3+}	ex	0.1	AlL 9.5
	Ba^{2+}	pot	0.1	BaL 4.72
	Be^{2+}	ex	0.1	BeL 7.11
	Ca^{2+}	pot	0.1	CaL 6.33
	Cd^{2+}	pol	0.1	CdL 9.8
	Ce^{3+}	pot	0.1	CeL 10.8
	Co^{2+}	pot	0.1	CoL 10.4
	Cu^{2+}	pot	0.1	CuL 13.1
	Dy^{3+}	pot	0.1	DyL 11.74; DyL_2 21.15
	Er^{3+}	pot	0.1	ErL 12.03; ErL_2 21.29
	Eu^{3+}	pot	0.1	EuL 11.52; EuL_2 20.70
	Fe^{2+}	pot	0.1	FeL 8.8; Fe(OH)L 12.2
	Fe^{3+}	pot	0.1	FeL 15.87; FeL_2 24.3; Fe(OH)L 25.8
	Ga^{3+}	ex	0.1	GaL_2 25.81
	Gd^{3+}	pot	0.1	GdL 11.54; GdL_2 20.80
	Hg^{2+}	pot	0.1	HgL 14.6
	Ho^{3+}	pot	0.1	HoL 11.90; HoL_2 21.25
	In^{3+}	ex	0.1	InL_2 24.4
	La^{3+}	pot	0.1	LaL 10.36; LaL_2 17.60
	Lu^{3+}	pot	0.1	LuL 12.49; LuL_2 21.91
	Mg^{2+}	pot	0.1	MgL 5.36
	Mn^{2+}	pot	0.1	MnL 8.5
	Nd^{3+}	pot	0.1	NdL 11.26; NdL_2 19.73
	Ni^{2+}	pol	0.1	NiL 11.5
	Pb^{2+}	pol	0.1	PbL 11.39
	Pr^{3+}	pot	0.1	PrL 11.07; PrL_2 19.25
	Sm^{3+}	pot	0.1	SmL 11.53; SmL_2 20.53
	Sr^{2+}	pot	0.1	SrL 4.91
	TiO^{2+}	ex	0.1	TiOL 12.3
	Zn^{2+}	pol	0.1	ZnL 10.66

续表

有机配体	金属离子	方法	I	$\lg\beta$
1,10-菲咯啉	H^+	pot	0.1	HL 4.95
	Ag^+	pot	0.1	AgL 5.02; AgL_2 12.07
	Ca^{2+}	pot	0.1	CaL 0.7
	Cd^{2+}	pot	0.1	CdL 5.78; CdL_2 10.82; CdL_3 14.92
	Co^{2+}	pot	0.1	CoL 7.52; CoL_2 13.95; CoL_3 19.90
	Cu^{2+}	pot	0.1	CuL 9.25; CuL_2 16.0; CuL_3 21.35
	Fe^{2+}	pot	0.1	FeL 5.9; FeL_2 11.1; FeL_3 21.3
	Fe^{3+}	pot	0.1	FeL_3 14.1
	Hg^{2+}	pot	0.1	HgL_2 19.65; HgL_3 23.35
	Mg^{2+}	pot	0.1	MgL 1.2
	Mn^{2+}	pot	0.1	MnL 4.13; MnL_2 7.61; MnL_3 10.31
	Ni^{2+}	pot	0.1	NiL 8.8; NiL_2 17.1; NiL_3 24.8
	Pb^{2+}	pot	0.1	PbL 5.1; PbL_2 7.5; PbL_3 9
	VO^{2+}	pot	0.1	VOL 5.47; VOL_2 9.69
	Zn^{2+}	pot	0.1	ZnL 5.65; ZnL_2 12.35; ZnL_3 17.55
5-磺基水杨酸	H^+	pot	0.1	HL 11.6; H_2L 14.2
	Al^{3+}	pot	0.1	AlL 13.2; AlL_2 22.8; AlL_3 28.9
	Be^{2+}	pot	0.1	BeL 11.7; BeL_2 20.8
	Cd^{2+}	pot	0.15	CdL 4.65
	Ce^{3+}	pot	0.1	CeL 6.83; CeL_2 12.40; CeHL 13.53
	Co^{2+}	pot	0.1	CoL 6.13; CoL_2 9.82
	Cr^{3+}	pot	0.1	CrL 9.56
	Cu^{2+}	pot	0.15	CuL 9.5; CuL_2 16.5
	Er^{3+}	pot	0.1	ErL 8.15; ErL_2 14.45; ErHL 13.72
	Eu^{3+}	pot	0.1	EuL 7.87; EuL_2 13.90; EuHL 13.86
	Fe^{2+}	pot	0.15	FeL 5.9; FeL_2 9.9
	Fe^{3+}	sp	0.25	FeL 15.0; FeL_2 25.8; FeL_3 32.6
	Gd^{3+}	pot	0.1	GdL 7.58; GdL_2 13.65; GdHL 13.80
	Lu^{3+}	pot	0.1	LuL 8.43; LuL_2 15.46; LuHL 14.07
	Mn^{2+}	pot	0.1	MnL 5.24; MnL_2 8.24
	Ni^{2+}	pot	0.1	NiL 6.4; NiL_2 10.2
	Pr^{3+}	pot	0.1	PrL 7.08; PrL_2 12.69; PrHL 13.69
	Sm^{3+}	pot	0.1	SmL 7.65; SmL_2 13.58; SmHL 13.83
	UO_2^{2+}	pot	0.1	UO_2L 11.14; UO_2L_2 19.2
	Zn^{2+}	pot	0.15	ZnL 6.05; ZnL_2 10.65

续表

有机配体	金属离子	方法	I	$\lg\beta$
酒石酸	H^+	pot	0.1	HL 4.1; H_2L 7.0
	Al^{3+}	oth	0.1	AlL 6.35; AlHL 7.93; AlH_2L_2 14.71; Al(OH)L 18.5
	Ba^{2+}	pot	0.2	BaL 1.62; BaHL 5.0
	Bi^{3+}	ex	0.1	BiL_2 11.3
	Ca^{2+}	pot	0.2	CaL 1.8; CaHL 5.2
	Cd^{2+}	pot	0.5	CdL 2.8
	Ce^{3+}	pot		CeL 3.84; CeL_2 6.72; Ce_2L 5.80
	Co^{2+}		0.5	CoL 2.1
	Cu^{2+}	pot	1	CuL 3.2; CuL_2 5.1; CuL_3 5.8; CuL_4 6.2
	Fe^{3+}	ex	0.1	FeL_2 11.86
	Ga^{3+}	ex	0.1	GaL_2 9.76
	In^{3+}	ex	0.1	InL 4.48
	La^{3+}	pot		LaL 3.68; LaL_2 6.37; La_2L 5.32
	Mg^{2+}	pot	0.2	MgL 1.36; MgHL 5.0
	Pb^{2+}		0.5	PbL 3.8
	Sc^{3+}	ex	0.1	ScL_2 12.5
	Sr^{2+}	pot	0.2	SrL 1.65; SrHL 5.0
	TiO^{2+}	ex	0.1	$TiOL_2$ 9.7
	Zn^{2+}	pot	0.2	ZnL 2.68; ZnHL 5.5
硫代乙醇酸	H^+	pot	0.1	HL 10.2; H_2L 13.6
	Ce^{3+}	pot	0.1	CeHL 12.2; CeH_2L_2 23.44
	Co^{2+}	pot	0.1	CoL 5.84; CoL_2 12.15
	Er^{3+}	pot	0.1	ErHL 12.14; ErH_2L_2 23.66
	Eu^{3+}	pot	0.1	EuHL 12.27; EuH_2L_2 23.81
	Fe^{2+}	sol	0	FeL_2 10.92; Fe(OH)L 12.38
	Hg^{2+}	pot	1	HgL_2 43.82
	La^{3+}	pot	0.1	LaHL 12.18; LaH_2L_2 23.38
	Mn^{2+}	pot	0.1	MnL 4.38; MnL_2 7.56
	Ni^{2+}	pot	0.1	NiL 6.98; NiL_2 13.53
	Pb^{2+}	pot		PbL 8.5
	Zn^{2+}	pot	0.1	ZnL 7.86; ZnL_2 15.04
三乙醇胺	H^+	pot	0.1	HL 7.9
	Ag^+	pot	0.5	AgL 2.3; AgL_2 3.64

续表

有机配体	金属离子	方法	I	$\lg\beta$
三乙醇胺	Cd^{2+}	pol	1	CdL 2.3；CdL_2 5.0；$CdL_2(OH)$ 8；$CdL_2(OH)_2$ 11；$CdL(OH)_3$ 11.7；$CdL_2(OH)_3$ 13.1；$CdL_2(PO_4)_2$ 9.7；$CdL(CO_3)$ 5.2；$CdL_2(CO_3)$ 6.2；$CdL(CO_3)_2$ 6.5
	Co^{2+}	pot	0.5	CoL 1.73
	Cu^{2+}	pot	0.5	CuL 4.23；$Cu(OH)L$ 12.5
	Fe^{3+}	pot	0.1	$Fe(OH)_4L$ 41.2
	Hg^{2+}	pot	0.5	HgL 6.9；HgL_2 20.08
	Ni^{2+}	pot		NiL 2.95；$Ni_2L_2(OH)_2$ 18.2
	Zn^{2+}	pot	0.5	ZnL 2.0
三乙烯四胺	H^+	pot	0.1	HL 9.92；H_2L 19.12；H_3L 25.79；H_4L 29.11
	Ag^+	pot	0.1	AgL 7.7；$AgHL$ 15.72
	Cd^{2+}	pot	0.1	CdL 10.75；$CdHL$ 17.0
	Co^{2+}	pot	0.1	CoL 11.0；$CoHL$ 16.7
	Cr^{3+}	pot	0.1	CrL 7.71
	Cu^{2+}	pot	0.1	CuL 20.4；$CuHL$ 23.9
	Fe^{2+}	pot	0.1	FeL 7.8
	Fe^{3+}	k	0	FeL 21.94
	Hg^{2+}	pot	0.5	HgL 25.26；$HgHL$ 30.8
	Mn^{2+}	pot	0.1	MnL 4.9
	Ni^{2+}	pot	0.1	NiL 14.0；$NiHL$ 18.8
	Pb^{2+}	pot	0.1	PbL 10.4
	Zn^{2+}	pot	0.1	ZnL 12.1；$ZnHL$ 17.2
二甲酚橙	H^+		0.2	HL 12.58；H_2L 23.04；H_3L 29.44；H_4L 32.67；H_5L 35.25；H_6L 36.40；H_7L 37.16；H_8L 36.07；H_9L 34.33
	Bi^{3+}	sp	0.2	Bi_2L_2 75.6
	Cd^{2+}	sp	0.3	CdL 16.36
	Fe^{3+}	sp	0.2	Fe_2L 39.80
	Gd^{3+}	sp	0.2	Gd_2L_2 43.1
	Sc^{3+}	sp	0.2	Sc_2L_2 61.2
	Sm^{3+}	sp	0.2	Sm_2L_2 47.0
	UO_2^{2+}	sp	0.2	$(UO_2)_2L_2$ 38.57
	VO_2^+	sp	0.2	$(VO_2)_2L_2$ 63.1
	Yb^{3+}	sp	0.2	Yb_2L_2 45.7

附录Ⅴ　难溶化合物的溶度积

定义：在难溶电解质的饱和溶液中，当温度一定时，离子浓度的乘积是一常数。

难溶盐 M_mX_n 的溶度积 K_{so} 为

$$K_{so}=[M^{n+}]^m[X^{m-}]^n$$

以 $Ca_3(PO_4)_2$ 为例，其溶度积 K_{so} 为

$$K_{so}=[Ca^{2+}]^3[PO_4^{3-}]^2=2.0\times10^{-29}$$

下面表中列出了温度在 18～25℃时一些难溶化合物的溶度积，排列的次序是按化学式的顺序。离子浓度乘积＜K_{so}，未饱和溶液，无沉淀析出；离子浓度乘积＞K_{so}，过饱和溶液，有沉淀析出；离子浓度乘积＝K_{so}，饱和溶液，处于平衡状态。

化合物的化学式	K_{so}	pK_{so}	化合物的化学式	K_{so}	pK_{so}
Ag_3AsO_4	1.0×10^{-22}	22.0	AgSCN	1.0×10^{-12}	12.00
AgBr	5.2×10^{-13}	12.28	Ag_2SO_3	1.5×10^{-14}	13.82
$AgBr+Br^-═AgBr_2^-$	1.0×10^{-5}	5.0	Ag_2SO_4	1.4×10^{-5}	4.84
$AgBr+2Br^-═AgBr_3^{2-}$	4.5×10^{-5}	4.35	AgSeCN	4×10^{-16}	15.40
$AgBr+3Br^-═AgBr_4^{3-}$	2.5×10^{-4}	3.60	Ag_2SeO_3	1.0×10^{-15}	15.00
$AgBrO_3$	5.3×10^{-5}	4.28	Ag_2SeO_4	5.7×10^{-8}	7.25
AgCN	1.2×10^{-16}	15.92	$AgVO_3$	5×10^{-7}	6.3
$2AgCN═Ag^++Ag(CN)_2^-$	5×10^{-12}	11.3	Ag_2HVO_4	2×10^{-14}	13.7
Ag_2CN_2（氰胺银）	7.2×10^{-11}	10.14	Ag_3HVO_4OH	1×10^{-24}	24.0
Ag_2CO_3	8.1×10^{-12}	11.09	Ag_2WO_4	5.5×10^{-12}	11.26
$AgC_2H_3O_2$	4.4×10^{-3}	2.36	$AlAsO_4$	1.6×10^{-16}	15.8
$Ag_2C_2O_4$	3.4×10^{-11}	10.46	$Al(OH)_3$	1.3×10^{-33}	32.9
AgCl	1.8×10^{-10}	9.75	$Al(OH)_3+H_2O═Al(OH)_4^-+H^+$	1×10^{-13}	13.0
$AgCl+Cl^-═AgCl_2^-$	2.0×10^{-5}	4.70	$AlPO_4$	6.3×10^{-19}	18.24
$AgCl+2Cl═AgCl_3^{2-}$	2.0×10^{-5}	4.70	Al_2S_3	2×10^{-7}	6.7
$AgCl+3Cl═AgCl_4^{3-}$	3.5×10^{-5}	4.46	AlL_3 8-羟基喹啉铝	1.00×10^{-29}	29
Ag_2CrO_4	1.1×10^{-12}	11.95	$1/2As_2O_3+3/2H_2O═As^{3+}+3OH^-$	2.0×10^{-1}	0.69
$Ag_2Cr_2O_7$	2.0×10^{-7}	6.70	$As_2S_3+4H_2O═2HAsO_2+3H_2S$	2.1×10^{-22}	21.68
AgI	8.3×10^{-17}	16.08	$Au(OH)_3$	5.5×10^{-46}	45.26
$AgI+I^-═AgI_2^-$	4.0×10^{-6}	5.40	$K[Au(SCN)_4]$	6×10^{-5}	4.2
$AgI+2I^-═AgI_3^{2-}$	2.5×10^{-3}	2.60	$Na[Au(SCN)_4]$	4×10^{-4}	3.4
$AgI+3I^-═AgI_4^{3-}$	1.1×10^{-2}	1.96	$Ba_3(AsO_4)_2$	8.0×10^{-51}	50.11
$AgIO_3$	3.0×10^{-8}	7.52	$BaBrO_3$	3.2×10^{-6}	5.50
Ag_2MoO_4	2.8×10^{-12}	11.55	$BaCO_3$	5.1×10^{-9}	8.29

续表

化合物的化学式	K_{so}	pK_{so}	化合物的化学式	K_{so}	pK_{so}
AgN_3	2.8×10^{-9}	8.54	$BaCO_3+CO_2+H_2O = Ba^{2+}+2HCO_3^-$	4.5×10^{-5}	4.35
$AgNO_2$	6.0×10^{-4}	3.22			
$1/2Ag_2O+1/2H_2O = Ag^++OH^-$	2.6×10^{-8}	7.59	BaC_2O_4	1.6×10^{-7}	6.79
$1/2Ag_2O+1/2H_2O+OH^- = Ag(OH)_2^-$	2.0×10^{-4}	3.71	$BaCrO_4$	1.2×10^{-10}	9.93
$AgOCN$	1.3×10^{-20}	19.89	BaF_2	1.0×10^{-6}	5.98
Ag_3PO_4	1.4×10^{-16}	15.84	$Ba(IO_3)_2\cdot 2H_2O$	1.5×10^{-9}	8.82
Ag_2S	6.3×10^{-50}	49.2	$BaMnO_4$	2.5×10^{-10}	9.61
$1/2Ag_2S+H^+ = Ag^++1/2H_2S$	2×10^{-14}	13.8	$Ba(NbO_3)_2$	3.2×10^{-17}	16.50
BaL_2 8-羟基喹啉钡	5.0×10^{-9}	8.3	$Co_3(AsO_4)_2$	7.6×10^{-29}	28.12
$BaSO_4$	1.1×10^{-10}	9.96	$CoCO_3$	1.4×10^{-13}	12.84
BaS_2O_3	1.6×10^{-5}	4.79	CoC_2O_4	6.3×10^{-8}	7.2
$Be(NbO_3)_2$	1.2×10^{-16}	15.92	CoL_2 邻氨基苯甲酸钴	2.1×10^{-10}	9.68
$Be(OH)_2$	1.6×10^{-22}	21.8	$Co_2[Fe(CN)_6]$	1.8×10^{-15}	14.74
$Be(OH)_2+OH^- = HBeO_2^-+H_2O$	3.2×10^{-3}	2.50	CoL_2 8-羟基喹啉钴	1.6×10^{-25}	24.8
$BiAsO_4$	4.4×10^{-10}	9.36	$Co[Hg(SCN)_4] = Co^{2+}+[Hg(SCN)_4]^{2-}$	1.5×10^{-6}	5.82
$BiOBr+2H^+ = Bi^{3+}+Br^-+H_2O$	3.0×10^{-7}	6.52			
$BiOCl = BiO^++Cl^-$	7×10^{-9}	8.2	$Co(OH)_2$	1.6×10^{-15}	14.8
$BiOCl+2H^+ = Bi^{3+}+Cl^-+H_2O$	2.1×10^{-7}	6.68	$Co(OH)_2+OH^- = Co(OH)_3^-$	8×10^{-6}	5.1
$BiOCl+H_2O = Bi^{3+}+Cl^-+2OH^-$	1.8×10^{-31}	30.75	$Co(OH)_3$	1.6×10^{-44}	43.8
BiI_3	8.1×10^{-19}	18.09	α-CoS	4×10^{-21}	20.4
$BiOOH$	4×10^{-10}	9.4	β-CoS	2×10^{-25}	24.7
$1/2Bi_2O_3(\alpha)+3/2H_2O+OH^- = Bi(OH)_4^-$	5.0×10^{-6}	5.30	$CoSeO_3$	1.6×10^{-7}	6.8
			$CrAsO_4$	7.7×10^{-21}	20.11
$BiPO_4$	1.3×10^{-23}	22.89	$Cr(OH)_2$	1.0×10^{-17}	17.0
Bi_2S_3	1×10^{-97}	97.0	$Cr(OH)_3$	6.3×10^{-31}	30.2
$Ca_3(AsO_4)_2$	6.8×10^{-19}	18.17	$CrPO_4\cdot 4H_2O$	2.4×10^{-23}	22.62
$CaCO_3$	2.8×10^{-9}	8.54	$CsClO_4$	4×10^{-3}	2.4
$CaCO_3+CO_2+H_2O = Ca^{2+}+2HCO_3^-$	5.2×10^{-5}	4.28	$Cu_3(AsO_4)_2$	7.6×10^{-36}	35.12
$CaC_2O_4\cdot H_2O$	4×10^{-9}	8.4	$CuB(C_6H_5)_4$	1.0×10^{-8}	8
$CaC_4H_4O_6\cdot 2H_2O$(酒石酸钙)	7.7×10^{-7}	6.11	$CuBr$	5.3×10^{-9}	8.28
CaF_2	2.7×10^{-11}	10.57	$CuCN$	3.2×10^{-20}	19.49
CaL_2 8-羟基喹啉钙	2.0×10^{-29}	28.70	$CuCN+CN^- = Cu(CN)_2^-$	1.2×10^{-5}	4.91
$Ca(IO_3)_2\cdot 6H_2O$	7.1×10^{-7}	6.15	$K_2Cu(HCO_3)_4$	3×10^{-12}	11.5
$Ca(NbO_3)_2$	8.7×10^{-18}	17.06	CuC_2O_4	2.3×10^{-8}	7.64
$Ca(OH)_2$	5.5×10^{-6}	5.26	$CuCl$	1.2×10^{-6}	5.92
$CaHPO_4$	1×10^{-7}	7.0	$CuCl+Cl^- = CuCl_2^-$	7.6×10^{-2}	1.12

续表

化合物的化学式	K_{so}	pK_{so}	化合物的化学式	K_{so}	pK_{so}
$Ca_3(PO_4)_2$	2.0×10^{-29}	28.70	$CuCl+2Cl^- = CuCl_3^-$	3.4×10^{-2}	1.47
$CaSO_4$	9.1×10^{-6}	5.04	$CuCrO_4$	3.6×10^{-6}	5.44
$CaSeO_3$	8.0×10^{-6}	5.53	$Cu_2[Fe(CN)_6]$	1.3×10^{-16}	15.89
$CaWO_4$	8.7×10^{-9}	8.06	CuI	1.1×10^{-12}	11.96
$Cd_3(AsO_4)_2$	2.2×10^{-33}	32.66	$CuI+I^- = CuI_2^-$	7.8×10^{-4}	3.11
$CdC_2O_4\cdot3H_2O$	9.1×10^{-8}	7.04	$Cu(IO_3)_2$	7.4×10^{-8}	7.13
$CdCO_3$	5.2×10^{-12}	11.28	$1/2Cu_2O+1/2H_2O = Cu^++OH^-$	1×10^{-14}	14.0
CdL_2 邻氨基苯甲酸镉	5.4×10^{-9}	8.27	$CuO+H_2O = Cu^{2+}+2OH^-$	2.2×10^{-20}	19.66
$Cd_2[Fe(CN)_6]$	3.2×10^{-17}	16.49	$CuO+H_2O+2OH^- = Cu(OH)_4^{2-}$	1.9×10^{-3}	2.72
$Cd(OH)_2$	2.5×10^{-14}	13.6	CuL_2 邻氨基苯甲酸铜	6.0×10^{-14}	13.22
$Cd(OH)_2+OH^- = Cd(OH)_3^-$	2×10^{-5}	4.7	CuL_2 8-羟基喹啉铜	2.0×10^{-30}	29.7
CdS	8.0×10^{-27}	26.1	$Cu_2P_2O_7$	8.3×10^{-16}	15.08
$CdS+2H^+ = Cd^{2+}+H_2S$	6×10^{-6}	5.2	Cu_2S	2.5×10^{-48}	47.6
$CdSeO_3$	1.3×10^{-9}	8.89	$Cu_2S+2H^+ = 2Cu^++H_2S$	1×10^{-27}	27.0
$Ce_2(C_2O_4)_3\cdot9H_2O$	3.2×10^{-26}	25.5	CuS	6.3×10^{-36}	35.2
$Ce_2(C_4H_4O_4)_3\cdot9H_2O$	9.7×10^{-20}	19.01	$CuS+2H^+ = Cu^{2+}+H_2S$	6×10^{-15}	14.2
$Ce(IO_3)_3$	3.2×10^{-10}	9.50	CuSCN	4.8×10^{-15}	14.32
$Ce(OH)_3$	1.6×10^{-20}	19.8	$CuSCN+2HCN = [Cu(CN)_2^-]+2H^++SCN^-$	1.3×10^{-9}	8.88
Ce_2S_3	6.0×10^{-11}	10.22			
$Ce_2(SeO_3)_3$	3.7×10^{-25}	24.43	$CuSCN+3SCN^- = [Cu(SCN)_4]^{3-}$	2.2×10^{-3}	2.65
$CuSeO_3$	2.1×10^{-8}	7.68	$KClO_4$	1.1×10^{-2}	1.97
$Er(OH)_3$	4.1×10^{-24}	23.39	$K_2Na[Co(NO_2)_6]$	2.2×10^{-11}	10.66
$Eu(OH)_3$	8.9×10^{-24}	23.05	KIO_4	8.3×10^{-4}	3.08
$FeAsO_4$	5.7×10^{-21}	20.24	K_2PdCl_6	6.0×10^{-4}	3.22
$FeCO_3$	3.2×10^{-11}	10.50	K_2PtCl_6	1.1×10^{-5}	4.96
$FeC_2O_4\cdot2H_2O$	3.2×10^{-7}	6.5	K_2SiF_6	8.7×10^{-7}	6.06
$Fe_4[Fe(CN)_6]_3$	3.3×10^{-41}	40.52	KUO_2AsO_4	2.5×10^{-23}	22.60
$Fe(OH)_2$	8×10^{-16}	15.1	$La_2(C_4H_4O_6)_3$	2.0×10^{-19}	18.7
$Fe(OH)_2+OH^- = Fe(OH)_3^-$	8×10^{-6}	5.1	$La_2(C_2O_4)_3$	2.5×10^{-27}	26.60
$Fe(OH)_3$	4×10^{-38}	37.4	$La(IO_3)_3$	6.1×10^{-12}	11.21
$FePO_4$	1.3×10^{-22}	21.89	$La(OH)_3$	2.0×10^{-19}	18.7
FeS	6.3×10^{-18}	17.2	La_2S_3	2.0×10^{-13}	12.7
$Fe_2(SeO_3)_3$	2.0×10^{-31}	30.7	$LiUO_2AsO_4$	1.5×10^{-19}	18.82
$Ga_4[Fe(CN)_6]_3$	1.5×10^{-34}	33.82	$Lu(OH)_3$	1.9×10^{-24}	23.72
$Ga(OH)_3$	7.0×10^{-36}	35.15	$Mg_3(AsO_4)_2$	2.1×10^{-20}	19.68
GaL_3 8-羟基喹啉镓	8.7×10^{-33}	32.06	$MgCO_3$	3.5×10^{-8}	7.46

续表

化合物的化学式	K_{so}	pK_{so}	化合物的化学式	K_{so}	pK_{so}
$Gd(HCO_3)_3$	2×10^{-2}	1.7	$MgCO_3\cdot3H_2O$	2.14×10^{-5}	4.67
$Gd(OH)_3$	1.8×10^{-23}	22.74	$MgCO_3+CO_2+H_2O═Mg^{2+}+2HCO_3^-$	4.5×10^{-1}	0.35
$Hf(OH)_4$	4.0×10^{-26}	25.4			
Hg_2Br_2	5.6×10^{-23}	22.24	$MgC_2O_4\cdot2H_2O$	1.0×10^{-8}	8.0
$Hg_2(CN)_2$	5×10^{-40}	39.3	MgL_2 8-羟基喹啉镁	4×10^{-16}	15.4
Hg_2CO_3	8.9×10^{-17}	16.05	MgF_2	6.5×10^{-9}	8.19
$Hg_2(C_2H_3O_2)_2$	3×10^{-11}	10.5	$Mg(NbO_3)_2$	2.3×10^{-17}	16.64
$Hg_2C_2O_4$	2.0×10^{-13}	12.7	$Mg(OH_2)$	1.8×10^{-11}	10.74
HgC_2O_4	1.0×10^{-7}	7	$MgNH_4PO_4$	2.5×10^{-13}	12.60
$Hg_2C_4H_4O_6$ 酒石酸亚汞	1.0×10^{-10}	10.0	$MgSeO_3$	1.3×10^{-5}	4.89
Hg_2Cl_2	1.3×10^{-18}	17.88	MnL_2 邻氨基苯甲酸锰	1.8×10^{-7}	6.75
Hg_2CrO_4	2×10^{-9}	8.70	$Mn_3(AsO_4)_2$	1.9×10^{-29}	28.72
Hg_2I_2	4.5×10^{-29}	28.35	$MnCO_3$	1.8×10^{-11}	10.74
$Hg_2(IO_3)_2$	2.0×10^{-14}	13.71	$MnC_2O_4\cdot2H_2O$	1.1×10^{-15}	14.96
$Hg_2(N_3)_2$	7.1×10^{-10}	9.15	$Mn_2[Fe(CN)_6]$	8.0×10^{-13}	12.10
$Hg_2O+H_2O═Hg_2^{2+}+2OH^-$	1.0×10^{-46}	46.0	$Mn(OH)_2$	1.9×10^{-13}	12.72
$Hg(OH)_2$	3.0×10^{-26}	25.52	MnL_2 8-羟基喹啉锰	2.0×10^{-22}	21.7
Hg_2HPO_4	4.0×10^{-13}	12.40	$Mn(OH)_2+OH^-═Mn(OH)_3^-$	1×10^{-5}	5.0
HgS(红)	4×10^{-53}	52.4	MnS(无定形的、淡红)	2.5×10^{-10}	9.6
HgS(黑)	1.6×10^{-52}	51.8	MnS(结晶形、绿)	2.5×10^{-13}	12.6
$Hg_2(SCN)_2$	2.0×10^{-20}	19.7	$MnSeO_3$	1.3×10^{-7}	6.9
Hg_2SO_4	7.4×10^{-7}	6.13	$(NH_4)_2Na[Co(NO_2)_6]$	4×10^{-12}	11.4
HgSe	1.0×10^{-59}	59.0	$NH_4UO_2AsO_4$	1.7×10^{-24}	23.77
$HgSeO_3$	1.5×10^{-14}	13.82	$Na[Au(SCN)_4]$	4×10^{-4}	3.4
Hg_2WO_4	1.1×10^{-17}	16.96	$NaK_2[Co(NO_2)_6]$	2.2×10^{-11}	10.66
$In_4[Fe(CN)_6]_3$	1.9×10^{-44}	43.72	$Na(NH_4)_2[Co(NO_2)_6]$	4×10^{-12}	11.4
$In(OH)_3$	6.3×10^{-34}	33.2	$NaPbOH(CO_3)_2$	1×10^{-31}	31.0
In_2S_3	5.7×10^{-74}	73.24	$NaUO_2AsO_4$	1.3×10^{-22}	21.87
$K[Au(SCN)_4]$	6×10^{-5}	4.2	$Nd(OH)_3$	3.2×10^{-22}	21.49
$KB(C_6H_5)_4$	2.2×10^{-8}	7.65	$Ni_3(AsO_4)_2$	3.1×10^{-26}	25.51
$KBrO_3$	5.7×10^{-2}	1.24	$NiCO_3$	6.6×10^{-9}	8.18
$K_2[Cu(HCO_3)_4]$	3×10^{-12}	11.5	NiL_2 8-羟基喹啉镍	8×10^{-27}	26.1
$Ni_2[Fe(CN)_6]$	1.3×10^{-15}	14.89	$Rh(OH)_3$	1×10^{-23}	23
$[Ni(N_2H_4)]SO_4$	7.1×10^{-14}	13.15	$Ru(OH)_3$	1×10^{-36}	36
$Ni(OH)_2$	2.0×10^{-15}	14.7	$Ru(OH)_4═Ru(OH)^{3+}+3OH^-$	1×10^{-34}	34
$Ni(OH)_2+OH^-═Ni(OH)_3^-$	6×10^{-5}	4.2	Sb_2S_3	1.5×10^{-93}	92.8
$Ni_2P_2O_7$	1.7×10^{-13}	12.77	$1/2Sb_2O_3+3/2H_2O═Sb^{3+}+3OH^-$	2.0×10^{-5}	4.70

续表

化合物的化学式	K_{so}	pK_{so}	化合物的化学式	K_{so}	pK_{so}
α-NiS	3.2×10^{-19}	18.5	$1/2Sb_2S_3 + H_2O + H^+ \rightleftharpoons SbO^+ + 3/2H_2S$	8×10^{-31}	30.1
β-NiS	1.0×10^{-24}	24.0			
γ-NiS	2.0×10^{-26}	25.7	$Sc(OH)_3$	8×10^{-31}	30.1
$NiSeO_3$	1.0×10^{-5}	5.0	SiO_2(无定形)$+2H_2O \rightleftharpoons Si(OH)_4$	2×10^{-3}	2.7
$Pb_3(AsO_4)_2$	4.0×10^{-36}	35.39	$Sm(OH)_3$	8.2×10^{-23}	22.08
PbL_2 邻氨基苯甲酸铅	1.6×10^{-10}	9.81	$Sn(OH)_4$	1×10^{-56}	56
PbOHBr	2.0×10^{-15}	14.70	$Sn(OH)_2$	1.4×10^{-28}	27.85
$PbBr_2$	4.0×10^{-5}	4.41	SnS	1.0×10^{-25}	25.0
$PbBr_2 \rightleftharpoons PbBr^+ + Br^-$	3.9×10^{-4}	3.41	SnS_2	2.5×10^{-27}	26.6
$Pb(BrO_3)_2$	2.0×10^{-2}	1.70	$Sr_3(AsO_4)_2$	8.1×10^{-19}	18.09
$PbCO_3$	7.4×10^{-14}	13.13	$SrCO_3$	1.1×10^{-10}	9.96
PbC_2O_4	4.8×10^{-10}	9.32	$SrC_2O_4 \cdot H_2O$	1.6×10^{-7}	6.80
PbOHCl	2×10^{-14}	13.7	SrL_2 8-羟基喹啉锶	5×10^{-10}	9.3
$PbCl_2$	1.6×10^{-5}	4.79	$SiCrO_4$	2.2×10^{-5}	4.65
$PbCrO_4$	2.8×10^{-13}	12.55	SrF_2	2.5×10^{-9}	8.61
PbF_2	2.7×10^{-8}	7.57	$Sr(IO_3)_2$	3.3×10^{-7}	6.48
$Pb_2[Fe(CN)_6]$	3.5×10^{-15}	14.46	$Sr(NbO_3)_2$	4.2×10^{-18}	17.38
PbI_2	7.1×10^{-9}	8.15	$SrSO_4$	3.2×10^{-7}	6.49
$PbI_2 + I^- \rightleftharpoons PbI_3^-$	2.2×10^{-5}	4.65	$SrSeO_3$	1.8×10^{-6}	5.74
$PbI_2 + 2I^- \rightleftharpoons PbI_4^{2-}$	1.4×10^{-4}	3.85	$TeO_2 + 4H^+ \rightleftharpoons Te^{4+} + 2H_2O$	2.1×10^{-2}	1.68
$PbI_2 + 3I^- \rightleftharpoons PbI_5^{3-}$	6.8×10^{-5}	4.17	$Te(OH)_4$	3.0×10^{-54}	53.52
$PbI_2 + 4I^- \rightleftharpoons PbI_6^{4-}$	5.9×10^{-3}	2.23	$ThF_4 \cdot 4H_2O + 2H^+ \rightleftharpoons ThF_2{}^{2+} + 2HF + 4H_2O$	5.9×10^{-8}	7.23
$Pb(IO_3)_2$	3.2×10^{-13}	12.49			
$Pb(N_3)_2$	2.5×10^{-9}	8.59	$Th(OH)_4$	4.0×10^{-45}	44.4
$Pb(NbO_3)_2$	2.4×10^{-17}	16.62	ZnL_2 邻氨基苯甲酸锌	5.9×10^{-10}	9.23
$Pb(OH)_2$	1.2×10^{-15}	14.93	$Zn_3(PO_4)_2$	9.0×10^{-33}	32.04
$Pb(OH)_4$	3.2×10^{-66}	65.49	α-ZnS	1.6×10^{-24}	23.8
$PbHPO_4$	1.3×10^{-10}	9.90	β-ZnS	2.5×10^{-22}	21.6
$Pb_3(PO_4)_2$	8.0×10^{-43}	42.10	$Th(HPO_4)_2$	1×10^{-20}	20
PbS	1.0×10^{-28}	28.00	$Ti(OH)_3$	1×10^{-40}	40
$PbS + 2H^+ \rightleftharpoons Pb^{2+} + H_2S$	1×10^{-6}	6	$TiO(OH)_2$	1×10^{-29}	29
$Pb(SCN)_2$	2.0×10^{-5}	4.70	TlBr	3.4×10^{-6}	5.47
$PbSO_4$	1.6×10^{-8}	7.79	$TlBr + Br^- \rightleftharpoons TlBr_2^-$	2.4×10^{-5}	4.62
PbS_2O_3	4.0×10^{-7}	6.40	$TlBr + 2Br^- \rightleftharpoons TlBr_3^{2-}$	8.0×10^{-6}	5.10
$PbSeO_3$	3.2×10^{-12}	11.5	$TlBr + 3Br^- \rightleftharpoons TlBr_4^{3-}$	1.6×10^{-6}	5.80

续表

化合物的化学式	K_{so}	pK_{so}	化合物的化学式	K_{so}	pK_{so}
$PbSeO_4$	1.4×10^{-7}	6.84	$TlBrO_3$	8.5×10^{-5}	4.07
$Pb(OH)_2$	1.0×10^{-31}	31.0	$Tl_2C_2O_4$	2×10^{-4}	3.7
PoS	5.5×10^{-29}	28.26	TlCl	1.7×10^{-4}	3.76
$Pr(OH)_3$	6.8×10^{-22}	21.17	$TlCl+Cl^- \longrightarrow TlCl_2^-$	1.8×10^{-4}	3.74
$Pt(OH)_2$	1×10^{-35}	35	$TlCl+2Cl^- \longrightarrow TlCl_3^{2-}$	2.0×10^{-5}	4.70
$Pu(OH)_3$	2.0×10^{-20}	19.7	Tl_2CrO_4	1.0×10^{-12}	12
$RaSO_4$	4.2×10^{-11}	10.37	TlI	6.5×10^{-8}	7.19
$RbClO_4$	2.5×10^{-3}	2.60	$TlI+I^- \longrightarrow TlI_2^-$	1.5×10^{-6}	5.82
$TlI+2I^- \longrightarrow TlI_3^{2-}$	2.3×10^{-6}	5.64	$VO(OH)_2$	5.9×10^{-23}	22.13
$TlI+3I^- \longrightarrow TlI_4^{3-}$	1.0×10^{-6}	6.0	$1/2V_2O_5+H^+ \longrightarrow VO_2{}^+ +1/2H_2O$	2×10^{-1}	0.7
$TlIO_3$	3.1×10^{-6}	5.51	$(VO)_3(PO_4)_2$	8×10^{-25}	24.1
TlN_3	2.2×10^{-4}	3.66	$Y(OH)_3$	8.0×10^{-23}	22.1
$1/2Tl_2O_3 + 3/2H_2O \longrightarrow Tl^{3+} +3OH^-$	6.3×10^{-46}	45.20	$Yb(OH)_3$	3×10^{-24}	23.6
TlL_3 8-羟基喹啉铊	4.0×10^{-33}	32.4	$Zn_3(AsO_4)_2$	1.3×10^{-28}	27.89
Tl_2S	5.0×10^{-21}	20.3	$ZnCO_3$	1.4×10^{-11}	10.84
TlSCN	1.7×10^{-4}	3.77	$ZnC_2O_4\cdot 2H_2O$	2.8×10^{-8}	7.56
UO_2HAsO_4	3.2×10^{-11}	10.50	$Zn_2[Fe(CN)_6]$	4.0×10^{-16}	15.39
UO_2KAsO_4	2.5×10^{-23}	22.60	$Zn[Hg(SCN)_4] \longrightarrow Zn^{2+} + [Hg(SCN)_4]^{2-}$	2.2×10^{-7}	6.66
UO_2LiAsO_4	1.5×10^{-19}	18.82			
$UO_2NH_4AsO_4$	1.7×10^{-24}	23.77	$Zn(OH)_2$	1.2×10^{-17}	16.92
UO_2NaAsO_4	1.3×10^{-22}	21.87	$Zn(OH)_2+OH^- \longrightarrow Zn(OH)_3{}^-$	3×10^{-3}	2.5
$UO_2C_2O_4\cdot 3H_2O$	2×10^{-4}	3.7	ZnL_2 8-羟基喹啉锌	5×10^{-25}	24.3
$(UO_2)_2[Fe(CN)_6]$	7.1×10^{-14}	13.15	$ZnSeO_3$	2.6×10^{-7}	6.59
$UO_2(OH)_2$	1.1×10^{-22}	21.95	$Zr_3(PO_4)_4$	1×10^{-132}	132
$UO_2(OH)_2+OH^- \longrightarrow HUO_4{}^- +H_2O$	2.5×10^{-4}	3.60	$ZrO(OH)_2$	6.3×10^{-49}	48.2
UO_2HPO_4	2.1×10^{-11}	10.67			

参考文献[1]

[1] 方景礼．多元络合物电镀．北京:国防工业出版社,1983.

[2] 轻工业部设计院．日用化工理化数据手册．北京:轻工业出版社,1981.

[3] 赵国玉．表面活性剂物理化学．北京:北京大学出版社,1984.

[4] 方景礼,惠文华．刷镀技术．北京:国防工业出版社,1987.

[5] 安德罗波夫．金属的缓蚀剂．北京:中国铁道出版社,1987.

[6] 严钦元,方景礼．塑料电镀．重庆:重庆出版社,1987.

[7] 伍学高等．化学镀技术．成都:四川科学技术出版社,1985.

[8] 表面处理工艺手册编委会．表面处理工艺手册．上海:上海科技文献出版社,1991.

[9] 川崎之雄．实用电气めっま. 东京:日刊工业新闻社,1980.

[10] 加濑敬年．最新めっま技术．东京:产业图书株式会社,1982.

[11] 查全性．电极过程动力学导论．北京:科学出版社,1976.

[12] 长哲郎等．电极反应の基础．东京:共立出版株式会社,1973.

[13] н,т,куцрявлев. эиектроицтцдескце локрвlтця метаииамц. мозквA. цдхцмця,1979.

[14] 日本金属表面技术协会．金属表面技术便览．东京:日刊工业新闻社,1976.

[15] 张金全．电镀工程学．台北:五洲出版社,1980.

[16] 邝鲁生等．应用电化学．武汉:华中理工大学出版社,1994.

[17] 苏癸阳．实用电镀理论与实践．台南:复文书局,1999.

[18] 姜晓霞,沈伟．化学镀理论及实践．北京:国防工业出版社,2000.

[19] 张胜涛等．电镀工程．北京:化学工业出版社,2002.

[20] 屠振密等．防护装饰性镀层．北京:化学工业出版社,2004.

[21] 庄万发．无电解镀金．台南:复汉出版社,2001.

[22] 胡如南,陈松祺．实用镀铬技术．北京:国防工业出版社,2005.

[23] W M Clark. Oxidation-Reduction potentials ot Organic System. The williams & Wilkins Company, 1960.

[24] A J Bard. Encyclopedia of Electrochemistry of the Elements, vol. 12, New York: Dekker, chap. xll, 1976.

[25] M M Baizer. Organic Electrochemistry. New York: Marcel Dekker Inc. 1973.

[26] L. Meites. P, Zuman, CRC Handbook in Organic Inc. Boca Raton, Florida, 1980.

[27] 大飨茂,古川上道．物理有机化学．东京:三共出版株式会社,1980.

[28] 北原文雄,玉井康腾,早野茂夫,原一郎．界面活性剂-物性、应用、化学生态学,1979.

[29] 刘程主编．表面活性剂应用手册．北京:化学工业出版社,1992.

[30] W H Safranek. The Properties of Electrodeposited metals and Alloys. second Edition AESF Society, Orlando. Florida, 1986.

[31] 日本电气镀金研究会．机能めっま皮膜の物性．东京:日刊工业新闻社,1986.

[32] 丰志文．硫酸盐镀镍体系的研究,电镀与涂饰,2002,21(1):46-50.

---

[1] 本参考文献表不包括 7.6 节、8.6 节、9.5 节、10.6 节、11.6 节、12.3 节、13.6 节、14.4 节、15.4 节和第 16 章的参考文献,这些章节的参考文献附于各章节末尾。

[33] 杨暖辉等．BH-952 滚镀亮镍添加剂及工艺研究，电镀与涂饰，1998，17(1)：1-6.
[34] 钟振声，冯振宁．吡啶烷氧基磺酸盐的简便合成及助镀性能，电镀与涂饰，2004，23(4)：15-17.
[35] 胡承刚等．中间体 DEP 对镀镍层性能的影响．电镀与涂饰，2004，23(4)：11-14.
[36] 李志勇，李新梅．镀铬添加剂．电镀与涂饰，2002，21(1)：51.
[37] 洪燕，季孟波，刘勇，魏子栋．代铬(Ⅵ)镀层的研究现状．电镀与涂饰，2005，24(5)：19-22.
[38] 崔春兰，张小伍，赵旭红等．稀土镀铬添加剂性能研究．电镀与涂饰，2005，24(1)：13-14.
[39] J Li，P A kohl. Complex chemistry and the Electroless copper plating Process plating and Surface Finishing，2004(2)：40-46.
[40] 陈亚主编．现代实用电镀技术．北京：国防工业出版社，2003.
[41] 沈品华．第四代镀镍光亮剂的研制．腐蚀与防护，1999，20(12)：539-542.
[42] 陈咏森，沈品华．多层镀镍的作用机理和工艺管理．表面技术，1996，25(6)：40-45.
[43] 杨哲龙，屠振密，张景双等．三价铬电镀新进展．电镀与环保，2001，21(2)：1.
[44] 钱达人．稀土添加剂在电沉积铬时的应用．材料保护，1991，24(3)：24.
[45] 赵黎云，钟丽萍，黄逢春．电镀铬发展与展望．电镀与精饰，2001，23(5)：9.
[46] 关山，张琦，胡如南．电镀铬的最新发展．材料保护，2000，33(3)：1.

从教授到首席工程师到终身成就奖获得者

——我的科学研究与创新之路

（代后记）

题记：以下文字前三部分和第四部分的局部曾在《南大校友通讯》2017 年冬、2018 年春、2018 年冬等几期期刊上登载，并于 2018 年 3 月 8 日、2018 年 7 月 4 日和 2019 年 4 月 12 日发布于南京大学校友网。本次略作修改，对第四部分做了补充，代为后记。

（一）

建瓯古城的梦幻少年

1940 年 2 月 13 日我出生在福建省西北部的建瓯县。我父亲小时候曾到一家西医诊所当学徒，后来自己开了西药店，也能看一点小病。正因为如此，我的大哥后来到广州中山医学院学医去了，我的三哥到南京药学院学药了。我从小就跟父亲学如何配碘酒、咳嗽药水、治“香港脚”的癣药水以及制雪花膏、消毒水等等，从而对化学有了浓厚的兴趣。小学时建瓯县城还没有乐器店，我三哥很喜欢乐器，于是我们几兄弟就学着自制二胡。你可知道樟树的大毛虫的肠子可以做琴弦，亦可以用来钓鱼吗？我们把捉来的大毛虫开膛破肚，取出肠子，立即浸入醋中，同时不断拉伸，于是一根 4～5 米长的天然“醋酸纤维”就做好了，其粗细也可由拉伸程度来确定。胡身的制作也很简单，找来两根竹子，一粗一细，锯下一段粗的竹子做音箱，再去打一条粗一点的蛇来，剥下蛇的皮，立即套到粗的竹管上，再插上一根细竹竿及两个拉紧弦的插销，安上马尾弓，一把二胡就制成了。每天傍晚兄弟数人，你拉我唱，不亦乐乎。

1957 年我高中毕业，当时中国经济发展正处于马鞍形的低谷，各行业都在大规模紧缩。1956 年全国高校招生 18 万人，到 1957 年突然下降至 10.7 万人，招生人数下降了 40.6%，一时间各种各样的问题困扰着每一位高中毕业生：如何填志愿，敢不敢填重点大学？我喜爱化学与化工，全国最好的化学系应该是北京大学化学系了，其次是南京大学、复旦大学。当时我的三哥和表哥都在南京药学院学习，所以我的第一志愿就填了南京大学化学系。在全国化工学院中上海华东化工学院很出名，我就选它做第二志愿。第三志愿为保险起见就选南京林学院林产化工专业。1957 年 8 月的某日上午，邮递员终于送来了盼望已久的大学录取通知书，打开信封一看，啊！我真被南京大学化学系录取了，全家人的心这才松了下来。要知道，当年大多数学生接到的都是落选的通知书，全校 160 多位毕业生中只有 13 人录取外省高校，省内高校与专科院校也只录取 30 多人。

1954～1957年的高中同学

激情岁月，永生难忘——在南大八年的学习生涯

刚上南大，看到北大楼那一片，实在是太美了，能在这样的环境里学习，实在是太幸福了。当然，1957 年的南大，生活还是很艰苦的，我们上课的教室，大部分还是草棚教室；吃饭的还是草棚食堂，地上还是黄土，高低不平，吃饭只能站着。当时的党委书记郭影秋号召大家要艰苦奋斗，学习要“坐下来、钻进去”，大家的学习热情还是非常高的。

开学后我被选为班上的文体委员，当时学校有好多社团在招生，有合唱团、舞蹈团、民乐团等，我就参加了合唱团。半年后学校体委组织了“摩托车运动队”，结果我被录取了。全队有 20 多人，每人有一辆摩托车，学了几天理论课后就开始练习各种运动项目，如过独木桥、过断桥、过凹坑、过小山以及急转弯、高速行驶等。每个项目均有时间要求，经过努力我们都可达到各项目的要求。此时我们只有两个迫切希望，一是要取得正式的驾驶执照，二是要争取得到三级运动员证书。于是我们常到中山陵去练习，那里路上几乎没人，可以任你驰骋。到了秋天，化学系开全系运动会，我设法弄到两部摩托车，作为开路先锋，让两位同学站在车上高举大旗，迎风招展，好不威风！可惜不久，学校接到通知，所有的摩托车一律上交，我们的“摩托车运动队”也就此解散。

南京大学当时的学制是五年，前三年半学生不分专门化，化学系大家都学四大基础课程（无机化学、分析化学、物理化学和有机化学），从三年级下学期开始，学生分别进入六个专门化，那就是无机化学、分析化学、物理化学、有机化学、高分子化学和放射化学。我被分到无机化学专门化，主要学习络合物化学（现称配位化学）、高等无机化学和无机物研究法。化学系当时最著名的学者是戴安邦教授。1962 年他招收两名研究生，在众多竞争者中，我以学习成绩优异而被录取，因此，大学毕业后我就转入研究生班学习。

我最尊敬的导师戴安邦院士(1901年4月30日—1999年4月17日)，享年98岁

研究生的学习与大学生不同，主要是培养学生独立分析问题与解决问题的能力。戴教授的教学方法是独特的，刚入学时他要我自己去看他指定的三本都是 1000 多页的大书。开始我看得晕头转向，不得要领。后来他指导我一章一小总结，把该章的主要论点、论据和推论找出来，看过数章之后，再把数章内容中的论点加以综合比较。最后看完全书后，再把全书的观点找出来，再弄清楚如何用这一观点把全书贯通起来。按此方法对全书进行仔细的总结归纳，连贯对比，果然可以达到“去粗取精”、“去伪存真”和“柳暗花明又一村”的境界。借看书、查书的机会，我仔细查阅了戴教授所写的《无机化学教程》的主要参考文献，终于发现写书的秘密就在于用某一观点去收集和组织有关的素材，再用自己的语言写出来，这也就成了我以后写书的依据。

我在做研究生毕业论文时，发现有一类化合物能够可逆地吸收与放出氧气，这与人类的呼吸息息相关，非常奇妙。于是我就写了我的处女作《奇妙的载氧分子》，其文刊登在《科学大众》期刊上。由于当时尚不准学生自由发表文章，我就用笔名“方虹”来发表。

回母校参加115周年校庆时在我长期工作的西大楼前

1965年7月我正式研究生毕业，它相当于现在硕士学位，只是当时还没实行学位制，研究生毕业就算取得学位了。毕业后留校工作，分配在化学系无机化学教研组工作，以后又到配位化学和应用化学研究所工作。

从络合物化学介入无氰电镀到“多元络合物电镀理论”的诞生

1966年，“文化大革命”爆发，全校陷入一片混乱。停止招生五年后，1971年学校开始招收三年制的工农兵学员。当时强调教育必须与工农业生产相结合，大学生毕业前要到工矿企业进行结合生产问题的毕业实践。我作为年轻教师，正好投入这一工作。

1970年初，中国工业界掀起了轰轰烈烈的“无氰电镀”热潮，各路人马都陆续参加。我们是专学络合物化学的，无氰电镀说到底就是要找到一个无毒的络合剂来取代剧毒的氰化物，搞无氰电镀我们有义不容辞的责任。我第一个下去的工厂是南京汽车制造厂，他们希望我校协助发展无氰电镀的研究。当时从络合物化学介入无氰电镀的人极少，而我校化学系在国内最出名的就是络合物（现叫配合物）化学。电镀界的朋友非常希望我来讲一讲无氰电镀中应如何来选择络合剂，于是我走南闯北查遍了国内各大图书馆所能找到的资料，经过一年多的总结与归纳，终于写成了我在电镀方面的第一本小册子，定名为《电镀中的络合物原理》，大约有3万多字。这本小册子一问世，立刻受到全国同行的热烈欢迎。我首先在南京市举办专题讲座，得到很高的评价，各地的刊物和会议也陆续来约稿。1975年我在《材料保护》杂志上以《电镀络合物》为题发表了两篇文章。1975年后，我重点探讨了两种络合剂在电镀过程中的协同作用。因为实际电镀体系采用单一络合剂往往达不到全面的技术要求，于是我写出了《络合物中配体的协同极化效应及其在电镀中的应用》并刊登在南大学报上，同时在《化学通报》上刊出了《混合配体络合物及其在电镀中的应用》。

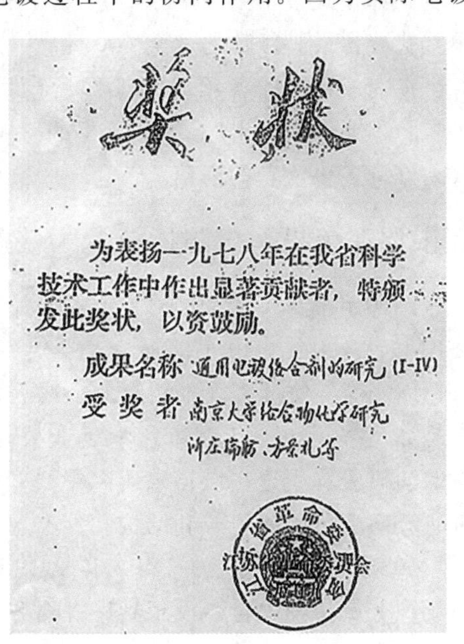

1976年我带着对络合物电镀的新理解参加了电子工业部在贵州凯里举行的“无氰电镀技术交流会”。我在会上正式提出了“多元络合物电镀理论”，指出电镀溶液中金属离子和各种组分形成的是多元络合物，电镀络合剂和添加剂的作用就是调节金属离子的电沉积速度。沉积速度过快，镀层粗糙疏松；沉积速度过慢，镀层太薄，电流效率太低。电

镀溶液的配方设计就是选择合适的络合剂和添加剂，调节金属离子的沉积速度到最佳的范围。“多元络合物电镀理论”自提出至今，得到我国电镀界的广泛认同，并作为中国的发明创造载入史册。

从 1979 年开始，我就着手撰写我的第一本专著《多元络合物电镀》，用多元络合物的观点来阐明电镀溶液中各成分的作用机理及其对电镀溶液和镀层性能的影响。书中介绍了以调节金属离子电沉积速度为核心的电镀溶液配方设计的要点。全书共 354 页 53 万字，1983 年 6 月由国防工业出版社出版。这是世界上第一本从络合物角度阐述电镀原理的理论读物，已成为电镀研究人员必备的参考书目之一。

（二）

为解放军研制成功野外维修汽车的新设备——刷镀机

1980 年中国兴起一股刷镀或涂镀（brush plating）的热潮。1982 年中国人民解放军总后勤部下达研制刷镀新技术任务给南京 7425 厂，该厂特地来找我负责研发各种刷镀溶液，其中包括前处理用溶液、电镀溶液和后处理溶液共 10 余种。经过两年多的努力，我们按时完成了刷镀设备和刷镀溶液的研究工作。1983 年 8 月 3 日，在南京召开金属刷镀鉴定会，项目通过成果鉴定并立即投入批量生产。经过三年的努力，我们制造的刷镀成套设备已全面装备在中国人民解放军所有的汽车修理站，每站配备 2 台刷镀设备。1984 年 9 月 23 日，中国人民解放军总后勤部正式授予南京 7425 厂“金属涂镀技术”军内一等奖，奖励人民币 2000 元，我获得最高额数的奖金 400 元。

在完成刷镀的各项研究工作后，我开始把有关刷镀的资料整理成文，1987 年国防工业出版社出版了 35 万字的《刷镀技术》一书，受到刷镀界很高的评价，收到许许多多读者的来信。

“银层变色机理与防护技术”获亚洲金属精饰大会大奖

1970 年代末，我国开始引进国外大型表面分析设备，如扫描电子显微镜（SEM）、X 射线光电子能谱（XPS）、Auger 电子能谱（AES）和二次离子质谱（SIMS）等，使过去极难测定的金属表面膜的组成元素、价态及其随深度分布变得易如反掌。1980 年南京化学工业公司首先引进这些设备，于是我就赴长江北岸的浦口去利用这些设备来研究银层变色原因，获得了可喜的结果。随后又用它来研究防变色膜的组成和结构。

1985 年，我带论文《XPS 和 AES 研究银层变色机理》赴日本东京出席第二届亚洲金属精饰大会，没想到一开会我就被推选为分会主席。在各国代表论文宣读后，大会组委会宣布，根据代表们的投票及组委会的评选，我的论文获得大会

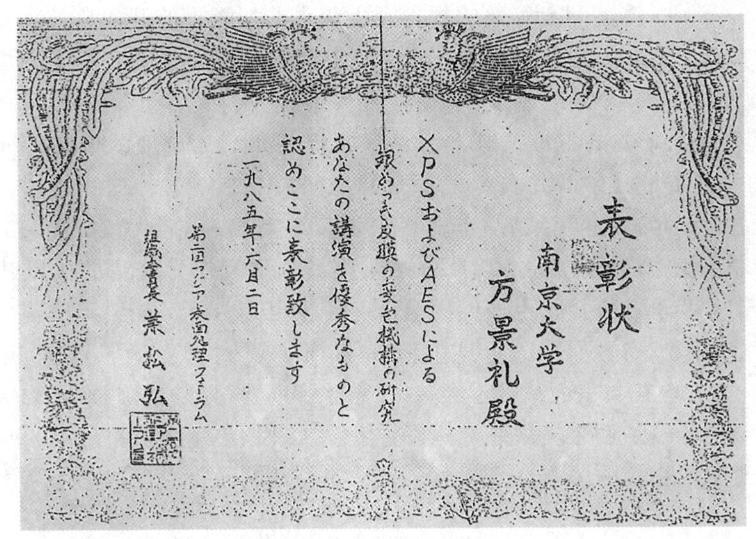

表彰状

南京大学

方景礼殿

XPSおよびAESによる

銀めっき皮膜の変色機構の研究

あなたの講演を優秀なものと

認めここに表彰致します

一九八五年六月二日

第二回アジア表面処理フォーラム

組織委員長 [illegible]

最佳奖。第一个走上领奖台领取奖金、奖品和奖状，成为中国表面精饰界第一个获国际会议奖的人，受到两岸代表的热烈祝贺，并结识了许多中、日、韩的朋友，他们之中的不少人之后都到南京大学来访问我，彼此建立了深厚的友谊。回国后学校科研处发文报道我在国际会议上获奖情况，《科学报》、《新华日报》、《南京日报》也报道了这一消息。

1988 年学术期刊《中国科学》用中、英文发表了我的研究论文《银层的变色机理与防护》，在国内外产生较大的影响。完成了银层变色与防护技术的研究后，紧接着我就开始研究铜、铁、镍、锡、金以及黄铜、仿金、铅锡等的防变色处理办法，也得到了一系列可喜的成果，并应用于生产实际，也在国内外学术期刊上发表了相应的论文或在国际学术会议宣读，同时也获得了江苏省和扬州市科技进步二等奖和一等奖。

协助组建中外合资生产电镀添加剂的华美公司

1980 年代初，在改革开放的热潮中，中外合资企业如雨后春笋般出现。1982 年电子工业部与香港乐思（OXY）公司同意在深圳组建合资生产电镀添加剂的合资公司——深圳华美电镀技术有限公司，我方由电子部第二研究所与电子部第三十八研究所联合投资。1983 年 4 月我应电子部第二研究所蒋宇侨高工的邀请，由南京大学化学系借调去华美公司协助筹建合资公司一年。我的主要工作是鉴定乐思公司添加剂的水准，并参与一些试用、试销和合资合同谈判的事。1983 年 11 月起，我在深圳华美公司连续举办了多期“美国乐思公司电镀新技术培训班”，每次都有全国各地 100 多位代表前来参加，使国内第一次比较全面地了解美国乐思公司的电镀新技术，为华美公司以后的业务铺平道路。1984 年 3 月，华美电镀技术有限公司正式成立，结束了历时三年多的谈判。乐思公司的美国、日本、英国、澳大利亚等地的领导人也前来参加隆重的开业典礼，我也因此认识了这些国际朋友，在以后的国际学术活动中，他们给予了我很多的帮助。

1984 年 5 月，我谢绝了华美公司的盛情挽留，回到了南京大学化学系。1986 年我获国家教委的批准，赴澳大利亚霍巴特市出席“亚太国际表面精饰会议”，我在会上报告了六篇论文，三篇是我的研究成果，另外三篇是我国三位高工的研究成果。他们到了会场却不上台报告，结果我成了会议的“大红人”，联合国环保署表面精饰工作组主席 R. Reeve 盛情邀请我作为该组的中国代表参加他们的活动，我也愉快接受了他们的邀请，后来也带 Reeve 先生到中国考察我国的表面精饰行业。在那次会上我也应邀参加了澳大利亚金属表面精饰学会（AIMF）、美国电镀与表面精饰学会（AESF）和英国金属精饰学会（IMF），成为这些学会的会员。后来美国还专门发给我“AESF 十年会员”证书，从此我跟国际同行建立了密切的关系，美、英、日、澳等地的同行先后都到南京大学进行了访问。

在澳大利亚国际会议上受到州长接见

从澳大利亚回国途中路经香港，应香港金属表面精饰学会会长王辉泰博士的邀请，我在香港学会做了“银层变色机理与防护技术”的专题报告，报告全文由《香港表面处理通讯》刊出。

从抛光技术的研究到《金属材料抛光技术》的出版

1985 年以后，我已熟练掌握电子能谱等各种先进的表面分析技术，这些技术成了我不可缺少的研究工具，也让我获得了多方面的研究成果。先进技术的应用，也使我的研究论文获得国外同行的赞赏并可在国内外核心期刊上顺利发表。1985 年后我开始研究铜与黄铜的电解抛光机理和实用技术，采用巧妙的方法获得了完整的电解抛光过程中形成的黏液膜，用 X 射线光电子能谱和 Auger 电子能谱测定了它的组成、价态和结构，证明它是一种均相膜，它是由配位剂和金属离子形成的聚合多核配合物。实验还发现损坏黏液膜的因素就是损害电解抛光的因素。因此，电抛光的关键，就是要创造条件让金属表面形成一层均匀的黏液膜，易形成聚合型多核配位物的配位剂就是首选的电解抛光的药剂，促使形成黏液膜的条件（浓度、溶液 pH 值、温度等），就是电解抛光的最佳条件。根据上述理论研究的成果，我们找到了羟基亚乙基二磷酸（HEDP），它是比磷酸更好的电抛光铜和黄铜的药剂。

1988 年我获得了中国发明专利“锌铜合金（黄铜）的电抛光法”，它是一种长寿型高光泽的电抛光方法。同年在巴黎举行的第 12 届世界表面精饰会议上，我宣读了《XPS、AES 研究电抛光铜黏液膜的组成》的论文，并应邀在法国居里大学、英国 Canning 公司中央研究所做了专题报告。

赴巴黎参加第12届世界表面精饰会议

1990 年以后我们对铜、黄铜、碳钢、不锈钢和铝的化学抛光进行了一系列的研究，除了开发实用的抛光工艺外，还对化学抛光的机理进行了系统的研究。研究论文在国内外学术期刊发表后，我就着手撰写《金属材料的抛光技术》一书，最后由国防工业出版社出版发行。

《金属催化活性的鉴别和反应机理》为化学镀基材的选择指明方向

化学镀是一种不用电而用化学还原剂代替电的镀法，它没有电流分布不匀的问题，所得镀层厚度分布均匀，镀层的许多性能也比电镀层好，尤其是耐蚀性比电镀层强很多，因而在许多领域得到广泛的应用。

我在研究化学镀时发现，有的金属可以直接化学镀镍（有自催化活性），有的则不行，还有一些则要在适当条件下才可以。这是为什么呢？是什么因素决定其催化活性？金属的催化活性可否用金属的电化学活性顺序（电动序）那样排列顺序呢？经过两年的研究，我们终于搞清楚了这些问题。1982 年我们发表了对化学镀镍诱发过程研究的第一篇论文《金属催化活性的鉴别和反应机理》，指出金属的催化活性可以用原电池的电动势来解释。电动势超过一定数值后，电池可以启动，化学镀反应就产生了，改变适当的条件，也可以改变电动势来达到引发的目的。若电动势太低，则反应无法发生。根据这一研究结果，就可以依据各种金属的稳定电位排列出金属自催化活性的顺序。1983 年我在《化学学报》上发表了第二篇论文《用电子能谱研究诱发过程》，指出化学镀镍诱发过程是个“瞬时反应”，电位在瞬间（<1 秒）已发生突变，当其负移值超过某个特定值后反应就发生了，新形成的 Ni-P 合金的电位已超过此特定值，因而反应可以继续下去。

1986 年以后我先后开发了“高硬度、高耐磨的化学镀镍-硼合金”“高导电性、高可焊性、碱性低磷化学镀镍”“超高速化学镀镍”等新工艺。在应用研究的过程中，发现一些物质对化学镀镍层有光亮作用，有些对化学镀镍有加速作用，有些对化学镀镍液有稳定作用，它们为何有这些作用？其作用机理是怎样的？这些问题都很值得在理论上进行深入研究。经过几年的研究，获得了满意的结论。

父女同校同系同专业，为共同的目标而奋斗

化学转化膜也是表面精饰领域常用的一项技术，有的用来提高金属基材或镀层的防腐蚀效果，也有的使用它作为中间层来提高涂料层的附着力和耐蚀性。1986 年我女儿方晶以优异的成绩考入南京大学化学系。1990 年她到我所在的应用化学研究所做毕业论文，我让她做“高耐蚀性中温锌钙磷化液的研究”，除了配方的研究外，还对磷酸盐转化膜的组织结构进行了表面分析，阐明了钙离子改善磷酸盐转化膜耐蚀性的作用机理。她的这篇毕业论文以后分别在《材料保护》和印度金属表面处理学会杂志 *Trans. Metal Finish. Assoc. India* 上发表，在毕业前她获得了化学系颁发的“戴安邦实验化学奖”。

她的这一研究工作也受到加拿大温哥华的 British Columbia 大学（UBC）化学系的 M. Michael 教授的赏识，决定以全额奖学金让她到该校攻读硕士学位，并让她的硕士论文做铝合金的磷化新工艺的研究。这一工作后来获得美国电镀与表面精饰学会（AESF）颁发的“青年研究奖”，得到 1000 美元的奖金。

师兄师弟精心合作，共同培养高质量的研究生

南京化工学院应用化学系的王占文教授与我同是戴安邦院士的研究生，他一直从事杂多酸化学的研究。从 1988 年开始，我们联手培养研究生，主要进行杂

多酸转化膜的研究。杂多酸是一类由不同酸根（如钼酸根和磷酸根）通过氧桥而形成的多核络合物钼磷酸，它在许多性质上已不同于原来的酸根。

在化学转化膜领域，以往应用最广的是铬酸盐转化膜。然而铬酸盐是一种严重污染环境的物质，它还会诱发癌症，所以全世界都在努力寻找非铬的转化剂。其中最受瞩目的是钼酸盐。我们选择杂多酸作非铬转化剂，这在世界上还是首创。我们先后研究了钼磷杂多酸、钼磷钒杂多酸和硅钼杂多酸在镀锌层表面形成的钝化膜，发现其耐蚀性接近于铬酸盐钝化而超过单独钼酸盐钝化。同时，我们也研究硅钼杂多酸、钼钒磷杂多酸和有机钼磷杂多酸在钢铁表面形成的保护性转化膜，这些膜具有明显的抑制腐蚀作用，其抑制率在65%左右。这些研究成果分别在《中国腐蚀与防护学报》、《高等学校化学学报》、《应用化学》和《化学学报》等刊物上发表。除了杂多酸外，我们也研究了稀土元素作为成膜剂在钢铁和镀锌层表面形成的稀土转化膜，它适于在镀锌层和铝上形成金黄色的耐蚀性转化膜。

在金属表面除了用化学方法可以形成转化膜外，也可用电化学方法形成转化膜，在这方面我们比较仔细研究了钼磷酸溶液中阴极成膜的过程，发现可以在各种基材金属（钢铁、不锈钢、铝、铜、黄铜、镍、锌及其合金）上形成各种色彩的转化膜，它具有优良的装饰性和良好的耐蚀性。从单槽溶液中只要控制不同的时间就可以得到蓝、绿、紫、金黄、咖啡、古铜及黑色的膜层，尤其适于制造彩色不锈钢和彩色锌合金产品。

在巴西圣保罗出席第13届世界表面精饰会议

1992年10月，我远渡重洋来到了南美洲巴西的圣保罗市出席第13届世界表面精饰会议。这次会议由国际表面精饰联盟与巴西金属精饰协会共同举办，会议有20多个国家的200多名代表参加。我在会上报告了三篇论文，均受到好评。有两篇后来发表在美国《腐蚀》(*Corrosion*）和《中国腐蚀与防护学报》上。

（三）

南大的镀锡产品享誉中外

镀锡层的好坏决定了电子元器件焊接效果。高稳定酸性光亮镀锡是我从深圳华美公司带回学校的研究课题，经过数年的研究终于解决了美国乐思公司酸性光亮镀锡存在的适用范围小、耐温低、稳定性差、锡层易变色和镀液沉淀物多、杂质多且无法处理等问题，发展出线材、带材、印刷电路板和复杂电子零件使用的高、中、低三种浓度的镀锡工艺，并把与工艺配套的光亮剂、稳定剂、絮凝剂、重金属杂质去除剂以及防锡变色剂等添加剂全部商品化，转让给南京某化工厂向全国供应。《高稳定系列酸性光亮镀锡工艺》论文于1987年在《电镀与精饰》上刊出后，被广大读者推选为该刊创刊十年来最优秀的论文。

后来我们又把镀锡扩大到镀锡合金上，如光亮镀锡铈铋合金、光亮镀锡铋合金等，可以取代当时国内外应用最广、但污染严重的酸性光亮镀锡铅合金工艺。

1993年，南大酸性光亮镀锡和锡合金新技术获得中国国家教育委员会的科技进步三等奖。

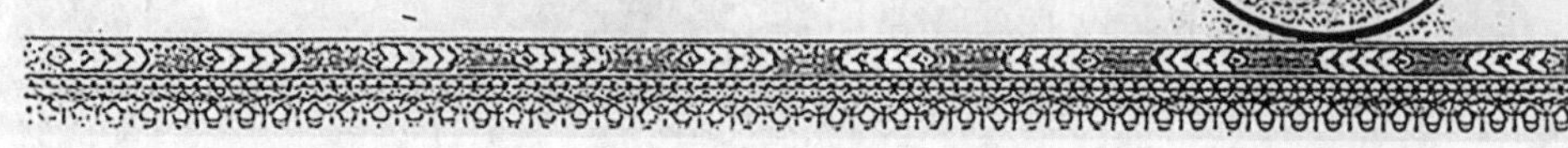

为表彰在促进科学技术进步工作中做出重大贡献，特颁发此证书。

获奖项目：南京大学系列高钎焊性无污染酸性光亮镀锡和锡合金电镀技术与添加剂

获奖者：方景礼

奖励等级：三等

奖励日期：1994年4月

证书号：93－16601

中华人民共和国国家教育委员会

十年的苦心收集和总结，迎来首版《电镀添加剂总论》的出版

人们在偶然的实验中发现，在电镀配方中加入很少量的某种物质会产生奇特的细化晶粒和光亮镀层的效果，这就是人们说的“电镀添加剂”。电镀添加剂的出现，立即引起人们极大的关注，因为它用极少的费用就可以达到惊人的效果，具有很大的应用价值和商业利益，所以电镀添加剂的成分都属于商业秘密，在市场上只以商业代号出现，只告诉你如何应用，而不告诉你是什么东西，这就使得电镀添加剂蒙上一层神秘的面纱。要发展新型的电镀添加剂首先必须了解前人的工作，弄清哪些物质可当添加剂，它们有哪些优缺点。这话说起来容易，做起来就难了。对于每一个镀种，你要把几十年来分散在各种专

利、期刊、会议文集和商业资料上的添加剂信息找出来，然后加以总结分析，找出其结构特点，再去寻找合适的化合物，这可不是几天几月可以完成的事。因为早期的资料都未进入计算机数据库，找起来十分费力。

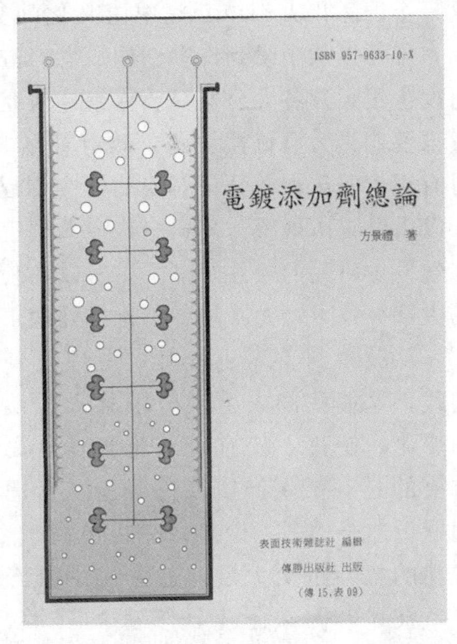

我在开发酸性光亮镀锡和锡合金工艺时，花了大量的时间去收集前人使用过的镀锡添加剂，然后把它们一点一滴汇集起来，按年代进行编排，从中可以看出其演变过程。另一方面则从有机结构化学与电化学行为上对它们进行理论分析，找出真正起作用的结构单元，这就为寻找更多新型添加剂提供了条件。1984 年我在台湾地区《表面技术杂志》上发表了有关电镀添加剂的第一篇综述《酸性光亮镀锡添加剂述评》，受到热烈欢迎，应杂志总编叶明仁先生的请求，我为各种金属的电镀添加剂都写一篇述评，什么时候写好，什么时候刊出，要多长时间就等多长时间。从 1984 年到 1994 年，经过十年的艰苦努力，我终于把各镀种添加剂都整理出来，并陆续在台湾地区《表面技术杂志》和《表面工业杂志》上发表。最后应叶明仁总编的要求，再补充一些电镀添加剂的基础理论知识后，由台湾传胜出版社汇总成书，定名为《电镀添加剂总论》，1998 年 4 月在台北出版发行，受到读者的热烈欢迎和高度评价，形成了一书难求的局面。

为了满足读者的需求，国防工业出版社请我将该书修订后，于 2006 年 4 月以《电镀添加剂——理论与应用》的书名在北京正式出版发行，受到读者高度的评价。化学工业出版社后来又要求我再次修订，准备再次出版。

从教授到首席工程师是理论到实际的脱胎换骨的转变

我对理论研究与实际应用都十分重视，理论上有创见后就立即去付诸实际应用，而在实际应用过程中一定要找出其内在规律（即理论），这种规律又可以指导下一步的实际应用。经过几十年的努力，我才真正认识理论与实践的关系。这也要归功于学习毛泽东主席的“矛盾论”与“实践论”。我在念大学和研究生期间，“矛盾论”与“实践论”是必修的政治课程，因此毛主席的几篇主要论著我们都记得滚瓜烂熟。而对科学工作者来说，“矛盾论”可以教你在错综复杂的问题中找到主要矛盾和矛盾的主要方面，这实际上就是教你如何抓住核心问题。而“实践论”则教你如何正确对待理论与实践的相互促进的关系，两者不可偏废一方。这对搞科技的人来说都是十分有价值的思维方式和解决问题的方法论，如果能真正掌握，将无往而不胜。

1995 年我应邀到新加坡高科技公司（Gul Tech）担任首席工程师。新加坡是一个国际化大都市，是中西文化的交汇处。在这里各国先进的东西你都见得到，你可以从中学到许多新的概念、方法和原理。新加坡政府对本国企业的扶持力度也很大，各大公司只要你组建研究发展部，政府将资助员工一半的工资，研发部要购买大型仪器设备，政府补贴 30%。所以我去研发部工作，一点也不觉得有很大的压力，公司对我的研究课题不加限制，研究的成果除公司需要的外，可以由我自由处置。公司有许多大型生产设备，可以进行各种生产性试验。这比在学校做研究的条件好多了。所以在公司工作七年多，我掌握了制造印刷电路板的大部分技术，尤其是各种化学处理工艺。

从教授到首席工程师，由理论到实践，这使我的人生发生了翻天覆地的变化，使我不仅有了理论知识，更重要的是有了生产实践的经验，考虑问题更加全面了，做事效率也更高了，成功的机会也更大了。过去在学校开发新技术，因缺乏生产实践的经验，往往脱离实际，应用时会出现很多问题，其实这就是缺乏实践经验的结果。在新加坡高科技公司工作期间，我完成了十多项印刷电路板制造与废水处理工艺的研究，其中“高可焊性高键合功能的化学镀金工艺”获得了新加坡和美国的发明专利。

在德国出席第15届世界表面精饰大会

我也成了新加坡表面精饰学会的常务理事，代表新加坡出席了 2000 年 9 月 13～15 日在德国著名风景区嘉米许-巴登客钦市会展中心举办的第 15 届世界表面精饰大会。我在会上报告了《中性化学镀金的键合功能与可焊性》，实验证明该工艺可用于需键合或焊接的印刷电路板且不会产生普通化学镀镍金易产生的“黑垫”现象。

（四）

为印制板和电镀添加剂企业创新发展出谋献策

2002 年我已 62 岁，我按新加坡的退休标准办理了退休手续。可我不是个要享清福的人，身体好好的总想找点事做做，没想到这一做就是二十多年。

2002 年，我的台湾朋友台湾上村公司总经理王正顺先生得知我退休后，就热情邀请我到他公司担任高级技术顾问，帮助他们组建研究开发部，培养一批刚从学校招来的大学生，使他们成为研发的骨干；带领他们对 10 个项目进行研究。经过三年多的努力奋斗，我们完成五项新产品的开发，并在许多工厂应用，同时有一项目“印刷电路板抗氧化（OSP）新工艺”获得了台湾地区发明专利。台湾上村公司所创造的业绩也远远超过日本总公司的业绩。

2004～2007 年，我在香港集华国际担任技术总监，开发成功印制板的电镀铜和电镀锡的工艺以及印制板的化学镀锡、化学镀银和化学镀镍/金等表面终饰工艺，均应用于生产。其中化学镀银的水平已超过数个国外著名企业的水平，克服了它们至今都无法解决的焊接时在焊垫上存在小气泡使焊接失效的问题。该项目获香港地区发明专利和中国发明专利，并通过英国代理商在英国十多家印刷电路板厂应用，其研究报告已在国内外重要学术期刊上发表并在国际学术论坛上宣读。

2008 年开始，我被福建省表面工程学会聘为该会的首席专家，为相关研究机构和企业提供服务。后来，我获得该学会突出贡献老专家和专家特别奖。

2008～2010 年，我组建了福州诺贝尔表面技术有限公司，重点开发电镀和印刷电路板用废水处理药剂，研究成功印刷电路板厂各种含铜废水一起转化为铜粉的新技术，开发了螯合沉淀剂回收铜矿酸性含铜废水中铜和铁的新技术并获得了中国专利。

2009 年我发表了钢铁件 HEDP 直接镀铜开发 30 年回顾的系列综述，系统阐述了 HEDP 直接镀铜的开发历程和近 30 年来的改进，HEDP 碱性直接镀铜工艺的性能与维护要点，以及 HEDP 及其它碱性无氰镀铜液的废水处理。解决了认为螯合物镀液无法处理的难题。

2009 年，我国举行了全国电子电镀及表面处理学术交流会。我在会上报告了硫酸型高速亚光镀锡新工艺以及高低浓度 COD 废水处理新技术。会上，中国电子学会电子制造与封装分会电镀专家委员会为表彰我为中国电子电镀事业三十年来所做出的突出贡献，给我颁发了突出贡献奖。

2011～2012 年，我受聘为新加坡 Epson 公司高级技术顾问，主要工作是指导研发人员解决研发过程中出现的问题。

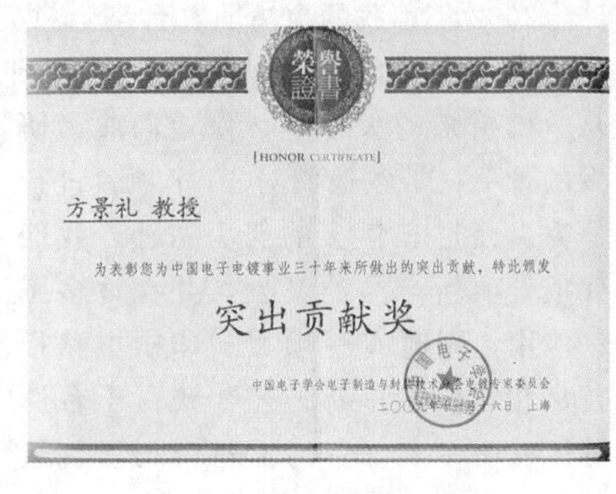

2012 年后，我被中国哈福集团聘任为研究院副院长兼高级技术顾问。2014 年起任中国恩森集团高级技术顾问。2017 年任上海新阳半导体材料公司高级技术顾问，协助他们完成国家重大工程的攻关任务。

2016 年、 2019 年两次荣获终身成就奖

2008 年 6 月，时任中国表面工程协会秘书长马捷带队赴韩国釜山，参加第 17 届世界表面精饰大会。在会议期间召开的国际表面精饰联盟理事会上，中国正式加入联盟并申办 2016 年北京第 19 届世界表面精饰大会。在此之前，我已参加了 1986 年在澳大利亚霍巴特市举行的第 11 届、1988 年在法国巴黎举行的第 12 届、1992 年在巴西圣保罗市举行的第 13 届、2000 年在德国嘉米许-巴登客钦市举行的第 15 届世界表面精饰大会。

第19届世界表面精饰大会终身成就奖证书和奖杯

2016 年，我带着论文《面向未来的表面精饰新技术Ⅰ. 超临界流体技术》到北京参加第 19 届世界表面精饰大会，结果大会授予我终身成就奖。这是同行对我大半辈子工作的肯定。参会论文在《电镀与涂饰》杂志发表后，被广大读者评为该杂志的优秀论文。

中国电子学会终身成就奖奖杯

2018 年我带着论文《取代化学镍/金用于线宽线距小于 30μm 高密度印制板的新技术》，到台湾中兴大学参加第四届海峡两岸绿色电子制造学术交流会，同时参加了台湾印制板协会举办的印制电板展览会及新技术研讨会。在开会期间，我还赴我以前工作过的台湾上村公司，见到了许多一起工作的同事和由我一手培养起来的研发骨干，同时也参观了台湾大学化学化工学院。

2019 年，第二十一届中国电子学会电子电镀学术年会在深圳隆重举行，来自美国、新加坡、印度等国内外代表一百多人出席。会议由德高望重的老前辈、电子电镀年会的创始人、原电子工业部主管电镀几十年的蒋宇桥高工主持。会上国内外代表都带优秀论文前来交流，可以说是最成功、最隆重的会议。会议除学术报告外，还选出数位德高望重、对电子电镀贡献较大的老同志授予终身成就奖，我也有幸再次获得终身成就奖。

应邀担任国际展览会技术论坛的特邀嘉宾

2021 年我受邀参加国际表面处理、电镀、涂装展览会和技术论坛。该展会是我国本专业最大的展会，分别在上海和广州轮流举办。全国各地和国外的厂商、研究院所和高校的代表都汇集在此，共同洽谈各类新产品采购、合作生产；展会的技术论坛上，由各国的专家学者介绍最新的产品和技术的发展。2021 年的展会 8 月 31 日在广州举行。我作为本专业的老专家，被展会的组委会邀请担任 2021 和 2023 两届展会的特邀嘉宾，除主持技术研讨会外，还带领展会贵宾拜访最新产品的制造企业，为他们的业务发展牵线搭桥。

2024 年香港生产力促进局发函，邀请我参加于 2024 年 11 月隆重举办的国际表面精饰联盟（IUSF）主题活动——第 21 届国际表面精饰联盟会议（香港站）。大会将汇聚全球表面处理行业的专家参与，推动表面处理技术的发展。大会特邀请我作为本次技术会议的讲师嘉宾，就擅长的专业技术议题进行分享。

两次到华为公司技术交流，感受至深

2021 年 12 月 13 日和 2022 年 11 月 5 日，我应华为公司中央研究院韩院长和 PCB 板材组孙博士的邀请，两次到华为公司进行技术交流。华为公司给我极其深刻的印象。华为的企业文化核心就是艰苦奋斗、实事求是。华为之所以有今天的成就，最大的优势就是能保持一个目标、一个方向、一个步调，以一个高度稳定集中的团队和统一的战斗士气进行冲锋。这主要得益于任正非的大公无私的领导

与华为的研发人员在一起探讨下一步科技的发展

素质、军事化管理模式和西方现代管理模式的高效结合及运用。

华为公司内到处是可工作、可聚会、可交流的房间和咖啡厅，不同领域的专家学者可以在此相互交流、相互碰撞以至撞出火花，碰撞出新的点子和新的想法。到了晚上各大楼还灯火辉煌，看得出大家都在自觉挑灯夜战，不达目标誓不罢休。这就是华为精神，这就是华为压不倒打不垮的原因，也是我中华民族必然复兴的精神根源。

华为的拼搏精神和艰苦奋斗作风令人敬佩！

应聘为研究机构顾问和客座教授

2022 年 6 月，应厦门大学化学化工学院孙世刚院士的邀请，我到厦门大学化学化工学院做了一个报告，题目是“电子电镀的现状与趋势”，受到大家的热烈欢迎。厦门大学主办的《电化学》杂志后来还全文转载了我的报告。

报告后，孙世刚院士代表厦门大学高端电子化学品国家工程研究中心，正式聘我为中心顾问，向我颁发了证书。我同时与厦大化学化工学院的长江学者特聘教授、原美国亚特兰大大学终身教授方宁共同接受国家科研项目——高密度印制线路板的无黑垫化学镀镍/金。该项目现已启动。它是新一代化学镀镍/金工艺，将取代目前使用的常带黑垫、焊接效果不佳的一般化学镀镍/金工艺。

聘　书

LETTER OF APPOINTMENT

敦聘　方景礼　教授为高端电子化学品国家工程研究中心(重组)顾问，聘期为2022年7月1日至2025年6月30日。

此聘

厦门大学化学化工学院

高端电子化学品国家工程研究中心(重组)

二〇二二年六月

2023 年 9 月，我应深圳先进材料国际创新研究院孙蓉院长的邀请，到该院进行技术交流。主要介绍我以前做的部分工作，并参观了他们的实验室与研究设备，知道他们已建成了可进行开创性研究的条件。最后还与他们院的香港籍院士探讨电子电镀未来的发展方向，得益良多。孙院长聘请我担任该院客座教授，我愉快地接受了她的邀请，并感谢该院各位同事对我的尊重和爱护。

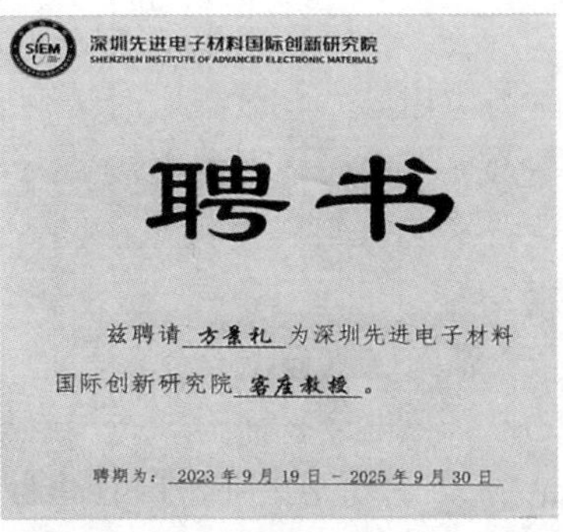

深圳先进电子材料国际创新研究院
SHENZHEN INSTITUTE OF ADVANCED ELECTRONIC MATERIALS

聘书

兹聘请 方景礼 为深圳先进电子材料国际创新研究院 客座教授 。

聘期为：2023 年 9 月 19 日－2025 年 9 月 30 日

科学养生，延年益寿，希望能再为国家奉献几年

从 1968 年开始，我在表面精饰领域辛勤耕耘了五十六年。五十多年来我共发表了论文约 300 篇，其中有数十篇被 SCI 引用。我在《化学通报》上发表的《缓蚀剂的作用机理》如今是吉林大学物理化学专业学生指定的参考读物，我在《中国科学》上发表的《银层的变色机理与防护》成了国内外经常被引用的经典之作。

五十多年来我为中国电镀工作者撰写了十余部著作，如《电镀配合物——理论与应用》、《电镀添加剂——理论与应用》、《金属材料抛光技术》、《实用电镀添加剂》、《多元络合物电镀》、《电镀添加剂总论》（台湾出版）、《配位化学》、《刷镀技术》、《塑料电镀》、《表面处理工艺手册》、《电镀黄金的技术》（台湾出版）等。

最近《电镀配合物——理论与应用》一书将出第三版，定名为《电镀配合物总论》，《电镀添加剂——理论与应用》也将出版第三版，定名为《电镀添加剂总论》，都由化学工业出版社出版发行。大家知道，电镀溶液的关键成分是络合剂（现称配位剂）和添加剂，我花了十多年的时间完成的这两部著作，是我国独有的专著，在国内外都有很大的影响，成为许多电镀工作者随身必备的参考资料，也是年轻一辈成长的良师益友，更是研发人员不可缺少的灵感源泉，受到广大读者的热烈欢迎。

证书

方景礼 同志：
为了表彰您为发展我国
事业做出的突
出贡献，特决定从
起发给政府特殊津贴
证书。

国务院

一九九三年 月一日

五十多年来，我走遍了世界各地，无论在国内还是国外，我始终没忘记祖国，没忘记表面精饰技术，没忘记落叶归根。经过几十年的奋斗，也取得了一些成绩。祖国和人民也给了我不少的荣誉，如国务院颁发的政府特殊津贴，江苏省重大科技成果奖，江苏省和国家教委的科技进步奖，中国电子电镀学会的特殊贡献奖，福建表面工程协会的“首席专家”、“突出贡献奖”、“突出贡献老专家”。在 2016 年 9 月北京举行的第 19 届世界表面精饰大会上我获得了“终身成就奖”，在 2019 年深圳举行的中国电子学会第二十一届学术年会上又给我颁发了第二个“终身成就奖”。化学工业出版社给我颁发了“优秀图书一等奖”。2022 年厦门大学还聘请当时 82 岁的我担任顾问，2023 年深圳先进技术研究院聘请我当客座教授，今年 11 月香港生产力中心邀请我担任“尖端技术的推广项目——表面处理技术新纪元”及“第 21 届国际表面精饰联盟会议”讲师嘉宾等。这些都是对我过去工作的肯定和鼓励。

我从 1983 年去深圳协助组建合资公司时就开始养生，因当时我的头发在快速脱落，我请教了广州中医药大学的表哥李锐教授，他建议我每天服 200 国际单位的抗氧化剂维生素 E。从那时开始，我连续服用了四十多年，长期效果不错，现在大家都说我比实际年龄小十多岁。2017 年端午节我还给南大厦门校友会专门讲了一次“科学养生”。

2023年11月与夫人在葡萄牙留影(背景为大西洋出洋口岸灯塔)

我今年84岁，但身体还不错，还可单独外出开会作报告。希望能再多为国家奉献几年，为本行业的发展做出更大的贡献。

方景礼

2024年9月于苏州阳澄湖国寿嘉园